甘肃省草原技术推广总站史

甘肃省草原技术推广总站　编

甘肃科学技术出版社
甘肃·兰州

图书在版编目（CIP）数据

甘肃省草原技术推广总站史 / 甘肃省草原技术推广总站编. -- 兰州 : 甘肃科学技术出版社, 2024
ISBN 978-7-5424-2903-2

Ⅰ. ①甘… Ⅱ. ①甘… Ⅲ. ①草原－畜牧业－农业技术推广－概况－甘肃 Ⅳ. ①S812

中国版本图书馆CIP数据核字(2021)第267587号

甘肃省草原技术推广总站史

甘肃省草原技术推广总站 编

责任编辑 于佳丽
封面设计 雷们起

出 版 甘肃科学技术出版社
社 址 兰州市城关区曹家巷1号 730030
电 话 0931-2131575(编辑部) 0931-8773237(发行部)

发 行 甘肃科学技术出版社 印 刷 兰州新华印刷厂
开 本 880毫米×1230毫米 1/16 印 张 55 插 页 18 字 数 1140千
版 次 2024年10月第1版
印 次 2024年10月第1次印刷
印 数 1~1000
书 号 ISBN 978-7-5424-2903-2 定 价 398.00元

峥嵘岁月

ZHENGRONG SUIYUE

左起：王无怠、曹致中、申有忠

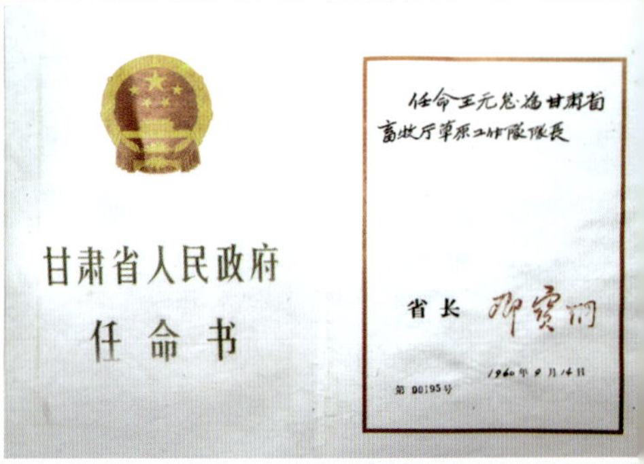

甘肃省人民政府

任命书

任命王无怠为甘肃省畜牧厅草原工作队队長

省长 邓宝珊

1960年9月14日

第 00195号

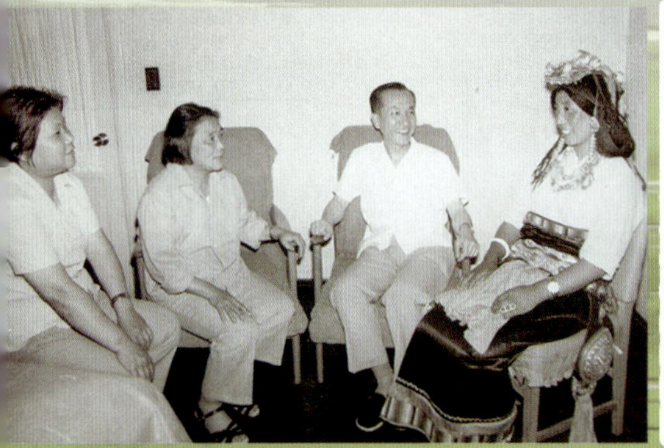

时任甘肃省领导接见王素香（左二）

五泉山

以学促干践初心 砥砺奋进展作为
甘肃省草原技术推广总站

省草原技术推广总站
重阳节活动

甘肃省草业标准化技术委员会成立大会暨第一次工作会议

八步沙六老汉治沙纪念馆

求真务实

QIUZHEN WUSHI

王无忌（中间）

左起：向得福、唐万顺、鱼耀清、胡进秩、许延志、杨毅、乔醒民

左起：王立耕、吴衍庆、哈得虎、刘传海、徐志清

刘传海（左）闫万贵（右）

班子成员陪同主管部门领导在馒头山试验站

左起：韩天虎、王加亭、豆卫、董永平、喻文建

左起：张榕、王立耕、韩天虎、赵庆平、王心灵、王汝富

左起：杨浩、王汝富、韩天虎、赵庆平、张榕

坚强堡垒

JIANQIANG BAOLEI

党支部共建聚合力 草种业发展谱新篇
中共甘肃省草原总站草业科支部 中共兰州牧药所平台建设与保障处支部 中共兰州市园林绿化服务中心支部

“庆七一、喜迎二十大”主题活动
——甘肃省草原技术推广总站

科技管理科党支部

永远跟党走
有害生物防治科党支部

甘肃省草原技术推广总站
“七一”联欢活动
离退休党支部

草种科党支部

榜样在线

BANGYANG ZAIXIAN

"庆七一、喜迎二十大"主题活
——甘肃省草原技术推广总

甘肃省先进工作者

巾帼风采

JINGUO FENGCAI

巾帼代表王素香

力量在党旗下凝聚
党在我心中 永远跟党走

“柔肩担重任 提笔绽芳华”三八节手

甘肃省草原技术推广总站

朝气蓬勃

ZHAOQI PENGBO

站领导参加黄湾村绿化劳动

技术人员在玛曲草原参加草地改良实践

神采缤纷

SHENCAI BINFEN

省草原技术推广总
甘肃省草原技术推广总站
代表队

甘肃省草原技术推广总站团队凝聚力拓展训练

成果点滴

CHENGGUO DIANDI

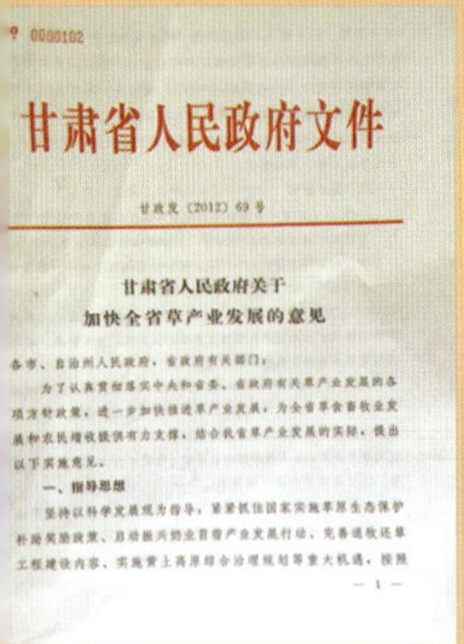

0000102

甘肃省人民政府文件

甘政发〔2012〕69号

甘肃省人民政府关于
加快全省草产业发展的意见

各市、自治州人民政府，省政府有关部门：

为了认真贯彻落实中央和省委、省政府有关草产业发展的各项方针政策，进一步加快推进草产业发展，为全省草食畜牧业发展和农民增收提供有力支撑，结合我省草产业发展的实际，提出以下实施意见。

一、指导思想

坚持以科学发展观为指导，紧紧抓住国家实施草原生态保护补助奖励政策、启动振兴奶业苜蓿产业发展行动、完善退牧还草工程建设内容、实施黄土高原综合治理规划等重大机遇，按照

— 1 —

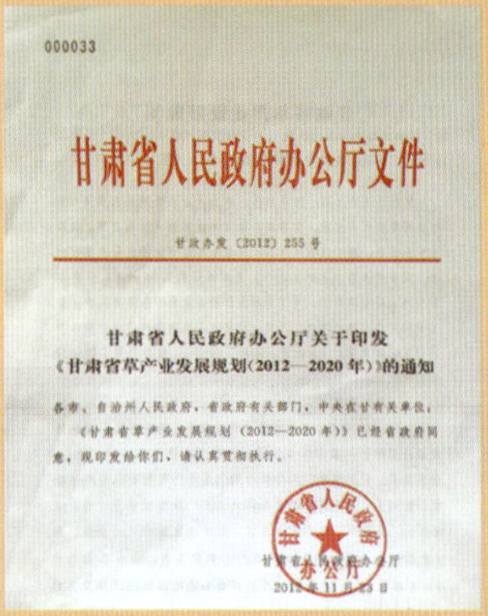

000033

甘肃省人民政府办公厅文件

甘政办发〔2012〕255号

甘肃省人民政府办公厅关于印发
《甘肃省草产业发展规划（2012—2020年）》的通知

各市、自治州人民政府，省政府有关部门，中央在甘有关单位：

《甘肃省草产业发展规划（2012—2020年）》已经省政府同意，现印发给你们，请认真贯彻执行。

甘肃省人民政府办公厅

2012年11月23日

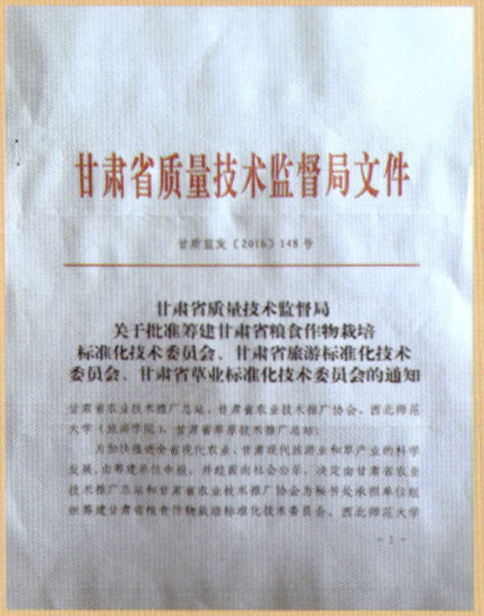

甘肃省质量技术监督局文件

甘质监发〔2016〕148号

甘肃省质量技术监督局
关于批准筹建甘肃省粮食作物栽培标准化技术委员会、甘肃省旅游标准化技术委员会、甘肃省草业标准化技术委员会的通知

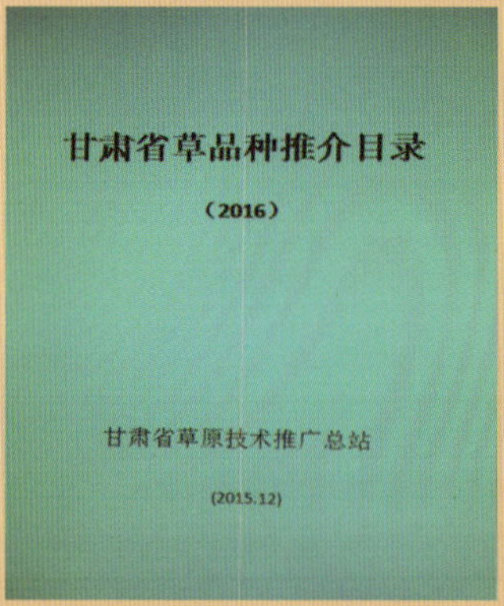

甘肃省草品种推介目录

（2016）

甘肃省草原技术推广总站

(2015.12)

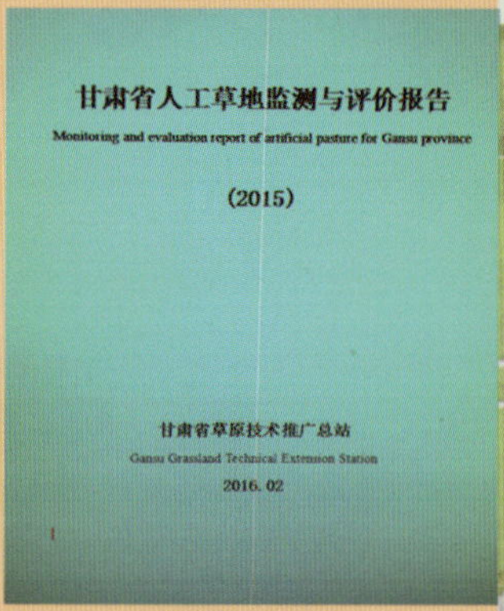

甘肃省人工草地监测与评价报告

Monitoring and evaluation report of artificial pasture for Gansu province

（2015）

甘肃省草原技术推广总站

Gansu Grassland Technical Extension Station

2016. 02

林草系统第一批草种质资源库圃站挂牌

采编掠影

CAIBIAN LÜEYING

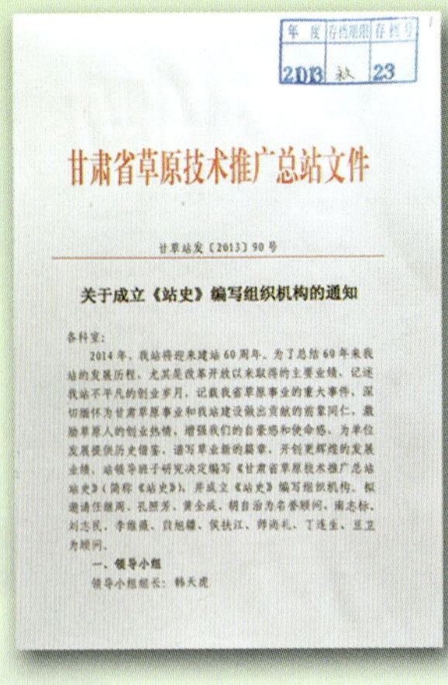

年度	存档期限	存档号
2013	永久	23

甘肃省草原技术推广总站文件

甘草站发〔2013〕90号

关于成立《站史》编写组织机构的通知

各科室：

2014年，我站将迎来建站60周年。为了总结60年来我站的发展历程，尤其是改革开放以来取得的主要业绩，记述我站不平凡的创业岁月，记载我省草原事业的重大事件，深切缅怀为甘肃草原事业和我站建设做出贡献的前辈同仁，激励草原人的创业热情，增强我们的自豪感和使命感，为单位发展提供历史借鉴，谱写草业新的篇章，开创更辉煌的发展业绩，站领导班子研究决定编写《甘肃省草原技术推广总站站史》(简称《站史》)，并成立《站史》编写组织机构。拟邀请任继周、孔照芳、黄金成、胡自治为名誉顾问，南志标、刘杰民、李锦藏、贠旭疆、张扶江、韩尚礼、丁连生、旦立为顾问。

一、领导小组

领导小组组长：韩天虎

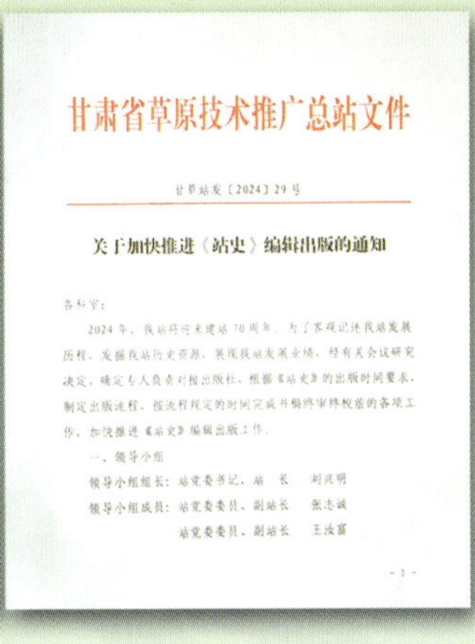

甘肃省草原技术推广总站文件

甘草站发〔2024〕29号

关于加快推进《站史》编辑出版的通知

各科室：

2024年，我站将迎来建站70周年。为了客观记述我站发展历程，发掘我站历史资源，展现我站发展业绩，经有关会议研究决定，确定专人负责对接出版社，根据《站史》的出版时间要求，制定出版流程，按流程规定的时间完成书稿终审终校定的各项工作，加快推进《站史》编辑出版工作。

一、领导小组

领导小组组长：站党委书记、站长 刘兴明

领导小组成员：站党委委员、副站长 张志诚

站党委委员、副站长 王汝富

- 1 -

站党委研究《甘肃省草原技术推广总站史》出版事宜

汪玺教授（右二）指导编撰工作

胡自治教授（右）指导编撰工作

编写组讨论编撰工作

选编照片

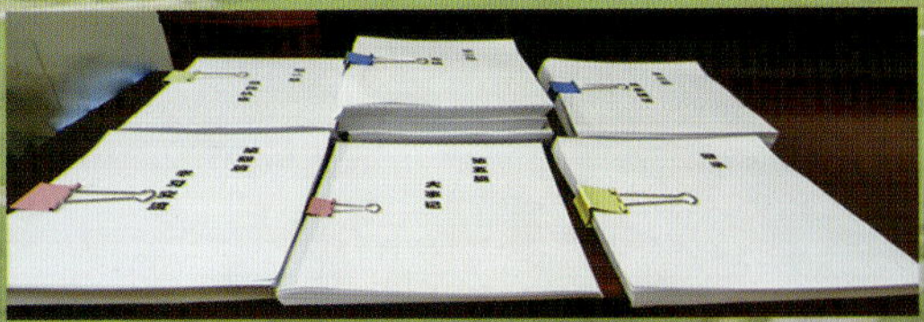

初稿

老干部讲述
单位发展历程

左图：在王素香亲属家里收集资料
右图：在王无怠亲属家里收集资料

部分离退休职工

BUFEN LITUIXIU ZHIGONG

杨毅

向得福

哈得虎

刘传海

唐万顺

许延志

徐志清

乔醒民

胡进秩

付兴元

赵智茂

朱安祥

马范

石隐孝

杜芳纯

张崇

金生元

张德勇

刘树生

张得清

郭佩霞

申有忠

罗锦郁

邹继范

刘进仁

徐英杰

杨继英

王云娃

王凤祥

李福

喻文虎

徐正辉

续存宜

鱼耀清

张剑杰

赵怀德

王履继

杨青

杨存礼

王英

潘田才

徐生林

何成孝

王经纶

施允昭

达秀英
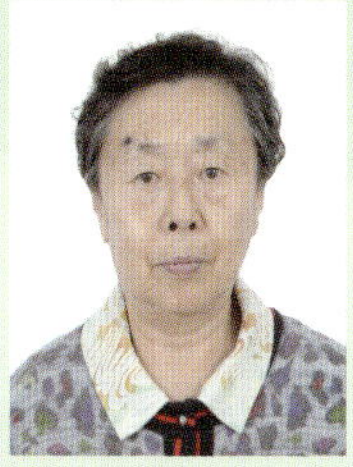
张志芳

陆伊奇

李温

吴衍庆

成若琳

张新珍

张柱生

丁庆生

江月兰

许可

王耀明

王瑞山

吴玉珍

杨六虎

耿翠英

郭安萍
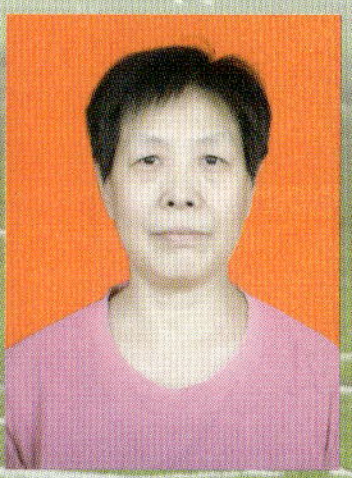
杨敏

冯乐荣

谭成虎
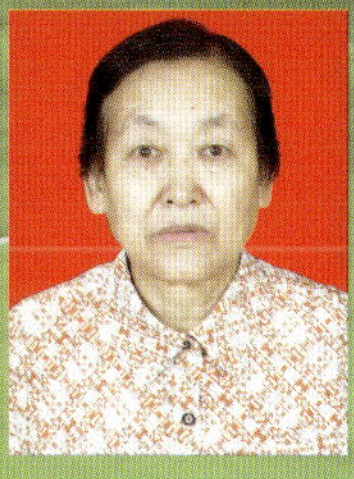
陈全春

赵巴金

王汝华

鲁征

常宁芳

牛顺子

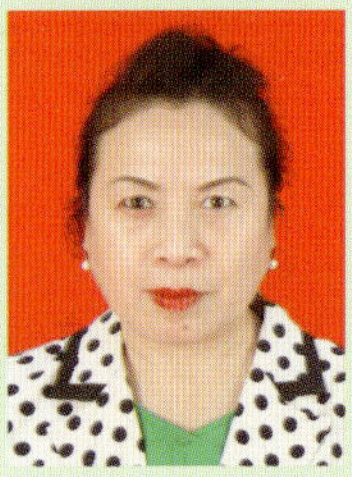
张小琴

王立耕

程文定

郭来义

张定乾

贺素雯

袁晓东

胡舒萍

王心灵

朱世萍

刘廷东

车来友

任春明

温洪

马彦彪

曹明崇

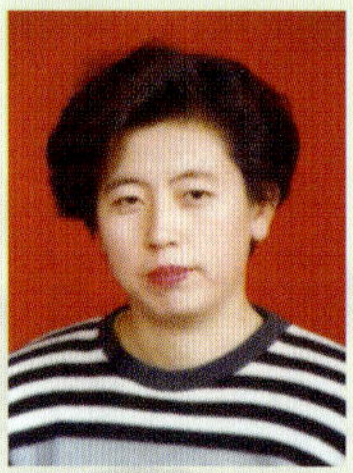
任慧琴

晁德林

陈仲斌

唐建明

王国生

李昀

王历宽

向金城

张少平

常明

李贵霖

王俊梅

刘宗祥

杨俊基

张忠祥

俞联平

高占琪

席文娣

车爱霞

许华

张林

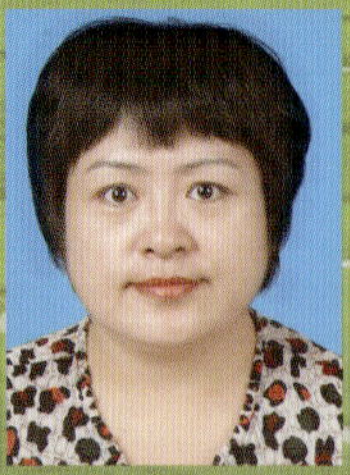
祁兰英

火军

在职职工

ZAIZHI ZHIGONG

刘兴明　张志诚　王汝富　张榕　杨浩　张万祥　安乐

方毅才　杨红梅　刘乾　金加明　阿不满　孙斌　王斌

张霞　张伯虎　史青茂　潘立新　金斌　孟祥君　罗亮

吕江涛　张贞明　陆飒　陈曦　冯今　李新媛　张洁

李萍　施昌玉　王瑾　马爱霞　王红霞　杜笑村　王海

耿小丽　赵罡　陈兴荣　谭立伟　任越　牛建龙　李德明

李小鹏

张永辉

王中华

张丽娟

李智燕

吴江

朱倩

赵燕

周惠丽
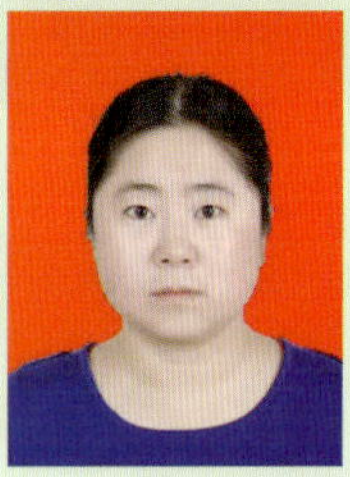
陈洁

付萍

吴丹丹

姜佳昌

王惠

莫负涛

段丽婕

周栋昌

李霞

武慧娟

俞慧云

王延

史春雪

高成芬

苏晓星

贾晶晶

贺亚琼

王慧慧

高天歌
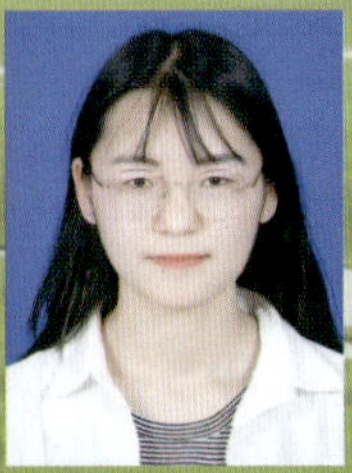
梁婷

张蔚

高丽丽

徐锐真

张亚楠

高敏
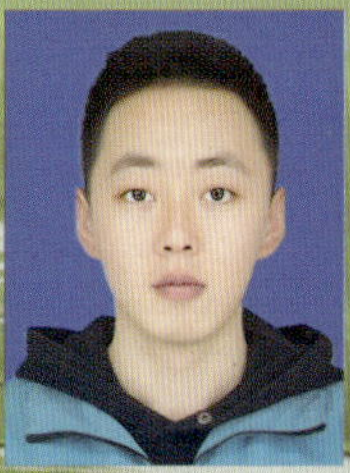
金梓浩

王彦

白杨

调出人员

DIAOCHU RENYUAN

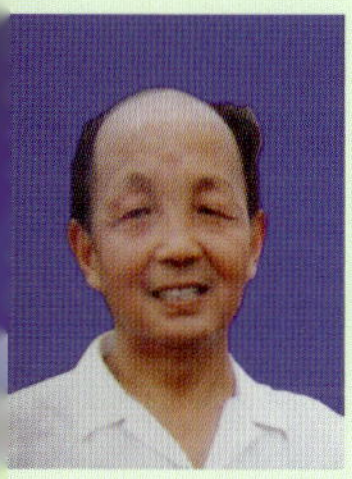
王无怠

王素香

车文信

文德

闫万贵

豆卫

韩天虎

方宝华

赵庆平

杜永清

周邦贵

李善堂

丁连生

何毅

赵忠

李青

采寿善

喻文健

李建廷

吴栋国

王以忠

万占全

周多虎

王建强

杨鹏翼

许国成

杨学兰

高永军

花立民

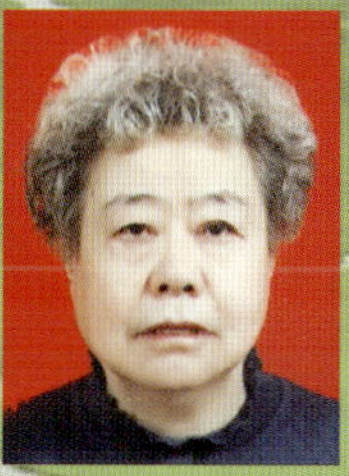
侯淑萍

于生殿

张永梁

安成孝

路彩琴

刘庆文

姬永莲

苏爱莲

杨玉辰

乔亚华

韩天文

曹蕾

王炳煜

曹润霞

程天亮

潘冬荣

安明福

李鹤

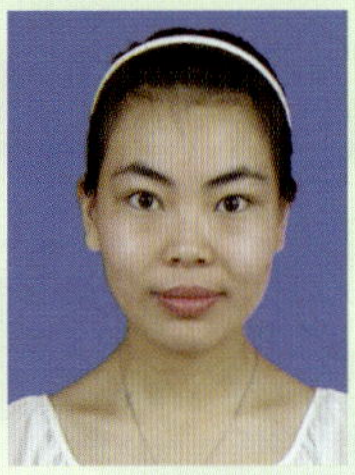
杨宵

《甘肃省草原技术推广总站史》编委会

审 稿 人：张志诚　韩天虎　赵庆平　王汝富　杨　浩　张万祥
王俊梅　马爱霞　姜佳昌　许国成　张贞明　张永辉
李晓鹏　李德明　周栋昌　张　洁　徐正辉

成　　员：谭成虎　鲁　征　李贵霖　张万祥　许国成　张永辉
姜佳昌　向金城　张贞明　孙　斌　李晓鹏　李德明
周栋昌　徐正辉　孟祥君　张　林　付　萍　刘宗祥
温　洪　高占琪　俞联平

协调联络组　组　　长：喻文虎
成　　员：杨　浩　马爱霞　张　洁　许国成　张永辉　莫负涛

材料收集组　组　　长：马爱霞
成　　员：杨　青　张丽娟　张　洁　张　林　李新媛　徐正辉
谭立伟　席文娣　王中华　王历宽　高成芬　朱　倩
张　林　张丽娟　王　延　张　霞

材料整理组　组　　长：王俊梅
成　　员：谭成虎　鲁　征　李贵霖　曹明崇　杨　浩　张万祥
马爱霞　许国成　王炳煜　张贞明　孙　斌　姜佳昌
李德明　周栋昌　张永辉　张　洁　李晓鹏　常　明
谭立伟　金加明　晁德林　赵庆平　俞联平　阿不满
高占琪　温　洪　席文娣　孟祥君　李　霞　张　林
武慧娟　耿小丽　程天亮　周惠丽　金梓浩　李　温
王　海　王　惠　高丽丽　陈仲斌　李　昀　方毅才
罗　亮　曹　蕾　张　蔚　梁　婷　王慧慧

访谈交流组　组　　长：向金城
成　　员：谭成虎　王俊梅　许国成　喻文虎　鲁　征　刘宗祥
谭立伟　付　萍　张伯虎　陈兴荣　晁德林

图片收集采集组：杨　浩　刘宗祥　李德明　向金城　罗　亮

史料捐助及信息提供：朱承德　王　劲　单位部分退休老干部

参与校对：（略）

序　一

“林草兴则生态兴”。党的二十大报告指出，大自然是人类赖以生存发展的基本条件。尊重自然、顺应自然、保护自然，是全面建设社会主义现代化国家的内在要求。草原素有“地球皮肤”之称，不仅是防风固沙的重要生态屏障，还有涵养水源、保持水土、净化空气和维护生物多样性等多重功能。草原在生态文明建设中具有不可替代的重要地位，是重要的生态系统和自然资源，也是农牧民赖以生存的生产资料和生活资料。据第三次全国国土调查，甘肃省草原面积2.14亿亩，居全国第五位，占国土面积的33.59%。开展草原生态保护与治理研究，推进草原生态修复，促进草原合理利用，改善草原生态状况，是关乎中国生态安全、经济社会可持续发展的重要基础工作。甘肃省草原技术推广总站是中华人民共和国成立后，全国建立最早的省级草原技术推广机构，在草原生态监测修复、草原有害生物防控、草品种培育推广、行业规划编制和政策制定等方面成果丰硕，成效卓然，发挥了重要作用。

“盛世修史，明时修志”。2024年，恰逢中华人民共和国成立75周年，甘肃省草原技术推广总站修编完成《甘肃省草原技术推广总站史》，全面总结70年来全站取得的骄人成绩，启迪激励我们更好前行，也是向祖国母亲75周年华诞的一次汇报。全书从机构队伍历史沿革、业绩成果总结提炼、平台制度体系建设、陇草文化采撷拾遗等不同视角记录发展历程，记载一代代科技工作者在陇原大地上勇敢拼搏进取、攀登科技高峰的奋斗之路。改革开放初期，通过引草入田、调整种植结构，率先实践了草地农业发展路径，并在甘肃草产业、草种业发展和草种质资源创新体系建设中发挥了重要作用。在发展历程中，涌现出了一批优秀的草原工作者，他们中有全国人大代表、全国三八红旗手、全国劳动模范、“五一”劳动奖章获得者、国务院特殊津贴获得者……在他们身上，集中体现了一代代甘肃省草原科技工作者奋斗精神和“勇于实践、敢为人先”的担当精神，具有深厚的历史底蕴。

“鹰击天风壮，鹏飞海浪春”。新时代新征程上，生态文明建设依然任重道远。甘肃省草原技术推广总站要立足当下，面向未来，踔厉奋发，笃行不怠，充分应对新时代生态建设和国土绿化的紧迫需求，抢抓新一轮科技革命和产业变革的关键历史机遇期，提高政治站位，强化责任担当，发挥在草业成果创新转化中的纽带作用，进一步致力于草原监测与承载力评估、草原保护修复以及草原有害生物防控等领域的技术支撑服务，重点在草业新质生产力引领草种质资源保护、创新、培育与草种业高质量发展目标上取得突破，不断强化“草种质博物馆”的优势资源及其成果创新转化，为打赢“三北”工程攻坚战、筑牢国家西部生态安全屏障提供有力支撑，在中国式现代化甘肃实践中谱写新篇章。

2024 年 6 月

序　二

甘肃省草原技术推广总站是中国建立最早的省级草原技术推广机构。1954年10月甘肃省农林厅筹备成立甘肃省草原工作队，即甘肃省草原技术推广总站（以下简称总站）的前身，到2024年已有70年的历史。在党政部门的正确领导和工作人员的积极努力下，总站在建站历史、机构规模、人员培养、工作业绩、业内影响力等方面，都处于全国同类单位的前列。

20世纪50年代初，甘肃省草原工作领域的两位先驱——甘肃省草原工作队队长王无怠和西北畜牧兽医学院（现为甘肃农业大学）畜牧系饲料生产教研组主任任继周，分别率领草政、草原教学与科研工作队伍，紧密携手，在甘肃广袤、美丽和富饶的草原大地上，坚持不懈地开展草原生产、科研和教育工作的光辉征程，为此后甘肃省发展和成长为全国草原生产、科研和教育大省、强省奠定了基础。

习近平同志在发表的《以史为镜、以史明志，知史爱党、知史爱国》文章中强调，历史是最好的教科书。要了解我们党和国家事业的来龙去脉，汲取我们党和国家的历史经验，正确了解党和国家历史上的重大事件和重要人物。总站领导为贯彻、落实习近平同志的这一思想和中共中央办公厅印发《在全社会开展党史、新中国史、改革开放史、社会主义发展史宣传教育的通知》的精神，组织写作班子，精心编写了一百万余字的《甘肃省草原技术推广总站史》(以下简称《站史》)。《站史》回顾了总站的诞生和70年的成长历程；总结了在各个时期落实党和国家对保护草原生态环境、发展草牧业生产以及脱贫攻坚的方针政策的历史经验；叙述了草原技术推广和研究工作的成绩和意义，肯定和褒扬了作出重大贡献的先进模范人物。《站史》的出版，是甘肃省草原工作的一项基本建设，是甘肃省草政领域的一件大事，对总站今后的工作具有重要的历史指导意义。

《站史》书稿杀青后，总站领导希望我能为此史册写序，虽然这对我来说是一个艰巨的任务，但我考虑这是总站领导对我的信任和重托，是一项光荣的工作；另外，鉴于我和我的工作单位甘肃农业大学草业学院与总站有长期和密切的合作关系，对总站几十年的工作有较多的了解，因而我没有多考虑就答应了总站领导的要求。

我与总站早在1960年就有了工作上的联系，此后几十年，在培训、科研、研究生学位论文答辩和其他工作方面一直都有密切的协作关系，特别是对总站下列几项早期的工作，印象尤为深刻，值得在序中向本书读者叙说。

一、20世纪50年代的草原资源调查工作

1955年草原工作队成立伊始，就以牧区草原资源管理利用为核心，开展了草原资源调查工作，使甘肃成为全国开展草原资源调查最早的省份之一。1956年，由草原工作队王无怠和甘肃省畜牧厅畜牧管理科科长率两个工作组拉开了甘南草原资源调查工作序幕。之后又陆续完成了肃南、肃北、临夏、渭源、天祝5个县的草原调查。在草原类型的划分上，采用了任继周的划分方案。到1959年基本摸清了甘肃省草原的本底情况，完成了《甘肃省草原概况》《甘肃省各地州、各类型草原生产力估算表》《甘肃省1:100万草原分布图》等调查报告，这些重要和珍贵调查研究成果，不仅对甘肃省的草原建设具有重要的指导意义，而且在当时也对全国的草原资源调查工作起到了带头示范作用，其科学水平居于全国领先地位。

二、"草原示范样板田建设"工作

1957年，草原工作队组成工作小组，与甘肃农业大学天祝高山草原试验站合作，在天祝县红疙瘩牧业生产队驻队蹲点，开展了"草原示范样板田建设"工作。工作小组秉持遵循自然规律，合理保护和利用草原资源，繁荣牧区经济，生产生活并重，保障社会稳定的建设方针；引入了草原培育、划区轮牧、饲草贮备、家畜选育和家畜卫生等草原畜牧业先进生产技术。经过3年的努力，全队基本实现了"分片定居、分区轮牧、调整畜群、改良畜种、贮草修棚、保畜接羔、安全过冬、防疫药浴、建设小水电"等生产和生活建设。这在当时是一项极为成功的牧区草原建设工作，具有很强的创新性和示范性。红疙瘩牧业生产队成为全省乃至全国草原牧业生产队的一面先进旗帜，因而在1959年国庆10周年时，获得了周恩来总理签署的国务院奖状。1968年，我带甘肃农业大学草原专业的学生在红疙瘩牧业生产队进行教育革命实践活动时，我们目睹了牧民的分区轮牧和防疫药浴等先进生产活动，还参观了为牧民生产和生活服务的正在发电的小水电站。

三、申家山队农牧结合、种草养畜示范工作

甘肃省农业发展的根本出路在于草地农业认知思想的指引。1979年，甘肃省草原工作队队长王无怠安排王素香到甘肃中部干旱地区的定西通渭县陇阳乡(现为陇阳镇)申家山队扎根驻点，带领群众开展调整种植结构，引草入田，种草养畜，改变当地单一的以粮为纲的农业生产结构的工作。为了从理论上支持这项工作，王无怠写了一篇颇有见解的指导性文章，从光、热、土、水4个因子的相互关系中，阐述了通渭县低温条件下农业发展方向的问题。草原工作队还从甘肃农业大学草原系牧草试验站等地引进几百千克耐寒耐旱的优良豆科牧草红豆草和草木樨种子，在物质上确保这项工作顺利进行。

在县领导和村干部的支持下，1979年申家山队利用集体的撂荒地和荒沟种草

297 亩[①]，建立了一个10头牛的小牛场。1982年人工草地达1361亩，家畜比1979年翻了一倍多，粮食总产比上年度提高了50%，牧业收入占农业总收入的比例由2%~3%增加到60%，水土流失也得到初步治理，草多、畜多、肥多、粮多的良性循环态势基本形成。经过5年的实践，1983年申家山队草畜收入达3.18万元，户均超过1000元，人均200元。人均口粮由不足150千克增加到350千克以上。申家山队用20%的农田种草，粮食反而增产40%，并获得翻倍的畜产品，农民随之增收1倍以上，群众的生活有了明显改善。申家山队成为甘肃省第一个靠种草养畜翻身的典型。

申家山队农牧结合示范点大获成功。1983年9月22日《人民日报》发表了社论《走申家山的路》和《申家山是怎样战胜干旱的》文章，申家山种草养畜的典型经验传遍全国，参观考察学习者络绎不绝。

1983年，甘肃省委、省政府把发展草业作为发展草地农业的战略机遇。当年草原工作队和王素香实施了全国第一个种草科技承包项目，他们通过技术服务的方式，在通渭、会宁、陇西、静宁、庄浪5个县的129个困难村推广申家山队经验。1987年，他们又承担了国家计委立项的“甘肃干旱、半干旱地区种草养畜农牧结合试验研究”项目。申家山队种草养畜的成功典型及其科技承包经验的推广，不仅为中国创新农业科技推广工作提供了一项新的实践道路，也同时奠定了甘肃种草养畜创新大省和中国草业摇篮省份的地位。

四、培养和涌现了一批有突出贡献的先进和模范工作者

在甘肃省草原技术推广总站70年的发展史中，还需要向读者特别提出的是，总站成功培养和涌现出了一批为国家草业作出重大贡献的先进和模范工作者，下面试举几例以作说明。

甘肃省从事草原行政管理与技术推广工作第一人——王无怠总畜牧师。1949年于西北农学院(现为西北农林科技大学)畜牧系毕业。1954年10月，王无怠以甘肃省农林厅办公室主任身份，牵头组建甘肃省草原工作队，主持草原行政与技术推广工作并长期担任草原工作队队长，后升任甘肃省畜牧厅总工程师，他主管甘肃草政近40年，对甘肃草业技术推广体系建设、草原资源调查、草原畜牧业发展、国有牧场规划建设、草地农业推广等方面作出了突出贡献。他主持研究和编写的《甘肃省种草区划》和《甘肃省畜牧业区划》著作是甘肃草业建设和畜牧业发展的重要指导性文献，受到全省、全国同行的高度评价，并获得甘肃省人民政府颁发的二等奖。王无怠是国内草业界的著名人士，曾任西北草业协会理事长、甘肃省畜牧兽医学会副理事长。

多项国家级荣誉称号获得者——王素香总畜牧师。1954年于西北畜牧兽医学院

①1 亩 =1/15 公顷≈667 平方米。

畜牧系毕业后到甘肃省草原工作队工作。她爽朗直率，吃苦耐劳，事业心强。1979年，她主动到甘肃中部干旱山区的通渭县陇阳乡申家山队驻村，开展种草养畜、农牧结合、调整单一农业结构的工作。她在申家山队扎根驻点，艰苦奋斗了5年，取得了申家山队农业结构调整和农民脱贫致富的重大成果。申家山队的成功经验及之后的大面积推广工作的业绩，受到了当时中央领导的关注和肯定。1984年，国家经委、国家科委、农业部、林业部联合授予她农林科技推广工作先进工作者称号。1985年4月，中华全国总工会授予“全国优秀科技工作者”称号和五一劳动奖章。1986年，当选为第六届全国人大代表。

除了上述王无忌和王素香两位杰出代表外，总站还通过草业技术推广和科学研究等方面的实践工作，培养出了一大批有突出贡献的优秀人才。例如，在技术干部队伍中，先后有105位高级职称人员，甘肃省优秀专家3人，甘肃省“555创新人才工程”第一、二层次人选7人，甘肃省领军人才7人，其他人才4人，获省部级科技进步奖和农牧渔业丰收奖50余项。

甘肃省草原技术推广总站过去70年的辉煌已经编入《站史》这本史册中，它的今天正由全站同志共同努力、继续创造，我相信它的明天必将更加绚丽和美好。

希望甘肃省草原技术推广总站今后为甘肃和祖国的草原事业作出更大、更好的业绩。

胡自治

2024年5月14日

序　三

《甘肃省草原技术推广总站史》（以下简称《站史》）历经10余年，在甘肃省林业和草原局的大力支持和《站史》编委会的持续推进下，经过《站史》办公室编撰组的辛苦努力，终于付梓出版，全书约114万字。《站史》的编撰，凝聚了几届领导班子、编撰人员、各科室、老干部和相关参与人员的智慧和心血，是大家齐心协力共同奔赴的成果。

自总站成立以来，已经走过了70年的风雨历程。在上级主管部门的正确领导和大力支持下，在历届站党委和班子的努力下，几代人筚路蓝缕，勇于担当，积极融入甘肃草业和草原生态文明建设大潮，成长为具有重要影响力的省级草原技术推广大站，积累了较为丰硕的实践成果，培育了一支善于把论文写在陇原大地上的优秀科技推广队伍，成为甘肃草业科研和生产相联系的重要纽带，为建设美丽陇原发挥了自己独特的作用。为了记述总站的卓越业绩以及甘肃省草业发展和草原生态文明建设的重要节点，也为了继承和发扬总站的草原人文精神，更为了完成新时期草原人的使命，总站一班人历经10余年，分门别类收集资料，归类整理真实记录，编撰成史，以此激励我们草原人勇担新时期草原生态文明建设和草业发展的历史使命，继续发扬前辈脚踏实地、艰苦奋斗的创业精神，推动我们的事业更上一层楼，再创新佳绩。

在《站史》编撰出版期间，编委会多次召开会议专题研究落实相关任务，统筹解决一些困难，广泛征求老干部和上级单位的意见。值得一提的是，《站史》能够顺利出版，也得到甘肃省林业和草原局及各处室的大力支持和指导，局党组书记、局长张旭晨同志欣然作序，不仅是对《站史》编撰工作的支持和帮助，也体现了对草原生态文明建设事业的高度重视和对未来绿水青山的美好期许，更是对草原人的激励和鞭策。《站史》编撰中，还有一些调离单位的同志、一些与总站长期协作的高校院所的师友以及基层草业推广单位的战友们，对编撰工作给予了积极的帮助和支持，总站人只能以更加博大的情怀，与大家不断协同共进，在广袤的陇原大地上收获我们草原人更加丰硕的成果。

《站史》先后成稿5次，审稿7次。2018年12月第一稿成形约40万字，2020年9月第二稿约80万字，2021年12月第三稿约90万字，2023年9月第四稿约120万字，2024年6月第五稿约114万字，先后收集各类档案文件、报刊、相关书籍、项目成果等基础资料约1200万字，编撰工作之繁浩可见一斑。资料收集整理由王俊梅负总责，杨青、谭成虎、鲁征、杨浩、马爱霞、李贵霖、席文娣、王炳煜、孙斌、许国成、张万祥、张贞明、阿不满、向金城、李德明、张洁、谭立伟、王中华、张永辉、周栋昌、姜佳昌、李霞、李智燕、晁德林等50余人或参与了编写相关章节或提供了相关资料。尤其原政工科科长、老干部杨青同志，就单位早期的机构和职工队伍情况提供了个人工作笔记等弥足珍贵的第一手资料，令人敬佩。刘宗祥、谭立伟、向金城、李德明、罗亮等在图片采集中做了大量工作。参与资料收集整理的还有朱倩、付萍、李晓鹏、曹明崇、张林、程天亮、张丽娟等。出版社刊印第一稿和后期，各科室多人先后3次参与了校对工作，为加快《站史》出版进程助力。在此，我向《站史》办公室的编撰人员以及所有为《站史》付出过心血的同志表示由衷的感谢！

十年寒暑，众手编织，点点滴滴，载入史册，成效可见。凡是过往，皆为序章，纰漏错误在所难免。但重要的是甘肃省草原技术推广总站这支队伍，在习近平新时代中国特色社会主义思想指引下，将从新的起点上阔步迈向生态文明建设和草产业发展新征程，为绿水青山、蓝天白云，为青青碧草、牛羊成群再绘新画卷。

刘兴明

2024年6月

前　言

七十华载，悠悠岁月，跌宕起伏，征程如歌。酝酿于甘肃省畜牧兽医大队，成立于甘肃省草原工作队，几经分合，走到今天的甘肃省草原技术推广总站（以下简称“总站”）。几代人，几多辛酸奋斗，几多辉煌成果，点点滴滴融入了甘肃草牧业发展和草原生态建设之潮，为陇原大地的绚丽如画泼墨添彩，为今天的蓝天白云绿水青山奋斗不息。

70 年的风雨历史，总站人和甘肃草原人一起历经艰难，共同谱写了甘肃草业的厚重篇章。总站创始人王无怠先生离我们而去 29 年了，他留给我们勇于实践、孜孜求实的作风仍然是现代草原人的精神瑰宝；成为草业界名人的王素香先生，她带领总站一班人于 20 世纪 80 年代，在黄土高原的定西通渭申家山，与农民一起摸爬滚打，成功实践种草养畜之典型，正成为今天国家现代农业建设的方向。这些先辈们以及他们的团队，不仅在国家困难时期，创建了甘肃草原技术推广体系，而且为总站留下了草原人宝贵的精神财富。共同使命、责任担当和不变的初心使他们凝聚了一批省内外有志有识之士，成为草业征程的拓荒者，也成为总站建设与事业发展的良师和益友。草业界任继周先生、南志标先生、胡自治先生、吴仁润先生、张自和先生、曹致中先生、汪玺先生、刘荣堂先生、陈宝书先生、师尚礼先生等，甘肃农业大学草业学院、兰州大学草地农业科技学院、中国农科院兰州畜牧与兽药研究所、甘肃农业科学院等同仁和兄弟单位以及市、县草原推广体系的同行者，多年来持续关注和助力总站的发展，携手推动甘肃草业科技、草产业和草原生态建设走向新征程，也成就了总站人的风貌和骄傲。在《甘肃省草原技术推广总站史》（以下简称《站史》）的编辑出版中，这些专家和友人同样给予了大力协助和指导，全体总站人借此致谢！

作为省级农业乃或林草行政主管直属事业单位，总站在各个关键阶段得到了主管厅局的高度重视，主管厅局对总站的建设发展给予了有力领导和大力支持。总站在自身的建设发展中，也培养输送出了大量的科技、行政和企业管理人才，他们在不同岗位为建设美丽甘肃作出了贡献。

出版《站史》是经过反复征求职工意见，尤其是在总站创业者老干部的热烈倡议下，站党委认真研究决定的。以总站岁月之久长，丰富的业务和文化积累，通过《站史》系统梳理发展历程，是对总站 70 年发展的回顾和总结，是对前辈业绩的缅怀和学习，是对甘肃几代草原人为甘肃草业辛勤耕耘成果的再研究、再推广，也是对甘肃草原人勤奋敬业、团结进取精神的传承和发扬，更是激励广大草原人发扬优良传统，建设草业生态文明新辉煌，铸就美丽中国草原梦的新起点、新征程。

《站史》编撰工作启动于2013年10月，成立了编委会,由时任站长韩天虎同志任编委会主任，时任全体党委委员任编委会副主任。抽调各科室人员组成了编撰课题组,启动了编撰整理工作。下设站史办公室，时任副站长张榕同志负责具体编撰工作。2023年5月，为加快《站史》编撰出版进程，现任党委书记、站长刘兴明同志任编委会主任，其他党委委员任副主任，确定专人负责编撰审稿出版工作。

《站史》按照编年体，从“机构队伍、业绩、体系建设、调研培训、大事记以及附录”等6个方向编撰，主要依据档案、访问座谈、新闻报道、图片追索等第一手资料，编撰过程以档案资料为主，职工回忆口述资料为辅，资料缺失的略过。编撰组确定了“遵守疆界，不越境而书；横排门类，纵向记述；以类系事，事以类同；以事系人，生不列传”的原则。其断限依据上限以1954年筹备建队开始，下限以2024年6月终止。中间分段以1954—1984年、1984—1996年、1996—2004年、2004—2019年、2019—2024年为大段，同时结合总站更名、合并、拆分等情况断限。

在10余年的资料收集和编撰过程中，先后通过老干部座谈会、老干部专题访谈、走（函、电）访老干部、查阅档案和新闻资料等工作开展资料收集和整理，也走访了单位创始人王无怠先生和前辈王素香先生的家人，得到了其子女的全力支持，他们提供了弥足珍贵的相关资料。基础资料收集整理由王俊梅负责，杨青、谭成虎、鲁征、李贵霖、马爱霞、席文娣、王炳煜、孙斌、张洁、许国成、向金城、谭立伟、杨浩、张贞明、阿不满、王中华、张永辉等人或参与了编写相关章节或提供了基础资料，尤其杨青同志，就单位早期的机构和职工队伍情况提供了大量弥足珍贵的第一手资料。刘宗祥、谭立伟、向金城、李德明等在图片采集中做了大量工作。参与资料收集整理的还有朱倩、付萍、李晓鹏、曹明崇、张林、程天亮、张丽娟、周栋昌、孟祥君、莫负涛、高成芬、李霞、张万祥、喻文虎、姜佳昌、徐正辉等，各科室多人参与了校对工作。在《站史》审稿中，总站的第一代老朋友、甘肃农业大学草业学院胡自治先生和汪玺先生百忙之中几番审阅、出谋划策。尤其在第一稿框架下提出的补充内容，使《站史》更加“有血有肉”，如醍醐灌顶，打破了原定“就事论事”的局限，经过重新布局，补充了大量的业务资料，使书稿由骨感变得立体丰满，在此致以崇高敬意和感谢！期间，幸得王无怠先生长子王劲先生整理的《王无怠论农牧业生产与科技》一书出版，为觅得早期许多业务成果和发展轨迹提供了珍贵史料，特此致谢！

70年来，总站几经动迁，1979年之前的单位档案遗失，2009年在站址搬迁中又遗失了大量第一手资料，加之一些老领导和重要当事人离世，尤其是编撰人员知识水平局限、经验不足以及认识的局限，掩卷之际，遗憾连连，仍不能释怀。挂一漏万，意犹未尽之际，终究恳请谅解，留待后人再续辉煌。

《甘肃省草原技术推广总站史》编委会

2024年6月

目　录

第一篇　机构队伍篇

漫漫历史长河，草牧业伴随着人类发展涓涓不息。中国草牧业发展在泱泱华夏瓜瓞延绵中厚积薄发。轻轻翻开新中国画卷，草业的繁简盛衰踏着中华人民共和国喜怒哀乐之节拍，很快扑入草业人的眼帘。陇原大地，自古以来，秉承天地万物之惠赐，草牧立业，汉代张骞从西域带来苜蓿畜种，锦上添花，成就了“陇右畜牧为天下饶”，并呈现了政治、经济、军事、文化的并蒂繁荣和兴旺，在几千年锲而不舍、亦步亦趋中沉淀了甘肃大地草牧业桥头堡、大后方的底色。甘肃省草原技术推广总站在中华人民共和国成立不久应时而生，沿甘肃省畜牧兽医工作队、甘肃省草原工作队、甘肃省饲草饲料技术推广总站、甘肃省草原技术推广总站一路走来，承载了把甘肃的草地资源和草原科学技术联系起来的重要纽带，也成为这片土地上的农牧业生生不息发展繁荣的重要组成部分。从成立之时起，这支队伍在甘肃大地苦苦奔忙了半个多世纪，许多前辈为小草奉献了毕生心血。已故的甘肃省草原工作队开创人王无怠总工程师、王素香总畜牧师就是杰出代表。回顾甘肃省草原技术推广总站的发展历程，许许多多的先辈们或退休、或已作古，但他们风尘仆仆的身影历历在目，他们的功绩和对后人的影响是不可磨灭的。

70载岁月，历史长河瞬间。细数甘肃草业，见微知著不凡：举步维艰有之，整装阔步有之，支离破碎有之，兴盛跨越有之，低谷迷茫有之，激情奋战有之，黯然飘零有之，欣欣向荣有之。点滴穿越，辗转起伏，从站无定所、捉襟见肘到人马齐整装备精良，一个集体、一支队伍、一种精神、一脉事业，承载了几代人的命运兴衰，见证了大西北一隅的发展变迁，成为新中国草牧业发展成就中不可或缺的一缕藤蔓，掩卷谋思，成为总站人，何其幸哉。

屹立新时代，又一次踏进林草融合大生态体系，不同的是，我们没有惶恐和迷茫，充满了期待和憧憬，只待扬帆再起航，驶向美好新征程。我们的青山绿水，历史的金山银山，草人的绿色梦想定会插上时代的翅膀翩然而至。

第一章 机构沿革及职能

1949年10月1日中华人民共和国成立，10月9日国家设立农业部，内设畜牧兽医司，负责全国畜牧兽医草原行政管理和技术指导事宜。同年12月，全国各大行政区陆续成立农林部，西北大区增设畜牧部。至此，中国草政机构开始运作并发挥重要作用。

1950年2月，甘肃省人民政府农林厅成立，并设畜牧科。1953年，国家进入第一个五年经济建设计划时期，甘肃省农林厅首次将种植苜蓿和发展养殖同时列入全省农业生产计划，当年种植牧草166.5万亩。1954年，国家各大行政区撤销，各省成立畜牧兽医局，农业部设畜牧兽医总局。由于春季旱、雪双灾导致牲畜大批死亡，当年甘肃省农林厅的生产方针是“开展爱国主义增畜保畜运动……”饲草严重不足，使牧业应对灾害无力的问题充分暴露，甘肃省农林厅在加大饲草种植（计划164.93万亩，实际种植183.06万亩）面积等一系列应对措施的同时，积极筹划成立相关保障工作机构。同年，在甘肃农业大学前身西北畜牧兽医学院工作的中国草业科学重要奠基人任继周先生，在天祝金强河建立了中国第一个高山草原定位试验站。10月，由甘肃省农林厅委派办公室主任王无怠兼任甘肃畜牧兽医工作队副队长，牵头组建甘肃省草原工作队并主持工作。至此，甘肃省草原工作队一边筹建，一边展开工作。

1955年1月，甘肃省畜牧厅成立，草原工作队大力开展人工种草，为增畜保畜运动积极发挥保障作用。同时，为解决肥料问题，省畜牧厅要求在水地种植绿肥，山地推广苜蓿、草木樨，全省种草面积达到216.41万亩，草原队组织向牧区为主的灾区调剂供应饲草1018万千克，互助互换饲草40多万千克。同时，由王无怠牵头组织的草原资源调查工作组，会同地州县开始涉及肃南、肃北、天祝、夏河、康乐、渭源、卓尼、岷县等重点区域的草原调查工作。

1956年3月，甘肃省畜牧厅正式发文，甘肃省草原工作队挂牌，在前两年种植牧草抗灾保畜、深入牧区积极开展草原统一管理和牧业生产管理技术试验示范工作基础上，王无怠主持谋划布局全省草原资源底数调查、社会主义新牧区建设、国有牧场规划建设、草原改良及牧草新品种引进与推广、青贮饲草料技术推广等系统化草原畜牧业技术推广事业。至此，第一任队长王无怠先生身先士卒，紧密结合甘肃草原建设和畜牧业生产实际，与任继周等老一辈草业人携手，带领全省草业界在甘肃大地上开启了草业科学与实践的光辉征程。

第一节　主管机构沿革

甘肃省草原技术推广总站自 1954 年筹办成立并开展工作以来，行政管辖机构依次为：

1954 年 10 月—1955 年 1 月，归口甘肃省农林厅(现甘肃省农业农村厅)。

1955 年 1 月—1961 年 4 月，归口甘肃省畜牧厅（现甘肃省农业农村厅)。期间，1956 年 3 月，甘肃省畜牧厅正式发文成立甘肃省草原工作队。

1961 年 4 月—1963 年 8 月，归口甘肃省农牧厅（现甘肃省农业农村厅)。1961 年 5 月，甘肃省草原工作队第一次机构撤销，人员合并成立甘肃省畜牧兽医工作大队，后变为甘肃省农牧厅野外工作大队，但草原业务一直独立开展。

1963 年 8 月—1969 年 11 月，归口甘肃省畜牧厅（现甘肃省农业农村厅)。期间，甘肃省农牧厅野外工作大队解散，1964 年甘肃省草原工作队重新恢复建制，并于 1965 年 2 月启用印章。

1969 年 11 月—1977 年 3 月，甘肃省草原工作队撤销建制，合并分流。

1977 年 3 月—1978 年 2 月，甘肃省草原工作队第二次恢复建制，归口甘肃省农林局（现甘肃省农业农村厅)。

1978 年 2 月—1980 年 2 月，归口甘肃省畜牧局(现甘肃省农业农村厅)。

1980 年 2 月—1983 年 11 月，归口甘肃省农牧厅(现甘肃省农业农村厅)。

1983 年 11 月—1996 年 11 月，归口甘肃省畜牧厅(现甘肃省农业农村厅)。期间，1984 年甘肃省草原工作队更名为甘肃省饲草饲料技术推广总站，1989 年加挂了甘肃省草原监理站的牌子。

1996 年 11 月—2009 年 5 月，归口甘肃省畜牧局（现甘肃省农业农村厅)。期间，1996 年 11 月单位更名为甘肃省草原总站，2004 年单位更名为甘肃省草原技术推广总站。

2009 年 5 月—2018 年 12 月，归口甘肃省农牧厅(现甘肃省农业农村厅)。甘肃省草原监理站分离另设机构。

2018 年 12 月，机构改革中，归口新组建的甘肃省林业和草原局。

第二节　甘肃省草原工作队时期（1954—1984 年）

一、机构沿革

1954 年 10 月，甘肃省农林厅派办公室主任王无怠组建甘肃省草原工作队，队址设在兰州市平凉路 236 号，与甘肃省畜牧兽医工作队和西北羊毛改进处合署办公，统管全省草原建设工作。

1955 年 1 月 1 日，甘肃省畜牧厅成立，甘肃省草原工作队随之隶属甘肃省畜牧厅。

1956 年 3 月，甘肃省畜牧厅发文，甘肃省草原工作队正式挂牌，王无怠任副队长并继续主持工作，有职工约 15 人，队址设在兰州市大教梁甘肃省畜牧厅办公楼。

甘肃省草原工作队经过历年分配补充人员，1960 年，职工达到 41 人，甘肃省人民政府任命王无怠为甘肃省畜牧厅草原工作队队长。由于全国性经济困难，开始精简机构、下放人员，全省畜牧推广机构和技术人员陆续被裁减。1961 年 4 月 21 日，甘肃省人民委员会第 13 次会议通过，甘肃省农业厅、畜牧厅、林业厅、农垦局合并为甘肃省农牧厅，下设甘肃省畜牧局。5 月，甘肃省农牧厅将甘肃省兽疫防治队、甘肃省畜牧厅草原工作队合并为甘肃省农牧厅畜牧兽医工作队，后与甘肃省土地规划队、甘肃省林业调查队合并为甘肃省农牧厅野外工作大队，队址设在兰州市段家滩，隶属甘肃省农牧厅管辖。甘肃省人民委员会任命王无怠为甘肃省农牧厅野外工作大队副队长，兼任畜牧兽医工作队队长。行政管理合并，业务工作各自分开，草原工作在甘肃省畜牧兽医工作队独立开展。

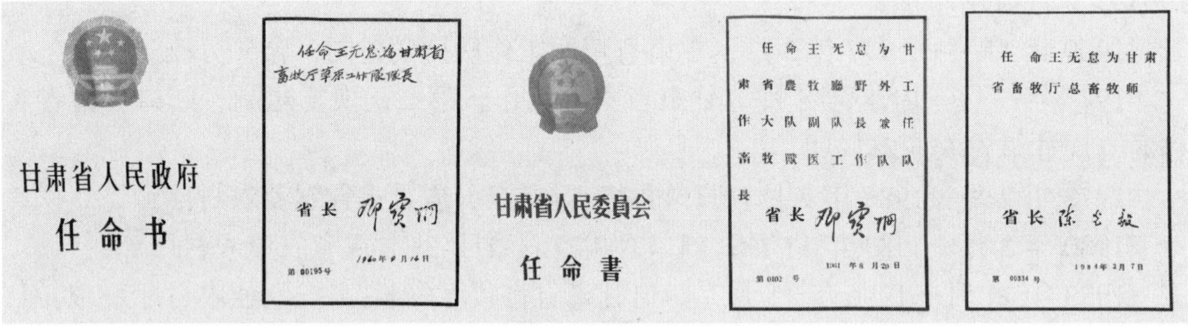

王无怠同志任命书

1963 年 8 月 14 日，国务院批准甘肃省农牧厅畜牧局从甘肃省农牧厅分出，成立甘肃省畜牧厅。

1964 年，甘肃省畜牧厅畜牧兽医工作队解体，成立了甘肃省畜牧兽医总站，恢复了甘肃省畜牧厅草原工作队，有职工 40 人，队址设在兰州市段家滩。

1965 年 2 月 23 日，甘肃省畜牧厅发文通知启用甘肃省畜牧厅草原工作队印章。

1969 年，撤销甘肃省农业厅、甘肃省畜牧厅，成立甘肃省农牧业管理局。1969 年 11 月，甘肃省农牧业管理局将甘肃省畜牧厅草原工作队与甘肃省畜牧厅畜牧兽医总站兽医防治队、甘肃省畜牧厅畜牧兽医总站家畜改良队合并成立甘肃省畜牧兽医工作队，办公地址设在平凉。甘肃省畜牧厅草原工作队被撤销，一部分人员分流到甘肃省畜牧兽医工作队，随迁平凉；一部分人员并入中国农科院兰州畜牧兽医研究所，成立牧草室，办公地址在兰州市七里河区小西湖硷沟沿 20 号院内。

1977 年 3 月 5 日，根据甘肃省编委《关于省农林局等单位调整增设直属事、企业机构的通知》和甘肃省农牧局《关于调整省畜牧兽医工作队机构的通知》，将甘肃省畜牧兽医工作队分为3个单位，即甘肃省草原工作队、甘肃省畜牧研究所、甘肃省畜牧兽医总站，为县级事业单位，隶属甘肃省农林局。恢复建制的甘肃省草原工作队核定人员编制65名，实有职工46人，其中干部37人，工人9人，大学本科13人，专科8人，中专16人，队址暂驻天祝县打柴沟镇，下设两个科室，即办公室、业务组。

1978年2月，甘肃省农林局更名为甘肃省农牧局，分出甘肃省林业局和甘肃省农垦局，甘肃省草原工作队隶属甘肃省农牧局。

1979年3月3日，甘肃省草原工作队迁入兰州，选新址在兰州市刘家坪45-1号修建办公楼。期间，部分人员继续在天祝县打柴沟办公，其他人员以下乡为主，没有固定办公场所。

1980年2月22日，甘肃省农牧局改为甘肃省畜牧局和甘肃省农业局。甘肃省草原工作队隶属甘肃省畜牧局。

1982年，甘肃省草原工作队队部及人员迁入兰州，年底全队人员集中在兰州市张掖路人民饭店进行年度工作总结。1983年春节过后，人员撤离人民饭店继续下乡开展业务。当年，兰州市刘家坪45-1号办公楼（原设计为实验室楼）建成投入使用（2009年搬离时的门牌号为兰州市刘家坪149号，2018年并入林草系统时门牌号为170号），由甘肃省草原工作队、甘肃省兽医总站和甘肃省土地勘测设计院共同使用，标志着甘肃省草原工作队在兰州有了正式固定办公场所。

1982年3月1日，甘肃省人民政府以建字〔1982〕020号、兰州市人民政府以建字〔1982〕048号文，将七里河区晏家坪以南馒头山范围的国有荒山500亩划拨给甘肃省草原工作队，作为绿化种草试验基地。当年，甘肃省畜牧局批复成立馒头山牧草试验站（甘牧字〔1982〕128号《关于成立甘肃省草原工作队馒头山牧草实验站的批复》）。

1983年2月19日，甘肃省委、省政府决定合并省农业厅和省畜牧厅，成立了甘肃省农牧厅。11月19日，中共中央办公厅、国务院办公厅批复，甘肃省农牧厅分设为甘肃省畜牧厅和甘肃省农业厅。甘肃省草原工作队隶属于甘肃省畜牧厅。

二、职能演变

成立初期：1954年, 在甘肃省农林厅领导下，甘肃省草原工作队边筹建边开展草原外业和人工种草工作，任务是“草原资源调查，国有牧场规划、选址、设计工作”。1956年，甘肃省畜牧厅正式发文，甘肃省草原工作队从甘肃省畜牧兽医队分离单设，核定职责为“草原资源调查，草原规划，牧区人工种草、牧草引种栽培、划区轮牧试验及技术推广，国有牧场规划、选址、设计工作。”

第一次撤销时期：1961年甘肃省草原工作队先后合并为甘肃省农牧厅畜牧兽医工作队和甘肃省农牧厅野外工作大队，职能和任务由草原调查逐步扩展到“草原规划，牧区人工种草、牧草引种栽培、划区轮牧试验及技术推广，农区粗饲料加工技术推广”。

第一次恢复建制时期：1964 年甘肃省草原工作队恢复建制，职能和任务依然为“草原调查，草原规划，牧区人工种草、牧草引种栽培、划区轮牧试验及技术推广，农区粗饲料加工技术推广”，但在实际工作中，草原调查职能和草种工作得到加强。

机构动荡时期：1969 年开始，再一次机构合并，甘肃省草原工作队一部分人员分流到中国农科院兰州畜牧兽医研究所，成立了牧草室，行使草原工作职能，工作任务为“草原技术研究，牧区人工种草、牧草引种栽培、划区轮牧试验及技术推广”。期间主要以牧草试验为主，大部分业务搁浅。

第二次恢复建制时期：1977 年“甘肃省草原工作队”第二次恢复建制，同时批准设立了办公室和业务组。

单位职能：总结推广牧业学大寨的先进经验和草原建设科技成果，帮助牧业县、社进行草原调查、勘测规划，开展基本草场和饲草料基地建设、草原防蝗灭鼠工作，保护、利用、培育更新和改良草原，繁殖推广优良牧草种子，配合水利部门大搞草原水利建设，推广牧业机械。

科室职能：20 世纪 80 年代初，中部旱作地区种草养畜、农牧结合试点取得巨大成功，全省第一次草场资源调查工作铺开，单位内部设置和业务职能分工不断细化。1982 年 6 月，甘肃省畜牧厅批准建立“甘肃省草原工作队馒头山牧草试验站”，单位内部为科室。1984 年 2 月，根据《关于省草原工作队内部机构设置的批复》（甘牧党字〔1984〕012 号），设立行政办公室、业务办公室、种草科、草原建设科、饲料科，馒头山牧草试验站。实有职工 91 名，其中干部 70 名，工人 21 名。业务办公室内设情报资料室、化验室、技术委员会。

办公室：承担党务、政务、事业和业务综合工作。

种草科：承担全省种草发展规划及种草技术指导工作，优良牧草品种繁育基地建设和推广，技术力量培训，飞机种草试验。

草原建设科：承担牧区草场和草山草坡建设，草场资源勘测、规划和草场改良工作以及防虫灭鼠工作。

饲料科：负责全省饲料资源的普查开发和利用，进行不同畜禽饲料配制，各种饲料加工调制，各种配合饲料饲喂示范和技术推广工作。

兰州馒头山牧草试验站：培育繁殖耐旱牧草品种，进行野生耐旱牧草品种栽培技术研究，探索荒山、荒坡种草绿化模式等。

情报资料室：负责种草、饲料和草原方面的先进技术资料收集整理、编印、保存和交流工作，开展技术信息服务，归档管理第一手技术资料。

化验室：主要围绕草原调查采集的草地土壤、牧草、饲料等样本，开展成分测定和营养价值评定。

技术委员会：是本队最高的技术决策机构，负责队内各项科研和技术推广项目的审定等。

三、主要成效

单位成立伊始，紧紧以牧区的草原资源管理利用、农区的人工种草两条主线切入，抓点示范、建立样板，探索草地农业建设路径，成功建立了涵盖草牧业多视角的广泛职能，奠定了单位在甘肃草牧业建设、生态文明建设、草业科技进步以及农牧业经济社会改革发展关键阶段、关键环节发挥重要作用的行业地位，孕育了单位实践基层、联系群众、吃苦务实、团结创新的团队精神和单位文化。

（一）为全省畜牧业发展护航应运而生，有效确立了抓点示范的技术推广工作路径

1953 年，国家进入第一个五年经济建设计划时期，作为当时全国五大草原牧区的甘肃省，以增加牲畜数量为目标的爱畜、保畜、增畜运动持续升温，但当年严重的旱灾和 1954 年春季雪灾导致了牲畜的大批死亡，在抢救牲畜之际，为了解决牧区的饲草保障问题，甘肃省农林厅筹建成立了甘肃省草原工作队。从 1954 年到 1956 年，单位第一任领头人王无怠白手起家，创建了甘肃省草原工作队这支省级草原技术推广队伍，并身先士卒，树立团队端正务实的从业精神、重视实践的从业作风和团结向上的凝聚力，逐步奠定了甘肃草原技术推广队伍敬业求实接地气的人文精神。

单位组建之初，抓住牲畜越冬饲草短缺这一涉及牧区发展稳定的全局性问题，在大力推进苜蓿等人工草地建设和绿肥种草方面成功破题。1954 年全省人工种草 200 多万亩，割贮草 2000 余万千克，实践了草业在大农业中的重要作用，实现了保障农区大家畜担负耕作的重要任务，也探索了通过农区种草保障牧区牲畜安全越冬的途径，同时，实践了绿肥种草在解决土地肥力，保障粮食生产上的重要功能。这些业务探索和技术积累为日后全省草业大发展奠定了重要技术路线和实践基础。

（二）以草原资源保护利用为主线，参与了甘肃牧区改革建设蓝图规划

甘肃是开展草原资源调查最早的省份之一。全国第一个经济建设五年计划期间，甘肃省、内蒙古自治区等地区先后成立了草原队（站），而开展草原资源调查始终是草原站的一项主要职能。1955 年，甘肃省草原工作队筹建中，就由王无怠等人牵头组成调查组，完成了肃南、肃北、临夏、渭源、天祝等 5 个县的草原调查。次年，由队长王无怠和甘肃省畜牧厅畜牧管理科科长王建邦率两个工作组拉开了甘南草原资源调查工作序幕。之后，陆续在不同区域开展了草原资源调查。20 世纪 80 年代初期由甘肃省草原工作队牵头启动，率全省草原站系统历时数年完成的草原资源调查成果，迄今为止一直是甘肃省历次草原资源调查、草原保护利用以及制定草原相关政策的重要依据。目前，各个时期的草原调查成果相互补充，形成了较为系统完整的全省草原资源基础数据、图件及标本库，为改革开放 40 多年来的草原生态建设、

草原畜牧业发展和牧区经济社会建设提供了基本数据资料。

甘肃省草原工作队全程参与了中华人民共和国成立后全省草原牧区经济社会改革，系统研究并建立了草原改良综合利用示范点，确立了基本技术和制度措施。从牧区草原统一划管使用开始，参与了国有牧场的规划选址、建设方案制定等过程。同时，通过在天祝、夏河、肃南等典型牧区建立草原改良利用和配套设施建设改革试点，把打土圈、垒石圈、挖暖窖、搭棚、分区轮牧等草原利用技术不断在牧区推广完善，逐渐形成了至今仍在推广应用的草场合理利用配套技术。通过一系列技术措施和经济社会改革措施的配套落实，解决了贫苦牧民有畜无草原及利用不合理的一系列问题，被牧民总结为“合理利用草原牲畜好，消除民族纠纷团结好，草原培育休息生长好，留下割草地方储草好，公母大小分群放牧好，定居轮牧人畜两旺好。”20 世纪 60 至 70 年代单位几经分合，人员流动频繁，但自成立以来，一直在草原上摸爬滚打，与牧民同甘共苦凝练而成的以草原为家的情怀并没有流失。在草原调查、国有牧场规划建设、抗灾保畜草原示范样板田等牧业经济技术改革示范点建设中，形成的“秉持遵循自然规律，引进先进生产技术，合理利用草原资源，生产生活并重，繁荣牧区经济，保障社会稳定的建设方针”至今仍不过时。以天祝抓喜秀龙的红疙瘩村样板点为例，草原队蹲点人员与当地工作人员一起，发动教育，带领牧民奋战数年，使全队基本实现了“分片定居，分区农牧，调整畜群，改良畜种，贮草修棚，保畜接羔，安全过冬，预防药浴，建设小水电”等生产生活配套的示范，这项工作具有很强的创新性，当时处于全国领先地位，于 1959 年获得了周恩来总理签署的国务院奖状，并由此将天祝黑疙瘩村更名为红疙瘩村。先后建立了“天祝红疙瘩”综合配套改革、“碌曲尕海”饲草料地配套经营、“夏河甘加”牧民定居、“肃南大河”配套水利建设、“夏河桑科”草原现代化、“肃南韭菜沟”划区轮牧、“肃南红石窝”草畜双承包、夏河二郎滩和加尕滩抗灾保畜基地等全省主要牧区草原资源保护利用和综合经营示范点，奠定了甘肃省草原工作队在草原畜牧业技术创新和推广中居于实践前沿的技术推广模式，为逐步形成较为完善的甘肃省、地(州、市)、县草原技术推广体系发挥了导向作用，为甘肃草原畜牧业持续发展、民族团结进步和草原生态向好做出了应有的贡献。

（三）建立了草地农业示范点，为全国农业结构调整树立典范

20 世纪 80 年代初，甘肃省和全国一样，迎来了草原建设和草业发展的春天。1977 年甘肃省草原工作队第二次恢复建制以来，老队长王无怠同志重新聚拢了散落到全省各地的老草原人，迅速开启了甘肃草原建设和草业发展的新篇章。

1. 引草入田，率先建立了国内粮经饲三元种植结构示范点

重视实践与调查研究，是草原队成立伊始形成的优良工作作风。20 世纪 80 年代初，以创始人王无怠为典型代表，率团队踏遍了陇原山水，在调查研究基础上，提

出了“农区应以调整结构为起点，打破单一的粮食种植结构，建立新的粮食经济饲草料作物三元种植结构，引草入田，形成夏粮、秋粮、牧草三头齐抓的种植格局”。这一指导思想曾被人民日报报道，并引起决策部门重视，为甘肃省调整农业结构提供了技术路径。草原工作队通过建立示范点和总结研究，把黄河中上游农耕文化古老的草田轮作制度上升到了理论和技术层面，推动调整单一种植粮食的耕作制度，把草的多重功能应用于农业实践，为甘肃农业发展注入了现代科学思维和操作措施，取得了明显成效。

申家山草地农业流域概貌

2. 农牧结合，成功实践了发挥草牧业系统效益的农业模式

草原队选择了以苦瘠甲天下著称的甘肃中部干旱山区定西市通渭县陇阳乡申家山社为试点，从 1980 年开始，开展了以种草调整种植结构为切入点的草地农业实践。经过几年努力，在申家山产生的种植红豆草效应，是 20 世纪 80 年代初甘肃省草原工作队在中国农业史上浓墨重彩的一笔。具体来说，是当时的技术人员王素香同志，她在队长王无怠的支持下，以种草养畜为主线，数年蹲点申家山社，从调整农业种植结构入手，通过引草入田，在耕地撂荒地种植了 300 多亩红豆草，同时配套牛羊养殖。该示范点取得了在粮食播种面积减少的情况下，粮食总产不降反增的好成绩，并且实现了农民从生产队集体获得现金收入零的突破。这一现象在以粮为纲的大背景下，引起了当时全国性的高度关注。名不见经传的申家山沸腾了，全省、全国各级现场会走马灯似的在申家山不断召开，有民谚为证，“去申家山看个草，到招待所吃个饱，温泉泡个澡，小汽车坐上跑”。20 世纪 80 年代初期，甘肃日报、人民日报等报纸头版都报道了申家山种草获得的主要成效即通过引草入田，探索建立了草畜肥循环经济。这一成果：一是切中了当时旱山区面临的“三料”(饲料、肥料、燃料)俱缺问题之要害，种草直接解决饲料，通过养畜间接解决肥料，通过增加收入解决燃料问题；二是通过种草养畜延长了农业产业链，当地农业在粮食为主的单一结构中受干旱持续影响，土地利用效益差的难题得以破

王素香在试验地(右)

解，而该示范点构建了一条以土壤为核心的农业生态系统新路子；三是打破了甘肃贫困旱山区几千年广种薄收的小农经济思想束缚，给山区群众依靠农业脱贫带来了新希望；四是申家山草地农业的成功示范催生了我国草产业的萌芽，也成为草地农业科学理论形成的重要实践前沿，为任继周先生草地农业理论破题提供了实践依据。

（四）因地制宜，走出了甘肃生态建设好路子

甘肃黄土高原是我国黄河流域水土流失的典型区域和重灾区，黄河泥沙的三分之一由甘肃输出，农田种草不仅是改善土壤性能、提高肥力的有效途径，而且是减少地表径流，防止水土流失的科学举措。通过20世纪80年代在天水、陇南、定西、河西等不同区域示范，均表明引草入田、草田轮作是实现耕地和生态环境可持续发展的根本途径。申家山示范点的成功实践，一是通过种草破解了黄土高原干旱沟壑卯梁区水土流失之历史难题，收到了经济生态社会效益兼顾的效果；二是其典型经验上升为国家大政方针，成为当时中央领导人视察甘肃时做出“西北地区飞播种草大有可为”等方针的重要依据。在申家山示范点影响下，当时的团中央提出了全国中小学采集草种树种支援甘肃种草的“绿色希望”工程；三是成为甘肃确立生态农业经济发展战略的重要依据。根据申家山经验，1983年甘肃省第六次党代会确定了“三年停止（植被）破坏，五年解决温饱”的奋斗目标，甘肃省草原工作队参与了《甘肃中部地区三年停止植被破坏资料汇编》编撰整理，在此基础上，甘肃省委、省政府制定了《关于中部十八个干旱县“三年停止破坏”规划纲要》，明确了“反弹琵琶”、念草木经，“种草种树，发展畜牧”的发展战略，当时开展种草技术服务、调运发放草种、统计数据、蹲点一线成为单位的主要业务之一。时任省委书记提出了“把甘肃建成我国第一流林牧业基地”的战略定位。因此，申家山等一批示范点是国内最早退耕还草成功实践的先例，并由此奠定了种草在甘肃生态文明建设中的重要地位。

（五）润物无声，孕育塑造了甘肃草原工作队务实的从业精神和团队品格

改革开放后重新恢复了建制的甘肃省草原工作队，以老队长王无怠为带头人，重新聚拢并团结带领了一批原甘肃省草原工作队的老前辈，他们以时不我待的历史使命感投入到忘我的草原事业中，取得了骄人成绩。一是老一辈吃苦敬业的奋斗和学习精神凝聚成为甘肃省草原工作队的优良传统得以传承，七十载岁月，甘肃草原大地和田陌卯梁成为一代又一代草原人成长、奉献又隐退的广阔舞台。跋山涉水、严寒酷暑、抛家舍业成为他们的家常便饭，也塑造了甘肃省

王素香在申家山

草原技术队伍坚韧乐观豁达向上的可贵品质；二是培养锻造了草业杰出人物代表王素香。成功建立申家山示范点的草业科技界杰出代表王素香，多次受到党和国家领导人的接见，当选为第六届全国人大代表、中国妇女第五次全国代表，荣获“五一劳动奖章”、全国“三八红旗手”、甘肃省劳动模范、全国农林科技推广工作先进工作者、全国优秀科技工作者等称号，为单位树立了光荣榜样，成为单位精神文明建设的重要成果；三是从零开始，逐步建立了全省草原技术推广体系和队伍，确立了抓点试验示范、由点到面的草业推广工作路线。“蹲点”是草原队人的必须功课。多年来，新人到单位的第一课就是蹲点。20 世纪 50 年代开始，在牧区建立了夏河、肃南、天祝等草原改良综合试验点。在农区建立了秦安、武山、渭源、通渭、安定等种草养畜、水土保持及绿肥试验示范点，成为甘肃草牧业成果的成功模式；四是和甘肃农业大学、甘肃草原生态研究所（兰州大学）、中国农科院畜牧所、甘肃农科院等科教单位建立了深入广泛的合作机制，为甘肃草业理论奠基、成果创新和实践突破发挥了重要枢纽作用，奠定了甘肃草业科技界和实践紧密结合的优良基石。

申家山试验示范资料汇编

第三节　甘肃省饲草饲料技术推广总站时期（1984—1996 年）

一、机构沿革

1984 年 6 月，根据《关于厅机关处室及厅属单位名称、地址和起用印模的通知》（甘牧字〔1984〕第 156 号），甘肃省草原工作队更名为甘肃省饲草饲料技术推广总站。依据《关于核定省畜牧厅下属单位机构编制的通知》（甘编〔1984〕56 号），核定人员编制 120 名。

1986 年 2 月，站党委调整了内部机构设置，撤销行政办公室、业务办公室，设立办公室；撤销种草科、草原建设科，设立牧草科；增设打柴沟牧草试验站，政工科，化验室。后增设植保科，并成立青云

位于盐场堡刘家坪的单位办公楼

电器厂，至此，单位内设机构为办公室、政工科、牧草科、饲料科、化验室、植保科、馒头山牧草试验站、打柴沟牧草试验站、青云电器厂等9个科(室、站、厂)。

1987年7月2日，根据甘肃省畜牧厅《关于省牧草种子公司等单位体制变更的决定》，将甘肃省种草养畜服务公司和甘肃省牧草种子公司并入甘肃省饲草饲料技术推广总站并保留2个公司名称。根据《关于核定省畜牧厅下属单位机构编制的通知》，甘肃省种草养畜服务公司和甘肃省牧草种子公司分别合入编制15名和10名，本站编制达到145名，实有人员116人。甘肃省牧草种子公司并入后对外以公司名义开展业务，对内称牧草种子经营科，至此，单位内设科室增加到10个科(室、站、厂)。

1989年2月15日，成立了甘肃省草原监理站，同甘肃省饲草饲料技术推广总站一套机构，两块牌子，作为执行《中华人民共和国草原法》(以下简称《草原法》)的职能部门，对地(州、市)、县(市、区)草原监理站进行业务指导。

1990年6月，甘肃省清理整顿公司领导小组通知撤销甘肃省种草养畜服务公司，保留甘肃省牧草种子公司。

1992年10月，为了加强草原行政执法工作，甘肃省机构编制委员会办公室批复在甘肃省饲草饲料技术推广总站增设草原监理科，履行甘肃省草原监理站职能。中共甘肃省饲草饲料技术推广总站党委于1993年2月发文，正式设立了草原监理科，至此，单位内设机构增至11个科(室、站、厂)。

1993年2月，甘肃省机构编制委员会办公室通知，核定编制为129名。

1996年5月，牧草种子经营科更名为牧草种子科。

机构设置：办公室、政工科、牧区草原科、饲料科、植保科、牧草种子科、化验室、草原监理科、馒头山牧草试验站、打柴沟牧草试验站、青云电器厂等11个科(室、站、厂)。

二、职能演变

1984年6月，甘肃省草原队更名为甘肃省饲草饲料技术推广总站，职能和内部机构得到了进一步强化。

职能：执行国家相关法律法规，宣传贯彻实施甘肃省畜牧厅关于草料方面的总体规划和产业政策，以及有关畜牧业的方针政策，执行《草原法》和牧草种子检疫条例；积极开展技术推广，技术培训，技术承包和咨询；检查、督促并从技术上保证完成灭鼠、青贮、氨化等任务，组织协调各县饲草饲料站搞好各项技术服务；加强草原建设工作，提高天然草场的产草量和载畜量；积极推广和开展新技术，发展饲料工业；加强牧草种子及饲料基地建设，大力开展草种经营业务；办理上级交办的有关事项。

1987年，甘肃省牧草种子公司并入后增加了“承担全省牧草种子基地的规划和建设；开展牧草种子生产、检验及标准化等技术服务，负责全省牧草种子余缺调剂和管理”的职能。

1989 年，成立甘肃省草原监理站，加挂机构牌子。职能：宣传、实施《草原法》和《草原法甘肃省实施细则》；监督检查各地对有关草原的法律、法规及政策的执行情况；协助政府主管部门调解草原争议和纠纷；依据《草原法》保护草原野生珍稀动物以及益鸟、益兽、野生植物，并依法审批办理猎取草原野生动物等有关事项，处理违法开垦草原、挖沙石、挖草煤、药材、开矿、淘金、修筑公路等事宜；监督、检查草原利用情况，勘测草原资源，确定各类草场适宜的载畜量；加强草原鼠虫害预测预报，检查各地草原防火和基本建设设施的保护情况；协助有关部门办理征用草原的具体事项；协助政法部门处理有关破坏草原的案件和行为；办理有关奖惩事宜，按规定收取草原管理费和各种罚款。

1985 年，为了解决单位职工子弟就业，站上创办了站集体企业青云电器厂，站内按科室对待，当年调入丁庆生和高天秦，分别任厂长和副厂长，分别按科级、副科级干部待遇。创办初期，职工规模 10 余人，高峰期 1989 年达到 28 人。

三、主要成效

随着全省草业工作重心全面转向全方位人工种草，单位更名为甘肃省饲草饲料技术推广总站，人员大幅度增加，期间是甘肃草业萌发孕育和草业大省格局形成的关键时期。在兰州馒头山牧草试验站基础上，相继建立了天祝打柴沟试验站、永昌尖山荒漠草场建设定位观察点、通渭申家山红豆草繁殖试验点、安西沙打旺繁殖试验点、夏河混播牧草试验点等抓点示范基地，推动全省草业科学研究、人工草地建设、草原牧区改革和生态保护、草原执法以及推动草产业发展进入新阶段。

（一）完成了全省草场资源和饲料资源的全面普查，形成了系列成果

甘肃省草地资源调查从 1980 年全面铺开，到 1988 年完成所有外业工作，历时 9 年，形成了《甘肃省草地资源调查报告》《甘肃省草地资源图》《甘肃省草地资源类型

草地资源调查正式出版的成果

及生产能力计算表》《甘肃省草地植物名录》《甘肃省天然草地主要优良牧草营养成分》《甘肃省天然草原植物营养价值评定》等成果，比较全面地反映了一个历史阶段的甘肃草地资源及其有关的科学技术。是甘肃省在中华人民共和国成立以来首次以县为单位完成的天然草原资源调查。基本摸清了甘肃省草地面积及其分布、草地类型和经营管理现状，成为甘肃省改革开放以来指导草原畜牧业生产、开展草原保护与建设、调整区域农林牧产业结构、制订草原建设保护利用规划的基本依据和草原工作者不可替代的工具资料。

甘肃省饲料资源调查成果

1984 年“甘肃省饲料资源调查、营养成分与营养价值评定”课题实施，历时 5 年，在全省 14 个地州市 86 个县市区，对饲料资源按籽实、饼粕、糠麸、秸秆与秕壳、人工牧草、天然牧草、多汁类、糟渣类、藤蔓树叶类、动物类、矿物类等 11 个大类的品种、数量、分布及利用现状进行了系统普查，形成了“甘肃省饲料资源调查报告”、11 个地(州、市)的饲料资源调查报告及饲料资源示意图、“甘肃省畜禽常用饲料成分及营养价值研究报告”、“甘肃省畜禽饲料常规营养成分分析报告”、“甘肃省饲料矿物质的分析研究”；编制了《甘肃省饲料成分及营养价值表》，汇总全省各地饲料样品 1525 种（次），覆盖面占全省行政区划的 81%，成果为全省饲料工业和畜牧业发展提供了基础资料和依据。

（二）通渭申家山草地农业示范点经验上升为国家政策，甘肃草产业孕育萌发，奠定了甘肃种草大省的基础地位

该阶段工作重心向全方位落实种草任务转移。一是在当时中央领导人视察甘肃时提出“种草种树，发展畜牧，改造山河，治穷致富”方针指引下，掀起了全国支援甘肃种草的高潮，种草列入财政专项，种草任务下达到各级政府。“三荒地”(荒山、荒沙、荒滩）种草、飞播种草陆续进入专项和畜牧业统计系列。在邓小平同志的亲自关注下，甘肃省列为实施国家飞播种草的重要省份，由试点转向正式实施，飞播种草成为单位重要的专项业务工作，由牧草科负责实施。同时，负责下达全省种草任务、开展基础数据收集上报、督促落实并蹲点开展技术指导、配套试验研究、总结成功经验并推广，为政府决策提供第一手资料；二是甘肃省委、省政府落实甘肃农业发展战略转变，改变以粮为纲的方针，走“反弹琵琶”“念草木经”，改善生态环境，调整农业结构之路，制定了《关于中部十八个干旱县“三年停止破坏”规划纲要》，针对干旱多灾，植被稀疏，农业生态脆弱，水土流失严重，粮食、饲料、燃料、肥料严重不足的地区，做出了三年之内必须停止植被破坏，停止铲草皮、停止烧山

灰、停止乱砍树、停止滥垦荒、停止扩大过牧，制止对自然生态的掠夺性破坏的决定。其中，每年种植草木樨、沙打旺120万亩，作为解决燃料不足的重要途径。种植红豆草、苜蓿等多年生豆科牧草53万亩，禾本科牧草60万亩(1984年全省牧草留床面积566万亩，18个干旱县239万亩)。到1986年，18个干旱县多年生牧草留床面积达到550万亩，实现该区域农民人均1亩草，作为解决饲料和农业结构调整的重要举措。全省提出了陇东、陇南、中部、洮岷、河西5个片带的三荒地草带建设，至1988年，全省种草保留面积达到了1190万亩；三是主持完成了省政府下达的《百万亩种草科技承包项目》和《全省种养加技术服务承包》项目，以中部旱作区为核心，开展了草地农业结构的系统性技术研究和示范点建设，为奠定甘肃种草大省地位、充实草地农业理论与实践提供了模式，探索了路径。

（三）全国第一批草种基地在甘肃建立，草种业萌发，巩固了甘肃成为全国草种集散中心的基础地位

中华人民共和国成立初期，甘肃省成为新疆维吾尔自治区、内蒙古自治区、青海省等西部地区的草种供应省，头十年每年调出草种子60万千克~70万千克。20世纪80年代以来，为满足全省种草需求以及红豆草在全国迅速推广的市场需求，国内第一家牧草种子公司在通渭诞生，1985年供应24个省区87万千克红豆草种子。随着甘肃省牧草种子公司并入本单位，以种草技术服务为纽带，申家山示范点为核心，带动十几个中部县，稳定形成了红豆草种子生产供应全国性市场的地位。随着全省种草养畜政策不断推进，中东部地区以红豆草、紫花苜蓿、沙打旺、草木樨、草高粱等为主，河西以箭筈豌豆、燕麦、毛苕子、老芒麦为主，形成了国内最早的草种基地和营销市场，草种基地建设在部分年份纳入了省级财政支持范围。1986年草种子田面积达到48万亩，草种生产量近1500万千克，位居全国之首，该阶段奠定了甘肃省成为全国草种核心市场的基础。

（四）治虫灭鼠和秸秆饲料化利用工作不断推进，建立了青贮氨化技术推广和治虫灭鼠财政专项

青贮玉米秸秆现场

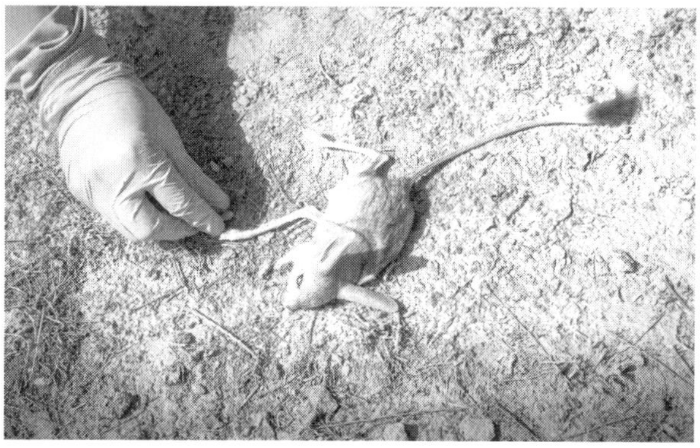

治虫灭鼠现场

全省青贮氨化技术一直由总站负责推广，自建站初期就纳入重要示范点建设。结合“六五”期间全省饲料资源普查项目，1986 年青贮氨化技术推广费纳入省财政专项，以麦秸氨化、玉米青贮为主，逐步扩展到甜菜叶、酒醋糟类，牧区将牧草青贮作为冬季储草的重要保障得以大力推广。财政专项支持使青贮氨化技术推广驶入快车道，饲料科专门开展该项工作的任务下达、示范点建设、经验总结、数据调查汇总以及技术培训和会议落实等工作。该阶段鼠虫害防治示范点建设快速推进，由化学药物防治逐步向生物防治过渡，大力推广了招鹰灭鼠和生物毒素灭鼠技术，甘肃成为全国招鹰灭鼠重要示范区。

宣传《草原法》

（五）草原监理工作纳入议事日程

中华人民共和国成立以来，滥垦乱牧、超载过牧等管理问题引起的草地“三化”愈演愈烈，随着《草原法》的颁布实施，草地承包得到大力推进。《甘肃省草原法实施细则》颁布后，草原监理执法机构建设纳入议事日程。该阶段甘肃省草原监理站成立，作为省政府授权执法单位，将全省的草原执法体系建设、草原依法管理以及草原承包到户、合理利用管理工作推向一个新的阶段。

（六）深度参与全省“高少”地区扶贫工作

根据甘肃省委、省政府“关于进一步加强高寒阴湿和少数民族地区扶贫开发工作的通知”精神，本站实施了甘肃省农委和省扶贫办下达的“全省五县七乡畜牧业科技扶贫承包”和“康乐县鸣鹿乡畜牧业整乡承包”及“镇原县三岔镇畜牧业整乡承包”项目，从 1990 年开始到 1996 年，先后近 30 名高、中、初级技术人员在镇原、卓尼、临潭、和政、武都、康乐、张家川等 7 个县 9 个乡驻点开展工作，以建立科技示范户为抓手，配套种草养畜技术培训、推广畜牧业实用技术，在推动这些区域草牧业科技支撑、智力扶贫和锤炼干部队伍方面取得了成效。

（七）草原技术推广体系建设进入高峰期

1958 年，全省只有 5 个牧业县成立草原工作站。20 世纪 80 年代中后期开始，在全省种草和草原监理工作推动下，基层草原技术推广和监理体系得到较快完善。1987 年，全省地县级草原站达到 32 个，职工达到 327 人，初、中级职称技术人员 129 人。种草站 34 个，职工 226 人，初、中级职称技术人员 100 人。全省草业技术推广站总计 66 个，是中华人民共和国成立以来草业技术推广单位最多的时期，也是本站编制和职工队伍最多的时期。

第四节　甘肃省草原总站时期（1996—2004 年）

一、机构沿革

1996 年 11 月，甘肃省畜牧局通知甘肃省饲草饲料技术推广总站更名为甘肃省草原总站，单位性质、职能、人员编制、经费开支渠道不变。

2000 年 4 月，根据业务工作需求，省草原总站化验室更名为牧草饲料化验中心。

2001 年 7 月，甘肃省草种行政执法权被委托于甘肃省草原总站。

2002 年 4 月，为了适应草产业发展需要，甘肃省草原总站撤销打柴沟牧草试验站，成立草业科。

青云电器厂旧址

至此，甘肃省草原总站内设 11 个科(室、站、厂)即办公室、政工科、牧草科、饲料科、草业科、植保科、草原监理科、牧草种子科、牧草饲料化验中心、馒头山牧草试验站、青云电器厂(已停止运行)。

二、职能演变

1996 年 11 月，甘肃省饲草饲料技术推广总站更名为甘肃省草原总站(甘肃省草原监理站)，其职能进一步扩展。

职能：宣传贯彻党和国家的各项畜牧业方针、政策；开展全省草地资源勘测、草地动态监测、草地建设、利用和保护；掌握全省各类饲料资源的品种、分布、数量及利用现状；承接全省饲草饲料、农牧区种草养畜的试验、示范，饲料加工、调制及其新技术推广，土壤样品的化验分析；推进草原监理、牧草种子依法管理，开展草原保护、牧草种子基地建设，有效开展秸秆饲料加工调制技术和牧草丰产技术推广。

机构设置：甘肃省草原总站内设办公室、政工科、饲料科、植保科、监理科、化验室(2000 年更名为牧草饲料化验中心)、牧草种子科、打柴沟牧草试验站(2002年变更为草业科)、牧草科（2005 年更名为草原建设科)、馒头山试验站、青云电器厂 11 个科(站厂中心)。

青云电器厂：1997 年之前经营比较正常，从 1993—1997 年，职工稳定在 22 人，由丁庆生承包经营。后来，由于没有兑现承包合同，拖欠职工工资，于 2001 年 4 月 10 日经站领导班子会议研究，对青云电器厂进行全面清查清算，要求承包人结清职工工资，对厂房、车辆、设备等封存。4月11日，在馒头山青云电器厂召开了现场办公会议，决定电器厂库房由站保管员牛顺子接管，财务由站财务人员李萍接管。经多次研究，4月底确定青云电器厂按破产进入债权债务处理阶段。后原厂址和馒头山试验站共同纳入了站上实施的国家级“红三叶等草种繁育基地建设项目”中的种子加工厂建设选址。

三、主要成效

该阶段国家进入社会主义市场经济建设的加速期，甘肃省的种草养畜从政府推动的主战略层面逐步弱化，牧区以草畜双承包工作为主，进入草场分户承包的攻坚拔寨阶段。前期甘肃省草原总站主要配合主管部门开展草原“三化治理”技术推广、鼠虫害防治以及飞播示范区建设，后期在西部大开发启动的一批草原生态建设和草业建设项目带动下，草产业得到较快发展，主要开展草产业技术服务、草种基地建设项目实施和技术服务工作。

（一）以鼠虫害防治和青贮氨化为主的专项业务工作不断深入

该阶段国家启动无鼠害示范区项目建设，在甘南、河西分别建立了招鹰灭鼠示范区、生物防控示范区。在金昌武威地段发生了大面积白刺夜蛾虫灾，结合防治开展了白刺夜蛾生物学、生态学及防治技术研究，基本搞清了白刺夜蛾发生危害规律及防治技术，成果获得甘肃省科技进步二等奖。青贮氨化技术进一步深入推广，建立了临夏青贮氨化流动技术服务队示范点。平凉、天水、兰州等地的青贮技术推广成效显著。

（二）承担完成了两个国家级草种基地建设项目

国家启动了牧草种子基地建设项目，甘肃省草原总承担实施了国家发改委和原农业部下达的“红三叶等牧草种子基地建设”和“甘肃超旱生牧草细枝岩黄芪原种基地”项目建设，总投资3400余万元，形成了兰州红古宝山台试验基地和高台试验基地。

（三）启动了草原资源与生态监测体系建设

在安西县（今瓜州县）、肃南县、天祝县、甘南州、玛曲县等地建立了5个国家级草原生态监测点，启动了以省站为中心，辐射全省重点草原区的草原生态监测网络建设，制定了有关技术规程，配套完善了工作制度，编制工作。启动了年度监测报告编制工作。

（四）草原监理工作全面开展

以宣传《草原法》和《甘肃省实施草原法细则》入手，积极创造良好的执法环境，调节草原纠纷，开展草原防火，推进依法治牧、依法治草进程，并坚决贯彻执行中央有关草原禁采、禁挖决定，依法严厉打击各类草原违法案件，积极落实草原承包责任制，建立健全基层草原监理体系，加强草原监理基础设施建设和能力建设，草原监理组织体系得到完善，执法主体地位得到初步确立。

（五）依托退牧还草技术服务，启动了经营性创收业务

2003年退牧还草工程启动以来，单位根据当时政策，利用开展围栏生产、种子经营、项目可研、监理等服务内容创办实体，成立了“甘肃新陇原生态农业有限公司”和“达华监理公司兰州分公司”，当时为培养技术经营复合型人才、夯实单位发展基础、改善职工生活福利发挥了一定作用。

（六）首次承担了全国农牧渔业丰收计划项目

1998年始，先后承担了全国农牧渔业丰收计划“草畜规模开发综合配套技术推广”“甘肃草产品开发综合技术推广”和“猪鸡预混料研发与示范推广”项目，获得全国农牧渔业丰收一、二、三等奖各一项，实现了单位实施全国丰收项目立项和奖项零的突破。

第五节　甘肃省草原技术推广总站隶属农牧系统时期（2004—2019年）

一、机构沿革

2004年9月15日，根据《关于印发甘肃省农牧厅直属事业单位机构改革方案的通知》的精神，甘肃省草原总站与甘肃省动物营养研究所合并，组建甘肃省草原技术推广总站，加挂甘肃省动物营养研究所的牌子，核定事业编制101名，县级领导职数5名。同时，单另成立甘肃省草原监理站，并将草原执法、防火、草种管理等行政职能一并从本单位划出。

2005年4月，甘肃省农牧厅批复了本站的内设科室调整方案，新增动物营养研究室、业务管理科、草原建设科、动态监测科，撤销草原监理科、牧草种子科、牧草科，成为11个科（室、站、中心）即办公室、政工科、业务管理科、草原建设科、动态监测科、饲料技术推广科、草业科、植保科、动物营养研究室、化验中心、馒头山试验站，核定科级领导职数23名。

2008年5月14日，甘肃省草原技术推广总站领导班子会议研究决定，与甘肃中贸国际商务投资有限责任公司合作开发馒头山试验站，并整体搬迁单位办公场所；5月16日，向甘肃省农牧厅请示馒头山试验站开发和单位办公地址搬迁事宜；5月26日，上级单位同意馒头山开发；6月15日，甘肃省草原技术推广总站和甘肃中贸国际商务投资有限责任公司签订了

单位火车站西路办公楼门牌

合作投资开发馒头山试验站的协议；8 月 1 日，甘肃省农牧厅向甘肃省财政厅请示关于馒头山试验站开发事宜；8 月 11 日，甘肃省农牧厅同意授权本站对外合作开发馒头山试验站。

2009 年 5 月，甘肃省草原技术推广总站从刘家坪 139 号搬迁至火车站西路 92 号办公。

2010 年 4 月，甘肃省农牧厅批复同意本站内设机构变更意见，撤销了化验中心，增设资产管理科，至此，单位内设机构为：办公室、政工科、业务科、资产管理科、草原建设科、动态监测科、饲料技术推广科、草业科、植保科、动物营养研究室、馒头山试验站，科级领导职数仍为 23 名。

2013 年 2 月，甘肃省农牧厅批复同意本站内设机构更名，业务科更名为信息科，馒头山试验站更名为牧草区域试验站。

最终，单位内设机构为 11 个科（室、站）：办公室、政工科、信息科、资产管理科、动态监测科、植保科、草原建设科、营养研究室、饲料技术推广科、草业科、区域试验站。

二、职能演变

2004 年 9 月，甘肃省草原总站与甘肃省动物营养研究所合并，组建甘肃省草原技术推广总站。

职能：保留了草业技术推广，划出了草原行政执法，增加了动物营养研究即：负责全省草地资源勘测、动态监测以及对草原的保护利用等工作；负责全省饲料资源调查、饲料加工、草业生产和草原鼠、病虫害防治工作；开展兽药、饲料监察及动物营养研究。

（一）办公室

熟悉有关政策、法规，掌握全站工作动态，向站领导提供信息和决策建议，发挥参谋和助手作用；负责全站工作计划、总结、请示、报告的起草和审核；负责全站综合性文件资料的起草，审核站发文稿；负责文电处理、保密、档案、接待等工作；负责会议组织工作，督促检查会议决定、领导批示、目标责任书及有关规章制度的落实；参与制定单位的有关规章制度；负责车辆运行和水、电、暖、卫生、安全等后勤服务工作；综合协调各科室工作。

（二）政工科

宣传、落实党的方针、政策，组织开展职工思想教育和法制教育；负责党委决议的落实，督促、检查党委决议的落实情况，处理党委和纪委的日常事务；负责干部的组织管理工作；负责办理全体职工日常考核和年度考核的相关事宜；贯彻落实劳资政策，负责职工工资、政策性补贴的报批及其他相关事宜；组织召开专业技术职务初级评审委员会会议，办理职工职称晋升、聘任及继续教育事宜；承办党委会议和相关的站领导班子会议；负责离退休职工的管理工作。

（三）资产管理科

负责财务预算、决算工作；负责财务会计账目和报表工作；负责财务收支及预算执行；负责财务会计资料的整理、立卷、归档工作；负责固定资产的管理工作；负责向领导提供有关财务信息。

（四）信息科

掌握科室重点业务工作动态，制定年度项目计划；负责单位各类项目管理和成果管理工作；负责单位宣传工作和草业信息管理；负责单位学术交流活动的组织工作；负责单位各类培训的组织和协调工作。

（五）动态监测科

组织编制全省草原资源与生态监测规划和年度计划；组织制定全省草原监测工作方案并实施，组织开展草原监测技术培训，组织编制全省草原监测报告；组织、协调、指导全省草原初级生产力、草原生态环境状况、草原自然灾害及草原保护与建设工程效益的监测和预报；参与制定草原法规、规章、规范性文件及有关的行业标准、地方标准；开展重点地区草畜平衡监测预报工作。

（六）植保科

开展全省草原有害生物种类、分布、发生及危害等基本情况调查；开展全省草原生物灾害区划；开展全省草原鼠虫害预测预报；组织开展全省草原有害生物治理；推广草原有害生物防治新技术；组织开展草原有害生物防治药品和器械的筛选及推广；组织开展全省草原有害生物防治技术培训。

（七）草原建设科

组织编制全省草原生态建设、资源开发和保护利用规划；承担全省天然草原保护、建设和利用技术推广工作；开展天然草原保护、建设和利用技术的培训和咨询服务工作。

（八）草业科

研究全省草产业布局，参与草产业发展规划的制定和实施；负责全省人工种草、飞播种草工作；开展全省牧草新品种选育、推广及相关研究工作；开展草产业技术服务工作；承担草品种审定委员会的相关工作；完成全省草业基础数据统计工作；承担草产品质量监测监督管理工作。

（九）饲料技术推广科

组织编制全省饲料业发展规划、年度计划；组织开展秸秆青贮、氨化等粗饲料加工利用技术的示范推广工作；编报饲料行业的有关技术规程和标准；组织开展粗饲料利用技术培训工作。

（十）动物营养研究室

开展饲料营养价值评定、饲料配方优化设计、饲料添加剂及非常规饲料的开发利用工作；开展饲料加工生产技术研究及工艺设计；开展安全性配合饲料、浓缩饲料、预混料、牛羊精料补充料和中草药保健型饲料添加剂等高效饲料及先进饲养技术的示范推广工作；开展动物营养、饲料加工生产、家畜饲养等相关科研成果的转化及技术咨询服务工作。

（十一）牧草区域试验站

承担国家级牧草区域试验和省级牧草区域试验的相关任务；开展牧草引种、驯化、繁育等试验研究工作；开展优良牧草品种评价展示工作；开展牧草种质资源及牧草良种和植物标本的收藏保护工作。

三、主要成效

该阶段甘肃省机构改革完成后，将草原监理职能从本单位剥离，草原监理站独立建站，将甘肃省动物营养研究所合并到本站，单位更名为甘肃省草原技术推广总站，进一步强化了技术职能，强调了技术推广的公益性质。期间，甘肃省草产业得到快速发展，单位在草原资源管理和草产业技术服务中进一步改善工作环境，壮大高层次技术队伍，在提升业务素质方面取得实效。该阶段馒头山试验站、化验中心、情报资料室先后撤销。

（一）组织开展了全省草原资源调查

2013—2018 年，分河西片、甘南片和中东部片，组织省、市、县草原技术推广队伍，对全省草原资源进行了全面普查，形成了新的调查数据和系列成果。

（二）草产业快速发展，草业大省格局形成

期间，在中央草原生态补奖政策推动、振兴奶业苜蓿示范项目带动和草产品市场需求拉动下，全省草产业进入持续快速发展阶段。人工种草留床面积突破 2000 万亩，苜蓿留床面积突破 1000 万亩，形成了河西优质苜蓿、燕麦产业优势带，陇东草畜一体化产业优势带，青藏高原和祁连山草原畜牧业生态文化传承优势带。草产业市场主体发展快，龙头企业快速壮大，全省草产品市场占国内产品份额 60%以上。草种业发展态势稳定，制种企业生产能力水平得以提升，草种生产经营大省的地位更加巩固，全省草种生产量突破 1 万吨。

（三）草原技术推广职能进一步提升

推动构建了草原监测、草品种区域试验、鼠虫害预测预报三大技术体系。通过 23 个国家级草原生态监测点、10 个省级监测点、13 个国家和省级草品种区域试验站以及 1 个省级、5 个市级草原生物灾害监测预警中心（在建）和 17 个县区级草原鼠虫害测报站网络布局，形成了较为完善的省、市、县三级草原生态保护和草业建设技术保障体系，有力发挥了省级大站的带动引领作用，为全省草原生态文明建设和草牧业高质量发展提供了有效技术支撑。

（四）草业科技服务平台建设取得突破

为了发挥甘肃草业科技储备和人才优势，融合草业界科技力量，进一步弘扬省级大站在草业科技团队中的传统枢纽作用，推动全省科教推企构建了甘肃省草产业技术创新战略联盟、甘肃省草品种审定委员会、甘肃省草业标准化技术委员会和甘肃省草产业协会等 4 大草产业社会化服务平台。在驱动全省草业科技力量和产业发展主体的对接融合、加快科技信息交流、资源共享、成果转化、人才培养、提升草业和草原生态建设高质量发展上发挥了重要作用。

（五）草业信息化工作日趋重视

组建了信息科，开展了办公信息网络自动化建设，开通了甘肃草原信息网（2017 年关闭），创建了陇草心语微信公众号平台，先后参与组织了在酒泉举办的中国第七届苜蓿发展大会和在定西举办的全国第五届草业大会。组织了全省草原行、媒体看草原等大型专题宣传活动。

（六）草原技术队伍建设成效显著

在草原生态文明建设和推动草产业发展中，单位人才建设工作取得很大进展，技术力量得到了有力加强。副高以上职称占到 50%以上，其中正高职称 15 人，副高 37 人，均创历史新高。甘肃省领军人才 4 人，优秀专家 3 人，特殊人才 2 人，享受国务院政府特殊津贴 1 人，享受甘肃省政府人才津贴补助 3 人。

（七）开展了实体经营创收探索

该阶段，为了创新单位发展机制，改善办公条件和职工福利，结合全省退牧还草工程实施，积极开展技术服务，创办了基于种子供应、围栏生产和监理、可行性研究报告编制等于一体的经营性市场主体，通过经营创收，切实增加了职工福利，改善了办公条件。2008 年 6 月与甘肃中贸国际商务投资公司达成了合作投资协议，以馒头山牧草试验站作为合作基地，单位以 900 万元占股 30%的股权投资成立了新公司，并经过协议运作，将单位办公地址搬迁到目前的兰州市火车站西路 94 号。2018 年 4 月 16 日，经站领导班子会议研究决定，终止和甘肃中贸国际商务投资有限责任公司合作开发馒头山牧草试验站，收回股权的后续工作在进行中。

第六节　甘肃省草原技术推广总站隶属林草系统时期（2019—2024 年）

一、编制职能情况

本节编撰内容止于 2024 年 6 月。2018 年 12 月，甘肃省机构改革将单位整体划归甘肃省林草系统。根据相关文件，甘肃省林业和草原局批复了新的单位编制、职能和内设机构，确定甘肃省草原技术推广总站隶属甘肃省林业和草原局管理，县级建制，公益一类事业单位，编制101名，其中：管理岗位10名，专业技术岗位81名，工勤岗位10名。核定县级领导职数5名，正县级2名，副县级3名。2020年，甘肃省林业和草原局下发了《关于调整甘肃省草原技术推广总站主要职责、内设机构和科级领导职权的批复》，核定内设机构科级职数26名，正科级11名，副科级15名。内设办公室、组织人事科、计划财务科、科研管理科、信息培训科、有害生物防治科、动态监测科、草原建设科、草业科、草种质资源科、草种科11个科室。

二、职责

负责全省草原调查和监测工作；指导全省草原保护利用和生态修复治理工作；负责全省草原鼠虫病等生物灾害防治工作；指导全省人工种草和草业生产工作；指导全省草原技术推广体系建设工作，组织开展技术培训和科技成果转化；完成省林业和草原局交办的其他事项。

三、内设机构

办公室：承担单位事务的综合协调；负责综合材料起草、行政公文审核和文档管理；负责行政会议组织工作，督促检查重点工作、领导批示、目标责任书及有关规章制度的落实；负责劳动安全、信访接待、工会、后勤服务和试验基地管理工作。

组织人事科：组织开展职工政治思想、职业道德和劳动纪律教育；负责党委、纪委会议组织和决议落实及重点工作督查；负责干部管理、职工考核、人事劳资、职称管理工作；负责离退休职工服务工作。

计划财务科：负责经费预算、决算管理工作；负责财务和国有资产管理工作；负责相关财务信息汇总、收支活动分析及财务档案管理工作。

信息培训科：承担信息和宣传工作；负责全省草原信息统计、汇总和分析；负责单位专业技术人员继续教育和体系业务培训；负责草原专家库建设管理和学术交流活动。

科技管理科：组织科技项目储备和申报；督查科技项目实施，负责科技项目评估和成果管理；负责草业标准化体系建设和草业科技创新联盟工作；指导全省草原技术推广体系建设工作。

动态监测科：负责全省草原调查、勘测和动态监测工作，组织开展草原初级生产力、草原生态环境状况、草原自然灾害及草原保护与建设工程效益等监测工作；负责全省草原资源与生态监测预警体系建设和监测站点申报、管理；组织开展草原监测技术培训。

有害生物防治科：负责全省草原有害生物应急防治和综合治理技术推广，组织开展全省草原有害生物基况调查和危害监测预警；开展新技术和药械的筛选及推广；负责全省草原生物灾害监测预警体系建设和监测站点申报、管理；组织开展草原有害生物监测预警和防治技术培训。

草原建设科：开展草原生态保护修复、退化草原治理等技术研发与推广；指导全省草畜平衡和草原资源合理利用，负责禁牧、休牧等合理利用技术研发和引进示范推广；组织开展草原保护修复及合理利用技术培训。

草业科：负责全省人工种草技术推广，指导全省草产业基地建设；开展草业经济分析评价和草业调查统计；负责人工种草和草业发展技术培训。

草种科：开展草种繁育和制种基地建设技术推广，负责良种推广和草种子质量检测检验及草种检验员的技术培训工作；开展草种统计分析工作。

草种质资源科：指导全省草种区域试验和种质资源库建设，开展草种质资源调查、收集、评价、保护利用工作；开展草品种选育、引进、示范工作和草种田间真实性评价及草品种审定工作；组织开展草种质资源相关技术培训。

四、资产状况

1. 办公及业务用房

2009 年 5 月单位办公地点由兰州市城关区盐场堡刘家坪 139 号，搬迁到兰州市火车站西路 94 号海天新都 2 号写字楼办公。目前有框架结构的办公及业务用房建筑面积 2 218.67 平方米，拥有自主产权。

2. 试验基地

红古基地：2001 年农业部立项批准实施甘肃红三叶等草种繁育基地建设项目。项目位于兰州市红古区河嘴乡宝山台，距兰州市区 90 千米。2001 年起，有 50 年的土地使用证，供水许可证，有土地 2693 亩。有 18 个种植区，田间主干道 9 段 2.5 千米，分干道 18 条 6.2 千米；建筑面积 126 平方米的上水泵站 1 座，200K46–6 型卧式多级水泵两台，2000 亩喷灌设施；牧草种子仓库 300 平方米，晒场 1000 平方米，车机械库房 400 平方米，种子加工车间 300 平方米，附属用房 100 平方米；耕种收获设备 8 台(套)，运输车 1 辆。2006 年开始，由甘肃祥和牧业有限公司根据合同承包管理。

高台基地：2002 年国家发展计划委员会、农业部下达 “甘肃细枝岩黄芪等超旱生牧草原种基地建设”项目，项目选址位于甘肃省张掖市高台县南华镇，占地面积 10 300 亩，其中耕种 1300 亩（土地证归草原总站所有），原生植被 9000 亩，有土地权证。2008 年 11 月起，由职工安乐承包运行。

榆中基地：由甘肃省饲草饲料研究所建于 1991 年 8 月，位于榆中县连搭乡寇家沟村。1991 年 8 月，甘肃省饲草饲料研究所、榆中县城乡土地管理局、连搭乡政府、寇家沟村委会共同签订了征地协议书，将连搭乡和寇家沟村原村办奶牛场旧址，占地面积 18 亩，地上房屋共 27 间，以人民币 8 万元的价值转让予甘肃省饲草饲料研究所，作为试验研究用地。1992 年 4 月，兰州市人民政府《关于给甘肃省饲草饲料研究所征拨试验基地用地的通知》，同意征拨 312 国道 K2166+500m 北侧，属榆中县连搭乡寇家沟村废弃的村办奶牛场旧址 11 727 平方米，其中耕地 4.88 亩集体土地给甘肃省饲草饲料研究所，作为试验基地用地。甘肃省饲草饲料研究所依据1992年6月9日榆中县城乡土地管理局文件《征拨用地的过户通知》，办理了用地的过户手续，开始基地建设。共建成办公室10间，宿舍10间，生产车间13间，水房1间，原有房屋保留4间，共计37间。2005年，(原甘肃省动物营养研究所)经机构改革并入甘肃省草原技术推广总站，基地也一同并入，承包运行。

馒头山基地：和甘肃中贸国际商务投资有限责任公司合作开发馒头山牧草试验站的工作终止。

3. 车辆

有3辆业务用车，其中1辆三菱越野车，行驶50多万千米，2辆长城皮卡车，报废1辆。

4. 住宅

2012年由省农牧厅组织成立基建办，在兰州市城关区盐场堡刘家坪139号修建住宅楼，2016年建成。涉及单位拆迁户69户，给单位分配住房64套，2015年前参加工作，且未享受到福利分房的职工均分到集资建房一套。

五、主要成效

2019年林草机构改革以来，总站继续负责全省草原调查和监测技术指导，在全省草原保护利用和生态修复治理、草原鼠虫病等生物灾害防治、人工种草和草业生产、草种质资源创新利用和草种繁育技术体系建设、技术培训和草业科技成果转化等方面发挥重要作用。

（一）党建和党风廉政建设工作持续推进

一是始终坚持党要管党、从严治党的方针。以习近平新时代中国特色社会主义思想为指导，全面贯彻落实党的二十大精神，以提升党员整体素质为主线，扎实推进党建和党风廉政建设工作。二是扎实开展“不忘初心、牢记使命”主题教育、党史学习教育、“三抓三促”行动、学习贯彻习近平新时代中国特色社会主义思想主题教育以及党纪学习教育等活动。三是加强党支部建设工作，完善单位制度建设，实行风险管控，强化政治规矩和工作纪律，提升草原技术推广队伍整体素质。

（二）草原资源与生态监测现代化建设能力不断提升

全面启动全省草原综合调查监测工作。负责编制《甘肃省草原禁牧和草畜平衡监测监管项目实施方案》，指导全省102个调查单位每年完成1770多个监测样地和1万多个监测图斑的外业调查核实工作。在酒泉、甘南等13个市（州）29个重点县（市、区）开展了禁牧区无人机巡查抽检工作。指导阿克塞、瓜州、永昌、古浪、靖远、环县、漳县、岷县等地开展退化草原生态监测站建设工作。开展全省首次草原健康和退化评估工作，编制《甘肃省草原健康和退化评估工作方案》和《甘肃省草原健康和退化评估技术方案》，全省布设700个样地，开展草原健康和退化评估的技术指导和质量检查工作。深入开展草原变化图斑核查处置工作，推进草原治理体系和治理能力走向现代化。高质量全面完成草原火灾风险普查工作。草原资源网格化管理系统搭建起步。编制了《草原碳汇本底数据库及草原资源网格化管理系统项目实施方案》，为草原资源“一张图”奠定基础。高质量完成肃南基本草原划定试点工作。提出了肃南基本草原划定工作的总体思路、基本原则和划定程序，完成划定基本草原 1 547.32 万亩，非基本草原 452.41 万亩，形成了肃南基本草原“一张图”，进一步加强了林草数据与国土“三调”结果的融合。在瓜州、宕昌、临夏、康乐、永靖开展基本草原划定调研及技术指导工作，编制了甘肃省基本草原优化调整工作方案和技术方案。

（三）草原有害生物防控工作有序开展

扎实做好草原鼠虫害防控工作。每年在重点区域、关键时期大力推行绿色防控，积极推广微生物农药、植物源农药和生态治理措施，完成草原鼠虫害防治 1100 万亩，草原毒害草防治 10.54 万亩。不断强化草原鼠虫害监测预警体系建设。编制《甘肃省草原鼠虫害发生趋势分析报告》和《甘肃省草原有害生物发生趋势预测报告》。提升 3 个国家级和 12 个省级草原有害生物监测站监测预警能力。有序推进草原有害生物普查工作。制定了《甘肃省 2023—2024 年草原有害生物普查工作方案》，全省 69 个县（市、区）完成了踏查任务，完成有害生物普查报告 18 份、草原有害生物发生趋势及风险评估报告 18 份、草原有害生物名录及其图册 18 套、4 类有害生物实物标本 569 份。全省累计完成踏查路线 763 条，覆盖面积 385 517 公顷。

（四）草原生态修复治理技术模式不断完善

以各类项目为依托，组建草原生态修复技术团队，联合相关高校院所，在全省各类典型草原区开展不同类型退化草地植被恢复重建技术研究、植被重建后植物群落结构演替及土壤理化特性变化研究、社区参与式草原保护利用和管理模式研究等项目，积极探索草原生态保护修复治理模式，为草原植被恢复和生态修复提供保障。

（五）草种质资源保护创新培育工作成效明显

草种质资源保护利用和草品种审定工作顺利开展。2019 年以来，组建了甘肃省草品种审定委员会，确定了创新种质库、圃、站平台体系和技术支撑体系，制定了相关制度，建立了工作机制，常态化开展甘肃省草品种审定、区域试验和甘肃省草品种推广目录发布工作。组建了全省草种质创新利用和草种业技术团队，建立了省级草品种原种繁育基地，完成草种质量追溯管理实施技术和管理机制探索。开展了草种质资源收集和创新培育工作，培育新品种 3 个。参与开展了全省林草种质资源普查技术指导和服务工作。

（六）宣传培训和科研管理保障有力

结合“三抓三促”行动，组织开展草原生态保护政策落实、退化草原治理修复、草原生态监测、草原有害生物防控、基层草原技术推广体系建设等专题调研，摸清现状、分析问题、研判趋势、谋划思路，形成专题调研报告5篇，为推进草原工作高质量发展提出了措施和政策建议。信息宣传培训工作不断加强。依托“中国绿色时报”“农民日报”“甘肃日报”等媒体，加强草原生态建设和技术推广工作宣传，每年有针对性培训各类专业技术人员300余人。科技项目管理扎实推进。成功申报首席科学家负责制项目，完成草原项目入库储备，组织申报中央财政林业草原改革发展资金、甘肃省重点科技研发、省级财政林草等项目30余个。积极推进甘肃省草业技术标准化委员会、甘肃省草业科技创新战略联盟和甘肃省草品种审定委员会的工作。

（七）林草深度融合取得新进展

立足自身业务，不断拓展发展视野，主动融入林草建设大局，积极参与《甘肃省草原防火规划（2022—2026年）》编制、生态环境案件现地核查、新能源光伏项目草原征占用现场查验、人工种草、草原改良、围栏建设、飞播种草上图等项目，完成《黄河“几字弯”攻坚战》实施方案、《河西走廊–塔克拉玛干沙漠边缘阻击战》实施方案、《甘肃省防沙治沙规划》、《河西走廊退化草原修复项目实施方案》、《祁连山生态环境整治巩固提升成效调查评估工作方案》、全省草原生态项目草种质量抽检等相关工作，为单位综合实力提升进行了有益探索。

（本章编写人员：张榕、鲁征、李贵霖、王俊梅；校对：姜佳昌）

第二章　组织建设

单位 1959 年开始组建党支部，各个时期按照党的组织建设要求，发挥组织领导作用，保障了各项工作的顺利完成。

第一节　党的组织

一、党委

甘肃省草原工作队时期：

1959—1961 年，隗永恒任中共甘肃省畜牧厅草原工作队党支部书记。1964—1969 年 2 月，隗永恒任甘肃省畜牧厅草原工作队教导员（隗永恒 1965 年正式调入单位）。

1978 年 9 月，成立中共甘肃省草原工作队委员会，陈得铭任副书记。

1979 年 9 月，王治民任党委书记，杨毅任党委副书记，唐万顺任党委委员。后增补车文信为党委委员。

甘肃省饲草饲料技术推广总站时期：

1984 年 6 月，王治民继续任中共甘肃省饲草饲料技术推广总站委员会书记，杨毅继续任副书记，委员有唐万顺、车文信。1985 年 2 月杨毅任委员。

1985 年 7 月—1987 年 2 月，文德任中共甘肃省饲草饲料技术推广总站委员会副书记，向得福任委员。1986 年 2 月增补哈得虎、徐志清为委员。

1987 年 7 月—1991 年 10 月，鱼耀清任党委书记（兼站长），向得福、李温、哈得虎、徐志清任委员。

1992 年 12 月换届，鱼耀清任党委书记，向得福、李温、哈得虎、徐志清任委员。

甘肃省草原总站时期：

1995 年 6 月—1999 年 12 月，刘传海任中共甘肃省草原总站委员会书记，李温、哈得虎、徐志清任党委委员。1995 年 9 月增补王立耕为党委委员。

2000 年 1 月—2003 年 8 月，刘传海任中共甘肃省草原总站委员会书记，阎万贵、王立耕任党委委员。

2003 年 8 月，刘传海任党委书记，豆卫、王立耕任党委委员。2004 年 3 月起，增补韩天虎为党委委员。

甘肃省草原技术推广总站隶属农牧系统时期：

2005年1月，韩天虎、王心灵任中共甘肃省草原技术推广总站委员会副书记，豆卫、王立耕、赵庆平任党委委员。2006年4月，韩天虎任中共甘肃省草原技术推广总站委员会书记，王心灵任党委副书记，豆卫、王立耕、赵庆平任党委委员。2011年6月，增补王汝富为党委委员。

2012年6月—2012年12月，方宝华任中共甘肃省草原技术推广总站委员会书记，王心灵任党委副书记，韩天虎、王立耕、赵庆平、王汝富为党委委员。

2013年5月，赵庆平任中共甘肃省草原技术推广总站委员会书记，王心灵任党委副书记，韩天虎、王立耕、王汝富任党委委员。2013年10月增补张榕为党委委员。

2016年11月换届，赵庆平任中共甘肃省草原技术推广总站委员会书记，王心灵任党委副书记、纪律检查委员会书记，韩天虎、王立耕、王汝富、张榕任党委委员。2017年6月、10月王立耕、王心灵分别到龄退休。

甘肃省草原技术推广总站隶属林草系统时期：

2019年12月—2022年8月30日，赵庆平任党委书记，韩天虎、王汝富、张榕、杨浩任党委委员，张榕任纪律检查委员会书记。

2022年8月30日，刘兴明任中共甘肃省草原技术推广总站党委书记、站长，张志诚、王汝富、张榕、杨浩任党委委员，张榕任中共甘肃省草原技术推广总站纪律检查委员会书记。

二、党支部

（一）甘肃省草原工作队时期

1980年1月成立了甘肃省草原工作队机关党支部和业务党支部。

机关党支部：1980年1月成立，唐万顺任支部书记。1981年3月，杨青任支部书记(未设支部委员)。1982年7月，唐万顺任支部书记、鱼耀清任组织委员兼保卫委员、徐英杰任宣传兼青年委员。1983年2月，唐万顺任支部书记、任忠欣任组织委员兼保卫委员、徐英杰任宣传青年兼纪检委员。

业务党支部：1980年1月成立业务党支部，任忠欣任支部书记，何玉麟任组织委员、申有忠任宣教委员。1982年1月，任忠欣任支部书记，赵怀德任组织委员兼青年委员、赵光宇任宣教委员兼保卫委员。1982年7月任忠欣任支部书记，赵怀德任组织委员兼青年委员、林正兴任宣传委员兼保卫委员。1983年2月向得福任支部书记，赵怀德任副书记兼组织委员、林正兴任宣传委员、申有忠任青年委员、王履继任纪律检查委员。

（二）甘肃省饲草饲料技术推广总站时期

行政(机关)党支部：1985年3月改选中共甘肃省饲草饲料技术推广总站行政党

支部，唐万顺任支部书记（兼宣传委员），张德勇任保卫干事、杨青任组织、青年、群工干事。1987 年 12 月改选行政党支部，吴衍庆任支部书记，吴玉珍任组织、妇女委员、杜永清任宣传、保卫、青年委员。

业务党支部：1985 年 3 月改选中共甘肃省饲草饲料技术推广总站业务党支部，徐志清任支部书记，王履继任支部副书记兼纪检委员、陆伊奇任组织委员、申有忠任宣传委员、王兆廉任青年委员。1987 年 12 月业务党支部改选，陆伊奇任支部书记，任殿举任副书记，成若琳任组织委员、张剑杰任宣传委员、丁树中任青年委员。1989 年 11 月增选石隐孝为支部委员。

1991 年 1 月党支部换届，成立三个党支部。第一党支部：吴衍庆任支部书记，张德勇任组织委员，吴玉珍任青年、宣传、妇女委员；第二党支部：张剑杰任支部书记，申有忠任组织委员，丁树中任宣传、青年委员；第三党支部：成若琳任支部书记，郭安平任组织委员，何毅任宣传委员。

1994 年 9 月，第一党支部、第二党支部改选，吴衍庆任第一党支部支部书记，吴玉珍任宣传、组织委员；王以忠任文秘、青年委员。张剑杰任第二党支部支部书记，丁树中任组织委员、鲁征任宣传、青年委员。

（三）甘肃省草原总站时期

2001 年 1 月，中共甘肃省草原总站委员会第二党支部改选，谭成虎任支部书记，吴栋国任组织委员、向金城任宣传委员。

2004 年 2 月第一党支部、第二党支部改选，周多虎任第一党支部书记，金赐福、王耀明任支部委员。谭成虎任第二党支部书记，王汝富、张伯虎任支部委员。

2005 年 7 月支部改选，增加第四党支部(退休支部)。席文娣任中共甘肃省草原总站委员会第一党支部支部书记，王汝富、王耀明任支部委员，谭成虎任第二党支部书记，向金城、袁晓东任支部委员；俞联平任第三党支部书记，李新媛、张伯虎任支部委员；张德勇任第四党支部(退休支部)书记。

（四）甘肃省草原技术推广总站隶属农牧系统时期

2005 年 9 月单位更名，席文娣任中共甘肃省草原技术推广总站委员会第一党支部支部书记，王汝富、王耀明任支部委员，谭成虎任第二党支部支部书记，向金城、袁晓东任支部委员；俞联平任第三党支部支部书记，李新媛、张伯虎任支部委员；张德勇任第四党支部(退休支部)支部书记。

2008 年 1 月增补喻文虎为第一党支部组织委员。

2008 年 9 月，3 个在职党支部改选。席文娣任第一党支部书记、喻文虎任组织委员、于生殿任宣传委员，2011 年 12 月增补马爱霞为支部委员；向金城任第二党支部书记、许国成任组织委员、谭成虎任宣传委员，2009 年 10 月增补徐正辉为支部宣传委员；曹明崇任第三党支部书记、李新媛任组织委员、张伯虎任宣传委员，2010

年 6 月增补杨浩为支部委员。

2010 年退休支部改选，杨六虎任第四支部(退休支部)书记。

2015 年 2 月，3 个在职党支部改选：马爱霞任第一党支部书记，王中华、张伯虎任支部委员；许国成任第二党支部书记，杨浩、冯今任支部委员；李新媛任第三党支部书记，曹蕾、姜佳昌任支部委员。

2016 年 7 月，支部改选，成立了 7 个在职党支部和 1 个离退休党支部。许国成任办公室党支部书记，向金城任组织委员，张伯虎任宣传委员；王炳煜任监测科党支部书记，潘冬荣任组织委员，张洁任宣传委员；冯今任植保科党支部书记，席文娣任组织委员，程天亮任宣传委员；杨浩任草业科党支部书记，李德明任组织委员，武慧娟任宣传委员；马爱霞任政工科党支部书记；张贞明任营养室党支部书记；张万祥任饲料科党支部书记；杨六虎任离退休党支部书记。

2017 年 5 月，两个在职党支部改选。王炳煜任植保科党支部书记，席文娣任组织委员兼第一党小组组长，程天亮任宣传委员兼第二党小组组长；姜佳昌任监测科党支部书记，潘冬荣任组织委员兼第一党小组组长，张洁任宣传委员兼第二党小组组长。

2018 年 2 月，草业科党支部和监测科党支部改选。李德明任草业科党支部组织委员，付萍任草业科党支部宣传委员，武慧娟任草业科党支部纪检委员；张洁任监测科党支部组织委员和宣传委员，潘冬荣任监测科党支部纪检委员。

2018 年 4 月，祁兰英增选为办公室党支部纪检委员。同年，经站党委会研究，取消植保科党支部支委和党小组设置；10 月撤销办公室党支部党小组设置。

（五）甘肃省草原技术推广总站隶属林草系统时期

2019 年 5 月，经站党委会研究，由李德明代理草业科党支部书记。

2019 年 9 月，5 个在职党支部和 1 个离退休党支部换届。马爱霞任政工科党支部书记；张万祥任饲料科党支部书记；张贞明任动物营养室党支部书记；许国成任办公室党支部书记，向金城任办公室党支部组织委员，祁兰英任办公室党支部纪检委员，张伯虎任办公室党支部宣传委员；李德明任草业科党支部书记，武慧娟任草业科党支部组织委员，朱倩任草业科党支部纪检委员，付萍任草业科党支部宣传委员；杨六虎任离退休党支部书记，袁晓东任离退休党支部组织委员，谭成虎任离退休党支部纪检委员。

2020 年 4 月，离退休党支部改选，罗亮任支部书记，袁晓东任组织委员，谭成虎任纪检委员。动物营养室党支部更名为科技管理科党支部，张贞明任支部书记。

2020 年 11 月，植保科、监测科党支部换届，王炳煜任植保科党支部书记。姜佳昌任监测科党支部书记，潘冬荣任监测科党支部组织委员，莫负涛任监测科党支部宣传委员，张洁任监测科党支部纪检委员。

2020 年 12 月，原饲料科党支部更名为草种科党支部，张万祥任支部书记；植保科党支部更名为有害生物防治科党支部，吴江任支部书记；政工科党支部更名为组织人事科党支部，马爱霞任支部书记。

2021 年 10 月，草种科党支部更名为草原建设科党支部，张万祥任支部书记。

2022 年 1 月，潘冬荣任监测科党支部组织委员兼宣传委员，吴丹丹任纪检委员。2023 年 3 月，潘冬荣不再担任监测科党支部委员。

2022 年 2 月，有害生物防治科党支部改选，吴江任支部书记。

2022 年 12 月，草业科党支部由付萍担任组织委员，周栋昌担任宣传委员；张永辉任办公室党支部纪检委员，苏晓星任组织委员、张伯虎任宣传委员。

2024 年 1 月，张永辉任办公室党支部书记。

三、 中国共产党党员

（一）甘肃省草原工作队时期

1960 年党员人数及姓名(3 人)

隗永恒　赵俊林　赵俊德

1961 年党员人数及姓名(6 人)

隗永恒　任国满　程进华　陆思芳　罗文华　赵　长

1965 年党员人数及姓名(7 人)

陈宝珠　任忠欣　魏效义　赵水望　隗永恒　韩占元　陈德铭

1977—1983 年党员人数及姓名(25 人)

陈德铭　杨　青　李　琦　申有忠　张德勇　蒋海占　苏建登　任忠欣
王治民　杨　毅　唐万顺　何玉麟　赵怀德　徐志清　徐英杰　宫立新
赵光宇　王无怠　车文信　向得福　林正兴　潘琴娣　石隐孝　王履继
陆伊奇

（二）甘肃省饲草饲料技术推广总站时期

1984—1995 年党员人数及姓名(42 人)

车文信　向得福　唐万顺　赵怀德　任忠欣　张德勇　徐志清　申有忠
石隐孝　王兆廉　王履继　何玉麟　张志芳　成若林　王治民　潘琴娣
陆伊奇　哈得虎　吴衍庆　杜永清　吴玉珍　任殿举　丁树中　郭安平
许延志　张剑杰　谭成虎　王以忠　王耀明　向金城　吴栋国　周多虎
晁德林　王汝富　鱼耀清　文　德　杨　毅　李　温　何　毅　杨　青
鲁　征　金　斌

（三）甘肃省草原总站时期

1996—2003 年党员人数及姓名(40 人)

哈得虎　刘传海　徐志清　王立耕　鱼耀清　吴衍庆　赵怀德　陆伊奇

王履继　成若林　张德勇　谭成虎　徐英杰　晁德林　向金城　申有忠
郭安平　王耀明　周多虎　杨继英　张伯虎　吴衍庆　金赐福　李新媛
喻文虎　高永军　王汝富　曹明崇　吴玉珍　吴栋国　王茹华　闫万贵
王心灵　李　温　杨　青　王　英　鲁　征　金　斌　张　榕　杨六虎

（四）甘肃省草原技术推广总站时期

1. 2004—2018年党员人数及姓名(95人)

杨　毅　唐万顺　许延志　哈得虎　刘传海　鱼耀清　徐志清　李　温
赵秀玲　张德勇　刘进仁　王履继　王　英　闫万贵　吴衍庆　赵怀德
张剑杰　陆伊奇　成若琳　张志芳　杨　青　郭安平　徐英杰　吴玉珍
谭成虎　杨继英　张新珍　李川生　赵巴金　周多虎　杨六虎　晁德林
吴栋国　王耀明　高永军　王茹华　金赐福　赵庆平　王心灵　喻文虎
席文娣　马爱霞　祁兰英　袁晓东　王中华　张伯虎　韩天虎　向金城
张忠祥　许国成　徐正辉　于生殿　韩天文　李德明　荣良燕　李贵霖
程天亮　武慧娟　周栋昌　王立耕　王汝富　曹明崇　俞联平　刘宗祥
张贞明　张万祥　李新媛　王红霞　姜佳昌　王炳煜　潘冬荣　张永辉
王万山　豆　卫　张　榕　鲁　征　冯　今　杨　浩　金　斌　王　瑾
吴　江　张　洁　罗　亮　朱　倩　曹　蕾　赵　罡　付　萍　杨　霄
李　霞　高成芬　莫负涛　俞慧云　李智燕　王　延　赵　燕(预备)

2. 2024年6月甘肃省草原技术推广总站中国共产党党员基本情况

截至2024年6月，单位在册党员基本情况详见表1–1。

表1–1　2024年甘肃省草原技术推广总站中国共产党党员花名册

序号	所在支部	姓　名	性别	出生日期	籍　贯	民族	学　历	入党日期	转正日期
1	离退休支部	成若琳	男	1944.08.01	河北大名	汉族	大学本科	1984.05.18	1985.05.18
2	离退休支部	陆伊奇	男	1942.04.22	甘肃榆中	汉族	大学本科	1981.11.13	1982.11.13
3	离退休支部	王履继	男	1938.11.30	甘肃兰州	汉族	大学本科	1977.01.28	1978.01.28
4	离退休支部	郭安平	女	1951.02.14	天　津	汉族	中等专科	1972.11.11	1973.11.11
5	离退休支部	王　英	男	1940.05.08	甘肃临洮	汉族	大学专科	1992.06.26	1993.06.26
6	离退休支部	吴衍庆	男	1944.04.30	甘肃兰州	汉族	大学专科	1982.04.23	1983.04.23
7	离退休支部	张新珍	女	1946.06.08	天　津	汉族	普通高中	1985.06.26	1986.06.26
8	离退休支部	杨　青	男	1938.12.29	江苏涟水	汉族	中等专科	1971.07.01	1972.07.01
9	离退休支部	鲁　征	男	1956.01.12	甘肃玉门	汉族	大学本科	1992.05.08	1993.05.08
10	离退休支部	鱼耀清	男	1936.03.31	甘肃陇西	汉族	中等专科	1980.09.01	1981.09.01
11	离退休支部	李　温	女	1944.02.01	河北束鹿	汉族	大学本科	1984.05.01	1985.05.01

续表

序号	所在支部	姓　名	性别	出生日期	籍　贯	民族	学　历	入党日期	转正日期
12	离退休支部	吴玉珍	女	1949.11.15	甘肃兰州	汉族	大学专科	1982.04.23	1983.04.23
13	离退休支部	张剑杰	男	1937.03.31	甘肃兰州	汉族	中等专科	1973.08.31	1974.08.31
14	离退休支部	张志芳	女	1942.01.08	甘肃兰州	汉族	大学本科	1984.07.27	1985.07.27
15	离退休支部	赵怀德	男	1938.11.28	陕西高陵	汉族	大学本科	1975.01.09	1976.01.09
16	离退休支部	王茹华	女	1957.04.12	甘肃兰州	汉族	普通高中	1974.10.23	1975.10.23
17	离退休支部	杨六虎	男	1949.11.12	陕西合阳	汉族	中等专科	1996.12.24	1997.12.24
18	离退休支部	王耀明	男	1948.05.29	甘肃民勤	汉族	小学毕业	1991.07.24	1991.07.24
19	离退休支部	谭成虎	男	1953.05.13	甘肃天祝	汉族	中等专科	1988.01.29	1989.0129
20	离退休支部	赵巴金	男	1954.01.17	甘肃礼县	汉族	普通高中	2006.06.06	2007.06.06
21	离退休支部	王立耕	男	1956.07.12	甘肃民乐	汉族	大学本科	1977.04.17	1978.04.17
22	离退休支部	王心灵	男	1958.12.30	安徽临泉	汉族	大学本科	1984.05.01	1985.05.01
23	离退休支部	袁晓东	男	1958.03.15	陕西神木	汉族	普通高中	1994.01.08	1995.01.08
24	离退休支部	席文娣	女	1964.02.28	陕西彬县	汉族	大学本科	1994.04.01	1995.04.01
25	离退休支部	向金城	男	1963.04.14	甘肃临洮	汉族	大学本科	1994.01.14	1995.01.14
26	离退休支部	刘宗祥	男	1963.07.20	甘肃岷县	汉族	硕士研究生	2006.06.06	2007.06.06
27	离退休支部	俞联平	男	1972.05.26	甘肃古浪	汉族	博士研究生	1993.03.01	1994.03.01
28	离退休支部	张忠祥	男	1964.09.26	甘肃景泰	汉族	大学本科	2004.12.09	2005.12.09
29	离退休支部	李贵霖	男	1963.07.21	甘肃榆中	汉族	大学本科	2004.12.09	2005.12.09
30	离退休支部	晁德林	男	1962.07.28	甘肃永登	汉族	大学本科	1994.01.14	1995.01.14
31	离退休支部	曹明崇	男	1962.10.05	甘肃山丹	汉族	大学本科	1996.05.20	1997.05.20
32	离退休支部	祁兰英	女	1968.11.01	青海乐都	蒙古族	在职大学	2001.06.01	2002.06.01
33	离退休支部	罗　亮	男	1973.01.17	陕西华县	汉族	大学本科	2013.0620	2014.06.20
34	组织人事科支部	刘兴明	男	1967.06.16	甘肃景泰	汉族	博士研究生	1993.12.03	1994.12.03
35	组织人事科支部	马爱霞	女	1977.03.20	甘肃山丹	汉族	大学本科	2004.09.28	2005.09.28
36	组织人事科支部	王中华	男	1985.12.30	安徽临泉	汉族	大学本科	2010.11.02	2011.11.02
37	组织人事科支部	高成芬	女	1992.04.04	甘肃金昌	汉族	硕士研究生	2018.12.05	2019.12.17
38	组织人事科支部	赵　燕	女	1987.02.25	甘肃高台	汉族	硕士研究生	2018.12.11	2020.12.11
39	组织人事科支部	陈　洁	女	1987.06.26	甘肃卓尼	汉族	大学本科	2007.04.16	2008.04.16

续表

序号	所在支部	姓　名	性别	出生日期	籍　贯	民族	学　历	入党日期	转正日期
40	草业科支部	高天歌	女	1995.11.07	安徽阜阳	汉族	硕士研究生	2018.11.19	2019.11.19
41	办公室支部	张志诚	男	1964.10	甘肃会宁	汉族	大学本科	1987.10.01	1988.10.01
42	办公室支部	张永辉	男	1984.08.08	甘肃榆中	汉族	硕士研究生	2006.05.19	2007.05.19
43	办公室支部	张伯虎	男	1974.04.16	甘肃榆中	汉族	大学专科	1994.12.26	1995.12.26
44	办公室支部	金　斌	男	1972.05.26	甘肃秦安	汉族	大学专科	1991.04.01	1992.04.10
45	办公室支部	赵　罡	男	1980.01.22	甘肃礼县	汉族	普通高中	2003.06.16	2007.09.20
46	办公室支部	苏晓星	女	1992.06.28	甘肃永登	汉族	大学本科	2020.06.28	2021.06.28
47	办公室支部	张　蔚	女	1996.12.04	甘肃武威	汉族	硕士研究生	2021.11.28	2022.11.28
48	草业科支部	张　榕	女	1965.02.01	甘肃通渭	汉族	硕士研究生	1996.12.24	1997.12.24
49	草业科支部	李德明	男	1982.08.04	甘肃榆中	汉族	硕士研究生	2009.05.19	2010.05.19
50	草业科支部	武慧娟	女	1990.06.20	甘肃古浪	汉族	硕士研究生	2012.05.30	2013.05.30
51	草业科支部	朱　倩	女	1987.01.04	甘肃武威	汉族	大学本科	2008.11.28	2009.11.28
52	草业科支部	付　萍	女	1987.10.12	甘肃永登	汉族	硕士研究生	2014.05.04	2015.05.04
53	草业科支部	梁　婷	女	1996.12.12	甘肃景泰	汉族	硕士研究生	2020.12.09	2021.12.09
54	草业科支部	周栋昌	男	1990.05.21	甘肃民勤	汉族	硕士研究生	2013.04.23	2014.04.23
55	草业科支部	高　敏	女	1998.04	甘肃白银	汉族	硕士研究生	2022.06	2023.06
56	草业科支部	张亚楠	女	1999.08	甘肃靖远	汉族	硕士研究生	2019.11	2020.11
57	草业科支部	徐锐真	女	1997.12.06	甘肃庆阳	汉族	硕士研究生	2020.12.23	2022.12.23
58	有害生物防治科支部	杨　浩	男	1980.02.17	甘肃武威	汉族	硕士研究生	2004.04.15	2005.04.15
59	有害生物防治科支部	吴　江	男	1986.07.25	甘肃合作	汉族	硕士研究生	2015.06.23	2016.06.23
60	有害生物防治科支部	王　瑾	女	1976.11.27	甘肃临夏	汉族	大学本科	2011.06.22	2012.06.22
61	有害生物防治科支部	王　彦	女	1997.02	甘肃陇南	汉族	硕士研究生	2022.11	2023.11
62	有害生物防治科支部	周惠丽	女	1987.03	甘肃榆中	汉族	大学本科	2008.12.10	2009.12.10
63	草原建设科支部	王汝富	男	1964.08.05	甘肃皋兰	汉族	大学本科	1995.01.24	1996.01.24
64	草原建设科支部	张万祥	男	1978.04.09	甘肃民勤	汉族	硕士研究生	2006.06.26	2007.06.26
65	草原建设科支部	王　延	男	1990.11.01	甘肃会宁	汉族	硕士研究生	2019.12.13	2020.12.13
66	草原建设科支部	冯　今	男	1974.09.19	甘肃武威	汉族	硕士研究生	2010.06.22	2011.06.22
67	草原建设科支部	莫负涛	女	1989.10.09	甘肃定西	汉族	硕士研究生	2011.12.05	2012.12.05
68	草原建设科支部	张　洁	女	1975.05.25	甘肃兰州	汉族	大学本科	2010.06.22	20110622

续表

序号	所在支部	姓　名	性别	出生日期	籍　贯	民族	学　历	入党日期	转正日期
69	科管科支部	张贞明	男	1974.02.01	甘肃永登	汉族	硕士研究生	2004.12.09	2005.12.09
70	科管科支部	李新媛	女	1974.01.15	甘肃镇原	汉族	大学本科	1997.03.21	1998.03.21
71	科管科支部	李智燕	女	1986.05.05	甘肃陇西	汉族	硕士研究生	2017.06.26	2018.06.28
72	科管科支部	白　杨	女	1986.11	甘肃张家川	回族	本科	2012.06	2013.06
73	监测科支部	姜佳昌	男	1988.08.28	甘肃山丹	汉族	硕士研究生	2010.05.27	2011.05.27
74	监测科支部	王红霞	女	1977.12.20	甘肃静宁	汉族	大学本科	2011.06.22	2012.06.22
75	监测科支部	李　霞	女	1990.05.06	甘肃天水	汉族	硕士研究生	2008.06.02	2009.06.02
76	监测科支部	俞慧云	女	1990.11.01	甘肃古浪	汉族	硕士研究生	2010.10.28	2011.10.28
77	监测科支部	段丽婕	女	1990.01.01	甘肃武威	汉族	硕士研究生	2013.11.01	2014.11.01
78	监测科支部	吴丹丹	女	1988.08.29	河南扶沟	汉族	硕士研究生	2014.05.26	2015.05.26

四、纪律检查委员会

1982年5月，成立“中国共产党甘肃省草原工作队纪律检查委员会”，杨毅任书记，鱼跃清、徐志清任委员。

1992年12月，成立中共甘肃省饲草饲料技术推广总站纪律检查委员会，哈得虎任书记，成若琳、吴玉珍任委员。

1996年3月，成立中共甘肃省草原总站纪律检查委员会，李温任书记，成若琳、吴玉珍任委员。

2005年3月，中共甘肃省草原总站纪律检查委员会换届，王心灵任书记，周多虎、谭成虎、席文娣任委员。

2005年6月，成立中共甘肃省草原技术推广总站纪律检查委员会，王心灵任书记，席文娣、王汝富、谭成虎、张德勇任委员。2008年1月增补向金城、曹明崇同志为纪委委员。

2015年3月，中共甘肃省草原技术推广总站纪律检查委员会换届，王心灵任书记，马爱霞、许国成、李新媛、杨六虎任委员。

2016年11月，赵庆平兼任中共甘肃省草原技术推广总站纪律检查委员会书记，马爱霞、许国成、李新媛任纪委委员。

2019年12月，张榕任中共甘肃省草原技术推广总站纪律检查委员会书记，马爱霞、许国成、李新媛任纪委委员，高成芬任纪委专干。

五、工会、青年团、妇女组织、信访

（一）工会

1992 年 12 月，成立甘肃省饲草饲料技术推广总站工会委员会，徐志清任主席，吴衍庆任副主席，张德勇、吴玉珍、姬永莲任委员。

2005 年 10 月，工会换届。王心灵任主席，王汝富、于生殿、王红霞、张万祥任委员。

2018 年 10 月 9 日，工会换届。王汝富任主席，许国成任副主席，张万祥、王中华任组织委员，杨浩、王延任宣传委员，李晓鹏、程天亮任文体委员。

工会经费审查委员会主任：徐正辉，委员：徐正辉、马爱霞、张洁。

女工委员：朱倩。

2023 年 12 月，工会换届，杨浩为工会主席，张永辉为工会副主席，张万祥、周栋昌、王延、朱倩、杨霄等 5 名同志为工会委员会委员。陈兮、李新媛、王惠为经费审查委员会委员。朱倩为女职工委员会主任，杨霄、高丽丽为女职工委员会会员。

（二）青年团

1981 年 3 月，成立中国共产主义青年团甘肃省草原工作队团支部。常根柱任书记，王晓春任副书记，胡光明、白善霖、赵忠任支部委员。

1984 年 6 月，成立中国共产主义青年团甘肃省饲草饲料技术推广总站团总支部。杲寿善任团总支书记，曹明崇、安明福、许华任支部委员。1988 年团总支改选，曹明崇任书记，张榕任副书记，安明福、许华任支部委员。

1990 年 4 月，甘肃省饲草饲料技术推广总站团总支改选，曹明崇任书记，杨鹏翼任副书记，刘庆文、喻文健、吴栋国、常明任总支部委员。

1993 年 3 月改选，史青茂任书记，喻文虎任副书记，刘庆文、李鹤、阿不满任总支部委员。

1995 年 7 月改选，张霞任团总支书记，苏爱莲、史青茂任委员。

1997 年 7 月，成立共青团甘肃省草原总站总支部，马爱霞任团总支书记。

2005 年 7 月，改选共青团甘肃省草原总站总支部，张万祥任总支部书记，陈兴荣任总支部委员，2005 年 9 月增补张丽娟为总支部委员。

2005 年 9 月，共青团甘肃省草原技术推广总站总支部成立，张万祥任总支部书记，陈兴荣、张丽娟为总支部委员。

2009 年 7 月，团总支改选，王中华任总支部书记，牛建龙、张丽娟任总支部委员。

2012 年 3 月，团总支改选，吴江任团总支书记，王惠、张丽娟任总支部委员。

2014 年 4 月，团总支改选，程天亮任团总支部书记，张丽娟、王惠任总支部委员。

2017 年 5 月，团总支改选，程天亮任团总支部书记，王延、俞慧云任总支部委员。

2024 年 6 月，总站有团员 4 名。

（三）妇女组织

1992 年之前先后由张志芳、侯淑萍等同志负责单位妇女和计划生育工作；1992—2009 年张榕同志负责妇女工作；2010—2018 年，由王红霞负责妇女工作。2018 年 10 月始，朱倩负责妇女工作。

（四）信访工作

2006 年 2 月，成立甘肃省草原技术推广总站信访办公室，办公室主任由站党委副书记王心灵担任。

2019 年 2 月 27 日，甘肃省草原技术推广总站信访工作领导小组成立。赵庆平任组长，韩天虎任副组长，成员由王汝富、张榕、许国成、马爱霞、王炳煜、徐正辉、金加明 、杨浩、孙斌、张洁、张贞明、张万祥、李德明组成。

（五）安全生产工作

2013 年，成立甘肃省草原技术推广总站安全生产工作领导小组。韩天虎任组长，赵庆平、王心灵任副组长，成员由王立耕、王汝富、张榕、喻文虎、王历宽、杨浩组成。王心灵同志为安全生产工作的主管领导，办公室负责落实。

2019 年，甘肃省草原技术推广总站安全生产工作领导小组调整，由站长韩天虎任组长，党委书记赵庆平任副组长，班子其他成员为成员。领导小组下设办公室，由站办公室主任任主任，各科室负责人为成员。

2024 年 2 月，调整了甘肃省草原技术推广总站安全生产工作领导小组。组长为刘兴明，副组长为张志诚、王汝富、张榕、杨浩，成员由张永辉、徐正辉、马爱霞、张贞明、张洁、李晓鹏、张万祥、孟祥君、姜佳昌、李德明、周栋昌组成。

第二节　干部队伍

一、 历届领导班子

（一）甘肃省草原工作队时期

时间：1954 年 10 月—1956 年 3 月

单位名称：甘肃省畜牧兽医工作队

王无怠　甘肃省畜牧兽医工作队副队长（主持草原业务工作，筹建甘肃省畜牧厅草原工作队）

时间：1956 年3 月—1959 年
单位名称：甘肃省畜牧厅草原工作队
王无怠　甘肃省畜牧厅草原工作队副队长

时间：1959—1961 年
单位名称：甘肃省畜牧厅草原工作队
王无怠　甘肃省畜牧厅草原工作队队长
马玉禄　甘肃省畜牧厅草原工作队副队长
隗永恒　中共甘肃省畜牧厅草原工作队党支部书记

时间：1964—1969 年 2 月
单位名称：甘肃省畜牧厅草原工作队
王无怠　任甘肃省畜牧厅草原工作队队长
隗永恒　任甘肃省畜牧厅草原工作队教导员

时间：1977 年 3 月—1978 年 9 月
单位名称：甘肃省草原工作队
陈得铭　主持工作

时间：1978 年 9 月—1979 年 7 月
单位名称：甘肃省草原工作队
王无怠　甘肃省草原工作队队长
陈得铭　中共甘肃省草原工作队委员会副书记

时间：1979 年 7 月—1980 年 6 月
单位名称：甘肃省草原工作队
王无怠　甘肃省草原工作队长
王治民　中共甘肃省草原工作队委员会书记
杨　毅　中共甘肃省草原工作队委员会副书记
唐万顺　甘肃省草原工作队党委委员、副队长

时间：1980 年 6 月—1985 年 7 月
单位名称：甘肃省草原工作队
王治民　中共甘肃省草原工作队委员会书记

杨　毅　中共甘肃省草原工作队委员会副书记
车文信　甘肃省草原工作队副队长、党委委员(主持业务工作)
唐万顺　甘肃省草原工作队党委委员、副队长
许延志　甘肃省草原工作队副队长

(二) 甘肃省饲草饲料技术推广总站时期

时间：1985年7月—1987年2月

单位名称：甘肃省饲草饲料技术推广总站

文　德　中共甘肃省饲草饲料技术推广总站委员会副书记、副站长(主持工作)
向得福　甘肃省饲草饲料技术推广总站副站长、党委委员
哈得虎　甘肃省饲草饲料技术推广总站副站长、党委委员
徐志清　甘肃省饲草饲料技术推广总站副站长、党委委员
唐万顺　甘肃省饲草饲料技术推广总站巡视员、党委委员
杨　毅　甘肃省饲草饲料技术推广总站党委委员、巡视员

时间：1987年2月—1991年10月

单位名称：甘肃省饲草饲料技术推广总站、甘肃省草原监理站、甘肃省牧草种籽公司、甘肃省种草养畜服务公司

鱼跃清　甘肃省饲草饲料技术推广总站委员会书记，兼任甘肃省饲草饲料技术推广总站站长

向得福　甘肃省饲草饲料技术推广总站副站长、党委委员兼任甘肃省草原监理站副站长

李　温　甘肃省饲草饲料技术推广总站副站长、党委委员兼任甘肃省草原监理站副站长

哈得虎　甘肃省饲草饲料技术推广总站副站长、党委委员兼任甘肃省草原监理站副站长

徐志清　甘肃省饲草饲料技术推广总站副站长、党委委员兼任甘肃省草原监理站副站长

唐万顺　甘肃省饲草饲料技术推广总站巡视员(1988年10月免去巡视员职务)
许延志　甘肃省饲草饲料技术推广总站调研员(1988年10月免去调研员职务)

时间：1991年10月—1995年6月

单位名称：甘肃省饲草饲料技术推广总站、甘肃省草原监理站

鱼跃清　中共甘肃省饲草饲料技术推广总站委员会书记

向得福　甘肃省饲草饲料技术推广总站站长、党委委员兼任甘肃省草原监理站站长

李　温　甘肃省饲草饲料技术推广总站副站长、党委委员兼任甘肃省草原监理站副站长

哈得虎　甘肃省饲草饲料技术推广总站副站长、党委委员兼任甘肃省草原监理站副站长

徐志清　甘肃省饲草饲料技术推广总站副站长、党委委员兼任甘肃省草原监理站副站长

（三）甘肃省草原总站时期

时间：1995年6月—1997年3月

单位名称：甘肃省草原总站、甘肃省草原监理站、甘肃省牧草种子公司

哈得虎　甘肃省草原总站站长、党委委员，兼任甘肃省草原监理站站长、甘肃省牧草种子公司经理

刘传海　中共甘肃省草原总站委员会书记

徐志清　甘肃省草原总站副站长、党委委员，兼任甘肃省草原监理站副站长、甘肃省牧草种子公司副经理

李　温　甘肃省草原总站副站长、党委委员，兼任甘肃省草原监理站副站长、甘肃省牧草种子公司副经理

王立耕　甘肃省草原总站副站长、党委委员，兼任甘肃省草原监理站副站长、甘肃省牧草种子公司副经理

鱼跃清　甘肃省草原总站正县级调研员

时间：1997年3月—1998年6月

单位名称：甘肃省草原总站、甘肃省草原监理站、甘肃省牧草种子公司

哈得虎　甘肃省草原总站站长、党委委员，兼任甘肃省草原监理站站长、甘肃省牧草种子公司经理

刘传海　中共甘肃省草原总站委员会书记

徐志清　甘肃省草原总站副站长、党委委员，兼任甘肃省草原监理站副站长、甘肃省牧草种子公司副经理

李　温　甘肃省草原总站副站长、党委委员，兼任甘肃省草原监理站副站长、甘肃省牧草种子公司副经理

王立耕　甘肃省草原总站副站长、党委委员，兼任甘肃省草原监理站副站长、甘肃省牧草种子公司副经理

吴衍庆　甘肃省草原总站副站长，兼任甘肃省草原监理站副站长、甘肃省牧草种子公司副经理

时间：1998 年 6 月—1999 年 12 月

单位名称：甘肃省草原总站、甘肃省草原监理站

刘传海　中央甘肃省草原总站委员会书记(主持工作)

徐志清　甘肃省草原总站副站长、党委委员，兼任甘肃省草原监理站副站长、甘肃省牧草种子公司副经理

李　温　甘肃省草原总站副站长、党委委员，兼任甘肃省草原监理站副站长、甘肃省牧草种子公司副经理

王立耕　甘肃省草原总站副站长、党委委员，兼任甘肃省草原监理站副站长、甘肃省牧草种子公司副经理

吴衍庆　甘肃省草原总站副站长，兼任甘肃省草原监理站副站长、甘肃省牧草种子公司副经理

时间：2000 年 1 月—2003 年 8 月

单位名称：甘肃省草原总站　甘肃省草原监理站

闫万贵　甘肃省草原总站站长、党委委员，兼任甘肃省草原监理站站长、省牧草种子公司经理

刘传海　中共甘肃省草原总站委员会书记

王立耕　甘肃省草原总站副站长、党委委员，兼任甘肃省草原监理站副站长、省牧草种子公司副经理

吴衍庆　甘肃省草原总站副站长，兼任甘肃省草原监理副站长、省牧草种子公司副经理

徐志清　甘肃省草原总站调研员

李　温　甘肃省草原总站调研员

时间：2003 年 8 月—2004 年 3 月

单位名称：甘肃省草原总站、甘肃省草原监理站

刘传海　中共甘肃省草原总站委员会书记

豆　卫　甘肃省草原总站副站长(主持行政工作)，兼任甘肃省草原监理站副站长、省牧草种子公司副经理

王立耕　甘肃省草原总站副站长、党委委员，兼任甘肃省草原监理站副站长、甘肃省牧草种子公司副经理

吴衍庆　甘肃省草原总站副站长，兼任甘肃省草原监理站副站长、甘肃省牧草种子公司副经理

韩天虎　甘肃省草原总站副站长

（四）甘肃省草原技术推广总站隶属农牧系统时期

时间：2004 年 3 月—2004 年 12 月

单位名称：甘肃省草原总站、甘肃省草原监理站

豆　卫　甘肃省草原总站站长，兼任甘肃省草原监理站站长、甘肃省牧草种子公司经理

刘传海　中共甘肃省草原总站委员会书记

王立耕　甘肃省草原总站副站长、党委委员，兼任甘肃省草原监理站副站长、甘肃省牧草种子公司副经理

吴衍庆　甘肃省草原总站副站长，兼任甘肃省草原监理站副站长、甘肃省牧草种子公司副经理

韩天虎　甘肃省草原总站副站长、党委委员，兼任甘肃省草原监理站副站长、甘肃省牧草种子公司副经理

时间：2005 年 1 月—2006 年 4 月

单位名称：甘肃省草原技术推广总站

豆　卫　甘肃省草原技术推广总站站长、党委委员

韩天虎　中共甘肃省草原技术推广总站委员会副书记兼副站长

王立耕　甘肃省草原技术推广总站副站长、党委委员

王心灵　中共甘肃省草原技术推广总站委员会副书记

赵庆平　甘肃省草原技术推广总站副站长、党委委员

时间：2006 年 4 月—2010 年 6 月

单位名称：甘肃省草原技术推广总站

豆　卫　甘肃省草原技术推广总站站长、党委委员

韩天虎　中共甘肃省草原技术推广总站委员会书记兼副站长

王立耕　甘肃省草原技术推广总站副站长、党委委员

王心灵　中共甘肃省草原技术推广总站委员会副书记

赵庆平　甘肃省草原技术推广总站副站长、党委委员

时间：2010 年 6 月—2012 年 6 月

单位名称：甘肃省草原技术推广总站
豆　卫　甘肃省草原技术推广总站站长、党委委员
韩天虎　中共甘肃省草原技术推广总站委员会书记兼副站长
王立耕　甘肃省草原技术推广总站总畜牧师(正县级)
王心灵　中共甘肃省草原技术推广总站委员会副书记
赵庆平　甘肃省草原技术推广总站副站长、党委委员
王汝富　甘肃省草原技术推广总站副站长、党委委员

时间：2012 年 6 月—2013 年 5 月
单位名称：甘肃省草原技术推广总站
韩天虎　甘肃省草原技术推广总站站长、党委委员
方宝华　中共甘肃省草原技术推广总站委员会书记兼任副站长
王立耕　甘肃省草原技术推广总站总畜牧师
王心灵　中共甘肃省草原技术推广总站委员会副书记
赵庆平　甘肃省草原技术推广总站副站长、党委委员
王汝富　甘肃省草原技术推广总站副站长、党委委员
张　榕　甘肃省草原技术推广总站副站长

时间：2013 年 5 月—2017 年 10 月
单位名称：甘肃省草原技术推广总站
韩天虎　甘肃省草原技术推广总站站长、党委委员
赵庆平　中共甘肃省草原技术推广总站委员会书记
王立耕　甘肃省草原技术推广总站总畜牧师
王心灵　中共甘肃省草原技术推广总站委员会副书记
王汝富　甘肃省草原技术推广总站副站长、党委委员
张　榕　甘肃省草原技术推广总站副站长、党委委员

时间：2017 年 10 月—2019 年 12 月
单位名称：甘肃省草原技术推广总站
韩天虎　甘肃省草原技术推广总站站长、党委委员
赵庆平　中共甘肃省草原技术推广总站委员会书记
王汝富　甘肃省草原技术推广总站副站长、党委委员
张　榕　甘肃省草原技术推广总站副站长、党委委员

（五）甘肃省草原技术推广总站隶属林草系统时期

时间：2019 年 12 月—2021 年 12 月

单位名称：甘肃省草原技术推广总站

韩天虎　甘肃省草原技术推广总站站长、党委副书记

赵庆平　中共甘肃省草原技术推广总站委员会书记

王汝富　甘肃省草原技术推广总站副站长、党委委员

张　榕　中共甘肃省草原技术推广总站纪律检查委员会书记、党委委员

时间：2021 年 12 月—2022 年 8 月

单位名称：甘肃省草原技术推广总站

韩天虎　甘肃省草原技术推广总站站长、党委副书记

赵庆平　中共甘肃省草原技术推广总站委员会书记

王汝富　甘肃省草原技术推广总站副站长、党委委员

张　榕　中共甘肃省草原技术推广总站纪律检查委员会书记、党委委员、副站长

杨　浩　甘肃省草原技术推广总站副站长、党委委员

时间：2022 年 8 月—2024 年 6 月

单位名称：甘肃省草原技术推广总站

刘兴明　中共甘肃省草原技术推广总站党委书记、站长

张志诚　中共甘肃省草原技术推广总站党委委员、副站长（正县级）

王汝富　中共甘肃省草原技术推广总站党委委员、副站长

张　榕　中共甘肃省草原技术推广总站纪律检查委员会书记、党委委员

杨　浩　中共甘肃省草原技术推广总站党委委员、副站长

历届领导任职情况如表 1–2 所示。

表 1–2　历届领导任职情况一览表

姓名	任职情况
王无怠	1954—1956.03 主持工作；1956.03—1959 任副队长主持工作；1959—1961、1964—1969.02、1978.09—1979.07 三个阶段任队长
马玉禄	1959—1961 任副队长
隗永恒	1959—1961 任党支部书记，1964—1969.02 任教导员
陈得铭	1977.03—1978.09 主持工作，1978.09—1979.07 任党委副书记
王治民	1979.07—1985.07 任党委书记
杨　毅	1979.07—1985.02 任党委副书记，1985.02—1986.05 任党委委员、巡视员

续表

姓名	任职情况
唐万顺	1979.07—1984.06 任副队长、党委委员，1984.06—1988.10 任党委委员、巡视员
车文信	1980.06—1985.07 任副队长、党委委员，主持业务工作
许延志	1980.09—1987.08 任副队长，1987.08-1988.10 任调研员
文　德	1985.07—1987.02 任副书记、副站长，主持工作
向得福	1984.06—1991.09 任副站长、党委委员，1991.10—1995.06 任站长、党委委员
哈得虎	1985.10—1995.05 任副站长、党委委员，1995.06—1998.06 任站长、党委委员
徐志清	1985.07—2000.01 任副站长、党委委员，2000.01—2002.05 任调研员
鱼跃清	1987.02—1991.09 任党委书记、站长，1991.10—1995.06 任党委书记，1995.06—1997.03 任调研员
李　温	1987.02—2000.01 任副站长、党委委员，2000.01—2002.05 任调研员
刘传海	1995.06—1998.06 任党委书记，1998.06—1999.12 主持全站工作,1999.12—2004.12 任党委书记
王立耕	1995.06—2011.04 任副站长、党委委员，2011.04—2017.05 任总畜牧师、党委委员
吴衍庆	1997.03—2004.07 任副站长
闫万贵	2000.01—2003.08 任站长、党委委员
豆　卫	2003.08—2004.03 任副站长、主持行政工作，2004.03—2005.01 任站长，2005.01—2011.12 任站长、党委委员
韩天虎	2003.08—2005.01 挂职副站长，2005.01—2006.04 任党委副书记、副站长，2006.04—2012.06 任党委书记、副站长，2012.06—2019.12 任站长、党委委员，2019 年 12 月至 2022 年 8 月 30 日任站长、党委副书记
王心灵	2005.01—2017.10 任党委副书记
赵庆平	2005.01—2013.10 任副站长、党委委员，2013.10—2022.08.30 任党委书记、副站长
王汝富	2011.04 起任副站长、党委委员
方宝华	2012.06—2012.12 任党委书记、副站长
张　榕	2012.06—2019.12 任副站长、党委委员，2019 年 12 月起任纪委书记、党委委员
杨　浩	2021 年 12 月起任甘肃省草原技术推广总站副站长、党委委员
张志诚	2022 年 8 月 30 日任甘肃省草原技术推广总站副站长、党委委员(正县级)(2022 年至 2023 年 4 月主持工作)
刘兴明	2022 年 8 月 30 日任中共甘肃省草原技术推广总站党委书记、甘肃省草原技术推广总站站长(2023 年 4 月到岗)
备注:	在甘肃省牧草种子公司、甘肃省草原监理站、甘肃省动物营养研究所等单位牌子存在期间，所有班子任实职领导均兼任这些单位的对应正职或者副职

二、 科室负责人

从 1977 年甘肃省草原工作队恢复建制以后，下设科室有资料记载，科室负责人从此时记述。

（一） 办公室

1977 年设立办公室，1982 年撤销办公室，设立行政办公室。1986 年撤销行政办公室，设立办公室。办公室负责人及任职时间详见表 1–3。

表 1–3　办公室负责人及任职时间一览表

职务	姓名	任职时间	任命机构	备注
副主任	杨　青	1977—1980.07	甘肃省草原工作队革命委员会	主持工作
		1980.07—1984.04	中共甘肃省草原工作队委员会	
主　任	鱼耀清	1982.07—1982.12	中共甘肃省草原工作队委员会	
副主任	杨　青	1984.04—1986.02	中共甘肃省草原工作队委员会	
副主任	何玉麟	1984.04—1986.02	中共甘肃省草原工作队委员会	
副主任	任忠欣	1984.04—1986.02	中共甘肃省草原工作队委员会	
	吴衍庆	1985.03—1986.02	中共甘肃省饲草饲料技术推广总站委员会	
主　任	吴衍庆	1986.02—1997.03	中共甘肃省饲草饲料技术推广总站委员会	
副主任	马　范	1986.02—1991.03	中共甘肃省饲草饲料技术推广总站委员会	
副主任	张志芳	1986.02—1996.01	中共甘肃省饲草饲料技术推广总站委员会	
副主任	任忠欣	1986.02—1990.07	中共甘肃省饲草饲料技术推广总站委员会	
副主任	吴玉珍	1992.04—1996.01	中共甘肃省饲草饲料技术推广总站委员会	
副主任	杨六虎	1992.04—1996.01	中共甘肃省饲草饲料技术推广总站委员会	
副主任	晁德林	1996.01—1997.03	中共甘肃省饲草饲料技术推广总站委员会	主持工作
		1997.03—1999.09	中共甘肃省草原总站委员会	
副主任	金赐福	1998.09—2004.07	中共甘肃省草原总站委员会	
	杨六虎	1999.09—2004.07		打柴沟站站长（主持办公室工作）
副主任	张　榕	1999.09—2004.07	中共甘肃省草原总站委员会	
主　任	王汝富	2004.07—2005.06	中共甘肃省草原总站委员会	
副主任	向金城	2004.07—2005.06	中共甘肃省草原总站委员会	
副主任	高永军	2004.07—2005.06	中共甘肃省草原总站委员会	
主　任	王汝富	2005.06—2010.04	甘肃省草原技术推广总站（聘任）	2007.10—2009.12 华池县挂职副县长
副主任	高永军	2005.06—2006.04	甘肃省草原技术推广总站（聘任）	
副主任	祁兰英	2005.06—2007.03	甘肃省草原技术推广总站（聘任）	
副主任	王历宽	2007.03—2014.07	甘肃省草原技术推广总站（聘任）	
副主任	张　霞	2007.03—2010.04	甘肃省草原技术推广总站（聘任）	

续表

职务	姓名	任职时间	任命机构	备注
	喻文虎	2007.10—2010.04	甘肃省草原技术推广总站（聘任）	主持工作 （馒头山试验站站长）
主　任	喻文虎	2010.04—2017.04	甘肃省草原技术推广总站（聘任）	2015.02 —2016.09 安定区挂职副区长
副主任	张贞明	2010.04—2013.03	甘肃省草原技术推广总站（聘任）	
副主任	杨　浩	2013.03—2014.12	甘肃省草原技术推广总站（聘任）	
副主任	李晓鹏	2014.12—2021.08	甘肃省草原技术推广总站（聘任）	
	许国成	2015.02—2017.04	甘肃省草原技术推广总站（聘任）	主持工作
主　任	许国成	2017.04—2023.09	甘肃省草原技术推广总站（聘任）	
副主任	张永辉	2021.08—2024.05	中共甘肃省草原技术推广总站委员会	
副主任	武慧娟	2021.08—2024.06	中共甘肃省草原技术推广总站委员会	岗位种质资源科
主　任	张永辉	2024.05	中共甘肃省草原技术推广总站委员会	
副主任	莫负涛	2024.06	中共甘肃省草原技术推广总站委员会	

（二）政工（组织人事）科

政工科 1986 年 2 月成立，2021 年 4 月更名为组织人事科，负责人及任职时间见表 1–4。

表 1–4　政工（组织人事）科负责人及任职时间一览表

职务	姓名	任职时间	任命机构	备注
科　长	杨　青	1986.02—1996.01	中共甘肃省饲草饲料技术推广总站委员会	
科　长	吴玉珍	1996.01—2004.07	中共甘肃省饲草饲料技术推广总站委员会	
副科长	王以忠	1996.01—1997.08	中共甘肃省饲草饲料技术推广总站委员会	
	曹明崇	1996.01—1998.05	中共甘肃省草原总站委员会	主持工作
副科长	周多虎	1998.09—2004.07	中共甘肃省草原总站委员会	
科　长	周多虎	2004.07—2005.06	中共甘肃省草原总站委员会	
科　长	席文娣	2005.06—2015.05	甘肃省草原技术推广总站（聘任）	
副科长	马爱霞	2005.06—2015.09	甘肃省草原技术推广总站（聘任）	
科　长	马爱霞	2015.09—2021.04	甘肃省草原技术推广总站（聘任）	
副科长	王中华	2015.09—2021.04	甘肃省草原技术推广总站（聘任）	
科　长	马爱霞	2021.04—2024.05	中共甘肃省草原技术推广总站委员会	
副科长	王中华	2021.04	中共甘肃省草原技术推广总站委员会	
科　长	姜佳昌	2024.05	中共甘肃省草原技术推广总站委员会	
副科长	高成芬	2024.05	中共甘肃省草原技术推广总站委员会	

（三）饲料科

1984 年 2 月设立饲料科，2005 年 4 月更名为饲料技术推广科，2021 年 4 月撤销饲料技术推广科。饲料科负责人及任职时间详见表 1–5。

表 1–5　饲料科负责人及任职时间一览表

职务	姓名	任职时间	任命机构	备注
副科长	王履继	1984.04—1986.02	中共甘肃省草原工作队委员会	主持工作
科　长	王履继	1986.02—1996.01	中共甘肃省饲草饲料技术推广总站委员会	
副科长	陆伊奇	1986.02—1996.01	中共甘肃省饲草饲料技术推广总站委员会	
副科长	何　毅	1986.02—1989.03	中共甘肃省饲草饲料技术推广总站委员会	
科　长	陆伊奇	1996.01—2002.05	中共甘肃省饲草饲料技术推广总站委员会	
副科长	王汝富	1996.01—2002.05	中共甘肃省饲草饲料技术推广总站委员会	
副科长	王汝富	2002.05—2004.07	中共甘肃省草原总站委员会	主持工作
科　长	李贵霖	2004.07—2005.06	中共甘肃省草原总站委员会	
副科长	吴栋国	2004.07—2005.06	中共甘肃省草原总站委员会	
科　长	吴栋国	2005.06—2006.04	甘肃省草原技术推广总站（聘任）	
副科长	李新媛	2005.06—2010.04	甘肃省草原技术推广总站（聘任）	
科　长	曹明崇	2006.04—2014.07	甘肃省草原技术推广总站（聘任）	
副科长	张万祥	2010.04.19—2014.12	甘肃省草原技术推广总站（聘任）	
科　长	张万祥	2014.12—2021.04	甘肃省草原技术推广总站（聘任）	
副科长	曹　蕾	2014.12—2020.12	甘肃省草原技术推广总站（聘任）	

（四）植保科（有害生物防治科）

植保科 1986 年成立，2021 年 4 月变更为有害生物防治科，负责人及任职时间详见表 1–6。

表 1–6　植保科负责人及任职时间一览表

职务	姓名	任职时间	任命机构	备注
	徐英杰	1986—1989.03.17	中共甘肃省饲草饲料技术推广总站委员会	主持工作
科　长	徐英杰	1989.03—1993.02	中共甘肃省饲草饲料技术推广总站委员会	
副科长	邹继范	1989.03—1993.02	中共甘肃省饲草饲料技术推广总站委员会	
副科长	邹继范	1993.02—1996.01	中共甘肃省饲草饲料技术推广总站委员会	主持工作
科　长	邹继范	1996.01—1998.09	中共甘肃省饲草饲料技术推广总站委员会	
副科长	吴栋国	1996.01—1998.09	中共甘肃省饲草饲料技术推广总站委员会	
副科长	吴栋国	1998.09—2001.04	中共甘肃省草原总站委员会	主持工作

续表

职务	姓名	任职时间	任命机构	备注
	谭成虎	2001.04—2004.07	中共甘肃省草原总站委员会	馒头山牧草试验站站长主持植保科工作
科　长	张忠祥	2004.07—2005.06	中共甘肃省草原总站委员会	岗位在新陇原公司
副科长	常　明	1999.09—2005.06	中共甘肃省草原总站委员会	主持工作
科　长	常　明	2005.06—2013.05	甘肃省草原技术推广总站(聘任)	
副科长	许国成	2005.06—2013.05	甘肃省草原技术推广总站(聘任)	
科　长	许国成	2013.05—2017.04	甘肃省草原技术推广总站(聘任)	
副科长	吴　江	2014.12—2024.06	甘肃省草原技术推广总站(聘任)	
	冯　今	2015.02—2017.04	甘肃省草原技术推广总站(聘任)	信息科科长主持植保科工作
副科长	王炳煜	2017.04—2017.05	甘肃省草原技术推广总站(聘任)	主持工作
科　长	王炳煜	2017.05—2021.04	甘肃省草原技术推广总站(聘任)	
科　长	王炳煜	2021.04—2022.01	中共甘肃省草原技术推广总站委员会	
	李晓鹏	2021.09—2024.05	中共甘肃省草原技术推广总站委员会	草种科科长主持工作
科　长	李晓鹏	2024.05	中共甘肃省草原技术推广总站委员会	
副科长	周惠丽	2024.05	中共甘肃省草原技术推广总站委员会	
副科长	耿小丽	2024.06	中共甘肃省草原技术推广总站委员会	

(五) 牧草科

1986 年 2 月设立牧草科。2005 年 4 月撤销牧草科。牧草科负责人及任职时间详见表 1–7。

表 1–7　牧草科负责人及任职时间一览表

职务	姓名	任职时间	任命机构	备注
科　长	申有忠	1986.02—1989	中共甘肃省饲草饲料技术推广总站委员会	
副科长	赵怀德	1986.02—1996.01	中共甘肃省饲草饲料技术推广总站委员会	
副科长	谭成虎	1986.02—1988.10	中共甘肃省饲草饲料技术推广总站委员会	
科　长	张剑杰	1989—1991.03	中共甘肃省饲草饲料技术推广总站委员会	
副科长	鲁　征	1991.03—1996.01	中共甘肃省饲草饲料技术推广总站委员会	主持工作
科　长	鲁　征	1996.01—2004.07	中共甘肃省草原总站委员会	
副科长	李贵霖	1996.01—2004.07	中共甘肃省草原总站委员会	
科　长	喻文虎	2004.07—2005.06	中共甘肃省草原总站委员会	
副科长	孙　斌	2004.07—2005.06	中共甘肃省草原总站委员会	

（六）草原建设科

草原建设科 1984 年 2 月成立，1986 年 2 月撤销，2005 年 4 月重新设置草原建设科，负责人及任职时间详见表 1–8。

表 1–8　草原建设科负责人及任职时间一览表

职务	姓名	任职时间	任命机构	备注
副科长	石隐孝	1984.04—1986.02	中共甘肃省草原工作队委员会	
副科长	徐志清	1984.04—1985.07	中共甘肃省草原工作队委员会	
副科长	赵怀德	1984.04—1986.02	中共甘肃省饲长饲料技术推广总站草原工作队委员会	
科　长	杨俊基	2005.06—2010.04	甘肃省草原技术推广总站（聘任）	
副科长	向金城	2005.06—2010.04	甘肃省草原技术推广总站（聘任）	
科　长	金加明	2010.04—2021.04	甘肃省草原技术推广总站（聘任）	
副科长	杨　浩	2010.04—2013.03	甘肃省草原技术推广总站（聘任）	
副科长	张贞明	2013.03—2015.09	甘肃省草原技术推广总站（聘任）	
副科长	阿不满	2015.09—2021.04	甘肃省草原技术推广总站（聘任）	
科　长	张万祥	2021.04	中共甘肃省草原技术推广总站委员会	
副科长	王　延	2021.09	中共甘肃省草原技术推广总站委员会	

（七）业务办公室（科）

1984 年 2 月，设立业务办公室，1986 年 2 月撤销业务办公室。业务办公室负责人及任职时间详见表 1–9。

表 1–9　业务办公室负责人及任职时间一览表

职务	姓名	任职时间	任命机构	备注
科　长	向德福	1980.05—1984.02	中共甘肃省畜牧局党组	
副科长	申有忠	1980.07—1984.04	中共甘肃省草原工作队委员会	
副主任	马　范	1984.04—1986.02	中共甘肃省草原工作队委员会	主持工作
副主任	成若琳	1984.04—1986.02	中共甘肃省草原工作队委员会	
副主任	张志芳	1984.04—1986.02	中共甘肃省草原工作队委员会	

（八）种草科

1984 年 2 月，设立种草科，1986 年 2 月撤销种草科。种草科负责人及任职时间详见 1–10。

表 1–10　种草科负责人及任职时间一览表

职务	姓名	任职时间	任命机构	备注
副科长	孟宪政	1984.04—1984.06	中共甘肃省草原工作队委员会	
副科长	申有忠	1984.04—1986.02	中共甘肃省草原工作队委员会	

（九）草原监理科

1993 年 2 月，设立草原监理科，履行甘肃省草原监理职能。2005 年 4 月撤销草原监理科。草原监理科负责人及任职时间详见表 1–11。

表 1–11　草原监理科负责人及任职时间一览表

职务	姓名	任职时间	任命机构	备注
科　长	徐英杰	1993.02—2002.09	中共甘肃省饲草饲料技术推广总站委员会	
副科长	张忠祥	1996.01—1999.09	中共甘肃省饲草饲料技术推广总站委员会	
副科长	晁德林	1999.09—2002.09	中共甘肃省草原总站委员会	
副科长	晁德林	2002.09—2004.07	中共甘肃省草原总站委员会	主持工作
科　长	杨俊基	2004.07—2005.06	中共甘肃省草原总站委员会	岗位在达华公司
副科长	李建廷	2004.07—2005.06	中共甘肃省草原总站委员会	主持工作

（十）化验室（化验中心）

化验室 1986 年 2 月成立，2004 年 7 月更名为牧草饲料化验中心，2010 年 4 月，撤销牧草饲料化验中心。负责人及任职时间详见表 1–12。

表 1–12　化验室负责人及任职时间一览表

职务	姓名	任职时间	任命机构	备注
主　任	成若琳	1986.03—2000.04	中共甘肃省饲草饲料技术推广总站委员会	
副主任	侯淑萍	1986.03—1992.04	中共甘肃省饲草饲料技术推广总站委员会	
副主任	曹明崇	1996.01—1999.04	中共甘肃省饲草饲料技术推广总站委员会	岗位在政工科、馒头山试验站
主　任	张　榕	2004.07—2005.06	中共甘肃省草原总站委员会	借调在甘肃省农牧厅草原处
	常宁芳	2004.07—2006.04		主持牧草饲料化验中心工作
主　任	张忠祥	2005.06—2010.04	甘肃省草原技术推广总站（聘任）	岗位在新陇原公司
副主任	金加明	2006.04—2010.04	甘肃省草原技术推广总站（聘任）	主持工作

（十一）牧草种子（经营）科

1987 年 2 月，甘肃省牧草种子公司并入甘肃省饲草饲料技术推广总站，并保留了公司名称，对外以牧草种子公司开展业务，对内称牧草种子经营科。2005 年 4 月撤销牧草种子科。牧草种子科负责人及任职时间详见表 1–13。

表 1–13　牧草种子科负责人及任职时间一览表

职务	姓名	任职时间	任命机构	备注
副科长	王凤翔	1991.03—1996.01	中共甘肃省饲草饲料技术推广总站委员会	
科　长	王凤翔	1996.01—1999.09	中共甘肃省饲草饲料技术推广总站委员会	
副科长	周多虎	1996.01—1998.09	中共甘肃省饲草饲料技术推广总站委员会	
科　长	张忠祥	1999.09—2004.07	中共甘肃省草原总站委员会	
副科长	杨俊基	1999.09—2004.07	中共甘肃省草原总站委员会	
科　长	金赐福	2004.07—2005.06	中共甘肃省草原技术推广总站委员会	
副科长	阿不满	2004.07—2005.06	中共甘肃省草原技术推广总站委员会	

（十二）馒头山牧草试验站

1982 年 6 月，甘肃省畜牧厅批准设立甘肃省草原工作队馒头山牧草试验站，2013 年 2 月，馒头山牧草试验站撤销。馒头山牧草试验站负责人及任职时间详见表 1–14。

表 1–14　馒头山牧草试验站负责人及任职时间一览表

职务	姓名	任职时间	任命机构	备注
	林正兴	1982.06—1984.06	甘肃省草原工作队	主持工作
	赵　忠	1984.06—1986.08	甘肃省草原工作队	主持工作
站　长	任殿举	1986.08—1989.03	中共甘肃省饲草饲料技术推广总站委员会	
站　长	哈得虎	1989.03—1991.03	甘肃省饲草饲料技术推广总站	兼任
站　长	张剑杰	1991.03—1996.01	甘肃省饲草饲料技术推广总站	
副站长	徐生林	1989.03—1996.01	甘肃省饲草饲料技术推广总站	
副站长	何　毅	1989.03—1996.01	甘肃省饲草饲料技术推广总站	
站　长	徐生林	1996.01—1999.09	中共甘肃省饲草饲料技术推广总站委员会	
副站长	谭成虎	1996.01—1999.09	中共甘肃省饲草饲料技术推广总站委员会	
副站长	喻文虎	1996.01—1999.09	中共甘肃省饲草饲料技术推广总站委员会	
站　长	谭成虎	1999.09—2004.07	中共甘肃省草原总站委员会	2001 年 4 月起岗位在植保科
副站长	喻文虎	1999.09—2001.04	中共甘肃省草原总站委员会	
副站长	曹明崇	1999.04—2004.07	中共甘肃省草原总站委员会	
副站长	喻文虎	2001.04—2004.07	中共甘肃省草原总站委员会	主持工作
站　长	曹明崇	2004.07—2005.06	中共甘肃省草原总站委员会	
站　长	曹明崇	2005.06—2005.12	甘肃省草原技术推广总站	
副站长	阿不满	2005.06—2013.05	甘肃省草原技术推广总站	
站　长	李贵霖	2010.04—2013.03	甘肃省草原技术推广总站	

（十三）打柴沟牧草试验站

1986 年 2 月，设立打柴沟牧草试验站。1996 年 1 月打柴沟牧草试验站整体由天祝白牦牛繁殖试验场接管。2002 年 4 月，撤销打柴沟牧草试验站。打柴沟牧草试验站负责人及任职时间详见表 1–15。

表 1–15　打柴沟牧草试验站负责人及任职时间一览表

职务	姓名	任职时间	任命机构	备注
副站长	何玉麟	1986.02—1988.10	中共甘肃省饲草饲料技术推广总站委员会	
	谭成虎	1988.10—1996.01	中共甘肃省饲草饲料技术推广总站委员会	主持工作
站　长	杨六虎	1996.01—2002.12	中共甘肃省草原总站委员会	岗位在办公室

（十四）草业科

2002 年 4 月，为了适应草产业发展需要，打柴沟牧草试验站变更为草业科。草业科负责人及任职时间详见表 1–16。

表 1–16　草业科负责人及任职时间一览表

职务	姓名	任职时间	任命机构	备注
	晁德林	2002.12—2004.07	中共甘肃省草原总站委员会	主持草业科工作（草原监理科副科长）
科　长	晁德林	2004.07—2005.06	中共甘肃省草原总站委员会	
科　长	晁德林	2005.06—2008.08	中共甘肃省草原技术推广总站委员会	
副科长	许国成	2004.07—2005.06	中共甘肃省草原总站党委	
副科长	张贞明	2005.06—2010.04	甘肃省草原技术推广总站(聘任)	
科　长	向金城	2010.04—2014.07	甘肃省草原技术推广总站(聘任)	
副科长	孟祥君	2010.04—2014.12	甘肃省草原技术推广总站(聘任)	
科　长	杨　浩	2014.12—2021.12	甘肃省草原技术推广总站(聘任)	
副科长	孟祥君	2014.12—2024.05	甘肃省草原技术推广总站(聘任)	
科　长	张　洁	2024.05	中共甘肃省草原技术推广总站委员会	
副科长	吴　江	2024.06	中共甘肃省草原技术推广总站委员会	

（十五）动物营养室

2005 年 4 月设立动物营养室。2021 年 4 月撤销动物营养室。动物营养室负责人及任职时间详见表 1–17。

表 1–17　动物营养室责人及任职时间一览表

职务	姓名	任职时间	任命机构	备注
主　任	李贵霖	2005.06—2010.04	甘肃省草原技术推广总站(聘任)	借调在甘肃省农牧厅草原处
副主任	俞联平	2005.06—2010.04	甘肃省草原技术推广总站(聘任)	主持工作
主　任	俞联平	2010.04—2015.05	甘肃省草原技术推广总站(聘任)	
副主任	李新媛	2010.04—2021.04	甘肃省草原技术推广总站(聘任)	
主　任	张贞明	2015.09—2019.04	甘肃省草原技术推广总站(聘任)	

(十六) 动态监测科

2005 年 4 月，设立动态监测科，动态监测科负责人及任职时间详见表 1–18。

表 1–18 动态监测科负责人及任职时间一览表

职务	姓名	任职时间	任命机构	备注
科 长	喻文虎	2005.06—2010.04	甘肃省草原技术推广总站(聘任)	岗位在高台基地
副科长	孙 斌	2005.06—2010.04	甘肃省草原技术推广总站(聘任)	主持工作
科 长	孙 斌	2010.04—2021.04	甘肃省草原技术推广总站(聘任)	
副科长	冯 今	2010.04—2013.03	甘肃省草原技术推广总站(聘任)	
副科长	王炳煜	2013.05—2017.04	甘肃省草原技术推广总站(聘任)	
副科长	姜佳昌	2017.05—2021.08	甘肃省草原技术推广总站(聘任)	
科 长	姜佳昌	2021.08—2024.05	中共甘肃省草原技术推广总站委员会	
副科长	潘冬荣	2021.09—2023.01	中共甘肃省草原技术推广总站委员会	
副科长	李 霞	2021.09—2024.06	中共甘肃省草原技术推广总站委员会	
科 长	李 霞	2024.06	中共甘肃省草原技术推广总站委员会	
副科长	吴丹丹	2024.05	中共甘肃省草原技术推广总站委员会	

(十七) 资产管理科 (计划财务科)

资产管理科 2010 年 4 月成立，2021 年 4 月更名为计划财务科，负责人及任职时间详见表 1–19。

表 1–19 资产管理科(计划财务科)负责人及任职时间一览表

职务	姓名	任职时间	任命机构	备注
科 长	张 霞	2010.04—2017.04	甘肃省草原技术推广总站(聘任)	
副科长	徐正辉	2010.04—2013.02	甘肃省草原技术推广总站(聘任)	
副科长	徐正辉	2013.02—2017.05	甘肃省草原技术推广总站	主持工作
科 长	徐正辉	2017.05—2021.04	甘肃省草原技术推广总站(聘任)	
副科长	李 萍	2017.05—2021.04	甘肃省草原技术推广总站(聘任)	
科 长	徐正辉	2021.04—2024.05	中共甘肃省草原技术推广总站委员会	
副科长	陈 兮	2021.09—2024.06	中共甘肃省草原技术推广总站委员会	
科 长	马爱霞	2024.05	中共甘肃省草原技术推广总站委员会	
副科长	陈 洁	2024.06	中共甘肃省草原技术推广总站委员会	

(十八) 科技管理科

2021 年 4 月，设立科技管理科。科技管理科负责人及任职时间详见表 1–20。

表 1–20 科技管理科负责人及任职时间一览表

职务	姓名	任职时间	任命机构	备注
科 长	张贞明	2021.04—2024.05	中共甘肃省草原技术推广总站委员会	
副科长	李智燕	2021.08—2024.05	中共甘肃省草原技术推广总站委员会	
科 长	李智燕	2024.05	中共甘肃省草原技术推广总站委员会	

（十九）种质资源科（区域试验站）

2013年5月，成立区域试验站。2021年4月更名为种质资源科，负责人及任职时间详见表1-21。

表1-21　种质资源科(区域试验站)负责人及任职时间一览表

职务	姓名	任职时间	任命机构	备注
副科长	李德明	2013.05—2017.05	甘肃省草原技术推广总站(聘任)	主持工作
副科长	阿不满	2013.05—2015.09	甘肃省草原技术推广总站(聘任)	
副科长	耿小丽	2015.09—2021.04	甘肃省草原技术推广总站(聘任)	
科　长	李德明	2017.05—2021.04	甘肃省草原技术推广总站(聘任)	
科　长	李德明	2021.04—2024.05	中共甘肃省草原技术推广总站委员会	
副科长	耿小丽	2021.04—2024.06	中共甘肃省草原技术推广总站委员会	2023年7月起岗位在有害生物防治科
科　长	周栋昌	2024.05	中共甘肃省草原技术推广总站委员会	

（二十）信息培训科（信息科）

2005年4月，设立业务管理科。2013年2月，业务管理科更名为信息科。2021年4月更名为信息培训科，负责人及任职时间详见表1-22。

表1-22　信息科负责人及任职时间一览表

职务	姓名	任职时间	任命机构	备注
科　长	张　榕	2005.04—2013.03	中共甘肃省草原技术推广总站委员会	岗位在甘肃省农牧厅草原处
副科长	王国生	2005.04—2013.03	中共甘肃省草原技术推广总站委员会	主持工作
副科长	冯　今	2013.03—2013.05	甘肃省草原技术推广总站(聘任)	主持工作
科　长	冯　今	2013.05—2017.04	甘肃省草原技术推广总站(聘任)	2015年2月起主持有害生防科工作
副科长	张　洁	2013.05—2017.05	甘肃省草原技术推广总站(聘任)	2015年2月起主持工作
副科长	谭立伟	2015.09—2021.04	甘肃省草原技术推广总站(聘任)	
科　长	张　洁	2017.05—2021.04	甘肃省草原技术推广总站(聘任)	
科　长	张　洁	2021.04—2024.05	中共甘肃省草原技术推广总站委员会	
副科长	谭立伟	2021.04	中共甘肃省草原技术推广总站委员会	
科　长	武慧娟	2024.06	中共甘肃省草原技术推广总站委员会	

（二十一）草种科

2020年4月，设立草种科，草种科负责人及任职时间详见表1-23。

表1-23　草种科负责人及任职时间一览表

职务	姓名	任职时间	任命机构	备注
	张万祥	2020.04—2021.04	中共甘肃省草原技术推广总站委员会	主持草建科工作
	曹　蕾	2020.04—2020.12	中共甘肃省草原技术推广总站委员会	饲料科副科长主持工作
	李德明	2020.12—2024.05	中共甘肃省草原技术推广总站委员会	兼管草种科
科　长	李晓鹏	2021.08—2024.05	中共甘肃省草原技术推广总站委员会	岗位在有害生物防治科
副科长	周栋昌	2021.09—2024.05	中共甘肃省草原技术推广总站委员会	2022年10月前借调甘肃省林业和草原局
副科长	付　萍	2024.06	中共甘肃省草原技术推广总站委员会	主持工作

（二十二）青云电器厂

1985 年，创办了集体企业青云电器厂，站内按科室对待，2001 年 4 月，青云电器厂破产清算。负责人及任职时间见表 1–24。

表 1–24　青云电器厂负责人及任职时间一览表

职务	姓名	任职时间	任命机构	备注
厂　长	丁庆生	1987.12—2001.04	中共甘肃省饲草饲料技术推广总站委员会	
副厂长	高天秦	1987.12—2001.04	中共甘肃省饲草饲料技术推广总站委员会	

第三节　民主党派

自甘肃省草原工作队建立到 2024 年 6 月，单位先后有民主党派 11 人。其中：中国民主同盟 6 人，九三学社 2 人，中国国民党革命委员会 3 人。各民主党派人员详见表 1–25。

表 1–25　民主党派人员一览表

姓名	性别	职称	民主党派	加入时间
王无怠	男	高级畜牧师	中国民主同盟	不详
马　范	男	高级畜牧师	九三学社	1987 年 3 月
豆　卫	男	研究员	九三学社	2000 年
王俊梅	女	研究员	中国民主同盟	2003 年 10 月
张　霞	女	高级畜牧师	中国民主同盟	2006 年 6 月
马彦彪	男	正高级畜牧师	中国民主同盟	2006 年 6 月
方毅才	男	高级畜牧师	中国民主同盟	2009 年 11 月
杨红梅	女	正高级畜牧师	中国民主同盟	2011 年 7 月
常　明	男	正高级畜牧师	中国国民党革命委员会	2000 年 9 月
王历宽	男	高级畜牧师	中国国民党革命委员会	2008 年 11 月
刘廷东	男	技师	中国国民党革命委员会	2009 年 10 月

（本章编写人员：王俊梅、张榕、谭成虎；校对：马爱霞、王俊梅、高成芬）

第三章　职工队伍

第一节　早期职工队伍变迁情况

1954年10月，甘肃省农林厅筹备成立甘肃省草原工作队，隶属甘肃省农林厅，队址设在兰州市平凉路236号，与甘肃省畜牧兽医工作队和西北羊毛改进处合署办公，对外以甘肃省草原工作队开展相关业务，统管全省草原建设工作。时任甘肃省农林厅办公室主任王无怠兼任副队长。1955年1月，甘肃省畜牧厅成立，甘肃省草原工作队随之隶属甘肃省畜牧厅。

一、初期职工队伍简况

1956年3月1日，甘肃省畜牧厅发文正式成立甘肃省畜牧厅草原工作队，队址设在兰州市大教梁甘肃省畜牧厅办公楼。王无怠任副队长，有职工约15人，1959年王无怠任队长。经历年补充至1960年初职工达到40人。其中：中国共产党党员3人，中国共产主义青年团团员18人；中国民主同盟盟员1人；具有大学学历13人，大专4人，高中21人，初中3人。

1961年4月，甘肃省农业厅、甘肃省畜牧厅、甘肃省林业厅、甘肃省农垦局合并为甘肃省农牧厅。下设畜牧局。5月，甘肃省农牧厅将甘肃省兽疫防治队、甘肃省畜牧厅草原工作队合并为甘肃省农牧厅畜牧兽医工作队，后与甘肃省土地规划队、甘肃省林业调查队合并为甘肃省农牧厅野外工作大队，实行行政管理合并、业务工作分开的运行机制。队址设在兰州市段家滩，隶属甘肃省农牧厅管辖。

1964年，甘肃省畜牧厅畜牧兽医工作队解体，甘肃省畜牧厅草原工作队恢复建制。队址设在兰州市段家滩。1964年9月17日，甘肃省畜牧厅从江苏调来46名畜牧兽医专业毕业生，经厅党组会议决定将陆裕培、丁思平、李修道、蒋火成、朱高林、叶贵林、徐兆虎、李绪光、陈立田、丁绍殿、张文垂、卓免为等12名同志分配到甘肃省畜牧厅草原工作队。至1965年下半年甘肃省畜牧厅草原工作队有职工约81人。1969年，甘肃省畜牧厅草原工作队有职工135人，其中，有专业技术人员108人，技术工人27人。

1969年11月，甘肃省畜牧厅草原工作队与甘肃省畜牧厅畜牧兽医总站兽医防治队、甘肃省畜牧厅畜牧兽医总站家畜改良队合并成立甘肃省畜牧兽医工作队，办公地址设在平凉，甘肃省畜牧厅草原工作队被撤销，人员分流。一部分人员分流到甘肃省畜牧兽医工作队，一部分人员分散。其中，原甘肃省畜牧厅草原工作队队长王无怠，队员王经纶、申有忠和乔醒民 4 人划入新成立的甘肃省畜牧兽医工作队之后，与中国农科院兰州畜牧研究所分散到甘肃省畜牧兽医工作队的张宗学、刘延祯、邢锦珊、李琪、苏连登、同文轩、史永义、李逢勃、雷发友等人组成甘肃省畜牧兽医工作队牧草室，办公地址在兰州市七里河区小西湖硷沟沿 20 号（兰州畜牧所院内），开展草原牧草栽培及管理工作。

二、稳定恢复建制后职工队伍发展情况

1977 年 3 月 5 日，甘肃省畜牧兽医工作队分设为甘肃省草原工作队、甘肃省畜牧研究所、甘肃省畜牧兽医站三个县级事业单位，隶属甘肃省农林局管辖。甘肃省草原工作队恢复建制，队址设在天祝县。核定人员编制 65 名。实有职工 45 人，其中：干部 36 人，工人 9 人；从原甘肃省畜牧兽医工作队分出 44 人。具有大学本科学历 13 人、专科学历 8 人，中专学历 16 人。中国共产党党员 8 人，其中，1949 年 10 月—1966 年 4 月入党的 2 人，1966 年 5 月以后入党的有 6 人。中国共产主义青年团团员 1 人。

1984 年 6 月，甘肃省草原工作队更名为甘肃省饲草饲料技术推广总站。核定人员编制 120 名。实有职工人数 91 名，其中干部 70 名，工人 21 名。1987 年 7 月 2 日，甘肃省种草养畜服务公司和甘肃省牧草种子公司并入甘肃省饲草饲料技术推广总站。甘肃省畜牧厅核定编制 145 名，实有人员 116 人。1989 年 2 月 15 日，成立甘肃省草原监理站，同甘肃省饲草饲料技术推广总站一个机构、两块牌子。

1996 年 11 月 25 日，甘肃省饲草饲料技术推广总站更名为甘肃省草原总站。实有在职职工 107 人，退休职工 3 人。

2004 年 9 月 15 日，甘肃省草原总站更名为甘肃省草原技术推广总站，甘肃省动物营养研究所并入，甘肃省草原监理站分出。2005 年实有在职职工 101 人，其中：具有正高级职称资格 2 人，副高级职称资格 18 人，中级职称资格 26 人；硕士学位 2 人，本科学历 37 人； 中国共产党党员 31 人，中国民主同盟 1 人，中国国民党革命委员会 1 人，九三学社 2 人。

2009 年 5 月，甘肃省草原技术推广总站从刘家坪 45-1 号搬迁至火车站西路 94 号办公。实有在职职工 97 人，退休职工 55 人。

2018 年 12 月，甘肃省草原技术推广总站、甘肃省草原监理局、甘肃省农牧厅草原处等涉草机构和处室一并并入甘肃省林业和草原局，站名不变，编制不变，甘肃省动物营养研究所随之划入甘肃省畜牧技术推广总站。甘肃省草原技术推广总站时有在职职工 93 人，退休职工 66 人。

2024 年 6 月 30 日，甘肃省草原技术推广总站有在职职工 79 人，其中男职工 35 人，女职工 44 人；正高级职称 11 人，副高级职称 29 人，中级职称 20 人；博士研究生 5 人，硕士研究生 29 人，本科 42 人，大专 4 人，中专 1 人，高中及以下 2 人；

领军人才第二层次 2 人，甘肃省优秀专家 1 人，陇原青年英才 1 人，全国十大草业巾帼 1 人，甘肃省“555 创新人才工程”第二层次 3 人；中国共产党党员 44 人，中国民主同盟盟员 2 人。

第二节　甘肃省草原技术推广总站职工队伍基本情况

一、职工花名册

甘肃省草原技术推广总站自 1954 年成立甘肃省草原工作队到 2024 年 6 月 30 日，先后有 388 人在本单位工作过，其中男职工 288 人，女职工 100 人。据不完全统计（因 74 人信息不详），正高级职称 28 人，副高级职称 77 人，中级职称 40 人；博士研究生 5 人，硕士研究生 50 人，本科 113 人，大专 27 人，中专 75 人，高中 30 人，初中 15 人，小学及以下 4 人；中国共产党党员 150 人，中国民主同盟盟员 7 人，中国国民党革命委员会党员 7 人，九三学社 2 人。调出职工 194 人，退休职工 81 人，去世职工 35 人（详情见表 1–26，本表依照职工到站工作时间排序，调出人员相关信息以在站时的档案信息为准。由于人员数量大、部分档案遗失，有些信息难以统计全面）。

表 1-26　甘肃省草原技术推广总站职工信息表(1954—2023 年)

序号	姓名	性别	民族	出生年月	政治面貌	职业技能职务职称	文化程度	毕业院校	专业	毕业时间	参加工作时间	本站工作时间
1	许延志	男	汉族	1930.08	中共党员	调研员	中专	兰州农校	动物饲养	1950.08	1950.08	1950.08—1961 1980.10—1984.07 1987.07—1990.11
2	胡进秩	男	汉族	1924.03			初中		畜牧		1949.08	1954—1961 1964—1969.11 1979.10—1986.08
3	王无息	男	汉族	1922.06	民盟盟员 中共党员	队长，总工程师	本科	西北农学院畜牧系	畜牧	1949.04	1949.09	1954.04—1984.11
4	王素香	女	汉族	1924.09	中共党员	总畜牧师	本科	西北畜牧兽医学院	畜牧	1954.06	1954.08	1954.08—1961 1964—1969.11 1976.05—1984.04
5	毛玉芳	女	汉族	1932.09			大专		畜牧		1954.08	1954.08—1961 1964—1969.11
6	李佐才	男	汉族	1934.10			中专		畜牧		1954.08	1954.08—1961
7	乔醒民	男	汉族	1920.09	民革党员	办公室主任		榆林职中	纺织	1941.01	1949.09	1955.01—1961 1976.05—1986.05
8	火平智	男	汉族	1931.09			本科		畜牧		1951.08	1956—1961 1964—1969.11
9	刘发正	男	汉族	1931	中共党员		高中				1949	1956—1961
10	童玉堂	男	汉族	1911			初中				1949	1956—1961
11	王尚斌	男	汉族	1937			高中				1956	1956—1961
12	王志喜	男	汉族	1938			大专				1956	1956—1961
13	晏　义	男	汉族	1930			大学				1951.03	1956—1961

续表

序号	姓名	性别	民族	出生年月	政治面貌	职业技能职务职称	文化程度	毕业院校	专业	毕业时间	参加工作时间	本站工作时间
14	杨肇福	男	汉族	1920			大学				1949.09	1956—1961
15	赵俊德	男	汉族	1938	中共党员		高中				1956	1956—1961
16	赵俊林	男	汉族	1931	中共党员		初中				1949	1956—1961
17	葛克已	男	汉族	1921			初中				1949	1956.05—1961
18	赵智茂	男	汉族	1934.02		畜牧师	中专	西安畜牧学校	畜牧	1956.08	1956.08	1956.08—1961 1964—1969.11 1980—1995.04
19	魏效义	男	汉族	1935.08	中共党员		中专		畜牧		1956.09	1956.09—1961 1964—1969.11
20	周思翔	女	汉族	1938.03		出纳员	中专		畜牧		1956.11	1956.11—1961 1964—1969.11
21	张剑杰	男	汉族	1937.03	中共党员	畜牧师	中专	兰州农校	动物饲养专业	1957.08	1957.08	1957.07—1961 1987.07—1997.03
22	向得福	男	汉族	1935.07	中共党员	站长,高级畜牧师	中专	兰州农校	动物饲养	1957.07	1957.08	1957.08—1961 1979.09—1995.10
23	许世民	男	汉族	1932.12			本科		畜牧		1957.08	1957.08—1961 1964—1969.11
24	张新萍	女	汉族	1935.10			大专		畜牧		1957.09	1957.09—1961 1964—1969.11
25	文继汤	男	汉族	1933			大学				1957.09	1957.09—1961
26	赵炳尧	男	汉族	1937			大专				1957.09	1957.09—1961

续表

序号	姓名	性别	民族	出生年月	政治面貌	职业技能职务职称	文化程度	毕业院校	专业	毕业时间	参加工作时间	本站工作时间
27	蔡　仁	男	汉族	1937.06			中专		畜牧		1958.05	1958.05—1961 1964—1969.11
28	张桂贤	男	汉族	1936.12			中专		畜牧		1958.05	1958.05—1961 1964—1969.11
29	杜芳纯	男	汉族	1937.12		畜牧师	中专	西安畜牧学校	畜牧		1958.05	1958.05—1961 1964—1969.11 1976.05—1997.12
30	曹润芝	男	汉族	1934.11			中专	畜牧			1958.05	1958.05—1961
31	郑克强	男	汉族	1940			高中				1958	1958.05—1961
32	郑克强	男	汉族	1939.05			中专		畜牧		1958.08	1958.08—1961 1964—1969.11
33	何万万	男	汉族	1936			高中				1959.05	1959.05—1961
34	李存长	男	汉族	1938			高中				1959.05	1959.05—1961
35	李天良	男	汉族	1939			高中				1959.05	1959.05—1961
36	徐占前	男	汉族	1938.01			高中				1959.05	1959.05—1961
37	张廷樑	男	汉族	1941			高中				1959.05	1959.05—1961
38	郑忠民	男	汉族	1937			高中				1959.05	1959.05—1961
39	赵同复	男	汉族	1936.08			中专		畜牧		1959.08	1959.08—1961 1964—1969.11
40	祝家诚	男	汉族	1937.04			本科		畜牧		1959.09	1959.09—1961 1964—1969.11

续表

序号	姓名	性别	民族	出生年月	政治面貌	职业技能职务职称	文化程度	毕业院校	专业	毕业时间	参加工作时间	本站工作时间
41	黄今长	男	汉族	1935			大学				1959.09	1959.09—1961
42	李世珍	女	汉族	1936			大学				1959.09	1959.09—1961
43	员树贤	女	汉族	1936			大学				1959.09	1959.09—1961
44	马　范	男	汉族	1934.12	九三学社	高级畜牧师	本科	西安交通大学	农田水利	1959.12	1959.12	1959.12—1961 1964—1969.11 1980—1995.04
45	陈宝珠	男	汉族	1933.08	中共党员	人事	初中				1950.12	1964—1969.11
46	马玉禄	男	汉族	1930.00	中共党员	副队长	初中				1948	1964—1969.11
47	谈成璧	男	汉族	1915.01			高中				1953	1964—1969.11
48	赵水望	男	汉族	1936.12			中专		畜牧		1958.05	1964—1969.11
49	张永信	男	汉族	1936.09			中专		畜牧		1959.07	1964—1969.11 1976.05—1980.05
50	袁世荣	男	汉族	1935.10				武威机校	拖拉机		1953.03	1964—1969.11
51	任忠欣	男	汉族	1930.02	中共党员	办公室副主任	初中				1952.06	1964—1969.11 1978—1990.07
52	刘仲斌	男	汉族	1937.07			中专	定西农业专科学校	畜牧		1957.08	1964—1969.11
53	邓帮仁	男	汉族									1964—1969
54	高国斌	男	汉族									1964—1969
55	张永义	男	汉族									1964—1969

续表

序号	姓名	性别	民族	出生年月	政治面貌	职业技能职务职称	文化程度	毕业院校	专业	毕业时间	参加工作时间	本站工作时间
56	袁崇贵	男	汉族									1964—1969
57	方全贵	男	汉族									1964—1969
58	王汝民	男	汉族									1964—1969
59	崇　卫	男	汉族									1964—1969
60	武　均	男	汉族									1964—1969
61	王家纯	男	汉族									1964—1969
62	刘愿足	男	汉族									1964—1969
63	蒋自福	男	汉族									1964—1969
64	张臣庄	男	汉族									1964—1969
65	段　政	男	汉族									1964—1969
66	芦巨州	男	汉族									1964—1969
67	唐生俊	男	汉族									1964—1969
68	王朝伦	男	汉族									1964—1969
69	甘冬云	男	汉族									1964—1969
70	马兰英	女	汉族									1964—1969
71	张志元	男	汉族									1964—1969
72	金培青	男	汉族									1964—1969
73	安明哲	男	汉族									1964—1969
74	陈惠汝	男	汉族									1964—1969
75	杨宝辉	男	汉族									1964—1970

续表

序号	姓名	性别	民族	出生年月	政治面貌	职业技能职务职称	文化程度	毕业院校	专业	毕业时间	参加工作时间	本站工作时间
76	王汝桂	女	汉族	1941.04			本科		生物		1963	1964.01—1969.11
77	吕映昌	男	汉族	1933.07			中专	定西农业专科学校	畜牧		1960.09	1964.01—1969.11
78	申有忠	男	汉族	1941.02	中共党员	高级畜牧师	大专 本科	定西农校甘肃农业大学	（肄业）畜牧草原		1962.05	1964.06—1969.11 1976.05—1991.12 1996.04—2001.02
79	李永忠	男	汉族	1940.06			中专	定西农业专科学校	畜牧		1964.06	1964.06—1969.11
80	边鸿翔	男	汉族	1943.02			中专	定西农业专科学校	畜牧		1964.06	1964.06—1969.11
81	陈维智	男	汉族	1939.03			中专	定西农业专科学校	畜牧		1964.06	1964.06—1969.11
82	田富林	男	汉族	1939.09			中专	定西农业专科学校	畜牧		1964.06	1964.06—1969.11
83	苏建国	男	汉族	1942.02			中专	定西农业专科学校	畜牧		1964.06	1964.06—1969.11
84	关柳燕	女	汉族	1941.02			中专	定西农业专科学校	畜牧		1964.06	1964.06—1969.11
85	牛呈芳	男	汉族	1939.01			中专	定西农业专科学校	畜牧		1964.06	1964.06—1969.11
86	何玉麟	男	汉族	1940.12	中共党员		中专	临洮农校	畜牧	1964.06	1964.06	1964.06—1969.11 1979.04—1991.12
87	王典群	女	汉族	1939.01							1964.07	1964.07—1969.11

续表

序号	姓名	性别	民族	出生年月	政治面貌	职业技能职务职称	文化程度	毕业院校	专业	毕业时间	参加工作时间	本站工作时间
88	石隐孝	男	汉族	1935.12	中共党员	高级畜牧师	本科	兰州大学	生物	1964.08	1964.08	1964.08—1969.11 1980—1996.04
89	赵怀德	男	汉族	1938.11	中共党员	高级畜牧师	本科	兰州大学	生物	1964.08	1964.08	1964.08—1969.11 1980.05—1998.12
90	丁绍殿	男	汉族	1937.11			中专	江苏省淮阴农校	畜牧兽医		1964.08	1964.08—1969.11
91	朱高林	男	汉族	1942.07			中专	江苏省淮阴农校	畜牧兽医		1964.08	1964.08—1969.11
92	陆裕培	男	汉族	1940.11			中专	江苏省淮阴农校	畜牧兽医		1964.08	1964.08—1969.11
93	丁思平	男	汉族	1942.01			中专	江苏省淮阴农校	畜牧兽医		1964.08	1964.08—1969.11
94	蒋火成	男	汉族	1943.08			中专	江苏省淮阴农校	畜牧兽医		1964.08	1964.08—1969.11
95	叶贵林	男	汉族	1940.08			中专	江苏省淮阴农校	畜牧兽医		1964.08	1964.08—1969.11
96	陈立田	男	汉族	1940.12			中专	江苏省淮阴农校	畜牧兽医		1964.08	1964.08—1969.11
97	李绪光	男	汉族	1940.07			中专	江苏省淮阴农校	畜牧兽医		1964.08	1964.08—1969.11
98	徐兆虎	男	汉族	1936.09			中专	江苏省淮阴农校	畜牧兽医		1964.08	1964.08—1969.11
99	李修道	男	汉族	1938.12			中专	江苏省淮阴农校	畜牧兽医		1964.08	1964.08—1969.11
100	张文垂	男	汉族	1938.07			中专	江苏省淮阴农校	畜牧兽医		1964.08	1964.08—1969.11

续表

序号	姓名	性别	民族	出生年月	政治面貌	职业技能职务职称	文化程度	毕业院校	专业	毕业时间	参加工作时间	本站工作时间
101	卓勉为	男	汉族	1937.07			中专	江苏省淮阴农校	畜牧兽医		1964.08	1964.08—1969.11
102	张志芳	女	汉族	1942.01	中共党员	高级畜牧师	本科	甘肃师大	生物	1964.08	1964.09	1964.09—1969.11 1979.09—1997.02
103	隗永恒	男	汉族	1926.08	中共党员	教导员						1965—1969.02
104	付兴元	男	汉族	1933.11		高级工					1957.07	1965—1969.11 1976.05—1993.11
105	蒋海占	男	汉族	1939.07			中专	江苏淮阴农校				1965.04—1969.11 1976.05—1980.02
106	张　崇	男	汉族	1938.01		高级畜牧师	本科	甘肃农业大学	畜牧	1965.08	1965.08	1965.08—1969.11 1976.05—1998.11
107	王经纶	男	汉族	1940.12		高级畜牧师	本科	内蒙古农牧学院	草原	1965.08	1965.08	1965.08—1969.11 1976.05—2001.01
108	徐志清	男	汉族	1941.11	中共党员	副站长，高级畜牧师	本科	甘肃师范大学	地理	1965.09	1965.09	1965.09—1969.11 1980.05—2002.10
109	陈得铭	男	汉族	1935.10	中共党员	代理队长		西安牧校			1957.08	1976.05—1980.01
110	张得清	男	汉族	1938.07		畜牧师	大专	定西农校	（肄业）畜牧	1962.05	1964.05	1976.05—1996.08
111	张德勇	男	汉族	1938.04	中共党员	畜牧师	中专	江苏省淮阴农校	畜牧兽医	1962.08	1964.08	1976.05—1998.06

续表

序号	姓名	性别	民族	出生年月	政治面貌	职业技能职务职称	文化程度	毕业院校	专业	毕业时间	参加工作时间	本站工作时间
112	刘树生	男	汉族	1938.06		畜牧师	中专	江苏省淮阴农校	畜牧兽医	1962.08	1964.08	1976.05—1998.06
113	王云娃	男	汉族	1951.11		中级工					1974.12	1976.05—2011.11
114	王凤翔	男	汉族	1953.05		高级畜牧师	本科	甘肃农业大学	草原	1976.02	1974.02	1976.05—1985.03 1987.08—2013.05
115	何成孝	男	汉族	1938.08		畜牧师	大专	定西农专	（肄业）畜牧	1962.05	1964.05	1976.05—1998.09
116	杨　青	男	汉族	1938.12	中共党员	畜牧师	中专	江苏省淮阴农校	畜牧兽医	1962.08	1964.08	1976.05—1999.01
117	杨存礼	男	汉族	1939.09		畜牧师	本科	甘肃农业大学	畜牧	1964.08	1964.08	1976.05—1999.01
118	王　英	男	汉族	1940.05	中共党员	高级畜牧师	大专 本科	定西农专甘肃农业大学	（肄业）畜牧草原	1962.05	1964.05	1976.05—2000.05
119	徐生林	男	汉族	1940.12		畜牧师	大专	定西农专	（肄业）畜牧草原	1962.05	1964.05	1976.05—2001.01
120	施允昭	男	汉族	1941.08		畜牧师	中专	江苏省淮阴农校	畜牧兽医	1962.08	1964.08	1976.05—2001.09
121	张定乾	男	汉族	1957.07		高级工	初中				1973.11	1976.05—2017.07
122	牛顺子	男	汉族	1956.02		高级工	初中				1974.12	1976.05—2016.02
123	郭来义	男	汉族	1957.02		高级工	初中				1974.12	1976.05—2017.02
124	李逢勃	男	汉族									1976.05—1982
125	刘延祯	男	汉族									1976.05—1978

续表

序号	姓名	性别	民族	出生年月	政治面貌	职业技能职务职称	文化程度	毕业院校	专业	毕业时间	参加工作时间	本站工作时间
126	张宗学	男	汉族									1976.05—1982
127	李　琦	男	汉族									1976.05—1979.04
128	苏连登	男	汉族									1976.05—1979.04
129	同文轩	男	汉族									1976.05—1979.04
130	邢锦珊	男	汉族									1976.05—1979.04
131	史永义	男	汉族									1976.05—1979.04
132	牛学曾	男	汉族				中专	郑州畜牧兽医学校				1976.05—1979.08
133	祁克嘉	男	汉族	1938.07			本科	甘肃农业大学				1976.05—1980.08
134	雷发友	男	汉族									1976.05—1982
135	葛书斌	男	汉族								1976	1976.05—1978.05
136	罗锦郁	男	汉族	1941.08		畜牧师	大专	定西农专	（肄业）畜牧	1962.05	1964.05	1976.08—2001.09
137	李　福	男	汉族	1953.09		高级畜牧师	中专	甘肃省畜牧学校	畜牧	1976.09	1976.09	1976.09—2013.09
138	贺素雯	女	汉族	1957.08		畜牧师	中专	甘肃省畜牧学校	畜牧	1976.09	1976.09	1976.09—2012.08
139	谭成虎	男	汉族	1953.06	中共党员	高级畜牧师	中专	甘肃省畜牧学校	畜牧	1976.09	1976.09	1976.09—2013.06
140	王兆廉	男	汉族				中专	甘肃省畜牧学校	畜牧	1976.07	1976.09	1976.09—1986.11

续表

序号	姓名	性别	民族	出生年月	政治面貌	职业技能职务职称	文化程度	毕业院校	专业	毕业时间	参加工作时间	本站工作时间
141	曹明堂	男	汉族				中专	甘肃省畜牧学校	畜牧	1976.07	1976.09	1976.09—1985.03
142	何　毅	男	汉族	1948.12	中共党员	高级畜牧师	中专	甘肃省畜牧学校	畜牧	1976.07	1976.09	1976.09—1995.06
143	孔长安	男	汉族									
144	白守铭	男	汉族									
145	朱安详	男	汉族	1934.10							1958.00	1977.05—1994
146	王耀明	男	汉族	1948.05	中共党员	技师	小学				1971.12	1977.08—2008.06
147	邹继范	男	汉族	1940.06		高级畜牧师	大专 本科	定西农专甘肃农业大学	（肄业）畜牧草原	1962.05	1964.05	1977.12—2000.06
148	吴衍庆	男	汉族	1944.04	中共党员	副站长，研究员	本科	甘肃农业大学	草原	1968.09	1968.09	1978.10—2004.07
149	孟祥彤	男	汉族	1954.07			本科	甘肃农业大学				1978.10—1981.07
150	常根柱	男	汉族	1956.01			本科	甘肃农业大学	草原	1978.12	1978.12	1978.12—1985.10
151	冯乐荣	男	汉族	1952.11		技师	初中				1969.09	1979—2012.11
152	唐万顺	男	汉族	1930.05	中共党员	巡视员	小学				1949.11	1979.07—1990.07
153	陈全春	女	汉族	1954.01		高级工	高中				1974.07	1979.08—2004.06
154	吕宝成	男	汉族				大专	甘肃农业大学		1978.12	1979.09	1979.09—1980.12

续表

序号	姓名	性别	民族	出生年月	政治面貌	职业技能职务职称	文化程度	毕业院校	专业	毕业时间	参加工作时间	本站工作时间
155	谭向东	男	汉族				大专	甘肃农业大学		1978.12	1979.09	1979.09—1988.05
156	杨　毅	男	汉族	1925.08	中共党员	巡视员		户县师范		1949.06	1949.09	1979.09—1986.05
157	王治民	男	汉族	1932.06	中共党员						1949	1979.09—1984.08
158	姬永莲	女	汉族	1956.01			高中					1979.10—1993.03
159	苏殿康	男	汉族									1979.11—1981.06
160	朱世萍	男	汉族	1960.05		技师	高中					1980.04—2020.05
161	车来友	男	汉族	1961.01		高级工	高中				1977.04	1980.04—1984.07 1987.07—2021.01
162	吴雷丰	男	汉族	1963.11							1980.04	1980.04—1990.10
163	赵光宇	男	汉族	1941.03	中共党员		本科	甘肃农业大学	畜牧	1965.06	1965.07	1980.06—1984.01
164	宫立新	女	汉族	1943.03	中共党员		本科	甘肃农业大学	畜牧	1965.08		1980.06—1984.10
165	车文信	男	汉族	1934.06	中共党员	高级畜牧师，副队长	中专	兰州农校	动物饲养	1956.08	1956.08	1980.07—1985.07
166	成若琳	男	汉族	1944.08	中共党员	研究员	本科	甘肃农业大学	土壤农化	1966.09	1966.09	1980.10—2004.09
167	常宁芳	女	汉族	1956.02		畜牧师	中专	兰州生物所职工中专	生物制品	1992.07	1975.12	1980.10—2011.03
168	杲寿善	男	汉族	1958.01	中共党员		中专	甘肃省畜牧学校	畜牧	1980.12	1980.12	1980.12—1990.08

续表

序号	姓名	性别	民族	出生年月	政治面貌	职业技能职务职称	文化程度	毕业院校	专业	毕业时间	参加工作时间	本站工作时间
169	李　青	女	汉族	1960.08			中专	甘肃省畜牧学校	畜牧	1980.12	1980.12	1980.12—1985.04
170	赵　忠	男	汉族	1961.08	中共党员		中专	甘肃省畜牧学校	畜牧	1980.12	1980.12	1980.12—1984.06
171	白善霖	男	汉族	1960.01			中专	甘肃省畜牧学校	畜牧	1980.12	1980.12	1980.12—1988.11
172	胡广明	男	汉族				中专	甘肃省畜牧学校	畜牧	1980.12	1980.12	1980.12—1982.08
173	刘春华	男	汉族									1980.12—1983.02
174	张作光	男	汉族				中专	甘肃省畜牧学校		1980.12	1980.12	1980.12—1985.02
175	陈建文	男	汉族	1957.11			中专	甘肃省畜牧学校	畜牧	1980.12	1980.12	1980.12—1986.09
176	鲁　征	男	汉族	1956.01	中共党员	高级畜牧师	中专	甘肃省畜牧学校	畜牧	1980.12	1980.12	1980.12—2016.01
177	高　辉	女	汉族									1981.01—1984.11
178	金生元	男	汉族	1938.02		高级畜牧师	本科	兰州大学	生物		1965.08	1981.03—1998.02
179	王　勤	女	汉族	1961.08			高中				1981.04	1981.04—1984.07
180	唐建明	女	汉族	1962.08		高级工	高中				1981.04	1981.04—2012.08
181	任春明	男	汉族	1961.05		高级工	高中				1980.06	1981.04—2021.05
182	向金城	男	汉族	1963.04	中共党员	研究员	本科	甘肃农业大学	草业科学	2005.06	1981.04	1981.04—2023.04

续表

序号	姓名	性别	民族	出生年月	政治面貌	职业技能职务职称	文化程度	毕业院校	专业	毕业时间	参加工作时间	本站工作时间
183	席文娣	女	汉族	1964.02	中共党员	高级畜牧师	本科	甘肃省委党校	经济管理	2008.06	1981.10	1981.05—1984.07 2005.05—2019.02
184	徐英杰	男	汉族	1942.08	中共党员	高级畜牧师	中专	西北畜牧兽医专科	畜牧兽医	1961	1957.03	1981.06—1984.07 1987.07—2002.09
185	林正兴	男	汉族		中共党员		本科	甘肃农业大学		1981.07	1981.10	1981.10—1984.07
186	潘琴娣	女	汉族				本科	甘肃农业大学	畜牧	1981.07	1981.10	1981.10—1985.01
187	王永成	男	汉族			包管员	高中			1981.06	1981.12	1981.12—1985.09
188	江月兰	女	汉族	1947.08		高级畜牧师	本科	甘肃农业大学	农学	1981.12	1981.12	1981.12—2002.09
189	陆伊奇	男	汉族	1942.04	中共党员	高级畜牧师	本科	甘肃农业大学	畜牧	1966.09	1966.09	1982—2002.05
190	侯淑萍	女	汉族	1945.02		畜牧师	本科	甘肃农业大学	土壤农化	1966.09	1966.09	1982—1992.04
191	孟宪政	男	汉族	1945.10			硕士	甘肃农业大学	草原			1982.01—1984.06
192	王爱国	男	汉族	1958			本科	甘肃农业大学	草原	1981.12	1982.01	1982.01—1985.11
193	续存宜	女	汉族	1930.02		科级	初中				1949.00	1982.03—1988.08

续表

序号	姓名	性别	民族	出生年月	政治面貌	职业技能职务职称	文化程度	毕业院校	专业	毕业时间	参加工作时间	本站工作时间
194	鱼耀清	男	汉族	1936.03	中共党员	党委书记	中专	兰州农校	畜牧	1956.08	1956.08	1982.03—1982.08 1987.08—1996.06
195	赵哈林	男	汉族	1955.01			本科	甘肃农业大学	草原	1982.07	1982.08	1982.08—1984.07
196	丁连生	男	汉族	1960.11			本科	甘肃农业大学	草原	1982.07	1982.08	1982.08—1984.07 1987.07—1988.11 1989.11—1991.10
197	郭小军	男	汉族				本科	西北农大	植保	1982.07	1982.08	1982.08—1985.01
198	许　可	男	汉族	1947.11		高级畜牧师	本科	甘肃农业大学	畜牧	1982.08	1974.05	1982.08—2007.12
199	张克刚	男	汉族	1961			本科	甘肃农业大学	草原	1982.07	1982.08	1982.08—1985.01 1987.07—1988.05
200	谢志勤	女	汉族	1962			本科	甘肃农业大学	畜牧	1982.07	1982.08	1982.08—1986.01
201	苏一星	男	汉族				本科	甘肃农业大学	草原	1982.07	1982.08	1982.08—1986.05
202	乔亚华	女	汉族	1964.06	中共党员	高级工	高中			1982.06	1982.08	1982.08—2005.06
203	晁德林	男	汉族	1962.02	中共党员	研究员	本科	甘肃农业大学	草业科学	2005.06	1982.08	1982.08—2022.02
204	刘建毅	男	汉族									1982.11—1986.12
205	张道河	男	汉族	1961			中专	甘肃省畜牧学校	畜牧	1983.07	1983.07	1983.07—1984.07

续表

序号	姓名	性别	民族	出生年月	政治面貌	职业技能职务职称	文化程度	毕业院校	专业	毕业时间	参加工作时间	本站工作时间
206	王履继	男	汉族	1938.11	中共党员	高级畜牧师	本科	甘肃农业大学	畜牧	1962.09	1962.09	1983.07—1998.11
207	曹明崇	男	汉族	1961.10	中共党员	高级畜牧师	本科	甘肃农业大学	草业科学	2005.06	1983.07	1983.07—2021.10
208	安明福	男	汉族	1962.07	中共党员	畜牧技术员	中专	甘肃省畜牧学校	畜牧	1983.07	1983.07	1983.07—1989.10
209	安成孝	男	汉族	1962.05	民革党员	畜牧师	本科	甘肃农业大学	草业	2003.12	1983.07	1983.07—2005.06
210	王历宽	男	汉族	1963.01	民革党员	高级畜牧师	本科	甘肃农业大学	动物科学	2005.06	1983.07	1983.07—1986.12 2005.05—2023.01
211	文　德	男	汉族	1941.04	中共党员	党委副书记	本科	甘肃农业大学	畜牧	1965.08	1965.08	1984.04—1987.02
212	王瑞山	男	汉族	1949.09		高级工	小学				1969.02	1984.07—2009.10
213	万占全	男	汉族	1964.04	中共党员	畜牧技术员	中专	甘肃省畜牧学校	畜牧	1984.07	1984.07	1984.07—1991.09
214	周邦贵	男	汉族	1962.1	中共党员	畜牧技术员	大专	西北师范学院	政治理论	1987.12	1984.07	1984.07—1990.11
215	张永梁	男	汉族			畜牧技术员	中专	甘肃省畜牧学校	畜牧	1984.07	1984.07	1984.07—1991.11
216	李建廷	男	汉族	1964.1	中共党员	畜牧师	本科	兰州大学	行政管理	1993	1987.07	1984.07—2005.06
217	陈仲斌	男	汉族	1962.03		高级畜牧师	中专	甘肃省畜牧学校	畜牧	1984.07	1984.07	1984.07—2022.03

续表

序号	姓名	性别	民族	出生年月	政治面貌	职业技能职务职称	文化程度	毕业院校	专业	毕业时间	参加工作时间	本站工作时间
218	刘宗祥	男	汉族	1963.07	中共党员	高级畜牧师	硕士	甘肃农业大学	农业推广	2006.06	1984.07	1984.07—2023.07
219	张少平	男	汉族	1963.05		正高级畜牧师	本科	甘肃农业大学	草业科学	2005.06	1984.07	1984.07—2023.05
220	王汝富	男	汉族	1964.08	中共党员	副站长，研究员	本科	甘肃农业大学	草业科学	2005.06	1984.07	1984.07
221	方毅才	男	汉族	1964.09	民盟盟员	高级畜牧师	中专	甘肃省畜牧学校	畜牧	1984.07	1984.07	1984.07
222	达秀银	女	汉族	1941.11		畜牧师	本科	甘肃农业大学	土壤农化	1966.09	1966.09	1984.09—1997.03
223	火　军	男	汉族	1964.04		技师	高中				1981.11	1984.10—2024.04
224	高天秦	男	汉族	1956.11								
225	吴栋国	男	汉族	1963.01	中共党员	畜牧师	本科	甘肃农业大学	草业	2003.06	1985.07	1985.07—2009.02
226	王以忠	男	汉族	1966.05	中共党员	助理畜牧师	中专	甘肃省畜牧学校	畜牧	1985.07	1985.07	1985.07—1997.01
227	赵明轩	男	汉族	1967.01	中共党员	助理畜牧师	大专	中央党校甘肃分校	经济管理	1995.07	1985.07	1985.07—1995.12
228	高永军	男	汉族	1964.08	中共党员	会计师	大专	甘肃省畜牧学校	财会	1991.07	1985.07	1985.07—2005.06
229	李善堂	男	汉族	1963.02	中共党员	畜牧技术员	中专	平凉农校	植保	1985.07	1985.07	1985.07—1991.12
230	杜永清	男	汉族	1963.08	中共党员	畜牧技术员	中专	平凉农校	植保	1985.07	1985.07	1985.07—1988.11

续表

序号	姓名	性别	民族	出生年月	政治面貌	职业技能职务职称	文化程度	毕业院校	专业	毕业时间	参加工作时间	本站工作时间
231	段琪斌	男	汉族	1985.07	中共党员		中专	甘肃省畜牧学校	畜牧	1985.07	1985.07	1985.07—1986
232	杨鹏翼	男	汉族	1964.09		畜牧师	本科	甘肃农业大学	草业	2003.06	1985.07	1985.07—2005.06
233	金赐福	男	汉族	1963.01	中共党员	高级畜牧师	本科	甘肃农业大学	草业	2004.06	1985.07	1985.07—2005.06
234	杨学兰	女	汉族	1963.04	民革党员	高级畜牧师	本科	甘肃农业大学	草业	2005.06	1985.07	1985.07—2005.06
235	张　榕	女	汉族	1965.02	中共党员	纪委书记 研究员	硕士	甘肃农业大学	农业推广	2010.06	1985.07	1985.07
236	哈得虎	男	土族	1938.02	中共党员	站长 高级畜牧师	本科	甘肃农业大学	畜牧		1966.09	1985.10—1998.02
237	丁庆生	男	汉族	1947.07		科级		甘肃电大	电子	1982.07	1968.12	1985.10—2007.08
238	吴玉珍	女	汉族	1949.11	中共党员	科长	大专	中国社会学函授学院	社会学	1989.12	1968.11	1986—2004.12
239	刘进仁	女	汉族	1942.03	中共党员	高级工					1958.11	1986.04—1995.10
240	刘廷东	男	汉族	1960.11	民革党员	技师	高中				1978.12	1986.04—2020.11
241	喻文健	男	汉族	1965.05	中共党员	助理畜牧师	大专	甘肃农业大学	动物营养	1986.07	1986.07	1986.07—1992.05
242	任殿举	男	汉族		中共党员							1986.08—1989.03
243	喻文虎	男	汉族	1966.10	中共党员	高级畜牧师	大专	甘肃农业大学	动物营养	1986.12	1986.12	1987.07—2018.01
244	郭佩霞	女	汉族	1938.10		高级畜牧师	本科	甘肃农业大学	畜牧	1962.1	1962.10	1987.07—1995.04

续表

序号	姓名	性别	民族	出生年月	政治面貌	职业技能职务职称	文化程度	毕业院校	专业	毕业时间	参加工作时间	本站工作时间
245	郭安平	女	汉族	1951.02	中共党员	畜牧师	中专	甘肃省清水农校	植保	1975.08	1966.08	1987.07—1998.07
246	潘田才	男	汉族	1940.08		兽医师	中专	江苏省句容农校	畜牧	1962.08	1964.08	1987.07—2000.09
247	耿翠英	女	汉族	1950.08		高级工	初中				1970.01	1987.07—2000.09
248	李　温	女	汉族	1944.02	中共党员	调研员 高级畜牧师	本科	甘肃农业大学	畜牧	1968.09	1968.09	1987.07—2002.05
249	杨六虎	男	汉族	1949.11	中共党员	科级	中专	甘肃清水农校	农作	1975.08	1969.03	1987.07—2009.12
250	赵巴金	男	汉族	1954.01	中共党员	高级工	高中				1974.12	1987.07—2014.01
251	丁树中	男	汉族	1964.11	中共党员		中专	平凉农校	植保	1987.07	1987.07	1987.07—1996.11
252	贾英祖	男	汉族				中专	甘肃省畜牧学校	畜牧	1987.07	1987.07	1987.07—1988.09
253	周多虎	男	汉族	1963.01	中共党员	高级畜牧师	大专	甘肃省委党校	经济管理	1997.12	1985.07	1987.07—2005.06
254	李贵霖	男	汉族	1963.07	中共党员	研究员	本科	甘肃农业大学	草业科学	2003.06	1984.07	1987.07—2023.07
255	杨俊基	男	汉族	1963.05		高级畜牧师	本科	甘肃农业大学	草业科学	2005.06	1985.07	1987.07—2023.07
256	张忠祥	男	汉族	1963.09	中共党员	高级畜牧师	本科	甘肃农业大学	草业科学	2005.06	1984.07	1987.07—2023.09
257	方宝华	男	汉族	1966.09	中共党员	党委书记	大专	郑州畜牧兽医专科学校	饲料工业	1987.07	1987.09	1987.09—1989.09 2012.06—2012.12

续表

序号	姓名	性别	民族	出生年月	政治面貌	职业技能职务职称	文化程度	毕业院校	专业	毕业时间	参加工作时间	本站工作时间
258	高士森	男	汉族		中共党员			甘肃农业大学				1988.04—1989.04
259	常　明	男	汉族	1963.06	民革党员	正高级畜牧师	本科	甘肃农业大学	草原	1983.08	1983.08	1988.07—2023.06
260	许　华	女	汉族	1964.80		高级工	高中				1982.08	1988.10—2014.08
261	车爱霞	女	汉族	1964.12		技师	高中				1982.06	1988.10—2014.12
262	岳振恒	男	汉族					甘肃农业大学				1989.09—1991.04
263	王　斌	男	汉族	1969.06		高级畜牧师	本科	甘肃农业大学	草原	1991.06	1991.1	1991.1
264	马　忠	男	藏族	1968.07	中共党员		中专	甘南合作师范	藏语言文学	1991.07	1991.09	1991.09—1992.12
265	孙　斌	男	汉族	1968.07		研究员	硕士	甘肃农业大学	农业推广	2012.06	1991.01	1991.11
266	阿不满	男	维吾尔族	1968.04		高级畜牧师	本科	西北民族学院	政治理论	1991.06	1991.12	1991.12
267	史青茂	男	藏族	1971.05		畜牧师	大专	甘肃农业大学	草原	1992.06	1992.1	1992.1
268	贾自军	男	汉族	1971.04								1992.03—1996.04
269	李　鹤	男	汉族	1970.09			本科	甘肃政法学院	法律	1992.07	1992.07	1992.07—1998
270	张　霞	女	汉族	1969.12	民盟盟员	高级农经师	本科	兰州商学院	财会	2005.12	1992.09	1992.09
271	花立民	男	汉族	1971.03		高级畜牧师	硕士	甘肃农业大学	生物化学	2003.06	1993.06	1993.06—2010.06

续表

序号	姓名	性别	民族	出生年月	政治面貌	职业技能职务职称	文化程度	毕业院校	专业	毕业时间	参加工作时间	本站工作时间
272	金　斌	男	汉族	1972.05	中共党员	工程师	大专	中央党校函授学院	经管	2001.06	1990.03	1993.09
273	苏爱莲	女	汉族	1971.04		助理畜牧师	本科	甘肃农业大学	草业		1994.07	1994.07—1997.08
274	许国成	男	汉族	1971.05	中共党员	研究员	本科	甘肃农业大学	畜牧	1994.06	1994.07	1994.07—2023.09
275	王俊梅	女	汉族	1963.07	民盟盟员	研究员	本科	甘肃农业大学	草业科学	2003.06	1982.08	1994.10—2023.07
276	刘传海	男	汉族	1945.01	中共党员	党委书记 会计师	本科	安徽商学院	财经		1967.09	1995.07—2005.01
277	王立耕	男	汉族	1956.07	中共党员	总畜牧师 研究员	本科	甘肃农业大学		1980.12	1980.12	1995.07—2017.07
278	孟祥君	女	汉族	1973.01		研究员	本科	甘肃农业大学	草业科学	2009.06	1995.11	1995.11
279	曹润霞	女	汉族	1982.12			本科	甘肃农业大学	草业	2004.07	2005.01	1996—2005.06
280	徐正辉	男	汉族	1972.01	中共党员	高级畜牧师	本科	甘肃农业大学	草业科学	2006.12	1996.06	1996.06—2024.06
281	路彩琴	女	汉族	1954.04		畜牧师	本科	甘肃农业大学	畜牧			1996.08—2000.06
282	韩天文	男	藏族	1972.04	中共党员	高级畜牧师	硕士	甘肃农业大学	草业	1995.06	1996.09	1996.09—2018.04
283	马爱霞	女	汉族	1977.03	中共党员	高级农经师	本科	兰州商学院	经济法	2004.06	1996.12	1996.12

续表

序号	姓名	性别	民族	出生年月	政治面貌	职业技能职务职称	文化程度	毕业院校	专业	毕业时间	参加工作时间	本站工作时间
284	陆　飒	女	汉族	1974.03		畜牧师	本科	甘肃农业大学	草业科学	2003.06	1996.11	1996.12
285	王　瑾	女	汉族	1976.11	中共党员	高级畜牧师	本科	甘肃农业大学	草业科学	2004.06	1996.12	1996.12
286	王红霞	女	汉族	1977.12	中共党员	高级畜牧师	本科	甘肃农业大学	草业科学	2003.06	1996.11	1996.12
287	罗　亮	男	汉族	1973.01	中共党员	畜牧师	本科	甘肃农业大学	草业科学	2013.12	1991.12	1997.01
288	张伯虎	男	汉族	1971.04	中共党员	工程师	大专	中央党校函授学院	经管	2001.06	1992.12	1997.11
289	张贞明	男	汉族	1974.02	中共党员	正高级畜牧师	硕士	甘肃农业大学	农业推广	2012.06	1998.07	1998.07
290	王　海	男	汉族	1978.04		高级畜牧师	本科	甘肃农业大学	动物科学	2006.06	1998.07	1998.07
291	李新媛	女	汉族	1975.01	中共党员	正高级畜牧师	本科	甘肃农业大学	畜牧兽医	2002.06	1998.08	1998.08
292	王建强	男	汉族	1976.11	中共党员	助理畜牧师	本科	甘肃农业大学	草业	2004.06	1998.09	1998.09—2005.06
293	潘立新	男	汉族	1971.09		高级工	初中				1993.12	1998.12
294	李　萍	女	汉族	1975.1		高级会计师	本科	兰州大学	会计	2000.07	1996.12	1999.09
295	施昌玉	男	汉族	1976.08		畜牧师	本科	甘肃农业大学	草业科学	2008.12	1997.12	1999.12
296	闫万贵	男	汉族	1962.1	中共党员	站长	本科	甘肃农业大学	畜牧	1986.07	1986.07	2000.01—2003.08

续表

序号	姓名	性别	民族	出生年月	政治面貌	职业技能职务职称	文化程度	毕业院校	专业	毕业时间	参加工作时间	本站工作时间
297	任惠琴	女	汉族	1962.02		高级工	高中				1981.04	2000.03—2012.03
298	杨玉辰	女	汉族	1966.04		高级工	大专	西北民族学院夜大	文秘	1990.07	1986.12	2000.04—2005.06
299	王茹华	女	汉族	1954.04	中共党员	科级	高中				1972.11	2000.06—2009.04
300	王心灵	男	汉族	1958.12	中共党员	党委副书记	本科	中央党校函授学院	法律	2006.12	1978.12	2001.09—2017.10
301	豆　卫	男	汉族	1963.01	九三学社	站长，研究员	本科	甘肃农业大学	畜牧	1986.07	1986.07	2003.08—2011.12
302	韩天虎	男	藏族	1967.01	中共党员	站长，研究员	本科	华东师范大学	国土整治	1991.07	1991.07	2003.08—2022.08
303	张丽娟	女	汉族	1986.01		助理会计师	大专	甘肃机电职业技术学院	电算会计	2015.06	2004.1	2004.1
304	冯　今	男	汉族	1974.09	中共党员	高级畜牧师	硕士	甘肃农业大学	草业科学	2003.07	2004.03	2004.03
305	张万祥	男	汉族	1978.04	中共党员	高级畜牧师	硕士	甘肃农业大学	农业推广	2012.06	2004.03	2004.03
306	赵庆平	男	汉族	1968.04	中共党员	党委书记	本科	西北民大	汉语言文学	2006.01	1987.08	2005.01—2022.08
307	李川生	男	汉族	1947.01	中共党员	副县	大专	甘肃广播电视大学	汉语言	1989.04	1964.09	2005.05—2007.01
308	赵秀珍	女	汉族	1946.03	中共党员	科级	中专	新疆维吾尔自治区农垦学校	农业机械	1966.04	1964.06	2005.05—2006.03

续表

序号	姓名	性别	民族	出生年月	政治面貌	职业技能职务职称	文化程度	毕业院校	专业	毕业时间	参加工作时间	本站工作时间
309	胡舒萍	女	汉族	1958.12		高级工					1976.03	2005.05—2009.01
310	程文定	男	汉族	1956.10		研究员	本科				1982.01	2005.05—2016.01
311	袁晓东	男	汉族	1958.03	中共党员	高级工	高中				1975.03	2005.05—2018.03
312	张　林	女	汉族	1966.05		高级畜牧师	本科	甘肃农业大学	草业科学		2008.06	2005.05—2021.05
313	温　洪	男	汉族	1961.08		副研究员	本科	甘肃农业大学	畜牧	1983.07	1977.05	2005.05—2021.08
314	马彦彪	男	汉族	1961.10	民盟盟员	正高级畜牧师	本科	甘肃农业大学	草业科学	2008.06	1985.07	2005.05—2021.10
315	胡　林	男	汉族	1968.07		助理研究员	本科	华南师范大学	国土整治	1990.06	1990.09	2005.05—2014.12
316	王　晶	女	汉族	1976.11	中共党员	畜牧师	博士	中国农业大学	畜牧	2007	1997.07	2005.05—2007
317	于生殿	男	汉族	1974.02	中共党员	畜牧师	大专	西北师范大学	数学	2004.06	2005.05	2005.05—2011.09
318	李　昀	男	汉族	1962.1		高级畜牧师	硕士	甘肃农业大学	农业推广	2008.03	1984.11	2005.05—2022.10
319	王国生	男	汉族	1962.1		研究员	本科	甘肃农业大学	畜牧	1987.07	1987.07	2005.05—2022.10
320	俞联平	男	汉族	1963.11	中共党员	研究员	博士	甘肃农业大学	动物营养与饲料科学	2011.06	1986.07	2005.05—2023.11
321	祁兰英	女	蒙古族	1968.11	中共党员	馆员	本科	西北师范大学	法学	2007.01	1989.07	2005.05—2023.11

续表

序号	姓名	性别	民族	出生年月	政治面貌	职业技能职务职称	文化程度	毕业院校	专业	毕业时间	参加工作时间	本站工作时间
322	高占琪	男	汉族	1964.01		正高级畜牧师	本科	甘肃农业大学	草业科学	2008.06	1985.07	2005.05—2024.01
323	金加明	男	汉族	1968.03		研究员	硕士	甘肃农业大学	农业推广	2006.12	1994.07	2005.05
324	安　乐	男	汉族	1964.07		高级畜牧师	本科	甘肃农业大学	草业科学	2008.06	1986.07	2005.05
325	刘　乾	男	汉族	1965.1		副研究员	硕士	甘肃农业大学	动物营养	1990.07	1990.07	2005.05
326	陈　兮	女	汉族	1974.03		高级会计师	硕士	兰州大学	工商管理	2013.06	1993.12	2005.05
327	张　洁	女	汉族	1975.05	中共党员	高级畜牧师	本科	甘肃农业大学	草业科学	2009.06	1996.12	2005.05
328	陈兴荣	女	汉族	1981.07		高级畜牧师	硕士	甘肃农业大学	农业推广	2012.06	2004.03	2005.05
329	吕江涛	男	汉族	1973.02		助理畜牧师	大专	甘肃农业大学	园艺	2023.01	1993.05	2005.05
330	杨　敏	女	汉族	1952.02		科员	初中				1972.11	2005.05
331	张新珍	女	汉族	1946.06	中共党员	科级	高中				1964.03	2005.05
332	张小琴	女	汉族	1956.05		高级工					1975.04	2005.05
333	张柱生	男	汉族	1947.06		技师					1963.05	2005.05
334	王万山	男	汉族	1980.01	中共党员		本科	甘肃农业大学				2005.07—2009.04
335	李晓鹏	男	汉族	1983.03		高级畜牧师	本科	南京农业大学	草业科学	2005.06	2005.09	2005.09

续表

序号	姓名	性别	民族	出生年月	政治面貌	职业技能职务职称	文化程度	毕业院校	专业	毕业时间	参加工作时间	本站工作时间
336	赵　罡	男	汉族	1980.01	中共党员	高级工	高中				1998.12	2005.12
337	牛建龙	男	汉族	1982.06		畜牧师	本科	甘肃农业大学	草业科学	2013.06	2001.12	2005.12
338	杨继英	女	回族	1945.01	中共党员	科级	高中				1974.08	2006—2000.01
339	王炳煜	男	汉族	1984.09	中共党员	高级畜牧师	硕士	甘肃农业大学	草业科学	2021.06	2006.07	2006.07—2021.12
340	王中华	男	汉族	1985.12	中共党员	高级畜牧师	本科	甘肃农业大学	草业科学	2009.12	2007.01	2007.1
341	杨　浩	男	汉族	1980.02	中共党员	副站长 正高级畜牧师	硕士	甘肃农业大学	草业科学	2012.12	2007.08	2007.08
342	杜笑村	女	汉族	1978.02		高级畜牧师	本科	甘肃农业大学	草业科学	2012.06	2000.09	2009.05
343	谭立伟	男	汉族	1981.09		畜牧师	本科	甘肃农业大学	草业科学	2013.06	2009.05	2009.05
344	任　越	男	汉族	1982.05		高级畜牧师	本科	甘肃农业大学	草业科学	2012.12	2009.05	2009.05
345	吴　江	男	汉族	1986.07	中共党员	畜牧师	硕士	甘肃农业大学	植物保护	2013.06	2009.07	2009.07
346	荣良燕	女	汉族	1983.02	中共党员	高级畜牧师	博士	甘肃农业大学	草业	2016.06	2010.07	2010.07—2016.03
347	李德明	男	汉族	1982.08	中共党员	高级畜牧师	硕士	甘肃农业大学	草业科学	2010.06	2010.07	2010.07
348	王　惠	女	汉族	1989.08		高级畜牧师	硕士	甘肃农业大学	草业科学	2016.06	2010.09	2010.09

续表

序号	姓名	性别	民族	出生年月	政治面貌	职业技能职务职称	文化程度	毕业院校	专业	毕业时间	参加工作时间	本站工作时间
349	曹　蕾	女	汉族	1984.09	中共党员	畜牧师	硕士	青岛农业大学	草业	2010.07	2010.11	2010.11—2020.12
350	姜佳昌	男	汉族	1988.08	中共党员	高级畜牧师	硕士	甘肃农业大学	土地资源管理	2018.12	2010.11	2010.11
351	朱　倩	女	汉族	1987.01	中共党员	畜牧师	本科	西安工程大学	艺术设计	2010.07	2011.01	2011.01
352	赵　燕	女	汉族	1987.02		畜牧师	硕士	甘肃农业大学	农业推广	2018.12	2011.03	2011.03
353	杨红梅	女	汉族	1965.06	民盟盟员	正高级畜牧师	本科	甘肃农业大学	动物科学	2004.06	1985.07	2012.12
354	李智燕	女	汉族	1986.05	中共党员	高级畜牧师	硕士	西南大学	草业科学	2013.06	2013.1	2013.1
355	张永辉	男	汉族	1984.08	中共党员	高级畜牧师	硕士	新疆大学	生物学	2012.06	2013.01	2013.01
356	耿小丽	女	汉族	1979.03		正高级畜牧师	博士	甘肃农业大学	草业科学	2011.06	2001.09	2013.09
357	程天亮	男	汉族	1987.05	中共党员	畜牧师	硕士	西北农林科技大学	草业	2013.06	2013.10	2013.10—2021.10
358	潘冬荣	男	汉族	1989.1	中共党员	高级畜牧师	硕士	甘肃农业大学	草业科学	2013.06	2013.1	2013.10—2023.01
359	周栋昌	男	汉族	1990.04	中共党员	高级畜牧师	硕士	兰州大学	农业	2019.06	2014.09	2014.09
360	武慧娟	女	汉族	1990.06	中共党员	高级畜牧师	硕士	甘肃农业大学	草业科学	2014.06	2014.09	2014.09
361	高成芬	女	汉族	1992.04	中共党员	农经师	硕士	甘肃农业大学	农艺与种业	2022.12	2015.09	2015.09

续表

序号	姓名	性别	民族	出生年月	政治面貌	职业技能职务职称	文化程度	毕业院校	专业	毕业时间	参加工作时间	本站工作时间
362	李　霞	女	汉族	1990.05	中共党员	高级畜牧师	硕士	兰州大学	生物地理	2015.06	2015.09	2015.09
363	俞慧云	女	汉族	1990.11	中共党员	畜牧师	硕士	甘肃农业大学	草学	2016.06	2016.09	2016.09
364	王　延	男	汉族	1990.11	中共党员	畜牧师	硕士	甘肃农业大学	农艺与种业	2021.06	2016.09	2016.09
365	付　萍	女	汉族	1987.1	中共党员	畜牧师	硕士	草业科学	兰州大学	2015.06	2017.1	2017.1
366	莫负涛	女	汉族	1989.1	中共党员	高级畜牧师	硕士	动物营养与饲料科学	甘肃农业大学	2016.06	2017.1	2017.1
367	杨　霄	女	汉族	1987.02	中共党员		本科	甘肃政法学院	法学	2010.07	2011.04	2017.11—2024.06
368	吴丹丹	女	汉族	1987.12	中共党员	畜牧师	硕士	甘肃农业大学	生态学	2014.06	2014.09	2020.06
369	史春雪	女	汉族	1991.03		畜牧师	硕士	中南林业科技大学	水土保持与荒漠化防治	2017.06	2020.06	2020.06
370	贺亚琼	女	汉族	1993.12		会计师	硕士	兰州财经大学	会计	2020.06	2021.03	2021.03
371	周惠丽	女	汉族	1987.03	中共党员	工程师	硕士	甘肃农业大学	植物保护	2017.06	2011.01	2021.04
372	苏晓星	女	汉族	1992.06	中共党员		本科	甘肃农业大学	汉语言文学	2016.06	2017.12	2021.04
373	段丽婕	女	汉族	1990.01	中共党员	畜牧师	硕士	兰州大学	草业科学	2015.06	2015.07	2021.04
374	刘兴明	男	汉族	1967.06	中共党员	党委书记、站长，正高级工程师	博士	甘肃农业大学	生态学	2012.07	1989.07	2022.08

续表

序号	姓名	性别	民族	出生年月	政治面貌	职业技能职务职称	文化程度	毕业院校	专业	毕业时间	参加工作时间	本站工作时间
375	张志诚	男	汉族	1964.1	中共党员	副站长（正县级），会计师、林业工程师	本科	中央党校函授	经济管理	1999.12	1987.07	2022.08
376	徐锐真	女	汉族	1997.12	中共党员	助理畜牧师	硕士	南京农业大学	农艺与种业	2021.06	2022.08	2022.08
377	梁　婷	女	汉族	1996.12	中共党员	助理畜牧师	硕士	甘肃农业大学	农艺与种业	2021.06	2022.08	2022.08
378	贾晶晶	女	汉族	1993.04		助理畜牧师	硕士	西北师范大学	地图学地理信息系统	2020.06	2020.10	2022.08
379	陈　洁	女	藏族	1987.06	中共党员	助理畜牧师	本科	兰州商学院	金融学	2010.06	2010.12	2023.04
380	王慧慧	女	汉族	1995.11	共青团员	助理畜牧师	硕士	兰州大学	草学	2021.07	2023.07	2023.07
381	高丽丽	女	汉族	1997.03	共青团员	助理畜牧师	硕士	河北科技师范学院	农艺与种业	2022.06	2023.07	2023.07
382	张　蔚	女	汉族	1996.12	中共党员	助理畜牧师	硕士	甘肃农业大学	农艺与种业	2022.06	2023.07	2023.07
383	高天歌	女	汉族	1995.11	中共党员	助理畜牧师	硕士	兰州大学	草学	2020.06	2021.08	2023.07
384	金梓浩	男	汉族	1998.08	共青团员		硕士	甘肃农业大学	农艺与种业	2023.06	2024.01	2024.01
385	王　彦	女	汉族	1997.02	中共党员		硕士	甘肃农业大学	资源利用与植物保护	2023.06	2024.01	2024.01
386	张亚楠	女	汉族	1999.08	中共党员		硕士	北京林业大学	农艺与种业	2023.06	2024.01	2024.01
387	高　敏	女	汉族	1998.04	中共党员		硕士	甘肃农业大学	资源利用与植物保护	2023.06	2024.01	2024.01
388	白　杨	女	回族	1986.11	中共党员		本科	天水师范学院	英语	2012.06	2011.09	2024.04

二、正高级职称人员

建站以来，在本单位获得正高级资格者 28 人，其中经中华人民共和国人力资源和社会保障部、农业部批准，获农业技术推广研究员资格者 13 人；经甘肃省职称改革工作办公室批准，获自然科学研究员资格者 4 人；经甘肃省职称改革办公室批准获农业技术推广研究员资格者 1 人，正高级畜牧师 9 人，正高级工程师 1 人。详见表 1–27。

表 1–27 获得正高级职称资格人员一览表

序号	姓名	性别	资格名称	取得资格时间	颁证部门
1	成若琳	男	农业技术推广研究员	2001 年 5 月	中华人民共和国人事部 中华人民共和国农业部
2	吴衍庆	男	农业技术推广研究员	2002 年 12 月	中华人民共和国人事部 中华人民共和国农业部
3	张　榕	女	农业技术推广研究员	2004 年 12 月	中华人民共和国人事部 中华人民共和国农业部
4	俞联平	男	自然科学研究员	2004 年 12 月	甘肃省职称改革工作办公室
5	刘兴明	男	正高级工程师	2005 年 11 月	甘肃省职称改革工作办公室
6	豆　卫	男	农业技术推广研究员	2006 年 12 月	中华人民共和国人力资源和社会保障部 中华人民共和国农业部
7	韩天虎	男	农业技术推广研究员	2009 年 2 月	中华人民共和国人力资源和社会保障部 中华人民共和国农业部
8	晁德林	男	农业技术推广研究员	2009 年 2 月	中华人民共和国人力资源和社会保障部 中华人民共和国农业部
9	程文定	男	自然科学研究员	2010 年 12 月	甘肃省职称改革工作办公室
10	李贵霖	男	农业技术推广研究员	2011 年 1 月	中华人民共和国人力资源和社会保障部 中华人民共和国农业部
11	王立耕	男	农业技术推广研究员	2012 年 12 月	中华人民共和国人力资源和社会保障部 中华人民共和国农业部
12	王汝富	男	农业技术推广研究员	2012 年 12 月	中华人民共和国人力资源和社会保障部 中华人民共和国农业部
13	王俊梅	女	农业技术推广研究员	2014 年 12 月	中华人民共和国人力资源和社会保障部 中华人民共和国农业部
14	向金城	男	农业技术推广研究员	2014 年 12 月	中华人民共和国人力资源和社会保障部 中华人民共和国农业部
15	王国生	男	自然科学研究员	2014 年 12 月	甘肃省职称改革工作办公室
16	金加明	男	自然科学研究员	2016 年 1 月	甘肃省职称改革工作办公室
17	许国成	男	农业技术推广研究员	2016 年 12 月	中华人民共和国人力资源和社会保障部 中华人民共和国农业部
18	孙　斌	男	农业技术推广研究员	2016 年 12 月	中华人民共和国人力资源和社会保障部 中华人民共和国农业部
19	孟祥君	女	农业技术推广研究员	2018 年 11 月	甘肃省人力资源和社会保障厅

续表

序号	姓名	性别	资格名称	取得资格时间	颁证部门
20	高占琪	男	正高级畜牧师	2020 年 12 月	甘肃省职称改革办公室
21	张贞明	男	正高级畜牧师	2020 年 12 月	甘肃省职称改革办公室
22	马彦彪	男	正高级畜牧师	2020 年 12 月	甘肃省职称改革办公室
23	常　明	男	正高级畜牧师	2021 年 12 月	甘肃省职称改革办公室
24	张少平	男	正高级畜牧师	2021 年 12 月	甘肃省职称改革办公室
25	李新媛	女	正高级畜牧师	2023 年 1 月	甘肃省职称改革办公室
26	耿小丽	女	正高级畜牧师	2023 年 12 月	甘肃省职称改革办公室
27	杨　浩	男	正高级畜牧师	2023 年 12 月	甘肃省职称改革办公室
28	杨红梅	女	正高级畜牧师	2023 年 12 月	甘肃省职称改革办公室

三、副高级职称人员

自 1971 年甘肃省草原工作队恢复建制至 2024 年，在单位获得副高级职称的有 77 人，详情见表 1–28。

表 1–28　甘肃省草原技术推广总站副高级职称人员名录

序号	姓名	性别	出生年月	职称名称	聘任时间
1	王无怠	男	1922.06	高级畜牧师	已去世
2	王素香	女	1924.09	高级畜牧师	已去世
3	向得福	男	1935.07	高级畜牧师	已去世
4	石隐孝	男	1935.12	高级畜牧师	已去世
5	申有忠	男	1941.02	高级畜牧师	已去世
6	徐志清	男	1941.11	高级畜牧师	已去世
7	张　崇	男	1938.01	高级畜牧师	已去世
8	哈得虎	男	1938.02	高级畜牧师	已去世
9	金生元	男	1938.02	高级畜牧师	已去世
10	李　福	男	1953.09	高级畜牧师	已去世
11	王凤翔	男	1953.05	高级畜牧师	已去世
12	喻文虎	男	1966.10	高级畜牧师	已去世
13	马　范	男	1934.12	高级畜牧师	已去世
14	徐英杰	男	1942.08	高级畜牧师	已去世
15	车文信	男	1934.06	高级畜牧师	已去世
16	郭佩霞	女	1938.10	高级畜牧师	已退休

续表

序号	姓名	性别	出生年月	职称名称	聘任时间
17	张志芳	女	1942.01	高级畜牧师	已退休
18	王履继	男	1938.11	高级畜牧师	已退休
19	王 英	男	1940.05	高级畜牧师	已退休
20	邹继范	男	1940.06	高级畜牧师	已去世
21	王经纶	男	1940.12	高级畜牧师	已退休
22	陆伊奇	男	1942.04	高级畜牧师	已退休
23	李 温	女	1944.02	高级畜牧师	已退休
24	江月兰	女	1947.08	高级畜牧师	已退休
25	许 可	男	1947.11	高级畜牧师	已退休
26	谭成虎	男	1953.06	高级畜牧师	已退休
27	鲁 征	男	1956.01	高级畜牧师	已退休
28	席文娣	女	1964.02	高级畜牧师	已退休
29	张 林	女	1966.05	高级畜牧师	已退休
30	曹明崇	男	1961.10	高级畜牧师	已退休
31	温 洪	男	1961.08	副研究员	已退休
32	赵怀德	男	1938.11	高级畜牧师	已退休
33	何 毅	男	1948.12	高级畜牧师	已调出
34	花立民	男	1971.03	高级畜牧师	已调出
35	周多虎	男	1963.01	高级畜牧师	已调出
36	金赐福	男	1963.01	高级畜牧师	已调出
37	杨学兰	女	1963.04	高级畜牧师	已调出
38	荣良燕	女	1983.02	高级畜牧师	已调出
39	王炳煜	男	1984.09	高级畜牧师	已调出
40	韩天文	男	1972.04	高级畜牧师	已辞职
41	李 昀	男	1962.10	副研究员	已退休
42	方毅才	男	1964.09	高级畜牧师	2005.01
43	刘宗祥	男	1963.07	高级畜牧师	已退休
44	王历宽	男	1963.01	高级畜牧师	已退休
45	安 乐	男	1964.07	高级畜牧师	2009.02
46	张忠祥	男	1963.09	高级畜牧师	已退休

续表

序号	姓名	性别	出生年月	职称名称	聘任时间
47	张　霞	女	1969.12	高级农经师	2009.02
48	陈仲斌	男	1962.03	高级畜牧师	已退休
49	马爱霞	女	1977.03	高级农经师	2010.02
50	李　萍	女	1975.10	高级会计师	2011.02
51	杨俊基	男	1963.05	高级畜牧师	已退休
52	王　瑾	女	1976.11	高级畜牧师	2014.01
53	王红霞	女	1977.12	高级畜牧师	2014.01
54	张　洁	女	1975.05	高级畜牧师	2014.01
55	冯　今	男	1974.09	高级畜牧师	2014.01
56	阿不满	男	1968.04	高级畜牧师	2015.03
57	徐正辉	男	1972.01	高级畜牧师	2017.01
58	刘　乾	男	1965.10	副研究员	2017.01
59	李晓鹏	男	1983.03	高级畜牧师	2017.01
60	李德明	男	1982.08	高级畜牧师	2019.01
61	王　海	男	1978.04	高级畜牧师	2020.02
62	杜笑村	女	1978.02	高级畜牧师	2020.02
63	张万祥	男	1978.04	高级畜牧师	2016.01
64	陈兴荣	女	1981.07	高级畜牧师	2016.01
65	姜佳昌	男	1988.08	高级畜牧师	2022.02
66	张永辉	男	1984.08	高级畜牧师	2022.02
67	潘冬荣	男	1989.10	高级畜牧师	已辞职
68	王中华	男	1985.12	高级畜牧师	2022.02
69	武慧娟	女	1990.06	高级畜牧师	2023.01
70	李智燕	女	1986.05	高级畜牧师	2023.01
71	陈　兮	女	1974.03	高级会计师	2023.01
72	周栋昌	男	1990.04	高级畜牧师	2024.01
73	王　斌	男	1969.06	高级畜牧师	2024.01
74	任　越	男	1982.05	高级畜牧师	2024.01
75	莫负涛	女	1989.10	高级畜牧师	2024.01
76	王　惠	女	1989.08	高级畜牧师	2024.01
77	李　霞	女	1990.05	高级畜牧师	2024.01

第三节　荣誉称号获得者

一、省部级以上荣誉称号获得者

自 1977 年甘肃省草原工作队恢复建制到 2024 年 6 月，获得省部级以上荣誉者有 20 人，详见表 1–30。

表 1–30　获得省部级以上荣誉者一览表

序号	姓　名	性别	民族	出生年月	政治面貌	文化程度	职务职称	获奖称号	授予单位	授予时间
1	王素香	女	汉	1924.09	中共党员	本科	高级畜牧师	甘肃省劳动模范	甘肃省人民政府	1982.11
								甘肃省“三八红旗手”	甘肃省妇女联合会	1983.07
								全国“三八”红旗手”	中华全国妇女联合会	1983.09
								全国妇代会委员	中华全国妇女联合会第五届执行委员会	1983.09
								全国妇女代表	中国妇女第五次全国代表大会	1983.09
								先进工作者	国家经济委员会 国家科学技术委员会 农牧渔业部 林业部	1984.09
								全国优秀科技工作者五一劳动奖章	中华全国总工会	1985.04
								全国人大代表	全国人民代表大会常务委员会	1986.08
2	向得福	男	汉	1935.07	中共党员	中专	高级畜牧师	全国草地资源调查先进工作者	农业部	1990.02
3	石隐孝	男	汉	1935.12	中共党员	本科	高级畜牧师	全国草地资源调查先进工作者	农业部	1990.02
4	金生元	男	汉	1938.02		本科	高级畜牧师	全国草地资源调查先进工作者	农业部	1990.02
5	李　福	男	汉	1953.09		中专	高级畜牧师	全国草地资源调查先进工作者	农业部	1990.02
6	鲁　征	男	汉	1956.01	中共党员	本科	高级畜牧师	全国草地资源调查先进工作者	农业部	1990.02
7	成若琳	男	汉	1944.08	中共党员	本科	研究员	全国草地资源调查先进工作者	农业部	1990.02

续表

序号	姓　名	性别	民族	出生年月	政治面貌	文化程度	职务职称	获奖称号	授予单位	授予时间
8	马　范	男	汉	1934.12		本科	高级畜牧师	全国草地资源调查先进工作者	农业部	1990.02
9	赵怀德	男	汉	1938.11	中共党员	本科	高级畜牧师	全国草原资源调查先进工作者	农业部	1990.02
10	王　英	男	汉	1940.05	中共党员	大专	高级畜牧师	全国农业劳动模范	农业部、人事部	1990.02
11	谭成虎	男	汉	1953.05	中共党员	中专	高级畜牧师	全省农业科技工作先进个人	甘肃省人民政府	1990.02
12	徐生林	男	汉	1940.12		大专	畜牧师	全国绿化奖章	全国绿化委员会	1993.12
13	李贵霖	男	汉	1963.07	中共党员	本科	研究员	全国草原防火工作先进个人	农业部	2005.12 2010.02 2014.07
14	孙　斌	男	汉	1968.07		本科	高级畜牧师	全国草原监理系统先进个人	农业部	2006.06
								保护森林和野生动植物资源先进个人	国家林业和草原局	2019.08
15	王心灵	男	汉	1958.12	中共党员	本科	党委副书记（退休）	全省模范军队转业干部	甘肃省军队转业干部安置工作小组 中共甘肃省委组织部 甘肃省人力资源和社会保障厅	2009.07
16	杨　浩	男	汉	1980.02	中共党员	硕士	高级畜牧师	甘肃省先进工作者	中共甘肃省委委员、甘肃省人民政府	2020.12
17	张　榕	女	汉	1965.12	中共党员	硕士	研究员	甘肃省“三八红旗手”	甘肃省妇女联合会	2013.03
								全国妇女代表	中国妇女第五次全国代表大会	2017.10
18	刘兴明	男	汉	1967.06	中共党员	博士	正高级工程师	全国绿化奖章		2023.12
								第九届中国林业青年科技奖		2007
								全国森林防火工作先进个人	国家林业局	2004.03
								第十四次全省职工职业道德先进个人		2013
19	姜佳昌	男	汉	1988.08	中共党员	硕士研究生	高级畜牧师	先进个人	国家林业和草原局	2022.04
								青年学习标兵	直属机关工委甘肃省人力资源和社会保障厅	2024
20	李　霞	女	汉	1990.05	中共党员	研究生	高级畜牧师	先进个人	国家林业和草原局	2023.04

二、专业人才荣誉称号获得者

3 人获得甘肃省优秀专家称号，详见表 1–31。

表 1–31　甘肃省优秀专家

姓名	性别	出生时间	评选部门	入选时间
张　榕	女	1965.12	中共甘肃省委甘肃省人民政府	2004.01
韩天虎	男	1967.01	中共甘肃省委甘肃省人民政府	2012.06
俞联平	男	1963.11	中共甘肃省委甘肃省人民政府	2016.04

8 人获得甘肃省“领军人才”称号，详见表 1–32。

表 1–32　甘肃省领军人才

姓名	性别	出生时间	聘任层次	聘任部门	聘任时间
豆　卫	男	1963.01	第一层	中共甘肃省委甘肃省人民政府	2010.02
程文定	男	1956.10	第一层	中共甘肃省委甘肃省人民政府	2010.02
韩天虎	男	1967.01	第一层	中共甘肃省委人才工作领导小组	2014.02
			第二层	中共甘肃省委甘肃省人民政府	2010.02
俞联平	男	1963.11	第二层	中共甘肃省委人才工作领导小组	2014.02
			第一层	中共甘肃省委人才工作领导小组	2018.12
			第二层	中共甘肃省委甘肃省人民政府	2010.02
许国成	男	1971.05	第二层	中共甘肃省委人才工作领导小组	2018.12
刘兴明	男	1967.06	第二层	中共甘肃省委甘肃省人民政府	2010.02
孟祥君	女	1973.01	第二层	中共甘肃省委甘肃省人民政府	2021.09
杨　浩	男	1980.02	第二层	中共甘肃省委甘肃省人民政府	2023.12

7 人获得甘肃省“555 创新人才工程”称号，详见表 1–33。

表 1–33　甘肃省“555 科技创新人才工程”

姓名	性别	出生时间	入选层次	评选部门	入选时间
张　榕	女	1965.12	第二层	中共甘肃省委组织部 甘肃省人事厅	2005.01
李贵霖	男	1963.07	第二层	中共甘肃省委组织部 甘肃省人事厅	2005.01
王汝富	男	1964.08	第二层	中共甘肃省委组织部 甘肃省人事厅	2005.01
王俊梅	女	1963.07	第二层	中共甘肃省委组织部 甘肃省人事厅	2005.01
晁德林	男	1962.02	第二层	中共甘肃省委组织部 甘肃省人事厅	2006.03
金赐福	男	1963.01	第二层	中共甘肃省委组织部 甘肃省人事厅	2006.03
刘兴明	男	1967.06	第二层	中共甘肃省委组织部 甘肃省人事厅	2006.03

4 人获得其他人才称号，详见表 1–34。

表 1–34　其他人才一览表

姓名	性别	出生时间	获奖称号	授予单位	授予时间
张　榕	女	1965.02	“东营杯”第九届中国农学会青年科技奖	中国农学会	2004.11
			全国十大草业巾帼	中国畜牧业协会	2016.08
			百名优秀人物杰出贡献者	中国畜牧业协会	2022
韩天虎	男	1967.01	百名优秀人物杰出贡献者	中国畜牧业协会	2022
许国成	男	1971.05	万名农技推广骨干人才（畜牧兽医）	人力资源和社会保障部、农业部	2013
刘兴明	男	1967.06	第九届中国林业青年科技奖		2007
			中国林学会第六届劲松奖		2008
			甘肃省第二届林业青年科技奖		2003
杨　浩	男	1980.02	第一批陇原青年英才	中共甘肃省委人才工作领导小组	2022

（本章编写人员：王俊梅；校对：罗亮）

第四章　人物

在 70 年的发展历程中，一代又一代草原人从无到有，艰苦创业，在陇原大地上谱写了各个时代草原工作者的光辉篇章。为了弘扬单位团结向上，勤于实践，勇于担当的精神，勉励今人再创佳绩，以时间顺序为主，对各个时期在行业具有重大影响及作出突出业绩的典型人物、获正高级技术职称、省部级以上荣誉称号，以及担任过副科级以上职务的干部予以点滴笔墨，以励后人。

第一节　杰出贡献者

一、单位创始人王无怠

王无怠（1922 年 5 月—1995 年 6 月），男，汉族，甘肃天水人，中国民主同盟盟员、中国共产党党员，高级畜牧师，甘肃省畜牧厅总工程师、总畜牧师。

王无怠青少年时代，“受其季父王新令先生教诲，即有志于学，与同学好友霍松林、丁恩培、刘尚儒等相砥砺，敦品励学，树立了强国富民的思想，打下了良好的学习基础”。1949 年 4 月毕业于西北农学院畜牧专业（今西北农林科技大学），同年 8 月，在天水地区水土保持试验站参加工作，后调入天水配种站工作。1952 年 4 月调入甘肃省农业厅畜牧局任秘书。1954 年受甘肃省农业厅畜牧局委派，负责组织筹建甘肃省草原工作队。1955 年 1 月任甘肃省畜牧兽医工作队副队长，主持草原业务工作，筹建甘肃省草原工作队。

1956 年 3 月任甘肃省畜牧厅草原工作队副队长。1959 年任队长。

1978 年 9 月，任甘肃省草原工作队队长。1980 年任甘肃省畜牧厅总工程师。1984 年 6 月工资关系转入甘肃省畜牧厅机关。1991 年离休。

王无怠和草业界专家
（后排左一为王无怠）

王无怠在甘肃草业技术推广体系建设、草

地资源调查、草地农业理论政策与实践、草原畜牧业改革、牧场规划建设等方面作出了突出贡献。

（一）甘肃省草业技术推广体系的创始人和奠基者

王无怠（左一）在试验地工作

以王无怠为代表的一代草业界科技工作者，为甘肃草业大省建设做出了杰出贡献。王无怠、任继周、王素香等草业界前辈作为中华人民共和国第一代草业工作者杰出代表，他们毕其一生，筚路蓝缕，在草业的不同层面和领域辛勤耕耘，切实推动了中国草业的奠基和发展，在甘肃大地上率先写出了浓墨重彩的草业大文章，为甘肃农牧业发展做出了不可替代的重要贡献。王无怠作为甘肃省草原工作队的第一任队长，是甘肃省草原工作队的创始人和筹建者，也是甘肃省草原技术推广事业的开拓者和领路人。甘肃省草原工作队的前身是成立于1954年底的甘肃畜牧兽医工作大队，1954年王无怠受命组建甘肃省草原工作队，1955年从畜牧局秘书岗位调任畜牧兽医工作大队副队长，主持草原业务。在他的推动下，1956年3月甘肃省第一个草原科技推广机构——甘肃省草原工作队成立，从机构组建到工作推动，他担负了奠基人和领头羊的责任，也奠定了草原工作队广泛联系科教单位和紧密结合基层生产实践的优良作风，这一精神成为单位的传统瑰宝，肩负了时代的责任与使命，在各个时期引领和凝聚着全省草原技术推广体系。

王无怠身先垂范，铸造了甘肃草原人脚踏实地、勤奋耐劳、结合实践的技术路线和工作作风。从甘肃省草原工作队成立开始，他就十分注重在全省各地建立综合试验点，开展草原改良、培育、合理利用、人工草场建设、畜种改良和疫病防治等试验研究和示范工作。1957年，在肃南大河和碌曲尕海开展了草原培育建设综合样板田；在通渭、定西、武山、陇西等农区建立了饲草料生产试验推广试点，开展套复种、引草入田、青贮饲料推广等业务，不断探索草牧业资源利用和建设路径。1960年，王无怠组织甘肃省草原工作队在天祝县红疙瘩村蹲点开展草原培育建设工作，通过实施划破草原、补播、培育改良等措施，并探索出按照草原贮草量动态确定四季牧场适宜载畜量，按照牲畜不同年龄和强弱进行分群放牧的管理制度，使红疙瘩牧业队实现了"分片定居、分区轮牧、调整畜群、改良畜种、贮草修棚、保畜接羔、安全过冬、防疫药浴"的科学生产和管理机制，走出了当时牧区经济制度下，科学利用和管理草原的路子。他和团队早期研究提出的草原保护、草原培育建设、划区轮牧等举措到现阶段仍然是草原建设和管理的主要措施路径。多年形成了深入一线，抓点示范，推而广之的工作路线，成为单位的优良传统广泛应用。

王无怠积极促成了恢复重建的甘肃省草原工作队搬迁到兰州市。1977年，甘肃省草原工作队恢复建制时队址确定在天祝县打柴沟镇。他恢复职务到任后，亲力亲为，摸底调研，在竭力抓原有骨干技术人员归队、充实单位力量的同时，积极努力争取，赢得省上支持，促成了单位从天祝县打柴沟镇迁回兰州，为建设一支稳定的省级草原技术推广队伍奠定了基础。在单位办公场所选择和建设方面，一切从有利于当时的业务开展为出发点，在有限的条件下，设计了实验、绘图、资料馆藏等配套设施。并千方百计争取到了兰州近郊500亩的荒山作为草品种试验基地，保留了200亩的打柴沟高寒牧草试验基地及配套设施。离开单位后，继续支持在全省不同生态区域建设了尖山半荒漠草场、安西极旱荒漠草场以及农区种草养畜一批试验示范基地，为单位业务建设、成果研发、技术示范、队伍建设及影响力提升奠定了基础。

（二）甘肃省20世纪历次草场资源调查的领导者、组织者、技术设计者和推动实施者

甘肃省草原工作队组建成立后，经主管部门支持，在王无怠的组织领导下，从1957年开始，对甘肃省重点片区草原资源展开了调查。他首先从人才队伍建设入手，组织培训了草原资源调查的技术力量。1958年3月—5月，王无怠主持举办了首次全省草场资源调查培训班，由兰州大学张鹏云、苏炳雄教授，西北师范大学陈子俊教授和他本人负责主讲，对全省各地、县草原管理部门100多名专业人员进行了系统培训。理论培训完成后，他组织学员到天祝县永丰滩“甘肃农业大学高山草原试验站”实习，由甘肃农业大学草原系任继周教授就草场植被类型、划区轮牧等内容进行现场培训。这次培训初步解决了草场资源调查的基本技术力量，也拉开了全省草原技术体系建设的序幕，奠定了全省草原技术推广队伍的第一批基础力量，其意义是历史性的。从此，甘肃的草原建设和技术推广工作在他的带领下，一步一个脚印向前推进，为甘肃草牧业大省建设奠定了扎实基础。1959年他由副队长升任队长，一边组织完成一系列基础资料收集整理，一边把草原资源调查工作推向深入。期间组织实施了甘南片区、河西祁连山北麓、河西大部分地区的草原资源调查工作，总结形成了部分调查成果。

1964年，甘肃省草原工作队会同中国科学院植物研究所和兰州大学地质地理系、生物系的专家，对甘肃省主要牧区草地资源展开了进一步调查和研究，形成了《甘肃河西地区地貌》《甘肃河西地区的气候》《甘肃河西地区的草场土壤》《甘肃河西地区的草场水利》《甘肃河西与甘南部分地区主要草场植被的演替》《甘肃河西地区的草场类型及其经济评价》《甘肃省河西地区天然草场面积、载畜量的估算》《甘南藏族自治

州草场类型及其经济评价》《甘南草场分区》《甘南鼠害调查报告》等系列专题报告和成果，成为相当一个历史时期甘肃省农牧业建设的重要基础资料和草业第一手资料，也是甘肃省草原生态建设、畜牧业发展和草原地区经济社会建设的基本依据。

1979 年，“北方草场资源调查办公室”发出通知，要求全国开展草场资源调查，1985 年完成任务。此时，草原工作队刚恢复建制，处于单位重建和人员重组时期，王无怠也刚恢复领导职务。经历了特殊历史时期，整个草原业务系统技术力量流失普遍，业务荒疏，各项工作需要重新起步。时间紧、任务重，为了尽快推进草地资源调查工作，他身体力行，率领技术人员，先行赴岷县马场驻点开展调查工作。同时，培训技术力量，总结工作经验，为在全省科学有序地展开这项工作积累了经验和技术路径。

1980 年 8 月，王无怠调到甘肃省畜牧厅任总畜牧师，继续指导甘肃省草地资源调查工作实施，至 1988 年结束，形成了《甘肃草地资源》等系列成果，成为甘肃省历史以来较全、较翔实、较丰富的草原基础资料，是之后三十多年被各级政府和业界广泛应用并制定相关政策的重要依据。

（三）甘肃国有牧场建设的规划者和指导者

从 1955 年开始，王无怠负责先后组织实施了河曲马场、岷山马场、鱼儿红牧场、华池牧场等国有牧场的规划、选址、设计及建设指导、资源调查工作。1966 年组织人员，通过勘查选址和论证，建立了以藏系羊为主，饲养量为 1 万多只的玛曲县西科河羊场，成为甘肃省培育改良半细毛羊的重要基地。这些牧场在很长一个时期内成为甘肃省重要的良种繁育、牧业改革和科技推广的前沿阵地，也是国有农牧业经济的重要组成部分。

（四）甘肃省最早开展草地农业政策理论研究及实践的主要推动者

王无怠很早就提出了甘肃草地农业建设思路，即“农区应以调整产业结构为起点，打破单一的粮食种植结构，建立新的粮食、经济、饲草料作物三元种植结构，引草入田，形成夏粮、秋粮、牧草三头齐抓的种植格局”，并在实践中不断探索和完善。他勤于实践，重视调查研究，踏遍了甘肃的山山水水，几乎走过了全省近 1400 个乡镇，他所掌握的许多数据是从县、乡甚至村、户直接获取的。在单位恢复初期的关键时刻，他力排众议，全力支持王素香同志在甘肃通渭成功实践了引草入田，建成了中国第一个草地农业典型示范区。在广泛调查研究的基础上，他先后撰写了《农牧并举，实现甘肃农业现代化》《种草养畜发展农区畜牧业》《农牧并举是实现甘肃农业现代化的唯一出路》《运用大科技振兴大农业》等重要学术论文。在中国农牧业现代化建设全面启动的 20 世纪 80 年代初，新华社曾在人民日报显著位置专题报道过这些重要学术观点。他的关于农牧并举的学术成果，经过半个多世纪的实践，仍然成为当前国家层面推动草牧业建设的主要政策和抓手。

（五）甘肃省提出林草融合大生态的最早倡议者

从物质能量循环的大农业角度研究甘肃的现代农业建设和生态环境建设，是王无怠结合实践研究农牧政策、提出学术观点、推进落实工作的一大特点。早在1983年，他在“兰州林园草畜学术讨论会”上以《种草种树，迎接新的历史大转折》为题作报告，提出现代文明（生态文明）要求土地不能裸露，上头有树，地面有草，所以，要改变甘肃的面貌，治理甘肃的河山，种草种树发展畜牧是非常有现实意义的。并指出，省会城市兰州的治理关键在南北两山，关键是能不能利用好黄河水，在方法上则强调了草灌乔结合。20世纪80年代中期，面对护林育林工作中将林牧割裂，片面强调林牧矛盾的现象，王无怠在甘肃省干旱造林论证会上作了《林牧矛盾蠡测》的报告，旗帜鲜明地指出“杀羊保树”的做法是违背科学的，提出了干旱地区适地适树、宜草则草、宜林则林的国土绿化方向，提议祁连山区种草养畜、育林养山、林草并茂，壮大祁连青龙，以保护河西水源；建议在党中央“改造山河、治穷致富”的大前提下，从种草种树入手，统筹兼顾，系统协调，搞草田轮作林网草带，也搞林草混种，草灌乔结合即可取兼得之效。他还认为，陇东中地区坡度25度以上的土地，河西的盐碱地坡洼地，林牧发展前景广阔，本质上不存在林牧矛盾，需要的只是农林牧结合。建议林业部门在造林用地安排上，应从实际出发安排任务。指出甘肃省山大沟多，一般山中林限上下都是草地，沟内阴坡是林，阳坡是草，坡地有的地方有林，有的地方有草，应该统一规划，选好育林地，留出放牧地，分阶段逐沟、逐片、逐年依次落实管理措施，种树后严加保护，未栽树前容许适度放牧，幼林地只能割草或允许放牧限时限量。提出林牧在实践中实为难兄难弟，应该互相提携，达到改造山河，治穷致富的整体目标，应该运用系统工程观点，把种草种树作为干旱地区的建设重点搞好。就当前贯彻落实习近平生态文明思想的实践表明，林草大融合的生态文明新理念在甘肃逐步落实，进一步表明了王无怠对甘肃生态文明建设的远见卓识以及指导意义。

（六）科技成果和著作及荣誉称号

王无怠是政协甘肃省委员会第五、第六届委员。曾兼任中国畜牧兽医学会理事、中国草业协会常务理事、西北草业协会理事长、全国畜牧业经济研究会理事、甘肃省科协常委、甘肃省畜牧兽医学会副理事长、甘肃省草原学会副理事长、甘肃省土地学会副理事长、甘肃省标准化学会副理事长；《草业科学》《草与畜》《当代中国畜牧业》等杂志编委，《甘肃畜牧兽医》杂志编委会主任，《农业科技与信息》杂志编委会副主任，《甘肃省志·畜牧志》编委会副主任委员，甘肃省草原生态研究所兼职研究员，甘肃省农业委员会科学技术顾问，甘肃省扶贫开发专家委员会委员，甘肃省草业协会顾问，甘肃省工程咨询专家委员会委员。他是西北草业协会的创始人，学术带头人。1987 年，西北五省草业协会在青海成立，大家推选他为理事长。从此，他把一部分精力投入草业协会，为西北五省区草业界人才培养倾注了大量心血。由于西北草业协会求真务实的工作，1992 年中国草业协会在京正式成立时推选他为常务理事。1991 年离休后，中国畜牧兽医学会授予他荣誉会员称号，甘肃省科协授予他荣誉委员称号。

1985 年，王无怠主持全省牧草区划研究课题和畜牧业区划课题，组织全省 30 多个单位、上百人参加，建立牧草小区试验点 30 多个。历时三年，编辑出版《甘肃省种草区划》和《甘肃省畜牧业区划》，几十年来，两个区划成为甘肃草业建设和畜牧业发展的重要指导性文献，受到全国、全省同行的高度评价，并多次获奖。由于业绩突出，1986 年他荣获甘肃省人民政府颁发的二等奖。

主持和作为主要参加人完成的《甘肃植被》获甘肃省高等学校 1996—1997 年度科技进步二等奖，2000 年 3 月荣获甘肃省科学技术进步二等奖；“甘肃省主要栽培牧草区划”1989 年获甘肃省科技进步三等奖；“全省草田轮作种草养畜试验示范”1989 年获甘肃省畜牧厅科技进步一等奖；“甘肃省畜牧业综合区划”1989 年获甘肃省畜牧厅科技进步一等奖，1991 年获农业部优秀科技成果二等奖；“全国主要多年生栽培草种区划研究”1989 年获农业部科技进步二等奖；“甘肃省农牧结合、种草养畜、增产增收综合配套技术的试验研究”获 1989 年甘肃省科技进步二等奖；“苜蓿地方品种整理鉴定”获 1995 年内蒙古自治区科技进步二等奖。

“王无怠先生像一头不知疲倦的老黄牛，默默地耕耘。在畜种改良与推广、草原建设、牧区资源开发利用、农区种草养畜以及推广系列化标准化实用技术，提高大农业现代化生产水平等方面，进行长期卓有成效地探讨，取得了卓著成绩”，王无怠同志是草业界知名人士，在甘肃草业界作出了突出贡献。

王无怠把毕生精力和全部心血都献给了国家和人民的事业，献给了陇原大地。1995 年 6 月 23 日，他在兰州家中伏案写作时突发心脏病去世，享年 73 岁。

《王无怠论农牧业生产与科技》专著

王无怠离世近 30 年，他为草牧业呕心沥血播撒的种子已结硕果，他开创的甘肃省草原技术推广队伍生机勃勃，正沿着他的足迹不断向前迈进。他的精神永远不会磨灭。

二、王素香

王素香（1924年4月—2012年11月），女，汉族，上海崇明人，中国共产党党员，总工程师，高级畜牧师。

王素香一生88年，用一句话就是“一个上海姑娘，研究草，然后就到西北去种草了，一辈子”(引用王栋生《送别王素香》)。

（一）不平凡的人生

1. 年少多磨难

王素香1924年出生于上海崇明岛，抗战爆发时她全家随父亲迁到重庆。1940年8月19日，在日本飞机轰炸下，饥寒病困使她很快失去了父亲，也失去了重庆的家。同年10月她考进了重庆青木关袁家沟的中大附中高中（十四中），学习三年并毕业。那里既是她的学校也是她的家，老师同学便是她的家人。期间接触了进步思想，成为爱国进步青年，被国民党特务列进了黑名单，一度被迫中断学业。她曾申请去延安，有幸被办事处领导接待，并劝导她能够多学习科学文化，为将来建设新中国而努力。1945年，她考取了设在兰州西果园的西北农专，不到一学期，她因反抗当局又一次被迫中断学业。新中国成立时，她25岁且带着一个孩子，对知识的渴望促使她考取了西北畜牧兽医学院畜牧系，1954年毕业时她30岁，成了大学生。

2. 孔雀栖西北

1954年大学毕业时她是三个孩子的母亲。生于江南水乡的她，并非不爱养育了自己青少年时代的长江和大海，但她心中有大爱，她要用所学知识建设祖国，毅然选择了大西北，来到甘肃省草原工作队，发挥专业所长，从事种草养畜研究实践和推广工作。1954年在榆中县、天祝县松山滩、宁夏同心县搞滩羊调查，1955年在武山县李子沟大队蹲点，1956年参加中国科学院黄河中游水土保持综合考察。1958年以后又多次在武山、甘谷等县蹲点。期间她以爽朗泼辣，进取心强，吃苦耐劳的可贵品质长期蹲点跑面，多方面汇集资料，采集牧草标本，撰写调查报告，总结成功经验，指导草原畜牧业生产，其工作成绩和吃苦精神得到了同志们的认可和赞誉。常年下乡蹲点，最小的儿子不认识她了，那年她从武山回到兰州，儿子晚上对爸爸说，“这个阿姨怎么还不走啊？”她的心为之震颤，一个母亲所能经历的割舍之痛她都经历了，但她自己说，“人有所得，必有所失，样样都得到是不可能的，要有所取舍”。她选择了事业，选择了大家，必然要割舍小家和亲情。

1978年10月，当时她已经54岁，离退休差一年。问她到哪里工作，家人亲人都劝她年纪大了到兰州更好，她简单而又坚定地回答：“到天祝，回草原工作队去。”面对她要重操小草大业的坚决，丈夫叫她“种草迷”，她乐呵呵地说，“迷，才能把事情办好，不光我这样，所有干事业的人都这样”。是啊，这一迷就迷进草业一辈子，把自己迷进了群众的心窝里。

重返工作岗位的她深感属于自己的时间有限，一心想把失去的岁月夺回来。她不顾年龄和身体状况，坚决向组织要求到群众中去，到最困难的地方去，到最艰苦的地方去。1980年，她如愿到了甘肃中部干旱地区定西通渭县，在陇阳乡申家山队扎根驻点，从此一刻没有停步，创建了实践草地农业的前沿阵地。

王素香在申家山试验地

3. 永垂人民心

在申家山，她通过带领群众调整种植结构，引草入田，种草养畜，很快验证了甘肃中部旱作农业发展的根本出路在于草地农业。成效卓然的她获得"文革"结束后的第一批畜牧师称号，光荣入党。1984年被甘肃省人民政府任命为甘肃省科委总畜牧师，至1991年退休。虽然工作岗位、身份几经变化，荣誉铺天盖地，但直至2012年11月去世，她与草原队、通渭、申家山和山区群众结下的不解之缘一直陪伴她至生命之终点。她85岁高龄之前，每年都去申家山看看、住住，那里的农民每年也要去看望她，家长里短，汇报那里的发展变化。她的心从未和那里的群众分开过，从未和她一生钟爱的草业分开过。因为她的执着，甘肃旱山区的农业在那里开辟了新路，中国的草业从那里起步，她少年时期立下的"独立、解放、自由、平等、世界和平""用行动报效党、报效祖国、报效人民"的崇高理想也在那里得以成就。

王素香在申家山红豆草示范基地

4. 老骥志不灭

1991年69岁的她终于从工作岗位上退了下来，但退休初期她基本仍在申家山继续她心中未竟的事业。她尤其关心下一代的成长，心系贫困山区的学生和灾区人民的生活。1988—2010年，她多次向甘肃省慈善总会、青少年发展基金会、希望工程捐款，救助失学儿童重返校园。1995年起，她和老伴一起在甘肃省陇南山区资助了5名贫困学生，直到大学毕业。每年都从自己的工资中拿钱为贫困学子、灾区、流浪老人、残疾人、母校以及兰州市南北两山绿化捐款。在整理搜集她资料的过程中，她的儿子这样回忆自己的母亲，"退休后，她的耳朵里不能听见、眼睛不能见到报纸上的灾情、无钱看病的穷人、没钱上学的学生、流离失所的老人或者残疾人"，只要有消息，她就会火急火燎拿上钱去医院或者邮局汇款。

80 岁以后，种草、下基层渐渐地淡出了她的生活，她除热衷于慈善公益事业外，锻炼和旅游也是她的偏好。参加母校校友会、中国草学会学术会议、访旧友，走进风景名胜，爬山长跑等，力所能及的运动她都乐此不疲。在她 85 岁高龄时，还独自背着背包行走在欣赏祖国大地美丽风景的旅途上。认识她的亲友和同事印象最深的莫过于始终不离她的一辆 24 型自行车，她总是在市内骑着这辆自行车，或风风火火，或优哉游哉。外出不论开会、旅游还是聚会她都不要家人陪，一个背包一张火车票。风尘仆仆、坚定乐观、健谈爽朗便是她留给大家的印象。2012 年 10 月 1 日，她最后一次在南京参加了母校 110 周年校庆，11 月 18 日她在郑州访亲途中去世。当年 6 月，她作为年龄最大的参与者，参加了兰州国际马拉松赛（参赛号 88911），她的大幅参赛照片刊登在当天的兰州晨报上，这是她生前最后一次作为公众人物被刊登。

王素香同志去世后，甘肃省人大常委会办公厅、甘肃省农牧厅、甘肃省妇联等发唁电哀悼，兰州晨报作了报道，并配发了她参加国际马拉松赛的大幅照片。

（二）主要贡献

1. 她是调整甘肃中部地区单一农业结构的身先士卒者

1979 年，她把试验点选在通渭县申家山。申家山生产队是一个典型的低产贫穷干旱山区，全队共有 28 户人家，154 人。原有耕地 1600 亩，人均十亩多地。由于单一种粮，大量垦荒，致使水土流失严重，土壤瘠薄，地力差，广种薄收，陷入了越种越穷、越穷越垦、越垦越穷的恶性循环中。多年粮食亩产在 40 千克左右，人均口粮在 150 千克以下，三料俱缺（燃料、肥料、饲料），现金收入更是谈不上，吃国家返销粮 29 500 千克，花救济款 3000 元，另欠贷款 5600 元。

经过认真琢磨研究，她和老队长王无怠共同研判了当地情况，认为山区农业经济之所以困顿徘徊，是因为长期种粮，没有顺应当地的自然条件和经济规律，忽视发展林牧业，没有畜牧业，土地缺肥越种越薄，没有林草，水土流失生态恶化，自然条件愈加严酷。单纯种粮食使土地、气候、环境、经济都步入了死胡同。她和当地部分干部一起定下了"以草起步，促牧促农"，调整农业结构，修复农业生态的根本性战略。在以粮为纲的大背景下，在通渭那样一个把粮食看得比金子还珍贵的地方，拿地种草无异于静水中投下巨石，立即引起村民的质疑和反对。王素香并没有讲更多的理论和道理，用行动和成果回答了群众的疑问。在当时县上分管领导和村干部的支持下，从外边引进几百千克红豆草和草木樨，利用集体的撂荒地和不种粮的荒沟，种草 297 亩，其中 66 亩草木樨套种了胡麻，秋后胡麻收入 400 多元，人均分配现金 3 元。因为有了草，县、社又筹办了一个 10 头牛的牛场。1980 年又种草 380 亩，除收草外，草籽收入 1200 元，人均分配现金 8 元。这时，她更加坚定地认

王素香在研究牧草标本

为这个方向走对了，群众种草养畜的积极性也被点燃了，年底又引进甘肃高山细毛羊 40 只，1981 年种草面积增加 418 亩，经营品种还扩展到了养鸡、养蜂和兔子。由于特大干旱等灾害，当年的粮食单产只有 20 多千克，但由于牧草长势良好，全队草籽和羊毛收入 5000 多元，人均现金收入 33 元，初步显示了种草养畜顺应自然的优越性。经过几年的实践，到 1982 年时，该队的种草保留面积达到 740 亩，加上翻耕倒茬的一年生牧草共计 1361 亩，各种家畜比试点前翻了一倍以上，1982 年的粮食总产比上年度提高了 50%，牧业收入占农业总收入的比例由 2%~3%上升到 60%，水土流失也得到初步治理，草多畜多肥多粮多的良性态势初见端倪。

她带领草原队一干人，从 1979 年开始，经过 5 年的探索，结合甘肃省科委下达的“农区种草养畜”课题研究，从种草起步，打破了单一的粮食种植结构，使申家山实现了“3 年停止植被破坏，5 年解决温饱”的初期目标。1983 年底，该村仅草、畜产品现金收入 31 800 元，户均超过 1000 元，人均 200 元。粮食总产量超过 5 万千克，人均口粮 350 多千克，群众的生活有了明显的改善。群众李发荣说：“1956 年合作化时，就曾经分过 100 多元钱。20 多年后的今天，我第二次见到这么多钱”。对当时的群众来说，已经十分满足，他们从结构调整中看到了脱贫致富的希望。

引草入田的试点成功，表明甘肃中部旱作区农、林、牧结合是根本出路，也为科学调整农业结构指明了方向。

2. 她是创新科技成果推广模式的率先实践者

随着申家山经验的总结，王素香通过种草养畜使群众经济得到持续快速发展的信息不胫而走。一时之间，参观考察团络绎不绝，昔日荒凉僻静的小山村车水马龙，热闹非凡。几分耕耘，几分收获，申家山人民收获了充满生机的好日子和脱贫致富的美丽希望，王素香收获的是纷至沓来的崇高荣誉。诸多成果中值得一提的就是申家山的典型事例。面对纷繁热闹的赞誉，王素香并没有沉浸其中停歇片刻，而是抓住机遇，提出在中部地区的通渭、会宁等县开展科技承包百万亩种草服务的新课题，得到了甘肃省委省政府的大力支持。

在申家山试点中，王素香通过身体力行明确回答了技术必须和生产结合、和群众结合、和实践结合才能发挥作用。办培训班、搞技术专刊、与甘肃科技报合作办专版以及开展相关试验研究等始终是她团队的重要工作内容。根据需要，1983 年她率先在全国提出种草科技承包，她和团队承包通渭、会宁、陇西、静宁、庄浪等5个县，通过技术服务在129个困难村推广申家山经验。经过3年多的努力，这些贫困村的草畜产品现金收入人均达到200元，人均有粮350~400千克，提前两年超额完成任务。5个县共种草208万亩，留床面积143万亩。在承包百万亩种草任务的同时，她和团队一干人承担完成了由国家计委立项，甘肃省科委主持的“甘肃省干旱、半干旱地区种草养畜农牧结合试验研究”课题。

陇原先锋

全国优秀科技工作者——王素香

王素香，女，上海市人。1954年毕业于西北畜牧兽医学院畜牧系，1984年加入中国共产党。历任甘肃省畜牧厅总畜牧师，先后被评为甘肃省劳动模范、甘肃省杰出女性、全国三八红旗手和全国优秀科技工作者，是第六届全国人大代表。

1979年在通渭县申家山700多亩荒地里试种优质牧草红豆草获得成功，随即在全省大范围推广，对解决中东部地区燃料缺乏，发展畜牧业和保护生态环境做出了杰出贡献，起到了重要作用。后逐步推广到河北、山西、内蒙古等二十多个省区种植。

新闻报道中的王素香

百万亩科技承包种草的实施使得甘肃省大兴种草养畜之风，同时带动了中部地区牧草种子产业、草籽加工业萌发，极大地推动了全省人工草地建设，成为20世纪全省种草面积扩展最快的时期。种草科技承包不仅为创新农业科技推广工作提供了实践经验，也奠定了甘肃省草业前沿省份、草业大省和中国草业摇篮的基础地位。

3. 她是将草地农业推向全国的身体力行者

王素香主持的百万亩种草科技承包工作在1986年提前完成任务之后，新的目标又在向她招手。1987年王素香承担并主持了国家计委科技局立项的“甘肃干旱、半干旱地区种草养畜农牧结合试验研究”课题，同时，以申家山为核心选育基地，选育的“甘肃红豆草”于1990年经全国牧草品种审定委员会审定通过，定为地方品种准予推广应用。到1988年，甘肃省已累计推广红豆草61万亩。当时，全国学习申家山以及甘肃种草养畜经验的热潮一浪高过一浪，她和团队的技术人员对河北、青海、陕西、宁夏、内蒙古、山西、新疆、西藏等地区引种的试验点开展培训指导，编写培训资料，为甘肃红豆草快速推向全国起了很大作用。1986年6月，中共河北省邢台地区委员会、地区行政公署为王素香记一等功，表彰她把研究种植的红豆草无私地奉献给太行山区人民，并亲临指导，为太行山区干旱丘陵区种草养畜、脱贫致富开辟了新路。1988年，全国种植红豆草累计面积达到200多万亩。至此，草地农业的成功实践从甘肃走向了全国。

4. 她是一名共产党员不忘初心的忠实践行者

在申家山的多年工作中，王素香和农民打成一片，深受他们的爱戴。她不仅搞科研，搞技术推广，以普通劳动者的一员与群众同吃同住同劳动，她还以实际行动履行了一个共产党员的初心。当地群众常说，从来没有见过像王素香这样的“老黄牛”。常常看见一个穿着一身旧蓝布衣服，一双补丁摞补丁的劳保皮鞋，两眼布满血丝，花白的头发上盖满了尘土的老太婆，步履匆忙地奔波在尘土飞扬的山路上。有一年，为了扩大种植面积，她从几百里外的黄羊镇农大购来400千克草籽，先运到打柴沟，再经定西到申家山，在这样一条近千里的漫长运输途中，她只身一人，搭便车，求人情，连背带驮，硬是把这些草籽运到了申家山。每当她翻上大山梁时，只要一声呼喊，霎时间，大人、小孩便跑着，跳着，叫着，拥到她面前："王老师来了！草籽！草籽！"1981年引进细毛羊时，她也独身一人，风尘仆仆，跑到天祝滩去抓羊。时值寒冬腊月，北风刺骨，车上护羊的群众不小心管护，羊被挤死了一只。她发现后立即自己爬上敞篷大卡车，顶着寒风精心照看，直到把全部羊安全送到申家山。这一路，从天不亮摸到天黑，她身上没有穿大衣，头上没有戴围巾，赶到申家山时人都快冻僵了。养鸡的那阵子，她从兰州雁滩把最好的来杭鸡鸡苗运到申家山，用自己的玉米面喂养，一直喂到全部分给群众为止。她经常去城里搞测试，不管刮风下雨，道路泥泞，或是冰天雪地，地冻天寒，她手里都提着一条鞭杆，跌跌撞撞地行走在申家山崎岖的山道上。申家山人难忘这些情景，都说："王老师真像一头牛"。

她为了解决群众生产上的困难，步行几十里，到县上求援。县上解决不了的，就到兰州市想办法。有一年，县上磷肥脱销，秋播施不上底肥，她就设法在兰州买上，保证了秋播施肥的需要。群众要养细毛羊，她就到天祝松山和皇城羊场去拉羊。群众口粮缺了，她便预支草籽款帮助安排生活。社员见她能真心实意地帮助他们，就给予她完全的信任，有什么困难都来找她，甚至群众盖房子、看病、娃娃上学、家庭纠纷等都要她来帮助解决。对群众的这些要求，她视为己任，能解决的都尽力帮助解决，负责到底。

她在生活上不搞特殊，不占群众便宜，生活简朴。1985年3月初，她去北京参加妇代会，身上的毛裤破得没法穿了，就穿上儿媳妇的。多年来，申家山的男女老少，把她当成至亲朋友。有时出外时间长一些，一回到村里，大家把她围住，问长问短，亲切感人，不知道的人还以为她是当地的长者。

5. 她是硕果累累的巾帼丰收者

她获得厚厚的一摞荣誉证书和奖牌，还有各种事迹报道。天道酬勤、梅花香自苦寒来就是对王素香的典型写照。1983年当选全国妇联第五届执行委员会委员，中国妇女第五次全国代表大会代表，第六届全国人大代表；1984年她是全国十大新闻人物之一；1987年取得高级畜牧师职称；1991年甘肃省科学技术协会第四次代表大会选举为甘肃省科学技术协会荣誉委员。

关于她的新闻通讯、调查报告、会议材料及追忆文章不胜枚举，中央电视台、半月谈、人民日报、甘肃日报等主流媒体都报道过她的事迹。1982年6月19日，《甘肃日报》发表长篇人物通讯《红豆草》，介绍了她指导群众种草的先进事迹。

王素香获得的部分荣誉奖章

1983年9月,《人民日报》发表了《申家山是怎样战胜干旱的?》《走申家山的路》《希望的所在》《王素香的一天》等文章和社论,中共甘肃省委会议简报1983年综合8期发表《王素香同志的发言摘要》等文章。见诸其他报刊的报道还有《离离原上草》(1992年7月),《红豆草——记女畜牧师王素香》,《“甘肃省杰出女性”王素香因病逝世》(兰州晨报2012年11月23日12版),《送别王素香》《心中的丰碑》和《沉痛悼念王素香奶奶》(2012年南京师范大学附中建校110周年纪念会校友文集)等。

(三)科技成果和著作及荣誉称号

王素香主持完成的科研项目“农区种草养畜”于1985年获农业部科技进步三等奖,“甘肃省中部五县百万亩种草技术承包”项目于1987年获农业部科技进步三等奖;“甘肃红豆草”项目作为第一申报人,在1990年经全国牧草品种审定委员会审定登记为地方品种;“甘肃红豆草选育”项目于1991年获甘肃省畜牧厅科技进步一等奖;主编完成的《甘肃干旱半干旱地区种草养畜农牧结合试验研究》于1991年气象出版社出版发行;1993年获甘肃省科技进步三等奖。

1982年甘肃省委省政府授予“甘肃省劳动模范”称号。1983年甘肃省妇联授予“甘肃省三八红旗手”,中华全国妇联授予“全国三八红旗手”。1984年,国家经委、国家科委、农业部、林业部联合授予农林科技推广工作先进工作者称号。1985年4月,中华全国总工会授予“全国优秀科技工作者”称号和五一劳动奖章。1986年中共河北省邢台地委、行署授予种草养畜一等功;同年,中共兰州市委、兰州市政府表彰她在物质文明和精神文明建设中取得优异成绩,为振兴兰州作出了贡献,为她颁发了荣誉证书;同年,荣获省政府直属机关先进工作者

王素香实施红豆草选育项目

称号。1987年获甘肃省政府颁发“甘肃省农业科技承包推广荣誉证”。1988年甘肃省直属机关党委授予优秀共产党员称号。2001年，甘肃省教育厅、甘肃省财政厅、甘肃省发展计划委员会授予王素香全省“两基”工作先进个人称号。2002年中国草学会颁发从事草业四十年荣誉证书。2010年甘肃省妇女联合会颁发甘肃省杰出女性和甘肃省三八红旗手标兵荣誉称号。

各类捐赠荣誉证书：1988年，荣获南京师大附属中学树人奖学金基金会“树人奖学金荣誉证书”；1998年，获救助失学儿童重返校园荣誉证书两份；2003年，甘肃省青少年发展基金会、甘肃省希望工程办公室颁发“救助贫困地区失学少年”荣誉证书；2010年甘肃省慈善总会颁发给王素香向地震、旱灾和雪灾地区捐赠善款荣誉证书两份。

王素香同志怀着对党和人民深厚的感情和远大的抱负，将自己的知识、才智毫无保留地奉献给了她选择的这片热土，她用自己的全部热情诠释了一个共产党员的理想、情怀和节操，她用小草一样坚韧的精神书写了精彩绚丽的人生篇章，她是甘肃省草原技术推广总站的骄傲，是草业界的荣光和旗帜。

第二节　历届领导班子负责人

一、杨毅

杨毅（1925年8月—2016年12月），男，汉族，陕西省户县人，中国共产党党员。1948年6月毕业于陕西省户县师范学校。

简历：1949年6月，在陕西省兴平县参加中国人民解放军，任第一野战军后勤剧团文化教员。1949年10月—1950年5月，在第一野战军后勤学校财经科学习。1950年6月—1950年12月，在第一野战军后勤军牧部岷县种马场任会计。1951年1月—1956年4月，任岷县种马场组织干部，政治助理员。1956年5月—1959年9月，在中共甘肃省委党校理论班学习。1959年10月—1960年6月，在农垦部国有岷县牧场党委办公室任主任。1960年7月—1961年3月，在农垦部国营岷县牧场种马分场任党总支书记。1961年4月—1964年9月，在兰州军区岷县军马场种马分场任党总支书记。1964年10月—1971年1月，在兰州军区岷县军马场政治处任主任。1971年2月—1975年12月，在兰州军区河曲军马场任副政委。1976年1月—1977年2月，在甘肃省河曲良种牛羊场任副政委。1978年3—4月，参加省委路线教育工作队，任组长。1979年5—8月，任甘肃省河曲种畜场领导班子成员。1979年9月—1985年1月，任中共甘肃省草原工作队党委副书记。1985年2月任甘肃省饲草饲料技术推广总站党委委员、巡视员。

1986年5月离休。2016年12月去世，享年92岁。

二、唐万顺

唐万顺（1930 年 5 月—2020 年 10 月），男，汉族，甘肃永登县人，中国共产党党员。小学文化程度。

简历：1949 年 11 月，在甘肃省永登县参加中国人民解放军。1950 年 10 月，在武威军分区独立营四连任副班长。1951 年 5 月任班长。1952 年 3 月任副排长。1953 年—1957 年 12 月，在后勤部第二军牧部任牧务管理员和采购员。1958 年 1 月—1959 年 12 月，在国有岷县牧场任站长。1960 年 1 月—12 月，在岷县牧场直属队任副队长。1961 年 1 月—1964 年 8 月，在兰州军区岷县马场四分场任副场长。1964 年 9 月—1966 年 1 月，在岷县军马场三分场任政治教导员。1966 年 2 月—1971 年 8 月，在岷县军马场四分场任政治教导员。1971 年 9 月—1975 年 11 月，在岷县军马场政治处任副主任、主任。1975 年 12 月—1977 年 12 月任岷县军马场副政委。1978 年 1 月—1979 年 6 月，任甘肃省岷县良种牛羊试验繁殖推广场副场长。1979 年 7 月，调入甘肃省草原工作队，任副队长，分管后勤、基建、馒头山牧草试验站等工作。1984 年 6 月任甘肃省饲草饲料技术推广总站巡视员、党委委员。

1990 年 5 月退休，2020 年 10 月 30 日逝世，享年 91 岁。

三、王治民

王治民（1932 年 6 月—2010 年 6 月），男，汉族，甘肃徽县人，中国共产党党员。

简历：1949 年在徽县地下工委、县委工作。1950 年 2 月—1963 年在甘肃省办公厅工作。1973 年调入甘肃省农林局。1975 年 9 月任甘肃省皇城绵羊育种试验场党委书记。1979 年 9 月任甘肃省草原工作队党委书记，总管全队党务、组织、人事、劳资部门工作。1984 年调到甘肃省畜牧厅工作。

2010 年 6 月去世，享年 78 岁。

四、车文信

车文信（1934 年 6 月—2014 年 6 月），男，汉族，山东汶上人，中国共产党党员，高级畜牧师。

简历：1956 年 8 月毕业于兰州农校动物饲养专业，同年在甘肃省农林局参加工作。1980 年 6 月调入甘肃省草原工作队，任副队长。1981 年起主持甘肃省草原工作队业务工作。1984 年 11 月兼任甘肃种草养畜技术服务公司副经理。1985 年 7 月，调任甘肃省种草养畜技术服务公司副经理。1989 年调任甘肃省饲料研究所任所长。

主要业绩：主持单位业务工作期间，支持推动了通渭申家山草地农业示范点馒头山试验站建设，深入通渭申家山红豆草示范基地和全省基层一线，开展草牧业抓点示范建设，为全省草牧业发展和单位业务建设作出了应有贡献。

成果：作为主要负责人完成的“农区种草养畜”科研项目于 1985 年 9 月获农牧渔

业部科技进步三等奖；“甘肃省中部五县百万亩种草技术承包”项目于1987年9月获农牧渔业部科技进步三等奖；“岷山红三叶品种选育”项目于1989年8月获甘肃省畜牧厅科技进步二等奖；“甘肃红豆草”选育项目于1990年7月由全国牧草品种审定委员会评审通过，经农牧渔业部批准，定为地方品种准予在适应地区正式推广应用，并于1992年获甘肃省畜牧厅科技进步二等奖，1993年6月获甘肃省科技进步三等奖；“中日合作肉牛及饲料生产技术研究”项目于1995年7月获甘肃省畜牧局科技进步二等奖，1996年4月获甘肃省科技进步二等奖。

荣誉：1990年9月，甘肃省安西荒漠戈壁草地自然保护区管理处聘请为技术顾问。1989年和1992年，获得中共甘肃省畜牧厅优秀党务工作者称号。1994年6月获得甘肃省畜牧厅先进工作者称号。

1995年退休，2014年6月在兰州去世，享年81岁。

五、向得福

向得福（1935年7月—2003年11月），男，汉族，甘肃省临洮县人。中国共产党党员，高级畜牧师。1993年10月享受国务院政府特殊津贴。

简历：1957年7月毕业于兰州农校动物饲养专业。1957年8月—1962年8月在甘肃省草原工作队工作。1962年9月—1979年8月在天祝县草原工作站工作，任副站长、站长。1979年9月调回甘肃省草原工作队，任业务科科长。1984—1990年9月任甘肃省饲草饲料技术推广总站副站长，1990年10月—1995年10月任站长。1989年11月当选为甘肃省生态学会第一届理事会理事。1990年9月，被甘肃省安西荒漠戈壁草地自然保护区管理处聘为顾问。

主要业绩：向得福一直从事草原畜牧业工作，先后参加了半荒漠草场改良培育与合理利用研究、全省草场资源调查、优良牧草品种选育等多项研究项目。主持单位工作期间，推动飞播种草、青贮氨化、治虫灭鼠以及牧区育草基金业务上新台阶。

成果：参加完成的“岷山红三叶品种选育”项目于1989年6月获甘肃省畜牧厅科技进步二等奖；主持完成的“半荒漠草场改良和合理利用”项目于1990年1月获甘肃省科技进步三等奖。“陇中苜蓿选育”项目于1991年5月由全国牧草品种审定委员会评审通过，作为甘肃地方主要当家草品种得以推广应用。

论文著作：1990年，在《中国草地》发表《甘肃河西半荒漠草原沙打旺引种栽培试验》。在《甘肃草地资源》(1999年出版）著作中承担了第三章——天然草地分类及类型特征的编写工作。

荣誉：1983年7月，中华人民共和国国家民族事务委员会、中华人民共和国劳动人事部、中国科学技术协会特授予“在少数民族地区长期从事科技工作荣誉证书”。1985年1月，武威地区行政公署颁发荣誉证书，表彰在武威地区天然草场资源调查成果研制中的优异成绩。1989年6月在飞播牧草工作中成绩显著，被甘肃省畜牧厅评为先进个人。1990年2月获农业部“全国草地资源调查先进工作者”荣誉证书。

1995年10月退休，2003年11月在兰州去世，享年69岁。

六、哈得虎

哈得虎（1938年2月—2007年8月），男，土族，甘肃省天祝县人，中国共产党党员，高级畜牧师。

简历：1966年9月毕业于甘肃农业大学畜牧专业，毕业后分配到甘南州碌曲县工作，先后任碌曲县玛艾乡兽医站站长，碌曲县畜牧站站长，县农牧局副局长。1985年7月调入甘肃省饲草饲料技术推广总站，任副站长。1992年12月兼任纪委书记。1995年6月—1998年5月任甘肃省草原总站站长。

主要业绩：长期在基层一线从事草原保护建设、家畜改良、畜病防治、牧区建设等方面的管理和技术推广工作。主持完成了《碌曲县畜牧业综合区划》，任甘肃省饲草饲料技术推广总站副站长期间分管牧草科、监理科、植保科、财务室4个科室，推动飞播种草、草原执法、草原招鹰灭鼠等业务上新台阶。任站长后，组织人员协调督促，对搁置了数年的甘肃省草地资源调查成果资料整理汇总，使得《甘肃草地资源》出版问世。组织完成防控草原鼠虫害1663万亩，飞播种草30万亩，青贮氨化饲料592万吨，组织建立了张掖市、武威市等国家级秸秆养牛示范县，加强了执法队伍建设，推进了依法治草、种草养畜综合配套技术推广。

主持工作期间，对单位多年来存在的办公拥挤，职称评定、考勤考核等方面的问题予以调整和部分解决。一是积极协调争取财政资金，完成了馒头山牧草试验站上水工程、护坡、水塔建设项目，解决了住试验站职工家属生活用水和生产用水的问题，保证了牧草试验和绿化工作的顺利开展。二是完成了刘家坪两站一院下水改线工程，解决了多年来因下水排泄不畅造成职工住房倒塌的险情。三是调整了科室办公室，配备了必要的办公用品用具，改善了办公条件。四是给30名职工更换了液化气灶，解决了部分职工的吃饭问题。五是筹集资金为职工安装了有线电视，丰富了职工文化生活。六是注重职工健康，开办了职工健身房。七是重视推进职工的安居工作，办理有关手续，把解决职工住房问题落到了实处，使职工住房紧张得到缓解。八是购置了通勤车，解决了职工上下班和职工子女上学的交通困难。

成果：1989年12月，被甘肃省农业区划委员会评为资源调查和区划成果二等奖。

荣誉：1996年甘肃省草原总站被省畜牧局评为局系统精神文明先进集体，哈得虎被评为省畜牧局系统精神文明先进个人。被甘肃省畜牧局工会委员会评为1996年—1997年度热情支持工会工作的领导干部。1996年10月，获中国畜牧兽医学会颁发的荣誉证书。1997年3月，被甘肃农业大学动物生产工程系聘请兼职教授。1997年7月，被中共甘肃省畜牧局委员会评为优秀共产党员。

1998年5月退休，2007年8月在兰州去世，享年70岁。

七、刘传海

刘传海（1945年1月—2013年8月），男，汉族，安徽凤台人，中国共产党党员。

简历：1967年9月毕业于安徽省商学院财经专业。1968年9月—1969年9月，分配在兰州军区岷县军马场劳动锻炼。1969年10月—1971年10月，在岷县军马场财务室工作。1971年10月—1976年9月，任岷县军马场政治处干事。1976年10月—1980年5月，任军马场政治处副主任。1980年6月—1984年3月，任中共甘肃省岷山种畜场党委常委、副书记。1984年4月—1987年8月，任中共甘肃省岷山种畜场党委书记。1990年6月—1995年5月，任甘肃省畜牧厅劳动服务公司经理。1995年6月—1988年5月，先后任中共甘肃省草原总站和中共甘肃省草原技术推广总站委员会书记。1998年6月—2000年1月主持全面工作。2000年1月—2005年1月主持党委工作，分管办公室、政工科、打柴沟牧草试验站。

主要业绩：任单位党委书记期间，主抓思想政治建设和人才建设工作。其中，1998年底至2000年底，主持开展了在县级以上党政领导班子、领导干部中深入开展以“讲学习、讲政治、讲正气”为主要内容的党性党风教育活动，根据甘肃省畜牧局关于“三讲”教育活动实施方案，通过加强组织领导和理论学习，自我剖析与群众意见结合，开展批评与自我批评，制定整改方案，落实整改责任，推动完成教育任务，达到了活动目标。

刘传海同志于1998年5月至2000年1月全面主持单位党政工作期间，积极协调，和相关单位共同推动完成了职工住宅楼建设，极大地改善了职工住房条件。主持推动草原治虫灭鼠、青贮氨化技术推广以及飞播种草等业务建设。

成果：组织领导的“草畜规模开发综合配套技术推广”项目获2001年全国农牧渔业丰收一等奖。

2005年2月退休。2013年8月因病在北京去世，享年69岁。

八、许延志

许延志（1930年8月—2021年4月），男，汉族，甘肃兰州市人，中国共产党党员。

简历：1950年8月毕业于兰州农校动物饲养专业。1950年8月—1951年2月，在甘肃省农林厅工作。1951年3月—1952年4月，在甘肃省农林厅庆阳畜牧站任站长。1952年4月—1955年12月，在甘肃省农林厅畜牧局工作，科员。1956年1月—1962年12月，在甘肃省草原工作队工作，技术员。1963年1月—1970年12月，在甘肃省畜牧厅工作。1971年—1975年12月，在景泰县畜牧站工作，技术员。1975年1月—1980年8月，在甘肃省农牧局工作。1980年9月，调入甘肃省草原工作队，任副队长，分管业务工作。1984年1月，在甘肃省牧草种子公司任副经理。1987年7月任甘肃省饲草饲料技术推广总站调研员。

1990 年 10 月退休，2021 年 4 月 2 日在兰州去世，享年 91 岁。

九、徐志清

徐志清，男，汉族，生于 1941 年 10 月，甘肃静宁县人，中国共产党党员，高级畜牧师。

简历：1965 年 9 月，毕业于甘肃师范大学地理专业，同月分配到甘肃省草原工作队工作。1970 年甘肃省草原工作队撤销，改行在敬东机械厂从事人事工作。1980 年 5 月归队。1984 年 2 月—1985 年 6 月，任副科长。1985 年 7 月任副站长、党委委员。1988 年 8 月—9 月 4 日，赴日本北海道、秋田、东京畜牧业及农用地建设研修学习。1996 年 8 月 16 日—9 月 7 日赴澳大利亚悉尼、墨尔本等地参加畜牧业管理培训。2002 年 5 月退休。

成果：主持完成“提高牧区防灾保畜基地建设效益的试验研究”项目于 1993 年 7 月获甘肃省畜牧局科技进步三等奖；参加完成“甘南片草场资源调查”项目于 1987 年获甘肃省科技进步三等奖；“全省种草养畜加工综合技术服务”项目于 1991 年获省畜牧厅科技进步三等奖。

论文著作:《甘肃草地资源》统稿人之一，编写第二章“草地与环境”、第三章“天然草地分类及类型特征”、第八章“草地区划”。

十、文德

文德，男，汉族，生于 1941 年 4 月，甘肃高台县人，中国共产党党员。

简历：1965 年 8 月毕业于甘肃农业大学畜牧专业，毕业后在甘肃省公安厅工作。1984 年 2 月调入甘肃省饲草饲料技术推广总站，任党委副书记，兼副站长，主持工作。1987 年 2 月调离。

在站主持工作期间，进一步推动完善了站情报资料室、化验室等基础设施设备，加强馒头山基础设施建设，扩大对外业务交流。创办了集体企业青云电器厂，当时在一定程度上缓解了职工子弟就业难的现状。

十一、鱼耀清

鱼耀清，男，汉族，生于 1936 年 3 月，甘肃陇西人，中国共产党党员。

简历：1956 年 8 月毕业于兰州农校动物饲养专业，同年 8 月，分配到甘肃省农牧厅工作。1970—1981 年，在甘肃省汽车工业公司汽车配件科任科长。1982 年 3 月—8 月，任甘肃省草原工作队办公室主任。1982 年 9 月—1983 年，在甘肃省种畜联营公司任副经理。1984 年—1987 年 7 月任甘肃省牧草种籽公司经理、甘肃省畜牧厅物资站站长。1987 年 8 月—1991 年 10 月，任中共甘肃省饲草饲料技术推广总站委员会书记兼站长。1991 年 11 月—1995 年 5 月任中共甘肃省饲草饲料技术推广总站委员会书记。1995 年 6 月任调研员。1996 年 6 月退休。

主要业绩：1957—1959 年在省农牧厅工作期间，参与了中兽医验方编辑、临夏州畜牧业综合考察、全省良种家畜图谱集整理、河曲马的调查等业务。1960 年参加了全省国有牧场的选址考察及牧场建设工作。1963—1964 年，在礼县下乡蹲点开展良种推广。1965—1968 年，在河曲马场羊队蹲点。在担任甘肃省饲草饲料技术推广总站党委书记兼站长期间，组织完成草原治虫灭鼠 1333 万亩，青贮氨化饲料 54 万吨，飞播种草 52 万亩，推广混播牧草 6 万亩。组织实施了全省种草养畜加工综合技术服务项目，积极争取并组织单位专业技术人员参与了甘肃省“八七”科技扶贫工作，组织实施了 9 个乡镇的科技扶贫和整乡承包项目。

荣誉：1991 年 10 月荣获农业部全国实施草原法先进工作者称号。

十二、闫万贵

闫万贵，男，汉族，生于 1962 年 10 月，甘肃省庆阳人，中国共产党党员，高级畜牧师。

简历：1986 年 7 月毕业于甘肃农业大学畜牧专业，同月分配到甘肃省畜牧总站工作。1987 年 7 月调入甘肃省畜牧厅工作。1995 年 6 月任甘肃省畜牧局草原处副处长。2000 年 1 月—2003 年 8 月任甘肃省草原总站（甘肃省草原监理站）站长。2004 年 2 月调入甘肃省农牧厅工作。

主要业绩：1988—1990 年，在甘肃省畜牧厅开展畜牧业基地建设、项目管理及生猪生产管理工作。1991—1995 年开展瘦肉型猪、绒山羊、骆驼、奶、肉牛、养畜基地建设及大中型畜牧企业建设及奶援项目管理等工作。1996—1999 年开展秸秆养畜示范县、秸秆利用与管理、饲料工业行业管理并协助开展牧区示范工程、鼠虫害防治、草原执法、立法等工作。2000—2003 年，主持甘肃省草原总站工作。期间组织实施了农业部部列丰收项目、国家级牧草种籽基地建设、无鼠害示范区建设、草原动态监测、草原监理及草种管理等工作，建成了兰州市红古区宝山台试验基地。

成果：1987—2001 年主持完成的甘肃省畜牧业“八五”“九五”“十五”发展规划等三项规划及关于加快发展畜牧业的决定等三项意见被省政府或国务院采纳；1991—2002 年主持完成了农业部、省列项的 10 个项目，并通过省级鉴定验收；主持完成的“猪鸡复合预混合饲料应用技术推广”项目于2004 年获全国农牧渔业丰收三等奖，1998 年获国家科技进步二等奖，2000 年获甘肃省委、省政府甘肃省第七次社会科学优秀成果三等奖；参加完成的科研项目“优质草产品综合开发利用技术推广”于 2002 年获全国农牧渔业丰收二等奖。

荣誉：1999 年获全省草地饲料工作先进个人；2001 年获全省畜牧业科技推广先进个人；1991—1995 年度获中国西门塔尔牛育种先进工作者；1992 年获全国畜禽品种改良先进工作者。

论文专著：在省级以上专业期刊发表《依法护草、立草为业、再造秀美山河》《生猪生产要重视发展适度规模经营》等论文 30 余篇。参加编写了《畜牧业商品基地导论》《甘肃农业先进实用技术普通读本》等著作。

十三、李温

李温，女，汉族，生于1944年2月，河北省束鹿人，中国共产党党员，高级畜牧师。2001年享受国务院政府特殊津贴。

简历：1968年9月毕业于甘肃农业大学畜牧专业，毕业后在部队农场劳动锻炼。1971年8月—1975年5月，在灵台县什字公社畜牧兽医工作站工作。1975年6月—1983年4月，在灵台县畜牧兽医站工作。1983年5月—1983年10月，在灵台县农业局任副局长。1983年10月—1986年3月，在灵台县政府任副县长。1986年3月—1987年9月，在甘肃省种草养畜技术服务公司任副经理。1987年10月—1996年3月，在甘肃省饲草饲料技术推广总站任副站长、党委委员。1996年3月—1999年12月，任甘肃省草原总站副站长、党委委员兼纪委书记。2000年1月—2002年4月，任甘肃省草原总站调研员。

主要业绩：李温同志任副站长期间分管办公室、财务及业务工作，负责科技扶贫项目。2004年退休后，多年参与甘肃省老科学技术工作者协会农业分会的多项工作，多次深入和政、会宁等地开展草牧业科技扶贫工作。

成果：主持完成的“荒漠草原白刺夜蛾防治研究”项目于2000年3月获甘肃省科学技术进步二等奖；参加完成的“五县七乡畜牧业扶贫科技承包”项目于1996年10月获甘肃省农业技术推广三等奖；“甘农二号杂花苜蓿新品种选育”项目于1998年3月获甘肃省科学技术进步三等奖；“西北地区羊茅属牧草和草坪草的综合研究”项目于1999年3月获甘肃省科学技术进步三等奖。

荣誉：1996年6月获国家科委科技扶贫办公室颁发的1995年度振华科技扶贫奖励基金服务奖。2006年被全国老龄委评为行动引领先进个人。2009年被甘肃省老科学技术工作者协会农业分会评为2007年度先进科技工作者。2012年10月，被甘肃省老科协评为先进个人。

论文著作：发表《愿草原长青，牛羊肥壮》《以产业化生产为目标加快甘肃省草商品的开发》等论文。1998年12月，荣获甘肃盛彤笙畜牧兽医科学基金会第一届优秀论文奖，主编完成《牧草栽培及秸秆利用技术》。

十四、吴衍庆

吴衍庆，男，汉族，生于1944年4月，四川营山人，中国共产党党员，农业技术推广研究员。

简历：1968年9月毕业于甘肃农业大学草原专业，同月，分配到甘南州玛曲县工作。1980年9月调到甘肃省草原工作队。1985年—1997年2月，任办公室主任。1997年3月任甘肃省草原总站副站长。2002年12月获全国农业技术推广研究系列研究员任职资格。2004年7月退休。

成果：主持完成的“甘南高寒草地改良技术推广与研究”项目于2002年获甘肃省科技进步二等奖；参加的“五县七乡畜牧扶贫科技整乡承包” 项目于1996年10月获甘肃省农业技术推广三等奖。

荣誉：2001年获甘肃省农牧厅系统畜牧科技推广先进工作者。

论文著作：在省级以上专业期刊发表论文《羔羊当年育肥初试》《蝗虫微孢子虫病在草原蝗虫中扩散传播的研究》等5篇。主编完成《牧草与草种生产加工技术》。

十五、王立耕

王立耕，男，汉族，生于1956年7月，甘肃民乐人，中国共产党党员，农业技术推广研究员。

简历：1980年12月毕业于甘肃省畜牧学校畜牧专业，同月分配到甘肃省家畜改良队（后更名为甘肃省畜牧技术推广总站），先后任该单位政工科副科长、科长。1995年6月，调任甘肃省草原总站副站长、党委委员。2000年1月，兼任甘肃省草原总站纪检书记。2005年1月任甘肃省草原技术推广总站副站长、党委委员。2011年4月，任甘肃省草原技术推广总站总畜牧师（正县级）。2012年12月获全国农业技术推广研究系列研究员任职资格。

主要业绩：任副站长期间，先后分管青云电器厂、牧草科、草业科、草种科、草建科、植保科、监测科等业务。组织实施了“陇东紫花苜蓿种子繁育基地建设”项目，“甘肃省岷山红三叶等牧草种子基地建设”中岷县基地的建设和整改工作。2008年起，组织完成了农业部4个国家级区域试验站的建设和试验任务，组织实施了无鼠害示范区建设、飞播示范区建设以及草原鼠虫害防治工作任务，组织完成了第二次全省草地资源调查工作外业和部分内业工作。

成果：“甘肃当地主要牧草生产技术研究及示范推广”项目于2010年4月获甘肃省科技进步二等奖；“黄土丘陵区几种耐旱植物特性及水保作用研究”项目于2009年8月获甘肃省农牧渔业丰收二等奖；“粮饲兼用玉米综合开发利用技术推广”项目于2010年8月获甘肃省农牧渔业丰收三等奖；参加完成的“农作物秸秆裹包青贮及利用配套技术研究与示范”项目于2012年8月获甘肃省农牧渔业丰收三等奖；“中国沙化退化草地飞播种草恢复改良技术的研究与推广”项目于2009年12月获全国农牧渔业丰收三等奖；“种草养畜综合配套技术示范推广”项目于1999年11月获农业部科学技术进步二等奖。

论文著作：主编的《青贮饲料无公害生产技术》于2003年8月由甘肃科学技术出版社出版。参加编写的《12316“三农”致富实用技术综合技术服务系列——饲料·饲草·草坪》于2012年12月出版。在省级以上专业期刊发表《关于红豆草根瘤菌接种剂量的试验报告》《甘南草地畜牧业可持续发展的战略思考》《基于MODIS的河西走廊高平原荒漠草原区生产力遥感模型研究》等论文。

十六、王心灵

王心灵，男，汉族，1958 年 12 月出生，安徽临泉人，中国共产党党员。

简历：1978 年 12 月参军，历任兰州军区部队通信中队队长（连级），兰后直属工作处助理员（营级），兰州军区甘南牧场场长兼政委（副团），服役期间曾荣立个人三等功 1 次，并多次受到部队嘉奖。2000 年转业到甘肃省草原总站工作。2005 年，任中共甘肃省草原技术推广总站委员会副书记，兼纪委书记。分管党务、纪检监察、工、青、妇等工作。在职中央党校法律专业本科毕业。从 2005 年担任党委副书记以来，注重打造积极、健康、向上的单位文化氛围，曾多次组织单位职工参加各类文体、演讲、知识竞赛、诗歌朗诵等活动，并多次获组织奖和集体比赛好名次；注重发挥工、青、妇的桥梁纽带作用，重要节日节点，积极组织开展职工文化周、专题座谈会、慰问送温暖等活动；为了丰富职工的文化生活，指导团总支开展青年读书、主题座谈、爬山、拓展训练等活动。组织党员开展主题党日、党建知识竞赛、结对共建、志愿服务等活动。

成果：参加的甘肃当地主要牧草生产技术研究及示范推广项目于 2008 年 8 月获甘肃省农牧厅农牧渔业丰收奖二等奖。

荣誉称号：2009 年 7 月，被甘肃省军队转业干部安置工作小组、中共甘肃省委组织部、甘肃省人力资源和社会保障厅授予“全省模范军队转业干部”荣誉称号。2014 年，带队参加草原监测技能比拼，获三等奖。2012 年、2016 年，被甘肃省农牧厅党组评为“省农牧厅系统优秀共产党员”。

十七、豆卫

豆卫，男，汉族，生于 1963 年 1 月，甘肃宁县人，九三学社社员，农业技术推广研究员。

简历：1986 年毕业于甘肃农业大学畜牧系，被分配到甘肃省畜牧学校工作。1998 年任副校长。2001 年 3 月聘任为高级讲师。2003 年 8 月调入本单位任副站长，主持行政工作。2004 年任站长。2006 年获农业技术推广研究员任职资格。2008 年享受国务院政府特殊津贴。2010 年选入甘肃省第一层次领军人才。2011 年调入甘肃省农牧厅，先后任草原处处长、畜牧处处长，畜牧兽医局总畜牧师。

主要业绩：因本单位“红三叶等牧草种子繁育基地”建设项目整改工作需要于 2003 年 8 月调入，组织完成了国家发改委和原农业部下达的“甘肃细枝岩黄芪等超旱生牧草种子繁育基地”建设项目。2005—2010 年，组织实施了 5 个世界银行贷款甘肃牧业发展项目——全球环境基金赠款（GEF）应用研究课题，2009 年通过评估验收；组织实施了甘肃省级草原监理站建设项目，主推启动了馒头山试验站和中贸公司合作开发的洽谈和交接工作。主持完成了甘肃省草原技术推广总站单位办公新址的选择和搬迁工作。主持完成了化验中心、馒头山试验站、资产管理科等科室变更及财产移交等工作。

成果：主持完成的“河西沙化草地恢复重建技术研究与示范推广”项目于2008年4月获甘肃省科学技术进步二等奖；“甘肃高寒牧区人工草地建植技术研究与示范推广”项目，2011年4月获甘肃省科学技术进步二等奖；“河西地区农户规模养鸡技术试验示范”项目，获甘肃省农牧渔业丰收二等奖；“河西地区优质肉鸡标准化生产技术的研究与应用”项目，获全国农牧渔业丰收三等奖；主编的《肉用畜禽饲养管理》获甘肃省职业教育优秀成果一等奖，《农村实用技术丛书》获甘肃省职业教育优秀成果一等奖。

论文著作：主编《禽类生产》《农村实用技术丛书》。副主编《特种经济动物养殖》和《草食动物生产》。参编《畜牧兽医综合技能》和《农牧业经营服务与管理》。发表了《苦参碱防治荒漠草地蝗虫试验研究》《安全性种羊预混料对公羊精液品质及母羊妊娠、哺乳期生产性能的影响》等论文20多篇。

十八、方宝华

方宝华，男，汉族，1966年9月出生，河南夏邑人，中国共产党党员，农业推广硕士，经济师。

简历：1987年毕业于郑州畜牧兽医专科学校，同年分配到本单位工作。1989年10月—2012年6月，调入甘肃省畜牧厅工作，先后在草原处、兽医局任副处长、调研员。2012年6月—12月，任中共甘肃省草原技术推广总站委员会书记。2013年1月，调入甘肃省兽医局工作。2005年7月取得甘肃农业大学农业推广专业硕士学位。

主要业绩：在单位工作期间，主要从事饲料资源调查、青贮氨化技术推广，在饲料工业调查研究、规划编制和发展对策方面做了大量工作，为推动甘肃饲料工业发展作出了一定努力。

十九、韩天虎

韩天虎，男，藏族，生于1967年1月，甘肃天祝人，中国共产党党员，农业技术推广二级研究员。

简历：1991年7月毕业于华东师范大学地理系国土开发与整治专业。1991年7月—1998年6月，在甘肃省畜牧厅畜牧科技开发中心任助理畜牧师、经济师，从事草原保护利用技术推广工作。1998年7月—2003年8月，在甘肃省农牧厅草原处任副主任科员、主任科员，从事草原保护建设利用管理工作。2003年8月—2004年12月，任甘肃省草原总站副站长、党委委员。2005年1月—4月，任中共甘肃省草原技术推广总站委员会副书记兼副站长。2006年4月任党委书记兼副站长。2010年入选甘肃省第二层次领军人才，2012年6月任甘肃省草原技术推广总站站长、党委委员，同年，中共甘肃省委、省人民政府授予“甘肃省优秀专家”称号。2014年享受国务院政府特贴。2017年晋升为甘肃省第一层次领军人才。2019年12月兼任站党委副书记。2022 年 9 月调离。

兼职：兼任草原资源保护国家创新联盟副理事长、国家草业科技创新联盟常务理事、中国草业协会常务理事、中国草学会生态委员会理事、甘肃省第一届草业科技创新联盟理事长、甘肃生态学会副理事长、甘肃省林草系统第一届草品种审定委员会副主任委员，甘肃省第一届草业技术标准化委员会副主任委员、秘书长。《草原与草坪》杂志常务编委。甘肃农业大学和兰州大学硕士研究生导师。

主要业绩：组织构建了全省草原生态监测体系、草原有害生物防控预警体系，组织实施了甘肃省第二次全省草原资源普查，推动成立了甘肃省草业科技创新联盟、草品种审定委员会、草业标准化委员会和草业协会。

成果："甘肃省天然草地野生优良牧草种质资源分布调查及室内保存研究"项目于2006 年获甘肃省科技进步三等奖；"河西沙化草地恢复重建技术研究与示范推广"项目于 2008 年获甘肃省科技进步二等奖；"甘肃草原鼠害防控技术集成研究与示范推广"项目于 2009 年获甘肃省科技进步三等奖；"寒生旱生苜蓿产业化生产技术推广"项目于 2010 年获全国农牧渔业丰收二等奖；"甘肃省退牧还草效益遥感监测研究"项目于 2010 年获甘肃省科技进步二等奖；"甘肃省草原资源与生态监测研究" 项目于 2013 年获全国农牧渔业丰收二等奖；"河西走廊沙尘源区生态环境治理及草地农业发展对策研究"项目于 2013 年获甘肃省农牧渔业丰收一等奖；"草原虫害发生规律研究与防控技术集成示范"项目于 2015 年获甘肃省科技进步二等奖；"抗寒高产优质饲用黑麦新品种的培育及推广应用"项目于 2016 年获全国农牧渔业丰收二等奖； "青藏高寒区优质牧草新品种选育及应用"项目于 2018 年获甘肃省科技进步奖三等奖；"甘肃黄土高原灌草优化耦合技术模式研究与示范"项目于 2019 年获甘肃省科技进步一等奖；"甘肃草原基况调查及服务功能评价研究"项目于 2020 年获甘肃省林业科技一等奖。制定甘肃省地方标准《草原资源与生态监测地面调查技术规范》《草原资源调查技术规程·第一部分：调查对象和范围》《草原生态控鼠技术规程》《饲用黑麦种子生产技术》；主持培育牧草品种"甘引 1 号黑麦"，2013 年通过甘肃省草品种审定委员会审定；参与引进"阿迪娜紫花苜蓿"，2017 年通过全国草品种审定委员会审定。参与培育"祁连醉马草" "河西野大麦"，2020 年通过甘肃省草品种审定委员会审定通过。

在国家级省级专业期刊发表论文 20 余篇。组织出版《甘肃草原技术丛书》1 套 7 部，副主编出版《河西走廊沙尘源区生态环境治理研究》，主编出版《甘肃省草原植物图谱》。

二十、赵庆平

赵庆平，男，汉族，生于 1968 年 4 月，甘肃民勤人，中国共产党党员。

简历：1987 年 8 月—1990 年 4 月，在夏河县机械化饲草料总站工作。1990 年 4

月—12 月，在夏河县畜牧局工作（期间取得中央民族学院、北京农学院畜牧生产与经营管理专业大专文凭）。1990 年 12 月—2005 年 1 月，在甘肃省畜牧局物资站工作，期间，1995 年 7 月任副科长，1997 年 9 月任科长， 2000 年 2 月任甘肃省畜牧局物资站副站长。2005 年 1 月机构改革中调整到甘肃省草原总站任副站长，2006 年取得西北民族大学汉语言文学专业本科文凭。2013 年 5 月任中共甘肃省草原技术推广总站委员会书记。2005 年 2 月—2013 年 4 月，分管办公室，馒头山牧草试验站，榆中试验站，高台试验基地，红古宝山台试验基地等工作，主要从事单位内部事务性管理、馒头山开发、单位搬迁和财务管理工作。2013 年 5 月起主持党委工作，分管党建、人事、安全生产及基地工作，分管政工科、办公室。

主要业绩：2013 年主抓党委工作以来，主持开展了“党的群众路线教育实践活动”、“三严三实”专题教育、“两学一做”学习教育、党支部建设标准化工作、转变作风改善发展环境年活动、“不忘初心、牢记使命”主题教育、创建“让党中央放心、让人民群众满意的模范单位”活动、“党章党规落实”专项行动、党支部建设标准化提质增效行动、“切实转变作风、坚决纠正工作不严不实”专项整治行动、“党员信教和涉黑涉恶问题”专项整治以及“党史学习教育”等专题活动，负责制定实施方案、组织学习、查摆问题、召开民主生活会以及制定整改方案，落实整改任务。2015 年负责完成了甘肃省农牧厅党组对单位的政治巡查各项工作；2017 年负责完成了甘肃省委巡视组巡视甘肃省农牧厅带巡查单位的政治巡查工作。配合完成了 2018 年甘肃省农牧厅党组、2019 年甘肃省林草局党组分别对单位开展的专项巡查工作。作为基建负责人完成了投资 1250 万元的国家级临泽草种质资源圃建设项目。

成果：参加完成的“有机废弃物饲料资源化开发应用”项目于 2007 年获甘肃省科学技术进步二等奖。

荣誉：1992 年、1994 年、1995 年分别获甘肃省畜牧厅优秀共产党员称号。2002 年获兰州市南北两山环境绿化工作先进个人称号。2014 年获甘肃省农牧厅优秀党务工作者称号。是 2019 年、2020 年、2021 年甘肃省林草局优秀党务工作者。

主持党委工作期间，站党委 2016 年获甘肃省委授予的优秀基层党组织，2021 年获甘肃省林草局系统优秀基层党组织称号。

二十一、刘兴明

刘兴明，男，汉族，1967 年 6 月出生，甘肃景泰人，中共党员，正高级工程师。先后在甘肃祁连山国家级自然保护区管理局、甘肃白水江国家级自然保护区管理局和甘肃省草原技术推广总站工作。

简历： 1989 年 7 月毕业于甘肃农业大学林学院林学专业，同月，在甘肃祁连山国家级自然保护区管理局参加工作。1993 年 3 月任甘肃祁连山国家级自然保护区管理局防火办副主任。1998 年 9 月任办公室副主任，同年 12 月任科研室主任。2002

年 3 月任局党委委员、副局长。2014 年 9 月任甘肃白水江国家级自然保护区管理局党委书记。2019 年 3 月任党委副书记、局长， 2019 年 4 月兼任大熊猫祁连山国家公园甘肃省管理局白水江分局局长。2021 年 6 月任甘肃白水江国家级自然保护区管护中心党委副书记、主任，兼任大熊猫祁连山国家公园甘肃省管理局白水江分局局长。期间， 2007 年 11 月取得甘肃农业大学农业推广硕士学位，2005 年 11 月任正高级工程师， 2012 年 7 月取得甘肃农业大学资源与环境学院博士研究生学历、理学博士学位。2022 年 8 月起任甘肃省草原技术推广总站党委书记、站长。

业绩：主持完成 2018 年中央财政珍稀濒危野生动植物保护补助项目、2018 年大熊猫国家公园体制试点项目、2018 年省级财政大熊猫国家公园建设项目、2019 年中央财政林业改革发展资金珍稀濒危野生动植物保护补助项目、2019 年文化旅游提升工程大熊猫国家公园白水江片区自然资源智慧监测与管理物联网系统建设项目、2023 年中国工程院战略研究与咨询项目“甘肃省农业发展的现状与问题研究”；主持实施 2023 年第二批中央财政林业科技推广示范项目“高寒区退化草原植被恢复及人工草地建设适生本土草种的示范推广”等项目 16 项；主持编制相关项目初步设计、可行性研究报告、实施方案等 16 项。

兼职：中国系统工程学会第七届草业系统工程专业委员会副主任委员；中国林学会会员；甘肃省生态学会副理事长；第二届甘肃省草产业技术创新联盟理事长；林草系统甘肃省草品种审定委员会主任委员会副主任委员、秘书长；甘肃省林草标准化技术委员会主任委员；甘肃农业大学、兰州大学硕士生导师。

2023 年 4 月 25 日到总站任职以来，主要结合学习贯彻中央关于习近平新时代中国特色社会主义思想主题教育和甘肃省委“三抓三促”行动落实，提升全站职工政治理论素养。一是通过不断完善管理制度，加强内控机制提升单位管理水平，整章建制，推动制定完善《合同管理内部控制制度》《站务会议议事规则》《站长办公会议议事规则》《站党委三重一大议事规则》《目标管理责任制度实施办法》《职工考勤制度》《档案管理办法》《信息管理办法》《培训管理办法》《项目管理办法》《科技团队建设制度》等涉及单位发展的全方位管理制度；二是深入开展调查研究，加快熟悉全省草原生态建设和草产业发展现状，为更好完成主管部门下达的技术推广任务，服务好基层一线熟悉业务；三是积极参与科技交流和学术活动，进一步强化省级推广大站的纽带职能，利用草原生态监测、生态修复、草种业体系构建等业务职能，依托项目和学术交流活动，密切开展和高校院所、草业企业、林业规划院所以及基层推广科研体系的互动合作，不断拓展单位能力提升空间，加强与主管部门相关处室的工作联系和沟通，对内加强职业教育，针对技术人员年龄结构断层现状，为推动年轻人成长营造良好氛围；四是强化纪律教育，推行了站领导带班值周制度，为推动“三抓三促”行动走深走实，率先带班值周，班子成员带头签到，有效带动职工自觉上下班，为形成单位良好工作纪律和氛围发挥了有效作用；五是办实事，加紧推动职工食堂建设，着力解决单位实际问题；六是加强干部队伍建设和年轻干部培养，推动开展了科级干部岗位交流，有效提升了单位发展动力。

成果：主持或参与的项目“甘肃祁连山国家级自然保护区森林病虫鼠普查”于1995年获甘肃省张掖地区科技进步二等奖；“青海云杉种实害虫综合防治技术研究”于2001年获甘肃省科学技术进步三等奖；“祁连山自然保护区森林病虫鼠区系及可持续控制技术研究”于2005年获甘肃省科学技术进步二等奖；“无线电通信技术在祁连山林区森林防火工作中的应用研究”于2005年获甘肃省科学技术三等奖；《甘肃祁连山国家级自然保护区志》(副主编）于2010年获甘肃省地方志优秀成果一等奖；2014年“甘肃祁连山青海云杉林生物多样性研究”获甘肃省林业科技进步三等奖；“祁连山青海云杉林潜在分布及其生物量碳空间特征研究”于2015年获甘肃省林业科技进步二等奖。

著作论文:《甘肃祁连山国家级自然保护区志》副主编;《大熊猫生境适宜性评价及生态安全动态预警》主编;《甘肃白水江国家级自然保护区珍稀濒危植物》副主编;《大熊猫童话》主编。在国家级期刊发表《祁连山区小流域青海云杉材积生长差异性》《基于Gash模型的青海云杉林降水截留模拟》等论文20多篇。

荣誉称号：2003年获甘肃省第二届林业青年科技奖、张掖市优秀共产党员。2004年被甘肃省档案局评为本单位达到事业单位“国家二级”档案管理标准突出贡献奖、国家林业局评为全国森林防火工作先进个人。2006年入选甘肃省“555创新人才工程”第二层次人选。2007年荣获第九届中国林业青年科技奖。2008年荣获中国林学会第六届劲松奖。2010年2月入选甘肃省领军人才第二层次人选。2011年获张掖市委优秀共产党员。2013年荣获第十四次全省职工职业道德先进个人。2016年被评为省林业系统精准扶贫优秀驻村帮扶工作队长。2019年被评为省林草系统脱贫攻坚先进个人。2021年被甘肃省林草局党组评为优秀共产党员；2021年12月当选陇南市第五届人民代表大会常务委员会委员。

二十二、张志诚

张志诚，男，汉族，生于1964年10月，甘肃会宁人，中共党员，会计师、林业工程师。

简历：1986年7月毕业于甘肃省林业学校林学专业，留校参加工作。1999年4月起先后任办公室副主任、计财科副科长、纪检监察员（正科级）。2004年5月任甘肃省林业科学技术推广总站党委委员、副站长。2010年3月任甘肃省林业厅农村林业改革发展处副处长。2012年8月任甘肃省林业特种装备储备管理中心党委书记、省林业厅农村林业改革发展处副处长，11月兼任纪委书记。2014年3月任甘肃省林业厅农村林业改革发展处副处长（正县级），11月任甘肃省森林防火预警监测信息中心主任、甘肃省森林防火指挥部办公室副主任（兼）。其中，1991 年 7 月取得兰州商学院财会专业大专学历；1999 年 12 月取得中央党校函授经济管理专业本科学历。2022 年 8 月起，任甘肃省草原技术推广总站党委委员、副站长（正县级）。

成果：参与全省集体林权制度改革政策研究和顶层设计，承担指导该项工作推进，得到国家林业局的高度评价和充分肯定，全国集体林权制度改革现场会议在甘肃泾川县召开。参与起草了《中共甘肃省委甘肃省人民政府关于全面推进集体林权制度改革实施意见》《甘肃省集体林权制度改革试点工作方案》《甘肃省全面推进集体林权制度改革工作方案》《甘肃省集体林权制度改革检查验收办法》《甘肃省关于全面推进集体林权制度综合配套改革的意见》《甘肃省关于加快林下经济发展的意见》和《甘肃省集体林权流转管理办法》等规范性文件；主持起草了《甘肃省林业生态破坏事故应急预案》，修订《甘肃省森林防火应急预案》，全程参与了"2016 年 3 月 2 日"迭部森林火灾扑救的综合协调调度和后期处置工作，落实了《甘肃省森林草原防火预警监测基础设施建设项目》，主持建成"甘肃省森林和草原防火无人机监控管理平台"，提升森林草原防火预警监测水平；推动国际合作项目实施，全力落实"UNDP-GEF（联合国开发计划署 - 全球环境基金）利用生态方法保护洮河流域生物多样性"项目，"亚行贷款丝绸之路沿线地区林业生态恢复与治理"项目签约落地；完成"欧投行贷款黄河流域沙化土地可持续治理"项目前期工作；在总站主持工作期间，一是抓单位内部管理，从单位纪律、制度落实入手，不断树立规矩意识，提升单位规范运行水平；二是抓财务管理，规范项目运行，推动项目实施进度，下力气调动人员积极性，激活单位发展动力；三是抓项目落地，积极协调省林草局主管领导、相关处室支持单位业务建设，落实项目经费，确保发展保障；四是率先垂范，身体力行深入草原生态保护一线，尽快熟悉业务，掌握草原生态监测、草畜平衡各项政策措施落地生效情况，为科学决策掌握第一手资料。

二十三、王汝富

王汝富，男，汉族，生于 1964 年 8 月，甘肃皋兰人，中国共产党党员，农业技术推广研究员。

简历：1984 年毕业于甘肃省畜牧学校畜牧专业，同月，被分配到单位工作至今。历任饲料科副科长、科长、办公室主任。2007—2009 年挂职任华池县人民政府副县长。2010 年 1 月以来任甘肃省草原技术推广总站副站长、党委委员。在职获兰州大学汉语言文学专业和中央党校函授学院经济管理专业大专文凭，甘肃农业大学草业学院草业科学专业本科文凭。

兼职：2017 年以来任甘肃省草业标准化技术委员会委员、甘肃省草产业技术创新战略联盟委员、2019 年第二届甘肃省生态学学会常务理事。

成果：主持和参加 20 余项科研项目，取得省级和地级科技进步奖、部级和省级农业丰收奖14项。其中："麦秸氨化与微贮对肉牛（羊）增重效果对比试验研究"项目于1999年获临夏州科技进步二等奖；"饲料酶添加剂应用效果试验"项目于1999年获甘肃省畜牧局科技进步二等奖；"秸秆饲料加工调制及养畜技术推广"项目于2002年获甘肃省科技进步三等奖；"猪鸡复合预混合饲料应用技术示范推广"项目于2004年获全国农牧渔业丰收三等奖；"农牧交错区引进粮饲兼用玉米新品种试验示范"项目于2007年获甘肃省农作物渔业丰收三等奖；"甘肃当地主要牧草生产技术研究及示范推广"项目于2008年获甘肃省农牧渔业丰收二等奖；"粮饲兼用玉米综合开发利用研究"项目于2010年获甘肃省农牧渔业丰收三等奖；"岷山红三叶异黄酮含量动态变化及其调节动物钙磷代谢作用机理研究"项目于2012年获甘肃科技进步二等奖；"甘肃省干旱半干旱典型区草地资源及生产力研究与评价"项目于2012年获甘肃省农牧渔业丰收一等奖；"黄粉虫蛋白质饲料应用技术开发研究"项目于2012年获甘肃省农牧渔业丰收二等奖；"新型实用高效玉米剥皮机的研制与应用"项目于2013年获甘肃省农牧渔业丰收二等奖；"农作物秸秆饲料化技术集成示范与推广"项目于2015年获甘肃省农牧渔业丰收一等奖；"牛羊全混合日粮技术工艺优化与模式研究示范"项目于2017年获省科技进步三等奖；"牧区放牧家畜营养改善及品种改良技术研究"项目于2020年获甘肃省农牧渔业丰收二等奖。

主持或参加起草制定的《饲料用苜蓿产品》《玉米秸秆青贮技术规范》《小麦秸秆氨化技术规范》《禾本科草种子质量·中华羊茅》《饲料用干黄粉虫》等11项甘肃省地方标准发布实施。主持完成《甘肃省草产品优势区域发展规划（2003—2007年）》《甘肃省秸秆饲料化利用规划（2011—2015年）》《关于加强甘肃草业标准化建设的意见》。参加完成的"山地多功能收割机"，获国家知识产权专利。

荣誉：1991年获中国饲料工业协会首届全国饲料工业科技进步贡献奖。2005年1月入选甘肃省"555创新人才工程"第二层次人选。2019年获甘肃省正高级人才津贴。先后被农业农村部畜牧兽医司、全国畜牧兽医总站评为全国青贮饲料推广工作先进个人，多次全省畜牧科技推广工作先进个人。获全国饲料工业先进个人。

论文著作：在省级以上学术刊物发表了《发酵活干菌处理秸秆育肥肉牛效果研究》《甘肃省秸秆铡切机械使用现状及建议》《甘肃省草原生态退化治理和利用对策建议》等论文40余篇。主编和参编《牧草与草种生产加工技术》《青贮饲料无公害生产技术》《祁连山生态系统保护与治理》《秸秆饲料化利用技术》《草食家畜营养与饲料加工利用技术》等5部专著。

二十四、张榕

张榕，女，汉族，生于1965年12月，甘肃通渭人，中国共产党党员，农业技术推广研究员。

简历：1985年毕业于甘肃省畜牧学校畜牧专业，同年7月，被分配到本站工作至今。1998 年取得中央党校经济管理专业大专学历。2003 年取得甘肃农业大学草业科学本科学历。2010 年取得甘肃农业大学草业科学推广硕士学位。2004 年 12 月获农业技术推广系列研究员任职资格。

1999—2004 年任办公室副主任。2004—2005 年任化验室主任。2005—2012 年任业务科科长。2012 年 6 月任副站长，2013 年 10 月任站党委委员、副站长，2019 年 12 月任站纪委书记、党委委员（期间 2002 年 7 月—2010 年 5 月借调在甘肃省农牧厅草原处从事草原项目管理和人工草地技术研究工作；2010 年 5 月—2013 年 5 月挂职任会宁县副县长）。2013 年 5 月挂职结束在副站长岗位先后分管信息科、草业科、区域试验站（种质资源科）、草种科。2019 年底任纪委书记，并分管种质资源科、草业科、草种科。2022 年分管种质资源科、草业科。

兼职：第一届甘肃省草品种审定委员会委员、办公室主任，第一届甘肃省草产业技术创新战略联盟秘书长，甘肃省草业技术标准化委员会委员，甘肃省第二届生态学会常务理事，甘肃农业大学草业学院、兰州大学草地农业科技学院硕士研究生导师，定西市政府草畜产业发展高级咨询专家，甘肃省财政厅脱贫攻坚帮扶顾问，甘肃省妇联妇女发展部副部长。

成果：先后主持完成省级重大科技推广计划——“豆科牧草根瘤菌技术推广”（1999 年甘肃省畜牧局科技进步二等奖），农业部丰收计划“草畜规模开发综合配套技术推广”（2001 年全国农牧渔业丰收一等奖）和“优质草产品综合配套技术推广”（2002 年全国农牧渔业丰收二等奖），退牧还草科技支撑项目“高寒牧区人工草地建植技术研究与示范”（2011 年甘肃省科技进步二等奖）；甘肃省草牧业科技支撑项目“甘肃红豆草等主要优良牧草营养评价与产品研发” （2020 年全国农牧渔业丰收三等奖）”等。参加 “豆科牧草根瘤菌增效试验与稳定提高红豆草根瘤固氮能力研究”（获甘肃省科技进步三等奖）、“五县七乡畜牧科技扶贫承包”（获甘肃省农业推广三等奖）、“甘肃牧区六化家庭牧场经营模式示范”（获中国草业科技奖）、“青藏高原天然草原人工草地化机理研究”、“3S 技术在甘肃草原生态监测中的应用研究”等项目。2013 年以来，作为负责人主持或参与完成“甘肃省不同生态区域牧草主推品种和主推技术集成与示范推广”“红三叶根际微生物接种剂研发关键技术及推广应用”“燕麦种质资源收集评价及生产应用研究与示范”“甘肃省红豆草等主要优良牧草营养评价与产品研发”“甘肃省草品种种质资源保护与开发利用”“豆科牧草根瘤菌研发与示范推广”“牧草根瘤菌及复合菌肥研发及推广”以及“甘肃省草品种区域试验站技术体系创建及成果集成”等科技项目。负责并主持完成“草燕 1 号”“草红 1 号”“祁连老芒麦”品种培育，在甘肃农业大学草业学院硕士生导师名下培养研究生 2 名，培育形成全省草种质资源创新利用技术团队 30 余人。参与编制《全国草原生态保护建设规划》《国家退牧还草工程规划》及相关政策建议，《甘肃省草产业发展规划》《甘肃省退牧还草工程建设规划》《甘肃省草原生态保护建设规划》《甘肃省草品种良种繁育体系建设规划》《关于加快甘肃省饲草产业发展的意见》等。主笔完成了中国生产力学会下达的《甘肃河西走廊北部风沙源区草业生态工程研究报告》，获第七届全国先进生产力理论与实践成果杰出贡献一等奖。

主持或参与编制甘肃省地方标准《甘肃省草品种区域试验站建设规范》《草类植物种子收集技术规范》《燕麦干草困质量》《苜蓿根瘤菌田间接种技术》等 4 项。

论文著作：主编出版了《甘肃省牧草种植加工技术》。在省级以上刊物发表《高寒牧区混播草地建植技术研究》《高寒地区红豆草苜蓿不同栽培模式生产性能比较研究》等论文 50 余篇。负责编著《甘肃省草原技术推广总站史》。《甘肃畜牧技术推广转向畜牧业推广的对策思考》参加原农业部组织的“全国农技推广理论研讨会”，获优秀论文二等奖；撰写的《西部需要改革，西部更需努力》获省直机关万名职工学习党的十五大文件笔谈、演讲活动一等奖。

荣誉称号：2003 年被甘肃省委、省政府授予甘肃省优秀专家称号。2004 年获中国农学会青年科技奖。2005 年入选甘肃省“555 创新人才工程”第二层次人选。2008 年获甘肃省农业推广标兵称号。2013 年获甘肃省“三八红旗手”称号。2016 年获中国畜牧业协会全国十佳“草业巾帼”称号，多次获全省畜牧业技术推广、草地饲料工作先进工作者。2018 年当选中国妇女第十二次全国代表大会的代表。2019 年、2022 年获甘肃省正高级人才津贴。2022 年获中国畜牧业协会杰出百名优秀人物——杰出贡献者。

二十五、杨浩

杨浩，男，汉族，甘肃武威人，生于 1980 年 2 月，中国共产党党员，正高级畜牧师。

简历：2004 年 7 月本科毕业于甘肃农业大学草业学院草业科学专业，2012 年 12 月取得甘肃农业大学农业推广硕士学位。2004 年 7 月—8 月在苏州中兴高尔夫球俱乐部任草坪主管。2007 年 8 月起在本单位工作。2010 年 4 月任草原建设科副科长。2013 年 3 月任办公室副主任。2014 年 8 月主持草业科工作，12 月任草业科科长。2015 年 1 月任草业科党支部书记。2019 年 5 月起，受甘肃省林草局委派，任甘肃省秦安县刘坪镇黄湾村第一书记兼驻村帮扶工作队队长。2024 年 1 月任正高级畜牧师。2021 年 12 月 20 日任中国甘肃省草原技术推广总站委员会委员、副站长。

兼职：2016 年起任甘肃省草产业技术创新战略联盟副秘书长。2024 年任第二届秘书长，同年任第二届甘肃省林草标准化技术委员会秘书长；中国系统工程学会第七届草业工程专业委员会委员。

主要业绩：先后在政工科、植保科、草原建设科、办公室、草业科从事行政管理、植物保护、草原生态建设、草产业及扶贫工作。参与编制《甘肃省草产业发展规划》《甘肃省草品种培育及繁育体系建设规划》等“十三五”规划，组织完成全省人工草地固定监测站建设和高产优质苜蓿项目技术指导，参与筹建了甘肃省草产业协会、甘肃省草产业技术创新战略联盟、甘肃省草品种审定委员会，参与甘肃省临泽国家牧草种质资源圃建设。参与开展河西地区 GEF 蝗虫动态监测、草原虫害发生规律和红豆草营养价值研究，参与开展甘肃省草品种种质资源保护与开发利用，组织开展了根瘤菌产品研发和技术推广、培训，组织完成了华池等 3 个县的飞播种草项目。2016 年起担任草业科党支部书记，支部被评为省直机关工委标准化建设示范党支部。先后在天祝县、礼县开展脱贫攻坚帮扶、在武都区开展产业扶贫省级督导工作，2019 年起在秦安县刘坪镇黄湾村驻村帮扶，组织完成贫困户脱贫、脱贫质量巩固、基础设施提升、产业发展、人居环境建设、技术培训、政策宣传和疫情防控等工作。2021 年任副站长后分管计划财务科、科研管理科、草业科和有害生物防治科。

成果：参加的“甘肃黄土高原灌草优化耦合技术模式研究与示范”项目于 2020 年获甘肃省科技进步奖一等奖；“抗寒高产优质饲用黑麦新品种的选育及推广应用”2016 年获全国农牧渔业丰收奖二等奖；“甘肃红豆草等主要优良牧草营养评价与产品研发”项目于 2019 年获全国农牧渔业丰收奖三等奖；“典型区域草畜一体化生产模式与技术配套研究示范”项目于 2018 年获省级验收；“西北主要栽培作物促生菌资源库构建及功能菌剂关键技术研发与应用”项目于 2023 年获甘肃省科技进步二等奖；主持的“豆科牧草复合菌肥研发与应用推广”项目于 2018 年省级验收、成果登记；“甘肃省草业根瘤菌技术研发与成果转化”被 2020 年第三方评价省级成果登记。

论文著作：在省级以上刊物发表《高寒地区多年生人工草地土壤有机质含量的研究》等论文 15 篇。参编《甘肃主要优良牧草种植与加工技术》等著作 4 部。

荣誉称号：2014 年、2016 年分别获“全省畜牧科技推广工作先进个人”。2020 年被中共甘肃省委员会、甘肃省人民政府评为“甘肃省先进工作者”，同年被中共秦安县刘坪镇委员会评为“全镇脱贫攻坚优秀共产党员”。2021 年 12 月，获秦安县刘坪镇委镇政府颁发的“优秀驻村第一书记”。2022 年 6 月，获甘肃省委人才领导小组办公室批准的“陇原青年英才”称号。2024 年入选甘肃省领军人才第二层次。

第三节　历届科级干部

一、石隐孝

石隐孝（1935 年 12 月—2003 年 12 月），男，汉族，甘肃宁县人，中国共产党党员，高级畜牧师。

简历：1964 年 8 月毕业于兰州大学生物系，同年分配到甘肃省草原工作队工作。

1970年7月—1971年10月，调入其他单位工作。1971年11月—1974年6月，在榆中县新营公社工作。1974年7月—1978年7月，在兰州市农业科学研究所工作。1978年8月，调入甘肃省草原工作队工作。1986—1991年任牧草科副科长。1997年1月退休，2003年12月因病在兰州去世，享年69岁。

主要工作：在甘肃省草原工作队主要从事牧草栽培和草场资源调查工作。负责编绘甘肃省草地资源类型、草地资源等级、草地资源利用现状图，分别完成了1/5万、1/10万、1/20万、1/50万、1/100万图件的编绘工作及其他有关技术处理工作。参加了甘南片重点牧区草地资源调查报告的整理、修改工作。承担了《甘肃植被》第四、五、六章约10万字的编写。参加了20世纪80年代草地资源调查项目，完成了植物名录的整理编写，参与了外业调查。作为主要完成人，参编了《甘肃草地资源》。1990年12月获农业部授予的“全国草地资源调查先进工作者”荣誉称号。

二、马范

马范（1934年10月—2022年1月），男，汉族，甘肃省静宁县人，九三学社社员，高级畜牧师。

简历：1959年毕业于西安交通大学水利专业，同年分配到甘肃省草原工作队工作。1970年甘肃省草原队撤销后在兰州维尼纶厂工作。1980年回到甘肃省草原工作队工作。1986年2月—1991年3月任办公室副主任。1995年4月退休。

主要工作：1960—1969年，先后在天祝县抓喜秀龙滩红疙瘩牧业队和碌曲县尕海滩蹲点9年，主要从事草场水利、草场改良保护、合理利用、畜群周转等科学技术推广、规划工作，完成了《干旱草原灌溉施肥改良效果试验》和《羊群野营座圈在草场改良中的作用》等报告。在天祝县松山滩蹲点时完成了松山滩百万亩干旱草原草测图，提出了采取管道引泉水在松山滩建立人畜饮水点的规划，被水利厅采纳，于1963年、1964年由国家投资建设，是甘肃省草原上的第一个水利建设项目。1964年在河西草场资源调查中，完成了《甘肃河西地区的草场水利》报告。1980年归队后，参加了全省草场资源调查、草场资源制图、资料整理、调查报告的编写工作。完成《甘肃草地资源》（1999年10月，甘肃科学技术出版社出版）中绪论、草地资源评价、草地经营管理与建设、草地区划、草地资源开发战略等章节的编写工作，并参与了全书统稿。

科研成果：“五县七乡畜牧业扶贫科技承包”项目于1996年获甘肃省农业技术推广三等奖；《甘南藏族自治州草场资源调查》获甘肃省科技进步三等奖；《甘肃省农业资源调查汇编》获甘肃省农业区划办一等奖、原农业部科技成果二等奖；《甘肃省畜牧业综合区划》获全国农业区划科技进步二等奖；参加的“武威地区草场资源调查”项目获武威地区科技进步一等奖；参与撰写的《国土资源》获甘肃省国土经济学研究会优秀科技成果一等奖；《农业资源区划图集》获甘肃省农业区划办一等奖。

论文著作：在相关杂志发表《浅谈甘肃省牧区草原畜牧业的现状及前景》《甘肃省天然草原的退化及对策》等论文数篇。

荣誉：1990 年 2 月获农业部授予的“全国草地资源调查先进工作者”称号。

社会兼职：1984 年 10 月被中共定西地区委员会、行署聘为定西地区经济建设顾问；甘肃省畜牧厅科学技术委员会委员；《甘南经济》杂志顾问；甘肃畜牧兽医编辑委员会委员。

三、邹继范

邹继范，男，汉族，生于 1940 年 7 月，甘肃临洮县人，高级畜牧师。

简历：1962 年 5 月毕业于定西农业专科学校。1964 年 5 月参加工作，先后在甘肃省家畜改良队，甘肃省畜牧兽医工作队工作。1975 年 8 月由甘肃省畜牧兽医工作队推荐，到甘肃农业大学草原系学习。1977 年 12 月毕业后分配到甘肃省草原工作队工作。1986 年任植保科副科长。1996 年 1 月任植保科科长。2000 年 7 月退休。

主要工作：长期在一线从事草原保护建设，牧区种草养畜，优良牧草推广等工作。主持植保科工作期间，常年深入牧区，在招鹰灭鼠、无鼠害示范区建设、C 型肉毒素应用、草原蝗虫调查分类等生物防治技术和基础研究方面做了大量前沿性技术推广和探索工作，为草原保护技术研究和推广奠定了良好的基础。

成果：主持完成的“甘肃省草原主要害鼠和蝗虫预测预报研究”项目于 2000 年获甘肃省畜牧局科技进步一等奖；“甘肃草原主要鼠虫预测预报研究”项目于 2001 年获甘肃省科技进步三等奖；参加的“蒙、陕、甘、皖、滇农牧区，乡镇鼠害及其防治技术”项目获中国农业科学院 1993 年科学技术进步一等奖。

论文著作：主持编写的《甘肃草地蝗虫》，荣获 1996—1997 年西南西北地区优秀科技图书二等奖。在省级专业期刊发表了《牧草产量建标法》和《甘肃省鼠虫害预测预报研究》。在甘肃省畜牧厅论文集刊登了《扬长避短，发展季节畜牧业》等论文。

四、申有忠

申有忠（1941 年 2 月—2002 年 3 月），男，汉族，甘肃临洮县人，中国共产党党员，高级畜牧师。

简历：1962 年 6 月毕业于定西市农业专科学校畜牧兽医五年制专业。1964 年 5 月—1970 年 4 月，在甘肃省草原队工作。1970 年 5 月—1974 年 8 月，在甘肃省畜牧兽医工作队工作。1974 年 9 月—1977 年 1 月，在甘肃农业大学草原系学习。1977 年 2 月，再次分配到甘肃省草原工作队。1984 年 4 月—1986 年 2 月任种草科副科长，1986 年 2 月—1991 年 12 月，任牧草科科长。1992 年调离本单位在甘肃省种鸡场工作，先后任蛋鸡商品厂场长，机关人事劳资科科长，种鸡场农副公司经理。1996 年

4月调入本单位，在馒头山牧草栽培试验站负责引种及草种质资源评价选育工作。2001年9月退休，2002年3月因病在兰州去世。享年62岁。

成果：作为主要执笔人完成的《甘肃省主要栽培牧草区划》项目于1989年获甘肃省科技进步三等奖;“岷山红三叶品种选育”项目于1989年获甘肃省畜牧厅科技进步二等奖;“全国主要多年生栽培草种区划”项目于1989年获农业部科技进步二等奖;“甘农一号杂花苜蓿新品种选育”项目于1992年获甘肃省畜牧厅科技进步一等奖。

参与培育申报且经全国牧草品种审定委员会评审登记的牧草品种有：陇中苜蓿，岷山红三叶，岷山猫尾草，陇东苜蓿，河西苜蓿，天水苜蓿。

论文著作：作为主要执笔人完成了《甘肃省草种区划》《甘肃省苜蓿地方品种整理》。

五、徐英杰

徐英杰（1942年8月—2023年1月），男，汉族，陕西咸阳人，中国共产党党员，高级畜牧师。

简历：1957年，在西北畜牧兽医研究所（现中国农科院兰州兽医研究所）参加工作。1959—1961年在西北畜牧兽医专科学校研修，之后参军到部队。1968年退伍到兰州兽研所工作。1971年到皇城羊场工作。1981年调到甘肃省草原工作队工作。1984年到新组建的甘肃省牧草种子公司工作，先后任经营科副科长、办公室主任。1987年7月随机构合并到本站工作。1993年任草原监理科科长。2002年退休。

主要工作：在本站工作期间，主要负责草原监理工作，在贯彻落实《草原法》《甘肃省草原条例》以及草原执法管理、禁止草原滥垦乱挖、推动完善草原监理体系队伍建设、草原防火等方面作了大量工作。

成果：参与实施的《甘肃草原火防控研究》获甘肃省科技进步三等奖。

六、王凤翔

王凤翔（1953年5月—2015年10月），男，河北石家庄人，高级畜牧师。

1974年参加工作。1976年2月毕业于甘肃省农业大学草原专业，本科学历，同年，在甘肃省畜牧兽医工作队参加工作。1977年4月，机构调整后分在甘肃省草原工作队。1985年3月调往甘肃省牧草种子公司，1987年8月，机构改革并入甘肃省饲草饲料技术推广总站，任牧草种子经营科副科长。2013年5月退休。

七、喻文虎

喻文虎（1966年10月—2018年1月），男，汉族，甘肃永登人，中国共产党党员，高级畜牧师。

简历：1986年12月大专毕业于甘肃农业大学动物营养专业，同年分配到单位工作。1986年12月—1996年1月，在牧草科工作。1996年1月—2004年7月，任馒头山试验站副站长。2004 年 7 月—2005 年 7 月任牧草科科长，2005 年 7 月任动态监测科科长。2007 年 10 月—2010 年 4 月主持办公室工作。2010 年 4 月—2017 年 4 月任办公室主任，期间，2015 年 2 月—2017 年 1 月在安定区挂职科技副区长。2018 年 1 月因病早逝，享年 53 岁。

主要工作：参与实施了“全省种养加科技承包”项目，获甘肃省畜牧局科技进步三等奖。主持完成了“五县七乡科技扶贫承包项目”中临潭县总寨乡的扶贫任务，获甘肃省农业推广三等奖。作为主要完成人，承担实施了国家级牧草种子基地建设项目——“细枝岩黄芪原种繁育基地建设”。挂职期间，积极推动安定区草产业建设取得了长足发展。

荣誉：获 2003 年度、2007 年度、2009 年度、2011 年度全省畜牧科技推广工作先进个人 。2010 年站优秀共产党员 。2011 年甘肃省农牧厅系统优秀共产党员。

论文著作：在省级以上刊物发表论文 10 余篇，主编出版《甘肃省草原植物图谱》。

八、徐正辉

徐正辉（1972 年 11 月—2024 年 6 月），男，汉族，甘肃临洮人，中国共产党党员，高级畜牧师。

简历：1995 年 6 月大专毕业于兰州商学院工业会计专业。1996 年 4 月入职本单位工作。2006 年 12 月获得甘肃农业大学草业科学专业本科文凭。2017 年 1 月任高级畜牧师。

主要工作：先后在办公室、财务资产科、计财科从事档案文秘、财务会计及资产计划管理工作。2010 年 4 月任财务资产管理科副科长。2017 年 5 月—2024 年 5 月 24 日任资产管理科科长。

成果：2012 年获甘肃省农牧渔业丰收奖一等奖；2012 年获甘肃省农牧渔业丰收奖三等奖；2014 年获甘肃省科学技术进步二等奖；参与编制甘肃省地方标准 7 项；参与育成省级审定的草品种 1 个。

荣誉： 2004 年、2016 年分别获全省畜牧科技推广工作先进个人。

九、张剑杰

张剑杰，男，汉族，生于 1937 年 3 月，甘肃兰州人，中国共产党党员，畜牧师。

简历：1957 年 9 月毕业于兰州农校，同年被分配到甘肃省畜牧厅草原工作队工作。1961 年甘肃省草原工作队撤销，到兰州军区后勤部军需部工作。1964 年 12 月到兰州军区岷县军马场工作。1971 年 4 月到兰州军区兰州药材库工作。1985 年 2 月到甘肃省种草养畜服务公司工作。1986 年到甘肃省牧草种籽公司工作，同年 11 月任公司业务科科长。1987 年随机构合并到本站工作。1989 年任牧草科科长。1991 年 3 月—1996 年 1 月任馒头山试验站站长。1997 年 4 月退休。

主要工作：先后负责完成牧草飞播项目、人工种草技术服务、馒头山试验站造林绿化、蔬菜种植、果园管理、草品种引种试验等工作，参与了五县七乡科技扶贫承包项目中张家川县平安乡的蹲点和扶贫工作，项目获1996年度甘肃省农业技术推广三等奖。

十、王履继

王履继，男，汉族，生于1938年11月，甘肃兰州人，中国共产党党员，高级畜牧师。

简历：1962年9月毕业于甘肃农业大学畜牧系，同月分配到河曲马场工作。1981年3月调入本站工作。1984年4月任饲料科副科长。1986年2月任饲料科科长。1996年1月辞去科长职务。1998年12月退休。

主要工作：负责组织实施全省青贮氨化饲料技术推广，制定工作计划，培育示范点，开展技术培训以及成果宣传巩固等，组织实施了“甘肃省饲料资源调查”项目，获甘肃省科技进步三等奖。在省级以上专业杂志发表论文数篇。

十一、杨青

杨青，男，汉族，江苏涟水人，生于1938年12月，中国共产党党员，畜牧师。

简历：1962年8月毕业于江苏省淮阴农业学校畜牧兽医专业，同月分配到涟水县高沟兽医站工作。1964年录用到第一次恢复建制的甘肃省草原工作队工作。1969年单位第二次撤销，随机构分流到省畜牧兽医工作队工作。1977年归队到第二次恢复建制的甘肃省草原工作队工作。1977年3月—1980年7月，在办公室主持工作。1980年7月—1986年2月，任办公室副主任。1986年2月—1996年1月，任政工科科长。1999年1月退休。

主要工作：在办公室和政工科一直从事行政管理、党建和人事劳资工作。主要负责本单位老干部的政策落实，组织完成了历次党的思想政治教育活动、党的建设日常工作，干部职工档案建立和管理工作，负责人事劳资、工资调整改革管理、职称评聘和专业技术人员管理考核等工作，为单位人事档案建立、党建和思想政治工作、干部队伍建设奠定了较好基础，为《站史》编辑提供了大量的第一手人事资料。

十二、徐生林

徐生林，男，汉族，1940年12月出生，甘肃省临洮县人，畜牧师。

简历：1962年5月毕业于甘肃定西农业专科学校。1964年5月参加工作，先后在甘肃省家畜改良队、甘肃省畜牧兽医工作队工作。1977年调入甘肃省草原工作队，从事草原普查、牧草栽培、馒头山基础设施建设、绿化、牧草试验等工作。1990年任馒头山试验站副站长。1996年任站长。2001年退休。

主要工作：1982年，甘肃省草原工作队在兰州市七里河区西果园晏家坪村境内馒头山征地建立牧草试验站和兰州市南北两山绿化示范点。徐生林参加筹建工作，扛起铺盖卷就上了山。此后，试验站的领导换了一届又一届，职工换了一批又一批，徐生林始终没有离开馒头山，直到2001年退休。建站初期的馒头山上只有几间破旧土房，一个废水池和120多棵小白杨树，再有的就是稀疏的荒草和坟墓。交通不便，饮用水靠一台手扶拖拉机拉运，工作条件和生活条件都很艰苦。试验站在一无所有的情况下开始建设。徐生林吃住在山上，积极配合单位领导勘测、规划、平田造地、打井引水上山、种草植树。在他和试验站职工们的努力下，仅用一年的时间，馒头山种植侧柏、塔松、白杨、臭椿、榆树、国槐等树木160亩，33 600多株，存活率达80%，种植优良牧草10多亩，建立牧草引种栽培试验地3亩，试验小区100多个，开辟菜地10亩，试验站建设初具规模。在馒头山建设中，他不仅承担种草种树任务，还承担修建办公室、打机井、埋设上水管道、修筑田间渠网、修剪嫁接树木、育苗栽植蔬菜等工作，大家称他为馒头山的活地图。在他的带领下，到1990年，馒头山试验站共植树造林400亩，存活各类树木12万株。建立经济林50亩，种植梨、桃、杏、山楂、花椒、苹果等2000多株。建苗圃8亩，种植无芒雀麦、红豆草、紫花苜蓿、黑麦草等优良牧草49亩。庭院绿化17亩，栽植了雪松、塔松、丁香、玫瑰等观赏树木和花草，馒头山试验站由荒山秃岭变成了林草复合生态体。

荣誉：1991年12月中共甘肃省委、省政府，中共兰州市委、市政府授予“兰州市南北两山绿化先进个人”称号。1993年12月全国绿化委员会授予“全国绿化奖章”。1994年中共甘肃省委、省政府，中共兰州市委、市政府授予“兰州市南北两山绿化十年有突出贡献的个人”。1996年中共兰州市委、市政府授予“全市绿化先进个人”。1997年中共甘肃省畜牧局授予“廉政勤政先进个人”。

十三、陆伊奇

陆伊奇，男，汉族，生于1942年4月，甘肃榆中人，中国共产党党员，高级畜牧师。

简历：1966年9月毕业于甘肃农业大学畜牧系，同月分配到镇原县畜牧兽医站工作。1983年3月调入本单位工作。1986年2月任饲料科副科长，同年5月参加了《甘肃省畜牧志》编纂工作。1996年1月任饲料科科长。任科长以来负责全省青贮氨化技术推广，参与实施了“全省饲料资源调查”项目，主持实施了“甘肃省秸秆饲料与养畜结合”等项目。2002年退休。

主要工作：在20世纪90年代推进全省青贮氨化技术普及、示范区建设以及籽粒苋饲料作物引进推广等方面做了相应的试验研究、培训、计划安排、方案制定等工作。

成果：参与的《甘肃省畜牧志》成果获甘肃省科技进步一等奖；《全省饲料资源调查》获甘肃省科技进步三等奖；主持的“甘肃省秸秆饲料与养畜结合”项目获甘肃省科技进步三等奖。

论文：在相关杂志上发表论文6篇。

十四、成若琳

成若琳，男，汉族，生于1944年8月，河北大名人，中国共产党党员，农业技术推广研究员。

简历：1966年7月毕业于甘肃农业大学土壤农业化学专业，同年9月在甘肃省安西县（今甘肃省瓜州县）农业局参加工作。1980年10月调入甘肃省草原工作队。1990年获得“全国草地资源调查先进工作者”。2001年5月获农业技术推广研究员任职资格。主要从事牧草饲料资源调查、牧草饲料分析、化验室建设管理及与此相关的科技推广工作。2004年9月退休。

主要工作：负责筹建了单位化验室，并主持化验室工作，组织完成各类草地植物、土壤等数万份样品的化验分析。对甘肃省20世纪80年代草原资源调查中涉及的饲用植物进行了系统分析和营养评价，参加了“甘肃中部种草养畜农牧结合研究”“氮肥在土壤中损耗的研究”等项目的实施。

成果：“天然草地饲用植物营养价值评定”项目获1996年甘肃省畜牧厅科技进步二等奖；“洋麻的种植及应用研究”获2004年甘肃省农牧厅科技进步二等奖。

论文著作：主编《甘肃天然草地饲用植物营养价值评定》，参编《甘肃草地资源》。在省级以上期刊发表《推广种植洋麻具有一定的发展前景》《利用沸石载体减少氮肥在土壤中损耗的研究》等论文数篇。

十五、杨六虎

杨六虎，男，汉族，生于1949年11月，陕西合阳人，中国共产党党员。

简历： 1969年3月参军。1973年3月从甘肃省地方病防治医疗队退伍到两当县太阳卫生院工作。1973年9月—1975年8月在清水农校农作物专业学习，同年9月分配到甘肃省农林局医务室工作。1978年3月到甘肃省农林局办公室工作。1986年2月调入甘肃省牧草种子公司工作。1987年7月随机构改革到站工作。1992年4月任办公室副主任。1996年1月—2002年12月任打柴沟牧草试验站站长。1999年9月—2004年7月主持办公室工作。2009年退休。2010年—2021年4月，任站第四（退休）党支部书记。

1983年获甘肃省畜牧厅精神文明先进个人。

十六、吴玉珍

吴玉珍，女，汉族，生于1949年11月，四川银山人，中国共产党党员。

简历：1968年11月上山下乡在甘肃安西县（今瓜州县）插队，1971年在安西县（今瓜州县）农技推广站工作。1986年6月调入本站，先后从事财务管理、政治思想及党建工作。1989年12月取得中国社会学函授学院大专文凭。1992年4月任办公室副主任。1996年1月任政工科科长。2004年12月退休。

在办公室期间从事财务管理及会计业务，在政工科从事党建、思想政治教育及干部档案管理等业务，为单位财务管理和干部人事档案管理作了一定的努力。

获甘肃省农牧厅系统优秀共产党员称号。

十七、谭成虎

谭成虎，男，汉族，生于1953年6月，甘肃省天祝县人，中国共产党党员，高级畜牧师。

简历：1976年8月毕业于甘肃省畜牧学校，9月分配到甘肃省畜牧兽医工作队工作。1977年分流到甘肃省草原工作队工作。1986年1月—1989年9月任牧草科副科长。1996年1月—1999年7月任馒头山牧草试验站副站长。1999年8月—2004年7月任馒头山牧草试验站站长。2001年4月—2005年6月主持植保科工作。2013年6月退休。

主要工作：在单位一直从事牧草栽培、草原保护与建设、馒头山试验站建设管理等技术推广和科研工作。20世纪80年代初蹲点永昌尖山，开展半荒漠草场示范点建设数年，实施了甘肃省政府下达的“半荒漠草原改良培育与合理利用”项目。1998—2001年参与完成了农业部下达的“牧草保种繁殖”黄土高原协作组甘肃片的实施工作，为国家种质基因库筛选提供符合标准的牧草种子54份。退休后返聘，于2013—2014年完成了《甘肃省草原技术推广总站史》的基础资料收集整理和部分编撰工作。

成果：负责完成的“半荒漠草原改良培育与合理利用”项目于1989年获甘肃省科技进步三等奖；组织实施了“甘肃草原鼠害防控技术集成研究与示范推广”于2009年获甘肃省科技进步三等奖；“冬牧70黑麦引种栽培试验研究”于2000年获甘肃省畜牧局科技进步三等奖。参与完成的“建设草原无鼠害示范区综合配套技术推广应用”于2007年3月获全国农牧渔业丰收二等奖。

荣誉：1989年获甘肃省畜牧厅系统优秀共产党员称号。1990年中共甘肃省人民政府授予“全省农业科技先进工作者”称号。2003年、2007年获全省畜牧科技工作先进个人称号。

论文著作：在省级以上期刊发表了《提高绵羊畜产品能力的探讨》《甘肃天然草原主要毒草分布、危害及其防治对策》等论文16篇。

十八、鲁征

鲁征，男，1956年生，陕西合阳县人，中国共产党党员，高级畜牧师。

简历：1980年12月毕业于甘肃省畜牧学校畜牧专业，同月分配到甘肃省草原队工作。2006年取得甘肃农业大学草业学院草业科学专业本科文凭。1990年10月加入中国共产党。1991年任牧草科副科长。1996年—2004年任牧草科科长。1992年2月任畜牧师。2002年任高级畜牧师。2004年作为中国农业专家团成员赴俄罗斯参加牧草种植（山羊豆）培训，获圣彼得堡农业大学研修生结业证书。2016年退休。

主要工作：1980年12月—1988年10月参加了甘肃省草地资源调查，主编了甘肃省首份《甘肃省草地资源图》。1989年参加了《甘肃省国土资源图集》编撰。1987—1992年参加了国家"七五"重点科技攻关项目"黄土高原地区资源与环境遥感系列图"的编制工作，该项目获1997年中国科学院科技进步二等奖。1994年参加编制了《中国甘肃省河西走廊（疏勒河）农业灌溉暨移民安置综合开发项目畜牧业可行性研究报告》。1996—1998年参加了全国畜牧兽医总站主持的"种草养畜综合技术配套"项目。1996—2004年，组织实施了甘肃省飞播牧草示范场建设的技术指导及服务工作，依托飞播项目开展了牧草根瘤菌、增产菌等牧草新技术推广；主持完成了"甘肃陇东紫花苜蓿种子繁育基地建设项目"和甘肃省草原资源与生态监测建设项目。2011—2015年，参与了退牧还草项目技术培训和服务。

成果：《中国草地资源图》获1999年中国科学院科技进步二等奖；"甘南高寒草地改良综合技术研究与推广项目"于2002年获甘肃省科技进步二等奖；"甘肃河西退化草原综合治理及其养殖关键技术研究"于获甘肃省2011年度科技进步三等奖。

荣誉：1990年2月，获农业部"全国草地资源调查先进工作者"称号。多次被评为全省草地饲料先进工作者、全省畜牧兽医科技推广工作先进个人。

论文著作：在省级以上期刊发表了《甘南州草地退化原因及调控治理对策》《增产菌不同施用量对高寒草地增产效果初试报告》等4篇论文。参编了《1∶1000万中国草地类型图》，收编在《中华人民共和国国家自然地图集》，参编《1∶400万中国草地资源图》。

十九、晁德林

晁德林，男，汉族，生于1962年2月，兰州市永登县人，中国共产党党员，农业技术推广研究员。

简历：1982年8月毕业于甘肃省畜牧学校畜牧专业，同年分配到甘肃省草原工作队工作。1991年5月—1992年5月在日本国千叶县佐久间牧场研修，获日中农林水产交流协会修业证书。1998年取得兰州大学汉语言文学大专学历。1996年2月—1998年7月任甘肃省草原总站办公室副主任（主持工作）。1996年5月—1999年7月任甘肃省草原总站第一党支部书记。1998年8月—2003年6月任甘肃省草原总站草原监理科副科长。2000年—2005年6月任"红三叶项目办"主任，主持草业科工作。2003年6月—2008年8月任甘肃省草原总站草业科科长。2006年取得甘肃农业大学草业科学本科学历。2008年8月—2009年6月任甘肃省皇城绵羊育种试验场副场长。2009年6月任甘肃省绵羊繁育技术推广站副站长。2010年任甘肃省绵羊繁育技术推广站纪律检查委员会书记。2011年3月—2014年12月任甘肃省绵羊繁育技术推广站党委书记兼副站长。分别于1992年、2000年、2010年任畜牧师、高级畜牧师、农业技术推广研究员。2014 年 12 月调入本站，任农业技术推广研究员。

主要工作：参加了中部百万亩种草技术承包、甘肃省饲料资源调查及营养价值评定等多个科技项目，主持完成了甘肃红三叶等牧草种子基地建设项目子项目——红古宝山台牧草种子基地建设任务。1988 年 10 月—1990 年 3 月借调在省养鸡企业集团，工作期间推广伊莎褐蛋鸡 2800 万只。1996 年—1998 年主持办公室工作期间，完成了刘家坪大院住宅楼的划界丈量及立项、规划、审批工作，完成了单位至盐场路的下水管线审批建设、馒头山围栏建设、组织实施了两座三层楼及馒头山水泵房的屋面漏水处理。参与编制了《甘肃省天然草原植被保护和恢复》《甘肃省草原监理体系建设》《甘肃岷山红三叶等牧草种子基地建设可行性研究报告》《甘肃省红三叶等牧草种子基地建设方案》等多个重大项目建议书和可行性研究报告。参加了肃北县党城湾镇东山村新农村建设工作。

成果：参加完成的“甘肃中部地区百万亩种草技术承包”项目于 1987 年获农业部科技进步三等奖；“甘肃省饲料资源调查饲料成分与营养价值评定”项目于 1988 年获甘肃省科学技术进步三等奖；“五县七乡牧业科技扶贫科技承包”项目于 1996 年获甘肃省农业技术推广三等奖；“豆科牧草根瘤菌接种技术推广”项目于 2000 年获甘肃省畜牧局科学技术进步二等奖；“草畜规模开发综合配套技术推广”项目于 2001 年获全国农牧渔业丰收奖一等奖；“甘肃当地主要牧草生产技术研究及示范推广”项目于 2008 年获兰州市科学技术进步二等奖，2010 年获甘肃省科学技术进步二等奖；2008 年参加的“祁连山高寒牧区气候与营养因子对细毛羊生产性能影响的研究”获甘肃省农牧厅农牧渔业丰收三等奖；“荒漠草原白刺夜蛾防治研究”获甘肃省科学技术进步二等奖；“甘肃河西退化草原综合治理及其养殖关键技术研究”项目于 2012 年获甘肃省科技进步三等奖；参与了有关标准的制定。

荣誉：2006 年 1 月入选甘肃省“555 创新人才工程”第二层次人选。获甘肃省畜牧局草地饲料工作先进个人 3 次、甘肃省农牧厅畜牧科技推广工作先进个人 2 次、甘肃省农牧厅系统优秀共产党员 1 次。

论文著作：在省级以上专业期刊发表《牧草种子基地建设的基本经验和措施初探》《甘肃省草产品加工业现状及发展对策》等论文 30 余篇。其中：《草产业为目标加快我省商品草的开发》获盛彤笙畜牧兽医科学基金会第一届优秀论文奖；《甘肃河西走廊草业经济发展战略》获 2006 年中国草业论坛“克劳沃杯”二等奖。

社会兼职：甘肃省奶业协会理事、会员；甘肃省草业协会会员；兰州市红古区奶牛养殖业协会秘书长、会员；甘肃省农业经济咨询团成员。

二十、曹明崇

曹明崇，男，生于 1962 年 9 月，甘肃民乐人，中国共产党党员，高级畜牧师。

简历：1983 年 7 月毕业于甘肃省畜牧学校畜牧专业，同月分配到本单位。先后获中央党校函授学院经济管理大专、行政管理本科和甘肃农业大学草业科学专业本科文凭。1983 年 7 月—1984 年 8 月在天祝县河东牧场锻炼。1984 年 9 月—1990 年 10 月在化验室从事土壤饲料分析化验。1990 年 11 月—1993 年 11 月，主持实施“康乐县畜牧业科技整乡承包”项目。1993 年 12 月—1995 年 10 月在监理科工作。1996 年 1 月—1999 年 4 月，任化验室副主任，期间 1996 年 1 月—1998 年 5 月主持政工科工作。1999 年 4 月—2004 年 7 月任馒头山副站长。2004 年 7 月—2005 年 12 月任馒头山试验站站长。2006 年 4 月—2014 年 7 月任饲料科科长。1984 年始参与团的工作，其中，1990—1993 年任总站团总支书记。

主要工作：主持开展了康乐县鸣鹿乡畜牧科技整乡承包项目，参与了化验室草原资源调查样品的分析化验，主持编制了《甘肃省秸秆饲料化利用规划（2011—2015 年)》，参加了《西北地区羊茅属牧草和草坪草的综合研究》《草原火控制与防火管理系统研究》《甘肃天然草地植物营养与饲用价值研究》等项目。

成果：参加的“西北地区羊茅属牧草和草坪草的综合研究”获甘肃省畜牧局科技进步二等奖;“草原火控制与防火管理系统研究”获甘肃省科技进步三等奖；主持的“康乐县畜牧业科技整乡承包”项目获甘肃省畜牧局科技进步三等奖，2010 年获年度（全国）经济建设与和谐小康理论实践成果中国区域经济发展研究院金奖，2013 年获全省农牧系统农业政策调研成果优秀奖。

论文著作：在省级以上刊物发表论文 20 余篇，其中《发展两高一优草地畜牧业法治化管理初探》《试论甘肃农业可持续发展战略》获优秀论文奖。参编了《甘肃天然草地饲用植物营养价值评定》。

荣誉：获全省畜牧科技推广工作先进个人、兰州市先进个人、甘肃省畜牧局人事统计一、三等奖，康乐县委、县政府授予先进个人称号两次。

二十一、常明

常明，男，汉族，生于 1963 年 6 月，甘肃岷县人。中国民革党员，正高级畜牧师。

简历：1983 年 7 月毕业于甘肃农业大学草原系，同年 8 月分配到甘南畜牧学校任教，主要从事草原科学教学工作。1988 年 7 月调入，先后在馒头山试验站、监理科、植保科工作。1999 年 9 月—2005 年 6 月任植保科副科长。2005 年 6 月—2013 年 3 月任植保科科长。2023 年 1 月任正高级畜牧师。

主要工作：长期深入牧区草原有害生物防控一线，从事草原鼠虫害预测预报、防治、规划编制以及应急处置等业务，在甘肃草原鼠虫害调查、预测预报及防治体系建设、培训和建立全省统防统治、生物防治技术研究示范和推广方面做出了一定成绩。

成果：“甘肃草原蝗虫预测预报”项目于 1998 年获农业部科技进步三等奖；“荒

漠草原白刺夜蛾防治研究”项目于2000年获甘肃省科技进步二等奖；“草原火控制与防火管理系统研究”项目于2000年获甘肃省科技进步三等奖；“甘肃草原鼠害防控技术集成研究与示范推广”项目于2009年获甘肃省科技进步三等奖；“甘肃草原虫害防控技术集成研究与示范推广”项目于2015年获甘肃省科技进步二等奖。

论文著作：参与编写了《甘肃草原蝗虫》《草原鼠虫病害研究》等著作，主持编写了《草原鼠虫害预测预报及防控技术》。在省级以上期刊合作发表论文4篇。

二十二、席文娣

席文娣，女，生于1964年4月，陕西彬县人，中国共产党党员，高级农业经济师。

简历：1981年10月参加中国人民解放军。1984年1月复员到单位工作。1986年获得兰州大学汉语言文学专业大专文凭。2008年获甘肃省委党校函授经济管理专业本科文凭。1981年10月—1984年1月在中国人民解放军第四陆军医院服兵役，同年1月到单位情报资料室工作，同年4月调往甘肃省农牧厅。1987年11月调到甘肃省动物营养研究所，期间任办公室副主任。2005年4月机构合并到单位工作，2005年6月—2015年5月任政工科科长。2015年5月在草原建设科工作。2019年4月退休。

主要工作：落实组织人事、党建、档案管理、职称以及党委制度建设、思想政治建设等工作。组织完成了“党的群众路线教育实践活动”“深入学习科学发展观”“三严三实”“两学一做”等思想政治建设的组织实施工作，配合完成主管部门组织开展的巡视巡察等工作落实。

成果：《岷山红三叶及其异黄酮生产配套技术研究》于2008年8月获甘肃省农牧渔业丰收一等奖；《牛羊专用中草药保健型饲料添加剂的开发利用》于2010年8月获甘肃省农牧渔业丰收二等奖；《甘肃农牧交错区舍饲羊育肥关键技术研究》于2011年获甘肃省农牧渔业丰收二等奖；参与编制《岷山猫尾草种子生产技术规程》。

论文著作：独立或作为第一作者在省级以上刊物发表《功能食品中功能因子及作用》等论文6篇。

荣誉：2007年8月获甘肃省畜牧科技推广工作先进个人。2012年获甘肃省农牧厅系统优秀共产党员。

二十三、张忠祥

张忠祥，男，汉族，生于1963年9月，甘肃景泰人，中国共产党党员，高级畜牧师。

简历：1984年7月毕业于甘肃省畜牧学校畜牧专业，同年分配到甘肃省牧草种子公司工作。1989年机构改革合并到本单位工作至今，先后分别取得中央党校函授学院经济管理专业、甘肃农业大学草业科学本科文凭。1996年2月—1998年7月任监理科副科长。1996年5月任牧草种子科科长。1997年5月任甘肃省陇原草业科技发展有限公司经理（科级）。2002 年 9 月—2003 年 10 月任植保科科长。2003 年 12 月任化验中心主任，同年 12 月牵头组建甘肃新陇原生态农业有限公司，任经理（科级）。2008 年任高级畜牧师。

主要工作：甘肃省牧草种子基地建设和优质牧草种子引种项目；参与完成了全省退牧还草工程牧草种子及草原围栏生产建设项目；参加完成了甘肃岷山红三叶良种繁育基地建设项目。甘肃新陇原生态农业公司存续期间，积极开展全省退牧还草及相关草原生态建设项目草种、围栏生产经营活动。

成果：参与完成了“红三叶异黄酮研究”项目，获甘肃省科学技术进步二等奖。

荣誉：获甘肃省农牧厅系统畜牧科技推广先进个人。

论文著作：在省级以上期刊发表《东方山羊豆在陇东半干旱雨养农区的引种适应性》《畜禽粪便等有机废弃物饲料资源化开发应用研究》等论文。

二十四、李贵霖

李贵霖，男，生于 1963 年 7 月，甘肃榆中县人，中国共产党党员，农业技术推广研究员。

简历：1984 年 7 月毕业于甘肃省畜牧学校畜牧专业，同月分配到甘肃省牧草种籽公司工作。1987 年机构改革合并到本单位工作。1988—1995 年，先后在站办公室、监理科从事车辆管理、资料管理、财务管理、治虫灭鼠、草原监理和草原防火执法工作。1995—2013 年，先后任牧草科副科长、饲料科科长、动物营养研究室主任、馒头山试验站站长。2003 年 9 月取得甘肃农业大学草业学院草业科学专业本科文凭。1998 年、2002 年、2011 年分别任畜牧师、高级畜牧师和农业技术推广研究员。1995 年以来，一直借调在甘肃省畜牧（农牧）厅、甘肃省林草局从事草原防火、草原生态保护、草原项目管理、牧草种籽管理等工作。

主要工作：组织实施了玛曲、碌曲、天祝、肃南等 21 个县的牧区开发示范工程项目；参加完成了 40 多项草原重点建设项目、草原防火规划和可研报告、相关规范的编制工作；参加完成了原农业部《基本草原保护制度》、国家《草原防火条例》《草原防火级别划分规定》《农业部草原火灾应急预案》《农业部草原雪灾应急预案》等 16 个草原防火制度的制定；参与完成了《甘肃省草原火险管理意见》和《甘肃省草原防火图》；完成了《甘肃省草原防火应急预案》等的编制工作。

成果：主持的“家庭牧场优化模式的研究与应用”项目于 2015 年获中国草业科技三等奖；参加的“草原火控制与草原防火管理系统研究”项目于 2000 年获甘肃省科技进步三等奖；“甘南高寒草地综合改良技术研究与推广”项目于 2003 年 4 月获甘肃省科技进步奖二等奖；“甘肃省退牧还草效益遥感监测研究”项目于 2009 年获甘肃省农牧渔业丰收奖一等奖；“黄粉虫蛋白质饲料应用技术开发研究”获甘肃省农牧渔业丰收二等奖；参加完成的“亚高山草甸垂穗披碱草型草地定向培育及调控技术研

究”成果达国内先进水平。

论文著作：在省级以上期刊发表《甘肃草原火灾实时监测与控制技术》《家庭牧场优化模式在甘南州的推广与实践效果评价》等论文12篇。参编《甘肃草业可持续发展战略研究》等专著5部。

二十五、周多虎

周多虎，男，汉族，出生于1963年1月，甘肃山丹人。中国共产党党员。

简历：1985年7月毕业于甘肃省畜牧学校畜牧专业，同月分配到甘肃省牧草种子公司工作。1987年9月随机构合并到本站。1997年取得中共甘肃省委党校经济管理专业大专文凭。在牧草科任技术员、助理畜牧师。1996年2月—2003年1月，任草种经营科副科长、畜牧师。2003年1月—2004年7月任政工科副科长、高级畜牧师。2004年7月—2005年5月任政工科科长。2005年5月机构改革进入甘肃省草原监督管理站工作，先后任办公室主任、副调研员、副局长兼纪委书记。2019年1月机构改革进入甘肃省林草局工作，任草原管理处二级调研员。

成果：主持的“镇原县三岔村畜牧科技整乡承包”项目于1996年获甘肃省畜牧厅科技进步三等奖；“草畜规模开发综合配套技术推广”项目于2000年获全国农牧渔业丰收一等奖；参与实施了“全省种养加畜牧科技承包”等项目。

论文论著：在省级以上刊物发表论文10余篇。

荣誉：2016年获中共甘肃省委、省政府颁发的“驻村帮扶工作队优秀工作队长”，多次获全省饲草饲料工作、畜牧科技推广先进个人。

二十六、杨俊基

杨俊基，男，汉族，生于1963年8月，甘肃金塔人，高级畜牧师。

简历：1985年7月毕业于甘肃省畜牧学校，同月分配到甘肃省牧草种子公司工作。1988年机构合并到单位工作至今。期间获甘肃农业大学草业科学专业本科文凭。1998年6月任种籽科副科长。2005年5月任草原监理科科长。2005年6月—2010年10月任草原建设科科长。2010年12月任高级畜牧师。

主要工作：先后在牧草种子科、草原监理科、草原建设科从事牧草种籽经营管理、草原监理执法、草原保护与建设等业务。2004年以来，长期负责本单位达华监理公司业务，在全省退牧还草、苜蓿示范区建设等草原生态建设和草牧业项目中，负责可行性研究报告、实施方案、作业设计的编制，工程监理及监理报告编制。

成果：参与的“甘肃省退牧还草效益遥感监测研究”获2010年甘肃省农牧渔业丰收一等奖；“牧区家庭牧场优化模式的研究与运用”获2010年甘肃省农牧渔业丰收一等奖。

荣誉：2007年、2009年分别获甘肃省畜牧科技推广工作先进个人。

论文著作：在省级以上刊物发表《3S技术与地面调查相结合的凉州区草地资源

现状及生产力评价》《祁连山北坡高寒草地植被分异特征及退化治理研究》等论文4篇。参编《甘肃省草业可持续发展战略研究》。

二十七、金赐福

金赐福，男，汉族，生于1963年1月，甘肃清水人，中国共产党党员，高级畜牧师。

简历：1985年7月毕业于甘肃省畜牧学校，同月分配到本单位工作。2005年5月因机构改革进入甘肃省草原监理站工作。先后取得中央党校函授学院经济管理专业大专、甘肃农业大学草业学院本科文凭。1985年7月—2005年5月，在本单位主要从事牧草栽培、粗饲料加工调制技术推广、草原建设及保护等业务。2004年1月任高级畜牧师。1998年9月—2004年6月任办公室副主任。2004年6月—2005年4月任牧草种子管理科科长。2023年1月从甘肃省林业和草原局三级调研员岗位退休。

成果：2001年获全国农牧渔业丰收计划一等奖；2002年获农业部全国农牧渔业丰收计划二等奖，省科技进步三等奖；2011年获省农牧厅农牧渔业丰收二等奖。

荣誉：多次获甘肃省农牧厅畜牧科技推广先进个人；2006年入选甘肃省"555创新人才工程"第二层次人选。多次获甘肃省农牧厅系统优秀共产党员。

二十八、向金城

向金城，男，汉族，生于1963年4月，甘肃临洮人，中国共产党党员，农业技术推广研究员。

简历：1981年4月在本单位参加工作。1985年9月—1987年7月，在职就读西北农业大学畜牧系，取得专科文凭。1998年、2005年分别取得兰州大学行政管理专业本科文凭、甘肃农业大学草业学院草业科学本科文凭。先后在牧草科、化验室、办公室、草建科、草业科工作。2003年1月任高级畜牧师。2004年7月—2005年6月任办公室副主任。2005年6月—2010年4月任草原建设科副科长。2010年4月—2014年7月任草业科科长。2015年3月任农业技术推广研究员。

主要工作：参与甘肃省草地资源调查、飞播种草、人工种草、区域试验等业务。在飞播种草项目中，组织制定实施方案，完成前期项目准备，收集统计资料，编制项目总结。多次参与全国飞播项目联查，负责草业统计，组织完成相关任务落实、培训和技术服务。

成果：参加的"寒生旱生苜蓿产业化生产技术推广"项目获2010年全国农牧渔业丰收奖二等奖；"河西沙化草地恢复重建技术研究与示范推广"项目获2008年甘肃省科技进步奖二等奖；"甘南高寒草地改良综合技术研究与推广"项目获2003年甘肃省科技进步奖二等奖；"苜蓿草颗粒制粒环模失效分析与试验研究"项目获2007年甘肃省农牧渔业丰收奖二等奖；参加的"一种制粒环模"项目于2010年获国家知识产

权局国家专利。参加编制甘肃省地方标准《菊科草种子质量：白沙蒿》《禾本科草种子质量：中华羊茅》。

论文著作：在省级以上专业期刊发表《百脉根不同成熟时期的种用特性》《燕麦品比试验与丰产稳产技术措施的探讨》等论文数篇。参编《甘肃草地资源》《牧草与草种生产加工技术》《优质牧草无公害生产技术》《青贮饲料无公害生产技术》等著作。

荣誉：2014 年获“甘肃省畜牧科技推广工作先进个人”。2006 年、2010 年、2011 年获甘肃省农牧厅系统优秀共产党员。

二十九、孙斌

孙斌，男，汉族，1968 年 7 月出生，甘肃永昌人，农业技术推广研究员。

简历：1991 年 6 月毕业于甘肃农业大学草原专业，同年，在本单位参加工作。先后从事牧草新品种引进推广、飞播种草、牧草种子技术和草原生态监测业务。2007 年 1 月获聘高级畜牧师。2012 年 6 月取得甘肃农业大学草业科学专业农业推广硕士学位。2004 年 7 月—2005 年 6 月，任牧草科副科长。2005 年 6 月—2010 年 4 月任草原监测科副科长。2010 年 4 月—2021 年 4 月任草原监测科科长。2016 年 12 月获农业技术推广研究员任职资格。

主要工作：2005 年以来，主要负责组织完成全省草原监测任务，编制草原监测报告，建立草原监测站点，开展草原监测培训。2013 年以来，组织完成了全省 80 多个县的草原资源调查内业外业工作。组织完成了全省草原监测体系建设，在草原监测技术研究、方法途径等领域作出了一定成绩。

成果：参加的“草原资源与生态监测研究”获甘肃省科学技术进步二等奖；“甘肃省退牧还草效益遥感监测研究”获甘肃省科学技术进步二等奖；“河西沙化草地重建恢复技术研究与示范推广”获全国农牧渔业丰收二等奖；“甘肃草原基况调查及服务功能评价研究”获甘肃省林业科技进步一等奖；“牧区家庭牧场优化模式的研究与应用”获中国草业科技三等奖。

论文著作：发表《三种改良措施对高寒退化草地植被的影响》《河西荒漠盐爪爪草地生物量动态研究》《甘肃省草原产草量动态监测模型研究》等论文 5 篇。参编《优质牧草无公害生产技术》《甘肃草原常见植物图集》《甘肃草原植物图谱》《青藏高原甘南生态经济示范区研究》等著作，主持或参与编写甘肃省地方标准《草原资源与生态监测地面调查技术规范》《草原资源调查技术规程第一部分：调查对象与范围》《草原资源调查技术规程第二部分：外业调查》《天然草原类型划分》等 4 项。

荣誉：获全省畜牧科技推广工作先进个人 1 次。2018 年度获全国草原监测系统先进个人。获 2019 年国家林业和草原局保护森林和野生动植物资源先进个人。

三十、俞联平

俞联平，男，汉族，生于 1963 年 11 月，甘肃古浪人，中国共产党党员，研究员。

简历：1986年毕业于甘肃农业大学畜牧系，2011年在职获甘肃农业大学动物营养学科农学博士学位。1986—2004年，在甘肃省动物营养研究所从事动物营养及饲草料的研究和技术开发工作。先后参加完成了“天然矿产饲料添加剂开发利用研究”等10多项科研课题及技术推广项目。期间先后在宁夏富康兽药有限公司任预混合饲料生产厂厂长1年，在原甘肃省动物营养研究所属“福达动物营养技术发展有限公司”兼任技术部经理4年。2005年机构改革并入甘肃省草原技术推广总站，2005年6月15日—2010年4月19日，任营养研究室副主任。2010年4月19日—2015年5月19日，任营养研究室主任，在3S技术应用于草地资源管理方面也作了一些探索。先后主持“牛羊安全性系列饲料产品的研制”等多项科研项目，承担了全省第二次草原资源调查内业工作。作为甘肃农业大学动物营养学科外聘硕士研究生导师，培养硕士研究生2名。

成果：参与并主持的“甘肃省草原基况调查及服务功能评价”项目于获2020年甘肃省林业科技进步一等奖；“牧区放牧家畜营养改善及品种改良技术研究”项目于2019获甘肃省农牧渔业丰收二等奖；“甘肃黄土高原灌草优化耦合技术模式研究与示范”获2019年度甘肃省科技进步一等奖；“青藏高寒区优良牧草新品种选育及应用”获2018年度甘肃省科技进步三等奖；“牛羊全混合日粮技术工艺优化与模式研究示范”获2017年度甘肃省科技进步三等奖；“抗寒高产优质饲用黑麦新品种的选育及推广应用”获2016年度全国农牧渔业丰收奖二等奖；“岷山红三叶异黄酮含量动态变化及其调节动物钙磷代谢作用机理研究”获2013年度甘肃省科技进步二等奖；“牛羊专用中草药保健型饲料添加剂的开发利用”获2011年度甘肃省科技进步奖三等奖；“甘肃省干旱半干旱典型草原区草地资源及生产力研究与评价”获2012年度甘肃省农牧渔业丰收一等奖；参加完成的“牛羊安全性系列饲料产品的研制”获2006年度甘肃省科技进步二等奖；“河西走廊沙尘源区生态环境治理及草地农业发展对策”获2013年甘肃省农牧渔业丰收计划一等奖；“甘肃农牧交错区舍饲羊育肥关键技术研究”获2010年甘肃省农牧渔业丰收计划二等奖。

发布甘肃省地方标准：《草原资源调查技术规程第三部分：内业工作》《天祝斜茎黄芪》《饲用黑麦甘引1号》《饲用黑麦种子繁育技术规程》。

荣誉：2002年8月入选甘肃省“555创新人才工程”第二层次人选。2010年入选甘肃省领军人才。2016年获甘肃省优秀专家称号。

论文著作：在省级以上专业期刊发表《岷山红三叶异黄酮对去卵巢大鼠生长和免疫及抗氧化指标的影响》《种羊生产中全混合日粮应用效果评价》等论文20余篇。主编《草食家畜营养及饲料加工调制技术》，副主编《甘肃草原植物图谱》（上、下册），参编了《河西走廊沙尘源区生态环境治理研究》《秸秆饲料化利用技术》和《反刍动物饲养学》。

三十一、金加明

金加明，男，汉族，1968 年 3 月生，甘肃榆中人，研究员。

简历：1994 年 6 月毕业于南京农业大学畜牧系畜牧专业，同年 7 月，在甘肃省动物营养研究所参加工作，从事动物营养与饲料开发研究工作。2005 年营养研究所与甘肃省草原总站合并后，先后在化验中心、草业科、草原建设科等科室工作，主要从事牧草种植，草原保护与建设方面技术推广工作。2006 年 4 月—2010 年 4 月任化验室副科长。2010 年 4 月—2021 年 4 月任草原建设科科长。2016 年 1 月获研究员任职资格。

主要工作：主持研究了以半乳甘露寡糖和酵母培养物为主要添加剂的畜禽肠道微生态调节素，替代抗生素，促进了畜禽产业绿色发展；通过纤维素酶与益生菌结合，研制了无毒害、无残留的环保型秸秆饲料菌酶降解剂，既提高了秸秆的降解率，又增加了饲料的营养成分；通过岷山红三叶种植技术研究与异黄酮提取，经过试验应用，有效地调节了畜禽钙磷代谢功能，促进了畜禽生长发育。在草原保护利用工作方面，完成了第二次草原普查 5 个市州 40 个县的草原外业调查工作；在青藏高原区，主持完成了甘肃省林业和草原科技创新项目——高寒退化草地植被恢复重建本土植物材料筛选及应用技术研究与示范，研究和总结了高寒草地不同退化程度下植被的修复模式，并开展了示范区建设和技术推广工作。

成果：参与的“岷山红三叶异黄酮生产及其对动物钙磷代谢的作用和机理研究”项目获 2014 年甘肃省科技进步二等奖；“甘肃草原基况调查及服务功能评价研究”于 2020 年获甘肃省林业科技进步一等奖；“岷山红三叶及其异黄酮生产技术研究”于 2008 年获甘肃省农牧渔业丰收一等奖；“河西走廊沙尘源区生态治理及草地农业发展对策研究”于 2013 年获甘肃省农牧渔业丰收一等奖；“环保型菌–酶复合纤维饲料生物降解助剂的研制”项目于 2007 年获甘肃省农牧渔业丰收二等奖；“绿色畜禽肠道微生态调节素的应用研究”于 2008 年获甘肃省农牧渔业丰收三等奖；参加制定了《药用岷山红三叶及其种子生产技术规程》《天然草原类型划分》等地方标准 4 项。

论文著作：在省级以上期刊发表《岷山红三叶总异黄酮提取工艺研究》《生态文明中的甘肃草原》等论文 20 余篇。参编了《河西走廊沙尘源区生态环境治理研究》《甘肃草原植物图谱》等著作 3 部。

荣誉：2009 年和 2013 年度获得全省畜牧科技推广先进个人。

三十二、许国成

许国成，男，汉族，生于 1971 年 5 月，甘肃天祝人，中国共产党党员，农业技术推广研究员。

简历：1994 年 6 月毕业于甘肃农业大学畜牧系畜牧专业，同年 7 月参加工作。

2004年9月任草业科副科长。2005年6月任植保科副科长。2013年5月任植保科科长。2015年3月主持办公室工作。2017年4月任办公室主任。2016年7月—2022年9月任办公室党支部书记。2008年1月和2017年4月分别任高级畜牧师和农业技术推广研究员。2022年9月调离，任甘肃省治沙研究所副所长。

主要工作：先后在馒头山牧草试验站、饲料科、草业科、植保科、办公室。从事牧草试验、青贮氨化饲料、草畜配套、牧草种子基地建设、草产业开发、沙化草地恢复重建等技术研究与推广，草原有害生物防控技术研究与示范推广、产业扶贫督导等工作，参与全省草原保护建设规划、草原保护技术推广工作指导意见的编制和办公室综合协调管理等工作。

成果：参与的“草原虫害发生规律研究与防控技术集成示范”项目于2015年获甘肃省科技进步二等奖；“草畜规模开发综合配套技术推广”项目于2010年获全国农牧渔业丰收一等奖；“河西沙化草地恢复重建技术研究与示范推广”项目于2008年获甘肃省科技进步二等奖；“甘肃草原鼠害防控技术集成研究与示范推广”项目于2009年获甘肃省科技进步三等奖；“寒生旱生苜蓿产业化生产技术推广”项目于2010年获全国农牧渔业丰收二等奖；“甘肃河西退化草原综合治理及其养殖关键技术研究”于2012年获甘肃省科技进步三等奖。

论文著作：在省级以上期刊发表《甘肃省草地畜牧业可持续发展战略与对策》《苏丹草、高丹草和籽粒苋引种栽培试验》等论文5篇。

荣誉：2011年12月被中共甘肃省委组织部评为2011年度“陇原青年创新人才扶持计划”资助人员。2013年入选农业部“万名农技推广骨干人才（畜牧兽医）”，2019年入选甘肃省领军人才第二层次。

三十三、冯今

冯今，男，汉族，生于1974年9月，甘肃武威人，中国共产党党员，高级畜牧师。

简历：2003年6月甘肃农业大学草业学院硕士研究生毕业。2004年3月入职单位工作。2010年6月任监测科副科长。2013年6月—2017年4月任信息科科长。2013年12月任高级畜牧师。

主要工作：先后在监测科、植保科、信息科从事草原监测、草原有害生物防控、科技信息管理等业务。参与全省草原监测体系、有害生物预测预报体系站点建设和第二次草原调查外业以及草业信息管理工作。参与完成了全省各草原类型监测点的布设，规范了野外数据采集方法，培训了各县基层技术员，编制了《国家级固定监测点实施方案》《全省监测报告》《甘肃省主要草原类型野外判别技术手册》，拍摄整理出草地植物600余种，各草地类型景观照100余张。

成果：参与的“基于网络的甘肃省草地蝗虫预测预报专家系统”项目获甘肃省

高校科技进步二等奖；“草地无脊椎动物群落结构和种群数量动态的研究”项目获2009年甘肃省科技进步三等奖；“岷山红三叶异黄酮生产及其对动物钙磷代谢的作用和机理研究”项目获2014年甘肃省科技进步二等奖；“草原资源与生态监测研究”项目获2013年全国农牧渔业丰收二等奖；“防控有害生物对高寒草原植被恢复影响的研究”、甘肃省全球环境基金GEF应用研究项目、“草地资源监测与评价”分别获甘肃省农牧渔业丰收奖二等奖。参与编制《草原资源与生态监测地面调查技术规范》《天然草原类型划分》等9项地方标准。

论文著作：在省级以上期刊发表《GEF项目区天然草地主要有毒植物》《岷山红三叶异黄酮含量动态变化研究》，等论文6篇。《甘肃草原常见植物图集》副主编。参编《GEF项目区草地常见植物图谱》《草原监测常见牧草种类识别图册》《甘肃草原植物图谱》。

荣誉：获农业部监理中心“2005年草原监测工作先进个人称号”。2014年被中共甘肃省委组织部评为“陇原青年创新人才扶持计划”资助人员。获甘肃省农牧厅全省畜牧科技推广工作先进个人。2012—2013年度全省畜牧科技推广工作先进个人。

三十四、张贞明

张贞明，男，汉族，生于1974年2月，甘肃永登人，中国共产党党员，正高级畜牧师。

简历：1998年7月本科毕业于甘肃农业大学植物保护与检疫专业，同年7月在本单位参加工作。2005年6月—2015年9月先后任草业科副科长、办公室副主任、草原建设科副科长、动物营养研究室主任。2016年7月至今任动物营养研究室和科技管理科党支部书记。2020年6月—2024年5月任科技管理科科长。2021年2月任正高级畜牧师。

主要工作：先后在馒头山牧草试验站、办公室、草业科、草原建设科、动物营养研究室、科技管理科从事牧草栽培、草业技术推广、草原生态保护建设、科技项目管理等业务。2003年起借调在甘肃省农牧厅草原处工作，主要负责退牧还草、草原生态补奖、苜蓿示范项目等草原建设项目实施方案编制、考核、总结验收等材料起草、甘肃省两会相关提案答复以及草原科技支撑项目管理和验收等。

成果：参与的“优质草产品综合开发利用技术推广”项目获2002年全国农牧渔业丰收二等奖；“甘肃省退牧还草工程效益遥感监测研究”项目获2010年甘肃省科技进步二等奖；“甘肃河西退化草原综合治理及其养殖关键技术研究”项目获2012年甘肃省科技进步三等奖；“草原资源与生态监测研究”项目获2013年全国农牧渔业丰收二等奖；主持完成了“高产优质苜蓿产业化技术集成与示范推广”项目于2020年通过省级验收和成果登记；完成了甘肃省地方标准“苜蓿干草生产技术规范”。

论文著作：在省级以上刊物发表《甘肃省武威市苜蓿镰孢根腐病菌的鉴定》《甘肃河西绒山羊流产原因调查与防治》等论文8篇。

荣誉称号：2016年12月被农业部评为全国农业先进个人。2002年以来多次获全省畜牧科技推广工作先进个人。

三十五、马爱霞

马爱霞，女，汉族，生于1977年3月，甘肃山丹人，中国共产党党员，高级农业经济师。

简历：1996年6月毕业于天津劳动经济学校劳动经济专业，同年12月分配到单位工作至今。2001年6月取得中央党校函授学院经济管理大专文凭。2004年6月取得兰州商学院经济法本科文凭。2010年2月聘任为高级农业经济师。2005年6任政工科副科长。2015年9月任政工科科长。2019年4月—2024年5月任组织人事科科长。2024年5月任计划财务科科长。

主要工作：一直从事劳动工资、人事档案管理、职称评聘管理及党委日常管理工作。先后起草完成了《甘肃省草原技术推广总站职工考核办法》《甘肃省草原技术推广总站职工考勤办法》等多项内控制度，多年参与甘肃省农口农业技术系列、工程系列职称政策调研、相关办法制定、职称评审工作；负责单位职称及相关奖励、专家荣誉评审资料的汇总上报以及相关制度的编制完善工作；负责完成单位思想政治教育和相关活动；负责落实老干部工作。

成果：参加的获奖项目分别于2008年4月获甘肃省科技进步二等奖；2008年8月获甘肃省农牧渔业丰收奖一等奖；2015年1月获甘肃省科技进步二等奖；2019年1月获甘肃省科技进步三等奖。

荣誉：2004年、2009年获全省畜牧科技推广工作先进个人。2017年获全省农业科技推广工作先进个人。2014年6月获甘肃省农牧厅系统优秀共产党员。2020年7月获甘肃省林业和草原系统优秀党务工作者，2021年7月获甘肃省林草局系统优秀党员。

三十六、张万祥

张万祥，男，汉族，生于1978年4月，甘肃民勤人，中国共产党党员，高级畜牧师。

简历：2003年6月毕业于甘肃农业大学草业学院草业科学专业。2004年3月在本单位参加工作。2010年4月任饲料科副科长。2014年12月任饲料科科长。2016年1月任高级畜牧师，同年7月任饲料科党支部书记。2019年4月任草种科科长。2020年12月任草种科党支部书记。2021年4月任草建科科长。

主要工作：分别在饲料科、办公室、业务科、草建科等岗位从事牧草饲料及秸秆加工利用、草原生态保护修复等业务。参与编制《甘肃省秸秆饲料化利用规划》，组织开展了饲料用甜高粱品比试验、秸秆饲料化技术研究和示范推广。

成果：参与的“农作物秸秆饲料化技术集成示范与推广”项目获2015年甘肃省农牧渔业丰收奖一等奖；“甘肃省河西退化草原综合治理及其养殖关键技术研究”项目获2011年甘肃省农牧渔业丰收二等奖；“草食畜牧业饲草支撑和保障能力状况调研报告”获2013年全省农牧系统农业政策调研成果优秀奖；参与完成“一种可叠加放置的育苗钵架”等实用新型专利8项；参编甘肃省地方标准1项。

论文著作：在省级以上期刊发表《不同饲用玉米秸秆产量及营养品质比较》《民勤县畜牧业发展现状与对策》等论文4篇；参编出版《秸秆饲料化利用技术》《草食家畜营养及饲料加工调制技术》等培训教材2部。

荣誉称号：2012—2013年度全省畜牧科技推广工作先进个人。

三十七、李德明

李德明，男，汉族，甘肃榆中人，生于1982年8月，中国共产党党员，高级畜牧师。

简历：2010年6月硕士研究生毕业于甘肃农业大学草业学院，同年7月在本单位参加工作。2013年任区域试验站副站长，主持科室工作。2015年—2024年5月任区域试验站（种质资源科）科长。

主要工作：在本单位草业科、区域试验站（种质资源科）从事草品种区域试验工作。参与完成甘肃省草品种区域试验站规划布局，指导完成省级区域试验站建设，开展甘肃省草品种区域试验站技术标准和甘肃省草种质资源圃技术标准研究和编制，组织完成国家下达的500多个、省级下达的600多个草品种试验任务。参与组织完成甘肃省林草局系统省级草品种区域试验站考察确定和挂牌、第二届草品种审定委员会第一次、第二次草品种审定、甘肃省草品种区域试验参试品种审定等工作，组织编制甘肃省草品种推广目录；负责省级草品种区试站日常管理工作。

成果：参与的“甘肃省不同生态区域适宜牧草品种筛选和配套技术集成与示范推广”项目于2017年验收；“豆科牧草微生物复合菌肥研发与应用推广”项目于2018年验收；“甘肃红豆草等主要优良牧草营养价值于产品研发”项目于2020年获全国农牧渔业丰收三等奖；“甘肃省草品种种质资源开发与利用”项目于2019年验收；“燕麦种质资源收集评价及生产应用研究与示范”项目于2020年获甘肃省农牧渔业丰收三等奖；“甘肃省草品种区域试验技术体系创建及成果集成”项目于2020年通过第三方评价。“甘肃省草业根瘤菌技术研发与成果转化”项目于2020年通过第三方评价。编制的甘肃省地方标准《草品种区域试验站建设规范》于2019年发布；“甘引1号黑麦”品种省级审定；主持驯化育成的“祁连老芒麦”野生栽培品种通过省级审定。参与“草红1号”红豆草品种选育工作。

论文著作：在国家级期刊发表《12个紫花苜蓿在半干旱地区的生产性能及营养价

值》《天祝县高寒阴湿区35份燕麦主要性状的遗传多样性分析》等论文3篇。参编《甘肃主要优良牧草种植与加工技术》于2015年出版；《中国草种管理》于2018年出版，任副主编。

荣誉：2013年、2015年获全省畜牧科技推广工作先进个人。

三十八、张洁

张洁，女，汉族，甘肃兰州人，生于1975年5月，中国共产党党员，高级畜牧师。

简历：1996年毕业于兰州大学计算机应用专业（大专），同年11月分配至甘肃省动物营养研究所办公室工作。2005年机构改革到单位业务管理科工作，2007—2009年借调甘肃省农牧厅（现省农业农村厅）计划处工作。2006年及2009年分别取得甘农大食品科学专业、草原专业本科文凭。2010年至今在单位信息培训科工作。2013年5月任信息宣传科副科长。2014年2月任高级畜牧师。2017年5月—2024年5月任信息宣传科科长。2024年5月任草业科科长。

主要工作：参与开展人工草地建植、草地微生物技术推广和生物炭制剂研究和应用。承担甘肃草原信息网管理维护，负责“陇草心语”公众号管理和维护。参与组织完成了甘肃省2014“生态甘肃，绿色家园”草原行和2020年草原生态保护全媒体采访活动，参与了2016年甘肃省草业技术创新联盟和草产业协会成立筹备工作。参与组织2017酒泉草业大会、2018年定西苜蓿大会、植树节及2020年甘肃省生态学会第二届会员代表大会暨第七届“甘肃生态”论坛等宣传报道活动。

成果：参与的“甘肃农牧交错区舍饲羊育肥关键技术研究”项目获2011年甘肃省农牧渔业丰收二等奖；“黄粉虫蛋白质饲料应用技术开发研究”项目获2012年甘肃省农牧渔业丰收二等奖；“甘肃高寒牧区人工草地建植技术研究与示范”项目获2011年甘肃省科技进步二等奖；“红三叶根际微生物接种剂研发关键技术及推广应用”项目获2020年省农牧渔业丰收三等奖；参与编制甘肃省地方标准“苜蓿根瘤菌剂田间施用技术规程”。

论文著作：在省级以上期刊发表《岷山猫尾草和日本猫尾草品种对比试验》《根瘤菌在污染土壤修复中的作用探讨》等论文10篇。《12316三农致富实用技术——动物产品贮藏、加工与食疗保健》副主编；参编《甘肃主要果树栽培技术问答》《种子质量安全知识问答》等著作。

荣誉：2012年获全省畜牧科技推广工作先进个人。2013年获甘肃省农牧厅2012年度农业信息工作先进个人。2018年、2019年获全省科技统计与分析工作先进个人。

三十九、王炳煜

王炳煜，男，汉族，生于1984年1月，甘肃民乐人，中国共产党党员，高级畜牧师。

简历：2006 年 6 月毕业于甘肃农业大学草业科学本科专业，同年 7 月在本站工作。2013 年 5 月任动态监测科副科长。2017 年 1 月任植保科副科长，被评为高级畜牧师，同年 5 月任植保科科长，同年 6 月任植保科党支部书记。2021 年 6 月获甘肃农业大学专业硕士学位。2022 年 1 月调离。

主要工作：先后在动态监测科、植保科从事草原资源监测与评价、草原生物灾害防控等业务。组织并参与构建甘肃省草原监测体系、编制草原监测报告、开展重点县市区的天然草原盛期生产力、关键物候期（返青、月度长势、枯黄期）、牧业县冷季牧草储量等内容的地面监测、数据分析和报告编制。参与编写 2008—2016 年退牧还草工程效益监测报告、草原生态补奖政策实施效果监测报告。参与完成 2014—2015 年全省草原植被盖度遥感计算。组织完成“甘肃省草原生物灾害监测预警中心建设项目”实施。组织并督导 2017—2021 年全省草原鼠虫害防治项目，参与 2021 年国家林草局启动的鼠虫害调查工程中甘肃省的前期工作、实施方案编制以及现场调查培训和指导。

成果：参与的“岷山红三叶及其异黄酮生产技术研究”项目于 2008 年获甘肃省农牧渔业丰收一等奖；“甘肃省退牧还草效益遥感监测研究”项目于 2009 年获甘肃省科技进步二等奖；“草原资源与生态监测研究”项目于 2013 年获全国农牧渔业丰收奖二等奖；“高寒牧区草地管理与生态牧养模式研究”项目于 2018 年获中国草业科技奖一等奖；参与编写 4 项甘肃省地方标准。

论文著作：合著《牧草栽培及秸秆利用技术》《甘肃草原常见植物图集》《草原生产力和工程效益监测操作手册》。在省级以上刊物发表论文 13 篇。

荣誉：2014 年、2016 年获全省畜牧科技推广工作先进个人。2020 年获中共甘肃省林业和草原局党组优秀共产党员称号。

四十、李晓鹏

李晓鹏，男，汉族，生于 1983 年 3 月，甘肃秦安人，高级畜牧师。

简历：2005 年 6 月本科毕业于南京农业大学草业科学专业，获农学学士学位，同年 9 月在本单位参加工作。先后在草原建设科、办公室有害生物防治科等岗位从事草原保护、区域试验、草业标准化及草原鼠虫害防治等业务。2014 年 12 月任办公室副主任。2017 年 1 月任高级畜牧师。2019 年 5 月—2020 年 7 月担任省林草局帮扶秦安县刘坪镇黄湾村驻村工作队员。2021 年 8 月—2024 年 5 月任草种科科长（岗位：负责有害生物防治科工作）。2024 年 5 月任有害生物防治科科长。

成果：“抗寒高产优质饲用黑麦新品种的选育及推广应用”项目获 2016 年全国农牧渔业丰收二等奖；“甘肃草原基况调查及服务功能评价研究”项目于 2020 年获甘肃省林业科技进步一等奖；参加的“苜蓿产业化新技术研究与集成推广”和“野

生植物材料本土化技术在高寒退化草原治理中应用研究”项目通过验收和省级成果登记；参与起草《草原毛虫预测预报技术规范》《草原生态控鼠技术规程》《苜蓿干草生产技术规范》等3项甘肃省地方标准。

论文著作：在省级以上刊物发表《甘肃省草业标准化工作存在问题及对应对策研究》《甘肃省草原技术推广体系建设存在的问题及解决对策》等论文6篇。

荣誉称号：2013年获全省畜牧科技推广工作先进个人。2015年获全省农业宣传工作先进个人。2021年脱贫攻坚工作获甘肃省林草局嘉奖。

四十一、姜佳昌

姜佳昌，男，甘肃山丹人，汉族，生于1988年8月，中国共产党党员。高级畜牧师。

简历：2010年6月毕业于甘肃农业大学资源与环境学院土地资源管理专业，同年11月在本单位参加工作。2018年12月获得甘肃农业大学草业学院农业推广硕士学位。2017年5月任动态监测科副科长，同时担任动态监测科党支部书记。2021年8月—2024年5月任动态监测科科长，承担全省草原监测方案、技术规程编制及培训工作，开展全省天然草原植被物候期监测、草原生产力监测、草畜平衡监测。2022年2月任高级畜牧师。2024年5月任组织人事科科长。

成果：“甘肃草原基况调查及服务功能评价研究”项目于2020年获甘肃省林业和草原局科技进步一等奖。作为第一著作权人编写了《草甸草原植被盖度计算软件》，获得专利证书。

论文著作：在省级以上刊物发表《基于VOR指数的肃南县草地生态系统健康评价》《甘肃省草原生态保护补助奖励政策生态效益评价——以甘肃省宁县为例》等论文8篇。参与编写《甘肃草原植物图谱》。

荣誉称号：获2019—2020年度甘肃省林业和草原局优秀共产党员。2022年获国家林业和草原局先进个人。2023年省直机关工委和甘肃省人力资源和社会保障部联合授予青年学习标兵。

四十二、张永辉

张永辉，男，汉族，生于1984年8月，甘肃榆中人，中国共产党党员，畜牧师。

简历：2012年6月硕士研究生毕业于新疆大学生命科学与技术学院生物学专业。2013年10月考入本站工作，先后在饲料技术推广科、办公室从事秸秆饲料化利用、天然草原改良等技术研究与推广工作。2017年8月—2018年12月，在陇南市礼县桥头乡郑坝村驻村帮扶。2021年8月—2024年5月任办公室副主任。2024年5月任办公室主任。

成果：参加的“甘肃草原基况调查及服务功能评价研究”项目获甘肃省林业科技进步一等奖；“高寒退化草地植被恢复重建本土植物材料筛选及应用技术研究与示

范”项目于2022年12月通过验收。

论文著作：参与编写《甘肃省常见草原植物图谱》。在省级以上刊物发表《两种微生物添加剂对玉米青贮发酵品质及微生物数量的影响》《甘肃：治理草原“伤病”保护最美“皮肤”》等论文5篇。

荣誉：2018年6月，获2017年度全省脱贫攻坚帮扶工作先进帮扶队长。2018年6月，获甘肃省农牧厅系统优秀共产党员称号。

四十三、李智燕

李智燕，女，汉族，生于1986年5月，甘肃陇西人，中国共产党党员，高级畜牧师。

简历：2013年6月硕士研究生毕业于西南大学草业科学专业，同年10月考入本站工作至今，先后在信息科、科技管理科从事草原信息化宣传、网站维护、微信公众平台维护、科技管理、草原标准化及草地微生物菌肥研究和推广工作。2021年8月—2024年5月任科技管理科副科长，2024年5月任科技管理科科长。2022年2月任高级畜牧师。

成果：参与“甘肃省农业生物技术研究与应用开发”项目、“红三叶根际微生物接种剂研发关键技术及推广应用”项目获2020年甘肃省农牧渔业丰收三等奖；参与甘肃省地方标准《岷山猫尾草》的制定。

论文著作：在省级以上刊物发表《不同收获茬次对河西荒漠灌区紫花苜蓿生长及营养性能和效益的影响》《微生物专用菌肥与化肥配施对红三叶根系生长的影响》等论文8篇。

荣誉：获2015年度、2020年度本站先进工作者；获2016年甘肃省农牧厅12316优秀信息员。

四十四、武慧娟

武慧娟，女，汉族，生于1990年6月，甘肃古浪人，中国共产党党员，高级畜牧师。

简历：2014年6月硕士研究生毕业于甘肃农业大学草业学院草业科学专业，同年9月考入本站工作。先后在草业科、种质资源科工作。2021年8月—2024年6月任办公室副主任，2024年6月任信息培训科科长。2021年8月经甘肃省委组织部选调为秦安县荣湾村帮扶工作队队员。

主要成果：参加的“高寒地区优良牧草品种引进及示范推广”“甘肃省不同生态区域牧草主推品种和示范推广”“牧草根瘤菌及复合菌肥研发及推广”项目通过省级验收和成果登记；参加的“红三叶根际微生物接种剂研发关键技术及推广应用”项目获2020年甘肃省农牧渔业丰收三等奖；“青藏高寒区优质牧草新品种选育及应用”项目获甘肃省科技进步三等奖；“甘肃红豆草等主要优良牧草营养评价与产品

研发”项目获得2019年度全国农牧渔业丰收三等奖；“燕麦种质资源收集评价及生产应用研究与示范推广”项目获得2020年度甘肃省农牧渔业丰收三等奖；“甘肃省草品种区域试验技术体系创建及成果集成”通过省级成果评价和登记；参与制定了《草品种区域试验站建设规范》《饲用黑麦种子生产技术规程》和《饲用黑麦甘引1号》等地方标准；参加了新品种“草燕1号”育种，通过了甘肃省草品种审定委员会审定。

论文著作：在省级以上刊物发表《复合菌肥对岷山红三叶生产性能和营养品质的影响》《“和燕1号”农艺性状和产量对不同播量和行距的响应》等专业论文10余篇。

四十五、周栋昌

周栋昌，男，汉族，生于1990年4月，甘肃民勤人，中国共产党党员，高级畜牧师。

简历：2013年6月毕业于西北师范大学生命科学学院。2014年9月考入本站工作。先后在草业科、草种科、草种质资源科工作。2015年8月—2016年9月在甘肃省天祝藏族自治县抓喜秀龙乡南泥沟村开展精准扶贫工作。2018年4月—2019年4月在甘肃省东乡族自治县开展产业扶贫包抓督导工作。2019年6月在职获取兰州大学草地科技学院农业硕士学位。2020年4月—2022年10月借调到甘肃省林业和草原局国有林场和种苗管理处工作。2021年9月—2024年5月任草种科副科长。2024年5月任种质资源科科长。

成果：参与“甘肃省草业根瘤菌技术研发与成果转化”项目，并通过甘肃省科技成果评价和登记；“豆科牧草复合菌肥研发与应用推广”项目通过省级验收和登记；“红三叶根际微生物接种剂研发关键技术及推广应用”项目获得甘肃省农牧渔业丰收三等奖；“牧草根瘤菌及复合菌肥研发及推广”项目通过省级验收和登记；“青藏高寒区优良牧草新品种选育及应用”项目获得甘肃省科技进步三等奖；“高产优质苜蓿产业化技术集成与示范推广”项目通过省级验收和登记；“抗寒高产优质饲用黑麦新品种的选育及推广应用”项目通过省级验收和登记；“甘肃省草品种区域试验技术体系创建及成果集成报告”项目通过成果评价和登记；参与制定地方标准《饲用黑麦种子生产技术规程》《饲用黑麦甘引1号》。参与祁连老芝麦、草红1号红豆草品种选育。

论文著作：在省级以上刊物发表《陇中黄土高原混播草地生产性能》等论文15篇。参编《草业生产实用技术2017》《中国草种管理》《中国草业统计》等著作。

荣誉：获2016年、2018年、2019年度站先进工作者。

四十六、李霞

李霞，女，汉族，生于1990年5月，甘肃天水人，中国共产党党员，畜牧师。

简历：2015年硕士研究生毕业于兰州大学资源环境学院生物地理学专业，同年考入本站，一直在动态监测科从事草原监测技术研究和调查工作。2021 年 8 月—2024 年 6 月任动态监测科副科长。2024 年 6 月任动态监测科科长。

主要成果：参与国家自然基金项目“黄河上游晚更新世河流阶地和冰川演化对千年尺度气候变化的响应”“甘肃草原基况调查及服务功能评价研究”等项目，获甘肃省林业科技进步奖一等奖；参与完成甘肃省二次草调数据五个生态功能区遥感估测模型建立、草原生产力测算以及草原等级划分、全省草原总体退化状况评价以及《甘肃省草原专题地图集》中草原产量空间分布图、草原资源等级图、草原退化等级图等图件绘制；协助省基础地理信息中心完成“甘肃省祁连山区域自然资源综合调查试点项目”；配合省林草局进行祁连山环境载畜量问题统计出图、祁连山国家公园与祁连山自然保护区内禁牧、草畜平衡等数据的统计出图工作；参与“天祝县草地资源现状调查评价”“甘肃省天然草原可食牧草营养评价”等项目。《典型草原植被盖度计算软件 V1.0》获计算机软件著作权。

论文著作：在省级以上刊物发表《遥感技术在农业中的应用》《基于 CNKI 数据库的我国草产业研究的可视化分析》等论文 6 篇。

四十七、赵怀德

赵怀德，男，汉族，生于 1938 年 11 月，陕西省高陵县人，中国共产党党员，高级畜牧师。

简历：1964 年 8 月毕业于兰州大学生物系植物专业，同月到甘肃省草原工作队工作，在天祝羊场劳动锻炼一年。他利用休息时间，采集当地牧草标本 900 多份，整理编写了《天祝县松山滩植物名录》。1966 年参加了甘南州临潭县和玛曲县的部分草地资源调查工作。1967 年在天祝县红疙瘩大队甘肃省草原工作队的试验站，开展高寒牧区优良牧草选育工作。期间，他和蒋自福、石隐孝等采集牧草标本，整理编写了《天祝县永丰滩植物名录》，标本送兰州大学生物系植物标本室保存。1968 年下半年到 1969 年，在临夏州临夏县乩藏公社劳动接受再教育。1970 年甘肃省草原工作队撤销后，被分到兰州市农业局工作，编写了《兰州市三县六区植物名录》和《兰州市行道树名录》。1980 年回到甘肃省草原工作队。1984 年 4 月—1986 年 2 月任草原建设科副科长。1986 年 2 月—1996 年 1 月任牧草科副科长。1998 年 12 月退休。

主要工作：参加了全省草场资源调查项目，负责甘南州碌曲县、夏河县和岷县的草场资源调查。整理鉴定了全省草场资源调查所采集的牧草标本 10 万多份，分属 154 科，706 属，2128 种，其中可食牧草 1800 余种，优良牧草 430 余种。1988 年 6 月—11 月，参加指导西藏自治区草地资源调查工作，跑遍了大半个西藏，编写了《西藏自治区草场植物名录》。1990—1992 年，负责完成了农业部“陇东紫花苜蓿种子繁殖基地”建设项目。2000 年和 2011 年，两次被宁夏大学邀请讲授牧草分类学、标本采集及制作。是中国为数不多的草原植物分类专家，为甘肃省草原资源调查类型判别和植物分类作出了独特贡献。

成果："甘南片草场资源调查"项目获甘肃省科技进步三等奖；参加完成的"甘肃省农业资源调查汇编"于 1989 年获甘肃省农业区划委员会一等奖。

荣誉：1990 年 2 月获"全国草地资源调查先进工作者"荣誉称号。

论文著作：编写了《甘肃草地资源》中"天然草地植物资源"和"天然草地主要饲用植物种质资源"两章。参与了《甘肃省农业发展区划》《中国草地资源》《全国草地有毒有害植物》等资料的编写。

四十八、张志芳

张志芳，女，汉族，生于 1942 年 1 月，甘肃兰州人，中国共产党党员，高级畜牧师。

简历：1964 年 7 月毕业于甘肃师范大学生物系，8 月被分配到甘肃省草原工作队工作。在河曲马场实习一年后，在甘南州夏河县、临潭县、卓尼县参加工作。1970 年甘肃省草原工作队撤销，张志芳调入兰州第十五中学任教。1979 年调回恢复建制的甘肃省草原工作队工作。1984—1985 年任业务办公室副主任。1986 年任办公室副主任。甘肃省草原学第二届理事会秘书长，中国草原学会第四届理事会常务理事。主要从事牧草栽培研究及推广、根瘤固氮技术研究及推广、草产业综合技术服务及科技业务建设、科技档案管理、情报资料室创建及管理工作。1997 年 2 月退休。

主要工作：负责设计了兰州市刘家坪单位办公大楼化验室；创建了单位情报资料室、微生物实验室和根瘤菌研究团队；率先将甘肃红豆草成功推广到了高寒阴湿地区。参与完成甘肃省干旱、半干旱地区种草养畜、农牧结合试验研究项目中子课题《红豆草、苜蓿光合速率试验研究》和《红豆草、苜蓿根瘤固氮活性及根瘤菌的分离培养》等研究，是王素香团队的主要技术骨干和传承者，也是 20 世纪 80 至 90 年代中期，甘肃省大面积种草、草产业建设的亲历者和实施者之一。长期深入甘肃草牧业和扶贫一线，主持完成了甘肃省重大科技项目和自然科学青年科技基金资助项目。

成果：主持完成的"甘肃省种养加畜牧科技承包"项目于 1991 年获甘肃省畜牧厅科技进步三等奖；"稳定和提高红豆草根瘤固氮能力的研究"和"豆科牧草根瘤菌液的研制和效果试验"项目于 1996 年获甘肃省科技进步三等奖；"五县七乡畜牧科技扶贫"项目于 1995 年获甘肃省农业推广三等奖。

论文著作：发表《几种豆科牧草根瘤菌的分离与接种试验》《利用 VA 菌根菌提高红豆草固氮能力的研究》等论文 10 余篇。

荣誉: 1999 年 2 月和政县人民政府聘请其为该县农业科技顾问。2007 年甘肃省科学技术工作者协会高级专业技术职务任职资格评审委员会评审通过，确认具备推广研究员任职资格。

四十九、侯淑萍

侯淑萍，女，汉族，生于 1945 年 2 月，山东潍县人，高级畜牧师。

简历：1966年9月毕业于甘肃农业大学农学系土壤农化专业，同月分配到镇原县农业技术推广站工作。1983年3月调入甘肃省草原队化验室，1986年3月任化验室副主任。1992年7月调入甘肃省饲料研究所化验室工作。1994年11月评为高级畜牧师，2000年2月退休。

本单位工作期间，一直在化验室工作，全程开展了草场资源调查样品分析检验工作，负责单位妇女工作。

五十、何毅

何毅，男，汉族，天津市人，生于1948年2月，中国共产党党员，高级畜牧师。

简历：1965年5月—1973年10月，初中毕业后由天津支边到兰州军区。1973年10月—1976年9月，在甘肃省畜牧学校畜牧兽医专业学习。1977年4月毕业分配到甘肃省畜牧兽医工作队工作。1977年5月—1995年6月，机构重组被分到甘肃省草原工作队工作，期间1979年—1982年因全省草地资源调查需求，被送到兰州大学生物系进修植物学，1986年10月—1988年10月，考取中国–加拿大人才培训项目赴加拿大留学，进修植物种质资源管理和保护；回国后在甘肃省饲草饲料技术推广总站任馒头山牧草试验站副站长（副科级）。1989—1990年借调到甘肃省种鸡场，作为翻译协助外国专家修建安装冷库流水生产线。1991年5月—1993年3月借调到国家体委赴吉布共和国提执行援外运动草坪建植任务。1995年8月调到甘肃省动物营养研究所任副所长。2000年领导班子调整，任党委书记兼副所长。2005年10月调入甘肃省农牧厅外资项目管理办公室，任主任。2008年退休。2013年6月到2017年底，甘肃省草原技术推广总站聘请为甘肃省第二次草原资源普查咨询专家，参加并指导了甘肃省第二次草原普查工作。

主要工作：1979年，参加了岷县牛羊场（原兰州军区岷县马场）的草原调查工作，主要负责植物标本的采集。1980—1985年，参加了甘肃省草地资源调查，参与了植物标本的整理和部分植物标本的鉴定工作。1989—1995年，任馒头山牧草试验站副站长，整理了馒头山历年来由国外和其他省区引进、接收的牧草种子；对部分种子进行了提纯复壮、引种栽培和品比试验。1993年6月，受甘肃省畜牧局派遣作为草坪建植技术人员为全国第七届体育运动会建植了全运会主体育场——北京先农坛体育场外场草坪。

作为翻译人员参加了UNDP对甘肃省农业中等学校——甘肃省畜牧学校提高能力建设的援助项目；参与了甘肃省种鸡场冷库建设，陪同外国专家完成了甘肃省种鸡场屠宰加工生产线及冷库的安装建设并翻译了大量的技术资料；参加了欧盟奶源项目的前期调查会谈，设计评估以及培训。1993年10月—1995年3月，受国家体委派遣作为运动场草坪建植专家和体育工艺设计代表赴非洲吉布提共和国执行援外任务。先后主持了“高山豆科牧草引种试验”“野生斜茎黄芪驯化选育”“甘肃省野生优良牧草种质资源调查及建议室内保存”等多个课题。

成果：主持完成的“甘肃省天然草地野生优良牧草种质资源分布调查及室内保存研究”于2006年获甘肃省科学技术进步三等奖；参加完成的“有机废弃物饲料资源化开发应用”于2006年获甘肃省科学技术进步二等奖。

论文著作：在省级以上期刊发表《加拿大植物种质基因中心简介》《牧草种质资源和种质资源保护》等10多篇论文。以第二编写人完成了《甘肃省土地退化防治战略研究》专著，参与编著《甘肃草地资源》。

五十一、王以忠

王以忠，男，汉族，生于1966年5月，甘肃山丹人，中国共产党党员。

简历：1985年7月毕业于甘肃省畜牧学校，同月在本单位参加工作。取得甘肃省委党校区域经济专业在职研究生文凭。1985年7月—1997年，先后在办公室、政工科工作。1996年2月任政工科副科长。1997年参加省直机关公务员考试进入甘肃省畜牧局办公室工作，任科员、副主任科员。2000—2002年在甘肃省委农村“三个代表”重要思想学习教育办公室工作。2002年11月任甘肃省农牧厅办公室主任科员。2006年12月任甘肃省农牧厅畜牧处副处长。2008年任甘肃省农牧厅办公室副主任。2011年12月任甘肃省纪委派驻甘肃省农牧厅纪检组副组长、甘肃省农牧厅监察室主任。2018年8月，任甘肃省纪委监委派驻省政府国资委纪检监察组副组长。

在省级以上刊物发表《论甘肃草业》等论文多篇，参加《甘肃农业可持续发展项目研究》获省级奖励。

五十二、李建廷

李建廷，男，生于1964年10月，中国共产党党员，陕西米脂人。

简历：1984年7月从甘肃省畜牧学校毕业分配至本单位工作。1990年6月任畜牧技术员。1990年7月—1999年8月任助理畜牧师。1993年取得兰州大学管理科学系行政管理学本科文凭，法学学士学位。1999年9月—2005年4月任监理科副科长、畜牧师。2005年5月到甘肃省草原监督管理局工作。2006年任政策法规科科长，2016年11月任副调研员。2018年12月机构改革进入甘肃省林草局工作。2019年任甘肃省林草局二级调研员。

主要工作：参与起草修订了《中华人民共和国草原法》《基本草原保护条例》《草畜平衡管理办法》《草原禁牧休牧管理办法》《草原监理人员行为规范》《草原征占用审核审批规范》《全国草原监理系统执法手册》《全国草原违法案件统计管理办法》《最高人民法院关于审理破坏草原资源刑事案件应用法律若干问题的解释》《甘肃省草原条例》《甘肃省草畜平衡管理办法》《甘肃省草原禁牧办法》《甘肃省草原植被恢复费征收标准》《甘肃省人民政府关于理顺草原征用使用审批权限有关问题的会议纪要》《甘肃省草原监督管理行政处罚裁量标准》《甘肃省草原法律法规选编》《草原刑事违法案件

移送相关资料》等。

成果：1984—1989年，参加“甘肃省饲料资源调查”项目获省科技进步三等奖；1996—1998年，参加“荒漠草原白刺夜蛾防治研究”项目获省科技进步二等奖。

论文著作：在省级以上刊物发表《白刺夜蛾防治指标的研究》《白刺夜蛾空间分布型的研究及其应用》等论文多篇。参与编写《中华人民共和国草原法释义》。

荣誉：多次获甘肃省畜牧局全省草地饲料工作先进个人、全国草原监理系统先进个人、全省农业系统“四五普法”先进个人等称号。

五十三、高永军

高永军，男，汉族，生于1964年8月，甘肃静宁人，中国共产党党员，会计师。

简历：1985年7月毕业于甘肃省畜牧学校畜牧专业，同年7月分配到本单位参加工作。先后获甘肃广播电视大学财务会计专业大专、甘肃省委党校经济管理专业本科文凭。1996年10月—2009年12月借调在甘肃省农牧厅财务处（计财处）工作。2004年任办公室副主任。2005年6月调甘肃省农牧厅会计核算中心（2018年12月更名为甘肃省农业金融保险工作总站）工作。2006年任甘肃省农牧厅会计核算中心专项资金管理科科长。2010年1月任甘肃省农牧厅会计核算中心副主任。2019年5月任甘肃省农业金融保险工作总站副站长，同年10月任三级调研员。

主要工作：先后在单位馒头山牧草试验站、办公室从事牧草栽培试验和财务会计工作。在财务室期间负责单位财务管理、重大项目资金管理、财务档案建设及相关审计、项目核查验收等业务。

成果：主持编报的财务决算报表多次获农牧系统一等奖；1998年主编的全省畜牧基建报表获农业部一等奖；2008年编报的财政性资金投资基本建设项目决算报表获甘肃省财政厅一等奖。

荣誉：获甘肃省农牧厅系统畜牧兽医科技推广先进个人；2001年、2002年获甘肃省农牧厅系统先进财务工作者。2003年获甘肃省农牧厅党组优秀党员称号。

论文著作：在《中国农业会计》发表了《国有资产管理体制改革中需注意的几个问题》和《说说农业基本建设项目管理中存在的问题》。

五十四、王国生

王国生，男，汉族，生于1962年10月，甘肃庄浪人，研究员。

简历：1987年7月毕业于甘肃农业大学，同年7月在甘肃省动物营养研究所参加工作。2002年11月和2014年12月分别获得副研究员和研究员任职资格。2005年3月，机构改革合并到本单位工作。2005年7月—2013年5月任业务科副科长。2013年6月至今先后在动物营养研究室、科技管理科从事相关技术研究和推广工作。

主要工作：先后从事饲草料资源技术开发、科研管理、科技统计、动物营养、草原技术推广及扶贫工作。开展了牛羊精料补充料及复合营养舔块技术、饲料添加剂、秸秆菌酶降解素、中草药添加剂等方面的产品研究。2017—2018 年参与实施了国家级临泽草种质资源圃建设项目，主要负责基建现场监管、资料收集、归档和项目总结报告编制等工作。

成果：参与的“牛羊精料补充料及复合营养舔块技术开发及应用”项目获 2004 年度甘肃省农牧渔业丰收二等奖；“环保型饲料添加剂的应用推广”项目获 2005 年度全国农牧渔业丰收三等奖；“甘肃省 R&D 资源利用与对策研究”项目获 2005 年度甘肃省科技进步三等奖；“牛羊安全性系列饲料产品的研制”项目获 2006 年度甘肃省科技进步二等奖；“环保型菌酶复合纤维饲料生物降解助剂的研制”项目于 2007 年获甘肃省农牧渔业丰收三等奖；“甘肃省科技经济发展主要指标分析研究”项目获 2008 年度甘肃省科技进步三等奖；“牛羊专用中草药保健型饲料添加剂的开发利用”项目获 2010 年度甘肃省科技进步三等奖；“高寒牧区人工草地建植技术研究与示范”项目获 2010 年度甘肃省农牧渔业丰收一等奖；“甘肃农牧交错区舍饲羊育肥关键技术研究”项目获 2011 年度甘肃省农牧渔业丰收二等奖；“甘肃省干旱半干旱典型区草地资源及生产力研究评价”项目获 2012 年度甘肃省农牧渔业丰收一等奖；“牛羊全混合日粮技术工艺优化与模式研究示范”项目获 2017 年度甘肃省科技进步三等奖。

论文著作：在省级以上刊物发表《不同植物群落对土壤主要营养指标的影响》《补充外源性氨基酸对生长育肥羊增重效果的影响》等论文 27 篇。

五十五、阿不满

阿不满，男，维吾尔族，生于 1968 年 4 月，新疆乌鲁木齐人，高级畜牧师。

简历：1991 年 6 月毕业于西北民族大学政治理论专业，同年 11 月在本单位参加工作。从 2002 年起一直借调在甘肃省农牧厅草原处、甘肃省林业和草原局草原管理处从事草原项目管理工作。期间，2004 年 9 月任草业科副科长。2005 年 6 月任馒头山试验站副站长。2007 年取得甘肃农业大学草业科学本科文凭。2013 年 5 月—2021 年 4 月任草原建设科副科长。2014 年 11 月任高级畜牧师。

主要工作：在本单位馒头山试验站、政工科、种子科、牧草种子公司、草原建设科从事牧草种子经营、草原项目管理等业务。参与组织完成甘肃省 2003—2021 年的退牧还草工程实施方案编制、计划任务下达、督查以及验收工作；参与组织完成甘肃省草原生态补奖政策实施方案编制、任务落实、督查及相关工作；参与组织完成甘肃省草原生态修复工程任务下达、实施方案编制、项目验收及相关工作；组织实施退牧还草工程科技支撑项目。

成果：“甘肃高寒牧区人工草地建植技术研究与示范”项目获 2011 年甘肃省科技进步二等奖；“牧区家庭牧场优化模式的研究与应用”项目于 2010 年获全国农牧渔业丰收一等奖；“河西走廊沙尘源区生态环境治理及草地农业发展对策研究”项目

于 2010 年获全国农牧渔业丰收一等奖；“牧区家庭牧场优化模式的研究与应用”项目于 2015 年获中国草业科技三等奖。

论文著作：在省级以上期刊发表《甘南牧区草原承包到户后的现状调查》《天祝县高山草地主要有毒植物及其防除措施》等论文 5 篇。

荣誉称号：多次获甘肃省畜牧科技推广先进工作者。

五十六、祁兰英

祁兰英，女，生于 1968 年 11 月，青海乐都人，中国共产党党员。

简历：1989 年 7 月毕业于西北师范大学历史系（大专），分配到甘肃省临夏州民族学校工作，先后任教员、助理讲师。1997 年 9 月调入甘肃省动物营养研究所，先后任行政秘书、党委秘书。2001 年 12 月聘为馆员。2005 年 6 月机构合并至本单位。2005 年 6 月—2007 年 3 月任办公室副主任，同年 1 月取得西北师范大学政法学院法学专业本科文凭。

主要工作：在单位办公室任馆员，主要从事档案管理，文件收发等业务。

五十七、王历宽

王历宽，男，汉族，生于 1963 年 1 月，甘肃皋兰人，中国民革党员，高级畜牧师。

简历：1983 年 7 月毕业于甘肃省畜牧学校畜牧专业，同年 7 月分配到本单位工作。2005 年获甘肃农业大学动物科学专业本科文凭。1983 年 7 月—1986 年 12 月，在馒头山试验站从事牧草试验工作。1987 年 1 月—2005 年 4 月，在甘肃省动物营养研究所从事动物营养研究工作。2005 年 5 月机构改革并入，先后在本单位饲料科、办公室、草原建设科、草种科从事饲料、草原建设、草原围栏工程监理、草种推广等业务。2007 年 3 月—2014 年任办公室副主任。2008 年 2 月任高级畜牧师。2023 年 1 月退休。

成果：参加的“青干草及草粉加工利用研究”项目于 1990 年获甘肃省科技进步三等奖；“甘肃省天然草地野生优良牧草种质资源分布调查及室内保存研究”项目获 2006 年甘肃省科技进步三等奖；“奶牛非蛋白氮饲料添加剂的研制”项目获甘肃省畜牧局科技进步三等奖。“酒糟饲料加工利用研究”项目获甘肃省畜牧业科技进步三等奖。

论文著作：在省级以上期刊发表《冬牧 70 和中秦二号小黑麦在高寒牧区试种效果》《育肥奶公牛日粮中添加包衣缓释尿素研究》等论文 5 篇。

荣誉称号：2009 年、2012 年分别获全省畜牧科技推广工作先进个人。

五十八、李新媛

李新媛，女，汉族，生于 1975 年 1 月，甘肃镇原人，中国共产党党员，正高级畜牧师。

简历：1997 年 7 月毕业于甘肃农业大学动物科学系动物营养与饲料加工专业，同年在甘肃省华陇家禽育种公司实习锻炼一年，1998 年 8 月到本单位工作。2002 年获甘肃农业大学本科文凭，先后在政工科、饲料科、动物营养研究室、科技管理科从事秸秆饲料化技术推广、动物营养研究等工作。2009年任动物营养研究室副主任。2011年2月任高级畜牧师。2019年4月—2021年4月任科技管理科副科长。2022年任正高级畜牧师。

成果："猪鸡复合预混合饲料应用技术推广"项目于2003年获全国农牧渔业丰收三等奖；"岷山红三叶异黄酮生产及其对动物钙磷代谢的作用和机理研究"项目于2014年获甘肃省科技进步二等奖；"农作物秸秆饲料化技术集成示范与推广"项目于2015年获甘肃省农牧渔业丰收一等奖；"牛羊全混合日粮技术工艺优化与模式研究示范"项目于2018年获甘肃省科技进步三等奖；"牧区放牧家畜营养改善及品种改良技术研究"项目于2020年获甘肃省农牧渔业丰收二等奖；"牛羊专用中草药保健型饲料添加剂的开发利用"项目于2011年获甘肃省科技进步三等奖；"甘肃省干旱半干旱典型区草地资源及生产力研究与评价"项目获甘肃省农牧渔业丰收一等奖；"岷山红三叶异黄酮含量动态变化及其调节动物钙磷代谢作用机理研究"项目于2013年获甘肃省农牧渔业丰收一等奖。主持或参与编制甘肃省地方标准《甜菜渣青贮技术规程》《草原资源调查技术规程第三部分：内业工作》《天祝斜茎黄芪》。

论文著作：在省级以上刊物发表《如何控制预混合饲料原料质量》《奶牛中草药保健型饲料添加剂对其生产性能及乳品质的影响》等论文14篇。参与编写了《秸秆饲料化利用技术》《草食家畜营养及饲料加工调制技术》。

荣誉：2012年、2015年获全省畜牧科技推广先进个人。

五十九、孟祥君

孟祥君，女，汉族，生于1973年1月，辽宁海城人，农业技术推广研究员。

简历：1995年7月毕业于西北师范大学生物技术专业，大专学历，同年在本单位参加工作至今。1996—2009年，在化验室工作，主要从事牧草、饲料、种子、土壤等检测分析。1999年取得兰州大学法学专业本科学历，获得法学学士学位。2009年取得甘肃农业大学草业科学专业本科学历。2009年至今，在草业科工作。2010年—2024年5月任草业科副科长，主要从事全省草产业技术服务和培训，牧草新品种选育，草业监测与统计等工作。2019年任农业技术推广研究员。2021年9月入选甘肃省领军人才第二层次。

成果："抗寒高产优质饲用黑麦新品种的选育及推广应用"项目于2016年获全国农牧渔业丰收奖二等奖；参与育成适宜在青藏高原东北缘亚高山区栽培的一年生牧草新品种"甘引1号黑麦"；"岷山红三叶异黄酮生产及其动物钙磷代谢的作用和机理研究"项目于2013年获甘肃省科技进步二等奖；"青藏高寒区优良牧草新品种选育及应用"项目于2019年获甘肃省科技进步三等奖；"寒生旱生苜蓿产业化生产技术研究与推广"项目于2011年获甘肃省科技进步三等奖；"岷山红三叶及其异黄酮生产技

术研究”项目于2008年获得甘肃省农牧渔业丰收奖一等奖；“洋麻引种区域性试验及经济价值研究”项目于2004年获得甘肃省农牧渔业丰收奖二等奖。编制完成甘肃省地方标准《饲用黑麦种子生产技术规程》《饲用黑麦甘引1号》《禾本科草种子质量冷地早熟禾》《菊科草种子质量白沙蒿》。

论文著作：发表《播量与行距对饲用黑麦种子生产性能的影响》《甘引1号黑麦在天祝县高寒区的最佳刈割期》《接种根瘤菌与施肥对岷山红三叶异黄酮含量的影响》等论文20余篇。《甘肃主要优良牧草种植与加工技术》副主编。

六十、曹蕾

曹蕾，女，汉族，1984年9月出生，甘肃华池人，中国共产党党员，畜牧师。

简历：2010年7月毕业于青岛农业大学，硕士研究生，同年11月在本单位参加工作。2013年11月任畜牧师。2014年12月任饲料科副科长。2020年4月任草种科副科长并主持科室工作。2021年1月调入甘肃省治沙研究所工作。先后在饲料科草种科从事秸秆饲料化利用技术推广、培训及相关试验研究。在草种科组织开展了相关培训、调研以及沙区种草技术研究等业务。

成果：参加的“农作物秸秆饲料化技术集成示范与推广”获甘肃省农牧渔业丰收一等奖。

论文专著：在省级以上刊物发表《不同添加剂对紫花苜蓿拉伸膜裹包青贮饲料品质的影响》《饲用高粱新品种比较试验》等论文4篇。参与编写《秸秆饲料化利用技术》一书。

荣誉：获2019年省林草系统优秀共产党员。

六十一、吴江

吴江，男，汉族，甘肃岷县人，生于1986年7月，中国共产党党员，高级畜牧师。

简历：2009年6月毕业于甘肃农业大学植物保护专业本科，同年7月在本单位参加工作。2010年7月任助理畜牧师。2013年12月取得甘肃农业大学农业推广硕士学位，在本单位植保科从事草原有害生物防控工作。2013年4月—2014年5月，作为甘肃省农牧厅党组选派的年轻干部到乡（镇）、村挂职锻炼，任抓喜秀龙乡南泥沟村副主任。2014年12月—2024年6月任植保科副科长。2015年1月任畜牧师，2022年任高级畜牧师。2024年6月任草业科副科长。

成果：参与的“草原虫害发生规律研究与防控技术集成示范”项目获2015年甘肃省科技进步二等奖。

论文著作：参与编写了《草原鼠虫害预测预报及防控技术》。发表《甘南地区真菌病害初步调查及部分锈病病原鉴定》等论文4篇。

荣誉称号：2014年获全省畜牧科技推广工作先进个人。

六十二、耿小丽

耿小丽，女，汉族，生于1979年3月，甘肃陇西人，正高级畜牧师。

简历：2001年7月大专毕业于甘肃农业大学园艺专业，2004年7月获湖南大学函授本科文凭，2007年7月获甘肃农业大学硕士研究生文凭，2011年6月获甘肃农业大学博士研究生文凭。2010年7月—2014年1月在甘肃省引大入秦水利工程指挥部工作，2014年1月至今在本单位工作，2024年任正高级畜牧师。2015年—2024年6月任种质资源科副科长。在区域试验站（种质资源科）从事草品种区域试验管理和草种质资源创新应用研究等工作。2023年7月调整岗位到有害生物防治科，2024年6月任有害生物防治科副科长。

成果："甘肃省不同生态区域适宜牧草品种筛选和配套技术集成与示范推广"苜蓿省级验收，成果登记；"燕麦种质资源收集评价及生产应用研究与示范"项目于2020年获甘肃省农牧渔业丰收三等奖；"甘肃省草品种区域试验技术体系创建及成果集成"；参与编制甘肃省地方标准《草品种区域试验站建设规范》；主持完成的"草燕1号"草品种通过省级审定。

论文著作：在国家级期刊发表《30个燕麦品种在甘肃天祝地区的适应性评价》《130份燕麦种质表型性状多样性分析及评价》等论文5篇。

荣誉：2015年12月被中共甘肃省委组织部评为2015年度"陇原青年创新人才扶持计划"资助人员。

六十三、王中华

王中华，男，汉族，生于1985年12月，安徽临泉人，中国共产党党员，高级畜牧师。

简历：2006年毕业于西北师范大学汉语言文学专业。2007年在本单位参加工作。2009年12月取得甘肃农业大学草业学院草业科学专业本科学历。在政工科工作。2012年3月—2014年12月，借调至农牧厅机关党委工作。负责协调沟通厅系统精准扶贫相关工作以及机关党委日常工作。2014年12月—2015年12月，在天祝县抓喜秀龙乡南泥沟村挂职村支部副书记，2015年1月任畜牧师。主要承担全站党务日常和精准扶贫相关工作。2015年9月任政工科副科长。2017年7月兼任单位帮扶办主任。2022年任高级畜牧师。

成果：参与的"甘肃省干旱半干旱典型区草地资源调查和生产力研究与评价"项目于2012年获甘肃省农牧渔业丰收奖一等奖；参与的"岷山红三叶异黄酮含量动态变化及其调节动物钙磷代谢作用机理研究"项目于2013年获甘肃省农牧渔业丰收奖一等奖；参与的"甘肃省不同生态区域适宜牧草品种筛选和配套技术集成与示范推广"项目于2018年通过省农牧厅验收。

论文著作：2012年在省级刊物发表《临潭县2009年农业综合开发草场建设项目

效益分析》和《开展高原牧区产业帮扶促进草原畜牧业转型发展》。

荣誉称号：2014 年、2016 年分别获全省畜牧科技推广工作先进个人；2018 年获甘肃省农牧厅系统优秀共产党员。

六十四、谭立伟

谭立伟，男，汉族，甘肃天祝人，生于 1981 年 9 月，畜牧师。

简历：2006 年 6 月本科毕业于甘肃农业大学经管学院经济学专业。2009 年 5 月入职本单位工作。在本单位草原建设科、草业科、信息科等岗位从事草原基础数据统计、草原补奖政策培训、信息宣传以及组织培训等业务。负责近 10 年甘肃省草原生态补奖政策操作系统培训和督查等工作。2013 年 6 月取得甘肃农业大学草业科学专业本科文凭。2015 年 9 月任信息科副科长。2018 年任畜牧师。

成果：参与完成了《禾本科草种子质量碱茅》《禾本科草种子质量赖草》《禾本科草种子质量中华羊茅》《藜科种子质量沙蓬》4 个甘肃省地方标准的编写。

论文著作：在发表了《甘肃省苜蓿草产业发展的现状与对策》论文 1 篇。参与编写了《草业信息化实用技术》《甘肃主要优良牧草种植与加工技术》等著作。

荣誉：2014 年和 2016 年分别获全省畜牧科技推广工作先进个人。

六十五、李萍

李萍，女，汉族，出生于 1975 年 10 月，甘肃榆中人，高级会计师。2022 年获国家林业和草原局先进个人。2023 年获省直机关工委和甘肃省人力资源和社会保障部联合援予青年学习标兵。

简历：1996 年大专毕业于兰州工业学院现代会计专业，同年 12 月分配到甘肃省畜牧厅物资站工作，同年调入甘肃省草原总站工作，同年取得兰州大学本科文凭。2011 年任高级会计师。1996—1999 年在省农牧厅物资供应站担任会计员，2000 年起在本单位担任助理会计师、会计师和高级会计师。2017 年 5 月—2021 年 4 月任财务科副科长。先后在办公室、草业科、财务科等岗位工作。

成果：“牛羊专用中草药保健型饲料添加剂的开发利用”项目获 2010 年甘肃省农牧渔业丰收奖二等奖;“甘肃河西退化草原综合治理极其养殖关键技术研究”项目获 2011 年甘肃省农牧渔业丰收奖二等奖。

论文著作：在省级以上期刊发表《会计诚信缺失的动因分析及治理对策》《新会计准则与新税法下收入处理的差异分析》等论文 5 篇。

荣誉：2009 年全省畜牧科技推广工作先进个人。

六十六、潘冬荣

潘冬荣，男，汉族，生于 1989 年 10 月，甘肃临夏人，中国共产党党员，畜牧师。

简历：2013 年硕士研究生毕业于甘肃农业大学草业科学专业，同年 10 月考入本单位工作。2022年获兰州交通大学资源与环境遥感专业博士研究生学位。参加工作以来一直在动态监测科从事草原资源调查和监测工作。2021年8月任动态监测科副科长。2023年1月辞职。

成果：参与中科院“碳”专项，国家重点研发计划重点专项“国土资源与生态环境安全检测系统集成技术及应急响应示范”和多项国家自然科学基金项目。参与了甘肃省第二次草原普查、祁连山国家公园草原资源调查等工作。参加了国家林业和草原局全国草原基况监测专班、“碳中和，碳达峰”培训班，利用无人机遥感技术协助草原监理部门进行了多起草原征占用面积核查和取证制图工作。主持实施省级财政项目“无人机遥感技术在草原监测中的应用研究及示范推广”，申请了实用新型专利两项，获得甘肃省林业科技进步一等奖一项。制定地方标准《甘肃省草地类型划分标准》，获得国家软件著作权一项。

论文著作：在省级以上刊物发表论文10余篇。参与编写了《甘肃草地资源》《甘肃省常见草原植物图谱》《甘肃省草原监测评价技术细则》等。

六十七、王延

王延，男，汉族，生于1990年11月，甘肃会宁人，中国共产党党员，畜牧师。

简历：2016年6月毕业于甘肃农业大学，同年10月考入本站参加工作至今，先后在政工科、办公室和草原建设科工作。2016年10月—2017年5月，在武威市天祝县抓喜秀龙乡南泥沟村驻村帮扶。2018年4月—2019年1月，参加甘肃省农牧厅产业扶贫督导工作，担任会宁县联络员。2020年6月至今，在秦安县刘坪镇黄湾村驻村帮扶，担任驻村帮扶工作队队员。在职研究生，2021年6月获农业硕士学位。2021年8月任草原建设科副科长。

主要工作：参与地方标准《岷山猫尾草》的编制，参与开展全省已垦草原植被恢复、草原生态修复及相关规划编制等工作。

论文著作：在省级以上刊物发表《甘肃省草业标准化建设的思考》《苜蓿秋眠级利用研究进展及基于秋眠级的甘肃苜蓿气候适应性区划初探》等论文7篇。

六十八、陈兮

陈兮，女，汉族，生于1974年3月，江西南昌人，高级会计师。

简历：1993年12月在临夏州农机公司参加工作。1996年1月调入临夏州地矿局工作。1997年6月在职获得甘肃农业大学兽医系食品卫检专业大专文凭。1999年7月调入甘肃省动物营养研究所工作。2004年10月机构改革合并到本站工作。2013年6月在职获得兰州大学经管学院工商管理硕士学位。2018年6月—2021年5月停薪留职。2021年8月—2024年6月任计划财务科副科长。2022年2月任高级会计师。

论文著作：在省级以上刊物发表《信息化时代下，财务会计工作创新研究》

《基于内部控制的行政事业单位资产管理模式探究》等论文3篇。

六十九、陈洁

陈洁，女，藏族，生于1987年6月，甘肃卓尼人，中国共产党党员。

简历：2010年6月毕业于兰州商学院金融学专业。2010年12月在碌曲县审计局参加工作。2013年1月调入甘南州生态环境局从事人事、财务及项目工作。2023年4月调入甘肃省草原技术推广总站工作。2024年6月任计划财务科副科长。

七十、付萍

付萍，女，汉族，生于1987年10月，甘肃永登人，中国共产党党员。

简历：2015年硕士研究生毕业于兰州大学草地农业科技学院草业科学专业。2017年10月起在甘肃省草原技术推广总站草业科工作。2024年6月任草种科副科长。

成果：参于完成“林下种草高校技术试验示范”等8个项目，发表论文2篇。

七十一、高成芬

高成芬，女，生于1992年4月，甘肃金昌人，中国共产党党员，农经师。

简历：2015年6月毕业于甘肃农业大学农林经济管理专业，同年9月在甘肃省草原技术推广总站参加工作。2022年12月获甘肃农业大学农艺与种业专业硕士研究生学位。2020年9月任农经师。2024年5月任组织人事科副科长。

成果：参加完成“甘肃省当家草品种示范推广”等项目3项，发表论文2篇。

七十二、莫负涛

莫负涛，女，生于1989年10月，甘肃安定人，中国共产党党员，高级畜牧师。

简历：2016年硕士研究生毕业于甘肃农业大学动物科学与技术学院动物营养与饲料科学专业。2017年10月入职甘肃省草原技术推广总站信息科工作。2024年6月任办公室副主任。

成果：参于完成“河西沙区种草及植被恢复技术示范项目”等项目3项，发表论文3篇，参与完成的项目获2022年甘肃省科技进步一等奖。

七十三、吴丹丹

吴丹丹，女，生于1987年12月，河南扶沟人，中国共产党党员，畜牧师。

简历：2014年6月毕业于甘肃农业大学生态学专业。2014年9月—2019年3月，就职于兰州科天集团。2020年6月入职甘肃省草原技术推广总站动态监测科工作。2024年5月任动态监测科副科长。

论文著作：发表《马铃薯连作对土壤盐分积累及离子组成的影响》论文1篇。

七十四、周惠丽

周惠丽，女，汉族，生于1987年3月，甘肃榆中人，中国共产党党员，林业工程师。

2010年6月毕业于兰州商学院。2017年6月获甘肃农业大学草业学院植物保护专业农业推广硕士学位。2011 年 1 月参加工作。2021 年 4 月调入甘肃省草原技术推广总站工作。2024 年 5 月任有害生物防治科副科长。

成果：参与"全国蝴蝶多样性观测"等项目多项，发表论文数篇。

第四节　技术骨干

本节对获得研究员任职资格以及副高职称中获得地市级以上荣誉称号的技术骨干予以收录。

一、金生元

金生元（1938 年 2 月—2011 年 7 月），男，汉族，甘肃秦安县人，高级畜牧师。

简历：1965 年 8 月毕业于兰州大学生物系，同年 8 月分配到夏河县农牧局甘加种子场工作。1981 年 3 月，调入甘肃省草原工作队工作。1998 年 3 月退休。2011 年 7 月去世，享年 74 岁。

主要工作：在单位主要从事草地资源调查内外业资料的收集、整理工作；负责草地资源数据统计汇总工作，完成了全省地县的草地类型、等级及环境条件等方面的基础数据统计。是《甘肃草地资源》编辑委员会委员。参与畜牧科技整乡承包工作驻村技术服务。

成果："镇原县三岔镇畜牧业综合技术整乡承包"项目于 1995 年 7 月获甘肃省畜牧局科技进步三等奖。

荣誉：1990 年 12 月获农业部授予的"全国草地资源调查先进工作者"荣誉称号。

二、李福

李福（1953 年 9 月—2019 年 10 月），男，汉族，甘肃永登县人，高级畜牧师。

简历：1976 年 9 月毕业于甘肃省畜牧学校畜牧兽医专业，同年 9 月分配到甘肃省畜牧兽医工作队工作。1977 年到甘肃省草原工作队工作。1979—1980 年，脱产在兰州大学学习草地资源调查及植物分类。1979 年 4 月—5 月在内蒙古自治区赤峰参加草地资源调查培训，1980 年 3 月—4 月，在中国草原研究所学习植物分类。1981 年 3 月—4 月在中科院青海高原研究所学习植物分类。2013 年退休，从事草原专业技术工作 37 年。2019 年 10 月去世，享年 67 岁。

主要工作：长期在草原生态一线工作，通过学习和积累，在草原植物分类方面具备丰富的实践经验，是行业内为数不多的草原分类专家。先后参与了甘肃省 20 世纪 80 年代和 2013 年两次大规模的草原资源调查，在甘肃草原资源调查和草原植物分类方面作出了贡献。2013—2017 年，被单位返聘对全省草原资源调查进行技术指导，主要负责草原类型划分和植物类型判定工作。

论文著作：作为第二作者主持完成了《甘肃草原常见植物图集》，由甘肃科学技术出版社出版。参编《中国草地饲用植物资源》《甘肃草地资源》等著作，论文《常见牧草种类识别图》由农业部草原监理中心刊出。

成果：参加完成的“武威地区天然草场资源调查”于1985年1月获武威地区科技成果一等奖；“甘肃省农牧结合、种草养畜综合配套技术的试验研究”于1989年获甘肃省科技进步二等奖。

荣誉：1990年2月获农业部颁发的“全国草地资源调查先进工作者”。2004年获甘肃省农牧厅颁发的“2002—2003年度畜牧科技推广工作先进个人”。2006年获农业部草原监理中心颁发的“2005年草原监理工作先进个人”。

三、王英

王英，男，汉族，生于1940年5月，甘肃临洮县人，中国共产党党员，高级畜牧师。

简历：1962年毕业于甘肃省定西农业专科学校，1964年6月参加工作，先后在甘肃省家畜改良队、甘肃省畜牧兽医工作队工作。1977年调入甘肃省草原工作队。2000年6月退休。

主要工作：自参加工作以来，一直从事草业工作，曾多次被评为站先进个人和模范工作者。从1978年开始，深入岷县山区，对20世纪40年代引进、后来散失无资料可查、呈零星野生状态的红三叶和猫尾草进行考察研究。采集选育的新种质先后在江西清江县、甘肃省漳县、武山县、文县、武都县（今陇南市武都区）、天水及临洮县试验示范，面积达7000余亩，其中红三叶3000多亩，猫尾草4000多亩。获得了抗逆性强、产草量高、叶量丰富、品质较好的两个牧草新品种，1987年12月由单位和岷山种畜场共同申报，经全国饲料牧草品种审定委员会审定通过，正式定名为岷山红三叶和岷山猫尾草，成为甘肃省当家草品种。负责与武都县（今陇南市武都区）种草站和外纳乡外纳村三方联办了“草、林、畜互补模式试验”点，两年后，使外纳村纯经济收入（不含粮食及其它收入）比1987年净增6万元，户均1200元，人均227元。

成果：主持审定通过“岷山红三叶”“岷山猫尾草”两个国审品种。1989年获甘肃省畜牧厅科技进步二等奖。

荣誉：1990年被农业部和人事部授予“全国农业劳动模范”。

四、许可

许可，男，汉族，生于1947年11月，浙江杭州人，高级畜牧师。

简历：1972年5月插队，1974年5月参加工作。1978年考入甘肃农业大学畜牧专业学习。1982年8月毕业，分配到甘肃省草原工作队工作，在饲料科主要从事饲草料生产加工技术推广、科技扶贫、“瘦肉型新品系选育及杂交繁育体系研究”等工作。2007年12月退休。

主要工作：长期从事饲料资源调查和饲草加工技术推广。主持完成“甘肃饲料资源调查及饲料成分与营养价值评定”项目，负责项目实施方案制定，验收报告编制，深入地县调查。主持完成了“五县七乡畜牧业科技扶贫”中的“卓尼县大族乡畜牧扶贫科技承包”项目。

成果：1988 年获甘肃省科技进步三等奖；1996 年获甘肃省农业推广三等奖。

论文著作：在省级以上刊物发表《洋麻枝叶饲喂育肥羊试验》《甘肃省饲料资源调查报告》等 4 篇论文。

五、程文定

程文定，男，汉族，甘肃甘谷人，1956 年 10 月生，研究员。

简历：1982 年 1 月毕业于甘肃农业大学草原系。1982—1989 年在甘肃省畜牧厅畜牧处工作。1990—2005 年，在甘肃省动物营养研究所工作。2005—2016 年，在本单位工作。

主要工作：参与主持了 GEF 项目，开展了红三叶异黄酮含量相关研究和草产业相关技术研究工作。

成果：“有机废弃物饲料资源化应用研究”于 2006 年获甘肃省科技进步二等奖；“肉牛及饲料生产技术研究”于 1996 年获甘肃省科技进步二等奖；“甘肃河西退化草原综合治理及养殖关键技术研究”于 2011 年获甘肃省农牧渔业丰收二等奖；“岷山红三叶异黄酮含量动态变化及其调节动物钙磷代谢的作用机理研究”于 2013 年获甘肃省科技进步二等奖；“岷山红三叶及其异黄酮生产技术研究”于 2008 年获甘肃省农牧渔业丰收一等奖；“甘肃特色草产业配套技术研究及示范推广”于 2010 年获甘肃省农牧渔业丰收三等奖；“甘肃省干旱半干旱典型区草地资源及生产力研究与评价”于获 2012 年甘肃省农牧渔业丰收一等奖；“畜禽粪便饲料资源化专用沸石生物处理剂”发明专利；制定《药用岷山红三叶及种子生产技术规程》地方标准。

论文著作：在省级以上期刊发表《日本的乳牛业》《乳用犊牛的科学培育》等论文 10 余篇。主编《饲料、饲草、草坪》；为“世行·全球环境基金”项目编写了《退化草原改良技术手册》。

荣誉：2010 年入选甘肃省领军人才第一层次。

六、王俊梅

王俊梅：女，汉族，甘肃临洮人，生于 1963 年 7 月，中国民主同盟盟员，农业技术推广研究员。

简历：1982 年 7 月毕业于甘肃省畜牧学校畜牧专业，同年 8 月参加工作。1994 年 10 月调入本单位工作。1999 年 6 月取得兰州大学汉语言文学专科学历。2003 年 6 月取得甘肃农业大学草业科学本科学历。2014 年 12 月获农业技术推广研究员任职资格。

主要工作：长期开展草原害虫发生规律及治理研究、示范与推广，参与编制《草原鼠虫害防治规划》《鼠虫害预测预报预案》，参与组织鼠虫害预测预报体系建设，现场防治与技术培训。负责《甘肃省草原技术推广总站史》基础资料收集整理和编制。

成果："荒漠草原白刺夜蛾防治研究"项目获2000年甘肃省科技进步二等奖；"甘肃当地主要牧草生产技术研究及示范推广"项目获2010年甘肃省科技进步二等奖；"草原虫害发生规律研究与防控技术集成示范"项目获2015年甘肃省科技进步二等奖；主持完成的"防控有害生物对高寒草原植被恢复影响的研究"获2010年甘肃省农牧渔业丰收奖二等奖；世界银行贷款甘肃牧业发展项目——全球环境基金赠款（GEF）应用研究课题"草原有害生物防治试验研究"于2009年12月通过验收；参加完成的"甘肃草原主要害鼠和蝗虫预报研究"获2000年甘肃省畜牧局科技进步一等奖；制定了甘肃省地方标准有《白刺夜蛾预测预报技术规范》《草原毛虫预测预报技术规范》《草原鼠虫害预测预报站建设标准》。

论文著作：在省级以上学术期刊发表《白刺夜蛾防治指标研究》《生物技术对草原蝗虫的控制效果及应用前景》等论文20余篇。参编《甘肃草业可持续发展战略研究》《草原鼠虫害预测预报及防控技术》。

荣誉：2005年1月入选甘肃省"555创新人才工程"第二层次人选。获1997年全省草地饲料工作先进个人。2014—2015年度全省畜牧科技推广工作先进个人。

七、高占琪

高占琪，男，汉族，生于1964年1月，甘肃镇原县人，正高级畜牧师。

简历：1985年7月毕业于甘肃省畜牧学校畜牧专业，分配到甘肃省饲草饲料研究所工作。1985—2005年在甘肃省动物营养研究所（甘肃省饲草饲料研究所）工作。1998—2003年在甘肃省动物营养研究所下属的福达动物营养技术发展有限公司工作。2005年至今，在甘肃省草原技术推广总站业务科、动物营养室和种质资源科工作。2008年6月获甘肃农业大学草业科学专业本科文凭。2020年12月获正高级畜牧师任职资格。

主要工作：开展动物营养研究，农副产品饲料化利用，畜禽预混料、浓缩料、配合饲料产品开发研究及试验示范、推广。参与开展了高寒牧区人工草地建植技术研究，在夏河、岷县、漳县开展了退牧还草工程监理和技术支撑工作；参与了耐寒豆科牧草野生斜茎黄芪驯化选育及区域试验、牛羊全混合日粮工艺优化与模式研究示范等工作；2016年以来，开展了红豆草选育、产品研发和营养评价研究、牧区放牧家畜营养改善及品种改良技术研究和康乐县产业扶贫督导等工作；2020年以来，参与甘肃省草品种区域试验站建设、管理、技术服务和培训，参与乡土草种驯化选育和良种繁育技术研究、示范点建设。

成果：参与的“废血的利用研究”项目于1987年获甘肃省科技进步三等奖；“奶牛复合营养添加剂舔块的研制”于1992年获甘肃省科技进步二等奖；“饲料酶添加剂应用试验”于1999年获甘肃省畜牧局科技进步二等奖；“畜禽预混合饲料生产技术开发研究”于2004年获甘肃省科技进步三等奖；“牛羊精料补充料及复合营养舔块技术开发及应用”于2004年获甘肃省农牧渔业丰收二等奖；“牛羊安全性系列饲料产品的研制”于2007年获甘肃省科技进步二等奖；“环保型菌–酶复合纤维饲料生物降解助剂的研制”于2007年12月获甘肃省农牧渔业丰收二等奖；“甘肃高寒牧区人工草地建植技术研究与示范”于2011年获甘肃省科技进步二等奖；“牛羊专用中草药保健型饲料添加剂的开发利用”于2011年获甘肃省科技进步三等奖；“甘肃省干旱半干旱典型区草地资源及生产力研究与评价”于2012年获甘肃省农牧渔业丰收一等奖；“岷山红三叶异黄酮含量动态变化及其调节动物钙磷代谢作用机理研究”于2013年获甘肃省农牧渔业丰收一等奖；“牛羊全混合日粮工艺优化及模式研究示范”于2017年获甘肃省科技进步三等奖；“甘肃红豆草等主要优良牧草营养评价与产品研发”于2018年获全国农牧渔业丰收奖三等奖；“牧区放牧家畜营养改善及品种改良技术研究”于2020年获甘肃省农牧渔业丰收二等奖；“斜茎黄芪”于2014年获甘肃省草品种审定委员会草品种登记证书。

论文著作：在省级以上学术刊物发表了《甘肃红豆草在高寒牧区的生产性能和营养价值评价》《甘肃高寒牧区多年生豆科牧草混播草地效益评价》等论文15余篇。参编《草食家畜营养及饲料加工调制技术》和《秸秆饲料化利用技术》等著作。

八、马彦彪

马彦彪，男，汉族，甘肃靖远人，生于1961年10月，中国民主同盟盟员，正高级畜牧师。

简历：1985年7月毕业于甘肃省畜牧学校畜牧专业，同年7月在甘肃省饲草饲料研究所（后更名为甘肃省动物营养研究所）参加工作。2008年6月取得甘肃农业大学草业学院本科学历。1985年7月—2005年4月，在甘肃省动物营养研究所从事动物营养、饲料科学方面的研究工作。2005年5月至今，在单位动物营养室、饲料科、草种科等岗位从事饲料、草原、草种等业务工作。2020年12月获正高级畜牧师任职资格。

主要工作：开展了饲料用蝇蛆、蚯蚓养殖模式研究，电热地温孵化技术研究，参与秸秆饲料酶处理技术研究，粮饲兼用玉米开发利用研究、GEF项目中生物防治试验等动物营养和饲料技术研究项目；开展了甘肃省科技厅组织的科技扶贫工作。

成果：“建立蝇蛆、蚯蚓良性循环模式的研究”于1989年获甘肃省畜牧厅科技进步三等奖；“电热地温孵化技术的研究与推广”于1996年获全国农牧渔业丰收三等奖；“秸秆饲料酶解处理技术应用研究”于1999年通过甘肃省科技厅鉴定验收；

“蝇蛆蛋白质饲料的开发和利用研究”于2005年获甘肃省农牧渔业丰收三等奖；“环保型菌酶复合纤维饲料生物降解助剂的研制”于2007年获甘肃省农牧渔业丰收二等奖；“粮饲兼用玉米综合开发利用技术示范推广”于2010年8月获甘肃省农牧渔业丰收三等奖；“草原有害生物防治试验研究（GEF）项目”于2009年11月通过甘肃省环球基金会评审验收；“甘肃河西退化草原综合治理及其养殖关键技术研究”于2012年2月获甘肃省科技进步三等奖；“黄粉虫蛋白质饲料应用技术开发研究”于2012年8月获甘肃省农牧渔业丰收二等奖；“农作物秸秆饲料化技术集成示范与推广”于2015年获甘肃省农牧渔业丰收一等奖；“牛羊全混合日粮技术工艺优化与模式研究示范”项目于2018年1月获甘肃省科技进步三等奖；编制《黄粉虫恒温立体养殖技术规范》《饲料用干黄粉虫》两个地方标准。

论文著作：在省级以上刊物发表《黄粉虫蛋白用于犊牛代乳料试验》《中药材秸秆全混合日粮对育肥肉牛生长性能的影响》等论文20余篇。

荣誉称号：获2009年、2017年获全省畜牧科技推广工作先进个人。

九、杨红梅

杨红梅，女，生于1965年6月，陕西澄城人，正高级畜牧师。

简历：1985年7月毕业于甘肃省畜牧学校，同月，在甘肃省畜牧技术推广总站参加工作。2004年6月取得甘肃农业大学本科学历。2013年调入甘肃省草原技术推广总站动态监测科工作。2023年12月取得正高级畜牧师任职资格。

成果：主持完成的“动物福利在养猪业中的应用研究”项目获甘肃省科技进步三等奖；参加的“稀土添加剂饲喂猪对生产性能影响的试验”项目获甘肃省科技进步三等奖;“稀土复合添加剂对肉鸡，肉牛产肉性能影响研究”项目获甘肃省农牧渔业丰收二等奖;“良种鸡产业化示范小区建设”项目获甘肃省科技进步三等奖；“高产优质苜蓿产业化技术集成与示范推广”项目获甘肃省科技进步三等奖。

论文著作：在省级以上专业期刊发表论文数篇。

（本章编写人员：张榕、王俊梅、谭成虎；校对：史春雪）

第一章　党的政治思想教育活动

改革开放以来，中国在思想政治领域面临着一系列新的矛盾和问题。特别是西方意识形态的影响和侵蚀，加之干部队伍中缺乏系统的马克思列宁主义教育，政治理论学习薄弱、领导干部理想信念动摇、政治立场不坚定的问题涉及到了党性党风的各个方面。党中央就新形势下如何开展理想信念教育，以“三讲”教育作为一种整风方式，探索出了一条不搞政治运动，而能妥善解决党内问题的新办法、新途径。这种办法和途径，既是对过去延安整风精神为主要内容的党的优良传统的学习和继承，更是在此基础上的发扬补充和创新。以“三讲”教育为开端，我党针对改革开放以来不同时期党内存在的问题，陆续开展了一系列的理想信念教育和政治思想建设活动。

第一节　“三讲”教育

一、背景

1998 年 11 月 21 日，中共中央发出《关于在县级以上党政领导班子、领导干部中深入开展以“讲学习、讲政治、讲正气”为主要内容的党性党风教育的意见》。活动把学习理论作为基础，着眼于教育和提高干部政治素质，把县级领导干部作为重点，着眼于解决突出问题，把发动群众开门整风作为主要方法，着眼于深刻查找问题，把批评与自我批评作为重要武器，着眼于沟通思想、增进团结、治病救人。甘肃省畜牧局党委于1998年12月8日召开“三讲”教育动员大会，并下发了实施方案。至此，我单位“三讲”教育活动开始，教育对象为领导班子和领导干部，全体职工参与，历经两年时间，到2000年底基本结束。

二、重要意义

1. 开展县级领导干部“三讲”教育，是全面加强党的建设的迫切需要，以整风精神深入开展“三讲”教育，切实解决领导干部在党性党风方面存在的突出问题，是思想上、政治上、组织上、作风上全面加强党的建设的有效措施。

2. 开展县级领导干部“三讲”教育，是巩固前一阶段地局级领导“三讲”教育成果的必要阶段。

3. 从单位处于全省草业技术推广大站的位置来看，搞好领导干部的“三讲”教育，事关全省科技兴牧战略的实施和单位实力的壮大。

4. 从单位领导干部队伍的现状来看，开展“三讲”教育十分必要。

5. 从全省草业发展形势的要求来看，搞好单位领导干部“三讲”教育，十分迫切。

三、教育活动开展情况

“三讲”教育范围：领导班子和领导干部，教育内容：讲学习、讲政治、讲正气。

（一）成立组织机构

成立了由党委书记为组长的“三讲”教育办公室，加强了“三讲”教育的组织协调工作。

组长：刘传海。

成员：吴衍庆、周多虎。

办公室主任：吴衍庆。

成员：周多虎、张榕、吴栋国、喻文虎、李新媛。

（二）基本做法

一是加强组织领导，加强理论学习。二是自我查找与群众意见结合，提高剖析质量。群众对领导班子及成员的剖析反应良好，领导班子剖析材料的满意和基本满意率达93.6%，领导班子各成员剖析材料的满意率和基本满意率也都在87.2%以上。三是开展批评与自我批评，达到团结提高的目的。四是积极研究整改方案，落实整改责任。

（三）查摆问题情况

一是理论学习不够深入，缺乏对理论的系统阅读和准确领会，缺乏理论与实践的结合，放松了世界观的改造，改革创新精神和开拓进取精神不强；二是领导班子不健全，老化严重，有守摊子的思想和等待想法；三是在工作作风方面，深入实际不够；四是廉政建设方面，有时紧时松现象；五是关心群众生活不够细，业务工作重点不突出。

(四) 整改落实情况

针对查摆的问题，站党委集中利用2天时间，专门进行了分析研究。从加强理论学习，提高思想政治水平；深化改革、推行竞争机制；加强党性党风锻炼、坚持民主集中制；加强党风廉政建设责任制；切实转变工作作风，扎扎实实地开展工作；关心群众生活、解决职工普遍关心的热点问题；围绕中心工作、拓展业务范围等7个方面研究制定了主要整改措施和整改方案，落实了整改任务，明确了整改责任，对查摆出的问题，基本全部整改完毕。

四、“三讲”教育成效

通过“三讲”教育，受到了一次理论的再教育，解决了党性党风锻炼的认识问题；坚定了政治信念，树立了正确的世界观、人生观和价值观；领导班子和成员，找准了存在的突出问题，通过深刻剖析，明确了今后努力的方向；通过开诚布公的批评与自我批评，放下包袱，轻装上阵，增强了工作的主动性。

五、基本经验

加强领导、精心组织、正确引导是搞好“三讲”教育的保证；正确对待群众意见，严于剖析，突出重点，才能使党性党风真正得到锻炼；运用切实可行的措施把党性党风方面存在的突出问题解决好，大力推进各方面的工作，才是“三讲”教育成果的最好体现；要进一步牢固树立全心全意为人民服务的思想，树立求真务实、真抓实干、依靠群众、商量办事的好作风，才能巩固和发展 “三讲”教育的成果。

六、对今后工作的意见

一要总结好、利用好这次“三讲”教育集中学习的经验，认真改进干部的理论学习，大力发扬马克思主义的学风，坚持学习，持之以恒，在学深学透上下功夫。二要进一步加强领导班子建设，积极推进干部人事制度改革，特别要把培养和选拔优秀年轻干部作为重要的政治责任和历史责任，努力抓紧抓好。三要密切结合经济体制改革、政治体制改革，加强党风廉政建设，推动反腐败斗争的深入发展。

七、分管领导及工作人员

分管领导：刘传海。

职能科室：政工科。

科室负责人：吴玉珍、周多虎。

参与人员：刘宗祥、李新媛、马爱霞。

第二节　保持共产党员先进性教育活动

根据党的十六大和十六届四中全会精神，为进一步加强党的执政能力建设，全面推进党的建设新的伟大工程，确保党始终走在时代前列，更好地肩负起历史使命，

2004年11月7日，中共中央发布《关于在全党开展以实践“三个代表”重要思想为主要内容的保持共产党员先进性教育活动的意见》，决定从2005年1月开始，用一年半左右的时间，在全党开展以实践“三个代表”重要思想为主要内容的保持共产党员先进性教育活动，到2006年6月基本结束。

按照甘肃省农牧厅党组开展先进性教育活动实施方案要求，站党委研究决定，在单位开展先进性教育实践活动。为确保活动取得实效，结合实际，制定了《甘肃省草原总站开展保持党员先进性教育活动实施细则》。

活动时间：2005年2月—2005年6月。

一、背景意义

开展先进性教育是认真贯彻落实党的十六大和十六届四中全会精神，坚持用“三个代表”重要思想武装全党的重要举措，是提高党的执政能力、巩固党的执政地位、完成党的执政使命的重要举措，是推进中国特色社会主义伟大事业的重要举措，具有十分重大而深远的意义。

二、总要求和主要任务

范围：总站全体中共党员。

总要求：提高党员素质、加强基层组织、服务人民群众、促进各项工作。

突破口：以增强立党为公、执政为民意识为重点，以解决作风问题为突破口。

主要任务：制定实施方案和工作计划；进行广泛的思想发动，着重解决对开展先进性教育活动的思想认识问题；组织党员认真学习讨论，明确新时期党员先进性的具体要求，提高党员的政治素质。

三、活动内容

（一）成立组织机构

成立甘肃省草原总站保持党员先进性教育活动领导小组及办公室。

领导小组组长：韩天虎。

副组长：豆卫、王心灵。

成员：王立耕、赵庆平、谭成虎、周多虎、张德勇、席文娣。

办公室主任：周多虎。

成员：谭成虎、金赐福、席文娣、张德勇。

（二）学习教育活动

一是召开动员大会。二是个人自学与集中学习相结合加强学习。三是开展研讨交流。四是多渠道征求意见。

四、查摆问题情况

一是“六种形式”查问题，采取民主测评、座谈调研、谈心交流、走访征询、网络信箱等途径和方法征求各方面的意见建议。开展了查理想信念牢不牢、宗旨意识强不强、工作作风实不实、思想剖析深不深、工作效率高不高、从政用权廉不廉的“六查”活动，深入查找了领导班子及成员在“四风”方面存在的突出问题。二是撰写对照检查材料，通过厅督导组的帮助和班子的认真梳理分析，归纳总结出领导班子在8个方面存在的18项突出问题及表现形式，撰写对照检查材料；党员领导干部围绕作风情况、存在问题、原因分析、努力方向和改进措施，5名领导班子成员撰写了个人对照检查材料。

五、整改落实情况

一是加强组织建设、健全学习制度，努力构建学习型单位，站党委对巩固和扩大整改成果给予了高度重视，为实现整改目标，切实贯彻甘肃省草原总站领导班子整改方案，从健全组织和建立健全政治理论学习制度入手，有效地开展政治理论工作。二是实施人才战略，努力提高服务“三农”水平，采取了走出去、请进来的办法，并有针对性地进行了专业知识培训，鼓励开展学历深造。三是体现以人为本，为群众办好事办实事；完成了大门以外的道路整修，并积极地与院内单位协商，争取年内进行电网改造，解决院内电网线路老化的问题；着手对老干部活动室进行调整，并根据他们的身体特点配备必要的娱乐设施。

六、专题民主生活会情况

会前准备：开门纳谏，采取多种形式，多渠道、多层次征求了意见，特别是对领导班子及其成员，向主管厅长、厅有关处室、重点牧业县草原站、站中层干部、站高级职称专业技术人员等征求了意见和建议。经汇总、梳理，对领导班子的意见36条，对领导班子成员的意见30条。

会议内容：民主生活会上，紧紧围绕主题，按照“一人剖析，众人帮助，逐一批评”的方式，班子成员针对自身查摆出的突出问题，从世界观、人生观、价值观、权力观、利益观的高度深刻分析了思想根源，提出了整改措施，明确了今后的努力方向。

会后整改：民主生活会结束以后，站领导班子在认真综合分析存在问题的基础上，制定了《甘肃省草原技术推广总站领导班子整改方案》，并进行了切实有效地整改。在整改过程中，不断征求意见，分析原因，完善方案，使整改工作更加扎实，更加富有成效。

七、教育活动取得的主要成果

广大党员思想认识有了进一步提高。思想进一步统一到中共中央、甘肃省委的政策规定和厅党组的要求上来；对先进性教育活动重要性和必要性有了深刻的认识。能以积极的态度投入到教育活动中来；学习理论的积极性、主动性有了明显提高。通过学习教育活动，在单位形成了以党员学习带动全员学习，以政治理论学习带动专业知识学习的浓厚的学习气氛；爱岗敬业精神进一步提升，业务工作稳步推进。

通过教育活动，职工的工作纪律性进一步加强，工作作风进一步好转，特别在事业单位改革单位合并后又分离的特殊情况下，职工思想稳定，保持了正常工作秩序，使各项业务工作稳步推进。

八、分管领导及工作人员

分管领导：王心灵。

职能科室：政工科。

科室负责人：周多虎。

参与人员：谭成虎、金赐福、席文娣、张德勇。

第三节　深入学习实践科学发展观活动

根据中国共产党的“十七大”部署，中共中央决定，从2008年9月开始，用一年半左右时间，在全党分批开展深入学习实践科学发展观活动（以下简称“学习实践活动”）。

按照甘肃省农牧厅做出的统一安排部署，为了确保学习实践活动健康有序、扎实有效地开展，结合单位实际情况，经单位党委研究，制定了《甘肃省草原技术推广总站领导班子学习实践科学发展观活动方案》，活动于2008年10月10日开始，全站11个科室、4个支部的62名党员参加了活动。

一、背景意义

党的十七大决定在全党开展深入学习实践科学发展观活动，是用中国特色社会主义理论体系武装全党的重大举措，是深入推进改革开放、推动经济社会又好又快发展、促进社会和谐稳定的迫切需要，是提高党的执政能力、保持和发展党的先进性的必然要求。

2009年1月中旬，单位领导班子分析检查报告形成以后，经过反复征求领导班子成员及中层干部的意见，形成了《甘肃省草原技术推广总站领导班子学习实践科学发展观活动整改落实方案》。

时间：2008年10月—2009年2月。

二、总要求和主要任务

总要求：提高思想认识，解决突出问题，创新体制机制，促进科学发展。坚持解放思想，着力突出实践特色，认真坚持群众路线，坚持正面教育为基本原则。县级以上领导班子和党员领导干部为重点，全体党员参加。

主要任务：深化理论学习，深入调查研究，实施人才战略，完善体制机制，坚持以人为本，积极争取项目，加强领导班子建设。

三、活动内容

（一）成立组织机构

为了确保学习实践活动健康有序、扎实有效地开展，结合单位实际情况，经单位党委研究，成立单位学习实践科学发展观活动领导小组和办公室。

组长：韩天虎。

副组长：豆卫。

成员：王心灵、王立耕、赵庆平。

办公室主任：席文娣。

成员：喻文虎、向金城、许国成、俞联平、曹明崇。

联络员：席文娣。

整改方案落实监督小组组长：王心灵。

成员：喻文虎、王国生、张德勇、杨六虎、冯乐荣。

（二）主要做法

坚持理论学习，努力用党的最新理论成果武装头脑。坚持突出实践特色，力求活动取得实效。坚持领导和党员干部带头，动员全体职工全程参与。坚持走群众路线，群策群力搞好学习实践活动。

一是在学习培训阶段，通过开展“一个问题，一个建议”活动，组织全站职工查找制约单位发展的瓶颈以及解决办法，共梳理出建议 20 多条。二是在分析检查阶段，围绕开好民主生活会广泛开展了征求意见活动，保证了专题民主生活会的质量。三是在整改落实阶段，将群众满意不满意作为标准。成立了由党委书记任组长的整改工作领导小组和由职工代表、科室负责人代表、离退休职工代表组成的整改方案落实监督小组，保证整改落实方案各项任务落到实处，使单位学习实践活动真正成为群众满意工程

（三）查摆问题情况

主要表现：一是在思想认识上还存在不符合和不适应科学发展观要求的情况；二是业务能力和水平与形势发展的需要尚有一定差距；三是工作作风还需要不断改进；四是构建和谐单位和解决民生方面还存在一些问题。针对存在的问题制定了 28 项整改措施。

（四）整改落实情况

1. 强化理论学习方面（长期）：根据甘肃省农牧厅的要求和单位实际，对第一季度、第二季度的学习计划和单位中心理论组 2009 年的学习进行了安排。

2. 领导班子成员带头解决好业务工作和理论学习的矛盾，做到学习工作两不误、两促进方面(长期):领导班子成员从 6 月份起到 11 月份，每位领导作理论报告一次。

3. 请有关专家进行形势教育和省情教育（长期）：结合五四青年节，邀请离退休

老专家进行了站情教育，开展了读书演讲活动。

4. 不断创新学习载体，丰富学习内容，结合单位实际开展专题教育活动（长期）：对单位“讲党性、重品行、作表率”活动、2009年工作内容和“加强党性修养树立和弘扬优良作风主题教育活动”作出了初步安排。

5. 领导班子成员带头深入农区、牧区进行调研，完成调研报告8篇。

6. 组织完成学习实践活动中确定的23项调研内容，形成调研报告15篇。

7. 确定需要引进急需专业人才2名。

8. 建立高层专业技术人员业务考核评价量化体系。

9. 解决单位专业技术人员业务技能偏低、缺乏学术带头人问题：推荐4名甘肃省领军人才，专业技术人员外出参加各类学习培训9人次。专业技术人员共编制自选科研项目34份，初选15个。

10. 提高再教育针对性和实效性。2月份举办学术交流会一次，会上有8名科技人员进行了学术交流，在全站营造了浓厚的学习氛围。

11. 加强与科研院所的技术合作，专业技术人员共提出科研项目34个，目前有7人到相关企业开展技术服务，4项科研推广项目与兰州大学、甘肃农业大学、中科院寒区旱区研究所进行人才、技术、服务平台等不同形式的合作和资源共享。

12. 制订单位建设和草业推广中长期规划（中期）：已开展调研工作。

13. 研究探索推广全省草原技术推广的体制机制（中期）：正在收集资料。

14. 加强对党员的有效管理和中层干部的动态管理方面(长期)：已完成党员民主评议制度和中层干部动态管理制度初稿。

15. 完善职工考勤制度和考核制度（中期）：已开始修订相关制度。

16. 加强对重点业务工作和高层次专业技术人员的监督检查方面(中期)：重点工作中高层次专业技术人员定期报告制度已初步形成。

17. 召开由不同层次职工代表参加的工作例会，解决职工关心关注的问题。

18. 班子成员主动征求科室意见，不定期开启意见箱，未发现职工意见书。

19. 尽快实现单位整体搬迁，并配合搬迁，争取资金，配备电脑及其他办公用设施，5月6日已完成搬迁，购置部分办公桌椅、电脑，办公条件得到根本改善。

20. 积极配合甘肃省农牧厅做好大院物业管理移交工作，配合监理站搞好院内物业，美化环境，清洗水塔及水池，特报甘肃省农牧厅后勤中心联系移交。

21. 力争解决大院内天然气入户问题，正在联系解决。

22. 暖气费发放已完成。

23. 做好项目储备和争取工作，完成储备项目34项。

24. 做好单位现有项目的资金技术整合工作，与甘肃农业大学草业学院进行了全球环境项目草原有害生物防治研究、草地资源监测的合作。

25. 坚持民主集中制原则，推进党务、政务公开。

26. 班子成员深入科室研究工作和沟通思想，了解群众的意见和建议，提高决策的科学性。

27. 开展经常性的纪律教育，进行不定期检查。

28. 加强党风廉政建设和反腐败建设。

四、取得的成效

广大干部对科学发展观的理解进一步深化，对贯彻落实科学发展观的自觉性和坚定性进一步增强；在单位自身建设和业务工作科学发展方面达成了共识；围绕群众得实惠，解决了一些群众关心关注的实际问题；初步形成了单位和事业发展的长效机制。

五、分管领导及工作人员

分管领导：赵庆平。

职能科室：政工科。

科室负责人：席文娣、马爱霞。

参与人员：喻文虎、向金城、许国成、俞联平、曹明崇、王国生、张德勇、杨六虎、冯乐荣、王中华。

第四节 “作风建设年”活动

按照甘肃省农牧厅党组《关于开展“作风建设年”活动实施意见》和《关于开展“作风建设年”活动实施方案》安排部署，为确保单位“作风建设年”活动的顺利进行，结合单位实际，制定《甘肃省草原技术推广总站“作风活动年”活动工作方案》。

一、背景意义

全心全意为人民服务是党的根本宗旨，群众路线是党的生命线和根本工作路线。深入开展“作风建设年”活动，对于教育引导党员干部牢固树立宗旨意识和马克思主义群众观点，切实改进工作作风，赢得人民群众信任和拥护，夯实党的执政基础，巩固党的执政地位，具有十分重大而深远的意义。

活动时间：2010 年 2 月—6 月。

二、总要求和主要内容

指导思想：以邓小平理论和“三个代表”重要思想为指导，以科学发展观为统领，全面贯彻落实党的十七届四中全会和十七届中纪委五次全会精神，以“作风建设年”活动为载体、以解决问题为重点、以推进发展为目的，不断加强单位思想作风、学风、工作作风和生活作风建设，着力解决领导干部作风方面存在的突出问题，进一步增强服务基层、服务群众的意识，做到作风大转变、思想大解放、工作大突破。

主要内容：结合学习实践科学发展观活动和民主评议政风行风活动中查找出问题的整改，进一步查找单位和个人在作风方面存在的突出问题，认真剖析原因，制定切实措施，形成单位作风建设的长效机制。各科室、全体工作人员参与建设活动。

三、活动内容

（一）成立组织机构

为确保单位“作风建设年”活动的顺利进行，经单位党委研究，决定成立“作风建设年”活动领导小组，全面负责单位“作风建设年”活动，研究解决在活动中出现的重大问题。

领导小组组长：韩天虎。

副组长：豆卫。

成员：王心灵、王立耕、赵庆平、王汝富。

领导小组办公室：负责政风行风建设的组织、协调工作。

办公室主任：王心灵。

成员：席文娣、喻文虎、谭成虎。

（二）开展学习教育

一是思想动员，组织全站职工召开“作风建设年”活动动员大会，向全体职工传达甘肃省农牧厅党组《关于开展“作风建设年”活动的实施意见》和《甘肃省农牧厅开展“作风建设年”活动实施方案》，使广大干部职工充分认识开展“作风建设年”的重大意义和具体要求，增强活动的主动性和自觉性。二是加强学习，提高认识，采取个人自学和集中学习讨论相结合的方式，组织全体党员干部学习十七届四中全会精神和十七届中纪委五次全会精神，学习中共中央和中共甘肃省委有关作风建设的文件，重点学习《中共甘肃省委关于在省直机关开展“作风建设年”活动的意见》以及中共甘肃省委召开动员大会的领导动员讲话以及厅领导的动员讲话，做好学习笔记和讨论纪录。通过学习提高广大干部职工对“作风建设年“活动的认识，进一步统一思想。

（三）多渠道征求意见

“作风建设年”活动开展以来，单位通过向基层服务对象、全体职工、上级有关部门发放征求意见表，召开基层服务单位代表、部分在职职工座谈会，领导班子主要领导与其他成员谈心，领导班子成员与分管科室职工谈心，领导班子成员座谈会等形式征求了单位在作风方面存在的问题。

（四）查摆问题情况

一是自己查，对照甘肃省委和甘肃省农牧厅党组关于作风建设的要求，紧密结合各自的工作实际，主动查找单位和个人自身存在的问题。二是互相查，领导班子成员之间、兄弟单位之间、同志之间通过谈心交流、民主评议等方式，互相征求意见建议。三是领导、主管领导结合所分管科室的工作和平时掌握的情况，指出分管科室和科室负责人在工作作风方面存在的问题，主动向单位主管处室和主管厅长征求对单位领导班子及班子成员的意见和建议。四是接受组织检查，自觉接受由甘肃省农牧厅“作风建设年”活动领导小组通过明察暗访、随机抽查所征求到的意见和建议的反馈。五是社会评，通过电话、网络、征求意见函表、座谈等方式征求基层单位、服务对象、相关业务单位在作风方面存在的问题，共查找出在服务意识、服务手段、服务能力、服务水平、服务效能5个方面存在的16个问题。

（五）整改落实情况

对查找出的具体问题进行认真的梳理汇总，制定切实可行的整改方案。针对查摆出的问题确定整改项目16项，其中近期整改项目1项，中期整改项目1项，长期整改项目14项。所有整改项目已按进度要求完成，整改完成率达到了100%。

四、活动取得的主要成果

思想认识进一步提高；解决了作风方面存在的突出问题；工作作风明显转变，服务意识进一步增强；形成了作风建设的长效机制；业务工作取得明显成效。

五、分管领导及工作人员

分管领导：赵庆平。

职能科室：政工科。

科室负责人：席文娣、马爱霞。

参与人员：喻文虎、向金城、曹明崇、王中华。

第五节　创先争优活动

中央决定从2010年4月开始，在党的基层组织和党员中深入开展创建先进基层党组织、争当优秀共产党员活动。

按照甘肃省农牧厅党组对创先争优活动进行的安排部署，为了创先争优活动在单位扎实有效地开展，根据《中共甘肃省农牧厅党组在全厅系统基层党组织和党员中深入开展创先争优活动的实施意见》，单位党委研究制定了《甘肃省草原技术推广总站关于开展创先争优活动的实施方案》，活动从2010年5月份开始，全站4个党支部，68名党员参加。

时间：2010年5月—2012年7月。

一、背景意义

在党的基层组织和党员中深入开展创先争优活动，是党的十七大和十七届四中全会提出的加强党的建设的一项重要举措。开展创先争优活动是巩固和拓展学习实践活动成果、推动学习实践科学发展观活动向广度和深度发展的需要；是推动科学发展、和谐发展，实现跨越发展的需要；是全面推进基层党建工作创新、夯实党的执政基础的需要。

二、总体要求、目标和内容

总体要求：单位创先争优活动认真贯彻落实党的十七大和十七届三中、四中全会精神以及中共甘肃省委十一届七次全会精神，以邓小平理论和“三个代表”重要思想为指导，以深入学习实践科学发展观活动为主题，紧密结合单位的工作实际，充分发挥党组织的战斗堡垒作用和共产党员的先锋模范作用，为推动全省草原事业发展作出应有的贡献。

总体目标：单位开展创先争优活动的总体目标是推动科学发展、促进社会和谐、服务人民群众、加强基层组织。

主要内容：创建先进基层党组织、争当优秀共产党员。

基本要求：先进基层党组织的基本要求是，学习型党组织建设成效显著，出色完成党章规定的基本任务，努力做到“五个好”：一是领导班子好；二是党员队伍好；三是工作机制好；四是发展业绩好；五是群众反映好。优秀共产党员的基本要求是，模范履行党章规定的义务，努力争当“五带头”：一是带头学习提高；二是带头争创佳绩；三是带头服务群众；四是带头遵纪守法；五是带头弘扬正气，发扬社会主义新风尚，敢于同不良风气，违纪违法行为作斗争。

三、活动内容

（一）成立组织机构

经中共甘肃省草原技术推广总站党委研究决定，成立单位创先争优活动领导小组。

组长：韩天虎。

副组长：豆卫。

成员：王心灵、王立耕、赵庆平、王汝富、席文娣、喻文虎。

领导小组办公室主任：王心灵。

成员：席文娣、喻文虎、曹明崇、向金城。

（二）实施步骤

学习动员阶段（2010 年 5 月 5 日前）：

认真学习，统一思想；广泛宣传，提高认识；制定方案，成立机构。

组织实施阶段（2010 年 5 月 6 日—2012 年 7 月 1 日）：

从 2010 年 5 月开始至 2010 年底，以作风建设年活动专题为重要载体，广大党员认真查找党性观念、宗旨意识、组织纪律、工作作风等方面存在的不足，深刻剖析原因，抓好整改落实，强作风，促发展。2010 年“七一”前夕，广泛开展“群众心目中的好党员”评选表彰活动，大力表彰和宣传在推动科学发展和单位建设中成绩突出，作风过硬，得到群众广泛认可的优秀党员。

从 2011 年 1 月开始至 7 月，以迎接建党 90 周年纪念活动为重要载体，以“学党章、忆党史、强党性、比贡献”为主题，开展创建“课题攻关党员先锋团队”主题活动。2011 年“七一”前夕，评选表彰先进基层党支部、优秀共产党员和优秀党务工作者。通过评选活动，树立一批群众公认、作风优良、业绩突出、能真正起到先锋模范作用的先进典型，带动全站作风的整体好转。

从 2011 年 7 月开始至党的十八大召开前，以迎接党的十八大召开为专题，开展创先争优活动。以“展示党员风采，再创工作佳绩”为主题，广泛开展征文、演讲、研讨等系列活动，回顾总结十七大以来的基层党建成果，引导基层党组织和广大党员以昂扬向上的精神风貌、更加突出的工作业绩，向党的十八大献礼。

总结提高阶段（2012 年 7 月 1 日前）：

2012 年“七一”前后，对创先争优活动开展情况进行总结，并对活动中涌现出来的先进党支部、优秀共产党员在全体职工大会上进行表彰。通过各种形式的学榜样、赶先进活动，引导和推动各支部和党员向先进看齐，向榜样学习，在全站形成人人争先创优的良好政治环境。

主要做法：认真学习，努力提高思想认识；注重宣传，努力营造浓厚氛围；对照现实，认真寻找差距；创新载体，讲求活动实效。

四、取得的成效

广大党员对创先争优的理解得到深化，参与创先争优活动积极性进一步提高；榜样的力量得到充分发挥，人人争当先进，人人创先争优的良好氛围已经形成；为群众办实事、解难事蔚然成风，基层单位和群众得到了实惠；解决难题的能力显著提高，一些制约科学发展的难题得到了初步解决；制度建设进一步强化，创先争优长效机制初步形成；特有的文化元素得到了充分展示，单位文化初步形成；干部职工主人翁意识明显提高，单位凝聚力进一步增强。

五、分管领导及工作人员

分管领导：王心灵。

职能科室：政工科。

科室负责人：席文娣、马爱霞。

参与人员：喻文虎、曹明崇、向金城、高占琪、袁晓东、王中华。

第六节　党的群众路线教育实践活动

2013 年 4 月 19 日，中国共产党中央政治局召开会议，决定从 2013 年下半年开始，用一年左右时间，在全党自上而下分批开展党的群众路线教育实践活动。

2013 年 7 月上旬，按照甘肃省农牧厅党组《关于深入开展党的群众路线教育实践活动实施方案》要求，单位党委研究制定了《中共甘肃省草原技术推广总站委员会关于深入开展党的群众路线教育实践活动实施方案》。

活动时间：2013 年 7 月—12 月。

一、背景意义

全心全意为人民服务是党的根本宗旨，群众路线是党的生命线和根本工作路线。深入开展党的群众路线教育实践活动，对于教育引导党员干部牢固树立宗旨意识和马克思主义群众观点，切实改进工作作风，赢得人民群众信任和拥护，夯实党的执政基础，巩固党的执政地位，具有十分重大而深远的意义。

二、总要求和主要任务

指导思想：全面贯彻党的十八大精神，高举中国特色社会主义伟大旗帜，坚持以马克思列宁主义、毛泽东思想、邓小平理论、“三个代表”重要思想、科学发展观为指导，紧紧围绕保持党的先进性和纯洁性，以为民务实清廉为主要内容。

总要求：照镜子、正衣冠、洗洗澡、治治病。

主要内容：为民、务实、清廉。

切入点：贯彻落实中央八项规定和甘肃省委“双十条”。

主要任务：以县处级以上领导机关、领导班子和领导干部为重点，教育引导党员干部树立群众观点，弘扬优良作风，解决突出问题，保持清廉本色，使干部作风进一步转变，干群关系进一步密切，为民务实清廉形象进一步树立。

三、活动内容

（一）成立组织机构：

成立甘肃省草原技术推广总站党的群众路线教育实践活动领导小组及工作机构。

组长：赵庆平。

副组长：韩天虎、王心灵。

成员：王立耕、王汝富、张榕、席文娣、喻文虎。

领导小组办公室主任：赵庆平。

副主任：王心灵。

成员：席文娣、喻文虎、向金城、曹明崇。

（二）开展学习教育

一是召开动员大会，根据甘肃省农牧厅党组的安排部署，及时召开党的群众路线教育实践活动动员大会，对领导班子及班子成员进行民主测评。二是“六个确保”抓学习，坚持集中辅导与个人自学相结合、中心理论组学习和支部学习相结合、记学习笔记与心得交流相结合等多种形式开展学习活动。

（三）开展研讨交流

组织全体党员干部以“改进工作作风、提升素质形象、顺应群众期待、促进富民兴陇”为主题，开展专题研讨和心得交流。一是以支部为单位开展党的群众路线教育实践活动相关学习内容的讨论，交流体会，提高认识。二是召开全体党员干部研讨交流会，结合本岗位工作开展交流研讨，通过交流研讨提高业务工作能力和水平。三是开展专题交流活动，积极推荐单位党员干部参加甘肃省农牧厅组织的学习交流。

（四）多渠道征求意见

采取发放意见表，设置征求意见箱，召开座谈会，开设专线电话、网上征求意见等形式，广泛征求全体干部职工、上级领导部门、相关业务部门、基层业务单位以及农牧民群众的意见。每一位党员干部要利用下乡的机会征求天祝县抓喜秀龙乡南泥沟村农牧民群众的意见。重点征求领导班子和班子成员在形式主义、官僚主义、享乐主义和奢靡之风“四风”方面存在的问题。党员领导干部要结合各自业务工作，开展一次蹲点调研，撰写高质量的调研报告，并在全站进行交流研讨。

（五）查摆问题情况

一是“六种形式”查问题，采取民主测评、座谈调研、谈心交流、走访征询、网络信箱等途径和方法征求各方面的意见建议；开展了查理想信念牢不牢、宗旨意识强不强、工作作风实不实、思想剖析深不深、工作效率高不高、从政用权廉不廉的“六查”活动，深入查找了领导班子及成员在“四风”方面存在的突出问题。二是撰写对照检查材料，通过甘肃省农牧厅督导组的帮助和领导班子的认真梳理分析，归纳总结出领导班子在8个方面存在的18项突出问题及表现形式，撰写对照检查材料；党员领导干部围绕作风情况、存在问题、原因分析、努力方向和改进措施，6名领导班子成员撰写了个人对照检查材料。

（六）整改落实情况

一是“八项措施”促整改，在整个活动过程中，把“即知即改”贯穿始终；有条件的马上解决，没有条件的立即整改，制定了详细的整改方案，做到问题清楚、任务明晰、责任落实、措施得力、时限明确；努力把党的群众路线教育实践活动的成果转化为促进单位事业发展的推动力。二是真心实意“回头看”，民主生活会之后，认真开展了“回头看”活动，针对前面的工作，又查找出5个方面的问题：一是对理论学习没有做到一以贯之，存在前紧后松的问题；二是班子成员的剖析材料还需进一步完善；三是班子成员在整改措施中缺乏对业务工作的全局性考虑；四是班子整改方案中对提升全站业务水平措施不全面、不具体；五是班子整改方案中对听取群众意见的渠道还不够宽；对“回头看”过程中查出来的5个方面的问题，也进行了整改。

（七）专题民主生活会情况

会前准备：充分听取群众意见，党委书记和站长与班子成员逐个谈心，班子成员之间相互谈心。会议内容：在民主生活会上，党政主要负责人敢于直面问题，勇于“揭短亮丑”带头查摆问题，带头开展批评与自我批评。对群众提出的意见和建议逐一回应。会后整改：民主生活会结束以后，班子成员认真听取甘肃省农牧厅督导组对民主生活会的评价和意见反馈，并根据反馈情况形成领导班子民主生活会通报材料，经甘肃省农牧厅督导组审阅后，召开全体职工大会向全体职工进行通报，并形成民主生活会专项报告。

四、教育活动取得的主要成果

广大党员的思想认识与宗旨意识明显强化；全体党员干部的工作作风与精神风貌明显提升；制度建设的长效机制得到确立；领导班子的凝聚力和带动发展能力不断增强；职工履职的主动性和工作效能有了新的提高。

五、分管领导及工作人员

分管领导：赵庆平。

职能科室：政工科。

科室负责人：席文娣、马爱霞。

参与人员：喻文虎、向金城、曹明崇、王中华。

第七节 “三严三实”专题教育活动

一、背景意义

2014年3月9日，习近平总书记参加十二届全国人大二次会议安徽代表团审议时，在关于推进作风建设的讲话中，提到“既严以修身、严以用权、严以律己，又谋事要实、创业要实、做人要实”的重要论述。2015年4月10日，中共中央办公厅印发《关于在县处级以上领导干部中开展“三严三实”专题教育方案》，对县处级以上领导干部中开展“三严三实”专题教育作出安排。按照甘肃省农牧厅党组《关于在厅系统县处级以上领导干部中开展“三严三实”专题教育的实施方案》的要求，站党委决定结合单位工作实际，对做好单位“三严三实”专题教育工作作出安排。

在县处级以上领导干部中开展“三严三实”专题教育，是当时全党的重大政治任务，是党的群众路线教育实践活动的延展深化，是持续深入推进党的思想政治建设和作风建设的重要举措，是严肃党内政治生活、严明党的政治纪律和政治规矩的重要抓手，对于进一步增强党的创造力凝聚力战斗力，推进全面建成小康社会，全面深化改革、全面依法治国、全面从严治党，具有十分重要的意义。

开展时间：2015 年 5—12 月。

二、总体要求和遵循原则

内容：严以修身、严以用权、严以律己，谋事要实、创业要实、做人要实。

总体要求：深入学习贯彻党的十八大、十八届三中、四中全会和习近平总书记系列重要讲话精神，紧紧围绕协调推进“四个全面”战略布局，对照“严以修身、严以用权、严以律己，谋事要实、创业要实、做人要实”的要求，聚集对党忠诚、个人干净、敢于担当，着力解决“不严不实”问题，切实增强践行“三严三实”要求的思想自觉和行动自觉，努力在深化“四风”整治、巩固和拓展党的群众路线教育实践活动成果上见实效，在守纪律讲规矩、营造良好政治生态上见实效，在真抓实干、推动“三农”发展稳定上见实效。坚持从严要求，强化问题导向，注重讲求实效，着力解决理想信念动摇，宗旨意识淡薄，党性修养缺失等问题；着力解决缺乏真抓实干精神，不负责任、不敢担当，有令不行、有禁不止、自行其是等问题；着力解决不守纪律、不讲规矩，对党不忠诚、做人不诚实，法纪观念不强、顶风违纪搞“四风”等问题，推动各级领导干部把“三严三实”作为修身做人用权律己的基本遵循、干事创业的行为准则，争做“三严三实”的好干部。

遵循原则：在吃透中央和甘肃省委精神的前提下，聚焦教育主题，突出问题导向，体现从严要求，不图形式、不走过场，确保“三严三实”专题教育取得实效。

三、活动内容

（一）成立组织机构

全站“三严三实”专题教育在全站统一领导下进行。具体统筹协调、组织实施和督促检查工作，由政工科牵头负责。成立以党委书记为组长，办公室主任、政工科科长为成员的督查组，对全站“三严三实”专题教育不定期开展督促检查。

（二）开展学习教育

一是认真学习文件精神，制定实施方案。二是深刻领会精神实质，以党课启动专题教育。三是认真开展学习研讨。四是创新学习方式。

（三）查摆问题情况

根据甘肃省农牧厅转发的甘肃省委组织部《关于认真做好“三严三实”专题学习研讨工作的指导意见》的要求，单位研究制定了《“三严三实”专题学习及研讨计划安排表》，将学习内容、研讨主题和具体时间进行了安排；同时，单位 6 名党委委员结合自身实际，认真填写了《甘肃省农牧厅党员领导干部“三严三实”问题对照检查表》，主动列出了自身存在的“不严不实”问题。中共甘肃省草原技术推广总站党委及时将问题整理汇总，形成了《对照检查清单》和《“不严不实”问题整改台账》，明确了具体问题、整改时限和整改措施，6 位党委委员共查找“不严不实”问题 7 项，制定整改措施 8 项。

（四）专题民主生活会和组织生活会情况

根据甘肃省农牧厅的统一安排，单位“三严三实”专题民主生活会和专题组织生活会均在 12 月底前召开，全体党员干部都对照党章等党内规章制度、党的纪律、国家法律、党的优良传统和工作惯例，对照“好干部”五条标准，对照正反两方面典型，联系个人思想、工作、生活和作风实际，联系个人成长进步经历，联系教育实践活动中个人整改措施落实情况，充分征求群众意见，深入查摆“不严不实”问题，进行党性分析，严肃认真地开展了批评和自我批评。

（五）专项整治情况

单位党委研究制定了《中共甘肃省草原技术推广总站委员会关于在“三严三实”专题教育中开展专项整治的实施方案》，并在全站范围内深入开展专项整治。一是整顿领导干部“为官不为”问题，通过全面开展“五个着力整治”，切实解决工作中遇事推诿扯皮、不求有功但求无过等“为官不为”的现象及问题。二是整顿单位存在的相关“慵懒散软”问题。通过全面开展“四个大力整治”，切实解决工作中精神疲沓、作风散漫、推诿扯皮等“亚健康”问题。三是认真梳理，建立问题清单，全面梳理领导干部在“为官不为”方面存在问题和领导班子存在的“慵懒散软”问题，列出问题清单，明确整改措施和整改期限。

四、主题教育成效

一是部分干部的自由主义、分散主义、好人主义、个人主义得到有效遏制。二是干部职工服务意识有所提高，党性、品格、境界和素质得到进一步提升。三是干部纪律得到加强，腐败的土壤得到铲除。四是各项制度有效落实。

五、分管领导及工作人员

分管领导：赵庆平。

职能科室：政工科。

科室负责人：马爱霞、王中华。

参与人员：许国成、李新媛、罗亮、赵燕。

第八节 “两学一做”学习教育

2016 年 2 月，中共中央办公厅印发了《关于在全体党员中开展“学党章党规、学系列讲话，做合格党员”学习教育方案》，并发出通知，要求各地区各部门认真贯彻执行。

一、背景意义

开展“两学一做”学习教育，是落实党章关于加强党员教育管理要求、面向全体党员深化党内教育的重要实践，是推动党内教育从“关键少数”向广大党员拓展、从集中性教育向经常性教育延伸的重要举措，是加强党的思想政治建设的重要部署。

二、学习教育内容

学党章党规，学系列讲话，做合格党员。

三、学习教育组织情况

成立组织机构：成立甘肃省草原技术推广总站“两学一做”学习教育领导小组及办公室。

领导小组组长：赵庆平。

副组长：韩天虎、王心灵。

成员：王立耕、王汝富、张榕、马爱霞、许国成。

办公室主任：赵庆平。

副主任：王心灵。

成员：马爱霞、许国成、李新媛、王中华。

主要做法：广泛动员，周密安排；以上率下，示范带动；认真组织，统筹推进；全面推进“两学一做”学习教育常态化制度化。

四、主要成果

党员干部理想信念更加坚定、自身廉洁自律意识进一步提升；党员边学边做，学习成果有效转化；联系实际、推动工作；发挥党组织战斗堡垒作用，深入推进精准扶贫工作。

五、分管领导及工作人员

分管领导：赵庆平。

职能科室：政工科。

科室负责人：马爱霞、王中华。

参与人员：各支部书记、支委。

第九节　党支部建设标准化工作

为深入贯彻落实党的十九大精神和新时代党的建设总要求，规范党支部建设，细化量化党支部活动及考核，深化党建“转变作风改善发展环境建设年”，强化党的一切工作到支部的鲜明导向，保证党支部发挥战斗堡垒作用，根据党中央和中共甘肃省委部署，2018 年 6 月 10 日中共甘肃省农牧厅党组印发《关于印发〈甘肃省农牧厅党支部建设标准化工作推进方案〉的通知》(甘农牧党〔2018〕39 号）文件，要求开展党支部建设标准化工作。2019年机构改革转隶后，3月27日中共甘肃省林业和草原局党组印发《关于印发〈甘肃省林业和草原局系统事业单位党支部建设标准化工作实施方案〉的通知》(甘林党发〔2019〕37号)，要求局系统事业单位开展党支部标准化建设工作。

主管部门督查党建工作

一、指导思想

以习近平新时代中国特色社会主义思想为指导，认真贯彻党的十九大精神和新时代党的建设总要求，深入贯彻甘肃省第十三次党代会精神，全面落实《中国共产党支部工作条例（试行)》，按照甘肃省委组织部和甘肃省林业和草原局党组关于党支部建设标准化要求，着力提升党支部组织力，不断夯实党的组织体系基石，真正把基层党支部建设成宣传党的主张、贯彻党的决定、领导基层治理、团结动员群众、推动改革发展的坚强战斗堡垒，决胜全面建设生态文明提供坚强的组织保证。

二、总体要求和目标

总体要求：全面贯彻党的十九大和十九届二中、三中全会精神，以习近平新时代中国特色社会主义思想为指导，深入贯彻习近平总书记视察甘肃重要讲话和“八个着力”重要指示、中共甘肃省第十三次党代会精神，以党章和有关党内法规为基本遵循。围绕党支部政治建设标准化、组织建设标准化、组织生活标准化、党员队伍建设标准化、基础保障标准化和考核评价标准化为基本内容，按照定量与定性相结合的方式，建立党支部可遵照执行、上级党组织可依据指导，并进行考核评估的标准体系，着力提升党支部建设制度化、规范化和科学化水平，真正把党支部建设成为宣传党的主张、贯彻党的决定、领导基层治理、团结动员群众、推动改革发展的坚强战斗堡垒，为全面实施乡村振兴战略、决战产业脱贫攻坚，决胜全面小康、建设幸福美好新甘肃提供坚强的组织保证。

任务目标：通过开展党支部标准化建设，着力强化党支部的政治功能，提升党支部组织力，全面提高党建工作质量。强化政治功能，规范组织设置，完善制度建设，建立骨干队伍，加强党员管理，完善保障机制，明确考核指标。

三、方法步骤

动员部署，认真学习；摸底自查，建立工作台账；整改落实；考核验收。

四、分管领导及工作人员

分管领导：赵庆平。

职能科室：政工科。

科室负责人：马爱霞、王中华。

参与人员：各支部书记、支委、杨霄。

第十节 “转变作风改善发展环境建设年”活动

2018 年，按照中共甘肃省委部署，根据甘肃省农牧厅《深入开展“转变作风改善发展环境年”活动实施方案》的要求，结合单位实际，在全站范围内开展“转变作风改善发展环境建设年”活动（以下简称“作风建设年活动”），制定了《深入开展“转变作风改善发展环境建设年”活动实施方案》。

时间：2018 年 2 月—2019 年 2 月。

一、背景意义

作风是党的形象和生命，作风建设攸关事业成败。深入开展作风建设年活动，是甘肃省坚决维护以习近平同志为核心的党中央权威和集中统一领导的重要体现；是贯彻落实党的十九大精神和甘肃省第十三次党代会精神的必然要求；是打赢脱贫攻坚战、全面建成小康社会的重要保证；是推进全省农业农村经济持续向好发展的有力抓手。单位全体党员干部要自觉提高政治站位，自觉把思想和行动统一到甘肃省农牧厅党组的安排部署上来，把智慧和力量凝聚到作风建设和重点任务上来，确保习近平总书记视察甘肃重要讲话精神和“八个着力”重要指示精神以及甘肃省第十三次党代会决策部署落到实处。

指导思想：坚持以习近平新时代中国特色社会主义思想为指导，认真贯彻党的十九大和十九届二中、三中全会精神，深入贯彻落实习近平同志关于作风建设的重要指示精神，进一步树牢“四个意识”，强化责任担当，着力整治影响发展的突出作风问题，以转变作风为抓手，推动单位中心工作和帮扶工作顺利开展，为甘肃省打赢脱贫攻坚战提供坚强的政治、组织和作风保证。

二、活动内容

成立组织机构。中共甘肃省草原技术推广总站党委成立了单位“转变作风改善发展环境建设年”活动领导小组，全面负责单位“转变作风改善发展环境建设年”活动，研究解决在活动中出现的重大问题。

组长：赵庆平。

副组长：韩天虎、王汝富、张榕。

成员：许国成、马爱霞、王炳煜、徐正辉、金加明、杨浩、孙斌、姜佳昌、张洁、张贞明、张万祥、李德明。

领导小组办公室设在政工科，办公室主任由马爱霞同志兼任，成员为王中华、李晓鹏、杨霄、王延、牛建龙、赵燕、高成芬、罗亮。领导小组办公室负责“转变作风改善发展环境建设年”的组织、协调工作。

活动步骤：根据甘肃省农牧厅党组的安排部署，结合单位实际，作风建设年活动从2018年2月开始，至2019年2月底结束，分3个阶段进行。

第一阶段：精心谋划，认真安排（2018年2月至4月下旬）。一是成立机构，制定方案；二是思想动员；三是加强学习，提高认识。

第二阶段：查找问题，狠抓落实（2018年4月中旬至2019年1月）。一是认真查找存在的突出问题；二是对查找出的问题进行整改。

第三阶段：广泛评议，全面总结（2019年2月）。在活动结束前，召开全体职工大会，对单位作风建设年活动的情况进行群众满意度测评，对活动进行总结，形成作风建设年活动总结报告，上报甘肃省农牧厅作风建设年活动领导小组。接受甘肃省农牧厅领导小组对单位作风建设情况的检查评议。

三、开展的主要工作

一是进一步强化日常学习教育。二是积极推进新载体，提升学习效果。三是结合主题教育，深入开展调研。四是坚持不懈开展作风建设。五是加强监督检查力度。

四、“转变作风集中整治月”活动

经单位领导班子研究，确定6月到11月为转变作风集中整治月，集中整治纪律作风方面存在的问题，结合单位工作实际，制定《转变作风集中整治月”实施方案》。

目标要求：通过转变作风集中整治月，健全完善单位纪律作风方面各项制度，夯实遵纪守法思想基础，强化党员干部及普通干部职工的政治意识、服务意识、担当意识和表率意识，把制度转化为党员干部和职工的自觉行为，旗帜鲜明地弘扬优良作风、纠正突出问题、强化监督检查、惩处违纪行为，努力实现干部作风和精神面貌的新转变。

主要内容：以监督检查和台账管理为抓手，解决不敢担当、落实工作不力、巡察整改、工作效率不高、纪律不严等纪律作风方面存在的突出问题。

实施步骤：这次转变作风集中整治月，分三个阶段进行。

一是动员学习阶段（6月10日—14日）。中共甘肃省草原技术推广总站党委召开动员会后，各科室、各支部要迅速传达贯彻，广泛进行发动，领导小组研究制定《转变作风集中整治月实施方案》和《转变作风集中整治月检查台账》。二是监督检查阶段（6月15日—7月15日，10月1日—31日）。各科室、各支部负责人要认真组织人员，重点对照习近平同志关于加强作风建设的重要指示批示和新华社文章列举的形式主义、官僚主义的10种新表现，对照单位“作风建设年”实施方案列举的需要解决的5个方面问题，紧密结合各自工作实际，主动查找科室、支部和个人自身存在的问题。三是整改落实阶段（7月16日—31日，11月1日—

15日）。各科室、各支部和全体干部职工要针对查摆的问题和检查组反馈的问题，分别制订整改方案，提出整改的目标、措施、重点和时限。坚持边查边改、边整边改，对查找出的问题认真梳理，分类排队，提出解决问题的具体措施。对于当时能解决的，要立即解决；一时解决不了的，要制定整改计划、明确整改时限，积极设法加以解决。

推进措施：一是成立组织机构。为确保转变作风集中整治月顺利推进，成立党委书记任组长的转变作风集中整治月领导小组，负责转变作风集中整治月的日常工作。二是强化公开曝光。对通过检查发现的各种违反纪律规定、影响作风建设的问题，严肃查处，在一定范围内进行通报和曝光。

五、分管领导及工作人员

分管领导：赵庆平。

职能科室：政工科。

科室负责人：马爱霞、王中华。

参与人员：许国成、马爱霞、王炳煜、徐正辉、金加明、杨浩、孙斌、姜佳昌、张洁、张贞明、张万祥、李德明、李晓鹏、杨霄、王延、牛建龙、赵燕、高成芬、罗亮、李新媛、王红霞、冯今、陆飒、杨红梅。

第十一节 “不忘初心、牢记使命”主题教育

2017年10月18日，十九大报告指出，在全党开展“不忘初心、牢记使命”主题教育，用党的创新理论武装头脑，推动全党更加自觉地为实现新时代党的历史使命不懈奋斗。

一、背景意义

2019年5月13日，中共中央政治局召开会议，决定从2019年6月开始，在全党自上而下分两批开展“不忘初心、牢记使命”主题教育。2019年6月上旬，按照甘肃省林草局党组《关于开展“不忘初心、牢记使命”主题教育的实施方案》要求，经中共甘肃省草原技术推广总站党委研究决定，在全体干部职工中开展“不忘初心、牢记使命”主题教育。

开展“不忘初心、牢记使命”主题教育，是以习近平同志为核心的党中央统揽伟大斗争、伟大工程、伟大事业、伟大梦想作出的重大部署，对我们党不断进行自我革命，团结带领人民在新时代把坚持和发展中国特色社会主义这场伟大社会革命推向前进，对统筹推进“五位一体”总体布局、协调推进“四个全面”战略布局，实现“两个一百年”奋斗目标、实现中华民族伟大复兴的中国梦，具有十分重大的意义。

甘肃省林业和草原局第五巡回指导组全程指导单位主题教育工作。

时间：2019 年 6 月—8 月。

二、总体要求和目标

主题教育范围：以县处级以上领导干部为重点。

12 字总要求：守初心、担使命、找差距、抓落实。

5 个总目标：理论学习有收获、思想政治受洗礼、干事创业敢担当、为民服务解难题、清正廉洁作表率。

三、活动内容

（一）成立组织机构

为确保“不忘初心、牢记使命”主题教育取得实效，由中共甘肃省草原技术推广总站党委全面负责此次主题教育，成立“不忘初心、牢记使命”主题教育领导小组。

组长：赵庆平。

成员：韩天虎、王汝富、张榕、许国成、马爱霞。

领导小组办公室设在政工科，负责日常工作。办公室主任由马爱霞同志兼任，成员为王中华、王炳煜、李德明、姜佳昌、张万祥、张贞明。

（二）开展学习教育

一是领导带头学。二是创新方式学。三是专题辅导学。

（三）开展调查研究

一是坚持问题导向，确定调查研究专题。二是坚持实事求是，摸清摸透摸实。三是深入分析研判，推动调研成果转化。通过调研梳理突出问题 30 个，提出对策建议 32 条。

（四）检视问题情况

一是全面检视查摆问题。二是剖析问题补短板。领导班子和班子成员，共征求到意见 18 条，合计检视问题 119 条（其中班子成员检视问题 86 条）。

（五）整改落实情况

一是突出整改重点。对查找的 12 个问题，立行立改，全部整改。其中 9 项将长期坚持，跟踪落实。二是坚持立检立改。

（六）专题活动情况

为庆祝中国共产党成立 98 周年，2019 年 7 月 1 日上午，中共甘肃省草原技术推广总站党委组织全站职工参观八路军驻兰州办事处纪念馆。下午，召开庆“七一”

专题座谈会，会议表彰了优秀共产党员标兵和优秀党务工作者、优秀共产党员。晚上，70名干部职工共同观看了由甘肃省林业和草原局主办的“学习时代楷模·弘扬八步沙精神”巡回宣传（演出）。8月23日，全体党员干部参观了甘肃省档案馆举办的“不忘初心、牢记使命”主题教育档案文献展。

（七）驻村干部开展学习情况

根据扶贫工作需要，单位决定于2019年5月由草业科科长、共产党员杨浩同志驻秦安县刘坪镇黄湾村任第一书记，根据甘肃省林业和草原局党组安排，中共甘肃省草原技术推广总站党委对驻村干部提出了学习要求和安排。主题教育期间，驻村同志结合主题教育，开展为民帮办实事，同时对照“六个对照”和“四个找一找”开展了自查自检，形成了检视问题清单并逐项进行整改落实。

（八）专题民主生活会情况

会前准备：中共甘肃省草原技术推广总站党委书记与班子成员逐个谈心，班子成员之间相互谈心、班子成员与科室负责人之间按要求进行专题约谈。领导班子和班子成员根据检视的问题，认真撰写了对照检查材料和发言提纲。

会议内容：党委书记和班子成员针对检视反思的问题，联系整改落实情况，认真开展了批评和自我批评，巡回指导组进行了点评和总结，并针对问题提出了详细的整改要求。

会后整改：单位党委按照要求将民主生活会上所列的问题进行整理汇总，形成了《整改方案》，明确了责任领导、责任科室、整改措施和整改时限，制定了整改方案，并安排专人销号管理，确保整改落实工作取得实效。

四、主题教育成效

广大党员的思想认识与宗旨意识明显提升；全体党员干部的工作作风明显好转；制度建设得到进一步完善；单位的精神面貌有了新的改变。

五、分管领导及工作人员

分管领导：赵庆平。

职能科室：政工科。

科室负责人：马爱霞、王中华。

参与人员：许国成、王炳煜、李德明、姜佳昌、张万祥、张贞明、杨霄、罗亮、赵燕、高成芬、牛建龙。

第十二节　加强和改进省直机关党的建设相关活动

一、“一活动两行动”

（一）创建“党中央放心、让人民群众满意的模范单位”活动

1. 背景：为深入贯彻中央和国家机关党的建设工作会议精神，认真贯彻落实《中共中央关于加强党的政治建设的意见》和中共甘肃省委《关于加强和改进省直机关党的建设的意见》精神，进一步巩固拓展“不忘初心、牢记使命”主题教育成果，根据甘肃省直机关工委和甘肃省林业和草原局党组通知要求，在单位开展创建“党中央放心、让人民群众满意的模范单位”活动。

2. 活动时间：从 2020 年开始，甘肃省林业和草原局党组要求局系统各级党组织要把创建活动作为当前和今后一个时期机关党建的一项重要任务来抓，既要集中开展，又要持续用力，把创建活动作为加强和改进机关党建工作的重要载体和抓手，在总结经验的基础上，通过建立和完善制度机制，使创建活动常态化、规范化、制度化。

3. 组织机构：

组长：赵庆平。

成员：韩天虎、王汝富、张榕、许国成、马爱霞、王炳煜、杨浩、张万祥、张贞明、姜佳昌、金加明、张洁、徐正辉、孙斌、李德明。

领导小组办公室设在组织人事科，办公室主任由马爱霞同志兼任，成员为王中华、杨霄、罗亮、牛建龙、赵燕、高成芬。领导小组办公室负责活动的组织、协调日常工作。

4. 总体要求：创建模范单位要坚持以习近平新时代中国特色社会主义思想为指导，全面贯彻落实新时代党的建设总要求，深入贯彻落实中央和国家机关党的建设工作会议精神，以党的政治建设为统领，把做好“三个表率”、做到“两个维护”作为主要任务，全面推动党的建设高质量发展。

5. 主要内容：创建模范单位要以新时代党的建设总要求为遵循，突出政治属性，重点在“五个强化”、争当“五个模范”上下功夫。一是强化政治建设，当政治绝对过硬、对党绝对忠诚的模范；二是强化理论武装，当学习贯彻习近平新时代中国特色社会主义思想的模范；三是强化实干担当，当坚决贯彻落实党中央各项决策部署的模范；四是强化服务意识，当一心为民、服务发展的模范；五是强化正风肃纪，当纪律严明、风清气正自律的模范。

（二）“党章党规落实”专项行动

1. 背景：为深入学习贯彻落实党章党规，推进全面从严治党向纵深发展，根据中共中央和中共甘肃省委有关部署精神，按照甘肃省林业和草原局党组的通知要求，

开展“党章党规落实”专项行动。

2. 活动时间：2020 年 6 月—12 月。

3. 总体要求：全体党员干部要充分认识遵守党章党规党纪的重要性，坚持党员领导干部带头，以上率下，逐级落实，全员覆盖；坚持问题导向，边学习、边对照、边检视；坚持求真务实，把党章党规党纪的学习与履行职能职责有机融合，相互促进、全面提升，真正把落实党章党规党纪的成效转化为推动党建工作高质量发展的动力。

4. 主要内容：

（1）认真组织学习《中国共产党章程》，增强学习党章、遵守党章、贯彻党章、维护党章的自觉性和坚定性。

（2）认真组织学习《关于新形势下党内政治生活的若干准则》《中国共产党廉洁自律准则》《中国共产党纪律处分条例》《中国共产党党内监督条例》《中国共产党问责条例》《中国共产党重大事项请示报告条例》《中国共产党党和国家机关基层组织工作条例》《中国共产党党员教育管理条例》《中国共产党党组工作条例》《中国共产党支部工作条例（试行）》《党委（党组）落实全面从严治党主体责任规定》等党内法规，真正推动党内法规制度在全站各级党组织贯彻落实。

（3）认真组织学习中共中央《关于加强党的政治建设的意见》、中共甘肃省委《关于加强和改进省直机关党的建设的意见》等与机关党建工作有关的制度和规定，全面提高党建工作质量和水平。

（4）及时跟进组织学习中央、甘肃省委出台的有关党的制度规定，以及中共甘肃省林业和草原局党组、局机关党委出台的有关党的建设等方面的制度规定。

（三）*党支部建设标准化提质增效行动*

1. 背景：为全面提升党支部建设质量，推进形成一批政治建设过硬、党建与业务融合好、示范引领作用强的先进党支部，根据甘肃省林业和草原局党组的通知要求，在全站开展党支部建设标准化提质增效行动。

2. 活动时间：要求贯穿于党建工作全过程。

3. 总体要求：对照《党支部建设标准化手册》强弱项、补短板。

4. 主要内容：要聚焦党建责任不落实、理论学习不深入、党员监管不到位、党内生活不严肃不规范等问题，建立台账、强化措施，切实加大整改提升力度，努力推动党支部在政治建设、组织建设、组织生活、党员队伍建设、基础保障等各个方面沿着规范化、标准化方向发展。

二、“切实转变作风，坚决纠正工作不严不实”专项整治行动

1. 背景：为切实加强林草系统作风建设，坚决纠正工作不严、不实、不紧、不细，作风松垮散漫、办事推诿扯皮等突出问题，进一步增强抓落实的政治自觉和能力水平，根据中共甘肃省林业和草原局党组的通知要求，开展“切实转变作风，坚决纠正工作不严不实”专项整治行动。

2. 活动时间：2020 年 6 月—8 月。

3. 组织机构：

组长： 赵庆平。

副组长： 韩天虎、王汝富、张榕。

成员： 许国成、马爱霞、徐正辉、王炳煜、金加明、杨浩、孙斌、张洁、张贞明、张万祥、李德明、姜佳昌。

领导小组下设办公室，办公室设在组织人事科，马爱霞同志兼任办公室主任，负责日常工作。

4. 总体要求：要以习近平新时代中国特色社会主义思想和党的十九大精神为指导，全面贯彻落实中共中央、中共甘肃省委党组关于改进工作作风有关规定精神，深入开展作风整治，强化责任担当、严肃工作纪律、提高行政效能，坚决反对“四风”，特别是形式主义、官僚主义，坚决纠正工作不严不实、不紧不细，坚决纠正履职尽责不到位，坚决纠正不作为、慢作为、乱作为等问题，以严和实的作风扎实推进中央生态环境保护督察反馈问题整改，推进各项重点任务落实。

5. 主要内容：

坚决反对形式主义、官僚主义；坚决纠正工作不严、不实的问题;坚决纠正工作不紧、不细的问题；坚决纠正履职尽责不到位的问题;坚决纠正不作为、慢作为、乱作为的问题。

三、党员信教和涉黑涉恶问题专项整治

1. 背景：为严明党员不得信仰宗教的政治纪律，深入推进扫黑除恶专项斗争，巩固和拓展“不忘初心、牢记使命”主题教育成果，为推动全省林草事业高质量发展、建设生态文明提供坚强的组织保证，根据甘肃省林业和草原局党组的通知要求，在全站开展党员信教和涉黑涉恶问题专项整治。

2. 活动时间：2020 年 6 月—11 月。

3. 总体要求：坚持以习近平新时代中国特色社会主义思想为指导，认真贯彻落实新时代党的建设总要求，着眼始终保持党员队伍先进性和纯洁性，严格执行党章党规党纪，加强党员理想信念教育和对党忠诚教育，进一步推动“四抓两整治”深入开展，引导广大党员切实增强“四个意识”、坚定“四个自信”、做到“两个维护”，建设忠诚干净担当的党员干部队伍。

4. 主要内容

（1）坚决整治党员理想信念动摇，信仰宗教、参加宗教活动的问题。

（2）坚决整治党员违反国家法律法规，组织参加黑恶势力、参与涉黑涉恶活动的问题。

第十三节　党史学习教育活动

2021年2月20日，党史学习教育动员大会在北京召开。中共甘肃省草原技术推广总站党委根据《中共甘肃省林业和草原局党组党史学习教育实施方案》要求，结合实际，在全体党员干部中开展了党史学习教育活动。

一、背景意义

在庆祝中国共产党百年华诞和党中央两个一百年奋斗目标历史交会的关键节点，在全党集中开展党史学习教育，正当其时，十分必要。我们党的一百年是矢志践行初心使命的一百年，是筚路蓝缕奠基立业的一百年，是创造辉煌开辟未来的一百年，在百年接续奋斗中党团结带领人民开辟了伟大道路，建立了伟大功业，铸就了伟大精神，积累了宝贵经验，创造了中华民族发展史、人类社会进步史上的伟大奇迹。回望过往的奋斗路，眺望前方的奋进路，我们必须把党的历史学习好总结好，把党的成功经验传承好发扬好。

在全党开展党史学习教育是牢记初心使命，推进中华民族伟大复兴历史伟业的必然要求；是坚定信仰信念，在新时代坚持和发展中国特色社会主义的必然要求；是推进党的自我革命，永葆党的生机活力的必然要求。

二、安排部署情况

为了让党史学习教育取得实效，中共甘肃省草原技术推广总站党委高度重视，紧盯“学史明理、学史增信、学史崇德、学史力行”的目标要求，精心组织，广泛动员，扎实完成了前期各项工作。

1. 制定实施方案，成立组织机构。
2. 配发学习资料。
3. 召开动员大会。

三、开展的主要工作

1. 开展专题学习。
2. 开展专题研讨。
3. 开展专题辅导。
4. 开展实地学习教育。
5. 开展“我为群众办实事”实践活动。
6. 开展岗位建功和志愿者服务活动。
7. 积极开展主题党日活动。
8. 开展庆祝建党100周年主题党日活动。

9. 召开专题组织生活会。

10. 成立草原朗诵社。

11. 观看学习党史教育影片。

12. 参加“四史”知识竞赛。

四、分管领导及工作人员

分管领导：赵庆平。

职能科室：组织人事科。

科室负责人：马爱霞、王中华。

参与组织人员：许国成、王炳煜、李德明、姜佳昌、张万祥、张贞明、杨霄、罗亮、赵燕、高成芬、牛建龙。

第十四节　认真学习宣传贯彻落实重大会议精神

一、甘肃省第十四次党代会精神

甘肃省第十四次党代会于 2022 年 5 月 27 日—30 日在兰州召开。根据甘肃省林业和草原局通知要求，单位党委制定了《关于认真学习宣传贯彻省第十四次党代会精神的实施方案》，认真组织全体党员干部学习甘肃省第十四次党代会精神，准确把握党代会的精神实质、丰富内涵和目标要求，切实把思想和行动统一到大会的决策部署上来，将会议精神转化为凝心聚力、鼓舞士气、推动工作的强大动力，为建设山川秀美、生态良好的美丽甘肃作出新的贡献。

二、扎实开展学习宣传贯彻落实党的二十大精神

中国共产党第二十次全国代表大会于 2022 年 10 月 16 日在北京召开。这次大会是在全党全国各族人民迈上全面建设社会主义现代化国家新征程、向第二个百年奋斗目标进军的关键时刻召开的一次十分重要的大会。为扎实开展学习宣传贯彻落实党的二十大精神，中共甘肃省草原技术推广总站党委制定了《学习宣传贯彻落实党的二十大精神实施方案》，及时召开理论中心组学习会，开展线上线下宣传引导，利用“学习强国”、“甘肃党建”平台的“党的二十大”专栏，推动学习党的二十大精神。通过学习深刻领会党的二十大精神的丰富内涵和精神实质，深刻领悟“两个确立”的决定性意义，增强“四个意识”、坚定“四个自信”、做到“两个维护”，自觉在思想上政治上行动上同以习近平同志为核心的党中央保持高度一致，用党的二十大精神指导实践、凝聚力量，不折不扣地把党的路线方针政策和党中央决策部署落到实处。

第十五节　深入开展“三抓三促”行动

为深入贯彻落实党的二十大精神和习近平总书记对甘肃重要讲话指示批示精神，全面落实甘肃省第十四次党代会及甘肃省委十四届二次全会工作部署，甘肃省委、省政府决定，在全省开展“抓学习促提升、抓执行促落实、抓效能促发展”（以下简称“三抓三促”）行动。甘肃省林业和草原局“三抓三促”行动动员部署会后，单位党委迅速行动，制定了实施方案，成立了组织机构。

一、总体要求

以习近平新时代中国特色社会主义思想为指导，深刻领悟“两个确立”的决定性意义，增强“四个意识”、坚定“四个自信”、做到“两个维护”，紧密结合工作实际，扎实开展“三抓三促”行动，激励引导干部职工以等不起慢不起的紧迫感，在学习上下苦功、在执行上铆足劲、在效能上见真章，着力补短板、强弱项、扬优势，形成比学赶超、大抓落实、争先进位的良好态势，以一往无前的奋斗姿态和永不懈怠的斗争精神，着力推动全站各项工作高质量发展，积极推进草原保护修复技术推广工作，不断提升草原生态功能，为全省草原生态保护和生态文明建设作出积极贡献。

二、基本原则

坚持以上率下、问题导向、求真务实、系统观念的原则。

三、主要任务

1. 针对理论武装不深、知识储备不足、学用结合不紧的问题抓学习促提升。一是开展“思想要提升，我该懂什么”专题学习。二是开展“草原保护要发展，我该谋什么”专题研讨。三是开展“问题要解决，我该干什么”专题调研。四是开展“能力要提升，我该会什么”专题练兵。

2. 针对不执行、乱执行、选择性执行的问题开展抓执行促落实。一是台账清单促落实。二是牵头挂帅促落实。三是督办问效促落实。

3. 针对效率不高、效益不好、效果不佳的问题开展抓效能促发展。一是抓正风肃纪促发展。二是抓担当作为促发展。

四、步骤安排

“三抓三促”行动从 2023 年 2 月开始，12 月结束，分 3 个阶段进行。

1. 安排部署阶段（2 月）。

2. 统筹推进阶段（3 月—12 月）。

3. 总结提高阶段（12 月底）。

五、组织保障

加强组织领导，强化督导检查，营造良好氛围。

六、组织领导

组长：张志诚。

副组长：王汝富、张榕、杨浩。

成员：许国成、马爱霞、张贞明、姜佳昌、吴江、张万祥、李德明、徐正辉、张洁、李晓鹏、孟祥君、李新媛。

领导小组下设办公室，办公室设在组织人事科，办公室主任由马爱霞同志兼任。

成员：李新媛、王中华、杨霄、高成芬、赵燕、张永辉、张伯虎、苏晓星、付萍、朱倩、周栋昌、吴丹丹。

第十六节　深入开展学习贯彻习近平新时代中国特色社会主义思想主题教育

根据党的二十大部署，党中央决定，以县处级以上领导干部为重点在全党深入开展学习贯彻习近平新时代中国特色社会主义思想主题教育，用党的创新理论统一思想、统一意志、统一行动，弘扬伟大建党精神，牢记“三个务必”，推动全党为全面建设社会主义现代化国家、全面推进中华民族伟大复兴而团结奋斗。甘肃省林业和草原局主题教育启动后，单位党委高度重视，立即安排部署，制定了实施方案，成立了组织机构，启动读书班，深入基层开展调研，深刻检视整改问题。通过开展的学习教育，取得了阶段性成效。

一、背景意义和目标

开展学习贯彻习近平新时代中国特色社会主义思想主题教育，是推动贯彻党的二十大战略部署的有力举措，是深入推进新时代党的建设新的伟大工程的重大部署，对于统一全党思想意志行动，始终保持党的强大凝聚力战斗力，推动全党积极担当作为，不断开创事业发展新局面，深入推进全面从严治党、以党的自我革命引领社会革命具有重大意义。

总要求是“学思想、强党性、重实践、建新功”。

根本任务是坚持学思用贯通、知信行统一，把习近平新时代中国特色社会主义思想转化为坚定理想、锤炼党性、指导实践和推动工作的强大力量，让全体党员始终保持统一的思想、坚定的意志、协调的行动、强大的战斗力，努力在以学铸魂、以学增智、以学正风、以学促干方面取得实实在在的成效。

参加范围：站全体党员、干部。

要坚持目标导向和问题导向相统一，着力解决单位党员、干部存在的 6 个方面的突出问题。

二、工作任务

主题教育从 2023 年 4 月开始，8 月结束。不划阶段、不分环节，把理论学习、调查研究、推动发展、检视整改等贯通起来，有机融合、一体推进。

1. 抓好理论学习

一是迅速动员部署。二是深入开展学习。三是丰富学习形式。通过举办读书班，开展学习研讨，结合常态化党史学习教育，坚持单位党委督学、班子成员领学、党支部研学、党员干部自学，讲好专题党课。

2. 深入开展调查研究

一是开展专题调研。二是聚焦问题开展调研。三是提高调研报告质量。单位党委组织召开了调研成果交流会，班子成员逐个交流，巡回指导组到会指导。

3. 破题推动发展

一是坚持“三个对标”破难题。二是紧盯重点任务抓落实。三是帮办实事解民忧。

4. 认真检视整改

一是广泛听取意见。二是深刻检视反思。

5. 召开专题民主生活会和组织生活会

单位党委要召开专题民主生活会，各党支部召开专题组织生活会，甘肃省林业和草原局巡回指导组全程参与指导专题民主生活会。

6. 从严抓好整改落实

针对检视查摆出的问题，逐一列出问题清单，建立整改整治工作台账，一项一项制定整改措施，做到落细落小、务实管用。整改工作实行“一把手”负责制，坚持立查立改、即知即改，一时解决不了的要明确具体措施、整改时限、责任分工，盯住改、限期改，确保一件一件整改到位。领导班子和班子成员要带头抓好整改，为广大党员、干部作出表率。

7. 聚焦突出问题开展专项整治

对干部群众反映强烈、长期没有解决的突出问题，制定专项整治方案，采取台账式管理、项目化推进的方式进行集中整治，动真碰硬、务求实效。重点解决贯彻落实党中央决策部署不到位、干部不担当不作为、“四风”问题隐形变异、党支部政治功能和组织功能弱化等问题。

三、建章立制

在主题教育整改中，单位重点制定、完善了各项规章制度，出台和正在研究出台了《合同管理内部控制制度》《站务会议议事规则》《站长办公会议议事规则》《站党委三重一大议事规则》《目标管理责任制度实施办法》等一批制度，成立了重点工作督查领导小组。同时，建立巩固深化主题教育成果的长效机制，健全学习贯彻党的创新理论的制度机制，确保常态长效。

四、工作要求

加强组织领导，明确工作责任，加强监督指导，营造良好氛围，注重统筹兼顾。

五、组织机构

领导小组组长：刘兴明。

副组长：张志诚、王汝富、张榕、杨浩。

成员：7个在职党支部书记、科长。

第十七节　党纪学习教育

为深入学习贯彻新修订的《中国共产党纪律处分条例》(以下简称《条例》)，根据《中共甘肃省林业和草原局党组关于印发〈甘肃省林业和草原局开展党纪学习教育工作方案〉的通知》精神，结合我站工作实际，站党委部署开展党纪学习教育工作。

一、目标要求

坚持以习近平新时代中国特色社会主义思想为指导，深入学习贯彻习近平总书记关于开展党纪学习教育的重要讲话和重要指示精神，聚焦解决一些党员、干部对党规党纪不上心、不了解、不掌握等问题，组织党员特别是党员领导干部认真学习《条例》，做到学纪、知纪、明纪、守纪，搞清楚党的纪律规矩是什么，弄明白能干什么、不能干什么，把遵规守纪刻印在心，内化为日用而不觉的言行准则，进一步强化纪律意识、加强自我约束、提高免疫能力，增强政治定力、纪律定力、道德定力、抵腐定力，始终做到忠诚干净，为深入推进甘肃林草事业高质量发展提供坚强纪律保障。

二、工作安排

党纪学习教育从2024年4月开始、7月结束。

1. 迅速启动部署，加强督促指导。站党委4月15日召开全体党员大会对党纪学习教育作出部署。党支部可采取“三会一课”、主题党日等方式，对党纪学习教育作出安排。站党委启动部署在4月15日完成，各支部要同步启动部署。

2. 原原本本学，准确掌握主旨要义。坚持个人自学与集中学习相结合，把《条例》作为理论学习中心组学习的重要内容，教育引导党员干部准确掌握其主旨要义和规定要求。站党委在5月7—11日举行了为期5天的读书班。各党支部要以学习《条例》为主题，依托“三会一课”、主题党日等，组织全体党员认真学习，开展集中交流研讨。

3. 加强警示教育，推动以案促治。加强警示教育，让党员、干部受警醒、明底线、知敬畏。站纪委召开警示教育会，开展以案说德、以案说纪、以案说法、以案说责；同时站纪委要结合实际，挖掘警示教育资源，运用违纪违法干部警示录、忏悔录、警示教育片以及到警示教育基地开展警示教育活动，深刻剖析违纪典型案例，注重用身边事教育身边人，强化警示震慑，推动以案促改促治。

4. 加强解读培训，深化理解运用。站党委及各支部组织党员、干部依托共产党员网、中国干部网络学院、甘肃党建等平台，深入学习《条例》、解读内容，切实做到悉心领会、全面掌握。党委委员逐章逐条联系实际与所在支部党员互动交流学习；邀请专家学者，重点解读、系统讲解，引导教育干部职工不断强化遵守纪律的自觉性，真正把党的纪律学深学透学到位。

5. 深刻对照检查，抓好整改落实。站党委要按照党中央、甘肃省委和甘肃省林业和草原局党组统一部署，召开严肃认真、形式多样的专题民主生活会，各支部按要求召开组织生活会。

三、组织领导

站党委组建了党纪学习教育工作小组，纪委书记、党委委员张榕任组长，李新媛、王中华、付萍、莫负涛、张蔚为成员，组织人事科承担组织实施工作。

第十八节　政治思想和文化建设成果

一、甘肃省草原技术推广总站

多年来，总站在政治思想和文化建设等方面取得了丰硕成果。

（一）先进集体类

1. 甘肃省草原技术推广总站业务管理科于2009年6月被中共甘肃省农牧厅党组评为“厅系统老干部工作先进单位”。

2. 甘肃省草原技术推广总站于2009年9月被中华全国妇女联合会评为“全国三八红旗集体”。

3. 甘肃省草原技术推广总站于2012年2月被甘肃省人力资源和社会保障厅、甘肃省档案局评为“2008—2011年度全省档案工作先进集体”。

4. 2014年9月被甘肃省农牧厅评为“全省农业宣传工作先进单位”。

5. 2017年1月被甘肃省人力资源和社会保障厅、甘肃省农牧厅评为“全省农业科技推广工作先进集体”。

（二）精神文明类

2007年4月获“甘肃省农牧厅系统第四届职工运动会优秀组织奖”；2007年4月获“甘肃省农牧厅系统第四届职工运动会第三名”；2009年4月获“甘肃省农牧厅系统第六届职工运动会优秀组织奖”；2010年4月获“甘肃省农牧厅系统第七届职工运动会第五名”；2011年4月获“甘肃省农牧厅系统第八届职工运动会团体第二名”；2011年12月获“甘肃省农牧厅系统职工乒乓球比赛第五名”；2012年4月获“甘肃省农牧厅系统第九届职工运动会团体第八名”；2013年4月获“甘肃省农牧厅系统第十届职工运动会团体第四名”。

二、中共甘肃省草原技术推广总站委员会

（一）先进集体类

1. 2005 年 6 月被中共甘肃省农牧厅党组评为“先进基层党组织”。

2. 2011 年 6 月被中共甘肃省农牧厅党组评为“先进基层党组织”。

3. 2012 年 6 月被中共甘肃省农牧厅党组评为“先进基层党组织”。

4. 2014 年 6 月被中共甘肃省农牧厅党组评为“先进基层党组织”。

5. 2015 年 6 月被中共甘肃省直属机关工委评为“甘肃省直机关党组织与贫困村党组织结对共建先进基层党组织”。

6. 2016 年 6 月被中共甘肃省委评为“甘肃省先进基层党组织”。

7. 2016 年 6 月被中共甘肃省农牧厅党组评为“先进基层党组织”。

8. 2020 年 6 月被中共甘肃省林业和草原局党组评为“先进党组织”。

9. 2021 年 6 月被中共甘肃省林业和草原局党组评为“先进基层党组织”。

（二）精神文明类

2005 年 6 月获“甘肃省农牧厅系统‘廉政之歌’文艺会演三等奖”；2011 年 6 月获“甘肃省农牧厅系统庆祝建党 90 周年红歌合唱比赛二等奖”。

三、中共甘肃省草原技术推广总站委员会草业科党支部

草业科党支部于2020年2月被中共甘肃省林业和草原局党组评为“规范标准型党支部”。

四、甘肃省草原技术推广总站驻村帮扶工作队

站驻村帮扶工作队于2016年5月被中共甘肃省委、省政府评为“2015年度驻村帮扶工作先进工作队”。

五、甘肃省草原总站

甘肃省草原总站于2002年7月被甘肃省农牧厅评为“2001年度全省畜牧科技推广工作先进单位”。

第十九节　纪委工作

2019年林草机构改革以来，单位纪委书记不再由党委书记兼任，纪委主要开展了以下工作：

一、纪委日常工作

（一）建立纪委学习制度，强化理论武装

坚持以习近平新时代中国特色社会主义思想为指导，认真贯彻落实党的二十大精神、中纪委和甘肃省纪委全会精神，深入学习领悟习近平总书记关于纪检监察工作的重要论述、重要要求，扎实开展“不忘初心、牢记使命”主题教育、党史学习教育、习近平新时代中国特色社会主义思想主题教育、“抓学习促提升、抓执行促落实、抓效能促发展”行动、全国纪检监察干部队伍教育整顿，坚持学《中国共产党章程》《中国共产党纪律处分条例》《中国共产党廉洁自律准则》等党纪党规，强化思想淬炼、政治历练，以政治教育筑牢思想之堰。

（二）加强党风廉政建设，推动落实全面从严治党主体责任。

严格贯彻落实党中央、甘肃省委、局党组关于从严治党和落实党风廉政建设责任制的一系列部署安排，尤其是习近平总书记关于党风廉政建设和反腐败工作的系列重要论述，保障党的理论和路线方针政策以及重大决策部署贯彻落实，协助单位党委积极履行主体责任，每年开展党建和党风廉政建设工作安排，与领导班子成员签订《廉洁自律承诺书》、与各科室签订《党风廉政建设工作责任书》。及时传达学习局领导的讲话和上级文件精神，将党章党规党纪、典型案例通报纳入理论中心组学习会，以案明纪，提高纪律教育实效，推动落实全面从严治党主体责任。

（三）强化日常监督，履行纪委职责

一是强化对“一把手”和领导班子监督，督促其严于律己、严负其则、严管所辖，督促领导干部在遵守纪律、改进作风、树立形象上走在前、作表率，从而带动

广大党员干部真正把纪律严起来、把规矩立起来。二是结合《三定方案》内容，对本单位及各科室的职能职责权限进行梳理，对照职责任务，围绕业务特点，加强各个环节的管理和监督制约，从源头上预防和减少违纪违法问题的发生。三是建立党员干部《廉政档案》，动态更新，为干部选拔任用和评先选优提供参考依据，强化对科级及以下党员干部的监督管理。四是开展纪律作风"集中教育月"活动，全面加强纪律建设，把严的基调、严的措施、严的氛围长期坚持下去。五是严把党员干部"政治关、廉洁关、形象关"，对提拔的科级干部和新入职人员进行任前廉政谈话，教育引导年轻干部坚定理想信念，提高综合素质，锤炼过硬作风，成为党和人民忠诚可靠的干部。六是紧盯工程建设领域存在的突出问题，严格自纠自查，查找潜在风险，及时疏堵补漏。强化对项目工程、物资采购、财务管理、公车管理使用等重点岗位人员的日常监管，发现问题及时谈话提醒。常年设置征求意见箱、举报信箱和举报电话，专人负责，定期开箱，进一步加强群众监督力度。

（四）加强警示教育，营造廉政氛围

不定期组织职工观看《国家监察》《三区三州县纪委书记访谈录》《正风反腐就在身边》《扫黑除恶——为了国泰民安》《永远吹冲锋号》《扣好廉洁从政的"第一粒扣子"》等影片。长期在单位微信群转发典型案例开展提醒，教育引导广大职工增强纪法意识，在思想上存敬畏，在生活和工作中奉公守法，培育崇廉尚洁的氛围。针对"四风"隐形变异问题，持续整治"酒杯中的奢靡之风"，紧盯中秋、国庆等节点，开展纠"四风"树新风工作，发提醒、督责任、查作风、促落实，坚决整治歪风邪气，严防享乐主义、奢靡之风反弹回潮。

二、参加甘肃省林业和草原局系统纪检监察干部队伍教育整顿工作

根据纪检监察队伍教育整顿工作安排，自 2023 年 3 月 22 日至 12 月 24 日，站纪委有张榕、马爱霞、许国成（至调离为止）、高成芬 4 名同志参加了局系统教育整顿工作，分动员部署、学习教育、检视整治、巩固提升 4 个阶段。以纪检监察干部问题线索清仓起底、动态处置、自查自纠、党性分析等有力措施，查找干部队伍中存在的突出问题和不良现象，深入纠治整顿。以巩固成果、建章立制、健全内控等为落脚点总结工作，通过召开组织生活会，深入开展党性分析、查摆问题、开展批评与自我批评，健全严管长治机制。

局机关纪委成立了临时党支部，单位 4 位纪委委员为第四党小组，按照局机关纪委的安排，开展学习和相关活动。

（撰写：马爱霞；校对：马爱霞、王中华、杨霄、朱倩）

第二章　主要业务

单位成立以来，涉及的主要业务有草产业、草地有害生物防控、秸秆饲料化应用、草原生态监测、动物营养研究与新饲料推广、草原信息化建设、草原监理、牧草饲料检验评价及情报资料等方面，本章以单位主抓的、有资料记载的并结合有关科室提供的线索为主线，对各个时期的业务工作进行梳理。

第一节　草产业建设及技术服务

甘肃省草原工作队是基于牧区抗灾保畜、为牧区家畜越冬提供饲草保障背景下成立的，农区人工种草、牧区滩涂圈窝补播种草始终是本单位的一项重要业务，也是甘肃省草产业发展的重要依托。

一、草种业

（一）20 世纪 50 年代全省供种基地初步成形

1. 西北地区草种经营的主区域

甘肃省草原工作队，是在全国牧区经济恢复和第一个五年计划实施的关键时期，由于牧区牲畜快速增长，在全省面临饲草严重短缺的形势下成立的。据资料显示，1954 年起，甘肃省草原队边组建、边指导全省农区种草、牧区割储草，在推进苜蓿等人工草地建设和绿肥种草方面成功破题，实现全省人工种草面积达到 200 多万亩，割贮草 2000 余万千克。全省通过发挥农牧结合优势，大力种草，不仅保障了牧区畜牧业发展，也使草业在大农业和保障农区役畜、牧区牲畜安全越冬方面发挥了作用，而且由此推动形成了全国的草种供种基地。一方面，甘肃省大面积种草需要大量草种，另一方面，全国主要牧区建立饲草基地需要大量草种，甘肃承担了西北地区的草种调运供应任务。据统计，中华人民共和国成立至 1960 年之前，甘肃就成为新疆、内蒙古、青海等西部地区的草种子供应省，前 10 年每年调出草种子 60 万~70 万千克。1977—1980 年，经甘肃省草原工作队为本省调购老芒麦、和田苜蓿、察北披碱草等优良牧草种子 1.25 万千克，引种推广垂穗披碱草和老芒麦 9230 亩。

2. 形成主要草种田基地

早期种子田主要采取农牧民自繁、自选、自留、自用的途径。至 20 世纪 70 年代末，基本形成了以武威地区为主的河西箭筈豌豆、老芒麦草种采收基地，定西、庆阳为主的抗旱型紫花苜蓿、草木樨、沙打旺、草高粱草种采收基地，以甘南州、天祝县等为主的披碱草、大麦、燕麦采收基地。该阶段实行计划经济，所有草种贸易实行国家统一调配，甘肃省草原工作队主要负责良种引进、建立引种驯化圃，开展良种繁育、收种调配和推广。

（二）20世纪80年代草种业加快发育，形成了全国供种中心

1. 全国性的草种基地和市场成形

20世纪80年代开始，是甘肃农业发展史上少见的引起全国性关注的时代，也是草原工作队发展史上浓墨重彩的辉煌时代。在当时单位负责人王无怠的领导下，由于王素香牵头建立的申家山种草养畜示范点的成功，时任中央领导人在甘肃中部地区考察后作出了“种草种树，发展畜牧，改造山河，治穷致富”十六字方针，在陇原大地掀起了种草和草种经营的热潮。基于红豆草推广走向全国各地，国内第一家基层事业性质的牧草种子公司“通渭县牧草种子公司”和第一家省级事业性质的“甘肃省牧草种子公司”相继问世，全国第一个面向20多个省份的红豆草种子生产营销基地在通渭形成，以通渭申家山示范点为核心，在中部地区稳定形成了红豆草种子供应全国性市场的地位，仅1985年供应24个省区87万千克红豆草种子，基地面积接近2万亩。

最早的红豆草种子繁育基地

2. 草种业区域性基地初具规模

20世纪80年代中后期，进一步巩固了中东部地区以红豆草、紫花苜蓿、沙打旺、草木樨、草高粱等为主，河西地区以箭筈豌豆、燕麦、毛苕子、老芒麦为主的国内最早的草种生产供种基地。在申家山示范点带动下，掀起了甘肃省种草和全国支援甘肃草种树种的热潮。从1983年开始，全省每年种草300万~600万亩，加快推动了甘肃草种业发育。甘肃省政府启动了系列种草项目，在18个干旱县百万亩种草、种养加科技承包等项目带动下，形成了甘肃中东部地区紫花苜蓿采种供应营销基地，一批种子营销商迅速发展起来，成为甘肃草种业发展的重要市场主体。

3. 种子基地建设在部分年份纳入了甘肃省级财政支持范围

在甘肃省财政支持下，形成了甘肃紫花苜蓿、黄花草木樨、白花草木樨、红豆草、箭筈豌豆、披碱草和老芒麦等草种的全国中心产区。草种子田面积达到48万亩，年总产量达到1250万~1500万千克。总经营量达到860万千克以上，其中省内经营量为400万千克，调出省外达420万千克，调入量为46万千克。草种生产经营

紫花苜蓿引种试验

馒头山草品种试验基地一角

位居全国之首，奠定了甘肃成为全国草种核心市场的格局。

4. 总站担当了全省草良种推广的排头兵

期间本单位在甘肃省饲草生产和饲料工业技术推广中发挥了重要作用。在天祝藏族自治县、岷县、漳县、通渭县、兰州市等地建立示范点，推广繁殖红豆草、红三叶、加拿大大麦、1341 豌豆等优良饲料作物种子 10 余种，年播面积 3000 余亩，繁殖种子近 5 万千克。在陇南、定西、天水、平凉推广种植红三叶、串叶松香草、小冠花、美国籽粒苋等，年播面积 3000~5000 亩。开展牧草种子种植技术指导服务和种子调运工作，年调运推广良种 50 余万千克。

5. 草品种培育取得成效

期间，以甘肃农业大学和甘肃省草原总站科技人员为主，选育登记了一批甘肃地方品种，如陇东苜蓿、陇中苜蓿、天水苜蓿、河西苜蓿、甘农系列、岷山猫尾草、岷山红三叶、白花草木樨、黄花草木樨等，这些草品种成为支撑甘肃草种业、草产业和畜牧业发展的重要保障。

（三）第一轮西部大开发推动现代草种业成长

20 世纪 90 年代第一轮西部大开发启动，随之退耕还林还草等一批生态建设工程实施，全国性草种市场需求加大拉动了甘肃草种业的快速发展。

主要标志：1999 年，甘肃大业草业有限公司在甘肃酒泉成立,创建了国内第一个草产品和草种子品牌“草王”。

主要成果：建立了专业化的草种基地。一批种子公司诞生，进口草种大量入市。全国第一家和草品种知识产权相关的由育种家甘肃农业大学曹致中教授和甘肃大业公司合作的民营草种研究所成立。

期间，国家启动了牧草种子基地建设工程，甘肃省草原总站、甘肃草原生态研究所、中国农科院兰州牧研所等单位实施了 4 个国家级种子基地建设项目。同时，天然草原植被恢复与建设、退牧还草、退耕还林还草等生态工程启动，以政府采购为主体的草种市场需求催生了一大批种子营销企业。2004 年，全省建成专业化牧草种子基地 18 万亩，公司+农户的种子产业模式初步形成。

本单位先后承担了两个国家级草种基地建设项目，进一步加强了馒头山牧草试验站基础设施建设，形成了新的宝山台牧草种子繁育基地和高台细枝岩黄芪原种繁育基地。组建了甘肃陇原草业公司和达华工程监理公司兰州分公司，参与草原生态建设草种供应和退牧还草工程监理等，开展牧草种子经营，为夯实单位经济实力和提高职工福利发挥了积极作用。

（四）新时期草种业大省建设

“十二五”以来，国家启动了草原生态补奖政策，实施了振兴奶业苜蓿发展行动计划。甘肃省草种业依托这些项目和政策进入实质性专业化发展阶段。

主要成果：①成为全国优质苜蓿、燕麦和大宗青贮草产品的主产区，甘肃成为进口草种营销大省；②成为生态建设草种、乡土草种主市场；③国外草种不断涌入加速了国内草企业成长，甘肃的草种生产水平和质量快速提升；④草种生产营销企业快速发展，一批草种生产企业得到壮大。

主要标志：草业和草种市场主体由数十家发展到 120 多家；以披碱草为主的补播草种、陇东和陇中苜蓿为主的人工草地用草种、造林用柠条以及进口苜蓿、燕麦、观赏草、草坪草为几大类，进一步强化了甘肃草种营销大省的地位。

产业规模：2018 年，全省种子田面积达 42.05 万亩，种子产量 2.93 万吨。紫花苜蓿种子田面积为 30.56 万亩，占种子田总面积的 72.68%，种子产量为 0.82 万吨；燕麦种子田面积为 5.3 万亩，占种子田总面积的 12.61%，种子产量为 1.04 万吨。

种子田主要分布在庆阳市、白银市、定西市、酒泉市等市，面积总和为 35.31 万亩，占全省种子田总面积的 83.98%。全省草种生产营销企业 126 家，其中生产企业 64 家，自有专业种子田 30 490 亩。

用种量：初步统计，各级政府项目类用种中，以当家品种陇东苜蓿为主，草田种植面积达 174 万亩，用种量达 1 377.5 吨；中东部地区燕麦种植品种多样，主要以青海甜燕麦、当地麻燕麦、白燕 7 号、定引 1 号等其他品种，用种量共计 907.9 吨。陇中地区甘肃红豆草种植面积和用种量分别为 11.8 万亩、349.4 吨；岷县种植岷山红三叶和岷山猫尾草等特色牧草，种植面积分别约 5000 亩、10 000 亩，用种量分别为 5 吨、2 吨。非政府项目类牧草用种面积约 30.9 万亩，用种量约 600 吨。

草种进口情况：2016 年，甘肃省进口草种 878.22 吨，主要为燕麦，占 95.68%；2017 年，共进口草种 879.17 吨，其中燕麦占 45.41%，苜蓿占 41.75%；2018 年，共进口草种 5 037.8 吨，其中多年生黑麦草占 43.67%，一年生黑麦草 27.79%，紫花苜蓿占 12.12%；2019 年上半年共进口草种 3 994.15 吨，其中燕麦 51.33%，多年生黑麦草占 26.29%，苜蓿占 12.67%。

形成了典型发展模式，在市场驱动下，经过多年探索，全省草种业发展的主要模式有：

（1）大业种业全产业链模式：以酒泉市为主，以大业种业、未来草业为代表，利用自有或租赁土地，和育种家合作，从种植到销售的全产业链制种模式。

（2）张掖市高台小海子模式：育种家+草种经营企业+制种合作社的经营模式。

（3）通渭模式：农户+经营企业+全国市场，以农民分散制种为主，经营企业通过零散收购，再经过加工销售的模式。

（4）岷县模式：针对岷山红三叶和岷山猫尾草，农户采种+农户利用+本地市场经营模式（就地消化）的内循环模式。

（5）黄土高原苜蓿模式：农户采种+合作社和企业收购+企业加工包装+大市场经营模式。

（6）甘南模式：牧户或企业割草场采种+企业加工包装+政府采购的市场经营模式。

（五）林草融合背景下草种业建设工作

根据国家林草局2019年《关于推进种苗事业高质量发展的意见》精神，下一阶段甘肃草种业发展预期：

发展目标：到2025年，草种自给率显著提升，扶持建设一批种质资源保存库、良种繁育基地、保障性种质圃、线上线下种子交易市场，以及种苗龙头企业和种苗知名品牌。种质资源保护利用制度基本建立，种子生产供应体系进一步健全，交易体系进一步完善，种苗市场监管水平进一步提升，草种质资源创新利用机制形成，草种审定登记制度、草种良种推广目录制度、草种追溯认证制度、种苗供求信息发布制度基本建立，主要草种优势产区和高质量产业发展示范基地形成，草种业迈入高质量发展的新阶段。

发展任务：全面摸清种质资源家底；着力推进种质资源库、圃、站平台建设；积极开展种质资源收集鉴定与评价；进一步加强良种选育；切实完善品种审定工作，完善草品种审定制度，公布主要草种目录，认定一批规范运行的草品种区域试验站，加快草原生态修复急需的优良乡土草品种的认定；建立良种审定信息化平台，实现在线申请、查询等多种功能，提升品种管理信息化水平；加大良种推广力度，加大资金投入力度，加强种子生产基地建设，完善良种补助政策；完善草种法规和标准；强化种苗质量监管，探索建立质量认证制度，实现种苗质量的可追溯；打击种苗违法行为。

二、草种业建设

（一）构建了甘肃省草种质资源创新体系建设

2019年以来，在甘肃省林业和草原局的领导下，通过整合甘肃省内草种业科教推体系的试验站基础资源和人才储备，由总站组织推动构建了省级草品种审定管理和技术体系，确定了省级1个草种质资源库、5个草种质资源圃和15个草品种区域试验站，组建了新一届甘肃省草品种审定委员会，制定发布了《甘肃省草品种审定委员会章程》《甘肃省草品种审定管理办法》《甘肃省草品种区域试验站管理办法》《甘肃省草品种区域试验站建设规范》《甘肃省草种质资源库管理与建设规范》等，发布了甘肃省草类品种推广目录，两次审定通过了27个新草品种。

（二）启动了甘肃省品种原种、良种繁育基地和技术示范项目

2022年，依托中央林业草原生态保护恢复资金200万元，在全国率先启动了省级新品种原种繁育基地建设，在河西走廊传统制种地区张掖市甘州区、酒泉市肃州区，以腾格里牛枝子等9个多年生乡土草品种为扩繁对象，新建原种繁育基地100亩，为全省乡土草品种研发和技术集成搭建平台，探索破解草种业高质量发展的关键环节和有效机制。总站主持实施了甘州区原种基地建设项目，探索建立了育种者全程参与技术支撑机制和原种质量追溯管理机制，育种者全程提供技术支撑，参与技术方案制定、开展播种和田间管理技术、田间跟进与指导，及时研判调整田间技术措施，形成了草品种“育繁推”集成技术。同时，依托国家林业草原改革发展资金，推动建设苜蓿、牛枝子、紫花苜蓿、红豆草等良种繁育基地22 450亩。

开展优良乡土草品种示范推广工作。结合科技项目实施，2021—2023年，先后在河西灌区张掖市高台县，中东部旱作区兰州市七里河区、永登县，定西市安定区、通渭县，青藏高原高寒区甘南州合作市、临潭县开展草红1号红豆草、草燕1号燕麦、祁连老芒麦、“草苜1号”苜蓿等种子（种质）繁育技术研究，累计建立种子繁育田156亩，示范带动周边企业、农户种植近1000亩，累计培训相关技术人员和农牧民100余人（次）。同时，开展相关试验研究，形成配套繁育技术，为推动甘肃省乡土草种标准化生产和产业化配套机制创建提供模式和示范。

（三）开展了草种质量追溯管理和技术研究

结合总站实施甘肃省重大科技专项“良种扩繁与新品种推广示范”子项目，开展了草种质量追溯和管理技术研究，从草种亲本来源、区试报告、审定结果、原种认定、种子田管理、收获、加工、包装等环节形成二维码追溯标识和专用包装，实现了草种田认证全程技术闭环和监测组织路径，为推动乡土草种扩繁应用提高原种和技术支持。同时，积极做好肃州区原种基地建设技术服务工作。2023年，继续开展基地田间管理、种子收获及相关技术服务工作。

（四）草种调研和统计分析工作

为全面掌握甘肃省草种生产供应情况，保障国土绿化行动种苗供应，根据国家林业和草原局和甘肃省林业和草原局工作安排，积极开展草种调研和年度生产供应情况统计分析工作。2020年以来，先后6次通过书面和实地方式调研了生态修复种草项目中草种良种使用推广情况、草种繁育项目组织实施情况。2022年，全省草种

生产面积 5.61 万亩，占全国总面积的 13%；草种生产量 0.8 万吨，占全国总产量的 44%，生产上依然以饲草类草种为主体，主要用于生态修复的草种存在系统性严重短缺。目前全省草种生产企业 60 余家，经过多年的发展，形成了优势区域和典型模式，包括张掖育种家+草种经营企业+制种合作社产业模式、通渭农户+经营企业+全国市场的基地模式、岷县农户采种+农户利用+本地市场的内循环发展模式、甘南牧户或企业割草场采种+企业加工包装+政府采购市场模式。

（五）草种管理、技术培训和林草种质资源普查工作

依托草品种审定、区域试验、草种繁育等项目，每年开展田间区域试验技术培训 100 人次以上，开展良种繁育、草种质资源保护利用、草种质采集标本制作及相关培训 200 余人次，为完善草种业技术队伍作出了有益探索。开展了草种质资源普查技术指导、督导和成果评价工作。

三、草产业建设

中国草产业概念正式登堂应该从钱学森 1981 年提出《草原、沙产业、草产业与系统工程》开始，此后，对于草产业的研究广泛进入学术界。对草业科学从理论上进行系统立题、深刻论述、形成完整体系的当属任继周院士，洪绂曾、李毓堂、王无怠、蒋文兰等为代表的草政界人士对提升草业科学的认知和地位发挥了重要作用。在实践层面上，从概念、实践到模式探索最早始于甘肃这片热土上的历代草业界人士，除科学界的典型代表任继周先生以外，和他在同一个时代并肩战斗，而且更多在一线实践、在政界推动、在理论界挥墨的典型人物当属甘肃省草业推广体系的奠基者、甘肃省草原工作队创始人王无怠先生。20 世纪 60 年代王无怠和他的战友们就开启了草产业之征途，20 世纪 80 年代初推出了成功实践草产业的典型人物王素香和典型模式“申家山”，紧接着在他和任继周院士的带动下，甘肃一代接一代的草业人筚路蓝缕推动产业建设。始终立足于甘肃自然资源实际，从草牧业全产业链谋局，从现代大农业谋划，为甘肃草业发展指明了根本方向，不管期间走多少未知之路，最终都能回到以农牧结合为核心的草牧业生态农业之路。

（一）建设路径

1. 保畜种草探路子

甘肃省草原工作队成立于全省“爱国保畜运动”的大背景，在饲草严重不足造成牧区牲畜不能安全过冬、农区役畜不能正常耕种的情况下，单位一边组建，一边蹲点示范，从人工种草切入，解决饲草燃眉之急，从此迈开了甘肃种草大省建设步伐。同时，单位的发展兴衰也和全省农牧业发展的关键阶段紧紧地牵在一起。一是牧区探索了圈窝种草、割草储草，利用弃耕地、撂荒地建立割草场和建设抗灾保畜饲草基地的路径，这些举措至今成为甘肃草牧业在牧区的重要举措，也开辟了甘肃利用各类土地资源发展营养体农业的路径。二是农区引草入田，套种、复种、轮作

齐探索，极大地提高了农业资源效率，为种粮单一型农业提供了结构性完善路径，为当前战略性农业结构建设积累了经验。三是大张旗鼓种草孕育了草产业结构的多样性，把甘肃植物种质资源的多样性优势和农耕文化的丰富多样性优势突出发扬，逐步形成了全国草种供应中心，为草种业发育创造了机会。四是甘肃省草原工作队深入基层抓点示范，在不同生态区域创造性地形成的不同技术模式，为后来草产业大发展孕育了实践经验和成功路径。

1949年甘肃耕地种草131万亩。1952年种苜蓿达152万亩。1956年种草面积达到404万亩，从20世纪60年代到20世纪70年代末，甘肃省每年种草约250万亩以上，1975年达到323万亩。单位成立以来，在不同农牧区建立饲草基地示范点。圈滩、已垦草原和弃耕地是牧区种草的主要方向，1956—1957年，在天祝、肃南、肃北、阿克塞种草1.48万亩。20世纪60年代，弃耕地种草在牧区得到进一步推广，碌曲尕海、郎木等乡种植燕麦、披碱草等1万余亩，建立了尕海样板、天祝红疙瘩典型。在肃南、天祝、碌曲设点开展牧草引种、划区轮牧、种草和农区粗饲料加工推广。20世纪70年代，在肃南皇城建立了6000亩老芒麦人工种草基地，和甘肃农业大学在天祝永丰牧场建立上万亩人工草地，在夏河的甘加、桑科，玛曲等地也建立了饲草基地。20世纪70年代末，以解决牧区冬春缺草为主，在主要牧区种植多年生牧草8.19万亩。在农区，推广苜蓿、草木樨、箭筈豌豆、草高粱、沙打旺、聚合草等，并开始探索推广青贮等粗饲料加工利用技术。20世纪50年代后期，青贮、碱化饲料在全省大面积推广。1959年，全省青贮和青干草加工量已达到530万吨。改革开放前，全省牧区以保畜种草为目标，农区以粗饲料加工和耕地种植苜蓿为主，为草种业奠定了种质资源多样性利用的基础。

甘南垂穗披碱草采种兼刈草基地

2. 种草养畜显优势

扩大了前期种草成果：在甘肃省草原工作队早期参与种草保畜、种草促农实践基础上，改革开放后，单位一经恢复，以王无怠队长为领头的一批草原队先辈，通过深入一线，把之前的抓点成果进一步扩大推广，积极探索不同区域的草牧业发展模式，从理论到实践基本搞清了全省现代农牧业和草地生态农业的辩证关系以及建设思路、原则、目标、措施和路线。并选择甘肃自然条件最严酷、历史上农业受灾影响较大、发展形势最迫切、事关全局最关键的中部干旱区通渭县为突破点，选派敢拼的精兵强将王素香率团队，通过种草养畜调结构，以“草、畜、肥、粮”草地生态循环农业为突破，取得巨大成功。

申家山是现代草牧业的最早阵地：申家山示范点揭示了甘肃农业结构调整和旱山区农业现代化建设的根本出路，之所以引起上至中央下至社会各界及基层的高度关注，表面上看是因为在申家山那样一个典型旱山区，通过引草入田，在减少了粮食播种面积的情况下，反而取得了粮食增产。看似是改变种植结构问题，实质是走对了甘肃资源条件下农业必须要走的路子。王无怠等先辈们早在 20 世纪 80 年代论述了其方向的必然性，即甘肃农业的出路就是农牧并举建设大农业，而突破点就在引草入田，突破口就在畜牧业。这个示范点乃至甘肃的许多示范点都昭示了这个举措的战略性，也成为任继周先生草地农业理论形成的基石和试验区。期间，王无怠团队发表了《种草养畜、奠定甘肃饲草料建设基础》《种草养畜改变甘肃中部地区面貌》《统一认识、大抓种草、改变甘肃面貌》《农牧并举、实现甘肃的农业现代化》《种草起步、加速甘肃的两个转化》《运用大科技、振兴大农业》，集中阐明了“扬长避短，人尽其才，地尽其利，物尽其用，货畅其流”的农业哲学思想，也昭示了农业伦理理论价值。 指出甘肃农业具有强烈的过渡性，丰富的多样性。各具特色地域的黄土农业、绿洲农业、山地农业和高寒农业各自均形不成规模优势，但耦合就能使之显现巨大的系统效益，并且突破口就在畜牧业。

今天的草牧业发展实践证明，1980 年由本单位在农区率先开展的种草养畜和大面积人工种草事业是具有前瞻性和战略意义的，不仅是中国现代草牧业政策实践的前沿阵地，也是草地农业理论形成的试验区。

奠定了甘肃草业大省的基础。申家山示范点的成功，使“种草种树、发展畜牧、改造山河、治穷致富”成为甘肃乃至全国农业主旋律，从此开启了连续多年国家对甘肃种草的高度关注和支持，甘肃省委、省政府也提出了建设林牧业强省的战略目标。从 1983 年开始，在五年内甘肃种草经历了 3 个大的发展阶段：

①三年停止破坏，五年解决温饱阶段。一场种草种树，改造山河的运动在甘肃省各地兴起。使甘肃省中部地区植被停止了破坏，群众基本解决了温饱。1983—1987 年种草面积分别为 290 万亩、576.37 万亩、609.41 万亩、545 万亩、504.21 万亩。通过种草种树、供煤植薪，中部地区植被覆盖度由 1983 年的 8.2%提高到 1987 年的 30%，生态环境开始好转。1986 年，中部地区已有 30%左右的人口比较稳定地解决了温饱，40%的人口在正常年景下可以吃饱饭。种草既有效制止了挖草根、揭草皮等破坏植被行为，又在种草养地、用草养畜中使农业生产力得到恢复，为实现“三年停止破坏，五年解决温饱”的目标起到了关键作用。期间，王素香等人先后主持实施了中部地区百万亩种草承包、种养加科技承包、全省草田轮作种草养畜试验示范研究、甘肃中部种草养畜农牧结合研究等项目，单位成为全省种草技术成果研

究与推广的排头兵。

②种草养畜同步，农牧协调发展阶段。为了推动草畜同步、农牧协调发展，单位继续扩大示范效应，如广河县水泉乡坚持“草畜相互促进，农牧综合发展”方向，扩大种草，发展养畜，粮食播种面积减少但总产反而增加，1984 年被甘肃省政府命名为“种草养畜模范乡”。水泉乡的经验在全省引起了强烈反响，各地又掀起了一个种草养畜的高潮，全省的畜牧业结构调整加快，料食畜比例下降，1985—1987 年，猪下降 3.3%，草食畜羊增长 11.61%，牛增长 10.3%。1983—1987 年，粮食连续 5 年稳定在 52.5 亿千克。王无怠主持的《全省草田轮作种草养畜试验示范》课题，在全省 184 个点，10 908 个示范户，9420 个联系户实施，共种草 60 924 亩，其中耕地种草 19 793 亩，三荒地种草 7460 亩，麦田套复种 33 761 亩。和 1984 年相比，1987 年示范户的粮食总产由 3 561.15 万千克增加到 4 186.33 万千克，总产提高 17.78%，亩产提高 18.37%；猪存栏由 1.68 万口增加到 2.21 万口，增长 31.83%，出栏率由 83.3% 提高 128.72%；大畜存栏由 1.91 万头增至 2.66 万头，增长 39.28%，出栏率由 17.16% 提高到 27.63%；羊由 6.29 万只增到 13.25 万只，增长 110.65%，出栏率由 17.85%提高到 20.3%。人均纯收入由 390.93 元提高到 661.48 元，净增 270.55 元。

③种养加逐步配套，草产业萌芽。种草推动了种养加配套，饲草加工起步，草种子营销市场发育，草商品萌芽。1984 年 1 月 24 日，甘肃省畜牧厅在兰州召开全省种草技术交流座谈会，广泛交流讨论开拓草产品市场问题，提出草可以调制成干草或加工成草粉上市。在已经建立的苜蓿、草木樨、老芒麦、箭筈豌豆、毛苕子种子生产基地，进一步加强了良种选育和提纯复壮，增加了效益。同时探索了利用草粉加工牛羊配合饲料、鱼颗粒饲料等草产品， 以培育开拓草产业市场，提升产业效益。

草产业在甘肃萌芽发育的重要标志：①中央领导先后视察甘肃飞播种草和种草种树，钱学森发表了《草原、草业和新技术革命》；②通渭县种草站办了国内第一家国有草粉加工厂，草粉远销上海等地，1986 年、1988 年青干草和草粉的生产总量分别达到了 4 933.57 万千克和 25 164 万千克；③甘肃省牧草种子公司成立，为第一家

草粉

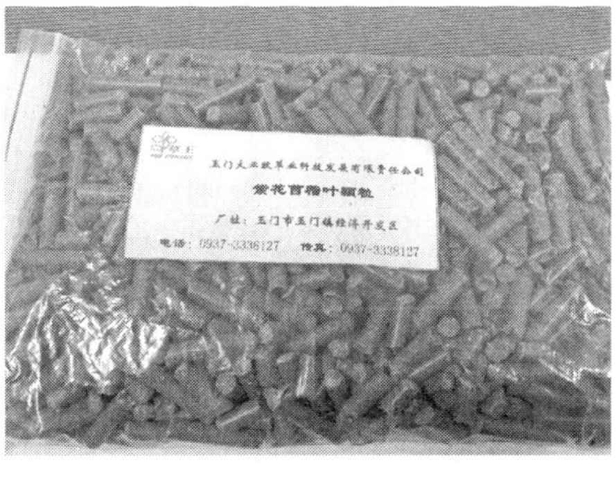

草颗粒

草捆

事业性质的种子供销单位，全省草种总经营量达到 869 万千克，成为全国草种供应中心；④以甘肃草原生态所为领头单位，草坪草种引种试验研究以及在全国几大城市的运动草坪场成功建设，第一家草坪民营企业甘肃省草坪研究所成立；⑤1987 年西北草业协会成立，单位创始者、甘肃省畜牧厅总畜牧师王无怠任理事长，1993 年甘肃省草业协会成立，甘肃省畜牧厅副厅长孔照芳任会长。

期间，甘肃省草原工作队的种草推广力度进一步加大：①在夏河、碌曲、临潭、卓尼等牧区大力推广青燕麦与箭筈豌豆混播人工草地建植技术，每年推广 1~2 万亩，比单播燕麦提高青干草产量 31.5%~39.7%。②在岷县种畜场推广红三叶与猫尾草混播栽培技术，比红三叶单播提高产量 56.8%，比猫尾草单播提高 131%。③1981 年开始在全省不同生态区域开启了飞播种草，至 1996 年，飞播种草保留面积达到了 61.5 万亩。④王素香主持实施了百万亩种草科技承包项目，用 3 年时间，在通渭、陇西、会宁、庄浪、静宁等 5 县完成了百万亩种草任务；张志芳主持了种养加科技承包项目，以中部干旱和二阴地区为主，以种草、养畜、加工全产业链技术服务为核心，把草地农业继续向前推进。⑤由申有忠负责，本单位承担了西北片种草区划项目组织联络秘书处工作，组织出版了《甘肃省种草区划》。⑥甘肃红豆草、陇中苜蓿、陇东苜蓿、岷山红三叶、岷山猫尾草等单位参与或主持的一批甘肃省当家草品种完成国家审定登记；主持完成了草场资源和饲料资源调查，取得系列成果，单位编制由 70 余人扩大到 145 人。至 1988 年，甘肃的种草留床面积达到 1190 万亩，其中，耕地种草达到 543 万亩，三荒地种草 532 万亩，退耕地种草 114 万亩，奠定了种草大省的规模基础。

3. 草业大省现端倪

20 世纪 90 年代以后，甘肃和全国一样，草产业建设进入一个低谷期。直至第一次西部大开发，一系列国家生态建设工程的实施又一次激发了甘肃的种草热潮。1999 年启动的退耕还林还草工程，在甘肃中部旱作区基本以还草种苜蓿为主，使得甘肃以苜蓿为主的多年生种草面积快速扩张，草商品化进程加速，草产业进入快速发展。

草产业成长的重要标志：①一批草加工企业诞生，至 2005 年，在甘肃河西、白银、定西、庆阳等重点区域产生了近 50 家草企业和草种生产营销企业。1999 年，甘肃西部草王牧业有限公司在甘肃酒泉成立，创建了国内第一个草产品品牌“草王”。②专业化商品草基地建立，草产品突破了单一的草粉，苜蓿草捆、草颗粒生产线落地。③2000 年“草业与西部大开发学术研讨会暨中国草原学会学术年会”在兰州召开，来自全国各地近千名行业界代表参会。④2000 年甘肃省政府研究室撰写的《甘肃农业的一个重要突破口——草业与西部大开发》送阅件，得到甘肃省委领导的重要批示，甘肃省委、省政府提出了建设草业大省畜牧强省的战略目标，甘肃省农牧厅制定了《甘肃省草产品优势区域发展规划》。⑤任继周先生关于草业科学 4 个生产层次学说面世，也称现代农业 4 个轮子学说。⑥2001 年全省农村工作会议提出把大力发展草业、生态农业和畜牧业作为千方百计增加农民收入的重要措施，从全省和战略的角度把草产业和草食畜牧业放在突出的位置来抓。⑦由中国草学会和北京市农委共同举办的首届中国苜蓿发展大会 2001 年 5 月在北京召开。⑧退耕还林还草中的林草比例问题成为各界热议话题。⑨2002 年 8 月全国退耕还林还草现场会在定西召开，其关注核心是“定西探索了一条林草融合效益并举的路子”，真正实践了“宜林则林、宜草则草”的科学原则。⑩国家自然科学基金委员会生命科学部和国际交流中心于 2002 年 8 月 23—29 日在兰州共同举办了“西部草地农业可持续发展国际研讨班”，主题是遵循自然规律、保护自然资源的前提下建立草地农业生态系统，实现资源保护与可持续发展，解决西部严酷的生态环境问题。⑪由中国草原学会、中国畜牧业协会联合举办的“全国农区草业发展研讨会”在山西省太原召开，会议以草业是一个新兴的朝阳产业得到与会代表的广泛热议。甘肃省农牧厅分管厅长批示总站派员参会，张榕参加了本次大会。⑫2003 年 1 月中国草原学会升级为一级学会并更名为中国草学会。

在 2001 年单位组织召开的全省草地饲料工作会议上，提出 2000 年农区种草达到 618 万亩，留床面积达到 1286 万亩，建成苜蓿草产品生产加工基地 18 万亩，草产品商品量达到 5000 吨，比上年度增加 3100 吨。“十五”计划提出到 2005 年，人工种草保留面积达到 2100 万亩，加工草产品 50 万吨。以市场为导向，以改革和创新为动力，以草畜业增效、农民增收为基本目标，实施草业开发、科教兴草、可持续发展三大战略，力争把甘肃省建成草业大省、畜牧强省。

期间，由单位主持实施了岷山红三叶和细枝岩黄芪两个国家级牧草种子基地建设项目，参与全省退牧还草工程实施方案编制和工程监理、草种供应，与市县联系更加紧密，单位发展实力进一步夯实。馒头山牧草试验站基础设施得到加强。

4. 形成了草业大省基本格局

政策市场机遇：“十二五”以来，草原生态补奖政策实施中以每亩 10 元对人工草地给予专项资金补助成为草产业发展的助推器。同时，振兴奶业苜蓿发展行动项目给予种植 3000 亩以上的苜蓿每亩补助 500 元等政策成为草产业催化剂，甘肃草业步入了发展快车道。同时，奶业的转型发展加快形成了苜蓿、燕麦为主的国际国内一体化的巨大需求市场，2015 年之前进口苜蓿价差促进了国内苜蓿产业的健康快速发展。甘肃河西走廊以良好的生产环境被社会资本看好，迅速形成了集约化、机械化、高质量的优质苜蓿燕麦奶业饲草供应基地。至2016年，全国优质苜蓿草产品主产区、优质燕麦干草主产区、大宗青贮草产品主产区格局分别在河西和中部地区形成，有多种产业发展模式和运行机制产生，获得了相对稳定的市场份额和效益。

重要标志：①“十二五”末，河西以金昌、张掖、武威连线形成了高品质优质苜蓿基地约50万亩，供应了全国奶牛国内市场所需苜蓿的50%以上；②永昌县从不到1万亩留床苜蓿面积，5年内发展到25万亩，草产业企业从0发展到30多家，形成了优质苜蓿产品核心产区；③环县、会宁两个旱作区农业大县苜蓿种植留床面积超过百万亩；会宁、永昌、环县、定西等一些草产业重点区域形成，相继成立了市县级草产业协会（联盟），在探索不同区域产业发展模式和机制方面走出了新路子；④以定西白银为基地，形成了全国最大的青贮裹包玉米草生产核心区，成为内蒙古、青海、西藏等主要大牧区的饲草储备供应基地，占全国草商品流通量的一半以上；⑤由甘肃省政府研究室农村处、甘肃省农牧厅、甘肃省草原总站联合调研后提出的“甘肃省草产业发展调研报告”经甘肃省委、省政府主要领导批示，甘肃省政府领导在宁卧庄宾馆主持召开了“全省草产业发展座谈会”。之后，由甘肃省政府发布了《关于加快发展草产业的实施意见》和《甘肃省草产业发展规划》。2016年甘肃省农牧厅发布《甘肃省草品种培育及良种繁育规划》和《甘肃省“十三五”草产业发展规划》；⑥甘肃省草品种审定委员会、甘肃省草产业协会、甘肃省草产业技术创新战略联盟、甘肃省草业标准化技术委员会相继成立；⑦第七届中国苜蓿发展大会、第五届中国草业大会相继在酒泉和定西举办。⑧甘肃田园牧歌、甘肃西部草王、甘肃杨柳青饲料牧草、甘肃未来草业、甘肃现代草业等一批草业和草种业企业开疆拓土，成为中国畜牧业协会草业分会的重要成员，拥有了全国草产品和草种市场话语权；⑨定西市提出建设西部草都和黄土高原区草业生态经济示范区。

河西优质苜蓿生产基地

在推动草业大省建设中主动作为：期间，甘肃省草原总站深度参与主管部门推动草产业建设的各项工作。一是参与草产业政策调研和规划编制，督查落实草原生态补奖政策，通过争取奖补政策试点县建立了会宁草田轮作苜蓿草产业大县，通过秸秆饲料化示范项目推动建立了安定区玉米青贮产业大县，通过苜蓿示范项目推动建设了永昌县优质苜蓿草产品生产核心基地。二是推动建立了全省区域试验站（圃库）体系、牵头组建了甘肃省草品种审定委员会、甘肃省草产业协会、甘肃省草产业创新战略联盟、甘肃省草业标准化技术委员会。三是探索了全省草产业发展科技支撑保障机制，推动主管部门启动了产业发展科技支撑项目，有效发挥了甘肃草业科技人才和成果优势。四是在全省主推技术及品种研究、建立良种推广目录和人工草地监测评价方面进行了实质性探索，在草业信息化建设、草品种培育、人工草地建植技术研究方面取得新成果。

（二）发展现状

1. 形成产业主基地

甘肃省是草种质资源大省，有草地资源博物馆之称。草类种子植物近 3867 种，分属 203 科 993 属。甘肃省人工种草历史悠久，2018 年全省人工草地保留面积 2227 万亩，其中多年生牧草保留面积 1750 万亩，主要以苜蓿、红豆草、披碱草为主，苜蓿留床面积 1130 万亩，位居全国第一。一年生牧草 476 万亩，主要以燕麦、黑麦、箭筈豌豆、饲用玉米、饲用高粱为主。商品草留床面积 419.06 万亩，其中苜蓿 230.9 万亩，燕麦 51.76 万亩，饲用玉米 117 万亩，饲用高粱 10.35 万亩，形成了以苜蓿、燕麦、饲用玉米等为主的商品草生产体系，建成了一批规模化、集约化和机械化的商品草生产基地，形成了河西高端苜蓿燕麦产业化基地，成为支撑中国奶业的重要区域。形成了中东部裹包青贮玉米和传统草粉草颗粒生产基地，是保障中国主要牧区草原禁休牧措施落实的饲草储备供应基地。定西市南部猫尾草产业化基地、甘南青藏高原及祁连山流域草原畜牧业文化可持续发展传承基地建设如火如荼。

黄土高原山地苜蓿生产基地

灌区苜蓿生产基地

2. 形成市场主产品

甘肃省草产品市场呈现主打品种稳定，品质不断提升，分级分类发展态势。以支撑奶业市场为主的主要有苜蓿草捆、燕麦草捆，主要分布在河西地区，生产量约为 60 万吨和 30 万吨，商品量约为 50 万吨和 20 万吨。近两年，500 千克以上的苜蓿大方捆和裹包青贮苜蓿大方捆正在不断加大生产比例；以中小奶牛场和肉牛肉羊用苜蓿红豆草等干草捆生产基地主要在中东部地区，生产量约为 100 万吨，商品量约为 50 万吨；料食畜、草食畜混合日粮为主的苜蓿红豆草草粉、草颗粒生产基地主要在中东部，生产量约为 20 万吨，面向全国市场；以供应全国主要牧区的饲草保障基地主要在中东部地区，产品以裹包青贮大方捆以及少部分苜蓿干草捆为主，合计生

高密苜蓿草块

加工裹包青贮玉米

产量约300万吨，商品量约200万吨。以赛马专用饲草为方向的猫尾草生产基地在岷县中部，生产量和商品量约2万吨。以宠物饲料为主的草产品品种近几年发展很快，主要特点是产品涉及原料品种多样化，产品类型很丰富，加工设备精细，附加值高，网销为主，市场发展较快，效益显著。在全省各地都有分布。

3. 市场主体在壮大

近10年时间，随着草业大省建设步伐加快，草产业市场主体发展很快。从2010年的约100余家发展到2019年的近400家，根据甘肃草产业协会统计，仅进入高速运输通道的甘肃省内草产品市场主体300余家。从经营结构上看，从单一种草加工草产品向多种经营转变，其中专一生产加工草产品的约占三分之一，也是全国草产业龙头企业的主体，担负了供应奶业优质饲草的主群体。还有约三分之一是草畜共同体，草产品生产首先满足自身养殖需求，其余部分向周边养殖户辐射供给。约有二成多属于紧贴项目类主体，跟进项目补贴进入草业，一部分在项目带动下一步步发展起来，一部分因为信息不对称，技术跟不上以及经营时机不好，处在动态观望状态。约有一成的非生产型经营主体，属于散户。据估算，甘肃草企业占到全国三成以上，在全国有实力的草企业和草种企业中，甘肃占一半左右，是支撑国家草牧业、奶业和草原禁休牧措施落实的重要实体。

4. 产业模式有成效

全省各地以企业运行为主体，探索形成了以供应全国主要奶业为主、基地建设跨省区的田园牧歌模式（甘肃酒泉）、草产品和草种同时生产经营的西部草王模式（甘肃酒泉）、依托农户种植的民祥模式（甘肃定西）、专注苜蓿品质和科技配套较完善的杨柳青模式（甘肃金昌）、有效融资能力较强的甘肃三宝模式（甘肃山丹）以及政府+国企+农户的环县模式。

（三）科技保障

以甘肃省草原技术推广总站主持推动的草业技术研究和推广为主，主要在以下几个方面开展科技支撑工作：

1. 甘肃省不同生态区域适宜牧草品种筛选及配套技术集成与示范推广

主要内容：依托全省草品种区域试验所并调查全省不同生态区的适宜草种，以牧草的生态指标因子为基础，结合生产实际，在不同生态区域的各个试验点，对选择的主推牧草品种开展品比试验，确定不同生态区域牧草主推品种、配套技术，建立了主推品种和主推技术示范推广基地。

2. 青藏高寒区优质牧草新品种选育及应用

针对高寒牧区饲草短缺和可栽培牧草品种缺乏的现状，通过耐寒豆科牧草斜茎黄芪、红豆草等和禾本科牧草燕麦、黑麦、猫尾草等新品种以及野生品种驯化选育，取得一系列成果。成功选育出适宜在青藏高原东北缘亚高山区种植的优良牧草新品种甘引 1 号黑麦、天祝斜茎黄芪、红豆草、苜蓿、猫尾草、老芒麦等乡土种质材料，确定了推广区域和配套技术。

3. 燕麦种质资源收集评价及生产应用研究与示范

利用形态标记，对 200 份燕麦种质资源进行了系统的遗传多样性研究，开展了系统分类及特异性状种质筛选，为燕麦新基因的挖掘、品种改良、种质创新利用以及燕麦生物多样性保存奠定了种质基础。通过对燕麦多样性的分析，研究了燕麦干草及种子产量的形成因素，初步探讨了燕麦基因型、形态、环境与干草和种子产量的关系。为下一步培育、创新高产燕麦种质和高产栽培模式探索了路径。研究了燕麦播量、种植密度、生育期、播种期与燕麦形态和干草、种子产量的关系，明确了种子和干草生产的最佳播种方式。完成了 200 份燕麦品种的丰产性、适应性、抗逆性和品质鉴定，选育出丰产型和补播型两个新品系，2020 年开始陆续进入申报审定阶段，开展了优良燕麦新品种展示和示范推广。

4. 牧草根瘤菌成果转化技术示范与推广

自 2013 年开始，联合甘肃农业大学草地微生物实验室建立微生物菌剂产品成果转化团队，一是开展了苜蓿、红豆草、岷山红三叶、沙打旺等豆科牧草菌株的采集、分离、筛选，菌株特性鉴定，载体配方、复合菌肥配方研发，菌肥质量测定等，建立了菌株资源库，开展了符合菌剂配方筛选和载体筛选研发，先后研发产品种类 6 个；二是开展了复合微生物菌肥效果试验评价，通过盆栽、小区试验，系统研究了具备固氮、溶磷、拮抗病原菌能力的高效复合微生物菌肥代替部分化肥对牧草生长、营养品质、根系及土壤理化性质的影响，并研究其和化肥配施的增效机制，得出配施最佳比例，为大面积推广使用提供理论依据；三是完成了成果和产品的产业化生产，建立了生产线，实现了量化生产和大面积推广，在民乐、安定、和政、会宁、靖远、景泰、秦州、环县和华池等县（区）成功推广红豆草 3813 公顷，岷山红三叶 1400 公顷，紫花苜蓿 12 470 公顷，沙打旺 4000 公顷，建立了示范推广基地，并开展了技术培训。新产品通过参加“第五届（2018）中国草业大会”“第十一届甘肃国际农业博览会”“2018农民丰收节”等活动，已经逐步推向国内其他省市。

2020年，团队申请了甘肃省林业科技创新项目“禾本科牧草复合菌肥应用与推广技术”项目，参与“生物炭制备关键技术及在草原生态修复中的应用评价”项目，正在组织实施中。

5. 红豆草产品研发及营养评价

2004年以来，单位红豆草团队通过依托甘肃省退牧还草工程科技支撑和草牧业试点科技支撑项目，一直在甘南夏河、合作，临夏和政，定西安定、通渭等不同生态区域，开展红豆草种质驯化创制，植物学、生态学、经济学研究，草产品研发、营养评价和示范推广基地建立等工作。获得新种质资源6份，建立种质资源圃2个，培育新品系2个。

6. 饲草防霉保鲜剂及青贮乳酸菌生物制剂研发与应用推广

项目针对甘肃省主要草产品裹包青贮草产品防霉需求，筛选出了能够快速降低青贮饲料pH值的乳酸菌菌株植物乳杆菌Lp-21，能够抑制青贮饲料二次发酵的乳酸菌菌株布氏乳杆菌LB-40，以及具有降解纤维的乳酸菌菌株植物乳杆菌Lp-A1，同时研发出了高效青贮乳酸菌制剂2种，为缓解高品质饲草产品生产对高效饲草添加剂的迫切需求提供了技术支撑。

7. 高产优质苜蓿产业化技术集成与示范推广项目，主要依托甘肃省高产优质苜蓿示范项目，开展了苜蓿品种生态适应性、丰产栽培、草产品生产等技术研究和技术集成示范推广，筛选出适应于不同区域的优质苜蓿良种，研究出苜蓿全产业链集成技术，为苜蓿产业高质量发展提供了技术支撑。

（四）分管领导及工作人员

各个时期的分管负责人为王无怠、车文信、向德福、阎万贵、豆卫、王立耕、张榕、杨浩。

职能科室有业务办、牧草科、草业科、区域试验站、草种科。

参与人员有王素香、白善林、谭向东、晁德林、赵智茂、申有忠、张志芳、鲁征、喻文健、喻文虎、周多虎、向金城、张忠祥、杨俊基、王心灵、王建强、杨浩、孟祥君、李德明、耿小丽、张少平、江月兰、金赐福、张贞明、许国成、朱倩、高占琪、付萍、周栋昌、武慧娟、刘乾、吕江涛、曹磊、曹明崇、王海、梁婷、徐锐真、王历宽、马彦彪、王长林等。

（本节供稿：张榕、杨浩、周栋昌、李德明；校对：张亚楠）

第二节　草地有害生物防控

甘肃省自1986—2023年，国家下达防虫灭鼠任务24 469万亩，完成防虫灭鼠任务30 712万亩，其中灭鼠20 704万亩、灭虫9980万亩。投入资金36 173万元，其中，国家投资31 761万元，省级投资2862万元，县级投资170万元。

一、草原害鼠防控

（一）发展阶段

鼠害历史悠久，人类与害鼠的斗争已持续了几千年，传统的灭鼠方式基本是自发的、零星的人工捕打活动，而真正有组织地治理鼠害，始于中华人民共和国成立以后。20世纪50年代初至60年代，为了控制鼠传疾病，预防生物战争，减轻农业鼠害损失，在各级政府领导下，群众广泛参与灭鼠行动，在技术薄弱的情况下，仍消灭了大量害鼠，削弱了鼠疫等疾病流行。

中国大规模的草原鼠害防治工作始于20世纪70年代。大体经历了三个发展阶段：20世纪70年代到80年代初，基本是“灭火式”的防治，目标是消灭鼠类，从根本上杜绝鼠患。使用化学农药，哪里爆发、哪里撒药，头痛医头、脚痛医脚，处于应急式的被动状态。20世纪80年代初到90年代末，是鼠害治理阶段，基本是“撒网式”的防治，防治技术提高，面积扩大，开始在鼠类的危害经济阈值之下容忍鼠类的存在，使用药物已经开始从剧毒药物转向低毒缓效药物（如抗凝血剂）。20世纪90年代末，开始注重环保意识，突出可持续无公害生态治理技术和不育控制技术。1999年1月，国务院常委会通过《全国生态环境建设规划》，将草原鼠害防治工作列为优先实施的重点工程。2000年，国家领导人对中国草原鼠害工作作出了重要批示，极大地推动了草原鼠害防治工作。

1978年的政府工作报告提出“组织国有农场和人民公社有计划地开垦荒地，使耕地面积逐年有较多的增加”时强调，要在“不损害水土保持、森林、草原和水产资源的条件下”进行。同年，中央财政设立草原治虫灭鼠专项，每年拨付1000万元用于防治补助，农业部也于同年开始组织重点牧区开展草原虫害防治工作。1985年6月18日，国务院颁布了《中华人民共和国草原法》，第十五条规定:“地方各级人民政府应当采取措施，防治草原鼠虫害，保护捕食鼠虫的益鸟益兽”。1987年，农业部在北京召开了全国牧区工作会议，国务院批转《全国牧区工作会议纪要》的通知中提出“积极采用多种方式，进行科学灭鼠和防治病虫害”。1988年，农业部颁发实施《草原治虫灭鼠实施规定》，标志着中国草原鼠虫害防治工作进入规范化时代。这个时期，草原治虫灭鼠项目资金一直维持在每年1000万元的水平，草原鼠害防治工作平稳发展，防控工作也主要集中在重灾区，开展“扑火”式防治。

2001—2010年，国家修订形成了现行《草原法》，对草原治虫灭鼠工作的规定更加全面。国务院颁布了关于加强草原保护与建设的若干意见，提出“要突出运用生物防治技术，防止草原环境污染，维护生态平衡”。2006年，国务院颁布的《国家突发公共事件总体应急预案》也将草原生物灾害纳入国家突发公共事件范畴。2001年，为进一步做好草原虫害防治工作，中央财政将原有的“草原治虫灭鼠”项目分设为“草原灭鼠”和“草原蝗虫防治”项目，投入资金逐步增加到1.3亿元，支持保证各地延续开展治虫灭鼠工作。原农业部针对草原鼠虫害发生与防控实际，先后发布了《全国草原鼠害防治工作管理验收办法》和《全国草原虫灾应急防治预案》，草原鼠虫害防控的工作重点也转为推广生物防治技术，保护草原生态环境。

（二）鼠害防治工作背景

鼠害是甘肃草原的主要生物灾害之一。长期以来，全省草原鼠害年发生面积达8000万亩以上，其中成灾面积在4000万亩以上（每年由于鼠类活动形成的土丘、土丘流泻面积、洞口及洞道塌陷等所破坏的草原约450万亩）。全省草地每年因鼠害损失牧草60亿千克，折合经济损失约12亿元。

草原害鼠不但与畜争食，降低草原载畜量，而且是引起草原退化的重要原因之一。一方面草原退化及草原生态环境的恶化削弱了各种自然控害因素的积极作用，为鼠类生存、繁衍提供了有利条件，加剧了草原鼠害；另一方面鼠害的加剧进一步导致了草原退化，甚至沙化或荒漠化。鼠害引起的草原退化面积占全省退化草原面积的37%，达9000万亩以上；鼠害严重的地方形成寸草不生、土壤裸露的“鼠荒地”，导致局部地区牧民赖以生存的条件和环境逐渐丧失。同时，鼠类传播疫病，直接威胁人类健康和牲畜安全。从1981年起，在中央财政资金的支持下，坚持开展鼠害防治工作，成为全省草原保护的一项重点专项工作。

（三）重点内容和区域

人工捕鼠

“六五”期间（1981—1985年）：全省灭鼠657.33万亩，其中，人工捕捉176.43万亩，药物灭鼠480.9万亩。1985年，全省灭鼠204.97万亩，其中，人工捕捉85.77万亩，药物灭鼠119.2万亩。实行技术承包责任制，在灭鼠工作中开展多种试验。在碌曲县开展了不同饵料的喜食性试验，明确了鼢鼠喜食饵料。使用当归、党参做饵料，配置鼢鼠灵，消灭中华鼢鼠，灭效好，每亩成本比人工捕捉节省资金四分之一至三分之一。在肃南、民勤架设鹰架140座，同时采用了人工补播、施肥、围栏封育相结合的综合治理方法，提高了灭效。

“七五”期间（1986—1990年）：全省灭鼠1 559.2

万亩，其中，C 型肉毒素灭鼠 208.6 万亩，招鹰灭鼠 311.5 万亩，人工捕捉 415 万亩，化学防治 624.1 万亩。期间，农业部颁发了《草原治虫灭鼠实施规定》《草原鼠虫害预测预报规程》，把防治手段从药物灭鼠、人工捕捉的方法转移到生物灭鼠。招鹰灭鼠是甘肃省生物防治的重要手段。C 型肉毒素灭效高，安全可靠，是杀灭高原鼠兔的最佳药品。灭鼠草场的综合治理也是甘肃省在草原灭鼠中行之有效的成功经验。随着草场承包责任制的进一步落实，县草原站在统一规划、统一部署的基础上，做好业务咨询及药品供应，牧民在自己承包的草场上进行灭鼠。

“八五”期间（1991—1995 年）：灭鼠 1 400.5 万亩，其中，C 型肉毒素灭鼠 415.5 万亩，招鹰灭鼠 557.2 万亩，人工捕捉 95.5 万亩，化学防治 332.69 万亩。建立百万亩以上招鹰灭鼠示范区三个。期间，鼠虫害测报工作提上议事日程，全省成立鼠虫预测预报站 9 个，43 个草原站开展了预测预报工作，参加测报科技人员 241 人，监测对象 17 种。

讨论防治方案

“九五”期间（1996—2000 年）：灭鼠 1487 万亩，其中，C 型肉毒素灭鼠 450 万亩，招鹰灭鼠 657 万亩，人工捕捉 134 万亩，化学防治 246 万亩。期间，进一步加强预测预报工作，调整充实省级测报站（点）达到 12 个，实现了重点地区、重点草地的鼠虫害动态监测。省级测报站（点）建设得到加强。重视技术队伍建设，派员参加全国性草地鼠虫害测报培训班、研讨会、技术交流会以及甘肃省内自办培训班等，多渠道提高测报人员技术水平。制定了《甘肃草地鼠虫害预测预报工作制度》《甘肃草地鼠虫害预测预报统计报告制度》《测报人员登记上岗制度》等管理制度，使测报工作向科学化、规范化、标准化和系统化方向迈进。加大了草地鼠害生物防治力度。重点推广应用了招鹰灭鼠、C 型肉毒杀鼠素灭鼠。落实草地鼠虫害防治工作承包责任制，结合草地有偿承包，本着“谁承包、谁防治、谁受益”的原则，通过地方政府和业务部门广泛发动群众，采取国家提供药品和器械、群众投劳的扶持政策，充分调动广大农牧民群众的防治积极性，收到较好效果。试行了抓鼠队承包防治方法，为组织大面积连片防治提供了有益经验。通过广播、电视、报刊、专栏等途径，

专家现场指导草原鼠害预测预报

对草地鼠害动态及其危害性进行广泛宣传报道。

招鹰灭鼠

"十五"期间（2001—2005 年）：自 2001 年起，农业部在全国重点地区组织实施了草原"无鼠害示范区"建设项目。该项目的实施，加强了草原鼠害防治工作的科学化、规范化管理，实现了草原鼠害的可持续控制，将草原鼠害治理历史性地推进到了"无害化管理"的新阶段。甘肃省相继在武威市、张掖市、酒泉市、金昌市、定西市和甘南州的 23 个县（市、区、场）建立无鼠害示范区，共完成持续巩固区建设 1000 万亩，其中灭鼠区鹰架的补充及维修 480 万亩，生物毒素集中扫残 353 万亩，鼢鼠灵集中扫残 167 万亩。完成鼠害常规防治 677 万亩，其中，招鹰灭鼠 150 万亩，生物毒素灭鼠 72 万亩，人工捕捉 159 万亩，化学药物灭鼠 296 万亩。期间甘肃省初步建立了省、地、县三级草原鼠害测报网络，并在 11 个省级重点测报站所在的天祝、肃南、玛曲等县建立测报点 35 个，为各级测报站（点）配备各类测报器械 75 套，其中基本测报工具 50 套，数据处理设备 25 套。共举办培训班 85 期，参训人员达 5000 人（次）。

"十一五"期间（2006—2010 年）：农业部安排甘肃省鼠害防治任务 2325 万亩，其中持续巩固 1070 万亩；虫害防治任务 1828 万亩。共投入鼠害防治经费 1100 万元，防治草原鼠害 2 873.15 万亩，占防治任务 2325 万亩的 124%，5 年新增防治面积 1 803.15 万亩，其中：生物毒素灭鼠 384.5 万亩、招鹰控鼠 253.7 万亩、人工捕捉 504.45 万亩、化学灭鼠 660.5 万亩。平均防治效果达到 90%。玛曲、天祝、古浪县为无鼠害示范项目县，建成高原鼠兔、高原鼢鼠、长爪沙鼠监测站，分别开展上述鼠种的固定监测。示范县全部采用生物防治技术防治。期间实施了甘南黄河重要水源补给生态功能区草原鼠害综合防治项目。项目总投资 1690 万元，在碌曲、玛曲、夏河、卓尼、临潭和合作六县（市）天然草原害鼠重度危害区防治鼠害 320 万亩。

"十二五"期间（2011—2015 年）：全省累积防控草原鼠害 3 565.75 万亩，占防治任务 2000 万亩的 178%，其中生物防治 1 773.8 万亩，化学防治 991 万亩，人工捕捉 800.95 万亩，平均防治效果达到 90%。在甘南州、张掖市的纯牧业县区主推生物防治和人工捕捉防控技术。形成了

防控联查工作现场

生物防治、生态控制、物理防治和应急化学防治相结合的鼠害治理技术体系。甘肃省草原技术推广总站与各市州草原技术推广单位共举办培训班 8 期，参培人员 600 多名。全省省级监测站 1 个，市州级监测站 7 个，县级监测站 13 个，定位监测点 200 个，改善监测手段和条件，为相关测报站配备了测报器械和数据处理设备。组织开展调查测报工作，每年从 11 月到翌年 4 月进行秋季和春季鼠虫害测报，发布态势预测报告。加强宣传，提高生物防治比例，大力推广应用架设鹰墩鹰架、人工捕捉、C 型肉毒素等天敌保护利用和生物制剂防治技术，制定了生态控鼠规范，推进草原鼠虫害的可持续治理。

“十三五”期间（2016—2020 年）：至 2019 年，共灭鼠 2689 万亩，其中，生物药剂灭鼠 1993.2 万亩，招鹰灭鼠 361 万亩，人工捕捉 216 万亩，化学防治 118.8 万亩。年初，结合上年冬季和当年春季草原地区气象条件，编制甘肃省当年草原鼠害发生趋势分析报告，协助甘肃省农牧厅草原处编制了全省草原鼠虫害防治补助经费下达计划和草原鼠害防控实施方案。督导任务县完成鼠害防治工作。每年举办两期鼠害技术培训，参训人员 200 余人。按照全国畜牧总站《草原鼠荒地治理对策调研方案》要求，在全省范围内开展了一次草原鼠荒地的现状调研，表明甘肃省草原鼠荒地集中分布在甘南高原草甸鼠害区，合作、碌曲、玛曲、夏河、临潭 5 个市县，另外河西走廊、祁连山一带也有分布，主要在天祝县和肃南县。出版了《草原鼠虫害预测预报与防治技术》培训教材。制定了《草原生态控鼠技术规程》，与甘肃农业大学草业学院联合制定了《高原鼢鼠危害等级划分》《高原鼠兔危害等级划分》《草地人工捕杀鼢鼠技术规程》《甘肃省草原鼠虫害预测预报站建设标准》并发布实施。

2017 年起，国家发改委、农业部下发了《关于做好 2017 年动植物保护能力提升工程项目申报工作的通知》，建设省级和地级草原生物灾害监测预警中心。截至 2019 年，甘肃省已建成 1 个省级、5 个地级草原生物灾害监测预警中心。该项目的建成，有效改善甘肃省灾害监测预报能力条件，健全灾害监测预警网络，明显提高草原生物灾害监测预警能力，为草原生物灾害防控提供决策支持。

二、草原虫害防控

甘肃草原害虫种类甚多，发生频次高、危害范围广、危害程度重的主要害虫有蝗虫、草原毛虫、白刺夜蛾、阔胫萤叶甲、白刺粗角叶甲等。全省主要牧区均有虫灾发生，高发区主要集中在河西和甘南地区，其中肃南县、肃北县、山丹县、民乐县、永昌县、金川区、碌曲县、夏河县、玛曲县、民勤县、环县、华池县等地是重灾区。20 世纪 60 年代，全省草原蝗害危害面积达年平均达 100 万亩，到 20 世纪 90 年代草原蝗虫、草原毛虫、阔胫萤叶甲、白刺夜蛾等草原虫害连年暴发成灾，危害逐年加重，造成草原生产力下降，加剧了草原退化和沙化，草原虫害成为最严重的草原灾害之一，对农牧业生产和国家生态安全构成威胁。

甘肃草原害虫防治工作，从20世纪50年代中期开始，先采用毒饵防治法，后采用人工喷粉防治法，进入20世纪60年代，采用了飞机施药方法，主要使用有机氯杀虫剂，如“六六六、滴滴涕”等，因有机氯杀虫剂有高残留特性，带来了一系列的环境和人类健康问题，在20世纪70年代末至80年代初，开始尝试人工超低量喷雾马拉硫磷、氧化乐果等高效、低残留的有机磷杀虫剂，之后采用了拟除虫菊酯类农药。技术措施特点是易操作、易标准化，特别是采用飞机防治，大大节约了人力、物力，有效控制了草原害虫灾害。但大量使用化学农药与环境保护、天敌增殖发生了严重冲突，给周围生态环境带来不可避免的污染和破坏，对人类的生命和生活保障具有潜在的危害。随着化学杀虫剂的滥用，蝗虫的抗药性问题也明显加重，使得蝗虫的暴发周期缩短，危害加重。随着人们对环境保护认识的提高，农业与环境可持续发展被人们高度重视。1975年5月，农林部确定了“预防为主，综合防治”的治保工作方针。1992年“世界环境和发展大会”提出了“可持续发展”概念，使得对于防治蝗虫的研究和实践向生物防控方面转移。2004年农业部印发了《全国草原虫灾应急防治预案》，甘肃省按照农业部的统一要求和部署，遵循“公共植保”和“绿色植保”理念，坚持“改治并举，综合防治”的治蝗方针，按照科学发展观和现代农业的要求，采取生物防治、生态控制和应急防治相结合的措施，抓牢防控预案、监测预警、应急防控、运行机制“四个环节”，强化了保障措施，组织指挥、落实责任、物资准备、信息传递、技术指导、督查指导“六个到位”，实行治蝗属地管理和行政首长负责制，努力提升现代治蝗工作水平；按照农业部颁布的《草原治虫灭鼠实施规定》和《草原虫害预测预报规程》，逐步研究和完善草原虫害预测预报指标和防治标准，建立监测预警机制，大力推广应用生物农药为主的无公害防治技术，改进和提高施药机械和新农药的更新换代；积极应用天敌保护与培育技术，不断探索可持续治理的新措施，开展了微生物制剂、植物源农药、牧鸡等生物防治试验示范和技术推广工作；在暴发性虫灾的防控中，使用高效低毒低残留的化学农药，优化集成草原虫害防控技术，提高组织保障能力和专业化防治水平，有效控制了虫害的扩展和蔓延，确保实现了“飞蝗不起飞，土蝗不扩散危害，入境蝗虫不二次迁飞”的治理目标，为实现草原虫害可持续治理，有效保护草原生态环境起到了积极作用。

（一）早期草原害虫防控工作

1955年，首次在甘南的夏河县、肃南县韭菜沟开展了人工灭蝗，总结了防治经验。1958年开始，在国家大力扶持下，先后在夏河、天祝、肃南、皇城修建了4座农用机场，开展了飞机灭蝗工作，到1965年6月，应用飞机喷撒2.5%“六六六”粉剂防控大面积蝗灾已达112万亩，占蝗害面积的112%，毒杀率在90%以上；仅肃南县在1965年飞机灭蝗22.617万亩。小面积蝗灾防治采用人工喷药方法。

防控草原毛虫主要采用火烧方法。利用草原毛虫一龄幼虫在草根越冬的习性，结合烧草工作，用火烧法消灭草原毛虫，防治效果好。开展了喷洒“滴滴涕”和苏云金杆菌防控草原毛虫的小区试验。

（二）近40年草原虫灾防控工作

甘肃省1980—1996年，防治草原虫害1185万亩，其中，应用蝗虫微孢子虫防治草原蝗虫27万亩，应用类产碱假单孢菌防治草原蝗虫1万亩，应用化学药物防控草原害虫1157万亩；1996—2023年，防治草原虫害10 110.8万亩。其中：2004—2013年防控草原害虫3 480.4万亩，应用氯氰菊酯防控草原蝗虫2 126.55万亩，应用牧鸡防控草原蝗虫245万亩，应用绿僵菌防控草原蝗虫852万亩，应用苦参碱防控草原蝗虫224万亩，应用类产碱假单孢菌防控草原毛虫14.85万亩，应用印楝素防控草原蝗虫18万亩。

1. 重大虫灾防控

（1）防控草原蝗虫虫灾

由于甘肃河西地区连续干旱少雨、气温偏高等多种因素影响，1990—1992年，肃南县的祁丰、康乐、大河、皇城等四区和张掖市的平山湖乡发生了大面积草原蝗灾，累计受灾害面积达1440万亩，严重危害面积达750万亩。其中，肃南县1990年蝗虫成灾面积达381万亩，占草原总面积的14.9%，占冬春草场的29%；严重危害面积达120万亩，平均虫口密度为106头/m^2，最高地区达428头/m^2；1991年受灾面积为580万亩，占可利用草原面积的27.19%，占冬春草场面积的44.69%，平均虫口密度为116头/m^2，重灾面积为448万亩，占冬春草场面积的34.52%，平均虫口密度高达389头/m^2，草场产量比正常年景下降65.4%；1992年连续4个多月持续干旱，前山草原蝗虫出土孵化比1991年同期提前5~7天，蝗虫受灾面积为479万亩，重灾面积为182万亩，平均虫口密度达228头/m^2。严重的蝗虫灾害使草场植被遭到破坏，草场退化，对畜牧业生产和牧民生活造成了巨大损失。灾情发生后，甘肃省畜牧厅及时将灾情向甘肃省政府作了汇报，领导十分

草原虫害防治现场

重视，对灭蝗工作作了重要批示。各级领导和技术人员多次深入灾区调查了解虫情动态，研究制定了防蝗方案。为有效防控蝗虫灾害，中央、省、地、县加大资金投入，1990—1992 年 3 年连片防治蝗虫 211 万亩，挽回牧草损失 10 464.69 万千克，控制了蝗虫灾害，减轻了经济损失。保护了生态环境。

⑵ 防控阔胫萤叶甲虫灾

1990 年，阔胫萤叶甲首次在甘肃省永昌县、山丹县、金川区所属半荒漠草场暴发成灾。危害牧草以驴驴蒿为主，害虫在幼虫期采食驴驴蒿的叶、嫩茎、生长点，甚至全部茎秆，在密度大的地区，茎秆全部被吃光，致使刚返青的牧草全部死亡，生长季节的驴驴蒿枝条枯黄死亡。出现大片裸地，造成草场绝收。阔胫萤叶甲一年发生一代，具有群聚和迁移危害习性，不仅蔓延扩散快，数量增加也非常迅速。从 1990—1992 年，阔胫萤叶甲持续为害 3 年，累计危害面积达 300 多万亩，其中，永昌县危害面积为 105 万亩，山丹县危害面积为 195 万亩；严重危害面积达 100 万亩，其中，永昌县 70 万亩，山丹县 23 万亩，金川区 7 万亩。永昌县 1990 年平均虫口密度为 274.4 头/m^2，最高达 764 头/m^2，危害面积 55 万亩；1991 年柴家圈东梁一带平均虫口密度为 678.4 头/m^2，最高达 980 头/m^2，最低为 448 头/m^2，虫害面积 45 万亩，危害植株率 100%。虫灾发生后，各级领导和业务部门非常重视，甘肃省饲草饲料技术推广总站和永昌县、山丹草原站组织科研人员对阔胫萤叶甲的生物学和生态学特性做了初步研究，开展了药物筛选试验；甘肃省畜牧厅组织召开了金昌、永昌、山丹三家联防会议，提出“保重点、保围栏、保冬春草场，注重灭效的原则”，省、地（市）、县集中力量，连片防治，3 年累计防控阔胫萤叶甲 54.4 万亩，其中：1990 年试验示范防控 3.4 万亩，1991 年防控 32 万亩，1992 防控 19 万亩，基本控制了阔胫萤叶甲虫灾的扩散蔓延和危害。

⑶ 防控白刺夜蛾虫灾

1996 年 6 月，甘肃省武威地区民勤县西部、金昌市金川区北部草场暴发了大面积白刺夜蛾虫灾。虫灾遍及河雅公路两侧，危害面积达 430 万亩，严重危害面积达 350 万亩，平均虫口密度为 189 头/m^2，最高达 2514 头/m^2。严重地区单株一、二龄幼虫最少 156 头，最多 1560 头。幼虫暴食白刺类牧草的嫩枝，危害严重地区牧草产量下降 70%~100%，被取食的白刺类牧草丧失生育能力，最后枯萎死亡。虫灾造成鲜草损失达 1.725 亿千克，相当于 12 万个羊单位一年的采食量，直接经济损失达 3450 万元。由于白刺夜蛾发生区位于巴丹

白刺夜蛾灾情调查

吉林、腾格里沙漠边缘，生态环境十分脆弱，可塑性差，作为固沙植物的白刺，因虫害枯萎死亡，致使固定、半固定沙丘变为流动沙丘，加剧沙尘暴发生，使生态环境更加恶化，对工农业生产和人民生活造成了严重威胁。

灾情发生后，引起了省、地（市）、县（区）各级领导和业务部门的高度重视。甘肃省政府先后两次召集会议，听取汇报，并从甘肃省财政拨付治虫款160万元，用于购置防虫器械和药品；甘肃省畜牧局多次召开会议，研究防虫工作，并组成联合调查组，及时深入虫害现场，调查了解灾情，制定紧急防治措施和大面积防治方案。在省、地（市）、县（区）各级行政部门的支持下，各级业务部门通力合作，精心组织，分工协作，集中连片开展了大面积防虫工作。先后共抽调技术干部30余人，投劳5000多人次，动用各种车辆1000辆次，以专业队伍为主，采用大、中、小型机械相结合，人工防治和机械防治相结合的办法，用4.5%高效顺反氯氰菊酯乳油在虫害前峰地带和农田边缘进行了隔离防治，在危害严重区域开展了重点防治。

1997年，各级部门积极筹措资金，加大了防治力度，加强了虫情监测，继续坚持“以防为主，防治并重”的工作方针，围绕全面控制的目标，开展了集中连片防治工作。

1996—1998年，防治白刺夜蛾292.8万亩，达到了“三年基本扑灭虫灾”的预期目标。同期，实施了“荒漠草原白刺夜蛾防治研究”科研项目，对白刺夜蛾的发生规律、生物学特性、生态学特性及预测预报技术开展了研究，筛选了防治方法和药物，取得了预期效果。

2. 生物防控草原虫害试验示范

生物防治具有选择性强，效能高、无污染的特点，已被国际上普遍认为是替代当前化学农药防治草原虫害的重要措施。20世纪80年代中期至今已有许多国家进行了生物治蝗的探索。甘肃省从1994年开始，开展了应用生物和生物制剂防控草原害虫试验研究和技术推广工作，先后应用蝗虫微孢子虫、绿僵菌、类产碱假单孢菌、苦参碱、烟碱、印楝素、蛇床子、短稳杆菌等生物制剂和牧鸡防治草原害虫，取得了良好的生态效益和经济效益。

绿僵菌灭蝗试验

（1）应用牧鸡防控草原蝗虫试验示范

1992—1993年肃南县试验示范：

牧鸡灭蝗是20世纪80年代由新疆

牧鸡灭蝗试验示范

试验推广的一项生物防治技术，甘肃省在借鉴新疆经验的基础上，1992 年在肃南县开展了牧鸡灭蝗试验。肃南县的康乐区有 15 户参加了牧鸡灭蝗试验，户均养鸡 100~150 只，其中有 3 户比较成功。1993 年牧鸡灭蝗试验在肃南县的红石窝乡开展。红石窝乡参加试验的养鸡专业户有 35 户，养鸡 5065 只。肃南县防蝗指挥部对每只鸡补贴 1.0 元，用于养鸡专业户搞基本建设。完成灭蝗任务 5.57 万亩，灭效达 84.6%。

2007 年民乐县试验示范：

民乐县东山草原地处县城东部，总面积近 50 万亩，类属丘陵草原区，区内植被稀疏，主要代表种是沙蒿、针茅，毒草有醉马草、狼毒等。2007 年，在民乐县的东山草原区开展了牧鸡灭蝗试验，控制草原蝗虫面积 3 万亩，占严重危害面积的 7.5%，灭效达 98%，实际控制效果 70 天左右。

试验用鸡为蛋肉兼用型“柳州麻”鸡，放牧灭蝗 55 天，在一个放牧期，每只鸡平均控制面积 8 亩，1500 只鸡群可灭蝗面积 12 000 亩左右，放牧鸡群的地方，蝗虫密度一般都下降到 3 头/m^2 以下。应用牧鸡灭蝗防治成本为 2.55 元/亩，同期药物灭蝗成本为 4.3 元/亩，药物防治成本是牧鸡灭蝗成本的 1.7 倍，生态效益和经济效益明显。

(2) 应用蝗虫微孢子虫防控草原蝗虫试验示范

蝗虫微孢子虫，是一种专寄生于蝗虫等直翅目昆虫体内的单细胞真核原生动物。中国自 1986 年从美国引入蝗虫微孢子虫病原以来，在新疆、内蒙古、青海等地区的草地上进行了多年防治草原蝗虫的小区试验，当年虫口减退率可达 55%以上，感染率 30%~40%，草原中一次引入微孢子虫后，可多年在蝗虫中流行该疾病，在 5~6 年间可控制蝗虫密度，利用蝗虫微孢子虫是中国研究生物防治方法控制蝗害的第一个成功例子，对于研究和应用生物技术防治草原蝗虫具有重要意义。

1994 年，甘肃省在肃南县泱翔乡试验推广蝗虫微孢子虫防蝗 5 万亩，当年测定防后 24 天感染率为 18.9%，第 39 天为 47%，第 44 天为 50%，个体产孢量最高为 0.9×10^9，校正虫口减退率为 53.1%，1995 年镜检得出，垂直感染率为 25%。1995 年，甘肃省在肃南县康乐区和甘南州夏河县甘加乡开展了应用蝗虫微孢子虫防控草原蝗虫工作。肃南和夏河共防蝗 10 万亩，其中：肃南县康乐区防控 8 万亩，夏河县甘加乡防控 2 万亩；投资 6.5 万元，防治总成本为 1.4 元/亩（包括蝗虫微孢子虫原液款

0.75 元/亩）。

甘肃省 1994—1996 年试验示范推广蝗虫微孢子虫防控草原蝗虫 27 万亩，防后 45 天测定，感染率为 50.6%，虫口减退率为 73.4%，校正虫口减退率为 52.1%。应用蝗虫微孢子虫防控草原蝗虫试验示范开启了生物防治草原害虫的先河，对于以后应用生物制品防治蝗虫研究具有重要意义。

（3）应用绿僵菌防控草原蝗虫试验示范

绿僵菌是一类重要的昆虫病原真菌。能在活体上产生芽生孢子，在死亡的寄主体表和体内产生分生孢子。能够寄生于多种害虫，通过体表或取食进入害虫体内，在害虫体内不断繁殖，通过消耗营养、机械穿透、产生毒素致死害虫。还可不断在害虫种群中传播，且具有一定的专一性，对人畜无害，不污染环境，害虫不会产生抗药性等优点，是一种新型的生物防治技术。

中国在 20 世纪 90 年代初引进防治蝗虫的绿僵菌，并相继开展了一些室内和田间试验。甘肃省在 2002—2004 年在肃南县开展了应用绿僵菌防治草原蝗虫试验，防后 7 天的防治效果为 66.5%，防后 12 天的防治效果为 76.7%。

（4）应用植物源农药印楝素防控草原蝗虫试验示范

印楝是世界公认的优秀杀虫植物。从其种子中提取的高效杀虫活性物质——印楝素，为多作用点物质，至少有 10 种杀虫活性成分，对 400 多种害虫具有防治作用，尤其对鳞翅目、鞘翅目及双翅目害虫有特效。2003 年中国研制的 0.3%印楝素乳油投入生产应用。甘肃在 2005—2008 年间引入 0.3%印楝素乳油进行防治草原蝗虫试验，试验表明在施药 2 天后，防治效果在 95%以上。

三、主要成果

1. 监测预警体系建设取得进展。建立了省、市、县三级草原有害生物灾害监测预警体系。中央投资的 1 个省级、5 个市（州）级草原生物灾害监测预警中心在建，省级投资的 17 个县（区）级草原鼠虫害测报站建成。

2. 建立了草原主要鼠种预测模型。与科教单位合作，开展草原害鼠发生特点和发展规律、草原鼠害监测预警技术、草原鼠害无公害防治技术等方面的研究。建立了高原鼢鼠、高原鼠兔等主要害鼠的测报模型，为科学指导鼠害防治奠定了良好的基础。

3. 查清了部分市、县草原啮齿动物的区系组成和群落结构。结合草原无鼠害示范区项目建设，有计划、有重点地开展了市、县草原啮齿动物摸底调查，基本查清了重点区域草原啮齿动物的区系组成和群落结构，为合理确定无鼠害示范区建设区域和防治对象提供了科学依据。

4. 初步建立了不同区域鼠害综合治理模式。探索了以生态工程方法为主、药物等控制为辅的鼠害治理措施。针对甘南高原、祁连山山地草原退化加剧、鼢鼠、鼠兔等害鼠危害严重的状况，建立了不同鼠害综合防治技术措施，不仅使草场植被在短期内得到恢复，而且害鼠种群数量也得到了有效控制。

5. 完成了“草原鼠害防控技术集成研究与示范”推广项目。总结提出了鼠害草原治理对策、技术和模式，其成果的应用和推广，对于指导促进甘肃省鼠害防治工作，提升甘肃省在国内外草业科学研究中的地位，具有重要意义。项目获甘肃省2008年度科技进步三等奖。

6. 基本形成了以生物防治和物理防治为主，生物防治、生态调控、物理防治和应急化学防治相结合的草原鼠虫害综合防治调控体系，总体防治效果均在90%以上，鼠虫害生物防治比例逐年提高。

7. 甘肃省草原鼠虫害治理技术体系取得了新的进展，治虫灭鼠观念更新，由被动灭鼠进入主动控制鼠害的新阶段。运用生态工程原理及方法探索并取得了“可持续控灾”的有效途径；突破了长期依靠化学农药防治草原鼠虫害的局面，确立了应用生物农药和生态控制技术治理草原鼠虫害的主导地位，技术效益得以全面体现。

8. 鼠虫害防治规范化、制度化建设进一步完善。根据全省草原资源、生态和鼠虫害危害状况，建立和完善了草原鼠虫害预测预报、防治、检查验收、巩固扫残及经费使用管理等一整套管理办法、规程和标准，有效解决了草原鼠虫害预测预报和防治中技术标准不统一、专业技术资料缺乏等问题，使草原鼠虫害防治走上了规范化、科学化道路，有效地保证了防治效果。药物和器械实行统一采购、统一调配，保障了药品质量和安全。

四、林草机构改革以来的草原有害生物防控工作

根据甘肃省第三次全国国土调查数据，甘肃省现有草地21 460.65万亩，2021年,《中华人民共和国生物安全法》发布，草原有害生物被纳入国家安全范畴，草原有害生物防治工作事关国家生物安全和生态安全。甘肃草原有害生物主要为害鼠、害虫、毒害草和病害，主要危害区域集中在甘南高原、祁连山地、河西走廊地区和陇东陇中黄土高原。草原鼠虫害作为防控重点自20世纪70年代开始连年防治，草原毒害草和病害目前尚未开展防治，主要依托自2021年开展的全省草原有害生物普查工作监测。

应用无人机防控草原害虫

（一）草原有害生物防控

按照“公共植保、绿色植保、科学植保”的理念，贯彻落实“预防为主，综合治理”的指导方针，2019—2023年，国家累计从中央生态修复治理资金（林业草原改革发展资金）中投入防治经费 16 112 万元用于开展草原鼠虫害防治，累计防治面积达 5280 万亩。通过多年的草原鼠虫害持续防控，甘肃省草原有害生物危害面积逐年下降，鼠虫害整体发生面积较“十三五”期间下降 12.6%，草原生态持续向好，草原植被有效恢复。增强了草原固碳、涵养水源、抗沙化和水土流失的能力，促进了草原生态系统良性循环，提高了草原生产力。

（二）初步建立监测预警体系

“十三五”期间，在全省有害生物发生重点区域建成 17 个省级鼠虫害预测测报站，依托预测预报站监测数据及 30 多个草原鼠虫害重点发生县（市、区）调查数据，每年编制《草原鼠虫害发生趋势分析报告》，为制定防控方案和适时开展防治工作提供科学依据，初步建立了鼠虫害监测预警网络。在此基础上，积极争取承担国家级草原有害生物监测任务，目前有 2 个草原鼠害国家级监测预报站（合作、碌曲）、1 个外来入侵物种国家级监测站（碌曲）正在建设中，推荐 3 个国家级草原蝗虫监测站（古浪、山丹、永昌），进一步提升监测预警能力。

（三）开展全省草原有害生物基况普查

2021 年 5 月，甘肃省正式启动全省草原有害生物普查工作，先后分 4 批次，在全省 14 个市州 88 个县（市、区、场）开展草原有害生物普查工作。普查工作由甘肃省林业和草原局统一领导，由各县（市、区）草原站（草原有害生物防治机构）负责具体实施，普查过程中充分依托相关高校和科研院所等专业化团队技术力量开展。为保证普查质量，甘肃省成立普查督导协调组、质量控制组和 4 个普查专家组，负责技术指导和工作督导，严格把控普查进度和质量。截至目前，累计完成踏查路线 645 条，覆盖面积 349 101 公顷、踏查覆盖率 2.44%；完成踏查点 11 933 个；设立标准地 2593 个，覆盖面积 4 595.79 公顷、标准地覆盖率 0.32‰；采集标本 3200 份，其中已鉴定标本 796 份，标本鉴定率 25%；已查明草原有害生物种类 385 种，含鼠 26 种、虫 159 种、毒害草 102 种、病害 98 种。

外来物种入侵调查现场

1986—2014 年甘肃省有害生物防治情况详见表 2–1。

表 2-1　草原鼠虫害防控一览表

年度	任务（万亩）	经费投入(万元)				任务完成情况(万亩)				防治措施	
		合计	中央	省级	地县	合计	灭鼠	灭虫	除莠	灭鼠	灭虫
1986 年	203.00	43.00	0	43.00	0	205.20	192.20	11.00	2.00	化学药物防治:鼢鼠灵 氯敌鼠钠盐 物理防治:人工捕捉	化学药物:4.5%氯氰菊酯　虫必净
1987 年	269.00	145.00	70.00	75.00	0	301.60	269.00	30.60	2.00	化学药物防治:鼢鼠灵 物理防治:人工捕捉 生物防治:招鹰灭鼠	化学药物:4.5%氯氰菊酯　虫必净
1988 年	330.00	145.00	70.00	75.00	0	330.00	290.00	30.00	10.00	化学药物防治:鼢鼠灵 氯敌鼠钠盐 物理防治:人工捕捉 生物防治:C 型肉毒素 招鹰灭鼠	化学药物:4.5%氯氰菊酯　虫必净
1989 年	250.00	145.00	70.00	75.00	0	373.60	350.80	19.80	3.00	化学药物防治:鼢鼠灵 氯敌鼠钠盐 物理防治:人工捕捉 生物防治:C 型肉毒素 招鹰灭鼠	化学药物:4.5%氯氰菊酯　虫必净
1990 年	359.00	145.00	70.00	75.00	0	358.50	331.50	22.00	5.00	化学药物防治:鼢鼠灵　氯敌鼠钠盐 物理防治:人工捕捉 生物防治:C 型肉毒素　招鹰灭鼠	化学药物:4.5%氯氰菊酯　虫必净
1991 年	350.00	145.00	70.00	75.00	0	377.30	337.80	35.50	4.00	化学药物防治:鼢鼠灵 氯敌鼠钠盐 物理防治:人工捕捉 生物防治:C 型肉毒素 招鹰灭鼠	化学药物:4.5%氯氰菊酯　虫必净
1992 年	400.00	315.00	140.00	175.00	0	425.10	244.50	180.60	0	化学药物防治:鼢鼠灵 氯敌鼠钠盐 物理防治:人工捕捉 生物防治:C 型肉毒素 招鹰灭鼠	化学药物:氯氰菊酯　虫必净 生物防治:多角体病毒　牧鸡灭蝗
1993 年	350.00	145.00	70.00	75.00	0	262.60	181.39	81.20	0	化学药物防治:鼢鼠灵　氯敌鼠钠盐 物理防治:人工捕捉 生物防治:C 型肉毒素 招鹰灭鼠	化学药物:氯氰菊酯　虫必净 生物防治:多角体病毒　牧鸡灭蝗

续表

年度	任务（万亩）	经费投入(万元)				任务完成情况(万亩)				防治措施	
		合计	中央	省级	地县	合计	灭鼠	灭虫	除莠	灭鼠	灭虫
1994 年	400.00	145.00	70.00	75.00	0	862.30	650.00	212.30	0	化学药物防治:鼢鼠灵　氯敌鼠钠盐 物理防治:人工捕捉 生物防治:C 型肉毒素　招鹰灭鼠	化学药物防治:氯氰菊酯　虫必净 生物防治:牧鸡灭蝗
1995 年	350.00	157.00	70.00	75.00	12.00	369.00	312.00	57.00	0	化学药物防治:鼢鼠灵　氯敌鼠钠盐 物理防治:人工捕捉 生物防治:C 型肉毒素　招鹰灭鼠	化学药物防治:氯氰菊酯　虫必净
1996 年	400.00	235.00	75.00	160.00	0	543.00	364.00	179.00	0	生物防治:C 型肉毒素　招鹰灭鼠	生物防治：蝗虫微孢子虫　类产碱假单孢菌
1997 年	600.00	145.00	70.00	75.00	0	492.00	362.00	130.00	0	化学药物防治:鼢鼠灵　氯敌鼠钠盐 物理防治:人工捕捉 生物防治:C 型肉毒素　招鹰灭鼠	生物防治：蝗虫微孢子虫　类产碱假单孢菌
1998 年	400.00	170.00	60.00	75.00	35.00	403.00	243.00	160.00	0	化学药物防治:鼢鼠灵　氯敌鼠钠盐 物理防治:人工捕捉 生物防治:C 型肉毒素　招鹰灭鼠	化学药物防治:氯氰菊酯　虫必净 生物防治：蝗虫微孢子虫　类产碱假单孢菌
1999 年	421.00	145.00	70.00	75.00	0	653.00	325.00	328.00	0	化学药物防治:鼢鼠灵　氯敌鼠钠盐 物理防治:人工捕捉 生物防治:C 型肉毒素　招鹰灭鼠	化学药物防治:氯氰菊酯　虫必净 生物防治：蝗虫微孢子虫　类产碱假单孢菌
2000 年	400.00	145.00	70.00	75.00	0	400.00	350.00	50.00	0	化学药物防治:鼢鼠灵　氯敌鼠钠盐 物理防治:人工捕捉 生物防治:C 型肉毒素　招鹰灭鼠	化学药物防治:氯氰菊酯　虫必净 生物防治：蝗虫微孢子虫　类产碱假单孢菌
2001 年	520.00	460.00	260.00	25.00	175.00	660.00	420.00	240.00	0	化学药物防治:鼢鼠灵　氯敌鼠钠盐 物理防治:人工捕捉 生物防治:C 型肉毒素　招鹰灭鼠	化学药物防治:氯氰菊酯　虫必净 生物防治:绿僵菌复合油剂

续表

年度	任务(万亩)	经费投入(万元)				任务完成情况(万亩)				防治措施	
		合计	中央	省级	地县	合计	灭鼠	灭虫	除莠	灭鼠	灭虫
2002 年	580.00	485.00	310.00	95.00	80.00	580.00	340.00	240.00	0	化学药物防治:鼢鼠灵 氯敌鼠钠盐 物理防治:人工捕捉 生物防治:C 型肉毒素 招鹰灭鼠	化学防治:氯氰菊酯 虫必净 快杀灵 生物防治: 绿僵菌复合剂 印楝素 多角体病毒
2003 年	510.00	703.00	450.00	80.00	173.00	728.30	515.00	213.30	0	化学药物防治:鼢鼠灵 氯氰菊酯 物理防治:人工捕捉 生物防治:C 型肉毒素 招鹰灭鼠	化学防治:氯氰菊酯 虫必净 快杀灵 生物防治: 绿僵菌复合剂 印楝素 多角体病毒
2004 年	400.00	536.00	240.00	75.00	221.00	1 183.00	1 070.00	113.00	0	化学药物防治:鼢鼠灵 氯氰菊酯 物理防治:人工捕捉 生物防治:C 型肉毒素 招鹰灭鼠	化学防治: 氯氰菊酯 虫必净 草毒蛾生防剂 生物防治:绿僵菌复合剂
2005 年	335.00	713.00	350.00	60.00	303.00	993.00	778.00	215.00	0	化学药物防治:鼢鼠灵、氯氰菊酯 物理防治:人工捕捉 生物防治:C 型肉毒素 招鹰灭鼠	化学药物防治:虫必净 印楝素 生物防治:绿僵菌复合剂
2006 年	500.00	789.00	600.00	75.00	114.00	523.00	270.00	253.00	0	化学药物防治:鼢鼠灵 物理防治:人工捕捉 生物防治:D 型、C 型肉毒素 招鹰灭鼠	化学药物:氯氰菊酯 虫必净 生物防治:绿僵菌复合剂 苦参碱
2007 年	858.00	930.00	700.00	75.00	155.00	980.50	615.00	365.50	0	化学药物防治:鼢鼠灵 物理防治:人工捕捉 生物防治:D 型、C 型肉毒素 招鹰灭鼠	化学防治:氯氰菊酯 虫必净 生物防治:绿僵菌 苦参碱
2008 年	860.00	885.00	800.00	75.00	10.00	1 024.80	642.00	382.80	0	化学药物防治:鼢鼠灵 物理防治:人工捕捉 生物防治:D 型、C 型肉毒素 招鹰灭鼠	化学防治:氯氰菊酯 虫必净 生物防治:绿僵菌 苦参碱
2009 年	730.00	970.00	900.00	45.00	25.00	1 024.50	636.00	388.50	0	化学药物防治:鼢鼠灵 物理防治:人工捕捉 生物防治:D 型、C 型肉毒素 招鹰灭鼠	化学防治:氯氰菊酯 虫必净 生物防治:绿僵菌 苦参碱 印楝素

续表

年度	任务(万亩)	经费投入(万元)				任务完成情况(万亩)				防治措施	
		合计	中央	省级	地县	合计	灭鼠	灭虫	除莠	灭鼠	灭虫
2010年	870.00	1 095.00	1 000.00	75.00	20.00	1 167.90	710.10	457.80	0	化学药物防治:敌鼠灵 物理防治:人工捕捉 生物防治:D型、C型肉毒素　招鹰灭鼠	化学药物防治:氯氰菊酯　虫必净 生物防治:绿僵菌　印楝素 牧鸡灭蝗
2011年	895.00	1 114.00	1 000.00	81.00	33.00	1 162.00	687.00	475.00	0	化学药物防治:敌鼠灵　0.5%溴敌隆 物理防治:人工捕捉 生物防治:D型、C型肉毒素　招鹰灭鼠	化学药物防治:虫必净 生物防治:绿僵菌　苦参碱　印楝素　牧鸡灭蝗
2012年	870.00	1 228.00	1 000.00	178.00	50.00	1 223.80	740.00	483.80	0	化学药物防治:敌鼠灵　0.5%溴敌隆 物理防治:人工捕捉 生物防治:D型、C型肉毒素　招鹰灭鼠	化学药物防治:氯氰菊酯　虫必净 生物防治:绿僵菌　苦参碱　印楝素　牧鸡灭蝗
2013年	925.00	1 170.00	970.00	180.00	20.00	2 316.70	1 862.70	454.00	0	化学药物防治:敌鼠灵　0.5%溴敌隆 物理防治:人工捕捉 生物防治:D型、C型肉毒素　招鹰灭鼠	化学药物防治:氯氰菊酯 生物防治:绿僵菌　苦参碱　印楝素
2014年	785.00	1 267.00	960.00	240.00	67.00	1 199.70	719.60	480.10	0	化学药物防治:敌鼠灵　0.5%溴敌隆 物理防治:人工捕捉 生物防治:D型、C型肉毒素　招鹰灭鼠	化学药物防治:氯氰菊酯 生物防治:绿僵菌　苦参碱　印楝素
2015年	1 070.00	1 240.00	1 040.00	200.00	0	1 070.00	610.00	460.00	0	化学药物防治:溴敌隆 物理防治:人工捕捉 生物防治:招鹰控鼠　雷公藤　C型、D型肉毒素	化学药物防治:氯氰菊酯 生物防治:苦参碱绿僵菌牧鸡
2016年	815.00	1 140.00	1 040.00	100.00	0	815.00	340.00	475.00	0	化学药物防治:溴敌隆 物理防治:人工捕捉 生物防治:招鹰控鼠　雷公藤　C型、D型肉毒素	化学药物防治:氯氰菊酯　阿维菌素 生物防治:苦参碱　绿僵菌　印楝素　牧鸡

续表

年度	任务(万亩)	经费投入(万元)				任务完成情况(万亩)				防治措施	
		合计	中央	省级	地县	合计	灭鼠	灭虫	除莠	灭鼠	灭虫
2017年	1 277.00	1 527.00	1 527.00	0	0	1 277.00	827.00	450.00	0	化学药物防治:溴敌隆 物理防治:人工捕捉 生物防治: 招鹰控鼠 雷公藤 C型、D型肉毒素	化学药物防治:氯氰菊酯 阿维菌素 生物防治:苦参碱 绿僵菌 印楝素 牧鸡
2018年	1 277.00	1 527.00	1 527.00	0	0	1 277.00	827.00	450.00	0	化学药物防治:溴敌隆 物理防治:人工捕捉 生物防治:招鹰控鼠 雷公藤 C型、D型肉毒素	化学药物防治:氯氰菊酯阿维菌素 生物防治:苦参碱 绿僵菌 印楝素 牧鸡
2019年	1 175.00	2 310.00	2 310.00	0	0	1 175.00	695.00	480.00	0	化学药物防治:溴敌隆 物理防治:人工捕捉 生物防治: 招鹰控鼠 雷公藤 C型、D型肉毒素	化学药物防治:氯氰菊酯 生物防治:苦参碱 绿僵菌 印楝素 阿维菌素 牧鸡
2020年	1 175.00	2 740.00	2 740.00	0	0	1 255.00	913.00	342.00	0	化学药物防治:溴敌隆、莪术醇 物理防治:人工捕捉 生物防治:招鹰控鼠 雷公藤 C型、D型肉毒素	化学药物防治:氯氰菊酯 生物防治: 苦参碱 绿僵菌 蝗虫微孢子虫 蛇床子素 阿维菌素 牧鸡
2021年	1 055.00	2 700.00	2 700.00	0	0	1 055.00	610.00	445.00	0	药物防治:雷公藤甲素 莪术醇 鼠道难 物理防治:人工捕捉 生物防治:招鹰控鼠 C型肉毒素	化学药物防治:氯氰菊酯 生物防治: 苦参碱 绿僵菌 蝗虫微孢子虫 蛇床子素 阿维菌素
2022年	1 055.00	4 192.00	4 192.00	0	0	1 055.00	665.00	390.00	0	药物防治:雷公藤甲素 莪术醇 鼠道难 物理防治:人工捕捉 生物防治:招鹰控鼠 C型肉毒素	化学药物防治:氯氰菊酯 生物防治: 苦参碱 绿僵菌 蝗虫微孢子虫 蛇床子素 阿维菌素
2023年	1 050.00	4 170.00	4 170.00	0	0	1 110.50	770.00	330.00	10.50	药物防治:雷公藤甲素 莪术醇 鼠道难 物理防治:人工捕捉 生物防治:招鹰控鼠 C型肉毒素	化学药物防治:氯氰菊酯 生物防治: 苦参碱 绿僵菌 蝗虫微孢子虫 蛇床子素 阿维菌素

五、分管领导及工作人员

分管领导为向德福、哈得虎、吴衍庆、李温、王立耕、韩天虎、杨浩。

组织机构早先的草原保护工作由业务科中的植保组承担实施，1989 年成立植保科，实施草原保护职能。后来科室名称更改为有害生物防治科。

参与过草原保护工作的工作人员有：邹继范、常明、王俊梅、方毅才、史青茂、李建廷、吴栋国、韩天文、刘宗祥、谭成虎、许国成、袁晓东、杨浩、王惠、冯今、王炳煜、程天亮、王瑾、吴江、徐英杰、丁树中、李善堂、周惠丽、李晓鹏、耿小丽、王彦。

（本节供稿：王炳煜、王俊梅、李晓鹏；校对：程天亮、高天歌）

第三节　秸秆饲料化利用

一、概述

甘肃的农作物秸秆是重要的粗饲料资源。秸秆饲料化资源调查和利用技术示范是单位成立以来的一项重要业务。从 1955 年开始，甘肃省率先在临夏开展麦秸（壳）碱化技术示范，收效良好。秸秆饲料工业化生产大量开始于改革开放以后，和大规模种草养畜事业同步发展。1986 年，青贮氨化作为甘肃省畜牧实用技术设立了专项资金，进行重点推广，单位由职能科室饲料科主抓此项业务。

1992 年，为贯彻中央《关于河南省及周口地区养牛和秸秆过腹还田情况的调查报告》的批示精神，促进甘肃省农区草食畜牧业的发展，甘肃省政府在张掖市召开了全省青贮氨化饲料工作现场会议，以张掖、临泽、高台为突破口，临夏、陇东为两翼，建立 7 个省级秸秆养畜示范区。之后，甘州、凉州、肃州等县区相继被列入国家级秸秆养畜示范县。1997 年，甘肃省政府办公厅转发了甘肃省畜牧局关于 1997—2000 年秸秆过腹还田项目发展纲要，加快了甘肃省秸秆饲料化利用步伐。2008 年，国务院发布了《关于加快推进农作物秸秆综合利用的意见》，甘肃省委、省政府启动了促进农民增收的“六大行动”，在特色优势产业提升和草食畜牧业发展行动中都把秸秆饲料化利用摆在了非常突出的地位，提出了具体要求。2009 年 10 月，甘肃省政府在平凉召开全省秸秆利用现场会，明确要求“通过三年努力，确保秸秆资源利用率达到 60%”。2009 年，全省秸秆饲料化总量达到了 641.33 万吨，占当年秸秆资源总量 1868 万吨的 34.3%。2010 年，甘肃省财政拿出 500 万元，2011 年增加到 1000 万元资金用于秸秆饲料化利用工作，将甘肃省秸秆饲料化工作推向新阶段。

二、早期重点建设内容

甘肃省的青贮氨化技术推广应用于 1955 年，至 1985 年基本处于缓慢自发性应用阶段，全省有铡草机 2029 台。1986 年开始进入持续推广示范建设阶段。

检查指导青贮工作

青贮氨化加工：1986 年“全国青贮氨化工作会议”后，甘肃省除嘉峪关、武都和甘南之外的地（州、市）全年青贮 3.24 万吨，氨化 0.05 万吨。1986 年开始实施“青贮氨化饲料生产达标县”活动，1987 年正宁县率先青贮 0.736 万吨，实现第一个达标县。1988 年包括正宁县在内的兰州市城关区、红古区、七里河区、西固区、庆阳县（今庆阳市）、合水县、宁县和民勤县等 9 个县（区）达标，其中庆阳县生产量超过了万吨。1989 年安宁区、临泽县和金塔县达标，生产量过万吨的县（区）达到了 34 个。1990 年新增达标县玉门市、古浪县和安西县（今瓜州县）。产量过万吨的县新增古浪等 5 县，达到 39 个。1987 年氨化工作在兰州市、平凉地区和武威地区重点推广，年产量 0.051 万吨，到 1990 年，全省 14 个地（州、市）有 70 个县（区）全面开展氨化工作，产量达到 2.59 万吨，1995 年覆盖到全省的 84 个县（市、区），产量达到 25.7 万吨。

1995 年全省青贮氨化微贮饲料达到 153.44 万吨。青贮推广面由 14 个地（州、市）的 70 个县（市、区）发展到全省 84 个县（市、区），达到 127.74 万吨；氨化 35.7 万吨；26 个县（市、区）微贮加工 0.39 万吨。到 2006 年，青贮氨化微贮分别增加到 296.07 万吨、68.18 万吨、5.77 万吨。

青贮设施：青贮窖的类型主要有地下式和地上式青贮窖两种。地下式青贮窖，主要分布在河西走廊山地高平原过渡区，以青贮玉米秸秆为主；地上式青贮窖，主要分布在陇东、陇中和陇南。氨化池基本上都是地下窖式的水泥池、地下式土池或窑洞池。随着每年调制青贮量的增加，全省青贮窖和氨化池由 1986 年的不足 1000 立方米增加到 2006 年 700 万立方米。

青贮饲料质量检查

青贮机械：甘肃省的青贮机械主要是粉碎机、铡草机及其他不同规格的饲料打浆机、割草机、搂草机和捆草机设备。1988 年为 43 712 台(套)，1998 年为 54 775 台(套)。

三、近期重点建设情况

（一）“十二五”期间

全株玉米青贮

1. 秸秆饲料化利用情况

“十二五”期间，甘肃省秸秆饲料化资源量稳步增长。2015 年全省秸秆饲料化资源总量为 2300 万吨，比 2011 年增长 12.6%，年均增长 2.52%。在 5 年时间甘肃省秸秆饲料化利用总量为 6658 万吨，年均 1332 万吨，超额完成了规划的各项任务，秸秆饲料化利用率分别达到 51.7%、57.8%、61.6%、64.7%和 65.6%。2015 年，秸秆饲料化利用量达到 1510 万吨，比 2011 年增加 450 万吨。

2. 主要任务完成情况

（1）加强基础设施建设

积极扶持秸秆饲料生产加工规模企业和农户，科学设计、建设青贮窖池和秸秆饲料储备库，截至 2015 年底，全省青贮氨化窖（池）累计达到 2200 万立方米，比 2010 年增加 1233 万立方米，夯实了秸秆饲料化利用基础。积极鼓励企业和农户购置秸秆收获、打捆、运输、揉丝、裹包等机械设备，秸秆收割加工机械累计达到 27.5 万台（套），比 2010 年增加 13.44 万台（套），全面提高了秸秆饲料生产加工机械化水平。

（2）提升科技支撑能力

在兰州市、酒泉市、张掖市、武威市、白银市、定西市、天水市、平凉市、庆阳市、临夏州 10 个市（州）组织开展了粗饲料资源信息统计监测；在天祝县、靖远县、临夏县、积石山县、临泽县和安定区等 6 县（区）进行了草食畜牧业饲草生产与供需现状专题调研，全面掌握了秸秆饲料资源潜力和饲料化利用情况。积极整合科研力量，与兰州大学合作，对优质干草加工专用饲草防腐剂进行联合攻关，推进技术创新；在甘州区、临泽县、临夏县、康乐县、靖远县、安定区、通渭县、庆城县、宁县组织实施农作物秸秆饲料化利用技术集成示范与推广项目，集成应用全株玉米青贮饲料、玉米秸秆青贮、微贮和氨化饲料、玉米秸秆和甜菜叶混合青贮饲料、麦秸氨化和微贮饲料、豆科牧草和禾本科牧草混合青贮等不同种类技术加工调制粗饲料，全面改善和提升了秸秆饲料品质，提高了全省秸秆饲料化利用水平。

（3）抓好示范带动工作

选择重视程度高、草畜产业发展基础好、玉米种植面积较大的永登县、安定区、临夏县、凉州区、临泽县开展秸秆饲料化利用抓点示范工作，编制了《秸秆饲料化利用抓点示范指导方案》，各县（区）积极开展工作，对照示范内容补短板，加强基础设施建设，购置秸秆收割加工机械，建设青贮窖（池），初步形成了适宜本地的秸秆饲料化利用模式。2015 年各县（区）秸秆饲料化利用率分别达到 65.9%、68%、65.4%、69.7%、67.3%，通过抓点示范，总结了“金果模式”“泽牧模式”“民祥模式”等秸秆饲料化利用的好经验、好模式，全面推进了秸秆饲料化利用工作。

（4）加快产业化经营

为完善“企业+农户”的经营模式，促进产业化经营，全省共培育和扶持了 236 家规模企业和农户进行技术改造、装备升级和产品研发，支持企业降低生产成本、提高产品质量、扩大生产能力、打造了“黄河源”“转湾河”等知名秸秆饲草品牌，2015 年生产商品性饲料 51 万吨，产品销往内蒙古、青海、江苏、上海、浙江、重庆、西藏、新疆等地及周边地区。

（5）强化服务体系建设

依托各级农牧部门的服务机构，加强秸秆饲料化利用培训及服务体系建设，全省共举办秸秆饲料化培训班 1050 期，印发宣传技术资料 30 多万份，培训农民 12.6 万人（次）。各级草原部门组织专业技术人员建立专业化秸秆收集贮运、加工调制流动服务队，服务和引导秸秆饲料化利用工作全面深入开展。

（二）“十三五”建设成效

1. 总体思路

认真贯彻落实资源节约和环境保护的基本国策和加快农业转方式调结构决策部署，主动适应经济发展新常态，用循环经济理念谋划秸秆饲料化利用工作，以规模化、产业化、标准化为方向，以提升利用水平为重点，以技术创新为动力，以促进农业增效、农民增收为目的，紧密配合牛羊产业大县建设，加大政策扶持力度，培育和调动企业的积极性，加强基础设施配套建设，推广先进成熟技术，建立健全服务体系，促进草牧业可持续发展。

在农作物秸秆资源丰富区域，结合养殖规模，积极开展农作物秸秆资源饲料化利用就地转化养畜，开展全营养混合日粮技术示范；培育引导饲草加工规模企业创新模式，开展青贮饲料生产及商品化营销；探索优良牧草饲料作物新品种种植推广，扩大粗饲料来源；加强秸秆收获加工机械引进示范，提高劳动生产率。

在牧区、半农半牧区和粗饲料资源匮乏区，积极引导规模养殖场应用青贮饲料饲喂家畜，加强农牧结合，开展牛羊育肥技术示范推广，实施草畜平衡，提高养殖效益，保护草原生态环境。

计划到2020年，建立起完善的商品化饲草加工配送中心和饲草料供应体系，全面开展饲草规模化经营、产业化运作，实现农牧互补，保障饲草支撑。完成布局合理、多元化、深层次利用的秸秆饲料利用产业化格局，利用量达到1625万吨，利用率达到65%。

裹包青贮草产品

2016年，年产各类农作物秸秆资源量为2 500.34万吨，通过大力推广应用秸秆青贮、微贮等成熟实用技术，不断加强秸秆收储运体系建设。全省饲料化利用量达到1 535.065万吨，利用率为61.4%，其中：青贮1 027.5万吨，微贮及秸秆型饲料加工507.565万吨。拥有秸秆收割加工机械28万台（套），生产商品性粗饲料100万吨，累计窖池容量达到1560万立方米，建成秸秆饲料储备库1.7万平方米。全省各地采取集中培训和分片培训相结合的形式，共举办各种技术培训班580期，培训人员达6.3万人次，发放各类技术宣传资料12万册。

2017年，全省秸秆资源总量达到2540万吨，可收集资源量为2260万吨，秸秆饲料化利用总量达1 407.4万吨，秸秆饲料化利用率达到62.3%，占计划任务1395万吨的100.89%，其中：青贮975万吨，微贮及秸秆型饲料加工432.4万吨。全省拥有秸秆收割加工机械29万台（套），生产商品性粗饲料165万吨，有力支撑了全省草牧业发展。全省各地根据区域特点和需求，采取集中培训和分片培训相结合的形式，共举办各种技术培训班1209期，培训人员达9.24万人次，发放各类技术宣传资料20.14万册。

2018年，全省秸秆资源总量达到2540万吨，可收集资源量为2250万吨，秸秆饲料化利用总量达1 426.6万吨，秸秆饲料化利用率达到63.4%，其中：青贮1016万吨，微贮及秸秆型饲料加工410.6万吨。全省拥有秸秆收割加工机械29.5万台（套），生产商品性粗饲料185万吨，青贮窖池累计1600万立方米，秸秆饲料储备库2.5万平方米。全省共举办各类技术培训1182期，培训人员达8.91万人次，发放各类技术宣传资料21.02万册。从利用品种来看，全省秸秆饲料化利用主要以玉米为主，占秸秆饲料化利用总量的90.6%。从利用区域来看，全省秸秆饲料化利用主要以秸秆饲料资源比较丰富的河西、中部、东部地区为主，占利用量的90%。从加工时段来看，全省秸秆饲料化利用主要集中在小麦、玉米等农作物收获的夏、秋两季。秸秆饲料化利用呈现出4个特点，一是开发主体由千家万户向规模大户和企业发展，二是加工方式由以人力加工向机械化加工发展，三是开发秸秆种类由单一秸秆向多品种全株作物发展，四是利用方式由自给自足向商品化发展。

2. 主要任务

加强基础设施建设和技术培训。扶持秸秆饲料生产加工规模企业和农户，科学设计、建设青贮氨化窖池和秸秆饲料储备库，夯实秸秆饲料化利用的发展基础；购置秸秆收获、打捆、运输、铡切、揉丝、粉碎、压块、加工等机械设备，提高秸秆饲料生产加工机械化水平。提升科技支撑能力。组织开展全省秸秆饲料资源及饲料化利用调查，全面掌握秸秆饲料资源潜力和饲料化利用情况。整合科研力量，对关键性技术开展联合攻关，积极推进技术创新，加快科技成果转化；大力开展青贮玉米推广种植，提高全株饲料作物的产量和质量，扩大牛羊饲草料资源来源。依托加工制造企业和科研院所，坚持农机与农艺结合，创新研发思路，加快研发和推广适合山地收获、加工机具，降低劳动强度，提高生产效率。组装集成成熟技术，加大技术培训和示范推广力度，提高技术入户率和群众知晓率；制定不同方式、途径开发秸秆饲料的技术规程，规范秸秆饲料化利用，改善和提升秸秆饲料品质。抓好示范带动工作。选择重视程度较高、草畜产业发展基础较好、玉米种植面积较大的县开展示范工作，集中财政资金，创新载体，采取“先建后补、以奖代补”等多种方式，创新引导开展商品化饲草开发型、流动服务型、农牧结合服务型等多种模式，实施规模化经营、产业化运作。探索、总结、推广好经验、好模式，全面推进秸秆饲料化利用工作。在牛羊养殖重点县和秸秆饲草资源丰富区域建立饲草加工配送中心，制定实施方案，严格建设标准，明确规模要求，创新饲草加工配送运作模式。加快产业化经营。加强“秸秆饲料银行”建设，完善“企业+农户”经营模式，组织、引导协会通过合同、订单、协议等形式与农户建立长期、稳定的原料供应和合作关系，对接市场、调整结构，提高产业集中度，促进产业化经营，促进饲草料市场健康发展。扶持有一定规模的秸秆饲料生产加工企业进行技术改造、装备升级和产品研发，支持企业降低生产成本、提高产品质量、扩大生产能力、打造企业品牌、提升营销水平，加快秸秆饲料化利用步伐。强化服务体系建设。依托各级农牧部门的服务机构，加强秸秆饲料化利用培训及服务体系建设，建立农村专业合作经济组织，鼓励购置专业机械设备，建立专业化秸秆收集贮运、加工调制流动服务队，服务和引导秸秆饲料化利用工作全面深入开展。

四、主要典型和模式

全省形成了“金果模式”“泽牧模式”“天耀模式”“民祥模式”及等秸秆饲料化利用典型模式。

（一）金果模式：合作社+基地+配送中心+有机肥

临夏县金果肉羊专业合作社采取“三融”（融资、融人、融地）的办法，发展社员708户，员工180多人，带动100户贫困户就业，带动350户农户养殖，促进牛羊产业发展。每个员工年收入达到2万元~3万元，合作社采秸秆原料进地收购的办法，平均收购价为1200元/亩，并免费为农户翻地，减少农户运输秸秆及翻地费用，相比传统玉米种植农户每亩可增收170元，调动了农户对秸秆的重视程度，有效解决了长期以来农村环境脏、乱、差的问题，在循环农业方面探索出了一条新路子。

（二）泽牧模式：合作社+公司+基地+农户

临泽县泽牧饲草专业合作社、甘肃泽珠农林牧开发有限公司、板桥镇转湾河开发区基地、板桥镇西湾村及周边种植农户，采取“大窖集中青贮，按需打包销售”的办法，与农户签订收购协议，在秸秆收购季节集中窖贮，按销售合同二次打包销售，解决了加工季节时间紧、设备少，裹包饲料存放时间长受鼠害浪费的问题。泽牧模式带动周边农户种植青贮玉米6000亩，带动400多户开展玉米秸秆加工利用，修建青贮窖400多座，青黄贮玉米秸秆3万吨。有效带动了农业种植结构的调整。

（三）民祥模式：公司加基地、基地联农户

位于安定区的甘肃民祥牧草公司在年初与周边乡镇农户协商收购价格，签订饲草种植订单，既确保了秸秆加工利用所需原料的充足供应，也增加了农户经济效益，同时带动了产业结构调整。2016年，订单种植3万多亩，全株玉米收购价为320元每吨、甜高粱收购价为280元每吨，调动了农户种植饲料作物的积极性，种草已成为当地农户经济收入的一项主要来源。

（四）天耀模式：草-畜-肥循环利用模式

甘肃天耀草业科技有限公司利用当地丰富的饲草资源优势，在做大做强草产业的同时，通过更有效的组织方式和更紧密的利益联结机制，把草畜发展和农民增收更好地融为一体。已建成10万吨草产品加工生产线一条，千头肉牛育肥场一座，3000头基础母牛繁育场一座，2万吨有机肥加工生产线和10万吨有机-无机复混肥加工生产线各一条，30亩蚯蚓养殖区一个。年处理苜蓿、麦草、红豆草、燕麦草等饲草9.4万多吨，玉米等农作物秸秆废弃物近4万吨，有效利用畜禽粪便11.52万吨。探索走出了一条“以草促饲、以饲养畜、以畜促肥、以肥促草”的“草-畜-肥”循环农业生产及“种-养-加”“产-供-销”为一体的全产业链发展之路，以此延伸、增粗产业链条，构建了以草、畜、肥现代循环农业生产经营的“天耀模式”，通过建立更加紧密的企农利益联结机制和辐射带动，实现生产经营无污染、零排放，生态环保和企农利益双增收。

五、主要成果

编制了《甘肃省秸秆饲料化利用规划（2011—2015年）》《甘肃省秸秆饲料化利用规划（2016—2020年）》，制定《玉米秸秆青贮技术规范》《小麦秸秆氨化技术规范》、《甜菜叶青贮技术规范》等6项甘肃省地方标准并颁布执行。主持完成了"秸秆饲料加工调制及养畜技术示范推广""粮饲玉米综合开发利用技术推广""农作物秸秆裹包青贮及利用配套技术研究与示范""饲草防霉保鲜剂及青贮乳酸菌生物制剂的研发与应用推广""甘肃省秸秆等粗饲料GI评定""农作物秸秆饲料化技术集成示范与推广"等科研项目，获得甘肃省科技进步三等奖2项，甘肃省农牧渔业丰收一等奖1项、二等奖1项、三等奖2项，完成了《甘肃草食畜牧业发展饲草支撑和保障能力状况调研报告》。团队在省级以上刊物发表论文40余篇，编写《秸秆饲料化利用技术》《秸秆处理与草食畜发展》《农作物秸秆青贮技术》《饲用高粱的特性及生产管理》《农作物秸秆饲料化利用》等培训教材。在全省根据不同区域设立示范点，推广秸秆饲料化利用新技术、新模式，并与市县协作建立了饲料秸秆利用技术服务团队。

甘肃省秸秆饲料化建设详情见表2-2。

六、分管领导及工作人员

不同时期分管领导为车文信、向德福、徐志清、王立耕、王汝富。

职能科室为饲料科。

科室负责人相继为王履继、陆伊奇、王汝富、吴栋国、曹明崇、张万祥、李新媛、曹蕾。

参与技术推广主要人员有张崇、杨存礼、林振兴、潘琴娣、谢志勤、张永梁、张作光、何毅、晁德林、周邦贵、李建廷、许可、张得清、张少平、陈仲斌、王红霞、许国成、金赐福、张万祥、李贵霖、张林、王历宽、马彦彪、刘宗祥、牛建龙、吕江涛、张永辉、莫负涛、方宝华。

（本节供稿：张万祥；校对：张万祥、高天歌）

表 2-2 甘肃省秸秆饲料化建设一览表

年度	任务（万吨）	经费投入(万元)				任务完成情况(万吨)				实施区域
		合计	中央	省级	地县	合计	青贮	氨化	秸粉	
1986年	3.24	6.10	0	3.00	3.10	3.24	3.24	0	0	民勤县 武威市 张掖市 宁县 合水县 正宁县 灵台县
1987年	9.47	27.08	0	11.00	16.08	9.47	8.96	0.51	0	民勤县 武威市 张掖市 宁县 合水县 正宁县 灵台县
1988年	12.06	34.90	0	16.00	18.90	12.06	10.95	1.11	0	兰州市 庆阳市 平凉市 张掖市 武威市 酒泉市 临夏州 白银市
1989年	21.63	32.59	0	15.00	17.59	21.63	19.00	2.63	0	兰州市 庆阳市 平凉市 张掖市 武威市 酒泉市 临夏州 白银市 天水市 甘南州 金昌市 嘉峪关市 定西市 陇南市
1990年	32.10	75.10	0	16.50	58.60	32.11	31.85	0.26	0	兰州市 庆阳市 平凉市 张掖市 武威市 酒泉市 临夏州 白银市 天水市 甘南州 金昌市 嘉峪关市 定西市 陇南市
1991年	40.00	99.27	0	20.00	79.27	58.98	55.36	3.62	0	兰州市 庆阳市 平凉市 张掖市 武威市 酒泉市 临夏州 白银市 天水市 甘南州 金昌市 嘉峪关市 定西市 陇南市
1992年	80.00	389.48	0	41.00	348.48	89.72	78.00	11.72	0	兰州市 庆阳市 平凉市 张掖市 武威市 酒泉市 临夏州 白银市 天水市 甘南州 金昌市 嘉峪关市 定西市 陇南市
1993年	100.00	528.60	0	60.20	468.40	118.85	100.05	18.80	0	兰州市 庆阳市 平凉市 张掖市 武威市 酒泉市 临夏州 白银市 天水市 甘南州 金昌市 嘉峪关市 定西市 陇南市
1994年	120.00	80.00	0	20.00	60.00	251.25	190.75	60.50	0	兰州市 庆阳市 平凉市 张掖市 武威市 酒泉市 临夏州 白银市 天水市 甘南州 金昌市 嘉峪关市 定西市 陇南市
1995年	130.00	66.49	0	12.50	53.99	163.17	127.47	35.70	0	兰州市 庆阳市 平凉市 张掖市 武威市 酒泉市 临夏州 白银市 天水市 甘南州 金昌市 嘉峪关市 定西市 陇南市
1996年	160.00	732.56	0	27.50	705.06	194.55	150.91	43.64	0	兰州市 庆阳市 平凉市 张掖市 武威市 酒泉市 临夏州 白银市 天水市 甘南州 金昌市 嘉峪关市 定西市 陇南市
1997年	170.00	892.96	0	14.00	878.96	235.46	182.41	53.05	0	兰州市 庆阳市 平凉市 张掖市 武威市 酒泉市 临夏州 白银市 天水市 甘南州 金昌市 嘉峪关市 定西市 陇南市

续表

年度	任务（万吨）	经费投入（万元）				任务完成情况（万吨）				实施区域
		合计	中央	省级	地县	合计	青贮	氨化	秸粉	
1998 年	180.00	1 825.70	0	60.00	1 765.70	227.27	165.23	62.04	0	兰州市 庆阳市 平凉市 张掖市 武威市 酒泉市 临夏州 白银市 天水市 甘南州 金昌市 嘉峪关市 定西市 陇南市
1999 年	200.00	1 871.90	0	171.60	1 700.30	242.62	179.74	62.88	0	兰州市 庆阳市 平凉市 张掖市 武威市 酒泉市 临夏州 白银市 天水市 甘南州 金昌市 嘉峪关市 定西市 陇南市
2000 年	210.00	1 867.20	0	43.50	1 823.70	259.63	202.10	57.53	0	兰州市 庆阳市 平凉市 张掖市 武威市 酒泉市 临夏州 白银市 天水市 甘南州 金昌市 嘉峪关市 定西市 陇南市
2001 年	220.00	116.70	0	45.00	71.70	258.30	208.30	50.00	0	兰州市 庆阳市 平凉市 张掖市 武威市 酒泉市 临夏州 白银市 天水市 甘南州 金昌市 嘉峪关市 定西市 陇南市
2002 年	225.00	2 219.70	0	30.00	2 189.7	256.62	203.95	52.67	0	兰州市 庆阳市 平凉市 张掖市 武威市 酒泉市 临夏州 白银市 天水市 甘南州 金昌市 嘉峪关市 定西市 陇南市
2003 年	230.00	134.80	0	25.00	109.80	330.00	161.00	169.00	0	兰州市 庆阳市 平凉市 张掖市 武威市 酒泉市 临夏州 白银市 天水市 甘南州 金昌市 嘉峪关市 定西市 陇南市
2004 年	220.00	94.40	0	0	94.40	256.25	195.75	60.50	0	兰州市 庆阳市 平凉市 张掖市 武威市 酒泉市 临夏州 白银市 天水市 甘南州 金昌市 嘉峪关市 定西市 陇南市
2005 年	245.00	1 755.20	0	0	1 755.20	324.86	254.51	70.35	0	兰州市 庆阳市 平凉市 张掖市 武威市 酒泉市 临夏州 白银市 天水市 甘南州 金昌市 嘉峪关市 定西市 陇南市
2006 年	220.00	401.85	0	0	401.85	367.18	297.68	69.50	0	兰州市 庆阳市 平凉市 张掖市 武威市 酒泉市 临夏州 白银市 天水市 甘南州 金昌市 嘉峪关市 定西市 陇南市
2007 年	320.00	0	0	0	0	382.24	303.74	78.50	0	兰州市 庆阳市 平凉市 张掖市 武威市 酒泉市 临夏州 白银市 天水市 甘南州 金昌市 嘉峪关市 定西市 陇南市
2008 年	330.00	0	0	0	0	393.40	339.62	53.78	0	兰州市 庆阳市 平凉市 张掖市 武威市 酒泉市 临夏州 白银市 天水市 甘南州 金昌市 嘉峪关市 定西市 陇南市
2009 年	605.00	0	0	0	0	758.29	358.29	200.00	200	兰州市 庆阳市 平凉市 张掖市 武威市 酒泉市 临夏州 白银市 天水市 甘南州 金昌市 嘉峪关市 定西市 陇南市

续表

年度	任务(万吨)	经费投入(万元)				任务完成情况(万吨)				实施区域
		合计	中央	省级	地县	合计	青贮	氨化	秸粉	
2010年	750.00	500.00	0	500.00	0	750.00	400.00	120.00	230.00	兰州市 庆阳市 平凉市 张掖市 武威市 酒泉市 临夏州 白银市 天水市 甘南州 金昌市 嘉峪关市 定西市 陇南市
2011年	850.00	1 000.00	0	1 000.00	0	996.00	675.00	150.00	171.00	兰州市 庆阳市 平凉市 张掖市 武威市 酒泉市 临夏州 白银市 天水市 甘南州 金昌市 嘉峪关市 定西市 陇南市
2012年	1 160.00	1 000.00	0	1 000.00	0	1 243.00	950.00	80.00	213.00	兰州市 庆阳市 平凉市 张掖市 武威市 酒泉市 临夏州 白银市 天水市 甘南州 金昌市 嘉峪关市 定西市 陇南市
2013年	1 300.00	1 000.00	0	1 000.00	0	1 356.00	1 030.00	89.00	237.00	兰州市 庆阳市 平凉市 张掖市 武威市 酒泉市 临夏州 白银市 天水市 甘南州 金昌市 嘉峪关市 定西市 陇南市
2014年	1 420.00	1 000.00	0	1 000.00	0	1 489.00	993.00	71.00	425.00	兰州市 庆阳市 平凉市 张掖市 武威市 酒泉市 临夏州 白银市 天水市 甘南州 金昌市 嘉峪关市 定西市 陇南市
2015年	1 500.00	1 000.00	0	1 000.00	0	1 510.00	1 015.00	25.00	470.00	兰州市 庆阳市 平凉市 张掖市 武威市 酒泉市 临夏州 白银市 天水市 甘南州 金昌市 嘉峪关市 定西市 陇南市
2016年	1 525.00	1 000.00	0	1 000.00	0	1 934.00	1 427.00	0	507.00	兰州市 庆阳市 平凉市 张掖市 武威市 酒泉市 临夏州 白银市 天水市 甘南州 金昌市 嘉峪关市 定西市 陇南市
2017年	1 395.00	1 000.00	0	1 000.00	0	1 407.40	975.00	0	432.40	兰州市 庆阳市 平凉市 张掖市 武威市 酒泉市 临夏州 白银市 天水市 甘南州 金昌市 嘉峪关市 定西市 陇南市
2018年	1 420.00	1 000.00	0	1 000.00	0	1 426.60	1 016.00	0	410.60	兰州市 庆阳市 平凉市 张掖市 武威市 酒泉市 临夏州 白银市 天水市 甘南州 金昌市 嘉峪关市 定西市 陇南市

第四节　草原生态监测

2005年机构改革后单位更名为甘肃省草原技术推广总站，内设机构增加了草原监测科，在当时农业部草原监理中心的支持下，甘肃省在主要牧业县和退牧还草工程区率先启动了草原监测工作。

一、背景和工作来源

草原监测是草原保护与建设的一项重要的基础性工作。《中华人民共和国草原法》《国务院关于加强草原保护与建设的若干意见》等法律政策对加强草原监测，建立和完善草原资源与生态监测预警体系提出了明确要求。从甘肃省草原资源与生态环境现状出发，充分发挥草原监测在草原保护和建设中的基础作用，建立层次结构合理、技术装备先进、运行高效有序的草原资源与生态监测预警体系，推进甘肃省草原监测工作的正常化、科学化、规范化运行，对科学制定草原生态保护与建设规划，优化草原利用方式，推动草原行政执法进程，促进草原资源可持续利用和草原畜牧业的健康发展具有重要意义。

甘肃是全国开展草原监测工作较早的省区之一，20世纪80年代开展草原资源调查之后，主要牧区县和草原面积较大的县（市、区）陆续设置了地面监测点，玛曲、碌曲、夏河等县对主要草原类型连续进行了监测。从总体上看，这些监测仍以传统的地面调查为主，代表性和典型性不强，层次和水平较低，草原监测工作的常态化运行机制很长时间没有建立起来。

2002年，在农业部的支持下，甘肃省的草原资源动态监测工作重新起步。根据《国家级草原资源与生态监测点布局方案》，在甘肃设立了9个监测点，对甘南垂穗披碱草、玛曲甘肃蒿草、肃南羊茅、安西合头藜和天祝矮生蒿草等5个草原重点类型开展了连续监测工作。以省站为重点，配备了部分设备和软件，初步构建了“3S”技术（全球定位系统GPS、地理信息系统GIS、遥感技术RS）工作平台。收集了20世纪80年代草原资源调查的有关图件、文字资料，对部分资料进行了抢救性保护和恢复。完成了全省1:50万草地资源图数字化工作。

2003年9月，农业部草原监理中心正式成立以来，切实履行草原资源与生态监测职能，不断加强对各地草原监测工作的组织、协调、指导。2004年组织开展了主要草原省区草原植被状况和载畜能力监测，监测结果引起了较大的社会反响。2005年开始，农业部草原监理中心全面组织开展了草原资源与生态监测工作。

二、各个时期的重点工作

2005年以来，按照农业部草原监理中心的统一部署，在甘肃省农牧厅的领导下，结合草原生态保护新形势，注重监测工作思路、布局和重点，创新监测技术方法，完善充实监测内容，以提升监测能力和水平作为目标，以国家级、省级固定监测点、路线调查为抓手，运用“3S”技术，组织全省各级草原部门从点线面上做好全省草原监测工作，县市级完成地面数据采集工作，省级完成数据收集、处理、分析、审核上报工作。监测内容主要分为常规监测、国家级固定监测点监测、草原生态保护建设政策和工程实施效果监测评价3个方面。

（一）草原生长期各项常规监测

草原关键期物候监测。从2009年起，组织瓜州、古浪、玛曲、夏河等4县开展返青监测，以地面监测数据为基础，结合气象资料对全省草原返青整体状况进行分析，编发甘肃省草原返青报告。从2013年起，单位每年6、7、8月对全省草原牧草长势状况进行实时遥感监测，编制牧草长势监测通报。

草地生态监测

草原盛期生产力监测。自2005年起，在每年的7—8月，根据农业部草原监理中心《全国草原资源与生态监测实施方案》下达的任务，按照《全国草原资源与生态监测技术操作手册》的监测内容和技术方法，开展牧草生长盛期样地样方监测和入户调查。通过对地面数据分析和生产力模型验证及反演，计算全省各草原类型产草量、载畜能力和全省14个市（州）的天然草原鲜草总量，编制全省草原监测报告。

牧业县冷季牧草储量监测。为了全面掌握冷季牧草储量，科学配置载畜量，切实推进以草定畜制度落实，2013年起，组织玛曲、碌曲、夏河、合作、天祝、肃南、肃北、阿克塞等8个牧业县开展了冷季牧草储量监测。通过地面样方路线调查，参照农业行业相关标准，以乡为单位计算理论载畜量，发布冷季牧草储量监测通报。

（二）国家级的草原固定监测点工作

2006年，结合无鼠害示范区建设项目，单位在甘南地区重点草原类型规划增设了30个省级长期定位监测点，并指导其他地区逐步建立和完善监测样地，以比较系统地掌握全省草原资源与生态变化状况。

自2012年起，按照农业部草原监理中心的统一规划，依托退牧还草项目，先后在肃南、天祝、肃北、阿克塞、瓜州、玉门、民勤、古浪、永昌、环县、华池、卓尼、夏河、临潭、岷县、敦煌、玛曲、合作、碌曲、漳县、山丹、靖远和迭部等23个退牧还草工程县设置国家级的草原固定监测点，开展标准化围栏、监测分区立柱、标牌等基础建设工作，并配备了监测工具、烘干等试验设备，组织相关县、市每年4—10月开展固定监测点月度观测，并通过草原监测信息报送系统上报数据。

2016年9月5日，单位起草的《甘肃省草原固定监测站（点）管理办法》，由甘肃省农牧厅正式印发。该办法对草原固定监测站（点）的建设内容、工作职责、运行管理、考核程序等进行了规范，为草原监测工作科学化和标准化提供了重要制度保障。

（三）草原生态保护建设政策和工程实施效果监测评价

2013年起，单位每年将草原生态补助奖励政策监测实施方案和《甘肃省草原监测技术操作手册》印发到各县（市、区），指导各地开展草原补奖监测工作。单位以各县（市、区）上报的定位监测点信息和遥感影像资料为基础数据，对全省补奖政策实施区域的草原植被恢复情况进行了遥感监测。并对民乐县、靖远县、宁县、永登县、宕昌县、永靖县等6县开展补奖实施效果评价示范，共布设定位监测点30个，编制了补奖政策实施效果监测报告。

草原生态工程项目区监测

2008年起，在全国畜牧总站的组织和指导下，先后在玛曲、碌曲、夏河、天祝、瓜州、阿克塞、合作、肃南、卓尼、永昌、民勤、环县、山丹、岷县、玉门、华池、古浪等17个县，对2003—2011年的退牧还草工程区开展了效益监测。按照实施方案规定的监测内容和技术要求，完成工程区作业设计图数字化处理，在项目技术人员的配合与协助下，对不同年份退牧还草工程区植被恢复状况进行野外调查，编制退牧还草工程效益监测报告，作为《全国退牧还草工程监测报告》甘肃部分内容。

2014年，甘肃省将草原植被盖度指标纳入市（州）、县（市、区）各级政府年度目标管理责任考核内容。甘肃省农牧厅制定了甘肃省草原植被盖度目标责任考核办法，对14个市（州）草原生态保护、草原植被盖度等情况进行年度考核。根据甘肃省农牧厅的要求，依据《草原资源与生态监测技术规程（NY/T 1233—2006）》，每年计算全省及各市州草原植被盖度，并发布通报，通过草原植被盖度考核督促各地政府高度重视草原监测工作，进一步推动草原监测工作制度化运行。

三、工作成效

（一）建立了一套相对完善的草原监测工作机制

草原监测工作逐步建立了由草原行政管理部门负责，以省、市、县三级草原业务机构为主体，相关技术单位为支撑，各级草原技术人员广泛参与的工作机制。初步形成了以甘肃省草原技术推广总站为依托，市（州）草原监测站为纽带，县草原监测站为基础的三级草原生态监测网络体系。为保证监测工作的有效实施，单位每年制定印发《甘肃省草原监测实施方案》，统一明确各相关单位的职责分工和工作要求，细化各项监测工作任务。2006—2019 年，单位连续每年组织监测技术培训班，总结经验，开展技术培训，同时对当年全省草原监测工作进行部署。承担地面监测任务的县区由 2005 年的 23 个增加到 2019 年的 38 个。

（二）培育形成了一支吃苦耐劳、素质过硬的草原监测技术队伍

将技术队伍的培育始终贯穿于监测工作之中。2005—2019 年，每年全省有 200 多名技术人员参与监测工作。全省大部分监测区域地点偏远、交通不便，野外调查时间又集中在炎热的夏季，气温高、蚊虫多，工作条件异常艰苦。广大一线监测技术人员不畏困难，翻山越岭，跋山涉水，风餐露宿，艰苦恶劣的工作条件磨炼了他们的意志，锤炼了他们的品质，造就了一支意志坚强、兢兢业业、任劳任怨、无私奉献的优秀监测队伍，成了甘肃省草原监测工作的重要保障和储备力量。

（三）制定了系列草原监测相关的技术规范和规程

在总结大量经验的基础上，研究制定了 5 个技术规程（规范、手册）。即《草原资源与生态监测地面调查技术规范》《甘肃省草原监测技术操作手册》《甘肃省草原监测地面布点工作方案》《甘肃省草原生产力遥感监测模型构建技术规程》《天然草原退牧还草工程综合效益评价技术规程》。编制了《甘肃省主要草原类型判别技术手册》，对甘肃主要草原类型判定标准，基本特征，分布地区做了详细阐述，收录各草原类型典型照片及建群种植物图片约 120 张，可供基层技术员在野外工作中快速判定草原类型，有助于进一步提高基层草原监测工作质量和效率。编制出版了《甘肃草原常见植物图集》，收录草原植物 89 科、322 属、588 种。针对地面监测数据多，信息量庞大的状况，推行使用了“草原监测地面数据管理系统”，实现了监测数据的网络报送和逐级审核管理。

（四）积累了丰富的监测数据和成果，为草原科学工作提供了基本数据信息支撑

2005 年以来，每年发布全省草原监测年度报告，提供了草原资源概况、生态状况、草原生产力、草原利用状况、草原鼠虫害状况、草原保护建设工程效益等方面的监测数据和信息，进行比较详细、全面、系统地阐述和分析，提出针对性的政策建议。月度动态监测、返青监测等数据及时提供了长势动态和趋势性预测。这些数据信息对合理安排草原生产管理、制定政策和规划等提供了基础信息，推动了草原

工作由经验型管理向科学化、精细化管理转变的进程。退牧还草工程效益监测报告已成为项目验收的必备材料，单位发布的草原植被盖度监测通报已成为甘肃省政府对市（州）、县（市、区）各级政府年度目标管理责任考核的主要依据。

（五）形成了较为完善的地面监测网络

针对甘肃草原面积广大、类型多样，区系复杂、草类丰富，差异显著、生态脆弱的特点，不断加强和完善地面监测样点布设。2010 年依托草原补奖政策在全省设置监测样地 606 个，2018 年扩大至 1150 个，构建以 23 个国家级固定监测站为主体，省级固定监测样地和路线调查样地为补充的地面监测网络。同时广泛吸纳借鉴最新的草原监测技术和手段，形成以“3S”技术为支撑，以地面调查数据为基础，定性分析与定量分析相结合、典型区调查与路线调查相结合、草原监测关键区域调查与重点草原生态类型监测相结合，定位监测、周期性监测与专题监测相结合，地面监测（样地监测和路线监测）与遥感监测（RS）相结合的草原监测方法，逐步建立了草原资源与生态监测的常态化运行机制。

四、林草机构改革以来的草原生态监测工作

林草机构改革以来，随着习近平生态文明战略思想的不断落实，各级政府关于林长制以及草原生态保护意见的贯彻落实，草原生态监测工作得到日益加强。

（一）常规监测工作

围绕各年度《全省草原技术推广工作要点》任务要求，常规开展草原关键期物候监测、盛期产草量监测、草原植被盖度监测、草原生态保护建设工程项目实施成效监测、国家级草原固定监测点等监测工作。由监测科负责对工作进度和质量、数据报送审核等关键环节提出要求，全省 23 个草原固定监测点按照《国家级草原固定监测点监测工作业务手册》要求，持续做好月度监测和资料积累。完成全省范围内草原植被盖度外业数据采集，通过对数据处理分析计算，进行全省草原植被盖度评价。完成退牧还草工程效益监测地面数据调查。在甘南碌曲、张掖肃南等 10 县开展退牧还草工程效益监测，按照实施方案规定的监测内容和技术要求，对不同年份退牧还草工程区植被恢复状况进行野外调查，共采集退牧还草工程对比样地数据 101 个、样方数据 253 个。完成禁牧和草畜平衡监测。编制了《甘肃省草原禁牧和草畜平衡监测监管项目实施方案（试行）》，组织夏河、肃北等 13 个禁牧和草畜平衡遥感监测试点示范县完成实施方案评审，指导开展禁牧巡查和草畜平衡区监测工作。

（二）全省草原调查监测工作

根据《自然资源部国家林业和草原局关于共同做好森林、草原、湿地调查监测工作的意见》《自然资源部国家林业和草原局关于开展 2022 年全国森林、草原、湿地调查监测工作的通知》以及《甘肃省自然资源厅甘肃省林业和草原局关于开展 2022 年全国森林、草原、湿地调查监测工作的通知》的有关要求，按照省林草局的统一安排，组织开展了全省草原调查监测工作。2021 开始，两年完成 3792 个监测样地和 12 602 个监测图斑的调查审核工作。站上组织了 3 个技术指导组，分别在河西片区、甘南片区和陇东片区的 40 个县（市、区）和 10 个国家级自然保护区开展了技术指导和现场培训，共完成省级样地质量检查 89 个。

（三）草原变化图斑核查处置工作

根据《国家林业和草原局草原管理司关于部署开展 2022 年草原变化图斑判读和核查处置工作的通知》要求和甘肃省林业和草原局安排部署，按照《2022 年草原变化图斑核查工作方案（暂行）》和《草原变化图斑抽查核查处置技术方案（暂行）》，组织 14 个市（州）、86 个县（市、区）、10 个国家级自然保护区（管护中心）、山丹马场、兰州新区和甘肃矿区开展全省草原变化图斑核查处置工作，编制了《甘肃省草原变化图斑抽查核查处置技术方案》，审核完成调查单位的上传数据总计 1 万余条。

（四）草原火灾风险普查

负责全省草原火灾风险普查技术指导和工作督促检查等工作，编制了《甘肃省草原火灾风险普查实施方案》，完成肃北、阿克塞、敦煌、瓜州、肃南和天祝的草原可燃物调查省级质检。组织有关技术单位对以上 6 县开展草原火灾风险评估区划等工作，并提交了普查成果。

（五）草原生态监测站建设

在全省范围内布局了 5 个草原生态监测站，编制并下发了《甘肃省草原定位监测站布局及建设方案（初稿）》，对草原生态定位监测站的布局、建设内容、仪器设备配置、监测指标和方法、站点管理等内容作了详细规划，用以指导各地草原生态站建设工作。

五、分管领导及工作人员

草原监测科成立时间为2005年。

分管领导：韩天虎、王立耕、张志诚、刘兴明。

科室负责人：喻文虎、孙斌、冯今、王炳煜、姜佳昌。

科室工作人员：喻文虎、孙斌、冯今、王炳煜、李福、唐建明、王红霞、姜佳昌、李霞、俞慧云、王惠、潘冬荣、杜笑村、杨红梅、段丽婕。

（本节供稿：孙斌；校对：孙斌、高敏）

第五节　动物营养研究与新饲料推广

甘肃省动物营养研究所（原甘肃省饲草饲料研究所）成立于1984年4月，甘肃省农牧厅下属科研单位，主要任务是面向全省，以应用研究为主，解决饲草饲料生产实际问题，承担安全、无污染饲料资源及饲料添加剂的开发利用、通过营养手段调节动物健康，研究驯化并培育适应本省条件的优良牧草等工作。2005年因机构改革并入甘肃省草原技术推广总站，加挂甘肃省动物营养研究所牌子，并内设置动物营养研究室，科室职能为：①开展饲料营养价值评定、饲料配方优化设计、饲料添加剂及非常规饲料的开发利用工作；②开展饲料加工生产技术研究及工艺设计；③开展安全性配合饲料、浓缩饲料、预混料、牛羊精料补充料、全混合日粮和中草药保健型饲料添加剂等高效饲料及先进饲养技术的示范推广工作；④开展动物营养、饲料加工生产、家畜饲养等相关科研成果的转化及技术咨询服务工作。

动物营养研究室在从事动物营养及饲草料研究开发的同时，结合单位业务工作需要，将研究和工作领域扩展到牧草新品种驯化选育，特色、优质牧草种植及草产品开发，“3S”技术及其在草地资源调查、规划和管理中的应用等方面。

星火计划研发的饲料产品

一、完成的科研及技术推广成果

在动物营养及饲草料研究、开发及示范推广方面，主要进行牛羊营养补充料及安全性饲料添加剂的开发及推广应用，以及反刍家畜全混合日粮技术的研究及普及。完成的项目“牛羊安全性系列饲料产品的研制”获2006年度甘肃省科技进步二等奖；“岷山红三叶异黄酮生产及其对动物钙磷代谢的作用和机理研究”获2013年省农牧渔业丰收一等奖、2013年度甘肃省科技进步二等奖；“牛羊专用中草药保健型饲料添加剂的开发利用”获2011年度甘肃省科技进步三等奖；“牛羊全混合日粮技术引进及示范推广”获2017年度甘肃省科技进步三等奖；“甘肃农牧交错区舍饲羊育肥关键技术研究”获2011年甘肃省农牧渔业丰收二等奖；“牧区草食家畜营养改善及品种改良技术研究”和“矿物营养舔块新技术在反刍动物生产上的推广应用”等项目于2018年12月通过甘肃省农业农村厅组织的验收，协助完成了“农作物秸秆饲料化技术集成示范与推广”等项目的科研和技术推广工作。

肉羊育肥试验数据采集

在牧草新品种驯化选育及优质牧草生产方面，针对高寒牧区饲草短缺且可栽培牧草品种单一，优良牧草品种缺乏等现状，主持实施了“耐寒豆科牧草野生斜茎黄芪驯化选育”和“赛马专用岷山猫尾草新品系选育”项目，同时完成了“甘引1号黑麦选育及生产技术集成示范”和“青藏高寒区优良牧草新品种选育及应用”项目的研究和技术推广工作，分别获2014—2016年全国农牧渔业丰收二等奖和2018年甘肃省科技进步三等奖。

二、完成相关论文、专著及标准

在《草业学报》《草地学报》《中国草地学报》《草业科学》《干旱区研究》《中国草食动物科学》等国家级刊物发表论文38篇，在《草原与草坪》《甘肃畜牧兽医》等省级刊物发表论文15篇，在中国畜牧兽医学会动物营养学分会第八届全国饲料营养学术研讨会和2009中国草原发展论坛各交流学术论文1篇。主编专著《草食家畜营养及饲料加工调制技术》，参编专著《河西走廊沙尘源区生态环境治理研究》和《秸秆饲料化利用技术》。结合业务工作，制定并发布《草原资源调查技术规程——第3部分：内业工作》《甜菜渣青贮技术规范》《苜蓿干草生产技术规程》等地方标准3项。

三、分管领导及工作人员

动物营养科分管领导：赵庆平、王汝富。

科室负责人：李贵霖、俞联平、李新媛、张贞明。

科室成员：王国生、高占琪、李昀、陈兴荣、任越、张贞明、罗亮、安乐、杜笑村、杨红梅。

（本节供稿：张贞明；校对：张贞明、高敏）

第六节　草业信息化建设

一、草业信息化工作早期探索

甘肃省草原工作队1977年重新恢复建制以来，以前解散的人员陆续从各个单位回归队伍，在老队长王无怠同志的率领下，各项业务陆续走向正规。

（一）创建情报资料室

1979年全省草原资源调查工作启动，面对调查中产生的大量第一手数据资料，在王无怠队长的支持安排下，由张志芳同志负责资料收集保管。单位成立之初，在天祝抓喜秀龙红疙瘩村以及全省牧区和农区抓点示范形成的大量第一手业务资料，存放在甘肃农业大学任继周教授创建的天祝高山草原试验站的一间房子里，王无怠首先长期在中国农科院兰州牧研所协调了一间办公室，在张志芳负责下，何成孝、胡进秩、贺素雯等多名同志参与了整理。后来在草原队队部打柴沟腾挪出的会议室作为资料室，由张志芳和贺素雯负责收集整理历史资料。情报资料室从1979年筹建，1981年成立，在兰州市城关区刘家坪办公楼3楼占用4间办公室，至2009年单位搬迁至火车站西路时撤销，再未设立。存在30年间，一直归办公室管理，集图书借阅、报刊阅览、业务资料归档管理、资料查询复印服务、资料编辑加工、对外信息交流于一体，成为职工读书看报、讨论交流的信息中心，也是几代草原总站人集体记忆中不可少的一部分。

1979年，确定单位从天祝打柴沟搬迁兰州市刘家坪，情报资料室正式成立并在新楼规划了一大间约60平方米的资料室。1983年新办公楼投入使用，情报资料室正式挂牌。后来，由于单位购置的计算机、照相机、复印机、收录机等设备存放及调试应用均归入资料室，以及各类资料越来越多，单位给资料室逐步增加了两间办公室，一间储藏资料，一间存放设备。

（二）积极开展信息建设和服务

情报资料室的建立，成为单位信息化建设的开端。

一是注重信息建设人才培训。历任领导重视信息资料收集、归档和利用服务的规范化建设。1982 年以来，先后派张志芳在甘肃省情报所、甘肃省档案馆脱产培训。1985 年 7 月，单位从甘肃省畜牧学校分派来的人员中确定张榕专职从事信息化建设工作，当时单位主要领导文德书记协调，派该同志到甘肃省草原生态研究所的情报资料室脱产学习一段时间，在兰州大学图书馆系跟班学习了《科技文献检索》课程。通过集中培训，单位的信息资料收集、分类、归档等工作不断规范，信息服务范围不断拓展。

二是建立了开放式信息资料交流网络。利用单位编辑或收集到的各类业务资料，和全国相关业务单位的情报信息部门建立了信息交流关系，以邮寄交流为主，和全国草业、畜牧业科研、高校、推广等 65 个单位建立了内部资料交流关系，为丰富单位信息渠道、扩大单位影响力、强化信息交流探索了路径。

三是积极开展信息资料加工服务。据不完全追踪，至 2009 年，单位情报室存储各类资料近万份，其中，图书类 3000 余册，期刊类 2000 余册，内部非出版资料二千余册，其余科技档案、图件类及赠阅资料 2000 余份。另外，积极开展第一手资料编辑加工，对主要报纸涉及的业务信息进行剪辑装订留存，对单位开展的科研技术成果编辑了《种草养畜技术资料选编》，订阅了国内草类、畜牧饲料类、经济类、生态类专业杂志，并每年编辑印发《草原畜牧类中外文期刊索引》，共 9 册，结合重点业务进展创办《业务简报》5 集。1986—2002 年，编印《种草养畜参考》每月一期，设技术一线、会议信息、专家论坛、政策专栏、成果动态等十几个栏目，累计向农业部、甘肃省畜牧厅及全省各地县草原（畜牧）站等 150 个单位按月寄发，总计印发近 3 万份。

二、草业信息化建设新阶段

进入新世纪以来，中国农业正加快从传统农业向现代农业跨越。现代农业以规模化、产业化、集约化为主要特征，是借助先进的科学技术和机械装备建立起来的全新农业体系。随着现代农业的快速推进，农业发展方式、经营形态，农业发展的内外部环境都发生了重大变化。“十三五”时期是新型工业化、信息化、城镇化、农业现代化同步发展的关键时期，信息化成为驱动现代化建设的先导力量，草原信息化发展迎来了重大历史机遇。为顺应历史发展的潮流，2013 年，单位领导研究决定将业务科正式更名为信息科，标志着单位草原技术推广业务工作开始迈入信息化时代。

信息化载体建设：2008 年由单位主导创办了“甘肃草原信息网”，是当时 4 家（内蒙古、四川、青海、甘肃）草原行业门户网站之一，为行业信息传播作出了贡献。“甘肃草原信息网”由甘肃省农牧厅草原处、甘肃省草原技术推广总站和甘肃省草原监理站等 3 单位共同合办，按照当时的分工，由甘肃省农牧厅草原处牵头并支付所需费用，甘肃省农牧厅信息中心提供硬件支持和系统维护，单位承担日常信息更新与维护工作。为加强信息管理工作，推动甘肃省农牧厅出台了《甘肃草原信息网网站管理办法》，规定了本网站只发布与本行业相关的信息，对信息的采集、审批和上传等发布过程进行了规范，从而保证发布信息的数量与质量。单位同时出台了《信息报送及考核办法》，有力推动了全站信息宣传工作的深入开展。信息网站于2008年8月正式开通，设有：草原机构、政策法规、办事指南、行业动态、草业发展、生态专题、技术服务、执法监督、草原建设、科技交流、防灾减灾、草原防火等10余个栏目。作为宣传和展示甘肃省草原事业发展的门户网站，其信息联络中心的优势逐步显现，推动上下级单位间的联络模式改变，草原工作的最新进展能够更及时地宣传报道。网站发布的内容，被《中国草原网》《甘肃农业信息网》等行业网站多次引用，网站年点击阅读已达数十万次以上，为行业信息的沟通和共享作出了一定的贡献，也为全省草原事业的发展起到了积极的宣传和推动作用。

办公信息化建设：在电脑办公完全普及的基础上，2009年，单位斥资搭建了局域网并启用网络办公系统平台，在全省农牧系统所有单位中率先探索无纸化办公。2011年接入全省农牧部门视频会议系统，2013年加入12316短彩信平台，信息发布对象囊括全省草原技术推广机构和单位“双联”对接户。2015年开展全省草原技术推广体系内部草原信息化工作调研，利用文献调研和问卷调查等手段，摸清了基层现状。2016年购入软硬件系统，搭建地理信息（GIS）技术平台，为今后拓展“3S”技术行业运用奠定了基础。草业统计、草原监测、生物灾害、奖补政策及机构情况等数据填报工作均已实现网络化。尤其是第二次草原资源普查工作中，大量采用全球定位系统技术（GPS）精准定位、遥感影像信息提取、地理信息系统分析和成果可视化展示等技术，为今后草原信息化工作的全面开展积累了一定的经验。

草原基础信息系统建设：经过3年多的筹备，在与各方专家充分咨询和沟通的基础上，于2015年4月完成了甘肃草原基础信息管理系统初步方案，并通过了由西北师范大学、甘肃农业大学的相关专家以及单位领导参加的评审，确立了GIS平台开发框架,可形成专业定制化的应用服务，便于系统的维护、更新、扩充及升级。

2016年12月28日，甘肃省草原技术推广总站邀请有关专家，对西安天邦测绘科技有限公司执行“甘肃草原基础信息管理系统开发”合同情况进行了验收。

三、加强宣传信息化建设

运用新媒体加强宣传阵地建设。2015年创建了微信公众号“陇草心语”，旨在开展相关政策宣传，行业动态发布，促进技术交流，提供信息服务，提升单位社会影响力。初期就创设了面对草原行业这个用户群体的专门性定位，其提供的内容或服务最大限度适合这一群体的特征，进而满足传播方和受众的主观需求并建

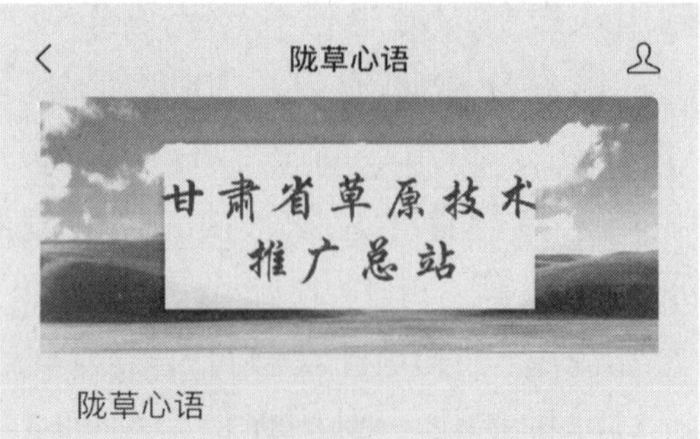

设一个互为平等的关系，属于订阅者与推送者双向选择过程。“陇草心语”自创立以来，截至2019年12月31日推送信息170余次、290余条，原创信息占到80%以上，及时为受众传递了本单位工作动态及行业信息，展示了单位的形象和活力。

加强信息宣传建设。至2019年，单位相对固定的信息宣传平台有甘肃草原信息网、甘肃农业信息网、陇草心语公众号、甘肃农业杂志社、甘肃林草信息网等，共发布信息1084条、转载327条、原创757条。积极参与全国性会议信息采编宣传服务，组织各大媒体集中开展了2016年中国草业大会（西宁）、甘肃省草产业协会和甘肃省草产业技术创新战略联盟（筹）成立大会、2017年第七届中国苜蓿发展大会、2018年第五届中国草业发展大会、2019年第八届中国苜蓿发展大会等会议宣传报道。2017年，甘肃草原信息网因为网站管理系统改革而停止运行后，通过甘肃农业信息网“甘肃草原”专栏组织了“媒体看草原”系列活动，在《甘肃农业》上组织专刊，依托联盟协会创办《甘肃草业》杂志等，在宣传甘肃草业和草原生态建设和提升单位影响力方面发挥了积极作用。

在中国苜蓿发展大会宣传根瘤菌肥

四、林草机构改革以来的信息化建设

（一）信息化建设

2020年和2022年在甘肃省林业和草原局系统策划实施“草原行”媒体采访活动4次，对甘南青藏高原区、黄土高原中部区和河西走廊进行草原生态治理、畜牧业转型、农牧民生活状况改变，以及根据各区域特色、人物进行实地采访、拍摄和宣传报道。通过在各大媒体发布电视新闻报道，制作宣传海报、动画片、短视频，编写出版“绿色发展　生态甘肃”宣传图册等方式，扩大了草原建设工作影响力。

站内职工能力培训

（二）培训

积极贯彻落实国家林业和草原局和甘肃省林业和草原局的各项决策部署，进一步提升草原技术推广体系专业技术人员业务素质，加强业务培训与省内高校、科研院所技术合作，连续7年开展“基层草原技术骨干能力提升”专项培训工作，邀请专家对各市（州）、县（市、区）技术人员进行授课，共举办近20期培训班，培训近1000人次，有效提高专业技术人员学术水平和技术推广能力及工作效能。培训班采用理论学习与实际相结合的方式，课程设置专题解读、课程讲授、实操指导、互动交流等模块，方式多样、内容丰富。基层草原技术骨干能力提升系列培训，有利于学员丰富政策理论和业务知识，帮助提升工作实践能力，助力解决工作中相关难点难题。

五、分管领导及工作人员

分管领导：张榕、王汝富。

职能科室：信息培训科。

科室负责人：冯今、张洁、谭立伟。

工作人员：冯今、张洁、温洪、谭立伟、陆飒、荣良燕、李智燕、莫负涛、王慧慧。

成立时间：2005年。

（本节供稿：张榕、温洪、张洁；校对：温洪、张洁、高敏）

第七节　草原监理工作

1989年2月，甘肃省畜牧厅文件通知成立甘肃省草原监理站，同甘肃省饲草饲料技术推广总站一套机构，两块牌子，是执行《中华人民共和国草原法》(以下简称《草原法》)的职能部门,对地(州、市)、县(市、区)草原监理站进行业务指导。在本站增设监理科，负责开展草原监理工作，运行至2005年机构改革时，甘肃省草原监理站机构单设，草原监理职能随之从甘肃省草原技术推广总站划出。

1989年以来，甘肃省饲草饲料技术推广总站草原监理工作在省级主管部门领导下，主要开展宣传《草原法》和《甘肃省实施草原法细则》，处理草原违法案件，调节草原纠纷，开展草原防火，推进依法治牧、依法治草进程，并坚决贯彻执行有关禁采、禁挖决定，依法严厉打击各类草原违法案件，积极落实草原承包责任制，建立健全基层草原监理体系，加强草原监理基础设施建设和能力建设。

一、草原监理机构不断建立和完善，初步形成了省、地、县三级草原监理组织管理体系

草原监理组织体系得到完善。依据1997年甘肃省人大修改后公布实施的《甘肃省实施草原法细则》中的有关要求，全省加强了监理组织建设，先后督促镇原、康乐、灵台、泾川、敦煌、合作等13个草原面积较大的农业县（市）成立了草原监理组织机构，肃南、天祝、夏河等牧业县还进一步发展成立了乡、村级草原监理分站和草管会（小组）。全省先后成立各级草原监理站56个，基层分站8个，有各类草原管委会（小组）近1500个。其中省级草原监理站1个，市（州）级草原监理站9个，县级草原监理站（所）38个，拥有草原监理人员580名，其中专职草原监理人员325名，兼职人员255名，配备草原监理车辆28辆，巡护摩托车15辆，合署办公用房面积4300余平方米。草原监理执法主体地位得到初步确立。甘肃省草原监理站、甘南州草原监理站、张掖地区草原监理站、肃南县草原监理所等27个草原监理站（所）于1997年经各级政府审核并批准，先后取得了政府法制局颁发的草原监理行政执法资格证及财政部门颁发的《罚款没收财物许可证》，进一步明确了草原监理职责。2001年，甘肃省农牧厅授权甘肃省草原监理站主管监督全省牧草种子的生产经营工作，至此明确了草种监理职责部门。

二、积极加强草原管理保护立法调研工作，完善充实草原监理配套法律、法规

《草原法》颁布实施以来，甘肃省人大及有关地（州、市）、县人大和政府都十分重视地方性草原管理保护法规、规章的制定工作，各地全面推进草原承包到户工作，加大草原生态环境保护治理力度，尽快完善配套立法工作。派人赴新疆、内蒙古就草原监理执法情况进行了全面调研考查，各级草原监理部门也相继加大调研立法工作，组织人员多次参与《草原法》《中华人民共和国防沙治沙法》《土地承包法》等相关法案的修改调研工作。完成了《甘肃省草原野生药用(经济)植物保护条例》《甘肃省草原旅游风景区管理办法》等法案的初稿起草，制定了草原监理行政执法处罚程序和相关处罚法律文书。

为坚决制止乱占滥用林、草地和乱开四荒地现象，贯彻落实国务院文件，下发了《甘肃省人民政府关于禁止采集和销售发菜和制止滥挖甘草麻黄草的通知》，2001年中共甘肃省委办公厅和甘肃省政府办公厅联合发出了《关于严禁乱垦荒地的通知》；甘南州、山丹县、漳县、岷县、肃北县等政府先后出台了有关落实草原承包责任制、加强草原管理、实施草原有偿使用、合理流转、核定载畜量、“四荒地”拍卖等规范性文件40余件。全省20个牧业半牧业县（市）中有18个县颁布了各自的地方性草原管理办法（规定），有11个县出台了有关进一步落实和完善草场承包责任制的决定、意见及相关实施方案等配套制度，为依法开展草原监理工作，积极落实草原承包责任制，切实打击违法破坏草原案件提供了必要的法律、法规保障，推进了全省草原监理建设工作的法治化进程。为规范全省各级草原监理部门许可证发放、管理行为，根据《野生植物保护条例》《野生药材资源保护管理条例》《甘草和麻黄草采集管理办法》及国务院文件和甘肃省政府文件，制定了《甘肃省草地保护植物采集许可证发放管理规定》。落实了甘肃天然草原野生资源管理档案工作。根据《甘草和麻黄草采集管理办法》及相关规范性文件要求，对以甘草、麻黄草为主的草原保护植物进行规范管理。建立了保护建设规划、资源分布、采集计划、相关报表、采集证发放等档案管理工作，明确了甘肃省野生固沙草原植物群主要分布，为甘肃省甘草、麻黄草等资源的计划管理和属地管理，创造了良好的工作基础。按原农业部要求，从2003年起，苁蓉、雪莲、虫草等草原野生植物比照《甘草和麻黄草管理办法》，实行采集许可制度。

三、强化草原法制宣传工作，积极创造良好的社会执法环境

为广泛争取社会各界对草原监理执法工作的全面支持，得到各级政府部门的重视，提高广大干部群众对草原保护的意识，积极创造一个良好的监理执法环境，甘肃省各级草原监理部门，始终把草原监理法治宣传工作作为一项有效开展草原执法工作的重要手段和长期任务来抓。通过充分利用各种新闻媒体，鼓励基层草原监理部门深入草原牧区，走乡串户，修建野外宣传标牌，散发宣传材料、组织培训等多种宣传方式广泛宣传草原法规，积极树立“保护草原、人人有责，爱护草原、建设家园”的新观念。全省各地先后举办各类法制宣传培训班近400期，培训受教人员7000余人次，印发藏、汉、蒙文等宣传材料10万余份，修建野外宣传标牌240个，刷写各类标语近5万条，张贴各种有关草原保护通知布告200万份。这些宣传工作的持久深入开展，有效地增进了广大干部群众对草原监理工作的认识，促进了对全省草原生态环境状况的了解，提高了人们遵法守法自觉保护草原的紧迫感，并引起了全社会对草原生态环境保护建设及工作的广泛重视，同时也争得到了各级政府的重视和支持。

四、全面加强草原监理队伍建设，努力提高综合执法水平

始终严抓草原监理执法培训工作，积极筹措培训资金，会同甘肃省法制局组织专家编写草原监理培训教材，先后举办各类草原监理执法培训班15期，组织聘请行政执法、草原保护、法律等方面的专家授课培训草原监理专职人员260名，各地草原监理部门先后举办执法培训班30期，培训执法人员700余名。为借鉴学习兄弟省份草原监理执法经验，还先后分两批派员赴内蒙古、新疆等地进行考查学习，并于2001年组织全省48个草原监理站（所）近100名监理人员在兰州统一接受了为期一周的监理执法培训；同时各地为积极配合推进全省依法行政建设工作，全省31个地、县草原监理站（所）及甘肃省草原监理站共派235名草原监理专职人员参加了当地政府组织的行政执法培训考核，并全部取得了政府颁发的草原监理执法证，先后有22个地、县（市）草原监理部门的187名专职草原监理人员实现了统一公安化着装，提高了监理执法威慑力。

五、加大草原保护管理力度，积极遏制人为破坏势头

为积极落实草原管理制度，提高草原保护管理水平，切实查处和打击各类草原违法案件，有效遏制人为破坏势头。甘肃省各地积极加大草场到户承包责任制落实力度，在原有以联产承包草原的基础上，自1995年起，进一步把草场承包工作重点放在到户承包有偿使用责任制的贯彻落实上，严格制定到户承包原则，规范承包程序，并全面依法签订草场承包合同，明确草场承包使用责任和相关保护建设义务，努力提高牧民群众管理使用草原水平，增强珍惜草原意识。全省10个纯牧业县的天然草原已基本承包落实到户，共落实到户承包面积9700万亩，并在此基础上全省建成草场围栏面积1054余万亩，年均防治鼠虫害500万亩，采取其他综合措施治理保护天然草原2300万亩。

在草原违法案件查处上，各地草原监理部门积极主动地担负监理职责，及时调整和转变工作方式，想方设法广泛争取地方政府及公安、司法部门的协助支持，积极开展草原违法案件的查处工作，每年集中力量对近2000起各类滥采乱挖草原野生药用植物、非法开矿、挖沙、取土等滥垦乱占天然草原违法案件进行查处和打击。特别是在国务院和原农业部文件下发后，在转发文件时甘肃省草原监理站提出了甘肃省贯彻落实文件精神的明确意见，全面部署安排，甘肃省抽调环保局、工商局等部门组成联合工作调查组，对全省采集销售发菜和滥挖干草、麻黄草等情况进行了及时摸底和清理查处工作，重点对河西武威、张掖、酒泉地区及中部地区的白银等地、市（县）进行了执法大检查，查封成品发菜256.95千克，查封加工场所17处，关闭有关交易市场3处。仅甘南州共清查遣返有关在草原上滥挖药材（秦艽、虫草）人员3万余人，扣留采集工具1745件，制止非法猎捕草原鹰（隼）事件12起。2001年，甘肃省草原监理部门协助公安部门成功查获外籍人员非法捕猎草原鹰（隼）案件两起，放归草原鹰（隼）27只，及时清理阻止和疏导采挖甘草、麻黄草、虫草和搂发菜人员近3万名，收缴各类专用工具760余件，查扣非法采运车辆18部，查处非法开垦草原面积18万亩，责成恢复草原植被17万亩，清除草原上的各类违法矿点274处，有力地打击了草原违法案件和人为破坏势头，维护和促进了全省草原生态环境保护建设工作。2004年，全省草原违法案件发生526起，立案查处98件，结案74件。在积极落实行政执法责任制和十四项配套制度的基础上，加大草原行政执法力度，尤其对大面积非法开垦草原、乱采滥挖草原野生植物、非法买卖或转让草原以及违法在草原上进行非牧建设项目、开展经营性旅游活动等大面积严重破坏草原植被的行为，进行重点打击，有效地杜绝了这类违法案件的发生。同时，坚决打击非法采集草原重点保护野生植物资源的行为，对非法采集较严重的武威市、古浪县、张掖市、山丹县及金昌市等地，采取积极有效的行政措施，对采挖者进行查挡、劝阻及说服教育，对不听劝阻强行采集发菜，采挖甘草、麻黄草者，依法进行没收采集工具和罚款。各主要采集地，没收采集工具720件，运输车131辆，并取缔发菜收购点121个，查封发菜加工厂7个，没收发菜356千克。同时，全省关停甘草加工厂10个，麻黄草加工厂6个，并取缔甘草、麻黄草个体非法收购点40个。查处非法采集案件31起，没收非法采集野生药材近4000千克，有效地制止了非法采挖甘草、麻黄草的行为。

六、开展了甘肃省草原执法体系现状及发展战略调查研究

根据原农业部畜牧兽医局《关于开展草原执法监理体系现状及发展战略调研的函》要求，甘肃省针对相关48个各级草原监理站（所）开展了调研。通过调研各级草原监理机构，更加明确了草原执法监理体系现状，认清了目前存在的主要问题，提出了发展思路，并制定了相关措施及对策，为今后工作理清了思路，明确了方向。

七、积极争取全省各级草原监理站建设项目

为了加快甘肃草原监理体系建设步伐，使甘肃草原行政执法及草原资源动态监测得到有效规范和落实，积极争取各级草原监理站建设项目。目前，已建成的项目主要有甘肃省草原监理站建设项目、甘南州草原监理站建设项目、酒泉市草原监理站建设项目。通过项目建设配备草原监督检查基本装备，改善草原监测技术手段，强化草原监理机构的管理职能，使草原监督管理机构更好地加大依法管理力度，提高行政执法效能。达到依法保护、建设和合理利用草原，保护生态环境的目的。

甘肃省草原监理站建设项目由单位组织实施，标志着甘肃省草原监理体系建设工作步入了实质性阶段。重点建设内容是给省级草原监理站配备包括交通、通信、办案、监测等15大类仪器设备。该项目的实施极大地改善了省级草原监理、监测工作条件，对全省草原监理体系建设工作有了较好推动。

八、开展全省草原执法典型案例的收集整理工作

根据原农业部畜牧兽医局的要求和安排，结合甘肃省草原执法具体实际，对全省1985年以来草原执法过程中积累的典型案例和执法难点问题进行了归纳整理。提出了基层草原监理机构，为在非法开垦草原、破坏草原植被、草原权属纠纷等方面的执法难点及存在的问题，提供了有用的基础资料。

九、积极进行甘肃农业行政执法责任制及十四项配套制度的落实工作

根据甘肃省农牧厅《关于发布实施甘肃农业行政执法责任制及十四项配套制度的通知》文件精神，针对甘肃省草原执法工作的实际情况，制定了草原监理行政执法责任制，规范了行政执法法律文书，对草原执法人员进行了培训及执法证件的更换，进行了《草原法》的学习和宣传，落实了草原行政执法文书档案管理，教育执法人员严格遵守《甘肃省农业行政执法人员守则》及其他相关规定等工作，为进一步贯彻落实草原行政执法责任制，奠定了一定的基础。

十、认真落实草原防火工作

甘肃省草原防火工作，在做好全省日常火管理的基础上，重点进行了甘南、张掖两地草原防火物资储备库的建设工作，还在天祝、肃南等重点区域实行了以落实草原防火承包责任制、联防共管制度、草原防火检查制度、火情监测报告制度等为主的草原防火措施。通过层层落实县、乡、村、户、人“五包”责任制，林草联防、

草原灭火演练

乡镇间联防及在草原防火期内设置检查站，对进入草原的车辆和人员进行防火安全检查，严格控制火源等一系列工作，及时有效地控制了本地区草原火灾的发生。2003年由于草原可燃物增多，旱情普遍，火险等级相应增高，使全省草原防火形势异常严峻。各地虽采取了严密的防范措施，还是在甘南、临夏等地，发生了多起草原火灾，造成了较大损失。据统计，该年度全省草原火情达51起，其中，草原火警46起，一般草原火灾5起。受害草原面积3 327.56公顷。

十一、分管领导及工作人员

分管领导：哈得虎、徐志清、吴衍庆。

职能科室：草原监理科。

科室负责人：徐英杰、张忠祥、晁德林、杨俊基、李建廷。

参与人员：李贵霖、石隐孝、安成孝、杨学兰、杨鹏翼、李鹤。

（本节供稿：李贵霖；校对：李贵霖、高敏）

第八节　牧草饲料检验分析工作

20世纪80年代初，单位全面开始全省草原资源调查，为了评价全省天然草原牧草质量等级，队领导多方奔走争取，在单位新址办公楼建设中规划了化验室，由张志芳负责化验室的布局设计，于1983年建成，和办公楼同时投入使用，初期归办公室管理，1986年成为科级建制，成若琳任第一任主任，侯淑萍任副主任。化验室从1983年组建到2009年停止共运行了26年。

一、化验室

（一）设备设施

化验室常规设备齐全，具有原子吸收分光光度计、氨基酸分析仪、全自动定氮仪、气相色谱仪、能量测定仪等大中型11台进口或国产分析仪器，具备较完整的农业科技检测手段和稳定的分析水平。

（二）主要工作

主要围绕草原调查采集的草地土壤、牧草、饲料等各种成分测定和营养价值评定，保障了草场资源、饲料资源调查以及其他项目的土壤饲料和草样分析，每年约完成分析样品 500 个。后期配合“岷山红三叶”和“细枝岩黄芪”等两个国家级草种基地建设项目完成了 32 个样品、215 项（次）的牧草种子检验，检验土壤、牧草 100 项（次）。开展化验人员培训也是化验室的一项业务，为全省基层业务单位培训化验人员 25 名。

（三）成果

从 1984—1994 年，完成了全省草原调查及牧场 5000 余份各类牧草样品、410 份土壤样品、251 份其他样品的化验分析及资料汇总，经过鉴定筛选取得数万个数据资料，研究编撰了《甘肃天然草地饲用植物营养价值评定》一书，收集 56 科 217 属 743 种植物营养成分数据，成为甘肃省评估和利用天然草地不可或缺的基础资料，1994 年 12 月出版，成果获 1996 年甘肃省畜牧厅科技进步二等奖。

化验室积极配合全省饲料工业建设和秸秆饲料化利用技术推广，特别是对青贮饲料储存质量评价提供了及时有效的监测服务。

（四）分管领导及工作人员

分管领导：唐万顺、李温、徐志清、王立耕。

化验室主任：成若琳、常宁芳、张榕、张忠祥。

副主任：侯淑萍、曹明崇、金加明。

参与人员：达秀银、常宁芳、车爱霞、任春明、郭安平、火军、李建廷。

二、微生物实验室

（一）运行情况

单位在建立申家山示范基地期间，王素香等同志结合种草养畜试验研究工作，于 1984 年开始和上海植物生理研究所等单位合作开展豆科牧草根瘤固氮领域的研究，就沙打旺、苜蓿、红豆草、紫云英等牧草的根瘤菌株研发以及固氮能力研究陆续开展。1987 年 11 月，其团队成员张志芳同志在上海植物生理研究所开展工作 2 个多月，分离培养出 22 个红豆草、9 个紫云英菌株，为了有效保存这些菌株并继续开展前期成果的后续研究和示范推广，根据张志芳的建议，在时任站党委书记鱼耀清和站长向得福的支持下，于 1988 年组建了“微生物实验室”，主要开展红豆草、苜蓿、鹰嘴紫云英、红三叶等豆科牧草的根瘤菌培养、提纯、菌株筛选、接种效果试验等研究。依托该实验室，先后申请了甘肃省自然科学基金资助项目“稳定和提高红豆草根瘤固氮能力的研究”、甘肃省畜牧厅科技项目“豆科牧草根瘤菌增效试验”、甘肃省重大科技推广计划“豆科牧草根瘤菌技术推广”等项目。

（二）分管领导及工作人员

试验室创建及团队负责人：张志芳。

参与人员：张榕、江月兰、何毅、杨学兰、喻文虎、何玉麟。

（本节供稿：张榕、成若琳；校对：张榕、高敏）

第九节　草原生态修复

一、背景意义

为贯彻落实新发展理念，构建草原生态保护新发展格局，甘肃省草原生态保护治理工作全面践行绿水青山就是金山银山理念，认真落实党中央、国务院和甘肃省委、省政府各项决策部署，按照山水林田湖草沙系统治理的要求，加快林草深度融合，加大草原保护建设力度，重点推动黄河流域高质量发展和加强祁连山生态保护，积极推进基本草原保护制度，全面总结草原保护修复利用成效和经验，加大成熟治理模式推广应用，推进草原生态修复治理，加快退化草原植被和土壤恢复，提升草原生态功能和生产功能。

林草机构改革以来，国家林草局弱化了草产业建设，站上调整工作重点，将草原生态建设项目和修复治理工作日益提到重要业务层面。以草原建设科为主，科管科、草种质资源科、信息科、监测科等相关业务科室均从不同角度积极申报项目，参与到草原生态修复技术研究与示范推广之中。2022 年，全省完成草原修复治理和种草改良 552.69 万亩，逐步建立起较为完备的草原生态保护治理体系，促进了草原休养生息、逐步恢复。

二、积极推广草原生态修复利用技术

结合全省退耕还草、草原生态修复等项目实施，以草建科为主，因地制宜开展了禁牧封育、划区轮牧、休牧、免耕补播、松土施肥、鼠虫害防治等技术指导，总结出青藏高原区“控鼠+免耕+混播种草+围栏封育”近自然修复模式，黄土高原区“免耕+混播种草+围栏”综合修复模式，河西荒漠区“混播种草+围栏封育”综合治理模式，沿黄灌区“免耕+混播+禁牧+刈割利用”恢复模式，并在相关区域加以推广，全省草原生态环境退化趋势逐步得到改善，草原综合植被盖度稳定在 53%以上；草种质资源科和草种科结合草品种审定项目，分别在青藏高原区合作、碌曲、玛曲建立了草红 1 号红豆草、祁连老芒麦及歪头菜应用于高寒草甸补播修复示范点、黑

土滩治理示范点和观赏兼用型人工草地示范点；在黄土高原区漳县建立了矿山植被恢复示范点；信息科、科管科等团队分别从天然草原菌肥利用、不同草种组合补播等方面开展了技术研究与示范，持续在不同区域开展草原生态修复技术模式和路径探索。

三、积极开展基本草原优化调整试点工作

为进一步探索总结基本草原优化调整工作的意见措施，科学合理划定基本草原，加强草原生态保护、建设和合理利用，根据国家林业和草原局和甘肃省林业和草原局的安排部署，甘肃省于2020年底开始在肃南县开展基本草原优化调整试点工作，总站负责技术指导服务。该项工作于2023年9月1日通过了甘肃省林业和草原局验收，并得到了国家林业和草原局的充分肯定。

四、参与完成了甘肃省“十四五”草原生态保护与发展规划编制

甘肃省草原面积2.146亿亩，占国土面积的33%，居全国第五位，生态区位十分重要。为全面贯彻《关于加强草原保护修复的若干意见》(国办发〔2021〕7号)、《甘肃省人民政府办公厅关于加强草原保护修复的实施意见》(甘政办发〔2021〕81号）精神，进一步加大草原资源保护和修复治理力度，增强草原调节气候、保持水土、防风固沙、碳汇等能力，切实推动“十四五”时期甘肃草原生态保护修复工作，编制了甘肃省“十四五”草原生态保护与发展规划，通过分析甘肃省草原生态保护与发展面临的现状与形势，提出了总体要求，通过合理规划布局，着力强化草原资源保护和生态修复治理，加强科技支撑能力，有序推进草原生态保护与发展。

（本节供稿：张榕、张贞明；校对：张榕、高敏）

第三章　重点项目

本章就单位负责或者参与过的国家和甘肃省下达的、有资料记载的相关草原（业）重大建设（生态）项目、草（料）资源调查项目以及业务类建设项目予以概述。

第一节　草地资源调查

草地资源调查是本单位的一项重要职能。中华人民共和国成立初期，西北军政委员会畜牧部组织西北各高等院校及技术人员成立了畜牧调查队，分赴甘肃等草原地区开展草原调查。甘肃畜牧草原调查队由阎绍才、任继周等7人组成，1950年5—9月，先后到酒泉、肃南、皇城、山丹大马营、夏河、庆阳、靖远等地调查，涉及天然草地1.25亿亩。1951年夏，西北畜牧兽医学院组织师生30余人成立草原调查队，由王栋教授率领，在山丹大马营和肃南皇城进行了草原调查。甘肃开展大规模的草原调查始于单位成立之际，由第一任队长王无怠等主持，从1955年开始了第一次全省大面积连片草原调查。

本站主持的草原资源调查共有3次，1955—1960年，进行了重点草原调查规划，1979—1988年，进行了全面草原资源普查；2013—2018年，开展了第二次全面调查。

一、首次重点草原调查

基本情况：20世纪50年代后期，随着甘肃省草原工作队的组建，率先开展的业务就是草原资源调查。1954年，单位进入筹建，1955年开始，王无怠组织全省相关地区业务人员，通过重点县草原调查规划，积累了调查方法路径、培训了骨干。到1958年完成了甘南、张掖、定西、天水、平凉、临夏、兰州等的44个县和一个牧场的草原调查，1959年编写出《甘肃省草原概况》《甘肃省各专州各类型草原生产力估算表》和《甘肃省草原分布略图》。认为甘肃省天然草原草地兼备草原、荒漠、森林和青藏高原生态系统的特点，可分为高山草甸草地类、干旱草原草地类、半荒漠草原草地类、森林草原（草甸）草地类，涉及全省草地2.05亿亩。20世纪60年代中期，历经合并后又重新建立的草原工作队逐步开始了大规模的草原资源调查工作。1964年，在甘肃省科学技术协会和甘肃省畜牧厅的主持下，甘肃省草原工作队组织了中国科学院植物研究所、中国农业科学院西北畜牧兽医研究所、兰州大学、甘肃师范大学等，会同市、州、县有关人员对河西、甘南地区的草原进行了调查。本次调查产生了甘肃省第一张草原类型分布图，同年 11 月中旬召开了甘肃草原科学座谈会，提出初步报告 13 篇，并整理出了对河西地区草场利用建设问题的建议 24 条。1965—1968 年，先后有中科院地理所、甘肃农业大学、兰州大学及相关市县农牧系统等多家单位对酒泉全境和肃南县的草场资源进行了考察。兰州大学协同草原工作队对半农半牧的环县、靖远的草原进行了调查，提出了基于河西、甘南、环县、靖远等地草场合理利用以及以水利为中心的基本建设、鼠虫害防治、畜种配置和草场改良等主要问题、具体建议和基本措施。

特点和成效：单位成立之初开展的草原资源调查，是甘肃省首次组织的全面草原调查工作，这次调查基本摸清了全省草原资源家底，为以后历次开展草原调查探索了基本方法、路径，积累了工作经验和基础资料，储备了专业人才，形成了全省草原资源调查、规划以及合理利用工作的基本框架。1956—1958 年涉及调查面积 1.45 亿亩， 1959 年调查重点涉及甘南地区 3800 多万亩草原面积。1964 年、1965 年开展了大面积草原资源集中调查，初步查明全省草原面积 3.58 亿亩。第一次草原资源调查历经 10 年，提出了系列调查报告，并整理出对河西地区草场利用与建设问题的系列建议。这次调查为天然草场利用与建设及以后开展草原调查提供了基本依据、方法和技术措施。首次全省草原调查情况见表 2-3。

表 2-3　首次全省草原调查情况表

地区	草原面积(万亩)	其中各类型草原面积(万亩)				备注
		草原草场	草甸草场	灌丛草场	荒漠草场	
全省合计	35 862.60	10 748.10	5 683.95	1 550.25	17 880.30	
酒泉专区	16 194.00	2 566.50	1 315.50	85.50	12 226.50	1964 年全面路线考察面积
张掖专区	5 523.00	1 194.00	2 335.50	423.00	1 570.50	
武威专区	5 724.00	1 485.00	733.50	142.50	3 363.00	
甘南州	4 609.80	3 328.80	433.35	847.65	0	1959 年重点地区调查面积
定西专区	1 354.80	703.95	106.05	0	544.80	1964 年皋兰考察 1965 年靖远调查面积
天水武都	452.25	14.40	386.25	51.60	0	1958 年重点地区调查面积
平凉专区	212.85	103.80	109.05	0	0	
临夏州	180.3	58.50	121.80	0	0	
庆阳专区	1 337.10	1 194.15	142.95	0	0	1958 年华池调查面积 1965 年环县调查面积
兰州市	274.50	99.00	0	0	175.50	1964 年全面路线考察面积

主要特点：一是调查的内容综合性强，结合调查完成了草原建设规划，建立了15个国有农牧场，探讨了草场分类分区、植被演替、草场利用建设等问题，开展了草场利用试验研究，并及时转化研究成果，树立了牧区经济制度改革和技术结合的样板，奠定了国内天然草原改良利用的基本技术方法和放牧制度；二是组织领导力强，由甘肃省科学技术协会、甘肃省畜牧厅联合主持，具有调动各方参与的领导机制，确保了调查结果和内容的权威性；三是形成了草原工作队联合科教力量开展重大草业项目合作的工作机制，奠定甘肃草业领域特有的传统法宝，调动各方智力资源形成边调查，边总结经验边推广成果的工作路径，确保了成果的科学实用性，成为草业领域的一大特色；四是从实际出发，在实践中培养技术队伍，形成了实践促培训、蹲点出人才的甘肃草原人优良作风和人才储备特色；五是在中华人民共和国成立初期，草原工作必须遵循保障畜牧业生产的大前提，因此调查范围以放牧利用为目标，一些生态类草原、位置偏远或者条件不允许放牧利用的草原未纳入调查范围，但总体面积基本反映了甘肃草原资源实际。

二、20世纪80年代全省草地资源调查

背景来源：改革开放初期，国家部署开展全国范围的草原资源调查。当时在国家农委、国家科委的联合推动下，在甘肃省农委、甘肃省科委和甘肃省畜牧厅的安排领导下，甘肃省草原工作队主持完成了“甘肃省草地资源调查”课题。

荒漠草原生产力调查

国有牧场生产力调查

本次调查的技术依据为《全国重点牧区草场资源调查大纲和技术规程》《中国草地类型分类标准和中国草地类型分类系统》，是中华人民共和国成立以来甘肃省首次以县为单位开展的天然草地资源调查。

实施期限：1979—1988年。

实施范围：86个县（市、区）的外业调查和内业资料整理。

调查原则：①多年生植被盖度≥5%、灌木盖度≤40%、乔木盖度≤30%、饮水半径在10千米以内或冷季有积雪可供饮用的具备放牧条件的均在调查之列。②不包括实际放牧利用的薪炭林、灌木林、防护林、涵养林、次生林和草坪、铁路、机场、公园、堤坝绿化区、自然保护区、悬崖峭壁等难以利用的植被。③对于分布在天然草地上的燃料、绿肥、药材、蜜源、观赏、食品、纤维、草坪、水土保持等植物的多用性能，仅做了一般性了解，未做深入系统调查与研究。

种质鉴定和标本采集

样方测定

草地资源调查途中

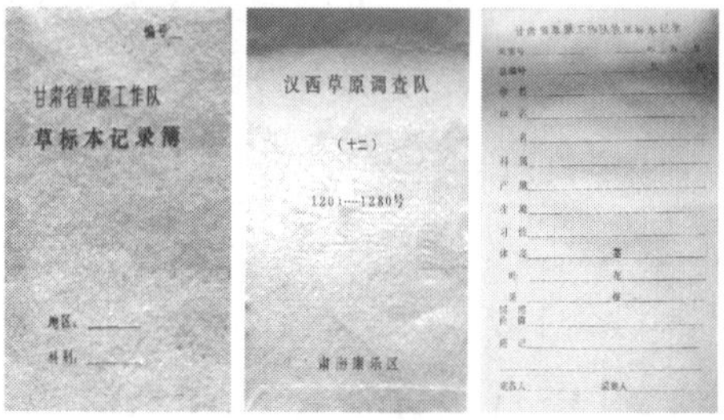

草地资源调查记录本

调查成果：形成了《甘肃草地资源》《甘肃省草地资源图》《甘肃省草地植物名录》《甘肃省天然草地主要优良牧草营养成分》《甘肃省草地资源类型及生产能力计算表》《甘肃省草地资源调查报告》《甘肃省天然草原植物营养价值评定》以及 14 个市州、86 个县市区的调查报告、草地资源图等系统性资料。这些成果成为 40 年来全省各级政府和相关单位开展草地资源保护、建设和利用的依据，成为各界技术单位开展科研和成果转化的依据，是甘肃省在中华人民共和国成立以来比较系统地开展放牧利用生产类草原资源的权威性资料。

配套研究成果：在完成以放牧利用为核心的草原面积调查基础上，开展了相关技术研究工作。

第一，围绕提高草地初级生产能力开展了草原管理体制改革完善试点、以轮牧为中心的利用技术推广示范、以防虫治鼠和草库伦建设为内容的草地保护、不同草地类型区人工及半人工草地培植技术、优良牧草的引种栽培驯化、以青干草为主的饲草料调制加工等实用技术方面的研究示范。

第二，围绕提高草地次级生产能力开展了畜种畜群结构调整、牲畜种质改良、不同畜种的最佳淘汰年龄测试、褐羔育肥出栏、牛羊易地育肥、放牧家畜的采食量、采食率和冷季补饲量测定等研究。

第三，围绕草、畜系统开展了黄土高原区和灌溉农业区建立草地农业生态系统的试验研究工作。

结合草地调查，全省草牧业取得的主要研究和推广成果有：①开展了岷山红三叶、岷山猫尾草、333狭叶野豌豆等13种适生牧草的选育推广种植，取得了明显的经济社会生态效益。②在人工草地建设和草地改良实践中，初步确定了不同类型草地区建立雨养人工草地和灌溉人工草地的基本约束条件和模式。③在草库伦建设中经过总结挖壕沟、垒草筏、打土墙、砌石墙的优缺点，确立了建立网围栏、刺丝围栏的建设方向以及围栏建设必须与草地改良培育建设、分区轮牧、草地使用权固定相配套的建设模式。④在防虫治鼠实践中，确立了由单一药物防治向生物及综合防治，由应付突发灾情向预测预报防患未然的方向发展，由单一防虫治鼠向防治结合，虫、鼠、病、杂综合治理方向发展。⑤在调整育种布局上确立了由单一生态适应性向生态适应性与经济优越性兼顾的方向发展，促进了高寒草甸区牦牛业、荒漠区养驼业及半荒漠区绒山羊、草甸草原区肉牛业发展。⑥在种质结构调整中，开展了牛（含牦牛、天祝白牦牛、黄牛）、绵羊（甘加羊、高山细毛羊、滩羊）、山羊（皮肉黑山羊、绒山羊）和马属家畜的品种选育和杂交改良以及相配套的基地建设工作，有效地提高了放牧家畜中良种畜和改良畜的比重。⑦结合推行季节畜牧业经营管理，开展了不同畜种最佳出栏年龄的测定研究，羔羊育肥效益试验和牛、羊易地育肥出栏等为内容的试验研究和星火科技项目推广。⑧围绕解决春乏问题，广大草地牧业区对存栏基础母畜、仔幼畜开展了放牧采食量及最佳补饲量的补饲测定工作，为冬草贮备和解决营养平衡提供了科学依据。⑨在草地农业生态系统试验示范区建设中建立了陇东黄土高原区、青藏高原区、荒漠区和黄河灌溉农业区4个生态类型区的草地农业生态系统的基本概念、结构框架和一般功能模型，为大面积推广应用理顺了思路，指明了方向，建立了典范。

草地农业理论建设成果：一是从理论的高度提出了在甘肃牧区或农区都要走农牧结合发展的路子，并成功实践，建立了样板；二是通过大量的实践活动反复证明了草地使用权的分户承包固定是解决放牧畜牧业生产区痼疾的突破口；三是改变草原地区生产生活条件，加大科技教育基础设施建设，提高科技投入力度是推进牧区社会经济整体实力持续发展的必由之路。

20世纪80年代草地资源调查项目组织领导机构和主要技术专家如下：

总负责人：王无怠；

组织协调：孔照芳、丁连生、哈得虎；

植物分类专家：赵怀德、李福、何毅；

制图专家：徐志清；

标本制作：李福；
样品化验：成若琳；
报告审核：徐志清、马范、石隐孝；
数据统计：金生元；
资料收集：张志芳；
后勤保障：乔醒民。
参与20世纪80年代草场资源调查的外业人员详见表2-4。

表2-4　参与20世纪80年代草场资源调查的外业人员（不完全统计）

调查年度	调查地县	参加调查人员
1979—1980年	夏河、岷县马场	何　毅　王兆廉　李　福　常根柱　施允昭　邹继范　张　崇　徐生林　杜方纯　冯乐荣　朱安祥　吕宝成　申有忠　许延志
1979—1980年	武威	向得福　张　崇　申有忠　常根柱　李　福
1980年	夏河、碌曲	赵怀德　杜方纯　石隐孝　徐志清　马　范　何　毅　王兆廉　李　福　常根柱
1982年	肃北	成若琳　王凤祥　刘键毅　王兆廉
1982年	岷县	赵怀德　徐志清　王经纶　鲁　征　向金城
1982年	天水县(今天水市)	王经纶　鲁　征
1983年	天水县(今天水市)	王经纶　何　毅
1983年	阿克塞	鲁　征　孟宪政　丁连生　王凤祥
1983年	临夏州	赵怀德　杜方纯　向金城
1984年	天水地区、定西地区	鲁　征　杜方纯　何　毅　李　福　王凤祥
1984年	张掖全地区	鲁　征　何　毅　王经纶
1984年	酒泉7县	金生元　杜方纯　李　福　向金城
1985年	张掖全地区	鲁　征　何　毅　王经纶

参与20世纪80年代草地资源调查的内业人员如下：
资料编写：徐志清、马范、石隐孝、赵怀德、向德福、成若琳；
图件绘制：徐志清、鲁征、刘宗祥、唐建明、许华、方毅才；
数据统计：金生元、向金城；
其他内业：续存宜、侯淑萍、常宁芳、车爱霞、火军、任春明、姬永莲、陈全春。

三、21 世纪新一轮草原资源调查

（一）背景来源

20 世纪 80 年代草原资源调查之后 30 多年来，一直没有系统开展草原资源调查。且多年来，甘肃草原资源在畜牧业生产、全球气候变化等综合因素作用下，发生了变化。上次草原资源调查数据已不能全面、准确地反映全省草原资源实际现状，将影响到全省草原保护建设政策措施的科学制定以及可持续利用的科学性和合理性。党的十八大以来，随着国家“五位一体”战略推进和生态文明建设宏伟蓝图的实施，草原生态资源战略性地位确立，草原保护建设工作日益迫切，草原基础信息显得十分重要，开展新一轮草原资源普查成为摆在我们面前十分紧迫的任务。本次调查由甘肃省草原技术推广总站提出，甘肃省农牧厅于 2013 年 6 月 4 日向甘肃省政府上报了《关于开展第二次草原资源普查的请示》，6 月 6 日，甘肃省领导做出重要批示，要求尽快启动全省草原资源普查工作，争取在 2015 年底前完成主要普查工作任务。据此，甘肃省农牧厅下发了《关于组织开展全省草原资源普查工作的通知》。2013 年 7 月 12 日，甘肃省农牧厅领导给各市州农牧局局长致信，请各局长对草原普查工作给予过问并作出重要指示，安排各部门、各单位特别是县（市、区）政府给予高度重视和精心安排，迅速启动和推进草原普查工作，确保草原资源普查工作顺利完成。甘肃省农牧厅在“通知”中明确由甘肃省草原技术推广总站牵头，组织全省开展第二次草原调查工作。外业工作于 2014 年开始，至 2019 年组织全省草原系统技术力量，完成了第二次以县为单位的草原资源普查外业和内业工作。

（二）调查内容

本次普查的草原范围是指《中华人民共和国草原法》所界定的草原，即天然草原和人工草地。

1. 草原面积、类型、分布及生产力调查。在遥感判读基础上，结合外业路线调查，确定草原类型界线及分布，并结合高程数据，计算各类型草原的面积，汇总草原总面积。根据各类型草原外业调查实测数据，结合相应点植被指数采样值分别拟合并建立不同类型草原产草量估算模型，估测各类型天然草原产草量及载畜能力，并调查确定草原的利用方式。

2. 草原退化调查。按退化梯度变化分别布设调查样地，进行植物群落相关指标调查，并辅以遥感技术调查草原退化分布及面积。

3. 草原鼠虫灾害调查。采取定点监测手段开展草原鼠、虫害情调查。

专家指导种质鉴定

4. 自然条件调查。包括气候条件、土地条件、水资源条件和生物资源条件调查。

5. 社会经济条件调查。包括人口和社会经济发展状况等。

四、技术路线

在典型区调查和路线调查的基础上，充分利用“3S”一体化集成技术在空间定位、分析和管理以及可视化表达等方面的优势，以 SPOT（地球观测卫星系统）影像为主要数据源，统一标准和程序，快速、准确、高效地完成。

五、技术要求

1. 草原分类系统确定。本次普查的草原分类系统在 1988 年 3 月农牧渔业部印发的《中国草原类型的划分标准和中国草地类型分类系统》的基础上，结合本次调查的特点和需要进行完善，并经专家论证后确定。

专家现场判读草地类型

2. 基础数据选择。基础底图采用 1:5 万地形图，面积较大的县（区）可采用 1:10 万地形图。并辅以项目区 1:5 万行政区划图、第一次草调草原类型图和草原利用现状图以及土地利用现状图等基础图件。草原类型及退化遥感调查，采用 2.5 米分辨率 SPOT 卫星遥感影像。产草量遥感调查，采用近期 MODIS（中分辨率成像光谱仪）卫星植被指数最大值合成图。

3. 执行相关技术规程。本次普查中地面调查、遥感数据处理、草原等级划分、退化标准分类等均按照国家、行业及地方相关标准和规程执行，并根据普查工作的需要制定和完善相关技术规程。

4. 成果图件标准。县（市、区）级图件采用 1:10 万比例尺，市（州）级图件采用 1:25 万比例尺，省级图件采用 1:50 万比例尺。误差范围和精度符合相关要求。

六、主要成果

1. 查清了草原面积。全省第二次草原普查总面积为 2 567.580 7 万公顷。与第一次草原普查相比增加了 777.160 1 万公顷。全省 14 个市（州）中，酒泉、甘南、金昌、张掖、天水、临夏等 6 市（州）草原面积有所增加，其中面积增加最多的是酒泉市，其次为张掖市。兰州、白银、武威、平凉、庆阳、定西、陇南等 7 市草原面积有所减少，其中面积减少最多的是白银市，其次是庆阳市。

2. 完成草原类型划分。根据农业行业《草地分类》（NY/T 2997—2016）标准，甘肃天然草原类型划分为8个类，82个型，其中温性草原类24个型，高寒草原类2个型，温性荒漠类16个型，高寒荒漠类2个型，暖性灌草丛类9个型，低地草甸类8个型，山地草甸类10个型，高寒草甸类11个型。温性草原5 138 214.71公顷，温性荒漠12 370 760.43公顷，山地草甸1 569 071.44公顷，高寒草甸2 604 483.17公顷，低地草甸638 872.80公顷，高寒草原2 342 049.86公顷，高寒荒漠482 317.29公顷，暖性灌草丛类530 037.81公顷。

3. 完成草原初级生产力测算。全省天然草原年产鲜草总量412.4亿千克，平均每公顷草原的年鲜草产量为1606千克。按照《天然草原等级评定技术规范》(NY/T1579—2007）划分，甘肃天然草原共有31个不同草原质量与产草量的组合，面积最大的草原等级组合是五等8级草原，面积为10 984 402.59公顷，占全省天然草原总面积的42.75%；其次是三等7级草地，面积为2 126 389.65公顷，占8.28%，两种组合草原面积之和，占全省天然草原总面积的51.03%；第三位是三等6级草原，面积为1 615 156.96公顷，占全省草原面积的6.29%。

4. 完成草原退化状况调查。参照国家标准《天然草地退化、沙化、盐渍化的分级指标》(GB 19377—2003）的方法和相关参数，对草原退化等级和分布情况进行了评价。全省退化草原面积17 933 018.74公顷，占全省草原总面积的69.65%。其中：轻度、中度、重度退化面积分别占草原总面积的16.58%、32.92%，20.14%。不同退化等级的草原在各市（州）均有分布且差异较大。

5. 编制发布省级技术标准。为了保证普查工作的科学性和规范性，甘肃省农牧厅组织编制了《甘肃省第二次草原资源普查大纲》和《甘肃省第二次草原普查技术规程》，作为全省草原普查的技术依据。甘肃省草原技术推广总站组织编制了《天然草原类型划分》《草原资源调查技术规程第一部分：调查对象和范围》《草原资源调查技术规程第二部分：外业调查》和《草原资源调查技术规程第三部分：内业工作》4项省级技术标准，由甘肃省质量技术监督局颁布。

6. 获取大量外业调查数据。本次普查工作采取地面调查和遥感相结合的技术方法，外业调查样地样方数据是草原普查的核心基础资料，数据质量直接决定着普查一系列预期成果的完整性和科学性。参与普查工作的85个县（市、区)，共获取地面调查样方数据18 800条，入户调查资料11 000份，采集植物标本8400份，调查照片资料67 000余张，开发了“草原普查地面数据录入系统及汇总平台”。实现调查数据汇总、查验、计算、检索和规范化管理。调查数据录入汇总和审核检查工作已全面结束。

七、分管领导及工作人员

2013年6月20日，据甘肃省农牧厅文件精神，成立了草原资源普查工作领导小组，聘请专家组成技术指导专家组。

1. 甘肃省草原资源普查工作领导小组下设办公室，办公室设在草原处，具体负责草原资源普查工作的日常组织管理工作，副主任由韩天虎、王立耕等同志兼任。办公室工作人员有俞联平、孙斌、蔡鹏云、谭立伟。

2. 甘肃省草原资源普查技术指导专家组

顾问：南志标、胡自治、张自和、汪玺、贠旭疆。

组长：韩天虎。

成员：王立耕、王汝富、张榕、赵忠、张德罡、王锁民、张卫国、梁天刚、陈本建、王树茂、胡发成、曹志东、何振刚、权金鹏、倪兴泽、张爱平、鲁鸿佩、石见发、高宪儒、王虎堂、张锐、万永平、俞联平、程文定。

3. 甘肃省草原技术推广总站全省草原普查工作领导小组

组长：韩天虎。

副组长：赵庆平、王心灵、王立耕、王汝富、张榕。

成员：喻文虎、席文娣、俞联平、孙斌、许国成、金加明、向金城、曹明崇、张霞、冯今。

领导小组下设办公室，具体负责草原普查工作的日常组织管理工作，办公室主任由王立耕同志兼任，副主任由俞联平、孙斌、许国成、金加明同志兼任。办公室工作人员有杨红梅 、杜笑村、谭立伟 。

4. 甘肃省草原技术推广总站外业调查技术指导组

第一组：金加明（组长）、陈本建（技术顾问）、何毅、李晓鹏、张永辉；工作区域：庆阳市、定西市、兰州市、酒泉市、嘉峪关市。

第二组：冯今（组长）、张德罡（技术顾问）、李福、常明、潘冬荣；工作区域：武威市、张掖市、金昌市、白银市、陇南市、平凉市。

第三组：孙斌（组长）、张卫国（技术顾问）、姜佳昌、吴江；工作区域：天水市、临夏市、甘南州。

5. 内业工作及分工

草原图斑勾绘核查由俞联平、李新媛、陈兴荣、程天亮负责；调查数据录入系统开发由温洪负责；普查报告撰写由许国成、王国生、张贞明、高占琪、李德明、杨浩、俞联平、孙斌负责。王炳煜参与《甘肃草原植物图谱》编制；李霞、俞慧云、王惠、王红霞参与产草量测算、等级划分、草原退化等数据计算，相关统计表汇编，草原等级图、退化等级图、产草量分布图等成果图件编制。

参加调查的司机有车来友、朱世平、袁晓东、牛建龙。

（本节供稿：张榕、孙斌；校对：孙斌、高敏）

第二节　饲料资源普查

一、背景来源

十一届三中全会后，农村实行包产到户，国民经济开始好转，粮食产量有了较大幅度提高，带动了畜牧业和饲料工业的发展，迫切需要摸清全省饲料资源的品种、数量、分布及利用现状；需要科学性强而又系统的饲料成分及营养价值基础数据，为加快畜牧业发展，保障饲料工业建设提供支撑。1983 年，全省饲料工业会议形成共识，认为开展饲料资源调查势在必行，甘肃省科委组织在甘肃省畜禽营养学会会议上对全省饲料资源调查项目进行了论证。1984 年，作为“六五”期间的重点攻关项目，甘肃省科委下达了“甘肃省饲料资源调查、营养成分与营养价值评定”项目，由甘肃省饲草饲料技术推广总站和甘肃省畜牧兽医研究所共同承担，在甘肃省畜牧厅的领导和全省各地农牧局、畜牧兽医站、种草站的大力支持参与下，启动了全省饲料资源调查，旨在为今后制定甘肃饲料工业发展规划和开发利用饲料资源提供科学依据。

二、项目概况

项目启动后，首先举办了“饲料调查及样品采集制作方法”学习班，对各地参加饲料资源调查人员进行了饲料采样技术培训。在甘肃农业大学汪鸿儒、何振东教授的帮助指导下，制定了调查提纲，确定了调查内容，统一了调查方法。为了摸清以县为单位的饲料资源状况，按饲料生产及利用方式把饲料资源划分为：籽实饲料、饼粕饲料、糠麸饲料、农作物秸秆及秕壳、人工牧草、天然牧草、多汁饲料、糟渣饲料、藤蔓树叶饲料、动物性饲料、矿物性饲料等 11 类。甘肃省饲草饲料技术推广总站和各地（州）、市、县农牧局、畜牧站、草原站参加培训的技术人员组成了 100 人的联合调查组。

主要饲料类型

实施时间：1984—1988 年。

主持单位：甘肃省饲草饲料技术

推广总站和甘肃省畜牧兽医研究所。

参与单位：平凉地区农牧处、庆阳地区环县草原站、武都地区岷县农牧局、武威地区农牧处、临夏州畜牧兽医研究所、甘南州草原站、定西地区通渭县畜牧站、兰州市畜牧兽医研究所、酒泉地区畜牧站、张掖地区高台县草原站、嘉峪关市农牧局等。

主要完成人员：许可、王勤、晁德林、曹书同、张崇、陆伊奇、王履继、周邦贵、王汝富、张永梁、张少平、陈仲斌、杨存礼、李建廷、刘宗祥、王芙萍、谢志勤、张作光、李红兴、张红生、张国政、鲁永泰、马春辉、马忠义、朱俊明、魏自立、岳斌、阎学亮、刘玉萍。

实施范围：本项目涉及全省14个地（州、市）86个县（市、区）。项目组根据各地县的地质地貌、气候、植被及种植业结构等特点，确定了重点调查县和一般调查县。重点县调查典型农户50户，一般县30户。每个县选择具有代表性乡、村、社3~5个，进行典型调查。全省83个县，共调查了233个乡（镇），占全省乡镇的15.1%，调查典型农户3583户。在调查中采集各地饲料样品2600份，其中单位采集1920份，甘肃省畜牧兽医研究所负责化验分析。调查组收集了各地县统计局、农牧局、粮食局、商业局、区划办等1703个单位提供的有关数据和资料。在此基础上，采用选点调查的方法，进一步核查各类饲料资源。

三、主要成果

项目从1983年提出到1988年验收评奖结束，历时6年。通过4年的外业调查和内业资料汇总工作，对全省饲料资源的品种、数量、分布及利用现状有了比较全面的了解、掌握和表述，明确了甘肃省饲料资源的优势和劣势，基本完成了课题设计要求。形成了《甘肃省饲料资源调查报告》和11个地（州）的饲料资源调查报告及饲料资源示意图；《甘肃省畜禽常用饲料成分及营养价值研究报告》《甘肃省畜禽饲料常规营养成分分析报告》《甘肃省饲料矿物质的分析研究》；编制了《甘肃省饲料成分及营养价值表》，共编入全省各地饲料样品1525种（次），这些饲料样品采集于全省11个地（州、市）的64个县（市），180个乡（镇），采集点的覆盖面占全省行政区划的81%，其主要特点是：在饲料常规分析的基础上，有效能值、氨基酸、矿物质及维生素分析化验的内容，饲料样品来源广泛、数量大、种类齐全，具有广泛的代表性；各类饲料按用途分为猪用饲料、鸡用饲料、奶牛饲料、肉牛饲料、羊用饲料，便于生产应用；饲料营养成分分析按照国际公认标准测定法，数据精确度较高，可信性强；揭

示了甘肃省饲料资源的结构特点（见表 2–5）。

表 2–5　甘肃省饲料资源调查表

项目	总量（万千克）	饲用量（万千克）	百分率(%)	总量（万千克）	饲用量（万千克）	百分率(%)	总量（万千克）	饲用量（万千克）	百分率(%)
年度(年)	1984			1985			1986		
籽实饲料	68 095.14	68 095.14	100.00	69 432.09	69 432.09	100.00	67 948.45	67 948.45	100.00
糠麸饲料	78 463.65	72 335.44	92.19	71 657.75	66 869.90	93.32	74 643.86	69 448.82	93.04
饼粕饲料	11 468.60	8 906.09	77.66	14 244.08	11 483.20	80.62	16 261.79	13 226.74	81.34
秸秆饲料	754 332.15	504 330.74	66.85	729 703.80	486 994.30	66.74	761 883.90	509 057.90	66.82
人工草地	302 246.53	237 004.01	78.41	382 756.03	309 040.90	80.74	406 143.41	347 074.79	85.45
天然饲草	2 997 954.30	1 562 109.00	52.11	2 997 954.30	1 562 109.00	52.11	2 997 954.30	1 562 109.00	52.11
多汁饲料	480 244.20	13 614.61	23.66	490 410.49	99 330.71	20.25	533 250.70	97 364.38	18.26
糟渣饲料	7 097.37	6 649.21	93.68	9 566.48	8 918.81	93.23	15 101.33	13 673.80	90.55
藤蔓树叶	576 668.81	75 573.21	13.11	483 499.93	68 542.82	14.18	513 214.15	73 630.42	14.35
动物性饲料	7 175.19	56.84	0.79	8 620.20	75.41	0.87	10 148.51	103.25	1.01
矿物质饲料	1.1×10^{11}			1.1×10^{11}			1.1×10^{11}		

四、项目成效及意义

项目成果满足了当时甘肃省饲料工业对集约化、机械化大规模养殖业发展的需求，为制定全省饲料工业发展规划和开发利用饲料资源提供了基础数据，首次全面系统地掌握了以县为基础的全省饲料资源状况、养殖业基本情况，摸清了农户种植养殖现状，精、粗、青等各类饲料种类、数量、利用情况，以及家畜饲养水平、畜产品生产和各类饲料资源的利用参数，明确了甘肃省饲料资源的优势和劣势，达到了预期目标。

成果应用及影响：一是成为全省饲料资源评价依据。根据调查成果，参照甘肃省家畜的饲养量和家畜的营养需要量，提出甘肃省饲料资源存在的问题是能量饲料不足，蛋白质饲料缺乏，粗饲料加工水平落后。突出表现在对现有各类饲料资源利用率低，浪费大，一部分饲料资源未开发利用，造成家畜饲养周期长、饲养水平低，饲料报酬不高、畜产品数量少、质量差、商品率低的后果。二是提供了分析全省草畜平衡现状的科学依据。甘肃省天然牧草、农作物秸秆、人工牧草 3 类饲料总产量 1 453 979.91 万千克。其中，天然牧草 781 054.50 万千克，占 53.72%，农作物秸秆

503 348.86 万千克，占 34.62%，人工牧草 169 576.55 万千克，占 11.66%。3 类饲草理论载畜量 2 655.67 万个羊单位，全省大家畜、羊、猪折合 3 410.04 万个羊单位，实际载畜量超载 754.37 万个羊单位。三是为制定全省饲料工业发展规划和畜牧业发展短板、区域发展对策提供了依据。

五、分管领导及工作人员

职能科室：饲料科。

科室负责人：王履继、陆伊奇。

参与人员：许可、晁德林、张崇、周卸贵、张永楞、王汝富、张少平、陈仲斌、杨存礼、李建廷、刘宗祥、柳志勤、张作光。

（本节供稿：晁德林；校对：张万祥、高敏）

第三节　国家级草种繁育基地建设

一、项目背景来源

西部大开发以来，在国家退耕还林还草、天然草原植被恢复与建设等重大生态工程带动下，草产业进入快速发展阶段，草种需求旺盛，国内草种生产滞后，不能满足市场需求，大量进口草种进入国内，导致国内草种市场十分混乱。为满足全国生态建设对草种的需求，提高中国种子生产能力和水平，逐步建立中国草种子生产体系，2000 年，国家利用国债资金启动了国家级牧草种子基地建设项目，依据农业部《关于抓紧编报全国牧草种子基地建设项目可行性研究报告的紧急通知》，第一批下达共 24 个项目，分 3 个部分，其中 5 个旱生牧草驯化及原种基地建设项目，18 个草种子繁育基地建设项目和 1 个全国牧草种子审定与质量监测中心项目。其中，本单位承担了甘肃红三叶等草种繁育基地建设项目。在第二批项目中，承担了《超旱生牧草细枝岩黄芪原种基地建设项目》。

国家级草种繁育基地项目的实施和天然草原植被恢复与建设工程项目共同发挥作用，极大地带动了全国草产业建设和草种业发育。随着 2002 年退牧还草工程启动，全国性草产业进入了加快发展的进程，草种业从无到有，得以培育发展。

就单位而言，通过两个草种基地项目实施，进一步激活了单位发展的内在活力，先后有大部分人员投入工程建设的各个环节，锻炼和培养了一批人才，成为中层及班子后备干部成长的重要载体。红三叶项目建设初期，由于项目要求紧迫，前期准备工作仓促不细致、忽视管理中的程序报备以及管理大型建设项目经验不足等，导致项目实施过程中产生了一些问题。通过项目整改培训培养了一批项目管理人才，提升了单位总体管理能力，提高了对项目管理的站位和认识，从思想上触动了本单位乃至行政主管部门的项目管理规范化建设意识。

种子基地建设项目实施，不仅为单位收获两个拥有土地权属的 1.2 万亩牧草试验基地，也是 21 世纪初单位进行改革转型，实现基本建设、业务建设、实体建设跨越发展的重要机遇和转折点。

二、项目概况

（一）甘肃红三叶等草种繁育基地建设

1. 实施期限、地点

2000—2002 年，由本单位牵头，在兰州市红古区、甘肃省草原总站馒头山牧草试验站、甘州区（张掖市）、玉门市、岷县等地实施。

2. 建设内容

牧草种子基地建设；牧草种子加工厂建设；省级质检中心建设；配套购置相关机械设备。

3. 完成情况

（1）新建种子繁育基地 15 000 亩，其中岷县建红三叶等草种基地 8000 亩，红古建紫花苜蓿基地 2000 亩，张掖市建紫花苜蓿种子基地 2000 亩，玉门市建紫花苜蓿基地 3000 亩。

红古宝山台国家级牧草繁育基地

（2）种子基地建设配套设施。①田间设施：种子繁育基地围栏 12 000 亩，建防护林网 900 亩，打机井 13 眼，建 6600 亩的喷灌渠系设施，修灌溉渠系 4500 米，修建提灌设施 1 套，平整土地 5000 亩，修主干道和机耕道 41 千米，架设高压线 12.97 千米；②土建：建种子仓库 850 平方米，车机库 1000 平方米，种子粗加工车间 600 平方米，附属用房 200 平方米，晒场 2500 平方米；③仪器设备：购置耕种收获机械设备 73 台（套），种子粗加工设备 6 台（套），运输卡车 2 辆；④引种：引种 12.6 吨。

（3）牧草种子加工厂：在兰州市晏家坪建种子精加工车间和仓库各 800 平方米，晒场 1400 平方米，附属用房 100 平方米，购置种子精加工成套设备 1 套，运输卡车 3 辆。

（4）省级质检中心：购置检验设备 17 台。

4. 项目建设成效

项目体现一定的经济效益，项目区减少了肥料投入，实现了培肥地力。生产了优质草产品，增加了经济收入。项目实施对转变农牧民重农轻草、广种薄收的传统农业思想观念和耕作模式发挥了作用，在优化农业产业结构、培育新的经济增长点，为农牧民脱贫致富拓宽路子方面起到了示范作用。在岷县项目区为红三叶和猫尾草产业培育奠定了基础。同时，项目种草减少复耕、减缓水土流失、防风固沙等最显著的生态效益得以体现。

建于馒头山试验站的牧草种子加工厂

项目实施为单位新获得拥有土地权属的牧草基地2000亩，新增了兰州市红古宝山台基地。

5. 项目组织机构及工作人员

（1）项目实施领导小组

组长：阎万贵。

副组长：刘传海。

成员：王立耕、吴衍庆、晁德林、谭成虎、金赐福、成若琳、王志明、张文渝魏得荣、高长年。

项目实施领导小组下设办公室，办公室主任：晁德林。

成员：许国成、张少平。

（2）项目实施协调机构

①基本建设组

组长：晁德林。

成员：许国成、张少平、张霞、王汝富。

②技术服务组

组长：张榕。

成员：江月兰、吴栋国、张少平、李福、孟祥君、王红霞。

③仪器设备组

组长：王汝富。

成员：成若琳、王建强、安成孝、常宁芳。

④信息联络组

组长：许国成。

成员：陆飒、花立民、向金城、李萍。

⑤资金协调组

组长：阎万贵。

成员：晁德林、金赐福、高永军。

(3) 项目实施执行机构

①省级牧草种子加工厂项目组

组长：阎万贵、徐志清。

成员：许国成、杨六虎、金赐福、谭成虎、喻文虎、王海、罗亮。

② 岷县红三叶基地项目组

组长：王立耕、李温。

成员：张少平、周多虎、王建强。

③ 玉门紫花苜蓿基地项目组

组长：吴衍庆。

成员：晁德林、向金城、许可。

④张掖紫花苜蓿基地项目组

组长：刘传海。

成员：王汝富、孙斌、刘宗祥、杨学兰。

⑤ 省级牧草种子质检中心项目组

组长：吴衍庆。

成员：成若琳、常宁芳、任春明、车爱霞、孟祥君。

(4) 甘肃红三叶等草种繁育基地建设项目草原总站整改工作小组及办公室成员

①整改工作小组

组长：豆卫。

副组长：刘传海、王立耕、吴衍庆、韩天虎。

成员：成若琳、晁德林、王汝富、周多虎、喻文虎、曹明崇、张榕、金赐福、许国成、张少平、高永军、向金城、李建廷。

②整改工作办公室

主任：王立耕。

副主任：韩天虎。

成员：王汝富、金赐福、许国成、张少平、李建廷。

(二) 甘肃细枝岩黄芪等超旱生牧草原种基地

1. 项目来源：2002 年 4 月，国家发展计划委员会和农业部批复《甘肃细枝岩黄芪等超旱生牧草原种基地建设项目》，2003 年 1 月，甘肃省发展计划委员会和甘肃省农牧厅批复项目初步设计，建设规模为 10 300 亩。

2. 建设内容及规模：建设原种田 1300 亩，种子扩繁田 9000 亩，配套完成相关田间设施，修建种子库、牧草种子粗加工车间、质检室等土建 1960 平方米，购置仪器设备 25 台（套）。

3. 完成情况

（1）建成超旱生牧草原种基地 1300 亩，扩繁基地 9000 亩。

甘肃超旱生牧草种子繁育基地（高台）

（2）配套工程：①输电线路：完成输电线路 34 000 米，配套架设水泥电杆 104 根，50 千伏安变压器 4 台，完成场部配电室电器安装，埋设进场电缆 500 米，埋设场部内部建筑物之间电缆 200 米。②管网渠系：原种田埋设 Φ160PVC 输水管 13 900 米，修控制井 6 个，泄水井 33 个，明渠 13 400 米；扩繁田建成输水主管、支管总长度 27 000 米，建大小蓄水池 100 个。③ 防护林：主干道两侧、原种田南缘建设 6 米宽主林带 11 千米，副林带 12 千米。④道路及田间道：建设砂石路面主干道 3793 米，宽 8 米。2.2 米宽的田间道 13 400 米，0.4 米的步道 1500 米。⑤围栏建设：在整个基地边界修建刺丝围栏 12 401 米。⑥机井：打流量 80 立方米每小时的机井 4 眼，并完成潜水泵、管道、闸阀、电缆、启动器、泵房等配套设施。

（3）种子田建设：①原种田：细枝岩黄芪原种田 800 亩，白沙蒿原种田 300 亩，柠条原种田 200 亩。②扩繁田：保护现有梭梭等植被，将丘间低地、固定沙丘和半固定沙丘的迎风坡作为花棒和柠条扩繁区，将流沙地作为白沙蒿扩繁区。在花棒、柠条扩繁区内采用 3 米×4 米株行距的移栽定植方案，共移栽定植花棒 5000 亩，28 万株，移栽定植柠条 1500 亩，8.4 万株，撒播白沙蒿 2500 亩，亩播量 500 克，撒播 2 次。在移动和半移动沙丘上设置沙障 676 条，固沙面积 260 亩。

（4）配套设施建设：①土建：建成加工车间 300 平方米，种子库 200 平方米，农机具库 200 平方米，配电室 40 平方米，值班室 33.82 平方米，15 吨水塔一座，铁艺大门一座，铁艺围墙 80 米，砖围墙 173 米，晒场 1067 平方米，水泥道路 1488 平方米，室外水泥地坪 600 平方米，红砖地坪 1200 平方米，草坪 1572 平方米。②试验小区：设置试验小区 442 个，完成灌溉渠系、田间道及隔离区等配套建设任务，围绕项目建设，引种牧草 35 个品种，开展了耐盐性、单播混播组合丰产栽培等技术研究。③仪器设备采购情况：中央统购和省级采购共 25 台仪器设备。

4. 项目建设成效：项目建设通过围栏封育和种植细枝岩黄芪、柠条、白沙蒿等旱生植物，使项目区的植被覆盖度增加，固沙作用逐步增强，项目区流动沙丘逐步固化，使项目区生态效益显现。项目区已建成为河西地区草品种综合性试验站并发挥作用，2008 年开始，先后承担了农业部数百份草品种区域试验、苜蓿品种展示等工作。2012 年，被全国畜牧兽医总站授牌国家级区域试验站，成为总站基础设施较为完善、拥有土地权属的试验基地。2019 年纳入国家林草系统首批区域试验站。自

2011 年起，由本站职工承包管理，签订合同期限为 2011—2024 年。

5. 项目实施组织机构

（1） 项目实施领导小组（办公室设在草业科）

组长：阎万贵。

副组长：刘传海、赵春。

成员：王立耕、吴衍庆、赵怀义、谭成虎、成若琳、金赐福、喻文虎、许国成。

（2）项目执行小组。

组长：喻文虎。

副组长：许国成。

成员：向金城、花立民、孙斌。

（本节供稿：晁德林、王汝富、向金城；校对：晁德林、高敏）

第四节　飞播种草

一、背景来源

甘肃种草历史悠久。自张骞西域归来，甘肃就开始种植苜蓿。中华人民共和国成立以来，人工种草作为保障畜牧业发展的重要举措，持续推进。种草也是甘肃省草原工作队成立以来肩负的重要职责，一直以来，不断推进全省的人工草地建设是单位的主要任务之一。改革开放后，随着单位在中部旱山区申家山建设草地农业示范样板的突出成效，迎来了国家对甘肃种草工作的高度肯定和政策支持。1981 年，中央启动了“飞播种草”，甘肃省进入首批试点，至此，拉开了甘肃省长达 30 多年的飞播种草工作，为甘肃草业大省建设发挥了重要作用。

甘肃飞播牧草工作历经试验起步、示范推广、综合经营和种草补播 4 个阶段，累计飞播面积 198.38 万亩，投入资金 3 925.8 万元。其中，1981—1983 年起步试点阶段，1984—1990 年示范推广阶段，1991—2002 年综合经营阶段，2005—2015 年种草补播阶段。2017 年实施了省级重大专项环县华池飞播种草项目。

实施范围：1981 年开始，率先在环县、华池、永靖 3 县试验飞播牧草 2.13 万亩，经过两年试验，环县、华池取得成功后。1983 年开始，在全省不同生态区进行示范推广。至 2017 年，全省有 11 个市州 24 个县市区实施了国家和省上的飞播种草项目，主要工作人员详见表 2-6。

表 2-6　本站组织实施飞播种草科室和参与人员

年份	主管站长	职能科室	科　长	主要技术骨干	参与人员
1981—1983 年	许延志	业务科	向得福	赵智茂	何成效　张德勇
1984—1989 年	向得福	业务科	赵怀德	赵智茂	何成效　王爱国　向金城
1990—1991 年	向得福	牧草科	鲁　征	赵智茂	何成效　向金城
1992—1995 年	向得福	牧草科	鲁　征	向金城	何成效　向金城
1996—2003 年	王立耕	牧草科	鲁　征	向金城	向金城
2004—2010 年	王立耕	草建科	杨俊基	向金城	向金城　李晓鹏　徐正辉　王　海
2010—2013 年	王立耕	草业科	向金城	向金城	孟祥君　朱　倩
2014—2017 年	张　榕	草业科	杨　浩	杨　浩	杨　浩　孟祥君　周栋昌　付　萍　朱　倩　张忠祥

二、国家飞播项目

（一）实施阶段

1. 起步试点阶段：1981 年 6 月—7 月，甘肃首次用飞机在华池、环县、永靖 3 个县的 4 个播区播种沙打旺、草木樨、柠条等牧草和灌木 1.91 万亩，成苗面积 1.1 万亩，当年成苗面积占播种面积的 57.7%。1982 年播种 2.71 万亩，成苗面积 1.78 万亩，占 65.68%。

飞播种草现场

2. 示范推广阶段：1984—1990 年，飞播种草扩大到华池县、环县、永靖县、兰州市、东乡县、张家川县、永昌县、灵台县、民勤县、古浪县、榆中县、定西县（今定西市）、碌曲县、庆阳地区牧草站、武威地区畜牧中心、甘肃省草原生态研究所、安西县（今瓜州县）等 17 个地方实施，总面积达到 48 万余亩。为全省种草面积扩展、水土流失治理和植被恢复发挥了重要作用。项目实施为单位培养了人才，锻炼了队伍。

3. 综合经营阶段：1991—2002 年，为了提高飞播牧草整体效益，推动甘肃省商品畜牧业持续、稳定发展，在过去试验、示范推广的基础上，逐步把工作重点转向强化管理、巩固提高和综合规模经营方向转移，开始了飞播牧草示范场建设。确立了以改善基本生产条件为前提、发展规模养殖为主体、促进商品畜牧业发展、提高经济效益为目的的建设思路。推行以牧草栽培、饲料加工、良种畜禽扩繁、科学饲养、疫病防治、规模经营、科学管理为内容的配套技术。坚持普及与提高相结合、示范与推广相结合、建设与效益相结合的原则。至 2002 年，建成古浪县、民勤县、景泰县、环县、康乐县等 6 个飞播牧草综合配套示范场。

4. 种草补播阶段：2005—2015 年，国家总体调整了飞播项目实施内容，以种草补播为主，甘肃省先后有景泰县、白银区、庆阳县（今庆阳市）、民勤县、华池县、榆中县、靖远县、环县、高台县、天祝县等 10 个县实施了飞播种草补播项目，合计面积 23 万亩。

（二）飞播项目成效

飞播牧草项目实施 30 多年来，在推进甘肃省人工种草、草原建设与保护、水土保持与国土治理、在增加农牧民收入、加快脱贫致富、农村产业结构调整、增强民族团结、维护社会稳定等方面发挥了一定作用。甘肃省飞播牧草工作大胆实践，不断探索，在不同生态区域积累了十分丰富的经验，探索出一些成功做法，在各个阶段均取得了良好成果。

在生态效益方面，黄土高原播区通过飞播沙打旺等优良豆科牧草，植被盖度由原来的 20%~45%提高到了 70%~85%，土壤侵蚀面积由 30%下降到了 10%以下，飞播草地亩产鲜草 1000 千克以上，比同类型的天然草地提高 5~10 倍。飞播牧草是整治国土、保持水土、改善生态环境、再造美丽甘肃的有效措施之一。在社会效益方面，飞播牧草使高寒牧区和黄土高原、荒漠化地区为进一步开发和充分利用土地资源，建立优质高产的人工草地、建设草业大省和发展草地畜牧业奠定基础。通过飞播，使各个播区所在农村、牧区的经济结构得以调整，在飞播牧草示范户的带动下，涌现出了一大批退耕还草，耕地种草，发展规模养殖的养畜大户和家庭牧场，进一步提高了各地种草养畜、饲草料加工、青贮氨化饲草技术和科学饲养管理等实用技术的推广和应用水平，促进了农牧业生产方式的转变。在经济效益方面，飞播牧草促进了草牧业配套技术应用，播区农民不仅依靠飞播种草发展养畜，而且通过出售草子或干草获得经济收入。飞播三年的沙打旺草地，土壤有机质比对照增加 1.1 倍，全氮含量增加 75.3%，全磷增加 66.8%；在飞播四年的沙打旺草地种洋芋，亩产高达 960 千克，比一般耕地提高 400 千克，增长 71.4%；在飞播六年的沙打旺草地上种谷子，亩产 114 千克、增加 89 千克，种糜子亩产 135 千克，增加 80 千克，分别增长

4.6 倍和 3 倍。一大批乡村在飞播示范项目的示范带动下，走上了种草养畜、积肥打粮、农牧两旺的路子，实现了草多、畜多、肥多、粮多、收入多的良性循环，促进了农牧民脱贫致富战略目标的实现。

配套技术转化成效突出。多年来，有多项飞播牧草成果结题，为甘肃省飞播种草提供了良好样板和成功经验。其中环县、华池县的飞播牧草成果获庆阳地区 1984 年度科技进步二等奖；兰州市南北两山飞播牧草成果获中国民航局 1987 年度科技进步三等奖、兰州市 1988 年度科技进步一等奖；民勤县流沙荒漠区飞播牧草成果获甘肃省畜牧厅 1988 年度科技进步三等奖。甘肃省草原总站结合飞播开展的种草养畜配套技术推广项目获农业部科技进步三等奖。

（三）实施管理

甘肃省飞播工作一直由各级草原行政主管部门负责管理，各级草原技术推广单位负责实施。甘肃省草原总站负责制定实施方案，督促项目实施和后续管理。

三、2017 年甘肃省飞播种草项目

根据甘肃省领导批示，2017 年由甘肃省财政下达了飞播种草财政项目。

（一）项目概况

建设任务 6 万亩，其中环县和华池县各 3 万亩，实施地点在环县车道乡、芦湾乡和毛井镇，华池县乔川乡。

（二）项目完成情况

环县计划任务 3 万亩，设计播种总面积 32 133.9 亩。其中，飞机播种作业面积 29 972.7 亩，人工模拟飞播面积 2 161.2 亩（含新草品种试验示范 300 亩）。环县实际飞播种草 30 272.7 亩，完成计划任务的 100.9%。其中，飞机播种作业面积 29 972.7 亩，无芒隐子草等试验示范面积 300 亩，人工模拟飞播 1 561.2 亩于 2018 年度完成。华池县计划任务 3 万亩，设计播种总面积 33 210.8 亩。其中，飞机播种作业面积 29 905.3 亩，人工模拟飞播面积 3 305.5 亩（含新草品种试验示范 300 亩），实际飞播种草 33 210.8 亩，完成计划任务的 110.7%，其中，飞机播种作业面积 2 9905.3 亩，人工模拟飞播牧草 3 005.5 亩，无芒隐子草试验示范面积 300 亩。

（三）科技支撑及效益评估

项目启动之时，由单位负责配套科技支撑服务和效益监测工作。技术小组协调了兰州大学、甘肃农业大学配套支撑了新品种无芒隐子草示范基地、豆科牧草根瘤菌接种技术，同时与甘肃农业大学签订了《2017 年甘肃飞播种草项目实施效果评价》技术服务合同。根据《2017 年甘肃省飞播种草项目》实施目标要求，甘肃农业大学组织评估专家组，会同甘肃省草原技术推广总站、庆阳市畜牧技术推广中心、环县草原站、华池县草原站相关技术人员，分别于 2017 年、2018 年、2019 年开展了评估工作，完成了 5 批次野外调查及样品采集工作，观测样方 518 个，采集土壤样品 288

项目区基本地貌

播后第二年沙打旺生长情况

份。监测结果表明，飞播有效面积率为95.7%，飞播牧草成苗率为16.7%。播区内植被盖度为74.9%（较播区外提高5.7个百分点）。播区内干草产量66.8千克每亩（较播区外提高4.3千克每亩）。飞播有效地提高了植被盖度，改善了植物群落结构和土壤养分状况。并对今后飞播工作提出了建议：①地面处理措施对出苗及后期生长影响比较关键，飞播工作必须重视地面处理，本次项目地面处理经费预算太少，处理不到位，是影响成苗率的重要原因。②飞播季节应考虑牧草越冬，要确保飞播后牧草有足够的生长时间（项目区应在8月10号前完成飞播），以满足越冬需求的生长期。③应尽可能选用当地品种或者驯化当地野生草种。④加强飞播区后期管理，使飞播牧草持续发挥作用。⑤继续开展飞播区植被（尤其是飞播牧草）和土壤的监测工作，以了解飞播牧草生态功能促进作用的持续能力。

（四）组织机构及工作人员

组织机构：甘肃省农牧厅。

督导组：甘肃省农牧厅草原处。

技术小组：负责飞播种草项目的组织领导和技术指导工作。组长由本站分管副站长张榕担任，庆阳市畜牧技术推广中心主任高宪儒及县草原站站长等组成，负责指导项目县飞播前期、作业设计及全程项目指导工作。

第三方评估专家组组长：张德罡。

成员：陈本健、陈建刚、张榕、高宪儒、孟祥君、杨浩、张秀珍、张慧、蔺治玺。

职能科室：草业科。

科室负责人：杨浩、孟祥君。

参与人员：付萍、周栋昌、朱倩、张忠祥。

甘肃省飞播种草项目实施情况如表2–7所示。

（本节供稿：向金城、杨浩、孟祥君；校对：高敏、向金城、孟祥君）

表 2-7　飞播种草项目实施情况一览表

年度（年）	任务（万亩）	经费投入(万元)				完成情况（万亩）	播种区域
		合计	中央	省级	地县		
1981	2.00	17.70	11.00	0.70	6.00	2.13	华池县　环县　永靖县　兰州市　东乡县　张家川县　永昌县　灵台县　民勤县　古浪县
1982	2.00	15.00	13.00	0	2.00	2.71	华池县　环县　永靖县　兰州市　东乡县　张家川县　永昌县　灵台县　民勤县　古浪县
1983	1.97	17.00	13.00	1.10	2.90	1.97	华池县　环县　永靖县　兰州市　东乡县　张家川县　永昌县　灵台县　民勤县　古浪县
1984	3.00	21.00	20.00	1.00	0	3.45	华池县　环县　永靖县　兰州市　东乡县　张家川县　永昌县　灵台县　民勤县　古浪县
1985	6.00	25.00	22.00	0	3.00	6.49	华池县　环县　永靖县　兰州市　东乡县　张家川县　永昌县　灵台县　民勤县　古浪县
1986	6.00	75.00	30.00	45.00	0	6.87	华池县　环县　庆阳县　兰州市　东乡县　张家川县　永昌县　灵台县　民勤县　古浪县　榆中县　定西县　碌曲县　庆阳地区牧草站　武威地区畜牧中心　甘肃省草原生态研究所　安西县
1987	10.00	66.00	30.00	13.00	23.00	10.87	华池县　环县　庆阳县　兰州市　东乡县　张家川县　永昌县　灵台县　民勤县　古浪县　榆中县　定西县　碌曲县　庆阳地区牧草站　武威地区畜牧中心　甘肃省草原生态研究所　安西县
1988	7.00	70.00	40.00	15.00	15.00	7.61	华池县　环县　庆阳县　兰州市　东乡县　张家川县　永昌县　灵台县　民勤县　古浪县　榆中县　定西县 碌曲县　庆阳地区牧草站　武威地区畜牧中心　甘肃省草原生态研究所　安西县
1989	7.00	50.00	40.00	10.00	0	6.51	华池县　环县　庆阳县　兰州市　东乡县　张家川县　永昌县　灵台县　民勤县　古浪县　榆中县　定西县　碌曲县　庆阳地区牧草站　武威地区畜牧中心　甘肃省草原生态研究所　安西县
1990	5.00	30.00	30.00	0	0	5.42	华池县　环县　庆阳县　兰州市　东乡县　张家川县　永昌县　灵台县　民勤县　古浪县　榆中县　定西县　碌曲县　庆阳地区牧草站　武威地区畜牧中心　甘肃省草原生态研究所　安西县
1991	5.00	96.00	50.00	10.00	36.00	5.45	华池县　环县　庆阳县　灵台县　民勤县　古浪县　张家川县　碌曲县　康乐县　临潭县　景泰县　临夏州饲草料站　庆阳地区牧草站
1992	5.50	150.00	50.00	20.00	80.00	5.50	华池县　环县　庆阳县　灵台县　民勤县　古浪县　张家川县　碌曲县　康乐县　临潭县　景泰县　临夏州饲草料站　庆阳地区牧草站
1993	6.00	150.00	50.00	20.00	80.00	6.00	华池县　环县　庆阳县　灵台县　民勤县　古浪县　张家川县　碌曲县　康乐县　临潭县　景泰县　临夏州饲草料站　庆阳地区牧草站

续表

年度（年）	任务（万亩）	经费投入(万元)				完成情况（万亩）	播种区域
		合计	中央	省级	地县		
1994	6.00	140.00	50.00	40.0	50.00	6.20	华池县　环县　庆阳县　灵台县　民勤县　古浪县　张家川县　碌曲县　康乐县　临潭县　景泰县　临夏州饲草料站　庆阳地区牧草站
1995	8.00	169.00	60.00	40.0	69.00	8.17	华池县　环县　庆阳县　灵台县　民勤县　古浪县　张家川县　碌曲县　康乐县　临潭县　景泰县　临夏州饲草料站　庆阳地区牧草站
1996	7.00	262.00	50.00	40.0	172.00	7.45	华池县　环县　庆阳县　灵台县　民勤县　古浪县　张家川县　碌曲县　康乐县　临潭县　景泰县　临夏州饲草料站　庆阳地区牧草站　康县
1997	8.00	269.00	60.00	40.0	169.00	8.20	华池县　环县　庆阳县　灵台县　民勤县　古浪县　张家川县　碌曲县　康乐县　临潭县　景泰县　临夏州饲草料站　庆阳地区牧草站　康县　榆中县
1998	10.00	229.00	80.00	40.0	109.00	10.20	华池县　环县　庆阳县　民勤县　兰州市　东乡县　定西县　灵台县　古浪县　榆中县　永昌县　临夏州饲草料站　康县
1999	11.00	242.00	90.00	40.0	112.00	11.00	华池县　环县　庆阳县　民勤县　兰州市　东乡县　定西县　灵台县　古浪县　榆中县　永昌县　临夏州饲草料站　康县　积石山县
2000	10.0	220.00	60.00	40.0	120.00	10.80	华池县　环县　庆阳县　民勤县　兰州市　东乡县　定西县　灵台县　古浪县　榆中县　永昌县　临夏州饲草料站　康县　积石山县　崇信县　武威地区畜牧中心
2001	10.0	278.00	100.00	25.0	153.00	13.80	庆阳牧草站　华池县　环县　庆阳县　民勤县　古浪县　景泰县　凉州区畜牧中心
2002	10.0	265.00	100.00	25.0	140.00	14.60	庆阳牧草站　华池县　环县　庆阳县　民勤县　古浪县　景泰县　凉州区畜牧中心
2003	3.20	–	–	–	–	3.20	庆阳县　平凉县　武威市　定西县　张掖市　临夏州
2004	2.00	90.00	90.00	0	0	2.88	华池县　环县　民勤县　古浪县
2005	3.00	180.00	135.00	0	45.00	3.00	景泰县　白银区
2006	2.00	90.00	90.00	0	0	2.00	庆阳县
2007	2.00	70.00	70.00	0	0	2.00	民勤县
2008	2.00	90.00	90.00	0	0	2.00	民勤县

续表

年度(年)	任务(万亩)	经费投入(万元)				完成情况(万亩)	播种区域
		合计	中央	省级	地县		
2009	2.00	120.00	90.00	0	30.00	2.00	华池县
2010	2.00	120.00	90.00	0	30.00	2.00	榆中县
2011	2.00	120.00	90.00	0	30.00	2.00	靖远县
2012	2.00	120.00	90.00	0	30.00	2.00	环县
2013	2.00	120.00	90.00	0	30.00	2.00	高台县
2014	2.00	130.00	100.00	0	30.00	2.00	天祝县
2015	2.00	120.00	90	0	30	2.00	天祝县
2017	6.00	856.00	0	856.00	0	6.017 7	环县　华池县

第五节　甘肃临泽国家级草种质资源圃建设项目

一、项目背景及来源

随着国家农业战略性结构调整不断深入和生态文明建设不断推进，中国草种质资源利用成为农业结构调整中的短板，草种发展战略日益受到关注。2015 年，中国进口草种 4.55 万吨，占国内市场的 40%以上，进口种子一半以上来自美国；全国生态工程需草种 30 万吨，缺口近 20 万吨；中国草种和牧草的自给率低，进口来源高度集中的风险急剧增加，急需通过大力发展和建设各类牧草种质资源保育基地，从根本上保障国家食物安全和生态安全。

项目建设前期调研

甘肃河西走廊是适合各类种子生产的良好区域，多年来已形成全国玉米、大麦、花卉等制种主要基地。2017 年，国家启动现代种业提升工程，其中牧草种质资源圃作为种业建设的重要基础性建设项目。2017 年 1 月 6 日，甘肃省草原技术推广总站联合兰州大学草地农业科技学院经甘肃省农牧厅向农业部上报了《甘肃省临泽国家牧草种质资源圃建设项目》可行性研究报告。2017 年 4 月 13 日，项目可行性研究报告获农业部批复，随即展开项目初步设计工作。2017 年 5 月 27 日，两家单位联合上报了《甘肃省临泽国家牧草种质资源圃建设项目初步设计》。2017 年 8 月 21 日，项目初步设计获甘肃省农牧厅批复。

项目批复后，项目技术组赴内蒙古、海南等地进行了相关业务调研和考察，为项目高标准建设奠定基础。

二、项目概况

项目来源：原农业部批准立项的 2017 年现代种业提升工程项目。

项目名称：甘肃省临泽国家牧草种质资源圃建设。

建设地点：张掖市临泽县鸭暖镇古寨村兰州大学临泽草地农业试验站。

建设单位：甘肃省草原技术推广总站。

协作单位：兰州大学草地农业科技学院。

建设期限： 2017 年 8 月—2019 年 10 月。

建设目标：建设西北内陆干旱区特色牧草种质资源圃，为建立和完善牧草种质资源保护和扩繁体系提供支撑；建设甘肃省国家牧草种质资源圃 500 亩，保存现有的西北内陆干旱区特有草种质资源 400 份，建成后田间保存规模可容纳草种质 5000

份；为国内外草业科研和生产提供优质草种质材料，助力甘肃省草业强省建设，为中国草种质资源的保护和利用提供样板，推动其他地区草种质资源的保护与利用，提升中国林草业和生态文明建设整体水平。

建设内容：建安工程包括新建智能温室 1 035.3 平方米、网室 1020 平方米、农机库 200 平方米、场区道路 2721 米；田间工程包括土地整治 500 亩，新建围栏 4345 米、输变电线路 2653 米、变压器等 1 项、新建田间道路 10 790 米、灌溉系统（U80 渠道）2116 米、沤肥场 100 平方米；仪器设备购置包括购置牧草种质资源圃保存过程中机械化作业，气候、土壤等环境监测设备以及牧草种质资源检测、评价 3 个方面仪器设备共计 53 台每套。

三、项目组织实施

1. 项目招投标情况

建安和田间工程：项目“建安和田间”工程于 2018 年 6 月 1 日开标，6 月 7 日发出中标通知书，甘肃金佛寺建设工程有限公司中标，7 月 4 日签订合同。

电力工程：输变电线路和电力设备施工通过询价方式确定张掖万通电力安装工程有限公司进行施工。

农机和仪器设备：于 2018 年 7 月 27 日开标，8 月 14 日发出中标通知书，其中包一（农机设备）由兰州金诚农业机械有限公司中标，包二（仪器设备）由甘肃远景科学仪器设备有限公司中标，2018 年 9 月 13 日签订合同。

监理监督：通过询价方式确定张掖市建光工程咨询监理有限责任公司开展监理工作，建设单位派驻两名工作人员配合监理工程师在现场开展监理、监督工作。

2. 制度建设保障施工管控

在项目建设中，参照原农业部农业项目管理办法，制定了《甘肃临泽国家牧草种质资源圃建设项目实施管理办法》，严格按照农业基建项目基本程序管理，实行项目法人责任制、招投标制、监理制和合同制，依法签订合同，明确各方权利、责任和义务，中标单位具备相应建设资质，没有发生转包、分包等问题。制定了《甘肃临泽国家牧草种质资源圃建设项目资金管理办法》，加强项目资金管理，做到专款专用，按计划列支，实行了财务审计制度。

3. 强化档案归类管理

在项目实施过程中，建设方、监理方和施工方对各类资料按档案归档要求进行分类、整理和存档，形成了文件批复类、合同资料类、招投标类、竣工验收类等各类档案资料。对项目的运行和长期管理提供了有据可查的纸质、声像、图像依据。

四、项目完成情况

1. “建安和田间”工程

本工程自 2018 年 7 月 6 日开工，8 月 17 日基础完工，9 月 30 日主体完工，11

月 8 日竣工。经施工单位申请，实验室检测、监理单位评估后，由建设单位组织相关人员分别在 2018 年 9 月 28 日、10 月 15 日和 11 月 19 日对基础分部工程、主体分部工程及“建安和田间”工程进行了验收。2019 年 5—6 月，甘肃安信工程项目管理有限责任公司开始进行项目审计结算，并于 7 月形成结算报告。2019 年 9 月 19 日通过了甘肃省草原技术推广总站组织、设计、监理、施工参与的初验（自验）。

温室建设

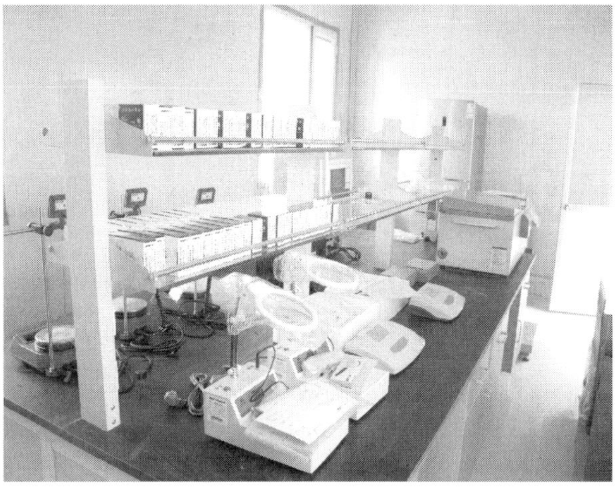

实验室及仪器设备

（1）电力工程

电力工程是项目前期工程和基础工程，由于建设地点小幅变更，本工程于 2018 年 4 月施工，4 月底完工，共安装隔离开关 1 组，架设绝缘架空线路 5 米，组立 12 米砼杆二基，双杆架设智能真空断路器以及 10 千伏计量箱各 1 台，新建 10 千伏绝缘线路 430 米，线路末端双杆架设 200 千伏案变压器 1 台。由于建设地点由原来的方位向西南方向移动 295 米，故增加埋设 0.4 千伏地埋线路 295 米到配电室。

原设计（初步设计）输变电线路 2653 米，经电力部门核定，按照就近接线原则，在施工图设计中优化为 730 米。

2018 年 5 月 20 日，甘肃省草原技术推广总站相关人员组成验收小组，对甘肃临泽国家牧草种质资源圃建设项目 200 千伏安台变工程进行验收。通过实地走访查验和对施工单位质询，确认该电力工程施工地点、线路、施工内容等均符合电力设计要求，并按合同要求完成了全部施工任务。参照国网临泽县供电公司现场验收及供电审批意见等情况，认为该电力工程质量达到合格标准，具备送电条件。

（2）智能温室

建成智能温室 1 035.3 平方米，轻钢结构，温室覆盖玻璃、配备风机–湿帘降温系统、湿帘外翻窗系统、外遮阳系统、内遮阳系统等设备。各系统通过了试运行，运行情况良好。

(3) 网室

建成单层网室1020平方米，轻钢结构，四周120目防虫网覆盖，设摄像头等监控系统。

(4) 农机具库房

建成钢结构农机具库房1座，建筑面积200平方米。三面砖结构围墙，自动卷帘门。

(5) 场区道路

新建场区道路2721米，铺设160毫米厚碎石垫层，面层采用200毫米厚C30现浇混凝土，宽4米。

(6) 田间道路

新建田间道路1079米，铺设100毫米厚碎石垫层，面层采用150毫米厚C25现浇混凝土，宽1.2米。比图纸设计的长度减少245米，为预留机耕道所致。

(7) 灌溉系统（U型渠）

新建灌溉系统（U型D80混凝土衬砌渠道）2116米。

(8) 围栏

架设安装铁质网围栏4345米。

(9) 沤肥场

完成砼地面怄肥场100平方米。

(10) 土地整治

通过施入牛粪、羊粪等农家肥、深耕作业等措施整治土地500亩。

(11) 配电室

为项目新增设施。为了保障用电安全，在温室、网室东侧10米处增加6平方米配电室，砖混结构。

2. 仪器设备购置

(1) 农机设备

由兰州金诚农业机械有限公司供货，包括拖拉机、自动传送带、脱粒机、牧草种子除芒机、小型播种机等13台套设备。

(2) 仪器设备

仪器设备由甘肃远景仪器设备有限公司供货，含种子干燥设备、显微镜、培养箱、苗床、天平等设备。

五、项目组织机构及参与人员

甘肃省草原技术推广总站主持实施，兰州大学草地农业科技学院技术协作完成，于2019年11月通过了验收。

1. 领导小组

组长：韩天虎。

副组长：侯扶江、赵庆平。

成员：王心灵、杨来利、王汝富、张榕。

2. 实施小组

组长：韩天虎。

副组长：赵庆平、侯扶江、张榕。

成员：王心灵、王汝富、李春杰、范成勇、王彦荣、常生华、许国成、杨浩、李德明、徐正辉、张洁。

3. 基建小组

组长：赵庆平。

副组长：王汝富、常生华。

成员：徐正辉、王国生、王历宽、陈仲斌、李晓鹏、张伯虎、朱万合、张程、徐咸贵。

本站常驻基地监督和组织项目实施的人员为王国生和王历宽。

4. 技术小组

组长：张榕。

副组长：侯扶江。

成员：赵桂琴、姚拓、Saman Bowatte、胡小文、岳利军、杨浩、李德明、张洁、耿小丽。

5. 设备采购小组

组长：王汝富。

成员：许国成、孟祥君、向金城、胡小文、常生华。

领导小组负责把握甘肃省临泽国家牧草种质资源圃建设项目的总体方向，决定项目的重大事项，协调解决项目建设中的重大问题，保障项目顺利建设。实施小组下设基建、技术、设备采购3个小组，负责项目建设施工管理，落实项目建设进度，保障项目建设质量；负责项目建设资金管理，确保资金专款专用；负责项目建设工程招标、仪器设备采购等工作；提供技术指导和技术咨询。

项目验收建议：由于投资标准较低、资金缺乏和设计缺陷等原因，项目工程存在土壤改良措施不到位，温室给水工程存在缺陷，灌溉系统不能满足使用要求，温室未安装监控设施等问题，种子加工设备配套不全，如：缺少中小型牧草收割机械；缺少小型种子采收、加工、清选设备；没有种子检测检验设备等问题。建议利用剩余资金，在温室安装监控系统，完善区域物联网，开通网络；搭建平台，对设计缺陷等造成的灌溉设施不完善，土壤改良不到位等问题及时解决，使建设设施尽快投入使用；及时筹建专家团队，制定整体运行机制，及早发挥作用和效益。

（本节供稿：杨浩、王国生；校对：王历宽、高敏）

第六节　甘肃省草原生物灾害监测预警中心建设

一、 项目来源及概况

2017 年 3 月底，国家发展改革委农经司和农业部发展计划司共同发布了《关于做好 2017 年动植物保护能力提升工程项目申报工作的通知》，单位上报并获批了《甘肃省草原生物灾害监测预警中心建设项目》实施方案， 2017 年 5 月 19 日，经甘肃省农牧厅批准实施。

项目名称：甘肃省草原生物灾害监测预警中心建设项目。

项目类型：改扩建项目。

建设内容及规模：草原生物灾害监测预警指挥室、测报分析室、档案室改造 330 平方米，配套网络布线工程 1 项、工作台 15 套、档案密集柜 1 套；配套购置草原生物灾害监测预警所需数据服务器、光纤存储设备、GIS 工作站、移动图形工作站、路由器、硬件防火墙、千兆网管交换机、UPS 不间断电源、监测防治指挥车、PDA-GPS 野外数据采集及处理、野外采集测量、单反数码相机、GPS 接收机等设施设备 39 台（套）。

项目建设期限：项目建设期限为自投资计划下达之日起 2 年，即 2017—2018 年。

承担单位：甘肃省草原技术推广总站。

二、项目完成情况

按照《关于做好 2017 年动植物保护能力提升工程项目申报工作的通知》要求，单位编制了《甘肃省草原生物灾害监测预警中心建设项目实施方案》并上报甘肃省农牧厅，经甘肃省发展和改革委员会会同甘肃省农牧厅、甘肃省林业厅下发《关于下达动植物保护能力提升工程 2017 年中央预算内投资计划的通知》，开展项目建设。单位成立了甘肃省草原生物灾害监测预警中心建设项目领导小组，对项目进行监督管理。

项目分两批进行，即指挥室等的改建部分和设备政府采购部分，均按照政府采购招标程序进行。

对于指挥室等的改建内容，单位委托甘肃融合数安招标有限公司代理招标事宜，于 2018 年 7 月 5 日就项目建筑安装工程在甘肃省经济信息网上发布《政府采购项目招标公告》。组织评标委员会进行评标，确定由甘肃润祥建设工程有限公司中标合同约定计划开工日期为 2018 年 8 月 15 日，计划竣工日期为 2018 年 10 月 15 日。工程实际于2018年8月15日开工，2018年9月25日完工，并于2018年9月29日通过初步验收。

设备采购项目，于2018年9月28日在甘肃省经济信息网上发布《项目招标公告》招标，确定由甘肃瑞森科技产业有限公司中标，于2019年3月25日通过初步验收。

项目设计由单位自筹资金购置监测防治指挥车1辆，因自筹资金18.00万元未到位，尚未购置。车辆采购审批手续已于2018年4月11日经甘肃省机关事务管理局审批。

项目全面完成中央投资计划。其中，草原生物灾害监测预警指挥室、测报分析室、档案室改造330平方米，配套数据服务器2台、光纤存储设备2台、GIS工作站2台、移动图形工作站2台、路由器1台、硬件防火墙1台、千兆网管交换机2台、UPS不间断电源1台、PDA-GPS野外数据采集设备6套、便携式计算机2台、野外采集测量工具10套、单反数码相机1套、GPS接收机6台、档案柜1套、工作台15台。共计55台（套）。

三、项目管理情况

1. 落实了项目法人责任制。成立了项目领导小组，制定了相关管理制度，做到了分工明确，责任落实。

2. 执行了招投标制。委托甘肃融合数安招标有限公司对指挥室等改建内容进行了招投标。通过公开招标方式确定了施工单位。对设备采购项目在甘肃省经济信息网上发布招标公告，通过公开招标方式确定了供应商。

3. 落实了合同制。项目工程施工、仪器设备购置、工程结算审核等均签订了合同，并按照约定执行了合同。

4. 档案管理规范。项目审批文件、设计文件、招投标文件、财务资料、合同、施工和仪器设备购置及安装调试等资料齐全，管理规范。

5. 项目资金管理规范。项目实行专账核算，专人负责，做到专款专用。经审计，资金使用合理，未发现挤占、挪用项目资金等现象。

四、项目组织机构及工作人员

项目领导小组组长：韩天虎。

成员：赵庆平、王汝富、张榕。

承担科室：植保科。

实施人员：王炳煜、许国成、程天亮、罗亮。

（本节供稿：王炳煜；校对：程天亮、高天歌）

第七节　全球环境基金（GEF）甘肃牧业发展项目

一、项目基本情况

GEF 信托基金赠款号：052456　CHA。

项目名称：世界银行/全球环境基金（GEF）甘肃牧业发展项目（以下简称 GEF 项目）。

项目目标：维护天然草场的生态系统，促进全球环境效益，包括保护生物多样性、碳固定以及强化生态系统的服务。

实施时间：2004 年 1 月—2009 年 12 月。

GEF 业务规划：综合性生态系统管理、农业重要的生物多样性保护和可持续利用、山地生态系统。

项目内容：草原管理、本地畜种保护、培训、咨询服务、机构建设。

管理单位：甘肃省农牧厅。

实施单位：甘肃省草原总站等 8 个科研、教学、技术推广单位。

实施地点：甘肃省肃南县、肃北县、景泰县、安定区、肃州区、永昌县、甘州区、凉州区和天祝白牦牛场，主要分布于祁连山地以及与之密切相关的河西走廊地区。

二、项目管理、策略和方法

GEF 项目是世界银行贷款甘肃牧业发展项目的配套项目，从 2004 年开始实施。项目管理沿用世界银行牧业发展项目管理之规定，如机构管理、财务和采购管理等。在项目活动上 GEF 项目更多地关注于能力建设，包括培训和技术援助，能力建设投资占到 GEF 项目总投资的 55%。

GEF 项目主要从人为可控制因素入手，以增加饲草供给量（包括技术层面和管理层面）为项目切入点，配套改善家畜生产管理，最终以提高农牧民、基层管理人员和技术人员的能力建设为目的，为类似自然条件的地区在控制草原退化方面积累经验。

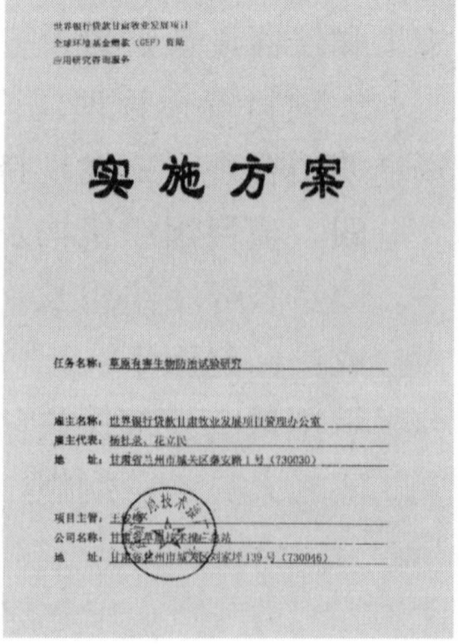
世界银行贷款甘肃牧业发展项目
全球环境基金赠款（GEF）资助
应用研究咨询服务

实施方案

任务名称：草原有害生物防治试验研究

雇主名称：世界银行贷款甘肃牧业发展项目管理办公室
雇主代表：杨祖录、花立民
地　　址：甘肃省兰州市城关区秦安路 1 号（730030）

项目主管：
公司名称：
地　　址：

在实施路径和措施上，运用参与式方法，注重社区在草原保护和可持续利用中的地位和作用。实施过程中，农牧民依靠技术援助（包括培训和应用研究）开展各项项目活动。年度项目活动结束后，由省、县两级项目办与项目受益户共同对项目活动的效果进行评价，以确定下一年度的项目实施计划。这种项目实施的理念和方法对以政府主导的生态建设工程是一个很好的补充和经验的借鉴。

三、项目活动

草原管理和饲草改良：包括人工草地建设；饲草调制及加工；天然草原划区轮牧、休牧和禁牧；草原鼠虫害控制；草原野生牧草种子采集和补播。

改进提高牲畜生产力水平的活动：包括引进良种；暖棚建设；制定草地放牧管理制度；家畜饮水点建设。

改善农村能源和环境保护相关活动：包括为农牧民购置太阳灶；为农牧民购置太阳电池板；修建沼气池。

保护生物多样性有关的草原管理活动：包括濒危植物保护；水源涵养地和湿地管理。

本地畜种保护：建立核心群；生物技术保种；保种信息中心建设。

改善饲养管理体系的活动：包括扩大饲草生产活动；天然草原生产力监测，疫病防治及监测系统建设。

培训、咨询服务和应用研究：加强能力建设是 GEF 项目的重点。GEF 项目从培训需求开始，针对不同的培训对象，开展了国外、国内、省级、县级和农业牧民层次的不同培训。

咨询服务：项目聘请了国际咨询专家和项目管理机构相关人员共同负责项目技术方面的事宜。

应用研究内容：甘肃 GEF 项目开展了 19 项应用研究。包括：技术援助类的“河西走廊湿地监测与保护”“饲草生产与土地退化研究”“草原有害生物防治试验研究”“退化草原综合治理研究”“放牧利用与草原退化研究”“绵羊早期断奶研究” 等 10 项应用研究；资源调查类的“野生动物调查与保护”“野生牧草种质资源调查与保护”“草地监测与评价”“草地资源与生物多样性调查”等 4 个应用研究；社会经济类的“草原保护的政策研究”“参与式草原管理计划”“社区发展与草原保护的关系研究” 等 3 个应用研究。

GEF 项目部分成果

来自科研、教学、技术推广等领域的 8 个中标单位与世界银行贷款甘肃牧业发展项目领导小组办公室签署了合同。

四、中标的应用研究项目

2007 年 4 月 3 日，甘肃省草原技术推广总站中标世界银行贷款甘肃牧业发展项目——全球环境基金赠款（GEF）5 个应用研究项目， 4 月 20 日，《甘肃省草原技术推广总站 GEF 项目管理办法》发布，项目启动实施。项目实施期限 3 年，于 2009 年 12 月 2 日，项目通过世界银行贷款甘肃牧业发展项目管理办公室组织的应用研究项目评估验收。

1. 退化草地综合治理研究

项目执行期为 2007—2009 年。项目在肃北、肃南、肃州、景泰等地实施。豆卫为项目经理，咨询团队由豆卫、晁德林、汪玺、许国成、王立耕、张贞明、张少平、安乐、鲁征、张万祥等专家组成。

2. 种植牧草对防治土地退化的影响

项目执行期为 2007—2009 年。项目在定西市安定区香泉乡泉湾村、武威市凉州区西营镇五沟村、张掖市甘州区平山湖乡洪泉村和酒泉市肃州区银达乡六分村等地开展相关工作。温洪为项目经理，咨询团队由温洪、高占琪、张榕、王国生、张洁、杨俊基等专家组成。

3. 草原有害生物防治研究

项目执行期为 2007—2009 年。项目在肃北、肃南、甘州实施。王俊梅为项目经理，刘荣堂教授为技术顾问。咨询团队由王俊梅、刘荣堂、常明、方毅才、刘宗祥、谭成虎、王瑾、马彦彪、徐正辉等专家组成。

4. 半农半牧区草地资源及生物多样性调查

项目执行期为 2007—2009 年。实施地点为甘州、肃州、凉州、永昌、景泰、安定。俞联平为项目经理，咨询团队由俞联平、程文定、豆卫、李新媛、陈兴荣、徐正辉、王国生、李昀、王汝富、高占琪等专家组成。

5. 草地资源监测与评价

项目执行期为 2007—2009 年。项目实施地点在安定、景泰、凉州、永昌、甘州、肃南、肃州、肃北等地。韩天虎为项目经理，咨询团队由韩天虎、师尚礼、孙斌、蒲小鹏、冯今、喻文虎、白小明、李福、常明、王炳煜等专家组成。

（本节供稿：王俊梅；校对：王俊梅、高天歌）

第八节　草原监理站建设项目

一、项目基本情况

项目来源：2002 年中央预算内专项资金（国债）投资计划。

项目名称：甘肃省草原监理站建设项目。

主管单位：甘肃省农牧厅。

建设单位：甘肃省草原监理站。

项目负责人：阎万贵。

项目性质：新建。

建设期限：2002—2003 年。

建设地点：兰州市。

建设内容：购置草原监理、监测仪器设备共计 26 台（套）。

二、项目完成情况

购置仪器设备：①草原监理车 1 辆（农业部统一采购）；②望远镜 4 架；③办案取证主要设备 1 台（套），包括笔记本电脑及辅件 2 台，数码摄像机及辅件 1 台，数码照相机及辅件 2 台，彩喷打印机（带过塑机）1 台，网易拍 2 台，U 盘 5 只，数码录音笔 4 只；④投影仪及辅件 1 台（套）；⑤全站仪及配套设备 1 台（套）；⑥监理网络 1 套，包括台式电脑及辅件 2 台，光盘刻录机 2 台，扫描仪 1 台等；⑦大幅面扫描仪 1 台（套）；⑧大幅面绘图仪 1 台（套）。

三、资金管理和使用情况

该项目在资金使用中，单位严格按照财政部、原农业部《基本财务管理办法》的规定，设置了项目专户。

四、项目建设成效

通过项目建设，加快了甘肃草原监理体系建设步伐，使甘肃省草原监理站在交通、通信、网络、取证设备及办公自动化管理等硬件建设方面，得到极大的改善和提高。同时，通过加强和改善草原监测技术手段，建立覆盖全省范围的 30 个定点草原动态监测点，充分利用网络信息传输技术优势，及时做好草原动态监测信息和预警信息服务工作，全面提升行业管理能力。项目建设为依法保护、建设和利用草原，奠定了良好的基础。

五、组织机构及工作人员

项目职能科室：监理科。

参与人员：李建廷、安成孝、李贵霖等。

（本节供稿：李贵霖；校对；李贵霖、高天歌）

第九节　陇东紫花苜蓿种子繁育基地建设项目

项目名称：陇东紫花苜蓿种子繁育基地建设项目。

组织领导：甘肃省畜牧厅。

实施单位：甘肃省饲草饲料技术推广总站。

项目负责人：赵怀德。

主要内容：在庆阳、镇原、环县建立紫花苜蓿种子繁殖田2500亩，收获种子45 000千克。在兰州馒头山试验站建设20亩示范田。

实施期限：1991—1993年。

参加人员：王经纶、金生元、姬永莲、许华以及相关县草原站技术人员。

1993年由甘肃省畜牧厅组织验收。

项目建成的种子繁育基地

（本节供稿：张榕；校对：高天歌）

第十节 相关草原生态建设项目

实施草原生态保护建设工程是维护国家生态安全、恢复草原植被的重要手段，是保障草原畜牧业持续健康发展、改善农牧民生产生活条件的有效举措。改革开放以来，国家日益重视草原保护建设工作，不断加大投入力度，在甘肃省组织实施了牧区开发示范工程、天然草原植被恢复工程、牧草种子基地建设工程、退牧还草工程、退耕还草工程、已垦草原治理、草原防火基础设施等一系列草原生态保护建设工程，取得了良好成效。

一、牧区开发示范工程

工程实施的主要建设内容分为草原体系建设、良种繁育体系建设、疫病防治体系建设、技术推广服务体系建设，包括草原围栏、牧草种子基地、草原改良、种畜场建设、人工授精设备购置、技术培训等20多项建设内容。

1. 实施范围

1995—2000年，甘肃省分6批先后在玛曲县、碌曲县、肃南县、天祝县、夏河县、民勤县、靖远县、甘南州综合实验场、瓜州县、山丹县、环县、岷县、漳县、迭部县、卓尼县、华池县、阿克塞县、合作市、肃北县、甘肃省皇城羊场等20个县（市、场）实施牧区开发示范工程。

2. 建设成效

通过工程实施，大力推广牧民定居、草地围栏、人工种草、棚舍建设、畜群结构调整和疫病防治等技术措施，引导牧民建立并示范推广“六化”家庭牧场，使牧区逐步由游牧业生产方式向定居方式过渡，实行产业化经营。项目实施区牲畜良种比例达到32.6%，牲畜防疫密度达到95%以上，条件较好的县达到了99%以上，修建饮水渠302千米，建立了一批现代化草地畜牧业示范基地，对牧区实现“两个根本性转变”起到了推动作用。已获11亿元经济效益，项目区牧民人均年纯收入普遍比建设前增加 700 元左右，比周边群众人均收入高出 500~800 元。各项目区还结合工程实施进一步完善了草原监理站、技术服务体系的建设，增强了服务功能。

二、天然草原植被恢复与建设工程

历史上，甘肃省大部分地区森林密布、水草丰美，生态环境十分优美。到了近代，由于气候干旱、超载过牧、滥采滥伐、水资源利用不当以及开矿和交通建设等，草原等天然植被遭到破坏。到 2000 年前后，全省 90%的可利用草原出现不同程度退化，区域生态平衡严重失调，沙化进一步蔓延，自然灾害频繁发生。2001 年，国家在西部地区大范围开展了“天然草原植被恢复与建设”项目，根据农业部《西部天然草地植被恢复建设规划》设计，主要针对草原破坏严重、保护不力、建设速度赶不上退化速度、草原基础设施薄弱、检测手段落后等问题，通过工程实施，落实草原围栏、人工草地建设等草原保护与建设措施，完善草原监测预警、监督管理等体系，遏制草原生态环境日益恶化的势头，加快草原生态环境和草原保护区建设步伐。

1. 实施范围

2000—2002 年，全省在玛曲等 22 个县、区实施了天然草原恢复与建设工程。

2. 规模

共完成人工饲草料基地建设 3.58 万公顷，围栏改良草原 5.62 万公顷，暖棚建设 16.5 万平方米，建成基本草原 0.24 万公顷，黑土滩治理 3.88 万公顷。（见表 2–8）。

表 2–8　天然草原恢复与建设工程基本情况表

年度（年）	实施区域	实施规模
2000	玛曲、永昌、会宁、崇信	人工饲草料基地 1.07 万公顷，围栏改良草场 0.34 万公顷，棚圈建设 4 万平方米，黑土滩治理 2.20 万公顷
2001	永靖、临洮、永登、礼县、渭源、合作、碌曲、民勤、民乐	人工饲草料基地 1.77 万公顷，基本草场 0.14 万公顷，围栏改良草场 2.34 万公顷，棚圈建设 11 万平方米，治理黑土滩 0.74 万公顷
2002	天祝、夏河、环县、肃州、阿克塞、瓜州、镇原、山丹、古浪	人工饲草料基地 0.74 万公顷，围栏草场改良 2.94 万公顷，棚圈建设 1.5 万平方米，黑土滩（严重鼠害草场）治理 0.94 万公顷，基本草场建设 0.10 万公顷，购置监理监测设备 60 台（套）

3. 建设成效

一是恢复了草原植被：青藏高原项目区，草甸草场的植被覆盖度由 60%左右提高到 75%以上，河西荒漠草场从建设当年开始，植被明显恢复，至第三年由 20%提高到40%以上，陇东黄土高原区植被覆盖度由40%提高到75%。二是推动了草畜产业的发展：工程区积极开展“羊下山、草进川”“退耕种苜蓿，暖棚养牛羊”模式推广，使农业结构明显优化，推动了草畜业发展，加快了致富步伐，群众收入有了大幅度提高。三是探索出适合不同生态区域的植被恢复模式：各地探索出了“产业龙头带动”“分户管理与基地相结合”“禁牧封育”“休牧与划区轮牧”等不同生态经济区恢复草原植被的模式和经营机制，逐步转变传统草原畜牧业生产经营方式，达到减轻放牧压力，促进草原植被恢复的目的。

三、退耕还草工程

实施背景：长期以来，由于盲目毁荒毁草毁林、开垦以及陡坡地、沙化地耕种， 造成严重的水土流失和风沙危害，洪涝、干旱、沙尘暴等自然灾害频频发生，人民群众的生产、生活受到严重影响，国家的生态安全受到严重威胁。退耕还林还草工程就是为了遏制生态环境严重退化态势，中央从2009年决定将水土流失、沙化、盐碱化、石漠化严重的耕地以及粮食产量低而不稳的耕地，有计划、有步骤地停止耕种，实施造林种草，恢复植被。退耕还林还草是中国投资大、政策性强、涉及面广、群众参与程度高的一项重大生态工程，为中国在世界生态建设史上写下绚烂的一笔，标志着20世纪末以西部大开发为背景，中央拉开了生态建设的宏伟篇章。

实施时间：1999年，四川、陕西、甘肃3省率先开展了退耕还林试点。2002年1月10日，国务院西部开发办公室召开退耕还林工作电视电话会议，确定全面启动退耕还林工程。2015年开始实施新一轮退耕还林还草工程，增加了还草任务。

实施范围：非基本农田坡耕地、严重沙化地。

实施规模：第一轮主要以退耕还林为主。2015年，国家安排甘肃省退耕还草建设任务10万亩。2016年，国家安排甘肃省建设任务22万亩，建设任务全面完成。2017年，国家下达甘肃省退耕还草任务17.2万亩。 2018年，国家下达甘肃省退耕还草任务15万亩，正在实施中。

实施成效：退耕还草工程的实施，使甘肃省饲草供给能力有效提升，退耕农户收入稳步增加，草原生态环境进一步优化，取得了生态、社会和经济效益 “多赢”的效果。持续推进退耕还草，是改善旱山区生态环境的重要途径。位于黄土高原中部的安定区，通过退耕还草，大力种植以紫花苜蓿为主的多年生牧草，出台了“封山禁牧、发展舍饲养殖”的配套政策，着力推进生态保护与草畜产业协调发展、绿色发展，全区天然草原得到有效保护，植被覆盖度达到80%以上，水土流失治理率达到67.9%。退耕还草区草地面积持续增加，草地涵养水源、蓄水保土的作用进一步增强，促进了生态环境改善，取得了明显成效。工程实施推动了草产业发展，为现代农业建设夯实基础。依托退耕还草，苜蓿、燕麦等优质牧草连片种植面积迅速增加，支撑草产业快速发展，饲草供给能力有效提升，为落实草原禁牧、草畜平衡制度，实现传统畜牧业向现代畜牧业的转型升级，加快现代农业建设提供了物质保证。主推农业结构调整，助农增收效果明显。退耕还草进一步扩大了优质牧草的种植面积，提升了加工生产能力。在市场对苜蓿等优质牧草需求日益增大的强劲拉动下，一些有实力的企业、专业合作组织、种养大户积极投身草产业，开展牧草种植、草产品生产加工。甘肃省大量草产品销往内蒙古、新疆等地市场，呈现出购销两旺的态势。退耕户不仅从工程实施中直接获得了政策补贴，同时加快土地流转、推动就近务工、订单种草等已成为促农增收新途径和农业结构调整的新动力。

四、牧草种子基地建设工程

随着中国经济发展和生态建设的加快，各地对牧草种子的需求日益加大。但是，由于中国尚未建立起牧草育种、良种繁殖和推广应用的有效运行体系，牧草种子数量少、质量差、种子混杂、经营混乱，良种选育与生产和市场脱节。为了尽快建立中国牧草良种繁育体系和良种生产基地，开展优良牧草种质扩繁及牧草种子生产，国家从2000年开始，组织在西部地区和北方省区组织实施了一批牧草种子基地建设工程。但由于大部分工程建成后未能按照生产、加工、营销一体化的思路和企业化方式运行，加之国债资金用途、建设单位原有基础薄弱、现行管理机制等原因，各地虽进行了一些探索和尝试，但预期效益发挥得并不理想。牧草种子基地建设工程基本情况如表2–9所示。

表2–9　牧草种子基地建设工程基本情况表

年度	承担单位	实施区域	实施规模
2000	甘肃省草原总站	岷县、甘州、红古、玉门、兰州	新建种子繁育基地1000公顷，建成牧草种子加工厂1座，完成省级质检中心1处
2001	甘肃农大生态科技发展有限公司	武威、灵台、景泰	新建种子基地400公顷
2001	甘南州畜牧局、酒泉市畜牧中心、定西地区畜牧中心、庆阳市农牧局和临泽县畜牧局	甘南、酒泉、定西、庆阳、张掖	新建草种繁育基地1200公顷
2002	甘肃省草原总站	高台县	建设种子田686.67公顷

1. 实施范围

2000—2002年，国家下达甘肃省实施了甘肃红三叶等牧草种子基地、甘肃寒生旱生苜蓿等原种基地、甘肃省垂穗披碱草等草种繁育基地和甘肃细枝岩黄芪等草种原种繁育基地4个牧草种子基地建设工程。分别在岷县、红古区、玉门市、城关区、凉州区、灵台县、景泰县、合作市、肃州区、安定区、庆城区、甘州区、高台县等13个县（市、区）实施。

2. 规模

共建成牧草种子基地3286公顷。

3. 建设成效

一是经济效益初显：4个种子基地工程建成后，年生产各类牧草种子2100多吨，生产草产品1.8万吨，实现直接经济效益6920万元。二是社会效益较好：工程建设适应了产业结构调整的要求，已初步形成了集牧草种子繁育、草产品加工和规模养殖于一体的产业化基地，为草产业发展起到了较好的示范、辐射和带动作用，拓宽了农民增收和就业渠道。三是生态效益良好：通过良种基地建设，使工程区草原植被得到恢复，土壤蓄水能力增加，径流减少，水土流失现象得到控制。

五、草原防火体系建设工程

为提升草原防火应急管理水平，实现草原防火治理体系和治理能力现代化，根据《中华人民共和国草原法》《草原防火条例》《全国草原火灾应急预案》的要求，国家从2000年开始，不断加大投入力度，陆续启动实施了一批草原防火体系建设工程。

1. 实施范围

2001—2018年，国家先后下达甘肃省实施甘肃省草原防火指挥中心、甘南州草原防火指挥中心、张掖市草原防火指挥中心和合作草原防火物资储备库、张掖草原防火物资储备库、庆阳草原防火物资储备库、酒泉草原防火物资储备库以及肃南县草原防火站、天祝县草原防火站、碌曲县草原防火站、玛曲县草原防火站、肃北县草原防火站、夏河县草原防火站、卓尼县草原防火站、合作市草原防火站、漳县草原防火站、岷县草原防火站、阿克塞县草原防火站、瓜州县草原防火站、天祝县草原防火站、甘肃祁连山重点草原火险治理区草原防火基础设施建设、甘南及周边重点草原火险治理区草原防火基础设施建设、甘肃中东部重点草原火险治理区草原防火基础设施建设、甘南州草原火情监控站、酒泉重点草原火险治理区草原防火基础设施建设项目等25个草原防火体系建设工程。

2. 规模

累计建成草原防火物资库房及工作用房20 129.73平方米（见表2-10）。

3. 建设成效

一是法治建设明显完善：结合工程实施，根据《草原防火条例》规定，制定了《甘肃省草原防火办法》《甘肃省草原火灾应急预案》，有关重点草原防火区也根据本地工作实际，积极推动制定完善草原防火法规规章，省、市（州）、县（区）政府发布各级预案79份，政府统一领导、部门分工负责、专家出谋划策、救援队伍有效参

表 2–10　草原防火体系建设项目基本情况表

年度	工程名称	实施区域	实施规模
2001	甘肃合作草原防火物资储备库	合作市	草原防火库房及工作用房 607.4 平方米，配套必要防火设备
2002	甘肃张掖草原防火物资储备库	甘州区	草原防火库房及工作用房 600 平方米，配套必要防火设备
2003	甘肃庆阳草原防火物资储备库	西峰区	草原防火库房及工作用房 600 平方米，配套必要防火设备
2004	肃南县草原防火站	肃南县	草原防火库房及工作用房 200 平方米，配套必要防火设备
2005	甘肃省草原防火指挥中心	兰州市	草原防火监测及管理工作用房、演示电教室、机房等 800 平方米，配套必要防火设备
	天祝县草原防火站	天祝县	草原防火物资储备库 200 平方米。配套必要防火设备
2006	碌曲县草原防火站	碌曲县	草原防火物资储备库 423 平方米，配套必要防火设备
2007	玛曲县草原防火站	玛曲县	草原防火物资储备库 400 平方米，配套必要防火设备
	甘南州草原防火指挥中心	合作市	草原防火监测及管理工作用房、演示电教室、机房等 600 平方米，配套必要防火设备
2008	肃北县草原防火站	肃北县	草原防火物资储备库 400 平方米，配套必要防火设备
2009	夏河县草原防火站	夏河县	草原防火物资储备库 420 平方米，配套必要防火设备
	卓尼县草原防火站	卓尼县	草原防火物资储备库 420 平方米，配套必要防火设备
2010	合作市草原防火站	合作市	草原防火物资储备库 400 平方米，配套必要防火设备
	漳县草原防火站	漳县	草原防火物资储备库 400 平方米，配套必要防火设备
2011	岷县草原防火站	岷县	草原防火物资储备库 400 平方米，配套必要防火设备

续表

年度	工程名称	实施区域	实施规模
2012	张掖市草原防火指挥中心	甘州区	草原防火监测及管理工作用房、演示电教室、机房等600平方米,配套必要防火设备
	阿克塞县草原防火站	阿克塞县	草原防火物资储备库400平方米，配套必要防火设备
2013	酒泉市草原防火物资储备库	肃州区	草原防火物资储备库665.28平方米,配套必要防火设备
	瓜州县草原防火站	瓜州县	草原防火物资储备库450.85平方米,配套必要防火设备
2014	天祝县草原防火站	天祝县	草原防火物资储备库733.2平方米，配套必要防火设备
2015	甘肃省祁连山重点草原火险治理区基础设施建设	武威市、敦煌市、肃南县、民乐县、山丹县、永昌县、永登县	建设草原防火物资库房3360平方米,配套必要防火设备
	甘南及周边重点草原火险治理区基础设施建设	临夏州、迭部县、临潭县	建设草原防火物资库房1650平方米,配套必要防火设备。
2016	甘肃省中东部重点草原火险草原防火基础设施建设	兰州市、定西市、环县、华池县、榆中县、靖远县、渭源县、山丹马场	建设草原防火物资库房4500平方米,配套必要防火设备
2017	甘南州草原火情监控站	合作市、玛曲县、碌曲县、夏河县、卓尼县、迭部县	草原火情瞭望塔、前端系统、室内控制系统平台、应急传输系统
2018	酒泉重点草原火险区草原防火基础设施	肃北县、阿克塞县、瓜州县、敦煌市、玉门市、金塔县	草原防火物资储备库900平方米和草原火情瞭望塔16座。配套必要防火设备

与的草原火灾应急预案体系基本形成。二是保障能力明显加强：草原防火基础设施建设覆盖全省 90%的极高火险区和 40%的高火险区，草原防扑火物资保障体系已基本建立，草原防火装备水平进一步提高，物资储备基础不断夯实。新型草原灭火战车、新一代野外生存装备、新型灭火机及灭火机快速启动装置等科研成果已得到广泛应用，为有效扑救草原火灾注入了高科技力量。三是预防能力明显提升：全省累计建成草原防火物资储备库 8 座、防火指挥中心 3 个、草原防火站 25 个、边境草原防火隔离带 71 千米，共有草原扑火应急队伍 529 支，各类基层防火领导小组 304 个，草原防火管理人员达到 3061 名，制定草原防火宣传碑牌 2000 多个。各地积极组织开展内容丰富、形式多样的宣传活动，每年防火期发布草原火险天气预报，在业务网站和重要媒体及时发布草原防火信息，全民草原防火意识逐渐增强。各级草原防火部门与气象部门密切协作，定期开展火险气候趋势监测与分析，及时接收处理气象卫星监测热点，积极发布监测预警信息，初步实现部分草原火灾重发频发区火情信息在各级组织指挥机构之间上下联通。基本做到了草原火灾不漏查、不迟查和不错查，以及火情“早发现、早报告、早处置”。

六、退牧还草工程

长期以来，由于气候条件的变化和超载过牧等自然和人为因素的影响，中国北方草原出现大面积退化，草原生产能力下降，植被盖度降低，地表裸露，沙尘天气频繁发生，已成为严重的生态问题。为维护国家生态安全，促进草原畜牧业和牧区经济社会全面协调可持续发展，按照《国务院关于加强草原保护与建设的若干意见》的要求，2002 年 12 月，国务院西部办、国家发改委、农业部、财政部和国家粮食局等五部委在认真调研的基础上，向国务院呈报了《关于启动退牧还草工程建设的请示》，提出了实施退牧还草工程的总体思路和目标任务，计划用 5 年时间先期在甘肃等重点草原牧区治理 10 亿亩退化草原。实施退牧还草工程是党中央、国务院从中国经济社会发展全局考虑作出的重大决策，是实现可持续发展的紧迫任务，是推进西部大开发的重要举措。该工程的实施，对于改善草原生态，维护国家生态安全，促进草原畜牧业和经济社会全面协调可持续发展，对于增加农牧民收入，提高农业综合生产能力，实现全面建成小康社会和构建社会主义和谐社会，都具有十分重要的意义。

1. 实施范围

2003—2020 年，甘肃省甘南、酒泉、张掖、武威、金昌、定西、庆阳、白银等 8 个州（市）的碌曲县、玛曲县、夏河县、临潭县、合作县、卓尼县、迭部县、肃北县、阿克塞县、瓜州县、玉门市、敦煌市、肃南县、山丹县、山丹马场、高台、民乐、天祝、民勤、古浪、永昌市、漳县、环县、华池县、宝瓶河牧场等 25 个县（市、场）退化草原区实施了退牧还草工程。

2. 规模

截至 2020 年，退牧还草工程基本情况见表 2-11。

表 2-11　退牧还草工程基本情况表

年度	实施区域	实施规模
2003	碌曲、玛曲、夏河、卓尼、迭部、肃北、阿克塞、瓜州	禁牧围栏 39.34 万公顷，休牧围栏 39.34 万公顷
2004	碌曲、玛曲、夏河、卓尼、迭部、肃北、阿克塞、瓜州、肃南、天祝	禁牧围栏 28 万公顷，休牧围栏 50.68 万公顷
2005	碌曲、玛曲、夏河、卓尼、迭部、肃北、阿克塞、肃南、天祝	禁牧围栏 21.34 万公顷，休牧围栏 46.67 万公顷亩，划区轮牧围栏 5.34 万公顷，补播改良 22 万公顷
2006	碌曲、玛曲、夏河、卓尼、迭部、肃北、阿克塞、瓜州、肃南、天祝	禁牧围栏 31.33 万公顷，休牧围栏 84 万公顷，补播改良 34.6 万公顷
2007	玛曲、夏河、卓尼、迭部、临潭、合作、肃北、阿克塞、肃南、山丹、天祝、民勤、永昌	禁牧围栏 24 万公顷，休牧围栏 34 万公顷，补播改良 17.4 万公顷
2008	玛曲、夏河、卓尼、迭部、临潭、合作、肃北、阿克塞、肃南、山丹、天祝、民勤、永昌	禁牧围栏 29.33 万公顷，休牧围栏 33.33 万公顷，补播改良 18.8 万公顷
2009	卓尼、迭部、临潭、合作、肃北、阿克塞、肃南、山丹、山丹马场、天祝、民勤、永昌、漳县、环县	禁牧围栏 32.33 万公顷，休牧围栏 30.67 万公顷，补播改良 18.87 万公顷
2010	卓尼、迭部、临潭、合作、肃北、阿克塞、肃南、山丹、山丹马场、天祝、民勤、永昌、漳县、环县	禁牧围栏 39.33 万公顷，休牧围栏 36.67 万公顷，补播改良 30.66 万公顷
2011	卓尼、临潭、肃北、阿克塞、玉门、敦煌、肃南、天祝、古浪、民勤、永昌、漳县、环县	休牧围栏 48.33 万公顷，划区轮牧围栏 8.33 万公顷，补播改良 17 万公顷，人工饲草料地 0.67 万公顷，舍饲棚圈 0.3 万户
2012	夏河、临潭、肃北、阿克塞、瓜州、玉门、敦煌、肃南、天祝、古浪、民勤、永昌、岷县、环县、华池	休牧围栏 33.33 万公顷，划区轮牧围栏 13.33 万公顷，补播改良 1873万公顷，人工饲草料地 1.27 万公顷，舍饲棚圈 0.6 万户
2013	玛曲、夏河、碌曲、卓尼、合作、肃北、瓜州、玉门、敦煌、肃南、山丹、天祝、古浪、民勤、永昌、岷县、环县、华池	休牧围栏 33.33 万公顷，划区轮牧围栏 4万公顷，补播改良 15.53 万公顷，人工饲草料地 1.73 万公顷，舍饲棚圈 1.7 万户
2014	玛曲、夏河、碌曲、卓尼、临潭、合作、肃北、瓜州、阿克塞、玉门、肃南、山丹、天祝、古浪、民勤、永昌、岷县、漳县、环县、华池	休牧围栏 16.67 万公顷，划区轮牧围栏 13.33 万公顷，补播改良 13.8 万公顷，人工饲草料地 2.4 万公顷，舍饲棚圈 2 万户

续表

年度	实施区域	实施规模
2015	玛曲、夏河、碌曲、卓尼、临潭、合作、肃北、瓜州、阿克塞、玉门、肃南、山丹、天祝、古浪、民勤、永昌、岷县、漳县、环县、华池	休牧围栏 14 万公顷，划区轮牧围栏 10.67 万公顷，补播改良 9.6 万公顷，人工饲草料地 2.47 万公顷，舍饲棚圈 2.4 万户，已垦草原治理 0.67 万公顷
2016	玛曲、夏河、碌曲、卓尼、合作、肃北、玉门、肃南、天祝、古浪、民勤、岷县、环县、华池、宝瓶河牧场	休牧围栏 15.33 万公顷，划区轮牧围栏 10 万公顷，补播改良 1.33 万公顷，人工饲草料地 1.33 万公顷，舍饲棚圈 1 万户，黑土滩治理0.33 万公顷，毒害草治理 0.33 万公顷
2017	玛曲、夏河、碌曲、卓尼、迭部、合作、临潭、肃北、瓜州、阿克塞、玉门、敦煌、肃南、山丹、山丹马场、天祝、古浪、民勤、永昌、岷县、漳县、环县、华池	划区轮牧围栏 25.33 万公顷，补播改良 1.33 万公顷，人工饲草料地 1.67 万公顷，舍饲棚圈 1 万户，黑土滩治理 0.33 万公顷，毒害草治理 0.33 万公顷
2018	玛曲、夏河、碌曲、合作、临潭、肃北、阿克塞、玉门、敦煌、肃南、山丹、山丹马场、高台、民乐、天祝、古浪、永昌、环县、华池	划区轮牧围栏 20 万公顷，补播改良 2 万公顷，人工饲草料地 1.67 万公顷，舍饲棚圈 0.7 万户，黑土滩治理 1 万公顷，毒害草治理 0.6 万公顷
2019	玛曲、夏河、碌曲、迭部、卓尼、临潭县、合作市、肃北、阿克塞、玉门、肃南、山丹、高台、甘州区、山丹马场、天祝、古浪县、靖远、永登、华池、环县	草原围栏 3.33 万公顷，退化草原改良 6.67 万公顷，人工饲草料地 3.33 万公顷，黑土滩治理 0.67 万公顷，毒害草治理 2 万公顷
2020	玛曲、碌曲、卓尼、临潭县、合作市、肃北、阿克塞、玉门、肃南、山丹、山丹马场、天祝、古浪县、靖远、华池、环县	草原围栏 3.33 万公顷，退化草原改良 6.6 万公顷，人工饲草料地 2.66 万公顷，黑土滩治理 2.33 万公顷，毒害草治理 2.33 万公顷

3. 组织管理及成效

项目由甘肃省草原行政主管部门管理，县级草原行政主管部门组织实施，甘肃省草原技术推广总站及甘肃农业大学、兰州大学参与技术培训、方案编制、督查验收等科技支撑工作。

依托工程单位实体建设取得成效：退牧还草工程启动以来，单位站从工程管理、可研和方案编制、工程监理督查、科技支撑、验收评价、成效监测等方面全方位参与服务，先后有 3 名专职技术人员进入甘肃省退牧还草办公室工作，参与了工程全程管理，协助管理部门启动了甘肃省退牧还草工程科技支撑工作，先后实施了一批草原生态监测评价、牧区人工草地建植、鼠虫害防治、草原合理利用评价及工程配套的实用技术研究和示范推广项目，其中成果获省部级科技进步、农业丰收二等奖 2

项，三等奖多项。配合工程实施，创办了围栏制造、种子生产经营、工程监理等实体 2 个，创造了可观的经济效益，为改善单位基础设施、办公条件、增加职工福利、增强单位发展活力和后劲发挥了重要作用。

一是生态效益初显：通过监测，工程实施后草原植被盖度比工程实施当年平均提高了 4.2 个百分点，鲜草产量比工程实施前提高了 5.8%。工程区内草原植被盖度、高度和产量分别比工程区外高 3.9%、8.6%和 8.7%。青藏高原草原区退化草原治理区 3 县，工程区内平均植被盖度为 81.4%，比非工程区提高 3.4 个百分点，高度和鲜草产量分别为 23.7 厘米和 5 041.4 千克每公顷，比非工程区提高了 8.2%和 5.5%；北方干旱草原区退化草原治理区 4 县工程区内平均植被盖度为 23.2%，比非工程区提高 7.9 个百分点，高度和鲜草产量分别为 16.43 厘米和 943.4 千克每公顷，比非工程区提高 7.5%和 4.2%；黄土高原草原区退化草原治理区 3 县，工程区内平均植被盖度为 76.8%，比非工程区提高 4.5 个百分点，高度和鲜草产量分别为 24.6 厘米和 4 222.2 千克每公顷，比非工程区提高了 5.1%和 8.8%。草原涵养水源的功能提高，青藏高原区一些消失的沼泽逐步出现，黄河流量明显增大，区域降雨量明显增加，水土流失得到初步治理。草原生物多样性发生好转，工程区内多年不见的野生动物种类和数量开始增加。和工程区外相比，草原植物种群增多，优良牧草增加，毒杂草减少。天祝项目区草原植物群落生物多样性增加，植物种数由工程实施前的 28 种每平方米增加到 42 种每平方米，草原类草场由工程实施前的 8 种每平方米增加到 12 种每平方米，优良的禾本科牧草种群比例明显增加，由工程实施前的 48%增加到 60%左右。退牧还草工程区草场退化的趋势得到明显遏制，甘南州部分草场风吹草低见牛羊的美景初步呈现。肃北、阿克塞项目区草原野生动物百千米遇见率也由项目实施前的 2 头（只）提高到 6 头（只）以上。二是经济效益显著：工程实施后，青藏高原禁牧区天然草原平均产草量比以前提高了 92.4%，平均每公顷可增加鲜草产量约 3 160.5 千克，每公顷增效 1605 元。甘南州实施完成的 51 万公顷退牧还草工程禁牧草原，一年可增加产值 82 390 万元；184 万公顷休牧和划区轮牧草原，一年可增加产值 118 189.5 万元；两项合计达 200 579.5 万元，可使全州 51.8 万农牧村人口年人均增收 3 872.2 元。为了从根本上解决草畜矛盾问题，甘南州总结经验，提出并实施了农牧互补战略，即把牧区畜多和农区秸秆资源优势互相结合，促进畜牧业发展，经过几年努力，取得了良好效果。通过建立种草基地，育肥出栏，扶持龙头企业，开展区域之间草畜双向互补协议，使全州的草原畜牧业发展有了新的进展。项目的实施扩大了就业和再就业门路，带动了原材料生产、围栏加工、建筑安装、运输、牧草种子生产经营等产业，安置 3 万人就业，仅围栏加工、安装运输和草种子生产经营增加地方税收 8700 万元，有力地促进了民族地区经济社会发展，推动了牧区新农村建设步伐。三是社会效益突出：工程的实施在项目区产生较大反响，使广大牧民群众逐步认识到草原资源的重要价值，牢固树立了建设和保护草原的意识，积极扩大牲畜出栏、加快畜群周转，对草原建设与保护投入的逐年增加已成为广大牧民群众的自觉行动。通过稳定和完善草原承包经营制度，有效保障广大农牧民承包经营草原的权益，进一步激发草原保护发展的活力，对促进牧区可持续发展发挥了重要作用。全省落实草原承包面积 2.4 亿亩，很大程度上扭转了“草原无主，放牧无界”的局面，掠夺式利用草原的现象得到有效遏制。

七、新一轮退耕还草工程

退耕还林还草是西部大开发的一项重大举措。2000 年 9 月，国务院发布了《关于进一步做好退耕还林还草试点的若干意见》，退耕还林还草工程正式启动。2014 年，国家启动了新一轮退耕还草工程，同年 8 月，国务院批准实施《新一轮退耕还林还草总体方案》(以下简称《总体方案》)，标志着中国退耕还林还草工作再启征程，实施地为 25 度以上坡耕地、严重沙化耕地中的非基本农田以及经国务院批准的调整为非基本农田后实施退耕的陡坡耕地。

1. 实施范围

2015 年起，甘肃省先后在武都区、礼县、东乡县、临潭县、榆中县、凉州区、天祝县、民勤县、古浪县、会宁县、平川县、靖远县、景泰县、临泽县、甘州区、民乐县、高台县、山丹县、环县、华池县、瓜州县、安定县、广河县、和政县、永登县、榆中县等 26 个县（区）及甘肃省农垦集团的生地湾农场、国有临泽农场、饮马农场、黄花农场实施了新一轮退耕还草工程。

2. 规模

截至 2020 年，全省共落实新一轮退耕还草工程建设任务 17.14 万公顷。

新一轮退耕还草工程基本情况见表 2-12。

表 2-12　新一轮退耕还草工程基本情况表

年度	实施区域	实施规模
2015	榆中、凉州、天祝、武都、礼县、东乡、临潭	0.67 万公顷
2016	平川、靖远、景泰、临泽、甘州、民乐、高台、山丹、凉州、民勤、古浪、武都、礼县、环县、华池、东乡、临潭、农垦集团	1.47 万公顷
2017	会宁、靖远、景泰、平川、瓜州、甘州、临泽、山丹、民乐、安定、武都、礼县、华池、环县、广河、临潭、农垦集团	1.15 万公顷
2018	瓜州、高台、山丹、民乐、会宁、靖远、和政、临潭、华池、环县、武都、礼县、农垦集团	1 万公顷
2019	会宁、安定	2 万公顷
2020	古浪、永登、会宁、靖远、武都、环县、和政、东乡、临潭	10.85 万公顷
总计		17.14 万公顷

八、已垦草原治理工程

为保护草原生态环境，加强草原基础设施建设，提高天然草原自然修复能力，促进草原生态环境与草畜产业持续、健康、协调发展，国家印发了《农业环境突出问题治理总体规划（2014—2018年）》，2016年正式启动农业环境突出问题治理——农牧交错带已垦草原治理工程，其主要建设内容为人工饲草基地建设。

1. 实施范围

2016—2018年，甘肃省先后在会宁县、靖远县、景泰县、平川区、民乐县、山丹马场、环县、华池县、庆城区、镇原县、宁县、夏河县、合作市、临潭县、碌曲县、舟曲、秦州等17个县（市、区、场）实施了已垦草原治理工程。

2. 规模

截至2018年，全省共落实已垦草原治理工程建设任务13.85万公顷。已垦草原治理工程基本情况见表2-13。

表2-13　已垦草原治理工程基本情况表

年度	实施区域	实施规模
2016	会宁、靖远、景泰、平川、环县、华池、庆城、镇原、宁县、夏河	4.53万公顷
2017	会宁、靖远、景泰、平川、环县、华池、庆城、镇原、宁县、夏河、合作、山丹马场	4.9万公顷
2018	会宁、平川、民乐、山丹马场、环县、华池、镇原、夏河、合作、临潭、碌曲、舟曲、秦州	4.42万公顷
总计		13.85万公顷

3. 建设成效

通过已垦草原治理工程的实施，各项目县（区）饲草供给能力有效提升，农户收入稳步增加，草原生态环境进一步优化，取得了生态效益、社会效益和经济效益的“多赢”效果。一是推动草产业快速发展，为传统畜牧业转型升级奠定了物质基础。工程区草产业发展迅速，饲草供给能力有效提升，优质牧草连片种植面积迅速增加。白银市的会宁县已建成整流域优质牧草种植核心示范区101个，其中3000亩以上30个、1000亩以上71个，人工草地达到180多万亩，为畜牧业的发展奠定了坚实基础。山丹马场积极调整种植结构，扩大人工种草面积，修建储草棚，每年有计划储备越冬草料，有效弥补天然草原枯草期牧草产量低、营养物质不足等问题，为实现传统畜牧业向现代畜牧业的转型升级提供了物质保证，减轻了天然草原放牧压力。二是草产品市场日益活跃，助农增收效果明显。已垦草原治理的实施促进了草产业快速发展，而且市场对青贮苜蓿、草颗粒等为主的草产品需求旺盛，甘肃省大量草产品销往内蒙古、新疆等省外市场，呈现出购销两旺的态势，成为农民增收的新增长点。同时，项目区农户从工程实施中直接获得了实惠，许多地区大力发展后续产业，农户因耕种压力减轻而外出务工，这些都成为农民增收致富的重要途径。三是持续推进已垦草原治理，为改善生态环境作出贡献。项目区草地面积持续增加，植被生态恢复效果良好，草地涵养水源、保持水土的作用进一步加强。特别是位于黄土高原的中东部地区，通过项目实施，有效缓解了水土流失问题，据环县草原部门监测，2017 年全县天然草原生长期植被盖度平均 66.84%，较上年提高了 0.72%，促进了生态环境改善，取得了明显成效。

4. 开展了科技支撑配套项目

依托工程实施，单位自列“已垦草原植被恢复技术研究”项目配套开展科技支撑和技术推广工作。成果显示，甘肃省已垦草原面积达 863 万亩，已撂荒的面积为 660 万亩，主要分布在黄土高原区和河西荒漠区。项目在甘肃省不同生态区域有代表性的已垦草原类型，通过植被演替过程分析，本土先锋植物确定、适宜牧草品种选择，采用补播改良、围栏封育等多种措施，总结出适宜甘肃省不同区域已垦草原植被恢复技术，达到生态保护，经济发展的目的。

科技支撑项目通过 3 年试验研究，主要开展：

（1）已垦草原植被演替规律分析。通过人工干预，以植被盖度、物种多样性指数等为监测和精准分析指标，分析了甘肃省不同区域已垦草原植被演替规律，为合理治理已垦草原提供了依据。

（2）已垦草原治理模式的探索。①黄土高原区，根据生境条件，对水土流失、风蚀严重的弃耕地、撂荒地，种植陇东苜蓿、红豆草等多年生优良牧草，也可采用窄灌木宽草带的林草结合治理模式。②河西荒漠区，根据当地环境条件，一部分采用补播旱生或超旱生植物，如白沙蒿、白刺、冰草、骆驼蓬等，结合围栏、封育等方式进行恢复；对自然条件严酷的干旱草原可采用围栏封育，依靠自然恢复。③青藏高原区，根据植被受损情况，通过种植和补播披碱草、老芒麦、早熟禾、黑麦等当地乡土草种、结合鼠虫害防治进行植被恢复。

（3）已垦草原治理效果评价。在甘肃省不同生态功能区，采用恢复样地与原始样地对比监测，项目区植被盖度、产草量、生物多样性等指标都有一定的提高，已垦草原植被进入正向演替，生态环境和农牧民生产得到提高。

（4）配套在黄土高原区开展了根瘤菌技术研发和成果转化、不同生态区域主推品种和主推技术模式成果转化以及草牧业配套技术研究与示范，示范面积 17 万亩。

5. 参与科技支撑科室和技术人员

动物营养室张贞明；草原建设科金加明、阿不满、王历宽、王海；草业科杨浩、周栋昌、付萍；信息科张洁、谭立伟、李智燕等；区域试验科李德明、耿小丽、张少平、武慧娟等。

九、振兴奶业行动——苜蓿示范项目

（一）基本情况

2008 年三鹿奶粉事件后，为从源头上解决因饲料短缺造成的牛奶质量安全问题，2012 年国家正式启动“振兴奶业苜蓿发展行动”，在全国苜蓿优势产区和奶牛主产区建设高产优质苜蓿示范片区。2012—2018 年，国家共安排甘肃省高产优质苜蓿示范区建设项目任务 68.25 万亩。项目实施主要内容为：一是推行苜蓿良种，更新品种，推广使用高产、优质、抗逆性强的苜蓿优良品种。二是实行标准化生产，推广应用苜蓿种子丸化包衣、根瘤菌接种、地膜覆盖精量穴播、病虫草害综合防治、水肥一体化调控和刈割收获、压扁、田间快速脱水、茎叶同步干燥、收割机械组装配套、田间快速打包、高密度草捆加工等高产集成技术，完善生产技术规程，开展标准化生产培训。三是改善生产条件，改造中低产田，改良土地，修建灌溉设施，完善田间基础设施，修建仓储设施，配置和扩容储草棚、堆储场、农机库等。四是提升质量水平，配备检测设备，对苜蓿粗蛋白含量、酸性洗涤纤维、中性洗涤纤维等关键指标进行检测，保证苜蓿草产品质量。

（二）项目建设成效

1. 强化了基础设施建设和机械设备配套

各地依托项目建设，切实加强田间道路、储草棚、晾晒场、田间渠系、输水管道、机井等基础设施建设，加大激光平地仪、拖拉机、播种机、压扁割草机、搂草摊晒机、田间捡拾打捆机、二次高密度加压机、苜蓿草颗粒加工机、质量检测设备、滴灌喷灌设施等机械设备配套，从整地、播种、施肥、刈割、翻晒、收获、压扁、打包、高密度草捆加工等机械设备基本成套，实现了农业机械化生产及加工一体化生产，生产水平和效率明显提高。示范区内苜蓿单产水平旱作条件下亩产 400 千克以上，灌溉条件下亩产 800 千克以上，产品质量达到二级以上大业公司先后投资 3 亿多元，在河西走廊的张掖、高台、酒泉、玉门建成 4 座现代化紫花苜蓿加工厂，年生产加工能力达到 40 万吨，引进国外先进牧草播种机、搂草翻晒机、收割机、打捆机等田间机具 184 台（套），建成 8 万亩公司自有土地的苜蓿种植基地。按照“公司+自有基地+农业合作组织+科技”经营模式，走“订单”农业发展道路，已与 2 万户苜蓿种植农户签订长期种植合同，累计收购农户合同种植苜蓿 46 万吨，户均增收在 1.5 万元~2 万元。甘肃农垦各项目实施单位累计完成田间工程建设 3 万亩，通过配套滴灌、喷灌等节水设施，发展节水型高效农业，建成牧草堆放场及储草棚共 2.9 平方米，购置打捆机、割草压扁机、搂草机、拖拉机、喷药机等机械设备，有效地提高苜蓿种植的机械化率，实现了水肥一体化，提高了苜蓿产量和质量。

2. 加大了先进适用技术应用力度

甘肃省内科研、教学、技术推广等单位，充分发挥科研教学单位、技术推广、产业技术体系和行业协会的人才优势，结合全省苜蓿产业发展实际和项目实施，针对制约苜蓿产业化生产中的瓶颈问题，从苜蓿新品种引进和选育、优质苜蓿丰产栽培技术集成、苜蓿收获生产加工、苜蓿青贮等方面入手，启动实施了一系列科技支撑项目，围绕品种筛选、种植、收割、加工、储运等环节的关键技术，组织科研、教学和推广单位共同参与联合攻关，破解技术难题，不断提高草产业发展水平，积极探索建立适合不同区域的苜蓿产业化生产技术模式。各示范区加大了优良品种选择、根瘤菌拌种、测土配方施肥、牧草混播、喷灌、浅埋式滴灌、病虫害防治、适时收割等先进实用技术得到广泛应用，牧草产量不断提高，品质明显提升。苜蓿示范区种子丸粒化（包衣）率、根瘤菌接种率、过磷酸钙使用率均达到了100%。近年来，永昌等河西灌溉区结合高产优质苜蓿示范建设项目的实施，总结探索出了“全膜覆土、精量穴播”苜蓿种植新技术，不仅解决了春季苜蓿出苗、保苗差的问题，还大幅增加了产量、提高了品质、治理了盐碱、节约了用水，平均增产20%，节约用水50%以上，已经成为积极推广应用的牧草种植适用新技术，全省累计推广全膜覆土精量穴播苜蓿种植面积达到60多万亩。位于永昌县境内的甘肃杨柳青牧草饲草料公司，依托项目实施建成苜蓿草产品检测中心1处，面向甘肃乃至西北地区，开展苜蓿草品质检测服务。

3. 促进了农民增收

在示范项目的带动下，全省各地种植苜蓿的积极性高涨，饲草专业生产合作社进一步发展壮大，增收步伐加快，苜蓿生产区域化、专业化、规模化、集约化格局初步形成。在优势产区，苜蓿种植比例越来越大，加快了种植结构调整，苜蓿产业已发展成为有一定实力的优势产业，带给农民的现金收入明显增加，经济效益显著。苜蓿项目实施中，推广应用了节水滴灌等新技术和机械设备，每亩生产成本降低了50~80元，亩产量增幅达20%以上，苜蓿草产品粗蛋白含量提高0.5~1个百分点，每吨价格提高150~200元，亩均纯收益达到350~600元，较项目实施前亩均增收100~200元。

4. 加快了生态环境保护

甘肃省水资源短缺，风沙较大，通过种植苜蓿，有效抑制了风沙，减少了水土流失，改善了生态。播种当年的苜蓿主根长达2米多，能有效防止水土流失，防风固沙。苜蓿具有很好的固氮作用，可增加土壤肥力，改善土壤理化性状。在甘肃省陇东、河西等地，种植苜蓿每公顷固氮相当于尿素260~350千克，使土壤有机质提高15%~20%，减少了化肥用量，降低了对环境的污染，推进了生态环境保护。种植苜蓿后，能增加土壤透水性，有效改造中低产田，治理盐碱，在甘肃省河西地区，种植1亩苜蓿，其产量相当于天然草原的20~30倍，种1亩苜蓿相当于保护草原30~50亩，减少了天然草原放牧压力，推进了舍饲畜牧业发展，保护了草原生态。

十、农业综合开发项目——牧草良种繁育基地项目

背景来源：2011年以来，在国家大力支持下，甘肃省利用农业开发资金先后实施了多个以紫花苜蓿为主的牧草良种繁育基地建设项目，项目由甘肃省农牧厅计划处（发展规划处）下达、管理并组织监管验收。

1. 甘肃农垦紫花苜蓿良种繁育基地建设项目

建设地点：甘肃省国有黄花农场（玉门市）。

建设单位：玉门丰花草业有限公司。

建设年限：2011年。

建设内容：土地整理及培肥2000亩，衬砌灌溉渠道4千米，整修机耕路6千米；种子加工车间151.2平方米，成品库197.38平方米，质检及办公用房151.63平方米，晒场2800平方米；购置0.5吨每小时苜蓿种子成套加工设备1套，质检设备11台（件），农机具设备6台，配电等公用设备5台（套）；人员培训1000人（次），引进原种2200千克。

2. 甘农5号紫花苜蓿原种扩繁基地建设项目

建设地点：临夏县北塬乡。

建设年限：2012年。

建设单位：甘肃农业大学草业学院、甘肃省农业科学院畜草与绿色农业研究所。

协作单位：临夏州园艺试验站、临夏州农业科学研究。

建设内容：改造种子库房118.25平方米、种子检验室38.50平方米、挂藏室20.50平方米，新建种子初加工车间、种子精加工及包装车间142.10平方米、农机具库101.50平方米、晒场1800平方米；田间道路2千米、U型渠1千米、平整土地102亩、改良土壤102亩、围栏1 646.9米、输电线路1000米；配套购置质检设备11台（套）、种子加工设备5台（套）、土化仪器设备2台、田间农机具6台（套）。

3. 赛特紫花苜蓿良种繁育基地建设项目

建设地点：酒泉市肃州区上坝镇、下河清乡。

实施年限：2013年。

建设单位：酒泉市未来草业有限责任公司。

建设内容：平整土地1200亩，土壤改良及培肥2160亩。新建种子清选车间751.45平方米、种子库房542.5平方米、化验及检测室150.25平方米、配电室29平方米、水泵房20平方米、值班室20平方米、晒场2000平方米、围墙370米、输电线路400米。购置苜蓿种子成套加工设备1套，质检设备21台（件），农机具1台，配电等公用设备26台（套）；人员培训280人（次）。

4. "金皇后"紫花苜蓿良种繁育基地建设项目

建设地点：张掖市甘州区沙井镇东四号村。

实施年限：2013 年。

建设单位：兰州西部草业工程技术研究有限公司。

建设内容：新建物资库 380 平方米、机具库 500 平方米、常温库 450 平方米、晒场 3500 平方米。土地平整 1000 亩，土壤改良 500 亩，排灌渠系 4000 米，铺设输电线路 2000 米，修造田间道路 3000 米，围栏 4000 米（1500 亩）、围墙 500 米，机井 2 眼。购置电增容设备 3 台，牧草联合收割机 1 台。

5. 甘肃岷县岷山猫尾草良种繁育基地建设项目

建设地点：定西市岷县岷阳镇、寺沟乡立林村。

实施年限：2013 年。

建设单位：岷县方正草业开发有限公司。

建设任务：新建加工厂房 700 平方米，常温库 250 平方米，质检室 90 平方米，物质库 300 平方米，晒场 2300 平方米。土壤改良和土地平整 2000 亩，新建基地内围栏 5100 米、道路 3700 米、输电线路 1500 米。配套购置牧草种植、收获和种子加工设备 14 台（套），牧草种子质检仪器设备 21 台（套），供配电设备 1 套。培训项目区猫尾草优良种子繁育农户 1000 人次。

6.“皇冠”紫花苜蓿良种繁育基地建设项目

建设地点：金昌市永昌县东寨镇龙口村。

实施年限：2014 年。

建设单位：甘肃兴盛草地生态工程有限公司。

建设任务：新建质检室 60 平方米，种子加工车间 150 平方米，贮草棚 1500 平方米；农机具库 180 平方米；土地平整 2400 亩；围栏 15 000 米； 田间道路 16 000 米；晒场 1000 平方米；输电线路 1000 米；配套购置牧草种植、收获和种子加工设备及相关的牧草种子质检仪器设备 30 台/套。

7. 陇西县德宝紫花苜蓿良种繁育基地建设项目

实施地点：定西市陇西县云田镇北站村、权家湾袁家岔村。

实施年限：2015 年。

建设单位：陇西县百绿草业有限公司。

建设任务：建设德宝紫花苜蓿种子繁育基地 2000 亩，建设牧草种子加工点一处，建设种子常温库 290 平方米，加工车间 727.75 平方米，质检室（种子检验室）99 平方米，农机具库房 317.75 平方米，储草棚 625.25 平方米，建设晒场 2300 平方米。配套购置牧草种植、收获和种子加工设备及相关的牧草种子质检仪器设备 28 台（套）。

8. 甘肃省高台县甘农 5 号紫花苜蓿良种繁育基地建设项目

建设地点：张掖市高台县。

建设年限：2016年。

建设单位：高台县隆丰种业有限公司。

9. 甘农6号紫花苜蓿繁育基地建设项目

建设地点：酒泉市肃州区。

建设年限：2016年。

建设单位：甘肃创绿草业科技有限公司。

十一、甘肃省草地农业试点建设项目

理论支持及背景："草地农业"是任继周院士20世纪70年代提出的科学概念，是以饲草种植和草食家畜养殖为核心的从草地景观生态、农业三元结构布局、到畜牧业、畜产品加工业、一直到终端消费者的生态农业全产业链多系统耦合理念，草地农业将饲草种植和草食家畜养殖引入农业系统，使农业系统更加完备和合理，以饲草和草食家畜为纽带将种植业和养殖业联结起来，使农牧结合得以完善和紧密，属于"高效农业""生态农业""循环农业""可持续农业"。发展草地农业是世界发达国家的普遍经验和共同道路。从钱学森院士关于草产业的思想，到任继周院士关于草地农业系统论科学体系的创立，中国草地农业理论已经成熟并在走向实践。2014年，在任继周等院士的积极倡导下，甘肃省把大力发展草地农业同实施"1236"扶贫攻坚行动、建设国家生态安全屏障综合试验区有机结合起来。甘肃省政府印发了《2014年全省草地农业发展试点方案》，按照"粮草兼顾、生态优先、草畜协调发展"的原则，选择陇东环县、南部临夏县、中部会宁县、河西古浪县启动草地农业发展试点工作。

项目组织管理：甘肃省农牧厅职能处室管理，相关县草原行政主管部门组织实施。

科技支撑单位：兰州大学草地农业科技学院。

项目实施情况：

1. 环县整合省级农牧和扶贫各类资金、县财政配套资金重点用于人工种草补贴、青贮设备购置。2015年底，全县人工种草面积75万亩，粮-经-饲结构由68:8:24调整到65:7:28，饲草种植比例提高4个百分点。农作物秸秆转化利用总量达到105.84万吨，利用率达到73%，提升13个百分点。培育肉羊产品生产加工龙头企业和牧草种子加工厂各1个，新增草产品生产加工能力3万吨，草畜产品的加工能力和品牌建设取得新进展。全县肉牛饲养量、存栏、出栏分别达到6.5万头、4.63万头和1.87万头，肉羊饲养量、存栏、出栏分别达到128.09万只、90.52万只和37.57万只，其中肉牛、肉羊出栏增幅均达到8%以上，高于全省牛羊大县平均增幅。

2. 临夏县整合资金以奖代补，到2015年，全县种草面积达到10万亩，农作物秸秆利用总量达到29.92万吨，综合利用率达到94%。培育草畜产品生产加工龙头企业或专业合作社 5 个，新增草畜产品生产加工能力 5 万吨。肉牛标准化规模养殖场达到 40 个、奶牛标准化规模养殖场达到 14 个、肉羊标准化规模养殖场达到 55 个，肉牛饲养量达到 7.5 万头，肉羊饲养量达到 29.6 万只，牛、羊规模化养殖比重分别达到 46%和 49%。

3. 会宁县出台《会宁县草田轮作制度》《会宁县草产业发展引导支持政策》等配套政策。在新修梯田地或适合机耕的平地，整流域新种植紫花苜蓿、红豆草等多年生优质豆科牧草，成苗率达 90%以上，集中连片 3000 亩以上，纳入高产优质苜蓿示范片建设项目，配套产业体系设施建设；整流域种植 1000 亩以上，3000 亩以下，当年每亩补贴 20 元，草产品加工营销企业购置农机具享受农机补贴政策。电力部门要按照农业生产用电价格供应用电。对年生产能力达到 5000 吨以上的草产品加工企业，优先给予草产业加工体系项目支撑。对年收购 3000 吨以上，且通过县草产业协会统一销售的站点，优先给予草产业仓储体系项目支撑。到 2015 年底，全县种草面积达到 212 万亩,粮-经-饲结构由 79:18:3 调整到 69:18:13；全县农作物秸秆转化利用总量达到 147 万吨，综合利用率达到 65%，较 2013 年提高 8 个百分点。培育草产品生产加工龙头企业 3 个，新增草产品生产加工能力 5 万吨。全县牛饲养量、存栏、出栏分别达到 11.2 万头、7 万头和 4.2 万头，羊饲养量、存栏、出栏分别达到 152.2 万只、77.9 万只和 74.3 万只，牛羊规模化养殖比重分别达到 46%和 49%。

4. 古浪县制定了《2014 年农业产业发展奖补方案》，对川区新建或扩建后集中连片养殖棚面积达到 50 亩以上的示范点、山区新建或扩建后棚距在 30 米以内连片且面积达到 10 亩以上的养殖点，由县财政对新建养殖暖棚进行奖补；对有贷款意愿且符合信贷条件的建棚户，可申请贴息贷款；对符合信贷条件的獭兔养殖户，可申请贴息贷款；对新建兔舍且獭兔存栏量在 300 只以上的农户，给予奖励补助。到 2015 年底，种草面积达到 26 万亩，其中耕地种草 23 万亩，三荒地种草 3 万亩；粮-经-饲结构由 79:18:3 调整到 69:18:13，饲草种植比例提高 10 个百分点。农作物秸秆转化利用总量达到 35 万吨，综合利用率 68%，提升 10 个百分点；饲草料加工利用率达到 52%，培育草畜产品生产加工龙头企业 3 个，专业合作社 8 个，建成青贮窖 3 万立方米，饲料储备库 3 个，配套青贮设备 300 台（套），草产品加工能力和品牌建设取得新进展。肉牛饲养量、存栏、出栏分别达到 7.6 万头、5.6 万头和 2 万头；肉羊饲养量、存栏、出栏分别达到 97.2 万只、64.5 万只和 32.7 万只，其中肉牛、肉羊出栏增幅均达到 8%以上。

实施成效：一是加快了草产业建设。4 个试点县补播改良优质牧草生产基地 25 万亩，新建紫花苜蓿等良种繁育基地 1.1 万亩。建设储草棚 14 座，配备背负式割草机 1000 台，扶持建设草产品生产加工龙头企业 2 个。二是提升秸秆综合利用水平。新建青贮窖、氨化池 10 万立方米，建设秸秆饲料储备库 4 个，购置青贮氨化机械设备 495 台，秸秆饲料化综合利用率达到 65%以上。三是牛羊养殖水平进一步提高。建设种羊场 3 家、养殖场（合作社）93 个、新发展 50 只以上规模养殖户 3314 户，人工种草、秸秆加工利用和草食畜养殖协同发展，农牧互补和草畜良性互动程度得到增强。四是农业结构调整步伐加快。

十二、草牧业试点项目

项目背景：2014 年 10 月，国务院召开专题会议研究草原保护建设和畜牧业发展问题，首次提出了发展草牧业，要求确立草牧业在国民经济发展中的地位，并把草牧业统计纳入国民经济统计体系。2015 年，中央 1 号文件要求："加快发展草牧业，支持青贮玉米和苜蓿等饲草料种植，开展粮改饲和种养结合模式试点，促进粮食、经济作物、饲草料三元种植结构协调发展。"这是中央文件中第一次提出发展草牧业，将草业和牧业结合在一起。原农业部为了贯彻落实中央 1 号文件的安排部署，先后印发了《关于促进草食畜牧业加快发展的指导意见》《关于做好草牧业试验试点工作的通知》和《关于印发促进草牧业发展的指导意见的通知》，组织从 2015 年开展草牧业试验试点工作。

实施范围：甘肃省是全国首批草牧业试验试点省份之一。结合各地实际，确定甘州区、天祝县、安定区为国家级草牧业试验试点县（市、区）；夏河县、临潭县、环县、会宁县、永昌县、玉门市为省级草牧业试验试点县（市、区），探索不同草原类型区和草牧业发展区的发展模式和经验。试点建设内容主要包括草种基地建设、人工草地建植、天然草原改良、草产品生产加工、秸秆饲料化利用和金融服务支撑等方面，重点扶持草牧业企业、专业合作组织和家庭牧场等实施主体，通过财政资金带动，引导社会资金投入，创新管理方式和运行机制，研究推广实用技术，建设一批标准化、规模化的草种和草产品生产基地，提高草产品生产、加工、收储能力，集中解决草牧业发展中优良草种和优质饲草供应不足的问题，夯实产业发展基础，推进草原牧区生产方式转型升级，巩固草原补奖政策实施成效。

建设成效：4 年来，通过开展草牧业试验试点工作，全省新建草种基地 6900 亩，建设人工草地 42 万亩；引进草产品生产加工生产线 12 条，购置机械设备 3900 多台（套）；建设草产品生产加工车间、库房、质检室 5.2 万平方米，储草棚 8 万平方米，晾晒场（硬化场地）12 万平方米，青贮窖（池）36 万立方米；改良天然草原 52 万亩。随着新一轮草原补奖政策和草牧业项目的深入实施，草原牧区生态环境和生产生活条件发生了可喜的变化，取得了明显成效。

一是有效改善草原生态环境。通过落实一系列有效措施，全省天然草原综合植被盖度从 2010 年的 48.7%提高到 2018 年的 52.5%，天然草原牲畜超载率从 2010 年的 30.6%下降到 2017 年的 10.6%，草原生态修复速度明显加快，优良牧草面积逐年扩大，局部地区生态环境得到有效恢复。

二是不断夯实草产业发展基础。全省人工种草面积稳步保持在2470万亩以上，其中紫花苜蓿达到1130万亩，位居全国第一，形成了自产自用型、生态功能型、商品生产型3类饲草种植加工型态。秸秆饲料化利用量达到1420万吨，利用率达到63.5%。夏河县种植的青海444燕麦，亩产鲜草达到1800~2000千克，比本地燕麦产量增加25%~30%，安定区、甘州区农作物秸秆利用率达到70%以上，利用水平进一步提升。各地探索出了“青贮银行、青贮合作社、代贮、揉丝打捆”等秸秆加工利用模式，探索出了从牧区资源约束型向充分利用农区饲草料资源的“农牧结合、优势互补”发展的新路子，为保障草牧业发展提供了饲草支撑。

三是培育出一批新型经营主体。充分发挥市场主体作用，积极引导社会资本参与草牧业发展，按照全产业链的发展思路，不断延伸产业链条，将草牧业产前、产中、产后诸环节有机联结为一体，采取“公司+基地+农户”的发展模式，逐步建立完善了龙头企业与农户之间稳固的利益联结机制，探索出了“市场牵龙头–龙头带基地–基地带农户–种养加一体化”的发展路子。全省草产品加工企业发展到180家，草产品加工能力达到480万吨。草产品加工企业更加注重技术改进和产品质量的提升，建立优质商品草生产基地，扩大产业规模，更新生产加工设备，扩容仓储设施，生产出的草产品质量越来越好。定西市成立了草牧业科技创新战略联盟，推动龙头企业、专业合作社与家庭养殖场、种养大户、农户之间建立合作。安定区培育出了甘肃民祥、甘肃现代等草产品加工企业4个，加工生产草产品能力达到30万吨。永昌县引进甘肃杨柳青等29家草产业龙头企业，带动周边广大农户调整种植结构，种植紫花苜蓿25万亩，使以苜蓿为主的草产业真正成为既能改善生态环境，又能增加农民收入的“致富草”。

四是促进了农牧民脱贫增收。通过发展草牧业，安定区将牧草种植作为当地农民脱贫致富的主导产业，群众旱地种植苜蓿的亩均收入在600元左右，种植燕麦的亩均收入在800元左右，种植饲用玉米的亩均收入在1200元左右，全区以种草为主的专业户达到3500多家，有一部分群众通过种植饲草摆脱了贫困。甘州区积极引导规模养殖户与玉米种植户签订饲用玉米种植收购合同，保障规模养殖场青贮原料供给，以全株青贮为重点，着重抓好整村整社青贮氨化示范点和“种植–养殖–秸秆利用”示范村建设，通过青贮玉米种植，农牧户人均增收在380元以上。

五是进一步加大科技支撑力度。加强同兰州大学、甘肃农业大学、甘肃省农科院、中国农科院兰州畜牧与兽药研究所合作力度，委托院校及科研院所围绕草原保护、草牧业发展等方面开展技术研究、成果转化、包片服务等工作。甘肃省先后成立了“甘肃省草产业技术创新战略联盟”“甘肃省草产业协会”和“甘肃省草业标准化委员会”，有效提高了全省草牧业社会化组织服务能力，草牧业发展迈上新台阶。2017年10月，经甘肃省政府批准，在全省范围内开辟了草产品运输绿色通道，减免了高速路运输通行费，有效降低了草产品运输成本，为草产业发展注入了新的活力。

六是创新了草产业科技支撑机制。依托草牧业试点建设，建立了草牧业科技配套支撑项目，从2016年开始，先后启动4批科技支撑项目，涉及甘肃省内一批科研高校推广单位，推动攻克了一批关键技术，研发了新产品，转化了一批科技成果。

（本节供稿：李贵霖、张贞明、阿不满；校对：李贵霖、高天歌）

第十一节　林草机构改革以来实施的项目

一、全省中央财政草原生态修复治理项目

2019年以来，甘肃省认真落实草原补奖政策，稳步实施草原生态保护工程，全面推进草原禁牧、草畜平衡制度，着力构建草原技术推广、监理监测、灾害预警防控体系，草原生态环境整体趋好，治理区草原生态加快恢复，草原植被盖度达到53.03%。

着力完善草原生态保护政策机制。深入学习贯彻落实习近平生态文明思想，坚决扛牢草原生态保护的政治责任，出台多份指导草原生态保护的政策文件，在国务院办公厅印发《关于加强草原保护修复的若干意见》后，2021年由甘肃省政府办公厅印发《关于加强草原生态保护修复的实施意见》，突出与黄河流域生态保护和高质量发展、青藏高原区和祁连山区生态保护等国家战略相衔接，明确新阶段草原生态保护工作的指导思想、工作原则和中长期发展目标，提出一系列举措，为今后工作提供政策引领和遵循。编制《“十四五”林业和草原保护发展规划》《“十四五”草原生态保护修复利用规划》等，不断完善草原生态保护工作政策框架体系，系统谋划重点工作，擘画发展蓝图，完善落实措施，加快推进重点工作。进一步完善生态文明建设目标管理责任制，将“草原植被盖度”指标纳入林长制考核范围，推动各级党委、政府积极适应新要求，形成“统一领导、齐抓共管、分工负责、各司其职”的工作新机制，有效扭转草原工作仅靠林草部门单打独斗的局面。

着力健全草原生态保护法规制度。甘肃省认真贯彻《草原法》，颁布实施《甘肃省草原条例》，相继出台《甘肃省草原禁牧办法》《甘肃省草畜平衡管理办法》《甘肃省草原虫灾应急预案》，印发草原禁牧、草畜平衡、草原承包等工作规程，以及草原植被恢复费征收使用管理、草品种审定管理、草原固定监测站点管理等办法，建立起较为完备的草原法规制度体系，为依法治草、依法兴草奠定良好的法治环境。深入开展“大美草原守护行动”，组织开展“依法保护草原、建设美丽中国”草原普法宣传月活动，“绿色发展生态甘肃”草原生态保护全媒体采访活动，进一步加大草原法律法规宣传教育，着力营造全社会守护大美草原的共识。切实强化草原禁牧和草畜

平衡区网格化监管，组织开展草原禁牧和草畜平衡区遥感监测示范试点，全面实行无人机巡查监测，2019年以来，共查处各类草原违法案件426起，落实草原禁牧9 215.82万亩，草畜平衡13 245.45万亩。

着力加强草原生态修复治理。组织实施重点区域生态保护和修复、草原生态修复治理、草原植被恢复等草原生态保护修复项目，推动阿万仓、美仁草原自然公园建设，通过围栏封育、人工种草、补播改良、黑土滩毒害草治理、草原有害生物防治等措施，加大青藏高原、祁连山、黄河流域等重点区域草原生态保护力度，项目区部分退化草原植被发生顺向演替。2019年以来，依托各类草原生态保护修复项目，累计完成草原种草改良1759.79万亩，年均完成439.9万亩；年均完成草原鼠虫害防治1000万亩以上。监测显示，项目区内草原植被盖度、高度和产草量比项目区外分别提高3.9%、8.6%和8.7%，草原植物种数由项目实施前的28种每平方米增加到42种每平方米，优良的禾本科牧草种群比例由项目实施前的48%增加到60%左右。青藏高原区一些消失的沼泽逐步出现，黄河流量明显增大，区域降雨量明显增加，水土流失得到初步治理。据水文数据显示，甘南黄河上游在致密优良的草甸草原和高山灌丛强大的水源涵养功能作用下，水量补给大幅增加，平均出境流量达149亿立方米，较10年前提高了46.5%；年均水资源补给量达87.96亿立方米，较10年前提高59.6%。

着力提升草原工作科技水平。甘肃有兰州大学、甘肃农业大学、中国农科院兰州畜牧与兽药研究所等草业科研单位。长期以来，以任继周、南志标院士为代表的科研团队，立足甘肃广阔的草原资源，创立草原综合顺序分类法、畜产品单位指标体系，提出草业生态系统“四个生产层”与系统耦合、高山草原划区轮牧等理论，在退化草原治理、牧草新品种选育等方面取得重大突破。我们依托兰州大学等科研资源，推动成立草产业技术创新战略联盟、草产业协会、草业标准化技术委员会、苜蓿全产业链工程技术研究中心等多个科研创新利用技术平台，组建草原专家库，建成草原生态监测站22个、草原鼠虫害测报站17个、草品种区域试验站15个，培育优良地方牧草品种59个，制定草原草业类标准111项，登记科研成果117项，逐步形成“政、产、学、研、推”紧密结合、协作攻关的科技研发工作机制，形成一批可复制、能推广、见成效的技术成果，为推动草原保护和草业发展提供强有力的技术支撑。组织开展草原资源监测、草碳汇功能评价等工作，基本摸清草原分布、面积、类型、质量、退化等情况。

二、单位执行的项目

（一）2020年及之前下达的项目

1. 高产优质苜蓿产业化技术集成与示范推广

项目来源：甘肃省农牧厅。

项目编号：GCLM20160012。

内容简介：项目研究建立不同秋眠等级苜蓿秋眠性气候区划研究指标体系，提出基于秋眠等级的全省苜蓿气候适应性区划；系统分析全膜覆土精量穴播下苜蓿生产性能及质量动态变化规律和对土壤性能的影响，总结优化提出苜蓿全膜覆土精量穴播栽培模式，提出三茬变四茬的苜蓿种植栽培技术要点。系统分析浅埋式滴灌下苜蓿生产性能及质量动态变化规律，探索出浅埋式滴灌下苜蓿栽培技术模式。提出河西地区苜蓿施肥 $N:P_2O_5:K_2O$ 为 2:8:1，N 肥用量在 10 千克每亩时投入产出比最佳施肥配比方案。完成河西地区苜蓿主要病虫害发生种类和发生规律的调查，提出综合治理技术方案。提出河西地区苜蓿干草捆生产中水分控制要点，系统总结出苜蓿干草生产技术、苜蓿生产水肥管理技术、苜蓿全膜覆土精量穴播技术、苜蓿杂草防除技术、苜蓿浅埋式滴灌栽培技术，提出各个环节的技术要点。集成示范推广苜蓿良种应用 37 万亩、全膜覆土精量穴播技术应用 20.9 万亩、苜蓿干草标准化生产 23.8 万亩 20 万吨、苜蓿病虫鼠害综合防控 16.8 万亩、苜蓿水肥一体化调控 23.4 万亩。示范推广区良种利用率达到 100%，全膜覆土精量穴播技术应用率达到 56%。发表论文 18 篇，技术规范 1 个，出版专著 1 部。

实施时间：2017—2020 年

获奖情况：2022 年度甘肃省科技进步三等奖。

主持单位：甘肃省草原技术推广总站。

主要完成人员：张贞明、李晓鹏、王海、施昌玉、马爱霞、李萍、杨红梅。

2. 醉马草脱毒无害化技术研究示范

项目来源：甘肃省林业和草原科技项目。

项目编号：2020kj079。

内容简介：在夏河县、山丹县、永昌县各选择 500 亩连片醉马草为主要种的草地作为示范推广区，对其进行无人机喷施兰大团队研制的复配内吸性杀菌剂。在示范区外选择 100 亩不进行任何处理的醉马草草地作为对照区。在醉马草成熟后，对示范区和对照区的醉马草带菌率和生物碱、饲用指标进行测定，植物群落进行调查，对土壤进行化验，评价该药物在降低醉马草生物碱含量方面的作用和对环境的影响，提出大规模无人机进行醉马草毒性治理的技术要求。通过该项目的实施，使推广示范区天然草地上的醉马草群落的带菌率降低（预计带菌率从 100%降低到 20%），消除醉马草毒性，将其变为可食饲草。形成一套可推广的醉马草毒性治理无人机喷药技术方法。

实施时间：2020—2022 年。

实施情况：2022 年 12 月验收。

主持单位：甘肃省草原技术推广总站。

协作单位：兰州大学、夏河县草原工作站、山丹县草原工作站、永昌县草原工作站。

主要完成人员：王炳煜、李晓鹏、徐正辉、李春杰、魏学凯等。

3. 甘肃省天然草原可食牧草营养评价

项目来源：甘肃省林业和草原局。

内容简介：甘肃省不同类型草地可食牧草产量测定，草地营养及动态的综合分析与评价，对可食牧草样品进行常规营养成分［干物质（DM）、粗蛋白（CP）、酸性洗涤纤维（ADF）和中性洗涤纤维（NDF）、粗脂肪（EE）、无氮浸出物（NFE）、钙（Ca）、磷（P）等］的检测分析。不同类型草地估产模型构建及产量估算，利用遥感数据，结合同期（草原普查）地面调查资料，进行不同类型草地产草量估产模型的构建及可食牧草产量估算，草地与放牧家畜营养供需状况评价。

实施时间：2020 年 3 月—2021 年 12 月。

获奖情况：2022 年 12 月验收。

主持单位：甘肃省草原技术推广总站。

主要完成人员：俞慧云、李霞、莫负涛、杜笑村、王红霞、徐正辉、杨红梅。

4. 草原动植物标本采集制作与展示项目

项目来源：甘肃省林业和草原局。

项目简介：制作植物标本 300 份、昆虫标本 200 份、不同类型土壤剖面标本 30 盒，以及展室内部处理与展示设计。项目通过询价采购招标，成交金额为 48.476 4万元。中标方在项目实施期限内完成展室木地板铺设、穿孔造型墙面制作、墙上下异形造型制作、顶面吊顶喷漆处理、电路布线照明灯具（带）安装，展柜制作，墙面大幅喷绘图，移门式植物标本展示板制作，阻光隔板等展室内部处理与展示设计。采集压制 300 份草原典型植物标本、昆虫标本 288 份，收集制作了牧草种子标本 31 份，制作能够代表甘肃省典型草原类型的土壤剖面标本 30 盒。

实施期限：2020 年 12 月—2022 年 12 月。

进展情况：2022 年 12 月 12 日总站组织验收。

项目负责人：赵庆平。

实施人员：韩天虎、许国成、孙斌及监测科、种质资源科、有害生物防治科等相关人员。

5. 河西沙区种草及植被恢复技术示范

项目来源：甘肃省林业和草原局下达的甘肃省 2020 年草原生态修复治理科技支撑项目。

项目编号：2020cy16。

内容简介：项目紧紧围绕民勤退化荒漠草地的现状、存在的问题、退化机理以及生态修复的关键技术试验示范的任务，以当地旱生、超旱生灌木和草本为主、引进品种为辅，采取草灌结合、人工混播的方式，开展沙区人工种草和植被快速恢复技术，通过引进苜蓿良种资源开展品种比较试验，对紫花苜蓿人工草地土壤肥力进行综合效应评价，筛选出适宜该区域气候特征、土肥条件、栽培方式、适宜规模生产的苜蓿优良品种。针对研究区荒漠草地沙化危害严重、风蚀沙埋、植物种类贫乏等问题，以提高植被盖度为目标，人工撒播荒漠植物种子，提升荒漠草地土壤种子库的多样性和丰富度，进一步提升了民勤荒漠草地自然修复潜力和荒漠草地的多样性和稳定性。筛选出白刺、沙蒿、红砂、沙生针茅、沙蓬、盐生草作为民勤荒漠退化草地生态修复的首选物种，通过撒播物种种子并结合草方格等人工辅助压沙措施，促使民勤荒漠草地向灌草结合的生态系统转化，更加快速有效地提升民勤荒漠草地的稳定性和多样性。通过实验室内种子预处理等技术的应用开展乡土植物容器苗大田培育技术试验示范，采用草方格压沙技术工程方法进行移栽，持续观测成活率及生长表现，探索出干旱荒漠区的植被重建新技术和新方法。总结出在适度人工干预条件下，适应本区域沙化退化草地生态恢复的草本树种、种植方式、技术模式，实现河西沙区退化植被的修复，为该地区退化草地生态治理植被恢复提供可借鉴的技术示范。

实施时间：2020—2022年。

获奖情况：2022年12月通过甘肃林业和草原局验收。

主持单位：甘肃省草原技术推广总站。

协作单位：兰州大学、民勤县草原工作站。

主要完成人员：王汝富、张万祥、孟祥君、曾彦军、孙尧德、曹蕾、付萍、莫负涛、陈兴荣、俞慧云、王惠、马维新、高诗文、郜继虹、王斌、白建海。

6. 特色草类种质采集、试验及保护

项目来源：甘肃省林业和草原局。

项目编号：2020cy17。

内容简介：项目组通过野外采集、个人与单位征集等方式，收集甘肃省不同生态区域草种质资源631份。通过对收获时间对高寒草甸主要草种种子产量和质量的影响、施肥强度对高寒草甸主要草种种子产量和质量的影响、放牧强度对高寒草甸主要草种种子产量和质量的影响等方面的研究，探究不同作用方法，以最大限度收集到高质量的乡土草种。依托兰州大学科研团队力量，对采集到的草种质资源进行初步干燥，完成对631份草种质资源的人工清选、二次干燥、种质检测与分装入库保存。对采集到的部分草种质在兰州大学草地农业科技学院临泽试验基地种质资源圃、甘肃农业大学黄羊镇省级草种质资源圃进行田间扩繁、保存。

实施时间：2020年3月—2022年3月。

实施情况：2022 年 12 月验收。

主持单位：甘肃省草原技术推广总站。

协作单位：兰州大学草地农业科技学院、甘肃农业大学草业学院。

主要完成人员：李德明、马爱霞、武慧娟、付萍、周栋昌、徐正辉、韩天虎、胡小文、鱼小军、齐娟、常生华、高占琪。

7. 草原鼠害绿色防控技术示范推广

项目编号：19150898。

内容简介：该项目在玛曲县、碌曲县、合作市、夏河县实施，示范推广草原鼠害绿色防控技术 1800 公顷。示范推广人工捕捉+补播+划区轮牧技术 300 公顷，示范推广雷公藤+补播+划区轮牧技术 300 公顷；示范推广生物毒素灭鼠+补播+招鹰控鼠+划区轮牧技术 300 公顷，示范推广莪术醇+补播+招鹰控鼠+划区轮牧技术 300 公顷；示范推广生物毒素灭鼠+人工捕捉+补播+招鹰控鼠 300 公顷；示范推广雷公藤+补播+休牧技术 300 公顷。

实施时间：2020 年 1 月—2022 年 12 月。

验收时间：2023 年 9 月。

主持单位：甘肃省草原技术推广总站。

主要完成人员：许国成、李晓鹏、张永辉、周惠丽、方毅才、吴江。

8. 高寒退化草原修复治理技术研究与示范及培训指导

项目来源：2020 年自列省级林业和草原科技项目。

项目编号：2020kj080。

项目简介：项目开展了野生本土物种采集、筛选及补播物种优化配置研究、围栏封育对轻度退化草地植物群落特征的影响、混播本土草种修复治理“黑土滩”型退化高寒草地技术研究、不同退化程度高寒草地治理模式的研究、综合修复措施对高寒中重度退化草地植被群落特征的影响等内容，构建了轻度、中度、重度不同类型退化高寒草地植被恢复重建技术体系一套，使项目区植物群落结构优化、生物多样性增加，草原植被盖度提高 20~60 个百分点，毒害草数量减少 15%~40%，害鼠数量降低 40%~80%，草原产草量提高 80%~150%。

实施期限：2020 年 9 月—2022 年 12 月。

实施单位：甘肃省草原技术推广总站。

协作单位：治州草原工作站、碌曲县草原工作站。

实施地点：碌曲县。

项目参加人：张永辉、金加明、李智燕、王斌、张洁、杨彦东

验收情况：2022 年 12 月甘肃省林业和草原局组织验收

9. 林下种草高效技术试验示范项目

项目来源：甘肃省林业和草原局

内容简介：该项目以探索形成高效的果园管理模式为目标，针对黄土高原区果园生产中面临的土壤质量下降、水土流失等生态问题，从土壤管理、环境保护、果园提质增效方面入手，建立了100亩示范基地，研究了果园种草对小气候效应、土壤理化生、果品品质等方面的影响，探索了林下复合种养模式。通过试验示范，筛选出了适宜黄土高原区苹果园种植的鼠茅草、白三叶、多年生黑麦草等草种，得出苹果园种草处理对果园的土温具有"双抑制"作用、可改善土壤理化性质、提高果实品质，且复合种养模式获得的经济和生态效益突出，为甘肃省黄土高原区以林果业为支柱产业的乡村振兴工作提供了新思路。

实施时间：2020年1月—2022年12月。

项目验收：2023年12月8日通过甘肃省林业和草原局验收。

项目完成人员：杨浩、王延、付萍、孟祥君、李晓鹏、陈兴荣、朱倩、张雯娜、赵世臻、姚拓、焦洁、康来福、黄文旭、康建兵、康旭红、黄旭军、康彦明、康建仓、康长岐、黄彦平、何继顺、胡春莉、黄文杰、黄三勿、康仁子、何金旺、康郎娃、康天才、康红强、师喜文、黄建明、黄建忠、黄金贵。

（二）2021年下达的项目

1. 禾本科牧草复合菌肥应用与推广技术

项目来源：林草局科技创新项目。

项目编号：KJCX2021010。

项目简介：项目立足甘肃省情省貌，以禾本科草地适用为主攻方向，利用草地根际有益促生菌、生防菌等进行优良菌株的筛选、生物扩繁、特性研究，开展禾本科草地微生物复合菌肥的研发，生产出安全、绿色、无污染的新型环保菌肥；选择典型区域，开展禾本科草地微生物菌肥在人工草地和天然草地的试验评价研究，从植物、土壤、微生物3个方面系统的综合评价菌肥对草地的作用，在豆科牧草微生物菌肥推广良好的基础上，形成微生物菌肥推广利用新思路，培育草地微生物菌肥产业化应用链，为推动草地菌肥应用创建模式和机制，为菌肥推动草地生态修复提供科学依据。

实施期限：2021—2023年。

验收时间：2023年12月。

参加人员：李智燕、莫负涛、张洁、张贞明、姚拓、吴建宏、周栋昌、付萍、李新媛、任越、王延。

2. 本土培育草种繁育及示范推广

项目来源：2021中央林业草原生态保护恢复资金项目。

项目编号：2021cykj20。

内容简介：本项目针对甘肃省不同区域草原和生态建设需求，以甘肃省自主育成的一批抗逆、优质、高产和适应甘肃省不同区域需求的苜蓿、黑麦、披碱草等生态草种为示范推广对象，在青藏高原区、河西荒漠灌区建成标准化草种示范田 2100 亩，示范推广高产优质生态草种 20 875 亩，项目执行期内，可向社会提供良种 548 吨，优质青干草 17 395 吨，已获综合经济效益 1083 万元；通过项目实施，拓展了草种繁育、评价和推广应用的技术路径和研究内容，推动了草品种育繁推一体化进程，建立了苜蓿、黑麦良种繁育体系及栽培技术规程（标准）；项目成果丰富了甘肃省乡土生态草种应用技术，为国土绿化、草原生态修复、美丽乡村建设、草牧业发展提供了有效支撑。

实施时间：2021 年 1 月—2022 年 12 月。

主持单位：甘肃省草原技术推广总站。

协作单位：甘肃农业大学、古浪县草原站、山丹马场第三场有限责任公司、甘肃省普瑞拓生态科技有限公司、甘肃欣海牧草饲料科技有限公司。

主要完成人员：孟祥君、刘晓静、杨浩、付萍、陈兴荣、俞慧云等。

进展情况：2022 年 12 月 27 日项目验收。

3. 高寒草原植被恢复本土野生牧草品种种质资源保护及驯化选育

项目来源：甘肃省科技厅重点研发。

项目简介：充分利用高寒区天然草原本土草种资源，进行地方品种（山丹老芒麦）的提纯复壮和种质资源保存。从山丹马场及周边种植及散落的山丹老芒麦植株中选择品种特征明显，分蘖力强，叶量丰富，植株高大的个体分别采集株（穗），将采集的草种进行混合选择，从中选择优良植株进行提纯复壮。以祁连山高寒草原的垂穗披碱草、短芒披碱草、黑紫披碱草、圆柱披碱草和披碱草等野生草种为育种材料，以抗寒耐旱、根系发达，分蘖能力强且具有较高饲用价值为选育目标，在高寒气候区通过单株（穗）行选择和小区混合选择，筛选出 1~2 个满足育种目标要求且性状稳定的本土披碱草品种。进行地方品种和野生驯化品种的品种登记。

实施期限：2021—2024 年。

参加人员：俞联平、韩天虎、张贞明、孟祥君、陈兴荣、俞慧云、李欣媛、李智燕、任越。

4. 河西荒漠区草地土壤碳密度空间分布及碳储量估算

项目来源：站自列项目。

项目编号：2021kj071。

实施期限：2021 年 7 月—2023 年 12 月。

项目负责人：姜佳昌。

项目简介：以河西荒漠区草地为研究对象，采用地统计学方法分析土壤碳的空间变异与分布特征；采用植被类型法和土壤类型法研究土壤有机碳和无机碳含量以及密度的垂直分布，阐明植被类型以及土壤类型对土壤碳含量及密度的影响；同时采用不同方法估算土壤碳库的储量，探讨不同方法估算碳储量的差异；为有效管理河西荒漠草地提供科学依据。

进展情况：进行数据分析和总结，准备验收。

参加人员：监测科技术人员。

（三）2022 年下达的项目

1. 人工野化银黑狐控制草原鼠害技术研究

项目来源：2022 年甘肃省科技厅重点研发项目。

项目编号：21YF5NA035。

项目简介：长久以来，草原鼠害的应急防治以投放农药为主，缺乏长期有效的防控措施，随着国家农业绿色生产意识的提高，2017 年农业部发布《限制使用农药名录（2017 版）》，草原鼠害常用的防治药物 C、D 型肉毒梭菌毒素在列，这对草原鼠害绿色无污染防控技术的研发和推广提出了新的要求和挑战。天敌防控是绿色防控草原鼠害的重要措施，21 世纪初新疆、宁夏等地通过饲养、野化银黑狐后放归自然，以修复食物链的方式，有效遏制了典型草原的鼠害，将地上害鼠密度控制在可接受的范围内。2017 年，甘南州引入银黑狐，经饲养发现，银黑狐能够适应甘南州山地草甸气候和环境，可以作为甘南州黄河源区草原鼠害生物防控的主力军，在防止黄河源区天然草原植被退化的同时，免去了农药危害的后顾之忧。本项目以草原鼠害绿色防控为指导思想，对银黑狐幼仔经筛选和野化训练后，在草原鼠害严重危害区放归银黑狐，通过电子项圈、红外摄像等技术手段监测其活动范围及繁衍迁移情况，调查银黑狐对高原鼠兔的实际防控效果，以期在甘南州筛选出适应性强的银黑狐品种，形成完备的饲养、野化技术规程，掌握银黑狐放归后的生存状态和种群动态，明确银黑狐对草原鼠害的防控范围和防效，为甘肃省天然草原的绿色无害化防控提供有力的科技支撑。

实施时间：2021 年 5 月—2023 年 12 月。

获奖情况：项目实施中。

主持单位：甘肃省草原技术推广总站。

协作单位：甘南州草原工作站、甘南州畜牧综合实验场、夏河县草原工作站、玛曲县草原工作站、碌曲县草原工作站、合作市草原工作站。

主要完成人员：吴江、杨浩、李晓鹏等。

2. 张掖市甘州区草种原种繁育项目

项目来源：2022 年中央财政林业草原生态保护恢复资金草原生态修复治理补助

（草种繁育）项目。

项目编号：CZFY20220017。

内容简介：项目建立 7 个品种原种繁育田 50 亩，完成了原种繁育田田间灌溉、施肥、除草、补苗、去杂去异等田间管理工作，建植当年收获原种 175 千克，种子均达到国家（地方）等相关标准，完成了全程生产质量追溯管理，形成了草种质量监控的二维码追溯标识，充分发挥了甘肃省草种科技及区域优势，对破解品种研发推广，即“有种（品种名）无种（商品种）”的瓶颈问题进行了有益探索；建立了育种者全程参与机制，育种者全程提供技术支撑，参与技术方案制定、提供项目所需原种、开展播种和田间管理技术田间跟进和指导，及时研判调整田间技术措施，形成了各品种技术规程；完成 2 台小型种子清选机、2 台小型种子脱粒机、2 台种子储藏柜、1 台智能水肥一体机、1 台牧草免耕补播机、1 架无人机采购工作；培训组建了一支 30 余人组成的原种繁育技术队伍，为甘肃省草种业育繁推体系建设储备了技术力量；原种繁育田建植当年用工达 500 余人（次），促进了当地人员就业，提高了农民的收入，有力推动了乡村振兴。

实施时间：2022 年 1 月—12 月。

主持单位：甘肃省草原技术推广总站。

协作单位：中国农科院兰州畜牧与兽药研究所。

主要完成人员：周栋昌、王海、李德明、王瑜、陈靖、高成芬、徐正辉、梁婷、顾新民、武慧娟、刘乾、高占琪、徐锐真。

3. 张掖市甘州区乡土草种原种繁育基地项目

项目来源：2023 年中央财政林业草原改革发展资金草种繁育项目。

项目编号：CZFY20230001。

内容简介：对中国农科院兰州牧药所张掖综合试验基地已建成的天祝斜茎黄芪、腾格里牛枝子、腾格里霸王、陇东长芒草、清水草地早熟禾、甘红 1 号红三叶、中兰 2 号紫花苜蓿等 7 个品种 50 亩原种繁育田在返青期灌溉 1 次，正常生长期内除草 1 次；项目实施增加了用工人次，提高了农（牧）民收入，能够助力乡村振兴。

实施时间：2023 年 1 月—9 月。

实施情况：项目验收。

主持单位：甘肃省草原技术推广总站。

协作单位：中国农科院兰州畜牧与兽药研究所。

主要完成人员：梁婷、周栋昌、甘辉林、李德明、徐正辉、陈靖、顾新民、王瑜、王海、徐锐真。

4. 省级草品种区域试验项目（高台站）

项目来源：甘肃省林业和草原局。

项目编号：CZFY20220016。

内容简介：项目按照2022年草品种区域试验方案要求，完成了饲用藜麦、红豆草、田菁、草地早熟禾、华灰早熟禾、黑麦草、紫花苜蓿等8个国家级草品种；白花草木樨、百脉根、紫花苜蓿等3个省级品种的种植和性状测定任务，并最后提交了试验数据和报告；完成试验地养护管理40亩；项目选择了地势平整、土壤肥力中等且均匀、无严重土传病害发生、具有良好排灌条件（雨季无积水）、四周无高大建筑物或树木影响的地块建植苜蓿草种子扩繁田共计35亩；完成了26个乡土草种标本制作和种子采集工作；试验站技术人员通过参加区域试验培训班，提升了工作能力和水平，培养了一支基层区域试验核心技术队伍。

实施时间：2022年1月—12月

实施情况：甘肃省林业和草原局验收。

主持单位：甘肃省草原技术推广总站。

协作单位：张掖市草原工作站。

主要完成人员：刘乾、武慧娟、张伯虎、李德明、周栋昌、徐正辉、梁婷、王海、高占琪、徐锐真、甘辉林。

5. 草品种审定评价推广项目

项目来源：甘肃省林业和草原局。

项目编号：CZFY20220018。

内容简介：项目完成了2022年度甘肃省草品种审定、评价、鉴定工作；2022年度甘肃省草品种区域试验申请材料审查、方案编制、审核等工作；草品种区域试验站现场考核，报告编制审核等工作；年度区域试验管理和技术示范；完成了草品种区域试验样品检测57份；初步开展了草品种区域试验信息化管理系统开发工作；完成了新品种（品系）应用示范、原种繁育技术示范等工作。

实施时间：2022年1月—12月。

实施情况：甘肃省林业和草原局验收。

主持单位：甘肃省草原技术推广总站。

协作单位：兰州大学、甘肃农业大学、中国农科院兰州牧药所、甘肃省农科院。

主要完成人员：李德明、周栋昌、王海、马爱霞、梁婷、武慧娟、马继红、才让吉、王洮源、杨志宏、唐忠民、高占琪、刘乾。

6. 高寒草地资源利用方式优化配置技术示范推广

项目来源：2022年省级财政林业和草原科技创新与合作项目。

项目简介：制定合理轮牧方案1套；制定草地资源合理利用方案1套；冬季补饲方案1套；发表论文1~2篇。建立草畜平衡示范区1个；在甘南、天祝等高寒牧区建立技术示范点5个，通过项目带动，培训农牧民150人次。

执行期限： 2022—2024 年。

承担单位： 甘肃省草原技术推广总站。

项目主要参加人：张永辉、王汝富、金加明、张洁、李智燕、高成芬、张丽娟、莫负涛、杨延东、张启荣。

7. 甘肃省河西灌区人工草地固碳能力及碳汇价值评估研究

项目来源：2022 年省级财政林业草原科技创新项目。

项目编号：kjcx2022009。

内容简介：本项目拟以甘肃省河西灌区规模种植的多年生优良牧草苜蓿和一年生燕麦人工草地为研究对象，以饲用玉米和撂荒地为对照，通过比较不同种类人工草地土-草系统碳素转化与利用规律及特征，在此基础上进行人工草地碳汇价值评估，建立人工草地碳汇价值评估指标体系，为进一步开展我省不同区域人工草地碳储量及碳汇价值评估提供科学依据。

实施时间：2022 年 1 月—2024 年 12 月。

项目进展：正在实施。

项目人员：孟祥君、杨浩、祁娟、付萍、刘艳君、陈兴荣、赵燕、朱倩、祁希明、张秀山。

8. 2022 年甘肃省草原禁牧和草畜平衡监测监管

项目来源：甘肃省林业和草原局。

项目简介：运用无人机巡检技术、地面定点监测、大数据分析等手段开展禁牧和草畜平衡区监测，科学评估草原植被生长和利用状况，掌握禁牧和草畜平衡制度落实情况，为实施禁牧和草畜平衡监管提供依据。通过项目带动和技术培训，进一步加强基层草原监测监管队伍建设，提升技术水平，探索构建一套可复制可推广的禁牧和草畜平衡监测监管技术方法和管理模式，为科学制定宏观政策和管理制度提供有力支撑。禁牧区以无人机巡检为主，配合地面调查核实禁牧政策落实情况；草畜平衡区主要以地面调查监测为主，遥感和无人机为辅，监测草畜平衡区放牧管理状况。

实施期限：2022 年 8 月—2023 年 8 月。

进展情况：2023 年 12 月 15 日单位验收。

项目负责人：姜佳昌。

参加人员：动态监测科技术人员。

9. 甘肃省草原有害生物普查

项目来源：2022 年中央财政草原生态修复治理资金

主管单位：甘肃省林业和草原局。

建设单位：甘肃省草原技术推广总站。

项目负责人：韩天虎

项目简介：在全省15个县开展草原有害生物普查，查明主要草原有害生物发生种类、分布范围、危害面积、危害程度等，明晰草原有害生物空间分布及特征。在普查基础上开展甘肃省草原有害生物危险性评估，提出甘肃省草原有害生物防治工作重心布局及防控策略。探索建立符合甘肃省省情、草情、害情发生特点的监测预报组织管理模式。完善草原有害生物监测调查和预测预报技术标准体系。构建草原生物灾害监测预报信息传输网络，完善草原重大有害生物灾害监测、预警、评估以及灾害应急辅助决策系统。采集草原有害生物标本（含电子标本）、样品、照片、影音等资料。

项目周期： 2022—2023年。

进展情况：实施中。

参加人员：有害生物防治科技术人员

（四）2023年下达的项目

1. 抗寒高产优质“甘引1号”黑麦良种繁育及示范推广应用

项目来源：2023年中央财政林业科技推广示范项目。

项目编号：［2023］ZYTG003号

内容简介：建成标准化“甘引1号”黑麦原种田100亩，认证种子田350亩；在甘肃青藏高原区、祁连山区等高寒地区示范推广“甘引1号”黑麦5000亩；配套推广“甘引1号”黑麦丰产栽培技术、种子生产技术、草产品加工技术，提高项目区人工草地栽培及牧草利用水平。

实施时间：2023年1月—2024年12月。

项目进展：正在实施。

项目人员：孟祥君、杨浩、付萍、俞联平、安耕、杨彦东、才让吉、徐正辉、王桃源、范文渊、薛德生、陈兴荣、何如帜、梁玉民。

2. 草原蝗虫、高原鼠兔调查监测关键技术研究

项目来源：甘肃省林业和草原局。

内容简介：甘肃省主要蝗虫发生区草原蝗虫基况调查，查明山丹县、古浪县和永昌县草原蝗虫主要发生种类、发生时间、发生面积、危害程度（虫口密度）等，明晰3县草原优势蝗虫空间分布及特征。草原蝗虫宜生区划分，按照《草原蝗虫宜生区划分与监测技术导则》国家标准，划分山丹县蝗虫宜生范围，为后期有针对性地开展监测和持续防控奠定基础。无人机监测高原鼠兔技术研究，在玛曲县开展高原鼠兔监测。通过人工地面样方调查，结合无人机监测手段，探索无人机监测手段在草原害鼠监测中的应用研究，为后期大范围推广应用该项技术做好基础性研究工作。鼠虫害药物筛选试验。在山丹县开展草原蝗虫防治药物试验；在高台县开展草

原害鼠防治药物试验。筛选出适宜河西地区适宜推广应用的鼠虫害防治药物、最适剂量和施药方法。

实施时间：2023—2025 年。

获奖情况：项目执行中。

主持单位：甘肃省草原技术推广总站。

协作单位：甘肃农业大学、高台县草原工作站、山丹县草原工作站、永昌县草原工作站、古浪县草原工作站、玛曲县草原工作站。

主要完成人员：刘兴明、杨浩、李晓鹏、吴江等。

3. 甘南高寒草甸鼠害地修复关键技术研究

项目来源：甘肃省林业和草原局。

内容简介：项目以高寒草甸鼠害地修复恢复重建关键技术研发驱动目标，以改善草原土壤的肥力和水分状况，提高草原植被的覆盖率、多样性及生产力为着力点。将鼠害地治理与草地可持续发展有机结合，改善区域生态环境，促进草原生态系结构及功能平衡。通过项目的实施，探索出适合甘南高寒草甸鼠害地修复关键技术，建立高寒草甸典型鼠害地低扰动修复区 1000 亩，建立高寒草甸鼠害地本土群落混合草种补播近自然修复区 250 亩。为区域植被恢复与重建提供实践依据，同时为当地畜牧业可持续发展提供技术支撑。

实施时间：2023—2025 年。

进展情况：项目执行中。

主持单位：甘肃省草原技术推广总站。

协作单位：甘肃农业大学、玛曲县草原工作站、碌曲县草原工作站。

主要完成人员：杨浩、李晓鹏、许国成、吴江等。

4. 甘肃省草原植物病害病原物鉴定

项目来源：甘肃省林业和草原局。

内容简介：通过项目实施，查明甘肃省主要县、区天然草原主要植物病害种类、分布及危害情况；收集采集草原植物病害普查标本。查明该区域天然草原主要病害种类、分布及危害情况等。分离、纯化、培养植物病害标本中的病原微生物。采用传统形态学方法和现代分子生物学手段。对于野外采集的标本，根据形态特征或利用分子生物学方法进行鉴定；对于尚不具备明显特征的病原微生物等，通过实验室培养获得鉴定特征后进行种类鉴定。 提取病原微生物 DNA 并测序材料。制作草原植物病害标本，构建病害及病原微生物目录及图谱。

实施时间：2023—2024 年。

进展情况：项目执行中。

主持单位：甘肃省草原技术推广总站。

协作单位：兰州大学。

主要完成人员：李晓鹏、杨浩、周惠丽、吴江等。

5. 甘肃省草原有害生物普查成果汇总

项目来源：甘肃省林业和草原局。

项目简介：重点在草原有害生物高发的陇东陇中黄土高原区，甘南高原草甸区，河西走廊、北山-阿拉善高平原荒漠草原区，祁连山、阿尔金山山地草甸、草原区，陇南山地草丛区相关市、区、县开展。包括全省 88 个县（市、区）及单位第三次全国国土调查界定的天然牧草地、人工牧草地和其他草地普查结果质量控制暨成果汇集。

主持单位：甘肃省草原技术推广总站。

实施周期：2023 年 10 月—2024 年 12 月。

实施情况：正在实施。

项目人员：刘兴明、杨浩、李晓鹏、吴江、周惠丽。

6. 甘南退化草原生产力提升技术研究与示范

项目来源：2023 年提前批中央财政林业改革发展资金草原生态修复治理科技支撑。

下达单位：甘肃省林业和草原局。

内容简介：针对天然草地退化及草畜失衡问题，对项目区草地放牧利用状况进行调查和研究，开展草地-家畜优化配置，创建轻中度退化高寒草甸刈牧草场定向培育技术，对土壤质量全面评估，开展不同优质牧草草种补播配置有机肥条件下退化草地的培育效果，筛选轻、中度退化草地最佳定向培育技术组合。开展重度退化高寒草甸刈牧草场保护性补播培育技术研究，筛选甘南重度退化草地最佳定向培育技术组合。

实施期限： 2023—2025 年。

项目进展：执行中。

项目负责人：张洁。

参加人员：张洁、张贞明、鱼小军、张静、徐正辉、王汝富、莫负涛、李智燕、向航、王洮源、王学良、达合塔才让、谭立伟、冯今、陆飒、王慧慧、董文霞、范文渊、马继红、陈成东。

7. 2023 年第一批草原植被恢复费项目

项目来源：甘肃省林业和草原局。

项目简介：开展甘肃省基本草原优化调整前期工作，建设草原监测监管预警信息系统和基本草原信息处理平台，完成草原生态监测数据库 1 套，草原生态监测专题图 1 套，生态系统服务能力综合评估模型 1 套，完善标本室补充建设，补充采集标本200份。开展全省草原技术能力提升培训班3期（200人次），不断提升全省专业技术人员业务能力，草原生态监管效率显著提高，草原管理能力不断增强，生态监管数据查询分析效率显著提高，草原植被有效恢复逐步提高，草原资源可持续利用改善，健全草原档案管理机制，促进草原生态保护和地方经济协调发展，为构筑国家西部生态安全屏障和建设经济发展、山川秀美、民族团结、社会和谐的幸福美好新甘肃奠定重要基础。

实施单位：甘肃省草原技术推广总站。

建设期限：2023年10月—2024年12月。

项目负责人：刘兴明。

实施情况：执行中。

主要参加人员：杨浩、张万祥、张永辉、姜佳昌、张洁。

建设地点：本项目建设地点涉及全省14个市（州）、86个（区）县及甘肃省草原技术推广总站。

8. 甘肃省草原健康和退化评估项目

项目来源：甘肃省林业和草原局。

项目简介：以国土“三调”及2022年度国土变更调查成果为评估底图，根据国家下发的《草原健康和退化评估技术指南》，通过设立合理的评估参照系，建立草原健康和退化评估指标体系，对阶段性时期内草原生态状况和发展变化趋势进行分析判断，对草原健康和退化程度等进行定量定性评估，摸清草原健康和退化面积分布情况，掌握草原生态现状和生态变化过程，建立草原健康和退化数据库，形成全省草原健康和退化分布图。为编制草原保护修复规划、修复治理项目设计、草原监督管理等提供决策支撑。

实施期限：2023年10月—2024年6月。

进展情况：执行中。

项目负责人:姜佳昌。

参加人员：动态监测科技术人员。

9. 全省草原外来入侵物种普查质量控制暨草原鼠虫害监测

项目简介：外来入侵督导包括草原总站在内的全省87个市（县、区）共计88家单位，监测草原有害生物重点发生区域。开展全省草原外来入侵物种普查督导及培训、草原鼠虫害监测调查。

主管单位：甘肃省林业和草原局。

建设单位：甘肃省草原技术推广总站。

项目负责人：杨浩。

实施周期：2023年1月—12月。

参加人员：有害生物防治科及相关市县技术人员。

10. 2023年第一批草原植被恢复费（草种繁育）项目

主管单位：甘肃省林业和草原局。

项目简介：开展乡土草种综合应用技术示范，完成50亩原种繁育田2023年度原种清选、加工、储藏、质量检测、质量追溯管理，以及冬季田间管理管护、春季返青管控、施肥、春灌、耙苗等，年度草品种审定及草种繁育数据信息系统开发工作。

建设期限： 2023年10月—2024年12月。

实施单位：甘肃省草原技术推广总站。

项目负责人：刘兴明。

项目参加人员：张榕、李德明、周栋昌、刘乾、王海、梁婷、高天歌、徐正辉、高成芬、陈洁。

（本节供稿：张贞明、李智燕及项目负责人；校对：高天歌）

第四章　草学研究与技术推广

第一节　获奖成果

王素香是单位建制以来第一个获得科技成果的草原专家，由王素香主持完成的“农区种草养畜”和“甘肃省中部五县百万亩种草技术承包”2个技术研究与推广项目，分别在1985年和1987年获农牧渔业部科技进步三等奖。2000年“荒漠草原白刺夜蛾防治研究”项目首次获甘肃省科技进步二等奖，2001年“草畜规模开发综合配套技术推广”项目首次获全国农牧渔业丰收一等奖。

自1985年9月到2019年，由单位主持完成的科研项目获得科学技术进步奖27项，其中：获中华人民共和国农牧渔业部科技进步三等奖2项，甘肃省科技进步二等奖10项，甘肃省科技进步三等奖10项，地厅级科技进步二等奖2项，地厅级科技进步三等奖3项；获农牧渔业丰收奖25项，其中：全国农牧渔业丰收一等奖1项，全国农牧渔业丰收二等奖4项，全国农牧渔业丰收三等奖2项，甘肃省农牧渔业丰收一等奖5项，甘肃省农牧渔业丰收二等奖8项，甘肃省农牧渔业丰收三等奖5项；获甘肃省农业技术推广三等奖1项；获中国草业科技三等奖1项；获甘肃省林业科技进步一等奖1项。分别见表2–14、表2–15（同一项目只录入最高等级奖项名称）。

一、科学技术进步奖获奖情况

表2–14　科学技术进步奖成果表

序号	获奖名称	项目名称	获奖年份
1	农牧渔业部科技进步三等奖	农区种草养畜	1985
2	农牧渔业部科技进步三等奖	甘肃省中部五县百万亩种草技术承包	1987
3	甘肃省科技进步二等奖	荒漠草原白刺夜蛾防治研究	2000
4	甘肃省科技进步二等奖	甘南高寒草地改良综合技术研究与推广	2003
5	甘肃省科技进步二等奖	有机废弃物饲料资源化开发应用	2006
6	甘肃省科技进步二等奖	牛羊安全性系列饲料产品的研制	2006
7	甘肃省科技进步二等奖	河西沙化草地恢复重建技术研究与示范推广	2008
8	甘肃省科技进步二等奖	甘肃省退牧还草效益遥感监测研究	2010
9	甘肃省科技进步二等奖	甘肃高寒牧区人工草地建植技术研究与示范	2010
10	甘肃省科技进步二等奖	甘肃当地主要牧草生产技术研究及示范推广	2010

续表

序号	获奖名称	项目名称	获奖年份
11	甘肃省科技进步二等奖	岷山红三叶异黄酮含量动态变化及其调节动物钙磷代谢的作用及机理研究	2013
12	甘肃省科技进步二等奖	草原虫害发生规律研究与防控技术集成示范	2015
13	甘肃省科技进步三等奖	甘肃饲料资源调查、饲料成分与营养价值评定	1989
14	甘肃省科技进步三等奖	半荒漠草场改良和合理利用试验研究	1989
15	甘肃省科技进步三等奖	豆科牧草根瘤菌液的研制与稳定提高红豆草根瘤固氮能力的研究	1997
16	甘肃省科技进步三等奖	草原火控制与防火系统管理研究	1999
17	甘肃省科技进步三等奖	秸秆饲料加工调制及养畜技术推广	2002
18	甘肃省科技进步三等奖	甘肃省天然草地野生优良牧草种质资源分布调查及室内保存研究	2006
19	甘肃省科技进步三等奖	甘肃草原鼠害防控技术集成研究与示范推广	2009
20	甘肃省科技进步三等奖	牛羊专用中草药保健性饲料添加剂的开发利用	2010
21	甘肃省科技进步三等奖	牛羊全混合日粮技术工艺优化与模式研究示范	2018
22	甘肃省科技进步三等奖	青藏高原区优良牧草新品种选育及应用	2019
23	甘肃省畜牧局科技进步二等奖	甘肃天然草地饲用植物营养价值评定	1996
24	甘肃省畜牧局科技进步二等奖	豆科牧草根瘤菌接种技术推广	2000
25	甘肃省畜牧厅科技进步三等奖	全省种草养畜加工综合技术服务	1991
26	甘肃省畜牧局科技进步三等奖	镇原县三岔镇畜牧业综合技术整乡承包	1995
27	甘肃省畜牧局科技进步三等奖	康乐县上湾乡畜牧科技整乡承包	1995

二、农牧渔业丰收奖获奖情况

表 2–15　农牧渔业丰收奖成果表

序号	获奖名称	项目名称	获奖年份
1	全国农牧渔业丰收一等奖	草畜规模开发综合配套技术推广	2001
2	全国农牧渔业丰收二等奖	优质草产品综合开发利用技术推广	2002
3	全国农牧渔业丰收二等奖	寒生旱生苜蓿产业化生产技术推广	2010
4	全国农牧渔业丰收二等奖	甘肃省草原资源与生态监测	2013
5	全国农牧渔业丰收二等奖	抗寒高产优质饲用黑麦新品种的选育及推广应用	2016
6	全国农牧渔业丰收三等奖	猪鸡复合预混合饲料应用技术推广	2004
7	全国农牧渔业丰收三等奖	甘肃红豆草等主要优良牧草营养评价与产品研发	2019
8	甘肃省农牧渔业丰收一等奖	岷山红三叶及其异黄酮生产技术研究	2008
9	甘肃省农牧渔业丰收一等奖	牧区家庭牧场优化模式的研究与应用	2010

续表

序号	获奖名称	项目名称	获奖年份
10	甘肃省农牧渔业丰收一等奖	甘肃省干旱半干旱典型区草地资源及生产力研究与评价	2012
11	甘肃省农牧渔业丰收一等奖	河西走廊沙尘源区生态环境治理及草地农业发展对策研究	2013
12	甘肃省农牧渔业丰收一等奖	农作物秸秆饲料化技术集成示范与推广	2015
13	甘肃省农牧渔业丰收二等奖	环保型菌-酶复合纤维饲料生物降解助剂的研制	2007
14	甘肃省农牧渔业丰收二等奖	黄土丘陵区几种耐旱植物特性及水保作用研究	2009
15	甘肃省农牧渔业丰收二等奖	粮饲兼用玉米综合开发利用技术推广	2010
16	甘肃省农牧渔业丰收二等奖	甘肃农牧交错区舍饲羊育肥关键技术研究	2010
17	甘肃省农牧渔业丰收二等奖	防控有害生物对高寒草原植被恢复影响的研究	2010
18	甘肃省农牧渔业丰收二等奖	甘肃河西退化草原综合治理及其养殖关键技术研究	2011
19	甘肃省农牧渔业丰收二等奖	黄粉虫蛋白质饲料应用技术开发研究	2011
20	甘肃省农牧渔业丰收二等奖	牧区放牧家畜营养改善及品种改良技术研究	2020
21	甘肃省农牧渔业丰收三等奖	绿色畜禽肠道微生态调节素的应用研究	2008
22	甘肃省农牧渔业丰收三等奖	甘肃特色草产业配套技术研究及示范推广	2010
23	甘肃省农牧渔业丰收三等奖	作物秸秆裹包青贮及利用配套技术研究与示范	2012
24	甘肃省农牧渔业丰收三等奖	燕麦种质资源收集评价及生产应用研究与示范	2020
25	甘肃省农牧渔业丰收三等奖	红三叶根际微生物接种剂研发关键技术及推广应用	2020

三、其他奖项

“五县七乡畜牧扶贫科技整乡承包”项目获1996年甘肃省农业技术推广三等奖；“牧区家庭牧场优化模式的研究与应用”项目获2015年中国草业科技奖三等奖；“甘肃草原基况调查及服务功能评价研究”项目获2020年甘肃省林业和草原局林业科技进步一等奖。

第二节　成果简介

一、甘肃省草原工作队时期成果

1. 农区种草养畜

项目来源：甘肃省科学技术委员会。

内容简介：1981—1983年以申家山为基点实施。通过试验示范，引进推广红豆草等优良牧草，使申家山社以粮食生产为主的单一结构向农牧结合的农业生产结构转变，种草面积占耕地面积的48%，草籽、畜产品收入占总收入的70%，人均现金收入由 1980 年的 15 元增加到 1983 年的 200 元，粮食亩产由 50.5 千克增加到 80 多千克，以草灌乔结合的方式治理荒沟 126 亩。

实施时间：1981—1983 年。

获奖情况：1985 年 9 月获中华人民共和国农牧渔业部科技进步三等奖。

主持单位：甘肃省草原工作队。

协作单位：西北民族学院畜牧兽医系、通渭县林保局、通渭县农业局、通渭县畜牧站、通渭县科委、定西地区农业局地区水保站。

主要完成人员：王素香、车文信、金巨和、白善霖、晁德林等。

2. 甘肃省中部五县百万亩种草技术承包

项目来源：甘肃省“两西”建设指挥部。

内容简介：该项目自 1983 年开始在甘肃省通渭、陇西、会宁、庄浪、静宁 5 县实施。至 1985 年底，5 县累积种草 208.49 万亩，年产草 6.235 亿千克，项目区植被破坏基本停止，肥料、饲料、燃料不足的压力得到缓解，农业生产结构得到了合理调整。与 1982 年相比，耕地种草面积由 9.8%扩大到 22%，大牲畜增加 10 万头，猪增加 15 万头，增长 47%，鸡增加 74 万只，增长 70%，肉蛋产量较 1983 年增加 1 倍以上。

实施时间：1983—1985 年。

获奖情况：1987 年 9 月获中华人民共和国农牧渔业部科技进步三等奖。

主持单位：甘肃省饲草饲料技术推广总站。

协作单位：通渭县畜牧中心、会宁县畜牧中心、陇西县畜牧局种草站、静宁县畜牧中心、庄浪县畜牧中心。

主要完成人员：王素香、金巨和、车文信、白善霖、晁德林等。

3. 甘肃饲料资源调查、饲料成分与营养价值评定

项目来源：甘肃省科委“六五”期间重点科技发展项目。

内容简介：由本站和各地（州）、市、县农牧局、畜牧站、草原站共 100 多人组成联合调查组，对全省 83 个县(市)的饲料资源的种类、数量、分布及利用现状进行了比较系统的调查；对 233 个乡(镇)的 3583 个农户进行了典型调查；对采集的 1655 种(次)各类饲料样品的营养成分进行了分析测定。通过上述调查研究，基本查清了全省饲料资源状况，对甘肃饲料资源营养特点及存在的问题进行了全面系统的研究，编制了猪、鸡、奶牛、肉牛、羊饲料成分及营养价值表，绘制了饲料资源分布示意图、饲料资源统计表、常用饲料氨基酸含量表、饲料矿物质成分含量表。

实施时间：1983—1988 年。

获奖情况：1988 年通过甘肃省科委鉴定验收，同年获甘肃省畜牧厅科技进步二等奖、甘肃省科技进步三等奖。

主持单位：甘肃省饲草饲料技术推广总站、甘肃省畜牧兽医研究所。

协作单位：平凉地区农牧处、环县草原站、岷县农牧局、武威地区农牧处、临夏州畜牧兽医研究所、甘南州草原站、通渭县畜牧站、兰州市畜牧兽医研究所、酒泉地区畜牧站、高台县草原站、嘉峪关市农牧局等。

主要完成人员：许可、王勤、晁德林、曹书同、张崇、陆伊奇、王履继、周邦贵、王汝富、张永梁、张少平、陈仲斌、杨存礼、李建廷、刘宗祥、王芙萍、谢志勤、张作光、李红兴、张红生、张国政、鲁永泰、马春辉、马忠义、朱俊明、魏自立、岳斌、阎学亮、刘玉萍。

4. 半荒漠草场改良和合理利用试验研究

项目来源：甘肃省科委。

内容简介：甘肃省科委1984年下达的重点科研项目，在海拔2084~2184米、年降水量207毫米、年平均气温1.3℃的永昌县尖山和石峰山之间的滩地实施。围栏封育退化草场2.3万亩，建立人工草地1500亩，引种栽培各类牧草45种，经筛选适宜当地种植的有羊草、扁穗冰草、小糠草、沙打旺、老芒麦、草木樨等，且已在大田推广种植，生长良好。通过划区轮牧，天然草场停止退化，植被盖度达到60%，产草量提高了46%，试验羊成活率、母羊繁殖率及产羔成活率达到了100%。通过小区试验和大田生产示范，筛选出了适宜该地区种植的多年生优良牧草和饲用灌木，从草种选择、整地、播种、引洪和打井灌溉、围栏补播、封滩育草、划区轮牧等方面，总结提出了一套改良半荒漠草场切实可行的技术措施。

实施时间：1984—1988年。

获奖情况：1988年7月通过甘肃省科委鉴定验收，1989年1月获甘肃省科技进步三等奖。

主持单位：甘肃省饲草饲料技术推广总站。

协作单位：永昌县草原站。

主要完成人员：向得福、谭成虎、安明福、吴恭、何得元、赵明轩、杨鹏翼、潘大兴、王文福、李召富、孟得礼、罗锦郁、赵哈林。

二、甘肃省饲草饲料技术推广总站时期成果

1. 甘肃天然草地饲用植物营养价值评定

项目来源：甘肃省饲草饲料技术推广总站自列项目。

内容简介：项目汇集了1984—1993年从甘肃13个地区(州、市)65个县(市)采集、筛选和分析化验的饲用植物全部数据资料，共计56科217属743种1450份植物样品。采用国内较先进的研究方法和测试手段，综合多种因素进行饲用价值研究评定。掌握了甘肃天然草地主要饲用植物的营养品质及其对反刍类家畜的营养价值和营养类型。充实了甘肃天然草地畜牧科学数据库，对科学评估天然草地质量，合理利用天然草地资源提供依据。

实施时间：1984—1993 年。

获奖情况：1996 年 1 月经甘肃省科学技术委员会鉴定验收，1996 年 6 月获甘肃省畜牧厅科技进步二等奖。

主持单位：甘肃省饲草饲料技术推广总站。

主要完成人员：成若琳、达秀银、侯淑萍、常宁芳、车爱霞、任春明、曹明崇、火军、郭安平、李建廷。

2. 镇原县三岔镇畜牧业综合技术整乡承包

项目来源：甘肃省农委科技承包项目。

内容简介：1990 年甘肃省农委下达的科技承包项目。项目从技术培训入手，以科技示范户为龙头，组装推广畜牧业实用技术，完善和加强服务体系建设，因地制宜，发展适度规模商品养殖，全面完成了承包合同规定的技术、经济指标，取得了显著成效。

实施时间：1990—1993 年。

获奖情况：1993 年 11 月通过甘肃省科委鉴定验收，1995 年 7 月获甘肃省畜牧局科技进步三等奖。

主持单位：甘肃省饲草饲料技术推广总站。

协作单位：镇原县种草站、镇原县三岔镇人民政府。

主要完成人员：周多虎、张登友、金生元、席千旺、刘文辉。

3. 康乐县上湾乡畜牧科技整乡承包

项目来源：甘肃省农委科技承包项目。

内容简介：1990 年甘肃省农委下达的科技承包项目。项目从技术培训入手，以科技示范户为龙头，组装推广畜牧业实用技术，完善和加强服务体系建设，因地制宜，发展适度规模商品养殖，全面完成了承包合同规定的技术、经济指标，取得了显著成效。

实施时间：1990—1993 年。

获奖情况：1993 年 11 月通过甘肃省科委鉴定验收，1995 年 7 月获甘肃省畜牧局科技进步三等奖。

主持单位：甘肃省饲草饲料技术推广总站。

协作单位：康乐县畜牧局、康乐县上湾乡人民政府。

主要完成人员：曹明崇、罗锦郁、李温等。

4. 五县七乡畜牧业扶贫科技承包

项目来源：1990 年由甘肃省扶贫开发办下达。

内容简介：该项目于 1990—1994 年在张家川回族自治县平安乡、卓尼县申藏乡和大族乡、临潭县三岔乡和总寨乡、和政县吊滩乡、武都县（今定西市）池坝乡实施。实施期，从开展技术培训、培养农民技术员入手，建立科技示范网络，以点带面，组装输入饲草料种植、加工、天然草场综合治理、良种畜禽引进、标准饲养、规范管理、疫病防治等系列实用技术，着力加强服务体系建设。狠抓以草食畜为主体的商品规模养殖，取得了显著成效。五年内，举办各类技术培训班 112 期，培训农民技术员 4493 人（次），建立畜牧科技示范村 20 个、示范户 750 个，引进良种畜禽 44 259 头(匹、只)，加工推广各类饲料 576 万千克，承包区畜牧业产值由 1989 年的 377.62 万元增加到 1994 年的 1247.29 万元，人均牧业纯收入增加 134.53 元。

实施时间：1990—1994 年。

获奖情况：1994 年 12 月通过甘肃省科委鉴定验收，1996 年获甘肃省畜牧厅科技进步二等奖，1996 年 10 月获甘肃省农业技术推广三等奖。

主持单位：甘肃省饲草饲料技术推广总站。

协作单位：张家川回族自治县种草站、卓尼县申藏乡和大族乡、临潭县三岔乡、和总寨乡、和政县吊滩乡、武都县（今武都市）池坝乡。

主要完成人员：马范、张志芳、李温、喻文虎、施允昭、刘宗祥、陈仲斌、张榕、王学礼、杜芳纯、张得清、杨鹏翼、许华、吴衍庆、许可、潘田才。

5. 豆科牧草根瘤菌液的研制与稳定提高红豆草根瘤固氮能力的研究

项目来源：甘肃省自然科学基金资助项目。

内容简介：该项目为甘肃省科委下达的“稳定和提高优良牧草红豆草根瘤固氮能力研究”和甘肃省畜牧厅下达的“豆科牧草根瘤菌增效试验”等两个项目合并完成，通过对红豆草根瘤的细微结构观察，基本搞清了影响红豆草固氮能力的内在因素是根瘤菌的自容早衰现象；进行了与红豆草相应的单一的根瘤菌接种试验和 VA 菌根菌对红豆草固氮能力的有效性试验；筛选了优良的红豆草根瘤菌菌株“红 2”“回红 2”和“红 7.31”；提出了在新播种区单一接种根瘤菌和根瘤菌加 VA 菌根菌的双接种是稳定和提高红豆草根瘤固氮能力的有效途径；通过菌剂生产及有效使用方法的研究，提出“菌液加土灰制备丸衣”的接种办法，取材加工简便、成本低廉、实用性较好；研究制定的《甘肃省豆科牧草根瘤菌液接种技术规程》,对菌液制备、质量检验、拌种及栽培与管理等作出了具体的规定和要求，为大面积推广菌液拌种技术提供了标准。

实施时间：1991—1994 年。

获奖情况：1993 年 12 月通过甘肃省科委鉴定验收，1997 年获甘肃省科技进步三等奖。

主持单位：甘肃省饲草饲料技术推广总站。

协作单位：甘肃省广河畜牧局、上海植物生理研究所。

主要完成人员：张志芳、江月兰、张榕、何毅、周忠、夏叔芳、喻文虎、杨学兰、吴敦肃、郭一松。

6. 草原火控制与防火管理系统研究

项目来源：甘肃省畜牧局。

内容简介：通过对甘肃草原火管理现状的调查，系统研究了草原火成因及控制技术，进一步明确甘肃草原火主导环境因子为可燃物和人为社会性生活用散火火源，也受气温、风速、干湿度等因子影响；确立了草原火区域控制思想，并提出因子控制技术和区域控制技术；建立了草原火管理区，确定出草原火险分区管理意见和等级管理方法，拟定了《甘肃草原火险及草原火险管理意见》，编制了全国第一幅省级防火图——《甘肃省草原防火图》；同时进行了过火对草原植被演替影响的观测。

实施时间：1994—1996 年。

获奖情况：1997 年 11 月通过甘肃省科学技术委员会鉴定验收，1998 年获甘肃省畜牧局科技进步二等奖，2000 年获甘肃省科技进步三等奖。

主持单位：甘肃省草原防火指挥部、甘肃省草原监理站。

协作单位：天祝县草原工作站、甘肃省皇城绵羊育种试验场。

主要完成人：丁连生、徐英杰、常明、李贵霖、孙翔云、裴成芳、曹明崇、黄殿选、杨鹏翼、杨学兰、安成孝、张忠祥、杨俊基、焦金寿、王鸿炳。

三、甘肃省草原总站时期成果

1. 荒漠草原白刺夜蛾防治研究

项目来源：甘肃省畜牧局列项目，编号 GMK9610。

内容简介：课题 1996 年开始，1998 年结束，在民勤县西部荒漠草原和金川区北部荒漠草原建立了试验基地，设有实验室、野外观测场和气象观测哨。从每年的 4 月中下旬开始至 9 月连续 5 个多月进行室内外各项饲养观测、野外各世代虫情调查和气象观测。采用野外虫口密度调查、发育进度调查、群体、单体饲养及人工模拟实验观察、气象和物候观察、室内测试等手段，运用生态学及数学分析方法，对荒漠草原白刺夜蛾的生物学、生态学及预测预报进行了系统研究，完成了白刺夜蛾生物学、生活史及发生与环境因子关系的研究，查清了白刺夜蛾生物学特性和生活史，揭示了降雨量是其大发生的主要因子，制定了预测预报方法；完成了白刺夜蛾食量研究，提出并制定了防治指标。对白刺夜蛾从卵孵化的 1~5 龄幼虫连续进行了系统的食量测定，建立了日食量与头宽、体长及体重关系的回归式及相关系数。制定的防治指标为 39.7 头每平方米，经济允许损失水平为 12.5%；专家评价在国内首次研究了白刺夜蛾发育起点温度（C）与有效积温（K），建立了各虫态的理论预测值，提出了田间调查时最适抽样数，筛选出了 4 种有效防治药剂及最佳施用浓度和防治时期；进行了大面积示范推广，推广防治白刺夜蛾面积达 19.49 万公顷。其成果可应用于中国同类草原白刺夜蛾的研究和防治，为有效保护利用草地资源，特别是保护荒漠草原生态，促进草地畜牧业发展提供借鉴。

实施时间：1996—1998 年。

获奖情况：1998 年 12 月通过甘肃省科委鉴定验收；1999 年 7 月 7 日获甘肃省畜牧局科技进步一等奖；2000 年 3 月获甘肃省科学技术进步二等奖。

主持单位：甘肃省草原总站。

协作单位：金川区草原站、民勤县草原站、武威地区畜牧中心、金昌市草原站。

主要完成人员：李温、吴栋国、王俊梅、邹继范、冯光翰、安明福、陈应福、方毅才、刘弘运、胡发成、常明、梁艇久、李启文、王珏、韩胜国、史青茂、高述财、陆新华、李建廷、晁德林、李开生、吴明玉、陈国学、任旺民。

2. 豆科牧草根瘤菌接种技术推广

项目来源：甘肃省科委 1996 年甘肃省科技成果重点推广计划。

内容简介：1997 年 4 月—1999 年 7 月，在定西地区 7 县、临夏州 5 县（市）、景泰县及本站馒头山牧草试验站实施。组织推广了根瘤菌接种技术和种草养畜配套技术及草产品开发配套技术。完成 3 个试验研究项目，形成技术规程 6 个，建立示范区 9 个，示范村 121 个，示范户 3442 户，推广面积 5267 公顷，新增优质青干草 817.87 万千克；配套开展了多项试验研究，其中，红豆草种子接种不同剂量根瘤菌对植株生长发育影响的研究，提出了红豆草种子适宜的接种剂量指标。

实施时间：1997—1999 年。

实施地点：定西地区 7 县、临夏州 5 县(市)、景泰县及兰州市馒头山。

获奖情况：1999 年 7 月通过省科委鉴定验收，2000 年获甘肃省畜牧局科技进步二等奖。

主持单位：甘肃省草原总站。

协作单位：定西市饲草饲料站、临夏州饲草饲料站、漳县草原站、定西县饲草饲料站、岷县草原站、通渭县种草站、临洮县畜牧站、陇西县畜牧局、渭源县种草站、临夏县饲草饲料站、临夏市积石山县饲草饲料站、和政县饲草饲料站、康乐县饲草饲料站、景泰县草产品开发示范区。

主要完成人员：张榕、晁德林、金赐福、火军、周多虎、许国成、孟祥君、杨鹏翼、陈明宇、曹志东、马先锋、陈学通、安继忠、鲁鸿佩、孙爱华、马绍慧、侯正禄、杨玉成、刘彦江、王志明、虎凌云、李怀如、孙正明、刘清思、刘得祥、卢方来、祁雁斌、王文平、林忠、王进海、周红芳、王俊、马得清、陶万成、朱玉祥、马林、杨增新、谭成虎、申有忠、曹光清。

3. 秸秆饲料加工调制及养畜技术推广

项目来源：甘肃省科学事业费计划项目。

内容简介：1998—1999 年，在秦安、酒泉、临夏、平凉四县(市)实施。本项目是列入甘肃省科学事业费项目计划的示范推广项目，经过两年的试验示范推广，完成青贮、氨化、微贮饲料 44.28 吨，加工处理率达到 29.3%。坑贮洋芋渣 1 万吨，修建青贮氨化窖池 22 188 个，结合养畜技术推广，项目实施区出栏肉牛 13.98 万头，出栏肉羊秸秆 42.06 万头，出栏育肥猪 92.41 万头，生产鲜奶 5073 吨。同时，配套开展了青贮玉米秸饲喂奶牛效果、洋芋渣饲喂育肥猪效果、氨化麦秸饲喂肉羊效果、发酵活干菌处理秸秆育肥肉牛等相关试验研究，其中，坑贮洋芋渣试验及技术规范的制定，填补了国内此类饲料加工技术空白。

实施时间：1998 年 1 月—1999 年 12 月。

获奖情况：该成果 2000 年 11 月通过甘肃省科学技术委员会鉴定验收，2002 年获甘肃省科技进步三等奖。

主持单位：甘肃省草原总站。

协作单位：秦安县畜牧站、酒泉市畜牧兽医技术服务中心、临洮县畜牧站、临夏县饲草饲料站、平凉市畜牧兽医技术服务中心、定西地区饲草饲料站、定西地区旱作农业中心奶牛场。

主要完成人员：陆伊奇、王汝富、张少平、李永祥、马君峰、陈明宇、金赐福、林忠、兰长发、王红霞。

4. 甘南高寒草地改良综合技术研究与推广项目

项目来源：甘肃省农牧厅科技计划项目。

内容简介：主要开展了以草地综合改良技术(单因素、复因素改良试验研究、多年生牧草人工草地建植最佳牧草组合形式的研究)层面和以“六化”家庭牧场优化经营模式为基础的草地畜牧业生产经营模式配套技术研究和大面积推广，把试验成功的综合改良措施推广到生产实践中，取得了显著的效果。完成草地改良 8200 公顷，高效人工草地 3799 公顷，草地围栏 24 279 公顷。项目解决了甘南州在现有的家庭草场承包后科学改良保护与利用草场、确定家畜规模、遏制草场退化、达到草畜平衡的问题。

实施时间：1998—2000 年。

实施地点：玛曲县、夏河县、碌曲县、卓尼县。

获奖情况：2002 年通过甘肃省科技厅鉴定验收，2002 年获甘肃省农牧渔业丰收一等奖，2003 年 4 月获甘肃省科技进步二等奖。

主持单位：甘肃省草原总站。

协作单位： 玛曲县草原站、夏河县草原站、碌曲县草原站、卓尼县草原站。

主要完成人：丁连生、吴衍庆、李贵霖、花立民、鲁征、马隆喜、董高生、向金城、王安禄、杨广运、郭宏伟、马玉明、苗健勋。

5. 草畜规模开发综合配套技术推广

项目来源：1997 年农业部全国农牧渔业丰收计划项目。

内容简介："草畜规模开发综合配套技术推广"项目是农业部下达的全国农牧渔业丰收计划项目，于 1998—2000 年在临夏、康乐、和政 3 县实施。项目立足当地实际，以境内天然草地开发及人工草地建设，退耕还草，荒山综合治理，三元结构种植和牛羊规模养殖为主线，以扶持和培育示范户，示范点（区）为重点，通过省、州、县、乡、村、户一体化的技术服务体系，依托各县草地、饲料业务站建设项目，采取行政、技术双轨运行机制，配套推广了草畜规模开发的 10 多项实用技术，开展了牛羊育肥、豆科牧草根瘤菌接种、牧草引种等 12 项试验研究，建立示范点 28 个，示范村 52 个，规模养殖示范户 513 个。使项目区农民的科技素质普遍得到提高和强化。通过对项目区规模养殖场和示范户经营机制的调查分析，揭示了以异地育肥为主体的畜牧业经济效益的真正来源和潜伏的危机，指出了牛羊育肥的发展方向；项目实施创建的流动技术服务队这一新的技术推广形式为全省草畜业向规模化发展发挥产业桥梁和纽带作用提供了模式；通过项目实施，表明了草畜同步开发是适合当地自然、社会经济基础，并能有效改善生态环境、调整经济结构促进农村经济可持续发展。

实施时间：1998—2000 年。

实施地点：临夏县、康乐县、和政县。

获奖情况：2000 年通过甘肃省科委鉴定验收，2001 年获全国农牧渔业丰收一等奖。

主持单位：甘肃省草原总站。

协作单位：临夏州饲草饲料站、临夏县饲草饲料站、康乐县饲草饲料站、和政县饲草饲料站、和政县吊滩乡人民政府。

主要完成人员：张榕、周多虎、晁德林、许国成、鲁鸿佩、林忠、马林、刘传海、金赐福、孟祥君、马文涛、孙爱华、马绍慧、周红芳、王化莲、王进海、杨增新、王庆元、朱玉祥、陈卓、刘永强、邓晖、马国杰、严维福、石红、火军。

6. 优质草产品综合开发利用技术推广

项目来源：2000 年农业部全国农牧渔业丰收计划项目。

编号：200022010201。

内容简介：项目以甘肃省当家草种紫花苜蓿和甘肃红豆草的优质高产栽培加工利用技术推广为主体，同时密切结合草业生产实际，开展了 EM 制剂不同剂量、不同使用途径对苜蓿增产效果、干旱生态条件下抗旱剂对苜蓿增产效果等试验研究项目，取得了有生产意义的阶段性研究成果，并进行了初步推广；引进洋麻等牧草新品种 22 个；采用农艺技术，改进了传统牧草栽培技术；完成了 4 项技术规程，对项目区草地畜牧业、生态建设、农业经济结构调整、农民教育进行了广泛探讨。

实施时间：2000—2001年。

实施地点：定西县（今定西市）、临洮县、景泰县。

获奖情况：2002年9月获全国农牧渔业丰收二等奖。

主持单位：甘肃省草原总站。

协作单位：定西地区种草饲料站、定西县（今定西市）饲草饲料站、临洮县畜牧局、景泰县草原站。

主要完成人员：阎万贵、张榕、张贞明、曹志东、金赐福、周多虎、王凤翔、马先锋、陈明宇、陈永刚、陈仰国、刘彦江、裴学义、李怀儒、李如才、折福有。

四、甘肃省草原技术推广总站时期成果

1. 有机废弃物饲料资源化开发应用

项目来源：甘肃科学技术厅科学事业费项目。

成果简介：为了解决有机废弃物对环境造成的严重污染和畜牧业生产中饲料资源短缺的问题，本课题以畜牧业产生的畜禽粪便及城市生活有机废弃物、餐饮有机废弃物为试验研究对象，采用"以菌治菌"的战略，在畜禽粪便等有机废弃物饲料资源化处理过程中，利用自主研制的专用沸石生物处理剂，成功解决了除臭和灭菌两大难题，消除了处理饲料中的恶臭异味，呈现发酵醇香味，提高了饲料适口性。得到营养价值高、符合国标《饲料卫生标准》要求的安全性良好无公害饲料。开发研究的有机废弃物饲料化处理工厂化生产工艺及配套技术，为该项产业的发展提供科学依据和实用技术。研究成果达到国内同类研究领先水平。

实施时间：2001—2005年。

获奖情况：2006年获甘肃省科技进步二等奖。

主持单位：甘肃省动物营养研究所。

协作单位：甘肃省草原技术推广总站、兰州市城关区环保局。

主要完成人员：程文定、吴天德、何毅、郜敏、蒋东芳、赵庆平、张忠祥、任惠、王建强、靳新、闫晓玲、冯今、张洁、陈兴荣、张丽娟。

2. 甘肃省天然草地野生优良牧草种质资源分布调查及室内保存研究

项目来源：甘肃省畜牧厅草原处。

内容简介：本项目对甘肃省境内主要类型草场的主要野生牧草种质资源分布和现状进行了调查研究。对不同植被的49个样点植物群落的主要成分进行了记载分析，了解了以豆科、禾本科为主的各植物种的分布现状并采集植物标本106份。对所采集的种质材料和植物标本进行了植物分类学鉴定，共计111个植物种，分属14科50属。其中禾本科植物41种，豆科植物19种。对采集的种质材料(种子)进行了简易设备保存的试验研究。探索了利用现有条件在室内保存地方植物种质资源的简便有效方法。制定了简便可行的种质库管理规程。建立了甘肃省野生优良牧草种质资源中、短期保存小型工作库，共保存牧草种质材料 66 种 146 份。为今后牧草种质资源的采集、鉴定、保存、评价、充实、交流和开发利用奠定了基础。开发建立了国内省级第一个优良野生牧草种质资源资料数据库及管理系统。成果达到了国内先进水平。

实施时间：2002 年 7 月—2005 年 9 月。

获奖情况：2006 年获甘肃省科技进步三等奖。

主持单位：甘肃省动物营养研究所。

协作单位：秦城区（今秦州区）畜牧兽医站、甘州区畜牧兽医站。

主要完成人员：何毅、韩天虎、丁连生、吴天德、王历宽、李青。

3. 甘肃省退牧还草效益遥感监测研究

项目来源：甘肃省退牧还草工程科技支撑项目，2004 年 8 月由甘肃省退牧还草领导小组办公室立项。

内容简介：该项目选在安西县（今瓜州市）、玛曲县、碌曲县、阿克塞县 4 个地点的国家退牧还草工程区进行，通过对工程区内外设立的监测点进行地面监测，并配合遥感监测，建立基于“3S”技术的不同类型草原生产力综合监测模型，对工程区内外的监测结果进行对比分析，得出退牧还草工程的效益，为及时、客观、准确地反映退牧还草工程对草地生态恢复效果提供科学依据，使各级政府和相关部门更有效地组织管理草原生态治理。监测内容包括工程实施时间、类型、地理位置、植物种类、高度、盖度、密度、产量、地形、地貌、土壤等方面基本信息。

实施时间：2004 年 3 月—2006 年 12 月。

获奖情况：2010 年 4 月获甘肃省科学技术进步二等奖。

主持单位：中国气象局干旱气象研究所。

协作单位：甘肃省草原技术推广总站、甘肃省干旱气候变化与减灾重点实验室、中国气象局干旱气候变化与减灾重点开发实验室。

主要完成人员：郭铌、韩天虎、孙斌、王润元、韩涛、张贞明、王静、张凯、张杰、蔡迪花、王小平、李贵霖、赵鸿、刘宏谊、王鹤龄、冯今、王胜、王炳煜、王建兵。

4. 甘肃高寒牧区人工草地建植技术研究与示范

项目来源：甘肃省农牧厅(退牧还草办公室)下达，属于退牧还草工程科技支撑项目，项目编号为：甘退牧 2003-05。

内容简介：项目在甘南地区开展了多年生豆科牧草人工草地建植、多年生豆科混播和豆禾混播人工草地建植技术研究，引进各类牧草品种 30 个，筛选出适合项目区推广品种 7 个；红豆草单播当年越冬率 72%，苜蓿 68%；生长第二、三年红豆草越冬率 86%~92%，苜蓿 87%左右；高产期豆科混播草地干草产量 15 359 千克每公顷，红豆草单播草地干草产量 10 787 千克每公顷，苜蓿单播草地干草产量 8574 千克每公顷。提出高寒地区红豆草和苜蓿混播是建植优质豆科多年生人工草地的最佳模式，是解决蛋白质饲草短缺的有效途径，已在高寒地区大面积应用。编制了高寒地区多年生豆科混播人工草地建植与利用的技术指标、技术规范及其综合配套技术要点，为高寒地区多年生豆科牧草的大面积推广提供了技术支撑。经适应性和生产性能比较研究，甘肃红豆草在高寒地区适应性和生产性能明显优于紫花苜蓿，项目为高寒地区补充优良饲草料资源探索了路径，储备了新种质。

实施时间：2004 年 10 月—2009 年 5 月。

获奖情况：2010 年获甘肃省科技进步二等奖。

主持单位：甘肃省草原技术推广总站。

协作单位：夏河县草原站、合作市草原站、甘南州草原站、肃南县草原站、卓尼县草原站、天祝县草原站。

主要完成人员：豆卫、张榕、高占琪、丁连生、张霞、马隆喜、张建福、阿不满、曹国顺、孟祥君、李善堂、喻文健、王树茂、代建聪、王国生。

5. 甘肃当地主要牧草生产技术研究及示范推广

项目来源：甘肃省农牧厅列试验示范推广项目，项目合同编号为 GNKJ–2005–8。

内容简介：项目由甘肃省草原技术推广总站主持，项目实施地有关业务部门参加。开展相关试验研究 10 项；形成专题调查报告 15 篇；制定生产技术标准 15 项，已颁布 4 项；提出区域发展规划 2 项。发表论文 20 余篇，其中：国家级 12 篇，省级 9 篇。累计种植牧草 42.58 万亩；累计生产优质青干草 171.39 万吨，其中：紫花苜蓿 152.99 万吨，岷山红三叶 3.54 万吨，甘肃红豆草 13.61 万吨，岷山猫尾草 1.25 万吨；建成甘肃主要牧草种子基地 15 080 亩；取得经济效益 116 676.56 万元。研究了岷山红三叶的药用价值和对改良天然草原的作用，提出了“低繁高种”的技术措施。

实施时间：2001 年 4 月—2005 年 12 月。

实施地点：甘州区、玉门市、红古区、岷县。

获奖情况：2008 年获甘肃省农牧渔业丰收二等奖；2008 年 12 月，获兰州市科学技术进步二等奖，2010 年获甘肃省科技进步二等奖。

主持单位：甘肃省草原技术推广总站。

协作单位：兰州市红古区畜牧兽医站、甘肃省甘州区畜牧局、岷县草原站、玉门市畜牧兽医服务中心。

主要完成人员：王立耕、晁德林、王俊梅、蒋长裕、岳民勤、虎凌云、王汝富、王志明、王建强、王炳煜、陆飒、李家亮、张伯虎、张少平、张贞明、张霞、陈仲斌、马爱霞、许国成。

6. 猪鸡复合预混合饲料应用技术推广

项目来源：原农业部下达的丰收计划项目。

内容简介：累计示范推广预混合饲料猪应用15.22万头，鸡应用131.53万只，超额完成计划任务(6万头猪,54万只鸡)的2.34倍和2.44倍。项目区出栏育肥猪7.96万头，为社会提供鲜蛋增加39万千克，新增纯收益1 070.56万元；生长育肥猪日增重提高6%~8%，饲料成本降低13.80%；蛋鸡产蛋率提高6%，饲料利用率提高10.28%；肉鸡日增重提高12%，饲料利用率提高11.12%；规模户配合饲料普及率达76.6%，“五良”配套技术入户率达58%；建立示范乡9个，示范点91处，举办培训班60期，培训人员7958人，印发技术宣传资料1.7万份(册)，投入高、中、初级技术人员63名；完成应用试验研究16项，提供研究报告、专业技术论文等32篇。项目通过科研、推广、生产的有机结合和优势互补，加快了科技成果转化步伐；进行了鸵鸟、珍珠鸡等预混料产品研发，拓宽了研究范围，成果达到了国内先进水平。

实施时间：2001年4月—2002年12月。

获奖情况：2004年获全国农牧渔业丰收三等奖。

主持单位：甘肃省草原总站。

协作单位：甘肃省动物营养研究所、凉州区畜牧兽医技术服务中心、甘州区畜牧兽医工作站、肃州区畜牧兽医技术服务中心。

主要完成人员：阎万贵、罗继学、王汝富、俞联平、杨虎、高占琪、李新媛、常宁芳、王国生、张洁、王红霞、叶荣、韦鹏、马长源、姚文华。

7. 环保型菌-酶复合纤维饲料生物降解助剂的研制

项目来源：2002年甘肃省科学事业费研究项目(课题号为：QS022-C31-073)。

内容简介：从4种菌中筛选出纤维素高效分解菌康宁木霉3.2774和绿色木霉3.3771，研究确定了上述2种分解菌的液态发酵产酶条件和酶作用条件。应用正交试验，探明了影响玉米和小麦秸秆纤维素降解的因素主次顺序为：处理时间→原料→粗酶→环境pH值，并获得了纤维素酶降解秸秆的最佳条件参数。益生菌(酵母菌)与康宁木霉3.2774或绿色木霉3.3771组成生物复合降解剂，处理玉米和小麦秸秆，饲喂育肥羊增重效果显著。本课题研制的生物降解助剂无毒害，无残留，属环保型产品，既提高了秸秆降解率，又增加了饲料营养成分，对畜牧业有着重要的生态意义和社会意义。

实施时间：2003年10月—2005年10月。

获奖情况：2007年获甘肃省农牧渔业丰收二等奖。

主持单位：甘肃省动物营养研究所、甘肃省草原技术推广总站。

协作单位：兰州大学生命科学学院、甘肃省动物检疫总站。

主要完成人员：金加明、杨虎、王国生、李昀、吴宝霞、马彦彪、陈兴荣、蒋东芳、张丽娟。

8. 岷山红三叶及其异黄酮生产技术研究

项目来源：甘肃省农业科技计划项目。

内容简介：本项目从种植区域选择、栽培、管理、收获、加工技术等方面对岷山红三叶进行了系统研究，确定了播量、行距、播种方法，施肥种类、用量、方法，根瘤菌用量、接菌方式，形成了较完整的生产管理技术措施，制定了岷山红三叶生产技术规程；岷山红三叶异黄酮含量和单位面积产量高，具有很高的饲用和药用开发价值；岷山红三叶异黄酮含量随植物的生长呈逐渐下降趋势，叶中含量最高，茎中含量最低，在盛花初期收获可以取得最高的经济效益；研制的药用岷山红三叶专用茎叶分离机和茎叶分离加工工艺，可使草产品加工生产能力提高 5~10 倍；研发了红三叶异黄酮提取工艺流程，制定了岷山红三叶异黄酮含量的测定标准；结合岷山红三叶异黄酮生产特色草产业开发的实际，从原料生产、加工技术到异黄酮的提取、测定、生产工艺等进行了系统研究，提高了产业发展整体水平和效益。研究成果达到国内同类研究的领先水平。

起止时间：2005—2007 年。

获奖情况：2008 年获甘肃省农牧渔业丰收一等奖。

主持单位：甘肃省草原技术推广总站。

协作单位：定西市种草饲料站、岷县草原站、甘肃岷山草业开发有限公司、岷山种畜场、甘肃方正草业开发有限公司。

主要完成人员：程文定、金加明、郜敏、冯今、孟祥君、王维中、王炳煜、席文娣、陆飒、陈兴荣、马爱霞、张林、任惠琴、张丽娟、王红霞、车爱霞。

9. 甘肃草原鼠害防控技术集成研究与示范推广

项目来源：原农业部、全国畜牧总站下达草原无鼠害示范区建设项目。

内容简介：本项目初步完成了甘肃省草原鼠类区系调查。调查分析了甘肃草原鼠情及危害现状。研究了甘肃草原害鼠群落组成、高原鼠兔和高原鼢鼠危害等级、开展了甘肃省草原鼠害区划研究、完成了鼠害发生发展有关机理研究。建立了草原鼠害监测预警与防治评价体系。开展了草原鼠害综合防治配套技术的组装与应用，提出了适合甘肃不同区域的 10 个防控模式。制定了高原鼠兔预测预报技术规程、高原鼢鼠预测预报技术规程等相应技术规程(规范)5 项。撰写论文 15 篇。治理鼠害草地 100.42 万公顷，新增总产值 19 735.43 万元，经济、生态、社会效益显著。

实施时间：2004 年 5 月—2007 年 12 月。

获奖情况：本项目 2007 年 12 月 22 日通过甘肃省科技厅组织的鉴定验收，2009 年 2 月获甘肃省科技进步三等奖。

主持单位：甘肃省草原技术推广总站。

协作单位：甘南州草原站　张掖市草原站、天祝县草原站、玛曲县草原站。

主要完成人员：韩天虎、谭成虎、常明、许国成、王树茂、张自廉、张霞、马隆喜、贺素雯、宗文杰、张建福、尉剑、鲁鸿佩、王瑾、张新民。

10. 绿色畜禽肠道微生态调节素的应用研究

项目来源：2002 年甘肃省科学事业费研究项目(课题号为：QS022-C31-076)。

内容简介：本项目引入“绿色饲料添加剂”概念，从畜禽肠道微生态环境的角度入手，以提高畜禽机体对环境的适应能力和对疾病的抵抗能力为目的，以半乳甘露寡糖和酵母培养物等生物技术产品为主要添加剂，通过合理组合，配套加工和饲喂技术，实现养殖业生产效益、生态效益和食品安全 3 方面的相互协调与统一。选用不同添加量的益康“XP”和壮生素组合在奶牛、育成牛和育肥猪日粮中添加，能完全替代抗生素添加剂，起到显著提高其生产性能的作用；在仔猪日粮和产蛋高峰期蛋鸡日粮中添加，其作用明显高于抗生素金霉素组。绿色添加剂之间的合理组合，形成的畜禽肠道微生态调节素，其功能高于单个添加剂的功效。项目研究开发的奶牛、育肥牛、育肥猪、仔猪和蛋鸡 5 个系列的肠道微生态调节素，通过饲喂试验结果表明，该系列产品的应用，可提高奶牛产奶量 6.2%，育肥牛日增重 16.9%；提高育肥猪日增重 9.0%，料重比降低 10.4%；提高仔猪日增重 20.3%，料重比降低17.4%；蛋鸡的产蛋率提高 2.5%。成果达到了国内先进水平。

实施时间：2002 年 11 月—2005 年 11 月。

实施地点：甘肃省草原技术推广总站——馒头山试验站。

获奖情况：2008 年获甘肃省农牧渔业丰收三等奖。

主持单位：甘肃省动物营养研究所、甘肃省草原技术推广总站。

协作单位：甘肃省农产品质量安全监督检测中心、甘肃省动物检疫总站、甘肃省动物营养研究所陇西新饲料研制厂、临泽奶牛场。

主要完成人员：金加明、吴宝霞、杨虎、安乐、常宁芳、张万祥、于生殿、王万山、陆飒。

11. 黄土丘陵区几种耐旱植物特性及水保作用研究

项目来源：甘肃省农牧厅。

内容简介：从水分、土壤、地形、植被等方面进行水土保持综合试验研究，阐明了柠条等 6 种耐旱植物生物学特性和植物学性状及水土保持能力，为治理黄土坡面水土流失和小流域治理提供了科学依据。通过对小区土壤径流量观测，探讨了柠条等耐旱植物生长与保持水土效果的机理，初步阐明了牧草栽培等人为措施对水土流失的影响。明确了土壤水分的变化规律与牧草耗水量之间的关系，探讨了土壤不同耕作方式、处理方法和不同播种深度对牧草出苗率、存活率的影响，提出了柠条种植的最佳播种深度、土壤处理方法和栽培技术。

实施时间：2005 年 1 月—2007 年 12 月。

获奖情况：2009 年 8 月获甘肃省农牧渔业丰收二等奖。

主持单位：甘肃省草原技术推广总站。

主要完成人员：王立耕、曹明崇、喻文虎、李新媛、王历宽、张林、王凤翔、李福、王海。

12. 牧区家庭牧场优化模式的研究与应用

项目来源：甘肃省农牧厅科技计划项目(项目编号：GNMKJ-2003-5)。

内容简介：项目在不同牧区和不同生产条件下，通过各项技术措施的应用研究和输入，以及设计系统和原系统的定量对比分析，对家庭牧场进行总体优化和过程优化，使项目区“六化”（牧民定居化、草场围栏化、家畜品种良种化、圈舍暖棚化、疾病防治程序化、饲草料生产基地化)家庭牧场上水平、上层次、上效益。研究确定了适合甘肃省牧区家庭牧场的“六化”目标与内涵，提出和实践了全素质“六化”家庭生态牧场模式。分别在甘南州、河西牧区县和半农半牧区建立家庭牧场实验示范区，开展家庭牧场示范辐射推广，提出了建设生态家庭牧场概念和思路。项目实施期间形成、转制和建成“六化”家庭牧场 9299 户，通过辐射带动共建成 11 966 户。示范推广天然放牧草场和人工、半人工割草场利用模式，实现“六化”家庭牧场饲草料生产基地化。推广了牲畜圈舍暖棚养畜、冷季保畜保膘技术和畜群家畜良种化技术。在每个家庭牧场完成 100 平方米以上的暖棚建设，引进改良种畜 793 头(只)。推行家庭牧场牲畜疫病防治程序化和常见疫病规范化防治技术。在牧区家庭牧场生产体系中的生态家园模式、农牧资源互补模式、冷季补饲御灾草料贮备模式等方面有所突破。

实施时间：2001 年 12 月—2007 年 3 月。

获奖情况：2009 年 12 月通过甘肃省科技厅鉴定。2010 年 8 月获甘肃省农牧渔业丰收一等奖。2015 年 12 月 11 日获中国草业科技奖三等奖。

主持单位：甘肃省草原技术推广总站。

协作单位：肃北县草原站、肃南县草原站、夏河县草原站、玛曲县草原站、卓尼县草原站、岷县草原站、民勤县草原站、华池县草原站、甘南州畜牧局。

主要完成人员：李贵霖、花立民、张贞明、丁连生、杨俊基、孙斌、张榕、卓玛加、李春涛、李善堂、阿不满、王卫、柴永青、马隆喜、杨延东、朱彩玲、马爱霞、宗文杰、张建福、安永华、代建聪、陈应福、殷翠琴、张子廉、柴虎元、王保成、岳民勤。

13. 粮饲兼用玉米综合开发利用技术推广

项目来源：2006 年甘肃省农业新品种新技术引进推广计划项目。

内容简介：在静宁县、庄浪县、崆峒区、华池县、宁县实施。在项目区进行了粮饲兼用玉米的栽培、秸秆加工养畜、粮饲兼用玉米新品种对比、粮饲玉米覆膜优化模式、渗水膜覆盖对比、饲用玉米青贮饲喂肉牛、青贮饲草饲喂奶牛对比试验、不同品种玉米秸秆青贮效果、测土配肥等28项目试验研究。项目通过两年的实施，共推广粮饲兼用玉米62.41万亩，总产玉米籽粒40.15万吨、秸秆128万吨。新增玉米籽粒6.87万吨、秸秆15.7万吨。

实施时间：2007年1月—2008年12月。

获奖情况：2010年8月获甘肃省农牧渔业丰收三等奖。

主持单位：甘肃省草原技术推广总站。

协作单位：崆峒区农机中心、宁县农机中心、华池县农机中心、庄浪县农机中心、静宁县农机中心、平凉市农机中心。

主要完成人员：王立耕、曹明崇、金加明、王国生、李新媛、何理、闫海东、秦志前、李可夫、李高社、柴福喜、张林、刘宗祥、马彦彪、王历宽、孟祥君、常宁芳、韩玉平、朱永康、柳金良、王玉杰、杨甲锁、刘文乾、代新民、南俊华、于和平、王聚荣、孟建华、孙维公、李振民。

14. 牛羊安全性系列饲料产品的研制

项目来源：甘肃省科学技术攻关项目(项目编号：GS022-A41-051)。

内容简介：利用动物营养调控理论及饲料组合效应知识，以维生素、合成氨基酸和微生态制剂、有机微量元素等绿色饲料添加剂为主体，采用可消化蛋白等指标，利用$NaHCO_3$等缓冲剂的调节作用，按照牛羊最适DCAB(日粮电解质平衡)要求，通过日粮有效营养含量与家畜需求的精确平衡，进行牛羊安全性系列预混料、浓缩料及精料补充料日粮的开发。开发出了适用于不同生产目的的奶牛、肉牛、羊生预混料、浓缩料和精料补充料产品。

获奖情况：获2006年甘肃省科技进步二等奖。

主持单位：甘肃省草原技术推广总站(甘肃省动物营养研究所)。

协作单位：定西市安定区畜牧站、兰州伏龙坪奶牛场。

主要完成人：杨虎、俞联平、王国生、高占琪、李青、蒋东芳、罗继学、陈仰国、杨辉。

15. 寒生旱生苜蓿产业化生产技术推广

项目来源：国家发改委、原农业部、甘肃省农牧厅。

内容简介：主要推广甘农系列苜蓿原种保纯繁育及种子丰产技术、苜蓿虫害防治技术、苜蓿草产品生产关键设备配置技术和“专业推广机构+公司+农户”推广机制与“基地+示范区+辐射面”的推广线。选择甘农系列苜蓿(1号、2号、3号)在相应的区域进行推广；采用选择优株、分株比较、混系繁殖的二年二圃制进行甘农系列品种的提纯复壮和原种繁殖。在现有的3个苜蓿品种的原种田中进行提纯复壮，使其在越冬性，直立性、分枝数、花序长度、单株种子产量等品种特征方面有显著的提高，对3个品种进行提纯复壮；通过在景泰、武威、灵台的试验基地进行种子生产技术试验研究，形成甘农系列苜蓿种子生产技术规程；建设苜蓿种子生产基地9500亩，生产种子266.85万千克，示范推广甘农系列苜蓿203.43万亩，生产苜蓿干草633.94万吨；加工草产品(草颗粒，草块)48.20万吨。

实施地点：景泰县、武威市、灵台县。

起止时间：2002—2008年。

获奖情况：2009年获甘肃省农牧渔业丰收一等奖，2010年10月获全国农牧渔业丰收二等奖。

完成单位：甘肃省草原技术推广总站。

协作单位：甘肃农业大学生态农业科技发展有限公司、甘肃农业大学草业学院、甘肃农业大学工学院、凉州区黄羊镇畜牧兽医服务站、灵台县畜牧开发服务中心、景泰新西部草业发展有限责任公司、玉门市柳河乡畜牧兽医站。

主要完成人：韩天虎、向金城、许国成、杜文华、于轩、喻文虎、赵武云、吴劲锋、张榕、张子廉、张贞明、阿不满、陆飒。

16. 牛羊专用中草药保健型饲料添加剂的开发利用

项目来源：甘肃省科学事业费项目(项目编号：QS041-C31-16)。

内容简介：项目立足甘肃省丰富的中草药资源及甘肃省反刍家畜生产的实际，针对目前饲料生产领域和养殖行业存在的饲料安全隐患和环境质量问题，以防病保健促生长为目的，充分发挥中草药的整体功效和综合调节作用，开发研究出了既能增强牛羊免疫功能，又可提高其生产性能的奶牛、肉牛和肉羊专用中草药保健型饲料添加剂。该系列产品将饲料营养学与中医药学理论结合，调节瘤胃酸碱平衡与复方中草药饲料添加剂健脾胃、助消化等整体多效性结合，充分发挥中草药的营养滋补及整体调节作用，增进机体免疫力，大幅度减少预防和治疗疾病过程中抗生素和化学药品的用量。饲喂试验表明，日粮中添加0.9%中草药保健型饲料添加剂，奶牛日均产奶量较对照组提高8.82%，每消耗1千克精料补充料，奶牛日均个体产奶量较对照组增加0.6千克，随中草药饲料添加剂添加量的增加，牛奶乳脂率有增加趋势；日粮中添加0.3%~0.9%的肉牛、肉羊专用中草药保健型饲料添加剂，提高肉牛日增重15.53%~32.58%，肉羊日增重27.73%~52.00%，降低牛羊发病率8%以上。累积生产销售中草药保健型饲料添加剂30 000千克，推广普及面达奶牛1.70万头，肉牛2.50万头，肉羊9.90万只。

实施时间：2005年1月—2009年12月。

获奖情况：获2010年甘肃省农牧渔业丰收奖二等奖，甘肃省科技进步三等奖。

主持单位：甘肃省草原技术推广总站(甘肃省动物营养研究所)。

协作单位：甘肃安邦牧业有限公司、安定区畜牧站、甘肃省动物卫生监督所、甘肃畜牧工程职业技术学院。

主要完成人：俞联平、李昀、高占琪、陈兴荣、李新媛、张林、王国生、李萍、姜聪文、孙京魁、张凡华、席文娣、马爱霞、杨虎、张进邦、赵庆平、张洁、杜笑村。

17. 甘肃农牧交错区舍饲羊育肥关键技术研究

项目来源：2003 年由甘肃省科技厅下达(项目编号：QS031-C31-08)。

内容简介：项目完成了安定区、张家川县、清水县 3 个县区肉羊数量、品种、饲养状况、肉羊产业发展状况及肉羊饲草料资源状况调查，分析评价了上述 3 县肉羊饲料轮供体系；开展了小尾寒羊、道赛特、萨福克、波尔山羊等品种或杂交后代羔羊的外源性氨基酸补充效果和营养调控试验，依据试验结果，结合当地饲草料条件，总结制定了 7 个肉羊饲料配方；确定了肉羊补充料中适宜的氨基酸组合和比例；以效益为尺度，对不同育肥方案进行了优选，筛选出 6 个道寒、萨寒和特寒杂交肉羊舍饲育肥方案；对比分析了放牧、半舍饲和全舍饲饲养方式对肉羊产肉性能的影响；根据肉羊各时期的营养需要，试制出系列补充料。项目累计生产肉羊预混料 6800 千克，指导配制补充精料 136 000 千克，通过该饲料的应用与示范饲喂，大幅提高了项目区肉羊生长速度、日增重、产肉性能、饲料利用率等经济性状。

实施时间：2004 年 10 月—2009 年 12 月。

获奖情况：2010 年获甘肃省农牧渔业丰收二等奖。

主持单位：甘肃省动物营养研究所(甘肃省草原技术推广总站)。

协作单位：安定区畜牧技术推广站、天水市畜牧技术推广站、清水县畜牧兽医站、张家川县畜牧兽医工作站。

主要完成人员：王国生、席文娣、张洁、俞联平、杨俊基、豆卫、吴天德、蒋东芳、王历宽、李新媛、刘晓莉、何振刚、孙京魁、孙新卫、张百锁、王茂、赵继宏。

18. 防控有害生物对高寒草原植被恢复影响的研究

项目来源：甘肃省退牧还草科技支撑项目(项目编号为：甘退牧 200302)。

内容简介：项目从 2004 年开始，到 2009 年停止，研发期 4 年。项目研究了禁牧、休牧状态下，控制草原害鼠害虫及毒杂草对恢复高寒草原植被的影响；研究了甘南重点牧区天然草地主要有毒植物种类及分布；研究了草地蝗虫在不同生境中分布规律、空间格局及其抽样技术；应用绿僵菌、D 型毒素、C 型毒素等新技术防治草原蝗虫、草原害鼠及毒杂草等有害生物 90.833 3 万公顷；项目在多项应用研究方面填补了国内空白。项目实施，可转变传统的草原鼠虫害防控手段，促进先进防治技术在草原鼠虫害及毒杂草防治工作中的应用，减少草原有害生物防治工作的盲目性，提高防治效果，遏制草原鼠虫害的暴发和蔓延，缓解草原退化和水土流失速度。

实施时间：2004 年 8 月—2009 年 12 月。

获奖情况：2010 年 8 月获甘肃省农牧渔业丰收二等奖。

主持单位：甘肃省草原技术推广总站。

协作单位：夏河县草原站、碌曲县草原站。

主要完成人员：丁连生、王俊梅、冯今、豆卫、马隆喜、卓玛加、张霞、曹国顺、杨彦东、李新媛、王瑾、方毅才、郭宏伟、马爱霞、陈仲斌、马文明、陆广平、万玛吉、王学芬、朱彩玲、张桂芹、腊有仁、穆学峰、付为军、铁永瑞、仁青草、占德昂秀。

19. 甘肃特色草产业配套技术研究及示范推广

项目来源：甘肃省农牧厅科技项目计划(编号：GSNM–2005–07)。

内容简介：以甘肃特有的优良种质资源岷山红三叶和岷山猫尾草为主体，共完成了与甘肃特色草产业发展紧密相关的 27 项科学研究。其中，在岷山红三叶异黄酮产业开发方面，从药用岷山红三叶的栽培管理、收获加工、异黄酮测定、提取、工厂化生产工艺等方面，完成了 19 项科学研究，制定了药用岷山红三叶及种子生产技术规程、异黄酮测定技术标准，并对药用岷山红三叶在甘肃南部高寒阴湿地区的形成和发展、市场开发前景、产业发展方向等进行了系统研究和分析，全面系统地对岷山红三叶异黄酮产业化开发配套技术进行了研究；在以岷山猫尾草为代表的优质赛马饲料特色草产业方面，完成了与该项产业开发有关的 8 项科学研究。从生产基地建设，原料生产、草产品加工，市场销售和发展前景等方面，对以岷山猫尾草为主的优质赛马饲料产业进行了全面系统研究。破解了甘肃特色草产业发展过程中遇到的技术难题，提高了产业发展整体水平和效益。通过对甘肃特色草产业配套技术研究和示范推广，为破解定西南部经济发展难题提供了科技支撑。

实施时间：2004 年 10 月—2009 年 5 月。

获奖情况：2010 年获甘肃省农牧渔业丰收三等奖。

主持单位：甘肃省动物营养研究所(甘肃省草原技术推广总站)。

协作单位：甘肃省定西市种草饲料站、甘肃省岷县草原工作站、甘肃岷山草业开发有限公司岷县方正草业有限公司。

主要完成人员：程文定、王国生、豆卫、俞联平、金加明、曹志东、冯今、王维中、陈兴荣、王炳煜、陆飒、孟祥君、张涛、李峻成、李颖民。

20. 甘肃省草原资源与生态监测

项目来源：2007 年甘肃省农牧厅下达农业科技项目(项目编号 GNMKJ–2007–02)。

内容简介：项目在全省 11 个市(州)27 个县(市、区)实施，省、市、县有关单位约 300 人参加。通过运用遥感监测与地面监测相结合的方法，以“3S”技术为技术平台，建立草原资源与生态监测网络，实现对草原生产状况的动态监测。监测内容主要包括草原面积、生产力、鼠虫害、自然灾害等。旨在为政府部门及时准确地掌握草原资源与环境现状及其发展趋势，对草原自然灾害预测及防治工作，制定相应的管理对策提供科学依据。

实施时间：2005 年 1 月—2009 年 12 月。

获奖情况：2011 年获甘肃省农牧渔业丰收一等奖，2013 年获全国农牧渔业丰收二等奖。

主持单位：甘肃省草原技术推广总站。

协作单位：北京华夏源生态保护科技有限公司、夏河县草原站、天祝县草原站、玛曲县草原站、古浪县草原站、环县草原工作站。

主要完成人员：韩天虎、孙斌、洪军、冯今、王炳煜、张贞明、王红霞、李福、唐建明、宁德年、张起荣、曹国顺、董高生、李启文、杨彦东、郭铌、才让吉、董秀兰、王彦萍、葛怀贵、段金山、侯桂凤、刘效莲、王本江、周玉凤。

21. 河西沙化草地恢复重建技术研究与示范推广

项目来源：“甘肃省天然草原恢复与建设”和“甘肃细枝岩黄芪等超旱生牧草原种基地建设”的科技支撑项目。

内容简介：开展草地沙化过程与恢复演替规律研究，包括沙化草地的野外综合调查、放牧草地退化、沙化动态过程的研究、围栏封育对沙化草地植被影响的研究、灌丛在植被恢复过程中的作用研究、沙地植被与土壤种子库关系的研究、沙漠化过程中植物生理受损过程和适应机制的研究；开展了沙地植物引种栽培技术试验，包括牧草引种试验、牧草栽培试验、牧草耐盐试验；开展了沙化草地培育改良技术研究，包括草地围封试验、草地补播改良和人工草地建设试验；植物固沙试验、草地施肥灌溉试验、沙化草原灭鼠试验、开展了草地沙化防治对策和模式的研究，包括草地沙化成因的调查分析、沙化草地综合治理模式的研究；开展了沙化草地恢复重建示范区建设与技术推广，在 10 县区进行了技术推广。

实施时间：2001—2005 年。

获奖情况：2008 年 4 月 16 日获甘肃科技进步奖二等奖。

主持单位：甘肃省草原技术推广总站、中科院兰州寒区旱区环境与工程研究所、兰州理工大学。

协作单位：永昌县草原站、民勤县草原站、古浪县草原站、山丹县草原站、瓜州县草原站、肃州区畜牧中心、阿克塞哈萨克自治县畜牧局、民乐县草原站、天祝县草原站、高台县草原站。

主要完成人员：豆卫、韩天虎、苏永忠、喻文虎、向金城、许国成、张继义、孙斌、马爱霞、杨鹏翼、刘富庭、刘克彪、李福、张起荣、马廷选、陈虎、陈应福、沈占荣、薛天鹏、李兴福、杨永伟、马君峰、王天河、宁德年、周明三、王万山、李晓鹏、王海、张贞明、阿不满。

22. 甘肃河西退化草原综合治理及其养殖关键技术研究

项目来源：甘肃省农牧厅，项目编号 GNMKJ-2007-04。

内容简介：项目筛选出适宜项目区种植的豆科牧草 14 种、禾本科牧草 10 种及其混播组合 3 个。封育使退化草地植被覆盖度提高 5~20 个百分点，牧草高度提高 2~4 厘米，产量提高 25.35%；禁牧提高牧草产量 272.14%；划区轮牧提高牧草产量 106.08%。用农作物秸秆等开发牛羊饲料，解决了牧区冬春饲料不足问题，研制出畜禽粪便饲料化处理技术及其工厂化生产工艺，丰富了项目区饲料资源，改善了养殖环境。低温寒冷、营养不良等是引起项目区山羊流产的主要原因，通过应用穿保暖衣、头挂精准补饲袋等技术，使山羊流产率降低了 13.85 个百分点。编印了《退化草原综合治理技术手册》。

实施时间：2007 年 1 月—2009 年 12 月。

获奖情况：2010 年 12 月甘肃省科技厅组织鉴定验收，2011 年 1 月获甘肃省农牧渔业丰收二等奖。

主持单位：甘肃省草原技术推广总站。

协作单位：肃北蒙古族自治县草原站、肃南裕固族自治县草原站、景泰县草原站、肃州区草原站。

主要完成人员：程文定、张贞明、晁德林、许国成、张少平、鲁征、马彦彪、张万祥、马爱霞、李萍、张伯虎、王海、陈仲斌、安乐、祁晓梅、巴特尔、梁其健、韩居斌、王俊。

23. 黄粉虫蛋白质饲料应用技术开发研究

项目来源：甘肃省科技厅科学事业费项目，项目编号 QS041-C31-015。

内容简介：本项目重点开展了黄粉虫恒温立体饲养技术研究、黄粉虫的饲料配方筛选。研究了地炕供温、电子继电器控制养殖温度湿度的立体养殖技术以及黄粉虫分离、加工技术，确定了技术参数，制定了黄粉虫立体养殖技术规程；通过黄粉虫的利用，使血粉、皮革粉等劣质动物性饲料转化为安全优质的昆虫蛋白。动物生产试验证明，70%黄粉虫幼虫+30%土元幼虫养蝎效果最佳；黄粉虫蛹、幼虫饲喂肉杂鸡，试验组比对照组产蛋量差异显著（$P<0.05$），平均增重 1 千克，节约饲料成本 0.74 元和 0.58 元；饲喂蛋鸡，实验组比对照组增重差异极显著（$P<0.01$），一个产蛋期新增纯收益为 6.2 元每只；黄粉虫蛋白代乳料代替 50%鲜乳饲喂 3~9 周龄荷斯坦犊牛，哺乳成本平均节约 207.76 元每头。该项目累计推广黄粉虫饲养肉杂鸡 75 万只、蛋鸡 79 万只，已获经济效益 606.05 万元，经济、社会效益显著。

实施时间：2004 年 7 月—2009 年 12 月。

获奖情况：2012 年 8 月获甘肃省农牧渔业丰收二等奖。

主持单位：甘肃省动物营养研究所、甘肃省草原技术推广总站。

协作单位：兰州市畜牧兽医研究所、甘肃省肃南县兽医局、甘肃省安定区草原站。

主要完成人员：马彦彪、王汝富、李贵霖、李萍、杨俊基、贾生福、张洁、张成虎、张霞、孙京魁、王学炳、陈兴荣、王海、贺素雯、安海燕、张凡华、王凯、安学忠、袁毓锋、董建华、郎建英、陈怀斌。

24. 甘肃省干旱半干旱典型区草地资源及生产力研究与评价

项目来源：全球环境基金(GEF)赠款项目(项目编号 052456 CHA-GS-J-2)。

内容简介：将"3S"技术集成应用于区域性大面积草地资源普查及生产力评价，确立了草地资源普查及生产力评价的模型和方法，为在时空上进行快速、精确、大尺度草地资源信息采集和处理提供了技术支持，为全省乃至全国草地资源普查提供了有效的技术储备；以花草滩为例，首次将传统草地测产方法、牧草营养成分分析与"3S"技术结合，对荒漠草地放牧家畜营养平衡进行了分析和评价，创新了天然草原草畜平衡及营养平衡评价的思路和方法；项目针对不同土地类型和土壤背景条件，制定了利用海拔、植被垂直和水平分布特点、坡度、坡向等数据，进行草地类型划分和估产模型构建的优化方案，最大限度地消除了不确定因素对草地类型划分及产量估测的不利影响；完成了甘州、肃州、凉州、安定、永昌和景泰 6 县（区）125.24 万公顷天然草原的草地资源调查及生产力评价，实现了以县(区)为单位的大面积草地资源调查与生产力评价；绘制了 6 县（区）1:250 000 草地类型图和草地产草量分级图，构建了项目区草地资源数据库。

实施时间：2007 年 1 月—2010 年 10 月。

获奖情况：获 2012 年甘肃省农牧渔业丰收奖一等奖。

主持单位：甘肃省草原技术推广总站。

协作单位：永昌县草原站、安定区饲草饲料站、景泰县世行项目办、凉州区世行项目办、甘州区畜牧兽医站、肃州区世行项目办。

主要完成人：俞联平、程文定、冯春霞、李新媛、陈兴荣、徐正辉、李昀、王国生、王汝富、高占琪、张霞、王中华、李兴海、刘彦江、马军福、强文军、魏玉兵、殷正春、张忠祥、陆飒、杜笑村、席文娣、任越、马爱霞、罗亮。

25. 农作物秸秆裹包青贮及利用配套技术研究与示范。

项目来源：甘肃省农业新技术新产品引进推广项目。

内容简介：该项目引进和推广拉伸膜裹包青贮技术、打捆裹膜青贮技术、塑料袋装青贮技术、塑料袋装氨化技术和塑料膜包裹青贮技术，完成青贮饲料 21.66 万吨，实现总增产值 5463 万元，新增纯收益 912 万元。该项目制定了玉米秸秆青贮等 7 项技术规程，培训 100 个示范场(户)熟练掌握了粮饲玉米栽培、农作物秸秆加工及调制等技术。该项目提出了适宜企业和农牧户在平原地带和山塬坡地的青贮机械配型。该项目确定了不同原料裹包青贮的含水率、揉切长度、适宜草捆规格和裹包层数等工艺参数，并进行了相关的生产试验和饲喂试验。

实施时间：2009—2011 年。

获奖情况：2012 年获甘肃省农牧渔业丰收三等奖。

主持单位：甘肃省草原技术推广总站。

协作单位：临夏州饲草饲料站、庆阳市畜牧中心、康乐县草原站、广河县草原站、渭源县草原站、安定区草原站、临洮草原站、宁县草原站。

主要完成人员：曹明崇、王立耕、鲁鸿佩、刘彦江、徐新平、惠文、张林、李新媛、王历宽、徐正辉、马彦彪、徐小平、程炯、周红芳、李新平、刘宗祥、张万祥、曹蕾、牛建龙、杨进城、杨植、马绍慧、孙京魁、张秀珍、李世龙、杨小军、李飞、冯建山、林晓燕、王作鹏、王正科、屈海红、王丹妮。

26. 岷山红三叶异黄酮含量动态变化及其调节动物钙磷代谢的作用及机理研究

项目来源：甘肃省农牧厅列 2009 年科技项目(项目编号：GNMKJ2009-01)。

内容简介：项目针对岷山红三叶产草量高且其茎叶异黄酮含量丰富的优点，进行岷山红三叶牧草生产及其药用价值开发，就岷山红三叶异黄酮含量及动态变化，根瘤菌、微肥等对红三叶异黄酮含量的影响，及其抗氧化和免疫增强，尤其调节动物钙磷代谢的作用及机理进行了系统研究，确定其作为无公害绿色饲料添加剂开发利用的价值和提高畜禽抗疾病、抗应激能力、改善动物生产性能的潜力等，为合理开发利用岷山红三叶及其异黄酮提供科学依据，有利于转变传统的将红三叶单一作为牧草利用的观念。对岷山红三叶异黄酮的抗氧化和免疫增强，尤其调节动物钙磷代谢的作用进行了系统的研究；从分子水平探讨了异黄酮调节雌激素不足动物钙代谢的机理；首次就根瘤菌、微肥等对红三叶异黄酮含量的影响进行了研究；制定了药用岷山红三叶生产的技术规程。

实施时间：2009 年 7 月—2012 年 12 月。

获奖情况：获 2013 年甘肃省农牧渔业丰收一等奖，甘肃省科技进步二等奖。

主持单位：甘肃省草原技术推广总站(甘肃省动物营养研究所)。

协作单位：甘肃省定西市饲草饲料站、岷县草原站、甘肃省岷山种畜场。

完成人员：俞联平、程文定、孟祥君、金加明、冯今、陈兴荣、李新媛、王汝富、徐正辉、高占琪、任越、王历宽、王炳煜、陆飒、席文娣。

27. 河西走廊沙尘源区生态环境治理及草地农业发展对策研究

项目来源：甘肃省农牧厅 (项目编号：GNMKJ-2010-06)。

内容简介：对河西走廊沙尘源区气候、水、土地、森林、草原等自然生态资源利用现状进行了研究，项目依据河西地区的生态现状，将河西地区划分为：祁连山水源涵养功能区、沿山草地畜牧业功能区、走廊绿洲节水农业功能区、戈壁荒漠生态保护功能区四个生态功能区，并提出了各个功能区的生态治理对策。对河西走廊生态环境进行了准确定位，提出了生态保护战略措施，确立了以草业为主导治理河西走廊沙尘源区生态环境的总体思路。通过对河西走廊不同生态功能区的种植业、林业和草业的经济和环境效益进行综合分析和评价，提出了河西走廊农业产业可持续发展的思路。项目在河西地区的生态功能区划以及不同生态功能区的种植业、林业和草业的经济和环境效益的综合分析和评价上有创新。

实施时间：2010 年 2 月—2012 年 5 月。

获奖情况：2013 年 6 月获甘肃省农牧渔业丰收一等奖。

主持单位：甘肃省草原技术推广总站。

协作单位：酒泉市草原站、武威市草原站、张掖市草原站、古浪县草原站、民勤县草原站、永昌县草原站、山丹县草原站、瓜州县草原站。

主要完成人：刘志民、韩天虎、张贞明、许国成、俞联平、金加明、蔡鹏云、阿不满、汪玺、赵成章、刘学录、倪兴泽、胡发成、权金鹏、马廷选、李启文、李兴海、陈虎、樊生明。

28. 草原虫害发生规律研究与防控技术集成示范

项目来源：全国畜牧总站，甘肃省农牧厅下达（编号 GNKJ–2004–13）。

内容简介：项目依托中央财政农作物病虫害防治专项补助组织实施，并得到了全球环境基金(GEF)项目和农业行业公益专项的支持。项目由甘肃省草原技术推广总站主持，酒泉、张掖、金昌、武威、白银、甘南、庆阳等 7 个市(州)的 25 个县(市、区）草原站参加了项目实施工作，先后有 100 多名专业技术人员参与了项目实施工作。累计完成草原虫害防治 3480 万亩，其中累计完成生物制剂防治 866 万亩，植物源农药防治 242 万亩，高效低毒化学农药防治 2127 万亩，牧鸡灭蝗 245 万亩，生物防治力度逐年加大，总经济效益达到 49 626.06 万元；建立了村级农牧民测报员网络，形成了“省–市(州)–县(市、区)–村级农牧民测报员”4 级测报体系和上下联动的预警机制；形成了产学研结合的技术培训、推广和人才培养新模式，对农牧民测报员和防治人员进行培训，实现了技术到村到户，防治区技术普及率达到 100%，与大专院校联合进行学生培养，培养 1 名研究生，5 名本科生；制定监测、防治等方面的技术规范 3 项，发表论文 5 篇以上；通过药效试验，筛选出绿僵菌、类产碱 2 种生物制剂和印楝素、苦参碱、烟碱·苦参碱等 3 种植物源农药以及高效氯氰菊酯、氯氟氰菊酯 2 种高效低毒化学农药；优化集成了“人工机械喷雾生物农药+牧鸡”等多项适于不同区域不同危害类型的草原虫害防控技术，形成了区域防控技术体系；建立了政、技、物相结合的统防统治、联防联控及群防群治的组织管理机制，形成了以专业化防控为基础的“大型机械+背负式机动喷雾机+牧鸡”防控模式。

实施时间：2004—2013 年。

获奖情况：2013 年 12 月 30 日通过甘肃省农牧厅组织验收，2014 年 08 月获甘肃省农牧渔业丰收二等奖，2015 年获甘肃省科技进步二等奖。

主持单位：甘肃省草原技术推广总站。

协作单位：甘肃农业大学草业学院、肃南县草原站、天祝县草原站等。

主要完成人：韩天虎、许国成、刘长仲、常明、王俊梅、王瑾、方毅才、马爱霞、吴江、杨浩、张起荣、寇永谋、马隆喜。

29. 农作物秸秆饲料化技术集成示范与推广

项目来源：甘肃省农业科技创新项目（编号 GNCX-2009-08）。

内容简介：甘肃省财政厅、甘肃省农牧厅 2009 年 12 月下达的甘肃省农业科技创新项目。项目实施 4 年来，在甘州、临泽、临夏、康乐、靖远、安定、通渭、庆城、宁县等地打造技术集成示范点 69 个、示范户 1380 个，累计举办培训 898 期次，14 077 万人次，示范户均掌握秸秆加工、秸秆饲料饲喂牛羊等 2 项以上实用技术；示范推广饲用玉米 18 个品种，示范推广饲用玉米、饲用高粱种植管理技术 216 万亩；推广应用玉米秸秆青贮、微贮、塑料袋青贮、地面堆贮、裹包青贮等技术，累计加工处理秸秆量达 1096 万吨以上，开展了豆科牧草(紫花苜蓿、红豆草)与禾本科牧草(带穗玉米、去穗玉米)混合青贮，用 30%和 40%豆科牧草与禾本科牧草混合青贮可分别满足肉羊粗蛋白需要量的 45%~55%和 55%~62%。示范区秸秆饲料化利用率达到了 62.66%，比项目实施前的 40.26%提高了 22.4 个百分点；项目实施过程中采用定点示范与流动服务结合模式，“青贮银行、青贮合作社、收贮、代贮”等秸秆青贮生产运行模式，秸秆饲料饲喂模式，秸秆养畜循环经济模式等系列化创新推广模式。编制了《秸秆饲料化利用技术》培训教材，发表论文 16 篇。

实施时间：2009 年 12 月—2013 年 12 月。

获奖情况：2014 年 9 月在甘肃省科技厅成果登记，2015 年 8 月 17 日获甘肃省农牧渔业丰收一等奖。

主持单位：甘肃省草原技术推广总站。

协作单位：张掖市草原站、庆阳市畜牧中心、甘州区草原工作站、安定区饲草饲料站、靖远县草原工作站、临夏县草原工作站、临泽县畜牧技术推广站、通渭县畜牧兽医服务中心、康乐县草原工作站、宁县畜牧草业工作站、庆城县草原技术推广站。

主要完成人：王汝富、曹明崇、李新媛、马彦彪、张万祥、俞联平、权金鹏、曹蕾、张林、刘宗祥、惠文、韦鹏、孙京魁、腾秀丽、周红芳、杨自新、马小强、马桂林、张树平、马永平、戴德荣、景和平、贾旭龙、韩继忠、刘彦江、任宝玺、贠忠林、马清源、陈军涛、马花岩。

30. 红三叶根际微生物接种剂研发关键技术及推广应用

项目来源：甘肃省农业科技创新项目（编号为 GNCX-2009-08）。

项目简介："红三叶根际微生物接种剂研发关键技术及推广应用"项目于 2016 年 12 月 30 日通过甘肃省农业农村厅组织验收。项目通过对以岷山红三叶根系及根表土壤分离、筛选出具有固氮、溶磷、分泌 IAA、拮抗病原菌能力的菌种资源，探究优良促生菌的溶磷、固氮等途径，完成了岷山红三叶微生物复合菌肥研发。在岷县、和政等区域建立了不同技术示范基地，同时带动红豆草、苜蓿等豆科牧草微生物复合菌肥研发应用推广，截至 2019 年 12 月，累计推广面积岷山红三叶 10 100 公顷，红豆草 11 230 公顷，苜蓿 11 330 公顷，经济效益及生态效益显著。项目成果产生经济效益 11 554 万元，平均每年至少为社会增加 2 310.8 万元，用于该成果的每一元研制费平均每年为社会增加 13.9 元收益。经过室内研究、田间试验及大田推广，取得了预期成果和效益，紧扣甘肃省草牧业资源和草畜产业发展需求，推进了甘肃省乃至全国红三叶及豆科牧草高效生产和实践的可持续发展，内容丰富，资料翔实，完成了任务书规定的各项指标，通过了专家验收。并通过甘肃省科技厅成果登记（批准登记号：2016Y0847）。

实施时间：2013—2016 年。

获奖情况：2020 年 8 月获甘肃省农牧渔业丰收三等奖。

主持单位：甘肃省草原技术推广总站。

协作单位：甘肃省农业大学、兰州市草原监督管理所等。

主要完成人：张榕、张洁、荣良燕、李智燕、周栋昌、虎凌云、姚拓、李仁阁。

31. 抗寒高产优质饲用黑麦新品种的选育及推广应用

项目简介：本项目是甘肃省财政厅、甘肃省农牧厅 2013 年下达的甘肃省农业科技创新项目。项目针对高寒牧区饲草资源短缺和可栽培牧草品种缺乏的现状，成功选育出适宜在青藏高原东北缘亚高山区栽培的一年生优良禾本科牧草新品种——甘引 1 号黑麦，为青藏高原东北缘亚高山区填补了一年生禾本科牧草栽培品种，并研究配套了相应的栽培管理、牧草收获加工和利用等技术。甘引 1 号黑麦适宜在海拔 2300~3100 米高寒地区种植，具有耐寒、高产、抗病，生育期短等特点。平均干草产量 12.57 吨每公顷，粗蛋白含量 12.22%，产量、品质优于当地普遍种植的燕麦等一年生牧草。探索研究了甘引 1 号黑麦刈割再生和两茬收获技术。二次刈割干草产量 7.82 吨每公顷，粗蛋白含量 14.48%，营养和品质显著改善。制定了甘引 1 号黑麦牧草和种子生产技术规程，建立了"饲草基地+配送中心+养殖合作社（小区、户）"的牧区饲草生产供应模式。2011—2015 年，结合退牧还草工程等项目，通过项目示范和带动，在项目区及其周边县(区)、祁连山区和青藏高原区的高寒和二阴地区推广，并带动农户种植甘引 1 号黑麦，累计推广面积 187.75 万亩，生产青干草 170.27 万吨，获经济效益 31 622.59 万元，同时取得了良好的社会和生态效益。

实施时间：2011—2015 年。

主持单位：甘肃省草原技术推广总站。

主要完成人：韩天虎、孟祥君、俞联平等。

32. 甘肃省不同生态区域适宜牧草品种筛选及配套技术集成与示范推广

项目来源：单位自列，甘肃省农牧厅备案。

项目简介：该项目从 2014 年开始实施，调查了甘肃省不同生态区适宜草种。以牧草的生态指标因子为基础，结合当地实际情况，通过总结前人研究成果，联合甘肃农业大学相关专家，共同研究确定各个生态区适宜的豆科、禾本科等主要草种。确定了陇东黄土高原区、陇中黄土丘陵区、河西灌区、陇南山地区和甘南高寒阴湿区 5 个生态区域的主推草种和主要技术模式。① 陇东黄土高原区：主推研究草种为紫花苜蓿、饲用玉米、饲用高粱。② 陇中黄土丘陵区：主推研究草种为紫花苜蓿、红豆草、饲用玉米、饲用高粱。③ 河西灌区：主推研究草种为紫花苜蓿、箭筈豌豆、饲用高粱。④陇南山地：主推研究草种为紫花苜蓿、红三叶、猫尾草、箭筈豌豆。⑤甘南高寒阴湿区：主推研究草种为垂穗披碱草、老芒麦、红豆草、无芒雀麦、燕麦、黑麦、小黑麦。在不同生态区域对选择的主推牧草品种进行品比试验，确定不同生态区域牧草主推品种、主推丰产及加工利用技术。建立主推品种和主推技术的示范推广基地。

实施时间：2014—2017 年，2017 年 12 月验收。

主持单位：甘肃省草原技术推广总站。

协作单位：甘肃省草品种区域试验站。

主要完成人：张榕、李德明、耿小丽、张少平、刘乾等。

33. 牛羊全混合日粮技术工艺优化与模式研究示范

项目简介：项目立足甘肃省饲草料资源条件，针对甘肃省以中、小型养殖场（合作社）为主的规模养殖业发展趋势及水平，因地制宜进行牛羊全混合日粮技术(TMR)的研究开发，优化筛选出了 TMR 配方及相关生产工艺参数，总结提出了适合甘肃省中、小规模养殖场（养殖合作社)TMR 生产及推广利用的 5 种模式并进行了示范推广，制定了奶牛、肉牛和肉羊全混合日粮生产及饲用技术规程，研发技术针对性强，便于在生产中推广普及，取得了显著的社会效益和经济效益，项目的研究开发，对完善甘肃省反刍家畜饲料生产供应体系，促进牛羊养殖业的集约化规模生产和产业化发展具有重要意义。

实施时间：2012 年 1 月—2016 年 12 月。

获奖情况：2017 年度获甘肃省科技进步三等奖。

主持单位：甘肃省草原技术推广总站。

主要完成人：俞联平、王汝富、王国生、李新媛、高占琪等。

34. 豆科牧草复合菌肥研发与应用推广

项目简介：2016—2018 年，甘肃省草原技术推广总站、甘肃农业大学草业学院，联合甘肃大行农业土壤改良治理有限公司在甘肃河西灌区、中东部旱作区和二阴地区民乐、安定、和政等 10 县(区)开展了豆科牧草微生物复合菌肥技术研究与示范推广。经团队多年系统研究，从豆科牧草根系分离纯化到有促生能力的菌株 300 余株，从中筛选出优良促生菌株 70 余株，建立了豆科牧草根际优良促生菌资源库。从优良促生菌资源库中分别筛选确定了相互无拮抗作用的高效溶磷菌株、分泌 IAA 菌株及拮抗病原真菌菌株，和牧草根瘤菌组合研发了苜蓿、红豆草、红三叶和沙打旺等微生物专用菌肥系列产品 4 个。研究了红豆草、紫花苜蓿、红三叶等豆科牧草微生物菌肥与化肥配施对牧草生产性能、根系结瘤、土壤理化性质和营养成分的影响，明确了微生物菌肥和化肥配施的增效机制和增产效果，形成了化肥+菌肥的技术模式，播后 1~3 年增产幅度达到 4.95%~49.24%。探索了高等院校(科)+ 技术推广(推) + 企业（企）的项目运行机制，建立了年生产能力 150 吨菌肥生产线 1 条，实现了苜蓿、红豆草、红三叶和沙打旺微生物复合专用菌肥系列产品工厂化生产和商品化应用，完成了成果转化。开展了微生物菌肥示范推广应用和技术培训，以龙头企业和合作社为推广主体，依托“退耕还草”“飞播种草”等项目带动，推广应用紫花苜蓿根瘤菌肥 11 260 公顷，红豆草根瘤菌 3013 公顷；红三叶根瘤菌 700 公顷；飞播沙打旺根瘤菌 4000 公顷，累计推广菌肥 87 吨，产生效益 13 521.09 万元。项目发明专利 4 项(正在申报中)。发表论文 13 篇，研究报告 3 篇，起草技术规程（标准)4 项，凝练形成“豆科牧草不同草种专用菌肥研发+菌剂生产+推广应用”模式，形成核心技术团队 1 个，培养技术骨干 30 余人。

实施时间：2016—2018 年。

进展情况：2018 年 12 月甘肃省农牧厅验收。

主持单位：甘肃省草原技术推广总站。

协作单位：甘肃农业大学、甘肃大行农业土壤改良治理有限公司及相关县草原站。

主要完成人：杨浩、周栋昌、付萍、张榕等。

35. 牧区放牧家畜营养改善及品种改良技术研究

项目来源：2013 年甘肃省级农牧渔业新品种新技术引进推广项目“矿物营养舔块新技术在反刍动物生产上的推广应用”(项目编号：GNKJ-2013-12）和甘肃省草原技术推广总站 2014 年度自列“牧区放牧家畜营养改善及品种改良技术研究”两项目

的整合。

主要成果：

(1) 因地制宜，筛选并推广了适宜高寒牧区一年生禾本科、豆科牧草品种及其混播组合，提出了高寒牧区饲用黑麦孕穗期刈割的一年两次刈割技术，每公顷粗蛋白产量较盛花期一次刈割高17.87千克，而NDF(碱性洗涤纤维)和ADF(酸性洗涤纤维)分别低1 130.64千克和834.22千克，显著改善了牧草品质和适口性。

(2) 研究开发出了牦牛、藏羊专用系列预混料、浓缩料和矿物营养舔块等营养补饲产品。应用牦牛、藏羊预混料，藏羔羊断奶成活率提高4.17个百分点，初生重和哺乳期日增重分别提高4.04%和23.81%，牦犊牛初生重和1月龄日增重分别提高9.15%和19.73%；应用矿物营养舔块，藏羔羊的断奶成活率提高3.34个百分点，初生重和哺乳期日增重分别提高6.77%和22.78%，牦犊牛初生重和1月龄日增重分别提高22.43%和29.11%。

(3) 引进欧拉藏羊对当地寒蒙（小尾寒羊♂×蒙古羊♀）、藏寒蒙（藏羊♂×寒蒙♀）母羊进行杂交，后代母羊多胎率达66.67%，繁殖率达175%，其公、母羔3月龄、6月龄和周岁体重分别较当地藏羊提高4.46%、14.54%和19.55%，破解了高寒地区绵羊复壮及高繁的技术瓶颈。

(4) 总结提出了适合高寒地区饲草生产供应的“异地饲草基地+异地青贮”等5种模式，形成了以营养供应与畜种改良为目标的饲草料供应、藏羊改良技术体系。

2015—2017年，先后在天祝、合作、夏河等县(市)推广甘引1号黑麦累计种植面积达66.6万亩，推广种植燕麦22.75万亩，推广应用预混料、浓缩料、矿物营养舔砖饲喂藏羊212 580只（含藏寒杂种羊1950只），牦牛114 540头。该成果已获经济效益7 363.84万元，年经济效益2 561.84万元。

实施时间：2013年7月—2018年8月。

获奖情况：2020年8月获甘肃省农牧渔业丰收二等奖。

主持单位：甘肃省草原技术推广总站。

主要完成人：俞联平、李新媛、王汝富、陈兴荣、高占琪、张起荣、徐正辉、王国生、任越、娘毛家等。

36. 燕麦种质资源收集评价及生产应用研究与示范

项目来源：本项目由甘肃省农牧厅下达(草牧业试点及甘肃省草产业联盟科技支撑项目)，立项时间为2016年，项目编号是GCLM20160010-01。

研究成果：

(1) 收集、评价国内外燕麦种质资源200份，利用形态学标记对200份种质的遗传多样性进行了系统的研究，为燕麦品种改良、新品种培育的亲本选择等育种实践做了基础性的铺垫，同时筛选了一批可以应用于甘肃省建植人工草地和草原植被恢复建设的优良燕麦品种，充实和丰富了甘肃燕麦种质资源。

(2) 在全省4个主要气候类型区对燕麦表型性状进行多样性分析，深入研究了不同环境下燕麦的生长特点，为全省燕麦区划提供了重要的基础数据。

(3) 通过对燕麦栽培技术的研究，筛选出甘肃省燕麦主产区最佳播种时间和种植密度，总结出不同播种时间和密度对燕麦生长及产量的影响。

(4) 为了筛选、引进适合甘肃省燕麦主产区种植的高产优质燕麦品种，从2016年开始，项目组在对国内外燕麦品种初步筛选的基础上，在全省14个草品种区试验站对80份国内主栽品种进行了区域试验、生产试验、品种展示，客观、公正、科学地鉴定了各品种的草产量、适应性和品质特性等综合性状，为燕麦新品种在全省的推介提供科学依据。

(5) 开展了甘肃省燕麦主要栽培品种性状基础收集工作，为全省燕麦区划奠定了基础。

(6) 项目在省内首次进行了燕麦新品种VCU测定技术的研究，为甘肃省燕麦VCU测定指南的编写及VCU测定技术在草类种质评价中的应用奠定了基础。

(7) 根据研究结果编制了《甘肃省燕麦主产区燕麦品种推广目录》。

(8) 2016—2018年，结合草牧业试点等农业结构调整项目，分别在河西灌区、陇中地区、陇东地区和青藏高寒区推广了高产优质燕麦12 023公顷、6502公顷、6900公顷和12 700公顷，合计38 125公顷，获得经济效益10 694.76万元。

(9) 项目先后发表和撰写研究论文6篇。先后有省、市、州、县50余名技术人员参与项目实施。

实施时间：2016—2018年。

获奖情况：2020年8月获甘肃省农牧渔业丰收三等奖。

主持单位：甘肃省草原技术推广总站。

协作单位：全省草品种区域试验站。

主要完成人：耿小丽、张少平、李德明、张榕、武慧娟、刘乾、马爱霞、付萍。

37. 青藏高原区优良牧草新品种选育及应用

项目简介：该项目成功驯化选育出多年生豆科牧草“天祝斜茎黄芪”及一年生禾本科牧草新品种“陇燕1号燕麦”，均通过省级品种审定登记。完成了牧草丰产栽培及良种扩繁等相关技术研究，鲜草产量增加20%以上。2014—2016年在甘南、天祝、肃南、岷县等省内高寒及二阴地区累计推广种植陇燕1号燕麦、甘引1号黑麦和天祝斜茎黄芪面积达197.05万亩以上，西藏和青海推广种植甘引1号黑麦55.50万亩。审定并发布了“燕麦——陇燕1号”等技术标准4项，制定“豆科牧草——天祝斜茎黄芪”等技术标准4项。获总利润19 826.8万元。

实施时间：2014—2016年。

获奖情况：获 2018 年度甘肃省科技进步三等奖。

主持单位：甘肃省草原技术推广总站。

主要完成人：俞联平、王汝富、王国生、高占琪等。

38. 甘肃红豆草等主要优良牧草营养评价与产品研发

项目简介："甘肃红豆草等主要优良牧草营养评价与产品研发"项目是甘肃省 2016 年草牧业试验试点和草业技术创新联盟科技支撑项目。项目在甘肃旱作区、高寒牧区、河西灌区 10 余县市开展了红豆草等优良牧草新品种的选育、植物学特性、栽培应用、草产品开发及产品在草食畜饲养中的应用评价等研究；在适宜地区推广应用，表明红豆草在旱山地、低产田、撂荒地、新整理的生地及高寒地区比苜蓿有更强的适应性和经济效益，是大多数区域建植高产人工草地、人工放牧草场和改良土壤的首选草种；首次对红豆草的营养价值进行了比较系统的研究，在奶牛饲养、肉牛育肥中红豆草代替苜蓿干草和青贮，对奶产量和品质及肉牛增重没有显著影响；开展了红豆草根瘤菌及配套栽培等复合技术推广；在 3 个区域内推广红豆草配套栽培技术累计 30.01 万亩，辐射带动种植 31.13 万亩。合作开发了草捆、裹包青贮和混合草颗粒产品；向市场提供草产品 17.2 万吨，草产品推广肉牛 9 万头、高寒牧区藏羊 10 万只，奶牛 2.3 万头，辐射带动饲养肉牛 10.4 万头、藏羊 8.35 万只、奶牛 2.46 万头。已获经济效益 23 748.97 万元，经济、社会、生态效益显著。

实施时间：2016—2018 年。

获奖情况：获 2019 年度全国农牧渔业丰收三等奖。

主持单位：甘肃省草原技术推广总站。

协作单位：甘肃民祥牧草公司、相关县草原站。

主要完成人：张榕、高占琪、杨浩、付萍、耿小丽、李德明、张少平等。

39. 甘肃草原基况调查及服务功能评价研究

项目简介：项目依托甘肃省农牧厅下达的"甘肃省第二次草原资源普查"工作组织实施的技术研究与应用性课题，编号：甘农科技–2016–04。项目内容涵盖草原面积、类型及分布，草地生产力及草地质量等级，草地营养评价，草原退化现状、草原鼠虫害区系及区划，编制草原调查相关内业和外业标准，以及相关科技支撑项目的研究等。

创新成果：

（1）全面更新了沿用 30 多年的全省草原分布及面积、草原类型、草原产草量与等级、鼠虫危害及草原退化情况等草原资源与生态基况数据。

（2）针对甘肃省不同区域的生态气候条件和地形地貌差异，将全省天然草原划分为水热条件及其变化规律各异的 5 个地域分区（河西走廊区、甘南高原区、陇东黄土高原区、秦岭山脉及以南的天水和陇南山地区、甘肃中部地区），分别利用不同区域近 20 年降水量和≥0℃年积温等气象观测资料，结合各区域的遥感影像 NDVI、高程(DEM)、坡度、坡向等信息数据，通过决策树分类分区域完成了全省各县(区)草原类划分。

(3) 草原初级生产力估算、草原等级划分等均采用遥感、地理信息等现代信息技术，结合地面定位观测数据进行建模、空间插值、产草量测算及草原等级划分等。首次将全省天然草原划分为生态气候条件各异的 5 个草原区（甘南高原草甸草原区、河西走廊高平原荒漠草原区、陇中黄土高原半荒漠草原区、陇东黄土高原典型草原区和陇南山地草丛草原区）建立产草量估产模型，在最优分区模型基础上，分县(区)、分草原类型计算产草量，实现了草原生产力测定及草原等级划分的信息化和自动化。

(4) 建立了植被-生境学分类法(VHCS)和综合顺序分类法(CSCS)之间草原类的对应关系。

(5) 对甘肃草原鼠、虫害区系及分布进行了系统调查和补充，并对甘肃鼠虫害进行了区划。

(6) 首次对甘肃草原植物区系进行了系统调查和分析研究，归纳整理出了甘肃省草原植物名录，对甘肃草原植物组成和地理区系特征(科和属的分布区类型、种的分布类型)进行了初步的统计分析。

(7) 从 20 世纪 80 年代第一次草原资源普查以来，首次对全省草原总体退化状况和草原生态功能服务价值进行了评价。

(8) 构建了甘肃省草原基础信息管理系统及平台。项目全面更新了全省草原资源及生态现状本底数据，摸清了草原资源的面积、分布、生产力、鼠虫危害情况及 30 年来草原退化情况。

结合本次草原资源调查，完成了“中国两大草原分类系统在甘肃省草原普查中的耦合研究”“甘肃省草原植物区系分析研究”“甘肃省草原植物资源研究”“草原主要鼠虫害评价”等 4 项专题研究。编写《甘肃省草原资源》,《甘肃省草原植物图谱》上、下 2 册与《甘肃省草原专题地图集》。发布省级技术标准 9 项。

实施时间：2013—2019 年。

主持单位：甘肃省草原技术推广总站。

协作单位：全省 14 个市（州）85 个县（市区）。

主要完成人：韩天虎、俞联平、孙斌、金加明、冯今、姜佳昌、张永辉、潘冬荣。

获奖情况：获 2020 年甘肃省林业和草原局林草科技进步一等奖。

第三节　地方标准

自 2006 年以来，参加制定由甘肃省质量监督局发布的甘肃省地方标准 52 项，其中：单位主持完成发布的甘肃省地方标准 29 项，参加完成发布的甘肃省地方标准 23 项。详见表 2–16。

表 2-16 地方标准一览表

序号	标准名称	标准编号	发布时间	制定单位	起草人
1	饲料用苜蓿产品	DB62/T 1437—2006	2006.3.14	甘肃省草原技术推广总站	王汝富 常宁芳 张忠祥 于生殿 王万山 张万祥
2	玉米秸秆青贮技术规范	DB62/T 1438—2006	2006.3.14	甘肃省草原技术推广总站	王汝富 张少平 王红霞 张丽娟 张林 许国成
3	甜菜渣青贮技术规范	DB62/T 1439—2006	2006.3.14	甘肃省草原技术推广总站	李新媛 杨俊基 王汝富 王历宽 王万山 许国成
4	甜菜叶青贮技术规范	DB62/T 1440—2006	2006.3.14	甘肃省草原技术推广总站	陈仲斌 张忠祥 王汝富 王历宽 李新媛 王红霞
5	小麦秸秆氨化技术规范	DB62/T 1441—2006	2006.3.14	甘肃省草原技术推广总站	王汝富 李新媛 陈仲斌 张 林 张 霞 常宁芳
6	草原资源与生态监测地面调查技术规范	DB62/T 1823—2009	2009.8.7	甘肃省草原技术推广总站	韩天虎 冯 今 孙 斌 王炳煜 李 福 王红霞 唐建明
7	岷山猫尾草种子生产技术规程	DB62/T 1824—2009	2009.8.7	甘肃省草原技术推广总站	豆 卫 席文娣 王国生 程文定 俞联平 陆 飒 高占琪 张 洁
8	药用岷山红三叶及种子生产技术规程	DB62/T 1825—2009	2009.8.7	甘肃省草原技术推广总站	程文定 郜 敏 金加明 俞联平 王国生 冯 今 王历宽 王炳煜 陈兴荣
9	白刺夜蛾预测预报技术规范	DB62/T 1830—2009	2009.8.7	甘肃省草原技术推广总站	王俊梅 常 明 许国成 晁德林 王 瑾 马爱霞 张 霞 方毅才 谭成虎
10	黄粉虫恒温立体养殖技术规程	DB62/T 2420—2014	2014.3.4	甘肃省草原技术推广总站	马彦彪 安海燕 徐正辉 马爱霞 安学忠 陈怀斌 张 洁 张 霞 曹明崇 张万祥 曹 蕾 吕江涛
11	禾本科草种子质量:碱茅	DB62/T 2421—2014	2014.3.4	兰州大学草地农业科技学院、农业农村部牧草与草坪草种子质量监督检验测试中心(兰州)、甘肃省草原技术推广总站	余 玲 王玉青 王彦荣 张吉宇 刘亚洁 谭立伟 孟祥君 张少平 李德明 朱 倩 任春明

续表

序号	标准名称	标准编号	发布时间	制定单位	起草人
12	禾本科草种子质量：赖草	DB62/T 2422—2014	2014.3.4	兰州大学草地农业科技学院、农业农村部牧草与草坪草种子质量监督检验测试中心（兰州）、甘肃省草原技术推广总站	余　玲　刘亚洁　王彦荣　王玉青　张少平　李德明　朱　倩　车爱霞　张伯虎　谭立伟
13	禾本科草种子质量：中华羊茅	DB62/T 2423—2014	2014.3.4	甘肃省草原技术推广总站	王汝富　向金城　孟祥君　徐正辉　张忠祥　任春明　余　玲　王彦荣　王玉青　段廷玉　李德明　车爱霞　谭立伟　朱　倩　张伯虎
14	禾本科草种子质量：冷地早熟禾	DB62/T 2424—2014	2014.3.4	甘肃省草原技术推广总站	孟祥君　徐正辉　王汝富　张少平　张忠祥　余　玲　王彦荣　王玉青　聂　斌　向金城　李德明　车爱霞　任春明　朱　倩　张伯虎
15	菊科草种子质量：白莎蒿	DB62/T 2425—2014	2014.3.4	甘肃省草原技术推广总站	向金城　孟祥君　张少平　徐正辉　张忠祥　余　玲　王彦荣　王玉青　胡小文
16	藜科草种子质量：沙蓬	DB62/T 2426—2014	2014.3.4	兰州大学草地农业科技学院、农业农村部牧草与草坪草种子质量监督检验测试中心（兰州）、兰州大学第二医院、甘肃省草原技术推广总站	余　玲　田建淑　王彦荣　王玉青　曾彦军　刘亚洁　孟祥君　李德明　谭立伟　车爱霞　任春明
17	苜蓿与草木樨种子鉴别方法：荧光法	DB62/T 2427—2014	2014.3.4	兰州大学草地农业科技学院、农业农村部牧草与草坪草种子质量监督检验测试中心（兰州）、甘肃省草原技术推广总站	王彦荣　余　玲　孙建华　王玉青　胡小文　李德明　朱　倩　车爱霞
18	饲料用干黄粉虫	DB62/T 2459—2014	2014.4.21	甘肃省草原技术推广总站	王汝富　马彦彪　李新平　王枝祥　杨　楠　杨俊基　刘宗祥　张　林　王　海　李　萍　李贵霖　张永辉
19	主要草种子质量第一部分：观赏草种子	DB62/T 2421.1—2015	2015.12.22	兰州大学草地农业科技学院、农业农村部牧草与草坪草种子质量监督检验测试中心（兰州）、甘肃省草原技术推广总站	王彦荣　刘亚洁　王玉青　余　玲　孙建华　徐正辉　李　萍　陈　兮　施昌玉
20	主要草种子质量第二部分：禾本科草种子	DB62/T 2421.2—2015	2015.12.22	兰州大学草地农业科技学院、农业农村部牧草与草坪草种子质量监督检验测试中心（兰州）、甘肃省草原技术推广总站	王彦荣　王汝富　余　玲　王玉青　胡小文　刘亚洁　李晓鹏　张丽娟　祁兰英

续表

序号	标准名称	标准编号	发布时间	制定单位	起草人
21	主要草种子质量第三部分:豆科草种子	DB62/T 2421.3—2015	2015.12.22	兰州大学草地农业科技学院、农业农村部牧草与草坪草种子质量监督检验测试中心(兰州)、甘肃省草原技术推广总站	余　玲　王玉青　王彦荣　胡小文　聂　斌　刘亚洁　徐正辉　李　萍　施昌玉　陈　兮
22	主要草种子质量第四部分:蓼科草种子	DB62/T 2421.4—2015	2015.12.22	兰州大学草地农业科技学院、农业农村部牧草与草坪草种子质量监督检验测试中心(兰州)、甘肃省草原技术推广总站	余　玲　向金城　王彦荣　王玉青　刘亚洁　曾彦军　张建全　李晓鹏　张丽娟　祁兰英
23	主要草种子质量第五部分:白刺科草种子	DB62/T 2421.5—2015	2015.12.22	兰州大学草地农业科技学院、农业农村部牧草与草坪草种子质量监督检验测试中心(兰州)、甘肃省草原技术推广总站、甘肃省畜牧业产业管理局	曾彦军　王喜平　余　玲　王彦荣　刘亚洁　王玉青　李晓鹏
24	草种子生活力测定生物化学(四唑)法	DB62/T 2631—2015	2015.12.22	兰州大学草地农业科技学院、农业农村部牧草与草坪草种子质量监督检验测试中心(兰州)、甘肃省草原技术推广总站	余　玲　王彦荣　王玉青　曾彦军　孙建华　刘亚洁　张建全　杨　浩　李德明　孟祥君
25	苜蓿属种子活力测定电导率法	DB62/T 2632—2015	2015.12.22	兰州大学草地农业科技学院、农业农村部牧草与草坪草种子质量监督检验测试中心(兰州)、甘肃省草原技术推广总站	胡小文　王彦荣　余　玲　张建全　王玉青　刘亚洁　徐正辉　李　萍　施昌玉　陈　兮
26	草原毛虫预测预报技术规范	DB62/T 2681—2016	2016.7.29	甘肃省草原技术推广总站	王俊梅　李晓鹏　徐正辉　冯　今　程天亮　晁德林　方毅才　王　瑾　马爱霞　常　明　韩天文　史青茂　吴　江　许国成
27	草原生态控鼠技术规程	DB62/T 2682—2016	2016.7.29	甘肃省草原技术推广总站	韩天虎　许国成　常　明　李晓鹏　方毅才　王俊梅　王　瑾　吴　江　程天亮　韩天文　史青茂
28	草原资源调查技术规程第一部分:调查对象和范围	DB62/T 2684.1—2016	2016.7.29	甘肃省草原技术推广总站、甘肃农业大学、甘肃省草原监督管理局、中国农业大学	韩天虎　张德罡　唐功龙　孙　斌　邵新庆　王立耕　金加明　冯　今　姜佳昌　潘冬荣　张永辉　杨红梅　杜笑村　向金城　王炳煜

续表

序号	标准名称	标准编号	发布时间	制定单位	起草人
29	草原资源调查技术规程第二部分:外业调查	DB62/T 2684.2—2016	2016.7.29	甘肃省草原技术推广总站	孙　斌　王立耕　韩天虎　何　毅　张德罡　冯　今　金加明　姜佳昌　潘冬荣　张永辉　李晓鹏　杨红梅　杜笑村　向金城　王　惠　王中华
30	草原资源调查技术规程第三部分:内业工作	DB62/T 2684.3—2016	2016.7.29	甘肃省草原技术推广总站	俞联平　李新媛　王汝富　向金城　俞慧云　程天亮　杨红梅　杜笑村　陈兴荣　任　越
31	天然草原类型划分	DB62/T 2683-2016	2016.07.23	甘肃省草原技术推广总站	孙　斌　潘冬荣　王立耕　何　毅　张德罡　金加明　冯　今　姜佳昌　张永辉　王炳煜　杜笑村　杨红梅　王　惠　向金城　王中华
32	主要草种子质量第五部分:白刺科草种子	DB62/T 2421.5—2018	2018.11.23	兰州大学草地农业科技学院、农业农村部牧草与草坪草种子质量监督检验测试中 心(兰州)、甘肃省草原技术推广总站、甘肃省畜牧业产业管理局	曾彦军　李　玉　张少平　王彦荣　余　玲　王汝富
33	主要草种子质量第三部分:豆科草种子	DB62/T 2421.3—2018	2018.11.23	兰州大学草地农业科技学院、农业农村部牧草与草坪草种子质量监督检验测试中心(兰州)、甘肃省草原技术推广总站	胡小文　陈大立　王彦荣　张榕　王靖靖　余　玲
35	主要草种子质量第二部分:禾本科草种子	DB62/T 2421.2—2018	2018.11.23	兰州大学草地农业科技学院、农业农村部牧草与草坪草种子质量监督检验测试中心(兰州)、甘肃省草原技术推广总站	胡小文　张　瑞　余　玲　王彦荣　张　榕　李德明　牛得草　陈大立
36	主要草种子质量第六部分:骆驼蓬科草种子	DB62/T 2421.6—2018	2018.11.23	兰州大学草地农业科技学院、农业农村部牧草与草坪草种子质量监督检验测试中心(兰州)、甘肃省草原技术推广总站、甘肃省畜牧业产业管理局	曾彦军　王汝富　李　玉　王彦荣　余　玲　张少平
37	草类植物种子收集技术规范	DB62/T 2953—2018	2018.11.23	兰州大学草地农业科技学院、农业农村部牧草与草坪草种子质量监督检验测试中心(兰州)、甘肃省草原技术推广总站、中国科学院昆明植物研究所	胡小文　王彦荣　杨湘云　张　榕　余　玲　陈大立　韩云华　蔡　杰　张　挺　杨　浩　李德明

续表

序号	标准名称	标准编号	发布时间	制定单位	起草人
38	苜蓿干草生产技术规范	DB62/T 2954—2018	2018.11.23	甘肃省草原技术推广总站、金塔县畜牧兽医局、酒泉厚德瑞草业有限公司	张贞明　白廷军　王　海　谭风喜　李晓鹏　雒金明　徐正辉　杨苗萌
39	草原鼠虫害预测预报站建设标准	DB62/T 2955—2018	2018.11.23	甘肃省草原技术推广总站	王俊梅　韩天虎　冯　今　程天亮　王炳煜　方毅才　王　瑾　吴　江　晁德林　马爱霞　徐正辉
40	甘肃省草品种区域试验站建设标准	DB62/T 2956—2018	2018.11.23	甘肃省草原技术推广总站	张　榕　李德明　耿小丽　张少平　武慧娟　刘　乾　任春明　李晓鹏
41	燕麦干草捆质量	DB62/T 2957—2018	2018.11.23	甘肃农业大学、甘肃省草原技术推广总站	赵桂琴　周向睿　柴继宽　尹国丽　张　榕　李德明　焦　婷
42	饲用黑麦:甘引1号	DB6/T 4092—2020	2020.3.16	甘肃省草原技术推广总站	韩天虎　孟祥君　俞联平　曹永林　富新年　陈兴荣　杨　浩　武慧娟　周栋昌　徐正辉
43	天祝斜茎黄芪	DB62/T 4095—2020	2020.3.16	甘肃省草原技术推广总站	俞联平　李新媛　王汝富　李　昀　陈兴荣　高占琪　徐正辉　任　越　向金城　张　林　王历宽　马爱霞　杜晓村　俞慧云
44	苜蓿根瘤菌田间施用技术规程	DB62/T 4093—2020	2020.3.16	甘肃农业大学、甘肃省草原技术推广总站	姚　拓　兰晓君　张　榕　张　洁　师尚礼　杨晓玫　李智燕　周栋昌　武慧娟
45	草品种真实性检验规程 SSR 标记法	DB62/T 4049—2020	2020.3.16	兰州大学草地农业科技学院、农业农村部牧草与草坪草种子质量监督检验测试中心(兰州)、全国畜牧总站、甘肃省草原技术推广总站	刘文献　谢文刚　闵学阳　齐　晓　邵鳞惠　陈志宏　向金城
46	饲用黑麦种子种子技术规程	DB62/T 4091—2020	2020.3.16	甘肃省草原技术推广总站	孟祥君　韩天虎　俞联平　武慧娟　杜晓村　周栋昌　俞慧云　潘正武
47	岷山猫尾草	DB62/T 4316—2021	2021.06.21	甘肃省草原技术推广总站	向金城　徐正辉　王　延　李智燕　王中华　王汝富　王国生　张丽娟

续表

序号	标准名称	标准编号	发布时间	制定单位	起草人
48	草种质资源库建设与管理规范	DB62/T 4318—2021	2021.06.21	兰州大学草地农业科技学院、农业农村部牧草与草坪草种子质量监督检验测试中心(兰州)、甘肃省草原技术推广总站、甘南藏族自治州草原工作站	胡小文 张祖欣 李德明 王彦荣 朱 倩 高成芬 加曼草
49	岷山红三叶	DB62/T 4670–2023	2023.3.28	甘肃省草原技术推广总站	王汝富 张 洁 李智燕 王 斌 徐正辉 李新媛 向金城 张永辉 张万祥 罗 亮 任 越
50	陇东苜蓿	DB62/T 4669–2023	2023.03.28	甘肃省草原技术推广总站、庆阳市畜牧水产技术推广中心	向金城 李 飞 马爱霞 魏利平 蔡立春 龙丽霞 杨志骞 梁 旭 李增录 张伯虎 罗 亮
51	清水紫花苜蓿	DB62/T 4706–2023	2023.06.28	甘肃农业大学、甘肃省草原技术推广总站	师尚礼 南丽丽 张永宁 李 霞 康文娟 尹国丽 蔡卓山
52	甘农九号	DB62/T 4706–2023	2023.06.28	甘肃农业大学、张掖市草原工作站、甘肃省草原技术推广总站	胡桂馨 师尚礼 甘辉林 曹 健 任 越 张丽娟 史晓霞

第四节　专利

甘肃省草原技术推广总站在2022—2023年，共申请通过专利4次，详见表2-17。

表2-17　专利

序号	专利名称	专利类型	通过时间	专利号	作者
1	一种调查草原植被覆盖度的航拍无人机	实用新型	2022年1月	CN202121121341.6	潘冬荣
2	一种草原灭火无人机	实用新型	2022年1月	CN202121121343.5	潘冬荣
3	一种植物灌溉装置	实用新型	2022年6月	ZL202123419912.7	张万祥　莫负涛　王　惠 曹　蕾　张永辉　张丽娟
4	植被恢复费项目管理信息化系统V1.0	计算机软件著作权	2023年7月	2023SR0801590	张万祥　王　延　王　斌 史春雪　金加明　王汝富

第五节　审定的草品种

一、国家审定登记的草品种

由本单位选育或者参与选育，经全国牧草品种审定委员会通过登记的地方品种有岷山红三叶、岷山猫尾草、甘肃红豆草、陇东苜蓿、陇中苜蓿、河西苜蓿等6个品种。

1. 岷山红三叶

岷山红三叶

Trifolium Pratense L. cv. Minshan

品种登记号：019

草种名称：红三叶

品种名称：岷山红三叶

登记时间：1988年4月7日

申报单位：甘肃省饲草饲料技术推广总站

申报者：王英、何玉麟、申有忠

品种来源：1940年由甘肃省岷山种畜场从美国引入，在该场长期种植。从1979年起，甘肃省饲草饲料技术推广总站与甘肃省岷山种畜场合作，搜集当地散逸种，经系统研究整理而成的地方品种。

品种特征特性：豆科三叶草属多年生草本植物。株高40~120厘米，直立或斜生，花冠红色或紫色，种子黄色或红色。该品种抗寒、早熟，在海拔2500米、无霜期80天的岷县本直寺，能完全成熟、自生繁衍。耐涝、耐热性较强，不易感染病害，极少受虫害，抗旱性较差。鲜草产量较高，每公顷产鲜草30 000~60 000千克，叶量丰富，适口性好，各类家畜均喜食。适于甘肃省温暖湿润、夏季不炎热的地区。

审定机构：全国牧草品种审定委员会。

2. 岷山猫尾草

岷山猫尾草

Phleum pratense L. cv. Minshan

品种登记号：067

草种名称：猫尾草

品种名称：岷山猫尾草

登记时间：1990年5月25日

申报单位：甘肃省饲草饲料技术推广总站

申报者：王英、申有忠、向得福、赵维屏、张得清

品种来源：1941年甘肃省岷山种畜场从美国引入，原品种不详。从1979年起，甘肃省饲草饲料技术推广总站与甘肃省岷山种畜场合作，搜集当地散逸种，对该草种进行了比较系统全面的试验研究和栽培，在岷山推广。

品种特征特性：多年生禾草，秆高50~100厘米。具根状茎。叶条形，宽5~8毫米，两面粗糙。圆锥花序圆柱形，淡绿色，长5~15厘米；小穗矩圆形，有1朵小花；颖相等，膜质，具3脉，中脉成脊，先端具小尖头；外稃薄膜质，具7脉，先端钝圆；内稃稍短于外稃。每小穗1粒种子，种子乳白色有光泽，颖银白色不透明，千粒重0.5~0.6克，性喜温凉湿润气候，不耐干旱和夏季酷热。最适在年降水量500毫米以上，年均气温4~6℃，土壤中性至弱酸性的地区栽培。适应甘肃陇南、天水、临夏等地区温凉湿润气候区域及甘肃省外类似气候区域。

审定机构：全国牧草品种审定委员会。

3. 甘肃红豆草

甘肃红豆草

Onobrychis viciifolia Scop.cv. Gansu

品种登记号：063

草种名称：红豆草

品种名称：甘肃红豆草

登记时间：1990年5月25日

申报单位：甘肃农业大学、甘肃省饲草饲料技术推广总站

申报者：陈宝书、王素香、车文信、温尚文

品种来源：1944 年从英国引进普通红豆草在南京、兰州试种开始，经过选育，杂交等措施，形成甘肃红豆草的基本群体。

品种特征特性：多年生草本，高 80~130 厘米。茎直立，多分枝。单数羽状复叶，由 13~17 片小叶组成，小叶椭圆形至卵圆形。总状花序有小花 30~60 朵，花冠蝶形，粉红色或紫红色。荚果黄褐色，扁平，有种子 1 粒。抗旱性强，在甘肃中部干旱地区生长良好，适宜温凉气候。播种当年生长快；春季返青早，适口性好，反刍家畜鲜饲后不得膨胀病，病虫害少。

审定机构：全国牧草品种审定委员会。

4. 陇东苜蓿

陇东苜蓿

L. cv.‘Longdong’

品种登记号：089

草种名称：紫花苜蓿

品种名称：陇东紫花苜蓿

审定时间：1991 年 5 月 20 日

申报单位：甘肃草原生态研究所、甘肃农业大学、甘肃省畜牧厅、甘肃省饲草饲料技术推广总站

申报者：李琪、曹致中、刘照辉、王无怠、申有忠

品种来源：系地方品种，主要分布在甘肃六盘山以东的庆阳、平凉两地区的 13 个县（市）。

品种特征特性：叶小而色浓绿，花序短而紧凑，花色深紫。长寿，在旱作条件下生产持续期长，第 2~7 年产量高而均衡，头茬草产量高。耐旱性强，耐寒性中等，为中早熟品种。每公顷鲜草产量 30 000~45 000 千克。但苗期生长缓慢，刈割后再生能力不强。最适宜栽培区域为黄土高原地区。

审定机构：全国牧草品种审定委员会。

5. 陇中苜蓿

陇中苜蓿

L. cv.‘Longzhong’

品种登记号：088

草种名称：紫花苜蓿

品种名称：陇中紫花苜蓿

审定时间：1991 年 5 月 20 日

申报单位：甘肃省饲草饲料技术推广总站、甘肃省畜牧厅、甘肃农业大学

申报者：申有忠、江月兰、王无怠、曹致中、向德福

品种来源：系地方品种，由当地长期种植的地方类型整理而来。主要分布在定西市、临夏州、兰州市、庄浪县、静宁县等地。

品种特征特性：植株形态和陇东苜蓿大体相同，开花期较陇东苜蓿迟 5~7 天，抗旱性强，耐瘠薄，抗寒性中等。在旱作条件下，生长势比陇东苜蓿稍差，产量与陇东苜蓿相近或稍低。长寿，生长持续期长。产量、株高、生长势、再生能力均比河西苜蓿强，但比陇东苜蓿稍差。每公顷干草产量 9 000 千克。适应性广，最适区域为黄土高原地区，在长城沿线干旱风沙地区亦可种植。

审定机构：全国牧草品种审定委员会。

6. 河西苜蓿

河西苜蓿

L. cv. Hexi

品种登记号：086

草种名称：紫花苜蓿

品种名称：河西苜蓿

审定时间：1991 年 5 月 20 日

申报单位：甘肃农业大学、甘肃省畜牧厅、甘肃省饲草饲料技术推广总站

申报者：曹致中、贾笃敬、王无怠、申有忠、张景雨

品种来源：由武威、张掖、酒泉三地区长期种植的地方品种类型整理而来。

品种特征特性：主要特征是晚熟，在甘肃武威市返青至开花约需 75 天，返青至种子成熟需 135 天。幼苗生长缓慢，植株较矮，茎细而分枝多，生长势和产量均低于陇中苜蓿。耐旱性和耐盐碱性较强，在河西走廊 100 毫米以上降水量下，只灌一次冬水就能生存下来。在 pH 值 8.5 左右，含硫酸盐为主，总盐分 1%的盐碱地上，在合理的栽培措施下尚能生长，刈割再生能力差，易感白粉病。每公顷产干草产量 6000~9000 千克。适宜黄土高原地区及西北各省荒漠、半荒漠、干旱地区有灌水条件的地区种植。

审定机构：全国牧草品种审定委员会。

二、甘肃省审定的草品种

由单位主持或参与申报，经甘肃省草品种审定委员会审定通过的草品种有甘引 1 号黑麦、天祝斜茎黄芪、草燕 1 号燕麦、河西野大麦、祁连醉马草、草红 1 号红豆草、祁连老芒麦、夏燕 1 号燕麦等 8 个品种。

1. 甘引 1 号黑麦

甘引 1 号黑麦

Secale cereale L.‘Ganyin No.1’

品种登记号：GCS004

草种名称：黑麦

品种名称：甘引 1 号黑麦

登记时间：2013 年

申报单位：甘肃省草原技术推广总站、天祝县草原工作站

申报者：韩天虎、孟祥君、曹永林、向金城、张少平、李德明、李新媛、陈兴荣

选育情况：2005 年，甘肃省草原技术推广总站和天祝县草原工作站合作，立足天祝高海拔寒冷生态气候条件，引进冬牧 70、Oklon、4R507 和 BATES 等 4 个黑麦品种，在天祝县祁连、旦玛、松山等乡(镇)进行适应性观测及抗寒品种选育，通过综合品种选育法，2009 年育种材料的抗寒性、生长速度、牧草产量等性能趋于稳定，达到育种目标要求。2009—2010 年进行品种比较试验；2010—2011 年进行区域试验；2011—2012 年进行生产试验；2013 年通过甘肃省草品种审定委员会审定登记，命名为甘引 1 号黑麦。

品质特征：甘引 1 号黑麦主要针对甘肃省高寒牧区饲草短缺和可栽培牧草品种缺乏等现状，通过多年的适应性筛选和品比试验，选育出具有耐寒、抗病、高产特性的一年生禾本科黑麦属牧草新品种。生育期 90 天~120 天，茎秆丛生，高 150~180 厘米。叶条形，长 10~20 厘米，宽 5~10 毫米，下面平滑，上面边缘粗糙。穗状花序，长 8~15 厘米（芒除外），每穗结实 32~56 粒。小穗含 2 朵小花。籽粒呈纺锤形，淡褐绿色，表皮光滑，籽粒饱满，千粒重 35.5~45 克。

甘引 1 号黑麦喜温耐寒，生育期短，适应性强，在温带和寒温带都生长良好。对土壤要求不严，各种土壤都能种植。在 pH 值 6~8、湿润、排水良好的土壤上生长较好。干草产量 10.07 吨每公顷~12.57 吨每公顷。初花期植株干物质中粗蛋白含量 12.59%~13.24%，粗脂肪含量 2.16%~2.53%，中性洗涤纤维 46.02%~48.45%，酸性洗涤纤维 26.39%~30.91%。饲草种植，在甘肃≥0℃年积温 1300℃以上的地区均可。种子生产时，适宜在甘肃≥0℃年积温 1750℃以上的地区。

分管领导：韩天虎。

选育团队：甘肃省草原技术推广总站、天祝县草原工作站。

参加人员：韩天虎、孟祥君、曹永林、俞联平、向金城、张少平、李德明、陈兴荣、李新媛、潘正武、富新年。

审定机构：甘肃省草品种审定委员会。

2. 天祝斜茎黄芪

天祝斜茎黄芪

Astragalus laxmannii ‘Tian Zhu’

品种登记号：GCS016

草品种：斜茎黄芪

品种名称：天祝斜茎黄芪

登记时间：2014 年

申报单位：甘肃省草原技术推广总站

申报者：俞联平、王汝富、高占琪、陈兴荣、张林、李新媛、马爱霞

选育情况：育种团队针对高寒地(牧)区可栽培牧草品质单一，尤其优良豆科牧草品种短缺现状，利用本土野生斜茎黄芪，经多年定向驯化选育而成的，适宜在高寒地区栽培种植及作为天然草原补播改良的多年生豆科牧草。

20 世纪 80 年代末，甘肃省动物营养研究所何玉林从甘肃省天祝藏族自治县打柴沟镇金强河畔(海拔 2500 米)采集了具有耐寒、耐旱、早熟等特性的野生斜茎黄芪，经何毅、杲寿善、俞联平等人在兰州馒头山等地初步栽培驯化，保留了栽培第 3 代种子。俞联平等人从 1999 年开始采用田间常规选育、辐射诱变育种和组织培养等综合措施，加大选育强度，提高选育质量，成功筛选出了适于高海拔、高寒生态区域栽培、直立、高产和早熟性状的品种，具有耐寒、耐旱、青绿期长，叶量丰富，营养价值高等特点，在≥0℃积温在 1500~3000℃的地区生长良好，能安全越冬，≥0℃积温>1700℃即可完成生育期且收获种子。在天祝、岷县 2500~2800 米的高寒区花期平均自然高度 65.24~71.44 厘米，比野生状态 33 厘米提高了约 1.98~2.16 倍，播种当年越冬率达 96%以上，播种第 2~4 年初花期一茬草平均鲜草产量 23 875.3 千克每公顷，干草产量 7 161.7 千克每公顷，平均粗蛋白含量 17.1%，平均种子产量 186.15 千克每公顷。2014 年通过甘肃省草品种审定委员会审定登记，命名为天祝斜茎黄芪。

各阶段分管领导：张建文、豆卫、韩天虎、王汝富。

采种和初步驯化：何玉林。

早期选育：何毅、杲寿善、李青、俞联平、王历宽。

后期：俞联平、李昀、王汝富、陈兴荣、李新媛、高占琪、张林、任越。

品种特征特性：天祝斜茎黄芪多年生草本，高 20~110 厘米。奇数羽状复叶，有小叶 7~23 枚；总状花序生于茎上部叶腋，连总花梗长于复叶或近等长，有花 40~50 朵，密集成长圆形或近头状。荚果长圆形，长 9~18 厘米，具三棱，稍侧扁，果梗极短。花期 7—8 月，果期 8—10 月。

天祝斜茎黄芪是针对高海拔地区驯化选育的优良豆科牧草，具有耐寒、耐旱等特点，适于高海拔、高寒生态区域栽培，具有稳定直立性状，早熟高产，青绿期长且叶量丰富，适口性好且营养价值高，对土壤要求不严格，但以砂壤土和富含有机质的土壤生长更好。在海拔 2300~3000 米的高度不仅生长良好，能安全越冬，且能完成整个生育期。

审定机构：甘肃省草品种审定委员会。

3. 草燕 1 号燕麦

草燕 1 号燕麦

Avena sativa ‘Caoyan No.1’

草种名称：燕麦

品种名称：草燕 1 号燕麦

审定编号：GS-BV-2020-014

品种类别：育成品种

审定时间：2020 年

申报单位：甘肃省草原技术推广总站

申报者：耿小丽、李德明、张少平、武慧娟、刘乾、马爱霞、付萍、李智燕、朱倩、董忠秀

选育情况：2011 年在和政县麻藏村本地乡土燕麦田中发现茎秆粗壮、穗长突出的特异单株 42 株，成熟后单株收种。2012 年，将 42 份材料株行种植于和政区域试验站，进行产量、株高、生育期、茎叶比等的综合评价和筛选，获得表现突出的优异单株 80 株，单株收种。2013 年株行播种，淘汰表现差的单株，保留性状优良单株，混合收种。2014—2015 年，继续选择，淘汰弱株，混合收种，形成原原种。2015—2016 年，在和政进行品比试验，种子繁殖。2017—2018 年，在天祝、夏河、和政、定西、庆阳进行区域试验。2018—2020 年，在天祝、夏河、和政进行生产试验、种子繁殖。

品种特性：禾本科燕麦属一年生草本植物，株型直立，茎秆、叶片颜色呈深绿色，圆锥花絮，成熟期株高 125.0~151.0 厘米左右，穗周散型，种子黄色纺锤形。茎粗 6.3~7.8 毫米，叶长 28.0~41.0 厘米，叶宽 16.1~24.5 毫米，主穗长 22.5~25.5 厘米，主穗粒数 70~98 粒，主穗粒重 1.8~3.0 克；在和政县(海拔 2 205.9 米)生育期 94 天左右，在冷凉地区生长良好，高温地区草产量、种子产量降低，对土壤要求不严格。适宜甘肃甘南、天祝、山丹及其他海拔（1800~3600 米），年降雨量 350 毫米以上的冷凉地区种植。

组织分管领导：张榕。

审定机构：甘肃省草品种审定委员会。

4. 河西野大麦

河西野大麦

Hordeum brevisubulatum ‘Hexi’

草种名称：野大麦

品种名称：河西野大麦

品种类别：野生栽培品种

审定编号：GS-CWV-2020-002

申报单位：兰州大学、甘肃省草原技术推广总站

审定时间：2020 年

选育人：李春杰、南志标、韩天虎、陈振江、陈泰祥、魏学凯、王剑锋、惠文

品种特性：栽培驯化的河西野大麦为盐碱地改良和生态修复草种兼饲用。具有适应性强、耐盐碱、耐涝、草产量高、粗蛋白和粗灰分含量高、抗寒、耐贫瘠等特性，越冬率为 100%、盖度为 98.99%。在盐碱胁迫下比对照品种原始群体根长 3~10 厘米，受害率低 28.8%~43.6%。在 pH 值 8.3~9.0 的盐碱地也可良好生长。

主要用途：盐碱地生态治理、修复，盐碱地区饲草补给。

适宜种植范围：适宜在中国北方 pH 值在 7.8~8.5 的盐碱地种植。

审定机构：甘肃省草品种审定委员会。

5. 祁连醉马草

祁连醉马草

Achnatherum inebrians ‘Qilian’

草种名称：醉马草

品种名称：祁连醉马草

品种类别：野生栽培品种

审定编号：GS-CWV-2020-003

审定时间：2020 年

申报单位：兰州大学、甘肃省草原技术推广总站

选育人：李春杰、南志标、韩天虎、陈振江、魏学凯、夏超、王炳煜

品种特性：栽培驯化的祁连醉马草为退化草地、干旱地区、矿区生态治理、改良和恢复草种兼造纸材料，具有适应性强、耐寒冷、耐旱、种子产量高、抗重金属、耐贫瘠等特性；在低温 5 ℃和冷害-5 ℃胁迫下，抵抗力强于原始群体。

主要用途：寒旱地区退化草地、矿区植被修复，护坡绿化。

适宜应用范围：适宜在中国北方年降雨量 350~600 毫米、海拔 2100~3200 米、年平均气温-2~0.2 ℃的地区种植。

6. 草红 1 号红豆草

草红 1 号红豆草

Onobrychis viciifolia ‘Caohong No.1’

草种名称：红豆草

品种名称：草红 1 号红豆草

审定登记号: GS-BV-2022-009

品种名称：草红 1 号红豆草

审定时间：2022 年

申报单位：甘肃省草原技术推广总站、甘肃大行农业科技开发有限公司

申报者：张榕、武慧娟、李德明、耿小丽、周栋昌、张少平、吴建宏、马隆喜、杨浩、高占琪

品种来源：草红 1 号红豆草是一个杂交品种，母本为国审品种甘肃红豆草，父本为奇台红豆草。

品种特性:为豆科驴食豆属多年生草本植物，株型直立，茎秆呈绿色、叶片颜色呈深绿色，头状无限花序，花序 10~34 厘米，每个花序有小花 40~80 朵，花梗绿色。种植第二年起盛花期株高在不同生态区可达 92.00~140.00 厘米，种子绿褐色，茎粗 0.5~1.2 厘米，叶片呈椭圆形或矩圆形，种子长 2.5~4.5 毫米，宽 2.0~3.5 毫米，千粒重 13~16 克，带壳千荚重 18~26 克，硬实率高。初花期粗蛋白含量为 15.81%~18.53%；酸性洗涤纤维含量平均为 36.24%；中性洗涤纤维含量平均为 42.71%。适应性强，产草量高，营养品质好，适口性强，耐寒竞争优势突出，适合在高寒地区建植人工草地和高寒草甸补播。

登记机构：甘肃省草品种审定委员会。

7. 祁连老芒麦

祁连老芒麦

Elymus sibiricus ‘Qilian ’

草种名称：老芒麦

品种名称：祁连老芒麦

审定登记号: GS-CWV-2022-006

审定时间：2022 年

申报单位：甘肃省草原技术推广总站、甘肃大行农业科技开发有限公司

申报者：李德明、周栋昌、杨浩、张榕、武慧娟、耿小丽、吴建宏、刘乾、梁婷、徐锐真

品种特征特性: 祁连老芒麦是禾本科披碱草属，多年生疏丛型草本植物。在天祝驯化后株高达到 123.0~143.8 厘米（野生种质株高 60.4~136.0 厘米）；根系发达呈须状，穗状花序较疏松，穗长 12.2~20.1 厘米，穗种子数为 47~131 粒，千粒重（连稃）4.12 克。栽培条件下，株高 123.0~143.8 厘米，干草产量 5775~6420 千克每公顷，种子产量 1620 千克每公顷。花期干草含粗蛋白 11.6% ，粗脂肪 5.9% ，中性洗涤纤维 52.3%，酸性洗涤纤维 27.8%。具有较强的抗寒性、再生性。生产性能、饲用品质较

好，适合在高寒和荒漠草原补播、建植人工草地或放牧草地。

登记机构：甘肃省草品种审定委员会。

8. 夏燕 1 号燕麦

夏燕 1 号燕麦

Avena sativa 'Xiayan No.1'

草种名称：燕麦

品种名称：夏燕 1 号燕麦

审定登记号: GS-LV-2022-010

登记时间：2022 年

申报单位：甘南州夏河县草原站、甘肃省草原技术推广总站

申报者：马隆喜、辛小云、武慧娟、曹国顺、孙志英、吴晓果、索南扎西、尕藏加、年林、马媛媛

品种特征特性: 夏燕 1 号燕麦为春性燕麦，在夏河县（海拔 3 105.9 米）生育周期为 102 天左右，在冷凉地区生长良好，适种区域为甘肃省甘南、天祝、山丹等高寒区和临夏等二阴冷凉地区以及其他气候类型相似地区，定西、庆阳地区生育期明显缩短，草产量、种子产量降低，对土壤要求不严格，乳熟期干草粗蛋白含量为 9.76%，酸性洗涤纤维含量平均为 30.85%，中性洗涤纤维含量平均为 52.21%，综合评价值 RFV 为 102.97%，具有较高的饲用价值。适合高寒地区建立人工草地。

登记机构：甘肃省草品种审定委员会。

第六节　论文著作

发表论文 530 篇。编写著作 27 部，其中:《甘肃草地资源》《甘肃草原蝗虫》《甘肃常见植物图集》和《甘肃草原植物图谱》自出版以来，成为草原工作者重要的工具书。

一、论文

在专业期刊上发表的论文详情见表 2–18（以期刊归类）。

表 2–18　期刊论文一览表

序号	论文名称	期刊名称	发表时间（年）	刊期	作者
1	干旱草原灌溉施肥改良效果试验	中国畜牧杂志	1966	6 期	马　范
2	中国甘肃省干旱半干旱地区的天然草场改良	农业科技与情报	1981	5、6 合刊	王无怠
3	甘肃河西半荒漠草原沙打旺引种栽培试验	中国草地	1990	4 期	向得福

续表

序号	论文名称	期刊名称	发表时间（年）	刊期	作者
4	钼、播种量和行距对岷山红三叶产量及异黄酮含量的影响	中国草地学报	2009	1 期	俞联平　李发弟　程文定　陈兴荣　王维中
5	白刺夜蛾防治指标研究	草地学报	2000	1 期	王俊梅　史青茂　李建廷　吴栋国　常明
6	近 30 年山丹天然草原面积及盖度变化	草地学报	2017	2 期	俞慧云
7	30 个燕麦品种(品系)在甘肃天祝地区的适应性评价	草地学报	2019	6 期	耿小丽　韩天虎　张少平　李德明　刘乾　武慧娟
8	130 份燕麦种质表型性状多样性分析及评价	草地学报	2020	10 期	耿小丽　张　榕　张少平　李德明　刘　乾　武慧娟
9	磷肥对甘肃临夏地区燕麦干草及种子生产的影响	草地学报	2023	3 期	耿小丽　武慧娟　付　萍　周栋昌　刘　乾
10	高原鼢鼠栖息地的植被特征	草业学报	1999	2 期	韩天虎
11	草原蝗虫空间格局及其抽样技术的研究	草业学报	2004	2 期	冯　今
12	青藏高原东缘异针茅草地群落组成及生产力研究	草业学报	2007	6 期	韩天虎
13	高原鼠兔危害级别划分	草业学报	2008	5 期	韩天虎
14	岷山红三叶异黄酮对去卵巢大鼠生长和免疫及抗氧化指标的影响	草业学报	2012	6 期	俞联平　郝正里　李发弟　孟祥君　陈兴荣　李新媛
15	复合微生物接种剂替代部分化肥对豌豆间作玉米的促生效应	草业学报	2015	2 期	荣良燕　姚　拓　张　榕
16	甘肃省草原产草量动态监测模型	草业学报	2017	2 期	俞慧云
17	奶牛粪便饲料资源化试验研究	中国奶牛	2007	7 期	程文定
18	奶牛粪便饲料化处理工厂化生产技术研究	中国奶牛	2008	5 期	程文定
19	实现奶牛业循环经济探讨	中国奶牛	2009	6 期	程文定
20	牛羊专用中草药保健型饲料添加剂对大鼠的免疫功能的影响	中国奶牛	2011	1 期	陈兴荣　俞联平　李　昀　李新媛　杜笑村　张　林　张丽娟
21	雨季苜蓿草加工的几种途径	中国奶牛	2014	22 期	向金城　曹致中　仇　亨
22	绿色木霉液体发酵产纤维素酶条件及部分酶性质的研究	中国饲料	2007	15 期	金加明　吴宝霞

续表

序号	论文名称	期刊名称	发表时间（年）	刊期	作者
23	甘肃红豆草在高寒牧区的生产性能和营养价值评价	中国饲料	2011	11 期	高占琪　豆　卫　张　榕　张　霞　阿不满　孟样君　陆　飒
24	基于“3S”技术的甘肃省甘州区草地资源调查与评价	中国农业资源与区划	2008	6 期	俞联平　程文定　陈兴荣　李新媛　魏玉兵　李　昀
25	羔羊当年肥育方式	中国草原与牧草	1985	4 期	吴衍庆
26	河西半荒漠草原扁穗冰草引种试验	中国草业科学	1987	4 期	安明福
27	草田轮作的现实作用	中国草业科学	1988	1 期	王无怠
28	甘肃省甘草资源及开发研究	草业科学	1989	1 期	王无怠　孟宪政
29	草田轮作的新进展	草业科学	1989	4 期	王无怠
30	美国籽粒苋引种及饲喂奶牛试验初报	草业科学	1989	4 期	陆伊奇
31	驴驴蒿根系的研究	草业科学	1990	3 期	赵明轩
32	“秸秆畜牧业”商榷	草业科学	1992	1 期	王无怠
33	几种豆科牧草根瘤的分离与接种试验	草业科学	1994	5 期	张志芳
34	播种量、灌水次数及追肥量对提高鹰嘴紫云英产草量的综合作用	草业科学	1995	2 期	江月兰
35	红豆草、紫花苜蓿根瘤菌接种研究	草业科学	1995	3 期	喻文虎
36	甘肃省饲料资源的加工调制和开发利用	草业科学	1996	1 期	陆伊奇
37	甘肃省飞播牧草工作的回顾与展望	草业科学	1996	2 期	向金城
38	甘肃省草地治虫灭鼠现状与发展对策	草业科学	1997	5 期	方毅才
39	红三叶品种比较试验	草业科学	1997	5 期	江月兰

续表

序号	论文名称	期刊名称	发表时间（年）	刊期	作者
40	甘肃省草地现状与发展对策探讨	草业科学	1998	3期	方毅才
41	白刺夜蛾空间分布型研究及应用	草业科学	2000	1期	方毅才　李建廷　史青茂　陈应福　韩胜国
42	青贮玉米秸饲喂奶牛效果研究	草业科学	2000	3期	陆伊奇
43	蝗虫微孢子虫病在草原蝗虫中传播的研究	草业科学	2000	4期	吴衍庆　史青茂　韩天文　王俊梅
44	欧拉羊本品种选育技术及其效果	草业科学	2001	1期	阎万贵
45	发酵活干菌处理秸秆育肥肉牛效果研究	草业科学	2001	2期	王汝富
46	甘肃引进苜蓿切叶蜂孵化试验	草业科学	2001	2期	吴衍庆
47	甘南州草地退化原因及调控治理对策	草业科学	2001	专辑	鲁　征
48	甘南高寒草地改良技术研究推广项目经济效益分析	草业科学	2001	专辑	李贵霖　向金城　花立民
49	应用塑料暖棚饲养牛羊的试验	草业科学	2001	专辑	李贵霖
50	玛曲县9户家庭牧场“六化”建设效益分析	草业科学	2001	专辑	李贵霖
51	甘南高寒草原生态环境现状与治理对策	草业科学	2001	专辑	吴衍庆
52	甘肃省甘南州草场承包和草原建设的工作实践	草业科学	2001	专辑	吴衍庆
53	羊茅属牧草引种栽培研究	草业科学	2001	专辑	花立民
54	欧拉羊本品种选育技术及其效果	草业科学	2001	专辑	阎万贵　韩天文　金赐福　李贵霖　盖文阁
55	玛曲县天然草地综合改良试验	草业科学	2001	专辑	花立民　董高生　李贵霖　杨广运　张贞明
56	引种14个燕麦品种的气候适应性分析	草业科学	2001	专辑	李贵霖　马隆喜　花立民　郭宏伟
57	燕麦与箭筈豌豆混播生产青干草的研究	草业科学	2001	专辑	花立民
58	毛苕子接种根瘤菌效果试验	草业科学	2001	专辑	向金城

续表

序号	论文名称	期刊名称	发表时间（年）	刊期	作者
59	甘南天然草原药用植物资源及其开发利用	草业科学	2001	专辑	花立民 陆 飒 张贞明 李贵霖 韩天文 董高生 马隆喜 王安禄 马玉明 杨广运
60	草地白刺夜蛾生物学及发生规律的研究	草业科学	2002	6期	吴栋国 王俊梅 李 温
61	绿僵菌防治草原蝗虫技术推广中存在的问题及对策	草业科学	2003	5期	刘宗祥
62	如何控制预混料原料的质量	草业科学	2003	7期	李新媛
63	山丹马场天然草场可持续发展对策	草业科学	2003	9期	李 福
64	甘肃省高山地区退耕还林还草不同技术模式效益分析	草业科学	2004	6期	张 榕
65	那曲地区草地畜牧业可持续发展对策	草业科学	2004	11期	俞联平 高占琪 杨 虎
66	绿僵菌防治草原蝗虫田间试验	草业科学	2004	8期	刘宗祥 常 明 代建聪 谭成虎 王俊梅 钟自琦 尹翠琴 唐建明 贺素雯
67	甘肃省秸秆铡切机械使用现状及建议	草业科学	2005	5期	王汝富
68	白沙蒿耐盐性研究初报	草业科学	2005	6期	喻文虎
69	洋麻在甘肃引种区域性试验研究	草业科学	2005	7期	孟祥君
70	甘肃牧草种质资源保护与利用	草业科学	2005	8期	曹明崇
71	甘肃发展草产业优势分析及对策	草业科学	2005	9期	韩天虎 王汝富 王俊梅
72	牧草种子基地建设的基本经验和措施初探	草业科学	2006	2期	晁德林 王俊梅
73	3种冷季型草坪草混播配方优化组合筛选试验	草业科学	2006	5期	喻文虎
74	甘肃草原火灾实时监测与控制技术	草业科学	2006	5期	李贵霖
75	甘肃开发利用秸秆饲料资源之实践	草业科学	2006	6期	王汝富 常宁芳 陈仲斌 李新媛
76	甘肃省草地畜牧业可持续发展战略与对策	草业科学	2006	9期	许国成

续表

序号	论文名称	期刊名称	发表时间（年）	刊期	作者
77	围栏封育对矮化芦苇草地草群结构动态变化的影响	草业科学	2006	9期	杨鹏翼
78	家庭牧场优化模式在甘南州的推广与实践效果评价	草业科学	2006	9期	李贵霖　丁连生
79	甘肃天然草原主要毒草分布、危害及防治对策	草业科学	2006	12期	谭成虎
80	定西南部高寒阴湿地区特色草产业发展现状及对策探讨	草业科学	2007	11期	韩天虎
81	几种高寒灌丛地上植物量的估测模型	草业科学	2008	1期	张贞明
82	甘肃省草产品加工业现状及发展对策	草业科学	2008	3期	晁德林
83	5个苏丹草品种酯酶同工酶比较研究	草业科学	2009	10期	韩天文
84	绿僵菌复合油剂对草原蝗虫的防治试验	草业科学	2009	10期	王俊梅　豆　卫　谭成虎　王东辉　魏玉兵　王　瑾
85	甘肃草原蝗虫现状与防治对策	草业科学	2009	11期	方毅才
86	不同植物群落对土壤主要营养指标的影响	草业科学	2009	11期	王国生　温　洪　高占琪　刘彦江　景和平　陆　飒
87	不同施肥处理对红三叶青干草品质的影响	草业科学	2009	12期	王　瑾
88	酒泉市“退牧还草”工程对植被恢复的影响	草业科学	2009	2期	韩天文
89	生物技术对草原蝗虫的控制效果及应用前景	草业科学	2009	9期	王俊梅
90	苦参碱防治荒漠草地蝗虫试验研究	草业科学	2010	3期	豆　卫　王俊梅　谭成虎　魏玉兵　王东辉
91	基于3S技术的景泰县草地资源现状评价	草业科学	2010	4期	李　昀　俞联平　陈兴荣　程文定　马军福　李新媛　杜笑村
92	接种根瘤菌与施肥对岷山红三叶异黄酮含量的影响	草业科学	2010	5期	孟祥君
93	甘肃苜蓿产业化存在的主要问题和发展趋势	草业科学	2011	2期	晁德林

续表

序号	论文名称	期刊名称	发表时间（年）	刊期	作者
94	高寒牧区混播草地建植技术研究	草业科学	2011	8期	张　榕
95	百脉根不同成熟期的种用特性	草业科学	2012	2期	向金城
96	论草业与河西走廊生态安全	草业科学	2012	6期	韩天虎
97	甘南夏河高寒草甸高原鼢鼠和高原鼠兔秋季栖息地特征	草业科学	2015	10期	许国成
98	甘肃省草原产草量动态监测模型	草业科学	2015	12期	孙　斌　王炳煜　冯　今　姜佳昌　潘冬荣　王　惠　王红霞　韩天虎
99	甘引1号黑麦在天祝县高寒区的最佳刈割期	草业科学	2018	4期	孟祥君　韩天虎　武慧娟　俞慧云
100	12个紫花苜蓿品种在半干旱地区的生产性能及营养价值	草业科学	2018	6期	李德明
101	定西草产业现状及转型发展对策	草业科学	2018	7期	王红霞
102	12个紫花苜蓿品种在半干旱地区的生产性能及营养价值	草业科学	2018	8期	李德明　张少平　耿小丽　张　榕　刘　乾
103	复合菌肥对岷山红三叶生产性能和营养品质的影响	草业科学	2018	9期	武慧娟　张　榕　李智燕　姚　拓　张　洁　谭立伟　周栋昌
104	甘肃省武威市苜蓿镰孢根腐病菌的鉴定	草业科学	2018	12期	张贞明　柏玉晶　阿不满　杨成德
105	青藏高原东缘垂穗披碱草草地群落组成及生产力	草业科学	2018	12期	赵　燕
106	播量与行距对饲用黑麦种子生产性能的影响	草业科学	2019	9期	孟祥君　杜笑村　武慧娟　俞慧云　周栋昌
107	‘和燕1号’农艺性状和产量对不同播量和行距的响应	草业科学	2020	1期	武慧娟　张　榕　张少平　耿小丽　李德明　刘　乾
108	130份燕麦种质表型性状多样性分析及评价	草业科学	2020	9期	耿小丽　张　榕　张少平　李德明　刘　乾　武慧娟
109	陇中黄土高原混播草地生产性能	草业科学	2021	1期	周栋昌　沈禹颖　武慧娟　耿小丽　李智燕　张　洁　付　萍　朱　倩

续表

序号	论文名称	期刊名称	发表时间（年）	刊期	作者
110	高原鼠兔的栖息地选择与降雪的关系	草业科学	2021	9 期	常　明　周雨阳　张卫国
111	基于当量因子法的甘肃省草原生态系统服务价值评估	草业科学	2021	9 期	潘冬荣
112	基于甘肃省第一、二次草原普查数据	草业科学	2022	3 期	李　霞
113	叶面喷施多效唑、矮壮素、缩节胺对燕麦抗倒伏性和种子产量的调节作用	草业科学	2023	9 期	耿小丽　武慧娟　付　萍　周栋昌　刘　乾
114	洋麻在甘肃引种区域性试验研究	草原与草坪	2005	7 期	孟祥君
115	岷山红三叶引种试验	草原与草坪	2006	4 期	晁德林　王俊梅
116	甘肃省草业可持续发展策略刍议	草原与草坪	2006	5 期	陈仲斌
117	岷山红三叶及其产业化发展思路	草原与草坪	2007	1 期	王汝富　李新媛　俞联平
118	应用植物源农药防治草地阔胫萤叶甲试验	草原与草坪	2007	3 期	王俊梅　李兴海　李建廷　许云峰　张　霞
119	河西盐渍化沙地沙打旺引种栽培试验	草原与草坪	2007	5 期	喻文虎
120	特色草产业是定西南部山区结构调整的突破口	草原与草坪	2007	5 期	韩天虎
121	甘肃牧区草原生态现状及保护建设思考	草原与草坪	2008	2 期	张贞明
122	综合治理石羊河流域	草原与草坪	2008	3 期	张少平
123	基于 3S 技术的甘肃省甘州区荒漠草地生产力评价	草原与草坪	2008	5 期	俞联平　李发弟　李新媛　程文定　陈兴荣　李　昀
124	苦参碱对草地蝗虫种群密度的控制效果	草原与草坪	2008	6 期	王俊梅　豆　卫　杨自芳　王　滨　刘宗祥
125	草原围栏封育效果初探	草原与草坪	2008	7 期	张少平
126	干旱草原区综合治理模式探讨	草原与草坪	2009	10 期	张少平
127	甘肃草原资源与生态监测预警体系建设思考	草原与草坪	2009	2 期	韩天虎
128	平山湖温性荒漠草地草畜平衡现状及发展措施	草原与草坪	2009	6 期	高占琪

续表

序号	论文名称	期刊名称	发表时间（年）	刊期	作者
129	草原蝗虫为害对高寒草原生物量影响的研究	草原与草坪	2010	5期	王俊梅　豆　卫　冯　今　马隆喜　曹国顺
130	高寒地区红豆草苜蓿不同栽培模式生产性能比较研究	草原与草坪	2011	1期	张　榕
131	甘引1号黑麦在高寒地区的适应性评价	草原与草坪	2017	6期	孟祥君　俞联平　张少平　杨　浩
132	不同强度短期放牧对高寒草甸植被特征的影响	草原与草坪	2021	5期	高成芬　张德罡　王国栋
133	豆科牧草根瘤菌接种技术推广项目技术工作报告	中国草食动物	1999	专辑	张　榕
134	豆科牧草根瘤菌接种技术推广项目经济效益分析报告	中国草食动物	1999	专辑	晁德林
135	豆科牧草根瘤菌接种技术推广项目实施方案	中国草食动物	1999	专辑	张　榕　晁德林
136	红豆草根瘤菌不同接种剂量的实验报告	中国草食动物	1999	专辑	张　榕　晁德林　金赐福　周多虎　许国成　火　军
137	红豆草根系结瘤情况对植株早期生育影响的研究报告	中国草食动物	1999	专辑	张　榕　晁德林　周多虎　金赐福　许国成　火　军
138	几种主要豆科牧草根瘤菌剂生产及接种技术规程	中国草食动物	1999	专辑	张　榕
139	定西地区草田轮作技术规程	中国草食动物	1999	专辑	张　榕
140	根瘤菌接种的几种方法及注意事项	中国草食动物	1999	专辑	晁德林
141	豆科牧草根瘤菌接种技术	中国草食动物	1999	专辑	晁德林
142	退耕还牧——一篇难做的大文章	中国草食动物	1999	专辑	张　榕
143	甘肃农区草产业化仍在起跑线上	中国草食动物	1999	专辑	张　榕
144	荒山治理的典范，生态农业的模型	中国草食动物	1999	专辑	晁德林　王俊梅
145	退耕还牧综合治理，力争草畜开发上规模	中国草食动物	1999	专辑	许国成　张　榕
146	流动服务队——畜牧业推广的好形式	中国草食动物	1999	专辑	张　榕　林　忠

续表

序号	论文名称	期刊名称	发表时间（年）	刊期	作者
147	草畜规模开发综合配套技术推广项目经济效益分析报告	中国草食动物	2000	专辑	晁德林　许国成
148	架子牛异地育肥试验及效益分析	中国草食动物	2000	专辑	周多虎　林　忠　王化莲　周红芳
149	育肥羊应用饲料酶制剂效果试验报告	中国草食动物	2000	专辑	王汝富　王立耕　鲁鸿佩　马文涛　赵元琼
150	肉牛应用饲料酶制剂效果试验报告	中国草食动物	2000	专辑	王汝富　王立耕　马文涛　刘永平　鲁鸿佩　喇文清
151	关于红豆草根瘤菌接种剂量的试验研究	中国草食动物	2000	专辑	王立耕　周多虎　许国成　金赐福　火　军
152	架子牛异地育肥技术规程	中国草食动物	2000	专辑	周多虎　孟祥君　李新媛
153	羊异地育肥技术规程	中国草食动物	2000	专辑	周多虎　李新媛　马爱霞
154	野杂草青贮技术规程	中国草食动物	2000	专辑	许国成　周红芳
155	退耕还林还草在甘肃试点实施中存在问题探讨	中国草食动物	2000	专辑	张　榕
156	临夏地区易地育肥产业化思考	中国草食动物	2000	专辑	张　榕
157	和政县吊滩乡退耕还草暨草地开发初探	中国草食动物	2000	专辑	许国成　马国杰　严维福
158	甘肃立草为业之对策	中国草食动物	2000	专辑	张　榕
159	紫花苜蓿应用 EM 生物制剂效果试验研究初报	中国草食动物	2001	专辑	阎万贵
160	紫花苜蓿膜侧沟播试验研究初报	中国草食动物	2001	专辑	阎万贵
161	半干旱地区秋播多年生牧草最迟播种期测定	中国草食动物	2001	专辑	张　榕
162	抗旱保水剂对紫花苜蓿生长前期影响的初探	中国草食动物	2001	专辑	张贞明
163	聚合草饲喂肥育猪的效果观察	中国草食动物	2001	专辑	金赐福
164	柠条接种根瘤菌效果试验	中国草食动物	2001	专辑	向金城
165	紫花苜蓿不同播种方法试验报告	中国草食动物	2001	专辑	周多虎
166	紫花苜蓿引种对比试验研究初报	中国草食动物	2001	专辑	张　榕
167	羔羊舍饲育肥技术规程	中国草食动物	2001	专辑	张贞明

续表

序号	论文名称	期刊名称	发表时间（年）	刊期	作者
168	甘肃红豆草种子生产技术规程	中国草食动物	2001	专辑	周多虎
169	优质青干草的生产技术规程	中国草食动物	2001	专辑	张贞明
170	值得大力推广的优良牧草——甘肃红豆草	中国草食动物	2001	专辑	张　榕
171	试论甘肃草产业开发方略	中国草食动物	2001	专辑	阎万贵
172	旱作农业区草业及畜牧业发展思路探讨	中国草食动物	2001	专辑	阎万贵
173	借鉴澳新两国经验加快草地畜牧业发展	中国草食动物	2001	专辑	阎万贵
174	浅谈草原生态畜牧业发展策略	中国草食动物	2001	专辑	金赐福
175	农村扶贫　农业产业化　农民教育 农业推广	中国草食动物	2001	专辑	张　榕
176	转变观念依靠科技进步保护草地	中国草食动物	2001	专辑	王俊梅
177	推广种植洋麻具有一定的发展前景	中国草食动物	2001	专辑	成若琳
178	提高绵羊畜产品能力的探讨	中国草食动物	2004	2期	谭成虎
179	绿色添加剂酵母培养物与寡糖对奶牛泌乳性能的影响	中国草食动物	2005	1期	金加明　杨　虎　安　乐　吴宝霞
180	奶牛中草药保健型饲料添加剂对其生产性能及乳品质的影响	中国草食动物	2008	6期	李新媛　俞联平　张　林　陈兴荣　高占琪　李　昀
181	改良祁连山区退化草原适宜牧草品种选择试验	中国草食动物	2009	6期	程文定
182	粮饲玉米青贮饲料饲喂奶牛效果试验	中国草食动物	2010	1期	曹明崇
183	粮饲兼用玉米青贮饲料饲喂奶牛效果试验	中国草食动物	2010	1期	李新媛　俞联平　曹明崇　张　林
184	以3S技术一体化集成为基础的甘肃省肃州区草地资源评价	中国草食动物	2010	3期	席文娣
185	中草药饲料添加剂的毒性试验和体外抑菌试验	中国草食动物	2010	4期	李　昀　俞联平　陈兴荣　张　林　杜笑村　李新媛
186	基于3S技术的夏河县天然草原的载畜能力评价	中国草食动物	2010	5期	王炳煜

续表

序号	论文名称	期刊名称	发表时间（年）	刊期	作者
187	牛羊复方中草药饲料添加剂研制及效果评价	中国草食动物	2011	3 期	王汝富　俞联平　赵庆平　李新媛　陈兴荣　任　越　罗　亮
188	黄粉虫蛋白用于犊牛代乳料试验	中国草食动物	2011	4 期	马彦彪
189	补充外源性氨基酸对生长育肥羊增重效果的影响	中国草食动物	2011	5 期	王国生　俞联平　李贵成
190	行距播量和施肥等农艺措施对岷山猫尾草种子产量的影响	中国草食动物	2013	6 期	席文娣
191	全混合日粮饲喂奶山羊效果试验	中国草食动物	2016	5 期	王国生　王汝富　俞联平　高占琪　李新媛　陈兴荣　李　昀
192	氨化麦秸饲喂肉羊效果观察	中国草食动物科学	2000	5 期	陆伊奇
193	安全性种羊预混料对公羊精液品质及母羊妊娠、哺乳期生产性能的影响	中国草食动物科学	2006	2 期	豆　卫
194	甘肃河西绒山羊流产原因调查与防治	中国草食动物科学	2009	5 期	张贞明
195	基于 MODIS 的河西走廊高平原荒漠草原区生产力遥感模型研究	中国草食动物科学	2012	2 期	王立耕
196	GEF 项目区天然草地主要有毒植物	中国草食动物科学	2013	2 期	冯　今
197	岷山红三叶异黄酮含量动态变化研究	中国草食动物科学	2013	3 期	冯　今
198	种羊生产中全混合日粮应用效果评价	中国草食动物科学	2013	4 期	俞联平　王汝富　高占琪　任　越　李新媛　陈兴荣
199	灰色关联度分析在多花黑麦草品种综合评价中的运用	中国草食动物科学	2013	4 期	杨　浩
200	高寒地区多年生人工草地土壤有机质含量的研究	中国草食动物科学	2013	6 期	杨　浩
201	豆科牧草与禾本科牧草不同比例混合青贮试验研究	中国草食动物科学	2015	3 期	李新媛　俞联平　高占琪
202	甘肃省草地畜牧业转型发展战略与对策	中国草食动物科学	2015	3 期	许国成

续表

序号	论文名称	期刊名称	发表时间（年）	刊期	作者
203	牧区放牧牛羊冬春季补饲效果评价	中国草食动物科学	2015	4 期	俞联平　高占琪　任　越　孟祥君　卓玉璞　陈兴荣　李新媛
204	高寒地区甘引 1 号黑麦生产及放牧绵羊补饲效果评价	中国草食动物科学	2015	6 期	俞联平　孟祥君　李新媛　陈兴荣
205	甘引 1 号黑麦在甘肃不同区域适应性研究	中国草食动物科学	2016	1 期	孟祥君　韩天虎　陈兴荣　富新年　尚小生　岳民勤　王学荣
206	不同播种期对甘引 1 号黑麦几个数量性状的影响	中国草食动物科学	2016	2 期	武慧娟　孟祥君　杨　浩　潘正武　周栋昌　朱　倩
207	基于 MODIS NDVI 的 2001—2015 年甘肃省天然草原的时空动态监测	中国草食动物科学	2016	4 期	王炳煜
208	河西荒漠盐爪爪草地生物量动态研究	中国草食动物科学	2016	5 期	孙　斌
209	全混合日粮饲喂奶山羊效果试验	中国草食动物科学	2016	5 期	王国生
210	播种量、行距和施肥对甘引 1 号黑麦地上生物量的影响	中国草食动物科学	2016	6 期	孟祥君　韩天虎　俞联平　富新年
211	不同播种期对甘引 1 号黑麦几个数量性状的影响	中国草食动物科学	2016	2 卷	武慧娟
212	中药材秸秆全混合日粮对育肥肉牛生长性能的影响	中国草食动物科学	2017	1 期	马彦彪
213	甘引 1 号黑麦在永登县生产性能及营养品质的分析评价	中国草食动物科学	2017	3 期	武慧娟　孟祥君　杨　浩　周栋昌　朱　倩　张忠祥
214	甘肃省草原生态环境破坏的原因分析及治理对策	中国草食动物科学	2017	4 期	杨红梅
215	天祝斜茎黄芪对高寒气候条件的适应性观测	中国草食动物科学	2017	6 期	俞联平　李　昀　陈兴荣　马爱霞　高占琪　李新媛　张　林
216	天祝斜茎黄芪在高寒地区的生产性能评价	中国草食动物科学	2018	2 期	李新媛　俞联平　陈兴荣　高占琪　张　林　王国生　李　昀　任　越　俞慧云
217	甘肃环县沙达旺生产性能及营养价值研究	中国草食动物科学	2018	2 期	周栋昌

续表

序号	论文名称	期刊名称	发表时间（年）	刊期	作者
218	微生物专用菌肥与化肥配施对红三叶根系生长的影响	中国草食动物科学	2018	5期	李智燕
219	食用菌菌渣在动物饲料应用中的研究进展	中国草食动物科学	2018	5期	杨红梅
220	9个国产优良紫花苜蓿品种在甘肃河西地区引种栽培研究	中国草食动物科学	2019	2期	张少平 耿小丽 李德明 张榕 刘乾 武慧娟
221	不同添加剂对紫花苜蓿拉伸膜裹包青贮饲料品质的影响	中国草食动物科学	2019	3期	曹蕾 王汝富 张万祥 朱倩 张永辉 曹明崇 张林 刘宗祥 马彦彪 莫负涛
222	“和燕1号”在二阴地区最佳播种期试验研究	中国草食动物科学	2019	3期	张少平 武慧娟 耿小丽 李德明 刘乾 周栋昌
223	甘肃省不同区域人工草地土壤肥力特征研究	中国草食动物科学	2019	4期	孟祥君
224	合作市高寒草甸牧草生长期植被盖度、可食牧草产量及养分含量动态分析	中国草食动物科学	2019	4期	杜笑村 李昀 俞慧云 李霞 王学良 杨红梅 吴昌顺 马继红
225	合作市山地草甸草场植被盖度、产草量及养分含量动态研究	中国草食动物科学	2019	5期	俞联平 李昀 李新媛 陈兴荣 俞慧云 才让吉 王学良 吴昌顺 杜笑村 王银花
226	无人机遥感技术在草原生态学研究中的应用	中国草食动物科学	2019	5期	潘冬荣 韩天虎 孙斌 姜佳昌 李霞 柳小妮
227	30个燕麦品种（品系）在甘肃天祝地区的适应性评价	中国草食动物科学	2019	6期	耿小丽 韩天虎 张少平 李德明 刘乾 武慧娟
228	不同品种饲用高粱农艺性状及草产量比较试验	中国草食动物科学	2020	1期	莫负涛 张万祥 曹蕾 曹明崇 张林 马彦彪 刘宗祥 张永辉
229	甘肃省二阴地区红豆草生产性能和营养品质评价	中国草食动物科学	2020	2期	付萍 张榕 耿小丽 杨浩 孟祥君 周栋昌

续表

序号	论文名称	期刊名称	发表时间（年）	刊期	作者
230	玛曲县高寒草地可食牧草产量和养分含量变化及草地承载力分析	中国草食动物科学	2020	3 期	俞慧云
231	防腐剂在苜蓿干草捆调制中的应用研究	中国草食动物科学	2020	3 期	周栋昌　张　榕　张贞明　李晓鹏　武慧娟　杨　浩　王　延
232	陇东苜蓿在不同地区生产性能及营养品质分析评价	中国草食动物科学	2020	4 期	武慧娟　孟祥君　杨　浩　周栋昌　付　萍　朱　倩　张忠祥
233	基于 VOR 指数的肃南县草地生态系统健康评价	中国草食动物科学	2020	4 期	姜佳昌
234	黄土高原混播草地地下生物量及土壤理化性质研究	中国草食动物科学	2020	5 期	周栋昌　张　榕　武慧娟　杨　浩　高占琪　李德明　孟祥君
235	留茬高度对人工草地苜蓿产量和质量的影响	中国草食动物科学	2020	6 期	李新媛
236	夏河县天然草原牧草生长盛期植被盖度及产草量变化	中国草食动物科学	2020	6 期	俞联平
237	石羊河流域草地资源现状调查	中国草食动物科学	2021	6 期	李　霞
238	甘肃省各草原生态区盛草期可食牧草养分含量及营养承载力评价	中国草食动物科学	2022	1 期	俞慧云
239	甘肃省不同草原类牧草生长中后期养分含量及动态研究	中国草食动物科学	2022	2 期	俞联平
240	草地补播对甘南“黑土滩”型退化草甸生产特征的影响	中国草食动物科学	2022	3 期	张永辉　王汝富　许国成
241	甘肃省 2021 年草原有害生物发生及趋势分析	中国草食动物科学	2022	6 期	李晓鹏
242	畜禽粪便饲料化开发应用研究	中国畜牧兽医	2006	7 期	程文定
243	纤维素酶和酵母菌处理玉米秸秆饲喂育肥羊试验	中国畜牧兽医	2007	11 期	金加明
244	甘肃省首批草原虫害防治社会化服务试点成功	中国畜牧兽医	2017	11 期	程天亮　权金鹏
245	甘肃：加强科研合作　不断总结完善技术	中国畜牧业	2013	2 期	韩天虎

续表

序号	论文名称	期刊名称	发表时间（年）	刊期	作者
246	甘肃草原毒草危害现状及防治对策	中国畜牧业	2013	4 期	许国成
247	甘肃草原鼠虫害危害及防治对策	中国畜牧业	2013	8 期	许国成
248	苜蓿青贮的加工模式分析与发展前景展望	中国畜牧业	2022	19 期	朱　倩
249	甘肃：治理草原“伤病”保护最美“皮肤”	中国林业	2019	7 期	张永辉　王　涛　王汝富　金加明
250	奶牛复方中草药饲料添加剂对其产奶性能、乳品质和健康的影响	中国牛业科学	2008	4 期	李新媛　俞联平　张　林　陈兴荣　高占琪　李　昀
251	北方地区玉米秸秆的饲料化利用方式与优化设计	中国牛业科学	2017	2 期	王　海
252	黄粉虫四季立体养殖技术	中国农业杂志	2012	6 期	马彦彪
253	全株玉米不同青贮方式的比较试验	中国农业杂志	2008	8 期	曹明崇
254	刍议甘肃农作物秸秆的综合利用	中国农业杂志	2011	10 期	曹明崇
255	袋装秸秆氨化对肉牛增重效果试验	中国农业杂志	2012	9 期	曹明崇
256	方解石替代石粉对蛋鸡产蛋性能和蛋品质的影响	中国家禽	2016	13 期	高占琪　李　昀　陈兴荣　李新媛　俞联平
257	反刍家畜安全性无公害生产的饲料安全对策	中国乳业	2002	9 期	俞联平　张　林
258	高尔夫球场球道草坪草的选用	北京农业	2012	518 期	杨　浩
259	液压喷播技术在苏州绕城高速公路的应用	北京农业	2013	539 期	杨　浩
260	石油化学品污损本特草果岭后的修复	北京农业	2013	548 期	杨　浩
261	上八力村畜牧业综合技术服务	草与畜	1992	2 期	喻文虎
262	牧草种子生产农业技术要点	草与畜	1992	3 期	喻文虎

续表

序号	论文名称	期刊名称	发表时间（年）	刊期	作者
263	关于美国籽粒苋在陇东黄土高原农艺学性状的探讨	草与畜	1996	3 期	陆伊奇
264	草畜同步发展　生产效益宏宽	草与畜杂志	1985	1 期	王无怠
265	燕麦与箭筈豌豆混播对产草量的影响	草与畜杂志	1986	4 期	安成孝
266	我们是怎样进行百万亩种草技术承包的	草与畜杂志	1987	3 期	王素香
267	一种简易兔舍	草与畜杂志	1988	3 期	周多虎
268	补播羊草、沙打旺更新退化人工草场	草与畜杂志	1988	6 期	谭成虎
269	适度规模化种草是建立生态农业的有效方法	草与畜杂志	1990	3 期	周多虎
270	甘肃农作物秸秆资源及其开发利用	草与畜杂志	1991	4 期	王履继
271	日本北海道的酪农	甘肃畜牧兽医	1982	2 期	王无怠
272	甘肃省饲料资源调查报告	甘肃畜牧兽医	1988	增刊	许　可
273	酒泉地区饲料资源调查报告	甘肃畜牧兽医	1988	增刊	许　可
274	张掖地区饲料资源调查报告	甘肃畜牧兽医	1988	增刊	张永梁
275	武威地区饲料资源调查报告	甘肃畜牧兽医	1988	增刊	周邦贵
276	兰州市饲料资源调查报告	甘肃畜牧兽医	1988	增刊	张　崇
277	定西地区饲料资源调查报告	甘肃畜牧兽医	1988	增刊	晁德林
278	临夏回族自治州饲料资源调查报告	甘肃畜牧兽医	1988	增刊	陆伊奇
279	甘南藏族自治州饲料资源调查报告	甘肃畜牧兽医	1988	增刊	张　崇
280	武都地区饲料资源调查报告	甘肃畜牧兽医	1988	增刊	许　可
281	天水地区饲料资源调查报告	甘肃畜牧兽医	1988	增刊	王汝富
282	平凉地区饲料资源调查报告	甘肃畜牧兽医	1988	增刊	陆伊奇

续表

序号	论文名称	期刊名称	发表时间（年）	刊期	作者
283	庆阳地区饲料资源调查报告	甘肃畜牧兽医	1988	增刊	晁德林
284	合理开发利用河西农作物秸秆	甘肃畜牧兽医	1991	4期	王汝富
285	美国籽粒苋在平凉地区推广种植的前景	甘肃畜牧兽医	1992	6期	陆伊奇
286	甘肃畜牧业推广中存在的问题及对策探讨	甘肃畜牧兽医	1994	2期	张　榕
287	三岔镇发展草地畜牧业浅见	甘肃畜牧兽医	1994	4期	周多虎
288	毛苕子根瘤菌选育研究	甘肃畜牧兽医	1994	5期	张志芳
289	青贮氨化技术推广效益	甘肃畜牧兽医	1994	5期	王汝富
290	陇东黄土高原天然草场改良效益分析	甘肃畜牧兽医	1995	1期	周多虎
291	应用招鹰灭鼠实施生物防治	甘肃畜牧兽医	1998	1期	王俊梅
292	开发秸秆退耕种草	甘肃畜牧兽医	2000	3期	王汝富
293	河西走廊甜菜叶青贮及饲喂生猪技术试验	甘肃畜牧兽医	2004	5期	王汝富
294	甘南草地畜牧业可持续发展的战略思考	甘肃畜牧兽医	2005	4期	王立耕
295	苏丹草、高丹草和籽粒苋引种栽培试验	甘肃畜牧兽医	2006	6期	许国成
296	饲喂黄粉虫对鸡肉品质的影响	甘肃畜牧兽医	2012	3期	马彦彪
297	饲用黄粉虫营养成分评价	甘肃畜牧兽医	2012	4期	马彦彪
298	把握机遇为草原保护和畜牧业提供科技支撑	甘肃畜牧兽医	2013	6期	王汝富
299	甘肃秸秆饲料化利用工作的难点和对策	甘肃畜牧兽医	2013	7期	王汝富　李新媛　曹明崇
300	河西走廊东部草原生态环境现状及治理对策	甘肃畜牧兽医	2014	4期	向金城
301	燕麦品比试验与丰产稳产技术措施的探讨	甘肃畜牧兽医	2014	5期	向金城

续表

序号	论文名称	期刊名称	发表时间（年）	刊期	作者
302	甘肃草食畜牧业发展饲草支撑和保障能力状况调研报告	甘肃畜牧兽医	2014	5 期	王汝富
303	不同添加剂对苜蓿青贮品质的影响	甘肃畜牧兽医	2015	3 期	武慧娟　陈本建
304	牛羊舔砖的分类及特点	甘肃畜牧兽医	2015	10 期	陈兴荣　冯　今　张　洁
305	豆科牧草微生物肥料研究初探	甘肃畜牧兽医	2015	11 期	李智燕　冯　今　张　洁　温　洪　荣良燕　陆　飒　谭立伟
306	甘引 1 号黑麦选育及品种特性	甘肃畜牧兽医	2015	11 期	孟祥君　韩天虎　曹永林
307	温度对牛角花齿蓟马在不同苜蓿品种上取食的影响	甘肃畜牧兽医	2015	12 期	张　洁
308	牧区冬季补饲的必要性研究	甘肃畜牧兽医	2015	12 期	李新媛
309	开展高原牧区产业帮扶 促进草原畜牧业转型发展	甘肃畜牧兽医	2016	4 期	王中华
310	两种生物药品灭高原鼠兔效果	甘肃畜牧兽医	2016	5 期	马彦彪
311	青贮玉米饲料饲喂育肥羔羊试验	甘肃畜牧兽医	2016	5 期	张　林
312	安定区草牧业发展存在问题及对策建议	甘肃畜牧兽医	2016	11 期	喻文虎
313	基于 3S 技术的退牧还草工程实施生态效果监测评价——以玛曲县 2006 年工程区为例	甘肃畜牧兽医	2016	11 期	王炳煜
314	草原害鼠野外调查方法	甘肃畜牧兽医	2016	21 期	常　明　冯　今　吴　江　程天亮
315	甘肃省草原信息化调查问卷分析与思考	甘肃畜牧兽医	2016	23 期	温　洪
316	微生物菌剂青贮饲料饲喂肉牛效果研究	甘肃畜牧兽医	2017	2 期	曹　蕾　张永辉　朱　倩　王汝富　曹明崇　张万祥　张　林　马彦彪　刘宗祥
317	甘肃省草原虫害生物防治技术研究与推广进展	甘肃畜牧兽医	2017	2 期	程天亮　冯　今　吴　江　许国成　王俊梅　常　明　王　瑾

续表

序号	论文名称	期刊名称	发表时间（年）	刊期	作者
318	放牧家畜品种改良是高寒牧区草地畜牧业提质增效的有效举措	甘肃畜牧兽医	2017	3 期	俞联平　李新媛　俞慧云
319	红三叶在和政地区的品比试验初报	甘肃畜牧兽医	2017	3 期	张　洁
320	碌曲县直升机飞防草原毛虫效果研究	甘肃畜牧兽医	2017	3 期	方毅才
321	三个紫花苜蓿品种引种对比试验	甘肃畜牧兽医	2017	5 期	朱　倩
322	兰州市常用三个苜蓿品种比较试验	甘肃畜牧兽医	2017	12 期	王　海
323	不同收割时期对四种紫花苜蓿产量和营养成分影响研究	甘肃畜牧兽医	2017	12 期	张贞明　杨文洲　陈　杰
324	玛曲县草原保护现状与建设对策	甘肃畜牧兽医	2018	1 期	张贞明　孙　斌
325	13 个紫花苜蓿品种在张家川县的引种试验报告	甘肃畜牧兽医	2018	2 期	李晓鹏
326	14 个引进苜蓿品种在金塔县的引种试验	甘肃畜牧兽医	2018	2 期	李晓鹏
327	藏羊、牦牛营养补饲料对冷季放牧母畜繁殖成活率	甘肃畜牧兽医	2018	3 期	俞联平　陈兴荣　高占琪　李新媛　任　越　李　昀
328	关于做好草原工程监理工作的探讨	甘肃畜牧兽医	2018	3 期	方毅才
329	小尾寒羊在高寒地区的饲养管理要点	甘肃畜牧兽医	2018	4 期	李新媛　陈兴荣　王国生　高占琪
330	甘肃省草原资源野外调查方法与技术流程研究	甘肃畜牧兽医	2018	9 期	杨红梅
331	甘南高原鼠兔防治技术	甘肃畜牧兽医	2018	9 期	方毅才
332	两种化学农药防治蝗虫试验报告	甘肃畜牧兽医	2018	10 期	方毅才
333	微生物菌剂饲料饲喂肉羊效果研究	甘肃畜牧兽医	2018	12 期	曹　蕾
334	六种生物农药防治蝗虫试验报告	甘肃畜牧兽医	2018	12 期	方毅才

续表

序号	论文名称	期刊名称	发表时间（年）	刊期	作者
335	高寒牧区草畜业生产存在的问题及对策——以天祝县抓喜秀龙乡南泥沟村为例	甘肃畜牧兽医	2019	1 期	罗　亮
336	饲用高粱新品种比较试验	甘肃畜牧兽医	2019	1 期	曹　蕾　张永辉　朱　倩　张万祥　张　林　曹明崇
337	两种微生物添加剂对玉米青贮发酵品质及微生物数量的影响	甘肃畜牧兽医	2019	1 期	张永辉　张万祥　曹　蕾　张　林　曹明崇
338	饲用玉米新品种比较试验	甘肃畜牧兽医	2019	2 期	罗　亮　曹　蕾　张万祥　张永辉　朱　倩
339	红豆草植物学特性研究报告	甘肃畜牧兽医	2019	8 期	刘　乾　张　榕　付　萍　武慧娟　耿小丽　张少平　周栋昌
340	微信公众号“陇草心语”传播实践与运营思考	甘肃畜牧兽医	2019	8 期	李智燕　张　洁　温　洪　谭立伟　冯　今　陆　飒　付宏斌
341	甘肃省草原生态退化治理和利用对策建议	甘肃畜牧兽医	2019	11 期	王汝富　金加明　张永辉
342	寒×蒙杂种母羊及其与藏羊杂种后代在高寒牧区的适应性及生产性能测定	甘肃畜牧兽医	2019	11 期	杜笑村
343	草原生态保护与牧民持续增收的思考	甘肃畜牧兽医	2020	5 期	张　洁　谭立伟　李智燕　冯　今　温　洪　陆　飒
344	根瘤菌在污染土壤修复中的作用探讨	甘肃畜牧兽医	2020	6 期	张　洁　张　榕　李智燕　谭立伟　温　洪　冯　今　陆　飒
345	甘肃中东部地区山地苜蓿机械化收获现状及建议	甘肃畜牧兽医	2020	11 期	李智燕
346	不同收获茬次对河西荒漠灌区紫花苜蓿生长及营养性能和效益的影响	甘肃畜牧兽医	2020	12 期	李智燕
347	甘肃中部草畜产业精准扶贫的典型模式及案例	甘肃畜牧兽医	2020	12 期	俞联平

续表

序号	论文名称	期刊名称	发表时间（年）	刊期	作者
348	不同浅埋滴灌带间距对紫花苜蓿生产的影响	甘肃畜牧兽医	2020	12 期	张贞明
349	红豆草等牧草混合草颗粒饲喂藏羊效果研究	甘肃畜牧兽医	2021	11 期	谭立伟　武慧娟　耿小丽　李德明　张　榕　周栋昌
350	我国草原生态保护现状及对策	甘肃畜牧兽医	2022	8 期	张　洁　王汝富　金加明　王　斌
351	林草融合背景下甘肃省草原技术推广体系建设现状及建议	甘肃畜牧兽医	2022	11 期	任越
352	甘肃省草原管护员队伍建设情况及建议	甘肃畜牧兽医	2022	12 期	任越
353	酒泉市草食畜牧业高质量发展对策研究	甘肃畜牧兽医	2023	4 期	谭立伟　何玉龙
354	一个农牧结合的典范	甘肃农业	1988	12 期	王无怠
355	甘肃草地鼠虫害预测预报工作中亟待解决的几个问题	甘肃农业	1997	10 期	李建廷
356	甘肃草地鼠虫发生状况及防治对策	甘肃农业	1997	3 期	李建廷
357	甘肃草地病、毒草危害调查报告	甘肃农业	1998	12 期	李建廷
358	甘肃草地高原鼠兔危害与防治探讨	甘肃农业	1998	6 期	方毅才
359	甘肃荒漠草地暴发性虫灾成因及对策初探	甘肃农业	1998	6 期	王俊梅
360	甘肃畜牧业生产发展的对策建议	甘肃农业	1999	11 期	王汝富
361	对加快甘肃紫花苜蓿产业化步伐的思考	甘肃农业	1999	9 期	方毅才
362	积极培育和大力发展草坪业	甘肃农业	2000	12 期	方毅才
363	绿化西部的十大原则	甘肃农业	2000	2 期	方毅才
364	甘南州披碱草种子开发的前途	甘肃农业	2001	12 期	方毅才
365	草坪建植的一般技术规程	甘肃农业	2002	8 期	方毅才
366	论加强山丹马场天然草原建设的重要性	甘肃农业	2003	1 期	王汝富　花立民　金赐福

续表

序号	论文名称	期刊名称	发表时间（年）	刊期	作者
367	生态环境建设要将战略之长与战役之短有机统一起来	甘肃农业	2003	9期	方毅才
368	高台县草产业发展对策探讨	甘肃农业	2005	12期	杨鹏翼
369	实施季节畜牧业改善草原生态	甘肃农业	2006	10期	徐正辉
370	推广种植饲料作物带动产业结构调整	甘肃农业	2007	3期	陈仲斌
371	防止微贮饲料二次发酵的技术要点	甘肃农业	2007	4期	李新媛　王汝富　曹明崇　张　林
372	改变生态修复方式走可持续发展之路	甘肃农业	2008	5期	陈仲斌
373	甘肃河西走廊草原退化特征及成因探讨	甘肃农业	2009	9期	鲁　征
374	甘肃陇东地区粮饲玉米品种生产性能比较与评价	甘肃农业	2010	5期	曹明崇
375	甘肃陇东地区粮饲兼用玉米品种生产性能比较与评价	甘肃农业	2010	5期	李新媛
376	甘肃农作物秸秆饲料化利用的调查与思考	甘肃农业	2011	11期	王汝富
377	甘肃省牧草种植与秸秆饲料化利用工作中存在的问题及对策	甘肃农业	2011	12期	豆　卫
378	临潭县2009年农业综合开发草场建设项目效益分析	甘肃农业	2012	23期	王中华
379	民勤县畜牧业发展与现状	甘肃农业	2012	3期	张万祥
380	黄粉虫饲料配方筛选	甘肃农业	2012	5期	马彦彪
381	甘南地区真菌病害初步调查及部分锈病病原鉴定	甘肃农业	2013	13期	吴　江
382	加快转变发展方式促进草地畜牧业的可持续发展	甘肃农业	2016	21期	李新媛　俞联平
383	生物炭对土壤理化性质影响的研究进展	甘肃农业	2021	10期	张　洁　李智燕　莫负涛　王国生
384	兰州市永登县15个青贮玉米品种筛选比较试验	甘肃农业	2021	12期	张永辉　王汝富　刘　毅　金加明

续表

序号	论文名称	期刊名称	发表时间（年）	刊期	作者
385	根瘤菌对禾本科作物生长的促进作用研究	甘肃农业	2021	12 期	张　洁　李智燕　莫负涛　王国生
386	沙打旺种子在甘肃省安西繁殖初报	甘肃农业大学学报	1997	2 期	吴衍庆
387	以产业化生产为目标加快我省草商品的开发	甘肃农业大学学报	1999	34 卷	李　温
388	增产菌不同施用量对高寒草地增产效果初试报告	甘肃农业大学学报	2002	37 卷增刊	鲁　征
389	建设数字草原实现草原资源管理信息化	甘肃农业大学学报	2002	37 卷增刊	鲁　征
390	预混饲料原料质量的控制	甘肃农业大学学报	2002	37 卷增刊	李新媛　常宁芳　喻文虎　晁德林
391	柠檬酸对仔猪生长作用研究综述	甘肃农业大学学报	2002	37 卷增刊	王汝富　常宁芳　晁德林
392	以草产业为目标加快我省草商品的开发	甘肃农业大学学报	2002	37 卷增刊	李　温　晁德林
393	阔胫萤叶甲对荒漠草原的危害及防治	甘肃农业大学学报	2003	118 期	谭成虎
394	三种改良措施对高寒退化草地植被的影响	甘肃农业大学学报	2005	6 期	孙　斌
395	青贮氨化技术推广浅析	农业科技与信息	1991	12 期	王履继
396	饲料青贮技术对话	农业科技与信息	1994	9 期	王汝富
397	微贮饲料技术知识问答	农业科技与信息	1995	7 期	王履继
398	挖掘饲料资源潜力 推广复合青贮技术	农业科技与信息	1995	9 期	王履继
399	秸秆微贮技术	农业科技与信息	1998	10 期	金赐福
400	甜菜副产品的贮存及利用	农业科技与信息	2000	7 期	王汝富　张少平
401	甘肃河西走廊草业生态可持续发展探讨	农业科技与信息	2007	1 期	张贞明

续表

序号	论文名称	期刊名称	发表时间（年）	刊期	作者
402	加强草原保护建设 科学合理利用草原	农业科技与信息	2007	10 期	谭成虎
403	飞播牧草试验研究	农业科技与信息	2008	5 期	王　海
404	浅谈甘肃草原火灾监测与控制战术	农业科技与信息	2008	8 期	李贵霖
405	安定区实施退耕还林还草发展草食家畜产业的几点建议	农业科技与信息	2008	15 期	马彦彪
406	苜蓿肥育杂交一代羔羊经济效益试验报告	农业科技与信息	2008	15 期	安　乐
407	农区舍饲肉羊的发展与探讨	农业科技与信息	2008	15 期	安　乐
408	影响猪肉食用品质的营养因素	农业科技与信息	2008	15 期	席文娣
409	甘肃干旱半干旱草原补播改良技术及适宜草种	农业科技与信息	2008	21 期	席文娣
410	提高甘肃奶业企业市场竞争力的主要措施	农业科技与信息	2009	11 期	方毅才
411	怎样完成治理民勤的重任	农业科技与信息	2009	16 期	方毅才
412	裹包微贮秸秆对肉牛增重性能的影响	农业科技与信息	2009	17 期	马彦彪
413	肃北县春季 5 种药物防治高原鼠兔效果测定	农业科技与信息	2009	18 期	方毅才
414	我国牦牛发展现状与前景分析	农业科技与信息	2009	19 期	方毅才
415	红豆草饲喂小尾寒羊杂交羊试验	农业科技与信息	2009	19 期	高占琪　温　洪　王国生　陆　飒　张　洁　刘彦江　景和平　冯建山
416	切实加快草原保护与建设步伐	农业科技与信息	2009	5 期	谭成虎
417	加强草原保护建设 科学合理利用草原	农业科技与信息	2009	7 期	许国成
418	试论西北生态现状及草业在生态治理中的作用	农业科技与信息	2009	10 期	王　瑾

续表

序号	论文名称	期刊名称	发表时间（年）	刊期	作者
419	遮阴对不同品种高羊茅成坪质量的影响	农业科技与信息	2010	14期	李晓鹏
420	黄粉虫代替鱼粉饲喂蛋鸡试验	农业科技与信息	2011	1期	马彦彪
421	祁连山北麓几种牧草引种试验	农业科技与信息	2011	2期	马彦彪
422	全舍饲条件下不同品种肉羊增重效果试验	农业科技与信息	2011	11期	张　洁
423	复合菌种协同发酵酒糟生产饲料蛋白研究	农业科技与信息	2011	12期	张　洁
424	冷季型草坪建植及管理技术要点	农业科技与信息	2011	20期	王红霞
425	甘肃草原保护与建设存在问题及发展对策探析	农业科技与信息	2011	21期	喻文虎
426	黄粉虫代替鱼粉饲喂肉杂鸡试验	农业科技与信息	2012	5期	马彦彪
427	我国高尔夫运动发展现状与对策	农业科技与信息	2012	6期	方毅才
428	岷山红三叶微生物复合专用菌肥代替部分化肥对土壤肥力状况的影响	农业科技与信息	2016	35卷	李智燕
429	岷山红三叶微生物复合专用菌肥在岷县地区大田示范推广初报	农业科技与信息	2017	23卷	李智燕
430	遥感技术在农业中的应用	农业科技与信息	2019	23卷	王红霞　李　霞
431	应用“3414”设计对河西走廊地区紫花苜蓿氮、磷、钾肥最佳施用量的研究	农业科技与信息	2021	7期	李晓鹏　张贞明　王　海
432	甘肃省草业标准化工作存在问题及对应对策研究	中国标准化	2018	2期	李晓鹏
433	功能食品中功能因子及作用	甘肃科技	2008	3期	席文娣
434	我国功能食品生产存在的问题及研发方向	甘肃科技	2008	5期	席文娣

续表

序号	论文名称	期刊名称	发表时间（年）	刊期	作者
435	温室气体及常用研究方法	甘肃科技	2017	7期	潘冬荣
436	浅谈科技兴农	甘肃科技情报	1992	6期	张　榕
437	用青饲料提高家畜生产能力	草原与牧草	1987	1期	吴衍庆
438	立草为业，综合治理石羊河流域	草原与牧草	2008	3期	张少平
439	全混合日粮配方优化设计及生产	草原草业	2016	21期	李新媛　俞联平
440	牧草产量建标法	四川草原	1973	4期	邹继范
441	牧草产量测定速算法	四川草原	1982	4期	邹继范
442	红花岩黄芪引种驯化栽培观测初报	四川草原	1989	1期	谭成虎
443	高台县天然草地退化原因及治理对策	四川草原	2006	1期	喻文虎
444	印楝素对荒漠草地蝗虫的防治效果试验	草业与畜牧	2009	11期	王俊梅　豆　卫　谭成虎　魏玉兵　王　瑾　王东辉
445	甘肃高寒牧区多年生豆科牧草混播草地效益评价	草业与畜牧	2013	6期	高占琪　张　榕　张建福
446	青藏高原草地生产发展战略商榷	青海草业	1994	3期	王无怠
447	甘肃省草种质资源创新利用评价	草学	2019	5期	张　榕　李德明　耿小丽　刘　乾
448	退耕还牧——一篇难做的大文章	发展	1999	8期	张　榕
449	甘肃立草为业之对策建议	发展	2000	11期	张　榕
450	河西地区草业发展现状与思路	发展	2007	1期	豆　卫
451	甘肃东部地区草产业发展现状调查	发展	2008	4期	豆　卫
452	以科学发展观统领草原工作全局	发展	2009	11期	豆　卫
453	农作物秸秆综合利用的方向与前景	发展	2010	10期	曹明崇

续表

序号	论文名称	期刊名称	发表时间（年）	刊期	作者
454	甘肃省秸秆资源饲料化利用现状	发展	2010	8 期	曹明崇
455	甘肃省粗饲料资源的利用	发展	2010	9 期	曹明崇
456	甘肃推广青贮饲料的现实条件	发展	2011	1 期	曹明崇
457	甘肃秸秆饲料化利用模式实践	发展	2011	2 期	曹明崇
458	黄土丘陵区几种耐旱植物的试验研究	发展	2011	3 期	曹明崇
459	甘肃草产业现状及发展策略	发展	2011	9 期	豆　卫
460	独具特色的甘肃秸秆经济	发展	2011	10 期	曹明崇
461	农作物秸秆裹包青贮技术	发展	2011	11 期	曹明崇
462	甘肃省草原技术推广体系现状、功能及对策	发展	2011	11 期	喻文虎
463	发酵湿料对奶牛产奶量和饲料消化率的影响	畜牧与饲料科学	2019	2 期	张永辉　樊　振　张万祥　朱广龙
464	安全性肉羊预混料对育肥滩羊生产性能、肉品质及环境质量的影响	饲料工业	2004	4 期	俞联平　王国生　高占琪　李　青　蒋东芳
465	康宁木霉液态发酵产纤维素酶条件及部分酶性质的研究	饲料工业	2007	16 期	金加明
466	红三叶提取物中总异黄酮含量测定研究	饲料工业	2009	16 期	金加明　车爱霞　任春明
467	不同贮存方式对玉米秸秆营养成分的影响	饲料工业	2010	17 期	金加明
468	酵母培养物和寡糖对产蛋高峰期蛋鸡生产性能的影响	饲料研究	2005	3 期	金加明　杨　虎　吴宝霞　安　乐
469	纤维素酶和酵母菌处理小麦秸秆饲喂育肥羊试验	饲料研究	2007	9 期	金加明
470	不同种植区陇东苜蓿营养价值的比较研究	中国饲料	2021	17 期	孟祥君　俞慧云　付　萍　陈兴荣　牛建龙
471	红豆草在甘肃省不同生态区的生产性能及品质研究	中国饲料	2023	11 期	付　萍　杨　浩　孟祥君　朱　倩　常生华　金　斌

续表

序号	论文名称	期刊名称	发表时间（年）	刊期	作者
472	安全性复合预混料及日粮电解质平衡对奶牛生产性能的影响	粮食与饲料工业	2005	2期	俞联平　高占琪　罗继学　李　青　蒋东芳　王国生　杨　辉
473	正确处理西部生态环境建设的四个关系	调查与研究	2001	7期	方毅才
474	酵母培养物和半乳寡糖对育肥猪生长性能的影响	养猪	2005	6期	金加明　吴宝霞
475	酵母培养物和寡糖对仔猪生长性能的影响	兽药与饲料添加剂	2005	2期	金加明　杨　虎　吴宝霞　安　乐
476	河西走廊3县草地资源现状及生产力评价	干旱区研究	2010	5期	俞联平　程文定　李兴海　李新媛　陈兴荣
477	降低仔猪断奶应激的营养调控措施	国外畜牧学——猪与禽	2011	4期	孟祥君
478	缓释包衣尿素生产的工艺及方法简介	养殖技术顾问	2003	4期	俞联平　罗继学　高占琪　杨　虎
479	解决畜牧业因灾造成饲草短缺问题的途径	今日畜牧兽医	2013	4期	王炳煜
480	甘肃省草产业发展现状与分析思考	中国牛业科学	2021	47期	朱　倩
481	甘肃省农作物秸秆资源现状及利用潜力研究	中国牛业科学	2022	3期	莫负涛　王汝富　李智燕　张万祥　王　延　张　洁
482	食用菌糠渣饲喂肉牛的优势分析与规范操作	畜牧兽医杂志	2021	5期	王　惠
483	强化人工草地建设推动草畜产业化发展	城市建设理论研究	2015	37卷	张　洁
484	沙打旺在安西县（瓜州县）的适应性及推广价值	酒钢科技	1994	2期	吴衍庆
485	大数据时代畜牧业信息化建设刍议	工程技术	2016	10期	张　洁
486	关于美国籽粒苋在陇东黄土高原农艺学性状的探讨	兰州科技情报	1996	3期	陆伊奇
487	基于内部控制的行政事业单位资产管理模式探究	经营者	2020	592期	陈　兮

续表

序号	论文名称	期刊名称	发表时间（年）	刊期	作者
488	新形势下事业单位内部审计存在的问题及对策研究	经济视野	2020	21 期	陈　兮
489	区块链助长中国垃圾分类产业：基于宁夏银川的案例	资源再生	2020	11 期	贺亚琼　文　婧　杜欢政
490	中国危险废物产生特征与转移管理现状	再生资源与循环经济	2021	3 期	贺亚琼　杜欢政　文　婧
491	生态工程实施不同阶段祁连山植被覆盖变化特征	兰州交通大学学报	2022	2 期	潘冬荣

发表在论文集上的论文详见表 2–19。

表 2–19　论文集论文一览表

序号	论文名称	论文集	时间（年）	作者
1	种植多年生豆科牧草对土壤肥力变化的影响及后作增产的效果	甘肃中部种草养畜农牧结合研究	1991	王素香
2	甘肃中部贫困地区以草起步农牧结合解决温饱的十年探索	甘肃中部种草养畜农牧结合研究	1991	王素香
3	贫困地区科技资金使用的特殊性和具体办法的探索	甘肃中部种草养畜农牧结合研究	1991	王素香
4	陇西县阎家湾种草养畜农牧结合的试验	甘肃中部种草养畜农牧结合研究	1991	王素香
5	通渭县申家山十年种草养畜的变化和思考	甘肃中部种草养畜农牧结合研究	1991	王素香
6	甘肃中部地区《农区种草养畜试验》中试课题执行汇报	申家山与红豆草	1984	王素香
7	通渭县陇阳公社申家山的基本情况和种草两年的成效	申家山与红豆草	1984	王素香
8	红豆草花期根外喷肥试验报告	申家山与红豆草	1984	曹明堂
9	不同肥料种类、不同施肥量及不同利用方式对红豆草产量影响的试验报告	申家山与红豆草	1984	曹明堂

续表

序号	论文名称	论文集	时间（年）	作者
10	五年种草的成效	申家山与红豆草	1984	王素香
11	红豆草	申家山与红豆草	1984	王素香
12	农业推广——扶贫攻坚的有效途径	加快甘肃经济发展征文《思路与对策》	1999	张　榕
13	紫花苜蓿引种对比试验研究初报	优质草产品综合开发利用技术推广项目论文集	2001	张　榕　阿不满　曹志东
14	值得大力推广的优良牧草——甘肃红豆草	优质草产品综合开发利用技术推广项目论文集	2001	张　榕
15	农村扶贫　农业产业化　农民教育　农业推广	优质草产品综合开发利用技术推广项目论文集	2001	张　榕
16	红豆草根系结瘤情况对植株早期生育影响的研究报告	优质草产品综合开发利用技术推广项目论文集	1999	张　榕
17	退耕还林还草在甘肃试点实施中存在问题探讨	草畜规模开发综合配套技术推广项目论文集	2000	张　榕
18	临夏地区易地育肥产业化思考	草畜规模开发综合配套技术推广项目论文集	2000	张　榕
19	紫花苜蓿引种对比试验研究	第二届中国苜蓿发展大会暨牧草种子、机械、产品展示会论文集	2003	张　榕　阿不满　曹志东
20	苜蓿等多年生牧草在半干旱区的播种期试验	第二届中国苜蓿发展大会暨牧草种子、机械、产品展示会论文集	2003	张　榕　曹志东
21	甘肃畜牧技术推广转向畜牧业推广的对策与思考	全国农机推广管理研讨会	1995	张　榕
22	退耕还草恢复生态是我省农业经济可持续发展的必由之路	“草业与西部大开发”学术研讨会及中国草原学会2000—2001年学术年会兰州论文专辑	2001	吴衍庆
23	甘肃立草为业之对策建议	“草业与西部大开发”学术研讨会及中国草原学会2000—2001年学术年会兰州论文专辑	2001	吴衍庆
24	关于红豆草根瘤菌接种剂量的试验研究	草业与西部大开发学术研讨会暨中国草原学会2000年学术年会	2000	王立耕
25	甘肃河西走廊草业经济发展战略	中国草业发展论坛论文集	2006	王立耕　晁德林

续表

序号	论文名称	论文集	时间（年）	作者
26	植物蛋白人工乳开发研制及其哺育犊牛效果	中国国际草业发展大会暨中国草原学会第六届代表大会	2002	李　昀　高占琪
27	STUDIES ON INCREASING THE PRODUCTION OF FEMALE YAK	第一届国际牦牛研究学术大会	1994	程文定
28	STUDIES ON FATTENING YAK	第一届国际牦牛研究学术大会	1994	程文定
29	甘肃省草原畜牧业“两高一优”发展策略研究	第二届全国两高一优农业学术交流会	1996	李贵霖
30	甘肃省秸秆资源饲料化利用现状	优秀共产党人思想宝库	2010	曹明崇
31	甘肃省秸秆饲料化利用模式实践	中国草学会饲料专委会第十六次学术研讨会论文集	2011	曹明崇
32	甘肃省农作物秸秆资源利用现状及建议	中国草学会饲料专委会第十六次学术研讨会论文集	2011	曹明崇　徐新平　张　林
33	农作物秸秆综合利用的方向与前景	国家经济建设与和谐小康理论实践成果论文集	2011	曹明崇
34	发展两高一优草地畜牧业法治化管理初探	第二届全国两高一优农业学术交流会		哈得虎　曹明崇
35	试论甘肃农业可持续发展战略	甘肃科技进步与经济发展论坛		杨学兰　曹明崇
36	甘肃省农作物秸秆资源利用	中国草学会饲料专委会第十六次学术研讨会论文集	2011	曹明崇
37	基于“3S”技术的甘肃省凉州区草原生产力评价	2009 中国草业发展论坛论文集	2008	俞联平　李　昀　强文军　陈兴荣　李金山
38	不同矿物营养补饲料对藏羊、牦牛繁殖成活率及幼畜生长性能的影响	中国畜牧兽医学会第八届全国饲料营养学术研讨会论文集	2018	俞联平　李新媛　高占琪　陈兴荣
39	秸秆氨化技术	甘肃农业先进实用技术普及读本	1996	李贵霖

二、著作

编写的著作详见表2-20。

表2-20 出版专著一览表

序号	专著名称	出版时间（年、月）	出版单位	主要编写人
1	冉家山与红豆草	1984.1	甘肃省草原队印制	王素香　张志芳　孟宪政　曹明堂
2	养猪手册	1989.1	甘肃人民出版社	王无急　赵哈林　李文卿　傅绍琪　张剑杰
3	甘肃中部种草养畜农牧结合研究	1991.12	气象出版社	王素香　金巨和　余优森
4	黄土高原地区资源与环境遥感调查和系列制图研究	1991.12	西安地图出版社	鲁征等
5	1:100万中国草地资源图图集	1993	中国地图出版社	苏大学　鲁　征　石隐孝等
6	中国草地饲用植物资源	1994.5	辽宁民族出版社	陈　山　赵怀德　李福等
7	甘肃天然草地饲用植物营养价值评定	1994.12	甘肃科学技术出版社	成若琳　达秀银　侯淑萍　常宁芳　车爱霞　任春明
8	甘肃草地蝗虫	1997.8	甘肃科学技术出版社	丁树中　方毅才　李善堂　邹继范　徐英杰　常　明
9	甘肃草地资源	1999.1	甘肃科学技术出版社	马　范　石隐孝　向得福　成若琳　赵怀德　徐志清　向金城　金生元　姬永莲　李　福　许　华　何　毅
10	甘肃草地植物名录	1999.1	甘肃科学技术出版社	石隐孝　李　福　许　华　何　毅　赵怀德　姬永莲
11	牧草与草种生产加工技术	2003.3	甘肃科学技术出版社	吴衍庆　阎万贵　王汝富　王　瑾　孙　斌　向金城　花立民　常　明
12	青贮饲料无公害生产技术	2003.8	甘肃科学技术出版社	王汝富　李新媛　向金城
13	优质牧草无公害生产技术	2003.8	甘肃科学技术出版社	孙　斌　花立民　向金城
14	青藏高原甘南生态经济区研究	2005.3	甘肃科学技术出版社	洛桑·灵智多杰　丁连生　汪　玺　花立民　吴衍庆
15	牧草栽培及秸秆利用技术	2008.4	甘肃文化出版社	李　温　王炳煜
16	甘肃草业可持续发展战略研究	2008.6	科学出版社	丁连生　王俊梅　白小明　刘荣堂　孙吉祥　杨俊基　李贵霖　李善堂　李新文　汪　玺　张　榕　张卫国　张贞明　张自和　阿不满　孟文学　赵　忠　胡自治

续表

序号	专著名称	出版时间（年、月）	出版单位	主要编写人
17	退化草原综合治理技术手册	2009.8	世行·全球环境基金	程文定　张贞明　王立耕　许国成　鲁　征　张少平　马彦彪　张万祥　马爱霞　王　海　张伯虎　陈仲斌　李　萍　梁其健　祁晓梅　巴特尔
18	12316 三农致富实用技术——动物产品贮藏、加工与食疗保健	2011.12	甘肃文化出版社	周辛平　刘树攀　张　洁　程文定　豆　卫　王立耕
19	12316 三农致富实用技术综合技术服务系列——饲料·饲草·草坪	2012.12	甘肃文化出版社	周辛平　程文定　豆　卫　王立耕　张　洁
20	河西走廊沙尘源区生态环境治理研究	2013.1	甘肃科学技术出版社	丁连生　刘志民　许国成　豆　卫　张贞明　张　榕　李善堂　金加明　俞联平　韩天虎　喻文健
21	草原鼠虫害预测预报及防控技术	2013.11	甘肃科学技术出版社	常　明　许国成　王俊梅　方毅才　王　瑾　吴　江
22	甘肃草原常见植物图集	2014.3	甘肃科学技术出版社	喻文虎　李　福　冯　今　孙　斌　王炳煜　王红霞　王历宽　席文娣　杨　浩　张丽娟　杜笑村　姜佳昌　张　洁　徐正辉
23	秸秆饲料化利用技术	2014.8	甘肃科学技术出版社	王汝富　马彦彪　王国生　任　越　刘宗祥　李新媛　陈仲斌　陈兴荣　张万祥　张　林　张少平　张永辉　金加明　俞联平　高占琪　曹明崇　曹　蕾
24	草食家畜营养及饲料加工调制技术	2014.8	甘肃科学技术出版社	俞联平　王汝富　李新媛　王国生　杨红梅　高占琪　陈兴荣　喻文虎　任　越　席文娣　徐正辉　王历宽　杨　浩　马爱霞　张万祥　张　林
25	甘肃主要优良牧草种植与加工技术	2015	甘肃科学技术出版社	张　榕　向金城　李德明　张少平　孟祥君
26	甘肃草原植物图谱	2019.10	甘肃科学技术出版社	韩天虎　孙　斌　俞联平　金加明　冯　今　王炳煜　姜佳昌　潘冬荣　张永辉　李晓鹏　常　明等
27	禁牧和草畜平衡数据与析软件 V1.0	2023.6		谭立伟　魏　龙

（本章供稿：王俊梅、张洁、曹明崇、李智燕、向金城、李德明；校对：王俊梅、李新媛）

第五章　调研和规划

开展行业调研，提出政策建议，参与政策建设和规划编制、协助主管单位参与行业管理是本站一直以来的重要工作内容。

第一节　调研与政策建议

一、早期的重要调研和政策建议

（一）20世纪60年代对草原建设提出的建议

单位成立以来，王无怠队长带领技术人员通过草原资源调查、草原国有农场规划和建设，跑遍了全省主要草原区域，摸准了草原建设和生产经营中的诸多症候，撰写了《对草原建设的几点意见》，于1964年在兰州召开的甘肃省首届草原学术会议上讨论。1965年由王无怠执笔以甘肃省草原工作队的名义向主管单位上报了《甘肃省草原建设工作报告》。

1. 重要意义

建议和报告系统反映了中华人民共和国成立以来，甘肃省草原科技人员和广大草原区干部群众开展草原建设工作积累的科技、管理、生产等方面的成果，基本奠定了甘肃乃至全国同类草原保护建设利用的管理和技术基础，成为至今草原保护和合理利用采用的基本政策和措施。

2. 主要内容

开展的主要工作：完成了全省草原调查规划，开展了草原合理利用、保护培育抓点示范、以水利为中心的草原基本建设、群众性的科学试验研究、牧区牧业生产经营管理试点、牧草引种栽培试验、牧业机械推广、人员培训等。

主要经验和措施：重视政治工作，把工作根子扎正扎深；坚持走群众路线，坚持自力更生方针；合理利用为纲，基本建设为核心；当前与长远兼顾，当前为主，中心与一般结合，抓好中心；根据工作抓工作重点，按条件抓地区重点；问题发生在冬春，关键措施抓夏秋；搞好三个结合，把工作成效提高到应有水平；培养与使用结合，政治带动业务。

3. 提出建议

（1）合理利用草原：包括固定四季牧场，严格实施四季轮牧制度；抓好分片放牧推广工作；适当延长夏场的利用时间；开展割贮冬草工作；利用荒漠草场发展骆驼产业；保护草原植被。

(2) 改良草原：在半荒漠、荒漠和草原草场，应从保护自然植被与水土资源，改善土壤水分与养分条件的要求出发，推广措施为：①封滩育草；②进行营造护牧林的试验。在草甸草场应以改善土壤的通气和透水性，提高土壤速效养分，改善草群结构，提高草质为主，推广措施为：①划破草皮，在退化严重的平坦地区试用无壁犁或其他机具，可提高产草量；②“小搬圈”，20 天左右搬圈一次，适度播施肥料，可提高座圈区产草量 2 倍；③建立人工饲草基地，利用弃耕地种草、圈窝种草，增加饲草量供应；④清除毒草。

(3) 利用弃耕地：①在机械翻耕后未种植作物的草原(已垦草原)种草，可选择垂穗披碱草、垂穗鹅观草、羊茅、短柄草、野雀麦等。②在已经耕种过的弃耕地及自然恢复不易的草地应进行人工播种。根据不同环境条件，高海拔地区，如天祝松山西滩和肃南大河区鹿场附近，可种芨芨草、早熟禾、冷蒿。海拔较低处，可种芨芨草、碱蒿、冷蒿、伏地肤等。半荒漠区还可以种苦豆子和优若黎。有灌溉条件时，可种披碱草、无芒雀麦、草木樨等。③弃耕后目前植被生长良好的，可严加保护，定期封闭，禁止放牧，在周围留出保护带，并采取相应措施，培育天然割草场。④种草时草种应以混播为好或用青稞、大麦、燕麦等带种，但应控制其播种量，以免过密而抑制多年生草。收割时留茬要高，以便积雪。干旱多风地区以秋播为宜，同时要抢墒播种，其他地区春秋均可，但以秋播为好，播量一般为 1.5~4 千克，视种籽质量、大小、播种方式决定。播种深度应在 3 厘米上下，播后必须加强保护和管理。对条件较好可以稳收的地区，可选留一些种精饲料。

(4) 草场建设措施：①草场建设以冬春场为主，以放牧点和居民点为中心，从实际出发，进行水利、交通、土地利用规划、机械设备和必要的畜产品加工设备等建设。②河西草场地区抓水的原则应该是三水(地面水、地下水、降水)齐抓，小型、分散、多点，点面结合，引蓄兼备，互相补给，便利生产，山沟里可修小型水坝，用黏土和砂石修暗沟引水。

(5) 防除虫害和鼠害：①利用毛毛虫一龄幼虫在草根越冬的习性，结合烧草消灭，效果很好。喷滴滴涕的效果也很好，可大力推广。试验证明，每亩施用 0.7 千克苏芸金杆菌可消灭各龄幼虫，三天内死亡率达 90%以上，可进行中间试验。②大面积用飞机喷撒 2.5%的 666 粉，消灭蝗虫，对小型土蝗的毒杀率在 90%以上。小面积采用人工方法。③用磷化锌毒饵灭鼠的实效很好，在应用中须对其药量和用油量进行研究。要探讨用氯化钴灭鼠时对大气的污染程度和对人畜的影响。在严重鼠害地区，应设立防鼠试验站，要和青海省联防。

(6) 机构建设：①为了更好地适应当前草原工作的要求，牧区县应加强对草原管理委员会和草原工作站的领导，充实人员，改进装备，同时应将河西、甘南两个草原试验站建立起来。②牧区灾害性天气，对牲畜影响很大，同时，气象资料又是兴修草原水利的主要依据，建议省气象局考虑增设牧区气象台（站），加强气象预报工作。③河西草原水利建设是草原建设的核心，应组织专业队伍，配合畜牧业生产，迅速开展工作。④河西规划委员会应将山地、平地的农、林、牧业进行综合规划，以指导农、林、牧业的全面综合发展。⑤当前开展甘肃省草原工作的关键是抓紧时机，集中力量搞好样板田的建设工作，河西样板田以设在天祝永丰滩为宜，甘南样板田以玛曲为宜。

（二）20世纪70年代对草原建设和问题的建议

1. 重要意义

1975年甘肃省草原工作队计划恢复之际，王无怠队长针对草原建设利用和退化等方面存在的问题，向主管单位提交了《甘肃省天然草场概况及其建设问题》的报告，高度概括了甘肃草原资源底况和存在的问题，为决策部门和生产管理者合理制定草原生产经营措施提供了科学依据，以一个老草原人的高度责任感、使命感和紧迫感，为草原牧区改革开放及恢复生态生产指明了方向。

2. 主要内容

指出甘肃省位处中国三大地理景观地带中心，草原区域的主要特征是干旱，对全省草场分河西、甘南、陇中、东部4个区域的底况按面积、类型、特点及工作开展情况作了分析。提出关键问题是要加强对草原建设的领导，重点解决基本草场的建设问题(天然草场植被质量的提高问题；分区轮牧的实施问题；优质高产人工草场的建立问题；草、料、树木的良种选育和栽培利用问题；搞好相适应的水利建设和机械装备问题；相应的科学管理制度的建立问题)；天然草场退化现象的控制问题(利用不平衡；抢牧混牧；利用方式不合理；自然条件劣变；盲目地开垦和单纯地打柴挖药；各类型天然草场的退化演替阶段指标；各类型天然草场的合理载畜量指标；建立相应的放牧管理和生产经营制度的科学技术措施)；天然草场的合理利用问题(冬春场无放牧计划，夏秋缺乏统一安排；全面规划、看草定畜、及时转场、余缺调剂的组织工作做得不够；天然草场得不到轮换轮歇)；天然草场的培育改良问题（天然草场植被动态及其演替规律；天然草场土壤水分的改良；天然草场土壤肥力的提高；通过控制放牧，以改变植被成分；利用化学方法改良植被)；草原水利建设问题(采取多种工程措施，贯彻地面水、地下水、降水三水齐抓的方针，千方百计，开辟水源；并通过合理安排以解决人畜饮水问题，开展天然草场的灌溉工作；保护天然草场区现有的树木、灌丛、高草；进行天然草场区的水利、水能资源的调查规划工作)；天然草场上鼠虫害的防治问题（牧区天然草场鼠害面积达800多万亩，鼠害区牧草被大量啃食，草皮被大量破坏，甚至造成大片黑土滩，引起风水侵蚀、土质砂化、新土裸露、肥力下降等问题，加速草场退化；甘肃省天然草场上的虫害以蝗虫、黑头毛毛虫最严重，为害面积220多万亩；防治鼠害中要抓好五个结合：一是季节性的歼灭战和常年扫残相结合，二是化学灭鼠和土法灭鼠相结合，三是消灭鼠兔和消灭鼢鼠相结合，四是灭鼠药物多品种结合、交替使用，五是灭鼠要和种草相结合）；天然草场资源的调查规划问题（提供条理明晰的全盘情况，帮助领导掌握全局，做到心中有数；分区分类提出数据和问题，帮助基层分析情况在当前与长远兼顾，兴利与除弊结合的原则下，开展工作；动员各方力量，为甘肃省天然草场建设工作作出贡献；提高基层干部的政治、业务水平，有利于草原建设战线群众运动的切实开展）。

二、改革开放初期关于草牧业实践和政策方面的建议

（一）关于甘肃黄土高原的畜牧业区划建议

1. 重要意义

甘肃草原工作队恢复初期，十一届三中全会之后，改革开放如火如荼，1979年，王无怠队长就甘肃黄土高原的畜牧业发展，从全省经济社会发展全局的高度，提出《甘肃黄土高原的畜牧业区划问题》，提出“农牧并举”的农业是健康农业的中心思想，并指出苜蓿等饲草种植在黄土高原农牧业中占有非常重要的地位。这一区划依据甘肃省情，提出粮草轮作是该区域发展农业生产的关键措施，体现了草地生态农业的科学思想。

2. 主要内容

指出畜牧业在国民经济和人民生活中的重要地位、畜牧业区划的意义和目标、原则和内容、方法和步骤，从天然草场、人工草地、畜种资源3个方面系统梳理了甘肃省黄土高原的畜牧业资源，提出该区域畜牧业区划的方向，认为黄土高原的农业生产总方针应该是“农牧并举”，农业生产目标应该是稳产高收益，其中畜牧业是需要大力发展的结构性短板，关键措施是通过粮草轮作种草养畜提高土地肥力、保持水土、改善生态，实现可持续发展。

（二）关于农牧并举建设大农业以及实现甘肃农业现代化的建议

1. 意义

1979—1983年，是甘肃省草原工作队历史上的辉煌历程，期间通渭申家山草地农业试点的成功，不仅为甘肃中部干旱山区避自然条件严酷之短，扬草田轮作之长，通过种草养畜调整单一农业结构取得巨大成功，开辟了甘肃草地生态农业建设之路，而且就今天来看，也为甘肃农业现代化建设探索了成功之路，以王无怠、王素香等为代表的草原队精英们以不负时代和人民的奉献精神回答了这一跨世纪跨时空的甘肃旱山区农业经济命题。涉及的文字报告有王无怠撰写的《努力提高畜牧业比重　加快甘肃农业生产发展》《农牧并举　实现甘肃农业现代化》、《从通渭看甘肃省低温农业的发展方向》《试论“两西”建设的战略目标和种草问题》。

2. 主要内容

从马克思经济生态理论出发，以承认自然规律为前提，合理利用自然条件为原则，从甘肃自然和农业资源条件出发，总结甘肃省20世纪50年代片面抓粮食生产违背自然规律的惨痛教训，指出甘肃农业的薄弱环节在于农业内部结构失调，实质是破坏了有机(有畜)农业，就不可能建立起现代农业，并认为现代化农业也需要山青草绿、林茂水丰的生态环境。提出现代农业的根本是现代化畜牧业，而甘肃省农业的资源优势就在畜牧业，当务之急要以种草养畜为前提，通过利用好广大的草场资源，通过种草调整种植结构利用好光热水土资源，通过发展畜牧业提高劳动生产率和商品率，通过农牧并举实现甘肃农业现代化，建设农牧结合的农业生产体系也是"两西"建设的战略目标。指出当前要把种草养畜作为农业现代化的战略任务，认为切入点是：改一年一熟为一粮一草的两熟制，提高复种指数；扩大草田轮作；大抓退耕种草和沟坡种草。要改变广种薄收，退耕一定要造林种草，干旱地区造林应以乔、灌、草结合为宜；牧区要以草畜冬春季节平衡为前提，把建设基本草场的任务纳入生产计划，在专业化经营的基础上，建立人工割草场。在建议中，把种草提到了建设大农业的重中之重，认为种草是"两西"改革农耕制度的核心问题，是调整农业结构的基础，是环境保护的首要手段。"两西"农业技术改造要以种草起步，用种草养畜肥田技术承包等措施实现农牧结合、以牧为主的大农业、大生态、大粮食。

（三）参与甘肃省三荒地种草调研和甘肃中部地区三年停止植被破坏专项整治和调研工作

1. 背景意义

由草原队建立的申家山草地农业示范点成功之际，中央作出了"种草种树，发展畜牧，改造山河，治穷致富"的十六字方针，甘肃省委、省政府为了落实中央领导关于"甘肃农业再不能按老路走下去，要改变发展战略"，要"反弹琵琶"，念"草木经"的精神，时任省委书记提出"改善生态环境，调整农业结构，经过二三十年或再长一些时间的努力，把甘肃建设成为我国第一流的林、牧业基地。"甘肃省委在第六次党代会上将"种草种树，发展畜牧，改造山河，治穷致富"确定为甘肃省农业发展的战略方针，并提出"三年停止破坏，五年解决温饱"的近期奋斗目标。为了实现这一总任务、总目标，1984年春季，甘肃省委组织省直和国家在兰科研单位，以及中部地区的部分自然科学工作者、社会科学工作者，同实际工作者相结合，围绕三年停止植被破坏问题，进行了比较全面系统的调查研究。

2. 参与情况

20世纪80年代初，全省和种草相关的工作，在畜牧厅系统基本由单位参与组织、实施和总结。1984年2—4月，开展中部干旱地区18个县的基本情况调研，本单位参与静宁县的调研工作。之后根据调研情况，在典型分析，科学计算的基础上，甘肃省委制定了《关于中部十八个干旱县“三年停止破坏”规划纲要》，经全省农村工作会议讨论通过后付诸实施。在“三年停止破坏”实施中，单位还开展了全省三荒地种草调研工作，形成了调研报告。

3. 调研要求

为了加强领导，协调一致，甘肃省委3位同志组成甘肃省中部地区“三年停止破坏”问题调查研究领导小组，具体负责这次调查研究工作。省、地调查人员到县后，和各县抽调的调查人员一起混合编组，共同开展工作。1983年7—8月，各地区、各部门、各单位就解决温饱问题作了大量的调查研究和贯彻落实工作。这次调查研究，是在过去工作的基础上进行的，是前一段工作的继续和深入。应当注意利用过去调查研究的成果，并根据各地各部门工作进展的实际，本着因地制宜，突出重点，兼顾一般的原则和缺什么补什么的要求，保质保量按时完成调查研究工作。这次调查研究同当前全省种草种树大检查等工作结合起来，做到边调查研究，边总结经验，边督促检查，边组织落实。

4. 主要成果

（1）这次调研全面总结了甘肃省农业建设正反两方面的经验，根据甘肃省自然、经济、社会条件和全国社会主义建设的要求，就中部地区各县如何做到“三年停止破坏”问题，进行了一次比较全面系统的调查研究，摸清了情况，总结经验，提出了具体有效的措施、办法，制定或修订出积极可靠的规划、计划和实施方案。

（2）明确了“三年停止破坏，五年解决温饱”，是当时解决中部地区问题的两个阶段，既有区别，又有联系。实现“三年停止破坏”，为“五年解决温饱”打下基础。调查研究的重点，放在如何实现“三年停止破坏”的问题上，同时调研“五年解决温饱”问题。

（3）摸清了中部地区的经济生态底况，明确了今后的发展方向。

（4）提出必须下决心在三年之内制止对自然生态的掠夺性破坏，停止植被破坏，发动和帮助群众推广已有的成功经验，实现“五停止”（停止铲草皮、停止烧山灰、停止乱砍树、停止滥垦荒、停止扩大过牧），扭转恶性循环，使经济发展和生态循环发生根本性的转变，这是改变中部地区贫困面貌的基础，是进行农业战略转变的起步。否则，一切宏伟目标都将成为空话。

5. 单位的贡献

（1）党中央作出“种草种树，发展畜牧，改造山河，治穷致富”十六字方针，是本单位成功建立申家山草地农业示范基地的决策依据，也为甘肃省委政府作出“三年停止破坏”提供了思路和决策依据。

（2）根据甘肃省委制定的《中部地区“三年停止破坏”问题调查研究计划》，我单位参与了中部18个干旱县的调查研究，完成了“静宁县”的调研报告。“甘肃中部地区种草养畜的优势和途径”的专题调研，形成了调研报告，报告系统分析了中部地区种草养畜的优势，指出畜牧业发展停滞的原因主要是饲草料不足和经营方式落后，提出了调整种植结构、扩大种草面积是解决畜牧业发展的关键环节，保护建设好草场资源是保护农业生态平衡的有效环节，改变传统经营方式是提高畜牧业经济效益的必由之路。

(3) 在三年停止破坏规划纲要发布以后，1983—1985 年，我单位参与了中部地区“三年停止破坏”的专项工作，在一线督战、指导相关县区实施“五停止”工程，取得了决定性胜利。

三、21 世纪关于草原生态和草业发展的调研及政策建议

(一) 2002 年全省草产业调查及草业大省建设战略建议

2000 年以来，随着国家西部大开发战略实施，甘肃省草产业又迎来了新的历史机遇，甘肃省委、省政府提出要把甘肃省建成畜牧大省、草业强省。草产业迅速发展，人工种草当年种植面积突破 500 万亩。2003 年，甘肃省农牧厅组织，草原总站负责在全省开展了草产业建设情况调查摸底，形成甘肃草业大省建设的基本战略性架构设计。

1. 基本情况

2002 年底，全省种子基地面积达 15 万亩，种草留床面积达 1420 万亩，比上年增加 72 万亩，年产青干草 74.8 亿千克；全省牧草产业化经营组织已发展到 68 个。以紫花苜蓿为主的草产品加工原料基地达 70 万亩，产值达到 3.361 亿元。农牧民种植苜蓿亩均收入 600 元，纯收入可达 400~450 元，比种植粮食亩均增收 200~250 元，既成为各地促进二元结构向三元结构调整的主要产业，也成了广大农牧民增收的一个可靠渠道。

2. 成效与特点

一是基地建设稳步推进。全省每年人工种草超过 400 万亩，同 1989 年和 1997 年比，全省人工种草面积分别增长 26.8%和 19.1%，牧草种子基地面积分别增加 59.9%和 46%；草产品原料基地总面积达到 70 万亩，分别增加 46.5%和 27.4%。

二是良种引进推广得以强化。全省各级草业部门把引进推广优质牧草品种作为草产业发展的重点，按照高起点、超前性的发展思路，采取良种调引和牧草种子基地建设相结合的办法，加快了良种普及推广步伐。1999 年以来，共引进推广苜蓿、高粱等新品种 48 个，加强了草业生产品种支撑。

三是加工企业迅速壮大。全省牧草产业化经营组织已发展到 68 个，其中大型龙头企业带动型的 12 个、经纪人和草产品加工专业大户带动型的 26 个。年加工能力为 35.1 万吨，实际完成草产品加工 12.6 万吨。

四是重视生态保护、狠抓药用生态植物的人工种植和开发利用。草产业不仅是农业结构战略性调整和增加农牧民收入的主力产业，而且是生态环境保护与建设及加强草业基础设施建设重要举措，各地在药用生态植物保护方面取得了比较显著的成效。人工种植规模逐年扩大，特别是近五年来，通过药用生态植物种植及重点项目的实施，使甘肃省草原生态保护开发工作步入新的发展阶段。甘肃省土地资源广阔，光热条件好，有效积温高，野生药用生态植物丰富，由于国家加强了野生药用生态植物的采集管理与保护，以麻黄草、甘草等为主的特色草产业发展突飞猛进，为大规模工厂化生产奠定了基础。至2002年，人工种植甘草38 000亩，麻黄草52 000亩，年甘草产量达到18 880吨，年产鲜麻黄12 000吨。

五是政策扶持力度不断加大。为大力支持草产业发展，各县(市、区)都出台了发展草产业的优惠政策，对草产业的快速发展起到了积极的推动作用。各地不同程度在牧草种收机械、土地、用水、税收等政策方面优惠支持草产业发展。

六是积极开拓草业市场，促进草产品走向国际市场。加入世界贸易组织(WTO)后甘肃省各地非常重视合作社和龙头企业的培育建设，基本形成以企业为主体参与市场竞争，产品加工业积极跟进的发展格局，使甘肃省草产品走向国际市场参与竞争，并使草产品市场向国际化方向发展。玉门市引资1.68亿元，建成了加工能力10万吨的甘肃大业草业有限责任公司，带动玉门市发展优质苜蓿基地12万亩，产生了国内第一个“中国草王” 苜蓿品牌，产品销往日本、韩国等市场。

七是组织领导有力，投资多元化趋势愈加明显。全省各级积极转变指导方式和工作方法，健全组织领导，强化责任落实， 把草产业作为地方(专员市长)工程，抽调专人，成立了草产业办公室，实行了“一个班子、一套人马、一个方案、一套政策、一套实施办法”的“五个一”管理办法，推行行政领导挂帅，业务部门专抓的目标管理责任制，积极出台优惠政策，招商引资，使草业开发呈现多元投资、多轮驱动的局面。

3. 困难和问题

草产业基地和龙头企业建设扶持资金不足；草产业基地建设及草产业发展的各项科技服务措施需进一步完善和落实；田间管理比较粗放，影响了牧草产量和质量；龙头企业与基地农户产销脱节仍然存在，产销关系有待进一步理顺；种植仍较分散，规模化程度较低；种子生产水平低，品质较差；加工相对滞后，草产品品种单一，技术含量低；产业开发还没有形成一套规范有效的行业指导和管理体系，草产品质检配套体系建设滞后。

4. 思路与对策

总体思路：一是依托资源和技术优势，利用5年左右的时间，把甘肃建成全国草业开发、技术和信息服务中心，为把甘肃建成知识密集型草产业大省奠定基础。二是发挥牧草种质资源和光热土地资源优势，为在近期把甘肃建成全国优质牧草种子重点生产基地奠定基础。三是通过项目带动，创建草产业大省，为实现把甘肃建成畜牧业强省奠定基础。

5. 建议

(1) 主攻四项重点

一是牧草种子基地建设，二是培植龙头企业，三是项目和资金落实，四是流通和服务组织建设。

(2) 实现五个突破

一是在建立现代运行机制方面有所突破，二是在牧草种子规模化、标准化生产方面有所突破，三是在草产业开发技术创新方面有所突破，四是在草产品的外向性生产经营方面有所突破，五是在创立品牌方面有所突破。

(3) 发展目标

到 2005 年，全省种草留床面积达到 2000 万亩，建成优质商品草生产基地 250 万亩，其中牧草种子基地 20 万亩，全省牧草产业化经营组织 108 个，其中大型龙头企业带动型的 22 个、经纪人和草产品加工专业大户带动型的 86 个。形成年加工草产品 80 万吨和年产优质牧草种子 1.2 万吨的生产能力，产值达到 9.6 亿元。

(4) 总体布局

草产品生产基地选在酒泉、张掖、武威、兰州、白银、定西、庆阳、平凉和甘南等县（市）。充分考虑各地区的自然条件、资源特点和社会经济发展状况。河西地区重点建成 300 万亩紫花苜蓿开发基地，进行草产品加工。陇东和陇中地区进行区域性种草 200 万亩，发展种草养畜专业户，建立牧草种子生产基地，组织统一营销。甘南牧区气候寒冷，冬春季饲草料短缺，结合退耕还草，建立人工饲草基地，并加工裹包青贮饲料、草块、草砖等产品，解决高寒牧区饲草短缺问题。另外，要坚持三项草原保护制度：一是建立基本草地保护制度，二是实行草畜平衡制度，三是推行划区轮牧、休牧和禁牧制度，落实已垦草原退耕还草工作。

(5) 对策与建议

一是全面落实国家对农业支持和保护的政策，建议省上尽快出台《关于保护草原生态资源、加快发展草产业的意见》。二是继续完善保护扶持措施，加强重点地区草产业基地建设工作：①省上建立草产业开发专项资金，或以贴息的形式对带动作用强的草产品龙头企业进行有效保护；根据各地的种草情况，对规模种草户按一定的标准进行补助。②省上建立草产业开发风险基金，对草产业开发龙头企业进行扶持，减少市场风险。③争取国家将草产业开发列入高新产业的行列，在税收等方面给予优惠，在地方权限范围内将尽快出台有关税收减免的政策。④对草产业开发企业在土地使用等方面出台地方性优惠政策，减少收费，简化手续。⑤积极开拓市场，加大产品宣传力度，广辟销售渠道，省上建立草产品信息服务中心，定期发布国内外主要市场草产品的价格行情，并在近期内建立几个较为完备的草产品市场营销体系。⑥依托省地草原（饲草）管理站，成立省地两级草产品质检体系，加强草产品质量管理。三是与产业化项目相结合，积极推进规模开发。四是全力落实科技支持措施。五是强化牧草试验示范。六是大力推进产业化经营，高起点支持建设龙头企业，培育中介组织，多方面开拓市场。七是提高认识，加强宣传引导。

6. 组织领导

组织单位：甘肃省农牧厅。

承担单位：甘肃省草原总站及相关市县业务主管部门。

参与人员：黄全成、丁连生、韩天虎、阎万贵、张榕、李贵霖、张贞明。

（二）退牧还草工程调研及政策建议

1. 背景意义

2002 年底，党中央作出了在西部 8 个省份实施退牧还草工程的战略决策。在工程政策设计中按照西部荒漠区、青藏高原区设定了不同的禁休牧围栏建设标准和陈化粮补助标准。为了顺利推动项目实施，确定相关政策措施落地，根据甘肃省退牧还草领导小组第一次会议安排，甘肃省农牧厅会同甘肃省粮食局、甘肃省水利厅共同组织退牧还草项目区甘南州和酒泉市计委、畜牧(农牧)局、粮食局、水利局等有关部门，于 2003 年 3 月 10—20 日，先后深入到甘南州的卓尼县、迭部县、玛曲县、碌曲县和夏河县 5 县及酒泉市的安西县（今瓜州县）、肃北县和阿克塞县 3 县共计 14 个乡、21 个村、50 个农牧户，通过与市、县、乡、村干部进行座谈、深入牧户调查了解、现场实地踏勘等多种形式，对两州(市)8 个项目县实施退牧还草工作的前期准备情况、实施方案、存在的主要问题和困难以及解决办法和措施等，进行了深入细致的调查研究和讨论分析，并提出了建议。单位两名同志作为甘肃省退牧办工作人员参与了本次现场调研和报告起草工作。

2. 调研内容

项目区基本情况、草原生态状况、项目涉及人畜和草场情况、项目区草场配套设施建设情况（围栏、人工饲草料基地留床面积、人畜饮水设施、暖棚、牧民定居）、陈化粮贮备情况、项目前期工作准备情况等，摸清了项目执行面临的主要问题是，群众自筹能力小、项目建设内容单一以及现行政策下项目实施将使项目区农牧民的收入和生活水平显著下降，项目区配套人工饲草料基地、牲畜暖棚、饲草加工机械等基础设施配套建设严重滞后，陈化粮供应不平衡、贮备量不足、调运费太大、国家补助价格和原价之间的差价处理政策不明确，酒泉项目区存储困难。提出了项目牲畜棚圈、饲草料基地及饲草料加工设施、易地安置户、人畜饮水点等配套建设及规模。

3. 政策建议

提出退牧还草工程是一项政策性强、涉及面广的系统工程，为了确保项目顺利实施，把这一惠及子孙后代的好事办好，还需要进一步研究解决好以下几个方面的问题：

(1) 进一步统一思想，提高认识，准确把握退牧还草政策。思想认识的高度统一，决定着一项工作和政策能否得到很好的贯彻和落实，因此，各级政府要充分认识到退牧还草工作的复杂性，加强领导，落实责任，合理安排，精心组织，兑现政策，取信于民，充分发挥广大农牧民的积极性。要通过各种途径大力宣传和动员，使广大干部群众明确对退牧还草工程重要性的认识，以保证该项工程顺利实施。

(2) 切实解决好农牧民的增收和生活水平不降低的问题，确保草原禁牧休牧后农牧民收入稳定增加。一是退牧还草工程的实施要与牧民定居和牧区城镇化建设相结合，统筹规划，建成配套完善、功能齐全的牧民定居新区。二是退牧还草工程要与草地畜牧业经营方式的转变相结合，把草原围栏、牧区水利、牲畜棚圈、饲草料贮备等基础设施建设配套起来，积极引导农牧民转变观念，调整畜群结构，加快出栏周转，提高养殖效益。三是要把饲料粮补助兑现政策落到实处，严防陈化粮流入市场，不得以任何形式将补助饲料粮折算成现金或代金券发放。

(3) 总结成功经验，通过典型示范推动退牧还草工程。在工程实施中，要探索出适合本地区的建设模式和管理经验，加大典型的示范推广力度。围绕退牧还草工程的实施，要在牧区建立牧民定居、易地安置、暖棚养畜、饲草料加工、畜产品营销等综合配套的现代化草地畜牧业示范区。建议在夏河县桑科乡建立退牧还草示范区，由省、州、县共同提出具体的实施方案，通过示范区的示范带动作用，探索出符合甘肃省实际的发展生态畜牧业的路子。

(4) 严格落实草畜平衡制度、基本草地保护制度和划区轮牧、禁牧休牧制度。以贯彻执行新修订颁布的《中华人民共和国草原法》为契机，进一步修改完善草原保护和管理的地方性法规，各县政府要对禁牧区发布《禁牧令》，对休牧区制定相关《管理办法》，依法进行禁牧、休牧管理。草原监理部门要完善监督管理手段，在制度建设、队伍建设、执法能力上下大功夫，加大执法力度，严肃查处违法违规和破坏草原的行为，坚持走依法治草的路子，确保退牧还草工作的顺利实施。

(5) 根据甘南州草少畜多及人均草原面积小的实际，建议甘肃省政府向国家有关部门反映，适当提高围栏和饲料粮补助标准。根据甘南州草场载畜能力高、单位面积人口和牲畜与内蒙古、西藏等地相比密度大的实际，建议围栏补助提高到20元每亩，禁牧草场补助饲料粮5.5千克每亩，休牧草场补助饲料粮1.375千克每亩。

(6) 退牧还草陈化粮调运由甘肃省粮食管理部门统一组织实施。按照就近调运的原则，由项目县粮食购销企业组织运输；饲料粮供应证由项目县粮食部门监制核发，当地畜牧部门签章并建立相应的台账；凭证供应，按时兑付；粮食部门在饲料粮运输、供应中所发生的费用，按照国家确定的原则，由地方财政承担，纳入县财政预算。饲料粮品种以玉米、青稞和小麦原粮为宜，为防止补助饲料粮流入市场，建议粮食部门将原粮破碎后供应，以保证退牧还草的政策兑现和切实解决退牧还草后饲草料不足的问题，保护好群众退牧还草的积极性。

（7）退牧还草工程实施后，牲畜饲养量将有不同程度地减少，影响农牧民收入的稳定增加，要实现持续发展，必须实行优惠政策并予以保护或补贴。一是增加畜牧业生产投入，加强服务体系建设，特别是乡(镇)畜牧兽医站建设。将畜产品开发列入财政预算，每年划拨一定数量的专项资金，主要用于良种繁育体系、疫病控制体系、饲料生产体系和畜产品监督监测、信息服务体系建设等。二是建议省上参照退耕还林的有关政策，对项目区实行优惠税收政策。对退牧还草要实行低税率政策，对项目区的贫困户免征各类税款，以增强自我发展能力。

（8）加强协作，相互配合，齐心协力，确保退牧还草工作顺利实施。退牧还草工程是一个复杂的社会性系统工程，仅靠一个或几个部门难以完成，需要发动全社会力量，多部门紧密协作配合，多渠道项目统筹安排，配套建设，以保障工程退牧还草工作和牧区全面建成小康社会目标的实现。

4. 成果意义

①使全省各级决策部门进一步认识了牧区生态经济社会发展现状、退牧换草工程实施的艰巨性和复杂性，为统筹谋划工程实施的组织领导工作提供了决策依据；②项目实施区深入了解工程实施目标和系统组织领导项目实施的决策依据；③为国家有关决策部门全面掌握项目实施中的难点和问题提供依据，为进一步完善项目政策提供了科学建议和依据；④是和项目区受众农牧民、广大干部充分沟通取得理解的一次大宣传、大培训，为项目顺利实施奠定群众基础。

5. 组织领导

组织单位：甘肃省西部开发领导小组。

参与单位：甘肃省农牧厅、甘肃省粮食局及市、州相关部门。

组织参与人员：黄全成、丁连生、李善堂、孟文学、张榕、阿不满。

（三）甘肃河西走廊北部风沙源区草业生态工程研究报告

1. 背景意义

进入 21 世纪前后 ，以黄河断流和沙尘暴为特征的生态问题持续暴发，引起国家领导人高度关注。甘肃省河西走廊作为中国重要的沙尘源区，因连续发生严重沙尘暴而得到国家的持续关注，启动了石羊河流域综合治理工程。按照钱学森草业系统工程理论，根据河西的生态实际和自然条件，实施草业生态系统工程。通过人工种草调整产业结构达到防风固沙、涵养水源、改善生态、发展经济的成效，是防沙治沙的根本方向。

2007 年，中国生产力学会会同甘肃省农牧厅就甘肃河西走廊主要生态功能区的生态现状、资源和草业发展情况作了深入调研，结合国家生态建设重点和农业经济发展战略，编制了《甘肃河西走廊北部风沙源区草业生态工程研究报告》，提出因地制宜，通过发挥草在防沙治沙中的重要功能，改善河西地区的生态环境，促进农业结构调整和经济增长方式转变，为建设和谐社会，实现可持续发展战略作出贡献。成果获中国生产力学会创新一等奖。

2. 主要内容

研究报告分研究背景、必要性和可行性、基本现状、总体思路、建设内容、重点工程、投资估算、建设成效、保障措施等几个部分，提出了五大建设工程。报告从“荒漠化是当今世界最为严重的生态和环境灾难”“荒漠化严重威胁中国经济社会可持续发展”“甘肃是荒漠化的重灾区之一”“节水和种草是甘肃治理荒漠化的有效途径”“发展草业进入了重大的历史机遇期”等五个方面提出了在河西实施草业生态工程的重大意义和必要性，提出了五大草业生态建设工程、资金概算及建设效益。

(1) 生态草带建植工程：采取围封育草、植灌种草、林草结合的方式，建设近自然的复合植被，主要工程有人工草带、飞播草带、固沙草带、鼠虫害防治、草带围栏等。

(2) 草畜转化生态工程：家畜、野生动物及其产品生产是草业的重要生产层之一，是对上一级植物生产层的转化和延伸。大力发展草食畜牧业是增加草产业效益的重要环节。本工程主要在适合种草养畜的区域实施。建设内容有饲草基地，草田围栏，收获粗加工机械、青贮氨化池、贮草棚 65 万平方米、牲畜棚舍 90 万平方米等。

(3) 牧草产业化生态工程：在农区和灌溉条件较好的牧区、半农半牧区建立优质草产品基地，种植优良饲草。通过引草入田、草田轮作，发展粮、经、饲三元种植，建立优质草产品原料基地，在原有的基础上，新建和改造规模化优质草产品生产和加工基地。包括生产基地、草产品加工厂及种子加工厂建设等。

(4) 草产品营销及信息服务体系：草业信息互联网建设工程，农民营销专业组织培育工程，专业化营销企业培育工程。

(5) 科技支撑与保障工程：草业生态科技推广体系、草业生态监测预警体系、草业监理体系、草业生态技术攻关工程、草业技术培训工程、草业生态经济技术示范基地。

3. 项目组织领导

组织单位：中国生产力学会、甘肃省生产力学会、甘肃省发改委、甘肃省农牧厅。

调研及报告编制：甘肃省农牧厅草原处、甘肃省草原技术推广总站。

领导小组：柯茂盛、黄全成。

实施小组：丁连生、李善堂、张榕、刘富渊、阿不满、张贞明、李贵霖。

（四）2011 年甘肃省草产业调研及政策建议

1. 背景意义

2010 年底，国家启动实施草原生态补奖政策，对人工饲草料地每年按照每亩 10 元给予补贴，同时启动了振兴奶业行动计划苜蓿示范项目，种植 3000 亩苜蓿为一个单元，一次性每亩补贴 600 元，2011 年开始实施。这是 20 世纪 80 年代以来，国家第一次明确出台政策支持人工种草，至此，草产业进入发展快车道。2010 年初，甘肃省农牧厅根据甘肃省委组织部科技人员基层挂职相关精神，派甘肃省草原技术推广总站张榕同志到会宁县挂职科技副县长，经过对会宁县苜蓿产业和农业资源的详细调研，和基层干部群众反复研究讨论，在甘肃省农牧厅和总站领导班子支持下，会宁县列入甘肃省草原生态补奖政策实施国家级试点县，同意了该县人工饲草地建设资金的 80%统筹用于全县草产业建设。其中，甘肃省农牧厅联合甘肃省政府研究室提出了《关于会宁县草产业开发情况的调研报告》，以甘肃省政府送阅件上报甘肃省政府主要领导。甘肃省农牧厅以《工作通讯》呈阅件上报甘肃省政府主要领导，后经厅领导研究，以《甘肃省草产业发展调研报告》上报甘肃省政府，得到甘肃省相关领导的批示，并于 2011 年 11 月 16 日由甘肃省政府主持召开了全省草产业座谈会。

2. 主要内容

以会宁县为典型代表区域，分析了草产业建设的基本现状，认为产业基地初具规模，产业体系正在形成，通过优惠政策引导、协会链接服务、创新机制推动、龙头企业拉动、科技支撑保障的举措取得明显成效。指出在甘肃黄土高原山区发展草产业和传统农业相比，具有丰富的土地资源、长期形成的产业基础以及自然地理条件的比较优势和潜力。认为开发草产业是这些区域环境条件的自然选择，是增加农民收入的一条出路，是建设草地生态农业的战略选择，是黄土高原地区现代农业建设的根本方向。最后提出了发展草产业的政策建议：加大政策导向，正确定位甘肃草业大省建设的战略地位；搞好产业规划，建设草产业重点示范园区；加大资金投入，扶持产业体系不断完善；加大科技支撑，凝练产业整体效益；培育壮大龙头企业，注重品牌建设，提升行业自律竞争能力。

3. 调研成果

2011 年 10 月，农业部、财政部在北京主持召开奶业振兴计划苜蓿示范项目政策座谈会，农业部指定甘肃农牧厅代表省级行业主管部门、会宁县政府代表基层政府、甘肃田园牧歌草业公司代表企业参加了座谈会，单位副站长王立耕、挂职干部张榕分别代表甘肃省农牧厅和会宁县参加了座谈会，并汇报了甘肃省和会宁县草产业建设情况及政策建议。会后，张榕同志参与了农业部苜蓿示范项目实施方案、考核办法的起草以及定稿论证会。甘肃省农牧厅的草产业调研报告在甘肃省政府主要领导的关注下，2011 年 11 月 16 日由甘肃省政府主持召开了全省草产业座谈会。甘肃省政府研究室、甘肃省财政厅、甘肃省农牧厅以及定西市、庆阳市、白银市农牧局和安定区、华池县、会宁县政府、农牧局及甘肃省草原技术推广总站相关负责人参会。2012 年 8 月，甘肃省人民政府《关于加快全省草产业发展的意见》发布实施。2013 年 5 月，甘肃省人民政府办公厅印发了《甘肃省草产业发展规划(2012—2020 年)》。

4. 组织领导

组织单位：甘肃省农牧厅。

调研及规划编制：甘肃省农牧厅、甘肃省政府研究室、甘肃省草原技术推广总站。

参与人员：张高平、李金权、颉鹏、刘志民、丁连生、豆卫、韩天虎、王立耕、王汝富、张榕、喻文虎、张贞明、阿不满。

（五）河西走廊沙尘源区生态环境治理研究

1. 背景意义

世纪之交，以沙尘暴为主要表现的沙漠化愈演愈烈，甘肃省河西地区以民勤为典型区域的沙源地，沙进人退趋势有向罗布泊发展的趋势，引起中央领导的高度持续关注。为了发挥草在陆地生态治理中的重要作用，2007 年中国生产力学会会同甘肃省农牧厅组织调研，编制了《甘肃河西走廊北部风沙源区草业生态工程建设项目可行性研究报告》。2008 年 2 月，中国生产力学会组织了由蒋正华、王茂林、曲格平、郑新立、任继周等近 20 多位院士和专家组成评审组，对该报告评审认为，“发展草业，建设草业生态工程是遏制河西走廊风沙源区生态恶化的最佳选择，是治理荒漠化的有效途径，是维护国家生态安全的战略举措，是保障国家粮食安全的迫切需要”。根据甘肃省委、省政府领导批示要求，甘肃省发改委、甘肃省农牧厅组织专家组，在南志标院士的主持下对该研究报告再次进行了论证并顺利通过。根据这一思路，甘肃省农牧厅组织成立了“河西走廊沙尘源区生态环境治理研究”课题组，以《甘肃河西走廊风沙源区草业生态工程研究报告》为基础，组织河西 5 个市、20 个县农牧部门的同志参与调研、座谈研讨，在开展了为期两年系统研究的基础上，完成了关于河西走廊沙尘源区荒漠化治理问题研究，并组织编写了《河西走廊沙尘源区生态环境治理研究》一书，于 2012 年出版。

2. 主要内容

研究河西生态环境治理主要涉及几个问题：即祁连山水源涵养的问题、合理用水与保护生态的问题、生态环境相关的问题。发展草业是符合河西自然条件的现实选择，实施以草业为主的治沙措施科学可行，也有良好的群众基础和实践经验、实施草业生态工程符合国家产业政策，发展草业是保障食物安全的迫切需要。确立以草业为主导治理河西走廊沙尘源区生态环境的总体思路，指出河西走廊沙尘源区实施草业生态工程的核心内容是草原生态的保护治理和调整结构两个方面，着重研究了合理用水、节约水资源和保护建设生态的基本经验、发展方式转变、产业结构调整、新的重点产业发展、产业布局安排、主要工程措施，以及生态建设和产业发展的组织管理、政策保障、资金投入、科技支撑等，研究提出将河西走廊沙尘源区划分为3个草业生态工程建设带来治理，即风沙沿线防风固沙生态保护草带、绿洲草畜转化生态产业带和沿山农牧互补生态恢复置换带，并明确了各个建设带的区域布局和工程建设重点。

3. 研究成果

在河西走廊沙尘源区实施草业生态工程的总体构想、区域布局和主要内容有3个方面：第一，以保护现有草原植被为重点，构建风沙沿线防风固沙生态保护草带。第二，以调整种植业结构为重点，构建绿洲草畜转化生态产业带。第三，以实施草畜平衡为重点，构建沿山农牧优势互补生态置换带。

4. 组织领导：中国生产力学会、甘肃省发改委、甘肃省农牧厅。

主持实施：甘肃省农牧厅。

组织实施：甘肃省草原技术推广总站。

本站参与编写人员：韩天虎、张榕、张贞明、俞联平、许国成、金加明。

邀请的专家：汪玺、张德罡、赵成章、刘学录、张自和、曹孜义。

（六）关于加强草原生态保护与修复的调研、整改及政策建设

1. 背景意义

党的十八大将生态文明建设纳入“五位一体”战略以来，生态环境就提到了关系党的使命宗旨的重大政治问题层面，也成为关系民生的重大社会问题。祁连山地区作为中国西部重要的生态安全屏障，是黄河流域重要的水源地。但长期以来，祁连山局部生态破坏问题突出。为全面落实整改政治责任，甘肃省农牧厅多次召开党组(扩大)会议和厅长专题会议，对祁连山保护区草原生态环境整改工作进行了全面系统的安排部署。要求各相关单位进一步提高政治站位，增强政治责任，牢固树立“四个意识”，坚持把整治、保护和修复祁连山保护区生态环境作为贯彻落实习近平生态文明建设重要战略思想的具体行动，迅速把各级农牧部门干部职工的思想认识和实际行动统一到“绿水青山就是金山银山”的理念上来，统一到党中央、国务院的决策部署上来，坚决执行甘肃省委、省政府的工作安排和要求，主动服从、服务于发展和保护大局，强化责任担当，加大工作力度，全力以赴做好各项整改工作。通过祁连山生态整改工作中发现的草原生态建设和管理问题，就祁连山生态问题整改及全省如何促进草原生态保护与修复开展了大量工作。甘肃省草原总站主要领导和相关职能科室全程参与祁连山问题整改和调研工作，并承担了相关文件的起草。

2. 主要工作

根据甘肃省委办公厅、甘肃省政府办公厅印发的《甘肃祁连山保护区生态环境问题整改落实方案》中的职责分工和工作要求，甘肃省农牧厅承担牵头整改任务2项，

责任主体整改任务 11 项。成立了由厅主要领导任组长的甘肃省农牧厅祁连山保护区生态环境问题整改落实工作领导小组及办公室，制定印发了《甘肃省农牧厅关于祁连山保护区草原生态环境问题整改落实行动方案》，将工作任务分解到处室、单位、县（区）、场，明确责任领导、责任单位和整改措施，层层压实整改工作责任，加大整改落实督查力度，确保各项整改工作依法依纪、有序有力推进。

(1) 甘肃省农牧厅作为牵头整改任务：①对祁连山地区草原过度放牧情况进行系统调查，制定专项整治行动方案，提出处理意见。2017 年 6 月底前，制定出台草原过牧等祁连山生态环境专项整治行动方案。②按标准合理确定草原和林地范围，抓紧解决林权证、草原证“一地两证”问题，建立规范有序的管理机制。2018 年底前，完成祁连山地区“一地两证”问题解决情况报告。对祁连山地区草原过度放牧情况进行系统调查，制定专项整治行动方案，提出处理意见。2017 年 6 月底前，制定出台草原过牧等祁连山生态环境专项整治行动方案。

(2) 甘肃省农牧厅作为责任主体整改任务：①严格执法监督，依法查处祁连山自然保护区内所有违法违规建设项目，对证照齐全、前期工作完备的各类建设项目开展后评估工作，对应予以关停拆除的建设项目依法予以关停拆除，对违规企业坚决实施停产整顿，全面开展环境整治和生态修复工作。2018 年 5 月底前，完成祁连山生态环境专项整治行动情况报告。②推进草原生态环境整治，落实禁牧和草畜平衡制度，全面完成减畜任务，建立落实禁牧和草畜平衡联合执法机制，妥善推进解决传统共牧区和季节性草场超载现象，加快推进草原畜牧业生产方式转变，推动实现休养生息。2018 年 5 月底前，完成祁连山生态环境专项整治行动情况报告。③牢固树立山水林田湖是一个生命共同体的理念，在祁连山地区开展国家公园体制试点，坚持整体保护、生态优先，加强与青海省的沟通衔接，保护自然生态系统的原真性和完整性。积极探索整合相关区域和各类保护地，解决好跨地区、跨部门的体制性问题，实现永续发展。2017 年底前，会同青海省完成祁连山国家公园体制试点方案报批。

在全程参与祁连山生态问题整改工作中，通过调查草原生态保护补奖政策和项目执行情况、属地管理责任落实情况、草原监管体系建设和工作开展情况、违规利用草原情况、富民产业培育和牧民增收情况，评估各县、场草原生态保护政策是否宣传到位、突出问题成因是否查找到位、整改任务是否分解到位、整改责任是否明确到位、群众是否参与到位、整改措施是否落实到位、推动畜牧业转型发展是否部署到位，进一步研判形势、完善措施、强化指导与服务。

3. 调研成果

根据调研情况，甘肃省农牧厅主管厅长主持起草了“关于加强草原生态保护修复工作的意见”。遵循“创新、协调、绿色、开放、共享”的新发展理念，从充分认识草原生态保护与修复的重大意义、依法推进草原生态保护与修复、全面落实草原生态保护政策、持续强化草原生态保护能力建设、着力推动草原畜牧业转型发展、建立健全草原生态保护责任落实机制等6个方面提出了加强全省草原生态保护修复的十六条意见，即准确把握战略定位、牢固树立底线思维、完善基本草原保护和草原承包经营制度、落实禁休牧制度和草畜平衡制度、严格草原征占用管理、加大违法案件查处、深入实施草原补奖政策、组织实施草原生态重大工程、切实加大草原保护投入、提升防灾减灾能力、提升科技支撑能力、健全草原生态保护体系、推动草牧业试点扩面提标、推动草原利用方式加快转变、落实草原保护属地管理责任制、切实加强组织领导。

4. 组织领导

组织单位：甘肃省农牧厅。

参与调研和意见起草人员：韩天虎、王汝富、张榕、孙斌、杨浩、张贞明等。

（七）关于加快甘肃省饲草产业发展的政策建议

1. 背景意义

“十三五”以来，甘肃草产业逆势而行，在国外苜蓿草大量进口的冲击下，坚持了支撑国内奶业饲草供给半壁河山的市场份额，一批草产品龙头企业脱颖而出，草种业开疆拓土，专业制种企业的生产技术水平比肩国际水平，充分体现了草业大省向强省推进的内在潜力和优势。定西、庆阳、白银等脱贫攻坚重点县、区通过发展草牧业走出了产业脱贫路子。在实践“粮-经”二元种植结构向“粮-经-饲”三元结构转变、“耕地农业”向“草地农业”转型中凸显了草产业的“前联后带”作用和对农民脱贫增收的稳定成效。甘肃省农牧厅根据相关精神，安排单位组织专家赴有关地区、企业进行了深入调研，并组织专题讨论研究，提出了《关于进一步加快推进全省饲草产业发展的指导意见》，以下简称“意见”，经甘肃省委、省政府同意，由甘肃省农业农村厅公开发布。

2. 主要内容

“意见”以落实中央和甘肃省委、省政府关于实施乡村振兴战略的决策部署，加快转变农业发展方式，加强草原生态保护与修复，全面提高优质饲草供给能力，推动传统畜牧业转型升级，拓宽农牧民增收渠道为目标，提出了发展饲草产业的重大意义、指导思想、基本原则和发展目标。明确了现阶段的重点任务是优化产业布局（建设优质饲草基地、推进饲草种业发展、加强饲草产品生产加工、拓展饲草发展空间）、促进草畜结合（增强优良饲草供给能力、强化牛羊产业饲草保障、加强防灾保畜饲草贮备、建立和完善省、市、县三级防灾减灾体系、提高秸秆饲料化利用水平）、优化组织形式（总结推广典型模式、培育饲草产业化联合体）、强化科技支撑（健全试验示范推广体系、加强技术研发集成和成果转化、组织开展技术培训）、提升发展质量(构建标准体系、规范行业管理、提高产业效率)、优化市场环境(发展订单草业、实施品牌战略、完善服务体系)。提出了加强组织领导、加大扶持力度、强化指导服务、加强宣传引导等保障措施。

3. 组织领导

组织单位：甘肃省农牧厅。

参与调研和意见起草人员：韩天虎、王汝富、张榕、杨浩、张贞明、孟祥君。

四、新时期调研报告

（一）林草融合背景下草原技术推广系统适应新形势新任务的思考

党和国家机构改革，组建林业和草原局，这是对习近平生态文明思想的重要践行，是建设生态文明和美丽中国的重要举措，充分体现了国家对林业和草原工作的高度重视，对加强自然生态系统保护修复、统筹山水林田湖草系统治理具有重要意义，必将产生深远影响。当前，草原功能和定位发生重大变化，草原工作战略任务从以生产为主全面转向以生态为主。这种转变为林草部门赋予新的使命和任务，也要求林草工作者及时转变理念，定位角色，在全省生态文明建设中发挥更大作用。为了全面掌握机构改革后全省草原机构设置情况以及草原保护各项工作任务落实情况，根据单位“不忘初心、牢记使命”主题教育调研活动安排，我们赴天水、定西、武威、张掖等地进行了实地调研，同时通过发放通知和问卷的形式就林草融合背景下草原科技推广和技术推广系统适应新形势新任务进行调研，形成了调研报告。

甘肃草原资源是中国青藏高原生态屏障、黄土高原——川滇生态屏障和北方防沙带的重要组成部分，是保障和维护国家生态安全底线和生命线的重要资源。全省草原主要分布于甘南高原、祁连山-阿尔金山山地及北部沙漠沿线一带，草原是少数民族聚居地和甘肃传统的畜牧业基地，是长江、黄河的水源涵养区和党河、疏勒河、黑河、石羊河等内陆河的发源地，是巨大的碳库和重要的动植物物种资源库。在维系黄河水源涵养补给、防止水土流失、维护整个流域生态安全方面具有不可替代的生态调节功能，是全国生态战略屏障的重要组成部分。

1. 草业科技现状

(1) 科技创新在草原生态保护建设和草业发展中发挥重要作用

草业科技基础理论研究取得重大创新。甘肃是全国草业科技力量很强的省区之一，素有中国草业科技中心之称。兰州大学草地农业科技学院、甘肃农业大学草业学院、农科院牧药所、甘肃省农科院畜草所、甘肃省机械科学院和省、市、县三级草业技术推广部门长期在陇原大地从事草业科研、教育和技术推广工作。以任继周院士为主的学术集体，在草业科学基础理论研究方面进行了有益探索，取得了重大突破。20世纪50年代，提出了高山草原划区轮牧的实践与理论。20世纪50年代末到90年代，创立并不断完善了草原综合顺序分类法。20世纪70年代初，根据草原生产流程的分析，提出了季节畜牧业理论。20 世纪 80 年代初，创立了草原生产力评价的新系统——畜产品单位指标体系。20 世纪 80 年代中后期，提出了影响深远的草地农业生态系统理论。20 世纪 90 年代初期，提出了草业是与农业、林业并立的第一性(植物)生产，同时又具有第二性(动物)生产特性的产业。任继周提出草学(草业科学)与农学(农业科学)、林学(林业科学)具有同等重要位置的论点，得到国家采纳，将草学从畜牧学的二级学科中分出设为一级学科。20 世纪 90 年代中期，提出了草业系统及其系统耦合的理论，为不同系统的优化组合提供了理论依据。21 世纪初，针对中国光照、温度不足地区农业生产水平低下的问题，提出了以生产茎、叶等为主的营养体农业理论。为西部退耕还草、种植业结构调整和食物安全问题提供了新的理论和实践基础。这些理论的提出，为推动、引领中国草业科学的发展作出了巨大贡献。

"十二五"以来，以南志标院士为主的学术团队在北方乡土草生物学基础理论研究方面取得重大突破，开展了种质创新利用和品种选育，指导甘肃省草原生态保护和草产业发展。

(2) 草业技术广泛推广应用

①草地改良技术研究与应用。我单位依托退牧还草等工程，联合相关单位针对全省草原退化现状，开展高寒退化草原植被恢复重建本土化技术研究与示范、不同生态功能区已垦草原植被恢复技术研究、黄河重要水源补给区(玛曲)生态修复及保护技术集成研究与示范等项目，通过本土化草种选择与组合，种植技术研发，总结和推广退化草原植被恢复重建的经验与模式，改良退化草原 3295 万亩、黑土滩 25 万亩。退耕还草 64.2 万亩、已垦草原治理 207.8 万亩，草原植被盖度达到 52.5%，草原生态环境恶化局面初步得到遏制，局部生态环境得到改善。

②草原有害生物防控技术研究与应用。在全省建立了 17 个草原鼠虫害预测预报站（点），制定出台了《甘肃省草原鼠虫害预测预报站管理办法》，颁布了《草原毛虫预测预报技术规范》《白刺夜蛾预测预报技术规范》《草原生态控鼠技术规程》《草原鼠虫害预测预报站建设规范》等多项技术标准，为草原生物灾害监测预警提供了技术依据。每年防控草原鼠害 800 万亩左右，防控草原虫害 400 万亩左右。开展的"甘肃省草原鼠害防控技术集成研究与示范推广"项目，2008 年获甘肃省科技进步三等奖。开展的"甘肃省草原虫害发生规律研究与防控技术集成示范"项目，2014 年获甘肃省科技进步二等奖。

③草原监测技术研究与应用。构建了覆盖全省主要草原类型的地面监测网络。在全省布点 1000 余个，形成了以"3S"技术为支撑，地面调查技术为基础，地面监测（样地监测和路线监测）与遥感监测(RS)相结合的草原监测方法。建立了以各级草原站为主体，相关科研、教学、技术推广单位为支撑，草原技术人员广泛参与的监测工作机制。形成了以甘肃省草原技术推广总站为依托，市（州）草原站为纽带，

县(市、区)草原站为基础的三级草原生态监测网络体系。开展的“草原资源与生态监测研究”项目，2013年获全国农牧渔业丰收奖二等奖。开展的“甘肃省退牧还草效益遥感监测研究”项目，2010年4月获甘肃省科技进步二等奖。颁布出台了《草原资源与生态监测地面调查技术规范》《天然草原类型划分》《草原资源调查技术规程第一部分：调查对象和范围》《草原资源调查技术规程第2部分：外业调查》等多项地方技术标准，针对国家级固定监测点制定出台了《甘肃省草原固定监测站(点)管理办法》，出版了《甘肃草原常见植物图集》，对推动甘肃和全国草原监测工作规范和科学化起到了积极的作用。

④牧草品种选育及人工种草技术研究。甘肃在牧草、草坪草的引种试验方面具有较长的历史。据不完全统计，甘肃先后从国内外引进的牧草、饲料作物、草坪草品种1000多个，通过生物学、生态学及经济性状等方面的观测研究，筛选出了一批适宜中国北方地区推广种植的牧草、饲料作物及草坪草品种。在牧草育种方面，甘肃省拥有丰富的牧草种质资源，育成的牧草品种数量也名列全国前列。在牧草丰产栽培、牧草种子生产技术研究方面，制定出了北方主要优良牧草和冷地型草坪草种子生产技术规程，推广全膜覆土、精量穴播、水肥一体化和微生物复合肥等种植丰产良法，研究提出了适合不同生态条件的苜蓿优质高效生产的精细种植管理技术等，为甘肃草产业的健康持续发展提供了强大的技术支撑。近年来，单位布局建设草品种区域试验网络，现已建成14个区域试验站，出台管理办法和技术规程，使甘肃省牧草育种、良种推广逐步迈入正规。

2. 草原技术推广体系现状

机构改革前，甘肃省具有以省、市、县为主体的三级草原技术推广机构。有省级站1个，市级14个(其中7个单独设立)，县级86个(其中36个单独设立)，各级草原技术推广机构均为全额拨款事业单位，全省共有草原技术推广工作人员1393人，基本能够满足开展草原保护技术推广工作和草业科技成果转化推广工作。经过多年的努力，三级推广体系已成为草业科技推广的主渠道、草原生态的守护者和工程项目的组织实施者，在全省草原生态保护建设和草牧业发展中发挥着重要的不可替代的作用。

机构改革后，根据初步掌握的信息，市县草原职能已划到各级林草部门，但机构设置，人员转隶情况各异。酒泉市、张掖市、武威市、甘南州、临夏州、庆阳市、定西市市级草原技术推广机构职能和部分人员划转到林草部门。其他市州目前人员都未划转，造成草原工作难以承接。部分市县也存在职能划转人员未划转的情况。初步统计，目前草原技术人员到位约300人，造成技术推广体系线断网破，草原保护技术推广工作和科技成果推广应用等工作没有机构承接。调研中，据市局负责人反映，县上基本也是这种情况。

3. 草业科技和技术推广体系存在的问题

（1）草业科研响应需求较差，成果转化率较低

甘肃草业科研机构数量多、实力强，多年来重基础理论研究，轻应用技术研发。科研重点依托国家基金、科技专项等项目和资金开展工作，地方财政由于困难，很少安排应用研究项目。产学研结合不够紧密，草业科技研究、开发和推广机构自成体系，缺乏联动机制，科研单位的研究、技术开发与生产脱节，重点面向国家科研任务而难以响应地方生产的技术需求。针对生产实际的基础理论研究和创新性的科技成果很少，鉴定获奖成果不少，能真正在生产实践中转化应用的成果却很少，成果推广转化率低。

（2）科技成果评定奖励和人才评价机制不利于成果的推广应用

现行的科技成果评定奖励和人才评价机制过于注重理论创新、论文发表数量和水平等轻成果转化应用和推广效益。科技成果经过鉴定后，由科技成果完成单位给科技成果完成人相应的待遇、职称、晋升等，科技人员获得的奖励与科技成果的推广无关，科技人员往往不关心科技成果的开发利用，许多成果技术通过鉴定后就束之高阁。

（3）科研经费投入不足

草业科研经费由政府单一渠道资助，且资助力度小，草业科研院所和高校的科研设施落后、基础条件差，大型仪器和精密仪器缺乏，研究技术和手段明显落后于国内发达地区。特别是在生物技术、草业信息技术等草业科学前沿领域的研究差距较为明显，严重制约了甘肃草业科技创新。草业科技成果的推广缺乏强有力的推广队伍，推广经费少，推广工作没有平台和抓手。

（4）草原推广体系服务手段落后，基础条件差

随着农业技术推广体制改革的日益深入，草原技术推广体系体制不顺、队伍不稳、服务手段落后、基础条件差等问题日益显现，严重制约着体系公益功能的发挥。草原技术推广体系建设的投入严重不足，很多草原站由于缺乏工作经费，基础设施较差，办公条件落后，正常的业务工作难以开展，工作职能弱化。

（5）大部分市县草原技术推广工作难以为继

机构改革前，草原技术推广体系普遍存在基层专业人员少、专业不对口、知识老化、年龄老化等问题。机构改革后，出现市、县两级草原技术推广单位机构撤并转隶，人员转岗，技术推广体系线断网破，造成有的市县没有机构承接草原技术推广工作，推广应用等工作难以落地。

（6）没有草原技术推广专项经费

各级财政预算内没有草原技术推广的专项经费，造成草原保护技术推广工作难以有效开展。

4. 草原工作面临的任务和挑战

(1) 大力推进生态文明建设为草原生态保护带来新机遇

党中央、国务院和各级党委政府高度重视，为草原资源保护发展提供了有力保证。党的十八大以来，以习近平同志为核心的党中央，以高度理论自觉和实践自觉，把生态文明建设纳入中国特色社会主义事业“五位一体”总体布局中。以习近平同志为核心的党中央高度重视生态文明建设，将建设生态文明提升到“关系人民福祉、关乎民族未来”的高度。“山水林田湖草是一个生命共同体”理念成为当前和今后一段时期推进生态文明建设的重要方法论。草原作为陆地生态系统的主体，在推进生态文明、建设美丽中国过程中大有可为。

(2) 草原功能发生变化对草原工作提出新任务

长期以来，草原作为一种资源，主要用于畜牧业生产，草原也是广大牧区农牧民的生产和生活资料。由于草原功能定位和任务导向，草原部门工作的重点也是围绕生产开展，譬如草原产草量和质量提高，草原高效利用、牧草生产、草牧业发展等。在学科设置上，草业也属于畜牧学下设的一个二级学科，涉及草业的科研院所也是按这一导向培养人才、开展科学研究活动。十八大以来，党中央提出生态文明建设的总体思路和战略任务，从统筹推进“五位一体”总体布局和协调推进“四个全面”战略布局高度谋划生态建设。草原作为面积最大的陆地系统，其生态功能不断提升，成为“山水林田湖草是一个生命共同体”的重要内容。这一新形势背景下的功能定位变化为草原工作赋予新的使命，为草原科技工作提出新的任务。

(3) 草原是甘肃生态文明建设的主战场

甘肃作为中国西北地区重要的生态屏障和战略通道，在全国发展和稳定大局中具有重要地位。自然条件严酷、基础设施落后和生态环境脆弱也成为甘肃实现可持续发展的三大制约因素。在国家总体发展的战略布局中，甘肃是重要的生态屏障。同时甘肃也是全国草原大省，草原面积占国土面积39.4%，类型多样，素有全国“草地植物博物馆”之称。这一现状决定了甘肃草原生态功能的不可替代性，决定了草原保护建设在甘肃生态文明建设中的重要地位和作用。这也为甘肃草原工作赋予新任务，提出新目标。

(4) 草原生态总体恶化的势头未得到根本遏制

甘肃地理位置特殊，自然条件严酷，草原生态非常脆弱且极易破坏，恢复难度大。虽然经过多年的不懈努力，局部治理区草原生态退化趋势减缓，但全省草原整体建设速度明显赶不上退化速度，由于气候持续干旱和草原超载过牧状况得不到有效控制，草原生态“点上好转，面上恶化”“局部好转，整体恶化”的趋势依然没有得到遏制。沙化草原面积逐渐扩大，水源涵养能力减弱，水土流失加剧，干旱、沙尘暴、泥石流、鼠虫害等多种自然灾害频繁发生，生态系统和畜牧业经济可持续发展受到严重威胁。随着工业化、城镇化的推进，草原资源和环境承受的压力将越来越大，巩固保护草原生态建设成果任务依然艰巨。

(5) 草原保护与建设投资压力大

由于甘肃省经济发展比较滞后，财政困难，每年用于草原保护建设的投入很少。近年，虽然国家加大了投资力度，实施了一批草原保护建设项目和政策，但总体投资水平仍然很低，与草原生态的特殊地位和保护建设的需求极不相符。尽管这几年草原基础设施建设有所改善，但后续产业配套滞后，草原放牧压力仍然很大，严重影响着草原生态保护效益的持续发挥。

(6) 经济发展与草原保护的矛盾突出

河西地区降水稀少，蒸发量大，水资源缺乏，自然灾害与沙尘暴频繁，草场荒漠化与盐渍加剧，制约着农牧业发展。甘南州草原枯草期长达 7 个月之久，受高寒等条件制约，牲畜品种改良难度大，个体生产性能低，牧民增收步伐缓慢。严酷的自然条件以及人口增长、牲畜增加、靠天养畜和长期不合理利用草原，草原面临的压力越来越大。一方面是草原生态问题严峻，需要保护和建设；另一方面是草原地区相对贫困，生产结构单一，生产门路少，观念落后，牧民增加收入主要依靠增加牲畜饲养数量。这一矛盾将长期存在博弈斗争，如果平衡不好、处理不好，将严重制约牧区经济社会的持续发展和社会稳定。

(7) 草原灾害防控任务艰巨

近年来，受全球气候变化异常影响，中国主要草原区高温、干旱、暴风雪等极端天气增多，病、虫、鼠害发生日趋频繁。严重威胁到草原生态安全，影响草原畜牧业生产和牧民增收，成为制约草原地区特别是牧区经济社会持续健康发展的瓶颈。因经费投入少，对鼠虫害的治理和治理方法的研究都受到很大影响。

(8) 草原保护与建设的基层科技力量薄弱，科技成果转化低

全省种植业有 1 万名的科技队伍为之服务，全省林业有稳定的县级三站，而近 4 倍于耕地 2 倍于林地的天然草原加上有相当规模的农区草业，全省仅有 1000 余人的科技队伍。其中，分布在县级草原站的仅有数百人，而乡一级的专职草原科技人员寥寥无几。草原基层科技人员不论从力量还是从工作设施手段上，远远不能满足和适应目前草原建设形势的需求。这一问题如果不能得到重视和解决，草业科技“最后一公里”无法落实，草原项目执行、改革落实、技术推广等一系列任务无法落到实处。

5. 抓弱项补短板，推动草业科技支撑和推广体系建设

(1) 强化对草原功能和地位再认识

十八大以来，随着党和国家对生态文明建设的高度重视，草原的功能逐步从生产性为主转向生态性为主，林草将共同构成重要的生态屏障。各级党委、政府和社

会各界应该从生态文明建设的高度认识草原的功能和地位，我们更应从这种高度去统筹和谋划草原工作。从机构改革推进的情况看，我们感到社会对草原的认识与生态文明建设的要求还存在差距，越到基层问题越大，存在明显的“头重脚轻”。

机构改革的目的是机构设置将更加科学，职能体系将更加优化和完善，服务更加高效。通俗地说就是要事有人干，人有事干。我们的工作面对广大农牧区，大量的工作要落到林草区、田间地头，因此必须要重视市县机构设置和人员配备，特别要加强县一级的工作力量。目前，职能理顺了，机构队伍没到位，造成工作承接有难度，落实没力量。要按照“编随事走，人随编走”的要求，合理布局和调配机构人员，保证工作有机衔接。草原面积较大的县，要设草原管理和技术推广机构。草原面积较小的县，采取林草机构融合的方式设定职能，保证工作承接。同时，要在保证草原机构编制和人员不减少的基础上，根据当前生态保护建设的任务适当增加编制和人员。建议要在国家和省级层面上，与相关部门充分衔接和沟通，出台意见，指导市县事业单位机构改革，实现名称规范、职能清晰、职责明确和高效运行。

(2) 加强草原科技创新

草原科技创新包括技术研发和机制创新。由于功能定位和任务导向，长期以来，草原部门的工作重点围绕生产开展工作。在学科设置上，草原科学也是畜牧学下设的一个二级学科，涉及草原的科研院所也是聚集保障和提升畜牧业生产能力与水平开展科学研究，其成果也主要体现在生产方面。譬如，国家审定登记的草品种有 559 个，80%是用作饲草饲料和绿肥生产的栽培品种，仅苜蓿品种近 100 个，而用作草原修复治理的品种非常少。当前，草原的功能定位发生重大转变，在新的形势和任务下，草原科技成果储备明显不足，成为草原生态保护建设的短板。因此，需要加大科技创新力度，加强成果研发和应用步伐。一是挖掘已有成果的应用前景。建立科技共享平台和评价机制，对各科研院所的已有成果进行汇总、评价和筛选，使一些应用价值高，推广成本低，操作难度小的熟化成果迅速得到转化利用。二是围绕当前草原生态保护建设所需，产学研组合，着重组织实施一批“短频快”项目，尽快在草原本底调查、种质开发、监测评价、功能区划、管理利用、修复治理、有害生物预警防控等出成果，支撑草原生态保护建设工程实施。三是对战略性、长远性、全局性技术难题，组织科技院所进行联合攻关。

(3) 建立科技成果转化应用的机制

资料显示，中国草业科技贡献率为 30%，农业科技贡献率 50%左右，而美国、加拿大、澳大利亚、新西兰等国草业科技贡献率在 70%以上。科技贡献率低，有技术创新不够的原因，但成果转化和技术推广的载体不多、路径不顺也是一个不容忽视的原因。甘肃是中国草业科技的中心，涉及草业科研的机构多，力量强，也产生了一批科研成果。但大量的成果没有得到推广应用，没有在生产中发挥作用，主要原因是科技与生产“两张皮”，缺乏载体和平台，没有形成一条科研-示范-推广的机制和途径。建议，一是充分利用科研院所、推广单位现有的科技平台，整合力量，统一规划，统筹布局，建立功能多样、标准对接、技术规范、信息共享的技术平台，如草原监测野外站点、草品种区域试验站点等平台网络，满足科研和生产需求。二是建立技术推广专项经费，国家层面上把草业技术推广纳入到林业技术推广项目管理，以项目为载体加快草原技术推广应用。三是在人工种草和草原修复治理等重大项目中，专项列出科技支撑项目，以购买服务的方式由科研院所和推广单位技术工程项目的实施，提高项目的科技含量和投资效益。四是建设草业科技示范园区，开展技术研究、集成和示范，发挥孵化器和放大器的作用。通过园区的示范推广，带动周边地区草业的发展。

(4) 加强推广体系能力建设

面对新的形势和任务，体系要在原有基础上得到提升，功能进一步完善。一是规划和争取基本建设项目，加强体系基础设施建设。目前大部分市县草原站存在办公条件差、办公手段落后、办公资金短缺等问题，难以适应新形势下草原技术推广工作的要求。特别是推广单位基础设施建设和交通工具及设备与当前承担的草原保护技术推广任务不相适应。建议从国家和省级层面启动草原技术推广体系建设项目，多渠道筹集资金，增加对草原技术推广站软硬件设施的投入，开展草原站办公业务用房、技术装备、通信交通和远程教育网络建设，以便更好地适应新形势下草原技术推广工作的需要。二是加强人才队伍建设。针对体系人员素质不高、专业技术力量缺乏、年龄偏大、知识老化等问题，强化继续再教育和岗位培训，鼓励技术人员更新知识，提升理论素质和业务水平。加强思想作风建设，培养勤思考、善总结的创新精神，树立勤奋敬业、真抓实干的行业作风。积极创造条件，通过公开招考，把专业对口、勤奋敬业的年轻人才充实到体系队伍里来。三是创新管理机制，调动技术人员的工作积极性。要建立科学的人才评价激励机制，提高现有技术人员的水平和能力。努力打造一支锐意创新、适应现代草牧业发展的专业人才队伍，提升技术支撑能力，提高服务水平。结合事业单位改革推行专业人员全员聘用制、技术职务竞争上岗制、目标责任考核制和绩效工资制，鼓励科技人员到生产一线开展工作，努力提高自身素质和服务能力。制定优惠政策及激励机制，鼓励和支持科技人员领办各类实体和承担技术研发项目，调动科技人员的积极性。吸引科研机构、高等院校、草业企业、草业协(学)会和合作组织参与推广工作，建立科技人员、农民、企业家等广泛参与的多元化的草原技术推广队伍，逐步形成一个以国家草原技术推广体系为主体，相关单位共同参与的草原技术服务网络。

(5) 积极发挥社会组织在草业科技创新中的作用

积极发挥好甘肃省草业标准化技术委员会、甘肃省草品种委员会、甘肃省草产业技术创新战略联盟和甘肃省草产业协会等一些社会组织的作用，提升甘肃草业发展水平和科技支撑能力。开展草业标准体系专题研究，制修订相关草业标准，优化草业标准体系。发挥联盟作用，凝聚科技力量，共享科技资源，做好科技支撑项目实施工作。建立以政府为引导、企业和社会等共同参与的草业科技投入机制，进一步提升企业草业研发投入占全社会研发投入的比例，草业科技重大专项产学研耦合度进一步得到提升，以草业科技进步助推草原事业发展。

（调研组：韩天虎 、许国成）

（二）关于提高党建工作质量、加强单位管理、转变工作作风的调研报告

根据甘肃省林业和草原局党组的安排部署，站党委高度重视，就如何高质量完成“不忘初心、牢记使命”主题教育专题调研工作，组织召开了专题会议，对调研的题目、内容、方法、程序做了具体安排，并确定于6月25日—7月15日期间进行现场调研，现将调研情况报告如下。

1. 调研目的

为了认真贯彻新时代党的建设的总要求，加强全面从严治党力度，着力提高党建工作质量，加强单位内部管理水平和干部作风建设，转变干部思想作风和工作作风，增强服务意识，提高服务本领，优化发展环境，坚持“高标准、严要求、重实效”的原则，认真查找和整改单位党建、管理和干部作风方面存在的突出问题。紧密结合正在开展的“不忘初心、牢记使命”主题教育，坚持自我净化、自我完善、自我革新、自我提高，同一切影响党的先进性、弱化党的纯洁性的问题作坚决斗争，努力把党组织建设得更加坚强有力，通过主题教育，把习近平新时代中国特色社会主义思想落实到推进改革发展稳定和党的建设各项工作的实际行动中，把初心使命体现到党员干部锐意进取、开拓创新的精气神和埋头苦干、真抓实干的自觉行动中。

2. 调研方式

此次调研活动，时间紧、任务重、节奏快。在调研的方式上，我们主要采取了发放征求意见表、召开中层干部座谈会和随机进行谈心谈话的方式进行调研。7月9日，我们向单位内部的11个科室和7个在职支部发放了《关于征求意见和建议的通知》，同时向全体干部职工发放了《征求意见表》，7月10日，召开了中层干部座谈会，7月11日—12日，随机对4名单位职工进行了谈心谈话，掌握了当前单位在内部管理、制度建设和工作作风方面存在的难点问题，分析问题的原因，研究解决的对策措施。

3. 征求意见情况

根据收回的68份征求意见表统计，72%的调查对象认为单位工作作风整体较好，

77%的调查对象认为单位在单位管理、考勤考核方面做得较好，83%的调查对象认为单位党支部建设标准化工作做得较好，88%的调查对象认为单位在廉洁从政方面做得较好，66%的调查对象认为单位干部职工的工作热情和工作激情高涨，88%的调查对象认为单位在年轻干部选拔任用上做得较好。总之，近年来，通过“转变作风改善发展环境建设年”“两学一做”学习教育和党支部建设标准化等活动的开展，提高了干部职工的认识，增强了干部职工转变工作作风的主动性和自觉性，干部作风明显转变，党支部建设标准化工作日趋成熟，包括草原植保、牧草产业、草原资源与生态监测、信息宣传和科研成果管理等在内的重点业务工作也进展顺利。

4. 存在的问题

在征求意见表中，有 34%的调查对象认为单位在管理方面存在制度不健全、监督检查不到位等问题；28%的调查对象认为单位党建方面存在党建工作载体创新不够、党建工作创新不明显等问题。23%的调查对象认为单位在工作作风方面还存在作风漂浮、纪律松弛、自由散漫、庸政懒政，工作出工不出力，在岗不在状态等问题。

通过整理和收集，此次调研共查找出 3 个方面、12 个问题：

(1) 党建方面

职工的职业道德和思想教育不够丰富，政治理论学习氛围还不够浓厚，学习不够系统深入；个别支部书记存在“重业务、轻党建”现象，履责能力不强；个别党务干部业务能力不够强、管理水平不够高；个别党员干部先锋模范意识不强，日常工作中把自己等同于普通群众，只顾局部利益，缺乏全局观念；有的党员工作缺乏热情和积极性，得过且过，工作上不求进取；党建工作和业务工作结合不紧密，没有将业务融入党建，没有通过党建促进业务工作；党建工作载体不多，形式上不够丰富。

(2) 单位管理方面

单位管理方面还存在一些问题，尤其是考勤制度、工作督导制度等执行不好；科室力量配备不尽合理，工作中存在忙闲不均的现象；调动干部职工积极性方面办法不够多、思路不够活；单位没有发展规划；单位自身建设和文化建设不够丰富。

(3) 作风方面

有的党员干部存在“老好人”思想，对于存在的问题碍于情面，提醒的多、批评的少，工作不够大胆、不敢碰硬，缺乏敢于担当和主动作为的精神；工作作风不够扎实，领导责任还不到位，党员干部中存在工作作风漂浮、纪律松弛、自由散漫、庸政懒政，工作出工不出力，在岗不在状态，应急处理措施不当等问题。

5. 对策措施

(1) 加强政治理论学习。一是坚持单位政治理论学习制度、“三会一课”制度、中心组学习制度，组织干部职工认真学习党的十九大精神、习近平新时代中国特色社会主义思想等重要学习内容，引导干部职工读原著、学原文、悟原理，深刻领会党的十九大的主题，牢记为人民谋幸福、为民族谋复兴、为世界谋大同的初心和使命。二是邀请专家开展学习辅导或专题讲座，丰富学习内容。三是开展学习交流研讨活动，引导党员正确地领会精神实质，入脑入心。

⑵ 全面落实党建工作责任制，层层传导压力。一是要求党委委员带头参加所属支部的“4+1”组织生活，全程监督，适时指导。二是落实党支部书记抓党建工作第一责任人制度，教育引导各支部书记牢固树立“不抓党建是失职、抓不好党建就是不称职”的观念，切实增强责任意识，高度重视党建工作，真正做到履职尽责。三是把党建工作列入单位重要议事日程，与业务工作同部署、同检查、同考核，把贯彻落实党建工作情况作为考核和述职的主要内容，把贯彻落实的成效作为使用干部的重要依据。

⑶ 多管齐下，全方位提升党务干部能力水平。一是加强业务培养。加大培训力度，利用“互联网+”、学习强国等载体，不断探索完善培训方式，着力构建渠道宽、内容实、范围广的教育培训工作特色，提升党务干部的业务水平和工作能力。二是加强帮带培养。充分发挥先进党组织、先进党务工作者的经验优势，有计划地开展先进党组织结对后进党组织，积极营造先进带后进、后进赶先进氛围，推动基层支部建设整体提高、全面过硬。三是加强履职考核。着力解决党建工作干和不干一个样、干好干坏一个样，让干好者有荣誉、后进者有压力、中间者受鼓励。以考核促提升，科学制定考核指标，让党务工作者工作有压力、奋斗有目标、人人挑重担，推动党支部管理迈台阶、上水平。

⑷ 调动党员积极性，充分发挥党员的先锋模范作用。一是强化思想政治教育，坚持以人为本、教育为先，引导党员把发挥先锋模范作用作为自觉行动；二是找准载体，让党员有机会在各自的岗位上或日常工作中发挥先锋模范作用；三是要用严格的党内生活制度约束党员，督促党员发挥先锋模范作用。

⑸ 促进党建与业务工作融合发展。一是将党建工作一定要抓在手上。要围绕中心，服务大局。单位党委及各科室将党建工作与业务工作同安排同部署，以党建促业务，以业务促发展。二是积极探索“党建+”模式，搭建融合平台，努力将党组织的组织资源转化为业务发展资源、组织优势转化为业务发展优势、组织活力转化为业务发展活力。

⑹ 创建特色载体活动，丰富党建内涵。结合单位实际和特点，开展一系列特色党建活动。一是开展读书活动，着重学习习近平总书记系列讲话精神和党章，提高党员干部的政治素质，增强服务意识，更好地开展工作。二是开展讲学习，强素质，促发展等形式多样的主题活动，通过主题活动的开展，使每个党员爱岗敬业，积极工作，无私奉献，不断增强党员的党性意识，服务意识，责任意识。三是开展

支部结对共建活动，引导党支部进村入户与精准扶贫帮扶村黄湾村党支部结对共建，共谋脱贫致富路。

（7）加强单位管理，清理完善站上的规章制度，进一步加强制度的执行力。一是健全理顺各种会议制度，及时召开工作调度会，科学调配科室人员。二是完善考勤方式。考勤由政工科负责安排专人进行考勤，实行 4 次签到(退)制。签到(退)时间一结束，由专人负责投入考勤箱，同时将请(休)假条、外出派遣单等投入考勤箱。每周星期一早上，在值周领导或值周领导指定人员监督下，考勤员和监督员开箱统计出勤情况并签字存档。三是继续执行领导值周制度。四是制定项目管理办法。五是对现有制度进行梳理，根据实际修订、完善和废除。

（8）加强职工职业道德和思想教育，提高宗旨意识，转变工作作风。一是加强对干部职工的职业道德和思想教育。以单位老一辈草原工作者王无怠、王素香等为榜样，学习他们爱岗敬业精神。引导广大干部职工端正职业道德观、权力观、地位观、利益观。及时严肃地批评和抑制干部职工中出现的不良现象，防止违法违纪行为的发生。不断加强单位内部的培训工作，通过传、帮、带的方式，努力提高全体职工的综合素质。二是进一步改进工作作风。牢记党的宗旨，密切联系群众，领导带头深入基层调查研究，虚心听取基层和群众的意见，克服官僚主义和形式主义，牢固树立全心全意为人民服务的思想。用严的制度和纪律加强单位的管理，进一步把工作做得更实、更细，积极改进会风，严肃会议纪律，提高会议效率。

（9）制定单位发展规划。根据机构改革后单位发展的需要，等“三定”方案批复后，制定单位 5 年业务和党建规划，指导单位发展。

（10）加强单位自身建设和文化建设。充分发挥工、青、妇作用，抓好单位文化建设。结合中华人民共和国成立 70 周年，甘肃省林业和草原局统一安排组织开展文娱活动，统一职工思想、更新观念、凝聚力量、提高服务和工作效率，提高单位干部职工的人文修养，树立单位良好形象。

（11）加强学习指导，强化担当意识。一是以深入学习习近平新时代中国特色社会主义思想和党的十九大精神为指导，强化班子成员和党员干部的担当意识，创造敢于担当、勇于担当的氛围，培养敢于担当、勇于担当的意识。二是引导广大党员干部讲政治、讲党性，提高克服好人主义思想的自觉性。

（12）强化制度建设，形成长效机制。一是健全完善相关制度，着力提高制度的执行力，形成作风建设长效机制。二是严格日常监督、开展谈话提醒、批评教育、引导和督促党员干部树立强烈的纪律规矩意识。

（调研组：赵庆平、马爱霞、王中华）

（三）甘肃省草原生态退化治理和利用对策建议

甘肃省地跨青藏高原、黄土高原、蒙新高原，是国家陆地生态安全格局“两屏三带”战略的重要区域，全省有草原总面积2.68亿亩，位居全国第六位。占全省总面积的39.4%，是耕地的4.5倍，林地的3.1倍。在甘肃省农田、草原和森林等三大绿色植被生态系统中占到60.8%。草原资源是中国青藏高原生态屏障、黄土高原——川滇生态屏障和北方防沙带的重要组成部分，是保障和维护国家生态安全底线和生命线的重要资源。气候、土壤、地形、地貌等自然因素的多样性，决定了草原类型多样、区系复杂，以草原类型为基础，形成了青藏高原高寒草原水源涵养区、河西荒漠草原沙尘源屏障区、中东部黄土高原干旱草原水土流失保持区等不同的生态功能区，在甘肃省生态系统中具有主体地位，是生态文明建设的主战场。

保护生态环境就是保护生产力，绿水青山和金山银山不是对立的，关键在人，关键在思路。

保护好草原生态，是贯彻党中央“五位一体”总体布局，牢固树立“四个意识”、全面落实习近平总书记对草原保护工作重要批示精神的具体体现。为进一步了解甘肃省草原生态退化治理和利用现状，用辩证唯物主义观点客观正确地评价草原生态保护建设取得的成效，实事求是地分析存在的问题，讨论研究治理退化草原、合理利用草原的有效措施和途径，维护草原生态环境，建设美丽甘肃建言献策。甘肃省草原技术推广总站与部分市(州)林业和草原局、县自然资源局联合组成调研组，对张掖、庆阳、武威、甘南等市（州）采取实地察看、座谈讨论、听取汇报等方式进行了调研。

1. 草原生态退化治理和利用取得的成效

甘肃省自然条件严酷，降水量少、蒸发量大、积温低，鼠虫、干旱等灾害频发，草原生态环境非常脆弱且极易被破坏，治理成本高，恢复难度大。近年来，甘肃省全面落实中央和省上的一系列方针政策，把草原保护建设放到突出位置来抓，抢抓机遇，精心组织，取得了明显成就。

（1）草原生态环境逐步恢复。依托实施退牧还草、退耕还草、已垦草原治理、草原鼠虫害综合防控等草原生态保护项目，切实加大退化草原修复治理力度，取得良好成效。建成草原围栏1.25亿亩，补播改良退化草原3295万亩；建成草原鼠虫害测报站17个，完成草原治虫灭鼠1300多万亩；已垦草原退耕种草207.8万亩，退耕还草64.8万亩。全省草原生态环境整体趋好，局部地区退化速度有所减缓，逐步得到改善。根据全省草原生态地面监测显示，2018年，全省草原植被盖度从2012年的50.6%提高到52.5%，鲜草产量4 397.72万吨；牲畜超载率从2012年的27%下降到2018年的10.6%。2017年禁牧区草原植被平均盖度达到49.9%，平均高度9.7厘米，平均鲜草产量131.7千克每亩，分别比2010年增加4.9%、2.4厘米、9.7千克。草畜平衡区草原植被平均盖度达到54.3%，平均高度14.5厘米，平均鲜草产量179.7千克每亩，分别比2010年增加5.3%、2.5厘米、10.7千克。

通过对2013—2018年各年度退牧还草工程监测报告中数据平均计算得出，工程实施后草原植被盖度比工程实施当年平均提高了4.2个百分点，鲜草产量比工程实施前提高了5.8%。工程区内草原植被盖度、高度和产量分别比工程区外高3.9%、8.6%和8.7%。

甘南州玛曲县草原站提供的草原监测报告显示，2016年草原综合植被盖度达到98.2%，比2011年提高了2.2%。其中，禁牧区草原综合植被盖度96.6%，草层平均高度14.9厘米，鲜草产量403千克每亩，分别比2011年提高了1.6%、2.5厘米和6.6%；草畜平衡区草原综合植被盖度98.6%，草层平均高度16.6厘米，鲜草产量451.4千克每亩，分别比2011年提高了1.8%、2厘米和9.7%。鼠害综合治理区当年灭效达到90%以上，经三年的恢复，植被恢复明显，生物多样性增加，草原植被盖度提高40%，牧草高度提高30%，优良牧草比例提高10%，牧草产量平均每亩提高38千克。全省草原生态退化的趋势初步得到控制，草原植被有效恢复，局部地区步入良性发展的轨道。

(2) 草原生态保护制度全面落实。草原生态保护补助奖励政策的全面实施，草原承包、禁牧休牧、草畜平衡和基本草原保护制度的进一步落实，全省已完成草原承包面积2.4亿亩，划定基本草原面积2.68亿亩，落实禁牧草原面积1亿亩，草畜平衡面积1.41亿亩。颁布了《甘肃省草原条例》，制定了《草原植被恢复费收费标准》《甘肃省草原植被恢复费征收使用管理办法》和《甘肃省草原防火办法》，实施了《甘肃省草原禁牧办法》和《甘肃省草畜平衡管理办法》，修订完善了《甘肃省草原火灾应急预案》和《甘肃省草原虫灾应急预案》。聘用村级草原管护员1.3万多名。

(3) 农牧互补战略全省实施。近年来，甘肃省以甘南为代表的广大草原牧区，针对牧区自然条件严酷、植物生长期短、饲草料缺乏，而相邻的农区种植业比较发达、饲草资源丰富、舍饲养殖发展较快的实际，提出了“牧区繁殖、农区育肥，农区种草、牧区补饲”的农牧优势互补发展思路。通过实践，取得了明显成效。既减轻了草原放牧压力，保护了草原，又通过发展舍饲养殖，增加了农牧民收入，使草原保护利用步入了良性循环的轨道。各地充分发挥牧区和农区资源优势，把牧区畜多和农区草多的优势互相结合，加强农牧互补，着力加强草原保护与建设，优化畜群结构，推广异地育肥，加快推进产业化进程，确保牧业增效、农牧民增收和农牧区经济协调发展。

(4) 科技支撑水平明显提高。结合项目和政策实施，紧紧围绕草原改良、牧草丰产、品种改良等重点领域和关键环节，充分发挥甘肃省的草原科技资源和人才优势，联合开展科技攻关，取得了一系列科研成果。各级草原技术推广部门大做“科技兴草”的文章，不断加大退化草原治理、草原鼠虫害防治、优质高产人工饲草地建设等成熟适用技术的组装集成和示范推广，招鹰灭鼠、牧鸡灭蝗、覆膜种草等技术广泛应用，草原科技水平不断提高，为草原生态保护建设注入不竭的发展动力。各地在草原生态保护与建设实践中，不断探索，总结出了“六化”生态家庭牧场经营模式、农牧互补发展模式、禁牧封育模式。探索出了“围栏封育+划破草皮+补播”——浅耕免耕种草治理模式、“围栏封育+鼠虫害综合防控+深耕补播+科学施肥”——恢复重建种草治理模式、“草方格沙障建植+乔灌草种植+围栏建设”——沙化草原种草治理模式、“毒害草清除+补播种草”——毒害草防除抚育种草恢复模式、“划破草皮+飞播种草+施肥”——飞播种草治理模式、“耕作播种+施肥灌溉”——已垦草原退耕种草治理模式等针对不同退化草原的修复治理模式，筛选出了青藏高寒草原区以“披碱草、无芒雀麦、老芒麦、草木樨”为主，河西荒漠草原区以“沙生冰草、沙蒿、沙打旺”为主，黄土高原区以“苜蓿、红豆草、沙打旺、扁穗冰草、高羊茅”为主的适合不同区域退化草原治理的草种和草种组合。

2. 草原生态退化治理利用中存在的问题

在资源约束趋紧和环境问题突出的总体背景下，甘肃省草原在青藏高原区的退化沙化、祁连山流域的荒漠化和黄土高原区的水土流失等问题依然严峻。草原生态系统整体仍不稳定，已经恢复的草原生态环境仍很脆弱。全省草原仍有不同程度的退化，重要草原区过度利用、禁而不止、平而不衡现象还没有从根本上得到彻底遏制，乱征滥占破坏草原的行为时有发生，草原生态保护的任务十分艰巨。

（1）草原生态总体恶化的势头未得到根本遏制。甘肃地理位置特殊，自然条件严酷，草原生态非常脆弱且极易破坏，恢复难度大。甘肃省天然草原在全国统一划定 18 个类中有 14 个类型，占全国草原类型的 71%；大部分草原为干旱草原，48%的天然草原年降水量在 250~400 毫米，约有 37%的年降水量在 250 毫米以下；约有 45%的天然草原因受热量不足影响，牧草旺长期仅为 1~5 个月。虽然经过多年的不懈努力，局部治理区草原生态退化趋势减缓，但全省草原整体建设速度明显赶不上退化速度，由于气候持续干旱和草原超载过牧状况得不到有效控制，草原生态退化的趋势依然没有得到根本遏制。玛曲县地处青藏高原区，气候寒冷，地表土层薄、质地粗，大多数地区地表土层厚度在 10~30 厘米，植物生长期短，植被自我修复能力不足，生态系统脆弱，自然恢复周期长，破坏后很难治理恢复原貌。加之气温升高，降水减少，超载放牧，加剧了草原退化。20 世纪 50 年代全县年降水量为 656.3 毫米，2015 年为 541.9 毫米，减少了 114.4 毫米；年均气温由 20 世纪 50 年代为 1.2℃，到 2015 年上升为 2.7℃，升高了 1.5℃。虽然进行了坚持不懈的治理，但全县 75%的草原仍存在不同程度的退化，其中：轻度退化 20%，中度退化占 55%，重度退化占 25%。

（2）草原保护建设投入少，现有政策标准偏低。由于经济发展滞后，财政困难，每年用于草原保护建设的投入很少。近年，虽然国家加大了投资力度，实施了一批草原保护建设项目和政策，但总体投资水平仍然很低，与草原生态的特殊地位和保护建设的需求极不相符。草原补奖政策落实过程中，农牧民普遍反映补助奖励标准偏低，特别是甘南州、天祝县，政策实施后经营性收入下降较多。据《甘肃草地资源》《畜牧兽医》等科研论文和国内专家论证资料初步估算，甘南州天然草原平均每亩年生产价值 140 元，水源涵养价值 86.83 元，碳汇价值 8.52 元，释氧价值 6.12 元，年综合价值达 242 元每亩。而现行草原生态补奖政策禁牧补助为 21.67 元每亩，仅为生产价值的 15.48%；草畜平衡奖励为 3.35 元每亩，据产值估算，甘南草原一定范围内每超载一个羊单位牲畜虽然会对牲畜个体生产产生影响，但每亩草原仍可多产生近 10~20 元的生产价值，草畜平衡奖励仅介于超载产值的 16.75%~33.5%之间。

（3）经济发展与草原保护的矛盾十分突出。河西地区降水稀少，蒸发量大，水资源缺乏，自然灾害与沙尘暴频繁，草场荒漠化与盐渍加剧，制约着农牧业发展。甘南州草原枯草期长达 7 个月之久，受高寒等条件制约，牲畜品种改良难度大，个体生产性能低，牧民增收步伐缓慢。严酷的自然条件以及人口增长、牲畜增加、靠天养畜和长期不合理利用草原，草原面临的压力越来越大。一方面草原生态退化问题严峻，需要加大保护治理和建设；另一方面草原牧区农牧民靠养畜生活，生产门路少，收入低，传统的以追求数量为主的草原畜牧业生产方式仍然是牧区的主要生产方式，由此造成草原超载过牧，目前全省牲畜超载率 10.6%，在肃南县、天祝县一些人口密集、草原面积占有相对少的地方超载率甚至达到 1 倍以上。超载过牧使植物群落结构中优质牧草下降，狼毒、马先蒿等毒杂草比例上升，植物群落构成退化直接导致草原上的动物区系种群陷入危机，有益昆虫和害鼠害虫的天敌减少。

（4）草原鼠虫种群数量增加及危害程度严重。鼠虫害一直是甘肃省草原最主要的自然灾害之一，种类多，暴发频繁，分布面积大，危害程度重，据统计：2013—2018 年，年平均鼠虫害危害面积 7600 万亩，年平均防治面积 1100 万亩，防治率仅为 14.5%。受气候变异和草原退化等因素的影响，草原鼠虫害问题愈加突出。

（5）依法治牧力度不够。目前，草原征占用审批制度、草畜平衡制度、基本草原保护制度、草原载畜量测定、草原有偿使用制度、草原使用权流转等制度的落实还缺少地方性配套办法，草原等级评价标准的制定工作滞后。同时，草原执法力量还很薄弱，手段落后，资金短缺，这几年破坏草原的事件时有发生，一些地方违法开垦、乱征乱占、滥采滥挖的行为比较严重，修路、采矿、城镇建设占用的草原大部分没有按草原法规严格管理。在天然草原上滥挖药材，乱搂发菜，乱樵采和乱挖金以及开矿等人为活动，严重破坏了草原植被。对禁牧和草畜平衡区域监管缺少手段和办法，村级草原管护员的作用还发挥得不够，落实禁牧和草畜平衡制度的长效机制还未建立。

(6) 体系建设滞后。草原资源监测、生物灾害预警与防控、生态修复和利用、执法、科研和技术推广体系不健全，基础差，装备和手段落后。本次机构改革，国家和省级草原保护建设利用工作得到了加强，但是县以下建立的原有草原机构出现了职能划转、机构撤并后无从事草原工作技术人员的状况，面临“线断网破”的局面，应予高度关注和重视。

(7) 对草原生态重要性认识不到位。一些地方政府对草原的生态定位、生态功能的重要性认识不到位，对草原保护政策的宣传教育力度不够，重利用轻保护，重索取轻投入，尚未形成草原生态保护建设的长效机制。

(8) 对草原生态系统缺乏深入研究。目前，甘肃省草原资源本地数据仍然沿用20世纪80年代调查数据，虽然近年来进行了重新普查，但由于林草判定标准等技术标准和方法的不统一，数据仅供内部参考。草原监测研究点分散，手段落后，未形成网络系统。对修路、矿山开发等对生态环境的破坏影响缺乏监测数据。草原生态系统的水源涵养机理和不同生态系统之间研究不够全面深入，因此，生态保护与建设的决策依据不够充分准确。

(9) 草场承包政策还不完善。在甘肃省牧区，草地到户承包作为一项基本经济政策正在全面贯彻落实。但草场承包仍不彻底，草地资源权属也不明晰，草地的合理流转、集约化经营、规范化管理、农区草山草坡使用权的落实等一些深层次的问题仍需加强研究和探索，相关政策迫切需要加快建立和完善。

3. 草原生态保护建设利用对策和建议

(1) 牢固树立生态优先的发展理念。党的十八大把生态文明建设放在突出地位，融入经济建设、政治建设、文化建设、社会建设各方面和全过程。在实现以人为本、全面、协调、可持续发展战略过程中，占甘肃省总面积39.4%的草原，必将为国家生态保障、食物安全和生态文明建设发挥更大的作用。因此，全省上下，尤其是地方各级部门必须进一步明确草原“生态经济兼顾、生态保护优先”的理念与功能定位，高度重视草原生态，在草原保护建设、草地利用、草地管理等方面，切实将草原生态保护、生态功能的发挥置于优先的地位，纳入国民经济和社会发展总体目标，制定严格的绩效考核制度，确保目标任务全面完成。不断完善和制定配套政策，加大政策支持和落实力度，增加草原保护资金投入，建立健全草原保护支持保障体系，巩固草原保护成效，增强草原可持续发展能力。

(2) 加强草原生态法治化建设。在全面推进依法治国的形势下，草原生态文明建设必须提高到依法治草轨道上来。目前，要依据《中华人民共和国草原法》，加强草原资源保护、草原开发利用、草类植物保护、草原旅游管理等专门性法规和标准、规范的制定和出台，强化执法手段，彻底改变无法可依、有法不依、执法不严、违法不究的状况。完善基本草原保护和草原承包经营制度，按照《草原法》《甘肃省草原条例》的要求，进一步完善基本草原划定，确定草原生态红线，明确面积界限、绘图建档、公告并落实各项保护措施，按照“权属明确、管理规范、承包到户、长期不变”的原则，以全面承包到户、部分承包到户和联户等方式，加强“两证一合同”管理，做到草原地块、面积、合同、证书“四到户”。加强草原保护与环境监测、监管，有计划地建立一批国家级草原自然保护区，加强草原征占用监管，落实草畜平衡制度、开展草原生态补偿试点、草原生态保护评定考核，将草原生态文明建设全面纳入依法治草、依法治国的轨道，为生态环境建设营造良好法制环境。

(3) 健全完善草原保护治理体系。针对本次机构改革产生的基层草原站“线断网破”问题，应积极协调各级部门，进一步充实完善服务体系，建立健全草原执法机构，改善工作条件，确保经费落实和人员到位，依法加强草原征占用管理，坚决整治破坏草原的违法行为。加强草原生态监测预警体系、防灾物资保障体系及指挥体系等建设，提高应急反应能力。充实草原管护员队伍，加强业务技能培训，提高执法监督水平，加大对草原基础设施、草原防火、草原保护制度落实、非法占用破坏草原等的日常巡查，巩固草原生态保护成果。

(4) 加大对草原科研的支持力度。加强草原生态保护，必须依靠科技进步。建议加大草原科研、教学、推广基础设施建设力度，吸引高技术人才投身草原科研事业。努力增强草原科技成果转化能力，广泛应用先进实用技术，提升整体技术水平。建立草原科技创新的激励机制，鼓励科技人员深入草原开展技术创新，加快科技成果的转化。通过各种人才培养计划、科研项目的带动、国际交流与合作等形式，培养和造就一批草原学术带头人，着力培养草原技术科研推广高层次人才队伍。

(5) 设立生态试验示范县，研究制定生态保护长效机制。一是编制《草原生态修复治理和利用试验示范方案》，加大财政对生态功能区、水源涵养区和自然保护区的转移支付力度。建议设立示范县，开展草原生态补偿试点，在经济发展与生态保护之间寻找平衡点，进行生态补偿试验体制机制和补偿标准研究。二是建议设立生态试验生态特区。把居住在草原生态自然保护区核心区、缓冲区及生态退化比较严重，破坏后难以恢复的生态脆弱区设立为生态特区。对于生态特区的牧民有计划进行转产安置、定居安置、迁移安置，实施适度集中或搬迁转移。

（调研组：王汝富、金加明）

（四）甘肃草种质资源创新利用现状及对策

种质资源又称遗传资源，一般以特定品种的形式存在于自然界，是极其珍贵的自然资源。“草原种质资源是推动草种业创新发展的物质基础，也是维护草原生物多样性的战略资源，被称作草种业“芯片”。中国是草种质资源大国，也是草种利用大国。新形势下，草种质资源创新利用对大力推进生态文明建设、实施农村振兴战略意义重大。

1. 调研背景

近几年在参与和组织实施甘肃省草产业创新战略联盟的系列科技支撑项目中，涉及甘肃省种质资源库、种质资源圃、区域试验站等相关的研究以及技术标准规范的制定等，这些工作和草种质资源创新利用的各个环节密切相关。林草系统机构改革完成后，我们研判了林草融合背景下，加强甘肃省草种质资源创新利用工作将成为今后的工作重点之一。在甘肃省林业和草原局的领导支持下，前期陆续启动了甘肃省草品种审定委员会、建立甘肃省草类品种推广目录制度等核心环节。为了有序科学开展与之相关的一系列工作，我们从5月开始，先后深入到兰州大学草业科技学院、甘肃农业大学草业学院、张掖市草原站、高台县草原站、永昌县草原站开展调研，结合并结合主题党日活动，先后和兰州市畜牧兽医研究所、甘南州草原站、兰州大学、甘肃农业大学的相关负责人和专家进行了座谈讨论，梳理了甘肃省草种质资源现状、问题和下一步的对策建议。

2. 国内草种质资源工作现状

（1）中国草种质资源创新利用工作呈现碎片化

中国是世界上草原种质资源最丰富的国家之一。环境的多样性、自然选择的长期性形成了中国丰富多样独特的草原植物遗传资源基因宝库，不仅是草品种遗传育种的重要物质基础，也是陆地生态系统的重要组成部分。中国草原植物9700多种，其中饲用植物6704种，分属5个植物门246个科1545个属，属于中国草原特有的饲用植物有24个科171个属493个种，54种草原植物被列入中国珍稀濒危保护植物名录，占全国濒危植物总数的14%。

①中国草种质资源工作基础薄弱。中国草种质资源利用工作始于20世纪80年代后期，目前，在北京建立了1个草种质资源中心库，内蒙古和海南分别建立了草种质资源备份库，11个省区建立了17个草种质资源圃。至2018年，整理和入库保存草种质资源4.7万余份，包括103科680属2264种，其中豆科占33%、禾本科占54%。从保存方式来看，以种子形式低温保存占98%，少量以茎、块根和资源圃形式保存。和丰富的草种质资源相比，保护利用工作基础薄弱，体现在种质资源保护的硬件建设设施滞后，草原种质资源的普查、鉴定评价工作不系统，不深入，不成体系，专业队伍零散，政策资金支撑弱，没有形成常态化工作氛围。

②草种质资源保护与利用形势严峻。中国草原种质资源因草原退化而面临部分种质减少或消失困境，草原种质资源生存环境恶化的趋势尚未根本扭转，加之草原被工业征占用的面积逐年扩大，一些重要的种质资源原生地遭到破坏甚至消失；滥采乱挖草原野生植物资源的现象一直不能杜绝。近几年，随着农业和草业科学国际

化交流加深，草业快速发展，引进国外草种越来越多，且比较混乱，也存在盲目引进现象，生物入侵风险加大；没有系统部署和支持本土种质资源的选育、扩繁、推广工作，市场过分依赖进口草种，进一步弱化了国内草种业发展环境；长期以来，重视草原资源的生产性能，对其种质资源的多样性研究和开发利用不够。

③中国草种质资源工作仍在探索中。2008 年开始，农业部陆续在全国建立了 54 个草品种区试站，主要为育种家申报草品种审定提供服务，涉及种质资源创新利用的驯化、培育、引种及 DUS(植物表型自动化分析)和 VCU(区域适应性)测试工作在个别站有所开展，但没有形成系统。2017 年开始，国家在现代种业工程中，启动了草品种种质资源圃、区域试验站建设项目，但并没有同时规划启动种质库、育种圃等一体化配套项目。在种业环节目前保种、育种、原种繁育等工作仍停留在自发性研究阶段，国家仍没有从培育强大种业的角度从政策上支撑草种繁育机制创建，使美国的苜蓿、草坪草等种子形成了垄断性倾销态势，国内种业监管和服务能力建设滞后，草种进出口管理混乱，草品种引进的预警评估制度及行业法规不配套，草品种认证监管制度空位。总体上，我国草种质资源创新应用工作呈现碎片化，尚未形成系统的技术、管理和推广应用体系。

(2) 甘肃草种质资源创新利用工作基础

2015 年中央 1 号文件中明确提出“推进海南、甘肃、四川三大国家级育种制种基地建设”。由于甘肃丰富的草种质资源、雄厚的草业科技力量以及草业大省的基础地位，使得草种质资源创新工作显得尤为迫切而重要。

①甘肃具备草种质创新利用的丰富资源基础

甘肃省是草种质资源大省，牧草种质资源居全国之首，有草地资源博物馆之称。种子植物近 3867 种，分属 203 科 993 属，其中牧草种类共有 154 科 716 属 2129 种，禾本科 80 属 254 种，菊科 76 属 306 种，蔷薇科 29 属 102 种，豆科 32 属 127 种，莎草科 7 属 71 种，蓼科 7 属 34 种，黎科 19 属 57 种，以禾本科牧草的经济价值和作用最为突出。在 88 个草原类型中，以禾本科为建群种组成的草原型就有 32 个，占草原型数的 36.4%。甘肃省的草种质资源主要分布在以下几个区域。

河西温带干旱区：指祁连山北麓，包括甘肃省的武威、张掖、酒泉、白银、金昌和嘉峪关等地。本区草种资源的特点是以耐寒凉及耐极干旱的荒漠灌丛植物为主，草种资源以强旱生和超旱生小灌木、小半灌木和沙生灌木为主。本区域栽培草地的利用主要是发展绿洲区栽培草地，栽培的草种资源主要为紫花苜蓿、柠条锦鸡儿、中间锦鸡儿、小叶锦鸡儿、沙打旺、草木樨、老芒麦、无芒雀麦、羊草、鸭茅、沙生冰草、蒙古冰草、垂穗披碱草、燕麦、野大麦、梭梭、沙拐枣、白沙蒿等。

中东部黄土高原温带半干旱区：包括甘肃省的庆阳、平凉、定西、白银、兰州等地的黄土高原区。本区植被水平分布有明显的地带性，由东向西北随着降水量与气温的逐渐变化，植被由典型温带草原过渡到温带荒漠草原。黄土高原主要以温带草原占为主体，分布的草种资源主要以大针茅、克氏针茅、长芒草、糙隐子草、冷蒿、沙蒿、百里香等为优势类群。本区推广种植的牧草资源主要有苜蓿、披碱草、麦滨草、老芒麦、中间偃麦草、扁穗冰草、燕麦、沙打旺、红豆草、鸡脚草。

甘南高原高寒湿润区：包含青藏高原与黄土高原过渡带，以甘南州为主。由于独特的气候条件，植被分布具有明显的地带性，草种资源有蒿草类、早熟禾类、羊茅类、针茅类、披碱草类、苔草、雀麦类等。本区的栽培草种主要为老芒麦、草地早熟禾、高羊茅、星星草、多花黑麦草、燕麦、莜麦、披碱草、光叶苕子、苜蓿、红豆草。

陇南山地暖温带湿润区：南山地暖温带湿润区包括甘肃省的陇南、天水地区。本区受暖温带半湿润半干旱大陆性季风气候影响，以羊草、无芒雀麦、早熟禾、长芒草、隐子草、歪头菜、地榆为常见类群，分布的栽培草种资源主要有紫花苜蓿、毛苕子、白三叶、红三叶、沙打旺、草木樨、黑麦、多年生黑麦草、一年生黑麦草、无芒雀麦、老芒麦、梯牧草、苏丹草、高丹草、聚合草、串叶松香草等。

②甘肃具备草种质创新利用的良好产业基础

甘肃是草种业核心区域。20世纪80年代，甘肃在“种草种树”政策带动下，就建立了全国性的供种基地。多年来，甘肃形成了国产苜蓿、红豆草、披碱草、草木樨、沙打旺、燕麦及豌豆类等大宗商品草种的核心基地和市场集散地，是中国草种业的摇篮和前沿地带。近年来，以酒泉、张掖、定西、白银、兰州为主，先后培育成长了一批国内草种制种营销企业。草种业市场发育活跃，全省建成牧草种子田59万亩，其中专业化种子基地面积达到23万亩，年产苜蓿、红豆草、燕麦、披碱草等各类优质牧草种子3万吨，不仅支撑了甘肃草牧业的发展，而且每年向国内市场提供各类种子近6000吨，成为全国重要的牧草种子产业基地。有草种生产企业近10家，营销企业数十家。

③甘肃河西走廊是草种繁育的最佳区域之一

河西走廊是中国玉米等大宗农作物的制种基地，也是草种业制种基地培育起步最早的区域。继甘肃大业种业、未来种业等一批国内较早的草种制种企业在酒泉形成苜蓿制种片区外，2015年以来，张掖市高台县小海子陆续建成了200公顷的苜蓿制种基地，一些国外苜蓿品种也在此建立了制种田，形成了育种家+企业家+合作社的产业发展模式，经甘肃省草原总站专家于2018年7月大田产量测定，被调查的3个苜蓿品种平均种子产量均超过了990千克每公顷，最高的达到了1080千克每公顷，机收条件下达到了750千克每公顷以上，达到了国际生产水平。

④甘肃具备草种质资源创新利用的科技基础

甘肃草种质资源创新利用科技实力雄厚，是传统的草业科技优势区，具有较强的草品种资源收集、保护、创新育种、评价检测和开发利用技术实力。有全国最早的草业学院，最强的草业学科，全国草业领域仅有的两名中国工程院院士均出自甘肃，有一批草业界著名专家、学者，有门类齐全的草业科技刊物和丰富的出版物，有丰硕的草业成果储备，有健全的草业执法、推广和科教体系，科、教、推各有关单位在全省不同类型区广泛建立了草业试验示范基地（场），草品种培育的科技储备和创新实力雄厚。有专门的草种研究机构和育种企业，还有一批草种育种家活跃在育种领域。兰州大学草种质创新利用科学家团队是国内草种子科学研究起步最早、持续最久、成果最多的团队。国内航天育种首席技术团队也在甘肃。甘肃农业大学、甘肃省草原技术推广总站、中国农科院兰州牧药所等单位从20世纪50年代开始，各自在不同区域建立了暨牧草引种、选育驯化与种质资源创新利用为一体的综合性牧草试验站，成为中国草业科学诞生的摇篮、草业科学家成长的沃土和种质资源保护利用的奠基石。

⑤甘肃草种质资源创新利用的意义重大

甘肃是草原生态文明建设的重要区域。甘肃地跨青藏高原、黄土高原、蒙新高原，是国家陆地生态安全格局“两屏三带” 战略的重要区域，草原资源是中国青藏高原生态屏障、黄土高原——川滇生态屏障和北方防沙带的重要组成部分，是保障和维护国家生态安全底线和生命线的重要资源。保护好草原生态，是贯彻落实党中央“五位一体”总体布局，落实“四个意识”及习近平总书记草原保护工作重要批示精神的具体体现。甘肃省既是草原资源大省，也是草原退化最严重的省份之一。全省2.68亿亩草原90%以上不同程度退化，大量依赖草原栖息的动植物消失，生物多样性遭到破坏。黄土高原等山区水土流失严重，河西地区成为主要的沙尘源区。当前，草原生态修复建设任务十分繁重，但实践中存在可利用草种少，种子质量差，尤其是草原植被恢复的乡土草种选育、制种及推广应用工作严重滞后的问题。这种状况与当前甘肃省草原生态建设对草种业的需求极不适应。

甘肃草业建设急需草种质资源创新支撑。甘肃是草业大省，需要更多更好的草品种和优质种子，在甘肃培育建立草种质资源创新利用基地，是满足草业对良种种子需求的当务之急。随着草业供给侧结构改革的深入推进，市场对草产品需求更加旺盛，一些国际金融组织也看重甘肃草业的发展前景，世界银行贷款资金也进入甘肃省建草产业基地。但目前主要草种供应来自国外，甘肃省已成为进口草种的主要营销市场。这种现状一方面加大了草产业生产成本，另一方面给草种安全带来了巨大风险。甘肃省林业和草原局把推进草业大省向草业强省建设作为加快林草经济振兴的重要抓手，全省草业发展对加快建设培育良种体系提出了迫切要求。

（3）甘肃省草种质资源创新利用现状

①种质资源创新利用试验站网络初步形成

以引种为主，结合本土资源保护利用的甘肃省草种质资源创新利用工作起步于

20世纪40年代中期。1944年，岷山种畜场为解决国家种马场优质饲草需求，引进了猫尾草和红三叶。20世纪50年代中期，甘肃农业大学任继周先生率先在天祝抓喜秀龙建立了国内最早的高山草原试验站，成为天然草原补播改良用种质资源驯化应用的试验研究基地。同期，伴随甘肃省草原工作队(以下简称草原队)的成立，针对牧区天然草原补播改良开始了黑麦草、扁穗雀麦、鸡脚草、老芒麦、披碱草等草种的选育应用。结合人工草地建设，苏丹草、苜蓿（青海希里沟苜蓿、工农一号苜蓿、赤峰苜蓿）、燕麦等的引种栽培和推广应用成为草原队的主要业务职能之一。1964年，草原队在兰州段家滩队部建立了第一个种质资源圃，20世纪70年代后期，甘肃农业大学(以下简称甘农大)在黄羊镇建立了53公顷的牧草试验站、草原队在天祝县打柴沟建立了13公顷的牧草种质资源圃，20世纪80年代，草原队在兰州馒头山建立了33公顷的牧草试验站。目前，兰州大学（甘肃省草原生态研究所)陆续在庆阳、景泰、临泽、玛曲、榆中等地，甘肃农业大学分别在灵台、酒泉、兰州等地，我单位分别在河西灌区、黄土高原雨养区、旱作区、高寒阴湿区、青藏高原高寒区和南部温润区建立了16个区试(育种、种质资源)站(圃)，加上甘肃农科院、兰州牧药所以及市县相关单位和企业建立的草类试验站（圃)，境内基本形成了覆盖不同生态区域的试验站网络，形成并发布了甘肃省草品种区域试验站建设标准。

②探索创建了种质资源保护利用平台

2016年以来，在甘肃省草产业技术创新战略联盟平台下，兰州大学和我单位密切合作，在甘肃榆中兰大校区完成了甘肃省西北寒区旱区特色草种质资源库建设。在此基础上，争取到国家种质资源圃项目，两家合作在兰大临泽试验基地完成了临泽国家级种质资源圃建设项目，该项目总投资1257万元，是农业部2017年批准立项的现代种业提升工程项目，已建成智能温室1035.3平方米、网室1020平方米及500亩土地整治和53台(套、批）仪器设备配置。同时，兰大草种技术团队是国家草种DUS检测承担单位，我单位是国家草品种区试工作承担单位，在全省建成了14个集草品种区试、育种、VCU（区域适应性)测试于一体的试验站网络。甘肃省林业和草原局于近期组建了甘肃省草品种审定委员会，启动甘肃省草品种推广目录制度建设。联盟在酒泉、张掖、定西、白银等市引导建立了育种家、草种企业和合作社共同参与、分工合作的良种繁育基地。探索形成了由兰大等高校科研单位相关团队负责技术支撑和培训，我单位负责带动市县推广单位参与，以种质库、资源圃、区试站为依托的草种质资源保护工作平台。2023年底，种质资源库通过野外采集、个人与单位征集等方式收集草类植物种质297种，8000份。并由兰大牵头完成了种质资源信息与实物共享的数字化管理软件服务平台。

③形成了草种质资源创新利用技术核心团队和工作机制

以兰州大学草业科技学院种质资源技术创新团队为核心，多年来不断完善发展，形成了拥有农业农村部审核通过的草种质量检测中心、草种VCU测试和草产品质量检测于一体的草种质创新利用技术平台，形成了草种质资源收集、保存、驯化培育、基因育种技术与草种质资源开发利用等技术领军人才和团队力量。在兰州大学草业学科建设带动和甘肃省草产业技术创新战略联盟的联动下，团队吸纳了甘肃省草业推广体系，开展了种质资源的收集保护利用的工作机制探索，为系统开展草种质资源创新利用工作提供了技术力量的延伸和保障。基本构建了以兰州大学和甘肃省草原技术推广总站为核心，各市县级草原站为协作单位的草种质资源创新利用队伍体系；通过实施相关技术合作项目，制定了《主要草种子质量》等技术规范，完成了技术力量储备，建立了与省、市、县草原站推广体系的工作融合机制和与其他植物种质资源库的横向合作机制。

④甘肃草种质资源保护创新利用工作难点

草种质资源保护创新利用工作没有系统政策资金支持和工作部署。甘肃省草种质资源保护工作和全国一样，呈现零碎化，处于阶段性科研状态。新品种培育没有规划，处于自发性阶段；种质采集保护没有纳入行业工作任务，良种推广市场化，没有形成支持本土良种培育和推广的政策环境和氛围，国外草种一统天下，良莠不齐。2016年，《甘肃省草品种培育及繁育体系建设规划》纳入了甘肃省农业“十三五”系列规划，这是甘肃有史以来的第一个草种质资源相关规划，实施层面启动了种质资源库技术研究项目，带动建成了甘肃省第一个草类植物种质资源库，其他原种基地、草种质资源保护培育和创新利用等基础性、长期性工作并未启动。

基层技术体系断裂造成技术队伍流失困局。新时期林草系统机构改革中，省级技术层面得以完整转隶，市、县级受机构和人员职数限制，使原本就薄弱的草原技术机构雪上加霜，出现崩溃式沦陷，普遍状况是职能划入林业系统，技术人员留置农牧系统，或者一些原本不从事专业或者没有专业经历和背景的人员凑个数字而已。最直接的后果是正常草业技术各项工作断线，部分农区的区域试验站瘫痪，农业系统因经费职能问题不能继续管理试验，林业系统无人接管，试验中断。

各种草类试验站等资源共享机制有待完善。据不完全统计，全省的草种试验站保有量30个左右，其中草原总站建立管理的14个草品种区试站统一管理，其余都是各自管理和建设，存在资源浪费、建设标准不一，共享运行机制建设滞后等现象。

（4）甘肃草种质资源创新利用对策建议

①制定规划，强化政策保障和顶层设计

根据甘肃省生态文明建设和乡村振兴战略实施需求，组织制定和完善《甘肃省草种质资源创新利用和繁育体系建设规划》，从草种质资源保护、评价、创新利用到草类育种、繁育体系建设、检测试验平台建设及技术设施配套支撑，制定相关规划，出台配套政策，完善顶层设计，把草种质资源创新利用工作纳入全省生态文明建设应有的重要日程，部署启动。

②夯实基础，强化基础平台建设

盘活全省相关单位建成的种质资源库、圃、站，纳入统一建设管理平台，配套专项资金，不断完善基础设施建设，建立资源共享工作机制，规划开展草种质资源收集、评价、驯化、选育及配套技术试验研究工作，为草种质资源繁育体系建设提供科技支撑和有效平台。

③加强培训，完善技术体系队伍建设

针对当前草业技术体系队伍弱、散、小的现状，把全力培训技术人员的当前措施和加快完善机构体系的长远措施有机结合起来，以甘肃省草品种审定委员会工作平台建设和甘肃省草类推广目录制度建设为契机，结合草类建设项目实施、草原生态环境保护和草业建设业务，利用3~5年，建成一支和科、教、推和省、市、县有机联动的草种质资源创新利用技术队伍，为全省展开各项工作奠定基础。

④创新机制，支持建立全省草种质资源创新协作团队

统筹兰大、甘肃农大等高校和相关科研单位的技术资源，如兰州大学国家林业和草原局西北退化草原生态修复与利用工程技术研究中心、中国草业发展战略研究中心、草地农业生态系统国家重点实验室，甘肃农业大学草业学院国家林业和草原局高寒草地鼠害防控工程技术研究中心、草业生态系统重点实验室以及甘肃省草产业技术创新战略联盟等平台和技术资源，由甘肃省业务主管部门主导组建甘肃草种质资源创新利用技术团队，探索建立全省草种质资源创新利用平台、品种培育、草种质测试评价及培育壮大草种业的有效机制。

⑤明确重点，在创新利用上下真功夫

当前，世界范围内种质资源的竞争日趋激烈，从种质资源中获取基因主权，已成为发达国家及其跨国公司称霸世界，控制他国经济命脉的一种新形式。而且，发达国家从动植物种质资源中获得知识产权将对包括中国在内的发展中国家造成巨大威胁。一是甘肃省种质资源创新利用重点在科技创新，兼顾常规育种和分子育种，把种质扩增、改良创新作为战略性建设目标。二是加强地方种质的鉴定筛选与研究，深入挖掘地方种质的遗传多样性，并根据资源种群，有针对性地创造出各具特色的种质类群，解决生态和生产用种适应性问题。三是科学有序引进外来种质，拓展利用途径。利用外来种质构建新的杂种类群，建立杂种优势类群模式。四是支持有条件的团队科学开展基因资源的发掘与创制，培育特异性和功能性兼具的种质类群，为生态生产和扩大种质储备资源。

（调研组：张榕、杨浩、李德明、周栋昌）

（五）全省草原资源监测网络体系建设现状、问题及对策

1. 背景意义

甘肃是一个草原牧区大省，草原不仅是草原区广大农牧民基本的生产资料，同时也是构成甘肃省陆地生态系统的重要部分，对保持水土、防风固沙发挥着不可替代的作用。通过草原监测，可以在一定时间和空间范围内对草原生态系统进行系统观察、测定、分析和评价，掌握草原资源的数量、质量、结构、功能、种类及保护利用状况，及时把握草原现状和变化发展趋势，为准确、高效地查处和打击非法征占用和开垦草原、乱采滥挖草原野生植物等破坏草原的行为，实施基本草原保护、草畜平衡、禁牧休牧轮等草原保护制度，提供科学依据。而构建完整的草原监测网络体系是做好全省草原监测的基础性工作，因此，开展全省草原资源监测网络体系建设的调研具有现实意义。

调研组于 2023 年 6 月初在张掖、金昌、武威等 3 市的高台、临泽、甘州、山丹、永昌、古浪等地，与当地林草部门相关人员通过座谈交流、实地察看等方式，对草原监测部门设置、技术人员配备、技术手段应用、监测保障体系、地面监测样地设置、国家级草原固定监测点运行等实际问题开展了专题调研活动，另外对酒泉市、陇南市、天水市、庆阳市、兰州市、定西市等地通过电话交流和查阅资料等方式进行调研，旨在摸清新时期、新形势下全省草原资源监测网络体系建设现状及存在的问题，为下一步构建全省完备的草原监测体系提供支撑。

2. 中国草原监测历史

中国草原科学领域自 20 世纪 80 年代引进遥感技术以来，特别是近十几年来，草地科学与 3S 技术形成了具有一定特色、比较系统完整的理论和技术体系。北京大学、国家气象局于 1983 年应用相关资料在内蒙古锡林郭勒草原进行了草地产量估测试验。

1986—1991 年，由中国农科院草原研究所采用美国陆地资源卫星 TM 影像对中国“三北”防护林区 12 个重点旗县的草地资源进行了遥感调查研究，对草地资源遥感信息解译标志的建立、草地资源遥感信息判读、地面样方抽样布控、专业图件编绘等一系列草地资源遥感调查技术进行了深入研究。同期，中国科学院采用 TM 影像目视解译和地面抽样调查方法对黄土高原沟壑地区分散零碎的草地资源遥感信息解译，大幅度提高了草地资源类型界线勾绘准确度和制图精度，也使草原监测手段迈上了一个新的台阶。2001 年开始，农业部在内蒙古、宁夏、甘肃、新疆、青海及四川等地的 30 多个县展开了草地资源与生态监测的试点工作，全面采用了先进的 3S 技术，在很短的时间内对草地资源类型、面积、分布规律及草地资源的退化状况进行了全面的调查，为 3S 技术在草地资源应用的深入研究打下了基础。2002 年，全国畜牧总站对草地资源及生态工程的遥感信息解译制图、遥感图像分类在草原沙化、

退化等级划分中的应用等方面进行了一系列研究，为全国草地资源及生态工程监测技术的规范化、标准化提供了模板。

大量的实践证明，利用遥感卫星的植被指数资料进行草地资源的动态监测和大面积估产是可行的并且是十分有效的。目前国内外在草地监测研究的趋势是由单时相、单星、单一技术系统监测逐步过渡为多时相、多星配合、天地资料结合、由点到面、互相补充校正，充分发挥宏观和微观两个方面的效应，采用综合技术系统进行草地资源的动态监测与大面积估产，研究工作的深度和广度有所拓展。

3. 甘肃草原资源监测工作及监测网络体系现状

(1) 开展的监测工作

①草原资源调查：甘肃省草地资源调查始于20世纪40年代。20世纪50—60年代，甘肃省畜牧厅、甘肃省科委、中国科学院地理研究所等单位实施了区域性草原调查，编写了《甘肃省草原概况》《甘肃省各类型草原生产力估算表》和《甘肃省草原分布略图》等。1979年，农业部组织开展了第一次全省范围内的草原资源调查，获得了比较完整的数据资料，基本查清了甘肃草原的分布规律、数量、质量特征及生产力状况等，此次调查之后，主要牧区县设置了监测点，但因经费等方面的原因监测工作没有持续下来，只有个别牧业县坚持开展临冬贮草量连续监测，积累了相关资料。全省草原资源调查更新和监测业务化运行处于停滞阶段。

第一次全国草原资源普查后近30年来，由于自然和人为因素影响，草原资源的面积、质量发生了很大变化，一调数据已不能全面、准确地反映全省草原资源现状，影响到制定草原保护建设政策措施的科学性和合理性。2013年，由甘肃省农牧厅组织开展了第二次草原资源普查，2016年完成外业调查、草原图斑勾绘和面积统计等基础工作。2017年初，农业部关于开展全国草地资源清查的部署下达后，根据新的农业行业标准《草地分类》(NY/T 2997—2016) 完成全省草原类型划分 (8大类82个型)，以及产草量测算和等级划分等工作。

②草原调查监测：为掌握全国森林、草原、湿地和荒漠的现状和变化情况，科学评价森林、草原、湿地和荒漠资源质量和生态状况，同步支撑年度国土变更调查，从2021年开始，自然资源部和国家林业和草原局共同谋划部署了全国林草湿生态综合监测工作。主要工作内容有图斑监测和样地监测，2021年，全省草原监测样地有2021个，并且结合全省草原一调、二调基础数据和专题图件，完成所有市、州和县 (市、区) 草原类型界限划分，将全省天然草原划分为13个大类。2022年，有草原监测样地1771个，且采用最新的样地布设方法和调查监测技术方法。为准确获取林草湿荒资源种类 (类型)、数量 (面积)、结构 (程度)、分布、质量、功能、保护与利用状况及其变化情况，揭示林草湿荒生态状况和发展规律，支撑林草湿荒资源三维时空数据库和生态网络感知系统建设等提供数据支撑。

③草原专项监测：甘肃省草原专项监测工作于2005年起步。工作内容包括草原植被关键期物候监测、牧草生长盛期生产力监测、入户调查访问、国家级草原固定监测点监测、草原保护工程实施效果监测、冷季牧草储量监测草原综合植被盖度监测等。监测结果为行政主管部门制定草原保护建设规划和实施政府决策提供了依据，为草原执法、草原征占用管理和落实草畜平衡、禁牧休牧制度提供了技术支撑，为农牧民开展畜牧业生产提供了技术服务和指导。

(2) 监测网络体系建设情况

目前，省级草原监测体系较为完备，技术人员多、人员素质高、技术装备全、信息化技术运用广泛。我们通过多种方式的调研，重点对市、县两级的机构设置、人员组成、技术装备、地面监测网络等情况进行统计分析，对全省草原监测网络体系现状开展了评估。

①草原技术部门设置：全省共有10个市（州）设置了市级草原工作（事务）站（中心），占比71%，陇南、天水、平凉、嘉峪关没有设置独立的草原技术部门；共有42个县（市、区）设置了县级草原站，占比49%，没有设置县级草原技术部门的地区也主要集中在陇南、天水、平凉等以农业生产为主、草原面积较小的地区。

②草原技术力量：对已设置草原技术部门的技术人员组成进行分析，共有500余名市、县级工作人员，而具有草原专业学历人员仅100余名，占比仅为20%，平均每个单位仅有不到2名草原专业技术人员。从学历构成来看，大专及以下学历占50%，本科占49%，硕士研究生以上仅占1%。正高级职称只占2%，副高级占22%，中级占34%，初级及其他占42%。在技术装备上，购置无人机、北斗定位设备和数据采集终端全套监测设备的地区较少，仅占10%左右。

③地面监测网络：2020年之前，在草原面积较大的县（区、市）每年布设地面监测样地600~700个。另外，2012—2015年，全省陆续建设了23个国家级草原固定监测点，用以评估全省草原植被生长状况；2021年，由自然资源部和国家林业和草原局统一安排，在全省布设2021个草原监测样地，除陇南市徽县和两当县没有设置，其他县区均有布设；2022年，国家林草局规定监测样地采用空间均衡网格抽样方法进行布设，共布设1771个监测样地，由102个调查单位参与，初步构建了以定位监测样地为主，国家级固定监测点为辅的地面监测网络。

④监测技术手段：与传统的草原调查不同的是，草原监测具有空间上多尺度、时间上小尺度的特点，需要实时把握草原资源的状况。随着空间技术和计算机技术的飞速发展，以3S技术和地面样地、路线方法结合的地面监测成为草原监测的主要手段。特别是遥感技术具有大面积空间数据获取和分析的功能，在监测的时效性和客观性，信息的规性范和可比性，以及直观、易于制图等方面具有不可替代的优势。在草原监测方面，植被指数作为一种遥感手段已广泛用于植被盖度评价、产草量估

测以及自然灾害预测预报等方面。另外，无人机作为卫星遥感的补充和辅助，广泛应用于草原植被盖度、产草量、植被长势、禁牧和草畜平衡和面积变化等专项监测。

4. 甘肃草原监测网络体系建设问题

进入新时代以后，草原保护和建设的目标任务发生重大变化，对草原监测也提出了新的任务和要求，草原监测工作在组织领导、队伍建设、制度建设、监测网络建设等方面与当前面临的新任务新要求还有多方面的不适应。

(1) 组织机构不健全。目前草原技术部门设置较为完备的只有酒泉市、甘南州、张掖市、武威市和白银市及下辖县（市、区），其他地区暂时还没有独立的草原技术部门。从工作成效上来看，机构完整的地区要明显好于其他地区。

(2) 技术力量薄弱。市、县两级草原技术部门普遍存在人员老化、专业人员少、技术能力偏低等问题。大多数工作人员专业不对口，掌握新技术少，无法适应新形势下的草原调查监测工作的要求。技术人员思想观念陈旧，竞争意识淡薄。例如，金昌市市级草原技术部门仅有 2 名工作人员，承担草原行政管理、监督执法及技术推广服务工作，根本无法满足当前草原生态保护工作实际需要。

(3) 技术装备和办公条件差。各地的无人机、先进定位导航设备及监测专业设备等购置率低，遥感等先进监测技术手段应用不足。办公条件差、资金短缺，难以适应新形势下草原监测工作的要求。技术部门的交通工具及设备与当前承担的草原监测任务不相适应。比如 2022 年工作任务重，但是没有专项资金保障，有的地方监测经费长期得不到有效解决，导致草原技术部门软硬件建设严重滞后，基础条件差，监测手段落后，严重制约着草原监测工作的高质量完成。

(4) 草原调查监测技术方法不稳定。在国家林业和草原局的安排指导下，草原调查监测工作近年来有序推进，但 2022 年开始，国家对技术规程进行了修订，与以往的草原监测技术方法有所不同，造成新调查数据与历史数据有所差异。

(5) 监测队伍不稳定。基层单位监测技术人员少，调动频繁，队伍不稳定，致使监测数据质量下降。尤其在机构改革后，部分县区的草原监测部门被取消或与其他部门合并，草原调查监测工作面临难以为继的困境。

(6) 地面监测网络还不完善。虽然国家林业和草原局采用空间均衡网格抽样方法对地面监测样地进行了布设，但部分地区样地设计数量较少，不能综合评价本地区草原资源及生态状况。定位监测站的布设还没有完全覆盖全省主要草原类型，而且缺乏相应的监测资金来支持定位监测站的运行。

5. 对策建议

(1) 建立健全组织机构。面对新形势下草原监测工作任务重、要求高的特点，要借此机遇加快完善草原技术机构设置，建立健全工作机制和保障机制。强化责任主体，加大资金投入，为草原调查监测工作提供组织保障、制度保障和资金保障。

(2) 强化技术队伍建设。以抓体系、带队伍、提能力为抓手，充分发挥省、市级站对全省业务工作的龙头带动作用。要积极引进专业技术人才，通过项目实施、学术交流、举办讲座、外派培训、重点培养等活动，培养人才队伍，完善制度建设，推动全省基层草原技术部门加强自身建设，提升技术能力和水平。

(3) 完善地面监测网络。强化监测站点作用的发挥，形成以国家级固定监测站为引导，固定监测样地为主体的地面监测网络。将现有的国家级固定监测点由“多而浅”浓缩强化为“少而精”，可采用与科研院所联合办站的方式，建成集方法研究，人才培训，科研攻关为一体的综合性站点。固定监测样地包括主要草地类型，倾向对草地的生态功能进行监测。

(4) 加强监测技术创新。进一步加强草原监测技术创新和科技水平，加快卫星+无人机+地面立体监测网络的建设，实现“空天地”一体化监测。无人机监测技术是草原资源调查监测工作的必然趋势，进一步加强利用无人机开展草原监测方法和技术研究；开发信息共享和数据处理平台，该平台能实现卫星遥感信息共享、草原监测预警、数据加工处理和生成结果报表等多种功能，使现有监测数据处理、报告编写等工作程序化、精准化和效率化。

(5) 加强草原工作宣传力度。草原技术部门应充分利用各种媒体和手段广泛宣传各种草原技术工作的重要性，扩大社会影响力和认知度，提高从业人员对工作的信心。总结和推广草原工作中先进单位的经验和做法，宣传报道先进人物的事迹，发挥先进的模范带头作用，鼓励更多草业动科相关专业出身的年轻人投身到草原技术推广行业中来。

(调研组：刘兴明、姜佳昌、许国成；调研时间：2023 年 7 月)

(六) 甘肃省草原技术推广体系建设调研报告

1. 背景意义

为深入学习贯彻习近平新时代中国特色社会主义思想，全面贯彻落实党的二十大精神，贯彻落实全国林草工作会议、甘肃省第十四次党代会、甘肃省委十四届二次全会、全省林草工作会议精神，根据《甘肃省林业和草原局办公室印发<关于在省林草局系统大兴调查研究的实施方案>的通知》精神，紧紧围绕主题教育及“三抓三促”行动有关要求，围绕全省草原技术推广体系建设主题，我单位以实地走访、发放调查问卷、电话、网络等多种形式开展调研，旨在全面掌握机构改革后甘肃省草原技术推广体系建设现状，着力推进甘肃省草原生态文明建设。现将调研情况报告如下：

2. 甘肃省草原技术推广体系现状

(1) 省级草原技术推广体系

根据甘肃省委、省政府机构改革和“三定方案”，原甘肃省农牧厅的草原监督管理职责调整到甘肃省林业和草原局，并设立草原管理处，负责草原禁牧、草畜平衡和草原生态修复治理工作，指导组织实施草原重点生态保护修复工程，监督管理草原的开发利用。甘肃省草原技术推广总站整体转隶到甘肃省林业和草原局，成为省林业和草原局直管草原技术推广单位，保留了原有工作力量和工作条件，主要职能为负责全省草原调查和监测工作；指导全省草原保护利用和生态修复治理工作；负责全省草原鼠虫病等生物灾害防治工作；指导全省人工种草和草业生产工作；指导全省草原技术推广体系建设工作，组织开展技术培训和科技成果转化；完成甘肃省林业和草原局交办的其他工作。

(2) 各地区草原技术推广体系

机构改革后，14 个市（州）都成立了林业和草原（林业）局，并内设草原管理科室，开展草原保护和监督管理工作。86 个县（市、区）中有 32 个单设林业和草原局，54 个在自然资源局加挂林业和草原局牌子，单设比例为 37%，部分市县设林业和草原局未配置草原相关部门。全省草原技术推广单位现有工作人员 711 人，其中专业技术人员 486 人，占比 68%（详见表 2-21）。

表 2-21 甘肃省草原技术推广从业人员情况调研统计表

单位：人

市(州)县(市、区)	实有人数	职称情况				学历		
		专业技术人员	正高级	副高级	中级	硕士及以上	本科	大专
省级推广单位	86	79	13	30	24	27	52	4
定西市	24	23	0	5	10	0	7	15
甘南州	175	136	6	32	51	0	77	73
金昌市	10	4	0	1	1	0	7	3
嘉峪关市	1	0	0	0	0	0	1	0
酒泉市	57	24	0	3	7	0	38	13
临夏州	28	9	0	3	4	0	8	8
陇南市	30	16	0	1	8	0	8	14
平凉市	34	23	0	4	11	4	12	11
庆阳市	53	31	0	7	15	0	22	21

续表

单位：人

市(州)县(市、区)	实有人数	职称情况				学历		
		专业技术人员	正高级	副高级	中级	硕士及以上	本科	大专
武威市	42	39	3	15	15	1	33	6
张掖市	73	50	1	20	22	0	30	39
兰州市	39	15	0	1	9	5	30	12
白银市	29	19	0	9	6	1	21	7
天水市	30	18	1	6	6	0	14	3
合计	711	486	24	137	189	38	360	229

3. 甘肃省草原技术推广体系建设存在的主要问题

(1) 对草原生态系统功能缺乏全面认识

甘肃是中国主要的生态屏障。草原在防风固沙和绿色生态屏障保障方面发挥的作用非常突出，也越来越重要。随着党和国家对生态文明建设的高度重视，草原的功能逐步从生产性为主转向生态性为主，林草将共同构成重要的生态屏障。各级党委、政府和社会各界应从生态文明建设的高度认识草原的功能和地位，更应从这种高度统筹和谋划草原工作。从机构改革推进情况看，社会对草原的认识与生态文明建设的要求还存在差距，越到基层问题越大。在草原体系建设中，重行政管理轻技术服务的观念普遍存在，草原技术推广工作得不到重视，不能发挥引领作用，尤其在草原生态监测、生态修复及乡土草种培育等方面科技支撑不足，在草原生态修复治理新技术、新模式推广利用等方面亟待加强。部分草原专业技术人员对草原科技成果掌握程度低，不适应新时代对草原工作的要求。一些县（区）的林业和草原局加挂在自然资源局下，草原工作站除承担草原技术推广工作外，还要完成林业建设、自然资源保护相关工作。甘南州现有草原技术人员 175 人，人均服务草原面积 1.01 万公顷；酒泉市现有草原技术人员 57 人，人均服务草原面积 9.55 万公顷。工作任务相当繁重，人才短缺。

(2) 草原技术推广机构和专业技术人员不足

国家生态保护建设力度的不断加大，对草原工作提出了新任务和新要求。从整体来看，草原管理机构和人员严重不足，从省级、市级至县（区）级，草原技术推广机构和人员队伍建设越到基层力量就越薄弱，呈阶梯式递减趋势。全省草原技术推广机构缩减，一人多岗多责的情况较多，部分承接草原管理工作的林业管理机构，还承担着林业有害生物防治、种苗管理、林业资源管理等工作。工作人员少，且没有草原相关专业的人员，严重影响着草原管理工作的正常开展。此外，虽然设立了草原管理机构的市（州）和县（市、区）承接草原管理工作职责职能，但是农牧部门熟悉草原工作的人员由于转岗并没有一同转隶到林草部门，人员流失严重。例如，机构改革前，临夏州 4 县均有草原技术推广站，2019 年机构改革后，只有州级草原站和康乐县草原站划转到林业和草原局（自然资源局），其他各县草原站人员基本都留在农业农村局，工作职能随之发生转变，草原推广体系相关机构缩减，但工作职能和工作任务增加，导致草原工作专业技术人员严重缺乏，且年龄结构老化，人才结构不合理，草原监测等专业人才紧缺。

（3）草原技术推广体系硬件设施水平需进一步提升

机构改革后，原草原工作站办公地点基本进行了调整，因新办公地点条件紧张，原草原工作站建设的鼠虫害试验室、生态监测试验室、草原植物标本室、档案室等业务用房全部留在原办公地点。如嘉峪关草原主要分散分布在黑山山麓、文殊山山麓以及新城镇域周边等处，交通不便，缺少必要的工作设施设备，制约了草原监管工作的正常开展。随着国家对草原生态保护建设的不断重视，草原工作的占比随之增加，但草原在整个林草系统中的占比却很小，上下草原体系不健全，设施配备不足的问题严重突显。

（4）没有草原技术推广专项经费，缺乏激励机制

各级财政预算内没有草原技术推广的专项经费，造成草原保护技术推广工作难以有效开展。体制机制僵化缺乏激励机制。现行绩效评估制度和工资制度，都对激励机制创新起到不可忽视的作用，但在运行过程中还存在一定的障碍，其激励功能没有得到充分的发挥。

4. 推进草原技术推广体系建设的措施及建议

（1）进一步强化对草原重要性的认识

重视市、县机构设置和人员配备，尤其要加强县级草原技术推广单位的工作力量。目前，虽然工作职能逐步理顺，但机构队伍没到位，造成工作承接有难度，落实没力量。要按照“编随事走，人随编走”的要求，合理布局和调配机构人员，保证工作有机衔接。草原面积较大的县，要设草原管理和技术推广机构。草原面积较小的县，采取林草机构融合的方式设定职能，保证工作承接。同时，要在保证草原机构编制和人员不减少的基础上，根据当前生态保护建设的任务加强加，适当增加编制和人员。

（2）加强草原技术推广体系基础设施建设

面对新的形势和任务，体系要在原有基础上得到提升，功能进一步完善。要积极规划和争取基本建设项目，加强体系基础设施建设。解决目前大部分市、县草原

站存在的办公条件差、办公手段落后、办公资金短缺等问题。要在条件许可的情况下，优先配备现代办公设备，特别是解决推广单位基础设施建设和交通工具及设备与当前承担的草原保护技术推广任务不相适应的问题。

(3) 加强草原技术推广体系建设的组织领导

一是市、县级林草主管部门要明确草原技术推广体系建设工作的分管领导和科室，落实工作任务，理顺管理渠道。二是要用好“林长制”考核指挥棒，要将草原技术推广体系建设工作纳入到年终考核范畴进行考核，以促进草原技术推广服务体系建设工作更好地开展。

(4) 加强草原技术推广服务管理队伍的建设

注重加强草原技术推广服务体系队伍建设，针对从业人员素质不高、专业技术力量缺乏、年龄偏大、知识老化等问题，强化继续再教育和岗位培训，鼓励技术人员更新知识，提升理论素质和业务水平。加强思想作风建设，培养勤思考、善总结的创新精神，树立勤奋敬业、真抓实干的行业作风。积极创造条件，通过公开招考，把专业对口、勤奋敬业的年轻人才充实到体系队伍里来。

(5) 完善草原技术推广服务体系

统筹社会团体、企业科研力量，加强草业科学技术方面的专业研究，将草原修复及生态保护研究纳入国家技术推广重点科研工作并向下部署安排，与农业农村部门、科研院所、高等院校的草原科研机构开展联合项目协作实施，有效落实草业新品种选育培养、动态草地监测与生态环境、畜牧生产的数据管理、退化天然草场改良修复等专题研究，强化草原专业人才培养。此外，聘请院校、科研机构的专家教授为草原生态保护修复治理工作进行专业指导，并建立健全跟踪指导机制，确保项目申报有考察、方案制定有依据、实施中期有检查、项目完成有验收，形成一套规范的专业化指导服务体系。

(6) 营造重草爱草的社会氛围

宣传林草生态保护建设是党的生态文明建设宣传工作的重要组成部分。新形势下，社会各界应树立守护大美草原的意识，通过主流报刊、网络新媒体、现场主题活动进行宣传报道，努力营造一个全社会关心、支持、参与草原生态保护的良好氛围。例如，可以在全国草原保护日开展草原宣传活动，也可以举办草原风光摄影大赛、微视频征集等活动，对草原进行“名片展示”，逐步营造广大群众爱草护草的良好氛围，还可以讲好草原生态新故事，积极宣传草原生态保护和草产业发展在甘肃省生态文明建设、乡村振兴中涌现的新人新事。

（调研组：张志诚、许国成、张永辉、马爱霞；调研时间：2023 年 7 月）

（七）甘肃省基本草原划定情况调研报告

为进一步了解甘肃省县域基本草原划定工作现状和存在问题，为下一步科学合理优化调整全省基本草原提供对策依据，2023 年 5—6 月，我们对张掖市肃南县、临夏州临夏县和康乐县基本草原划定工作通过实地查看、召开座谈会、查阅资料等方式进行了主题调研。

1. 试点区基本情况

肃南县地处河西走廊中部，祁连山北麓，全县土地总面积 3 026.50 万亩。2011 年，全县划定基本草原面积 2 677.33 万亩，占全县总土地面积的 81.6%，其中，集体和牧户承包经营的草原面积 2 611.18 万亩；国有牧场使用的草原面积 66.37 万亩。根据“国土三调”公布数据，草原面积 1 999.73 万亩［包括鹿业公司、甘肃省绵羊繁育技术推广站、甘肃亚盛实业（集团）股份有限公司宝瓶河分公司］。其中：天然草原面积 919.59 万亩，占全县草地面积的 45.96%；人工草地 1.39 万亩；其他草原面积 1 078.75 万亩，占全县草地面积的 53.97%。

临夏州位于甘肃省中部西南面，黄河上游。2011 年，第一轮草原奖补时期基本草原划定面积为 387.49 万亩。其中临夏市 0.37 万亩，临夏县 24.02 万亩，康乐县 23.98 万亩，永靖县 142.89 万亩，广河县 18.02 万亩，和政县 28.07 万亩，东乡县 105.43 万亩，积石山县 44.71 万亩。“国土三调”数据公布后，临夏州现有草地 349.61 万亩。其中，天然牧草地 41.56 万亩，占 12.05%；人工牧草地 0.89 万亩；其他草地 307.16 万亩，占 87.69%。草地主要分布在永靖县和东乡县，分别占全州草地的 43.31%和 27.64%。全州草原面积相比 2011 年减少 37.88 万亩。

2. 主要成效和做法

肃南县是国家基本草原划定试点县，通过上下一致沟通，多方努力，2023 年 5 月，划定基本草原面积 1 547.32 万亩，占全县草原总面积的 77.38%；非基本草原面积 452.41 万亩，占全县草原总面积的 22.62%。建立了基本草原划定表册、数据库、绘制了肃南县级和乡镇级基本草原划定图、基本草原划定工作报告和技术报告，形成了肃南县基本草原“一张图”。由于政策、资金、人力等方面问题的影响，目前，临夏州基本草原还未进行优化调整。肃南县主要做法是：

（1）加强组织领导，周密安排部署。首先组织成立基本草原划定领导小组，确定政府分管领导任组长，明确相关部门责任分工，确保基本草原划定工作落到实处；制定实施方案和技术规程，明确目标要求、基本原则、技术路线、方法步骤和保障措施。

（2）开展宣传培训，统一思想认识。通过召开相关部门工作会议，统一干部思想认识，针对部分乡、村干部和牧民群众思想上存在的疑虑，针对性做好政策解读，利用多种方式多渠道进行宣传，消除群众的思想疑虑，增强群众草原生态保护意识，为草原划定工作的顺利开展奠定思想基础。同时举办各层次技术培训班，解读技术规程和方案，预判提出划定过程中需要注意的事项，提升干部工作能力和业务水平，确保工作质量和效率。

（3）密切配合协作，夯实工作基础。由于草原涉及乡、村行政界线和牧民承包草原的四至界线以及土地、矿山、道路、水力、旅游、电力、军事设施、畜牧业基础设施、森林草原防火隔离带等诸多方面，要准确反映基本草原划定的真实性，必须按照国土空间规划、结合区域“十四五规划”和乡村发展规划开展工作，通过积极协调各相关部门获取图纸、数据、信息等资料，奠定了划定工作的基础。

（4）严格把握政策，规范有序推进。为确保调查数据真实准确，经得住历史和实践考验，认真学习贯彻国家草原生态保护法律法规、政策，严格把握原则，在明确草原所有权、使用权不变的前提下，按照技术规程操作，开展基本草原登记、实地勘察、图斑勾绘、面积核定等工作，规范有序，稳步推进。

（5）认真调查摸底，建立信息系统。对划定的基本草原、工业、矿山、水利设施、道路、旅游、天然林地、耕地、农牧民和城镇宅基地等进行详细复核和统计的基础上，勾绘基本草原图斑，经图斑量算产生矢量数据，建立了基本草原信息系统。

（6）完善基础资料，整理建档保存。对划定中形成的文字材料、图纸表册、会议记录、现场记录等认真核查收集，确保数据准确、内容真实有效，做到归档立卷，永久保存。

3. 存在的问题

一是缺乏政策支持。基本草原划定是一项涉及多方职责、权益和部门协作的大事，地方主要领导的重视参与程度，对涉及相关工作的部门的协调调动，是保证工作顺利进行的关键，单一由草原行政主管部门推动划定和优化调整，高质量完成本项工作难度不小。

二是工作经费难以保障。基本草原划定工作涉及范围广，工作环境艰苦，任务量大，外业实地踏勘、调查、测绘、记录和内业资料核查、整理、成果上图、登记汇总、相关软件、遥感数据购图制图等系列工作，需要一定的经费支持。同时缺乏专项经费，致使宣传培训力度不够，技术力量薄弱，从而影响工作的高质量开展。

三是专业技术人员缺少。部分地方认为草原生态保护与地方经济发展之间的存在矛盾，甚至有些地方将草原作为本地项目发展和引进开发的储备地，不愿划定为基本草原。同时，机构改革后，全省大部分地方原有的草原技术工作人员留在了农业农村部门，只进行职能移交，人员未转的现象。且部分市县缺乏专门的草原机构，现有人员专业技术力量弱、业务熟练程度低，工作无法开展。

4. 调研启示

（1）生态优先、差别化划定是根本。应认真践行“绿水青山就是金山银山”的发展理念，树立生态优先的原则，统筹协调划定工作。既要保护好区域草原生态环境，又要为经济社会发展和民生改善留足空间，推动地方经济协调发展。根据国土空间规划，对符合“十四五规划”和乡村发展规划的相关区域，划定为非基本草原，其他区域原则上应全部划定为基本草原，基本草原不受最小单元格的限制，做到应划尽划，全部纳入基本草原保护范围内。

⑵ 领导重视、协调推进是保证。划定工作任务重、涉及面广，政策性强，技术要求高，没有强有力的组织保障，无法保证工作的顺利进行。领导小组要及时召开相关工作动员会，各级领导要跟班作业，指导划定工作，各相关部门和乡镇要根据基本草原划定工作建议方案，结合各自实际情况，提出建设性意见，并进行分析研判，对相关矢量数据进行修正，确保基本草原划定工作顺利推进。

⑶ 宣传发动、提高认识是前提。划定工作涉及面广，针对部分乡、村干部和农牧民群众思想上存在的疑虑，要及时召开不同层次的各类会议，广泛深入宣传基本划定工作任务重、涉及面广，政策性强，技术要求高，没有强有力的组织保障，无法保证工作的顺利进行。领导小组要及时召开相关工作动员会，各级领导要跟班作业，指导划定工作，各相关部门和乡镇要根据基本草原划定工作建议方案，结合各自实际情况，提出建设性意见，并进行分析研判，对相关矢量数据进行修正，确保基本草原划定工作顺利推进。草原划定的目的、意义和政策，通过讲清政策，讲明道理，进一步消除相关人员的思想疑虑，统一思想，提高认识，增强保护草原生态的忧患意识，为顺利开展基本草原划定工作奠定思想基础。

⑷ 深入调查、制定方案是基础。基本草原划定工作是落实习近平新时代中国特色社会主义生态文明思想的重要体现，关系到牧区草原生态保护与建设，关系着牧区经济的发展和社会进步，不仅情况错综复杂，而且技术要求高，工作难度大，没有一套正确的方案和规则作指导，工作很难圆满完成。因此，工作开展前期，要对当地的草原进行调查摸底和统计分析，并以此为基础，通过和乡村干部、牧民群众广泛深入座谈讨论，制定适合当地的《基本草原划定工作实施方案》和《基本草原划定技术规程》，出台符合当地实际的措施，提高工作效率，保证工作质量。

⑸ 培训骨干、熟悉业务是关键。划定工作技术性、实践性、协同性较强，各级林草部门要派员指导并进行技术培训，要明确专业技术人员负责具体工作，确保具有一定技术操作能力和水平，为整个工作的有效开展和高质量完成提供技术保证。

⑹ 依法依规、公开透明是基本原则。要做到划定工作公正、公开、公平，确保程序不缺、环节不少。从基本草原和非基本草原的界定、认点认线、构图划线、图斑量算等方面要严把质量关和程序关，对非基本草原面积扣除情况以及绘制的图、表、册以户、村、乡（镇）为单元及时公示，对公示没有异议的进行正式确认，有异议的进行现场分析、研判、调处。

（7）上下联动、部门配合是基本要求。划定工作关系生态保护和社会经济发展，涉及部门单位多，相关单位要按照当地生态保护红线划定、国土空间规划、“十四五规划”和乡村发展规划，积极提供各种图纸、资料、数据，提出相关意见、建议，密切配合，确保划定工作顺利进行。

（8）化解矛盾、维护稳定是关键举措。划定工作进入实施阶段后，要通过属地管理，就地解决的原则，及早化解矛盾和调处草原纠纷，各乡（镇）需成立矛盾纠纷调处小组，结合各地实际，深入调查研究，及时召开会议讨论对策，坚持就地化解矛盾。

（9）多规合一、数据融合是必然要求。以“国土三调”数据库为本底，生态红线、当地国土空间规划、“十四五”规划、乡村规划为依据，实事求是地进行矢量数据研判、核对、调查、融合，确定基本草原图斑，最终形成较为准确的基本草原“一张图”。

（10）提升水平、科学管理是最终目标。基本草原“一张图”是基本草原划定工作的主要成果之一。要将基本草原“一张图”纳入国土空间规划“一张图”，作为国土空间规划实施监督、生态环境监督的重要内容和国土空间用途管制的重要依据，实现各部门数据和成果实时共享，提升空间治理体系，能力现代化水平。

5. 建议

（1）尽快出台基本草原划定工作政策。建议出台专门政策，统一要求基本草原划定由各级政府领导，协调自然资源局（林草局）、财政局、农业农村局、各乡（镇）、生态环境局、民政局、统计局、水务局等相关部门协同参加，联合划定，这样才能做到与自然资源总体规划相一致，做到真正意义上的基本草原划定。采取最严格的措施，像保护基本农田一样保护基本草原，禁止开垦基本草原，禁止违法占用基本草原，禁止违法改变基本草原用途，加强草原资源用途管制，确保基本草原面积不减少、质量不下降、用途不改变，切实维护国家生态安全。

（2）进一步提高地方党委、政府对基本草原划定工作重要性的认识。要积极协调地方党委、政府，认真学习贯彻习近平生态文明思想，牢固树立“绿水青山就是金山银山”的理念，坚持系统理念，坚持胸怀天下，“保护好宝贵的草场资源”，站在全省草原生态保护的高度，认识基本草原划定工作的重要性，“要探索以生态优先、绿色发展为导向的高质量发展新路子”。

（3）加大工作资金支持。由于基本草原划定工作量大面广，涉及部门多，程序复杂，并且需要大量的人力、物力和财力支持。建立坚持国家投入为主，地方财政配套为辅的投入机制，更新先进的软件设备及卫星遥感监测设备，切实保障基本草原划定工作顺利开展。

（4）充实人才队伍，强化技术培训。组建专业技术队伍，举办基本草原划定技术培训班，解读技术规程，开展调查、测绘、数据核查、登记汇总、专业仪器设备的操作使用、地形图编绘、信息管理等方面技术培训，提升专业技术人员的实际操作能力和水平。

（调研组：王汝富、张万祥、金加明、王延；调研时间：2023 年 7 月）

（八）甘肃省草种质资源创新平台体系建设现状及建议

为扎实开展学习贯彻习近平新时代中国特色社会主义思想主题教育活动，推进我省草种业高质量发展，根据甘肃省林业和草原局《“三抓三促”行动方案抓专题调研促提升工作落实方案》，总站草种质资源创新工作团队研究制定了《甘肃省草种质资源创新平台体系建设调研方案》，3 月 6 日—7 月 5 日，先后多次深入实地，陆续赴酒泉市、张掖市、武威市、甘南州、临夏州、定西市等地，就草种业育繁推一体化建设中的省级草种质资源库、资源圃、省级草品种区域试验站及草品种审定工作运行情况，分别赴兰州大学省级草种质资源库，甘州、大洼山、安定、黄羊等地草种质资源圃以及肃州、甘州、安定、天祝、和政、大洼山、合作、夏河、车道岭等地省级草品种区域试验站开展了深入调研，先后有相关处室和我单位 19 人次参与调研工作，以座谈交流、实地走访、查阅材料、问卷、信息访谈等方式开展，与市、县两级林草部门、兰州大学、甘肃农业大学、中国农科院兰州牧药所相关管理人员、专家和技术人员 67 人（次）座谈交流，发放调查问卷 36 份，召开专家论证会 1 次。调研工作主要针对库圃站管理体制、基础设施、日常管理、运行机制、培训及技术保障等方面并结合草种育繁推一体化建设进行了交流研讨，并围绕推进库圃站体系建设可持续发展，进行专题分析，剖析了存在的突出问题，研究制定了整改措施，提出了下一步努力方向和对策建议。

1. 基本情况

甘肃省位于青藏高原、黄土高原、蒙新高原的交会地带，具有亚热带、温带、寒温带气候，是典型的农牧过渡区，地貌气候类型多样，具有发展草种业得天独厚的自然条件和良好的发展基础。

（1）草种质资源居全国之首，具有草种创新的丰富原材料、良好的自然条件和较强的发展基础。全国有 18 个草地大类，甘肃占 15 个，号称草种质资源博物馆，草类种子植物近 4000 种，分布在全省河西走廊、甘南青藏高原、中东部黄土高原和南部山区等 4 个主要生态区域。自然地理类型的多样性成为除热带草类以外其他草类均能适应的天然繁种地带，20 世纪 50 年代，甘肃省就成为全国草种生产供应中心，甘肃省也是人工种草和草产业大省，一直以来既是草种供种大省，也是用种大省，处于全国草种业领先地位。近年来，在河西、中部和兰州形成 300 多家草种生产经营企业，近3年审定乡土草品种25个，占之前总量的1/4，乡土草种子田面积不断扩大，草种生产供种量占全国的1/3，育繁推一体化体系建设正在起步。

（2）具有较强的草种创新研发能力。兰州大学草科院拥有全国唯一的草种创新及草地农业生态系统国家重点实验室，并入选首批20个标杆全国重点实验室，有全国名列第一的草学“A+”学科。甘肃农业大学作为国内的“草业黄埔”，草种育种能力也十分突出，中国农科院兰州牧药所是国内草种航天育种的领头羊。在一批国内一流草种创新科技团队、国家相关重点实验室以及两名中国工程院院士的支撑下，形成了甘肃省草业科技储备和草种创新的突出优势。

2. 库圃站体系建设情况

（1）平台建设不断完善

2019年以来，甘肃省林业和草原局启动了草种业创新发展平台建设，围绕草原生态修复用种需求，全面开展乡土草品种创新研发和驯化培育工作。利用4年时间，经严格考察评估，逐步构建起了由兰州大学、甘肃农业大学为主要技术支撑力量的1个省级草种质资源库，5个省级草种质资源圃。在全省范围内按照不同生境区域建立起14个省级草品种区域试验站。当前，兰州大学草种质资源库已收集保存了来自西北干旱荒漠区、青藏高原区、内蒙古典型草原区等生态区域的草种质资源800余种，8000余份。第一批启动的两个省级草种质资源圃，承担着甘肃河西地区荒漠及绿洲的草种质资源保护、评价和品种创新研究，已有近500份草类种质材料在资源圃开展田间保存、创新培育和评价研究工作。区试站从2020年以来，累计完成190余份种质材料800个试验项目，这些省级草品种创新服务平台体系的不断完善为科学有序开展草种质资源保护评价和创新利用工作提供了强力保障。

（2）管理制度不断跟进

结合甘肃省草种服务平台管理需求，成立了甘肃省草品种审定委员会，组织制定了《甘肃省草品种审定委员会章程》《甘肃省草品种审定管理办法》《甘肃省草品种和区域试验站管理办法》，陆续发布了《甘肃省草品种区域试验站建设标准》《草种质资源库建设与管理规范》，近期组织完成了《草种质资源圃管理和技术规范》，经甘肃省草业技术标准化委员会审核通过后提交到甘肃省市场监督管理局进入立项程序，库圃站建设管理工作逐步走向科学化、规范化。

（3）科技支撑保障有力

推动建立了以草品种审定委员会专家为技术核心的草种质资源创新利用协同工作机制，从草品种新种质进入区域试验审定、编制试验方案、开展田间试验培训和指导、编制区域试验报告、开展草品种田间评价到最终审定，探索形成了全程专家服务参与机制。当前，从草种质资源采集入库、出库更新到种质资源圃建设运行，正在形成库圃站体系全过程专家协同联动工作机制，分别组建了种质圃专家团队，由首席专家、各个圃牵头专家、各个站责任专家及各自团队分别完成全过程技术支撑，从规划布局、方案编制、田间管理、观测技术实操到数据收集运用形成分工明确、责任清晰的运行保障机制。结合草种审定工作，依托甘肃省重大科技专项和审定委员会专家，完成了甘肃省草品种认证技术路径研究，实现了从草种子亲本来源、区试报告、审定结果、原原种和原种认定、良种认定等从研发培育到投入生产全过程的技术闭环和质量监控，形成二维码追溯标识和专用包装，为探索保护草种知识产权、提升草品种质量、维护生产者合法权益以及推行草种认证管理提供了实践路径和技术保障。组织专家起草完成了《草品种审定——观赏草类区域试验测定技术规范》《草品种审定——生态草类区域试验测定技术规范》《草品种审定——饲草类区域试验测定技术规范》初稿，为不断提升草种质创新科学水平和规范化管理提供支撑。

(4) 成果转化有序推进

在草种育繁推一体化建设中，更加注重平台运行成果转化。为加大乡土草品种推广应用力度，解决乡土草种有审定无推广、有品种无应用的现实问题，2021 年，发布了《甘肃省草类品种推广目录（第一批）》，2023 年，发布了《甘肃省草类品种推广目录（第二批）》，先后纳入通过国审和省审乡土草品种 78 个。2022 年，设立了乡土草种原种繁育项目，利用草原生态修复补助资金，分别在酒泉肃州和张掖甘州建立了两个省级乡土草种原种繁育基地共 100 亩，当前已收获 9 个品种原种约 700 千克，预计五年累计可建立扩繁田 11.2 万亩，可生产 400 万千克的乡土草种，相当于甘肃省现有乡土草种生产能力的 15%~20%，为打通草种繁育后续产业迈出了关键一步。2023 年，在中央财政草种繁育补助资金的支持下，在河西走廊布局建设草种基地 5 个，种子田面积 10 500 亩，进一步提升了草种产能。探索完成甘肃红豆草、甘引 1 号黑麦等 7 个草品种、2700 亩乡土草种繁育田二维码追溯标识、专用包装管理。完成了甘州区 50 亩乡土草种原种田质量追溯认证管理。

3. 面临的突出问题

调研中大家一致认为，甘肃草种业发展基础良好，资源优势和丰富度居全国之首，科技保障能力较强，是国内最理想的草种制种区域之一，形成了独特而明显的发展优势。尤其近几年在草种产业链布局谋划、平台搭建和机制创新方面取得了一定实效。但与种业优势资源及育种能力相比，甘肃省的草品种培育与草种质创新工作并未明显走在全国前列，草种质资源创新利用水平还不高，草种业在生态、经济、社会主战场上的影响力还不够，土地、科技、种质、成果等草种业产业链上的资源共享及各个环节还存在屏障，可持续的草种业发展机制尚未成形。分析各种因素，当前存在的突出困难和问题主要有：

(1) 经费没有保障

林草机构改革前，草种业作为草产业的重要组成部分，均属于原农业部畜牧司规划建设，所有经费均来源于农业、种业或者草原生态建设资金，任何时期的草原生态项目内容中都包含草产业（草种业）。当前的草原生态修复资金使用方向中 “草种繁育”仍然作为四大块内容之一，但林草机构改革后，草种业发展管理职能归到了林场种苗，但草原生态修复资金归到了草原，草种繁育的管理和资金使用从顶层设计上不统一，导致草种繁育资金不能保证。

（2）库圃站体系基础建设和管理方面的问题

省级种质库：库容量小，可保存种质数有限。目前种质库仅仅建有 50 平方米的 4℃低温保存库，在不备份的情况下，库容量仅约为 8000 份。而仅甘肃省优良饲用牧草就多达 2000 余种，以每种收集 10~20 份种质计算，潜在可保存种质数多达 40 000 份。考虑到备份，目前的库容量远远不能满足种质资源保存和发展的需要，需要扩容。缺乏长期库。目前所建种质库设计温度为 4 ℃，主要用于种质的中短期保存，一方面部分种质生活力下降速度快，保存风险增大；另一方面增加了种质库扩繁和重新采集工作量，进一步减少了种质库保存量。缺乏高标准干燥间。为保证种质在干燥期间的活力，国际上普遍采用“双十五”干燥间进行种子干燥处理。目前省级种质库主要采用干燥箱与干燥器进行干燥，干燥效率较低，难以适应大规模的种质干燥处理。备用电力装置缺乏。稳定的温度控制是保证种质库种质安全保存的前提，目前的种质库单线路供电，存在因停电造成种质生活力快速下降或丧失的风险。

省级种质圃：资源圃布局还不完善。在甘肃省原有黄羊镇和临泽县 2 个草种质资源圃基础上，新确定了定西安定、兰州七里河大洼山、张掖甘州等 3 个重点生态区域的草种质资源圃，还需在青藏高原区甘南和黄土高原雨养区陇东地区 2 个重要生态区完善布局草种质资源圃，以科学支撑全省测草种质资源保护创新工作。系统规划和建设布局滞后。几个种质圃基础设施建设标准不平衡，系统规划没有完成，种质圃定位和作用田间设施建设不规范。种质圃运行有待理顺。种质圃和种质库、各圃之间以及各地的种质采集需要建立联动协作机制，建立专家支撑团队，明确搜集保存区域、主要种类及工作规范，确保可持续运行，为种质资源保护和草品种创新发挥应有的服务作用。

省级区域试验站：基础设施建设落后，参差不齐。有的试验站规划布局不科学，田间设施不配套，大多数站试验用房、工具间、样品处理间及晾晒棚等配套设施不完善，有的主管部门不重视。对试验管理不到位，技术人员不稳定，试验工作责任不明确，对经费的使用管理不规范。技术培训跟进不够。田间培训交流不够，草品种试验数据采集、数据处理、报告编制等方面不平衡。

（3）草品种审定方面的问题

草品种审定委员会工作机制需要进一步完善，草品种审定委员会办公室人员力量不足，对审定工作的服务能力不够；针对生态建设和国土绿化方面的草品种审定技术支撑薄弱，相关技术规范不完善；委员配置中专业学术委员占比偏低。

(4) 草种管理和乡土草种推广应用方面的问题

一是草种推广政策导向和引导作用不够。对乡土草种推广应用的支持政策和法规保障机制尚未建立，突出表现为生产乡土草种没有效益，难以中标。二是草种生产用地没有空间。各地执行耕地非粮化一刀切，使得草种繁育项目难以落地。三是草种市场混乱，管理缺位，乡土草种竞争能力弱，进口伪劣种子充斥市场，严重影响草原生态修复成效。四是乡土草种原种基地建设严重滞后，成为草种育繁推一体化的瓶颈。

4. 对策建议

(1) 加强组织领导和政策引导

组织成立甘肃省草种业高质量发展领导小组，编制甘肃省草种业发展规划和甘肃省草种管理办法，配套草种育繁推、库圃站体系持续推进引导政策和推进措施。

(2) 加大资金支持力度

积极争取设立省级财政草种发展专项资金，加大草原生态修复资金和草原植被恢复费对草种繁育工作的支持力度，确保草种质资源保护采集、评价、利用、库圃站体系建设运行和草种原种繁育、良种推广基地建设等草种业可持续发展的资金保障。

(3) 加强库圃站基础设施建设

依托甘肃省草品种审定委员会专家智库，制定库圃站建设标准和技术规范，分批次 5 年内完成省级库圃站基础设施提升工程，确保把甘肃省建设成为全国一流的草种创新培育中心。

(4) 加强库圃站软件和人才队伍建设

实行库圃站重点任务目标管理制，各管理单位对甘肃省林业和草原局负责，甘肃省草原技术推广总站负责任务督促落实；组建省级草种质资源库圃站技术支撑专家团队，设立首席专家、区域牵头专家、区域专业团队及工作责任制；建立库圃站协同联动工作机制和评价考核机制。

(5) 加强库圃站成果转化（原种基地、推广目录、认证）

由甘肃省草原技术推广总站牵头，组建库圃站技术、品种成果转化团队，在乡土草种原种基地建设，良种推广认证机制创新和乡土草种推广目录发布应用方面探索路径，建立乡土草种繁育应用示范区，培育形成草种业发展优势区域和龙头企业。

（调研组：张榕、李德明、周栋昌、高占琪、王海、刘乾、梁婷、徐锐真、高成芬；调研时间：2023 年 7 月）

（九）甘肃省草原有害生物监测预警现状及对策调研报告

为深入贯彻习近平新时代中国特色社会主义思想特别是生态文明思想，全面贯彻落实党的二十大精神，深入落实甘肃省林业和草原局党组关于习近平新时代中国特色社会主义思想主题教育、“三抓三促”行动和大兴调查研究的相关要求，按照单位党委安排，2023 年 5—7 月，围绕甘肃省草原有害生物监测预警工作，我单位先后通过深入甘南、张掖、武威、天水等地调查，走访甘肃农业大学座谈交流，向有关高校、行业企业、国家级和省级预测预报站发放调查问卷，电话交流等多种形式开展调研。

1. 甘肃省草原有害生物危害及监测预警现状

（1）草原有害生物危害现状

草原有害生物主要包括草原害鼠、害虫、毒害草和草原植物病害。2019—2022 年，甘肃省草原有害生物危害面积分别为 7225 万亩、5740 万亩、5541 万亩、5775 万亩。虽然依托近年来持续开展的草原生态修复治理资金项目，甘肃省积极开展鼠虫害防控，草原鼠类、草原虫害危害得到有效控制，并呈下降趋势，草原生态环境有所改善。但是草原鼠虫害依然为常发态势，在全省草原均有不同程度发生。主要危害区域集中在甘南高原、祁连山地和河西荒漠区，主要危害鼠种为高原鼢鼠、甘肃鼢鼠、高原鼠兔、大沙鼠、子午沙鼠等。蝗虫作为甘肃省草原的主要害虫，今年为低发态势，白刺夜蛾、草原毛虫等其他害虫发生略有降低。蝗虫在全省各地均有发生，在永昌县、肃南县、山丹县、民乐县、民勤县、夏河县、环县等地依旧重点发生。白刺夜蛾主要发生在民勤县和甘州区。草原毛虫主要发生在玛曲县、碌曲县、夏河县和合作市，以及张掖市高台县。毒草种类主要有狼毒、醉马草、橐吾和棘豆属多种毒草。狼毒、醉马草主要分布在武威、张掖、金昌等河西走廊温性草原和温性荒漠区域；橐吾主要分布在甘南高寒草甸、陇南暖性灌丛等区域；棘豆在全省各类草原均有分布，主要在武威、张掖、酒泉、金昌、白银、甘南、临夏等地。依托甘肃省草原有害生物普查工作，初步查明禾本科、豆科、菊科、蔷薇科植物锈病、白粉病，以及各类叶斑病是甘肃省甘南、定西、陇南、庆阳及河西等地最主要的草原植物病害。

草原害鼠和草原害虫是甘肃省最主要的草原有害生物。2022 年，甘肃省天然草原鼠害为常发态势，危害面积较上年有所下降。全省草原鼠害危害面积 3978 万亩，比上年减少 3.6%，严重危害面积 1201 万亩，比上年减少 31.6%。鼢鼠类危害面积 1243 万亩，严重危害面积 272 万亩。高原鼢鼠主要分布在玛曲县、碌曲县、合作市、肃北县、民乐县。甘肃鼢鼠主要分布在张掖的肃南县，陇东的庆阳市和陇中的定西市、白银市。鼠兔类危害面积 1626 万亩，严重危害面积 347 万亩；害鼠主要为高原鼠兔，主要分布在甘南高原，祁连山区的肃南、肃北、阿克塞等县；沙鼠类危害面积 843 万亩，严重危害面积 464 万亩；主要为大沙鼠、子午沙鼠和长爪沙鼠，分布在河西地区和陇中的景泰，靖远等县。跳鼠类危害面积 155 万亩，严重危害面积 86 万亩。主要分布在河西地区。黄鼠及其他鼠类危害面积 111 万亩，严重危害面积 32 万亩；主要分布在金昌市、庆阳市、白银市。

2022 年，甘肃省草原虫害危害整体减轻，但局部地区虫口密度依然偏高。危害面积 1197 万亩，比上年减少 16.9%，严重危害面积 610 万亩，比上年减少 12.9%。其中：草原蝗虫危害面积 820 万亩，严重危害面积 368 万亩，在全省草原均有分布，主要在张掖市、酒泉市和庆阳市；草原毛虫等其他害虫危害面积 307 万亩，严重危害面积 217 万亩，主要在甘南州和张掖市；白刺夜蛾危害面积 70 万亩，严重危害面积 25 万亩，主要分布在民勤县和甘州区。

⑵ 草原有害生物监测预警工作的重要性

草原有害生物监测是指根据各类有害生物的发生发展规律，结合植物的物候、气象资料及具体有害生物的发生过程等进行综合分析，分析研判草原有害生物的发生量与危害程度。通过监测分析，若未来一段时间某种有害生物成灾，即向当地草原管理部门或农牧民发出预警。通过日常监测，能够掌握草原主要有害生物的发生动态，及时发现有害生物暴发成灾的趋势，尽早指导相关部门和农牧民采取适当措施，开展有害生物防控工作，减轻灾害损失甚至避免灾害发生。此外，防控后开展有害生物的监测工作，也能够评估防控效果，修正防控措施和防控技术，为将来草原有害生物综合防控提供决策依据。基于国家长期以来对草原鼠虫害的重视，在各级政府的支持和资金配套下，甘肃省基本实现了鼠虫害暴发成灾的监测预警工作，如针对飞蝗等迁飞性害虫等采取的监测预警及有效防控。但是，草原有害生物害情联系报告制度、监测预报管理制度以及草原有害生物监测预报标准体系、灾害损失评估体系等尚未构建。监测预报和防治工作缺乏有效的中长期基础数据支撑。监测预报主要依赖于地面测报系统和大量的实地调查工作，效率低、时效性差、主观性强，监测预报准确性欠佳，难以真正有效发挥监测预报的防灾减灾作用。

⑶ 草原有害生物监测预警现状

甘肃省在 2017—2018 年，经国家有关部委批准立项，在我单位建设完成 1 个省级草原生物灾害监测预警中心，在张掖、甘南、临夏、庆阳、定西等地分别建设地级草原生物灾害监测预警中心。通过改造监测预警中心指挥室、测报分析室、档案室，购置数据服务器、GIS 工作站、图形工作站、网管交换机、数码相机、野外采集测量工具等设备，使甘肃省草原生物灾害监测预警体系在生物灾害测报分析、信息发布、灾害防治、技术培训、保护宣传等方面有了一定提升，强化了省、市两级草原生物灾害预警监测体系设备和基础设施，为甘肃省草原生物灾害监测预警工作的正常开展创造了基础条件。

“十三五”期间，甘肃省在草原有害生物发生重点区域建成17个省级鼠虫害预测测报站，依托预测预报站监测数据及30个草原鼠虫害重点发生县（市、区）调查数据，每年编制《草原鼠虫害发生趋势分析报告》，为制定防控方案和适时开展防治工作提供科学依据。在此基础上，积极争取承担国家级草原有害生物监测任务，目前有2个草原鼠害国家级监测预报站、1个外来入侵物种国家级监测站。鼠虫害监测作为一项常规工作，每年按期开展草原蝗虫危害情况形成趋势预测报告；组织开展草原虫害关键防治期周监测，6—8月启动24小时草原虫害防治应急值班和零报告制度，实时掌握虫情发生动态和防治情况。组织有关县在11月进行地下鼠秋季危害调查，3月进行地上鼠春季危害调查。每月1日总结上月草原鼠虫害发生情况，分析预测下月发生趋势，上报甘肃省林业和草原局。

2. 取得的成效

（1）初步构建了监测预警体系

“十三五”期间，在全省有害生物发生重点区域建成17个省级鼠虫害预测测报站，预测预报站范围涵盖祁连山地、河西荒漠、陇中陇东黄土高原、甘南高原等草原有害生物主要发生区域。依托省级预测预报站和3个国家级草原鼠害、外来入侵物种监测站点，初步建立了鼠虫害监测预警网络。同时，甘肃省积极组织开展预测预报站能力提升项目，在民勤、古浪、碌曲、夏河、阿克塞等5个省级鼠虫害预测预报站实施草原有害生物省级监测预警站能力提升建设项目，探索开展卫星遥感、人工智能、大数据、无人机等新技术应用，提升草原有害生物发生动态实时监测、发生趋势预测分析和灾情预警等信息和灾害管理能力。组织开展鼠虫害预测预报技术研究，在山丹、碌曲、民勤、肃北4个县分别建立蝗虫、草原毛虫、白刺夜蛾、叶甲固定监测点，为野外站点配备远程监测设备、小型气象站等设备，及时掌握害虫的发生情况、植被和气象数据，为预测预报工作提供基础数据。研发《草原有害生物普查数据管理系统》，进一步规范草原有害生物监测与调查，加强草原有害生物数据审核与分析能力，提升甘肃省草原有害生物管理水平。

（2）草原有害生物防控取得成效

按照“公共植保、绿色植保、科学植保”的理念，贯彻落实“预防为主，综合治理”的指导方针，通过多年的草原鼠虫害持续防控，草原有害生物危害面积逐年下降，鼠虫害整体发生面积较“十三五”期间下降12.6%，草原生态持续向好，草原植被有效恢复。增强了草原固碳、涵养水源、抗沙化和水土流失的能力，促进了草原生态系统良性循环，提高了草原生产力。2019—2022年，全省共完成草原鼠虫害防治4460万亩。其中：2022年，共完成草原鼠害防治665万亩；草原虫害防治390万亩。

（3）草原生态持续好转

草原有害生物的防控是草原生态修复治理的重要措施之一。随着鼠虫害发生量的控制，退化的草原得以有效恢复。仅以甘南州为例，2022 年，甘南州草原亩均鲜草产量、草群高度、植被盖度分别为 412.7 千克、23.2 厘米和 97.01%，亩均鲜草产量较“十三五”前增长 46 千克、提高 11.6%，草群高度增长 8.2 厘米、提高 54.7%，植被盖度提高 0.39%，生物多样性有所增加，草原生态持续好转。

（4）草原生物多样性丰富

草原鼠虫害导致草原植被退化，当危害程度达到一定密度，将使草原生产能力下降，草原牧草死亡，植物多样性受到很大影响。同时影响草原生态平衡，草原生态平衡是一个复杂的生态系统，草食动物和肉食动物之间的相互关系是关键。虫鼠过多会导致肉食动物数量的减少，从而影响到整个草原的生态平衡和生物多样性。随着多年草原鼠虫害的有效防控，草原退化的趋势得到了一定程度的遏制，植物多样性有效增加。随着草原生态的逐步好转，害鼠、害虫的密度控制在防治标准以下，使得鸟类、狐鼬、狼等天地动物数量进一步增加。

3. 发现的问题

（1）监测体系弱

林草部门涉及的最新一轮机构改革，强化了林草部门生态保护建设的职责，但全省草原技术推广体系队伍客观上出现了不同程度的弱化。机构改革后，市、县两级草原技术推广单位机构撤并转隶，人员转岗，技术推广体系线断网破，造成有的市、县没有机构承接草原有害生物监测预警工作。多数工作人员专业不对口，无法适应新形势下草原有害生物监测预警工作的新要求。

（2）监测技术弱

目前国内尚未构建统一的草原有害生物监测预报标准体系。甘肃省草原有害生物监测预报主要依赖于地面测报数据，效率低、时效性差、主观性强、监测预报准确性欠佳，难以有效发挥监测预报的防灾减灾作用。

（3）预警功能弱

甘肃省草原面积大，有害生物监测任务重。现有监测网络设备和检测仪器等设施、设备不能满足工作需要，只靠基础工具和有限人力开展监测，预警功能得不到发挥。传统的监测预警手段已不能满足当前草原有害生物监测预警工作的新要求。

4. 对策建议

（1）进一步强化草原有害生物监测预警布局

建议国家按照草原有害生物发生和传播规律，合理划分多发区、重灾区，以省、市为单位统一规划，合理布局建设监测站点，形成整体推进、网络共享、互联互通、协同运行，实现对草原有害生物全面监测预警与联防联控的局面，避免单打独斗，各自为政。以各级草原有害生物防治机构为依托，聚焦国家重点生态功能区、重要生态系统保护和修复重大工程区，突出迁飞性、暴发性重大草原有害生物防治，建设全国主要草原有害生物灾害防治管理综合大平台，构建集约整合、互联互通、功能完备的监测预警、防治减灾、支撑保障和防治监管四大体系，推进重大草原有害生物灾害防治的宏观管控现代化、科学治理精准化、社会服务便捷化、基础设施集约化，提高对草原有害生物灾害的预防和控制能力。

(2) 进一步完善监测预警体系建设

依托物联网、云平台、大数据等信息技术及相关先进硬件系统支撑，构建点、线、面相结合的草原有害生物监测预报网络体系。建成1个省级草原生物灾害监测预警中心、14个市级草原灾害监测预警区域中心和覆盖全省86个县级测报点。构建省、市、县三级监测预警体系。建设甘肃省草原生物灾害监测预警系统，提高草原生物灾害监测范围和监测能力，实现全省范围内主要草原生物灾害监测的规范化、数字化、智能化、可视化，提高草原生物灾害的预测预报的准确性，提高应对重大草原生物灾害应急反应能力，缩短重大草原生物灾害应急处置反应时间，实现灾情的“早发现、早预警、早处置”，为防治决策与管理提供科学依据。

(3) 进一步提升草原生物灾害防治能力建设

建设完善省、市、县草原有害生物灾害防治体系，配置防治指挥、作业车辆和防治工具，设置有害生物应急防治区域中心库，加强草原鼠虫害防治能力建设，提升草原有害生物灾害应急处置能力。加强省级草原有害生物防治机构分析决策和应急调度能力，全面提升省级应急指挥中心，实现省、市、县应急信息实时传输、应急防治物资调配及时、应急指挥联动顺畅、防治工作科学精准。

（调研组：杨浩、李晓鹏、吴江、周惠丽；调研时间：2023年7月）

第二节　规划建设

一、甘肃省种草区划

1. 背景来源

为了发挥自然资源潜力和社会经济优势，依据客观的草业地域分布规律，从发展生产出发，分区划片，确定最适最佳草种和栽培技术，为规划和指导草业生产供科学依据，增强发展草业的主动性，减少盲目性，做到适地适草，良种良法，实现科学种草，是草种区划工作启动的依据和背景。

1984年，甘肃省畜牧厅根据中央农牧渔业部畜牧局文件精神，由王无怠总工程师牵头，在《全国主要多年生栽培草种区划研究》西北课题协作组基础上，成立了甘肃省课题协作组，由甘肃省饲草饲料技术推广总站、中国农科院兰州畜牧所、甘肃农业大学、甘肃草原生态所、甘肃省种草养畜技术服务公司、甘肃省牧草种子公司、甘肃省畜牧兽医研究所等单位，以及地、县种草(草原)工作站(队)等单位的有关专家和科技人员组成，工作内容由外业即建立补充试验点、开展试验示范和内业即资料收集整理分析编写等方面，利用3年多时间完成了课题，形成了16万余字的《甘肃省主要栽培牧草区划》《甘肃省主要牧草栽培利用技术》和《甘肃省种草技术规程》等成果资料。在此基础上，1987年开始，继续在王无怠总工的主持下，由甘肃省饲草饲料技术推广总站负责，从甘肃省实际出发，对课题成果作了调整补充，经过3年多工作，完成了19万余字的《甘肃省种草区划》，于1991年由甘肃省科学技术出版社出版发行。

2. 主要内容

对甘肃省种草历史作了回顾，肯定其在国民经济中的作用，在分析全省自然地理、社会经济条件和综合评价全省牧草资源基础上，提出了牧草种植的分区依据和分区方法，据此将全省分为5个牧草栽培一级区和14个二级区，并分别作了评价。对30个当家草种和辅助草的来源与现状、植物学、生物学特性、利用价值、栽培利用技术作了介绍和综合评述，提出了落实种草区划、发展草业的建议。

3. 成果意义

《甘肃种草区划》系统总结了新中国成立以来前40年甘肃在种草方面的实践探索成就和成果，是首次对甘肃种草基础、优势条件、区域布局、种草方向、适宜品种、栽培技术进行系统论述的成果资料。①甘肃省的种草在20世纪80年代受到中央领导的关切，备受重视，是省上各级政府在政策、资金、人力上支持最好的历史阶段， 也是开创甘肃草业具有明显成效的时期，是甘肃农业现代化建设史上的一次开拓。②进一步论证了甘肃省种草在历史和现实中一直客观存在的多样性功能和效益。虽然养畜的作用总是存在于种草之始终，但却不能限于一格，成为治穷的起点、致富的历程和振兴的始终。③首次把草种提到了和主粮作物同等重要的区划层面，进行了分区分系统论述，具有较强的政策指导性和实践可操作性，兼顾了宏观理论指导和实践操作的统一性，提升了草业认知度和在大农业中的地位。④成果的研究过程以及面世，彰显了甘肃草业界前辈精英的胸怀格局、团结凝聚能力以及无私合作精神，也体现了总站在全省草业科技队伍体系中的枢纽平台地位和协调服务精神。

4. 主要完成单位和主要完成人员

主持单位：甘肃省畜牧厅。

主持负责人：王无怠。

负责单位：甘肃省饲草饲料技术推广总站、甘肃农业大学草原系。

甘肃省协作组组长：王无怠。

副组长：金巨和、李逸民。

秘书：曹致中、申有忠。

成员：向得福、赵智茂、王英、郭博、聂朝相、张志学、陈哲忠、王素兰、王宸清、李琪、王钦、许延志、车文信、赵哈林。

另：我单位施允昭同志参加了甘南协作组的试验点工作。

二、草原生态建设

（一）《甘肃省草原生态保护建设“十一五”规划》(2006—2010 年)

1. 指导思想：以邓小平理论、“三个代表”重要思想为指导，认真落实科学发展观，贯彻国务院《关于加强草原保护和建设的若干意见》精神，按照原农业部《西部天然草原植被恢复建设与保护规划》和《甘肃省生态环境建设规划》总体布局，以保护和恢复天然草原植被为核心，促进草原生态良性发展和全面建成小康社会为目标，实现全省草原生态的有效恢复和草原畜牧业经营方式的根本转变为宗旨，相关法律法规和政策为依据，科学技术和配套管理体系为保障，统筹兼顾宏观与局部、长远与当前、经济与生态等，力求规划科学求实，目标切合实际，逐步形成合理利用、积极建设和有效保护草原畜牧业新型机制，遏制天然草原生态环境恶化的趋势。

2. 规划原则：生态效益第一，兼顾社会经济效益，不降低农牧民生活水平；重点突出，分步实施，因地制宜，讲求实效；预防保护为主，防治与建设相结合；工程措施为基础，生物、农艺和科技措施相配套；以转变生产方式和放牧制度为切入点，引导建立新的经营机制为目标；以国家投入为主体，逐步引导和建立多元化投入机制；以项目区干部群众为主要建设力量，宣传和动员全社会共同参与。

3. 规划目标：新建草原围栏 1139 万公顷，其中禁牧围栏 614 万公顷，休牧围栏 193 万公顷，划区轮牧围栏 332 万公顷；在围栏区和轮牧区配套综合改良草原 100 万公顷，飞播改良草原 100 万公顷，建设人工饲草饲料基地 10 万公顷，人工种草 13 万公顷，修建牲畜棚圈 411 万平方米，修建人畜饮水点 5000 处，配套牧草加工机械 4 万台（套）；完成已垦草原和退耕还草 100 万公顷，建设牧草种子基地 0.6 万公顷；建立完善草原自然保护区 3 个，草原动态监测站点 300 个，草原监理站 43 个，鼠虫害预测预报站点 81 个，防火中心(站点)516 个。

4. 投资概算：总投资 65.7 亿元，其中申请国家投资 45.8 亿元，占 69.7%；地方配套 8.6 亿元，占 13.1%；自筹 11.3 亿元，占 17.2%。

5. 预期成效：通过禁牧休牧、围栏舍饲和生态建设工程的实施，可有效遏制全省草原“三化”趋势，逐步改善境内的生态环境，为恢复植被，整体实现山川秀美打好基础。工程完成后，将使全省的草畜矛盾得到进一步缓解，草地畜牧业逐步走上可持续发展道路，对提高农民收入，加快全面建成小康社会的步伐，特别是维护少数民族地区的社会稳定，增进民族团结，缩小城乡差别，实现社会经济与生态协调发展意义重大。

6. 发布时间及部门：2005年9月，甘肃省农牧厅发布。

7. 组织机构：甘肃省农牧厅。

8. 参与编制人员：张榕、李贵霖、张贞明、阿不满。

（二）《甘肃省“十二五”草原保护建设利用规划》（2011—2015年）

1. 指导思想：以科学发展观为指导，全面贯彻草原保护建设利用的各项方针政策，认真执行《草原法》和《甘肃省草原保护条例》等草原法律法规，积极落实《全国草原保护建设利用总体规划》的各项要求，紧密结合甘肃省实际，用科学发展的理念统筹谋划全省草原保护建设利用工作，尊重自然、经济和社会规律，科学认识、正确处理牧区、牧业与牧民的关系，草原保护、建设与利用的关系，草原牧区人、畜与草的关系，草原牧区生产、生活与生态的关系，以转变草原经济增长方式为宗旨，以加快天然草原植被恢复为核心，以促进草原生态良性发展为目标，不断加大政策落实力度，充分调动全社会的积极性，建立健全草原支持保障体系，认真实施草原保护建设利用的重点工程，有效遏制天然草原生态恶化趋势，增强草原的可持续发展能力。

2. 基本原则：因地制宜、统筹规划、分类指导；全面保护、重点建设、合理利用；生态优先，兼顾经济和社会效益。

3. 规划目标：“十二五”（2011—2015年）期间，完成草原承包面积2300万亩，全省草原承包面积达到2.05亿亩，占全省可利用草原面积的85%；完成草原围栏面积4500万亩，全省草原围栏面积达到1.5亿亩，占全省可利用草原面积的62.2%；完成草原补播改良1500万亩；完成有害生物防控8000万亩（次），草原加速退化的趋势得到遏制。到“十二五”末，全省人工种草面积达到2500万亩，其中多年生牧草达到2180万亩。草产品规模产能达到200万吨，牧草良种基地、种子田面积达到150万亩。进一步加强草原防灾减灾体系建设，确保能满足扑救和应对重大草原火灾、虫灾、冰雪灾、旱灾等灾害。

4. 发布时间及部门：2011年12月，甘肃省农牧厅发布。

5. 组织结构

组织单位：甘肃省农牧厅。

参与编制人员：张贞明、李贵霖、阿不满。

（三）《甘肃省“十三五”草原保护建设利用规划》（2016—2020年）

1. 指导思想：全面贯彻党的十八大精神，按照党中央、国务院决策部署，坚持绿色发展，坚持节约资源和保护环境基本国策，筑牢生态保护屏障，坚持保护优先、自然恢复为主方针，立足省情，以建设美丽甘肃为目标，全面落实主体生态功能区战略，围绕国家生态安全屏障建设，以加强草原生态保护建设为核心，以解决生态环境领域突出问题为导向，保障国家生态安全，改善环境质量，提高资源利用效率，推动形成人与自然和谐发展的绿色可持续发展新格局。

2. 基本原则：坚持统筹规划，综合治理。坚持因地制宜，试点先行。坚持以人为本，注重民生。坚持政府主导，社会参与。坚持深化改革，创新机制。

3. 规划目标：以构建国家西部生态屏障、建设生态文明省为总目标，利用国家实施草原补奖和加强草原生态保护与建设的扶持政策，落实草原承包、基本草原保护、草原禁休牧、草畜平衡制度，加强草原围栏、人工草地建设、舍饲圈养等草原基础设施建设，完善草原监督管理、预警监测、技术服务等支撑保障体系，建立草原生态补偿长效机制，努力实现“草原绿起来、草原畜牧业强起来、农牧民富起来”的目标。到2020年，全省草原生态退化趋势得到基本遏制，草原植被盖度明显提高，全省达到53%~54%，植物群落结构趋于优化，生物多样性有所增加，草原生态环境得到显著改善；草原畜牧业的生产经营方式得到改变，农牧民生活方式得到改观，农牧民收入水平得到提高，初步建立起人、草、畜和谐相处、协调发展的良性草原生态系统。重点治理地区草原生态状况明显好转，防灾减灾能力明显增强，草原生态环境有效改善。“三化”草原治理率达到55%。

4. 主要工程：草原生态保护补助奖励政策；退牧还草工程；已垦草原治理工程；草原资源保护工程；草原有害生物防控工程；草品种育繁保障体系建设；退耕还草工程；粮草兼顾型草牧业工程；飞播种草项目；秸秆饲料化利用工程；草原监测预警体系建设；草原防火体系建设；草原监理体系建设；草业科技支撑体系建设；草原信息管理体系建设。

5. 发布时间及部门：2016年11月，甘肃省农牧厅发布。

6. 组织机构

组织单位：甘肃省农牧厅。

参与编制人员：张榕、张贞明、阿不满。

（四）《甘肃省“十四五”草原生态保护修复利用规划》（2021—2025年）

1. 背景意义：甘肃是草原资源大省，地处中国黄土高原、蒙古高原、青藏高原和西秦岭山地的交会过渡地带，草原是长江、黄河、三大内陆河的重要水源涵养区，是国家重要的绿色生态屏障，也是广大农牧民生存与发展的重要物质基础。维持草原生态系统平衡，推进草原资源可持续发展，是全面落实习近平生态文明思想的具体体现，是贯彻党中央“五位一体”总体布局，协调推进“四个全面”战略布局的重要内容。“十三五”期间，甘肃省严格落实草原承包、草原生态补助奖励等政策和制度，强化禁牧和草畜平衡监管，加大草原违法案件查处力度，组织实施了退牧还草、退耕还草、草原生态修复等一系列草原保护与牧区发展项目，草原生态状况持续向好发展。但全省草原生态环境还很脆弱，当前和今后一段时期，草原生态保护面临的形势依然严峻。为全面贯彻《国务院办公厅关于加强草原保护修复的若干意见》《甘肃省人民政府办公厅关于加强草原保护修复的实施意见》精神，进一步加大草原资源保护和修复治理力度，增强草原调节气候、保持水土、防风固沙、碳汇等能力，切实推动“十四五”时期甘肃草原生态保护修复工作，编制本规划。

2. 主要内容：通过分析草原生态保护修复利用现状与形势，规划了草原生态保护修复利用的总体要求和布局，提出了实施草原生态修复治理、草原有害生物防控、草原监测预警体系建设、草品种保护创新利用、草产业能力提升、畜牧业转型升级等重点工程项目，着力强化草原资源保护，全面加强草原生态修复治理，有序推进草原资源合理利用与发展。

3. 发布时间及部门：2022 年 8 月，甘肃省林业和草原局。

4. 参与编制人员：王汝富、张贞明、张万祥、王延。

（五）《甘肃省人民政府办公厅关于加强草原保护修复的实施意见》

为贯彻落实《国务院办公厅关于加强草原保护修复的若干意见》精神，进一步加强草原保护修复，加快推进生态文明建设，经甘肃省政府同意，提出如下意见。

1. 主要目标

到 2025 年，草原生态保护修复制度体系基本建立，草原生态持续好转，草原质量稳步提升，草原综合植被盖度稳定在 53%以上。到 2035 年，草原生态保护修复制度全面落实，草原生态明显好转，生物多样性显著增加，草原生态功能和生产能力显著提升，初步实现高质量发展，草原综合植被盖度稳定在 55%以上。到 21 世纪中叶，退化草原得到全面治理和修复，草原生态系统实现良性循环，形成人与自然和谐共生的新格局。

2. 工作任务

提出以下主要任务：进一步强化草原调查统计，认真做好草原监测评价，科学编制草原保护修复利用规划，着力加强草原资源保护，全面落实禁牧和草畜平衡制度，逐步建立草原自然保护地体系，切实加强草原生态修复，统筹推进林草生态治理，大力促进草产业发展，合理利用草原资源，不断完善草原承包经营制度，稳妥推进国有草原资源有偿使用制度改革，积极推动草原地区绿色发展。

3. 保障措施

强化组织领导，加大政策落实；完善制度体系，加大宣传引导；加强队伍建设，加大科技支撑。

4. 发布时间及部门：2021 年 9 月 2 日，甘肃省人民政府办公厅。

5. 组织单位：甘肃省林业和草原局。

6. 参与编制人员：韩天虎、王汝富、金加明、张万祥、阿不满、张贞明、李贵霖。

三、草产业建设及秸秆饲料化利用类

（一）《甘肃省草产品优势区域发展规划》（2003—2007 年）

1. 指导思想：以调整农业产业结构、增加农牧民收入为目标，以市场为导向，以科技为保障，充分发挥比较优势，因地制宜，统筹规划，以项目做支撑，健全草业信息、技术服务与质检体系，建植规模基地，培育龙头企业，实现规模化生产，产业化经营，为促进草畜大发展奠定基础。

2. 基本原则：坚持生态建设与经济发展相结合的原则。坚持统筹规划，稳步推进的原则。坚持科学发展观，充分调动农民积极性的原则。坚持国家投资为引导，多渠道、多种方式融资的原则。坚持科技领先的原则。坚持产业化经营的原则。

3. 总体思路：围绕全省草产业发展规划的总体要求，依托现有基础和条件，通过项目带动，建立健全符合草业发展需要和适应市场规律的牧草良种繁育体系、科技支撑体系、信息服务体系、草产品生产加工体系、市场销售体系、草畜转化体系和质量监督管理体系。依靠科技进步，继续加强草产业基础设施建设，建立相当规模的草产品生产带。按照产业化运作的基本要求，培植具有一定的资本运营和技术吸收消化能力的龙头企业，提高草产业的整体发展水平，尽快形成标准化、高质量的草产品，带动一定区域内产业发展的实力。

4. 发展目标：经过 5 年建设，建立起以紫花苜蓿为主的优质草产品生产、加工和转化基地 500 万亩。新增高附加值草产品加工能力 100 万吨，全省总加工能力达到 200 万吨。河西地区建成规模化、优质外向型草产品生产基地 200 万亩。中部地区结合流域治理，建立优质牧草基地 150 万亩。东部地区集中发展种草养畜专业村、户，建立牧草基地 150 万亩。草产品加工业快速发展，主要草产品生产能力稳步提高，加工品比重大幅上升，产品质量明显改善，品种更加丰富多样，尽快形成具有较强市场竞争力的品牌产品。到 2007 年，在河西、中部和东部分别形成 3 个优势明显、专业化程度较高的草产品优势区域生产带，牧草良种化程度达到 85%以上，建立起比较完善的牧草良种繁育、生产加工和草产品市场销售网络。把甘肃建成全国优质草产品生产重点区域。

5. 发布时间及部门：2004 年 9 月，甘肃省农牧厅发布。

6. 组织机构

组织单位：甘肃省农牧厅。

参与编制人员：韩天虎、王汝富、王俊梅。

（二）《甘肃省草产业发展规划》（2010—2015 年）

1. 背景：2011 年，甘肃省政府主持召开了全省草产业座谈会，会议认为草产业是甘肃的特色优势产业，是朝阳产业，是绿色生态产业，加快草产业发展是现代农业建设的重要抓手和突破口，会议决定各级政府要制定草产业发展规划，出台支持政策，引导草产业进入发展快车道，要求甘肃省农牧厅制定草产业发展规划。根据会议精神，甘肃省农牧厅组织制定了《甘肃省草产业发展规划》。

2. 主要内容：规划明确了草产业发展的指导思想，基本原则，提出到 2015 年，全省人工种草面积达到 2500 万亩，草产品加工产能达到 180 万吨，牧草种子田面积达到 100 万亩，年产优质牧草种子 4 万吨。布局区域化、种植规模化、品种优良化、生产标准化、经营产业化、加工精细化的格局初步形成。到 2020 年，全省人工种草面积达到 2800 万亩，苜蓿种植面积达到 1200 万亩，草产品加工产能达到 200 万吨，牧草种子田面积达到 120 万亩，年产优质牧草种子 5 万吨。把甘肃省建成全国重要的优质苜蓿生产基地、牧草种子生产基地和防灾减灾饲草料储备基地，建成草业大省和草业强省。规划将全省分为草产业发展 4 个重点区域，即陇中黄土高原草畜转化及草产品生产区、河西走廊优质草产品生产加工区、陇东陇南草畜转化区、甘南高原草畜转化及生态草生产区。提出了五大重点项目，即牧草良种繁育基地建设、优质牧草规模化生产基地建设、产业化建设、草产业示范园区建设和草产业科技支撑项目。要求各级政府通过加强组织领导，做好规划实施工作、落实扶持政策，不断加大资金投入力度、推进产业化经营，促进草产业提质增效、依靠科技进步，大力提高草产业科技水平、加大宣传培训，营造发展草产业的良好氛围、严格绩效考核，健全草产业发展的工作机制等保障措施来加快草产业发展。

3. 发布时间及部门：2012 年 11 月，甘肃省人民政府办公厅。

4. 组织机构

组织单位：甘肃省农牧厅。

参与编制人员：王立耕、王汝富、张榕、张贞明。

（三）《加快推动甘肃省草产业发展的意见》

1. 背景：进入 21 世纪以来，甘肃草产业发展潜力和优势不断彰显。2011 年，国家启动了一系列利于草业发展的草原草业生态和产业建设重大工程，为了认真贯彻落实中央和甘肃省委、省政府有关草产业发展的各项方针政策，进一步加快推进草产业发展，为全省草食畜牧业发展和农民增收提供有力支撑，甘肃省政府召开了全省草产业座谈会，决定结合甘肃省草产业发展的实际，出台政策，提出加快草产业发展的指导意见。

2. 主要内容：指导意见明确了草产业发展要按照“扩大规模、拉长链条、做强产业、提高效益”的思路，以促进农业增效、农民增收为目的，加强统筹规划，加大政策扶持力度，不断推动草产业持续健康发展，努力把甘肃省建成草业大省、草畜强省为指导思想，坚持政府主导，多方参与、统筹规划，稳步推进、突出重点，合理布局、系列开发，提高效益、强化创新、龙头带动的原则，到 2015 年，把甘肃省建成西北乃至全国重要的紫花苜蓿生产基地、防灾减灾饲草料储备基地，成为草业大省和草业强省。提出了加强牧草良种繁育基地建设、加快规模化草产业基地建设、积极推进草业产业化经营、强化草产业发展的科技支撑、加强草产业服务体系建设等五大任务。要求通过加强组织领导、加大政策扶持、强化监督管理、加强宣传教育等措施保障草产业健康快速发展。

3. 发布时间及部门：2012 年 11 月，甘肃省人民政府办公厅。

4. 组织机构

组织单位：甘肃省农牧厅。

参与编制人员：王立耕、王汝富、张榕、张贞明。

（四）《甘肃省“十三五”草业发展规划》（2016—2020 年）

1. 指导思想：全面贯彻党的十八大精神，突出“创新、协调、绿色、开放、共享”的发展理念，立足省情，紧紧抓住国家加快发展草牧业、支持青贮玉米和苜蓿等饲草料种植、开展粮改饲和种养结合模式试点等重大机遇，深入推进农业结构调整，加快转变农业发展模式，发挥草业基础资源和科技人才优势，加大人工草地建设和草产业比重，不断推动草产业持续健康发展，把甘肃省建成全国重要的草牧业基地和饲草储备基地。

2. 基本原则：政府引导，优化格局；统筹发展，合理布局；重点突破，提质增效；创新机制，融合发展。

3. 发展目标：到 2020 年，全省人工草地面积在现有基础上新增 1000 万亩，达到 3450 万亩，其中：苜蓿留床面积达到 1500 万亩；牧草良种化率达到 85%以上；草产品加工产能达到 500 万吨；牧草种子田面积达到 50 万亩，年产优质牧草种子 3 万吨。力争用 10 年时间通过更新、新建再造 1 个千万亩商品草产业基地。培育形成陇中、河西两大草产业优势带，全国草产业核心基地和产业信息中心基本形成。

4. 主要布局：在全省规划了 4 个产业发展区域，即中东部黄土高原草畜转化及草产品生产区、河西走廊优质草产品生产加工区、甘南高寒草原畜牧业草畜平衡区、陇南草畜转化区。

5. 主要内容：规划实施八大重点工程即草品种良种繁育体系建设工程(草品种培育、原种保种基地建设、原种繁育基地建设、良种制种基地建设、草品种特异性、一致性和稳定性测试及区域适应性测试体系建设工程)、千万亩商品草基地建设工程(河西灌区新增 100 万亩高端苜蓿商品草基地、结合老苜蓿基地更新改造，旱区新增 350 万亩整流域苜蓿商品草基地、通过粮改饲形成 300 万亩饲用玉米青贮商品草基地、建成 100 万亩特色商品草基地、建成 100 万亩燕麦商品草基地、利用粮改饲建成 50 万亩饲用高粱青贮草基地、在农区启动支持牧区转型发展的异地饲草保障基地建设)、牧草全程机械化体系建设、草产品仓储体系建设、启动培育根瘤菌肥等技术支撑产业项目、草产业组织化体系建设、草产业科技支撑和服务能力建设、草产业结构建设。

6. 发布时间及部门：2016 年 11 月，甘肃省农牧厅发布。

7. 组织机构

组织单位：甘肃省农牧厅。

编制人员：韩天虎、张榕、杨浩、张贞明。

（五）《甘肃省草品种培育及良种繁育规划》（2016—2020 年）

1. 指导思想：以党的十八大精神为指导，以发展草地农业、建设现代农业和生态文明，促进农牧民增收为目标，着力创新草种培育体制，抓住草品种培育、繁育体系和行业监管等重点环节，健全和完善草种培育体系，构建与草业资源大省地位相适应的现代企业为主体、基地为依托、产学研相结合、育繁推一体化的草种业体系，进一步加大政策扶持，创优发展环境，努力提升商业化育种能力、育种创新能力、供种保障能力和市场监管能力，全面提升甘肃省草种业发展水平。

2. 基本原则：坚持总体规划，分步实施，分目标推进；坚持政策引导为主，适当扶持带动，激活社会资本，充分调动各类市场主体的作用；坚持统筹兼顾，分区域分品种推进，强化草种供种能力建设；加快育种引种，优化用种结构。

3. 发展目标：充分发挥省内科研院所、高等院校的草业科技储备力量，支持科研推广与企业联合，通过组建甘肃草业联盟，创新发展机制，逐步建立甘肃省优势草种、特有草种、生态草种、乡土草种以及产业建设急需草种生产基地，在率先支持甘肃省苜蓿、燕麦产业带草种需求的同时，支持国家羊草等特色产业带建设，积极拓展国内外市场，用 5~10 年时间，逐步建立健全甘肃省草品种育繁推体系，率先实现草种产业化，持续不断地推进草种业品牌战略和质量标准体系建设，把甘肃建成全国最大的草种子生产保障基地和全国草品种育繁推中心。

4. 重点工程：实施草品种培育工程、原原种保种基地建设工程、原种繁育基地建设工程、良种制种基地建设工程、草品种检测体系建设工程、草种业机械化研发生产保障工程。

5. 发布时间及部门：2015 年 9 月，甘肃省农牧厅发布。

6. 组织机构

组织单位：甘肃省农牧厅。

编制人员：韩天虎、张榕、杨浩、张贞明。

（六）《甘肃省“十二五”秸秆饲料化利用规划》（2011—2015 年）

1. 指导思想：以科学发展观为指导，认真落实资源节约和环境保护的基本国策，用循环经济理念谋划秸秆饲料化利用工作，坚持“促转化、扩规模、强产业、增效益”的工作思路，以规模化、产业化、标准化为方向，以提升利用水平为重点，以技术创新为动力，以促进农业增效、农民增收为目的，紧密配合牛羊产业大县建设，不断加大政策扶持力度，充分调动企业、农户的积极性，切实加强基础设施配套建设，大力推广先进成熟技术，建立健全服务体系，不断促进秸秆饲料化利用工作快速发展，转变畜牧业生产方式，推动农业可持续发展。

2. 基本原则：政策引导，社会参与；统筹规划，合理布局；科技支撑，示范带动；农牧互补，循环利用；强化服务，全面推进。

3. 发展目标：2011 年底，秸秆饲料化利用量达到 1000 万吨，利用率达到 54.05%；2012 年，秸秆饲料化利用量达到 1140 万吨，其中：秸秆青贮氨化 970 万吨，秸秆型饲料加工 170 万吨，利用率达到 60%，秸秆饲料化利用初步实现规模化生产、产业化经营，综合能力明显提高；2013—2014 年，在巩固和加强的基础上，完善机制，加强管理，科学合理地加强基础设施建设，稳步推进；到 2015 年，秸秆饲料化利用量达到 1300 万吨，其中，秸秆青贮氨化 1100 万吨，秸秆型饲料加工 200 万吨，利用率达到 65%，秸秆饲料化利用实现规模化生产、产业化经营，综合能力显著提高。

4. 主要任务：加强基础设施建设。提升科技支撑能力。加快产业化经营。强化服务体系建设。

5. 重点项目和建设内容：秸秆青贮氨化项目。到 2015 年，在全省扶持新建青贮窖、氨化池容量 1300 万立方米，建设秸秆饲料储备库 50 个，购置青贮氨化机械设备 2 万台，年生产青贮氨化秸秆饲料的能力达到 1100 万吨。其他项目还包括秸秆型饲料加工项目、秸秆饲料化利用示范区建设项目、科技培训及服务体系建设项目、秸秆饲料化利用科技支撑项目。

6. 发布时间及部门：2011 年 4 月，甘肃省人民政府办公厅发布。

7. 组织机构

组织单位：甘肃省农牧厅。

编制人员：王汝富、曹明崇、张万祥、张贞明。

（七）《甘肃省“十三五”秸秆饲料化利用规划》（2016—2020 年）

1. 指导思想：全面贯彻落实党的十八大，十八届三中、四中、五中全会精神，认真贯彻落实资源节约和环境保护的基本国策和加快农业转方式调结构决策部署，主动适应经济发展新常态，用循环经济理念谋划秸秆饲料化利用工作，坚持“促转化、扩规模、强产业、增效益”的工作思路，以规模化、产业化、标准化为方向，以提升利用水平为重点，以技术创新为动力，以促进农业增效、农民增收为目的，紧密配合牛羊产业大县建设，不断加大政策扶持力度，充分调动企业的积极性，切实加强基础设施配套建设，大力推广先进成熟技术，建立健全服务体系，不断促进秸秆饲料化利用工作快速发展，确保农牧民增收和草牧业可持续发展。

2. 基本原则：政策引导，社会参与；统筹规划，合理布局；科技支撑，示范带动。农牧互补，循环利用；强化服务，全面推进。

3. 发展目标：全省秸秆饲料化利用保持稳定发展，规模化、标准化、产业化和组织化程度大幅提高，综合生产能力显著增强。到 2017 年，秸秆饲料化利用量达到 1550 万吨，利用率达到 62%。

4. 组织机构

组织单位：甘肃省农牧厅。

编制人员：王汝富、张万祥、张贞明、曹明崇。

（本章供稿：张榕、张贞明、张万祥、许国成；校对：许国成、吴江）

第六章　脱贫攻坚

新中国成立以来，在党中央、国务院领导下，各个时期的脱贫事业从未停步。单位自成立以来，各项事业始终围绕在全省扶贫扶智工作第一线。改革开放以来，以申家山种草养畜示范点建设为样板，单位在脱贫攻坚中作出了应有贡献。

第一节　扶贫科技承包和整乡承包项目

20 世纪 90 年代初，党中央发起了到 20 世纪末消除绝对贫困人口的奋斗目标。1990 年初，中共甘肃省委、省政府针对甘肃省高寒阴湿和少数民族地区的贫困问题，发出了《关于进一步加强高寒阴湿和少数民族贫困地区扶贫开发工作的决定》，甘肃省畜牧局按照省扶贫开发办的部署，组织局属甘肃省饲草饲料技术推广总站、甘肃省畜牧技术推广总站的 30 多名科技人员，以承包的形式在“高少”地区的 10 个贫困乡开展了畜牧科技扶贫。单位从 1990—1995 年在五县七乡实施了畜牧科技承包项目，在两县两乡实施了畜牧科技整乡承包项目。参加此项工作的本单位人员有 20 余人。

一、项目情况

项目名称：五县七乡畜牧科技承包、镇原县三岔乡整乡承包项目、康乐县鸣鹿乡畜牧科技整乡承包项目。

实施期限：1990—1995 年。

验收时间：1996 年 12 月。

实施地点：张家川县平安乡，和政县吊滩乡，临潭县总寨乡、三岔乡、城关乡，卓尼县申藏乡，武都县（今陇南市武都区）池坝乡 7 个科技承包贫困乡以及康乐县鸣鹿乡、镇原县三岔镇两个整乡承包乡。

9 个乡主持人：赵智茂、张志芳、施允昭、喻文虎、李温、许可、吴衍庆、曹明崇、周多虎。

参与人员：马范、张剑杰、杜芳纯、张榕、江月兰、杨鹏翼、张得清、陈仲斌、刘宗祥、晁德林、潘天才、牛顺子、罗锦郁、金生元、许华等。 作为扶贫开发的启动产业，以建立示范户为抓手，引进良种畜禽和草品种，配套种养技术，开展培训，抓点示范，帮助“局少”地区农牧民调整产业结构，增加收入。

二、主要成效

1994 年底，扶贫承包乡牛、羊、猪、鸡的存栏，分别较承包前的 1989 年增长

21%、15%、36%、117%；出栏率增长112%、78%、53%、309%；牧业产值达825.9万元，净增474.7万元，增长135%，牧业产值占农业总产值比重达41.3%，提高20.5个百分点；人均牧业纯收入达186元。净增134元，提高2.58倍；规模扶持的2025个贫困户，人均牧业纯收入达296元，净增250元，增长5.43倍。

三、主要技术及实施路线

以推广应用牧业先进技术为主要内容，加强科技指导，解决生产中存在的实际问题。以技术培训和科学普及为基础，以示范点为辐射源，建立纵向连接、横向配套的科技推广服务体系。以科技进步带动生产力发展，改善农村科技环境和生产基础条件。加强政技结合，做到政策、科技、投入三者有机结合。

1. 在大力推广地膜覆盖、带状种植、配方施肥等作物栽培先进适用技术，提高粮食单产的前提下，将种植业中以粮食为主的粮食–经济作物二元结构改为粮食–经济作物–饲料作物三元结构，即夏、秋、草三头齐的作物布局。

2. 注重饲草料资源的开发利用。大力推广饲料加工、配料喂畜，以及氨化、青贮等科学加工方法，将农副产品、秸秆秸草、野草野菜、糠麸糟渣充分利用起来，使饲料生产朝着高产化、品种多样化的方向发展。

3. 引进良种，因地制宜调整畜群结构。

4. 推广牧草混播、根瘤菌接种、复种等技术，注重示范户的建立。

四、主要举措

1. 加强组织领导。畜牧扶贫开发是一项系统工程。甘肃省委、省政府关于高寒阴湿和少数民族贫困地区扶贫开发优惠政策得到落实。“温饱工程”所需要的资金、生产资料如期到位。甘肃省扶贫办和畜牧厅科教处从合同签订、年度总结、验收材料的规范等方面对扶贫工作进行了督促和指导。相关县委、县政府保证了承包乡领导人员的相对稳定性和工作连续性；县扶贫办对乡扶贫技术承包进行了检查指导，对扶贫资金、化肥等基本条件给予保证；县畜牧局和草原站对项目实施方案进行审查，保证乡站人员稳定，协助种畜引进。甘肃省饲草料技术推广总站扶贫领导小组，对各乡扶贫工作进行统一管理。动员科技人员积极参加扶贫工作，从年龄和业务能力上进行搭配，做到老、中、青结合；尽量排除科技人员的后顾之忧，使他们安心深入基层工作；定期听取扶贫情况汇报，并向上级部门转报；检查督促各乡年度任务的完成，在服务费不能按时到位的情况下，从资金上予以支持，确保了扶贫工作的顺利开展。各承包乡的畜牧科技人员与有关县、乡的行政部门领导同志一道组成畜牧扶贫领导小组和技术指导小组，针对承包乡交道信息闭塞、科技文化落后、牧业潜力发掘不足等现实，有效地把政策、科技、投入三者落实于畜牧业各生产要素的组装配套中，把承包乡的畜牧业初步开发成了区域经济的支柱产业，成为农牧民稳定脱贫的有效门路，为“高少”地区走依靠科技、开发牧业、固本造血的扶贫路子积累了经验，注入了活力。

2. 扶贫扶智，加强科技宣传和培训。为扶贫第一线培养技术队伍是各点的培训原则。各承包乡坚持“干啥学啥”，编印适用对路的畜牧科技资料 7000 份，通过宣讲会、集市等途径分送到了贫困农牧民手里。结合项目实施技术培训，使广大农牧民学到了技术，改变了观念，培养了一批扎根农村、依靠科学养畜脱贫致富的“土专家”。5 年来，扶贫承包乡共举办各类技术培训班 120 期，培训农牧民 5000 余人(次)，培养致富型能人 800 余人。

3. 培植典型，示范输入种养技术。各承包乡以致富能人为主体分门别类建立科学养殖示范户，并在此基础上建立了科学养殖示范村，形成左右连通、上下连线的科学养殖示范网络，成为畜牧科技在扶贫一线的“生长点”和“辐射源”。5 年来，扶贫承包乡共发展各类科学养殖示范户 2000 余户，示范村 24 个；试验示范、推广应用青贮氨化、良种畜禽饲养、暖棚养畜等实用技术、规范 30 多项；种植优良牧草 5866 公顷，青贮氨化饲料 157 万千克，混(配)饲料 420 万千克，引进良种畜禽 4.4 万头（只）；牛、羊、猪、鸡的良种化程度由 1989 年的 18.97%、34.81%、29.72%、7.27%提高到 1994 年 51.31%、81.65%、56.03%、43.94%；畜牧科技推广频率达 1~2 年每项，推广面达 85%。

4. 集中资金，狠抓以适度规模养殖为主体的区域性扶贫开发。各扶贫承包乡在大力输入现代畜牧科技的同时，集中统一使用扶贫贷款，连片规模扶持贫困户，整体发挥各生产要素的综合作用，促进了承包乡畜牧业扶贫开发。5 年来，扶贫承包乡利用扶贫贷款扶持各类规模养殖户 1064 户，占总农户的 11.0%。其中养牛户 387 户，养牛 6135 头，占牛总数的 26.7%；养羊户 436 户，养羊 16 000 只，占 33.9%、养鸡户 115 户，养鸡 7200 只，占 10.1%；养猪户 126 户，养猪 632 头，占 4.3%。规模养殖户的建立为发展规模经营打下了基础。由于规模养殖的发展。畜牧业成了广大贫困户取得现金收入的主要门路。据不完全统计，扶贫承包乡扶持贫困户的养畜现金收入已占到家庭所有现金收入的一半以上，在各项收入中位居前列。

5. 夯实基础，完善乡村畜牧服务体系，为畜牧业扶贫开发保驾护航。各扶贫承包乡自工作起步以来，就把服务体系作为牧业扶贫开发的关键环节来抓。到 1994 年底，扶持配置各种饲草料加工设备 91 台(套)，村村都有了加工点，建成水泥氨化池 300 个。基本形成了饲草料加工框架。建成家畜人工授配点和一批畜禽良种纯繁村、户，形成了各有侧重的良种扩繁体系。在原有畜禽疫病防治体系的基础上，进一步扩大培养乡村两级防疫人员。各乡还依据自身特点，引导扶持群众进入流通，开展育肥、贩运、屠宰等多种形式的产后经营，有效地促进了承包乡养殖业的商品化。1994 年扶贫承包乡各类畜禽的出栏率同 1989 年相比有了显著增长，牛由 8.7%提高到 15.4%、羊由 18.1%提高到 28.6%、猪由 69.8%提高到 90.4%、鸡由 24.4%提高到

45.4%。

奖励情况：五县七乡畜牧科技扶贫承包项目获1996年度甘肃省农业推广三等奖；镇原县三岔镇和康乐县鸣鹿乡整乡承包项目均获1996年度甘肃省畜牧局科技进步三等奖。

（本节供稿：张榕；校对：吴江）

第二节 精准扶贫攻坚战

一、天祝县抓喜秀龙镇南泥沟村

基本情况：从2012年开始，甘肃省委决定在全省范围内开展省、市、县、乡单位，帮助特困群众加快脱贫步伐，让老百姓尽快富起来为主要内容的扶贫行动。该行动的最终目标是全面建成小康社会。基本原则是全面参与，求真务实，典型带动，长期发展。主要任务是宣传政策、反映民意、促进发展、疏导情绪、强基固本、推广典型。

在抓喜秀龙镇南泥沟村开展扶贫入户调查

2012—2017年，抓喜秀龙镇南泥沟村先后被确定为单位联系村和精准扶贫村。通过调研，针对南泥沟村的状况，制定了“提升主导产业，转变生产方式，突破重点环节，实行整村推进”的工作思路，按照“六个精准”原则，坚持帮扶与扶贫攻坚相结合，突出政策宣传、思想帮扶、产业帮扶和技术帮扶。到2017年底，单位为南泥沟村协调投入资金1 117.44万元，免费发放8吨有机肥，6年来，我们从甘南玛曲引进藏系欧拉羊116只，从肃南皇城甘肃高山细毛羊育种场引进高山细毛羊870只，免费发放给牧民，带动了全村基础设施、草原畜牧业、精神文明建设等方面的快速发展。

（一）组织领导机构

1. 领导小组

组长：韩天虎。

副组长：王心灵、王立耕。

成员：赵庆平、王汝富、喻文虎、席文娣、张霞、王国生、孙斌、常明、金加明、余联平、向金城、曹明崇、程文定。

2. 领导小组办公室

主任：喻文虎。

副主任：席文娣。

成员：温洪、姜佳昌、朱倩、杜笑村。

成立时间：2012 年 2 月。

3. 挂职及蹲点人员

2012—2013 年挂职干部：冯今(村支部副书记)。

2013—2014 年挂职干部：吴江(村副主任)。

2014—2015 年挂职干部：王中华(村支部副书记)。

2015—2016 年蹲点干部：周栋昌。

2016—2017 年蹲点干部：王延。

4. 精准扶贫驻村帮扶工作队人员

2015 年 7 月—2016 年 7 月：

队长：赵庆平。

2016 年 8 月— 2017 年 7 月：

队长：王国生。

5. 干部帮扶情况

单位 72 名在职干部分别联系南泥沟村 75 户贫困户，其中 6 名领导干部每人帮扶 2 户贫困户(见表 2–22)。

表 2–22　甘肃省草原技术推广总站干部联户南泥沟村情况一览表

序号	联系干部	职称/职务	联系户	备注
1	韩天虎	站长	关宣巴	
			牛帕毛东主	
2	赵庆平	党委书记	石才拉加	
			藏叶旦上	
3	王心灵	党委副书记	秦多吉	精准扶贫户
			乔旦春	
4	王立耕	总畜牧师	马索南	
			刘进财	精准扶贫户
5	王汝富	副站长	贾学智	精准扶贫户
			秦达娃才郎	
6	张　榕	副站长	瓦永成	
			贾桑吉	

续表

序号	联系干部	职称/职务	联系户	备注
7	许国成	办公室主任	牛旦春才让	
8	李晓鹏	办公室副主任	贾旦争	
9	马爱霞	政工科科长	王国强	精准扶贫户
10	王中华	政工科副科长	牛昂加	
11	高成芬	助理畜牧师	关新胜	精准扶贫户
12	徐正辉	资产科副科长	齐　恩	
13	孙　斌	监测科科长	牛三主	
14	王炳煜	监测科副科长	陈作录	
15	张　洁	信息科副科长	张才郎	
16	谭立伟	信息科副科长	牛抓西才郎	
17	张贞明	营养室主任	谢拉加	精准扶贫户
18	李新媛	营养室副主任	陈作礼	
19	金加明	草建科科长	瓦永清	
20	杨　浩	草业科科长	贾抓西东主	
21	孟祥君	草业科副科长	谢三智	精准扶贫户
22	张万祥	饲料科科长	谢达吉	
23	曹　蕾	饲料科副科长	赵金儒	
24	阿不满	试验站副站长	藏旦增	
25	李德明	试验站副站长	冯军天	
26	耿小丽	试验站副站长	贾卓玛加	
27	武慧娟	助理畜牧师		
28	冯　今	植保科科长	贾德智	
29	吴　江	植保科副科长	李南加	
30	俞联平	研究员	瓦三智	
31	李　霞	助理畜牧师	贾德荣	精准扶贫户
32	李贵霖	研究员	刘东主	
33	向金城	研究员	马三荣	
34	王国生	研究员	贾旦春才旦	
35	王俊梅	研究员	贾桑吉加	
36	席文娣	高级畜牧师	郭爱金	
37	喻文虎	高级畜牧师	郭爱吉	
38	曹明崇	高级畜牧师	刘抓喜	
39	王历宽	高级畜牧师	李关却加	
40	杨俊基	高级畜牧师	王守山	

续表

<table>
<tr><th>序号</th><th>联系干部</th><th>职称/职务</th><th>联系户</th><th>备注</th></tr>
<tr><td>41</td><td>张忠祥</td><td>高级畜牧师</td><td>贾德勇</td><td></td></tr>
<tr><td>42</td><td>常　明</td><td>高级畜牧师</td><td>瓦达吉</td><td></td></tr>
<tr><td>43</td><td>高占琪</td><td>高级畜牧师</td><td>华三智</td><td>精准扶贫户</td></tr>
<tr><td>44</td><td>张少平</td><td>高级畜牧师</td><td>乔抓西</td><td></td></tr>
<tr><td>45</td><td>温　洪</td><td>高级畜牧师</td><td>牛玉玲</td><td></td></tr>
<tr><td>46</td><td>陈仲斌</td><td>高级畜牧师</td><td>安索南才郎</td><td></td></tr>
<tr><td>47</td><td>刘宗祥</td><td>高级畜牧师</td><td>蒋汉杰</td><td></td></tr>
<tr><td>48</td><td>安　乐</td><td>高级畜牧师</td><td>秦才军</td><td></td></tr>
<tr><td>49</td><td>方毅才</td><td>高级畜牧师</td><td>刘夏毛</td><td></td></tr>
<tr><td>50</td><td>马彦彪</td><td>高级畜牧师</td><td>牛达娃才郎</td><td></td></tr>
<tr><td>51</td><td>李　萍</td><td>高级会计师</td><td>冯齐天</td><td></td></tr>
<tr><td>52</td><td>王　瑾</td><td>高级畜牧师</td><td>于生主</td><td></td></tr>
<tr><td>53</td><td>王红霞</td><td>高级畜牧师</td><td>贾德文</td><td></td></tr>
<tr><td>54</td><td>陈兴荣</td><td>高级畜牧师</td><td>李昂加</td><td></td></tr>
<tr><td>55</td><td>王　海</td><td>畜牧师</td><td>王建中</td><td></td></tr>
<tr><td>56</td><td>李智燕</td><td>助理畜牧师</td><td>瓦乃毛</td><td></td></tr>
<tr><td>57</td><td>杨红梅</td><td>高级畜牧师</td><td>藏南加</td><td>精准扶贫户</td></tr>
<tr><td>58</td><td>张　林</td><td>畜牧师</td><td>乔永虎</td><td></td></tr>
<tr><td>59</td><td>陆　飒</td><td>畜牧师</td><td>李抓西</td><td></td></tr>
<tr><td>60</td><td>杜笑村</td><td>畜牧师</td><td>刘乃毛</td><td></td></tr>
<tr><td>61</td><td>任　越</td><td>畜牧师</td><td>谢东主</td><td></td></tr>
<tr><td>62</td><td>陈　兮</td><td>会计师</td><td>王建国</td><td></td></tr>
<tr><td>63</td><td>姜佳昌</td><td>畜牧师</td><td>陈作云</td><td></td></tr>
<tr><td>64</td><td>祁兰英</td><td>馆员</td><td rowspan="2">王守山</td><td rowspan="2"></td></tr>
<tr><td>65</td><td>周栋昌</td><td>助理畜牧师</td></tr>
<tr><td>66</td><td>程天亮</td><td>助理畜牧师</td><td>藏金元</td><td></td></tr>
<tr><td>67</td><td>王　惠</td><td>助理畜牧师</td><td>孔宪慧</td><td></td></tr>
<tr><td>68</td><td>朱　倩</td><td>助理畜牧师</td><td>贾官却才郎</td><td></td></tr>
<tr><td>69</td><td>赵　燕</td><td>助理畜牧师</td><td>瓦兰柱才郎</td><td></td></tr>
<tr><td>70</td><td>潘冬荣</td><td>助理畜牧师</td><td rowspan="2">蒋占云</td><td rowspan="2"></td></tr>
<tr><td>71</td><td>张永辉</td><td>助理畜牧师</td></tr>
<tr><td>72</td><td>张丽娟</td><td>技术员</td><td>贾德昱</td><td></td></tr>
<tr><td rowspan="2">73</td><td rowspan="2">刘志民</td><td rowspan="2">副厅长</td><td>贾生赟</td><td rowspan="2"></td></tr>
<tr><td>孔庆胜</td></tr>
</table>

（二）联系村基本情况

1. 气候条件及自然资源：南泥沟村距天祝县城 45 千米，海拔 2700~3100 米，年平均气温-1.2℃，年平均降水量 265~630 毫米，无霜期 80 天，属二阴山区，受高寒阴湿气候条件限制，可发展的产业十分有限，冰雹、连阴雨等自然灾害比较频繁，农作物及蔬菜生产条件不足，就连青稞和燕麦也难以完成整个生育期。全村草原总面积 23.7 万亩，其中，灌丛草原 7200 亩。人均占有草原面积 462 亩。草原类型有山地草甸、灌丛草甸和高寒草甸，在利用方式上分为冬春牧场和夏秋牧场，实行围栏化管理。全村人工饲料地 1300 亩，主要种植燕麦、小黑麦等饲草料作物。

2. 草原畜牧业生产状况：南泥沟村的生产方式以传统放牧为主，草原畜牧业是该村的主导产业。2011 年，人均收入 2688 元，全村有贫困户 100 户 358 人，贫困面达 62.8%，是一个少数民族贫困村。自然环境严酷，基础设施落后，经济结构单一，牧民增收渠道较少，再加上交通不便、草原超载过牧、种植不科学等因素，严重影响了南泥沟村经济发展。

（三）帮扶工作举措及成效

1. 推广优良牧草品种和先进种植技术，破解饲草料短缺难题 。饲草缺乏是制约南泥沟村畜牧业发展的主要瓶颈，也是造成天然草原超载过牧的直接原因。5 年来，我们每年在南泥沟村推广燕麦、甘引 1 号等优良牧草品种，推广燕麦新品种林纳、甜燕麦、陇燕 3 号 99 吨，建设优良饲草料基地 1300 亩，做到牧草良种全覆盖。为南泥沟村配备东方红 904 型拖拉机 1 台，并购置了旋耕机、深松犁等配套机具，用于群众春耕生产，解决了群众的燃眉之急。另外，为了降低劳动强度，提高生产效率，站上筹资 16 万元为 108 户牧民每户购置发放一台饲草粉碎机，指导牧民对饲草料进行简单铡切，改变原来整捆散喂的方式。有效解决了饲喂环节的饲料浪费问题。为加快南泥沟村草原畜牧业转型升级，壮大富民产业，解决南泥沟村发展草食畜牧业饲草料短缺的问题。2015—2016 年，单位协调资金 100 万元，利用现有组织机构和基础设施，由合作社牵头流转土地 172 亩，建设饲草基地，在南泥沟村建设集牧草储藏、饲草料加工和牛羊营养补充饲料供给为一体的饲草料配送中心一处。安排专业人员为合作社从业人员及牧民提供牧草储运、饲草料加工等相应的技术指导，并完善运行机制。

2. 开展畜种改良，破解畜群结构不合理之顽疾。南泥沟村的养羊业主要以当地土种藏羊和甘肃高山细毛羊为主，由于长期的近亲繁殖，导致种群退化，个体矮小，生产性能下降，饲养效益低。为了改良当地羊的品质，6 年来，单位从甘南玛曲引进藏系欧拉羊 116 只，从肃南皇城甘肃高山细毛羊育种场引进高山细毛羊 870 只，投放到有养殖规模和养殖经验的牧户中，通过建立藏系肉羊和高山细毛羊纯繁群的方式，逐年提高当地养羊业的良种化程度。2015 年，从建成的欧拉羊纯繁群中挑选出

28 只欧拉种羊滚动发展到更多的牧户家中，截至目前，共建高山细毛羊纯繁户 8 户、欧拉羊纯繁户 1 户。

3. 加快养殖方式转变，破解传统发展方式之老路。草原畜牧业是南泥沟村的支柱产业，养殖业经营收入是农牧民的主要收入来源。要改变南泥沟村的贫困面貌，必须转变生产方式，优化产业结构，提升产业质量，实现由单纯放牧养殖模式向放牧和舍饲养殖相结合模式的转变。5 年来，站上着力推进养殖方式转变，大力发展季节性畜牧业，即夏秋季节利用草畜平衡草场进行放牧育肥，冬春季节利用规模化暖棚进行舍饲育肥和短期育肥生产。这种模式既减轻了天然草原的放牧压力，有效保护了草原生态，又缩短了饲养周期，加快了出栏速度，提升了养殖效益，实现了草原保护与生产发展的互利共赢。

至 2017 年，全村累计建成标准化养殖暖棚 458 座，养殖小区 10 个，培育规模养殖户 46 户，牛羊规模化养殖比例达到 79%，基本实现了牛羊等主要牲畜季节性暖棚化养殖，有力推进了当地草食畜牧业转型升级。积极探索牛羊放牧加补饲的最佳模式，2013—2015 年冬春季节，单位筹措资金 20 万元，购进牛羊预混料、浓缩料、营养舔块等共计 25 吨，选择牧户开展肉羊和牦牛舍饲试验和推广示范。通过科学饲养管理技术的普及，提高了牛羊养殖效益，增加了牧民收入。

4. 培育成立农民专业合作组织，破解产业发展组织化程度低弱难题。促使生产方式的转型升级的同时，引导牧民在组织方式上发生变化。在扶持建成 10 个养殖小区的基础上，培育成立了尕照岗日养殖合作社和多拉美朵养殖合作社。合作社在生产环节，组织所有社员实行统一标准的饲养管理，提高了养殖标准，降低了养殖成本，在销售环节，实行“定向销售”和“大单销售”，稳定了销售渠道，减少了市场风险，改变了以往群众以出售活畜为主的现状。依托合作社，争取资金 24 万元，扶持村民修建牛羊肉冷藏库，引进加工和包装设备，组织加工优质绿色牛羊肉，延伸产业链条，提高畜牧业附加值。整合牧鸡灭蝗项目，扶持 15 户群众养殖草原虫草鸡 3800 只，打造草原牧鸡品牌，为当地旅游业服务，实现旅游业和养殖业共赢的目的。

5. 建立爱心助学基金，破解脱贫扶志扶智脱节之痼疾。2012 年，为了鼓励南泥沟村的青年立志通过知识改变命运，单位职工捐款筹集资金 11.4 万元，建立了南泥沟村爱心助学基金，基金对南泥沟村当年考上大学的学生进行资助。4 年共资助学生 22 名，受到了群众的一致好评。2013—2017 年，单位深度结合基层党组织对接共建活动，积极与抓喜秀龙镇共同举办三届双联杯运动会，不但活跃群众文化生活，加强沟通交流，更带动了当地旅游业的发展。

6. 加强基础设施建设，破解发展环境薄弱之短板。2012—2015 年，单位积极与天祝县交通局协调，共为南泥沟村修建水泥硬化路 10.2 千米，彻底解决了村民的行路难问题。2016 年，单位在国家财政补助建设村委会办公场所的基础上，筹集资金

20万元，对南泥沟村村委会办公场所进行重建，并为村委会配备了办公家具。

（四）扶贫成效

2017年，通过单位多年来的不懈努力，南泥沟村全体贫困户都通过了国家和省委的脱贫验收，实现整体脱贫。如今的南泥沟村，人人思致富，家家谋发展，农牧民思想观念和生活质量都发生了深刻变化。2015年，单位党委被评选为甘肃省直机关党组织与贫困村党组织结队共建先进基层党组织。2016年5月，单位精准扶贫驻村帮扶工作队被甘肃省委、省政府授予“先进驻村帮扶工作队”荣誉称号。

二、礼县桥头镇郑坝村

（一）基本情况

2017年，甘肃省委、省政府立足于全省实际，重新部署了全省脱贫攻坚帮扶计划和各个系统的帮扶地点。甘肃省农牧厅系统帮扶县统一到礼县，单位帮扶对象调整为桥头镇郑坝村，和甘肃省农牧厅人事处、产业化处、会计核算中心、省农业行政综合执法局共同帮扶郑坝村，成立了郑坝村驻村帮扶工作队，轮流牵头。总站作为第一批牵头单位，2017年8月，派张永辉担任驻村队长，常驻郑坝村。至2019年4月，机构改革后单位的驻村帮扶工作随林草系统转移到秦安县刘坪镇黄湾村，结束了在郑坝村的帮扶工作。

为切实加强对驻村帮扶工作的执行力度，单位成立了脱贫攻坚帮扶工作领导小组和办公室。

1. 领导小组

组长：韩天虎。

副组长：赵庆平、王汝富、张榕。

成员：许国成、马爱霞、徐正辉、张洁、孙斌、王炳煜、金加明、张贞明、杨浩、张万祥、李德明。

2. 领导小组办公室

脱贫攻坚帮扶工作领导小组办公室设在政工科，负责日常工作。

办公室主任：王中华。

成员：王国生、张永辉、王延。

（二）郑坝村基本情况及帮扶对接情况

1. 郑坝村概况

礼县桥头镇郑坝村，位于礼县西南部山区，平均海拔1700米，年平均气温9.8℃，年平均降雨量600毫米，无霜期180天，属高寒阴湿地区。全村8个组220户826人，共有耕地2660亩、林地1900亩、牧草地760亩，人均耕地3.22亩、林地2.3亩、牧草地0.92亩。主要收入来源是劳动务工，主要农业生产是中药材、马铃薯及少量蜂业和养殖业。

2. 贫困户情况

郑坝村 2017 年建档立卡贫困户 117 户 481 人，贫困发生率 58.23%；2017 年退出贫困人口 19 户 66 人。2018 年新识别贫困户 6 户 16 人，退出 13 户 43 人，尚有 91 户 388 人，贫困发生率下降至 46.97%。已完成 D 级危房改造 83 户、C 级危房改造 4 户。单位有 74 人结对帮扶 78 个贫困户。

3. 帮扶结对情况

甘肃省草原技术推广总站干部帮扶礼县桥头镇郑坝村详情见表 2–23。

表 2–23 甘肃省草原技术推广总站帮扶郑坝村贫困户分配名单

甘肃省草原技术推广总站					郑坝村	
序号	姓 名	性别	民族	政治面貌	帮扶户户主姓名	所在组
1	韩天虎	男	藏	中共党员	杨福海	卜道组
					杨仁朝	卜道组
2	赵庆平	男	汉	中共党员	王老二	苟那组
					苟双平	苟那组
3	王汝富	男	汉	中共党员	王品怀	苟坪组
					王军怀	苟坪组
4	张 榕	女	汉	中共党员	王二代	阳坡组
					王永魁	阳坡组
5	俞联平	男	汉	中共党员	杨志善	卜道组
6	李贵霖	男	汉	中共党员	杨玉善	卜道组
7	向金城	男	汉	中共党员	杨三娃	卜道组
8	王俊梅	女	汉	民盟	杨军仓	卜道组
9	王国生	男	汉		杨毛娃	卜道组
10	高占琪	男	汉		杨岁儿	卜道组
11	许国成	男	汉	中共党员	杨军海	卜道组
12	孙 斌	男	汉		杨金录	卜道组
13	曹明崇	男	汉	中共党员	杨军明	卜道组
14	金加明	男	汉		杨军红	卜道组
15	席文娣	女	汉	中共党员	杨红鱼	卜道组
16	马彦彪	男	汉	民盟	杨小红	卜道组
17	张贞明	男	汉	中共党员	杨爱军	卜道组
18	温 洪	男	汉		王社寿	苟那组
19	常 明	男	汉		王贵世	苟那组
20	李 昀	男	汉		汤正林	苟那组

续表

甘肃省草原技术推广总站					郑坝村	
序号	姓 名	性别	民族	政治面貌	帮扶户户主姓名	所在组
21	方毅才	男	汉	民盟	蒋继兵	苟那组
22	刘宗祥	男	汉	中共党员	苟爱红	苟那组
23	王历宽	男	汉		杨张贵	苟那组
24	张忠祥	男	汉	中共党员	苟正寿	苟那组
25	马爱霞	女	汉	中共党员	王江红	苟那组
26	陈仲斌	男	汉		苟永江	苟那组
27	李新媛	女	汉	中共党员	杨三代	苟那组
28	杨红梅	女	汉	民盟	王军	苟那组
29	孟祥君	女	汉		汤赵桂	苟那组
30	冯 今	男	汉	中共党员	苟小虎	苟那组
31	王 瑾	女	汉	中共党员	王秋桃	苟坪组
32	王红霞	女	汉	中共党员	王谢绪	苟坪组
33	张 洁	女	汉	中共党员	王桂君	苟坪组
34	阿不满	男	维吾尔		王育科	苟坪组
35	耿小丽	女	汉		尚得科	苟坪组
36	张万祥	男	汉	中共党员	王育勤	苟坪组
37	陈兴荣	女	汉		王生瑞	苟坪组
38	陆 飒	女	汉		王贵于	苟坪组
39	张 林	女	汉		王生仓	苟坪组
40	徐正辉	男	汉	中共党员	王仲发	苟坪组
41	王炳煜	男	汉	中共党员	王增桃	苟坪组
42	刘 乾	男	汉		王喜平	苟坪组
43	祁兰英	女	蒙古	中共党员	王早后	阳坡组
44	王 海	男	汉		王满后	阳坡组
45	李晓鹏	男	汉		王明魁	阳坡组
46	杨 浩	男	汉	中共党员	王晓平	阳坡组
47	李德明	男	汉	中共党员	王社后	阳坡组
48	曹 蕾	女	汉	中共党员	王赵锁	阳坡组
49	杜笑村	女	汉		王锁后	阳坡组

续表

甘肃省草原技术推广总站					郑坝村	
序号	姓 名	性别	民族	政治面貌	帮扶户户主姓名	所在组
50	王中华	男	汉	中共党员	王居奎	阳坡组
51	任 越	男	汉		王士魁	阳坡组
52	吴 江	男	汉	中共党员	王调奎	阳坡组
53	姜佳昌	男	汉	中共党员	王双平	瓦窑组
54	王 惠	女	汉	共青团员	王社庆	瓦窑组
55	俞慧云	女	汉	中共党员	王贵安	瓦窑组
56	王 延	男	汉	共青团员	王树华	瓦窑组
57	谭立伟	男	汉		王培华	瓦窑组
58	张丽娟	女	汉		王学红	瓦窑组
59	吕江涛	男	汉		王刘录	瓦窑组
60	朱 倩	女	汉	中共党员	郭书怀	瓦窑组
61	潘冬荣	男	汉	中共党员	杜江平	瓦窑组
62	程天亮	男	汉	中共党员	王付江	瓦窑组
63	张永辉	男	汉	中共党员	王贵平	瓦窑组
64	牛建龙	男	汉		王卯录	瓦窑组
65	罗 亮	男	汉	中共党员	郭选生	郑坝组
66	武慧娟	女	汉	中共党员	刘桂怀	郑坝组
67	周栋昌	男	汉	中共党员	王汉玉	郑坝组
68	张少平	男	汉		郭生	郑坝组
69	李 萍	女	汉		刘升怀	郑坝组
70	赵 燕	女	汉		刘喜怀	郑坝组
71	施昌玉	男	汉		刘锁奎	郑坝组
72	高成芬	女	汉	共青团员	王老二	苟那组
73	李智燕	女	汉		王二代	阳坡组
74	李 霞	女	汉	中共党员	王品怀	苟坪组

（三）主要帮扶措施及成效

1. 开展春耕生产帮扶服务，积极协调调运发放贫困户蚕豆种子 725 千克、玉米种子 702 千克、苜蓿种子 2 000 千克、红豆草种子 500 千克、马铃薯种薯 30 000 千克、地膜 2010 千克。

2. 是协助帮扶责任人进一步完善“一户一策”精准脱贫计划及六大产业精准对接。

3. 协助落实退耕还草种植面积740亩，通过退耕补助增加贫困户政策性收入。

4. 培育发展农民专业合作社1个。2018年8月，注册成立礼县绿源合胜种植养殖农民专业合作社，合作社法人：刘国情(建档立卡贫困户)；成员：郭夫平(建档立卡贫困户)、刘锁奎(建档立卡贫困户)、郭芳红(已脱贫)、罗继怀(已脱贫)。结合礼县草原虫害防治工作，积极争取草原“牧鸡灭蝗”项目资金6万元，引进雏鸡1000只，2018年，合作社共带动5户，其中3户为建档立卡贫困户(刘国情、郭夫平、刘锁奎)、2户为已脱贫户（郭芳红、罗继怀），2018年合作社共计分红4000元，每户800元。

5. 积极筹措爱心助学基金20万元，对困难家庭在校学生及当年考取的大学生给予适当补助。2018年补助困难家庭学生11人。

6. 积极为群众帮办实事。开展全村未办证残疾人情况摸底及资料收集，协助办理残疾证；组织帮扶干部入户建档立卡户并为贫困户赠送被褥床单78套。组织开展技术培训。

7. 联系爱心企业捐赠肉牛20头，带动10户贫困户发展肉牛养殖；积极联系礼县农业局提供中蜂200箱，带动40户贫困户入社养蜂。

8. 2019年4月，为合作社提供6万元养殖饲料，引导规范合作社运营模式，扶持其更好地发挥示范带头作用。

9. 2018年6月，张永辉同志被甘肃省脱贫攻坚协调领导小组授予全省脱贫攻坚帮扶工作先进帮扶队长。

三、全省产业扶贫大督战

（一）参与全省产业扶贫督导工作

根据《甘肃省农牧厅关于成立产业扶贫督导工作机构的通知》精神，单位共有29人参加12个县(市、区)的产业扶贫督导工作。

督导时间：2018年4月—2019年12月。

参与人员及扶贫县：王延、李晓鹏参加会宁县产业扶贫督导工作，王延任联络员；王中华、任越参加迭部县产业扶贫督导工作，王中华任联络员；张榕、阿不满、潘冬荣、姜佳昌、谭立伟参加玛曲县产业扶贫督导工作，潘冬荣任联络员；金加明参加临夏市产业扶贫督导工作；向金城参加漳县产业扶贫督导工作；王历宽参加张家川县产业扶贫督导工作；王炳煜参加麦积区产业扶贫督导工作；吴江参加西和县产业扶贫督导工作；程天亮参加正宁县产业扶贫督导工作；杨浩参加武都区产业扶贫督导工作；周栋昌参加东乡县产业扶贫督导工作。

（二）康乐县产业扶贫督导工作

总站负责牵头承担康乐县的产业扶贫督导工作。康乐县是一个以农业为主的国列、省列少数民族贫困县，也是国家六盘山片区扶贫开发重点县，同时，也是国家列入的“三区三州”深度贫困地区之一的一个贫困县。全县国土总面积1083平方千米，辖5镇10乡，152个行政村，1618个村民小组，5个社区，总人口27.48万人，其中农业人口占91%。有回、汉、东乡、保安、撒拉、土、藏、蒙古、哈萨克等9个民族，其中少数民族占60.65%。2017年年底，全县有89个建档立卡贫困村，贫困户7581户，贫困人口32 795人，其中有41个深度贫困村，贫困户3045户，13 678人。康乐县扶贫产业主要有劳务输出，牛、羊、中药材、马铃薯和育苗产业，2017年，全县农民人均可支配收入6492元，劳动力输出收入占农民收入50%，畜牧业收入占30%，种植业收入占20%。

包村技术人员入户培训

1. 组织领导

为了确保产业扶贫各项工作任务落实到位，甘肃省草原技术推广总站成立了康乐县产业扶贫督导队。

督导工作队队长：韩天虎。

联络员：高占琪。

成员：许国成、俞联平、李昀、孙斌、张万祥、李德明、张少平、付萍、莫负涛、张永辉。

康乐县由县农牧局局长马如俊和副局长苟文忠组织协调产业扶贫督导工作。

2. 工作开展情况

2018年，甘肃省草原技术推广总站康乐县产业扶贫包抓督导工作队对康乐县开展了产业扶贫督导调研工作，督导工作队先后12次、48天、52人次赴康乐县开展产业扶贫督导调研工作。参加甘肃省农牧厅组织的产业扶贫现场推进和观摩会8次；针对产业与“一户一策”精准对接、到户资金落实等情况，督查了13个乡镇、37个村，走访260多户贫困户，调研了5家企业、45个合作社；督导工作队组织召开座谈会8次，举办培训班2期，培训建档立卡贫困户100人；督导工作队紧紧围绕产业政策及到户产业资金落实情况、合作社规范化建设情况、龙头企业培育引进情况、贫困村集体经济“空壳村”消除情况、实用技术培训情况、农业保险工作推进落实情况、产业扶贫考核准备工作情况等七项重点督导任务，按照每次督导时间节点和督导任务要求，完成了2018年康乐县产业扶贫督导工作。

四、秦安县刘坪镇黄湾村脱贫攻坚工作

2018年底，林草机构改革完成后，甘肃省草原技术推广总站的脱贫攻坚战场重新确定，由礼县转移到秦安县刘坪镇黄湾村。根据《中共甘肃省委办公厅　甘肃省人民政府办公厅关于进一步充实力量从严管理充分发挥驻村帮扶工作队作用的通知》和《甘肃省林业和草原局关于增派补派驻村帮扶工作队员的通知》精神，甘肃省林业和草原局草原管理处作为局系统帮扶秦安县刘坪镇黄湾村的牵头处室，与甘肃省草原技术推广总站共同开展黄湾村脱贫攻坚帮扶工作。

（一）基本情况

帮扶工作队自2019年5月20日驻村以后，在甘肃省委、省政府和甘肃省林业和草原局的安排部署下，积极开展各项帮扶工作，认真迎接各级各类的检查、验收、考核、评估和督查。黄湾村“两不愁三保障”突出问题基本解决，脱贫攻坚工作取得了较好成绩，建档立卡贫困户由2013年的114户到2019年底降至1户，贫困人口从2013年的497人到2019年底降至5人，贫困发生率由42.15%降至0.42%。2019年，人均纯收入达到8600元；建档立卡户新农合参合率、养老保险参保率、适龄学生入学率和安全饮水入户率均为100%，危房改造已全部完成，群众满意度不断提升。

（二）责任书完成情况

1. 组织领导

帮扶牵头处室甘肃省林草局草原管理处、帮扶单位甘肃省草原技术推广总站坚持以习近平新时代中国特色社会主义思想为指引，坚决贯彻落实中央和甘肃省委省政府脱贫攻坚决策部署，提高政治站位、强化责任担当，认真开展秦安县刘坪镇黄湾村脱贫攻坚帮扶工作。制定了《秦安县黄湾村2019年帮扶工作计划》《秦安县黄湾村帮扶任务清单》。为了更好地落实帮扶措施，确保高质量完成年度帮扶工作任务，帮扶单位甘肃省草原技术推广总站成立了站帮扶办，专门抽调3名工作人员配合驻村帮扶工作队开展各项工作。党委定期召开脱贫攻坚帮扶工作部署会，专题研究帮扶工作，至2020年底，完成了全部扶贫任务。

驻村第一书记和驻村干部

2. 选派第一书记和驻村干部

甘肃省林业和草原局选派了甘肃省草原技术推广总站杨浩、李晓鹏、王延3名同志开展驻村帮扶工作。

杨浩，生于1980年，甘肃省草原技术推广总站草业科科长，省直机关工委标准化建设示范党支部、草业科党支部书记，驻村以前在天祝县、礼县开展过脱贫攻坚帮扶工作，在武都区开展产业扶贫省级督导工作。任秦安县黄湾村驻村工作队队长、第一书记。

李晓鹏，生于1983年，甘肃省草原技术推广总站办公室副主任，驻村以前在天祝县、礼县开展过脱贫攻坚帮扶工作，在会宁县开展产业扶贫省级督导工作。任秦安县黄湾村驻村工作队队员。

王延，生于1990年，总站草建科畜牧师。2017年，在天祝县驻村扶贫工作。2020年6月，接替李晓鹏驻村。2021年9月结束帮扶工作。

3. 开展结对帮扶

甘肃省林业和草原局系统93名干部共帮扶黄湾村108户508名建档立卡户。驻村帮扶工作队为贫困户精准确定帮扶责任人，编制了《甘肃省林草局帮扶秦安县刘坪镇黄湾村贫困户对接表》《黄湾村入户帮扶对接明白纸》，使帮扶责任人有效地开展入户对接、调查和完善村情民意、落实“一户一策”精准脱贫计划等工作。2019年，帮扶单位共组织24批200人次走访贫困户，平均每人为帮扶户帮办了2件以上实事。

4. 保障帮扶人员基本工作生活条件

帮扶单位高度重视驻村干部的生活、工作保障，坚持严管与厚爱相结合。在单位只有3辆工作用车的情况下，把脱贫攻坚帮扶工作摆在首位，克服困难，为驻村工作队提供了1辆皮卡车开展帮扶工作，极大地支持了驻村帮扶工作。为驻村工作队搭建了厨房，为驻村干部办理了人身意外伤害保险，落实了驻村补助、通信补助和健康体检等政策，每2个月对驻村干部开展1次回访，掌握帮扶工作的进展及驻村干部的思想身体状况，帮助解决驻村期间工作和生活中遇到的困难，支持驻村干部做好驻村帮扶工作。

5. 帮办实事

甘肃省林业和草原局自帮扶秦安县黄湾村以来，紧紧围绕贫困户脱贫、脱贫质量巩固、产业发展、人居环境建设、技术培训和政策宣传等方面，发挥单位自身特点和优势，积极动员社会力量参与，共协调投入资金110.525万元，帮办各类实事有：

(1) 帮扶单位出资1.5万元，粉刷了党员活动室和村“两委”办公室，安装了电子屏，将制度、标识上墙，帮建了村级活动阵地，提升了村“两委”办公场所整体形象。

(2) 自2018年以来大雨冲毁村内多处进出果园的产业路，被冲毁的产业路涉及村内大部分村民的果园。桃子成熟在即，群众却面临着桃子无法运出、丰收不增收的情况。帮扶牵头处室领导在入户对接期间了解到情况后，协调资金 33 万元，驻村帮扶工作队第一时间组织实施修缮水渠，经过 20 多天的施工，赶在桃子上市前将所有水毁产业路修缮完毕。

（3）驻村帮扶工作队在强降雨后排查道路安全隐患的过程中发现，由于排洪设施缺失，第一、二村民小组通往村、镇的唯一道路中有 2 处路基滑坡、6 处路面严重塌陷，其中 1 处路边为深 40 米的深沟，路面宽度由原来的 5 米缩减至不足 2 米，存在重大安全隐患，车辆已无法通行，村民出行受到严重影响。涉及 70 户农户近 400 人的生产生活，其中 50 户为建档立卡户，1 户农村分散特困供养户，涉及果园面积 100 多亩。驻村帮扶工作队联合村“两委”向镇政府和帮扶单位上报了黄湾村村组道路重大安全隐患。经协调，这条路由保险公司投资 47 万元完成修缮，切实解决了群众最急最忧最盼的紧迫问题。

（4）帮扶单位和爱心企业出资 20 万元，购买太阳能路灯 77 盏，安装在黄湾村主干道和村组道路旁，解决了黄湾村道路照明极度缺乏问题。

（5）针对黄湾村“两委”办公用房紧张、功能性用房不足的情况，帮扶单位出资 1.5 万元修建彩钢房 30 平方米、遮雨棚 15 平方米。

在黄湾村发放捐赠物资

（6）帮扶单位全体职工和爱心企业共捐赠助学金 4.825 万元，为黄湾村 21 名高考生、中考生分别按每人 3000 元和 1000 元的标准实施教育资助，鼓励他们通过努力奋斗改变自己和家庭的命运，阻断贫困代际传递。

（7）帮扶单位坚持把产业扶贫作为贫困户增收致富的重要举措，协调价值 1.2 万元的优质花椒苗 3000 余株，无偿捐助给黄湾村村民，实施花椒建园和提质增效 80 亩。利用农闲时间，邀请花椒种植专家，在田间地头为村民开展有针对性地科技培训，培训人次达到 120 人次。

（8）帮扶单位出资 1.5 万元购买花种，2020 年春季在道路旁、村民聚集点、空心院等处进行栽植，提升黄湾村环境面貌。

（三）驻村干部发挥作用情况

1. 探索村民参与事务管理路径：脱贫攻坚战已经进入最后的攻坚拔寨冲刺阶段，驻村帮扶工作队聚焦聚力抓好党建，联合村“两委”围绕人居环境整治，实施了环境卫生“路长制”，对村内 9 条道路按照村民习惯叫法进行了命名，推出了按区域划分，党员带头、路长负责、全民参与、门前三包的环境卫生整治方案，“路长制”实施以来效果良好。

2. 突出党建引领，提升战斗能力。驻村帮扶工作队聚焦聚力抓好党建，紧紧围绕增强“四个意识”、坚定“四个自信”、做到“两个维护”，严格落实基层党组织“三会一课”、主题党日活动，认真开展“不忘初心、牢记使命”主题教育，深入开展扫黑除恶专项斗争，积极开展“3+1”冲刺清零行动。制定了《秦安县黄湾村党支部结对共建实施方案》，由帮扶单位草业科党支部和黄湾村党支部开展结对共建活动。围绕“不忘初心、牢记使命”主题教育，组织黄湾村党员同帮扶单位党员共同参观了秦安解放纪念馆，回顾了革命先辈的英雄事迹，重温了入党誓词；围绕组织战斗力，开展政策宣讲，设立党员示范户，提升基层党组织发挥战斗堡垒作用和党员发挥先锋模范作用的能力，加强脱贫攻坚党建引领力，决胜脱贫攻坚战。

3. 加强技术支撑。围绕产业发展，结合帮扶单位在草产业方面的优势和黄湾村林果业生产实际，开展了林下生草技术培训，申报了甘肃省“果林耦合种草高效技术推广示范”项目，探索开展黄湾村林果产业提质增效降本的路子。

4. 深入调查研究，提升对接帮扶工作成效。通过持续入户调查，与镇、村干部座谈交流，查阅资料、梳理分析相关数据，认真开展调查摸底工作。在熟悉村情民情和产业发展状况的基础上，编制了《黄湾村帮扶工作任务清单》《黄湾村入户帮扶对接明白纸》，为 108 户 508 名贫困户精准确定了草原总站和相关处室 93 名帮扶责任人，共组织 24 批 200 人次进村入户，进一步摸清贫困户内状况，为扎实开展精准帮扶奠定了基础。

5. 加强宣传引导，提振发展信心。持续入户宣讲党对农村的各项政策，提高群众政策知晓率，提振群众发展信心。积极排查化解矛盾纠纷，做好综治维稳信访工作。利用村民广泛使用微信的特点，帮扶工作队为黄湾村开设了微信公众号，通过微信公众号宣传帮扶工作进展、林果生产知识、脱贫攻坚政策、扫黑除恶专项斗争。

6. 开展捐助帮扶。2020 年初，突如其来的疫情，让决战决胜脱贫攻坚面临诸多新的挑战。驻村帮扶工作队第一时间返回黄湾村开展疫情防控工作，向帮扶单位积极反映黄湾村疫情防控物资需求，并获得消毒液、医用酒精、方便面等物资的捐助。开展入户走访，进一步排查梳理、了解掌握贫困户家庭情况、扶贫政策落实情况。帮扶单位动员社会力量，向全村农户捐赠有机肥 20 吨，助力复工复产，提振群众信心。

7. 劳务输转帮扶。驻村帮扶工作队和村“两委”全力做好疫情防控期间的劳务输转工作，积极转变服务方式，当好“服务员”，做好“宣传员”，逐户摸清务工需求，多途径宣传务工就业信息，精准组织务工人员返岗复工，共组织劳务输转 281 人。最大限度减少疫情对脱贫攻坚的影响，持续巩固提升脱贫攻坚成果。

8. 扶助产业帮扶。2020 年 5 月 14 日，黄湾村遭受了冰雹灾害袭击，驻村帮扶工作队第一时间现场查看，幼果脱落、果品卖相受损严重，农户减产减收基本已成定局。据初步核查，冰雹灾害致使全村160户农户受灾，果园及农作物受灾面积达到1500亩。驻村帮扶工作队向帮扶单位呈报了《黄湾村冰雹受灾报告及对策建议》。帮扶单位采取针对性的帮扶措施，积极预防和化解返贫风险，开展“农业保险”宣传，增强农户防灾减灾的意识。结合村情民意，组织购买了2300只脱温土鸡苗，帮助全村农户发展“短平快”的“五小产业”，培育多元产业，拓宽增收渠道，降低因冰雹灾害造成的经济损失。

驻村帮扶工作队利用黄湾村果树覆盖率高、蜜源植物多、花期长的特点，培育中蜂养殖产业。创新“贫困户+合作社+帮扶单位”发展模式，以农户自主发展养蜂意愿为前提，采取“合作社组织，农户自己掏一点，帮扶单位帮一点”的方式，每箱中蜂补助330元，帮扶购买中蜂50箱，引导10户贫困户、边缘户发展中蜂养殖。同时，产销精准对接，开展消费扶贫，帮助贫困户将生产的蜂蜜通过互联网拓宽销售渠道，增加了贫困户的收入，提升了贫困户发展中蜂养殖的信心。

9. 技术输入帮扶。帮扶单位始终把技术培训作为产业发展的重要切入点，按照“农户有需求、合作社有组织、单位有帮扶”的方式，邀请专家、农村致富带头人，采取理论讲座、座谈交流、现场教学和外出观摩等多样化的培训方式，开展了林下种草、中蜂养殖和花椒种植的技术培训，有效提升了贫困户脱贫致富技能。

10. 针对村内的林草火情，帮扶单位筹措物资，驻村帮扶工作队和村“两委”共同成立以党员、生态护林员、草管员和村级公益性岗位为主的黄湾村义务林草防火队，发挥以防为主，灭小灭早的作用，守护黄湾村人民群众的生态资源和生产资源。

11. 扶贫与扶智、扶志、扶德、扶勤相结合，以转变群众思想观念为切入点，动员社会力量捐赠1.4万元物资，创建积分制的“自强超市”1家，围绕农村环境整治、村内公益事务、道路交通安全、尊老爱幼、邻里和睦进行评比奖惩，尝试赋予村组长、监督委员会委员更多参与村级事务管理的权利，探索农村治理能力提升的新路径。

（四）获得荣誉表彰情况

2020年6月，黄湾村获中共秦安县刘坪镇委员会全镇脱贫攻坚先进党组织荣誉称号；单位选派的第一书记杨浩，2020年获得甘肃省先进工作者称号，2020年6月1日，被中共秦安县刘坪镇委员会表彰为“刘坪镇脱贫攻坚优秀共产党员”。李晓鹏2020年2月1日被秦安县脱贫攻坚帮扶工作协调领导小组考核为2019年度扶贫工作优秀。2021年，甘肃省草原技术推广总站被甘肃省林业和草原局评为“脱贫帮扶工作先进集体”。

（本节供稿：王中华、杨浩、武慧娟；校对：吴江）

第三节 助力乡村振兴

自2019年甘肃省林业和草原局帮扶黄湾村以来，甘肃省草原技术推广总站严格落实党中央“四个不摘”的帮扶工作总要求，在甘肃省委、省政府的统筹安排和甘肃省林业和草原局的统一指导下，以带领黄湾群众增收致富为总目标，聚焦“五大振兴”，充分发挥自身优势，坚持“输血”“造血”帮扶双管齐下，助力黄湾村培育壮大特色产业，积极培育“乡土人才”，不断提升乡村治理能力，丰富乡村文化生活，绿化美化乡村环境，扎实巩固拓展脱贫攻坚成果、稳步推进黄湾村乡村振兴。

一、紧盯“产业兴旺”，夯实乡村振兴基础

以产业振兴为出发点，多措并举促进农民增收。培育成立了1个以林果种植、销售和中蜂养殖的农民专业合作社，规范提升新型农业经营主体；结合专业优势，实施“林下种草高效技术试验示范”项目，带动党员户、边缘户、监测户和一般户在内的28户果农积极参与项目，探索了“林–草–鸡”生态产业模式，提升林下经济效益；协调有关单位捐赠有机肥60余吨、苹果苗10000株、花椒苗3000株，实施花椒建园和果园提质增效；创新“贫困户+合作社+帮扶单位”发展模式，帮助村民开通网店14家，通过互联网拓宽销售渠道；结合村情民意，组织购买、捐赠了2328只脱温土鸡苗和50箱中华蜜蜂，帮助全村农户发展“短平快”的“五小产业”，培育多元产业，拓宽增收渠道；帮扶中华蜜蜂40箱注入村集体，用于发展壮大村集体经济，探索“党建引领+村集体组织+帮扶指导”模式，提升村级党组织“造血”能力；继续以购代捐，将职工福利、文化活动与消费帮扶相结合，开展消费帮扶10万元。

二、重视“人才培育”，激活乡村振兴引擎

以人才振兴为着力点，通过“线上+线下”“室内+现场”结合等形式，开展林下种草、中蜂养殖、花椒和苹果种植技术培训，累计培训3000人次，培育一批能够带动特色产业发展的“技能型”乡土人才；邀请农业技术专家到田间地头举办省级乡村振兴人才实训项目暨秦安县农村电商人才能力提升培训班，帮助群众提高产业经营管理技术水平，大力培育一批“土专家”“田秀才”，不断发展壮大农业产业发展生力军。

三、围绕“组织振兴”，筑牢乡村振兴堡垒

黄湾村果园种草示范

本着“优势共享，携手共赢”的原则，草业科党支部与黄湾村党支部结对子、搭平台，坚持以红色党建引领、助力乡村振兴为目标，开展了“追寻红色足迹，牢记初心使命和结对共话美丽乡村建设”“建设美丽乡村助力脱贫攻坚”“支部共建促发展,果园生草助脱贫”“决战脱贫攻坚 美丽黄湾建设”“支部共建 携手砥砺前行”等特色主题党日活动，通过参观红色教育基地、宣讲十九届历次全会精神和二十大报告精神、开展林下种草技术培训，利用一切可能的平台和机会，打造移动式、不固定、联合性、多样化共建阵地，开展各类活动，把党的创新理论知识和高效种植技术送到群众身边，激发群众内生动力，提高自我发展的能力和信心，有序推进脱贫攻坚和乡村振兴两大战略衔接。

四、聚焦“生态宜居”，擦亮乡村振兴底色

利用专业优势，协调帮扶单位购买、捐赠云杉苗 600 棵，冬青 2000 株，花卉种子 100 千克，组织村民在村委会周边花坛、村道路两侧种植苗木和花卉，改善村委会及入村道路环境，面积约为 3000 平方米；通过开展支部共建主题党日活动，策划带动村党员、村妇联和村民，在村道两侧共同建植观赏草带，为美丽乡村建设添彩，并让村民感受到党员服务在一线，党建活动在身边；整治房前屋后环境卫生，为农户发放花种，开展庭院美化，努力打造美丽田园乡村。

五、立足“文化振兴”，传承乡村振兴根魂

创建 1 家积分制“自强超市”，围绕农村环境整治、公益事务、尊老爱幼进行评比奖惩，引导培育文明乡风；创办农家书屋并捐赠书籍 500 册，丰富群众文化生活；结合中秋节、端午节等传统节日，开展节日送温暖活动，为困难家庭、五保户、残疾人送上床单、被褥、米面油等慰问品，让他们感受到党的关爱和温暖；积极开展志愿服务活动，帮助他们定期打扫卫生、整理床铺衣物，参与爱心理发、为老人免费测血糖血压，并积极配合县镇做好疫情防控等各类帮扶服务活动；利用“三八妇女节”开展了以“共建美丽幸福黄湾　林草巾帼在行动”为主题的关爱妇女活动，通过评选“最美家庭”“好婆婆”“好媳妇”，营造了文明乡风、良好家风和淳朴民风。

驻村干部和黄湾村妇女开展三八妇女节文化活动

（本节供稿：武惠娟；校对：吴江）

第一章　全省草业体系建设

第一节　概况

一、早期全省草原推广体系建设概况

1. 20 世纪 50—60 年代草原推广体系建设初步启动

中华人民共和国成立以来，甘肃省最早的草原管理工作主要依靠群众性的草原管理委员会。早在 1952 年前后，河西天祝、肃南、肃北、阿克塞 4 个牧业县就先后成立了群众草管会，主要任务是在内部团结发展生产的前提下，调剂草场余缺，划定四季牧场。1954—1955 年，随着甘肃省草原工作队成立，首先在甘南夏河县、肃南韭菜沟开展了人工灭蝗等技术推广工作，总结了初步经验。1958 年，在国家的大力辅助下，开展了规模宏大的飞机灭蝗工作。据 1965 年 6 月份统计，飞机灭蝗达 112 万亩次。在此期间，重点牧区（场）的草原工作站（队）陆续成立。至 1963 年，全省有草原工作站 12 个，技术人员 83 人，有牧草种子繁殖场 1 处，专业干部 3 人，即全省草原工作技术队伍 89 人。

2. 20 世纪 80 年代甘肃省草原推广体系建设迎来一个发展机遇期

一是在党的十一届三中全会精神鼓舞下，百废待兴，甘肃的草牧业和其他事业迎来了快速发展阶段。随着 1978 年甘肃省草原工作队的恢复组建，国家启动了第一次草原资源大普查，该项工作由甘肃省草原工作队牵头，全省所有地县参与。该项工作专业性强，工作量大，持续时间长，为了完成任务，一批地县组建了专业机构。

至1981年，全省有17个草原工作队（站场）恢复或者新建，有技术人员131人。二是1983年开始，随着草原工作队建立的通渭申家山农牧结合示范点大获成功，在中央“种草种树、发展畜牧、改造山河、治穷致富”的号召下，甘肃省委、省政府把发展草业作为以实际行动迎接这一新的历史大转折的战略机遇。当时以种草起步的畜牧业发展迅猛，尤其1984年，甘肃省种草工作取得突破性进展，全省种草576万亩，对种草的认识有了很大的提高，涌现了大批种草养畜发展商品经济的先进典型，也在全省掀起了种草技术员培训大热潮，农口技术队伍以及大量的农民技术员成为草业推广主力。三是1983年，甘肃省委把“三年停止破坏五年解决温饱”，大力种草种树发展畜牧作为甘肃省农业战略转变的近期目标，各地广泛深入地进行了思想发动，成立领导机构，制定发展规划和具体措施，省上主要领导都有联系点，各级干部建立责任制，逐级按党政和业务两个系统层层签订种草责任书。全省抽调干部2万多人深入检查，从而把种草任务真正落到了实处。同时，政策激励落实，甘肃省委、省政府在原有“八条种草养畜政策”之外，规定了种草补助政策，放宽了牧区半牧区农转牧的条件，还确定全省要将坡度在25°以上的农田全部分期退耕还林还草。甘肃省政府下达了关于设立地县种草机构，同时加强种草养畜技术力量的通知，各地县增加了500名正常编制调配或招聘技术员，建立种草站，同时，还广泛开展了种草技术人员和农村干部共达20多万人的技术培训，达到了每个村或社都有农民种草技术员1~2名。加强科技指导，全省普遍推行了种草科技承包责任制，有1600多名农牧科技人员下乡到户开展科技承包。四是此阶段，甘肃省饲草饲料技术推广总站深入基层，发挥推广大站的技术引领作用，提出了几种主要牧草的栽培技术规程、三荒地种草技术规程，飞播种草技术规程，为全省种草工作提供了技术依据。

至1989年，全省草原（监理）站（所）达到50个，成为草业技术体系发展较快的时期。全省各主要草原分布区省、地、县三级草原推广和执法体系逐步健全，其中省级1个、地州级11个、县级38个。至1997年，经甘肃省政府批准，甘肃省草原监理站取得了行政处罚资格，1998年，取得了甘肃省财政厅颁发的罚款没收财物许可证，相关市、州、县草原监理站所也取得了行政执法主体资格。从事草原技术推广和执法专兼职人员460人，其中甘肃省草原监理站有执法持证人员30人，全省草原监督监理检查、执法人员大多进行了上岗培训，为309人颁发了行政执法证，其中中级职称以上的160人，本科86人，大专212人，年龄在30~50岁之间的358人，16个市、州、县监理人员同时具备行政执法证工作证、着装证和持械证。当时，肃南草原监理机构独立设置。

二、早期的草原队（站）工作任务（草案）

1981年3月25—30日，在甘肃省草原队组织召开的甘肃省草原工作站站长座谈会上，讨论形成了《甘肃省草原队（站）工作任务》和《关于种草和草原建设投资使用办法(草案)》，原文如下：

草原队（站）工作任务（草案）

草原队站是技术推广单位，应认真贯彻党和政府关于草原工作的方针政策，以指导群众合理利用、保护、建设草场，提高草场产草量和生产能力，最大限度地满足发展畜牧业生产进程中对牧饲草料的需要为努力方向。主要任务是：

1. 积极开展草场资源和利用现状的调查，提出培育、利用、保护和发展草原生产力的建设规划意见；并建立定位观察站点，进行草原产草量，季节、年度动态的预测预报工作。

2. 在固定草场使用权的基础上，指导社、队确定适当的载畜量，有计划地实施季节轮牧和划区轮牧，搞好饮水点建设，合理利用天然草场，提高草场利用效益。

3. 积极推广围栏、补播、施肥、灌水和翻耕种植优良牧草等综合技术措施，建设基本草场，改良退化、碱化、沙化草场和荒山坡植被。利用弃耕地种草，推广农田粮草轮作，套种复种青绿饲料，增加饲草来源，并总结推广建立人工草场的经验。

4. 组织指导社队群众采集和筛选本地优良牧草种子，引种推广外来优良牧草，建立牧草种子繁殖基地，为大面积种草提供籽种。

5. 协助社队，采用药物杀灭、人工捕捉及有效的生物措施，控制草原各种鼠虫病害，清除草原有毒、有害植物。

6. 采用办训练班、带徒弟等办法，为社队培养技术力量，以及进行草原科学普及教育，总结推广群众中行之有效的种草和草原建设经验，推动群众性的种草和草原建设工作。

关于种草和草原建设投资使用办法（草案）

1. 对甘肃省的草田轮作地、弃耕地、荒山荒坡、退化草场种植多年生牧草的资金，实行大包干办法。在使用权范围内，可以包干到队，到专业组、专业户及个人，也允许几户联包。承包单位和个人承包任务后，可先由县主管部门预支部分经费，收割前由农牧和财政部门主持，畜牧站、草原站会同社、队组成验收小组共同验收。根据实际完成的亩数，牧区按每亩10元、半农半牧区及农区按每亩3元的标准由国家付款。收获的饲草及种子，谁种谁有，国家不无偿调用。

2. 建立青贮窖的资金使用，应由县农牧部门统一安排，县畜牧站、草原站指导建窖工作。每个窖投资700元，容量2.5万~5万千克。集体、个人、几户联包都可以。建窖时可先支付部分材料款，建成后经农牧和财政部门会同业务主办单位和社、队验收，窖的质量合乎要求（石块衬砌，水泥抹面），资金方能按规定付清。青贮工作由公社负责领导，按时装窖。实行包种草、打草、装窖、青贮料质量验收的办法。青贮饲料谁承包归谁所有，可以自用，也可以价让。

3. 草原围栏资金由草原站掌握。资金使用实行合同制。由县草原站与公社签订合同。负责地段选择，面积确定及原材料的调拨加工，负责三材购置、加工。修建围栏的材料运输，栽桩拉丝所需劳力以及围栏的保护、管理、维修所需劳力与资金，均由受益单位负责。围栏建成后，由财政、农牧部门组成工作组按合同要求严格验收。因违背合同造成的损失，不管哪方，均应承担经济责任。

4. 草原防虫灭鼠资金。草原虫鼠害要在掌握灾情，确定对策、综合防治、限期控制的原则下，全面规划，积极实施。草原防虫灭鼠经费要专款专用，经费开支只限于飞行费、药品费、长途运输费、仪器设备购置费、劳动保护用品费、人工捕鼠补贴及有关的试验经费，不得挤占或挪作他用。经费管理实行合同制。具体办法是：每年工作结束后，务于11月份将下拨灭虫灭鼠经费使用情况及工作效果，派专人携带总结来甘肃省畜牧厅汇报，同时携带下一年防治任务计划报告，申请防治任务。甘肃省畜牧厅按防治任务，依据所签合同一次拨款到县，待工作结束后，经省、地、县有关部门共同验收，按合同实际执行情况与当地有关部门结算，若需要更改合同或合同某项内容时，必须征得各方同意，并办理手续，不得单方更改变动。

对以上办法在执行中的经验和问题，应随时反映，以便及时修改，上报审批。

三、世纪之交草原技术推广体系情况

经过多年发展，到“十二五”末，全省初步确立了以省、市（州）、县为主体的三级草原技术推广机构，尚未建立乡级草原技术推广部门。在省、市、县三级体系中，有明确草原技术推广职能的单位59个，推广人员671人。有些单位是全额拨款事业单位，有些是参照公务员管理事业单位。

主要职能：包括草原鼠虫害预测预报及防控、草原改良和利用技术推广、牧区人工草地建植、草原资源和生态监测、草原资源和饲料资源调查、农区草产业开发、秸秆饲料化利用、牧草新品种新技术引进展示、牧草选育和驯化、草原规划和技术标准拟定、草业基础数据统计、牧草新品种审定登记、农牧民技术培训等。

存在的问题：随着农业技术推广体系改革和兽医体制改革，甘肃省草原技术推广体系得到相应调整和完善，但范围比较窄、程度比较轻，还存在不少困难和问题。

1. 体系不健全，机构名称不统一，管理体制不顺。至2015年，全省还有7个市、50个县没有独立设置草原技术推广机构，和畜牧技术推广机构以及草原监理机构多块牌子、一套人马。名称也比较混乱，有草原站、牧草站、种草站、饲草饲料站等多种叫法。大部分市县草原站由同级政府的农牧（畜牧）局或畜牧兽医局管理，还有部分县（区）的草原站由农牧（畜牧）局下属的畜牧中心管理，甚至有个别地方（如兰州市）将草原站并入本市畜牧兽医研究所管理。独设的草原站，职能清楚、人员固定；非独设的草原站存在职能交叉、职责不清、管理脱节的问题。没有成立草原站的市县，机构名称多为“畜牧草原站”或畜牧中心，有的市、县有专职负责草原技术推广的人员，更多的市、县没有专职负责草原技术推广的人员。

2. 投入少，服务能力弱。国家对农业、畜牧和兽医技术推广体系建设的投入逐年加大，但对草原技术推广体系建设的投入严重不足，加之甘肃是西部欠发达省份，各级财政投向草原技术推广部门的资金非常有限，致使本来就脆弱的草原技术推广体系越来越弱，基层草原技术推广工作日渐被边缘化。很多基层草原站由于缺乏工作经费，基础设施较差，办公条件落后，正常的业务工作难以开展，工作职能弱化。

3. 运行机制僵化，技术推广与生产脱节。甘肃省长期以来形成的行政管理型草原技术推广运行机制，已不能适应市场经济发展对技术服务的立体化需求。一是工作浮在上面，调查研究不够，不能真正掌握一线的技术需求和市场动态。二是工作方法单一，主要精力放在完成行政部门交办的日常事务上，对先进技术推广和技术服务等工作谋划不够，业务工作不够深入。三是对市场经济研究不够，服务生产、加工、销售各环节的能力有限，不能用市场思维谋划草原技术推广工作。四是技术的集成创新能力有限，推广传统技术多，新技术少，科技成果转化率较低，科技的支撑作用没有完全发挥出来。

4. 基层专业人员少，科技专业素质较弱。甘肃省各级草原技术推广部门普遍存在人员专业不对口、知识老化、年龄老化、专业素质不高等问题，同时存在观念比较保守，创新意识不强，等、靠、要现象普遍。

四、草原推广体系现状

1. 科技创新在草原生态保护建设和草业发展中发挥重要作用

草业科技基础理论研究取得重大创新。甘肃是全国草业科技力量最强的省区之一，素有中国草业科技中心之称。兰州大学草地农业科技学院、甘肃农业大学草业学院、甘肃省农科院牧药所、甘肃省农科院畜草所、甘肃省机械科学院和省、市、县三级草业技术推广部门长期在陇原大地从事草业科研、教育和技术推广工作。以任继周院士为主的学术集体，在草业科学基础理论研究方面进行了有益探索，取得了重要突破。

草业技术加快推广应用。一是草地改良技术研究与应用成效明显。以总站为龙头，依托草原生态修复工程，联合相关单位针对全省草原退化现状，开展高寒退化草原植被恢复重建本土化技术研究与示范、不同生态功能区已垦草原植被恢复技术研究、黄河重要水源补给区（玛曲）生态修复及保护技术集成研究与示范等项目，通过本土化草种选择与组合，种植技术研发，总结和推广退化草原植被恢复重建的经验与模式，至 2021 年，改良退化草原 3295 万亩、黑土滩 25 万亩，退耕还草 64.2 万亩、已垦草原治理 207.8 万亩，草原植被盖度达到 52.5%，草原生态环境恶化局面初步得到遏制，局部生态环境得到改善。二是草原有害生物防控技术成果广泛应用。在全省建立了 17 个草原鼠虫害预测预报站（点），制定出台了《甘肃省草原鼠虫害预测预报站管理办法》，颁布了《草原毛虫预测预报技术规范》《白刺夜蛾预测预报技术规范》《草原生态控鼠技术规程》《草原鼠虫害预测预报站建设规范》等多项技术标准，为草原生物灾害监测预警提供了技术依据。每年防控草原鼠害400万亩左右，防控草原虫害800万亩左右。三是草原监测技术研究与体系基本构建。构建了覆盖全省主要草原类型的地面监测网络。在全省布点1000余个，形成了以“3S”技术为支撑，地面调查技术为基础，地面监测（样地监测和路线监测）与遥感监测（RS）相结合的草原监测方法。建立了以各级草原站为主体，相关科研、教学、技术推广单位为支撑，草原技术人员广泛参与的监测工作机制。形成了以甘肃省草原技术推广总站为依托，市（州）草原站为纽带，县（市、区）草原站为基础的三级草原生态监测网络体系。四是牧草品种选育及人工种草技术研究成果不断积累。据不完全统计，甘肃先后从国内外引进的牧草、饲料作物、草坪草品种1000多个，通过生物学、生态学及经济性状等方面的观测研究，筛选出了一批适宜中国北方地区推广种植的牧草、饲料作物及草坪草品种。甘肃省拥有丰富的草种质资源，在牧草育种丰产栽培、牧草种子生产技术研究方面成果颇丰，为甘肃草产业发展提供了强大的技术支撑。2013年以来，在全国率先布局建设省级草品种区域试验网络，至2023年，在甘肃省林业和草原局的强力推动下，以草品种审定工作为切入点，确定了1个省级草种质资源库（兰州大学），15个省级草种质资源圃，建设了2个草种原种繁育基地，发布了甘肃省草品种推广目录，基本完成了全省草种质资源创种体系的构建。

2. 草原技术推广体系现状

林草机构改革前，甘肃省初步确立了以省、市（州）、县为主体的三级草原技术推广机构。有省级站1个，市级14个（其中7个单独设立），县级86个（其中36个单独设立），各级草原技术推广机构均为全额拨款事业单位，全省共有草原技术推广人员1393人，基本能够正常开展草原保护技术推广和草业科技成果转化示范工作。经过多年的努力，三级推广体系已成为草业科技推广的主渠道、草原生态的守护者和工程项目的组织实施者，在全省草原生态保护建设和草牧业发展中发挥着不可替代的作用。

2019年全省林草机构改革后，市、县草原职能划到各级林草部门，但机构设置、人员转隶情况各异。酒泉、张掖、武威、甘南、临夏、庆阳、定西等市（州）级草原技术推广机构职能和部分人员划转到林草部门。天水、兰州、金昌三市级林草部门通过整合林业相关单位，组建了草原站（林草服务中心），这些机构承接了草原职能。初步统计，2021年，草原技术人员到位约300人，草业技术推广体系线断网破情况突出，草原保护技术推广工作面临许多新的困难。

3. 草业科技和技术推广体系存在的问题

科研响应需求较差，成果转化率较低。甘肃草业科研机构数量多、实力强，但重基础理论研究，轻应用技术研发。科研重点依托国家基金、科技专项等项目和资金开展，很少安排应用研究项目。产学研结合不够紧密，草业科技研究、开发和推广机构自成体系，缺乏联动机制，科研单位、重点面向国家科研任务而难以响应地方生产的技术需求。针对生产实际的基础理论研究和创新性的科技成果很少，鉴定获奖成果较少，能真正在生产实践中转化应用的成果较少，成果推广转化率低。

科技成果评定奖励和人才评价机制不利于成果的推广应用。现行的科技成果评定奖励和人才评价机制过于注重理论创新、论文发表数量和水平，轻成果转化应用和推广效益。科技人员获得的奖励与科技成果的推广关联不强，科技人员不关心科技成果开发利用的现象普遍，成果结题后大多束之高阁。

科研经费投入不足。草业科研经费由政府单一渠道资助，且资助力度小，一定程度上制约了甘肃草业科技创新。草业科技成果的推广缺乏强有力的推广队伍，推广经费少，推广工作没有平台和抓手。

草原推广体系服务手段落后，基础条件差。随着农业技术推广体制改革的日益深入，草原技术推广体系体制不顺、队伍不稳、服务手段落后、基础条件差等问题日益显现，严重制约着体系公益功能的发挥。

市、县草原技术推广工作难以为继的现象普遍。机构改革前，草原技术推广体系普遍存在基层专业人员少、专业不对口、知识老化年龄老化等问题。机构改革后技术人员流失严重，市、县两级草原技术推广单位机构撤并转隶，人员转岗，技术推广体系线断网破，造成有的市、县没有机构承接草原技术推广工作，成果推广应用等工作难以落地。

（本节供稿：张榕；校对：莫负涛、张蔚）

第二节　市（州）草原工作站

一、河西地区市级草原站

（一）酒泉市草原工作站

1. 基本情况

酒泉市草原工作站成立于 1983 年，是以草原技术推广为主，隶属酒泉市畜牧兽医局管理的科级事业单位。单位现有技术人员 6 人，其中：高级 2 人、中级 4 人，单位成立 30 年来，先后完成了“天然草原恢复与建设”“退牧还草工程建设”“30 万亩紫花苜蓿种植”“4000 亩牧草种子基地建设”“草原防灾保畜育草基地建设”“无鼠害示范区建设”“草原补助奖励”等全市多项生产管理、科研和建设项目，部分项目获省、市科技进步奖。草原站现承担全市人工种草技术示范与推广、秸秆饲料化利用技术和草原保护技术示范与推广、草原治虫灭鼠、草原监测、草业技术推广应用项目、上级业务主管部门临时下达的各项业务工作。

2. 机构职能转隶状况

机构改革后，原酒泉市草原站于2019年11月转隶酒泉市自然保护局，组建酒泉市林业草原事务中心（由原酒泉市生态公益林管理办公室更名调整），为副县级财政全额拨款事业单位。

3. 单位职责

贯彻执行国家和省、市有关森林草原及其生态修复的政策、规划和标准。组织实施森林、草原、湿地和野生动植物资源保护、自然保护地相关政策法规宣传和科普宣教工作；负责全市林地和森林生态保护、开发利用、生态修复治理。开展森林生态修复技术研究和示范推广。承担林地和森林资源动态监测工作；负责草原生态保护、开发利用、生态修复治理。实施草原鼠、病虫害等生物灾害预测预报、监测和防治工作。开展草原生态修复技术研究和示范推广。承担退牧还草、草原奖补资金发放工作；负责全市湿地生态和生物多样性保护、开发利用、生态修复治理。组织实施湿地资源动态监测工作。承担湿地生态修复治理、湿地生态补偿等工作；负责野生动植物保护工作。实施野生动物救护、野生植物人工培育、栖息地恢复发展。负责开展全市野生动植物资源调查，建立野生动植物资源档案并进行监测。开展珍稀野生动植物的保护、驯养、繁殖和科学研究；负责自然保护地保护工作。组织实施自然保护地自然资源、保护成效动态监测。承担自然保护地生物多样性保护、开发利用、生态修复治理；负责林业草原生态工程监理和技术核查，自然保护地调整和项目准入现场调查，林地、草原、湿地征占用现场勘验、流转评估及相关信息等技术服务工作；负责林业草原信息化工作。承担林业和草原各类数据采集、统计、建库、查询、更新等数据库基础服务和拓展应用，为林草行业提供信息平台和相关保障服务；承担全市森林草原火灾、陆生野生动物疫源疫病预测预报、监测和防治工作；完成市委、市政府和市林业和草原局交办的其他任务。

4. 内设机构

酒泉市林业草原事务中心设立综合科、林草科、保护科、信息科，主要职责分别是：

综合科。负责单位日常运转，承担文电、信息、财务档案、后勤等日常工作，承担意识形态、机要、保密、综合性文稿起草等工作。承担党建、党风廉政建设、机构编制、人事管理绩效考核、干部培训及本单位工、青、妇等群团组织工作。承办领导交办的其他工作。

林草科。组织实施森林和草原资源保护、开发利用生态修复治理。承担退牧还草、草原奖补资金发放工作。承担草原鼠、病虫害等生物灾害预测预报、监测和防治工作。开展森林和草原生态修复技术研究和示范推广。承担林业草原生态工程监理、技术核查、现场勘验、流转评估及相关信息等技术服务工作。

保护科。承担全市自然保护地、湿地生物多样性保护、生态修复治理。开展全市野生动植物资源调查，建立野生动植物资源档案并进行监测。开展珍稀野生动植物的保护、驯养、繁殖和科学研究。实施野生动物救护、野生植物人工培育、栖息地恢复发展。承担自然保护地调整和项目准入现场调查。

信息科。承担林业和草原各类数据采集、统计、建库、查询、更新等数据库基础服务和拓展应用，为林草行业提供信息平台和相关的保障服务。组织实施森林、草原、湿地和野生动植物资源保护、自然保护的政策法规宣传和科普宣教工作。承担全市森林草原火灾、陆生野生动物疫源疫病预测预报、监测和防治工作。

5. 人员编制情况

根据三定方案，酒泉市林业草原事务中心核定事业编制 13 名。领导职数：设主任 1 名、副主任 2 名（正科级）；其他科级职数 6 名。目前，中心人员、机构编制全部到位，现有职工 13 人，其中：专业技术人员 11 名（高级职称 2 名，中级职称 4 名，初级职称 5 名），管理岗人员 2 名。近年来，市林草业服务中心承担了省级区域试验站（肃州）的试验和管理任务，组织完成了区域试验站能力提升项目，原种繁育基地建设项目，督促有关企业完成了草种繁育基地建设项目，并依托全市草原生态修复工程，开展了特色野生草种子驯化评价和草种质资源保护地建设项目。

6. 主要成果

酒泉市草原工作主要成果见表 3–1。

表 3–1　酒泉市草原工作成果业绩统计表

项目名称	内容简介	何时获何奖励	主持或参与
30 万亩紫花苜蓿种植	主要在肃州、金塔、玉门、瓜州大面积推广种植紫花苜蓿新品种，以 26 个集中连片种植区域为主重点推广甘农、中苜系列品种的种植，年生产牧草达到 28 万~33 万吨	2005 酒泉市科技进步二等奖	倪兴泽
牧草种子基地建设	在肃州区铧尖镇建成 4000 亩国家级牧草种子基地，年生产繁育种子 200 吨	2008 酒泉市科技进步三等奖	倪兴泽

（二）嘉峪关市草原技术推广站

1. 基本情况

嘉峪关市现有草原面积 25.6 万亩，以温性荒漠化草原为主，主要分布在新城草湖、文殊山山麓以及黑山山麓等处。由于多年来嘉峪关草原技术推广站一直未成立，草原技术推广各项业务工作一直由畜牧技术推广站人员兼职开展。为了加强与国家和省上有关草原技术推广和草原保护建设项目的对接，市农林局、市畜牧兽医管理局积极向市机构编制委员会申请成立草原技术推广工作机构和人员编制。通过局领导多次专题汇报和积极争取，经2010年10月19日嘉峪关市编委会会议研究，同意在“嘉峪关市畜牧技术推广站”加挂“嘉峪关市草原技术推广站”的牌子。草原技术推广站的成立，解决了多年来困扰嘉峪关无草原技术推广工作机构的难题，也是继嘉峪关畜牧兽医管理体制改革成立畜牧兽医管理局、城乡管理体制改革农林局单设后，嘉峪关畜牧兽医直属机构得到进一步加强取得的重要成果，实现了嘉峪关建立健全草原工作机构历史性的突破，树立了草原技术推广工作新的里程碑，为下一步开展草原保护建设、草原技术推广等工作提供了保障。

2. 当前现状

2019年林草机构改革后，草原工作职能转入嘉峪关市林业管理站，内设科室林业草原科（3人）和自然保护地管理科（2人），负责承担全市草原保护建设工作。

3. 职能

草原禁牧、草畜平衡和草原生态修复治理工作，组织实施草原重点生态保护建设修复工程，依法开展草原监督管理工作；管理草原的合理开发利用。负责编制全区草原保护建设、技术推广规划与计划，承担草地管理、保护、建设、合理利用的技术推广和指导工作。负责天然草原改良建设和合理利用、人工草地建设的技术指导工作，负责草原鼠、虫病、毒草及其他有害生物的预测预报及防治工作，负责草原保护建设利用项目及新技术的试验示范和推广应用工作，负责草原保护建设的技术培训、咨询、服务、信息交流、推广利用等工作；负责草原禁牧、草畜平衡和草原生态修复治理工作，监督管理草原的开发利用，组织实施林业和草原重点生态保护修复工程；负责草原征占用审批和合理利用。

4. 主要任务

承担草原保护与建设、技术推广规划与计划；草地管理、保护、建设、合理利用的技术推广和技术指导；草原鼠、虫、病、毒草及其他有害生物的预测预报及防治工作；草原保护建设利用项目及新技术的试验示范和推广应用工作；草种资源调查以及新品种展示、示范、推广工作，草原保护与建设的技术培训、咨询、服务、信息交流等工作；草原保护建设数据统计工作。

（三）金昌市草原技术推广体系

1. 历史沿革

1997年，根据金昌市机构编制委员会《关于印发金昌市农牧局职能配置、内设机构和人员编制改革方案的通知》(金机编发〔1997〕058号)，设立了金昌市畜牧兽医技术推广服务中心(加挂金昌市畜牧兽医技术推广站、草原工作站、兽药饲料检查站、动物检疫站、草原监理所牌子)；根据金机编发〔2006〕20号《关于市农牧局下属有关机构升格的通知》精神，机构规格从正科级升格为副县级事业单位；2007年，根据金昌市机构编制委员会《关于印发金昌市兽医局职能配置内设机构和人员编制方案的通知》(金机编发〔2007〕3号)，金昌市畜牧兽医技术推广服务中心更名为金昌市畜牧技术推广服务中心（加挂金昌市畜牧技术推广站、草原工作站、草原监理所牌子）；2012年，根据金昌市机构编制委员会《关于农牧局下属事业单位机构编制职数问题的通知》(金机编发〔2012〕48号)，核定编制8名，其中副县级领导职数1名、科级领导职数3名。

2. 职能范围

负责制定全市畜牧业务技术的规划和年度计划，并会同县、区实施规划和年度计划；负责全市畜牧新技术的推广应用及畜禽新品种的引进和畜禽品种改良工作；负责管理全市饲料生产加工工作，推广饲料生产加工的新技术、新品种和科研项目的落实；依照国家的法律、法规、政策，负责部署、检查、指导全市范围内草原的管理、改良、建设和草原资源的合理开发利用，会同有关部门监督全市范围内对草原野生珍稀动物以及益鸟、益兽、野生植物保护工作，开展草原虫、鼠害预测预报及防治工作，监督检查草原防火和基础设施的保护，处理有关破坏草原的案件和行为；负责全市畜牧、草原技术人员的培训工作。

3. 主要业务

负责全市畜牧业生产、畜牧草原资源管理及开发利用、草原防火、草原鼠虫害防治、新品种新技术引进推广、畜禽改良、畜牧草原技术人员培训等工作。

标准化规模养殖，良种繁育体系建设，畜牧科技示范点建设，畜禽养殖污染控制，重点项目建设，科技服务，畜牧业信息监测分析平台建设，苜蓿产业化建设、秸秆饲料化利用，草原虫鼠害防治，草原补奖政策实施效果及草原生产力监测，草原普查等。

4. 主要成果

金昌市草原工作主要成果见表3–2。

表3–2 金昌市草原工作成果业绩统计表

项目名称	内容简介	何时获何奖励	主持或参与
湖羊特色种质资源引进选育及肉羊高效标准化生产模式的建立推广	以甘肃元生农牧科技公司羊场为核心，利用基因先决选育法建立高繁湖羊育种群，并通过三级育种场的分工协作，迅速扩大高繁湖羊存栏量。同时通过严格选种选配，形成具有适应性强、繁殖力高、泌乳性能好等特点的肉羊母本新品系；研究开发适合湖羊不同阶段营养需求的系列饲料；通过肉羊专用饲料的开发与利用、科学养殖技术和繁殖新技术的推广应用，实现良种良养；通过“461生产模式”的推广应用，降低养殖成本，增加养殖效益；通过湖羊养殖示范场(户)的建设与示范带动、防疫保障体系与技术服务体系建设，推动本地区肉羊产业的健康发展，迅速把金昌市建设成为西北重点肉用湖羊供种基地和重要的优质羊肉生产基地	2015年11月被中国技术市场协会授予“三农科技服务金桥奖”	参与

续表

项目名称	内容简介	何时获何奖励	主持或参与
湖羊特色种质资源引进选育及肉羊舍饲高效生产模式的建立推广	本项目属地方计划项目，2012年经金昌市人民政府同意，设立院地合作专项资金，由金昌市农牧局与西北农林科技大学动物科技学院签署院地《科技合作协议书》，开展技术、人才合作与交流，共建科技成果转化基地。从加速湖羊核心育种群体建立、健全湖羊良种繁育体系、加大湖羊推广力度三个方面齐头并进，迅速把金昌市打造建设成西北重点肉用湖羊供种基地和重要的优质羊肉生产基地	2016年1月被甘肃省人民政府评为"甘肃省科技进步三等奖"	主持

5. 现状

林草机构改革后，金昌市草原监理所更名为金昌市草原技术推广服务中心，3个事业编制，划归金昌市林业和草原局，根据"市委编发〔2019〕48号"文件精神，主要任务是负责草原技术和管护人员培训、草原技术研究推广、草原资源技术调查与监测、草原法律法规宣传教育、指导开展全市草原有害生物防治、提供草原技术信息服务等。近年来，除完成相关草原生态建设业务外，在草种繁育基地建设等方面进行了有益探索。

（四）张掖市草原工作站

1. 历史沿革

2009年7月，根据张掖市机构编制委员会《关于张掖市草原工作站等单位机构设置事宜的通知》（张机编〔2009〕18号），将张掖市草原监理站、张掖市草原饲料工作站、张掖市饲料监测站（三块牌子，一套人马，合署办公）整合，撤销张掖市饲料监测站，张掖市草原饲料工作站更名为张掖市草原工作站，草原监理站另设，核定草原工作站事业编制5名。

2. 主要职能

贯彻实施《中华人民共和国草原法》和《甘肃省草原条例》，负责对全市草原资源等进行调查勘测，全市草原、饲草新技术、新品种示范推广，农作物秸秆、饼粕等饲草资源的开发利用，草原鼠虫情监测及防治。

3. 主要业务

草原鼠虫害监测防治工作。一是在监测关键期，对草原鼠虫害重点区域进行监测预警，定期采集数据，密切关注鼠虫情动态，并组织编报历年张掖市草原鼠虫害调查及发生趋势预测报告。同时，根据调查监测报告科学制定历年《张掖市草原鼠虫害防治实施方案》，并按实施方案及早做好草原鼠虫害防治药物的招标采购工作和草原鼠虫害防治药物器械的保障供应工作，及时向各县（区）调拨草原鼠虫害应急防治药物，确保防控工作及时高效开展。二是在防控关键期，严格实行24小时值班制度和周报告制度，实时准确掌握鼠虫情动态，确保草原鼠虫情信息渠道畅通。在防控关键时节，市、县业务部门重心前移，现场指导，跟踪作业，大力推广应用生物、物理和生态治理等绿色防控措施，确保绿色和安全防控的双到位。三是积极探索社会化防控服务方式和运行模式。近年来，探索出了一条以政府采购为媒介，企业承包草原灭鼠治虫工作，业务部门提供技术指导和科技培训的路子，进行社会化、专业化的鼠虫害防控，从而扩大防控覆盖面，极大地提高了防控效果、效益和效率。

天然草原生态保护建设工作。一是组织开展草原生态环境和草原综合植被盖度监测、草原生产力监测、草原补奖政策实施效果监测、退牧还草工程效益监测、国家级固定监测点监测、冷季牧草储量监测和粗饲料资源监测工作，并编报历年《张掖市天然草原资源监测报告》和《张掖市人工草地监测报告》。二是组织开展农牧户访问调查和调查区草原资源、生产经营等相关资料收集、草地图斑的确认、草原分类图、等级图等部分专业图件的绘制等草原资源普查相关工作。三是按照市政府要求，单位以祁连山保护区张掖段草原生态保护建设为重点，积极配合山水林田湖生态修复工程——张掖市祁连山（一期工程）项目中草原生态修复项目《祁连山草原有害生物防控工程》和《祁连山草原“三化”治理工程》2个项目的论证规划。四是督促指导山丹县、肃南县完成已垦草原植被恢复技术研究项目和山丹县草原鼠虫害药物筛选试验项目年度任务。

百万亩优质牧草基地建设。一是筛选引进青贮玉米、甜高粱、燕麦和苜蓿优质牧草新品种，分别在全市不同海拔区域全面开展品比试验、密度试验、混播试验等，筛选出适宜张掖市不同海拔区域种植的青贮玉米、甜高粱新品种，以及相应的混播比例、生产模式及丰产性栽培技术，为加快调整优化种植业结构和发展草牧业提供强有力的科技支撑。二是省、市草原技术部门联合指导，将优质牧草新品种、新技术引进和牧草良种选育不断向县（区）辐射延伸，加快了优质牧草种植规模化、良种化发展步伐。

秸秆饲料化利用工作。一是以秸秆饲料化利用整村推进示范点、试验示范基地和饲草加工企业（合作社）为抓手，组装集成与示范推广秸秆饲料收获加工关键机械设备、大窖分段青贮工艺、包膜（袋装）青贮、高密压缩草块、秸秆颗粒化、生物发酵、二次发酵防控等一体化技术，以点带面推动秸秆饲料化利用工程向纵深发展。二是狠抓秸秆饲料化利用示范县创建，督促指导临泽县以泽牧、德源、美加农为依托建设秸秆饲料化利用整乡推进示范乡，引导全县建立玉米秸秆青贮示范点，使示范县秸秆饲料化加工总量达40.47万吨，示范县秸秆饲料化利用率达68%。三是科学编制《2016年市级秸秆饲料化补助资金使用方案》，筛选确定甘州旺农、临泽泽牧、山丹润牧、民乐希诺、高台兴旺等10家秸秆商品饲料加工企业为市级秸秆饲料化利用补助资金扶持对象，充分发挥市级补助资金的引导撬动作用和扶持企业的辐射带动作用，推动全市秸秆饲料产业不断发展壮大。三是不断完善秸秆饲料化收储运体系建设，截至2016年，培育建立秸秆饲料化利用整村推进示范点52个、玉米秸秆商品饲料试验示范基地12个，组建玉米秸秆饲料专业化加工企业12个，玉米秸秆收割队、收集贮运队、加工调制队等专业化服务组织269个，组装配套大型玉米秸秆青贮料收获机362台（新增42台）、打捆包膜机组111套（新增24套）、大型草颗粒生产机组5套、大型草块压制机组1套，建设青贮窖271.67万立方米（新建11.64万立方米）。全年完成玉米秸秆机械化收获64.13万亩，玉米秸秆机械化收获加工水平达58.66%。全市完成制种玉米父本青贮30.74万吨、全株青贮68.04万吨、黄贮63.37万吨、微贮0.28万吨、包膜（袋装）青贮2万吨、氨化9.44万吨、草粉21.49万吨、草颗粒1.91万吨，全市秸秆饲料化加工总量达197.28万吨，秸秆饲料化加工利用率达65.1%。

草产业技术培训工作。近年来，针对当前张掖市草牧业发展瓶颈和草业重点工作，组织专业技术人员、农牧户、草牧企业（合作社）负责人、养殖场（户）开展青贮玉米种植与收获加工关键技术控制培训班、秸秆饲料化利用培训班、草原鼠虫害预测预报和草原监测技术培训班等，以此引导调整“三元”种植结构，加快推进供给侧结构性改革。每年平均培训草业技术骨干、种养企业（合作社）负责人等300多人。

科研及示范推广项目工作。近年来，单位紧紧围绕草产业发展实际，组织人员编写了《张掖市玉米秸秆饲料化利用关键技术集成与试验示范》《张掖市玉米秸秆饲料商品化生产配套技术研究与应用》《饲用玉米和秣食豆新品种引进与混播混贮技术试验示范》《南部沿山区草地生态修复途径研究与示范》《玉米秸秆饲料产业化生产集成配套技术示范推广》《祁连山草原有害生物防控工程》《祁连山草原“三化”治理工程》等多个项目申报书，其中：承担完成的《张掖市玉米秸秆饲料化利用关键技术集成与试验示范》项目获得甘肃省科技进步三等奖；承担完成的《张掖市玉米秸秆饲料商品化生产配套技术研究与应用》项目获得全国农牧渔业丰收三等奖，从而不断增加草业队伍力量、科研实力和科技支撑能力。

4. 主要成果

张掖市草原工作主要成果见表3–3。

表 3–3　张掖市草原工作站成果业绩统计表

项目名称	内容简介	奖项	参与主持
张掖市玉米秸秆饲料化利用关键技术集成与试验示范	项目通过引进种植专用饲用玉米品种改善玉米遗传品质和农艺品质来提高饲草产量和饲用品质，组装集成与之相配套的秸秆饲料收获加工关键机械设备、青贮和全混合日粮（TMR）技术等一体化技术，推广玉米秸秆饲料化利用技术体系，创建运行了“示范引领整体推动模式、合作社专业化运行模式、订单运行模式、一点对多源的秸秆收集贮运模式等 8 个模式	2016 年 1 月获得甘肃科技进步奖三等奖	主持
张掖市玉米秸秆饲料商品化生产配套技术研究与应用	利用系统优化原理，通过物理揉搓、化学酶解、生物发酵等技术，全面开展不同种类青贮发酵促进剂处理秸秆饲料试验效果观察、肉牛不同生长阶段秸秆型 TMR 颗粒饲料配方研发试验等 9 项专题试验研究和 4 项专题调查研究，并组装集成与之相配套的秸秆饲料收获加工关键机械设备和“集中大窖青贮、分段装压密封、分散打包销售”、包膜（袋装）青贮（微贮）、高密压缩草块、秸秆颗粒化、生物发酵、设置防鼠墙等一体化技术	2016 年 12 月获得 2014—2016 年度全国农牧渔业丰收奖三等奖	主持
农作物秸秆饲料化技术集成示范与推广	主要负责张掖市秸秆饲料收获加工关键机械设备、大窖分段青贮工艺、包膜（袋装）青贮、高密压缩草块、秸秆颗粒化、生物发酵、二次发酵防控等一体化技术的组装集成及示范推广	2015 年 8 月获得 2015 年甘肃省农牧渔业丰收奖一等奖	参与（第二完成单位）

5. 现状

林草机构改革后，张掖市草原工作站于 2019 年整体转隶张掖市林草局管理，全额事业单位。

主要职能是负责全市草原调查和监测工作。开展草原资源、生态、利用状况以及保护建设效益监测评价；负责全市草原鼠虫病等生物灾害防控工作。开展草原生物灾害监测预警和防治技术研究示范推广；指导全市草原生态保护修复治理工作。开展草原生态与资源保护修复及“三化”草原治理等技术研究示范推广；指导全市草原利用和草畜平衡工作。开展草原载畜量核定及草原资源合理利用技术研究示范推广；指导全市草原产业发展和草种生产基地建设工作。开展草种质资源调查评价、选育、保护利用研究和良种推广；开展草品种引进、区域试验和种草技术研究示范推广；指导全市草原技术推广部门开展业务工作，组织开展技术培训和科技成果转化；承办市林业和草原局交办的其他事项。近年，和中国农科院兰州牧药所、张掖基地合作承担了甘肃省草品种区域试验站（甘州）的管理和试验任务，实施了省级区域试验站能力提升项目，协助甘肃省草原技术推广总站实施了省级草种原种繁育项目，并积极拓展业务，在草原监测、有害生物防控、草原生态修复、草种质资源收集保护和驯化利用方面作出了新的探索，创造了适合张掖市的草原技术推广机制和模式。

（五）武威市畜牧兽医局草原站

1. 历史沿革

武威市畜牧兽医局草原站成立于1987年，原隶属于武威市畜牧兽医技术服务中心，2008年，改名为武威市畜牧兽医局。

主要职能：指导草原建设与优质牧草种植；草原动态监测与草原的保护利用；指导草原鼠、虫害防治；秸秆资源的开发利用等。近几年来主要开展的业务工作是：天然草地改良建设、保护利用、牧草种植、饲料加工利用、天然草原鼠虫害防治，畜牧技术的推广和研究工作。

2. 主要成果

武威市草原工作主要成果见表3–4。

表3–4　武威市畜牧兽医局草原站成果业绩统计表

项目名称	内容简介	何时获何奖励	主持或参与
荒漠草场白刺夜蛾防治研究	通过对白刺夜蛾生物学特性、生活史与发生因子关系、防治措施的系统研究。在部分地方填补了国内空白，达到了国内同类研究的领先水平	2000年获甘肃省科技进步二等奖	参与
荒漠草场白刺夜蛾生态生物学特性及其防治研究		武威地区科技进步二等奖	主持
氨化麦秸饲喂牛试验示范	开展氨化麦秸饲喂牛的试验研究，为全市推广提供了科学依据	通过武威地区科委的组织验收	主持
秸秆饲料开发利用技术研究与推广	通过采用青贮、氨化、微贮等方法，开展了一系列的试验研究，提出了适于本市推广的技术和方法。达到了省内同类研究的领先水平	2000年获得武威地区科技进步三等奖	主持
秸秆微贮技术引进试验示范推广	提出了适宜武威市的微贮秸秆制作技术规范，进行了防止秸秆微贮二次发酵的试验研究	武威市科技进步二等奖	主持
环保型饲料添加剂应用技术的推广	在武威市推广了环保型饲料添加剂	2005年获甘肃省农牧渔业丰收一等奖	参与
紫花苜蓿种子丰产栽培技术研究及产业化示范	建立了紫花苜蓿制种示范基地	2008年获甘肃省农牧渔业丰收二等奖	参与
甘肃省退耕还草工程不同类型区决策模式研究	提出了不同生态区域的退耕还草技术模式	2008年获甘肃省农牧渔业丰收二等奖	参与
武威市草原害鼠防控集成技术研究与推广	查清全市草原鼠类区系及鼠情现状；开展全市草原鼠害区划研究；探索不同鼠害区治理模式，建立草原鼠害防控技术示范区；提出相关防治标准和技术规程2~3项；完成鼠害治理36.5万公顷	2013年3月获武威市科技进步二等奖	主持
紫花苜蓿品种引进种植及利用研究与推广	进行了紫花苜蓿在河西走廊和沙漠沿线的引进种植试验；开展了用紫花苜蓿草粉替代30%的精料饲喂奶牛效果试验；制定并发布了《无公害生产技术规程：苜蓿》	2013年6月获甘肃省农牧渔业丰收二等奖	主持
河西走廊沙尘源区生态环境治理及草地农业发展对策研究	提出了河西走廊生态环境治理技术模式	2013年6月获甘肃省农牧渔业丰收一等奖	参与

3. 现状

机构改革后，武威市草原站整体转隶归武威市林业和草原局管理，全额事业单位，正科级，编制 7 人，现有 7 人。正高职称 1 人，副高职称 1 人，中级职称 4 人，其他 1 人。

主要职能：根据省、市生态建设总体规划，参与编制全市草原保护、建设、利用规划；承担全市草原资源动态监测，参与草原资源调查工作，开展草原生态状况、利用状况以及保护建设效益监测评估；承担全市草原鼠、虫、病等生物灾害防治工作，开展草原生物灾害监测预警和综合防治技术推广；指导全市草畜平衡和草原利用工作，开展草原载畜量核定及草原资源合理利用技术示范推广；指导全市草原生态修复治理工作，开展草原生态保护修复、退化草原治理等技术研究与推广；指导全市草品种区域试验、种草技术示范推广工作，开展草种质资源调查评价、引进选育、保护利用和良种推广；开展全市草原技术培训、草原科技成果转化、新技术研究示范推广和草原科技信息化建设等工作；完成市林业和草原局交办的其他工作任务。

二、中东部地区草原推广体系

（一）兰州市草原饲料监督管理站（兰州市园林绿化服务中心）

1. 历史沿革

2007 年，兰州市畜牧兽医研究所加挂兰州市草原饲料监督管理站牌子，隶属于兰州市农业委员会，是兰州市唯一以草业应用技术研究和推广为重点，集科研、推广、执法为一体的公益一类副县级事业单位。现有畜牧、兽医、草原、动物检疫、法律等各类专业技术和管理人员 37 人，其中硕士研究生 8 人、本科 20 人、专科 3 人，高级职称 4 人、中级职称 12 人。

2. 主要职能

贯彻落实国家、农业部和省、市有关草原、饲料方面的方针、政策和法律法规，制定全市草业发展、草原建设保护与监理、饲料工业发展中长期规划及年度计划；负责全市牧草品种改良及培育工作；指导全市种草企业的商品草生产及技术管理；负责饲草饲料新技术、新成果、新品种的试验研究及示范推广；负责省内外、国内外草业和饲草料工业信息及动态的收集、整理、分析、交流和发布，为畜牧行政主管部门提供决策依据；对县（区）草业技术推广部门的业务工作进行指导；开展全市草业技术培训、咨询及服务工作。

3. 主要业务

依据《中华人民共和国草原法》《草原防火条例》《草原监理条例》《草种管理办法》《甘肃省草原条例》，依法对兰州市草原生产经营及草原野生植物流通市场进行监管；依法查处破坏草原及国家明令禁止的草原野生植物等各类违法案件；依法对草种生产加工、检疫检验进行监督检查；负责制定兰州市草业发展规划，指导县（区）草产业发展，为种草企业、专业合作社提供技术服务；督促指导各县（区）进行草原补助奖励、草原保护建设、草地资源普查、草原生态监测工作，承担国家草品种区域试验站（兰州站）相关工作。

4. 工作业绩

积极开展草品种区域试验。按照全国畜牧总站和甘肃省草原总站的统一安排，兰州市草原饲料监督管理站自2014年开始承担兰州试验点国家草品种区域试验任务，2014—2019年，共完成36个实验组，126个品种的试验任务。

积极培育草业公司，推动全市草产业建设。2014年，在多方面调研的基础上，提出了立足永登高寒地带和榆中北部干旱山区，大力发展燕麦草产业的设想。经过2015年和2016年两年的发展，培育了以永登联民启航农业科技有限公司、永登腾飞草业发展有限公司、永登丰禾牧草种植农民专业合作和榆中嬴得小杂粮食品有限公司为代表的一批牧草种植加工企业和合作社，实现了兰州市种草企业的零突破。2017年，燕麦规模化种植总面积达到3.3万亩，干草产量达1.3万吨，经济总产值达1700万元；苜蓿商品草规模化种植面积已达8000亩；累计培育种草企业、种草专业合作社、种草大户和草产品加工企业共13家。

建设草业科研基地。为了更好地服务于兰州市草产业发展，在草业科研方面投入大力气，先后在永登通远、永登坪城和榆中北山设立了专门的草业研究基地，并开展了包括航天燕麦、高产苜蓿、饲用高粱、饲用玉米、红豆草和猫尾草等多个品种的种植及品比试验。承担的科研项目有："秦王川盐碱地耐盐性牧草的生产性能及对土壤改良的研究""兰州市旱作区优质牧草适应性评价及丰产栽培技术研究与示范推广""兰州旱作区饲用燕麦平衡施肥技术研究与示范推广""兰州市优质燕麦良种繁育基地建设及草种生产关键技术研究推广"。

积极做好草原监管工作。每年定期开展草原法律法规和草原防火宣传，监督检查牧草草种市场，对各县（区）草原违法征占用进行监督检查。经过不断探索和努力，兰州市草原监理工作已经走到了甘肃省前列。

积极开展草原资源普查工作。2013—2017年，兰州市已完成250个样地的草地资源外业普查工作，面积为1 146.8万亩，并将草原资源地面调查数据汇总、整理、录入上报甘肃省草原总站，总计完成了750个样方的调查。

积极开展草原鼠虫害防治工作。成立了兰州市鼠虫害防治领导小组，在草原鼠害和虫害高发期实行值班制度，严密监视兰州各县区草原鼠虫害发生情况，做到随发现随报告，及时预警。在永登县坪城乡天然草原建立鼠虫害防治示范区，示范推广鼠虫害最新防治技术，确保草原生态安全。

全面开展草原补奖及草地生态监测工作。兰州市草原面积1 076.05万亩，落实禁牧面积371.39万亩，以每亩2.95元的标准发放禁牧资金，通过惠农财政补贴的方式直接发放到户。全市 669.85 万亩可利用草原全部划定为草畜平衡区，确定草畜平衡区核定载畜量为 24.866 万羊单位，目前，减畜任务已经完成，确定了人工种草面积，按照每亩 10 元的标准将牧草良种补贴发放到户，核定了 4186 户为承包草原并且以草原畜牧业为主要生产经营方式和收入来源的牧户，分布在永登县，以每户每年 500 元的标准将生产资料综合补贴资金发放到户。每年兰州市永登县进行天然草地、人工草地监测工作，并将监测结果上报省站。

5. 成果建设

兰州市草原工作成果见表 3–5。

表 3–5　成果业绩统计表

项目名称	内容简介	何时获何奖励	主持或参与
第一届《草原法律法规知识竞赛》	草原法律法规	2012 年获三等奖	参与
第二届《草原法律法规知识竞赛》	草原法律法规	2015 年获二等奖	参与
燕麦规模化种植	2015—2016 年成功在兰州市推广种植燕麦 3.3 万亩		
草品种区域试验站建设	2014 年，在兰州皋兰山创建了占地 10 亩的区试站，并成功开展 36 个试验任务	2016 年全国总站挂牌	主持

6. 现状

林草机构改革后，兰州市草原饲料监督管理站保留在兰州市农委，草原工作职能在兰州市林业局设草原管理科，草原技术推广职能整体合并到兰州市园林绿化服务中心。

主要职能：承担全市草原动态监测工作。重点做好禁牧、草畜平衡监管、退化草原工程效益监测、草原载畜量核定、草原植被盖度监测、草原生态保护建设工程项目效益监测等；承担兰州市草原生物灾害防治工作。重点做好全市草原鼠虫害监测防治工作；承担全市天然草原修复治理和保护利用工作。指导督促各区、县完成草原生态补偿及草原生态修复治理等工作；承担草业发展和种质资源工作。重点开展全市草原和人工种草新技术、新品种、新产品研发、引进、试验示范及推广，开展全市草品种区域试验和种质资源调查、收集、评价、保护利用工作；承担草原建设和承包经营制度落实工作。近年，和中国农科院兰州牧药所合作，在大洼山基地建立了甘肃省草品区域试验站（大洼山）和甘肃省草种质资源圃，先后实施了野生草种质资源采集评价和区域试验项目，正承担完成 19 个实验组，60 个参试品种的区域任务，培育形成了草种质创新技术团队和省级草品种区域试验技术骨干队伍。

（二）定西市种草饲料站（定西市草原站）

1. 历史沿革

1986 年，成立定西地区种草养畜服务中心，同时成立内设机构种草饲料站，2003 年，定西撤地设市后更名为定西市种草饲料站，加挂定西市草原监理站、定西市草原防火指挥部办公室、定西市饲料工业办公室牌子，为定西市畜牧兽医局下属科级事业单位。2018 年，编制数 3 人，在岗工作人员 2 名。

2. 主要职责

负责制定全市草产业、饲料工业规划和计划，并组织落实；负责对基层人员的培训；组织、协调各县（区）抓好有关草原保护、建设、利用和草产业发展方面的项目；依据《中华人民共和国草原法》《种子法》《甘肃省草原条例》《饲料和饲料添加剂管理条例》等法律法规，负责草原、饲料、牧草种子、草原防火的监督管理。

2015 年，定西市畜牧兽医局内部机构职能调整后，种草饲料站的主要职责是：全市草原资源勘测和动态监测，草原保护利用及鼠虫、病害防治，人工种草及草业生产；秸秆饲料资源调查及饲料化利用，开展动物营养研究，指导草原技术推广、鼠虫害防治和牧草种子的选育、推广和监督管理工作。

3. 开展工作

开展牧草良种繁育体系建设。在定西市草牧业发展资金的支持下，在全市建立“公司+基地+良种”的种子繁育体系，加大繁育力度。繁育品种为航苜 1 号、陇中苜蓿，燕麦为定引 1 号、白燕 7 号、青海 444，红豆草为甘肃红豆草，特色牧草为岷山红三叶和岷山猫尾草。采取单元繁种方式，以 500 亩为繁种单元，集中连片。采用的繁育技术为小粒种子地膜穴播栽培技术，大粒种子按种子田要求繁育。种子田建设补贴主要以肥料、播种机械、种子产权等方面，以亩为基数给予补贴。

开展秸秆饲料化利用技术推广。一是引进筛选适宜定西市山地条件种植的青贮玉米专用品种，丰富品种资源；二是开展玉米品种与不同草产品的监测，实施好“全省粗饲料资源调查及营养价值 GI 评定”项目；三是大力推广豫青贮 23 号、承 3359 等青贮玉米品种，种植青贮玉米 70 万亩，积极开展粮改饲；四是开展青贮微贮，推行来料加工、代贮等新型青贮生产模式，完成青贮微贮总量 280 万吨，草产品加工达到 150 万吨，秸秆综合利用率达到 80.48%。

开展牧草及饲料作物全程机械化示范及推广。由市、县、区畜牧局牵头，当地牧草机械厂家或草加工企业主办，重点从播种系列、收割系列、青干草加工系列三大类，考察引进适宜定西山地条件的牧草及饲料作物机械厂家，分别在临洮、安定、通渭、岷县举办玉米、苜蓿、燕麦、猫尾草机械演示会，筛选、推广适宜机械。

开展草原生态监测和草原普查工作。草原监测包括人工草地和天然草地监测，其中人工草地监测涉及安定、通渭、岷县，天然草地监测涉及所有县区，完成本区域人工草地监测报告，指导安定区完成年度草品种区域试验任务。

开展饲料监管及草原鼠虫害防控。饲料监管分别涉及饲料许可企业备案初审，许可饲料企业、养殖企业自配料、饲料经营门店安全监管两个方面。开展鼠虫害动态监测；积极引进新型灭鼠器械，采取人工、药物、生物措施，指导各县区开展鼠虫害防治。

4. 成果建设

定西市草原工作成果见表 3–6。

表 3–6　成果业绩统计表

项目名称	内容简介	何时获何奖励	主持或参与
1996—1998 年省列“临洮县青贮氨化技术推广示范乡建设”	青贮氨化技术推广	1999 年 8 月获定西地区科技进步三等奖	主持
1996—1998 年省列“豆科牧草根瘤菌接种技术推广”	红豆草、苜蓿根瘤菌技术推广	2000 年 4 月获甘肃省畜牧局科技进步二等奖	参与
省列“百万头只畜禽塑膜暖棚综合养殖技术推广”	以“五良”配套养畜技术推广为重点，引导组建农民养殖协会，推行“五统一分”的规模经营模式，开展相关试验研究，起草和修订了有关技术规程，并在塑棚建设和饲料能量的循环利用方面有所创新	1999 年 8 月获地区科技进步一等奖；2000 年 3 月获甘肃省科技进步三等奖	参与
1999—2001 年部列“优质草产品综合开发利用技术推广”	在安定区、通渭县，推广种子丰产栽培技术 9.3 万亩、牧草丰产栽培技术 10.18 万亩、优质草产品加工技术 2.77 万亩，举办培训班 40 期，培训农民 1.8 万人(次)，完成引种、栽培技术、饲喂等试验研究 11项	2002 年 9 月获全国农牧渔业丰收二等奖	参与
2000—2003 年省列“岷山红三叶、岷山猫尾草种子繁育技术研究及草产品开发示范”	推广牧草种子原种和良种生产技术，在岷县建立了“种、加、销、研”四大体系的岷山红三叶、岷山猫尾草种子产业开发模式，创新完善了岷山红三叶、岷山猫尾草原种田、一级种子田、商品种子田的逐级繁育体系，建设规模达 662.7 公顷	2004 年 8 月获定西市科技术进步一等奖；2005 年 4 月获甘肃省科技进步三等奖	主持

续表

项目名称	内容简介	何时获何奖励	主持或参与
2002—2003年国家自然科技基金项目“甘肃省退耕还草不同类型区决策模式研究”	推广了不同生态区域退耕还草模式	2004年获甘肃省高校社科成果一等奖	参与
2003年完成《定西市无公害农产品、岷山红三叶栽培技术规程》《定西市无公害农产品 红豆草栽技术规程》、《定西市无公害农产品 紫花苜蓿栽培技术规程》标准的起草		2003年12月发布为甘肃省地方标准（甘质技监标〔2003〕384号）	主持
黄土高原粮草畜耦合、资源高效可持续利用研究与示范	草地农业模式示范基地建设	2012年获甘肃省科技进步一等奖	参与
甘肃省农牧厅“全覆膜穴播苜蓿丰产栽培技术研究与示范”	示范全覆膜覆土穴播苜蓿1514亩，示范推广优质草产品苜蓿栽培技术2.25万亩，研究报告4篇，发表论文2篇；取得残膜牵引式、直齿式滚筒等地膜回收国家实用新型专利3项，研制完成全覆膜垄形覆土穴播苜蓿作业一体机，在当地及周边得到示范应用46台	甘肃省农牧渔业丰收二等奖	主持

5. 现状

林草机构改革后原定西市种草饲料站保留在市农牧系统，原草原监理站归隶到林草系统，更名为定西市草原服务站，科级建制事业单位，编制3人，现有3人，副高级职称1人。

职能：全市草原生态保护补奖（草管员管理工作）政策协调及服务等公益服务职能。草原禁牧休牧和草畜平衡制度落实工作；草原承包经营制度落实工作；草原生态监测工作；草原鼠虫害等生物防治工作；退牧（耕）还草项目监管工作；草原生态修复治理工作；草原植被恢复费项目监管工作；草原宣传培训等；草原种质资源采集和调查工作；牧草种子生产经营管理工作。近年来，协助完成了甘肃草品种区域试验站（安定）的变更管理和考核挂牌工作。协助甘肃省草原技术推广总站完成了草原监测，有害生物防治、草种质资创新利用、林草种质资源普查等方面的技术服务、培训、督查、调研等工作任务。

（三）白银市饲草饲料技术推广站

1. 历史沿革

白银市饲草饲料技术推广站成立于 1986 年 6 月，为白银市畜牧兽医服务中心内设正科级事业单位。2002 年 9 月加挂白银市草原监理站牌子，仍然确定为白银市畜牧兽医技术服务中心内设正科级事业单位，一套人员，两块牌子。

2011 年 10 月，调整白银市畜牧兽医局机构设置时，将白银市饲草饲料技术推广站由内设机构调整为直属事业单位，加挂白银市草原监理站牌子。编制 4 人，2017 年，有人员 3 人，其中副高级职称 2 人、中级职称 1 人。

2. 主要职能

贯彻执行《中华人民共和国草原法》《甘肃省草原条例》等草原法律法规，具体负责草原法律法规执行情况的监督检查，对违反草原法律法规的行为进行查处。依法开展草原资源的保护、建设、利用和草原野生动植物资源保护工作。组织拟定草原载畜量标准并监督实施，开展草原及饲料资源调查和草原生态监测预警工作。组织协调、指导和监督全市草原防火工作，承担草原火情监测、报告草原火情动态。依法对草种品种的生产、经营进行监督和管理。开展饲草饲料新品种、新技术的引进、试验、示范和推广工作；承担饲草饲料技术培训工作。组织开展白银市人工种草和草产业开发技术服务工作。组织开展全市草原鼠、虫害预测预报及防治工作。承办白银市畜牧兽医局和上级业务部门交办的其他工作。

3. 主要业务

在草原技术推广方面主要开展了人工种草和草产业开发、秸秆饲料化利用、草原鼠虫害防治、草原生态监测、草原资源普查、牧草饲料新技术新品种引进推广等工作。在草原监督管理方面主要开展了草原征占用管理、草原野生植物采集管理、草原火灾应急管理、草原法律法规宣传等工作。在落实草原补奖政策方面主要开展了基本草原划定、草原规范化承包、落实草原禁牧和草畜平衡制度、牧草良种补贴项目实施、档案资料管理、农牧户信息录入管理、补奖资金兑付、政策落实情况督促检查等工作。

4. 成果建设

白银市草原工作成果见表 3–7。

表 3–7 成果业绩统计表

项目名称	内容简介	何时获何奖励	主持或参与
秸秆饲料加工调制方法与配套养畜技术试验示范	采取试验、示范和推广相结合的方法，配套推广了青贮、氨化、微贮、酶贮、暖棚养畜、配合饲料、滩羊本品种选育、舍饲养羊、肉牛低精料育肥、滩羊肉羔快速育肥等 10 多项实用技术	2003 年获白银市科技进步二等奖	主持

续表

项目名称	内容简介	何时获何奖励	主持或参与
白银市南部丘陵干旱地区草畜产业化试验示范	本项目通过试验研究，筛选出了适合大面积推广种植的优良牧草品种和丰产栽培技术，综合配套推广了10多项先进实用技术，提高了草食畜牧业生产水平	2004年获白银市科技进步二等奖	主持
高扬程灌区舍饲养畜技术试验示范	本项目以白银市高扬程灌区的25个乡为试验研究和推广区域，从秸秆饲料加工利用、复种牧草、暖棚养畜、饲养管理四个方面开展了试验研究，解决了耕地利用不足，秸秆饲料资源浪费的问题	2006年获甘肃省农牧渔业丰收二等奖	主持
白银市生态退化现状及其恢复模式研究	研究了白银市生态退化现状和程度；构建了评价生态退化的地域系统、社会系统和生命系统的指标体系；得出了气候干旱少雨、地面土质疏松等自然因素和人口的刚性增长、城镇化及工业化进程加快等人为因素是白银市生态退化的驱动因素	2006年获白银市科技进步二等奖	主持
农作物副产品循环利用技术研究与示范	本项目以项目实施区为基础，以项目示范推广区为辐射，以养殖场（小区）和规模养殖户为依托，从青贮玉米种植入手，推广了青贮玉米种植-秸秆饲料加工利用-草食畜饲养管理-畜粪还田的循环利用技术，实现了种植业和畜牧业的有机结合，达到了农业增效和农民增收的效果	2015年12月通过了白银市科技局鉴定验收	主持

5. 现状

林草机构改革中白银市饲草饲料技术推广站保留于农牧系统，草原工作在白银市林草局内设草原管理科，负责草原禁牧、草畜平衡、草原生态修复治理、草原保护工作。组织实施草原重点生态修复工程。监督管理草原开发利用工作。

(四) 临夏州草原技术推广站 (临夏州草原监督管理站)

1. 历史沿革

临夏州饲草饲料工作站成立于1991年3月，与临夏州畜牧局饲草饲料科合署办公（一套人马，两个牌子）。1995年12月，加挂临夏州草原监理站，两块牌子，一套人马。2000年10月，搬迁至临夏市东校场前点71号。

2007年11月，变更为参照公务员管理的事业单位。2015年3月，更名为临夏回族自治州草原技术推广站（临夏回族自治州草原监督管理站），单位编制人数24个，2017年职工人数16人。

2. 职能（业务）范围

贯彻执行《中华人民共和国草原法》《草原防火条例》《甘肃省草原条例》等法律法规赋予的职责，负责全州草原法律法规执行情况监督，对违反草原法律法规的行为进行查处；组织协调、指导和监督全州草原防火工作，承担草原火情监测，报告草原火情动态；依法保护全州草原资源及野生珍稀动物资源；负责草种品种生产、经营的监督管理；负责全州草原资源勘测和动态监测，承担草原保护利用及鼠虫病害防治；负责草原技术引进，示范推广，承担全州人工种草，草业生产和秸秆饲料化利用工作。

3. 主要业务

秸秆饲料化利用技术推广。一是狠抓玉米秸秆饲料化利用工作安排部署。二是强化玉米秸秆饲料化示范点带动作用。三是引导提升秸秆加工配送中心机械化生产水平。四是开展技术培训与服务工作。

人工草地建设技术服务。一是优化种植结构，提高秸秆饲料营养品质与饲喂价值。结合“玉米秸秆饲料化利用技术研究与示范推广项目”，新建 2 个优质牧草示范点，试验种植青贮玉米 70 亩、甜高粱 10 亩，为草食畜牧业发展提供优质饲料起到了推广引导作用，全州年推广种植青贮玉米面积 10.98 万亩，甜高粱种植 1200 亩。二是积极推广优质紫花苜蓿、红豆草等多年生牧草，加大对现有人工草地的更新改良。

草原鼠虫害预测预报和防治。对鼠虫害高发地和政县、临夏县、积石山县的草原鼠虫害情况进行了实地勘查和防治技术指导，及时上报鼠虫害测报及防治情况周报表，完成《临夏州草原鼠虫害发生趋势分析报告》，年防治草原鼠虫害 30 万亩左右。

草原监测工作。根据全省草原监测工作要求，州级共设 10 个样地、30 个样方，组织专业人员开展野外调查，采集了 150 组监测数据，完成全州草原返青监测、草原综合植被盖度监测和草原生产力监测等工作任务，上报《临夏州年度草原生产力监测工作总结》。同时，为了准确评价落实补奖政策后草原生产力的动态变化与总体效果，指导各县（市）开展了 39 个样地 117 个样方的监测工作，并完成了《临夏州草原资源监测报告》。

草原资源普查和粗饲料资源普查工作。按照省上的统一安排，一是组织 8 县（市）开展草原资源普查、草原地块上图工作。汇总上报了临夏州草原资源普查草原图斑及界限、面积确认书，搜集整理了草原植物照片，外业工作基本结束，内业各项资料搜集完整。二是启动全州粗饲料资源调查工作，举办了“全州粗饲料资源调查及营养价值 GI 评定培训班”，完成粗饲料抽样 94 份。

草原防火工作。一是购置草原防火物资。二是完善值班和火情报告制度。三是加大草原防火宣传、培训和督查力度。

草原执法工作。一是提升执法人员执法水平。二是开展草原征占用督查工作。三是开展了草原野生植物和牧草种子管理工作，积极宣传草原野生植物的采集、收购、出售等方面政策，规范草原野生植物的采集、收购、出售程序。

4. 现状

林草机构改革中，临夏州饲草饲料技术推广站转隶归临夏州自然资源局管理，更名为临夏州草原技术推广站，科级事业单位，主要职责是草原保护、建设、利用；草原技术引进与推广；草原资源勘查和动态监测；退化草原治理和人工种草等。

近年来，在落实草原生态监测、有害生物防控、草种质资源普查、甘肃省草品种区域试验站（和政）管理等技术服务方面进行了努力实施和探索。

（五）庆阳市畜牧技术推广中心

1. 历史沿革

庆阳地区牧草工作站成立于1984年，科级事业单位，归地区农牧处领导。2007年3月，由庆阳市机构编制委员会（庆市编发〔2007〕54号文件）批复："撤销'庆阳市畜牧工作站（挂庆阳市养蜂工作站牌子）''庆阳市牧草工作站（挂庆阳市草原监理所、庆阳市牧草种子购销站、庆阳市饲料检测站牌子）'，除饲料监测职责划转市动物卫生监督所（挂兽药饲料监察所牌子）外，其余职责整合，成立'庆阳市畜牧技术推广中心'，为科级事业单位，隶属庆阳市农牧局，经费全额拨款，核定事业编制26名（含畜牧工作站13名，牧草工作站13名），其中科级干部职数3名：主任1名，副主任2名。"

2. 主要职能

负责制定全市人工种草、草原改良及保护等发展规划；负责全市草原鼠虫害的观测预报及防治工作，对全市草原进行动态监测与管理；负责全市人工种草技术、草地改良技术，饲草加工技术的示范推广；负责国家草品种区域试验站（庆阳站）业务工作；承担落实草原生态保护补助奖励政策工作的日常业务。

3. 主要业务

落实好国家草原生态保护补助奖励政策工作，承担了政策落实过程中多数具体业务工作，及时上传下达省、市要求，促进了政策落实到位；开展草原普查工作，承担着全市草原普查工作的技术指导；督查、数据汇总业务工作，严格按照省上的要求和时限，完成既定的各项工作任务；全力抓好人工牧草种植及饲草料加工。狠抓优质牧草紫花苜蓿种植，整合牧草良种补贴、退牧还草、高产苜蓿创建等项目，完成每年的种草任务，同时与多所农业院校开展技术合作，试验研究引进推广牧草新品种、新技术；大力开展全市玉米秸秆青贮突击月活动，严格按照青贮"粉碎、压实、封严"六字青贮要点，保质保量完成目标任务；推进退牧还草工程、已垦草原治理等项目建设，积极参与项目建设的申报、评审、技术指导、督查、验收等行政职能工作，确保年度工作任务的顺利完成；完成国家草品种区域试验庆阳站承担的任务。2010起开始建设草品种区域试验站，期间完成了国家、甘肃省下达的各项试验任务，基础设施建设、制度建设、工作质量均得到了国家、甘肃省的好评，在甘肃省草原技术推广总站的大力支持和技术指导下，国家牧草品种区域试验站（庆阳站）2015 年正式挂牌；强化草原监测工作。指导华池、环县、宁县完成了国家、省上下达承担的国家级固定监测点、退牧还草工程效益、牧草返青、草原补奖政策实施效果监测等各项监测工作任务，上报监测报告。开展草原鼠虫害监测及治理。指导环县、华池县建立草原鼠虫害监测点，成立技术小组，根据鼠虫害发生的面积和严重程度，及时调拨灭治药物和相关设备；根据省上下达资金完成鼠虫害药物的招标，完成全市每年的鼠虫害防治任务；加强技术培训和政策法规宣传。开展以精准扶贫为主的多种形式的技术培训，配合全市“科技培训周”活动，开展覆膜种草、秸秆青贮、鼠虫害防治等技术培训；开展全方位的草原法律法规宣传，提高广大养殖户的科学养殖技术水平和保护草原的意识。

4. 成果建设

庆阳市草原工作成果见表 3–8。

表 3–8　成果业绩统计表

项目名称	内容简介	何时获何奖励	主持或参与
青贮饲用作物品种引进及栽培技术试验示范饲料作物品种选引	项目通过品比试验、抗性测定、品质分析，筛选出适宜陇东地区种植的高产优质抗逆青贮饲料作物新品种 7 个。制定出《庆阳市青贮饲料作物栽培技术规程》，探索“冬油菜+青贮饲料作物+冬小麦”种植模式，年新增产值 356.83 万元，对陇东地区草畜产业发展起到了很大推动作用	庆阳市科技进步二等奖（2012 年）	主持
名优苜蓿品种引种试验与栽培技术研究	通过对 50 个名优苜蓿新品种的引种品比试验，筛选出适宜庆阳推广的甘农 5 号、中苜 1 号、驯鹿、德福等抗逆、优质、高产苜蓿良种 10 个，开展“苜蓿侧膜沟播、中耕施肥、保护播种等高效栽培技术试验”，制定了《庆阳市旱作紫花苜蓿高效栽培技术规范》《庆阳市紫花苜蓿膜侧沟播技术规范》，探索“苜蓿+红豆草”混播栽培模式	庆阳市科技进步二等奖（2015 年）	主持

5. 现状

林草机构改革中，庆阳市从市畜牧中心分出部分技术人员，由庆阳市林草局组建了庆阳市草原工作站，科级建制，全额事业单位，编制 15 人。现有 15 人。

主要职能：贯彻落实草原法律法规和方针政策；承担全市草原保护建设、新技术试验示范推广应用、草种质资源保护、新草品种选育、天然草地改良工作及国家、省级区域试验项目实施；组织开展全市草原资源调查、勘测、动态监测，草原鼠虫病害等有害生物测报及防控，组织开展全市草原业务技术培训；负责草原生态环境状况评估，草原保护与建设效果监测预报；监督指导全市退牧还草、草原监测、禁牧工作落实，人工种草及草种生产、经营等工作；配合实施草原生态保护修复建设相关项目；办理上级主管部门交办的其他事项。近年来，在完成甘肃省草品种区域试验站（西峰后官寨）建设，管理和试验任务方面作出了优异成绩。3 年完成 9 个试验组，27 个品种试验任务。实施了草品种区域试验站能力提升项目，在指导全市草原植被恢复、草原生态监测、有害生物防治以及良种培育基地建设方面发挥了应有的作用。

（六）平凉市畜牧渔业管理站

1. 历史沿革

平凉市草原技术推广站由原地区编委批复成立于 1988 年 10 月，2003 年 1 月，更名为平凉地区饲草饲料工作站（加挂地区饲料检测站牌子）。主要职能是指导天然草场改良技术服务、饲草饲料规划、技术推广应用、饲料工业发展规划、饲料质量监督检验等。2007 年 12 月，机构改革时将饲料质量监督检验职能分离（另成立机构）后，整合成立原市畜牧渔业技术推广中心，2011 年更名为平凉市畜牧渔业管理站，是整合原平凉市畜牧兽医工作站、市渔业工作站、市饲草饲料工作站职能职责而成立的集畜牧、渔业、草原技术推广及行业管理为一体的职能机构。隶属于平凉市农牧局，财政全额拨款科级事业单位，一套班子，三块牌子（加挂渔政管理站、草原监理站牌子），内设 4 个办公室（综合办、畜牧办、饲草办、渔业办），现有职工 22 名，其中专业技术人员 18 名，具有研究员职称 1 名，高级职称 5 名，中级职称 8 名，初级职称的 4 名，取得行业执法资格人员 15 名。

2. 主要职能：开展畜牧、草原、渔业法律法规及党的各项方针、政策宣传，依法保护、建设和合理利用天然草原，保护草原资源，制定草原防火制度和草原防火应急预案；编制全市饲草长远规划和年度计划；试验、示范、推广优质牧草栽培技术；开展草地病虫害预测预报，推广草地治虫灭鼠新技术，推广农作物秸秆综合利用新技术。

3. 主要业务：单位成立以来，在甘肃省相关部门的大力支持和平凉市农牧局直接领导下，以科学发展观为指导，紧紧围绕草畜产业开发，畜禽规模化、产业化发展，加大实用技术的推广和应用力度，依法强化草原监理及草原技术推广工作。编制了平凉市“十二五”“十三五”粗饲料发展规划，并完成了秸秆饲料化利用（2011—2015 年）评估报告，制定和完善了草原防火预案及草原病虫鼠害防治工作方案；全面落实了草原生态监测工作，评价草原植被恢复和草原生产力状况；完成了首轮草原奖补政策落实工作和良种补贴项目，并启动了新一轮草原奖补政策落实工作；开展了甘肃省第二次草原资源普查工作和粗饲料资源综合利用状况调查，为平凉市以牛为主的草畜产业发展和草原生态保护提供了坚强的技术支撑。先后主持和参与完成科技推广研究项目 3 次，2 次被甘肃省农牧厅授予全省畜牧科技推广先进集体，5 次被评为市级行业综合考评二等奖，11 人获得全省畜牧业科技推广先进工作者荣誉称号。

4. 成果建设

平凉市草原工作成果见表 3–9。

表 3–9　平凉市草原成果业绩统计表

项目名称	内容简介	何时获何奖励	主持或参与
农作物秸秆综合开发利用技术创新集成研究	分别从农作物秸秆饲料化、能源化、工业化、肥料化、生物化、特种养殖等 6 个层面开展综合研究及成果示范	2011 年获平凉市科技进步二等奖	主持
农区草原生态检测与评价技术应用研究	研究了平凉市 2011—2013 年天然草原生产力状况、生态状况、草原植被状况、草原利用状况，评价了平凉市天然草原生态恢复现况	2014 年获平凉市科技进步二等奖	主持
酿饲兼用高粱平杂 8 号示范推广	从 2008—2013 年在全市范围内，对平杂 8 号高粱进行了综合试验研究和示范推广	2014 年获甘肃省农牧厅农牧渔业丰收奖三等奖	参与

5. 现状

林草机构改革中，平凉市饲草料站保留在农牧系统。平凉市林草局内设平凉市政务服务和森林草原资源管理科，主要职责是拟定森林草原资源保护发展的政策措施，承担森林草原资源动态监测与评价工作。负责草原禁牧、草畜平衡和草原生态修复治理工作，组织实施草原重点生态保护修复工程。监督管理森林草原资源，承担林地管理相关工作。指导监督林木凭证采伐、运输。编制审核平凉市天然林资源保护工程和公益林补偿项目实施方案，作业设计并组织实施。承担“放管服”改革、行政审批制度管理、行政执法监督、行政应诉、行政复议、听证和普法教育等工作，负责组织、协调、督促政务服务事项办理，管理政务服务中心林业“窗口”。

三、甘南州草原工作站

1. 历史沿革

1979 年，甘南州草原工作站独立建站，全额拨款事业单位，2019 年前归口甘南州农牧局辖属。事业编制人 20 人，内设“三科一室”（草原建设与保护科，草产业科、草地动态监测科和办公室）。草原站是纳入年度部门决算汇编范围的独立核算事业单位。执行事业单位会计制度。多年来，集草原科技推广和科学研究为一体，具有丰富的科技推广和科研积累，是甘南州草原生态保护建设综合技术推广单位。主要从事草原建设、草原保护、草原管理、草原监测、牧草引种栽培、饲草料及种子生产加工等工作。2004 年 12 月，升格为副县级单位，内设办公室、草原保护与建设科、草地资源动态监测科、草产业科，共有职工 20 人。2016 年底在职人员 19 人。其中：县处级领导职数 3 名，副站长 2 名，科级领导职数 4 名。业务人员中农业技术推广研究员 1 名，高级畜牧师 6 名，畜牧师 8 名，助理畜牧师 4 名。离退休人员

23人，其中：离休1人，退休22人。单位有完善的牧草营养分析实验室，鼠害天敌和草原植物标本室等。

2. 主要职能

甘南州草原工作站主要从事草原建设、草原保护、草原管理、草原监测、牧草引种栽培、饲草料及种子生产加工等技术研究推广工作。

草原保护与建设：负责对全州退化草场采用治虫灭鼠、划破补播、施肥、灌溉、围栏、禁牧、休牧等综合措施进行改良的技术推广、指导和监督；制定全州草原保护与建设的中长期规划和实施办法；甘南州草原鼠虫害预测预报；制定草原普查方案。

草原资源动态监测：甘南州不同区域、不同草地类型、不同放牧强度等环境下牧草植被结构变化规律、草畜动态平衡规律、草地资源动态变化，指导、协调、监督各县市做好草地资源动态监测工作，为政府和上级部门决策提供科学依据。

草产业技术推广：负责全州草产业发展技术推广、服务和指导；优良牧草的引种、驯化、推广和饲草料加工贮藏、青贮氨化工作；全州草原技术人员培训工作；负责全州草子生产基地的技术指导工作。

草地资源调查：草原与饲草饲料资源调查，草原与饲草饲料资源动态监测。配合农牧行政管理部门贯彻执行党和国家有关草原方面的法律、法规和方针、政策。

3. 主要业务

甘南州第二次草原普查以3S技术即地理信息系统（GIS）、地面定位系统（GPS）、遥感信息系统（RS）为主要手段，主要查清全州草原资源状况，包括草原面积、类型、分布群落特征、生产能力、载畜量、草原等级；调查全州草原生态状况、草原利用现状，完善甘南州草原数据系统，为逐步实现数据库管理共享平台奠定基础。有完善的牧草营养分析实验室、鼠害天敌和草原植物标本室等。自1979年独立建站近30年中，先后承担科研、推广、开发等各级、各类项目和课题80余项，其中“甘南州草原资源调查”“甘南天然草地改良与示范”“甘南州栽培草种区划”“甘南州鼠害调查”“甘肃草原鼠害防控技术集成研究与示范推广”“高寒牧区人工草地建植技术研究与示范项目”“黄土高原牧草种质资源收集保存与新品种创制研究”等20余个项目获得了国家、省、厅授予的科技进步奖。在已有的科研成果中，涉及草地初级生产力研究的项目达45项之多，其中甘南州草地资源普查、栽培牧草区划、退化草地改良、鼠虫害治理、草地畜牧业的优化管理等项目成果为单位积累了丰富的实践经验。

甘南州草原工作站技术力量雄厚，团队业务能力过硬，而且与当地农牧民群众有着长期的合作基础，群众基础良好，为当地农牧民的脱贫致富起到了巨大的作用。

4. 成果建设

甘南州草原工作成果见表3-10。

表 3–10　甘南州草原工作站成果业绩统计表

项目名称	内容简介	何时获何奖励	主持或参与
甘肃草原鼠害防控技术集成研究与示范推广	项目第一次系统地进行了全州草原害鼠调查，主要包括草原害鼠区系调查、鼠情害情调查、鼠害区划研究、防治技术研究、技术规程研究等内容	获 2008 年甘肃省农牧渔业丰收奖二等奖，2009 甘肃省科学技术进步三等奖	主持
高寒牧区人工草地建植技术研究与示范	在甘南高寒地区主要引进苜蓿、红豆草等 16 个优良草品种，在甘南农区和半农半牧区进行了大面积的推广种植。全州范围内引进草地早熟禾、多年生黑麦草、高羊茅等草坪草种	获 2010 年获甘肃省农牧渔业丰收奖一等奖，获 2011 年甘肃省科学技术进步二等奖	参与
黄土高原牧草种质资源收集保存与新品种创制研究	共收集甘南地区不同海拔、不同生境条件下分布的各类牧草种子 47 科 180 属 500 余种，并制作完成电子标本 200 余份	获 2010 年甘肃省高等学校科技进步二等奖，获 2011 年甘肃省科学技术进步一等奖	参与
甘南草原鼠害区划与防控技术研究与推广	改进鼠害防治与持续控制技术，研究推广以生物防治为主、物理与化学防治为辅的综合防治技术和各项技术组装研究配套，增强草原自我调控能力	2010 年甘南州科学技术进步二等奖	主持
玛曲黄河高寒沙化区野生沙生牧草栽培及治理试验示范	通过生物和物理方法，探索出了高寒地区沙化治理模式，筛选出了适宜沙地生长的草本和灌木品种	获得甘南州科学技术进步一等奖（国内领先）	主持

5. 现状

林草机构改革中，甘南州草原站整体转入甘南州林草局，单位性质级别编制保留不变，主要负责草原禁牧、休牧和草畜平衡监管、草原承包经营制度落实；草原保护建设；草原动态监测工作；草原生态修复治理工作等。林草机构改革后，顺利完成了甘肃省草品种区域试验站（合作）的变更地点、能力提升和试验任务，多年来，累计完成 38 个试验组，130 多个品种的区域任务，采集野生草种质 100 多份，开展驯化评价 10 多个草种，新品种审定 2 个。在草原资源保护、草种质资源创新和新技术应用方面取得显著成就，在草原人才队伍建设上成绩明显，站内有正高级职称 3 人，副高级职称 7 人，在草原植物分类、生态修复、有害生物防控及野生草种评价采集方面具有独特人才优势和服务能力。

四、南部草业推广体系

（一）天水市种草站

1. 历史沿革

1984 年 7 月，成立天水地区种草工作站，编制 10 人，主要任务是指导农村种草和饲料生产。

1987 年 2 月，天水市政府决定天水市种草站与天水市畜牧兽医工作站合并，成立“天水市畜牧兽医工作站”。

2007 年 11 月 12 日，天水市机构编制委员会办公室发布《关于组建天水市动物疫病预防控制中心等机构编制的通知》，撤销天水市畜牧兽医工作站，成立天水市畜牧技术推广站加挂天水市种草站牌子。为正科级全额拨款事业单位，人员编制17人，隶属天水市畜牧兽医局。

2. 主要职能

贯彻执行《中华人民共和国草原法》；负责饲草科技推广和技术培训工作；负责拟定饲草产业发展规划、技术推广措施；指导饲草新品种、新技术的引进推广和科研项目的管理工作；负责全市饲草业生产统计工作；参与指导全市饲草商品基地、龙头企业建设；负责宣传草业法规；负责草原建设项目的实施和管理工作，指导草原保护、草原建设及草原资源开发工作。

3. 主要业务

草原保护与建设。认真贯彻落实草原法律法规政策，采取多种形式开展宣传活动。认真贯彻落实《中华人民共和国草原法》《甘肃省草原条例》等法律法规，加大草原禁牧办法等政策的宣传力度，结合省上草原普法宣传月活动，天水市开展草原普法宣传活动；落实国家草原生态保护补助奖励政策。积极开展技术培训、完善制度、督促检查，开展了草原承包和基本草原划定，落实了草原禁牧等，取得了阶段性成效。

全面开展草原普查工作。根据甘肃省农牧厅《关于在全省开展第二次草原普查工作的通知》(甘农牧发〔2013〕200号）文件要求，天水市于2013年8月份召开了全市第二次草原资源普查工作启动会，并制定了草原资源普查工作方案和技术方案，成立了草原资源普查工作领导小组和技术小组，举办了全市草原普查培训班，对参加草原普查的技术人员配发了专业基础资料，购买了相关设备、工具等，已完成1500幅图片的上传、完成了1000多种（属）牧草标本的采集、进行了草原的界定等基础性工作，全面完成了草原普查工作。自2014年7月初草原普查工作开始以来，全市野外普查涉及样点总数214个样方577个，采集植物标本581个，完成普查牧户调查表2000余份，畜禽饲养调查表2000余份，村干部调查表525份，采集到植物150余种。

全面开展草原资源监测工作。每年按时完成监测任务，及时编制监测报告，发布监测信息，客观反映草原植被恢复情况，为每年科学评估草原禁牧实施效果提供依据。为了进一步规范全市草原野外监测数据的采集，以防监测样地区域内存在人为割草、放牧等对监测数据造成干扰，进而影响科学评估草原禁牧效果，单位给已布设的56个监测点（其中非围栏固定监测点55个、围栏固定监测点1个）设立了统一规格的标示牌。在甘谷县九墩牧场建立了一个围栏固定监测点，安装了气象站，与兰州大学合作，通过采取人工刈割和改善小气候环境的方式，开展模拟不同放牧强度下对草原植被恢复情况的影响和模拟气候变暖对草原生态的影响等方面的探索研究。目前，全市草原植被盖度为 82.76%。

建立了省级草品种区域试验站。2014 年，经省上批准，天水市建立了天水镇省级牧草区域试验点，该试验站种植了甘肃省草原总站配发的 5 个苜蓿品种、4 个饲用玉米品种、4 个饲用高粱品种和单位引进的 4 个青贮玉米专用品种，加上历年来种植的 10 个苜蓿品种、3 个箭筈豌豆品种、3 个红豆草品种共 30 多个品比试验品种，试验田共占地 10 亩。另外，单位在清水县黄门镇开展了牧草引种试验，引进种植了 10 个饲用高粱品种，与甘肃省牧研所合作开展 8 个苜蓿品种的品比试验，另建立苜蓿种子田 6 亩，该试验点共占地 10 亩。各试验点都安排了专人专门负责田间管理，根据牧草生长期及当地气候条件进行施肥、除草、浇水等，并按照试验设计内容完成株高、草产量、鲜干比、茎叶比等各项试验数据的测定等工作。

加强饲草料基地建设。天水市按照“以畜定草，草畜结合”的发展思路，不断培育壮大了一批特色产业，特别是以紫花苜蓿为主的草产业异军突起，发展迅猛，市政府已将草产业列入天水市重点扶持发展的产业之一。建起了一批集中连片种草示范点，特别是在优质紫花苜蓿基地建设方面，已取得了显著的成效。近几年来先后建成张川县连五乡、武山县榆盘乡、秦州区华岐镇 3000 亩以上示范点 3 个，秦州区秦岭镇、麦积区五龙镇、甘谷县新兴镇、清水县黄门镇等 1000 亩以上示范点 25 个，秦州区杨家寺镇、清水县陇东镇、麦积区新阳镇、秦安县兴丰镇等 500 亩以上示范点 12 个。另外，围绕畜牧业发展调优种植业，大力推进饲料专用、粮饲兼用玉米的种植，全市每年推广种植饲料专用、粮饲兼用玉米 120 多万亩用于秋收青贮，进一步解决了天水市冬季青饲料短缺问题。至 2017 年，天水市人工种草面积达 179.45 万亩，其中多年生牧草面积 139.09 万亩，一年生牧草面积 46.36 万亩。在多年生牧草中，完成紫花苜蓿 116.46 万亩。

培育草产品加工企业。随着大规模人工饲草料基地的初步建成，牧草的加工、储存尤为重要，天水市通过政府引导，吸引民间资本和民营企业投资饲草饲料的开发利用，先后建成牧草加工企业 2 个，在张家川扶持建立了天水嘉禾草业有限公司，采取“公司+农户”的经营模式，自建苜蓿种植基地，同时与周边种草户签订协议收购牧草，进行苜蓿草粉、草捆等草产品生产。在清水县建立了青川草业有限公司，组建青贮（微贮）服务队，常年为全县养牛户提供饲草加工、青贮微贮等技术服务，主要开展饲用玉米青贮等。另外，天水市草产品加工主要通过养殖专业合作社与各大养殖场、户进行生产，开展苜蓿草的打捆、饲用玉米青贮等，用于养殖场内牛羊饲用。

加强草原项目建设。一是转变草原畜牧业发展方式项目，在张家川县实施利用转变草原畜牧业发展方式建设项目，为全县规模养殖场（小区、合作社）发放价值 165 万元的 30 吨铡揉青贮机 10 台、9R100 型铡草机 70 台。二是秸秆饲料化综合利用项目，目前在秦州区、武山县、张家川县、甘谷县和清水县实施，通过项目实施，将秸秆饲料化利用作为秸秆资源化利用的重要途径，加强基础设施建设，强化机械设备配套，推广成熟实用技术，创新利用模式，不断提高利用水平，每年完成秸秆饲料化利用 46 万吨，全面完成甘肃省农牧厅下达的秸秆饲料化利用任务。

开展粗饲料资源调查及抽样工作。根据甘肃省草原总站的文件精神，天水市组织开展了技术培训，将饲料资源调查和抽样工作任务下达到各县区，设立了粗饲料资源信息监测点，并采购粗饲料取样器并配发给各县区进行抽样，上报饲料资源调查报告，全面完成年度粗饲料资源及利用数据统计监测工作。

加强草原鼠害防治工作。为做好草原生态环境保护，预防草原鼠虫害的发生，采购了化肥、农药等物资，在清水、张川等县开展了以预防高原鼠兔、中华鼢鼠、蝗虫为主的草原鼠虫害防治工作。

加强培训，提升畜牧从业人员科技水平。每年单位举办 5 期比较大型的畜牧科技培训，培训 200 多人次。在此基础上，受天水市残联、科协等单位的邀请，每年在精准扶贫村开展培训，发放培训教材 1 万多册。

加强草牧业政策落实。2010 年，天水市委、市政府出台了《关于天水市扶持畜牧产业发展的意见》等政策精神，张家川县制定了《关于大力发展畜牧规模养殖业的意见》，秦州区 2011 年制定了《天水市秦州区关于扶持畜牧产业发展的实施意见的通知》(秦政办〔2011〕47 号)、2016 年制定了《天水市秦州区扶持畜牧产业发展补助奖励办法的通知》(秦政办〔2016〕2 号)，在人工饲草料基地建设、青贮池建设等方面给予扶持，通过政策落实，充分调动农户种草养畜的积极性，鼓励千亩良种牧草连片种植，促进草畜产业同步发展。其余县区也健全和完善了产业扶持政策，配套落实秸秆饲料化利用、人工种草及草原保护等补助资金，促进了草食畜牧业生产方式的转变，加快了全市人工饲草料基地建设，促进了农民持续增收。

4. 现状

林草机构改革中，天水市草业技术人员保留在农牧系统，天水市林草局内设草原科，负责承接相关业务。在天水市林草局草原技术人员的协助下，顺利完成了甘肃省草品种区试验站（天水）的划转，由秦州区林草局承接建设了甘肃省草品种区域试验站（秦州），3 年来完成了 9 个试验组，36 个品种的试验任务。并在本土草种质资源采集评价方面开展了有益探索。

（二）陇南市畜牧草原站

1. 历史沿革

2010 年 4 月，陇南市畜牧兽医总站更名为陇南市畜牧草原站，副县级建制，事业单位，加挂陇南市草原监理站牌子，隶属陇南市畜牧兽医局、内设综合科、饲草饲料科、畜牧技术推广科、草原保护科，核定编制 14 人，设副县级职数 2 名（站长

1 名、副站长 1 名）、科级职数 4 名。

2. 主要职能

畜牧技术推广、饲草料技术推广以及草原生态治理和草原生态监测工作、草原监理和草原防火工作。

3. 主要业务

畜牧技术推广。全市设冻配点 91 个，发展发酵床养猪示范户 5 户，建发酵床 0.234 万平方米，养猪 0.11 万头。设供精点 25 个，设授配点 27 个，常温人工授配母猪 2.48 万头。绵羊改良 2.13 万只。引进良种牛 4489 头，肉羊 2933 只，猪 8876 头，鸡 205 万只。

饲草料技术推广。新建青贮氨化池 91 个，推广青贮氨化饲料 18.6 万吨，其中青贮饲料 11.4 万吨，氨化饲料 7.19 万吨。购进草籽 227 吨，种植牧草 24 万亩，其中：退耕还牧种草 8.92 万亩，三荒地种草 4.63 万亩，农田种草 6.9 万亩。加工推广配合饲料 8.31 万吨，浓缩饲料 5.52 万吨，饲料添加剂 46.3 吨。

草原生态治理和草原生态监测工作。组织开展了草原生态环境专项整治，制定了《陇南市草原生态环境整治工作方案》，开展了草原普法宣传教育活动。向甘肃省草原监理局上报了草原生态环境专项整治工作总结。督促全市 28 个草原生态监测点开展草原综合植被盖度监测工作。

草原监理和草原防火工作。按时向省上汇总上报每季度草原违法案件统计表。各县区修订完善了《草原防火应急预案》，与各乡镇签订《草原防火责任书》，划分责任片区，推行了草原防火轮流值班制度和草原火灾监测报告制度。

4. 现状

林草机构改革中原陇南市畜牧草原站保留在农牧系统，陇南市林草局将草原业务职能归入陇南市长江防护林建设办公室，对外以草原工作科开展相关业务。主要职责承担退耕还林还草工程建设、长江上游生态防护工程建设、草原维护等公益职责。草种质资源保护和技术推广职能由陇南市林业种苗站开展。

（本节供稿：张榕、许国成、周栋昌、李德明；校对：莫负涛、张蔚）

第二章 草业平台体系建设

第一节 草种质资源创新利用体系建设

一、草种质资源保护利用体系建设历程

（一）早期牧草引种站（圃）建设

以引种为主，结合本土资源保护利用的甘肃省草种质资源创新利用工作起步于20世纪40年代中期。1944年，岷山种畜场为解决国家种马场优质饲草需求，引进了猫尾草和红三叶。20世纪50年代中期，甘肃农业大学任继周率先在天祝抓喜秀龙建立了国内最早的高山草原试验站，成为天然草原补播改良用种质资源驯化应用的试验研究基地。同期，伴随甘肃省草原工作队（甘肃省草原总站前身）的成立，针对牧区天然草原补播改良开始了黑麦草、扁穗雀麦、鸡脚草、老芒麦、披碱草等草种的选育应用。结合人工草地建设，苏丹草、苜蓿（青海希里沟苜蓿、工农1号苜蓿、赤峰苜蓿）、燕麦等的引种栽培和推广应用成为草原队成立初期的主要业务之一。

1964年，草原队在兰州段家滩队部建立了第一个草种质资源圃。20世纪70年代后期，甘肃农业大学在黄羊镇建立了53公顷的牧草试验站、草原队在天祝县打柴沟建立了13公顷的牧草种质资源圃。20世纪80年代，草原队在兰州馒头山建立了33公顷的牧草试验站，之后草原队陆续在永昌尖山、安西等地均建立了草品种试验基地，开展了荒漠草原改良用种、草田轮作用种、土地盐碱化治理用种以及高寒地区补播和人工草地建设用种的引种驯化试验和示范推广工作，为早期开展人工草地建设和草原补播改良提供了一定的支撑作用。

（二）早期草种质资源利用技术推广

20世纪50年代中期，甘肃省畜牧厅草原工作队在牧区以选育抗寒抗旱草种、推广补播以及割储青干草技术为主。在农区开展了荒山、荒沟、荒滩及弃耕地种草，以改造中低产田和盐碱地为主，在省内大面积推广草木樨，而且推广到全国22个省区。1958年，在平原农业灌溉区的武威新华公社成功试种了苏丹草、饲料萝卜；在寒冷阴湿的碌曲、玛曲引种了黑麦草、扁穗雀麦、鸡脚草、紫花苜蓿、箭筈豌豆等，均取得了一定成功。1965年，结合草原样板田，在天祝抓喜秀龙红疙瘩滩、碌曲尕海乡，试种了青海希里沟苜蓿、黑麦草、扁穗雀麦、工农1号苜蓿、赤峰苜蓿、垂穗披碱草等。1964—1965年，在兰州市段家滩甘肃省草原工作队队部建立了草品种原种圃，进行了种子繁育工作。20世纪60年代致力于四边地聚合草推广。20世纪70年代后期以箭筈豌豆为主，推广了农田大面积复套种；牧区以老芒麦、披碱草为

主，开展大面积人工草地建设。20世纪80年代主要在半干旱地区推广红豆草、沙打旺，其中，红豆草、老芒麦向全国供种，初步奠定了甘肃种子供种基地的地位。同时，长期以来，多变小冠花、苏丹草、山黧豆、田菁、红三叶、黑麦草、猫尾草、无芒雀麦等在不同区域得以推广应用。甘肃省最主要的当家草种紫花苜蓿则在2000年的风雨沧桑中永葆青春，并在环境影响和科研生产的共同作用下形成了陇东、陇中、天水、河西4个地方品种。20世纪60年代自新疆引进的大叶苜蓿在河西立足，20世纪80年代之前全省种植苜蓿面积一直保持在300万亩上下，至20世纪80年代末期达到500万亩以上，占全省种草的一半左右。同时，开展了抗旱抗寒栽培技术研究，选出了10余个适合甘肃省栽培的苜蓿、沙打旺，草木樨、箭筈豌豆等抗寒耐旱品种；开展了草田轮作技术改进，以及飞播种草技术示范，为甘肃省黄土高原丘壑水土流失区、河西荒漠沙化区和兰州南北两山植被恢复发挥了重要作用。1981—1989年，全省飞播牧草44.7万亩，保留面积31.44万亩，保留区植被生物量从35~125千克提高到196~1200千克。兰州南北两山飞播沙达旺3.9万亩，成苗率在70%以上。

（三）几个主要的牧草试验站（圃）

1. 打柴沟试验站

1977年，甘肃省草原工作队从平凉市搬迁到天祝县打柴沟镇。省上划拨土地400亩，其中60亩作为试验用地，作为单位第一个草种质资源圃和试验站开始运行。1982年，甘肃省草原工作队搬到兰州市办公，同年9月作为科级建制的打柴沟牧草试验站正式挂牌。主要工作任务是引种、选育、筛选适合高寒牧区推广的优良牧草及饲料作物。试验站存在期间，收集牧草和饲料作物品种250多种，开展了小区试验、扩繁更新和种质资源保存。在200多种牧草和饲料作物品种中，筛选出了叶量丰富、产草量高、耐寒耐旱优良牧草无芒雀麦、黑麦草、小康草、扁穗冰草、白青稞、加拿大大麦、和田苜蓿、红豆

打柴沟试验站

打柴沟试验站办公区一角

草、老芒麦、燕麦、1341豌豆、毛苕子、箭筈豌豆、苜蓿等多种适合高寒地区种植的草品种。收集野生草木樨状黄芪2万多千克，骆驼蓬400多千克，进行人工栽培驯化试验。1983—1987年实施了加拿大大麦推广项目，该试验站以牧草种子繁殖为主，结合养殖每年约生产青稞5000千克，豌豆2500千克，青绿饲料280 000千克，油籽4500千克，出栏猪30头，向天祝推广加拿大大麦、青稞、豌豆良种5000多千克。并向省内外科研院校提供了科研、试验、生产用种，取得了良好成效。

打柴沟牧草试验站主要负责人有申有忠、何玉麟、李福。

参与人员：牛顺子、郭来义、谭成虎、曹明崇、安成孝、安明福、吴栋国、金赐福、付兴元等。

1999年，经甘肃省畜牧厅同意，打柴沟牧草试验站房产及土地一次性出租给天祝白牦牛育种试验站，租期50年。

2. 兰州馒头山牧草试验站

1982年，甘肃省草原工作队从打柴沟搬迁到兰州，6月4日，甘肃省畜牧厅文件批复同意建立甘肃省草原工作队馒头山牧草试验站，6月8日，兰州市人民政府文件批复同意将兰州市七里河区晏家坪以南馒头山范围国有荒山土地495亩划拨给甘肃省草原工作队，作为绿化种草试验基地。1996年1月，更名为馒头山试验站。成立以来，主要承担牧草引种栽培试验和绿化任务。经过近30年几代人的努力建设，馒头山试验站成为冬夏常青，草木繁茂，林、草、果复合生态型试验综合实体。

馒头山试验站办公区

馒头山试验站林果草复合体一角

馒头山牧草试验站建设经历了艰辛漫长的过程，1982年建站初期，山上只有几间破土房，一个废弃的水池和100多株小白杨。长着稀疏的荒草，还有散布的坟墓。当时工作和生活条件艰苦，没有上山的道路，交通不便，试验站职工的生活用水靠 1 台手扶拖拉机运送。工作首先从迁坟开始，经过勘测、规划、平地、造田、种植等一系列艰苦创业，到 1990 年馒头山牧草试验站建设初具规模，实现了三通一平（通电、通水、通路、土地平整）。建设房屋 100 多间，打机井 1 眼，上水系统配套齐全，配套上山公路 1 条，田间道路 3 千米，结合牧草引种试验和绿化工作，建立小型气象观察哨 1 个，实现了试验地气温、地温、降水量、蒸发量等气象监测常态化。

建立了牧草试验基地。20 亩试验田内平整试验小区 100 多个，职能是培育繁殖耐旱牧草品种，进行野生耐旱牧草品种栽培技术研究，探索荒山荒坡种草绿化模式等。收集引种各类牧草品种 230 多种，成为全省牧草引种扩繁驯化保存的种质资源圃。先后参与完成了“牧草保种繁殖”课题中甘肃片的牧草种质资源引种、搜集和保种工作，为国家牧草种质基因库筛选提供牧草种子 154 份；先后开展了红三叶、俄罗斯野麦草、细茎冰草等百余种牧草的栽培试验研究。20 世纪 80 年代，年生产各类牧草 9 万多千克，蔬菜 12 万多千克，树苗 1 万余株。保存制作标本 10 万份。每年新增保种繁育品种 10 余个、种质资源试验品种 10 余个。先后开展了美国系列苜蓿品种、日本红三叶、加拿大苜蓿、猫尾草、披碱草、燕麦及野生草种质资源 200 多个品种的引种试验，是西北地区承担农业部种质资源收集评价的首批试验站。开展了“冬牧 70 黑麦引种栽培试验”“红豆草根瘤菌接种研究”“斜茎黄芪的引种驯化试验”“陇东苜蓿原种繁殖基地”等牧草引种试验研究；将试种成功的“陡坡点播柠条护坡技术”，向兰州市南北两山绿化点进行了推广。是最早开展国家草品种区试的试验站。建有牧草种子试验检测室、种子库房、晾晒场、上山道路、门房、电子伸缩门等。

植树造林 400 亩。存活各类树木 12 万多株，形成了集经济林早酥梨、桃树、苹果、杏、山楂、花椒，生态林松、柏、杨、柳、槐、椿、榆，灌木柠条点播护坡，苗圃花草为一体的复合生态绿化观赏体，自 1985 年以来连续 15 年向市场提供各类水果 7.5 万千克，提供各种苗木 10 万多株。

馒头山试验站牧草种子加工车间

建立人工草地 60 亩。种植无芒雀麦、红豆草、紫花苜蓿、黑麦草等品种，多年为兰州市动物园提供鲜草。

建立绿色蔬菜基地 15 亩。生产各种蔬菜供应职工和居民，深受市场欢迎。

建成兰州草种子加工厂。在

2002—2005年期间，在馒头山牧草试验站实施了甘肃红三叶等草种繁育基地——兰州牧草种子加工厂建设项目。项目建成种子加工车间800平方米、仓库800平方米、晒场1400平方米；购置种子精加工设备5台(套)、运输卡车3辆。

馒头山试验站多次荣获站先进集体科室

荣誉奖励：试验站牧草试验和绿化工作多次受到省、市、区人民政府的表彰和嘉奖。牧草试验研究还受到有关部门、国内外专家学者的重视，先后有河北张家口、辽宁锦州、黑龙江团省委、四川、内蒙古等地专家学者100多人次来参观考察。新西兰、澳大利亚、日本、伊朗、美国、加拿大等国家的专家也先后来试验站参观指导，馒头山牧草试验研究工作受到社会各界的广泛好评。

1994年7月，馒头山牧草试验站被甘肃省委、省政府和兰州市委、市政府授予“兰州市南北两山绿化10年有突出贡献的单位”荣誉称号。

1983年至2008年5月，试验站分别隶属甘肃省草原工作队、甘肃省饲草饲料技术推广总站、甘肃省草原总站、甘肃省草原技术推广总站，科级建制。

馒头山试验站现状：2008年5月14日，甘肃省草原技术推广总站领导班子会议研究决定，和甘肃中贸国际商务投资有限责任公司合作开发馒头山试验站，并整体搬迁单位办公场所；5月16日，向甘肃省农牧厅请示馒头山试验站开发和单位办公地址搬迁事宜；5月26日，甘肃省农牧厅厅务会议研究同意馒头山开发；2008年6月15日，甘肃省草原技术推广总站和甘肃中贸国际商务投资有限责任公司签订了合作投资开发馒头山试验站的协议。甘肃省草原技术推广总站出资为馒头山试验站地上附着物评估价值901.5万元，参股比例30%。2018年4月16日，根据甘肃省农牧厅对本站巡视整改工作要求，终止和甘肃中贸国际商务投资有限责任公司的合作，要求收回本站900万元股权。2021年8月，根据《甘肃省林草局关于印发事业单位经营性国有资产集中统一监管工作方案的通知》精神，要求本站所属的甘肃博跃老年康体开发有限公司按照脱钩划转，于2021年10月底前完成处置，明确本站为责任单位，要求成立工作机构，明确责任分工，严格按照监管改革要求和程序梳理企业相关手续，妥善安置相关人员，按规定委托第三方专业机构做好清产核资，资产评估，经责审计工作，明细和界定资产、产权、土地等权属关系，加强脱钩划转工作协调对接，积极申请合法监管接受企业，依法公正、公开、公平按程序开展脱钩划转工作，维护单位和职工合法权益，按期完成企业移交。

分管领导：王无怠、车文信、文德、哈得虎、王立耕、赵庆平。

各时期主要负责人：林正兴、任殿举、哈得虎、张剑杰、徐生林、谭成虎、喻文虎、曹明崇、王凤翔。

工作人员：马范、任春明、鲁征、杲寿善、刘树生、江月兰、何毅、赵忠、王云娃、王历宽、杜永清、李善堂、杨学兰、高永军、王以忠、金斌、花立明、许国成、张霞、罗亮、张贞明、王海、王建强、张伯虎、潘立新、牛建龙、赵罡、施昌玉。

3. 红古宝山台试验站

2001 年，农业部立项批准实施甘肃红三叶等草种繁育基地建设项目。在红古建立 2000 亩紫花苜蓿种子繁育基地是其中的建设内容之一。基地位于兰州市红古区河嘴乡宝山台。宝山台南 600 米处有国道 109 线东西穿过，距兰州市区 90 千米。基地规模 2693 亩，有土地使用证、供水许可证，平整出 18 个种植区，田间主干道 9 段 2.5 千米，分干道 18 条 6.2 千米；建设围栏 2000 亩，农田林网 200 亩；修建建筑面积 126 平方米的上水泵站 1 座， 200K46–6 型卧式多级水泵 2 台，2000 亩喷灌设施；修建道路 13 千米，架设高压线及配套设施 4 千米；修建牧草种子仓库 300 平方米，晒场 1000 平方米，车机械库房 400 平方米，种子加工车间 300 平方米，附属用房 100 平方米；购置耕种收获设备 8 台（套），运输车 1 辆。2018 年开展了苏丹草、饲用高粱和青贮玉米的引种试验和技术栽培研究。2006 年开始，由甘肃祥和牧业有限公司根据合同承包管理。

红古宝山台试验站一角

红古宝山台试验站

分管领导：2001—2006 年，王立耕副站长分管。2006—2021 年，赵庆平书记分管。

红古试验站主要负责人：2001—2006 年，晁德林负责。2006—2021 年陈仲斌负责。

参与人员：安成孝、郭来义、刘廷东、火军、王建强、冯乐荣、赵巴金、许国成、 张少平、向金成。

4. 高台试验站

2002年，国家发展计划委员会、农业部下达甘肃省草原总站“甘肃细枝岩黄芪等超旱生牧草原种基地建设”项目，项目选址位于甘肃省张掖市高台县南华镇，占地面积10 300亩，其中耕地1300亩（土地证归草原总站所有），原生植被9000亩，由草原总站管理使用。

高台试验站细枝岩黄芪原生植被区

南志标院士指导高台试验站工作

试验站概况：2003年1月开始，修建种子库200平方米，粗加工车间300平方米，农机具库房200平方米，配电室40平方米，值班室33.82平方米，晒场1067平方米，15吨水塔1座，建设输电线路7千米，架设50千伏安变压器4台，打机井6眼，修建主干道3793米，田间道路13 400米，埋设地埋式PVC暗管13 900米，PE管27 000米，修建明渠13 400米，栽植主林带11千米，副林带12千米，建设刺丝围栏12 401米。

2008年开始，建成50亩国家级区域试验站，开展了120多个苜蓿品种展示，建立了苜蓿种质资源圃。2012年，全国畜牧总站挂牌国家级区试站。2019年，国家林业和草原局命名为林草系统国家级区试站。2021年，国家级区试站更换到甘州区，目前开展苜蓿草种质材料选育。

管理运行：基地于2005年11月建成运行。至2008年11月，由甘肃省草原技术推广总站管理，喻文虎驻地负责管理。2008年11月开始，由本站职工安乐承包运行。

2008年由韩天虎分管，2010年6月起由赵庆平分管，2013年6月—2017年12月，由张榕分管。2017年12月—2021年9月，由赵庆平分管。2021年9月起，由张志诚分管。

参与人员：

基地建设领导小组组长：阎万贵、豆卫。

副组长：刘传海、赵春。

成员：王立耕、吴衍庆、赵怀义、谭成虎、陈若琳、金赐福、喻文虎、许国成。

基地建设执行小组组长：喻文虎。

副组长：许国成、刘富庭。

成员：向金城、花立民、孙斌、庄福廷、焦天文。

区域试验：

负责人：王立耕、张榕。

实施科室：草业科、区域试验站、种质资源科。

科室负责人：向金城、李德明、耿小丽、周栋昌。

参与人员：耿小丽、张少平、车爱霞、孟祥君、任春明、李晓鹏、刘乾、武慧娟、周栋昌、高占琪、李昀、吕江涛、付萍、朱倩、梁婷、高天歌、高敏、张亚楠、冯今。

5. 榆中综合试验站

榆中试验站办公区

榆中试验站一角

甘肃省饲草饲料研究所“兰州榆中中试基地”建于1991年8月，位于榆中县连搭乡寇家沟村。1991年8月，甘肃省饲草饲料研究所、榆中县城乡土地管理局、连搭乡政府、寇家沟村委会共同签订了征地协议书，将连搭乡和寇家沟村原村办奶牛场旧址，占地面积18亩，地上房屋27间，以人民币8万元转让作为试验研究用地。其中4.88亩集体土地作为试验基地用地。甘肃省饲草饲料研究所1992年6月开始基地建设，建办公室10间，宿舍10间，EM生产车间13间，水房1间，原有房屋保留4间，共计37间。甘肃省饲草饲料研究所后更名为甘肃省动物营养研究所。2005年，机构改革并入甘肃省草原技术推广总站，兰州榆中中试基地一同并入甘肃省草原技术推广总站。

试验研究工作：兰州榆中基地相继开展了“畜禽预混合饲料生产技术开发研究”“猪鸡复合预混合饲料应用技术推广”“牛羊精料补充料及复合营养添加剂舔块技术开发及应用”“牛羊安全性系列饲料产品的研制”“牛羊专用中草药保健型饲料添加剂的开发利用”等研究项目，取得了丰硕科研成果。协助完成了“耐寒豆科牧草野生斜茎黄芪驯化选育”项目，开展斜茎黄芪辐射优选植株及组培苗的田间观测及扩繁，育成品种的品比试验和区域试验等。

2005—2022 年 9 月，基地管理领导为赵庆平。2022 年 9 月起张志诚分管。

参与人员：俞联平、李昀、陈兴荣、王国生。

6. 永昌尖山半荒漠草原改良试验点

尖山试验点改良人工草地

概况：为了开展半荒漠草场改良培育与合理利用试验研究，甘肃省草原工作队于 1982 年在永昌县北部尖山花草滩建立了永昌尖山花草滩荒漠草原试验点。1982—1983 年，邀请了中国农业科学院北京植物研究所研究员胡适之先生对试验研究方案和设计进行了现场指导，拟定了研究内容。同时开始草场围栏、气象观测站，牧草引种试验地等基础建设。配套建设了试验点办公用房 15 间，牲畜棚圈 1 处，羊群药浴池 1 处。购置气象自动记录仪（温湿度、降雨量、风向风速）、地面和土壤温度计、干燥箱等仪器。在不同类型草场围栏 23 000 亩，建立人工草地 1500 亩，建立牧草种质圃 30 亩，饲养试验羊只 300 只。

1984 年，甘肃省科委下达了“半荒漠草场合理利用与改良培育试验”课题，由甘肃省草原工作队和永昌县草原工作站共同承担。

尖山半荒漠草场改良试验点

试验研究内容：制定了草场合理利用与改良培育体系，建立牧草种质圃，建立了人工半人工草地，开展了引种试验、划区轮牧、季节轮牧、不同利用周期对草场产草量的影响、绵羊活重维持补饲量、草场生态状况观测等研究内容。

研究成果：围栏封育退化草场 23 000 亩，建立人工草地 1500 亩，引种栽培各类牧草 45 种，筛选出适宜当地种植的羊草、扁穗冰草、小糠草、沙打旺、老芒麦、草木樨等，并在大田推广。表明科学划区轮牧，可使天然草场停止退化，植被盖度达到 60%，产草量提高 46%，试验羊成活率、母羊繁殖率及产羔成活率达到了 100%，所显示的生态效益、经济效益和社会效益十分显著，总结出了甘肃半荒漠草场保护和合理利用的技术管理措施。1988 年通过甘肃省科委、甘肃省畜牧厅组织的鉴定验收，1989 年 1 月获甘肃省科技进步三等奖，发表研究论文 11 篇。1988 年财产、仪器移交永昌县草原站管理使用。

分管领导：向得福。

参与人员：罗锦郁、谭成虎、安明福、赵明轩、杨鹏翼、赵哈林。

永昌县草原站：吴恭、李召富、潘大兴、王文福、何得元、孟得礼。

7. 安西牧草试验点

1982 年在安西开展沙打旺种子繁育试验场建设，面积达到 300 多亩，繁殖沙打旺种子 55 千克，大田种植平均亩产鲜草 3300~5000 千克。试验表明，沙打旺抗逆性强，对干旱、风沙、盐碱、降温有较强的适应性。

参与人员：吴衍庆、王兆廉等。

8. 武都外纳基地

1988 年，由本站与武都县（今陇南市武都区）种草站、武都县（今陇南市武都区）外纳乡上外纳村三方联合建设“草、林、畜互补模式试验”种草养畜试点。两年多时间，在 500 多亩的荒山荒坡上修水平梯田 210 亩，开渠 270 米，修上山公路 1 千米，架设二级上水管道 380 米，建场房 10 间，饲料加工间 4 间，猪舍 8 间，养瘦肉型猪 18 头。种草 300 亩，种植橘树 4 万株，花椒树 1.8 万株，合计植树 210 亩，建成草、林、畜互补模式试验场，带动上外纳村开始走上脱贫致富之路。到 1989 年，上外纳村（54 户、264 人）的纯现金收入（不含粮食及其他收入）比 1987 年净增 6 万元，户均 1200 元。试验场为群众牲畜免费配种 156 头（次），提供良种猪 60 头，仅养猪一项户均收入就在 500 元以上。安装了提灌设施，兴修灌水支渠 1 条，使原 120 亩旱地变成了丰产田，1989 年增产粮食 2.5 千克。上外纳村“草、林、畜互补模式试验”，为农民群众科技致富探索出了一条新路。1992 年外纳基地交上外纳村管理使用。

武都外纳草林畜试验基地

站领导指导外纳试验站工作

主要参与人：王英、吴衍庆、晁德林、牛顺子、刘宗祥。

二、日臻完善的甘肃省草种质资源创新利用体系

（一）甘肃省寒区旱区草类植物种质资源库（兰州大学）

2018年，甘肃省第一个省级草种质资源库——甘肃省寒区旱区草类植物种质资源库建成运营，这是在甘肃省草产业技术创新联盟科技支撑项目带动下由兰州大学草地农业科技学院牵头，甘肃省草原技术推广总站协作建成的国内第一个以寒旱区植物为特色种质的草品种资源库，集干燥室、清选室、检测室、冷库、网室以及种质资源管理平台为一体的长期与中期库，保存总体积为200立方米，保存温度为-18℃（低温冰箱）与4℃（冷库），库存容量为50 000份。同时开发了草种质资源管理系统，实现草种质资源采集、处理、鉴定、实验、入库、保存等信息化管理，可供用户登录、查询等。该库已纳入甘肃省省级林草种质资源库，收入280余种、8000余份草种质，为全省草种质资源保护收集利用奠定了重要基础。2020年，由甘肃省林业和草原局挂牌确定为省级草种质资源库。

省级草种质资源库（兰州大学）

（二）甘肃省草种质资源圃

为了构建全省草种质创新库圃站体系，为草种质资源保护利用搭建平台，推动甘肃省草种质创新优势资源协作转化，甘肃省林业和草原局持续推进平台建设。2020年以来陆续确定了两批省级草种质资源圃。根据《甘肃省林业和草原局关于开展省级草品种试验站评价和确定工作的通知》要求，依据《甘肃省草品种审定办法》《甘肃省草品种和区域试验站管理办法》，通过现场查看、听取汇报、座谈交流等方式，通过对申报单位基础条件设施、土地性质、区域代表性、管理机制、技术力量、科技支撑单位、交通状况等综合评价，在2020年确定挂牌甘肃省草种质资源圃（黄羊镇）和甘肃省草种质资源圃（临泽）基础上，2023年确定了甘肃省草种质资源圃（兰州大洼山）、甘肃省草种质资源圃（安定）、甘肃省草种质资源圃（甘州）等3个资源圃由甘肃省林业和草原局纳入甘肃省草种质资源圃。

甘肃省草种质资源圃（黄羊镇）：2021年被甘肃省林业和草原局挂牌，依托甘肃农业大学黄羊镇牧草试验站，建设管理单位为甘肃农业大学。黄羊镇种质圃位于甘肃省武威市凉州区黄羊镇，占地面积150亩，海拔1530米，属于河西走廊地区。在

前期农业农村部“牧草种质资源保护”、国家科技平台建设项目“种质资源平台建设”、甘肃省高等学校科研业务费“优质扁蓿豆新品种（品系）选育”等项目的执行过程中，种质圃现存种质464份，其中包括346份世界苜蓿种质、76份俄罗斯百脉根种质、26份红豆草种质、12份扁蓿豆种质、2份米口袋、1份垂穗披碱草、1份老芒麦。

甘肃省草种质资源圃（黄羊镇）

甘肃省草种质资源圃（临泽）：2021年被甘肃省林业和草原局挂牌，建设管理单位为兰州大学，位于甘肃省临泽县境内兰州大学临泽草地农业试验站。种质圃属大陆性荒漠草原气候，年平均气温为7.7℃，年均无霜期176天，年均降水量118.4毫米，属于河西走廊中部区域。种质圃是甘肃省旱区寒区特色牧草种质资源圃，占地面积500亩，包括草种质保存圃、草种质选育更新圃、温室和网室等，现存种质资源227份，其中来自青藏高原种质资源158份、内蒙古高原28份、黄土高原28份、内陆干旱区13份。包括禾本科113份，豆科30份，菊科28份，苋科11份，龙胆科7份，柽柳科4份，石蒜科4份，莎草科4份，玄参科3份，白刺科3份等。

甘肃省级草种质资源圃（临泽）

甘肃省草种质资源圃（兰州大洼山）：2023年由甘肃省林业和草原局纳入甘肃省草种质资源圃，建设管理单位为兰州市园林绿化服务中心，种质圃位于兰州市七里河区龚家湾路（综合试验站），中国农业科学院兰州畜牧与兽药研究所大洼山试验基地内，距兰州市区10千米，海拔1500~2500米，是中国西部青藏高原和黄土高原的交汇地带的典型区域，种质圃占地面积50亩，现存种质108份，其中栽培种质资源63份，野生种质资源45份。

甘肃省草种质资源圃（兰州大洼山）

甘肃省草种质资源圃（安定）：2023年由甘肃省林业和草原局纳入甘肃省草种

甘肃省草种质资源圃（安定）

质资源圃，主管单位为定西市林业和草原局，建设管理单位为定西市农业科学研究院，种质圃位于定西市农业科学研究院原种繁育基地（定西市安定区香泉镇西寨村），距离市区 25 千米，占地面积 500 余亩，海拔 1 897.56 米，属于黄土高原地区，现存种质 1544 份，其中包括紫花苜蓿 221 份，燕麦 313 份，小黑麦 120 份，谷子 855 份，高粱 4 份，青贮玉米 20 份，红豆草 1 份，猫尾草 1 份，草木樨 1 份，红车轴草 1 份、百脉根 1 份，白车轴草 1 份，黑麦草 1 份，鸭茅 1 份，早熟禾 1 份，羊草 1 份，无芒雀麦 1 份。

甘肃省草种质资源圃（甘州）

甘肃省草种质资源圃（甘州）：2023 年由甘肃省林业和草原局纳入甘肃省草种质资源圃，建设管理单位为兰州大学，种质圃位于兰州大学甘州草种创新野外试验站，张掖农业高新技术产业示范区内，占地面积达 200 亩以上，海拔高度为 1470 米，属于河西灌区。甘州种质圃主要新建植紫花苜蓿、红豆草、草木樨、狼尾草、披碱草等牧草资源圃，牛枝子、罗布麻、白刺、柠条等乡土草种质资源圃，现存草种质 742 份。其中包括紫花苜蓿 332 份、二倍体苜蓿 16 份、天蓝苜蓿 13 份、草木樨 104 份、红豆草 189 份、牛枝子 45 份、罗布麻 12 份、白三叶 5 份等。

（三）甘肃省草品种区域试验站体系建设

1. 背景历程

2008 年，全国畜牧总站启动全国性草品种区域试验工作，甘肃省被列为首批国家草品种区域试验项目的承担省份之一，由甘肃省草原技术推广总站承担区试工作并开启了草品种区试站建设历程。

4 个国家级区试站建设：2008 年，首批建成了陇中黄土丘陵沟壑亚区兰州站和宁甘河西走廊亚区高台站，2009 年，建成了环湖甘南亚区合作站和晋陕甘宁高原丘陵沟壑亚区庆阳站，至此兰州、高台、合作、庆阳 4 个国家级草品种区域试验站建成运行，承担区试任务。

全省区试站网：2010 年以来，甘肃草产业快速发展。2011 年，甘肃省农牧厅成立了草品种审定委员会，启动了草品种审定工作，甘肃省农牧厅发布了《甘肃省草

农物国家级区试试验站（高台）

农物国家级区试试验站（兰州）

农物国家级区试试验站（庆阳）

农物国家级区试试验站（合作）

品种审定办法》，要求 2013 年起，提交草品种审定的新品种须经第三方区试。为了推动全省草产业发展，促进草种质资源创新利用，保障草品种审定工作顺利开展，建立全省草品种区试站体系纳入议事日程。2013 年开始，在国家区试专家曹致中教授和汪玺教授指导下，甘肃省草品种审定委员会办公室编制了《甘肃省草品种区试站建设规划》，通过调研论证，在原有兰州、高台、合作、庆阳 4 个国家级草品种区域试验站的基础上，根据甘肃省区域试验布局要求，确定新建定西、会宁、永昌、夏河、和政和天水 6 个省级草品种区域试验站，并于当年建成运行，初步形成了涵盖甘肃省黄土高原旱作区、高寒阴湿区、青藏高原和祁连山山地高寒区、河西灌区、南部温润区等主要生态区域的甘肃省草品种区域试验网络。

林草机构改革以来，甘肃省林业和草原局启动了省级草品种区域试验站确定工作。2020 年，对各市州推荐和相关科研院所申报的 24 个草品种试验站组织现场考察和专家论证，确定兰州大洼山、酒泉肃州区、金昌永昌县、甘南合作市、甘南夏河县等 5 个试验站为第一批“甘肃省草品种区域试验站”，甘肃农业大学黄羊镇试验站和兰州大学临泽试验站为第一批“甘肃省草种质资源圃”，国家林业和草原局认定的 2 个国家级试验站（兰州大学承建的庆阳站和甘肃省草原技术推广总站承建的高台站）直接进入全省草品种区域试验站体系，主要承担国家级试验任务。对和政、天祝、安定、西峰后官寨、甘州、秦州等6个试验站需要整改完善。2021年，经组织专家考核评价，第二批和政、天祝、西峰后官寨、甘州、秦州等5个试验站纳入第二批甘肃省草品种区试站。2023年，经组织专家考核评价，将车道岭、安定等2个试验站纳入第三批甘肃省草品种区试站，同年10月，甘肃省林业和草原局组织论证通过了平凉林草局申报的区试站，至此，甘肃省林草系统建成了15个草品种区域试验站（含2个国家级）。

林草系统第一批省级区域试验站授牌

2. 甘肃省草品种区域试验站概述

甘肃省草品种区域试验站（兰州大洼山）：2008年，在兰州市晏家坪馒头山试验站建立了国家级区试站。2009年以后，因馒头山试验站合作开发，归属变更，导致兰州区试站出现了诸多管理问题。2014年，重新选择新址，在曹致中教授和汪玺教授指导下建于皋兰山二台阁，并将管理主体移交兰州市草原站。当年建成运行，2016年，通过全国总站组织的考核评估，挂牌国家级区域试验站。2019年，机构改革中该站保留在农牧系统。另由兰州市林业局组织由兰州市园林绿化服务中心承接了林草系统兰州站的省级区域试验站工作，于2020年在大洼山和中国农科院兰州牧药所合作建成，并运行良好。2020年确定为甘肃省第一批挂牌的省级草品种区域试验站，建设管理单位为兰州市园林绿化服务中心和中国农科院兰州牧药所。

兰州大洼山区试站位于兰州市七里河区彭家坪镇龚家湾村，中国农业科学院兰州畜牧与兽药研究所大洼山试验基地内，距兰州市区10千米，海拔1725米，属于黄土高原半干旱丘陵沟壑区。试验站占地面积20亩，至2023年共承担19个试验组，60个参试品种试验任务。

大洼山站

甘肃省草品种区域试验站（西峰什

社）：兰州大学什社试验站于 2019 年申报并确定为国家级区试站，承担国家区试任务，2020 年直接进入甘肃省第一批省级区试站，甘肃省林业和草原局挂牌确定为省级草品种区域试验站（西峰什社），建设管理单位为兰州大学。试验站位于甘肃省庆阳市西峰区什社乡，属于黄土高原区。试验站占地面积 20 亩，至 2023 年共承担 4 个试验组，13 个参试品种试验任务。

什社站

甘肃省草品种区域试验站（西峰后官寨）：林草系统机构改革后，庆阳市林草局组建了庆阳市草原工作站，该站于 2020 年在西峰后官寨重新组建了区试站。西峰后官寨区试站于 2021 年纳入甘肃省第二批省级草品种区域试验站，建设管理单位为庆阳市草原工作站，试验站地处庆阳市西峰区西郊后官寨镇中心村，海拔 1355 米，属于黄土高原区。试验站占地面积 20 亩，至 2023 年共承担 9 个试验组，27 个参试品种试验任务。

后官寨站

甘肃省草品种区域试验站（秦州）：2013 年，在农牧系统由天水市畜牧中心承建，以天水站的名称在秦州区小天水镇一家肉牛育肥场建成运行。2019 年机构改革后天水市林草局将区试站工作交由秦州区林草局承担。2020 年，在四十里铺苗圃建成秦州区试站。2021 年，确定为甘肃省第二批挂牌的省级草品种区域试验站（秦州），建设管理单位为天水市秦州区四十铺苗圃和天水师范学院，2021 年，投入使用，该站位于天水市秦州区玉泉镇周家山村，海拔高度约 1300 米，属于河西灌区，试验站占地面积 15 亩，至 2023 年共承担 9 个试验组，28 个参试品种试验任务。

秦州站

甘肃省草品种区域试验站（安定）：2014 年，由定西市饲草饲料站承建于安定区，2015 年转由安定区饲草饲料站另选址建于安定区宁远镇红土村，并承担省级草品种区域试验任务。林草机构改革后安定区试站由安定区林草局接管，建设管理单位为安定区林业和草原局，2023 年，确定为甘肃省第三批挂牌的省级草品种区域试验站。试验站海拔 1960 米左右，属于黄土高原区，试验站占地面积 20 亩，至 2023 年共承担 11 个试验组，35 个参试品种试验任务。

安定站

甘肃省草品种区域试验站（车道岭）：车道岭草品种试验站位于定西市安定区巉口镇，2023 年，确定为甘肃省第三批挂牌的省级草品种区域试验站，建设管理单位为甘肃省林业科学研究院。海拔为 2035 米，属于甘肃中部黄土丘陵沟壑区。试验站占地 20 亩，至 2023 年共承担 3 个试验组，9 个参试品种试验任务。

车道岭站

甘肃省草品种区域试验站（肃州）：肃州区域试验站位于酒泉市肃州区国家级种业园区，2020 年确定为第一批省级区试站，建设管理单位为酒泉市林业草原事务中心。试验站海拔 1431 米，属于河西灌区。试验站占地面积 20 亩，至 2023 年共承担 6 个试验组，19 个参试品种试验任务。

肃州站

甘肃省草品种区域试验站（高台）：高台草品种区域试验站 2008 年建成，位于高台县南华镇明水潭村甘肃省超旱生牧草育种基地内，312 国道旁，离高台县城 22 千米，离张掖市 55 千米，2020 年直接进入甘肃省林草系统第一批省级区试站，建设管理单位为甘肃省草原技术推广总站。海拔 1398 米，属于典型的河西走廊干旱灌溉气候区，试验站占地面积 50 亩。先后共完成 120 个紫花苜蓿品

高台站

种展示任务，76 个试验组，260 个品种的区试任务，目前是国家林业和草原局布局在甘肃的两个国家级草品种区试站之一。

甘肃省草品种区域试验站（甘州）：2020 年，由张掖市草原工作站牵头，和中科院兰州畜牧与兽药研究所、甘肃省草原技术推广总站共同组建了甘州区试站，2020 年承担了国家级区试站高台站的区试任务。2021 年确定为甘肃省第二批省级区试站，建设管理单位为张掖市草原工作站。站址位于张掖市党寨镇绿洲大道中科院兰州畜牧与兽药研究所综合试验基地，海拔 1528 米，属于河西灌区。试验站占地 20 亩，至 2023 年共承担 3 个试验组，9 个参试品种试验任务。

甘州站

永昌站

甘肃省草品种区域试验站（永昌）：2014 年由永昌县草原站建成并管理，试验站先后在东寨镇、红山窑镇建设，2016 年在城关镇建站，占地 14.5 亩并承接试验任务。林草机构改革后随县草原站划归林草系统管理，2020 年，甘肃省林业和草原局确定永昌区试站为第一批省级区试站，区试站位于永昌县城关镇赵家庄村，海拔 1998 米，属于河西走廊地区。试验站占地面积 15 亩，至 2023 年共承担 8 个试验组，25 个参试品种试验任务。

天祝站

甘肃省草品种区域试验站（天祝）：2016 年，根据省级草品种区域试验布局需要，在天祝县高海拔地区抓喜秀龙新建了省级区域试验站，当年建成运行。2019 年机构改革中，天祝站随天祝县草原站一并划归天祝县林草局管理，运行机制不变。在 2020 甘肃省林业和草原局考核评估中，天祝区试站作为整改完善的区试站，于 2021 年 8 月完成了全部整改考核工作，确定为甘肃省第二批省级草品种区试站，建设管理单位为天祝藏族自治县草原工作站。试验站海拔 2820 米，占地面积 30 亩，至 2023 年共承担 5 个试验组，16 个参试品种试验任务。

和政站

甘肃省草品种区域试验站（和政）：2014年，和政县承担了甘肃省二阴地区建立区域试验站的任务，在县农牧局支持下，由县草原站负责在境内陈家集建立了试验站，并于当年承接了试验任务。因试验地偏远不便于管理，2015年，在城关镇麻藏村重新建站，占地20亩。林草机构改革后归县林草中心管理，经2020年、2021年持续整改完善后纳入了第二批省级草品种试验站，建设管理单位为和政县林草事业发展中心。和政区试站位于城关镇麻藏村新庄禾社，地处和政县中南部，北连县城川区，海拔2206.9米，属于黄土高原区，2023年变更试验地点。试验站占地面积20亩，至2023年共承担6个试验组，18个参试品种试验任务。

甘肃省草品种区域试验站（合作）：建于2009年，位于青藏高原高海拔地区合作市草原站试验地，属国内为数不多的高海拔地区草品种区域试验站，由甘南州草原站管理并承担试验任务。2015年变更建设地点，新试验地位于兰州大学高寒草原观测试验站，按照区域试验站建设标准，完善了试验用房、围栏、田间道路等基础设施，配置了小型气象站、烘箱、电子秤、手提秤、单反相机等设施设备。2016年通过了全国畜牧总站考核，挂牌国家级草品种区试站。机构改革后管理机制和试验站权属维持不变，2020年，甘肃省林业和草原局确定合作区试站为第一批省级草品种区试站，试验站地址再一次变更到合作中心苗圃，由甘南州林业和草原局管理，甘南州草原工作站负责管理。试验站海拔2940米，属于青藏高原区，占地面积30亩，至2023年共承担9个试验组，28个参试品种试验任务。

合作站

夏河站

甘肃省草品种区域试验站（夏河）：2014年，建立了夏河高寒区省级区试站，由夏河县草原站独立管理运行。2016年之前，在桑科乡县草原站分站和县种羊场饲草基地两个试验点开展区试和草种质资源驯化选育工作，其中羊场试验点占地50亩。2017年，试验站在桑科乡原羊场试验地附近重新选择50亩试验地开展工作。林草机构改革后随县草原站划归林草系统管理。2020年，甘肃省林业和草原局确定夏河区试站为第一批省级区试站，由夏河县草原工作站负责实施。试验站位于夏河县桑科镇桑科二村，海拔3080米，属于青藏高原区。试验站占地面积40亩，至2023年共承担4个试验组，13个参试品种试验任务。

山丹站（农牧系统）：2016年，由甘肃三宝农业科技发展股份有限公司和本站合作建设，位于甘肃中牧山丹马场总场二场九队。2017年，开始承担燕麦草品种区域试验和展示任务。试验地总面积320亩，分燕麦示范区、品种展示区、区域试验区和试验研究区，核心区面积40亩。配备小型气象仪、灭草机、拖拉机、犁、割草机等设备10台（套）；办公试验用房30平方米，配置烘箱、培养箱、冰箱、分析天平等仪器10台（套）。主要承担燕麦草品种的引种试验、VCU测试、品种展示、老芒麦品种驯化选育、燕麦栽培模式和栽培技术研究、高寒草地混播等试验研究工作。2021年始，由三宝公司独立管理运行，未纳入省级站管理。

山丹站

泾川站

站草品种区域试验团队

甘肃省草品种区域试验站（泾川）：试验站地处平凉市农业科学院高平试验站，位于泾川县高平镇上湾村，距离平凉市100千米，海拔1320米，属于黄土高原地区。试验站占地20亩。2023年确定为甘肃省挂牌的省级草品种区域试验站，建设管理单位为平凉市农业科学院，建站以来共承担1个试验组，3个参试品种试验任务。

3. 主要成果

（1）承担完成了国家级、省级草品种区域试验任务：承接国家级和省级草品种区域试验、生产试验、品种展示和示范推广任务，开展新品种引进、筛选试验，推广优质、高产、多抗的新品种。至目前，共承担了国家 217 个试验组 874 份材料的试验任务，完成省级 236 个试验组 945 份试验测定任务，建立了草品种基础信息数据库。

(2) 开展草品种培育和乡土草种驯化选育：和相关科研高校以及基层技术人员合作，开展抗逆性、丰产性苜蓿、红豆草、燕麦、老芒麦等草种选育驯化研究。先后在高台、夏河、合作、兰州、天水、庆阳、和政、合作等试验站建立了育种圃、繁种圃；筛选出新品系 6 个。同时还开展了中华羊茅、波伐早熟禾、歪头菜、鹅观草、猫尾草、紫羊茅、白刺、骆驼蓬、骆驼蒿、老芒麦等野生和乡土草种的栽培驯化工作。

(3) 进行草品种 VCU 测试及成果转化：利用 VCU 测试评价方法，完成“甘肃不同生态区域适宜牧草品种筛选及配套技术集成与示范推广”项目，编制发布了甘肃省草品种推介目录，指导全省草业新品种新技术推广，为草业生态和生产建设项目实施提供科技支撑。

(4) 开展不同区域草地建植技术研究：对高寒地区草品种混播试验、天然草场补播改良、人工放牧草场建植、草田轮作示范、优良牧草栽培及种子生产技术等生态生产中急需解决的关键技术开展系统研究，获得初步成果。

（本节供稿：张榕、李德明、耿小丽、周栋昌；校对：莫负涛、张蔚）

第二节　草原鼠虫害预测预报体系建设

一、背景历程

1987 年 11 月，农业部印发《草原鼠虫害预测预报试行规程》，1988 年 10 月 28 日农业部颁布了《草原治虫灭鼠实施规定》。1989 年，单位与甘肃农业大学草原系共同成立鼠虫害预测预报课题组，选择玛曲县河曲马场高原鼠兔、天祝县金强河中华鼢鼠、山丹县白水泉长爪沙鼠、肃南红山寺和夏河县甘加滩虫害等 5 个鼠虫害观测点，从此开启了甘肃省草原鼠虫害预测预报站点建设和工作探索。1989 年，甘肃省财政厅和甘肃省畜牧厅联合印发《关于下拨 1989 年草原治虫灭鼠计划任务及补助费的通知》，在全省草原保护任务经费中，列出预测预报专项经费，下拨全省相关市县业务单位和甘肃农业大学，用于预测预报点建设和工作经费。

1990 年 7 月，甘肃省畜牧厅转发了农业部《草原鼠虫害预测预报规程》，至 1993 年，全省除 5 个重点鼠虫害测报站外，凡开展治虫灭鼠的地、州、市、县，都不同程度地开展了测报点建设工作，全省测报站（点）达到 43 个，参与的科技人员 241 人，开展 17 种鼠虫害测报。1995 年，又新增了“甘南州鼠虫害预测预报站”和

草原灭鼠专家与防控成果

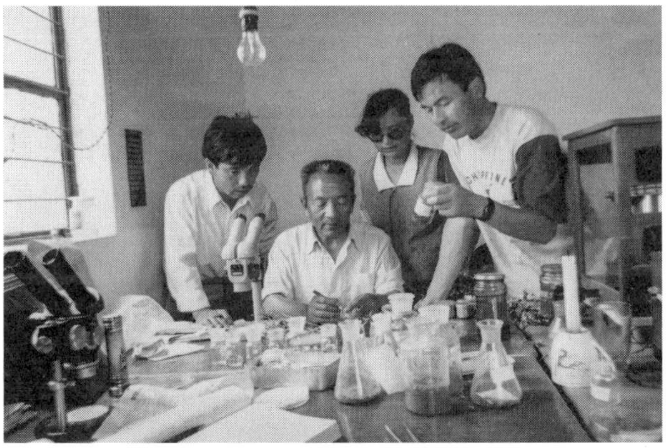

开展白刺夜蛾生物学特性研究

"碌曲县草原毛虫预测预报站"。至2000年，甘肃省草地鼠虫害测报站达到10个（肃南、天祝、永昌、金川、山丹、夏河、玛曲、碌曲、岷县、环县），专业测报员44人，通过对优势鼠虫种连续性观测，基本掌握了全省主要危害草地害鼠（高原鼠兔、中华鼢鼠、长爪沙鼠、大沙鼠、黄鼠）和害虫（草原蝗虫、阔胫萤叶甲、白刺夜蛾、白茨粗角萤叶甲、草原毛虫等）发生规律。举办了1期历时7天44人参加的全省测报师资培训班。全省草原鼠虫害预测预报工作进入全新阶段。一是测报队伍不断充实和稳定，测报制度得以建立健全，明确了责任和奖惩。二是建立测报档案，以县为单位建立鼠虫预测预报档案和档案管理制度，根据各县草地鼠虫害发生情况，测报单位可和相邻县（市）测报单位建立鼠虫害测报交换制度，更准确地测报鼠虫害发生情况。三是执行统计报告制度。按照甘肃省中心测报站制发的预测预报表格认真填写，及时整理上报文字、数据、原始记录、标本、照片录像等。四是明确了各类资料汇总收集规范。每年4—8月鼠虫害发生期，每月末报出月报，预测的重大灾情要及时上报。总结、调查卡片、灾情、定点观察资料、气象资料年终上报。五是认真分析资料，准确进行鼠虫害发生期、发生量、分布蔓延、危害程度及损失估计等的预测，及时作出短期、中期、长期预报。六是收集制作鼠虫及天敌标本。

白刺夜蛾调查监测

2001年，甘肃省草原总站印发了《关于报送鼠虫害预测预报经费使用计划的报告》，制订了鼠虫害预测预报经费使用计划。主要用于器械购置、软件购置与研究、业务人员培训、基层站设备完善和补助。至 2004 年，10 个测报站配置了电脑；次年，16 个市县草原站配置了测报工作电脑。

技术人员在监测草原毛虫

“十二五”期间，全省建设完善省级监测站 1 个，市（州）级监测站 7 个，县级监测站 13 个，定位监测点 200 个。逐步配备了测报器械和数据处理设备，改善测报手段和条件，每年从 11 月到翌年 4 月开展秋春季鼠虫害调查测报工作，对鼠虫害发生进行预测分析，并发布态势预报，为鼠虫害防治提供科学依据。

2016 年，单位印发了《甘肃省草原鼠虫害预测预报站建设实施方案》，在玛曲、夏河、碌曲、古浪、天祝、民勤、肃南、山丹、瓜州、肃北、华池、环县、永昌、岷县、靖远 15 个县投资建立省级草原鼠虫害预测预报站，包括实验室建设、草原鼠虫害观测区及固定监测点场地建设和测报仪器设备购置，同年又增加卓尼县为省级草原鼠虫害预测预报站。2018 年，增加瓜州县为省级草原鼠虫害预测预报站。

2017 年 3 月底，国家发展改革委农经司和农业部发展计划司共同发布《关于做好 2017 年动植物保护能力提升工程项目申报工作的通知》，将甘肃省确定为全国即将建立 15 个省级草原生物灾害监测预警中心的省份之一，并同时在甘肃省张掖市、甘南州建立市级草原生物灾害监测预警中心。作为省级草原生物灾害监测预警中心项目建设承担单位，编写了《甘肃省草原生物灾害监测预警中心建设项目实施方案》，并指导张掖、甘南两市州草原工作站编写了项目实施方案。

到 2018 年机构改革，甘肃省建成省级草原生物灾害监测预警中心 1 个（指挥中心设在甘肃省草原技术推广总站），省级草原鼠虫害预测预报站 17 个。为了规范草原固定监测站（点）和草原鼠虫害预测预报站运行管理，制定了《甘肃省草原鼠虫害预测预报站管理办法》，由甘肃省农牧厅印发，包含预测预报站建设标准、考核方案等内容。

省级草原生物灾害监测预警中心通过改扩建指挥室和完善预测预报仪器设备，健全灾害监测预警网络，有效改善了灾害监测预报能力条件，明显提高草原生物灾害监测预警能力，为草原生物灾害防控提供决策支持。

二、草地鼠虫害预测预报三级体系

建立草原有害生物灾害监测预警体系，开展草原生物灾害预测预报及治理工作，可为各级政府部门制定草原管理和防灾抗灾重大决策提供科学依据，为国家生态环境建设和指导农牧民科学发展畜牧业生产提供技术服务，保障社会稳定，促进经济

调查监测草原蝗虫

调查监测草原害鼠

繁荣，构建草原生态文明，实现让草原绿起来、畜牧业强起来、牧民富起来的发展目标，对国家生态安全和草业可持续发展具有十分重要的意义。

2018 年，甘肃省建立了省、市、县三级草原有害生物灾害监测预警体系。拥有中央投资的 1 个省级、5 个地级草原生物灾害监测预警中心、省级投资的 17 个县区级草原鼠虫害测报站。

省级草原有害生物灾害监测预警中心。设在甘肃省草原技术推广总站，负责编制每年的《甘肃省草原鼠害防控实施方案》《甘肃省草原虫害防控实施方案》，成立专家小组，奔赴一线指导督查鼠虫害防控工作，督导检查相关市（县、区）防治任务开展情况、防治药品采购等内容。根据县区级草原鼠虫害测报站报送的监测数据，结合气象分析，在每年 3 月预测全省草原鼠虫害发生趋势，并发布分析报告，为制定年度防治计划提供主要依据。2018 年，按照国家发展改革委农经司和农业部发展计划司共同发布的《关于做好 2017 年动植物保护能力提升工程项目申报工作的通知》，甘肃省实施了甘肃省草原生物灾害预警监测中心建设项目，通过该项目的实施，使甘肃省草原生物灾害预警监测体系在生物灾害信息发布、灾害防治、监测技术人员培训、保护宣传等方面有较大提升。项目硬件设备在应急防治中将发挥重要作用，有力地强化了甘肃省草原生物灾害预警监测体系设备和基础设施。

市级草原有害生物灾害监测预警中心。设在张掖、甘南、临夏、定西、庆阳 5 个市州，负责对县级鼠虫害预测预报站的数据进行汇总、审核、初步分析预测。

县级草原鼠虫害预测预报站。设在碌曲、玛曲、夏河、卓尼、华池、环县、靖远、岷县、古浪、天祝、肃南、山丹、民勤、永昌、瓜州、肃北、阿克塞等 17 个县，主要开展针对当地主要害鼠、害虫的定点样地调查、路线调查，对鼠虫越冬基数、越冬存活率、发生期、发生数量、发生范围、危害性等情况进行野外调查。

为了保证甘肃省草原鼠虫害预测预报工作的科学化、规范化和标准化，提高草原鼠虫害监测预警能力，为制定防控方案和有效开展防控工作提供科学依据，甘肃省在加强硬件建设的基础上，不断加强草原生物灾害监测预警体系的软件建设。针对县区级草原鼠虫害测报站，依据《中华人民共和国草原法》《全国草原虫灾应急防治预案》等有关规定，制定出台了《甘肃省草原鼠虫害预测预报站管理办法》，对草原鼠虫害预测预报站管理、建设标准及考核办法进行了具体规定。制定发布了《草原毛虫预测预报技术规范》《白刺夜蛾预测预报技术规范》《草原生态控鼠技术规程》《草原鼠虫害预测预报站建设规范》4 项甘肃省地方标准，出版了《草原鼠虫害预测预报与防治技术》，为草原生物灾害监测预警提供了技术支撑。

三、林草系统草原生防体系建设成效

1. 草原鼠害国家级监测预报站（合作、碌曲）

根据国家林业和草原局生物灾害防控中心《草原鼠害国家级监测站点布局》方案，2022—2023 年，国家投入资金，在碌曲县郎木寺镇尕尔娘村建成国家级高原鼠兔固定监测点，在合作市佐盖多玛乡仁多玛村建成国家级高原鼢鼠固定监测点。通过基础设施建设、配备无人机、移动调查终端、智能监测等现代化监测预报设备，满足监测预报能力提升工作需要，实现对草原害鼠的及时监测和科学预警。依托单位均为甘肃农业大学。

2. 外来入侵物种国家级监测站（碌曲）

根据全国林草外来入侵物种监测站点布局，聚焦 65 种林草生态系统重点外来入侵物种，在甘肃碌曲县建成外来入侵物种国家级监测站，重点监测可能在甘肃省草原区的外来入侵物种。2023 年甘肃省林业和草原局投入专项资金，用于进一步强化外来物种国家级监测站建设，提升监测能力。

3. 省级鼠虫害预测预报站能力提升建设站

“十三五”期间，在全省有害生物发生重点区域建成 17 个省级鼠虫害预测测报站，初步建立了鼠虫害监测预警网络。2022—2023 年，甘肃省林业和草原局分两批次下达资金，在民勤等 12 个省级鼠虫害预测预报站实施草原有害生物省级监测预警站能力提升建设项目，以地面监测为基础，探索应用人工智能大数据、遥感物联网、无人机监测等新技术，着力构建空天地一体化的草原有害生物监测预报体系，提升草原有害生物监测预报的准确性、时效性和草原有害生物监测预警能力。

四、分管领导及工作人员

分管领导：哈得虎、李温、吴衍庆、韩天虎、杨浩。

职能科室：有害生物防治科（植保科）。

工作人员：邹继范、谭成虎、吴栋国、常明、许国成、王炳煜、吴江、王俊梅、方毅才、李建廷、唐建明、韩天文、史青茂、丁树中、冯今、李善堂、王瑾、程天亮、刘宗祥、周惠丽、耿小丽、王彦。

（本节供稿：王炳煜；校对：程天亮）

第三节　甘肃省草原生态监测体系建设

2005年甘肃省开展草原生态监测工作以来，经过几年的探索，2010年，依托草原补奖政策实施机遇，启动草原生态监测体系建设。在全省85个县（市、区）规划布设监测点606个。2017年在牧区县、半牧区县和草原面积较大的农区县增设了监测点。至2021年，全省有监测点1154个，包括23个国家级固定监测点、10个省级监测点和年度产草量监测样地，基本形成了覆盖全省各草原类型的地面监测网络。

一、站点建设情况

1. 国家级草原固定监测点监测。2012—2014年，按照农业部草原监理中心的统一规划，23个县建立了国家级草原固定监测点，每个监测点面积50亩，架设标准化围栏、标牌等，配备了监测工具、数码相机、电脑、烘干箱等设备。

2. 省级站点建设及工作任务。2017年，在高台、民乐、景泰、会宁、皋兰、永登、宁县、永靖、和政和张家川10个县设置省级监测点，配备了电脑、激光多功能一体机、数码照相机、投影仪、扫描仪、资料文件柜、野外取样工具等设备。工作任务是开展草原补奖实施效果监测试点、草原关键期物候监测，完成年度草原产草量监测任务。

3. 市、县级监测点情况及任务。市级监测点工作由各市、州草原站承担，工作任务包括督导各县区监测工作，完成草原产草量数据审核，草原植被盖度汇总、测算，编制上报本市（州）级草原监测报告。

草原生态监测现场

地面常规监测现场

二、监测点主要任务

1. 草原植被盖度监测。在7—8月，采用路线调查方式，观测草原类型、经纬度、盖度、主要植物种等指标数据，拍摄样地样方照片。根据样方监测数据，测算当年本县草原植被盖度。

2. 草原生态补奖政策实施效果监测。实施草原生态补助奖励政策的县（市、区）对禁牧区、草畜平衡区进行监测，掌握政策实施前后草原生产力、植被盖度、高度、可食牧草、物种数量、生物多样性等指标变化情况，编制本县（市、区）草原补奖政策生态效果监测报告。

3. 关键期物候监测。在草原返青、生长、枯黄3个重要阶段，及时开展物候监测，掌握牧草生长动态。

4. 产草量监测。在牧草生长盛期，组织开展样地样方监测，监测草原生产力、植被盖度、高度，以及可食牧草种类等指标。

5. 入户调查访问。掌握牧户饲养牲畜种类和数量，放牧时段、天数，补饲人工牧草、秸秆、青贮饲料、精料的数量和时间等情况。

6. 退牧还草工程实施效果监测。对不同年份退牧还草工程区植被恢复状况进行监测评估，编制退牧还草工程效益监测报告。

7. 冷季牧草储量监测。8个牧业县以乡为单位，开展天然草原冷季牧草可利用储量和理论载畜量测算，编制监测通报。

三、管理运行及队伍建设

各固定监测点的管理运行由县级草原站负责，工作任务包括监测场地管护，围栏等设施维护维修，监测仪器设备更新更换。4—10月，每月15日左右开展一次样方测定，指标包括草原生产力、高度、盖度，观察记录周边草场的建设保护情况和利用方式，按时上报数据。

23个固定监测点所在县区情况：

肃南县、天祝县、肃北县、阿克塞县、瓜州县、玉门市、民勤县、古浪县、永昌县、环县、华池县、卓尼县、夏河县、临潭县、岷县、敦煌市、玛曲县、合作市、碌曲县、漳县、山丹县、靖远县、迭部县。

四、林草系统草原监测体系建设进展

林草机构改革后，在全省范围内布局了5个草原生态监测站，编

草原生态监测技术团队

制并下发了《甘肃省草原定位监测站布局及建设方案》，对草原生态定位监测站的布局、建设内容、仪器设备配置、监测指标和方法、站点管理等内容作了详细规划，用以指导各地草原生态站建设工作。

五、分管领导及参与人员

分管领导：韩天虎、张志诚、刘兴明。

职能科室：草原监测科。

监测科人员：喻文虎、孙斌、李福、冯今、唐建民、王红霞、王炳煜、杜笑村、杨红梅、姜佳昌、潘冬荣、王惠、李霞、俞慧云、吴丹丹、段丽婕、贾晶晶、高丽丽。

（本节供稿：孙斌、姜佳昌、李霞；校对：孙斌、莫负涛、张蔚）

第四节　草业协作服务平台建设

一、甘肃省草原学会

甘肃省草原学会成立于1981年，隶属于甘肃省畜牧兽医学会和中国草原学会双重领导。机构秘书处挂靠在甘肃省草原工作队，王无怠负责，张志芳主持日常工作。成立大会也是第一次学术讨论会。在这次会议上选举产生了第一届理事会，理事会组成及分工：

理事长：任继周；

副理事长：吴仁润、王无怠；

秘书长：黄兆华；

副秘书长：张志芳；

理事：胡自治、仇保铭、黄兆华、杨阳、陈宝书、张自和、曹致中、蒋文兰、杜国桢、南志标、孙吉雄、汪玺、卢欣石。

这次大会后很长一段时间，甘肃省草原学会未单独举行全省性的大会，学术活动结合甘肃省畜牧兽医学会一起进行。

1996年，在挂靠单位甘肃省草原总站站长哈得虎、秘书处副秘书长张志芳等同志推动下，甘肃省草原学会于11月21日—22日在兰州大桥饭店召开了第一届代表大会暨第二次学术交流会。参加这次会议的有来自大专院校、科研单位、省、地（州、市）、县（区）的草业科技工作者和有关领导共40余人。

大会由理事长任继周院士主持并致开幕词。甘肃省畜牧局相关领导、草原处负责人、草原总站站长哈得虎分别到会讲话，学会副秘书长张志芳作了第一届理事会工作报告，学会副理事长兼秘书长黄兆华研究员致闭幕词。会议总结了甘肃草原建设和草业发展情况，进行了学术交流。

会议共收到论文和专题报告25篇。任继周院士、吴仁润研究员、黄兆华研究员、胡自治教授分别在大会上作了《农耕文化圈与畜牧文化圈在黄土高原的嬗替》《中国的草业系统工程》《在沙漠化过程中草场植被量与质的演变》《甘肃高寒地区草业的发展策略》等专题报告。其他代表也广泛、深入地进行了学术交流活动。

大会选举产生了甘肃省草原学会第二届理事会，并进行了工作分工：

名誉理事长：任继周；

理事长：张自和；

副理事长：吴衍庆、丁连生、曹致中；

秘书长：申有忠 ；

副秘书长：张榕；

理事： 丁连生、万国栋、王珏、王镜泉、牛菊兰、石成明、申有忠、闫顺国、汤学峰、沈其俊、李阳春、李海龙、李温、李景云、杜国祯、吴衍庆、时永杰、何毅、陈明宇、张文礼、张自和、张志廉、张忠奎、张榕、南志标、赵爱芬、黄兆华、曹致中、韩天虎、鲁鸿佩。

开展的主要工作：一是努力加强横向联系， 逐步建立组织网络。本届理事会一经成立，就在兰州召开了第一次常务理事扩大会议，这次会议非常明确地把团结草业界科技工作者作为本届理事会的首要目标，要求全体理事以一名草业科技工作者的神圣职责为动力，在甘肃省草业战线进行广泛深入地宣传教育，发展会员，壮大队伍，科教推共同携手，为甘肃草业发展贡献新的力量。为便于学会在全省范围内开展工作，在地级和会员较集中的单位各推举了一名联络员，有效地加强了各地和省级理事单位的联系，也加强了会员和学会的联系。会议还确定了甘肃省草原学会和中国草原学会的会费收缴标准和办法，并得到了中国草原学会的大力支持。这些问题的商定为学会有效、便利地展开工作奠定了基础。同时，为了解决学会工作经费和加强科教推及管理单位之间的协作，由理事长召集，在兰常务理事多次碰头，协商联合开展大型科研、工程项目及创办实体等事宜，为拓展工作思路和发挥联合优势动了脑子、想了办法。二是积极组织会员参加学术活动，不断发展充实会员队伍。通过秘书处组织草原站系统的会员向中国草原学会第九届学术交流会推荐论文4篇；组织会员参加有关单位的学术报告5次；向中国草原学会推荐第五届理事会理事候选人7名；向各会员单位分发《中国草原通讯》846份，发会议通知141份，发展新会员6名，对会员进行了重新登记，摸清了会员人数和会费收缴情况。和甘肃省草原总站、草原监理站联合创办了《甘肃草业信息》，设有草原法制宣传、草业科技知识、草业信息、专家论坛、草业一线、领导讲话等栏目。其中，由甘肃省政府研究室农村处撰写的《甘肃农业的一个重要突破口》《还林好还是还草好》，甘肃省草原学会理事长专门为本刊撰写的《对退耕还林还草有关问题的进一步思考》以及甘肃省农牧厅的调研报告《已垦草原退耕还草工程不宜与退耕还林工程整合》等文章，为宣传草业在生态和农业结构调整中的战略地位发挥了较好的窗口作用，也为决策部门提供了第一手资料，发挥了决策咨询作用。向地县各级草原站及甘肃省农牧厅、全国总站、农业部有关单位发行42期8000余份。三是密切关注甘肃省草业建设，及时向政府提出科学建议。面对甘肃省草业生产和草地生态进入20世纪90年代以来出现的大滑坡和持续退化现象，本届理事会代表广大会员及时地向甘肃省委、省政府、省人大、省政协及有关知名人士、领导提交了《关于重视和加强草业建设的建议》，就草原建设、草原执法、草原经营管理、投入以及草业科技工作者的待遇等方面提出了对策建议。

中国草原学会更名为中国草学会并升级为一级学会后，甘肃草原学会曾于2002年8月向中国草学会起草了《关于申请将甘肃省草原学会升级为甘肃省一级学会并更名为甘肃省草学会的报告》，在中国草学会周建国老师的指导下，做了一些相关准备和咨询工作，后因国家对社团学术类组织管理政策调整，全部归口民政厅管理，且在审批上需要有一定经济实力或企业参与作为申请条件，加之挂靠单位甘肃省草原总站领导班子变化等情况，该项工作搁置了下来。

2016年11月，甘肃省草原技术推广总站根据新的管理政策和甘肃省草业发展实际，牵头并推动成立了甘肃省草产业技术创新战略联盟和甘肃省草产业协会。

二、甘肃省草产业技术创新战略联盟

（一）背景意义及组织构架

背景意义：为进一步整合甘肃草业行业智力资源，着力突破草产业发展存在的基础研究与产业脱节、技术创新不足、成果转化能力低、专业技术人才作用发挥不够等问题，构筑草业各个环节之间的互动桥梁，打造草业团结协作、公平竞争、互利互惠、共同发展的合作交流平台， 探索完善政产学研推紧密结合、科技成果转移扩散和产业人才交流的新机制，不断提升甘肃省草产业科技创新能力，在甘肃省农牧厅的组织领导下，2016年3月，由总站牵头启动了甘肃省草产业技术创新战略联盟的筹备工作，2016年11月召开了成立大会。

甘肃省草原产业技术创新战略联盟甘肃省草产业协会成立

组织构架：由甘肃省草原技术推广总站、甘肃农业大学、兰州大学、甘肃省农业科学院、甘肃省机械研究院共同发起。设立理事会、专家委员会和秘书处。联盟理事会为联盟的最高权力决策机构；专家委员会为联盟理事会咨询机构；秘书处为联盟理事会常设执行机构。

成员单位：甘肃省草原技术推广总站、甘肃农业大学、兰州大学、甘肃省农业科学院、甘肃省机械研究院等相关科教推单位、草业企业以及有关市县草原站、科教等单位。

联盟架构：理事长（1名），副理事长（4~6名），秘书长（1名），副秘书长（1~2名，由秘书长聘任），专家委员会主任（1名），副主任（2~4名），委员（13~15名）。

办公地点：甘肃省草原技术推广总站办公楼。

成立日期：2016年9月26日。

备案主管部门：甘肃省农牧厅（2016年10月）、甘肃省科技厅（2017年11月）。

（二）职责目标

在政府引导下，把甘肃省草业科教资源、草业基础优势资源、企业家资源、政策资源和市场优势通过草产业技术创新战略联盟形成行业纽带，为推进甘肃省草产业健康可持续发展打造“四个平台”：政府引导产业发展的平台，产业技术交流、技术攻关、技术集成、技术转化的平台，行业标准、行业自律、品牌建设的平台，草业界资源共享、联合生产、合作经营、组团发展的平台。

主要任务：

（1）承接政府产业政策和重大项目推进，建立项目发现和筛选机制，开展成果转化及产业发展促进。联合参与能显著提升草产业技术水平和核心竞争力的项目，推进科技成果转化和产业化发展。

（2）开展联合攻关和技术研发。广泛聚集产学研等创新资源，充分依托甘肃资源实际和草牧业现状，联合攻克制约产业发展的共性、关键、核心技术难题，提升产业核心技术竞争力和产业创新效率。

（3）开展标准化工作。共同制定国际、国内行业技术标准，带动联盟知识产权工作，增强对产业的引领、市场准入能力和新市场打造。

（4）开展对外合作。参与国内外科技合作，参加国内外论坛和展会，广泛利用资源，促进联盟的国际化发展。

（5）开展品牌建设工作。加强业务交流与合作，支持联盟参与国际、国内各类展览、展示及业务交流会，举办各类联盟推广活动，打造联盟品牌。

（6）发挥智库作用，为行业发展建言献策。及时组织会员开展调研和研讨，倾听业界诉求，将行业发展中的问题和建议通过联盟反映到决策机构，为推动产业政策完善发挥作用。

（7）搭建融资平台。积极创建行业融资渠道，构建融资机制，解决发展资金瓶颈问题。

（三）开展的主要工作

1. 积极建言献策，发挥智库作用。组织开展调研和研讨，倾听业界诉求，为行业发展建言献策，为推动产业政策完善发挥作用。

通过积极建议甘肃省政府，开启了草产品绿色通道；积极参与草业政策顶层设计，调研提出了《关于进一步加快推进全省饲草产业发展的指导意见》，参加了“推进中国西部草都建设”座谈会、《林业草原“十四五”总体规划》编制咨询会，协助国家林业和草原局开展草种管理现状和问题、草种质量检验与管理等调研；积极推动重点区域草业建设政策落地，策划了“黄河上游黄土高原丘陵沟壑区草牧业生态循环经济试验示范区”建设的建议，协助举办了定西草牧业生态循环经济试验示范区高端研讨会，编制了《猫尾草产业发展规划》。

联盟科技支撑项目验收会议

联盟推动草产业现场观摩会

联盟协会合办的《甘肃草业》期刊

2. 加大科技支撑保障，加快科技成果转化。联盟坚持问题导向，积极策划组装项目，利用草原补助奖励政策绩效考核奖励资金，先后5批支持专项科技支撑资金，启动了56个科技支撑项目。

3. 推动资源共享合作平台建设。联盟充分发挥各成员单位科技、资源优势，联合、创新构建了草产业技术平台体系。草种质资源创新利用体系、有害生物灾害监测预警和草原生态监测体系、主要草原类型的地面监测体系建成运行。

这些开放式平台的建立，对联合攻克制约产业发展共性、关键、核心技术难题，提升产业核心技术竞争力和产业创新效率起到了积极的推动作用。

4. 加强培训信息交流和人才培养。联盟充分发挥各成员单位的技术、培训和资源优势，提高从业人员的技能和水平，提升甘肃草产业发展的科技含量。建立了培训合作机制，承接政府职能，加强行业宣传。

5. 助力脱贫攻坚，助推乡村振兴。助力天水市秦安县黄湾村脱贫攻坚工作，申请了“林下种草高效技术试验示范”项目，倡议联盟企业参与扶贫公益捐助。联盟成员单位甘肃大行农业公司向黄湾村连续4年赠送了有机肥料。

三、 甘肃省草业标准化技术委员会

(一) 基本情况

2016年，随着甘肃省草产业快速发展，在甘肃省农牧厅支持推动下，为了加快提升草产业发展质量和效益，单位积极衔接甘肃省质量技术监督局，筹建甘肃省草业标准化技术委员会。《甘肃省质量技术监督局关于成立甘肃省草业标准化技术委员会的批复》下发，9月26日甘肃省草业技术标准化委员会正式成立，编号为GS/T 14，第一届委员会由21名委员组成（详情见表3–11），南志标任主任委员，贺春贵、师尚礼任副主任委员，韩天虎任副主任委员兼秘书长，秘书处由甘肃省草原技术推广总站承担。甘肃省草业标准化委员会的成立是甘肃草业工作中的一件具有重要意义的大事，这是全国继内蒙古草原生态修复标准化技术委员会之后成立的第二个省级草业标委会，标志着甘肃草业标准化的研究、发展揭开了崭新的一页。

表3–11　甘肃省草业标准化技术委员会委员名单

姓名	工作单位
南志标	兰州大学草地农业科技学院
韩天虎	甘肃省草原技术推广总站
贺春贵	甘肃省农业科学院
师尚礼	甘肃农业大学草业学院
李善堂	甘肃省农牧厅草原处
侯扶江	兰州大学草地农业科技学院
喻文健	甘肃省草原监督管理局
韩少平	甘肃省机械科学研究院
王汝富	甘肃省草原技术推广总站
张　榕	甘肃省草原技术推广总站
王彦荣	兰州大学草地农业科技学院
杨发荣	甘肃省农业科学院
赵成章	西北师范大学
赵桂琴	甘肃农业大学草业学院
姚　拓	甘肃农业大学草业学院
曹志东	定西市种草饲料工作站
王树茂	甘南州草原工作站
权金鹏	张掖市草原工作站
张延林	甘肃农垦亚盛田园牧歌
贾涪钧	甘肃杨柳青牧草饲料开发有限公司
王文虎	甘肃西部草王牧业有限公司

（二）工作开展情况

1. 甘肃省草业标准化技术委员会于 2017 年 10 月 26 日召开了成立大会，以后每年在甘肃农业信息网、甘肃林业网、“陇草心语”公众号等媒体公开征集草业地方标准。

2. 至 2023 年底，共征集到 283 项地方标准（草案），5 项团体标准（草案），立项完成并颁布实施 31 项。

3. 按照甘肃省市场监督管理局和甘肃省林业和草原局的要求，对甘肃省制定的有关草业地方标准进行了清理，共整理出涉及草业的标准 110 项，建议继续有效的 95 项，建议归甘肃省农业机械标准化委员会的 7 项，归甘肃省农业农村厅的 8 项。

四、甘肃省草品种审定委员会

（一）背景意义

2011 年，国家启动草原生态补奖政策后，辽宁、山东、内蒙古、黑龙江等 4 个省份成立了草品种审定委员会，启动了审定工作。甘肃具有丰富的草种质资源优势，开展草品种审定工作能推动种质资源的创新利用。草产业快速发展，为开展草种审定、建立评价体系提供了良好的机遇。草原生态文明建设对草种质资源提出了新要求，开展草品种审定是草原生态建设的迫切需求。《中华人民共和国种子法》的颁布实施，为开展省级草品种审定工作提供了政策依据和法律保障。《中华人民共和国种子法》规定：“省、自治区、直辖市人民政府应当组织有关单位进行品种选育理论、技术和方法的研究。国家鼓励和支持单位和个人从事良种选育和开发。”“主要农作物品种在推广应用前应当通过国家级或者省级审定，申请者可以直接申请省级审定或者国家级审定。由省、自治区、直辖市人民政府农业行政主管部门确定的主要农作物品种实行省级审定。”“省、自治区、直辖市人民政府的农业行政主管部门分别设立由专业人员组成的农作物品种审定委员会，承担主要农作物品种的审定工作。”“通过省级审定的主要农作物品种由省、自治区、直辖市人民政府农业行政主管部门公告，可以在本行政区域内适宜的生态区域推广。”“应当审定的农作物品种未经审定通过的，不得发布广告，不得经营、推广。”

为推动甘肃省草种质资源保护利用，经多方协调，在甘肃省农牧厅支持下，甘肃省草原技术推广总站于 2011 年 10 月在兰州组织召开了组建甘肃省草品种审定委员会的可行性论证会。专家一致认为，甘肃省组建草品种审定委员会非常必要，建议总站牵头组建。11 月向甘肃省农牧厅提交了《关于拟组建甘肃省草品种审定委员会的请示》，甘肃省农牧厅批复成立了甘肃省第一届草品种审定委员会。

（二）第一届甘肃省草品种审定委员会

2011 年 12 月 6 日，甘肃省农牧厅批复成立了甘肃省第一届草品种审定委员会。第一届委员会主任委员由甘肃农业大学教授曹致中等人担任，委员由 8 名从事草业行政、教学、科研、推广等方面的专家组成，并制定了《甘肃省草品种审定委员会章程》和《甘肃省草品种审定办法》。

甘肃省草品种审定委员会下设办公室，挂靠甘肃省草原技术推广总站，负责甘肃省草品种审定委员会的具体工作。

1. 主要任务

组织甘肃境内草品种的审定，对通过审定的草品种进行登记、编号、命名，颁发草品种证书，并提请甘肃省农牧厅予以公告；建立甘肃省草类种子准入制度；认定生产上急需的主要草品种，提出推广的优良草类品种目录；对全省草品种选育、良种繁殖、示范、推广等工作提出建议。

2. 开展的主要工作

召开两次审定会议。2012 年，甘肃省草品种审定委员会开始草品种审定受理工作。范围为计划审定的新品种、在甘肃省境内大面积推广尚未登记的已有草品种、已进行了品种比较试验和生产试验，尚未登记的草品种。

2013 年 4 月 1 日，甘肃省第一届草品种审定委员会第一次审定会议在兰州召开。本次会议审定通过 7 个品种，包括中兰 2 号紫花苜蓿（中国农业科学院兰州畜牧与兽药研究所、甘肃农业大学）、甘农 9 号紫花苜蓿（甘肃农业大学）、甘红 1 号红三叶（甘肃农业大学）3 个育成品种和甘引 1 号黑麦（甘肃省草原技术推广总站、天祝县草原工作站）、WL354HQ 紫花苜蓿（北京正道生态科技有限公司）、陆地中间偃麦草（中国农业科学院兰州畜牧与兽药研究所、甘肃农业大学）、海波草地早熟禾（中国农业科学院兰州畜牧与兽药研究所、天水市农业科学研究所）4 个引进品种。

2014 年 3 月 19 日，第二次审定会议在兰州召开。会议审定通过 9 个品种，包括陇中黄花矶松（中国农业科学院兰州畜牧与兽药研究所）、航苜 1 号紫花苜蓿（中国农业科学院兰州畜牧与兽药研究所）、甘农 8 号杂花苜蓿（甘肃农业大学）、兰箭 1 号箭筈豌豆（兰州大学）4 个育成品种，天祝斜茎黄芪（甘肃省草原技术推广总站）1 个野生栽培品种，Baralfa42IQ 紫花苜蓿（百绿国际草业有限公司）、伽利略燕麦（百绿国际草业有限公司）、WL363HQ 紫花苜蓿（北京正道生态科技有限公司）、挑战者紫花苜蓿（北京佰青源畜牧科技发展有限公司）4 个引进品种。

启动了省级草品种区试站建设。2013 年，由审定委员会办公室编制了甘肃省草品种区试站建设方案，启动了省级区试站选点确定工作。至 2013 年底，在高台、兰州、庆阳、合作 4 个国家级区试站基础上，新确定了天水秦城、白银会宁、定西安定、临夏和政、金昌永昌、甘南夏河等 6 个省级区试站。2014—2017 年，陆续增加了天祝、山丹、通渭、宝山台等 4 个试验站，先后开展了新品种引进、VCU、区试以及新品种展示等 600 多组材料的试验工作，积累了丰富的草品种数据库。

（三）第二届甘肃省草品种审定委员会

1. 成立情况

2018 年甘肃省林草机构改革，总站划入甘肃省林业和草原局，在局领导的高度重视和相关处室指导下，甘肃省草品种审定工作重新启动。经过多方汇报沟通，单位于 2019 年 3 月 6 日上报了《甘肃省草原技术推广总站关于甘肃省草品种审定委员会换届的请示》，4 月 22 日甘肃省林业和草原局批复了《甘肃省林业和草原局关于调整甘肃省草品种审定委员会组成人员的通知》，批复组建了甘肃省第二届草品种审定委员会。

组织架构：2019 年，第二届甘肃省草品种审定委员会委员为 11 名，2020 年调整为 15 名，由从事行业管理、教学、科研、推广等方面的专家组成。甘肃省草品种审定委员会下设办公室，挂靠甘肃省草原技术推广总站，负责甘肃省草品种审定委员会的具体工作。

2023 年底，调整后的甘肃省草品种审定委员会由主任委员会和专业委员会构成，专业委员会包括生态草专业委员会、饲草专业委员会、观赏草专业委员会。

主要任务：开展甘肃省草品种审定，组织进行登记、编号、命名、公告等工作；审定省内国土绿化和草原建设所需的主要草种，提出优良草类品种推广目录；审定全省草种进（出）口隔离试种及风险评估报告、审定全省草种质资源收集、评价、利用、保护等工作；审定全省有关草种的其他重大事项。

2. 开展的主要工作

完善了相关制度。2019 年 5 月，委员会组建，由办公室组织修订了《甘肃省草品种审定委员会章程》《甘肃省草品种区域试验站管理办法》，起草了《甘肃省草品种审定办法》及相关技术文件。5 月下旬开始征求全体委员对几个文件的修改意见，并根据意见进行再次修改。6 月以后与甘肃省林业和草原局相关处室沟通工作，筹备了草品种审定委员会第一次工作会议。7 月在第一次工作会议上对一个“章程”两个“办法”进行了讨论完善后上报了甘肃省林业和草原局。通过甘肃省林业和草原局对《甘肃省草品种审定办法》等 3 个文件向各市（州）林草部门征求了意见。委员会办公室根据各市（州）反馈意见，组织再次讨论修改后，于 2020 年 1 月 6 日经甘肃省林业和草原局局务会研究通过后发布执行。

提出了省级草品种区试站评价条件及审核建议。2020 年 4 月，甘肃省林业和草原局启动了省级草品种区试站申报确定工作，甘肃省草品种审定委员会办公室组织，对申报的 24 个区域试验站完成了现场考核。在 2020 年 7 月 24 日召开的甘肃省草品种审定委员会年度工作会议上，委员们分别从申报的区域试验站基础条件设施、区域代表性、管理机制、技术力量、科技支撑情况、交通状况等方面进行了讨论评审，并向甘肃省林业和草原局提出了评审意见和建议。

审核了申报国家草品种审定的“草品种审定申请书”。2020 年 7 月，由办公室组织委员对申报国家草品种审定的中天 3 号紫花苜蓿、甘绿 1 号百脉根、甘绿 2 号鹰嘴紫云英、阿勒泰戈宝白麻、阿勒泰戈宝罗布麻等 5 个品种申报材料的《区域试验情况汇总表》和《区域试验结果证明表》进行了书面审核，表明材料中涉及的相关内容和资料齐全，形式规范，符合国家草品种审定委员会对申报书的要求。参会专家出具了审核意见，形成了专家组意见，并建议甘肃省林业和草原局签字盖章，上报国家林业和草原局草品种审定委员会进行审定。

2021 年 5 月，由办公室组织委员对申报国家草品种审定的甘绿 2 号鹰嘴紫云英和兰箭 1 号春箭筈豌豆 2 个品种申报材料的《区域试验情况汇总表》和《区域试验结果证明表》进行了书面审核，形成了专家组意见，并通过甘肃省林业和草原局签字盖章后上报了国家林业和草原局草品种审定委员会。

讨论确定了委员会工作任务和专家分工，建立了工作机制。2020 年 7 月，在草品种审定年度工作会议上，由甘肃省林业和草原局种苗处负责人组织，委员们讨论确定了草品种审定、草类品种推广目录、草品种区域试验及收费标准、草种质资源收集利用等方面的牵头专家、任务分工和工作机制，确定了草品种试验站命名规则。

讨论确定了建立甘肃草类品种推广目录的相关事宜。2021 年 7 月，在草品种审定年度工作会议上，讨论确定了纳入甘肃省草类品种推广目录的草品种须满足下列条件：①经甘肃省草品种审定委员会审定的品种或者国家草品种审定委员会审定的适合在甘肃省种植的品种，要求具有品种审定（登记）证书或品种授权书；② 2013 年以来，经过省级草品种区域试验站完成了 VCU 试验的草品种；③其他省（市、区）审定的品种经过甘肃省草品种区域试验站开展了 VCU 试验、由甘肃省草品种审定委员会出具试验报告的草品种。

讨论确定了开展草品种区域试验的相关事宜。确定试验收费标准，在省级区域试验站平台申请草品种区域试验或 VCU 试验。

完成了第一次草品种审定工作。2020 年 10 月，甘肃省林业和草原局发布了开展甘肃省草品种审定的通知，至 2020 年 12 月 31 日，委员会办公室共收到申报审定的草品种 26 个，经审定委员会办公室形式审查，于 2021 年 3 月 3 日—4 日，提交审定会议进行审定的草品种 23 个，其中野生栽培品种 16 个、育成品种 6 个、引进品种 1 个。审定会议依据《甘肃省草品种审定办法》规定的程序和条件，经参会委员会前审核、会中讨论、投票表决，确定 14 个草品种符合规定标准并通过审定，其中野生栽培品种 9 个、育成品种 5 个；另外，淮扬 3 号燕麦等 8 个品种没有通过审定，甘农 1 号苇状羊茅撤销了申报申请。详情见表 3–12。

表 3–12　甘肃省 2020 年度草品种审定结果

序号	申报品种	是否通过
1	甘农 1 号苇状羊茅	撤销申报
2	清水草地早熟禾	是
3	河西野大麦	是
4	祁连醉马草	是
5	腾格里霸王	是
6	陇东长芒草	是
7	腾格里白沙蒿	是
8	腾格里牛枝子	是
9	天水全叶苦苣菜	是
10	滇中中型狼尾草	是
11	润扬白箭筈豌豆	是
12	甘农 7 号小黑麦	是
13	甘农 3 号黑麦	是
14	陇燕 4 号燕麦	是
15	草燕 1 号燕麦	是
16	美丽云草 Agr 01	否
17	兔尾草 Lag 03	否
18	科蓬 1 号	否
19	科蓬 2 号	否
20	Rhino（金钱）紫花苜蓿	否
21	淮扬 3 号燕麦	否
22	祁连山银露梅	否
23	祁连山金露梅	否

审定发布了 2021 年度甘肃省草类品种推广目录。根据《甘肃省草品种审定办法》等规定，结合当前甘肃省草种需求实际，2021 年 3 月 4 日，经甘肃省草品种审定委员会审定通过，并按牧草生产、生态修复、林草间作、绿化、绿肥、草坪草等用途划分，有 52 个草品种纳入甘肃省草类品种推广目录，详见表 3–13。

表 3-13 甘肃省草类品种推广目录（第一批）

序号	品种	用途	适宜区域	备注
1	陇中紫花苜蓿	牧草生产、生态修复、绿化	甘肃省海拔 3000 米以下地区	1991 年，国审
2	陇东紫花苜蓿	牧草生产、生态修复、绿化	甘肃省海拔 3000 米以下地区	1991 年，国审
3	甘农 3 号紫花苜蓿	牧草生产、生态修复、绿化	甘肃河西走廊灌区，陇中、陇东半干旱地区	1996 年，国审
4	甘农 4 号紫花苜蓿	牧草生产、生态修复、绿化	甘肃河西走廊灌区，陇中、陇东半干旱地区	2005 年，国审
5	甘农 5 号紫花苜蓿	牧草生产、生态修复、绿化	甘肃陇东、天水半湿润地区	2010 年，国审
6	甘农 6 号紫花苜蓿	牧草生产、生态修复、绿化	甘肃河西走廊灌区，陇中、陇东半干旱区，天水半湿润区	2010 年，国审
7	甘农 7 号紫花苜蓿	牧草生产、生态修复、绿化	甘肃河西走廊灌区，陇东、天水半湿润地区	2013 年，国审
8	甘农 9 号紫花苜蓿	牧草生产、生态修复、绿化	甘肃陇东、天水半湿润地区，河西走廊灌区	2017 年，国审
9	中天 1 号紫花苜蓿	牧草生产、生态修复、绿化	甘肃省海拔 3000 米以下地区	2018 年，国审
10	中兰 1 号紫花苜蓿	牧草生产、生态修复、绿化	适于霜霉病高发地区灌溉或旱作栽培	1998 年，国审
11	中兰 2 号紫花苜蓿	牧草生产、生态修复、绿化	黄土高原半干旱半湿润地区旱作栽培	2017 年，国审
12	清水紫花苜蓿	牧草生产、生态修复、绿化	甘肃陇中、陇东半干旱区，天水半湿润	2010 年，国审
13	天水紫花苜蓿	牧草生产、生态修复、绿化	黄土高原地区	1991 年，国审
14	阿迪娜紫花苜蓿	牧草生产	甘肃省河西走廊灌溉区	2017 年，国审
15	WL354HQ 紫花苜蓿	牧草生产	甘肃省河西走廊灌溉区	2013 年，省审
16	WL363HQ 紫花苜蓿	牧草生产	甘肃省河西走廊灌溉区	2014 年，省审
17	挑战者紫花苜蓿	牧草生产	甘肃省河西走廊灌溉区	2014 年，省审
18	Baralfa42IQ 紫花苜蓿	牧草生产	半干旱和半湿润地区的苜蓿旱作栽培区	2014 年，省审
19	新牧 4 号紫花苜蓿	牧草生产、生态修复、林草间作、绿肥	河西走廊灌溉区	2010 年，国审
20	甘农 1 号杂花苜蓿	牧草生产、生态修复、绿化	甘肃陇中、陇东半干旱区，定西、甘南亚高山区	1991 年，国审
21	甘农 2 号杂花苜蓿	牧草生产、生态修复、绿化	甘肃陇中、陇东半干旱区，定西、甘南亚高山区，河西走廊灌区	1996 年，国审
22	甘农 8 号杂花苜蓿	牧草生产、生态修复、绿化	甘肃陇中、陇东半干旱区，河西走廊灌溉区	2014 年，省审
23	中天 3 号杂花苜蓿	牧草生产、生态修复、绿化	甘肃陇东、陇中和河西走廊地区，或甘肃境内海拔 3000 米以下地区	2020 年，国审
24	陇东天蓝苜蓿	牧草生产、生态修复、林草间作、绿肥	甘肃陇中、陇东半干旱区，定西甘南亚高山区，河西走廊灌溉区	2002 年，国审
25	陇燕 3 号燕麦	牧草生产	甘肃陇中、河西走廊冷凉区，陇东半湿润区，甘南亚高山区	2010 年，国审
26	陇燕 5 号燕麦	牧草生产	甘肃陇中、河西走廊冷凉区，甘南亚高山区	2020 年，国审

续表

序号	品种	用途	适宜区域	备注
27	伽利略燕麦	牧草生产	定西、河西走廊冷凉区，甘南亚高山区	2014 年，省审
28	甘肃红豆草	牧草生产、生态修复、绿化	甘肃省海拔 3000 米以下、降雨量 300 毫米以上地区和灌溉区	1990 年，国审
29	甘引 1 号黑麦	牧草生产	甘肃省海拔 2500~3000 米的寒冷阴湿区	2013 年，省审
30	甘农 1 号黑麦	牧草生产	甘南亚高山区	2019 年，国审
31	甘农 2 号小黑麦	牧草生产	定西冷凉地区，甘南亚高山区	2018 年，国审
32	岷山红三叶	生产、绿化、林草间作	甘肃岷县、和政等类似气候生态区	1988 年，国审
33	甘红 1 号红三叶	生产、绿化、林草间作	甘肃陇东、天水半湿润区，定西冷凉区	2017 年，国审
34	菲尔金草地早熟禾	绿化、林草间作	甘肃陇东、天水半湿润区，定西冷凉区	1993 年，国审
35	肯塔基草地早熟禾	绿化、林草间作	甘肃陇东、天水半湿润区，定西冷凉区	1993 年，国审
36	海波草地早熟禾	绿化、林草间作	甘肃省陇东、陇中和河西走廊地区，或海拔 3000 米以下地区可种植草坪	2013 年，省审
37	岷山猫尾草	牧草生产、林草间作	甘肃陇南、天水、临夏等地区温凉湿润气候区	1990 年，国审
38	甘南垂穗披碱草	牧草生产、生态修复	海拔 3000~4000 米、降水量 450~600 毫米的高寒阴湿区	1990 年，国审
39	天祝斜茎黄芪	牧草生产、生态修复	甘肃省海拔 2500~3000 米的高海拔地区	2014 年，省审
40	陇东达乌里胡枝子	生态修复、绿化	甘肃陇东、天水半湿润区	2013 年，国审
41	彩云多变小冠花	牧草生产、生态修复、绿化、林草间作	甘肃陇中、陇东半干旱区	2012 年，国审
42	兰箭 1 号	牧草生产、绿肥、林草间作	青藏高原和黄土高原地区	2014 年，省审
43	兰箭 2 号	牧草生产、绿肥、林草间作	青藏高原和黄土高原地区	2015 年，国审
44	兰箭 3 号	牧草生产、绿肥、林草间作	青藏高原和黄土高原地区	2011 年，国审
45	腾格里无芒隐子草	生态修复、绿化	年降雨量 100~200 毫米的干旱荒漠地区	2016 年，国审
46	兰引 1 号草坪型狗牙根	草坪草	长江流域及其以南的温带地区	1994 年，国审
47	兰引 III 号结缕草	草坪草	长江流域及其以南的温带地区	1995 年，国审
48	陆地中间偃麦草	绿化、生态修复、林草间作	甘肃省海拔 3000 米以下地区	2013 年，省审
49	陇中黄花补血草	生态修复、绿化	甘肃省≥10℃积温 1300 ℃以上、降雨量 100~350 毫米的地区	2018 年，国审
50	甘绿 1 号百脉根	生态修复、牧草生产、绿化	甘肃陇东、天水半湿润区，河西走廊灌区	2020 年，国审
51	阿勒泰戈宝白麻	生态修复、牧草生产、绿化	年降雨量 130~400 毫米的干旱半干旱地区、荒漠戈壁、盐碱地	2020 年，国审
52	阿勒泰戈宝罗布麻	生态修复、牧草生产、绿化	年降雨量 130~400 毫米的干旱半干旱地区、荒漠戈壁、盐碱地	2020 年，国审

2021 年 3 月 24 日—4 月 22 日，初审通过的 14 个草品种和草类品种推广目录（第一批），在甘肃省林业和草原局门户网站进行了为期 30 日的公示。公示期间，共收到中国农业科学院兰州畜牧与兽药研究所 1 条反馈意见，甘肃省草品种审定委员会对反馈的问题进行了核实更正。

完成了 2021 年度甘肃省草品种区域试验的品种审核。在草品种审定会议上，对提交会议参加 2021 年区域试验的 14 个草品种申报材料，按照相关规定进行了审核。其中下列 10 个育种材料符合参加草品种区域试验的条件：藏饲 1 号小黑麦、中饲 3318 小黑麦、中饲 3363 小黑麦、“中燕 1 号”燕麦、甘农 1 号猫尾草、淮扬 2 号紫花苜蓿、甘农 10 号紫花苜蓿、盖乐世紫花苜蓿、兰樨 1 号黄花草木樨、兰樨 2 号黄花草木樨；4 个未通过审核，主要原因是选育过程不清、品比试验小区面积不够且没有草产量数据，或登记为作物品种。并确定了参加区试品种的对照材料、试验区域，由甘肃省草原技术推广总站负责组织完成了试验方案，并由确定的责任专家审核通过后下发执行。

开展了区域试验技术培训。2020 年 11 月，委员会办公室组织召开了全省第一批省级草品种区试站确定挂牌工作会议暨区域试验技术、草品种审定工作培训会议，对近 40 名技术人员开展了系统培训。2021 年 4 月 1 日委员会办公室组织开展了 2021 年甘肃省草品种区域试验实施方案解读培训会，由责任专家和各试验站进行了现场工作对接、方案审核培训。4 月 18 日和 21 日，对全省区试站分东西两个片区，分别在安定区试站和甘州区试站举办了现场春播技术培训。

开展了第二批区试站确定工作现场考核。2021 年 3 月以来，第一批未能挂牌的 6 个区试站整改完善工作持续展开，至 8 月底，组织相关专家完成了现场考核评审工作，向甘肃省林业和草原局上报了相关情况的报告。

讨论完善了《甘肃省草品种审定办法》中的相关内容。审定过程中，针对委员们对《甘肃省草品种审定办法》中野生栽培品种申报条件理解不太统一的状况，与会委员进行了充分讨论。确定野生栽培品种的选育继续按《甘肃省草品种审定办法》执行，不要求做品比试验，但选育过程要科学严谨，符合选育程序。对野生栽培品种申报提供的繁殖材料，须经委员会专家 2 人以上进行现场评估，提供育种人建立原种繁殖基地情况的评价报告，并按谁评估、谁签字、谁负责的原则执行。

2023 年 2 月召开了 2022 年度省级草品种审定会议，审定通过了 11 个新品种，审定通过了第二批甘肃草类品种推广目录，审定通过了 3 份新种质进入省级草品种区域试验平台开展区试。见表 3–14、3–15、3–16。

表 3-14　甘肃省 2022 年度审定的草品种

序号	品种名称	序号	品种名称
1	陇中 1 号肥披碱草	7	腾格里 1 号沙蓬
2	陇中 2 号短柄草	8	腾格里 2 号沙蓬
3	甘蒙短花针茅	9	草红 1 号红豆草
4	陇中黄花角蒿	10	夏燕 1 号燕麦
5	陇中 1 号扁蓿豆	11	洮江莞根
6	祁连老芒麦		

表 3-15　甘肃省草类品种推广目录新增加草品种

序号	品种名称	序号	品种名称
1	甘绿 2 号鹰嘴紫云英	14	陇燕 4 号燕麦
2	清水草地早熟禾	15	草燕 1 号燕麦
3	河西野大麦	16	陇中 1 号肥披碱草
4	祁连醉马草	17	陇中 2 号短柄草
5	腾格里霸王	18	甘蒙短花针茅
6	陇东长芒草	19	陇中黄花角蒿
7	腾格里白沙蒿	20	陇中 1 号扁蓿豆
8	腾格里牛枝子	21	祁连老芒麦
9	天水全叶苦苣菜	22	腾格里 1 号沙蓬
10	滇中中型狼尾草	23	腾格里 2 号沙蓬
11	润扬白箭筈豌豆	24	草红 1 号红豆草
12	甘农 7 号小黑麦	25	夏燕 1 号燕麦
13	甘农 3 号黑麦	26	洮江莞根

表 3-16　审定通过进入 2023 年度甘肃省省级区域试验的草种

序号	品种名称
1	甘农 2 号红豆草
2	北极熊 2 号百脉根
3	定饲燕 4 号燕麦

2024 年 1 月 10 日，召开甘肃省 2023 年度草品种审定会议，审定通过陇原芨芨草 1 个野生栽培新品种，审定通过在第三批甘肃省草品种推广目录中新纳入甘青歪头菜、中天 2 号紫花苜蓿、甘农 12 号紫花苜蓿、陇原芨芨草 4 个草品种；审定通过中兰 3 号紫花苜蓿、兰沙 1 号沙打旺、北极熊 2 号百脉根 3 个种质进入 2024 年度省级区域试验。会议对《甘肃省草品种审定办法》做了进一步修订。

2024年，根据“三北”工程用种需求，在甘肃省林业和草原局有关处室主持下，提出了甘肃省生态修复用草种目录，见表3–17。

表3–17　甘肃省生态修复用草品种目录

序号	中文名	序号	中文名	序号	中文名
1	甘肃红豆草	19	清水紫花苜蓿	37	陇东长芒草
2	草红1号红豆草	20	甘农1号杂花苜蓿	38	甘蒙短花针茅
3	天祝斜茎黄芪	21	甘农2号杂花苜蓿	39	腾格里1号沙蓬
4	祁连老芒麦	22	甘农8号杂花苜蓿	40	腾格里2号沙蓬
5	岷山猫尾草	23	中天3号杂花苜蓿	41	甘绿2号鹰嘴紫云英
6	岷山红三叶	24	陇东天蓝苜蓿	42	天水全叶苦苣菜
7	陇东苜蓿	25	陇东达乌里胡枝子	43	彩云多变小冠花
8	陇中苜蓿	26	腾格里牛枝子	44	甘红1号红三叶
9	天水苜蓿	27	腾格里白沙蒿	45	兰箭1号春箭筈豌豆
10	甘农3号紫花苜蓿	28	腾格里霸王	46	兰箭2号箭筈豌豆
11	甘农4号紫花苜蓿	29	腾格里无芒隐子草	47	兰箭3号春箭筈豌豆
12	甘农5号紫花苜蓿	30	陇中黄花补血草	48	润扬白箭筈豌豆
13	甘农6号紫花苜蓿	31	清水草地早熟禾	49	甘绿1号百脉根
14	甘农7号紫花苜蓿	32	甘南垂穗披碱草	50	阿勒泰戈宝白麻
15	甘农9号紫花苜蓿	33	陇中1号肥披碱草	51	阿勒泰戈宝罗布麻
16	中天1号紫花苜蓿	34	陇中黄花角蒿	52	河西野大麦
17	中兰1号紫花苜蓿	35	陇中1号扁蓿豆	53	滇中中型狼尾草
18	中兰2号紫花苜蓿	36	祁连醉马草	54	陇中2号短柄草

五、甘肃省草业协会

（一）背景意义

甘肃省草业协会是2016年在甘肃省农牧厅的支持下，由总站负责推动，和甘肃省草产业技术创新战略联盟一起组建的。自成立以来，在甘肃省民政厅、甘肃省农业农村厅等部门的关心指导下，通过全体理事和会员单位的共同努力，紧紧围绕协会宗旨和章程，以服务会员、整合行业资源、推动行业健康发展、促进行业自律为主线，开展行业服务工作。协会发起单位由甘肃省田园牧歌草业有限公司等5家公司发起，按照国家对于协会成立的相关要求，注册成立，并于2016年9月26日举行了成立大会。

（二）组织构架

2016年9月26日，甘肃省草产业协会召开第一次会员代表大会，选举产生第一届理事会，甘肃亚盛田园牧歌草业集团有限责任公司董事长张延林当选为第一届理事会会长，甘肃西部草王牧业有限公司副总经理王文虎、甘肃民祥牧草有限公司董事长林益民、甘肃三宝农业科技发展股份有限公司总经理赵学刚当选为副会长，甘肃杨柳青牧草饲料开发有限公司总经理贾涪钧当选为秘书长。

办公地点：甘肃省草原技术推广总站。

成立日期：2016年9月26日。

备案主管部门：甘肃省农牧厅、甘肃省民政厅。

（三）开展的主要工作

1. 积极发挥桥梁和纽带作用

做好承接政府职能。推动并落实草产品运输减免政策。自协会成立之初，协会与草产业联盟联合新华社对甘肃省草企业深入调研，对草产品外销地及运输过路费情况进行走访调研和问卷调查，对运输费用在草产品生产加工运输等成本上所占的比重进行分析，形成报告。借助院士通道，向甘肃省委、省政府提交“将草产品纳入甘肃农产品绿色通道”的建议，得到了时任省委书记的批示。甘肃省农业农村厅抓住机遇，积极推动协会和联盟积极互动，在与甘肃省交通运输厅反复沟通，最终申请省政府同意。2017年9月28日，由甘肃省交通运输厅、省发展和改革委员会、省财政厅和省农牧厅联合发布《关于苜蓿草等四类草产品运输车辆享受通行费减免政策的通知》，开始对甘肃省草产品企业整车合法装载苜蓿草、燕麦草、红豆草以及玉米秸秆为主要原料生产的青贮草共4类草产品的运输车辆，实施收费公路车辆通行费减免政策，期限3年。

协会作为此项政策的受理部门，积极与草产业联盟联合开展调研，制定并落实草产品运输执行措施，于10月1日通过微信公众号发布《关于甘肃省草产品生产企业纳入享受草产品运输通行费减免政策企业名录的通知》，自此草产品运输减免政策开始正式实施。同时，为了让更多企业了解和享受此项政策，协会通过《甘肃日报》向社会发布公告，通过网站、微信公众号、微信群等各类宣传平台快速传播政策信息。

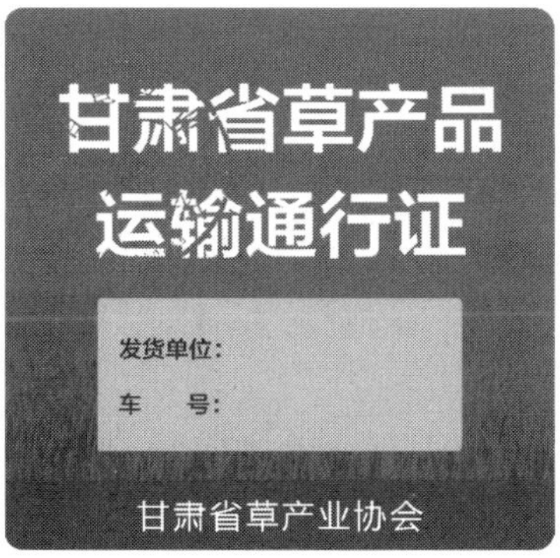

自草产品运输“绿色通道”开通以来，甘肃省草产品生产加工企业积极申报纳入企业名录，享受运输通行费减免。在政策实施过程中（共计27个月），申报纳入企业名录并享受此项政策的企业数量达264家，共减免车辆55 384车，减免车次73 113次，减免草产品数量146.3万吨，减免运输费用共计5 632.4万元，每吨运输

成本平均降低了 38.56 元。

草产品“绿色通道”的实施，不仅降低了运输成本，还有效带动了草企和种植户的积极性，增加了种草的信心，提升了草产业在草牧业中的地位，并为牧场及其他养殖企业饲草供给给予了极大的保障。生产企业在销售期调运车辆更加容易，司机在选择货物时优先选择能够享受“绿色通道”的货物进行拉运，这使得草产品能够更快更准时地运达牧场，间接地加快了草产品的贸易交易速度，避免贮存期间的风险。同时，草产品绿色通道的实施，提升了甘肃省草产业在全国的影响力和知名度，为全国草产业的发展注入了新鲜活力。

2. 搭建交流平台，促进行业融合

(1)举办行业会议和现场观摩会。2016 年 9 月 26 日,在兰州组织召开第一次会员代表大会暨成立大会。会议邀请了中国工程院院士南志标教授以及农业农村部畜牧业司、全国畜牧总站、中国畜牧业协会草业分会、国家牧草产业技术创新战略联盟、甘肃省草原技术推广总站负责人，联盟、协会成员单位负责人共计 300 余人参加本次大会。成立大会的召开，标志着甘肃草业进入到了一个新的发展阶段。在召开成立大会的同时，还举办了草产业高层论坛，大家对草产品供给与牧场需求进行了交流与讨论，积极探讨行业的发展方向，形成了许多共识。

2017 年 3 月 1 日，协会 2016 年年会在兰州召开。

2018 年 4 月 11 日，协会召开 2017 年年会及座谈会。

2019 年 4 月，协会与酒泉市种子协会在酒泉市金塔县航天镇联合举办苜蓿基地“飞防”演示会。

2019 年 8 月，由协会主办，甘肃亚盛田园牧歌草业集团有限责任公司和甘肃西部草王牧业集团有限公司承办的优质高产苜蓿生产现场观摩培训会在酒泉举办。

承办和协办行业大会。2017 年，协办在酒泉召开的第七届中国苜蓿发展大会。2018 年，协办在定西召开的第五届中国草业大会。2021 年 5 月，参与筹办由甘肃亚盛田园牧歌草业集团有限公司和甘肃省奶业协会主办的优质牧草生产及草畜融合模式研讨会。2021 年 6 月，参与协办由中国农业机械流通协会主办的牧场日——国产优质苜蓿供应考察会。

(2) 组织会员参加行业活动。

3. 建立传播途径，加强信息服务

借媒体之力，发陇草之声。利用网络平台，加大宣传服务力度。利用刊物和宣传册，丰富宣传方式。

4. 履行宗旨，完善协会组织机构建设

依法依规召开会议。积极落实贯彻国家政策。注册商标，保护协会权益。优化协会格局，壮大会员队伍。

（四）工作建议

牢记协会宗旨，促进行业发展。开展行业调研，维护行业权益。创新服务平台，优化行业服务。促进行业交流，加大产业合作。整合行业资源，推动行业发展。加强自身建设，提升服务水平。

（本节供稿：张榕、杨浩、周栋昌、王炳煜、孙斌、郭长辉、向金城；校对：向金城、郭长辉、孟祥君、晁德林、王历宽）

第三章　制度建设

第一节　党委制度

甘肃省草原技术推广总站党委结合本站党建和思想政治建设工作实际，制定了理论学习制度、党务公开等一系列制度。

一、甘肃省草原技术推广总站理论学习制度

为切实加强干部职工的理论学习，提高全体职工的理论素养和业务水平，按照省上和主管厅局的要求，结合单位实际，制定本学习制度。

干部理论学习：学习国家法律法规，业务知识和科技文化知识；学习国际和国内重大时事政治，正确认识国际国内形势，及时掌握党和国家的重大方针、政策；传达上级有关重要文件，布置全局性工作任务，通报阶段性工作情况；学习市场经济的基本知识、现代化科学技术、历史、文化等知识，不断拓宽知识面和增加知识量，提高干部职工的知识素养。干部理论学习每周不少于半天；干部职工理论学习采取集中学习与自学相结合，采用原文学习、党课辅导、专家讲座、座谈讨论、撰写心得、观看影视录像等多种形式进行；学习时间不得迟到早退，因特殊情况必须请假的，需经主管领导同意，但事后要自觉补课；每次集中学习做好记录，包括参加人员、学习内容、讨论发言等。个人自学要做好笔记，年内每人撰写学习心得不得少于1篇，相关领导进行检查。

中心理论组学习：中心理论组成员为领导班子成员、中层干部以及在职党支部委员，组长由党委书记担任。学习马列主义基本理论、党和国家重要文件、重要会议精神以及上级各项决策部署、法律法规知识、市场经济知识、现代管理知识等。根据需要可邀请专家学者授课辅导；组长负责审定学习计划，主持集中学习交流，督促、检查、落实学习内容，组长因故不能参加学习时应委托其他成员组织学习。中心组成员在坚持自学的基础上每月集中学习讨论不少于1次，每次学习时间不少于2小时，每次学习参学率应在80%以上。中心组成员每年至少要撰写2篇学习体会、1篇调研文章。中心组成员要积极参加中心组学习。因故不能参加学习时，必须事先向组长请假，并在事后自觉补课。中心组成员全年请假不能超过3次。领导班子成员坚持理论学习紧密联系本专业业务工作和个人思想实际，向全体职工干部作学习辅导，每年不少于1次。

二、党务公开制度

为加强党组织决策民主化、科学化，加强党务工作的透明度，促进党务公开工作规范深入开展，特制定本制度。

基本原则：坚持实事求是，面向群众，不回避矛盾，不避重就轻，内容真实、全面、具体。

公开内容：党组织重大决策、决定、决议的酝酿、拟定、出台及落实情况；领导班子的思想建设、组织建设、作风建设、制度建设以及党风廉政建设责任制考核等自身建设情况；民主生活会征集意见、批评和自我批评开展情况、问题整改、领导干部述廉、重要情况通报和报告；干部制度执行情况、干部考察预告、任前公示、竞聘上岗、奖惩情况以及《党政领导干部选拔任用工作条例》规定的公开事项；领导干部廉洁自律规定执行情况；先进典型推荐、党员发展、民主评议党员、党费收缴；党务工作考核、受表彰、监督情况；违法违纪问题查处和信访监督等；有必要公开的党内其他事项。

公开程序：按照"事前公开、征求意见、决策公开、民主讨论、结果公开、接受监督"的程序，将党务公开工作贯穿于党内重要事务的酝酿、决策、实施的全过程。

党组织在讨论决定事项、制定目标任务之前，充分征求党员群众的意见，最终结果要向广大党员群众公开。

人事任免、干部培养等内容按《党政领导干部选拔任用工作条例》要求执行。

重大决策作出后向群众公示。

公开时间和形式：常规性工作、重大决策、目标任务常年公开；阶段性工作完成后及时公开；临时性工作随时公开；重大事项经上级党组织审批后公开。

根据内容不同可采取会议公开、公告公示、网站公示等不同的公开形式、只适宜在党内公开的，通过党内有关会议、文件、通报等形式进行公开；可向全社会公开的，可通过党务公开栏和政务公开栏公开。

三、"三会一课"制度

"三会一课"是健全党的生活，严格党员管理，加强党员教育的重要制度。认真坚持"三会一课"制度，对于加强支部建设、提高党的战斗力具有重要作用。

"三会"即支部党员大会、支部委员会议、党小组会。

"一课"即支部党课。

支部党员大会：每季度至少召开一次。主要内容是传达学习党的路线、方针、政策和上级党组织的决议、指示，组织党员进行政治理论学习，支部委员会报告工作、布置工作，讨论党支部工作中的重大问题，吸收新党员，处分犯有错误的党员，处置不合格党员。

支部委员会：一般每月召开一次，必要时可随时召开。主要内容是讨论、制定贯彻执行上级党组织的指示和决定的措施，分析党员的思想状况和党员发挥先锋模范作用的情况，研究党员教育、管理和监督工作，对党支部的重要工作作出安排。支部委员会会议可采取召开支部委员会会议和支部委员会扩大会议形式。

党小组会：一般每月召开一次，也可根据情况随时召开。主要内容是学习党的文件，传达上级党组织的指示精神，向党员布置工作，了解党员思想情况和本职工作完成情况，组织党员联系思想、工作和学习实际，开展批评与自我批评，酝酿讨论发展新党员。

党课：一般每季度组织一次。主要是对党员进行马克思主义基本理论、党的基本路线和党的基本知识教育，针对一个时期党内的思想倾向，开展有关增强党性观念的教育，进行国内外形势和时事政治的教育。支部书记每年至少在所在党支部讲1次党课，多鼓励其他党员讲党课。

四、党员民主评议制度

评议对象：民主评议对象为全体党员，预备党员应参加民主评议，但不评定等次。

评议时间：民主评议党员每年开展1次，一般在年底前后进行，可与组织生活会、党建述职评议考核等工作结合进行。

主要内容：①政治合格。坚定理想信念，正确把握政治方向，坚定站稳政治立场，坚决维护以习近平同志为核心的党中央权威，不断增强中国特色社会主义道路自信、理论自信、制度自信、文化自信。②执行纪律合格。增强组织纪律性，执行党的决定，服从组织分配，严守党的纪律特别是政治纪律和政治规矩。③品德合格。继承发扬党的优良传统和作风，大力弘扬忠诚老实、光明坦荡、公道正派、实事求是、艰苦奋斗、清正廉洁等共产党员人价值观，带头践行社会主义核心价值观。④发挥作用合格。牢记党的根本宗旨，爱岗敬业、履职尽责，服务群众、奉献社会，敢担当、敢负责、敢作为，在促进改革发展稳定中做表率、当先锋。

方法步骤：党员评议以党员大会方式进行，由党支部书记主持，与会党员人数不少于应到会人数的80%。

①会前准备。党支部应提前通知党员认真学习上级党组织民主评议党员的有关通知，并提前7天确定召开时间并报上级党组织。②学习教育。组织党员学习党的章程，学习党员评议的有关文件，统一思想，提高认识，自觉参与评议。③个人自评。对照党员标准和评议内容填写《党员民主评议表》，总结个人在思想、工作、纪律、学习等方面的情况，肯定成绩，找出差距，明确努力方向。④党员互评。党支部组织党员相互评议，积极开展批评与自我批评，对每个党员进行概括评价，评价分为四个等次：优秀、合格、基本合格、不合格。其中：优秀等次的党员率不要超过支部党员总数的15%。⑤支部评定。在自评、互评的基础上由支部对每个党员进行综合评价，作出实事求是的鉴定。由党支部审定后上报站党委确认。⑥总结归档。

组织委员在评议结束后，将有关的原始记录、民主测评表、意见建议、支部委员会决议等材料存档备查。⑦公示评议结果。支部应将每个党员的民主评议结果在一定范围内公示，接受群众监督。⑧表彰优秀党员。民主测评达到优秀等次，可以优先参加站优秀党员的评选。⑨处置不合格党员。对少数表现较差、问题较多的党员，党支部进行诫勉谈话，限期整改。

五、谈心谈话制度

谈心谈话的对象：坚持一级抓一级，分级负责的办法。领导班子成员一般由主要领导负责谈心谈话；科室负责人一般由分管领导负责谈心谈话；普通职工一般由科室负责人谈心谈话；党员干部由所属支部书记负责谈心谈话。

谈心谈话主要内容：向干部职工转达组织的关心和问候，了解干部的思想、工作、作风、学习、家庭和生活等情况，传达上级组织的要求和精神，肯定工作成绩，反馈有关群众评价和社会议论，指出其存在的问题和不足，听取干部本人的情况说明，征求干部的有关意见和建议等。

谈心谈话的要求：(1) 谈话人应当做好谈话记录；谈心谈话必须使用专用的《谈心谈话记录表》和《谈心谈话记录本》，并由专人负责保管。(2) 党风廉政专题约谈每年不少于2次，支部书记及支部委员开展谈心谈话每年不少于2次，与每名党员至少谈2次；党员领导干部要带头谈，单位主要负责同志和班子成员必谈，班子成员相互之间必谈，班子成员和分管科室负责同志之间必谈。(3)其他谈心谈话可根据工作需要灵活开展，但遇下列情况时必须及时找干部谈心谈话：①干部在理解和贯彻执行党的路线方针政策、上级指示精神和单位工作部署出现偏差时；②干部职务发生变动或退休时；③干部个人遇有重大变故或挫折时；④干部受到表彰或处分时；⑤出现矛盾和意见分歧时；⑥接到信访举报时或群众有不良反应时；⑦发现违规违纪苗头或倾向时；⑧召开领导班子民主生活会前和支部召开组织生活会前；⑨遇到其他需要谈心谈话的情况时。

谈心谈话应注意的问题：谈心谈话可根据实际情况，采取集体谈心谈话、个别谈心谈话等方式进行，干部个人也可主动向有关领导提出谈心谈话要求；领导同志在谈心谈话前，要做好充分的准备，详细了解被谈心谈话对象的基本情况、性格特点，把握好谈心谈话重点，因人而异开展谈心谈话；谈心谈话对象应端正态度，在谈心谈话过程中主动、真实反映客观情况和个人想法，虚心接受被指出的缺点和不足，对需要作出书面说明的事项应及时按要求说明；谈心谈话的内容应当记录存查并按规定保密，对谈心谈话中反映的重要问题，负责谈心谈话的同志要及时向领导和党组织汇报；对谈心谈话中涉及干部个人工作和生活上的实际困难，要尽力解决，对被谈心谈话人存在的问题，要跟踪了解改进情况。

六、组织生活会制度

参会人员范围：全体党员，必要时吸收入党积极分子参加。

会议时间：每年第四季度召开 1 次组织生活会，也可根据工作需要随时召开。

会议内容：座谈讨论支部与所辖科室的各项重点工作，提出落实措施和建议，推动党员主参与，带头参与，发挥先锋模范作用和带动作用；交流思想，汇报工作，开展批评与自我批评，相互学习， 相互帮助，共同提高；民主评议党员，表彰先进，弘扬正气。

会议形式：形式要灵活多样，内容要丰富多彩，气氛要严肃认真。

会议流程：会前准备：①制定方案（会议议程）；②集中学习；③征求意见；④反馈意见；⑤谈心谈话；⑥撰写发言提纲；⑦向上级党组织报告会议安排情况。

召开会议：①党支部书记召集并主持；②通报上年度查摆问题整改及报告党支部工作情况；③开展批评与自我批评；④谈清认识、表明态度；⑤做好会议记录。

会后工作：①制定整改措施；②通报和报告；③做好材料归档；④整改监督检查。

七、党员学习培训制度

学习内容：①政治理论方面。重点学习马列主义，毛泽东思想、邓小平理论、“三个代表”重要思想、科学发展观和习近平总书记系列重要讲话精神；认真学习时事政治和单位会议文件精神。②专业知识方面。重点学习与单位工作相关的专业知识，不断提高自身综合素质和能力。

方式方法：①大会学习。②自我学习。③参加所在支部的学习。④树立正面典型和剖析反面案例相结合学习，真正做到学与思、学与查、学与用相一致，提高学习教育的实效。⑤培训要求。党员年内必须参加一次专题培训，培训内容不限。

管理办法：党员集中学习实行签到制，无故缺席者将按旷工进行处理，请假人员会后需利用业余时间进行自学“补课”，并做好学习笔记以备检查。

八、党日活动制度

主要内容：党日活动的主要内容包括党性党史党风现场教育、警示教育、重温入党誓词、志愿服务、脱贫攻坚、义务劳动、参观考察、影视教育、知识竞赛等。

活动时间：根据实际情况需要，每月第三个星期五组织全体党员开展 1 次活动，到常驻地外开展主题党日活动每 2 年不超过 1 次。

活动方式：党日活动，主要以党支部为单位进行，也可以党小组为单位进行。

活动要求：①科学安排。②抓好落实。③注重实效。④党支部要建立党员参加党日活动的考勤台账，并把党员参加党日活动情况作为民主评议党员的重要内容之一。

九、甘肃省草原技术推广总站党委会会议议事规则（修订）

为坚持和贯彻党的民主集中制，健全和完善党委集体领导，规范党委会的议事程序，提高单位党委会的决策水平，保证党委决策的民主化、规范化、科学化，特制定党委会议事规则。

（一）党委会组成和召开

党委会由党委书记召集并主持，党委副书记、党委委员参加。如书记不能出席，可委托副书记召集并主持，如遇特殊情况，经党委书记或半数以上委员提出，可以临时举行党委会。涉及有关重要问题的讨论决定，视会议内容需要，党委可指定有关人员列席党委会，列席会议的人员，有发言权，没有表决权。

党委会必须有三分之二以上的党委委员出席才能举行。因故不能到会的党委委员，必须向党委书记请假。

（二）党委会议事范围

1. 学习贯彻党的路线、方针、政策以及局党组的各项决议、决定。

2. 研究确定贯彻局党组、局纪检组、局直属单位党委重大工作部署的具体意见。

3. 研究决定党的建设、党风廉政建设、思想政治工作、精神文明建设以及群众团体建设中的重要问题。

4. 参与单位发展规划、机构设置、管理制度以及涉及群众切身利益等重大问题的决策。

5. “三重一大”事项的研究和决定。（“三重一大” 事项即：重大问题决策、重要干部任免、重大项目投资决策、大额资金使用）

6. 行政会议提请党委会议研究和决定的事项。

7. 研究须由党委会议研究和决定的其他事项。

（三）党委会议事程序

1. 党委会由组织人事科负责组织，会议议题由党委委员提出，由组织人事科汇总，征求会议召集人意见后，确定议题。

2. 议题确定后，由组织人事科在会前一周提出党委会议程草案（其中包括会议时间、地点、议题、参加人、列席人等），报送会议召集人审定，并在会议召开前三天将审定后的议题通知各位委员和列席人员。

3. 围绕确定的议题，党委委员要提前充分思考，调查研究。

4. 如要讨论决定重大问题，会前应协调通气；党委会讨论时，出席会议的同志都要围绕议题，明确发表自己的意见、建议和看法，需要形成决议的议题，在充分讨论，认识一致的基础上，按照少数服从多数的原则进行表决。

5. “三重一大”事项必须提交党委会研究通过，如有重大决策事项需先请示局党组；对重大事项、重大项目安排问题，上会讨论前，要广泛调查研究，充分听取使用者或专家意见；对重要干部任免要经过动议、制定方案、民主推荐、确定考察对象、考察、讨论决定、任前公示、任前廉政谈话、任职、岗位试用、归档资料等程序；对大额资金使用问题，要明确大额资金数额，并且在上会讨论前要广泛调查研究，充分听取使用者或专家意见。

（四）决议执行

组织人事科做好党委会记录，在会议结束时由参加会议的委员签阅。会议通过的决定、决议文件或纪要等，由本次会议的召集人会签，党委书记签发。

（五）决议反馈及问责

会议决定的各项工作任务，由党委委员分工落实，组织人事科负责督查并及时向单位党委汇报，对会议决议执行不力的责任科室或责任人必须进行问责处理。

（六）其他

1. 与会人员应严格遵守保密制度，对于应当保密的会议内容，不得向外公开。

2. 本规则从发布之日起实行，原《甘肃省草原技术推广总站党委会议议事规则》同时废止。

十、甘肃省草原技术推广总站党委会“三重一大”议事规则（修订）

（一）基本原则

坚持民主集中制的原则；坚持集体领导、民主集中、个别酝酿、会议决定的原则。

（二）主要内容

1. 重大决策

制定贯彻落实党的路线、方针、政策、党内法规和国家法律法规及上级组织的重大决策、重要工作部署的意见和措施；制定和落实本单位重大工作部署、财政预决算方案及资金安排、中长期发展规划、年度工作指标、考核分配方案等事项；制定和实施单位体制改革方案、职能配置、机构设置等；制定和实施党的建设、党风廉政建设、精神文明建设等方面的工作部署；制定、修改完善和废止涉及全站全局性的规章制度和管理办法等事项；对干部的考核奖励、评先选优和对违纪党员干部的处理意见等；其他重大事项。

2. 重要干部任免

确定后备干部推荐人选；决定中层干部的任免；决定干部的岗位轮换、外派、人事调整等事项；其他重要事项。

3. 重要项目安排

涉及资金 20 万元以上的各类业务项目；涉及资金 3 万元以上的单位维修改造项目；其他重大项目。

4. 大额度资金的使用

除国家和省上项目投资安排以外，因特殊原因确需安排和使用且单项资金额度超过 5 万元（含 5 万元）资金的支付使用；其他需要集体研究决定的大额度资金使用。

（三）议事程序

由分管领导和有关科室提出需党委会议研究、决定的“三重一大”议题，提交组织人事科汇总，由组织人事科提出召开党委会的建议，呈送党委书记审定；

确定的“三重一大”议题内容，由分管领导和有关科室负责人、项目负责人进行汇报，由党委会充分讨论研究决定；

会议决定的“三重一大”事项，由组织人事科根据会议决定情况形成纪要，通知有关科室负责人、项目负责人。

（本节供稿：马爱霞、王中华；校对：马爱霞、莫负涛、张蔚）

第二节　人事劳资制度

包含职工考勤办法、关于鼓励职工参加学历教育的规定、目标管理责任制实施办法（试行）、职工考核办法、绩效工资实施办法、人事管理、考勤考核制度。

一、甘肃省草原技术推广总站职工考勤办法

考勤原则：①出勤与奖惩相结合原则。②特殊情况区别对待原则。③统一性、科学性和可操作性原则。

考勤方法：

1. 因公外出

站领导因公外出，应告知班子主要领导，并向办公室告知外出事由、时间及地点。工作人员因公外出办事，本人应填写外出派遣单，写清外出事由，科室负责人由主管领导签字，其他职工由科室负责人签字，外出派遣单交考勤员登记后方可离岗。外出派遣单不得补办，特殊情况可由派出负责人代办。中层干部因公出差，须由本人填写公差派遣单，出差 7 天以内由主管领导批准，7 天以上（含 7 天）由主管领导签署意见后，由行政主要领导或委托负责人批准。工作人员因公外出办事、出差，须由本人填写公差派遣单，1 天以内由科室负责人批准，1 天以上由科室负责人签署意见后，由主管领导批准。经单位批准，参加学历教育的职工，按照《甘肃省草原技术推广总站关于鼓励职工参加学历教育的规定》办理考勤手续。出差 7 天（含 7 天）以上的职工，出差返回单位后由主管领导根据情况在一周内给予 1 天的补休，出差占用的法定节假日不予补休。

2. 病、事假

职工请病、事假，必须履行请假手续，原则上应由本人亲自办理，确属特殊原因不能亲自办理的，可通过电话先行告知，也可委托他人办理，但在 2 天内（含 2 天）必须补办请假手续。10 天以上病假需提供县级以上医院出具的病假证明，期间不扣除国家法定节假日和双休日。因工受伤，凭县级以上医院证明，按出勤对待。工作人员请假，1 天以内由科室负责人批准，1 天以上由科室负责人加注意见，主管领导批准。科室负责人请假 3 天以内（含 3 天）由主管领导批准（1 天以上告知行政主要负责人），3 天以上由主管领导加注意见，行政主要负责人或委托负责人批准。站领导请假需经行政主要负责人或委托负责人批准。请假人要及时将请假手续交考勤员，作为考勤依据。站领导的请假手续交政工科登记、备案。

3. 公休假

职工累计工作已满 1 年不满 10 年的，年休假 5 天；已满 10 年不满 20 年的，年休假 10 天；已满 20 年的，年休假 15 天。国家法定休假日、休息日不计入年休假的假期。年休假在 1 个年度内可以集中安排，也可以分段安排，一般不跨年度安排。确因工作需要跨年度安排职工年休假的，可以跨 1 个年度安排。

职工有下列情形之一的，不享受当年的年休假：

(1)请事假累计 20 天以上的，且单位按规定不扣工资的。

(2)累计工作满 1 年不满 10 年的职工，请病假累计 2 个月以上的。

(3)累计工作满 10 年不满 20 年的职工，请病假累计 3 个月以上的。

(4)累计工作满 20 年以上的职工，请病假累计 4 个月以上的。

各科室要根据工作需要统筹安排好本科室人员的带薪休假，尽量做到应休尽休。

4. 婚假、产假、探亲假按国家规定执行，享受以上假期时，节、假日（包括双休日）均连续计算，探亲假不能分期或跨年度使用

请公休假、婚假、产假、探亲假的人员应在科室负责人加注意见后到政工科审核签字，经主管领导审批后生效。

5. 考勤时间

(1) 实行 1 天 4 次签到制度，具体签到时间如下：

上午：8:20~8:30，11:50~12:00；

下午：14:20~14:30，17:50~18:00。

(2) 在特殊情况下组织的其他集体活动，具体时间以事前通知为准。

6. 考勤员职责

(1) 考勤员应在每天上下班之前准备好当天的考勤表供职工签到，并按规定时间收回。

(2)考勤员必须秉公办事，坚持原则，按时到岗，并坚守签到岗位。

(3)考勤员要及时记录职工在岗情况，真实、全面地反映职工出勤，不得随意改变考勤时间、更改考勤记录。

(4)当日考勤结果由考勤员签字后及时交政工科。

7. 考勤结果确认

(1) 政工科将每月考勤结果汇总后报主管领导签字后进行公示，接受群众监督。

(2) 职工对本人及其他人的考勤结果有异议，可以在考勤结果公示 3 天内向政工科提出，由政工科和主管领导负责核实，并及时向提出异议的同志反馈核实情况。

8. 考勤结果使用

(1) 迟到、早退

每迟到、早退 4 次（含 4 次）计为 1 个旷工日；当月不够 1 个旷工日的迟到、早退次数与下月累计。每次迟到、早退超过 1 小时（含 1 小时）计为半个旷工日。

(2)旷工

连续旷工 7 个工作日以上（含 7 个工作日）10 个工作日以下（含 10 个工作日），或一年累计旷工 10 个工作日以上 20 个工作日以下，年度考核直接定为不合格；连续 2 年考核被确定为不合格者，根据不同情况，将予以调整工作、低聘（降职）、解聘（免职）处理；对连续 2 年考核不合格，又不服从组织安排或重新安排后年度考核仍不合格者予以辞退。

连续旷工 10 个工作日以上，或一年累计旷工 20 个工作日以上者，解除聘用合同。

9. 特殊情况的处理

(1) 外单位借调的人员由借调单位在每年年终考核之前提供其出勤情况，由所属科室登记汇总并经分管领导签字后报政工科。

(2)不在单位集中办公的人员考勤由科室负责，考勤结果于次日上午 8:50 前交政工科。

(3)临时组织的各类工作和活动由组织部门或组织者负责考勤，活动结束后，将考勤情况及时交考勤员，并通知相关科室。

10. 督查

由主管领导牵头，政工科和办公室配合，对考勤情况进行不定期督查，对出勤情况与考勤结果不符的情况进行核实处理。

本办法自 2015 年 2 月 1 日起执行，原有相关制度同时废止。

本办法由政工科负责解释。

二、甘肃省草原技术推广总站关于鼓励职工参加学历教育的规定

第一条　职工接受学历教育，是指通过在岗、离岗接受专科、本科和研究生学历学位教育，并取得国家承认的学历、学位。

第二条　在岗接受高等学历学位教育，是指不脱离本职工作岗位，完成学业的学习方式；离岗接受高等学历学位教育，是指脱离本职工作岗位，按规定学制完成学业的学习方式。

第三条　在职职工申请在岗高等学历学位教育的，工作必须满一年以上，年度考核必须为合格以上，报考的学历必须是当前已取得学历的高一层次学历，报考的专业要与工作相关，突出学习的实用性与针对性。

第四条　在职职工申请参加高等学历学位教育的教学机构，必须是国家教育部门批准并承认学历学位的机构，所学课程必须符合国民教育系列规定的教学大纲要求。

第五条　在职职工申请参加在岗高等学历学位教育的，应严格履行报考审批手续。报名前由本人提出书面申请，经所在科室同意后，由政工科提交站领导班子会议研究。

第六条　报考人员被录取后，须将录取通知书原件及复印件交政工科留存，并据此办理集中学习手续。

第七条　参加高等学历学位教育的人员完成学业后，应将学历学位证书报甘肃省教育管理部门认定并交政工科载入本人档案。

第八条　提倡和鼓励干部职工在岗接受高等学历学位教育，坚持工作学习两不误。

第九条　参加在岗高等学历学位教育的，工资福利待遇不变。报考高一层次学历教育考试并录取为全脱产学习的人员，可以离岗学习，学习期间单位给予一定的生活补助，工龄连续计算。

第十条　在岗接受学历学位教育的人员，需要离岗参加集中学习的，须履行如下手续：本科阶段学历教育，必须由学习单位出具集中学习时间并有班主任签字的证明，硕士以上学历教育，必须出具学习单位出具集中学习时间并有导师签字的证明。由科室负责人签字同意，主管领导批准后方可离岗。

三、甘肃省草原技术推广总站目标管理责任制实施办法（试行）

为了强化责任，量化目标，规范内部管理，推动单位建设和发展，确保全站各项任务的完成，制定本实施办法。

1. 目标管理责任制是单位进行规范化管理的具体体现，单位的目标管理责任制实行定期登记和年度考核相结合的办法进行考评。

2. 成立由站领导、办公室主任和政工科科长组成的目标管理责任制领导小组，组长由站长担任。下设办公室，具体负责目标管理责任制的落实和考评工作。

3. 推行目标管理责任制的原则

全面考核、突出重点原则；客观公正、民主公开、注重实绩原则；领导测评与群众测评相结合、平时考核与定期考核相结合，定性考核与定量考核相结合的原则；分级分类考评原则。

4. 实行以定量考核为主、定量与定性考核相结合的考评办法，对各科室的工作情况通过考评领导小组评分、群众评议、领导评分做出综合评价。

5. 每年年初由单位领导与各科室分别签订目标管理责任书，由分管站长负责落实。做到年中有检查、年末有总结、平时有督导。

6. 建立配套登记制度。由办公室对各科室年初的工作计划、重点工作、制度建设、主要业绩和主要活动进展情况进行登记建档，并以此作为评价科室年度工作的依据之一。各科室必须将上述情况每季度上报办公室和分管领导。

7. 目标管理的主要内容：包括思想政治工作、业务工作、组织纪律、遵守单位规章制度四个部分。目标管理考评实行百分制，思想政治工作占 20 分，业务工作占 60 分，组织纪律占 10 分，遵守单位规章制度占 10 分。科室人员主持项目（课题）获奖以及科室人员发表专业论文作为加分项。

科室人员所主持项目（课题）获国家级自然科学奖、发明奖、科技进步奖一等奖加 8 分，二等奖加 7 分，三等奖加 6 分；获省部级自然科学奖、发明奖、科技进步奖、农牧渔业丰收奖一等奖加 6 分，二等奖加 4 分，三等奖加 2 分；科室人员以第一作者在省级刊物上每发表一篇论文加 1 分，在国家级刊物上每发表一篇论文加 2 分，在国际 3300 著名刊物上每发表一篇论文加 5 分。加分项最高不得超过 20 分。

迟报、未报“定期登记表”或科室成员受上级处分作为扣分因素。定期报表迟报一次扣 1 分，少报一次扣 2 分，连续两次不报扣 5 分。科室成员受上级部门处分每一人次扣 3 分，科室人员旷工一天扣 2 分。发生有损单位形象或造成恶劣社会影响的事件的科室，当年取消评优资格。

8. 目标管理考评程序

大会述职：各科室按照考核内容的要求，结合单位年度工作，形成书面述职报告，在全站职工大会上进行工作述职，述职报告要做到全面客观、实事求是、简明扼要，既不扩大成绩和效果，也不隐瞒缺点和不足，并注重工作实绩和经验教训的总结。

定量考评：

群众评分。听取科室述职的职工根据考评对象的述职以及平时所掌握的情况，对科室的工作进行综合评议，并填写民主测评表，按百分制进行打分测评。

考评领导小组评分。由单位目标管理责任制领导小组成员根据考评对象的述职、群众测评以及科室重点任务完成情况对科室的工作进行定量打分测评。

领导评分。在定量评分和群众民主测评的基础上，由站领导班子成员根据平时完成工作任务的数量、质量，对各科室工作进行打分评价。

综合计分：

（1）群众评分和考评领导小组评分在统计时，各去掉一个最高分，去掉一个最低分，然后进行平均。在此基础上，结合领导评分、综合加分因素和减分因素对各科室（试验站、中心）得分进行统计。

（2）按群众评分占30%，考评领导小组评分占40%，领导评分占30%，确定最终得分。

站领导班子会议研究：在评分工作完成之后，由站目标管理领导小组办公室对考评情况进行汇总审核，根据考评得分对各科室进行排序并提请站领导班子会议研究。

考评结果公示：对经站领导班子会议研究审议的考评结果在全站范围内进行公示，公示期为7天，在此期间接受群众监督，对群众反映的问题，由站目标管理责任制领导小组办公室进行调查核实，及时向群众反馈核实情况。

公布考评结果：公示期满后，站党委根据公示情况，对考评结果进行研究决定，并对最终得分以文件形式向全站进行公布。

考评结果使用：为了肯定成绩、鼓励先进、鞭策后进，根据考评结果每年进行一次奖罚。

综合评价总积分在前3名，总积分在80分以上的科室，授予年度先进集体称号，并发给一定数额的奖金。

综合评价总积分排在最后3名的科室，根据情况采取在全站大会上通报批评、谈话诫勉和组织处理等措施予以惩戒。综合评价总积分排序虽然排在最后3名，但总积分在80分以上的科室不予处罚。综合积分排序在最后3名，而且总积分在60分以下的科室，第一次取消本科室全体人员和科室领导参与年度任何评优活动的资格，在全站范围内进行通报批评。第二次由党委对该科室负责人进行告诫谈话，并限期整改。连续三次，则由站党委对该科室负责人进行调整。因不可抗力引起的灾害或其他特殊情况导致工作任务未完成的科室，根据情况酌情处理。

目标管理考评情况将作为科室领导晋职晋级的主要参考依据之一。

接受奖罚科室的名次及具体奖罚方式由站领导班子会议研究决定。

站纪律检查委员会对目标管理及考评进行全程监督。

本办法由政工科负责解释。

四、甘肃省草原技术推广总站职工考核办法

第一条　为了正确评价全站职工的德才表现和工作实绩，激励督促广大职工提高政治业务素质，认真履行岗位职责，并为其晋升、聘任、奖惩、培训、辞退及调整工资待遇提供依据。根据单位实际情况，特制定本办法。

第二条　坚持客观公正、民主公开、注重实际的原则。

第三条　考核工作依据《甘肃省事业单位工作人员考核暂行办法》进行。其中考核的内容、标准、方法、考核结果的使用以及考核的组织管理，严格按照有关规定执行。

第四条　考核范围包括在职各级职员、技术人员和工人。其中技术人员兼任行政职务者以执行的工资标准进行考核，执行专业技术职务工资者按技术人员考核，执行职员工资者按职员考核。

第五条　年度考核是人事管理十分重要的基础性工作，凡参加考核的人员，都要严肃对待，不能敷衍了事。

第六条　考核内容：

德：主要考核政治、思想表现。

能：主要考核履行岗位职责能力、创新能力。

勤：主要考核工作事业心、遵守劳动纪律情况和职业道德表现。

绩：主要考核完成工作任务的数量、质量、取得的业绩效益。

廉：主要考核廉洁自律、廉洁奉公、遵纪守法情况。

第七条　考核以岗位职责及年度工作任务为指标，对不同专业和不同职级的工作人员在业务水平和工作业绩方面有不同要求。

第八条　考核结果分为优秀、合格、基本合格、不合格四个等次。其中职员、专业技术人员及工人被确定为优秀等次的人数，不得超过同类人员的15%；按照有关政策规定直接确定为优秀等次人数不占优秀比例。

第九条　见习期人员应对其进行考核，但只写评语，不定等次，考核情况只作为转正、定级的依据。

第十条　新调入人员，调入前考核情况由原单位负责提供，调入后考核由总站负责进行，并确定等次。派出学习、培训及借调等人员，由学习、培训和借调单位提供鉴定评议材料，由总站进行考核，确定等次。

第十一条　挂职锻炼和下乡支农、支教的人员，在挂职单位工作半年以上且考核时仍在挂职单位的，由挂职单位负责考核并确定等次，挂职不足半年或考核时已经回单位工作的，由单位进行考核并确定等次。

第十二条　连续旷工11天以上或一年累计旷工26天以上，当年考核直接定为不合格。

第十三条　接受立案审查未结案的人员，只进行年度考核，暂不写评语，不定等次，待问题查清后再确定。

第十四条　受警告处分的人员，对其进行考核，但在受处分的当年不得定为优秀等次。受记过（不含开除）以上处分的人员，在受处分期间只参加考核，不确定等次。解除处分（不含警告处分）当年工作不足半年的，只参加考核，不确定等次；

工作超过半年的参加考核且确定等次，以后按正常情况对待。

第十五条　对无正当理由拒绝参加年度考核，经批评教育仍拒绝参加的人员，可直接确定为不合格等次。

第十六条　凡被考核人员，在考核前必须进行工作述职，并将本年度考核登记表以及相关证明材料（如发表论文、获奖证书、荣誉证书等）交政工科存查，站领导需另外提交个人述职报告。对弄虚作假、不交考核登记表者不予考核。

第十七条　下列人员年度考核成绩可直接确定为优秀：

1. 获得省部级以上自然科学、发明创造、科技进步、农业丰收、教学成果、社会科学、中国新闻、中国图书以及文化部文华奖等同类奖项的个人，其获奖当年的考核可不受本单位优秀比例的限制，直接确定为优秀。

2. 获得市（州）党委、政府授予的先进称号、省直部门授予的全省系统先进称号，其获奖当年的考核可不受本单位优秀比例的限制，直接确定为优秀。

3. 工勤技能人员在省部级专业技能大赛中获一等奖、全国专业技能大赛中获三等奖以上的，直接确定为优秀。

第十八条 总站工作人员的考核，实行领导考核和群众考核结合，平时考核与年度考核结合，定性考核与定量考核结合。

第十九条　考核分平时考核与年度考核。

1. 平时考核：由各科室负责，并根据其岗位职责及工作任务要求进行登记，如出勤、工作量、工作任务完成情况、奖惩等，以作为年度考核的依据；平时考核中出勤部分由政工科负责汇总，以每月的公示结果作为年度考核的依据。

2. 年度考核：总站成立由站领导、办公室主任、政工科科长、高、中、初级专业技术人员代表及工勤人员代表组成的考核领导小组，全面负责全体职工的考核工作，考核领导小组组长由站长担任；考核领导小组下设考评工作小组，负责年终测评、加分、扣分的统计汇总，检查、核对考核相关材料，计算考核对象最终得分。考评工作小组共由 7 人组成（不含组长），由全体职工民主选举产生，组长由考核领导小组成员担任；被考核人向考评小组提交个人考核相关材料；考核领导小组根据考评小组汇总的被考核人考核项目得分，审核、确定每个人考核等次；在站内公示考核结果，公示期间若有异议，可在规定的时间内向考评小组申请复议；将考核结果通知被考核人，并上报主管部门审核备案。

第二十条　考核步骤：

个人述职。站领导、中层干部、副高级以上专业技术人员在全站职工大会上进行工作述职，中级以下专业技术人员在全站专业技术人员范围内进行述职，中层以下职员及工勤人员在全体行政工勤人员范围内述职。

民主测评。所有参加考核的人员述职后，由听取了述职报告的人员以无记名投票的方式进行民主测评打分，民主测评分为优秀、合格、基本合格、不合格四个等次。监票、计票人要有三人以上，民主选举产生。民主测评最高分为 100 分，计算公式如下：

（优秀票数×100+合格票数×80+基本合格票数×60+不合格票数×50）/总票数=最终得分

思想政治考核：由单位领导和支部书记进行考核评价。考核时单位领导和支部书记根据被考核人平时参加政治学习和单位各项政治活动的态度进行量化打分。政治思想分为三个等次，100 分、80 分、60 分。

定量考核：包括基本项考核和加分项考核。

（1）基本项考核打分。基本项考核包括业绩效益、工作质量、工作数量、履行岗位职责能力、创新能力、事业心、责任感、纪律性、职业道德九个方面。由考核领导小组根据考核对象实际工作情况，按基本项考核内容及评分标准进行打分。基本项最高得分为 100 分，考评小组计分时去掉一个最高分，一个最低分，然后平均计算。

（2）加分项考核打分。加分项包括出勤率、获奖成果、获荣誉称号、考试（竞赛）成绩、科研成果、解决重大技术问题等方面。由考评小组依据考核对象所提供的加分项证明材料经核实后，按加分项标准进行加分。

廉洁自律情况考核。由单位纪律检查委员会对考核对象遵守廉洁奉公、遵守廉政建设各项规定的情况进行测评，廉洁自律考核得分为 0~100 分。

扣分项按扣分标准计算。

计算最后得分。由考评小组依据政治思想考核得分、民主测评得分、基本项考核得分、廉洁自律情况考核得分以及加分项得分，计算出考核对象的最终得分。

（1）专业技术人员分高、中、初级人员，分别按下列办法计算：

高级人员：（基本项得分×50%+加分项得分×20%+民主测评得分×10%+思想政治表现得分×10%+廉洁自律考核得分×10%）×1.25−扣分项=最终得分

中级人员：（基本项得分×55%+加分项得分×15%+民主测评得分×10%+思想政治表现得分×10%+廉洁自律考核得分×10%）×1.15−扣分项=最终得分

初级人员：（基本项得分×60%+加分项得分×10%+民主测评得分×10%+思想政治表现得分×10%+廉洁自律考核得分×10%）×1.1−扣分项=最终得分

（2）行政工勤人员：（基本项得分×65%+加分项得分×5%+民主测评得分×10%+思想政治表现得分×10%+廉洁自律考核得分×10%）×1.05−扣分项=最终得分

第二十一条　考核结果的使用

1. 在年度考核中被确定为合格以上等次的，其使用办法是：

（1）发给年终奖金。

（2）考核被确定为合格以上等次的，晋升一个职务工资档次。

(3) 任低一级职务以来的考核结果作为晋升高一级专业技术职务的基本条件之一。

(4) 国家、省上另有规定的，按国家、省上的规定执行。

2. 年度考核被确定为基本合格以下等次的，按照下列规定处理：

凡年度考核有一次基本合格的，推迟一年竞聘高一等级岗位。有两次基本合格的，视为一次不合格；年度考核不合格者不发年终奖金，当年不予晋升工作档次，予以批评教育；连续两年考核成绩不合格者，根据不同情况，予以降职，调整、解聘或低聘所担任职务，低聘或解聘职务至少一年以上；低聘、解聘专业技术职务的时间，不计入其申报高一级职务所需任职年限；连续两年考核不合格者，不服从组织安排或重新安排后年度考核仍不合格者，予以辞退；考核结果的使用，与总站评选先进、奖励、表彰工作紧密结合。

第二十二条　本办法自发布之日起实施，本办法由政工科负责解释。

六、绩效工资实施办法

根据甘肃省政府办公厅《甘肃省其他事业单位绩效工资实施意见》，甘肃省人社厅、财政厅《关于省属其他事业单位实施绩效工资有关问题的通知》及《省农牧厅非参公管理事业单位实施绩效工资指导意见（试行）的通知》，结合单位实际情况，制定单位绩效工资实施办法。

指导思想和原则：按照甘肃省其他事业单位实施绩效考核工作的指导思想，坚持“不劳不得、多劳多得、优绩优酬”,“公开、公平、公正”的原则。充分认识绩效考核工作的重要性和紧迫性，以省属其他事业单位实施绩效工资为契机，着力构建导向明确、标准科学、体系完善的绩效考核评价制度及收入分配制度，在深入开展绩效考核工作中，充分发挥绩效工资的杠杆作用，激励广大职工爱岗敬业、扎实工作、开拓进取、积极主动地完成各项工作任务，提高职工队伍整体素质，努力推进全省草原事业持续健康快速发展。

绩效工资实施的范围和时间：全站在编正式工作人员，从 2014 年 1 月 1 日起实施绩效工资。离退休人员执行省直事业单位同级别离退休人员生活补贴标准。

绩效工资总量核定和比例结构：

1. 总量核定

根据全省绩效工资的平均水平，结合单位人员变化情况，于每年 10 月底前，按相关文件精神，政工科准备全站绩效工资总量审核材料，经甘肃省农牧厅人事处审核后，报甘肃省人社厅审批下一年度绩效工资总量。财务资产科负责报甘肃省财政厅审批。

2. 比例结构

绩效工资分为基础性绩效工资和奖励性绩效工资两部分。

根据《省农牧厅非参公管理事业单位实施绩效工资指导意见（试行）的通知》

及单位实际情况，将主要体现地区经济发展水平、物价水平、岗位职责和社会公益目标任务完成情况等因素的基础性绩效工资，确定占绩效工资总量的70%；将主要体现工作量和实际贡献等因素的奖励性绩效工资，确定占绩效工资总量的30%。

绩效考核与绩效工资：

（1）绩效考核

平时考核。由各科室负责按月根据组织纪律、工作能力、职业道德、工作数量和质量、创新和效益进行考核，通过量化评分来确定考核等次，并于次月1日前（节假日顺延）将平时考核结果汇总表报政工科。当月出现旷工现象者，当月考核直接定为不合格。

年度考核。考核内容和程序，依据《甘肃省草原技术推广总站职工考核办法》进行，考核结果作为发放绩效工资的依据。

绩效工资分配：针对职工平时履行岗位职责情况、工作成效以及年度考核结果，对应分配基础性绩效工资、平时奖励性绩效工资、年度奖励性绩效工资和主要领导奖励性绩效工资。

基础性绩效工资。占绩效工资总量的70%。上年度考核结果为职称（合格）以上人员，按照全省同类人员绩效工资平均水平标准的70%按月发放基础性绩效工资；考核基本称职（基本合格）人员，按照全省同类人员绩效工资平均水平标准的50%按月发放基础性绩效工资；不称职（不合格）的人员不发放基础性绩效工资。

平时奖励性绩效工资。占绩效工资总量的25%。平时考核结果为称职（合格）以上人员，按照全省同类人员绩效工资平均水平标准的25%按月发放平时奖励性绩效工资，一般在考核完的下月发放。平时绩效考核基本合格和不合格的人员，平时奖励性绩效工资不发放。

年度奖励性绩效工资。占绩效工资总量的5%。年度考核结果为优秀的人员，按照全省同类人员绩效工资平均水平标准的5%发放年度奖励性绩效工资，并酌情给予奖励；考核称职（合格）人员，按照全省同类人员绩效工资平均水平标准的5%发放年度奖励性绩效工资。考核基本合格和不合格人员，年度奖励性绩效工资不发放。

单位主要领导的绩效工资。根据《省农牧厅非参公管理事业单位实施绩效工资指导意见（试行）的通知》的规定执行。

（2）特殊人员考核与绩效工资

新参加工作人员。平时考核比照同类人员进行，见习期不享受年度奖励性绩效工资。

新调入人员。根据本人调入前原单位平时考核结果，比照同类人员发放绩效工资。

派出学习、培训及长期借调人员。平时考核以培训机构或借调单位的鉴定材料为依据，年度业绩贡献考核由单位统一进行。

当年退休人员。退休前平时考核合格以上者，每月按全省同类人员的平均水平发放绩效工资。从到达法定退休年龄的下月起执行退休人员补贴标准。其中，退休前既担任专业技术职务又担任行政职务的人员，按照退休前相应的岗位工资对照发放生活补贴。

因工（公）伤残人员。经甘肃省劳动能力鉴定委员会伤残鉴定后，按国家相关规定确定工资待遇。

受记过（不含开除）以上处分的人员。在受处分期间按照有关规定确定工资待遇。解除处分（不含警告处分）当年工作不足半年的不享受年度奖励性绩效工资，超过半年的按照当年相应的时间享受年度奖励性绩效工资。

接受立案审查未结案的人员。平时考核正常进行。考核结果的确定与绩效工资待问题查清后再确定。

挂职锻炼人员。挂职期间考核称职的人员比照全省同类人员绩效工资水平标准发放绩效工资。

休假人员。婚假、产假、公休假、探亲假等按国家和省上的有关规定执行。

（3）请假、旷工人员的绩效工资

病假人员：①全年累计病假10天以上2个月以内者，每天扣除本人奖励性绩效工资10元。②住院治疗工作人员病假超过2个月不满6个月者，从第三个月起按照下列标准发给病假期间工资：工作年限不满10年者，发给本人基本工资（岗位工资和薪级工资）的90%，享受当月平时奖励性绩效工资；工作年限满10年的，发全额基本工资（岗位工资和薪级工资），享受当月平时奖励性绩效工资。③住院治疗工作人员病假超过6个月者，从第七个月起按照下列标准发给病假期间工资：工作年限不满10年者，发给本人基本工资（岗位工资和薪级工资）的70%，享受当月平时奖励性绩效工资；工作年限满10年者，发给本人基本工资（岗位工资和薪级工资）的80%，享受当月平时奖励性绩效工资。④非住院治疗工作人员病假超过2个月不满6个月者，从第三个月起按照下列标准发给病假期间工资：工作年限不满10年者，发给本人基本工资（岗位工资和薪级工资）的90%，不享受当月平时奖励性绩效工资；工作年限满10年的，发全额基本工资（岗位工资和薪级工资），不享受当月平时奖励性绩效工资。⑤非住院治疗工作人员病假超过6个月者，从第七个月起按照下列标准发给病假期间工资：工作年限不满10年者，发给本人基本工资（岗位工资和薪级工资）的70%，不享受当月平时奖励性绩效工资；工作年限满10年者，发给本人基本工资（岗位工资和薪级工资）的80%，不享受当月平时奖励性绩效工资。

事假人员。全年累计事假分段计算。累计请假10个工作日（含10个工作日）以下的，请假期间每天扣除本人奖励性绩效工资10元；10个工作日以上20个工作日（含20个工作日）以下的，请假期间每天扣除本人奖励性绩效工资20元；20个工作日以上的，请假期间每天扣除本人当日基础性绩效工资和平时奖励性绩效工资。

旷工人员。当月出现旷工现象者，不发放本人当月平时奖励性绩效工资。

绩效工资分配的相关政策：

2010年、2011年按照相关文件规定的省属其他事业单位绩效工资平均水平参考标准和离退休人员补贴参考标准执行。2012年1月起，在职人员的津贴标准在原基础上增加300元，离退休人员按照相关规定的离退休人员补贴参考标准执行。

绩效工资实施后，取消年终一次性奖金。

绩效工资不作为计发离退休费的基数。在实施绩效工资的同时，对离退休人员发放补贴。

绩效工资以银行卡的形式发放。

组织领导与监督：

成立绩效工资考核领导小组，负责全站绩效工资考核的组织、指导、协调、管理和督查。领导小组下设办公室，负责绩效工资考核发放的具体实施工作。

绩效工资考核发放的全过程要公开透明，随时接受全站职工的监督和质询，确保职工有知情权、参与权和监督权，维护职工的合法权益。绩效工资考核发放结果在全站进行公示，公示期限为3天。职工对考核结果有异议的，由本人向考核领导小组提出书面复核申请，由考核领导小组负责复核。

本办法自2015年2月1日起实施。如遇国家有新的政策出台，再进行修改。

（本节供稿：马爱霞；校对：马爱霞、莫负涛、张蔚）

第三节　行政管理制度

一、甘肃省草原技术推广总站财务与资产管理制度

第一条　为了规范和加强单位财务与资产管理，健全财务与资产管理制度，维护财政资金规范、安全、有效使用和资产的合理配置、保值增值，保障单位履行职能，促进各项事业有序健康发展，根据《中华人民共和国会计法》《中华人民共和国政府采购法》《事业单位财务规则》《事业单位财务准则》等有关法律、法规规定，并结合单位实际制定本制度。

第二条　单位的财务与资产管理包括：财务管理、资产管理、差旅费管理、财务与资产管理机构设置、财务监督。

第三条　单位的财务管理包括：预算管理、采购管理、核算管理、决算管理、合同管理、档案管理等。

第四条　预算管理（略）。

第五条　采购管理

1. 单位的资产物资购置、工程（含维修）和服务项目，应当按照规定实行政府采购。

2. 采购活动应严格按《甘肃省省级政府集中采购管理办法》《政府采购非招标采购方式管理办法》和甘肃省财政厅制定的《甘肃省政府集中采购目录和采购限额标准》执行。

3. 采购程序应按照甘肃省草原技术推广总站资产物资采购流程办理。

4. 采购的资产物资形成单位存货和固定资产的需根据相关凭据入单位存货、固定资产账，根据上级部门计划和业务工作特性需要给市（州）、县（市）业务部门配置的资产物资，需根据文件、原始发票等相关凭据建立健全各单位的存货、固定资产账。省上有明确规定的从其规定。

第六条　核算管理

单位经费支出按照经济业务类型，确定内部审批、审核、支付的职责权限，根据实际发生的经济业务事项按照国家统一的会计制度及时进行账务处理、编制财务会计报告，确保财务信息真实、完整。

1. 报销审批权限：单位实行“一单六签”(经办人、科室负责人、项目负责人、分管领导、财务审核人员、财务主管领导签字）审批制度，单位所有的财务支出都必须经财务主管领导审批后，方可办理结算。

2. 原始票据规范要求

（1）报销凭证必须是正式发票或财政部门及税务部门印制的统一收据，填写时一律用碳素笔，圆珠笔或铅笔填写无效。

（2）发票内容要齐全

（3）印章要齐全

（4）职工报账时，必须提供报账所需的全部凭证，包括：需要报销的有关发票、收据；外出参加会议、培训的应附经单位领导批准参加会议、培训的文件或邀请函；采购的资产物资须附合同、中标通知书、验收单等。

（5）报销凭证严重破损导致内容不全、不清的，不予报账。

（6）对于发票、收据手续不完备、内容不完整、不合法、有涂改现象，人民币大小写不正确、不相符，不按规定粘贴、不按规定填写报账凭证的，不予报账。

3.“三公”经费管理

（1）因公出国严格执行《甘肃省因公临时出国经费管理办法》。

（2）单位车辆实行一车一核算，出车实行派遣制度和车辆行驶登记制度。驾驶员每月应将车辆行驶里程、耗油量、油费、加油地点及车辆保养情况及时进行登记，并及时将登记表交办公室进行核算。车辆加油一律采用公务卡结算，严禁购买加油卡。

（3）单位公务接待参照《甘肃省省级党政机关公务接待管理办法》执行。

4. 会议费、培训费管理

（1）会议费、培训费参照《甘肃省省级党政机关会议费管理办法》和《甘肃省省级党政机关培训费管理办法》。

（2）除上级主管部门委托单位主办的会议、培训外，单位组织举办的会议、培训需经站领导班子会议研究决定，并报厅分管领导审批后组织。

5. 公务卡使用管理

公务卡是指单位在编、在职工作人员持有的信用卡，主要用于日常公务支出和财务报销业务。公务卡使用管理严格执行《甘肃省预算单位公务卡使用管理办法》。

6. 现金支出管理

单位现金支出按照甘肃省财政厅、甘肃省审计厅、人行兰州中心支行印发的《关于进一步加强省级预算单位现金管理的通知》文件精神执行。

7. 单位印刷业务管理

单位印刷实行统一管理，定点印刷。各科室有印刷业务时必须报办公室统一定点印刷。

8. 各项经费支出实行预算管理

（1）单位各项经费支出严格实行预算管理，先由科室按用途提出预算申请，分管领导审核，主要领导审批后使用，不按程序审批的支出，财务不予报销。

（2）专项资金、项目经费使用按照有关专项资金管理办法和批复的实施方案执行。

（3）需与科研院所协作的项目，应由科室或项目负责人提出协作内容，分管领导审核后，经领导班子会议研究决定后办理合作协议等事宜。

9. 办公用房维修改造管理(略)。

10. 社会保障支出管理（略）。

第七条　决算管理（略）。

第八条　合同管理

1. 单位应当建立健全合同内部管理制度。单位应当对合同实施归口管理，建立财会部门与合同归口管理部门的沟通协调机制，实现合同管理与预算管理、收支管理相结合。

2. 单位应当建立合同履行监督审查制度。对合同履行中签订补充合同，或变更、解除合同等应当按照国家有关规定进行审查。

3. 合同归口管理部门应当加强对合同登记的管理，定期对合同进行统计、分类和归档，详细登记合同的订立、履行和变更情况，实行对合同的全过程管理。与单位经济活动相关的合同应当同时提交财会部门作为账务处理的依据。凡是与单位经济活动有关的合同必须由单位法定代表人或委托代理人签字后方能生效。

4. 单位应当加强合同信息安全保密工作，未经批准，不得以任何形式泄露合同订立与履行过程中涉及的工作秘密或商业秘密。

第九条 档案管理

单位必须加强对会计档案管理工作的领导，建立会计档案的立卷、归档、保管、查阅和销毁等管理制度，保证会计档案妥善保管、有序存放、方便查阅，严防毁损、散失和泄密。

第十条 资产是指单位占有或使用的能以货币计量的经济资源，包括流动资产（含：现金、各种存款、往来款项、存货等）、固定资产、无形资产和对外投资等。单位应依法管理使用国有资产，完善资产管理制度，维护资产的安全和完整，提高资产使用效益。

第十一条 单位应加强对存货和办公用品用具等的管理，建立、健全其内部购置、保管、领用等管理制度，对存货及其办公用品用具进行定期或者不定期的清查盘点，保证账实相符。

第十二条 固定资产管理

1. 固定资产的标准

(1) 固定资产是指单位持有的使用期限超过 1 年（不含 1 年），单位价值在规定标准以上，并在使用过程中基本保持原有物质形态的资产，包括房屋及构筑物、专用设备、通用设备等。

(2) 一般设备单位价值在 1000 元以上，专用设备单位价值在 1500 元以上。

(3) 单位价值虽然未达到标准，但耐用时间在一年以上的大批同类物资，作为固定资产管理。

2. 固定资产的分类

(1) 房屋及构筑物：包括办公用房、四个基地（榆中、馒头山、红古、高台）用生产生活用房屋等。

(2) 通用设备：指办公和业务用通用性设备，包括办公设备（复印机、打印机、传真机、摄像机、数码相机）、车辆、消防器材、空调、通信网络设备、视频产品、音响设备、计算机及其外围设备、计算机软件、家具设备、被服装具等。

(3) 专用设备：单位实验用仪器仪表、牧草种子加工收获机械等。

(4) 家具用具：包括办公桌椅、书柜、铁皮柜、沙发等。

3. 固定资产管理、核算部门（略）。

4. 固定资产计价（略）。

5. 固定资产的日常管理

(1) 固定资产的日常管理是指在日常工作或业务活动中对所需及占有的国有资

产实施不间断的管理及核算，包括从编制固定资产预算、计划采购、验收入库、登记入账、领用发出到维修保养、处置等各个环节的实物管理和财务核算。

(2) 在固定资产的日常管理中，单位资产管理部门负责按固定资产的价值分类核算，审核预算并对固定资产管理进行监督检查；负责固定资产的验收入库、登记保管、领用发出、调拨处置等具体管理。使用部门负责合理、有效使用。办公室负责日常维护保养管理。

(3) 固定资产预算及购置计划既要从实际需要出发又要注意节约，要根据各类资产的配备情况及使用标准合理配置，充分利用现有固定资产，防止积压浪费。对按规定实行统一采购的固定资产，要提供详细的实施方案。对现有固定资产要注意妥善保管，合理使用，及时维修保养，提高使用效率，防止损坏丢失，确保财产安全完好。

(4) 单位资产管理部门必须完善固定资产账卡、领用、处置、清查盘点等日常管理制度。使用部门须指定专人负责办理本部门固定资产和其他物品的领用、保管、清点等工作。

(5) 单位资产管理部门应建立固定资产验收制度，办理验收手续。对购入、调入、受赠的固定资产需先验收入库。根据工作需要使用部门在办理领用手续后使用，由领用科室负责人和领用人填制《固定资产领用单》(一式三联)，经资产管理部门、分管领导审核，报主管领导批准后领用。未经批准，不得领用、调换、长期占用单位固定资产。

(6) 固定资产内部调拨时，使用科室或个人需填写《固定资产调拨单》(一式三联)，经使用科室、资产管理部门负责人签字，主管领导、站长批准后调拨。一联交财务资产管理科登记固定资产和使用科室或个人的领用清册。一联由调入科室（人）留存，一联由调出科室（人）留存。

(7) 单位固定资产管理部门对配备给个人使用的固定资产或物品，要建立领用交还制度，并督促使用人爱护所用资产。工作人员工作调动时，应在其办理所用资产交还手续后，方可办理调动手续。

6. 固定资产信息系统管理

(1) 实施固定资产管理信息系统是实现资产管理动态化、预算编制科学化的重要举措，是编制年度新增资产配置预算的重要支撑，有利于提高工作效率、降低管理成本、实现资产管理与预算管理的有机结合。

(2) 单位资产管理部门应当建立健全资产管理信息系统内部管理规范和岗位管理制度，落实资产管理信息系统岗位责任制和领导负责制，科学设置资产管理信息系统中经办、审核、审批和系统管理等岗位，合理安排岗位人员，确保资产管理信息系统安全稳定运行。

7. 固定资产收入管理

单位的固定资产收入，严格执行《甘肃省省级行政事业单位国有资产收入管理暂行办法》。

8. 固定资产处置管理（略）。

9. 单位固定资产的赔偿

（1）各科室领用的固定资产因工作失职保管不善，造成财产损失的，在查明原因和损失的数量、金额后，由办公室和财务资产管理科提出赔偿意见，报主管领导审批执行。

（2）属于职工个人保管使用的固定资产，因保管不善或使用不当，造成损坏或遗失的，由个人负责修理或照价赔偿。

（3）各科室保管使用的财产，凡正常损坏的均由科室负责人填写《报修单》送办公室安排修理；人为损坏的，按修理的材料成本价和人工费计价赔偿。

（4）损坏或遗失单位固定资产赔偿款交财务资产管理科开具收款凭证，各科室均不得收款。

10. 固定资产的对外借用

单位固定资产一般不得擅自向外单位或个人出借，如有特殊情况，需经主管领导同意。

11. 固定财产的清查盘点

（1）单位的固定资产清查盘点采用定期和抽查相结合，形式为实地盘点。定期清查盘点一般在六月底和年底。

（2）由资产管理部门和办公室组织成立资产清查小组对单位固定资产进行清查盘点。清查固定资产实有数与账面结存数是否相符，固定资产的保管、使用、维修等情况是否正常。清查盘点后，由财务资产管理科向站领导班子书面报告清查结果。

12. 固定资产管理人员的移交

（1）单位固定资产保管人员，因工作调动或离职，必须与接管人员办理交接手续。

（2）办理移交前，应做好以下各项工作：

完成已经受理的固定财产增减的登记工作；按规定整理移交各项资料，对未了事项要求写出书面材料；编制移交清册，列明应该移交的账册、文件等。

（3）办理交接手续时，单位必须指定监交人负责监交。

（4）移交人员要按照移交清册逐项移交，接替人员逐项核对验收，对固定资产应逐件清点。

（5）交接完毕后，交接双方和监交人员均需在移交清册上签名并盖章，并在移交清册上注明：单位名称、交接日期、交接双方和监交人的职务、姓名、移交清册页数以及需要说明的问题和意见。

13. 建立固定资产档案管理

单位应建立健全固定资产增减变动情况及相关资料档案并完整保存。

14. 不符合固定资产标准的各种办公用品、用具、生活用具、器具、材料等资产，也要分类登记，统一由办公室管理。

第十三条　单位在维持本单位事业正常发展的前提下，按照国家有关政策规定，将非经营性资产转为经营性资产投资的，应当进行申报和评估，并报经主管部门审核后报财政部门批准。投资取得的各项收入全部纳入单位预算管理。单位不得将国家财政拨款、上级补助和维持事业正常发展的资产转作经营性使用。

第十四条　单位定期或者不定期地对资产进行账务清理、对实物进行清查盘点。年度终了前应当进行一次全面清查盘点。

第十五条　无形资产管理

单位应当加强无形资产的管理，明确相关科室职责权限，强化对无形资产形成、使用等的管理工作。

第十六条　对外投资、出租、出借和担保管理

事业单位利用国有资产对外投资、出租、出借和担保等，应当由单位领导班子集体研究决定，应进行必要的可行性论证，经主管部门审核同意后报财政部门审批。法律、行政法规另有规定的，从其规定。事业单位应对本单位用于对外投资、出租、出借和担保的资产实行专项管理，并在单位财务会计报告中对相关信息进行披露。

单位应加强对投资项目的追踪管理，及时、全面、准确地记录对外投资的价值变动和投资收益情况。

第十七条　国有资产收入管理

1. 事业单位国有资产收入，是指行政事业单位国有资产有偿使用收入和处置收入。事业单位国有资产有偿使用收入包括事业单位利用国有资产出租、出借或提供担保等取得的收入；利用货币资金、固定资产和无形资产等对外投资取得的收入；以挂靠、挂名等名义举办经济实体取得的收入；世界文化遗产保护范围内实行特许经营项目的有偿出让收入和世界文化遗产的门票收入；财政部门认定的其他收入。事业单位国有资产处置收入，包括各类资产的出售（出让、转让）收入、置换差价收入、报废报损残值变价收入、保险理赔收入和转让土地使用权收益等。

单位国有资产处置收入，按照政府非税收入管理和财政国库收缴管理的规定上缴国库或财政专户，实行“收支两条线”管理。

2. 单位有国有资产收入时，严格执行《甘肃省省级行政事业单位国有资产收入管理暂行办法》。

第十八条　国有资产处置管理

1. 事业单位国有资产处置，是指行政事业单位对其占有、使用的国有资产进行产权转移或注销的行为。

省财政厅负责省级行政事业单位国有资产处置的审批和监督管理，省级预算单位财务主管部门按照处置权限负责本部门、本单位国有资产处置的审批和监督管理。

2. 事业单位国有资产处置应严格履行审批手续，未经批准不得擅自处置。事业单位出售、出让、转让、置换国有资产的处置，应委托有资质的资产评估机构进行评估。未经批准处置的行政事业单位占有、使用的土地、房屋建筑物、车辆和仪器设备等国有资产，有关部门不得办理相关的国有资产注册、过户、变更等手续。

3. 单位有国有资产处置时，严格执行《甘肃省省级行政事业单位国有资产处置管理暂行办法》。

第十九条　使用范围：单位所有在职工作人员和经批准的聘用、借用人员（以下简称单位工作人员或出差人员）。

第二十条　单位工作人员出差实行审批制度。

第二十一条　差旅费是指单位工作人员临时到兰州市内（城关区、安宁区、七里河区、红古区）以外地区公务出差所发生的城市间交通费、住宿费、伙食补助费和市内交通费。

第二十二条　城市间交通费

1. 城市间交通费是指工作人员因公到兰州市内以外地区出差乘坐火车、轮船、飞机等交通工具所发生的费用。出差人员应按规定等级选乘交通工具。

2. 到出差目的地有多种交通工具可选择时，出差人员在不影响公务、确保安全的前提下，应选乘相对经济便捷的交通工具。

3. 单位工作人员出差乘坐飞机从严控制，出差路途较远或任务紧急的，经单位主要领导批准后方可乘坐。乘坐飞机的，民航发展基金、燃油附加费以及往返机场的专线客车、机场快轨费用可凭据报销。飞机票通过政府采购机票管理网站购买，使用公务卡结算。

4. 乘坐飞机、火车、轮船等交通工具的，每人次可购买交通意外保险一份。

5. 出差需单位提供交通工具的，须填写车辆派遣单，由办公室统一派车。出差人员需将车辆派遣单号填在出差审批单中。

6. 工作人员出差乘坐全列软席列车时，在晚上 8 时至次日早上 7 时期间乘车时间 6 小时以上的，或连续乘车超时 12 小时的，经单位主要领导批准后，可购买软卧。

第二十三条　住宿费

1. 住宿费是指工作人员因公出差期间入住宾馆（包括饭店、招待所，下同）发生的房租费用。

2. 省外、省内出差，执行统一发布的出差目的地住宿费限额标准。

3. 单位工作人员出差住宿一律住标准间。二人以上（含二人）出差的要统一报销，不能分开报销。住宿费发票上应注明几人几天，几间房，补开的住宿费发票应注明实际住宿起止天数。

4. 出差人员在住宿费标准限额内，选择安全、经济、便捷的宾馆住宿。

第二十四条　伙食补助费

1. 伙食补助费是指对单位工作人员在因公出差期间给予的伙食补偿费用。伙食补助费按出差自然（日历）天数计算，按规定标准包干使用。

2. 省外、省内出差，执行统一发布的出差目的地伙食补助费标准。

第二十五条　市内交通费

1. 市内交通费是指工作人员因公出差期间在出差目的地发生的市内交通费用。

2. 市内交通费按出差自然（日历）天数计算，按标准包干使用，其中：省内出差，每人每天 40 元；省外出差，每人每天 80 元。

3. 出差人员由单位或其他单位提供交通工具的，出差期间不报销市内交通费。

第二十六条　报销管理

1. 各科室应从严控制出差人数、次数和天数；严格实行差旅费预算管理，控制差旅费支出规模；严禁无明确任务的一般性学习交流、考察调研、重复性考察等差旅活动；严禁异地部门间无实质内容学习交流和考察调研；严禁以任何名义和方式变相旅游。

2. 出差人员借取差旅费时，须按出差的人数、去向、时间、乘坐交通工具等内容填写借款单，先由科室负责人加注意见，再由分管领导审核，最后由财务主管领导审批。

3. 按照现金使用相关规定，单位工作人员出差回单位后 10 日内须办理报销手续，未按规定时间报销的，不允许再次借取差费。差旅费报销时应当提供出差审批单、机票、车票、住宿费发票等凭证。住宿费、车辆燃油费支出等按规定使用公务卡结算。数人一起出差使用一张差旅费报销单时，要将每个人的姓名都填在报销凭证上。

4. 城市间交通费按乘坐交通工具的等级凭据报销。订票费、经批准发生的签转或退票费、交通意外保险费凭据报销。住宿费在标准限额内凭发票据实报销。伙食补助费按出差目的地的标准报销，在途期间的伙食补助费按当天最后到达目的地的标准报销。市内交通费按规定标准报销。

5. 出差当天不能返回，实际发生住宿而无住宿费发票的，不得报销住宿费、城市间交通费、伙食补助费和市内交通费。出差当天返回的，城市间交通费凭据报销，伙食补助费、市内交通费按出差目的地标准报销。

6. 未经批准出差以及超范围、超标准开支的费用不予报销。

7. 市内出租车票和公共车票、月票一律不予报销。

8. 出差人员的差旅费不得向相关单位转嫁。出差人员中如有外单位人员，不允许报销其差旅费费用。

第二十七条　没有城市间交通费的，出差期间的市内交通费不予报销。

第二十八条　出差人员因公出差期间，因住在自己、亲朋家中或赴边远地区出差等特殊情况，实际发生住宿费单无法取得住宿费发票的，应说明情况并经单位主要领导批准后，可报销城市间交通费、伙食补助费和市内交通费。

第二十九条　在兰州市区（城关区、七里河区、安宁区、西固区）出差或参加会议，不享受补助费。

第三十条　到高台区域试验站蹲点开展区域试验的工作人员，每天每人伙食补助 100 元，不报销市内交通费；到红古基地、榆中试验站、兰州新区出差的工作人员，每天每人伙食补助 100 元，不报销市内交通费；市内开展草原普查工作每天每人伙食补助 100 元，不报销市内交通费；扶贫点出差人员每人每天报销补助 100 元。

第三十一条　到兰州中川机场接送出差人员的驾驶员，每往返一次定额补助 20 元。

第三十二条　外出参加会议、培训的应附经单位分管领导、主要领导批准参加会议、培训的文件或邀请函。

第三十三条　工作人员因调动工作发生的城市间交通费、住宿费、伙食补助费和市内交通费，由调入单位按照差旅费规定予以一次性报销。随迁家属和搬迁家具发生的费用由调动人员自理。

第三十四条　工作人员经单位主要领导批准，出差期间回家探亲办事的，城市间交通费按不高于从出差目的地返回单位应乘坐的交通工具票价予以报销，超出部分由个人自理；伙食补助费和市内交通费从出差目的地返回单位的天数和规定标准予以报销。

第三十五条　工作人员经组织选派，到常驻地以外单位挂职的，视同挂职单位的工作人员，不补助伙食补助费和市内交通费。往返单位或探亲期间按照差旅费规定报销。

第三十六条　工作人员经组织选派到乡村两级任职、挂职及驻村半年以上的，按实际驻村天数每人每天发放伙食补助 100 元。往返工作地期间发生费用按出差规定报销。

第三十七条　工作人员外出参加会议、培训，举办单位统一安排食宿的，会议、培训期间的食宿费和市内交通费用由会议、培训举办单位按规定统一开支，单位不予报销会议、培训期间的食宿费和市内交通费用；往返会议、培训地点的差旅费由单位按照差旅费规定报销。

第三十八条 监督问责

1. 单位科室负责人及分管领导对出差审批及规模控制负责。经办人、科室负责人、财务负责人等对差旅费报销应审核把关，确保票据来源合法，内容真实完整合规。对未经批准擅自出差、不按规定开支和报销差旅费的人员应当进行严肃处理。自觉接受审计部门对出差活动及相关经费支出的审计监督。

2. 违反本办法规定，有下列行为之一的，依法依规追究相关单位和人员的责任：

(1) 单位无出差审批制度或审批控制不严的；

(2) 虚报冒领差旅费的；

(3) 擅自扩大差旅费开支范围和提高开支标准的；

(4) 不按规定报销差旅费的；

(5) 转嫁差旅费的；

(6) 其他违反本办法行为的。

有前款所列行为之一的，视情况予以通报。对直接责任人和相关负责人，由单位按规定给予处分。

第三十九条　出差人员不得向接待单位提出正常出差活动以外的要求，不得在出差期间接受违反规定用公款支付的宴请、游览和非工作需要的参观，不得接受礼品、礼金和土特产品等。

第四十条　单位应当根据《中华人民共和国会计法》的规定建立会计机构，配备具有相应资格和能力的会计人员。

第四十一条　单位的经济活动由单位财务部门统一进行管理。从事会计工作的人员，必须取得会计从业资格证书。

第四十二条　财务会计人员工作调动或者离职，必须与接管人员办理交接手续，在交接手续未办清以前不得调动或离职。财务会计机构负责人和财会主管人员办理交接手续，由单位负责人监交。一般财务会计人员办理交接手续，可由财务会计机构负责人监交。财务会计人员短期离职，应由单位负责人指定专人临时接替。

第四十三条　财务与资产管理处、审计处、站纪委对单位的经济活动依法进行财务监督。

第四十四条　单位财务监督的内容一般包括：预算的编制和执行、收入和支出的范围及标准、专用基金的提取和使用、资产管理措施落实、往来款项的发生和清算、财务会计报告真实性、准确性、完整性等。

第四十五条　单位应自觉接受审计、财政部门的检查和监督。

第四十六条　单位实行财务公示制度，公示按《甘肃省草原技术推广总站政务公开制度》办理。

第四十七条　本制度由资产科负责解释。

第四十八条　本制度自2015年1月1日起施行。

二、甘肃省草原技术推广总站督促检查工作办法

第一条　为进一步做好单位督促检查（以下简称督查）工作，推动各项决策和工作部署的贯彻落实，确保各项决策部署执行有力、重点工作进展有序，提高工作质量和效率，根据《甘肃省农牧厅督促检查工作办法》，结合单位实际，特制定本办法。

第二条　督查工作的主要任务（略）。

第三条　行政工作督查由办公室负责，党委工作督查由政工科负责。

第四条　督查工作的基本原则

1. 服务全局的原则。

2. 分级负责的原则。

3. 实事求是的原则。

4. 讲求实效的原则。

第五条　督查工作的基本程序

1. 拟办。对重要决定和工作部署，提出拟办意见（包括分解立项、工作要求、办理时限、承办单位），报领导审定。领导批办件直接列入督查事项。

2. 登记。凡列入督查事项的，应逐件进行编号登记。

3. 交办。根据督查事项的内容和领导批示意见向承办科室交办。由几个科室联合办理的，向主办科室交办。临时机构，向临时机构的负责人交办。要适时询问、催促，及时掌握办理进度。

4. 催办。督查事项一般要求在限定的时间内办理，特殊情况需要延长办理时间的，应及时报告进展情况；对逾期未报的及时向承办科室催办，遇到重要、疑难问题要及时向站领导报告。

5. 反馈。督查事项落实后，承办科室将办理结果及时呈报有关领导，并反馈站办公室。

6. 归档。对正式上报的督查工作专项或综合报告，连同办理过程中形成的其他文件材料，由办公室归档。

第六条　通报

对重大决策、重要工作部署和领导批示件的落实情况要通过一定的形式（领导班子会、中层班子会、职工大会），定期或不定期进行通报。

第七条　本办法自印发之日起施行。

三、甘肃省草原技术推广总站公务用车管理办法

车改后的公务用车管理办法，于2019年1月15日起实施。

根据《甘肃省省属事业单位公务用车制度改革实施意见》和甘肃省农牧厅的有关要求，单位制定了公务用车制度改革实施方案，根据《甘肃省农业农村厅关于甘肃省草原技术推广总站公务用车制度改革实施方案的批复》，单位保留公务用车 5 辆，其中，机要通信应急用车 1 辆，业务用车 4 辆。为加强单位保留车辆管理及有效使用，本着节能、节约、高效、安全的原则特制定本办法。

1. 单位车辆由办公室统一管理，并指派专人（驾驶员）负责管护。

2. 车辆由专职司机驾驶，杜绝无照驾驶。驾驶员应定期检查及保养车辆，以维持车辆机件寿命，确保行车安全。

3. 每年年初办公室与驾驶员签订安全生产责任书，以明确责任，提高安全意识。

4. 办公室负责驾驶员职业道德教育、安全教育、驾驶员体检、车辆保险购买、车辆年检、车辆的保养维修及有关资料保管。

5. 车辆维修保养管理。车辆实行定点保养和维修，车辆保养和维修时，应按照单位财务管理制度填写审批表，经领导批准后方可进行。

6. 车辆出车管理。所有出兰州市的出车须依出车派遣单出车，严格按照有关规定执行报批程序，需经使用科室申请，科室分管领导同意签字，分管办公室领导同意签字后由办公室派车。认真填写《出车派遣单》，司机依《出车派遣单》出车，《出车派遣单》是报销车辆运行费用的依据。单位职工在兰州市办理公务时，原则上乘坐公交车。临时通知的紧急会议、领导要求紧急处置的公务、机要件的送取、财务人员到银行取公款，由办公室派车，做好市内出车登记。组织大型会议，有公函的公务接待，因工作需要下基层调研、深入一线现场处理应急事务等符合规定的公务出行，可安排使用应急用车。

7. 车辆加油管理。车辆加油实行一车一表制，驾驶员必须填写车辆行驶记录表，及时填写加油日期、加油数量、加油资金、行驶里程等内容，办公室核查车辆行驶里程和费用，对与行车里程不符的燃油发票不予报销。

8. 严禁将公务用车用于婚丧喜庆、探亲访友、度假休闲、接送子女上下学等非公务活动。

9. 未经批准驾驶员不得擅自出车，节假日或下班后车辆必须停放在单位。驾驶员擅自出车，出现的后果，由驾驶员本人承担。

10. 出车前，驾驶员应对车辆进行安全检查。行车途中应遵守交通规则，要注意“稳”字当头，时刻把安全放在第一位，不开情绪车，不疲劳驾车，不超速行驶。坚决杜绝酒后驾车。若有违规罚款，由驾驶员自己承担。

11. 驾驶员不得将自己所驾车辆交给他人驾驶或练习驾驶，更不得将车辆交给无证人员驾驶，任何人不得利用单位车辆学开车。

12. 严禁领导干部驾驶公车。严禁公车私用。

13. 本办法由办公室负责解释。

14. 本办法自发布之日起执行。

四、甘肃省草原技术推广总站公务交通费报销管理办法

车改后的公务交通费报销管理办法，于 2019 年 1 月 15 日起实施。

第一条　为确保单位公务用车改革工作顺利落实，严格管理公务交通费报销，推进节约反对浪费，根据《甘肃省省属事业单位公务用车制度改革实施意见》，制定本办法。

第二条　公务交通费是指本单位在编在岗工作人员因工作需要外出发生的交通费用。

第三条　公务出行范围包括城关区、七里河区、安宁区、西固区、兰州新区。

第四条　公务出行费按实际出行人数、实际使用交通工具凭据报销。单位公务交通年度报销总额为公车改革后，扣除车辆及司勤人员支出后节支的额度。

第五条　公务出行交通工具包括：公共汽车、地铁、出租车等交通工具（填写公务出行审批单）。

第六条　报销公务交通费，需填写《费用报销单》，附合法有效原始票据（如公交车票据、城市轨道交通票据、出租车票据等）及公务出行审批单，按照单位财务报销规定报销。

第七条　财务人员应当严格按规定审核公务出行开支，对未经批准出行以及超范围、超标准开支的费用不予报销。实际发生出行费用而无票据凭证的，不得报销。

第八条　财务资产科应当加强对本单位工作人员公务出行活动和经费报销的内控管理，单位主管财务领导及财务人员对公务出行报销进行审核把关，确保票据来源合法，内容真实完整、合规。

第九条　本办法自发布之日起实施。

五、甘肃省草原技术推广总站政务公开制度

为规范单位行政管理工作，完善监督机制，促进民主政治建设和党风廉政建设，增强工作透明度，提高办事效率，培养文明、高效、求实、廉洁的工作作风，结合单位工作实际，特制定本制度。

指导思想：以党的十八大精神为指导，深入贯彻落实《中华人民共和国政府信息公开条例》，以公正、公平、便民为基本要求，不断提高工作透明度和工作效能，努力树立单位良好形象，进一步完善单位管理体制，转变工作作风，增强服务意识，提高服务质量，促进单位职能的发挥。

公开原则：坚持实事求是的原则。坚持依法办事的原则。坚持方便群众的原则。坚持讲求实效的原则。坚持促进单位改革和发展的原则。

（一）面向社会公开的内容

1. 机构设置。

2. 领导分工。

3. 主要职能。

4. 单位的联系方式、监督电话及投诉举报信箱。

5. 重点工作的工作简报。

6. 有关会议的安排、举办情况。

7. 行业动态。

（二）内部公开的内容

1. 单位内部的各项规章制度。

2. 单位的发展规划和改革方案。

3. 单位和各科室的年度工作目标。

4. 事关单位发展的重大决策。

5. 单位机构设置调整及人员调整情况。

6. 重要的人事任免情况。

7. 固定资产处置情况。

8. 重要的内部奖惩规定及执行情况。

9. 站领导述职、述廉情况。

10. 单位公用经费预算及其使用情况;“三公”经费预算及其使用情况；工会经费使用结余情况；单位决算情况。

11. 专业技术职称评聘情况。

12. 职工考勤情况。

13. 单位基建工程、维修项目的招投标及实施情况。

14. 物资采购、领用、调配情况。

15. 职工意见征求情况。

16. 职工培训和考核情况。

17. 其他需要公开的重要事项。

外部公开形式：主要通过甘肃草原信息网公开。特殊情况的，通过电视、广播、报纸等媒体公开。

内部公开形式：主要通过会议、文件、公告栏、内部办公系统等形式公开。

公开程序：

(1)按规定要求公开的信息，先由各科室提出，再由分管领导审批，最后由主要领导签发。

(2)办公室对拟公开的信息进行保密审查。

(3)要及时维护和更新公开的内容。

(4)各科室固定专人担任联络员，负责采集、编录本科室的政务信息并及时提供。

本制度自发布之日起实施，本制度由办公室负责解释。

六、甘肃省草原技术推广总站档案管理办法

（一）档案管理

1. 档案是党和国家的宝贵财富，是历史的真实记录，一切国家机关、社会团体、企事业单位都应义不容辞地按照《档案法》的规定保护、管理好档案。

2. 本单位在工作中形成的各种门类和载体的档案必须按照《档案法》规定实行专人、专室、专柜集中统一管理。

3. 档案室要安装铁门、铁窗，配备消防设备，做好“九防”（即：防虫、防霉、防光、防火、防潮、防尘、防盗、防高温、防有害气体），逐步实现现代化科学管理。

4. 档案保管的全部档案要按规定进行分类，编号排列，便于保管利用。

5. 档案室应建立档案统计台账，对档案的收进、移出、保管、利用、鉴定、销毁等情况进行登记、统计。

6. 发现档案有损坏、被盗或其他危害档案安全的现象时，应及时向单位领导和行政管理部门报告，并积极采取保卫措施。

（二）文件立卷归档

1. 立卷归档的文字、图表、声像、资料要全面、准确地反映本单位和职能活动，以维护本单位的历史面貌。

2. 本单位在政治、经济、科学、文化等活动中所形成的具有保存利用价值的各种文字、图表、声像等资料均应及时立卷归档，任何人不得据为已有。

3. 文书立卷应遵循文件材料的形成规律和特点，保持文件间的有机联系，区分不同价值，注意文件内容的真实完整，便于保管和利用。

4. 文件材料立卷归档所需的各种档案用品必须由档案局监制认可，符合国家标准，做到规范、统一。

5. 每年五月底前必须完成上年度文件材料立卷任务，并向档案室移交集中保管。

（三）档案利用

1. 为多方面开发档案信息资源，根据工作需要，编制必要的检索工具，编辑档案文件汇编和各种档案参考资料，积极搞好档案的开发利用，为本单位的各项工作服务。

2. 利用者必须注意保护档案，不得拆散案卷，折叠文件，不得在档案上圈点、勾画或作其他标记，不得在查档时吸烟，污染档案。

3. 珍贵档案以复制件提供利用，底图档案概不外借。

4. 利用者摘记档案内容必须准确无误，档案人员对摘录的内容应全面核对，如发现与原件不符的，应及时收回处理。

5. 利用者归还档案时，档案人员要仔细认真地进行检查，如发现缺页、损坏、

改动或其他情况时应及时向领导报告。

6. 档案人员应注意及时搜集档案利用效果实例，定期向市档案馆选报，不断总结开发利用档案的经验，进一步做好档案的开发利用工作。

（四）档案统计工作

1. 综合档案应建立统计台账，对各类档案的收进、移出、整理、保管、销毁、利用等情况进行统计，并按要求填报档案工作基本情况统计报表。

2. 坚持实事求是的原则，严肃、认真、如实登记和统计，不得虚报、瞒报、拒报和伪造。

3. 统计工作要及时，统计数字要准确，保持连续性，提高档案管理的科学性。

4. 统计数据准确，一律用阿拉伯数字填写，字迹工整，注意保密。

5. 本室应建立如下六种统计账簿：

（1）档案收进、移出登记簿：记载档案的总数和变化情况。

（2）档案工作基本情况统计报表：对本单位每年档案工作的基本情况进行综合统计。

（3）档案借阅登记簿：记载本室档案利用的人次、卷数等情况。

（4）档案利用效果登记簿：收集反馈信息，积累利用工作的经验。

（5）库房检查登记簿：记载定期自查，领导和上级主管部门对档案库房检查的情况。

（6）库房温湿登记簿：定期记载库房温湿度变化及调节、控制情况。

（五）档案鉴定销毁

1. 档案管理部门应按照党和国家及业务管理机关确定鉴定原则和基本标准，确定归档和不归档的范围及保管期限。

2. 文书和档案部门在鉴定文书档案价值时，必须建立专门的组织机构，有组织有领导地定时或不定时地开展工作。

3. 档案管理部门必须依据档案保管期限表，鉴定各种档案资料的保管期限。

4. 档案管理部门应建立严格的档案销毁制度和履行审查批准手续，不得任意销毁档案，档案销毁时应派专人监销。

5. 销毁档案要在指定的地点、规定的时间按照一定的程序和方式进行，绝不可随意进行，以防多销、漏销或失密。

6. 销毁档案前，应由主办部门编制“销毁清单（册）”，登记档案销毁情况，并由有关部门负责人签字盖章，以备存查。

（六）档案人员岗位责任制

1. 努力学习马克思列宁主义、毛泽东思想，认真执行党和国家的方针政策，热爱档案事业，刻苦钻研文化知识和业务技术，以适应档案管理科学化、现代化的要求。

2. 严格执行《档案法》，执行党和国家有关档案工作的规定以及本单位关于档案工作的各项规章制度。

3. 严格按照归档范围归档，扎扎实实做好基础工作，对档案材料要及时、完整地收集、分类、整理、排列、编号，编制案卷目录，做到存放有序，查找方便，做好统计工作和利用效果登记。

4. 要负责对所属单位档案人员进行业务培训和指导。

5. 做好档案鉴定、销毁、移交业务的组织工作。

6. 经常打扫库房卫生，保持库房整洁、通风良好。做好防盗、防火、防光、防潮、防尘、防有害生物和有害气体，发现丢失、损坏、变质等意外事故，及时向主管领导报告，并采取相应措施。

7. 严格执行借阅制度，还档时要仔细检查，发现缺少页或其他损坏档案的情况，要及时追究责任，并采取补救措施。

8. 严格执行保密制度，维护档案的安全与完整。

9. 档案人员工作调动时，必须将所保管的档案移交清楚，否则人事部门不予办理调动手续。

七、甘肃省草原技术推广总站信息管理办法

第一条　为加强单位信息管理工作，提高信息服务能力，及时反映甘肃省草业工作及单位工作动态，充分发挥信息工作在宣传、决策、沟通、协调、控制、分析等方面的作用，更好地为全省草业发展服务，逐步实现信息工作管理科学化、运行规范化、采集制度化的目标，现结合单位实际，制定《甘肃省草原技术推广总站信息管理办法》，以下简称《办法》。

第二条　本《办法》所指信息包括：(1) 数据类信息；(2) 报告类信息；(3) 项目类信息；(4) 宣传类信息；(5) 政策类信息；(6) 通知公告类信息；(7) 调研类信息；(8) 学术类信息；(9) 服务类信息。

第三条　信息科为单位信息综合管理科室，负责信息的收集、加工、传输、反馈、利用存储等各项工作。

第四条　各业务科室负责所属业务领域的信息采集加工和上报工作。

第五条　各业务科室确定一名信息采集人，要求具备中级及以上专业技术职称，熟悉本科室业务方向，负责本科室工作动态、最新通告、最新政策及咨询、意见等相关信息的收集、整理，督促完成市（州）县相关业务信息采集与上报。

第六条　信息采集来源和要求：

1. 重大活动或举办重要会议，由承办或相关科室负责信息采编，信息科协助采编、发布、管理。

2. 重点业务工作进展。相关科室须按工作进度定期报送信息，同时要督促相关市、州、县、区定期报送业务信息。业务科室每月采集信息不少于1条，督促市、州、县采集信息不少于2条。

3. 项目实施进度。按照立项、实施、验收等环节定期报送信息，对于重大项目要按月编制进展情况。

4. 上级或相关业务单位负责人来单位指导、检查工作或调研、访问情况，由信息科负责信息采编，针对专项业务工作的，由相关业务科室负责信息采编，原则上要求当日完成信息的编制、报送、审核、发布。

5. 上级或与单位相关的业务单位召开或主办的各类会议、培训、论坛、集会等活动，信息发布采取谁参加、谁采编、谁负责的办法。

6. 站领导或科室负责人外出参加会议，由相关或分管科室负责采编，参加会议的站领导或分管领导负责审核。会议资料由信息科负责收集和管理。

7. 单位外派培训学习，特别是参加全国性的专业培训或工作会议，回单位后须及时提交书面材料，由信息科负责在一定范围内组织完成相关信息的交流。

8. 科室完成的调研报告，由分管领导审核、分管信息的领导审阅后报信息科，视调研内容决定发布或存档。

9. 科室所属专业领域发展动态、新技术、学术报道、文献等情况，要求各业务科室由信息采集人负责每月选编至少一篇报道。

10. 各科室在基层开展业务工作要积极与相关企业、专业合作组织、致富能手建立咨询纽带，采编相关信息，加强宣传报道，对农牧民实用的农资产品和技术积极推广。

11. 单位日常工作动态由办公室负责采集和内网发布。

第七条　单位信息审核采取“分级审核”原则。在相关网站、报刊等媒体发布的信息、各科室拟发布的信息要求科室负责人审核，分管领导审批，信息科审查格式和文字，分管信息的领导审核签字后发布。

第八条　地县上报信息中涉及重要内容或统计数据时，由信息科转相关业务科室审核，如需要由分管领导与省厅相关处室会商后审核签字交信息科，由分管信息工作的领导审核后发布。

第九条　科室在单位内网发布的公文信息由科室负责人审核，重要内容经主管领导同意后发布。

第十条　注重信息时效性。报送信息要快速及时，审核通过的信息在一个工作日内发布。重要的信息要随时报送，保证有价值的信息不漏报。

第十一条　给上级部门或领导报送的重要信息，由相关业务科室或信息科负责整理、编纂，经分管领导或站领导审核同意后，以报告或其他文件形式报送。

第十二条　发布或上报信息要求内容真实、准确、完整。发布前必须认真校对，确认无误后上传。

第十三条　单位各业务科室提交的各类信息，由信息科定期分析整理，形成分析报告提交站领导，并反馈相关业务科室。

第十四条　各科室应根据各自业务，对市（州）县上报的信息、工作总结等，进行定期分析、整理、形成专题信息报告，提交分管领导并以适当形式发布。信息科每年年底将重要信息汇集成册。

第十五条　信息科每年度进行一次优秀信息的评选，领导批示的或在社会上产生重大影响的信息给予奖励。

第十六条　数据类信息，主要指各业务科室获取的调查数据资料、分析统计数据、外购数据资料（包括影像资料）等。数据类信息对外发布或提供给其他单位时，由相关业务科室负责人提交书面申请，说明使用数据的明细和用途，分管领导审核签字后，交信息科，由分管信息的领导审核签字后对外发布或提供给其他单位。

第十七条　非数据类信息，分级审核后，统一由信息科对外发布。

第十八条　任何科室和个人不得擅自对外发布和提供数据类信息，造成影响的要追究科室负责人和分管领导责任，要遵循分级审核的原则方可发布则。

第十九条　加强对信息员队伍建设，信息科负责及时整理和更新信息员信息，切实保证各级信息发布及时。

第二十条　积极组织开展形式多样的信息培训活动，提高信息队伍业务水平。

第二十一条　甘肃草原信息网站实行“统一领导、分工协作、各司其职、各负其责”的管理原则。

第二十二条　信息科负责网站的日常管理、更新和维护工作。其他科室负责相关栏目的信息提供。

第二十三条　网站信息发布、转载应当遵守国家相关法律法规有关规定。主要政务信息应包含以下内容：

1. 国家（省市）相关法律、法规、规章、制度；
2. 本单位制定的规范性文件或负责贯彻实施的法律、法规、规章、制度；
3. 本单位的机构设置及职能；
4. 本单位按规定需向社会发布的通知、公告、工作信息等；
5. 其他应公开的政务信息。

第二十四条　网站信息审批发布的权限和程序：

1. 信息发布以科室为单位（附件：信息发布审批单）。
2. 网站发布的科室内部信息，由科室负责人审核后，信息科发布。
3. 涉及单位对外发布的信息，先由科室负责人审核，报分管领导审批，特别重大信息需报站长审批同意后，再由信息科统一发布。

第二十五条　各科室应确保发布信息的真实性、可靠性和及时性，对上网信息要严格审核把关，确保信息质量和安全，不得在网上发布违反国家法律、法规和有关保密规定的信息。

第二十六条　各科室应当按照《中华人民共和国计算机信息安全条例》以及省、市、县的有关保密规定，提高网站安全意识，严禁涉密信息上网。

第二十七条　本办法自公布之日起施行。2010 年 6 月发布的《甘肃省草原技术推广总站信息报送办法》同时废止。本办法与农牧厅相关管理办法有冲突时，依照农牧厅相关管理办法执行。

第二十八条　本办法由甘肃省草原技术推广总站信息科负责解释，并根据施行情况适时修订。

八、甘肃草原技术推广总站培训管理办法

为进一步规范培训管理，强化业务培训、提高培训质量，整合培训资源、降低培训成本，特制定本办法。

第一条　信息科是单位各项培训工作的组织科室，负责编制培训计划，组织实施培训；建立培训档案，管理培训资源；评价培训效果，调查分析培训需求，提出培训建议。

第二条　各业务科室是各项业务培训工作的计划科室，负责提出专项培训计划，推荐培训资源，协助信息科组织培训。

第三条　办公室和资产管理科是培训实施的后勤保障科室，参与制定培训计划，负责经费筹措以及各项后勤保障工作。

第四条　培训方式可依据培训目标和内容，按照节俭高效的原则分为：现场培训、网络培训、合作培训、集中培训、外出学习培训、学历教育。

第五条　培训对象分为：省、市、县草原技术推广体系人员培训、生产者培训（农牧民、合作社、企业）、站内业务人员培训。

第六条　每年 2 月底之前，各业务科室按《培训计划表》，提出年度培训计划，经分管领导审核签字后交信息科汇总。信息科根据业务科室培训计划，汇同办公室和资产管理科编制全站培训计划，经主管领导审核签字后报站长审批。信息科按站长审批意见组织实施年度培训计划。

第七条　由于工作需要须临时增加培训，由业务科室提出计划填写培训申请表，主管领导审核后报信息科，经站长批准后组织实施。

第八条　科室业务人员由于工作需要，外派参加学习培训，由所在科室负责人根据工作实际推荐培训人员并填写外派培训申请表，主管领导审核后报信息科，经站长批准后方可参加培训。

第九条　提倡和鼓励干部职工在岗接受高等学历学位教育，坚持工作学习两不误。在职职工申请在岗高等学历学位教育，工作应该满一年以上，年度考核为合格以上，报考学历必须是当前已取得学历的高一层次学历，报考专业要与单位专业相关。职工申请参加高等学历学位教育的教学机构，必须是国家教育部门批准并承认学历学位的机构，所学课程必须符合国民教育系列规定的教学大纲要求。

第十条　在职职工申请参加在岗高等学历学位教育的，应严格履行报考审批手续。报名前填写《学历教育申请表》，由所在科室签字，分管站长同意签字后交信息科，经站长审批同意后按相关规定执行。

第十一条　参加在岗高等学历学位教育的，工资福利待遇不变。报考高一层次学历教育考试并录取为全脱产学习的人员，可以离岗学习，学习期间单位给予一定的生活补助，工龄连续计算。

第十二条　在岗接受学历学位教育的人员，需要离岗参加集中学习的，须履行如下手续：本科阶段学历教育，必须由教学单位出具集中学习时间及班主任签字的证明，硕士以上学历教育，必须出具教学单位出具集中学习时间及导师签字的证明。由科室负责人签字同意，主管领导批准后方可离岗。

第十三条　本办法自发布之日起执行，由信息科负责解释。

第四节　关于种草和草原建设投资使用办法（草案）(1981 年 3 月 30 日)

1. 对甘肃省的草田轮作地、弃耕地、荒山荒坡、退化草场种植多年生牧草的资金，实行大包干办法。在使用权范围内，可以包干到队，到专业组、专业户及个人，也允许几户联包。承包单位和个人承包任务后，可先由县主管部门预支部分经费，收割前由农牧和财政部门主持，畜牧站、草原站会同社、队组成验收小组共同验收。根据实际完成的亩数，牧区按每亩 10 元、半农半牧区及农区按每亩 3 元的标准由国家付款。收获的饲草及种子，谁种谁有，国家不无偿调用。

2. 建立青贮窖的资金使用，应由县农牧部门统一安排，县畜牧站、草原站指导建窖工作。每个窖投资 700 元，容量 2.5 万~5 万千克。集体、个人、几户联包都可以。建窖时可先支付部分材料款，建成后经农牧和财政部门会同业务主办单位和社、队验收，窖的质量合乎要求（石块衬砌，水泥抹面），资金方能按规定付清。青贮工作由公社负责领导，按时装窖。实行包种草、打草、装窖、青贮料质量的办法。青贮饲料谁承包归谁所有，可以自用，也可以价让。

3. 草原围栏资金由草原站掌握。资金使用实行合同制。对地段选择，面积确定及原材料的调拨加工，由县草原站与公社签订合同，负责三材购置、加工。修建围栏的材料运输，栽桩拉丝所需劳力以及围栏的保护、管理、维修所需劳力与资金，均由受益单位负责。围栏建成后，由财政、农牧部门组成工作组按合同要求严格验收。因违背合同造成的损失，不管那方，均应承担经济责任。

4. 草原防虫灭鼠资金。草原虫鼠害要在掌握灾情，确定对策、综合防治、限期控制的原则下，全面规划，积极实施。草原防虫灭鼠经费要专款专用，经费开支只限于飞行费、药品费、长途运输费、仪器设备购置费、劳动保护用品费、人工捕鼠补贴及有关的试验经费。不得挤占或挪作他用。经费管理实行合同制。具体办法是：每年工作结束后，务于11月份将下拨灭虫灭鼠经费使用情况及工作效果，派专人携带总结来省厅汇报。同时携带下一年防治任务计划报告，申请防治任务。省厅按防治任务，依据所签合同一次拨款到县。待工作结束后，经省、地、县有关部门共同验收，按合同实际执行情况与当地有关部门结算。若需要更改合同或合同某项内容时，必须征得各方同意，并办理手续，不得单方更改变动。

第五节　2023年修订的相关制度

一、甘肃省草原技术推广总站职工考勤管理办法

第一条　为加强组织纪律，改进工作作风，提高工作效率，保证各项工作顺利完成，切实维护单位和职工的合法权益，根据国家和甘肃省的有关政策规定，结合单位实际情况，制定本办法。

第二条　考勤管理

1. 全站职工应严格执行单位考勤制度，不得无故迟到、早退或中途擅离工作岗位。

2. 所有工作人员一律实行坐班制，每日按上下班时间进行考勤。

3. 考勤及请假管理由分管人事工作的站领导主管，各科室考勤工作由科室主要负责人主管，站纪委和组织人事科负责对各科室的考勤和考勤办法执行情况进行监督管理。

4. 各科室应由专人负责考勤登记和统计，每月底须将本科室考勤情况报送组织人事科备案。

5. 组织人事科将每月考勤结果汇总后报主管领导签字后进行公示，接受群众监督。职工对本人及其他人的考勤结果有异议，可以在考勤结果公示5个工作日内向组织人事科提出，由组织人事科和主管领导负责核实，并及时向提出异议的职工反馈核实情况。考勤结果将作为工资和奖惩及年度考核的依据。

6. 实行站领导带班值周制度，每周安排1名站领导和1个科室进行值周。值周领导和值周科室负责工作纪律督查和办公楼安全生产工作。

7. 根据国家规定法定节假日、休息日值班人员，经主管领导审签后安排补休，

值班 1 天补休 1 天。

8. 外单位借调的人员由借调单位在每年年终考核之前提供其出勤情况，由所属科室登记汇总并经分管领导签字后报组织人事科。

9. 有因公外出办事、出差等情况，须办理外出审批备案手续。

(1) 站领导因公外出，须经单位主要负责人批准，并向办公室告知外出事由、时间及地点，根据甘肃省林业和草原局要求，由办公室负责办理主要领导外出审批备案手续。

(2) 中层干部、高级职称人员因公在兰州市内办事，须由本人填写外出派遣单，写清外出事由，1 天由分管领导批准；1 天以上由分管领导签署意见后，报单位主要负责人批准。中层干部、高级职称人员因公出差，须由本人填写出差派遣单，写清出差事由，由分管领导签署意见后，报单位主要负责人批准。

(3) 工作人员因公兰内办事，本人应填写外出派遣单，写清外出事由，半天以内由科室负责人批准，1 天由科室负责人签署意见后，由分管领导批准；1 天以上的，由所在科室负责人提出书面意见，由分管领导签署意见后，报单位主要负责人审批。工作人员出差，一律填写出差派遣单，由科室负责人审核，分管领导审批后，报单位主要负责人批准。

10. 参加学历教育的职工，经单位批准脱产学习的，脱产学习期间需提供学校出具的脱产学习证明才可按出勤办理，工资待遇按相关制度执行；单位未批准脱产学习的按事假算。

11. 未能严格执行单位有关管理规定，弄虚作假或瞒报漏报考勤的，将追究有关科室负责人及分管领导的相关责任，并与单位年度评先评优挂钩。

第三条　带薪年休假

凡在单位站工作满 1 年的正式职工，均可按《甘肃省机关事业单位工作人员带薪年休假实施办法》享受年休假。各科室根据工作需要统筹安排本科室人员带薪休假，尽量做到应休尽休。

第四条　探亲假

凡在我单位工作满 1 年的正式职工，均可按国务院（1981）36 号文件公布的《国务院关于职工探亲假待遇的规定》和《甘肃省执行国务院关于职工探亲待遇的实施细则》中的有关规定享受探亲假。探亲假期间，按照《人事部、财政部关于机关、事业单位职工探亲假工资和探亲假路费计算基数问题的通知》（人薪发〔1994〕11 号）执行。

第五条　婚假、产假、护理假、育儿假、陪护假、哺乳假、丧假按有关规定执行。

第六条　事假

凡本单位职工因事请假者，可给予事假。

第七条 病假

1. 病假 3 天以上需提供医院的医疗诊断证明。

2. 职工在工作期间因工受伤治病请假，凭县级及以上医院的医疗诊断证明，由分管领导签署意见后，报单位主要负责人批准，按正常出勤对待。

第八条 请假管理

1. 本办法所规定的请假范围包括病假、事假、探亲假、产假、婚丧假等与职工个人事务相关的休假。

2. 职工请假需提出书面申请，如实填写《请假条》，说明请假理由及起止时间（特殊情况下需提供有关证明材料），按规定程序和审批权限经有关领导批准。

3. 工作人员请假，时间在半天之内的，由所在科室负责人审批；1 天由所在科室负责人提出书面意见，分管领导审批；1 天以上的由所在科室负责人提出书面意见，由分管领导签署意见后，报单位主要负责人审批。

4. 中层干部、高级职称人员请假，由分管领导签署意见后，报单位主要负责人批准。

5. 对准假的职工原则上不予续假，由于特殊原因需要续假者，必须提前来信或来电办理续假手续，未办续假手续者按旷工论处。

第九条 职工请假期间的待遇

1. 探亲假、婚假、产假、护理假、育儿假、陪护假、哺乳假、丧假在规定假期以内者，其薪酬、福利待遇不变。

2. 病假根据国务院“国发〔1981〕52 号”和劳动人事部“劳人干〔1982〕122 号”文件中的规定：

(1) 全年累计病假 10 天以上 2 个月以内者，每天扣除本人基础绩效奖 0.5%。

(2) 住院治疗工作人员病假超过 2 个月不满 6 个月者，从第三个月起按照下列标准发给病假期间工资：工作年限不满 10 年者，发给本人基本工资（岗位工资和薪级工资）的 90%；工作年限满 10 年的，发全额基本工资（岗位工资和薪级工资）。

(3) 住院治疗工作人员病假超过 6 个月者，从第七个月起按照下列标准发给病假期间工资：工作年限不满 10 年者，发给本人基本工资（岗位工资和薪级工资）的 70%；工作年限满 10 年者，发给本人基本工资（岗位工资和薪级工资）的 80%。

(4) 非住院治疗工作人员病假超过两个月不满六个月者，从第三个月起按照下列标准发给病假期间工资：工作年限不满十年者，发给本人基本工资（岗位工资和薪级工资）的百分之九十，每天扣除本人基础绩效奖 2%；工作年限满十年的，发全额基本工资（岗位工资和薪级工资），每天扣除本人基础绩效奖 2%。

(5) 非住院治疗工作人员病假超过六个月者，从第七个月起按照下列标准发给病假期间工资：工作年限不满十年者，发给本人基本工资（岗位工资和薪级工资）的百分之七十，每天扣除本人日基础绩效奖；工作年限满十年者，发给本人基本工资（岗位工资和薪级工资）的百分之八十，每天扣除本人日基础绩效奖。

3. 事假人员。全年累计事假分段计算。累计请假10个工作日（含10个工作日）以下的，请假期间每天扣除本人基础绩效奖0.5%；10个工作日以上20个工作日（含20个工作日）以下的，请假期间每天扣除本人基础绩效奖2%；20个工作日以上的，请假期间每天扣除本人日基础绩效奖。

第十条　旷工的认定和处理

（一）旷工的认定

在规定上班时间内，既未上班又未履行请假手续的，一律视为旷工。具体包括：

1. 未请假或请假未获批准，擅离工作岗位的。

2. 请假期满未续假或续假未获批准，逾期不归的。

3. 已查明请假理由系伪造不实的。

4. 本人要求调动工作，虽经组织同意，但尚未办理调动手续，无故不上班的。

5. 不服从组织调动，虽经多次教育仍不按组织指定日期到工作岗位报到的。

6. 出国逾期未办理延期手续或要求延期未获批准的。

（二）旷工的处理

1. 旷工半天者，扣发本人半月基础绩效奖。

2. 旷工1~2天者，扣发本人当月基础绩效奖。

3. 旷工3~14天者，扣发本人半年薪级工资。同时，按照实际天数，扣发绩效工资和国家规定津补贴。

4. 连续旷工超过15个工作日或一年内累计旷工超过30个工作日的，扣发旷工期间的工资，可按照《事业单位人事管理条例》（国务院令第652号）规定解除聘用合同。

第十一条　本办法由站组织人事科负责解释。

第十二条　本办法自2023年12月1日起执行。与本办法规定不一致的，以本办法为主。

二、甘肃省草原技术推广总站站务会议事规则

第一条　为使行政议事制度化、规范化和科学化，根据有关法律、行政法规，结合甘肃省草原技术推广总站实际，制定本规则。

第二条　站务会由站长或站长委托的其他站领导召集和主持，站领导班子成员、各科室主要负责人为组成人员，列席人员由主持人根据会议议题确定。

第三条　议事决策的主要范围

1. 传达贯彻党中央、国务院和甘肃省委、省政府、国家林业和草原局以及甘肃省林业和草原局的重要精神和工作部署；

2. 通报重大情况，部署重要工作，研究确定重大调研事项；

3. 全省草原技术推广长远规划、年度计划，制度建设，项目与资金安排使用意见，国有资产的购建、处置（出售、出租、出借、出让）、对外合作等重大事项；

4. 涉及单位职工群众切身利益、和谐稳定的重要行政决策；

5. 全省性草原会议的具体内容和安排；

6. 安全生产、信访等重要事项；

7. 各市（州）、县（区）草原站提交和业务相关的重要事项；

8. 其他需要提请站务会研究决策的事项。

第四条　会议准备

1. 议题确定。由站领导和有关科室按本规则第三条确定的议事决策范围，在广泛征求各方意见的基础上，提出需站务会议研究、审定的议题，提交站办公室汇总，由站办公室提出会议安排建议，呈送站长审定；

2. 材料准备。会议材料要求基本情况清楚、相关数据准确、拟办意见明确、文字表述简练。由分管站领导负责根据会议议题和沟通意见，交由相关科室准备会议材料并呈送参会人员。拟上会的议题材料，主办科室要充分征求站班子成员及有关科室意见，达成一致后再上会研究，凡未取得一致意见或不成熟意见不得提交会议讨论；

3. 会议时间。由主持会议的站领导根据会议准备情况，确定具体开会时间、议题和参会人员，由站办公室负责通知。因故不能参加会议的，应当在会前向站长书面请假。

第五条　站务会坚持实事求是的原则，会前根据议题可广泛听取干部职工意见，会上参会人员充分发表意见，最后由站务会形成决议，重大行政决策提请党委会研究决定。

第六条　贯彻落实

1. 站办公室负责会议记录，形成会议纪要，站长签发，并按照规定存档备查；

2. 分管站领导负责组织相关科室，制定落实方案，起草贯彻落实会议决议的通知、向上级部门的报告和请示等文件，并按规定印发或报送；

3. 站办公室跟踪会议决议的执行情况，并及时向主要站领导汇报并备案。

第七条 本规则由站办公室负责解释，自印发之日起执行。

三、甘肃省草原技术推广总站站长办公会议事规则

第一条　为使行政议事制度化 、规范化和科学化 ，根据有关法律、行政法规和《甘肃省人民政府工作规则》，结合甘肃省草原技术推广总站实际，制定本规则。

第二条　站长办公会（包括站长现场办公会）是站长、分管站领导根据工作需要，确定召开的工作会议。会议由相关站领导召集和主持并确定参会人员范围。

第三条　议事决策的主要事项

1. 研究我站工作中的专题事项；

2. 研究有关科室提请的事项；

3. 研究涉及我站职工切身利益、和谐稳定等事项；

4. 研究需要提交站务会议决策的有关事项；

5. 研究有关请示、报告、汇报等；

6. 研究有关工作安排。

第四条　会议准备

1. 议题确定。会议议题由有关科室在会前提出， 呈送分管站领导审定。涉及两个以上站领导分管的工作议题， 由相关科室协商一致后报请相关站领导确定。

2. 材料准备。根据确定的会议议题，由相关科室负责准备会议材料，呈送分管站领导审核后，分送参会人员。

3. 会议时间和记录。由主持会议的站领导确定具体开会时间、地点、参加人员。站长主持召开的会议由站办公室负责通知并记录，其他站领导主持召开的会议由相关科室负责通知并记录。

第五条　重要的会议要形成纪要，报会议主持人核签，站长签发，并按照规定存档。重大事项呈请站务会决定。

第六条　本规则由站办公室负责解释，自印发之日起执行。

四、甘肃省草原技术推广总站财务与资产管理制度

第一章　总则

第一条　为了规范和加强单位财务与资产管理，健全财务与资产管理制度，维护财政资金规范、安全、有效使用和资产的合理配置、保值增值，保障单位履行职能，促进各项事业有序健康发展，根据《中华人民共和国会计法》《中华人民共和国政府采购法》《中华人民共和国预算法》《事业单位会计准则》《行政事业性国有资产管理条例》等有关法律、法规规定，并结合单位实际制定本制度。

第二条　单位的财务与资产管理包括：财务管理、“三公”经费管理 、差旅费管理、会议费培训费管理、资产管理、绩效管理、机构设置、财务监督。

第二章　财务管理

第三条　单位的财务管理包括：预算管理、采购管理、核算管理、决算管理、合同管理、会计档案管理等。

第四条　预算管理

1. 单位按照省财政厅《甘肃省省级预算草案编制规程》和甘肃省林业和草原局预算编制有关通知要求认真组织编制年度“一上”、“二上”部门预算和部门三年支出规划，编制完按规定程序报甘肃省林业和草原局审核、甘肃省财政厅审批。

2. 单位的预算编制应当做到程序规范、方法科学、编制及时、内容完整、项目细化、数据准确。

(1) 单位应当正确把握预算编制有关政策，预算编制相关人员要及时全面掌握相关规定。

(2) 单位应当建立内部预算编制、预算执行、资产管理、基建管理、人事管理等部门或岗位的沟通协调机制，按照规定进行项目评审，确保预算编制部门及时取得和有效运用与预算编制相关的信息，根据工作计划细化预算编制，提高预算编制的科学性。

(3) 对财政下达的预算，应结合单位工作实际制定用款计划和项目支出计划。

(4) 单位预算按照甘肃省财政厅的要求依法进行公开。

第五条　采购管理

1. 单位的资产物资购置、工程（含维修）和服务项目，应当按照招投标相关规定实行政府采购。

2. 采购活动应严格按《甘肃省省级政府集中采购管理办法》《政府采购非招标采购方式管理办法》和甘肃省财政厅制定的《甘肃省政府集中采购目录和采购限额标准》执行。

3. 采购程序应按照《甘肃省林业厅关于进一步加强政府采购管理工作的通知精神》和甘肃省草原技术推广总站资产物资采购流程办理。

4. 采购的资产物资形成单位存货和固定资产的须办理验收、入库手续，对固定资产按相关要求及时录入资产管理系统，财务根据相关凭据入单位存货、固定资产账。

第六条　核算管理

1. 单位应根据实际发生的经济业务事项按照国家统一的会计制度及时进行账务处理、编制财务会计报告，确保财务信息真实、完整。

2. 单位的各项收入应当由财务部门归口管理并进行会计核算。严格执行《甘肃省林业厅关于进一步规范行政事业单位收入管理的通知》相关规定。对与其他收入，业务经办科室应当将涉及的其他收入合同（协议）等有关材料及时提交计划财务科作为账务处理依据，确保各项收入应收尽收，及时入账。单位有非税收入时按“收支两条线”管理，应及时缴入国库，不得坐支、挪用。对应收未收款项应当查明情况，明确责任主体，落实催收责任。

3. 单位应当定期检查收入金额是否与预算、合同（协议）约定相符。

4. 单位经费支出根据实际发生的经济业务事项确定内部审批、审核、支付的职责权限。

（1）报销审批权限：单位实行“一单五签”［经办人、科室负责人（项目负责人）、财务审核人员、分管领导、财务主管领导签字］审批制度，单位所有的财务支出都必须经财务主管领导审批后，方可办理结算。大额支出按“三重一大”制度执行，报销时应附会议记录或会议纪要。

（2）原始票据规范要求

①报销凭证必须是正式发票或财政部门印制的统一收据，填写时一律用碳素笔，圆珠笔或铅笔填写无效。发票或收据须在税务机关或财政管理部门规定的使用有效期内。

②发票内容要齐全：单位名称（填写甘肃省草原技术推广总站）、纳税人识别号、日期、品名（必须填写物品及办公用品的具体名称）、单价、数量、金额等项目填写齐全，字迹清楚，金额正确，大、小写相符。票据涂改无效。

③印章要齐全：报销的发票必须有税务机关统一印制的发票监制章，并加盖开票单位发票专用章；事业收据必须有省或市级财政部门统一印制的财政票据监制章并加盖财务专用章。

④职工报账时，必须提供报账所需的全部凭证。

⑤报销凭证严重破损导致内容不全、不清的，不予报销。

⑥对于发票、收据手续不完备、内容不完整、不合法、有涂改现象，人民币大小写不正确、不相符，不按规定粘贴、不按规定填写报账凭证的，不予报账。

5. 公务卡使用管理

公务卡是指单位在编、在职工作人员持有的，主要用于日常公务支出和财务报销业务。公务卡使用管理严格执行《甘肃省预算单位公务卡使用管理办法》。

（1）公务卡强制结算目录（见表 3–18）

表 3–18 公务卡结算项目表

序号	公务卡结算项目	备注
1	办公费	指单位购买按财务会计制度规定不符合固定资产确认标准的日常办公用品、书报杂志等支出
2	印刷费	指单位的印刷费支出
3	咨询费	指单位咨询方面的支出
4	手续费	指单位支付的手续费支出
5	水电费	指单位支付的水电费支出
6	邮电费	指单位开支的电话费、电报费、传真费、网络通信费等支出
7	物业管理费	指单位开支的办公用房、职工及离退休人员宿舍等的物业管理费，包括综合治理、绿化、卫生等方面的支出

续表

序号	公务卡结算项目	备注
8	差旅费	指单位工作人员因出差支付的住宿费、购买机票支出等
9	维修(护)费	指单位日常开支的固定资产(不包括车船等交通工具)修理和维护费用,网络信息系统运行与维护费用
10	租赁费	指租赁办公用房、宿舍、专用通讯网以及其他设备等方面的费用
11	会议费	指会议中按规定开支的房租费、伙食补助费以及文件资料的印刷费、会议场地租用费等
12	培训费	指各类培训支出
13	公务接待费	指单位按规定开支的各类公务接待(含外宾接待)费用
14	专用材料费	指单位购买日常专用材料的支出。具体包括药品及医疗耗材,农用材料,兽医用品,实验室用品,专用服装,消耗性体育用品,专用工具和仪器,艺术部门专用材料和用品,广播电视台发射台发射机的电力、材料等方面的支出
15	公务用车运行维护费	指公务用车的燃料费、维修费、保险费等支出
16	其他交通费用	指单位除公务用车运行维护费以外的其他交通费用。如飞机、船舶等的燃料费、维修费、保险费等

(2) 公务卡的使用和管理

①公务卡实行“一人一卡”实名管理，公务卡只限本人使用。对新增工作人员，应及时办理公务卡的申领手续；对调离退休本单位的人员，持卡人办理相关变更或注销手续，还清卡内债务。

②公务卡用于本单位务支出的结算，持卡人在规定的信用额度和免息期内先消费、后还款，持卡人在未按规定办理报销手续之前，无论是公务消费还是个人消费均属个人行为，个人承担由此导致的全部责任。

(3) 公务卡支付与报销管理

①持卡人因公务活动使用公务卡消费时，应在公务卡信用额度内，先通过公务卡结算，取得本人签名的公务卡消费交易凭条（pos 机小票）和相应的原始发票，按财务报销审批程序办理财务报销手续。

②持卡人在公务消费后，应于 10 个工作日内将公务消费的正规原始发票及经本人签名的公务卡消费交易凭条（pos 机小票）、购物明细或消费清单等凭证，按财务报销审批程序办理财务报销手续。

③若遗失公务卡消费交易凭条（pos 机小票）的，持卡人可通过发卡行网点、电话银行、网上银行等途径查询，并将获取的“交易时间”“交易金额”“交易地点”等信息在财务报销凭证背面证明。

④因出差在外或其他特殊原因，确实无法在规定的免息还款期内返回单位办理

报销手续的，可通过传真等方式委托本单位其他人员填制借款单，并提供持卡人姓名、卡号、消费时间和每笔消费金额的明细信息，经财务审核后先办理借款手续，于免息还款期前先将资金转入公务卡，待持卡人回单位后及时补办报销手续并冲销其借款。

⑤超过还款日还款的责任：因持卡人报销不及时引起的，由持卡人承担相应的利息、滞纳金等。

⑥对确实不能采用公务卡刷卡结算的公务消费支出由对方单位出具不能刷卡证明。

⑦有下列情形之一所产生费用不予报销：

报销费用与提供的报销凭证、公务卡消费交易凭条（pos 机小票）的内容不符的；持卡人通过公务卡提取现金的手续费；因持卡人个人保管不慎或遗失等原因，导致公务卡被盗所形成的支出和损失；其他不符合本单位财务管理规定要求或超出标准的消费。

6. 现金支出管理

单位现金支出按照甘肃省财政厅、甘肃省审计厅、人行兰州中心支行印发的《关于进一步加强省级预算单位现金管理的通知》文件精神执行。

单位可在以下项目中使用现金：

（1）在县级以下（不包括县级）地区发生的公务支出。

（2）在县级及县级以上地区不具备刷卡条件的场所发生的单笔消费在 200 元以下的公务支出。

（3）按规定支付给个人的支出，临时聘用人员劳务费、遗属生活补助、慰问费。

（4）签证费、快递费、过桥过路费、出租车费用等目前只能使用现金结算的支出。

7. 单位印刷业务管理

单位印刷实行统一管理，定点印刷。各科室有印刷业务时必须报办公室统一定点印刷。

8. 各项经费支出实行预算管理

（1）单位各项经费支出严格实行预算化管理，先由科室或项目负责人按照批复的项目实施方案或者工作实际需要提出预算申请，分管领导审核，单位主要领导审批后使用，不按程序审批的支出，财务不予支付。报销时，将申请表与原始票据粘贴在一起报销。

（2）项目经费使用按照有关项目资金管理办法和批复的实施方案执行。

（3）需与市、县草原站、科研院所协作的项目，应由科室或项目负责人提出协作内容，分管领导审核后，经单位集体研究决定后办理合作协议等事宜。项目负责人应定期向科技管理科提交项目进展情况报告（含项目资金运行情况），结题的要及时组织验收。

9. 办公用房、办公用房维修改造管理

单位办公用房按照《甘肃省党政机关事业单位办公用房管理实施办法》执行；维修改造执行《甘肃省党政机关办公用房维修改造管理办法》。

10. 社会保障支出管理

(1) 单位医疗保险按照省医疗保险管理部门的相关规定参保。

(2) 住房公积金按照《住房公积金管理条例》和其他相关规定，由单位和在职职工以工资为缴存基数，分别按照一定比例缴存。

(3) 残保金按照税务局相关规定缴纳。

(4) 单位工伤保险按照甘肃省工伤保险管理部门的相关规定参保。

第七条　基建管理

单位基本建设项目按照《甘肃省草原技术推广总站基本项目管理办法》和《甘肃省林业固定资产投资建设项目管理办法》相关规定执行。

第八条　决算管理

1. 决算是单位在年度终了，根据甘肃省财政决算编审要求，在日常会计核算的基础上编制的、综合反映本单位预算执行结果和财务状况的总结性文件。单位应当加强决算管理工作，单位决算要严格按照财政部印发的《部门决算管理办法》编制，确保决算数据真实、完整、准确、及时，为编制后续年度预算提供参考和依据。单位应积极发挥部门决算在单位财务管理中的作用，加强决算分析工作，强化决算分析结果运用，做到预算与决算相互反映、相互促进。

2. 单位决算按照省财政厅的要求依法进行公开。

第九条　合同管理

1. 单位合同由办公室归口管理。财务部门与合同归口管理部门应当建立沟通协调机制，实现合同管理与预算管理、收支管理相结合。

2. 单位应当建立合同履行监督审查制度。对合同履行中签订补充合同，或变更、解除合同等应当按照国家有关规定进行审查。

3. 计划财务科应当设立合同台账，对合同金额、执行情况、有无变更、纠纷等重要信息进行统一记录。定期对合同进行统计、分类和归档，详细登记合同的订立、履行和变更情况，实行对合同的全过程管理。与单位经济活动相关的合同应当同时提交财务部门作为账务处理的依据。所有合同必须由单位法定代表人或委托代理人签字后方能生效。

4. 单位对于影响重大、涉及较高专业技术或法律关系复杂的合同，应当组织法律、技术、财会等工作人员参与谈判，必要时可聘请外部专家参与相关工作。谈判过程中的重要事项和参与谈判人员的主要意见，应当予以记录并妥善保管。

5. 签订的合同须统一编码并加盖骑缝章。

6. 单位应当加强合同信息安全保密工作，未经批准，不得以任何形式泄露合同订立与履行过程中涉及的工作秘密或商业秘密。

第十条　档案管理

单位必须加强对会计档案管理工作的领导，建立会计档案的立卷、归档、保管、查阅和销毁等管理制度，保证会计档案妥善保管、有序存放、方便查阅，严防毁损、散失和泄密。会计档案按照财政部《会计档案管理办法》执行。

第三章　“三公”经费管理

第十一条　“三公”经费是指单位用省级财政拨款安排的因公出国（境）费、公务用车购置及运行费和公务接待费。其中，因公出国（境）费反映单位公务出国（境）的住宿费、旅费、伙食补助费、杂费、培训费等支出；公务用车购置及运行费反映单位公务用车购置费及租用费、燃料费、维修费、过路过桥费、保险费、安全奖励费用等支出；公务接待费反映单位按规定开支的各类公务接待（含外宾接待）支出。

第十二条　因公出国严格执行《甘肃省因公临时出国经费管理办法》。

第十三条　单位公务用车严格按照车改批复的实施方案执行。单位车辆实行一车一核算，出车实行派遣制度，建立公务用车台账，实行统一调度，明确使用范围，严格公务用车使用时间、事由、地点、里程、油耗、费用等信息登记和公示制度。

车辆加油一律采用公务卡结算，严禁购买加油卡。单位车辆维修、单位车辆保险实行定点采购。

第十四条　单位公务接待参照《甘肃省省级党政机关公务接待管理办法》执行。

1. “公务接待“指单位所承担的检查指导、考察调研、执行任务、学习交流、请示汇报工作等公务活动的接待活动。

2. 公务接待费指单位因公务接待需要而合理开支的费用（含外宾接待），主要包括用餐费、住宿费和交通费等。

3. 公务接待一律不搞宴请，确因工作需要，接待单位只能安排一次工作餐。工作餐标准按照省级会议费就餐标准执行，即兰州市城关区、七里河区、安宁区、西固区、兰州新区 110 元每人每天。

4. 接待单位超标准安排工作餐的，超支部分不予报销；严格控制陪餐人数，陪餐人数超过规定的、开支超范围的接待费不予报销。

（1）接待对象自行用餐的，费用自理。由接待单位协助安排用餐的，接待对象应当按中央和省级差旅费管理办法规定的补助标准向接待单位缴纳伙食费。

（2）接待对象向接待缴纳伙食费的，由接待单位财务部门开具往来收款凭据，所收资金纳入接待单位财务帐核算。收取的伙食费用于抵顶接待单位相应的接待支出。严禁接待处室（单位）坐收坐支收取的伙食费，严禁接待处室（单位）将收取的伙食费转为“小金库”。

(3) 接待单位应当在财政部门公布的定点宾馆（饭店）安排接待对象住宿，住宿费原则上由接待对象回本单位报销。

5. 公务接待确需交通工具的，原则上不得租赁社会运营车辆，不得使用私家车。

(1) 接待单位向接待对象提供交通工具的，接待对象应当按中央和省级差旅费管理办法规定的补助标准向接待单位缴纳市内交通费，由接待单位财务部门开具往来收款凭据，资金纳入接待单位财务账核算。

(2) 收取的交通费用于抵顶接待单位相应的交通费支出。严禁接待处室（单位）坐收坐支收取的交通费，严禁接待处室（单位）将收取的交通费转为“小金库”。

6. 参与接待活动的工作人员所产生的食宿、交通等费用，由接待单位按照差旅费标准报销。

7. 公务接待费报销应当遵循先有预算、后有支出的原则。

8. 公务活动结束后，接待单位经办人应当如实填写《甘肃省草原技术推广总站公务接待清单》。

接待清单是单位财务部门审核公务接待支出的重要原始凭证。公务接待单位报销公务接待费时，不提交接待清单或接待清单信息不全，单位财务部门不予报销公务接待费。

接待清单包括接待公函、公务活动内容、接待对象的单位、姓名、职务和接待时间、场所、费用等内容。

9. 公务接待费属公务卡强制结算目录范畴。接待单位应严格按照《甘肃省预算单位公务卡使用管理办法》规定使用公务卡结算，禁止以现金的方式结算，因条件限制，确需使用现金支付的，报销公务接待费时必须提交书面说明材料。

10. 承担接待任务的单位应在公务接待工作结束后 7 个工作日内按“一批一报”原则报销公务接待费。报销时需认真填写《费用报销单》，并提供以下会计资料，经单位负责人签字后到本单位财务部门办理报销手续。

(1) 派出单位公函；

(2) 公务接待清单；

(3) 宾馆（饭店）出具的正式发票、费用原始明细单据及电子结算单日；

(4) 公务卡结算流水单；

(5) 其他需要提供的会计资料。

11. 单位财务部门应严格按规定审核公务接待费开支。超过规定人数、规定就餐标准的一律不予报销；

12. 单位公职人员因公务外出确需市（州）、县（区）林草部门或其他单位接待的，应当向接待单位发出公函，并告知公务活动的内容、人数、姓名、性别、职务、民族等信息。如遇紧急情况，可先电话告知接待单位，并及时补发公函。

第四章　差旅费管理

第十五条　使用范围：我站所有在职工作人员和经批准的聘用、借用人员（以下简称单位工作人员或出差人员）。

第十六条　单位工作人员出差实行审批制度。实际出差人员须与批准出差人员要一致。

第十七条　差旅费是指单位工作人员临时到兰州市（城关区、安宁区、七里河区、西固区、红古区、兰州新区）以外地区公务出差所发生的城市间交通费、住宿费、伙食补助费和市内交通费。

第十八条　城市间交通费

1. 城市间交通费是指工作人员因公到兰州市以外地区出差乘坐火车、轮船、飞机等交通工具所发生的费用。

出差人员应按规定等级选乘交通工具。具体等级见表 3–19：

表 3–19　交通工具级别表

级别 / 交通工具	火车 （含高铁、动车、全列软席列车）	轮船 （不包括旅游船）	飞机	其他交通工具 （不包括出租小汽车）
地市级及相当职务人员	火车软席（软座、软卧），高铁 / 动车一等座，全列软席列车一等软座	二等舱	经济舱	凭据报销
其余人员	火车硬席（硬座、硬卧），高铁 / 动车二等座，全列软席列车二等软座	三等舱	经济舱	凭据报销

2. 到出差目的地有多种交通工具可选择时，出差人员在不影响公务、确保安全的前提下，应选乘相对经济便捷的交通工具。

3. 单位工作人员出差乘坐飞机从严控制，出差路途较远或任务紧急的，经单位主要领导批准后方可乘坐。乘坐飞机的，民航发展基金、燃油附加费以及往返机场的专线客车、机场快轨费用可凭据报销。

出差人员报销差旅费时，应当出具以标注有政府采购机票查验号码的航空运输电子客票行程单（以下简称行程单）、公务卡结算流水单、登机牌，流水单和登机牌提供不全者，单位财务部门不予报销机票款。

购票人可直接使用公务卡在政府采购机票管理网站购买机票；也可以通过具备

中国民航机票销售资质的各航空公司直销机构购买机票；出差人在公务机票销售渠道以外的其他机构（如：各电商平台）查询到国内航空公司航班票价低于政府采购优惠票价的机票，出差人可以购买。但购票人应当提供同一购票时点在航空公司官网或政府采购机票管理网站截取的同时刻同航班舱位的价格截图等材料，以证明其低于政府采购优惠票价，并作为报销凭证的附件。购买国内航空公司航班机票必须采用公务卡结算。

4. 乘坐飞机、火车、轮船等交通工具的，每人次可购买交通意外保险一份。

5. 出差需单位提供交通工具的，须填写车辆派遣单，由办公室统一派车。出差人员需将车辆派遣单号填在出差审批单中。

6. 工作人员出差乘坐全列软席列车时，在晚上 8 时至次早上 7 时期间乘车时间 6 小时以上的，或连续乘车超时 12 小时的，经单位主要领导批准后，可购买软卧。

7. 单位工作人员到兰州市城关区、七里河区、西固区、安宁区和兰州新区开展公务活动发生的交通费用不属于差旅费报销范围。

8. 城市间交通费按乘坐交通工具的等级凭发票报销。未按规定等级乘坐交通工具的，超支部分由个人自理。

9. 城市间出行原则上不允许租车。严禁自驾车出差。严禁在差旅费中报销了出租车费用。

10. 经批准发生的签转或退票费、交通意外保险费凭发票报销。报销因签转或退票而产生的费用，必须提交书面说明，经科室负责人、分管领导签字证明后作为报销附件。

第十九条　住宿费

1. 住宿费是指工作人员因公出差期间入住宾馆（包括饭店、招待所，下同）发生的房租费用。

2. 省外、省内出差，执行统一发布的出差目的地住宿费限额标准。

3. 单位工作人员出差住宿一律住标准间。二人以上（含二人）出差的要统一报销，不能分开报销。补开的住宿费发票应注明实际住宿起止天数。

4. 出差人员在住宿费标准限额内，选择安全、经济、便捷的宾馆住宿。住宿费在甘肃省财政厅规定的标准限额内凭住宿发票据实报销，超标准住宿的，超支部分由个人自理。

5. 单位工作人员到兰州市城关区、七里河区、西固区、安宁区和兰州新开展公务活动发生的住宿费用不属于差旅费报销范围。

6. 住宿费必须采用公务卡结算。没有采用公务卡结算的，出差人员报销住宿费时，必须提交入住宾馆出具的不能使用公务卡的背书说明。

7. 出差人员报销住宿费时应提交税务部门监制的机打住宿发票，手撕定额住宿费发票原则上不予报销。

第二十条　伙食补助费

1. 伙食补助费是指对单位工作人员在因公出差期间给予的伙食补偿费用。伙食补助费按出差自然（日历）天数计算，按规定标准包干使用。

2. 省外、省内出差，执行统一发布的出差目的地伙食补助费标准。

3. 出差当天不能返回，实际发生住宿而无住宿费发票的，单位财务部门依照单位领导出差批示，核实情况后予以报销伙食补助费。

出差当天返回的，伙食补助费按出差目的地标准计发 1 天。

第二十一条　市内交通费

1. 市内交通费是指工作人员因公出差期间在出差目的地发生的市内交通费用。

2. 市内交通费按出差自然（日历）天数计算，按标准包干使用，其中：省内出差，每人每天 40 元；省外出差，每人每天 80 元。

3. 出差人员由单位或其他单位提供交通工具的，出差期间不报销市内交通费。

第二十二条　报销管理

1. 各科室应从严控制出差人数、次数和天数；严格实行差旅费预算管理，控制差旅费支出规模；严禁无明确任务的一般性学习交流、考察调研、重复性考察等差旅活动；严禁异地部门间无实质内容学习交流和考察调研；严禁以任何名义和方式变相旅游。

2. 按照公务卡使用相关规定，单位工作人员出差回单位后 10 日内须办理报销手续。差旅费报销时应当提供出差审批单、机票、车票、住宿费发票等凭证。住宿费、车辆燃油费支出等按规定使用公务卡结算。数人一起出差使用一张差旅费报销单时，要将每个人的姓名都填在报销凭证上。

3. 城市间交通费按乘坐交通工具的等级凭据报销。经批准发生的签转或退票费、交通意外保险费凭据报销。住宿费在标准限额内凭发票据实报销。伙食补助费按出差目的地的标准报销，在途期间的伙食补助费按当天最后到达目的地的标准报销。市内交通费按规定标准报销。

4. 出差当天不能返回，实际发生住宿而无住宿费发票的，不得报销住宿费、城市间交通费、伙食补助费和市内交通费。出差当天返回的，城市间交通费凭据报销，伙食补助费、市内交通费按出差目的地标准报销。

5. 未经批准出差以及超范围、超标准开支的费用不予报销。

6. 市内出租车票和公共车票、月票一律不予报销。

7. 出差人员的差旅费不得向相关单位转嫁。出差人员中如有外单位人员，不允许报销其差旅费费用。

8. 出差人员应当自行用餐。

凡由接待单位统一安排伙食的（除接待单位安排工作餐一次外），出差人员应当按补助标准向接待单位缴纳伙食费并索要收款凭据。出差人员凭接待单位出具的收款凭据向单位财务部门申请补发伙食补助费。

第二十三条　没有城市间交通费的，出差期间的市内交通费不予报销。

第二十四条　出差人员因公出差期间，因住在自己、亲朋家中或赴边远地区出差等特殊情况，实际发生住宿费但无法取得住宿费发票的，应说明情况并经单位负责人批准后，可报销城市间交通费、伙食补助费和市内交通费。

第二十五条　在兰州市区（城关区、七里河区、安宁区、西固区、兰州新区）出差或参加会议，不享受补助费。

第二十六条　到兰州中川机场接送出差人员的驾驶员，每往返一次定额补助20元。

第二十七条　驻村帮扶人员驻村期间每人每天报销补助100元。

第二十八条　外出参加会议、培训的应附经单位分管领导、主要领导批准参加会议、培训的文件或邀请函。

第二十九条　工作人员因调动工作发生的城市间交通费、住宿费、伙食补助费和市内交通费，由调入单位按照差旅费规定予以一次性报销。随迁家属和搬迁家具发生的费用由调动人自理。

第三十条　工作人员经单位主要领导批准，出差期间回家省亲办事的，城市间交通费按不高于从出差目的地返回单位应乘坐的交通工具票价予以报销，超出部分由个人自理；伙食补助费和市内交通费从出差目的地返回单位的天数和规定标准予以报销。

第三十一条　工作人员经组织选派，到常驻地以外单位挂职的，视同挂职单位的工作人员，不补助伙食补助费和市内交通费。往返单位或省亲期间按照差旅费规定报销。

第三十二条　工作人员经组织选派到乡村两级任职、挂职及驻村半年以上的，按实际驻村天数每人每天发放伙食补助40元。往返工作地期间发生费用按出差规定报销。

第三十三条　工作人员外出参加会议、培训，举办单位统一安排食宿的，会议、培训期间的食宿费和市内交通费用由会议、培训举办单位按规定统一开支，单位不予报销会议、培训期间的食宿费和市内交通费用；往返会议、培训地点的差旅费由单位按照差旅费规定报销。

第三十四条　监督问责

1. 各科室负责人及分管领导对出差审批及规模控制负责。经办人、科室负责人、财务负责人等对差旅费报销应审核把关，确保票据来源合法，内容真实完整合规。

对未经批准擅自出差、不按规定开支和报销差旅费的人员应当进行严肃处理。自觉接受审计部门对出差活动及相关经费支出的审计监督。

2. 违反本办法规定，有下列行为之一的，依法依规追究相关单位和人员的责任：

(1) 单位无出差审批制度或审批控制不严的；

(2) 虚报冒领差旅费的；

(3) 擅自扩大差旅费开支范围和提高开支标准的；

(4) 不按规定报销差旅费的；

(5) 转嫁差旅费的；

(6) 其他违反本办法行为的。

有前款所列行为之一的，视情况予以通报。对直接责任人和相关负责人，由单位按规定给予处分。

3. 上级有关部门对单位的差旅费管理和使用情况进行监督检查的主要内容包括：

(1) 单位差旅审批制度是否齐全，差旅活动是否按规定履行审批手续；

(2) 差旅费开支范围和标准是否符合规定；

(3) 差旅费报销是否符合规定；

(4) 是否向下级单位、企业或其他单位转嫁差旅费；

(5) 差旅费管理和使用方面的其他情况。

第三十五条　出差人员不得向接待单位提出正常出差活动以外的要求，不得在出差期间接受违反规定用公款支付的宴请、游览和非工作需要的参观，不得接受礼品、礼金和土特产品等。

第五章　会议费培训费管理

三十六条　会议费、培训费按照《甘肃省省级党政机关会议费管理办法》和《甘肃省省级党政机关培训费管理办法》执行。

三十七条　会议是指单位主办的工作会议、座谈会、评审会、论证会、分析会、研讨会等。

三十八条　会议费报销应当遵循先有预算、后有支出的原则。单位财务部门要坚决杜绝无预算报销和超预算报销会议费。

各类会议经费支出应全部纳入部门年度预算，会议费在执行中不得突破。

三十九条　实行严格的会议审批制度，单位所有会议严格按照《甘肃省省级党政机关会议费管理办法》的规定控制会议数量、会期、规模和经费预算。

会议主办部门应在会议召开前7个工作日内填写《甘肃省草原技术推广总站会议报批单》，履行会议及经费预算审批程序。主办部门未履行会议报批及经费核准程序的，单位财务部门不予报销会议费。

会议主办部门应在《会议报批单》上填写会议名称、举办理由、主要内容、出席会议厅领导、参会对象、参会人数、时间地点、会期所需经费及资金渠道等。

第四十条　会议地点原则上以单位内部会议室为主，确需在宾馆（饭店）举办的，应选择在甘肃省财政厅及省以下财政部门公布的会议定点宾馆（饭店）举办，未在财政部门公布的定点宾馆（店）举办的会议，单位财务部门原则上不予报销会议费。

第四十一条　会议费开支包括住宿费、伙食费、会议室租赁金、交通费、文件印刷费、医疗费等。

1. 交通费指用于会议代表接送站，以及会议统一组织的代表考察、调研等发生的交通费支出。会议代表参加会议发生的城市间交通费，按照差旅费管理规定由所在单位报销。

2. 文件印刷费是指与会议直接相关的讨论、交流、传达等会议文件材料印刷所发生的费用。

会议文件、材料印刷量较少的，原则上在本单位印制。数量较多且本单位无法承印，确需由外部印刷机构承印的，必须选择定点印刷机构承印，并按程序审批。到非定点印刷机构印刷会议文件、材料的，单位财务部门不予报销印刷费。

第四十二条　严禁在会议费中报销以下费用:

1. 接待费；

2. 培训费、讲课费、咨询费、评审费、宣传费；

3. 烟、酒、水果费；

4. 计算机、打印机、复印机、传真机、照相机等固定资产购置费；

5. 洗漱用品、纪念品购置费；

6. 旅游景区参观费；

7. 娱乐、健身活动费；

8. 会场装饰费（包括摆放花草、制作背景板等）；

9. 其他与会议无关的费用。

第四十三条　会议费开支实行综合定额管理，各项费用之间可以调剂使用，在综合定额内凭发票据实报销，超出部分不予报销。

1. 在兰州市城关区、七里河区、西固区、安宁区、兰州新区举办的会议，会议费综合定额标准为 380 元每人每天，其中：住宿费 210 元每人每天，伙食费 110 元每人每天，其他费用 60 元每人每天。

2. 主办部门在兰州市城关区、七里河区、西固区、安宁区、兰州新区之外的其他市、县（区）举办的会议，会议费综合定额标准以当地财政部门公布的标准为准。

第四十四条　举办会议所在地代表和工作人员一般不安排食宿。

第四十五条　会议费属公务卡强制结算目录范畴。主办会议的部门应严格按照

《甘肃省预算单位公务卡使用管理办法》规定，使用公务卡结算会议费，禁止以现金方式结算。

单位财务部门要严格审核会议费结算方式，对不采用公务卡结算或用现金结算的会议费不予报销。

第四十六条　会议主办部门应在会议结束后7个工作日内按“一会一报”原则报销会议费。报销时需认真填写《费用报销单》，并提供以下会计资料，经单位负责人签字后到本单位财务部门办理报销手续。

1. 会议报批单；

2. 会议费预算表及经费来源证明文件；

3. 会议通知（含会议议程）；

4. 实际参会人员签到表；

5. 定点宾馆（饭店）出具的正式发票、费用原始明细单据及电子结算单日；

6. 公务卡结算流水单；

7. 其他需要提供的会计资料。

第四十七条　严禁向参会人员收取费用，严禁向参会代表和工作人员发放任何会议补助，严禁超出规定时限为参会人员提供食宿，严禁借召开会议名义组织会餐或安排宴请，严禁套取会议费设立“小金库”。

第四十八条　培训是指单位举办的业务培训、单位人员继续教育培训和单位工作人员参加的其他部门（单位）举办的岗位培训、任职培训、初任培训、能力提升培训、业务培训等各种培训活动。

第四十九条　培训费报销应当遵循先有预算、后有支出的原则。主办部门未履行培训报批及经费核准程序的，单位财务部门不予报销培训费。

第五十条　单位应建立严格的培训审批制度，严格控制培训天数、参训人数和经费预算。

第五十一条　举办培训班单位应在培训班开班前7个工作日内填写《甘肃省草原技术推广总站培训报批单》。培训主办部门应在《培训报批单》上填写培训名称、举办理由、主要内容、出席培训班的厅领导、培训对象、培训人数、时间地点、培训天数、所需经费及资金渠道等。

第五十二条　单位工作人员外出参加其他单位举办培训班缴纳的培训费，凭培训机构出具的培训费收据和领导同意参加培训的指示件报销培训费。

第五十三条　培训地点原则上以单位内部会议室为主，确需在宾馆（饭店）举办的，应选择在甘肃省财政厅及省以下财政部门公布的会议定点宾馆（饭店）举办，未在财政部门公布的定点宾馆（饭店）举办的会议，单位财务部门原则上不予报销培训费。

第五十四条　单位举办的培训班，培训费开支包括住宿费、伙食费、场地租赁金、讲课费、资料费、交通费以及其他与开展培训有关的费用。

1. 住宿费指参训及工作人员培训期间发生的租住房间的费用。

2. 伙食费指参训及工作人员培训期间发生的用餐费用。

3. 场地租赁费指用于培训的会议室或教室租金。

4. 讲课费指聘请师资授课所支付的报酬。

5. 资料费指培训期间的资料费。

6. 交通费指用于接送以及统一组织的与培训有关的考察、调研等发生的交通费支出。

7. 其他费用指现场教学费、文体活动费、医疗费以及授课教师交通、食宿等费用支出。

第五十五条　培训期间租赁住宿宾馆（饭店）以外的电教室、多媒体会议室等场地的，单位须签定租赁合同。

第五十六条　师资费（包括授课老师讲课费、住宿费、伙食费、城市间交通费等）在综合定额标准外单独核算。

讲课费按实际发生的学时计算，每半天最多按 4 学时计算。讲课费（税后）副高级技术职称专业人员每学时不超过 500 元，正高级技术职称专业人员每学时不超过 1000 元，院士、全国知名专家每学时一般不超过 1500 元。其他人员讲课费对应相当职务（职称）级别，参照上述标准执行。

第五十七条　讲课费发放须填写发放单，发放单上必须由本人签字。报销讲课费时需提供讲课人在税务局开具的正式发票。

第五十八条　培训班资料印刷量较少的，原则上在本单位印制。数量较多且本单位无法承印，确需由外部印刷机构承印的，必须选择定点印刷。到非定点印刷机构印刷会议文件、材料的，单位财务部门不予报销印刷费。

第五十九条　严禁在培训费中报销以下费用:

1. 公务接待费；

2. 会议费、咨询费、评审费、宣传费；

3. 烟、酒、水果费；

4. 计算机、打印机、复印机、传真机、照相机等固定资产购置费；

5. 洗漱用品、纪念品购置费；

6. 旅游景区参观费；

7. 娱乐、健身活动费；

8. 会场装饰费（包括摆放花草、制作背景板等）；

9. 其他与培训无关的费用。

第六十条　培训费开支实行综合定额管理，各项费用之间可以调剂使用，在综合定额内凭发票据实报销，超出部分不予报销。

1. 主办单位在兰州市城关区、七里河区、西固区、安宁区、兰州新区举办的会议，会议费综合定额标准为400元每人每天，其中：住宿费210元每人每天，伙食费110元每人每天，场地、资料、交通费50元每人每天，其他费用30元每人每天。

2. 主办部门在兰州市城关区、七里河区、西固区、安宁区、兰州新区之外的其他市、县（区）举办培训班的，培训费综合定额标准以当地财政部门公布的标准为准。

第六十一条　培训费属公务卡强制结算目录范畴。举办培训的单位应严格按照《甘肃省预算单位公务卡使用管理办法》规定，使用公务卡结算讲课费以外的培训费，禁止以现金方式结算。

单位财务部门要严格审核培训费结算方式，对不采用公务卡结算或用现金结算的培训费不予报销。

第六十二条　培训主办单位应在培训班结束后7个工作日内按"一训一报"原则报销培训费。报销时需认真填写《费用报销单》，并提供以下会计资料，经单位负责人签字后到本单位财务部门办理报销手续。

1. 培训报批单；

2. 培训费预算表及经费来源证明文件；

3. 培训通知（含培训议程）；

4. 实际参训人员签到表；

5. 甘肃省林业和草原局培训讲课费签收单；

6. 定点宾馆（饭店）出具的正式发票费用原始明细单据及电子结算单日；

7. 公务卡结算流水单；

8. 其他需要提供的会计资料。

第六十三条　单位财务部门应严格规定审核培训费开支，对未履行审批手续以及超范围、超标准开支的费用不予报销。

第六章　资产管理

第六十四条　资产是指单位占有或使用的能以货币计量的经济资源，包括流动资产（含现金、各种存款、往来款项、存货等）、固定资产、无形资产和对外投资等。单位应依法管理使用国有资产，完善资产管理制度，维护资产的安全和完整，提高资产使用效益。

第六十五条　单位应加强对存货和办公用品用具等的管理，建立、健全其内部购置、验收、入库、保管、领用等项管理制度，对存货及其办公用品用具进行定期或者不定期清查盘点，保证账实相符。

第六十六条　固定资产管理

1. 加强单位固定资产管理，实现固定资产的优化配置，保证固定资产的安全和完整，提高单位固定资产使用效益，防止固定资产流失。

2. 固定资产的标准

(1) 固定资产是指单位持有的使用期限超过 1 年（不含 1 年），单位价值在 1000 以上，并在使用过程中基本保持原有物质形态的资产，包括房屋及构筑物、专用设备、通用设备等，或者单位价值虽未达到规定标准，但是耐用时间在一年以上的大批同类物资，作为固定资产管理。

(2) 单位价值虽然未达到标准，但耐用时间在一年以上的大批同类物资，作为固定资产管理。

3. 固定资产的分类

事业单位的固定资产一般分为六类：房屋及构筑物；专用设备；通用设备；文物和陈列品；图书、档 案；家具、用具、装具及动植物。结合单位实际将固定资产分为以下几类：

(1) 房屋及构筑物：包括办公用、基地（榆中、红古、高台、馒头山）用、生产生活用房屋等。

(2) 通用设备：指办公和业务用通用性设备，包括办公设备（复印机、打印机、传真机、摄像机、数码相机）、车辆、消防器材、空调、通信网络设备、视频产品、音响设备、计算机及其外围设备、计算机软件、家具设备、被服装具等。

(3) 专用设备：单位实验用仪器仪表、牧草种子加工收获机械等。

(4) 家具用具：包括办公桌椅、书柜、铁皮柜、沙发等

4. 固定资产管理、核算部门

(1) 单位资产由计划财务科和办公室负责管理。资产管理人员要认真学习业务知识，提高业务水平和管理水平，与固定资产使用部门和使用人员共同管好、用好固定资产。

(2) 单位固定资产使用部门和使用人对固定资产负有保养和保证安全的责任。

(3) 单位资产管理部门应设置固定资产实物台账，掌握单位财产管理动态，及时向站领导班子反馈管理信息。

(4) 单位资产管理部门负责对固定资产进行验收、保管、内部调拨、报损报废、定期盘点等有关事项，做到账实相符。

(5) 单位资产管理部门对每项固定资产的使用落实到人，并制定相关的使用、交接、丢失、损坏赔偿规定。

(6) 单位资产管理部门应及时做好固定资产的维修和保养工作，提高设施、设备的完好率与利用率。

5. 固定资产计价

(1) 购入、调入的固定资产，按实际支付的买价、调拨价以及运杂费、保险费、安装费、车辆购置附加费等记账。

(2) 自行建造的固定资产，按建造过程中实际发生的全部支出记账。

(3) 在原有固定资产基础上改建、扩建的固定资产，按改建、扩建发生的支出，减去改建、扩建过程中发生的变价收入后的净增加值，增记固定资产账。

(4) 接受捐赠的固定资产，按照同类固定资产的市场价格或者有关凭证记账，接受捐赠固定资产时发生的相关费用应计入固定资产价值。

(5) 无偿调入固定资产，不能查明原值的，按照估价入账。

(6) 盘盈的固定资产，按照重置完全价值入账。

(7) 用外币进口的设备，按当时的汇率折合成人民币金额，加上国外部分的运费及其他费用（外币应折合成人民币金额），再加上支付的关税、海关手续费等计价入账。

(8) 购置固定资产过程中发生的差旅费，不计入固定资产价值。

(9) 单位固定资产按规定计提折旧，按原值入账。

(10) 已经入账的固定资产除发生下列情况外，不得任意变动固定资产账面价值：根据国家规定对固定资产进行重新估价的；增加补充设备或改良装置的；将固定资产一部分拆除的；根据实际价值调整原来暂估价值的，发现原来记录固定资产价值有误的。

(11) 对于应用软件，如果其构成相关硬件不可缺少的组成部分，应当将该软件价值包括在所属硬件价值中，一并作为固定资产进行核算；如果其不构成相关硬件不可缺少的组成部分，应当将该软件作为无形资产核算。

6. 固定资产的日常管理

(1) 固定资产的日常管理是指在日常工作或业务活动中对所需及占有的国有资产实施不间断的管理及核算，包括从编制固定资产预算、计划采购、验收入库、登记入账、领用发出到维修保养、处置等各个环节的实物管理和财务核算。

(2) 在固定资产的日常管理中，单位资产管理部门负责按固定资产的价值分类核算，审核预算并对固定资产管理进行监督检查；负责固定资产的验收入库、登记保管、领用发出、调拨处置等具体管理。使用部门负责合理、有效使用。办公室负责日常维护保养管理。

(3) 固定资产预算及购置计划既要从实际需要出发又要注意节约，要根据各类资产的配备情况及使用标准合理配置，充分利用现有固定资产，防止积压浪费。对按规定实行统一采购的固定资产，要提供详细的实施方案。对现有固定资产要注意妥善保管，合理使用，及时维修保养，提高使用效率，防止损坏丢失，确保财产安全完好。

（4）单位资产管理部门必须完善固定资产账卡、领用、处置、清查盘点等日常管理制度。使用部门须指定专人负责办理本部门固定资产和其他物品的领用、保管、清点等工作。

（5）单位资产管理部门应建立固定资产验收制度，办理验收手续。对购入、调入、受赠的固定资产需先验收入库。根据工作需要使用部门在办理领用手续后使用，由领用科室负责人和领用人填制《固定资产领用单》(一式三联)，经领用科室、分管领导、资产管理部门审核后，报主管领导批准后领用。未经批准，不得领用、调换、长期占用单位固定资产。

（6）固定资产内部调拨时，使用科室或个人需填写《固定资产调拨单》(一式三联)，经使用科室、资产管理部门负责人签字，主管领导、站长批准后调拨。一联交财务资产管理科登记固定资产和使用科室或个人的领用清册。一联由调入科室（人）留存，一联由调出科室（人）留存。

（7）单位固定资产管理部门对配备给个人使用的固定资产或物品，要建立领用交还制度，并督促使用人爱护所用资产。工作人员工作调动时，应在其办理所用资产交还手续后，方可办理调动手续。

7. 行政事业单位资产管理信息系统

（1）行政事业单位资产管理信息系统是实现资产管理动态化、预算编制科学化的重要举措，是编制年度新增资产配置预算的重要支撑，有利于提高工作效率、降低管理成本、实现资产管理与预算管理的有机结合。

（2）单位资产管理部门应当建立健全资产管理信息系统内部管理规范和岗位管理制度，落实资产管理信息系统岗位责任制和领导负责制，科学设置资产管理信息系统中经办、审核、审批和系统管理等岗位，合理安排岗位人员，确保资产管理信息系统安全稳定运行。

8. 固定资产预算管理

单位新增固定资产，严格按照《甘肃省省级行政事业单位国有资产配置预算管理办法》执行。

9. 固定资产收入、处置管理

（1）单位的固定资产收入，严格执行《甘肃省省级行政事业单位国有资产收入管理暂行办法》。

（2）单位的固定资产处置，严格执行《甘肃省省级行政事业单位国有资产处置管理暂行办法》。

10. 单位固定资产的赔偿

（1）各科室领用的固定资产因工作失职保管不善，造成财产损失的，在查明原因和损失的数量、金额后，由办公室和办公室提出赔偿意见，报主管领导审批执行。

(2) 属于职工个人保管使用的固定资产，因保管不善或使用不当，造成损坏或遗失的，由个人负责修理或照价赔偿。

(3) 各科室保管使用的财产，凡正常损坏的均由科室负责人填写《报修单》送办公室安排修理；人为损坏的，按修理的材料成本价和人工费计价赔偿。

(4) 损坏或遗失单位固定资产赔偿款交办公室，由办公室统一交计划财务科，同时开具收款凭证，各科室均不得收款。

11. 固定资产的出租出借

单位固定资产的出租出借，严格执行《甘肃省省级事业单位国有资产出租出借管理暂行办法》。

12. 固定财产的清查盘点

(1) 单位的固定资产清查盘点采用定期和抽查相结合，形式为实地盘点。

(2) 由资产管理部门组织成立资产清查小组对单位固定资产进行清查盘点。清查固定资产实有数与账面结存数是否相符，固定资产的保管、使用、维修等情况是否正常。清查盘点后，由办公室向站领导班子书面报告清查结果。

13. 固定资产管理人员的移交

(1) 单位固定资产保管人员，因工作调动或离职，必须与接管人员办理交接手续。

(2) 办理移交前，应做好以下各项工作：

完成已经受理的固定财产增减的登记工作；按规定整理移交各项资料，对未了事项要求写出书面材料；编制移交清册，列明应该移交的账册、文件等。

(3) 办理交接手续时，单位必须指定监交人负责监交。

(4) 移交人员要按照移交清册逐项移交，接替人员逐项核对验收，对固定资产应逐件清点。

(5) 交接完毕后，交接双方和监交人员均需在移交清册上签名并盖章，并在移交清册上注明：单位名称、交接日期、交接双方和监交人的职务、姓名、移交清册页数以及需要说明的问题和意见。

14. 建立固定资产档案管理。

单位应建立健全固定资产增减变动情况及相关资料档案并完整保存。

15. 不符合固定资产标准的各种办公用品、用具、生活用具、器具、材料等资产，也要分类登记，统一由办公室管理。

第六十七条　单位在维持本单位事业正常发展的前提下，按照国家有关政策规定，将非经营性资产转为经营性资产投资的，应当进行申报和评估，并报经主管部门审核后报甘肃省机关事务管理局和甘肃省财政部门批准。投资取得的各项收入全部纳入单位预算管理。单位不得将国家财政拨款、上级补助和维持事业正常发展的资产转作经营性使用。

第六十八条　单位定期或者不定期地对资产进行账务清理、对实物进行清查盘点。年度终了前应当进行一次全面清查盘点。

第六十九条　无形资产管理

单位应当加强无形资产的管理，明确相关科室职责权限，强化对无形资产形成、使用等的管理工作。

第七十条　对外投资、出租、出借和担保管理

事业单位利用国有资产对外投资、出租、出借和担保等，应当由单位集体研究决定，应进行必要的可行性论证，经主管部门审核同意后报省机关事务管理局和省财政部门审批。法律、行政法规另有规定的，从其规定。财务部门应对本单位用于对外投资、出租、出借和担保的资产实行专项管理，并在单位财务会计报告中对相关信息进行披露。

单位应加强对投资项目的追踪管理，及时、全面、准确地记录对外投资的价值变动和投资收益情况。

第七十一条　国有资产收入管理

1. 事业单位国有资产收入，是指行政事业单位国有资产有偿使用收入和处置收入。事业单位国有资产有偿使用收入包括事业单位利用国有资产出租、出借或提供担保等取得的收入；利用货币资金、固定资产和无形资产等对外投资取得的收入；以挂靠、挂名等名义举办经济实体取得的收入；世界文化遗产保护范围内实行特许经营项目的有偿出让收入和世界文化遗产的门票收入；财政部门认定的其他收入。政事业单位国有资产处置收入，包括各类资产的出售（出让、转让）收入、置换差价收入、报废报损残值变价收入、保险理赔收入和转让土地使用权收益等。

单位国有资产处置收入，按照政府非税收入管理和财政国库收缴管理的规定上缴国库或财政专户，实行“收支两条线”管理。

2. 单位的固定资产收入，严格执行《甘肃省省级行政事业单位国有资产收入管理暂行办法》。

第七十二条　国有资产处置管理

1. 事业单位国有资产处置，是指行政事业单位对其占有、使用的国有资产进行产权转移或注销的行为。

甘肃省财政厅负责省级行政事业单位国有资产处置的审批和监督管理，省级预算单位财务主管部门按照处置权限负责本部门、本单位国有资产处置的审批和监督管理。

2. 事业单位国有资产处置应严格履行审批手续，未经批准不得擅自处置。事业单位出售、出让、转让、置换国有资产的处置，应委托有资质的资产评估机构进行

评估。未经批准处置的行政事业单位占有、使用的土地、房屋建筑物、车辆和仪器设备等国有资产，有关部门不得办理相关的国有资产注册、过户、变更等手续。

3. 单位的固定资产处置，严格执行《甘肃省省级行政事业单位国有资产处置管理暂行办法》。

第七章　绩效管理

第七十三条　计划财务科负责牵头单位项目绩效评价工作，科技管理科和各项目负责人积极配合。

第七十四条　各科室要坚持项目绩效先行的原则，在项目申报的时候要根据项目资金来源和具体实施的内容科学、完整的编制项目绩效目标。

第七十五条　科技管理科召集各项目负责人要按照甘肃省财政厅印发的《甘肃省省级预算绩效管理办法》等6个办法和规程的通知要求，认真做好项目事前绩效评估、监控、自评和项目绩效评价工作。

第七十七条　计划财务科做好与局规财划务处、甘肃省财政厅绩效处的衔接沟通工作。

第八章　机构设置

第七十六条　单位应当根据《中华人民共和国会计法》的规定建立会计机构，配备具有相应资格和能力的会计人员，会计人员管理严格按《会计人员管理办法》执行。

会计人员从事会计工作，应当符合下列要求：

1. 遵守《中华人民共和国会计法》和国家统一的会计制度等法律法规；

2. 具备良好的职业道德；

3. 按照国家有关规定参加继续教育；

4. 具备从事会计工作所需要的专业能力。

第七十八条　单位的经济活动由单位财务部门统一进行管理。

第七十九条　财务会计人员工作调动或者离职，必须与接管人员办理交接手续，在交接手续未办清以前不得调动或离职。财务会计机构负责人和财会主管人员办理交接手续，由单位负责人监交。一般财务会计人员办理交接手续，可由财务会计机构负责人监交。财务会计人员短期离职，应由单位负责人指定专人临时接替。

第九章　财务监督

第八十条　局规划财务处、站纪委对单位的经济活动依法进行财务监督。

第八十一条　单位财务监督的内容一般包括：预算的编制和执行、收入和支出的范围及标准、专用基金的提取和使用、资产管理措施落实、往来款项的发生和清算、财务会计报告真实性、准确性、完整性等。

1. 预算编制和执行的监督。单位预算的编制应当符合党和国家的方针、政策、规章制度和单位事业的发展计划。单位对各项支出是否真实可靠，各项收入是否全部纳入预算，有无漏编、重编，预算是否严格按照批准的项目执行，有无随意调整预算或变更项目等行为事项进行监督。

2. 单位收入的监督。包括财政预算拨款收入，非税收入、上级部门业务经费收入以及其他合法收入。

3. 单位支出的监督。监督的主要内容是：

（1）各项支出是否精打细算，厉行节约、讲求经济、实效。

（2）各项支出是否按照国家规定的用途、开支范围、开支标准使用；支出结构是否合理，有无违反规定超额、超标准开会、配备豪华交通工具、办公设备及其他设施。

（3）项目支出与事业经费支出的界限是否划清，有无项目支出挤占单位经费，或单位经费有无列入项目支出的现象。应由个人负担的支出，有无由单位经费负担的现象。是否划清单位经费支出与经营支出的界限，有无将应由经费列支的项目列入经营支出或将经营支出项目列入单位经费支出的现象。

（4）事业单位专用基金的提取，是否依据国家统一规定或财政部门规定执行；各项专用基金是否按照规定的用途和范围使用。

4. 资产监督即对资产管理要求和措施的落实情况进行的检查督促，包括：

（1）是否按国家规定的现金使用范围使用现金。

（2）各种应收及预付款项是否及时清理、结算；有无本单位资金被其他单位长期大量占用的现象。

（3）对各项负债是否及时组织清理，按时进行结算，有无本单位无故拖欠外单位资金的现象，应缴款项是否按国家规定及时、足额地上缴，有无故意拖欠、截留和坐支的现象。

（4）各项存货是否完整无缺；存货和固定资产的购进、验收、入库、领发、登记手续是否齐全。

（5）存货和固定资产是否做到账账相符、账实相符；是否存在有账无物、有物无账等问题；固定资产有无长期闲置形成浪费问题；有无未按规定报废、转让单位资产的问题发生。

（6）对外投资是否符合国家有关政策；有无对外投资影响到本单位完成正常的事业计划的现象；以实物或无形资产对外投资时，评估的价值是否正确。

第八十二条　单位应自觉接受审计、财政部门的检查和监督。

第八十三条　单位实行财务公示制度，公示按《甘肃省草原技术推广总站政务公开制度》办理。

第八十四条　本制度由计划财务科负责解释（以下详细内容略）。

附件 1：甘肃省草原技术推广总站资产物资采购流程；
附件 2：甘肃省草原技术推广总站物资采购预算申请表；
附件 3：甘肃省草原技术推广总站会议、培训经费预算审批表；
附件 4：甘肃省草原技术推广总站公务接待费预算审批表；
附件 5：甘肃省草原技术推广总站印刷预算审批表；
附件 6：甘肃省草原技术推广总站工会经费预算审批表；
附件 7：甘肃省草原技术推广总站出差审批表；
附件 8：甘肃省草原技术推广总站固定资产验收单；
附件 9：甘肃省草原技术推广总站固定资产领用单；
附件 10：甘肃省草原技术推广总站固定资产报修表；
附件 11：甘肃省草原技术推广总站固定资产盘点表；
附件 12：甘肃省省级党政机关省外出差住宿及伙食补助费开支标准表；
附件 13：甘肃省草原技术推广总站固定资产盘点表；
附件 14：甘肃省省级党政机关省内出差住宿及伙食补助费开支标准表；
附件 15：中央和国家机关工作人员赴地方差旅住宿费标准明细表；
(表略)。

（本节供稿：马爱霞、许国成、张永辉、徐正辉；校对：莫负涛、张蔚）

第一章　考察培训交流

第一节　国外考察培训

改革开放以来，甘肃省草牧业进入一个全新发展阶段，恢复重建的甘肃省草原工作队沐浴着改革开放的春风，不断扩大对外交流和考察学习。自1980年以来，先后有19人赴澳大利亚、加拿大、新西兰、英国、法国、日本、朝鲜、俄罗斯、美国、意大利、荷兰、德国等10多个国家考察、学习、培训、交流，内容涉及草原畜牧业管理和研究、旱地耕作农业学术研讨、资源保护和植物种质基因库管理、草坪建植、畜牧业农用地建设、奶牛养殖、草业科技生产及城市环境绿化、草品种DUS和VCU测试技术、现代农业设备以及外语培训等相关领域，为提升单位人才建设质量、强化信息交流、拓展业务窗口发挥了重要作用。

赴国外学习考察培训情况见表4–1。

表4–1　赴国外学习考察培训情况表

人员	职务、职称	培训考察时间	培训内容及地点
王无怠	队　长	1980年8月	随中国学术代表团参加了在澳大利亚悉尼举行的国际旱地耕作学术会
白善霖		1986年6月—1987年6月	在澳大利亚进修学习一年
何　毅	高级畜牧师	1987年6月—1988年10月	在加拿大多伦多约克大学、加拿大植物种质资源中心、渥太华卡尔顿大学进修加拿大社会经济、植物生理、遗传学、植物种质资源保护和植物种质基因库管理等课程

人员	职务、职称	培训考察时间	培训内容及地点
何　毅	高级畜牧师	1993 年 10 月—1995 年 3 月	赴吉布提共和国，作为体育工艺设计代表负责体育场草坪建植以及组织指导体育设施的设置安装工
徐志清	副站长	1988 年 8—9 月	在日本北海道、秋田、东京研修畜牧业农用地建设
		1996 年 8 月 16 日—9 月 7 日	参加澳大利亚悉尼、墨尔本等地畜牧业管理培训
晁德林	研究员	1991 年 5 月—1992 年 5 月	在日本国千叶县研修学习奶业管理一年
王立耕	研究员	2000 年 12 月 1—20 日	参加澳大利亚畜牧业发展培训
李贵霖	研究员	2003 年 8 月 19—31 日	赴朝鲜进行为期 10 天的草业科技生产及城市环境绿化发展访问考察
鲁　征	高级畜牧师	2004 年 10 月 1—30 日	赴俄罗斯考察学习东方山羊豆
豆　卫	站　长	2004 年 11 月 28 日—12 月 28 日	赴澳大利亚、新西兰考察
		2005 年 7 月 2—24 日	参加加拿大中加农业发展项目培训
		2011 年 10 月 16 日—10 月 30 日	赴美国考察学习畜牧业
韩天虎	站　长	2000 年 12 月 1—20 日	参加澳大利亚畜牧业发展培训
		2007 年	赴法国考察学习
		2012 年 9 月 11—30 日	参加美国草原管理及畜牧业培训
		2018 年 11 月 17 日—11 月 30 日	参加俄罗斯“发展现代可持续农业及农业质量提升课题”培训班
张　榕	研究员	2005 年 6 月 30 日—7 月 24 日	参加加拿大中加农业发展项目培训
		2014 年 12 月 4—24 日	参加英国欧盟草品种 DUS 和 VCU 测试技术培训
温　洪	副研究员	2005 年 6 月 30 日—7 月 24 日	参加加拿大中加农业发展项目培训
赵庆平	党委书记	2007 年 11 月 1—30 日	参加欧洲法国、意大利、荷兰、德国等畜牧业经营管理培训
王汝富	研究员	2011 年 11 月 12—26 日	赴澳大利亚草原畜牧业考察学习
程文定	研究员	2011 年 11 月 1—21 日	参加澳大利亚现代设备农业培训
俞联平	研究员	2011 年 12 月—2012 年 1 月	参加澳大利亚现代设备农业培训
李贵霖	研究员	2003 年 8 月 19—31 日	参加朝鲜草业科技及城市绿化考察

一、部分考察报告摘要

1. 王无怠赴日本北海道考察奶业发展

1982 年，日中农交畜产兽医代表团成员广濑可恒教授一行考察甘肃农牧业，王无怠陪同，交流了日本北海道的乳业发展经验。之后，王无怠一行赴日本北海道考察了日本新酪农村建设、酪农协同组合、牛乳市场销售管理等乳业发展状况。

王无怠在日本农场考察

2. 晁德林赴日本研修

晁德林 1991 年 1 月结业于中国农学

会第八期出国研修生培训班，1991 年 5 月受农业部派遣赴日本农林水产交流协会研修饲草饲料加工利用技术，研修期 1 年。在日本国千叶县佐久间牧场研修。

晁德林在日本研修学习

研修内容：奶牛饲养管理技术；肉牛饲养管理技术；饲料饲草加工技术；牧场经营管理模式；日本风俗习惯等。

感受和体会：农业政策扶持制度完善、社会化专业化服务程度高、社会治安稳定。日本农业存在的问题：农产品竞争力低、农产品过剩、劳动力缺乏、农产品自给率低。

（供稿：晁德林）

3. 豆卫等赴加拿大参加第二届中国–加拿大牧草研习班

加拿大牧草研习班是加拿大国家农业部对世行贷款的配套赠款项目，主要内容是培训培训者。项目启动于 2004 年，2005 年 7 月 2 日—24 日，由农业部草原监理中心，甘肃省草原技术推广总站等单位技术人员组成的 24 人学习考察团，参加了在加拿大举办的第二期牧草研习班。甘肃有 5 人参加，甘肃省草原技术推广总站有站长豆卫、研究员张榕、副研究员温洪（代表省外资办）3 人参加。

培训内容：在加拿大国际谷物学院听取了加拿大牧草业、牧草种子生产、干草及青贮饲料生产、草食家畜饲养、加拿大农业技术推广、农场经营管理、农业气象等 19 个专题讲座；在加拿大农业及农业食品部平原农场复兴管理局、斯威夫特卡伦特农业研究中心、莱斯布里奇农业研究中心和加拿大马尼托巴省农业技术推广站进行了参观学习；参观了有代表性的农场、肉牛育肥和奶牛养殖场、农机制造和干草

温洪在加拿大参加培训

豆卫在加拿大参加培训

加工出口企业。这次培训，对加拿大的草业科研、生产、加工和销售、草食家畜养殖以及农场管理等方面有了较全面的了解。

值得借鉴的几点做法：①高度重视牧草产业；②重视草地畜牧业科技进步；③重视草地的可持续利用；④实行农业保险制度。

（供稿：张榕）

4. 王汝富赴澳大利亚考察草业科技发展及经营管理

根据中澳农业联委会第十次会议确定的农业交流计划，受农业部派遣，甘肃省草原技术推广总站王汝富等一行5人于2011年11月12日—26日赴澳考察草业科技发展及经营管理，考察目的是通过拜会澳政府管理部门、考察科研机构、企业、牧场等，了解澳政府牧草管理政策、牧草种质资源保护与利用、草场改良与管理，并与澳有关机构建立合作交流关系，为今后合作与技术引进奠定基础。

考察内容：走访了南澳大利亚州、新南威尔士州和维多利亚州的22家部门和企业，涉及范围包括政府部门、牧草研究发展中心、牧草种植农牧场、草产品加工、草产品检测、草产品经销、农牧产业技术协会、进出口公司、牧草种植研究机构、奶牛场等，通过现场观摩和座谈，对澳大利亚在牧草育种、种植、病害防治、加工、检测、经销、利用和技术服务等方面的特点有了初步了解。

王汝富在澳大利亚考察学习

特点和体会：①政府宏观管理依靠法制。②牧草产业技术协会作用明显。③草产业科技支撑体系完善。④注重草场改良和保护利用。⑤科技的先进性得到了充分体现。⑥农牧业规模化集约化程度高。

建议：一是要加强对澳大利亚政府管理政策的学习和借鉴，二是要高度重视牧草科技支撑体系建设，三是要培育发展专业化生产和规模化经营，四是要加强草业基础设施建设和扩大合作交流。

（供稿：王汝富）

5. 韩天虎赴美国参加草地资源合理利用与信息化管理培训

经国家外专局批准，由农业部草原监理中心、人力资源中心组织的“草地资源合理利用与信息化管理培训团”，于2012年9月11日—30日在美国进行培训学习，培训团由农业部草原监理中心以及有关省、市、县（区）草原监理和草原技术推广部门的17名同志组成。考察团通过拜访、座谈、现场考察和听取专题报告等形式，

韩天虎在美国参加培训

对美国草地资源利用与信息化管理等情况进行了较为全面的了解，并结合中国的情况进行了深入研讨，获益匪浅。

培训内容：在美期间，培训团拜会了美国农业部自然资源和保护服务局、美国内务部土地调查局和加州草地管理局、洛杉矶县农业局等政府机构，了解了美国草地资源与生态现状、美国草地管理体制、针对草地保护和建设采取的政策措施以及公共草场的管理和私人牧场经营等情况。在加州州立大学圣伯纳迪诺分校，培训团接受了为期一周的集中培训学习。考察了加州 Yolo Bypass 野生动物保护区、加州自然资源管理局的有关机构和私人农场。培训团还与美国草地保护相关社会组织进行了互动性座谈。

启示和建议：尽管中美两国国情不同，自然资源禀赋、经济社会发展水平、管理体制、政策环境、草地所有权制度等方面存在很大差异，但在草地保护建设利用和管理方面也具有很多共性。美国的草地保护和信息化管理中一些好的经验和做法，带给我们许多启示，值得借鉴。根据此次培训的收获和体会，提出以下建议：①进一步整合草原监管的力量。②进一步构建完善的草原监测与生态评价体系。③进一步加强草原信息化体系建设。④进一步处理好草原保护与利用的关系。

（供稿：韩天虎）

6. 张榕赴英国参加草品种区域试验 DUS 和 VCU 测试技术培训

2014 年 12 月 4 日—24 日，农业部草品种区域试验 DUS 和 VCU 测试技术培训团一行 17 人赴英国进行了为期 21 天的培训。培训先后在西伦敦大学、北爱尔兰农业食品与生物科学研究所、亨利八世酒店举行。

张榕在英国参加培训

培训内容：考察了 AFBI 农业研究所畜牧场（Hillsborough）、AFBI草种育种站（Loughgall）、Sparsholt 农业技术学院、威尔培训公司（Vale Training Services LTD）及其牧场（Mash Hill Farm），内容涉及英国畜牧业发展现状及其在国民经济中的地位、英国草品种类型及育种优势技术、草种认证制度、草品种 DUS、VCU 测试工作概况等。通过培训，对英国的草地畜牧业发展现状、草品种评价体系建设和运行情况等有了较为直观的了解，对草品种 DUS（Distinctness 特异性、Uniformity 一致性、Stability 稳定性）和 VCU（Value for Cultivation and Use 栽培和应用价值）测试体系有了全面掌握。

启示及建议：中国当前应重点开展以下工作：制定适合中国国情的草品种 DUS 测试指南；尽快建立国家草品种 DUS 测试站，新品种应当以 DUS 测试结果为依据；建立草品种国家清单和推荐清单发布制度，提出国家草品种名录；对已审定登记的育成品种进行 DUS 测定，建立国家草品种 DUS 测试对照品种库；建立草种生产认证体系。

（供稿：张榕）

7. 韩天虎赴俄罗斯培训

2018 年 11 月 17 日—30 日，韩天虎参加在俄罗斯联邦季米尔亚泽夫农业科学院举办的甘肃省“发展现代可持续农业及农业质量提升课题”培训班。

培训内容：实地考察了季米尔亚泽夫农业科学院实验站和精准农业中心、分子生物技术中心、植物育种和蔬菜作物生物技术实验室和蔬菜实验站。参观了季米尔亚泽夫农业科学院动物学院马博物馆和生物学院植物土壤标本展览馆。在圣彼得堡培训团一行访问了国立兽医学院和全俄畜牧与育种研究中心，听取了有关俄罗斯联邦动物疫病防治体系、兽医人才培养和动物育种方面的情况，参观了动物病理解剖实验室。

韩天虎在俄罗斯参加培训

几点启发：近 10 年来，俄罗斯重视农业提质增效，逐步走上了良性的发展轨道，特别是科技体系完善和基础雄厚的优势逐步显现，有些方面值得我们借鉴的：①在农业基础研究领域需要加强。②在农业人才培养方面的做法值得借鉴。③在科研和产业合作方面需要加强。

从当前国际形势以及资源共享互补的角度看，中国与俄罗斯技术交流和产业合作的基础与前景很好。俄罗斯有丰富的耕地资源，但缺乏劳动力，中国农业要素输出的可能性较大。

（供稿：韩天虎）

李贵霖在朝鲜参加培训

8. 李贵霖赴朝鲜考察草业科技及城市环境绿化发展

受中国科协安排和邀请，由甘肃省科协组织的草业科技考察团一行5人于2003年8月19日—31日赴朝鲜进行为期10天的草业生产及城市环境绿化发展访问考察。

考察内容：考察团按照朝鲜科技总联盟的安排，考察了朝鲜平壤市的城市绿化、运动场草坪、陵园绿化建设、公园绿化建设、坡地绿化建设、风景区绿化建设和朝鲜草业、畜牧业、农业及朝鲜部分大型建筑、人文、文化、艺术等方面的发展情况，并与朝鲜农业大学和平壤市城市经营研究所畜牧与草坪方面的教授、专家开展了畜牧养殖、草原建设与保护、畜（农）产品加工等方面的专题座谈，受朝盟邀请，考察团介绍了中国草业科学的发展情况，并作了《草业科学及其草产业化》的报告，他们对中国草业的发展给予了高度评价，并积极要求进行中朝草业科学方面的技术交流、品种资源交流和选送朝方优秀草业专家到甘肃农业大学草业学院留学或短期进修等方面的合作。现场考察了恩清牧场，参观了畜产品加工车间等。

几点建议：朝鲜作出了“以草换肉”，改善和提高人民生活水平的决策。从世界农业经济比较发达的国家和中国甘肃省草地畜牧业发展的历程和经验来看，发展农业经济一定要走种植业与畜牧业并重的道路，这是改善、提高人民生活水平的一个有力举措和有效途径。中、朝双方就此问题进行交流合作正切中朝鲜当务之需。而中国发展草业的历史、先进的草业理论、甘肃省发展草业方面的巨大优势和已取得的成就，较高的教学、科研水平和较强的技术实力，具备了与朝鲜开展相关方面技术和学术交流以及合作的能力和条件，今后要加强草业方面的交流。

朝鲜与甘肃省的自然条件、社会状况和经济基础不同，但朝鲜发展草业、畜牧业的一些经验和作法，对甘肃省发展草业仍有一定的借鉴和指导意义。

（供稿：李贵霖）

9. 俞联平赴澳大利亚培训考察设施农牧业

甘肃省人力资源和社会保障厅组织甘肃省农牧业和林业方面的领军人才组成甘肃省领军人才赴澳大利亚培训团，于2011年12月29日—2012年1月19日对澳大利亚的设施农牧业和林果业生产及科研进行学习和考察。

培训内容：澳大利亚农牧业和林业遥感应用、精细农牧业及林果业管理、草畜

俞联平在澳大利亚参加培训

平衡及应用、电子图书及电子教学等内容进行了培训和学习，并对新南威尔士州、维多利亚州和昆士兰州的设施农牧业及林果业进行了考察。

启发：澳大利亚以家庭农牧场为主体，农牧业生产高度机械化，注重人工草地建设和天然草地改良，以及草地的合理利用。农牧场与科研机构、政府部门和相关协会联系紧密，各部门协调配合共同解决农牧业生产中存在的问题，社会化服务效率高；结合生产搞科研，成果的转化率高达70%~80%；重视基础设施建设和社会化服务；能自觉遵守国家和行业标准、规范和制度。

（供稿：俞联平）

二、接待国外考察情况

1. 澳大利亚专家对甘肃农牧业考察并提出建议

受甘肃省政府邀请，1981年澳大利亚农业顾问和管理有限公司总经理孟蒂斯博士和贾尔斯先生来兰州考察人工种草和草原畜牧业，王无怠队长陪同，在兰州和武威地区进行了为期8天的参观访问。

2. 美国记者考察甘肃畜牧业

1979年12月，美国记者考察甘肃农业，受主管单位委派，王无怠介绍了甘肃基本情况及畜牧业发展情况。

三、国外考察培训成效

通过国外草牧业发达国家考察培训，引进了先进的草牧业管理理念，丰富了草食畜牧业放牧管理和草地健康管理技术，为指导甘肃省草牧业健康发展发挥了作用。通过考察培训，认识到国外许多国家的畜牧业产值占农业总产值的比重都较高，如英国和德国在60%~70%，丹麦、瑞典则占到90%，这些国家草地畜牧业对整个农业经济作出了巨大贡献。美国的草原由国家土地管理局和国家林业部管理，租给个人经营，严格按规定的载牧量和有关规定进行管理。澳大利亚、新西兰等草地畜牧业发达国家的草地围栏建设、划区轮牧制度、以草定畜制度等草原建设和合理利用制度在甘肃省草原生态建设和草原利用中得到借鉴和推广。

为推动甘肃省草产业发展引进了管理制度和技术，拓宽了视野。通过考察了解到美国等农业发达国家十分重视人工草地建设。全球草地面积约占陆地总面积的一半，欧美和澳洲等一些国家对草业十分重视，将其看作“绿色黄金”，澳洲人更称其为“立国之本”。欧洲的草地管理十分精细，几乎近似作物耕地。这些改善的牧草地比世界其他天然草地的生产力要高许多倍。在美国，草业被称为“绿色黄金产业”，列为十大支柱产业之一。近年来，美国的草业除满足自己饲养家畜和绿化需要外，其余部分则进入国际市场，成为美国农业中的重要支柱产业。国外发展草业的先进经验、技术和优良种质资源的引进，对推动甘肃省草产业建设发挥了应有作用。

通过培训，推动了甘肃省草种质资源创新利用技术储备建设。国外许多草地畜牧业发达国家很早就建立了完善的草种质资源创新利用技术体系，重视基础设施建设，英国、奥地利、澳大利亚等国家都有国家草种质资源库，大多数国家建立了草品种育种、区试、DUS 和 VCU 测试等专业化试验站，建立了草种认证制度、技术体系和品种推广目录，草种业现代化建设水平高、竞争力强。澳大利亚已有国家级牧草种质库三个。同时各州都建有地方种质库。这些种质库的主要任务就是广泛收集世界各地不同类型、不同基因型的优良牧草品种，为改良和培育新品种提供各类种质资源。通过考察学习，进一步完善了甘肃省草品种试验站体系，推动建成了省级草种质资源库，国家级草种质资源圃，完成了林草系统区域试验站和种质资源圃认定工作，组建了草品种审定委员会，启动了草种真实性评价和草类推广目录制度建设工作。

借鉴美国草地评价和监测方法指南的服务方法，进一步完善了全省草原监测评价体系建设。美国农业部农业研究中心基于 NCIC 景观工具项目和 OCS 合作组织的研究内容，在美国草地评价和监测方法信息化管理上，发展了一种交互式工具指南。将同类研究结果、机构指南和报告、比较研究、专家经验和建议等信息进行了有效整合，更好地为使用者分析解释监测数据，并为专业化草地管理提供服务。其监测数据评价包括植被盖度、植物种类、密度、频度、多样性（丰富度）、存在度、土地利用分类、植被垂直盖度和结构、数量和状态、边界制图、产量（生物量）、土壤属性和牧草利用程度等。根据全省草原分布情况，借鉴美国监测工作，不断完善监测基础设施建设、检测指标体系构建和监测信息服务工作，为提出甘肃省草地健康评价指标体系提供了参考依据。

为提升单位高层次的管理和技术人才储备拓展了路径，开拓了视野，在提升了单位发展质量和水平上发挥了一定作用。

（本节供稿：张榕等；校对：谭立伟）

第二节　早期国内考察交流

20 世纪 80 年代早期考察申家山基地

王素香在申家山开展沟坡种草小流域治理示范

单位建站以来，不断探索，建立了开放性合作交流的发展机制。从 20 世纪 50 年代草原资源调查起，单位各项业务建设从无到有，都离不开有关高校科研院所、相关农牧业系统以及和市县业务部门、各级政府的广泛合作与交流，逐步形成了比较完善并具特色的技术推广机制。

1. 围绕申家山草地农业示范点形成一个交流热潮。20 世纪 80 年代初，随着草原工作队申家山草地农业示范点的建设成功，甘肃省委、省政府和农业部轮番在申家山召开现场会议，单位一时之间和王素香的名字一起在全国家喻户晓，单位与省内外的交流达到了空前的火热和频繁。以申家山示范点和馒头山试验站为支点，参观考察交流研讨的省份络绎不绝。

1985 年，王素香同志率队在全国推广红豆草，先后到河北、青海、陕西、宁夏、内蒙古、山西、新疆、西藏等地的相关单位进行技术交流，赠送技术资料，现场指导和培训，收到了较好的效益。据农业部草原处统计，1988 年底全国红豆草留床面积达到 60 万亩。仅通渭县生产的红豆草子，达到 500 万千克。

2. 馒头山试验站成为重要的交流平台。20 世纪 80—90 年代，以馒头山试验站为依托，逐步成为国内外专家和各级领导考察交流草牧业、林草业的重要基地，也是省内草业技术研究合作和培训的重要基地。先后有省、市领导，农业部相关负责人多次到馒头山视察指导工作，牧草试验研究还受到有关部门、国内外专家学者的重视，先后有河北、辽宁、黑龙江、四川、内蒙古地专家学者 100 多人次来参观考察，新西兰、澳大利亚、日本、伊朗、美国、加拿大等国家的专家也先后来试验站参观指导。1985 年开始，张心一、任继周院士都多次在兰州馒头山考察。原农业部建立草种质资源中心以来，馒头山是首批加入西北地区草种质资源项目合作组的试验站，

20世纪80年代国内外专家在馒头山试验站考察交流

承担草种质资源的收集评价选育任务。馒头山牧草试验研究和种质资源创新利用工作在甘肃省草业和草原生态建设中发挥了应有作用。

3. 20世纪90年代以后，草场承包及草地畜牧业考察交流成效明显。1989年，王无怠带队，甘肃省草原工作队参加了中外专家对河北省五县奶业的考察，提出了发展建议。1990年，甘肃省畜牧厅组团，单位参加考察了青海牧区“四配套（定居房屋、围栏草场、种植饲草、牲畜棚圈四者配套)”建设经验，开启了甘肃草原畜牧业体制改革新阶段。通过考察，增强了政府推动承包草地的信心，奠定了改善牧民生活的物质基础，开拓了资金投入渠道，改善了单项建设低效状态，增强了牧区抗灾自救能力。推动了甘肃牧区草场承包改革工作新局面，草畜双承包全面推开。

4. 遵循草灌乔结合的干旱地区生态建设交流有实效。1985年10月，在甘肃省林业厅组织召开的干旱地区造林论证会上，王无怠旗帜鲜明地提出了甘肃广大干旱地区生态建设应草灌乔结合，尽量避免提及林牧矛盾。指出在有些地方对林牧矛盾理解趋向绝对化，导致产生片面性做法。在有的地方提出过“杀羊保树”的口号，有的地方发生了杀羊事件，一些地方禁止养羊或限制养羊的规定仍未取消，在更大范围内，这一提法当时持续被强调。有的同志认为，造林成效不高是林牧矛盾所致，有的同志说，羊只持续下降是林牧矛盾使然。在党的十一届三中全会以来，重新认识林牧矛盾问题显得十分必要。王无怠指出，特别在干旱地区，应该强调种草种树，不应强调林牧矛盾。林牧之间存在矛盾是客观的必然，但矛盾的双方又有一个相互依存的关系，这又是林牧关系的主导方面。农、林、牧互为母子的命题就已在理论上和实践上得到确认，生态学进一步指出一个生态系统包括生产者、消费者和分解者三个部分，如果只有草树生产的绿色有机物质而没有第二性生产者的消费加工，则不仅是食物链的残缺也是经济生活的停滞，它会使物质转化和能量流通产生阻滞，也会使生态失去平衡，最终导致第一性生产的失调。在社会经济生活上农、林、牧的相互依存关系就更为明显。现代生活对农、林、牧产品的要求越来越高，提高整个劳动生产率，更有利于农民的协调发展。当时，林、牧也都是大农业中的薄弱环节，如果二者关系处理不好，不利于建设具有中国特色的社会主义大农业，而实际上，农、林、牧互为依存则是普遍存在的事实。甘肃省干旱地区的林、牧矛盾主要是以下三个问题形成的：第一，土地利用问题。第二，经营管理问题。第三，思想认识问题。

甘肃省是多民族省份，硬性禁牧在有些地方不利于生产生活发展需要。第一，以统筹安排土地合理利用为目标，发挥林牧优势。第二，依靠科学提高经营管理，落实林牧业效益。第三，运用系统工程观点，把种草种树作为干旱地区建设重点搞好。把复杂的问题最优化地组织起来。使农、林、牧、副、工、商、产、销供各得其所，各自发挥各自的优势，又能相生相长，协调共济，以保证干旱地区种草种树任务的完成，这就是我们需要做而且要全力以赴做的工作，在这里只会有林牧结合不会有林牧矛盾。

5. 21 世纪初以国家重大草原生态工程为依托，进一步拓展省内外交流合作。依托国家级草种基地建设工程、退牧还草工程、全球基金赠款世行项目等的实施，单位进一步加强了对外联系。一是通过介入市、县项目区，加强与基层的合作关系。二是通过科研项目实施，加强与省内外业务单位的合作交流。三是加快培育单位高级人才队伍，提升软实力。

（本节供稿：张榕；校对：张榕、谭立伟）

第三节　参加和举办的主要培训

一、早期培训概况

建站以来，培训始终贯穿于单位的建设、发展和业务工作中。收集的资料中记载较早的主要培训有：

1. 参加了全国首届草原讲习班。1957 年，由王无怠带队，参加了农业部在北京举办的首届草原讲习班。时任甘肃农业大学教授任继周、北京大学教授李继侗以及各专家授课，草原工作队队长王无怠及新中国第一代草原工作者参加了本次培训。这次培训也成为甘肃省草业届前辈两位精英科学家在草业科研和实践领域密切协作的新起点。

1957 年王无怠参加全国首届草原讲习班

王无怠在荒漠草场指导工作

2. 举办草原技术干部训练班。1956—1958 年，针对草原技术力量很薄弱，赶不上草牧业形势发展要求的状况，采取从实际出发，自力更生的办法，培养人才。具体做法是坚持把现有人员放下去，拿上来，反复实践，不断提高，培养了技术力量。1958年3—6月，在兰州举办了60多人的在职干部训练班，训练班以课堂教授为主，现场实习为辅，两个月讲授8门草原专业基础课程，在天祝永丰滩草原上实习了一个月。以实践促进了学习钻研的劲头，并丰富了讲课内容，效果很好。

3. 举办草原现场教学训练班。1959年夏，单位组织在甘南草原上挑选了一批思想好、有一定文化程度、踏实肯干的民族基层干部和贫苦牧民青年，举办现场教学训练班，共培训75人。还在甘南、河西重点牧业县多次举办了机械剪毛、奶油分离、割草等机械训练班，共培训311人次。这些民族技术力量在当时的草原生产上发挥了巨大作用。1959年12月，又在兰州召开了草原工作座谈会，与会技术干部总结了举办训练班后一年多来理论与实践结合的收获，交流了经验，又丰富了理论知识。

4. 举办草原讲习班。1963年冬，又两次开办了草原讲习班，以1958年草原训练班学员为主，吸收了新的力量，外省学员也踊跃参加，共计73人。这次讲习班既是一个业务学习班，又是一个工作总结会议，也是一个大鼓干劲的会议。

5. 承办了西北五省草原干部培训班。1963年，草原工作队承办了西北五省草原干部培训班，这次培训受农业部委托，草原工作队组织，进一步加强了西北五省同行间的交流沟通，也扩大了甘肃省推动草原建设和草业发展的影响力。

1957年王无忌现场听取人工草地建设工作汇报

王素香在申家山开展红豆草种植培训

二、恢复建站初期培训情况

1. 举办甘肃省草场资源调查讲习班：为了贯彻全国农业资源调查会议的精神，尽快摸清甘肃省草场资源的底子，甘肃省畜牧局责成省草原工作队于1980年5月13日—6月12日，在甘肃省农业干部学校举办了为期1个月的草场资源调查讲习班。参加学员有来自甘南、武威、张掖、庆阳、天水5个地区22个县，以及甘肃省河曲种畜场、黄城羊场、甘肃省水保站、甘肃省草原队的11人，共52人。通过培训学习提高了调查技术骨干的业务水平，

第四篇 调研培训篇

统一了技术规程，达到了预期的目的。这期讲习班聘请兰州大学生物系、地质地理系老师讲授草原地貌学、气象与气候学、土壤学、草原被子植物分类学、植物生态学，同时学习了甘肃草场分类原则与分类系统、草场评价方面的课程，并请兰州大学生物系教授张鹏云作了专题报告。还根据甘肃省实际情况研究讨论了北方草场资源调查办公室拟定的《重点牧区草场资源调查大纲》(草案）和《重点牧区草场资源调查规范》(草案)。在培训学习、讨论的基础上，统一了大家在草场资源调查技术规范方面的认识，研究安排了夏河、碌曲、玛曲、肃南4个牧区县，华池、环县、漳县、民勤、武威5个半农半牧区和农区县调查任务。

本期讲习班课程内容丰富，时间安排得紧，基本做到了讲授与学习结合，使学员加深了对理论的理解，提高了认识能力，学会了原来不会的东西，进步快、收效大，为今年开展草场资源调查奠定了基础。归纳起来，主要收获有理论和实践相结合，提高了业务水平；学员学习目的明确、学习态度端正；老师讲课认真，多方面协助配合得较好。存在问题及建议：对于这期讲习班普遍反映内容多，时间短，复习消化的时间相对少，影响效果，这样的讲习班时间要增加至少有3个月为宜；各地县的站、场应来学员50名，实到41名，缺9名。其中临泽2名，张掖地区、高台、天祝、华池、玛曲、碌曲、西科河羊场各1名。草原技术干部只占34%，有些专业不对口。

2. 参加甘肃省农业干部学习班：1979年，甘肃省举办了农业干部学习班，王无怠应邀授课，作了题为《甘肃黄土高原的畜牧业区划问题》的报告。讲了畜牧业在国民经济和人民生活中的地位、关于畜牧业区划问题、甘肃省黄土高原的畜牧业资源以及有关区划的几点意见等4个问题。指出甘肃黄土高原的农业生产总方针是农牧并举、农业生产目标是稳产高收益，关键措施是粮草轮作。

3. 通过媒体论坛会议广泛开展宣传培训。20世纪80年代，在国内重要党报媒体上发表文章、记者报道以及在相关学术交流会上作报告，也是甘肃省草业建设宣传交流和影响力提升的重要标志。

1982年3月20日，人民日报报道:《王无怠谈大力发展甘肃畜牧业问题》。1984年3月7日，王无怠在甘肃日报发表了《种草费小效宏作用大》；甘肃科技报通过采访王无怠同志，于1984年10月5日以《河西地区今后如何继续发展种草养畜》为题进行了报道。

1983年，王无怠在兰州林园草畜学术讨论会上作了题为《种草种树，迎接新的历史大转折》的报告，从统一认识、关于我们的任务、种草种树一靠政策、二靠科学等方面系统论述了当时的草业建设任务和切入点。

1983年8月，王无怠在甘肃省委工作会议上作了题为《种草种树发展畜牧是事关甘肃省全局的正确决策》的报告，并向甘肃省委提出了建议。

有害生物防控现场培训

1983年10月，在通渭县及中部地区调整农业结构讨论会上作了题为《用一方水土养一方人》的报告，从“中部不是一个整体”“中部农业大有希望”“要区别对待”“要摆脱小农经济思想的制约”等4个方面系统阐述了中部地区的资源禀赋和发展策略。

1985年10月，王无怠在甘肃省干旱造林论证会上针对当时林牧矛盾的一些片面理解和错误做法作了题为《林牧矛盾蠡测》专题发言，认为林牧本身没有矛盾，不能把管理和认识上的差距定性为林牧矛盾，而林牧在甘肃正好是一个有机生态系统，管理得当将产生巨大效益。

三、世纪之交培训工作常态化

20世纪90年代至第一次西部大开发期间，单位的培训交流工作进一步向深度广度推进，围绕飞播牧草、草原鼠虫害防治、青贮氨化以及草原监理防火等主要专项业务，和相关省份的业务交流明显加强，参加全国总站举办的各类培训常态化，承办国家相关培训和组织开展全省的技术培训常态化，开展省际间考察、督查、联查和经验交流常态化。

利用全国性学术研讨交流，创办相关刊物也是单位拓展交流的重要途径。先后参加中国草原学会的各类学术会议并发展会员。成立了中国草原学会甘肃省分会，参与创办了《西北草业通讯》、西北草业协会，与甘肃省草原学会联合创办了《甘肃草业信息》。

甘肃省草原总站、草原监理站于2000年12月下旬在兰州举办了草业技术培训班。邀请了草业界著名专家、中国科学院院士任继周先生、甘肃农业大学郝正理教授和刘荣堂教授等就草业发展、动物营养研究进展、草地保护与治理及WTO与中国农业等专题进行了讲述。培训内容既涉及了世界性草业理论与实践的前沿，又紧密结合草产业和草种生产实际，具有层次高、内容广泛、及时高效并兼顾理论指导、观念引导、实践操作等特点。

20世纪90年代结合年度工作总结开展站内培训

任先生在《浅谈中国草业及种子业》专题中，提出中国草业存在的问题主要是草业生产层、草地资源保护和种子科学有缺陷，监测和管理不系统、不科学、不周密，应采取的措施：一是草业生产层四个轮子一齐转，加强各生产层之间的系统耦合；二是加强人工草地建设，强调农田种草，发展草产品产业；三是加强种子业建设，发展种子产业；四是发展大型畜牧业基地，加强产品的加工流通，建成中国巨型草地畜牧业。供选择的战略设想是重点发展种子产业为突破口，普遍发展草产业和草地畜牧业为基础，建成种子、草产品、畜产品、饲料等四条龙企业为目标，并提出了种子产业发展的框架设想。郝教授以《动物营养与饲料科学研究中的几个问题》为题对近20年来中国动物营养与饲料学科发展概况分碳水化合物营养的研究进展、蛋白质营养的研究进展以及提高低饲养水平反刍动物生产性能的营养措施等几个方面作了详细的讲述。刘教授分别以《改善鼠荒地改善草原生态环境》和《生物防治——利用生物多样性保护生物多样性》为题，结合甘肃省及西部地区草地生态和生产现状作了论述。时任甘肃省畜牧厅领导就中国加入WTO组织后农业所面临的机遇和挑战，应采取的对策和战略作了全面介绍。通过这次集中培训，转变了职工的思想观念，增强了紧迫感和使命感。

2001年8月28日—9月7日，受甘肃省农牧厅委托，甘肃省草原总站在兰州相继举办了“全省草种行政执法培训班”和“全省草种质检、生产、加工技术资格培训班”。来自全省各地草原（农牧）系统的草种行政执法及草种检验、生产、经营单位的技术人员110多人参加了培训。通过培训有62人取得了全省草种行政执法培训上岗证，42人取得了全省草种质量检验资格证，11人取得了全省草种生产技术人员资格证，13人取得了草种加工技术人员资格证。培训班邀请相关专家就草种行政管理及生产、加工、检验技术进行了讲授，甘肃省农牧厅副厅长在开学典礼上做了重要讲话。

2004年春季，甘肃省退牧还草工程实施师资培训会在兰州举办，会议由甘肃省农牧厅委托，甘肃省草原总站组织承办。甘肃省西部开发办公室主任在开班式上讲话。会议邀请兰州大学、甘肃农业大学以及GPS相关专家授课，来自全省项目区的主管部门负责人、项目管理骨干及草原站技术人员共计60人参加了培训。

之后连续多年，每年举办一期退牧还草工程技术和管理培训。

四、参加的全国性培训

围绕草原鼠虫害防治、生态监测、草品种区域试验等业务，相关科室参加原农业部及全国畜牧总站组织的业务培训进入常态化，为提升全站业务能力提供了保障。

2013年5月14日—15日，全国畜牧总站在云南昆明举办草原补奖机制信息管理师资培训班，培训时间2天，谭立伟参加。

2013年5月15日，全国畜牧总站在云南省昆明市举办了全国草原生物灾害监测与防治技术培训班。会期2天。韩天虎、许国成、喻文虎、王瑾参加。

2013 年 9 月 2 日—4 日，全国畜牧总站在北京召开草原补奖政策管理信息系统数据分析会。谭立伟参加。

2013 年 10 月 10 日，全国畜牧总站在辽宁省本溪市举办了全国草原鼠虫害防治与技术培训班，会期 2 天。韩天虎、许国成、吴江参加。

2014 年 4 月 22 日—24 日，全国畜牧总站在四川成都举办了“国家草品种区域试验技术培训班”。甘肃省甘南站、庆阳站、兰州站、高台站的 13 名技术人员参加了培训，张榕、李德明等 5 人参加。

2014 年 4 月 23 日—26 日，全国畜牧总站在四川成都举办补奖机制管理信息系统培训班。谭立伟参加。

2014 年 9 月 10 日，全国畜牧总站在哈尔滨市举办了全国草原鼠虫害防治工作与技术培训班，会期 2 天。韩天虎、许国成、王瑾参加。

2014 年 10 月 25 日—11 月 6 日，全国畜牧总站在北京蟹岛集中开展草原监测数据、图件分析处理工作会。张榕、李德明等 5 人参加。

2015 年 9 月 29 日，全国畜牧总站在宁夏银川举办了全国草原鼠虫害防治工作与技术培训班，会期一天半。冯今、吴江、袁晓东参加。

2016 年 4 月 15 日—20 日，全国畜牧总站在北京举办草畜平衡软件测试培训班。谭立伟参加。

2016 年 7 月 18 日—22 日，全国畜牧总站在新疆伊犁举办全国草原补奖师资培训班。谭立伟参加。

2016 年 9 月 29 日，全国畜牧总站在西安市举办了全国草原鼠虫害防治工作与技术培训班，会期 2 天。吴江、程天亮参加。

2016 年 12 月 5 日—8 日，全国畜牧总站在河北承德举办了全国草原补奖机制管理信息系统培训班。谭立伟参加。

2017 年 5 月 5 日—10 日，组织甘肃省甘南站、庆阳站、兰州站、高台站等区域试验站参加全国畜牧总站在江西南昌举办的“国家草品种区域试验培训班”，在培训会上交流了甘肃省草品种区域试验网建设及工作开展情况。李德明、耿小丽、张少平等参加培训。

2017 年 6 月 13 日—16 日，全国畜牧总站在宁夏银川举办草原补奖补奖机制管理信息系统师资培训班。谭立伟参加。

2017 年 11 月 20 日—25 日，全国畜牧总站在北京蟹岛举办 2017 年草畜平衡软件测试培训班。谭立伟参加。

2017 年 11 月，国家统计局在江西南昌举办《自然资源资产负债表编制制度（试行）》培训班，主要内容为草地质量等级及变动表编制方法。王惠参加培训。

2018 年 6 月 11 日—14 日，全国畜牧总站在甘肃省酒泉市举办 2018 年全国草原生态补奖政策管理信息系统数据审核会暨师资培训班。全国 13 个省、区、市的 70 余名管理及专业技术人员参加，韩天虎、谭立伟参加。

2018 年 11 月 28 日—12 月 1 日，全国畜牧总站在北京蟹岛召开草原生态补奖政策效益评价会。谭立伟参加。

2019 年 4 月 25 日—26 日，农业农村部畜牧兽医局在青海西宁举办农牧民补助奖励政策效益评价与信息管理培训班。谭立伟受邀授课。

2019 年 5 月 21 日—23 日，农业农村部畜牧兽医局在四川成都举办农牧民补助奖励政策效益评价与信息管理培训班。谭立伟受邀授课。

2019 年 6 月 13 日—18 日，第八届（2019）中国苜蓿发展大会在宁夏固原召开。张榕带领李德明、周栋昌参加。

2019 年 6 月 26 日—28 日，全国畜牧总站在贵阳举办“2019 年国家草品种区域试验数据统计培训班”，就草品种 VCU 测试背景来源、技术方法、技术要求、发展趋势等相关知识进行专题培训。单位组织甘肃省国家级草品种区域试验站共 13 名技术人员参加，韩天虎、张榕及区域试验站李德明、张少平、耿小丽、刘乾等参加。

2019 年 10 月 31 日—11 月 1 日，全国草原资源保护培训班在秦皇岛市举办。总站派人员参加了培训。王俊梅参加。

五、党建与扶贫类培训

近年来，甘肃省草原技术推广总站积极参加相关单位组织的党建和扶贫培训班，为加强党建和扶贫工作提供了保障。

2017 年 3 月 10 日—11 日，中共甘肃省农牧厅党组在甘肃省委党校举办了党务干部培训班，主要内容是十八届六中全会精神讲解及基层组织党务实务培训。王中华参加。

2017 年 3 月 26 日—31 日，中共甘肃省委组织部在康县县委党校举办了 2017 年全省优秀女党支部书记示范培训班。马爱霞参加。

2018 年 4 月 23 日—27 日，甘肃省直属机关工委在甘肃省委党校省直机关分校举办省直机关党支部书记履职尽责抓党建轮训班。马爱霞参加。

2018 年 6 月 8 日，甘肃省农牧厅机关党委在甘肃省委党校举办党建标准化培训班。赵庆平、王中华、杨浩等 8 人参加。

2019 年 4 月 10 日—12 日，甘肃省林业和草原局机关党委在太子山保护局举办局系统事业单位党支部建设标准化工作推进会暨业务培训班，主要内容为党支部建设标准化工作推进暨培训。赵庆平、马爱霞、王中华、张万祥等 8 人参加。

2019 年 5 月 5 日—10 日，甘肃省委党校在兰州举办省直部门（单位）机关纪检干部培训班。马爱霞参加。

2019 年 7 月 22 日—26 日，天水市委组织部在天水市举办了天水市村党组织第一书记示范培训班，主要内容为习近平总书记关于扶贫开发的重要论述、党支部标准化建设、基层党建重点任务、省和市精准扶贫政策、“三变”改革、乡村振兴、农村工作方法等。杨浩参加。

2019 年 9 月 10 日—11 日，甘肃省委组织部、甘肃省扶贫办在兰州市举办省直和中央在甘单位驻村帮扶工作队队长示范培训班，主要内容为习近平总书记关于脱贫攻坚帮扶工作重要论述，精准识别脱贫退出政策解读，全省脱贫攻坚帮扶工作责任清单等培训，共 2 天。杨浩参加。

2019 年 10 月 14 日—19 日，赵庆平、王中华参加了在福建省龙岩市上杭县古田镇举办的局系统党组织书记和党务专干能力提升示范培训班。

2019 年 11 月 3 日—5 日，天水市脱贫攻坚帮扶工作协调领导小组在天水市举办了天水市贫困村驻村帮扶工作队员示范培训班，主要内容为习近平总书记关于扶贫开发的重要论述、省和市精准扶贫政策等培训，李晓鹏参加。

2019 年 12 月 5 日，甘肃省林业和草原局举办党内统计培训班。罗亮参加。

2019 年 12 月 16 日—27 日，李新媛参加了在甘肃省直工委举办的第二期省直机关优秀年轻党员干部坚定理想信念进修班。

2020 年 10 月 12 日—17 日，李德明参加了在省直工委举办的省直机关新任基层党组织负责人示范培训班。

2021 年 5 月 19 日—21 日，罗亮参加了在兰州市组工大厦举办的全省离退休干部党支部书记示范培训班。

六、2013—2024 年单位组织或参加的业务培训

1. 草原生态资源与保护类

2013 年 10 月 25 日，单位派人员参加了在兰州大学草地农业科技学院举办的全国（西北片区）牧草病害诊断与防治技术培训班，会期 4 天。会议内容为培训牧草病害诊断和防治的相关技术。许国成、吴江、王俊梅、方毅才、王瑾参加。

2016 年 6 月 13 日，单位主持在张掖市甘州区举办了 2016 年河西片区草原鼠虫害预测预报技术培训班，会期 3 天。白银、金昌、酒泉、兰州、张掖、武威、嘉峪关等 7 个地州市和 33 个县、区的草原工作站负责人、草原鼠虫害防控技术骨干共 70 余人参加此次培训班。单位植保科组织培训，吴江、王俊梅、常明授课，程天亮、方毅才参加。

2016 年 9 月 25 日，单位主持在甘南州合作市举办了 2016 年甘南片区草原鼠虫害预测预报技术培训班，会期 3 天。甘南、临夏、庆阳、平凉、定西、白银、陇南、天水等 8 个地州市和 58 个县区的草原工作站负责人、草原鼠虫害防控技术骨干共 70 余人参加此次培训班。培训了草原鼠害调查与预测预报技术等内容。植保科组织培训，王俊梅、常明授课，吴江、程天亮、方毅才等参加。

2017 年 7 月 17 日—21 日，单位在张掖市高台县举办了 2017 年草原鼠虫害预测预报与草原监测技术培训班，培训的主要内容为：草原鼠虫害调查技术、草原鼠虫害预测预报站建设及运行、草原有害生物防控技术、草原监测信息报送管理系统操作等。有关市、州、县（区）草原（畜牧）站（中心）负责人、鼠虫害防控和草原监测工作的技术骨干参加。植保科组织培训，王俊梅授课，吴江、姜佳昌、程天亮参加。

2018 年 6 月 11 日，潘冬荣受邀在玛曲县畜牧林业局举办的本县农牧民草原保护培训会上讲课。

2018 年 6 月 25 日，甘肃省人力资源和社会保障厅在兰州举办“高原区域（祁连山地区）生态环境修复与保护技术支撑”高级研修班，会期 5 天。俞慧云参加。

2018 年 7 月 11 日—14 日，单位在合作市举办了 2018 年甘南片区草原鼠虫害预测预报技术培训，主要内容为草原鼠虫害调查技术、草原鼠虫害预测预报站运行、草原有害生物防控技术等，有关市、县（市、区）草原站负责人、负责鼠虫害防控工作的技术骨干参加。王炳煜、王俊梅授课，方毅才、程天亮参加。

2018 年 9 月 19 日—21 日，单位在张掖市举办了 2018 年河西片区草原鼠虫害预测预报技术培训班，主要内容为：草原鼠虫害调查及预测预报技术、草地植物病害的分类与识别、草原有害生物防控技术等。有关市、县（市、区）草原站负责人、负责鼠虫害防控工作的技术骨干参加。王俊梅授课，吴江、程天亮参加。

2018 年 8 月 1 日，孙斌、姜佳昌、潘冬荣受邀在白银市草原站举办的白银市草原监测技术培训班上讲课，培训时间 2 天。

2018 年 8 月 15 日，甘肃省统计局在金昌市金川区举办祁连山整改地区 2018 年自然资源资产负债表培训班，培训内容为自然资源资产负债表编制培训，培训 2 天。孙斌参加。

2019 年 3 月 7 日，阿克塞县林业和草原局在阿克塞县举办柳格国高敦煌至当金山高速公路项目占用草原现场查验及技术人员培训会。潘冬荣讲课。

2019 年 5 月 22 日，甘肃省统计局在兰州市城关区举办 2019 年祁连山整改地区及“两个国家公园”地区自然资源资产负债表编制工作培训班。姜佳昌参加培训。

2019 年 7 月 15 日，天水市林业和草原局在天水市举办天水市草原业务培训暨草原监测与评价培训会。潘冬荣授课。

2019 年 9 月 17 日，祁连山国家公园管理局在肃北县举办祁连山国家公园酒泉分局自然资源本底补充调查启动暨培训会。姜佳昌、潘冬荣参加培训。

2019 年 10 月 9 日，祁连山国家公园管理局在张掖市举办祁连山国家公园张掖分局自然资源本底补充调查启动暨培训会。姜佳昌、潘冬荣参加培训。

2020 年 4 月 11—12 日，甘肃省草原技术推广总站草地植物保护技术人员到地处黄河流域的临夏州永靖县，对州、县草原站技术人员进行了草地鼠虫害监测与防治技术现场培训。

2. 草种质资源及草业经济类

2013 年 10 月 16 日—18 日，单位在兰州主持举办了“甘肃省 2013 年草品种区域试验技术培训班暨省级草品种区域试验站启动会”，组织各试验站（点）学员进行了田间实习。通过培训，充分利用草品种区域试验这个平台，加强技术合作和交流，提升本区域内草业科技工作水平，培养锻炼队伍，储备技术成果，为推进草畜产业发展发挥重要作用。

2014 年 5 月 6 日—7 日，单位主持在定西举办了“全省草业技术现场培训班”。全省 10 个区域试验站 30 多名专业技术人员参加了培训。

2015 年 6 月 11 日—13 日，甘肃省草原技术推广总站在永登县举办全省饲料资源监测统计培训班，培训的主要内容为：饲料资源调查内容、调查方式、饲料作物及秸秆调查方法；同时在永登惠农公司牧草基地进行现场培训。全省 10 个市（州）的 20 余名专业技术人员参加了培训，王汝富、张万祥、张永辉组织培训。

2015 年 12 月 2 日—4 日，单位主持在定西举办了甘肃省草品种区域试验培训班。全省 10 个区域试验站 40 多名专业技术人员和财务人员参加了培训，张榕和区域试验站组织培训。

2016 年 7 月 4 日—6 日，单位在平凉市举办了全省粗饲料资源调查及营养价值 GI 评定培训班，培训的主要内容为：饲草的加工贮藏及合理利用技术、粗饲料资源调查方法、调查内容、调查时间及粗饲料样品的采集技术，取样器具、取样方法实际操作现场演示。全省 14 个市（州）及部分重点县的 50 余名专业技术人员参加了培训，单位饲料科组织培训，王汝富、张万祥、张永辉、马彦彪参加。

2016 年 7 月 11 日—12 日，单位主持在和政县举办了“全省草品种区域试验工作考核和技术培训班”，全省区域试验站 40 多名专业技术人员参加培训。区域试验科组织培训，张榕、李德明、耿小丽、张少平等人参加。

2017 年 6 月 6 日，单位在山丹燕麦草品种区域试验站举办了草品种区域试验现场培训，区域试验科组织，张榕、李德明、耿小丽、武慧娟等参加。

2017 年 6 月 21 日—24 日，甘肃省草种质资源收集技术培训班在兰州大学草地农业科技学院举办，由农业部牧草与草坪草种子质量监督与检测测试中心、草地农业生态系统国家重点实验室、兰州大学草地农业科技学院联合甘肃省草原技术推广总站共同举办。培训的主要内容为草类植物种质采集的一般规范、技术以及注意事项、野外种质采集后的干燥运输与临时贮藏、种质库的日常管理。张榕在开班式上做了关于甘肃省草产业发展情况的报告，来自全省 14 个市、县草原站共计 30 余人参加了培训班。张榕、李德明、孟祥君、武慧娟、俞慧云、潘冬荣参加。

2017年11月15日—16日，由单位组织在兰州举办了全省草品种区域试验培训班，并邀请甘肃农业大学汪玺教授、赵桂琴教授分别就试验数据的采集、处理、统计分析和牧草育种方法进行了专题培训。同时，各试验站进行了相互交流，研究确定了下一步试验研究工作任务，来自全省4个国家级和9个省级草品种区域试验站的30余名技术人员参加，会期2天。区域试验站组织培训，张榕、杨浩、李德明、耿小丽、张少平、刘乾、武慧娟参加。

2018年5月14日—16日，甘肃省生态环境厅（甘肃省第二次全国污染源普查领导小组办公室）在永昌县举办全省污染源普查清查和工作座谈会暨普查指导员培训班，主要内容为第二次全国污染源普查数据处理流程、普查清查技术规定；农业源普查主要内容和技术路线；全省2018年污染源普查工作要点及进展安排等，莫负涛参加。

2018年9月30日，单位在兰州举办了区试及育种技术专项交流培训班，邀请兰州大学参加交流培训，主要内容为草品种区域试验技术、牧草育种方法、试验数据分析汇总方法，相关市（州）草原（畜牧、饲草饲料）站（中心）区域试验站育种工作相关技术人员参加，张榕、李德明、耿小丽等及相关科室技术人员参加了培训。

2018年10月1日—3日，单位在兰州市举办全省农业污染源普查秸秆专题技术培训班，主要内容为《甘肃省农业污染源普查技术方案》及全省秸秆专题技术方案解读、秸秆专题普查及抽样调查数据填报注意事项、抽样调查数据填报系统讲解与实际操作及质量控制方案解读。全省各市、州秸秆普查相关人员、抽样调查县（甘州区、临夏县、通渭县）承担本专题普查任务的技术人员，全省14个市州及三个抽样调查县40余名技术人员参加培训，张万祥、曹蕾、莫负涛、张永辉、张林参加。

2018年10月10日—11日，单位在兰州举办了全省农业污染源普查秸秆专题技术培训，主要内容为《甘肃省农业污染源普查工作方案》及全省秸秆专题技术方案解读，秸秆普查及抽样调查数据填报注意事项，农业污染源秸秆抽样调查数据填报系统讲解与实际操作，全国农业污染源普查质量控制方案解读。全省14个市（州）秸秆普查审核员及秸秆统计调查员，甘州区、通渭县、临夏县承担秸秆专题普查的技术人员参加了培训，饲料科组织并参加。

2018年11月4日—5日，单位委托甘肃省草业协会组织甘肃省国家级和省级14个草品种区域试验站共22名技术人员，参加全国畜牧总站在张家口举办的“草牧业典型模式总结交流会暨2018年国家草品种区域试验统计培训班”。张榕、李德明、张少平等参加。

2018年11月22日—23日，甘肃省生态环境厅（甘肃省第二次全国污染源普查领导小组办公室）在兰州市举办第二次全省污染源普查数据质量审核培训班，主要内容为：甘肃省第二次全国污染源普查入户调查阶段质量控制工作方案解读、第二次全国污染源普查各类源报表质量审核细则解读。张永辉参加。

2018 年 12 月 25 日，单位主持在兰州市举办甘肃省饲草业调查与统计监测工作第一次技术会商暨培训会，主要培训内容为草业调查与统计监测技术培训，培训时间 1 天。韩天虎、张榕、孟祥君、潘冬荣参加培训。

2019 年 5 月 13 日—15 日，甘肃省生态环境厅（甘肃省第二次全国污染源普查领导小组办公室）在兰州市举办第二次全国污染源普查产排污核算方法暨全省普查办主任培训班，主要内容为解读污染源查漏补缺工作要求、普查数据最新审核细则与常见问题、质量核查工作安排等，讲解农业源、工业源、生活源、移动源和集中式治理设施等各类污染源的污染物产排量核算方法。莫负涛参加培训。

2019 年 9 月 4 日—8 日，单位在夏河举办基层技术人员培训班，重点培训草品种区域试验技术、试验数据分析处理、草种质资源收集等内容，全省相关市县 40 人参加，李德明等人参加培训并讲课。

2019 年 10 月 28 日—11 月 1 日，全国林草种苗质量监管培训班在北戴河举办，张榕以甘肃省草种认证工作基础性建设为例，从甘肃草种质资源、人工种草、草产业发展现状出发，介绍了甘肃省关于草种认证工作形成的基础、构想和工作建议。

2019 年 12 月 22 日，甘肃省生态环境厅（甘肃省第二次全国污染源普查领导小组办公室）在兰州市举办了全省污染源普查数据讨论会议。莫负涛参加。

3. 草原补奖与技术骨干培训类

2013 年 6 月 1 日—3 日，庆阳市举办草原补奖培训班。谭立伟受邀授课。

2013 年 11 月 24 日—25 日，甘肃省农牧厅在兰州举办 2013 年草原补奖机制管理信息系统全省培训班。谭立伟组织培训并讲课。

2014 年 6 月 19 日—7 月 1 日，甘肃省农牧厅在兰州举办 2014 年度补奖机制管理信息系统全省培训班。组织培训并讲课。

2014 年 7 月 4 日—8 月 29 日，全省补奖政策牧草良种补贴信息上图培训。谭立伟参加各市、州培训。

2014 年 12 月 10 日—2015 年 1 月 23 日，甘肃省农牧厅在兰州华联宾馆召开重点草原地区天然草原和牧草良种补贴地块信息上图工作技术培训班。谭立伟组织培训并讲课。

2015 年 5 月 28 日—6 月 15 日，甘肃省农牧厅分市、州举办草原补奖全省培训班（武威市、酒泉市、张掖市、甘南州、庆阳市、平凉市、天水市）。谭立伟参加了各市、州培训。

2015 年 9 月 7 日—9 日，甘肃省农牧厅在兰州市举办草原补奖全省培训班，邀请全国畜牧总站专家授课。谭立伟组织培训。

2015 年 11 月 16 日—18 日，甘肃省农牧厅在兰州举办全省草原补奖数据审核培训班，单位组织培训。谭立伟讲课。

2016 年 3 月 28 日—30 日，甘肃省农牧厅在天水市举办甘肃省草原补奖机制管理信息系统数据审核分析会，全省 14 个市（州）、85 个县（市、区）的技术骨干参加培训班。王汝富、谭立伟参加培训。

2016 年 11 月 9 日—11 日，甘肃省农牧厅草原处在兰州市举办新一轮草原生态保护补助奖励政策信息系统培训班，全省 14 个市（州）、85 个县（市、区）的技术骨干参加培训班。单位组织培训，谭立伟讲课。

2016 年 11 月 23 日—12 月 3 日，天水、张掖、金昌、庆阳四市、州各自举办本市州落实新一轮草原生态补奖政策培训班。谭立伟参加培训授课。

2017 年，全省草原体系基层专业技术骨干培训：主要内容是：草粮轮作与农业结构调整、苜蓿草田轮作技术、草业研究试验描述性指标体系、牧草育种技术、甘肃不同区域适宜种植牧草种类及栽培技术、草地野外采样及科研论文写作、草产品取样方法、草业试验设计等。2 月 26 日—3 月 4 日（第 1 期），谭立伟、李德明、耿小丽、李智燕、武慧娟、朱倩、周栋昌参加；4 月 12 日—18 日（第 2 期），谭立伟、王俊梅、方毅才、程天亮、吴江、常明、王惠、潘冬荣、王海参加；5 月 3—9 日（第 3 期），谭立伟、陈兴荣、任越、曹蕾、张永辉参加。

2017 年 5 月 16 日—18 日，甘肃省农牧厅在武威市举办补奖机制管理信息系统数据审核分析会。赵庆平、阿不满、谭立伟参加。

2017 年 10 月 30 日—11 月 1 日，甘肃省农牧厅在兰州举办 2017 年草原生态补奖政策管理信息系统培训班，全省 14 个市（州）、85 个县（市、区）的技术骨干参加培训班。单位组织培训，谭立伟讲课。

2018 年，单位主持的全省草原体系基层专业技术骨干培训两期，主要内容草地植物群落特征调查方法（样方法、样线法、步测法）、植物与土壤样品采集方法、植物物种野外识别技术及标本采集制作、GPS 操作技术（定位、位点寻找、面积量算）、鼠虫病害野外调查技术及常见草原鼠虫种类识别、野外植物与样方拍摄技术、无人机草地监测技术、牧草饲料相关作物的收获技术（现场）、牧草饲料相关作物加工技术（现场）、牧草饲料相关作物利用技术（现场）、牧草田间试验设计技术要点（现场）、土壤、草产品、青贮饲料等样品的采集与处理技术、草种质资源收集与保护技术等。

2018 年 10 月 10 日—12 日，甘肃省农牧厅草原处在张掖市举办甘肃省 2018 年草原生态补奖政策管理信息系统师资培训班。张榕、温洪、谭立伟参加。

2019 年 7 月 11 日—17 日，甘肃省 2019 年草原生态保护技术培训班（第一期）

在张掖市召开，参加培训的有27个相关市县自然资源局、林业和草原局、中农发山丹马场、草原工作站等单位负责人及技术骨干110人。王炳煜、程天亮、王俊梅、姜佳昌、金加明、谭立伟授课，李霞、王惠、张万祥、李昀、张少平、张永辉、周栋昌、罗亮、李萍等参加培训。

2019年8月26日—9月1日，由单位主办、甘南州草原站协办了甘肃省2019年草原生态保护技术培训班（第二期），培训在合作市举办。全省54个县（市、区）林业和草原局（自然资源局）以及草原工作站等单位的负责人及技术骨干共90余人参加了培训。金加明、王立宽、马彦彪、刘宗祥、王国生、姜佳昌、潘冬荣、王炳煜、常明、张忠祥、刘乾、王延、温洪、谭立伟参加了培训。

2019年，全省基层专业技术人员技能提升专项操作培训。两期培训班内容为：草类种植资源采集、森林分类系统与类型识别、草原分类系统与类型识别、主要草原植物识别要点、草原的生态功能与监测、草品种区域试验、试验数据分析基础、无人机航拍影像数据的处理与分析、草畜结合技术要点及草原技术推广工作经验交流等。9月3日—9日（第一期），在夏河县举办。谭立伟、李昀、李德明、温洪参加。9月23日—29日（第二期），在甘肃农业大学草业学院举办。谭立伟、曹蕾、莫负涛参加。

2019年11月12日—14日，庆阳市林业和草原局在西峰区举办2019年庆阳市草原技术骨干培训班。王汝富、王俊梅、金加明、姜佳昌、谭立伟授课。

2019年12月11日—13日，定西市林业和草原局在安定区举办定西市草原技术骨干培训班。韩天虎、常明、孙斌、谭立伟授课。

2020年5月13日—14日，甘肃省畜牧兽医局举办了2020年农牧民补助奖励政策管理信息系统培训班，采用“腾讯会议”平台召开网络视频培训，全省14个市（州）、85个县（市、区）信息系统管理员共120余人参加。谭立伟受邀做专题培训。

2020年6月9日—12日，2020年酒泉市草原技术推广培训班在瓜州县举办。甘肃省草原技术推广总站王汝富出席培训班开班式，王俊梅、姜佳昌授课，李昀、王历宽、谭立伟、武慧娟、朱倩、王惠参加。

2020年6月30日—7月4日，2020年张掖市草原技术推广培训班在张掖市举办。甘肃省草原技术推广总站王汝富出席培训班开班式，金加明、王俊梅、王炳煜、谭立伟、姜佳昌授课，潘冬荣、李新媛、高成芬参加。

甘肃省2020年草原技术骨干培训班（第一期）7月13日—18日在玛曲县成功举办。参加此次培训班的学员主要来自全省10个市（州）、43个县（市、区）的草原业务技术骨干，共计60余名。培训班邀请到甘肃农业大学、兰州大学草地农业科技学院和中国农业科学院草原研究所的教授、专家，为学员们授课。本次培训的主要内容是：草原鼠害绿色防控技术、天然草原生态修复技术、草原鼠害的识别与防治技术、草原的生态功能与遥感监测、草类种质资源采集、试验数据分析基础、草畜结合技术要点、宣传报道及写作技巧以及生态修复观摩学习等内容。王汝富副站长出席培训班开班式并讲话，向金城、史春雪、王海、晁德林、李萍、李智燕、任越、刘乾、谭立伟参加。

2020 年 8 月 3 日—7 日，兰州市林业局举办了 2020 年度兰州市草原管理技术培训班。单位王汝富副站长出席培训班开班式，并做了《林草融合下的甘肃草原生态保护工作》的专题报告，张榕副站长做了《新形势下的草种质资源工作》的专题报告，金加明、常明、姜佳昌、谭立伟参加。

甘肃省 2020 年草原技术骨干培训班（第二期）8 月 17—22 日在迭部县成功举办。参加此次培训班的学员主要来自全省 14 个市（州）、46 个县（区）的草原业务技术骨干，共计 60 余名。培训班邀请到甘肃农业大学、兰州大学草地农业科技学院的教授、专家为学员们授课。本次培训的内容主要为：草原鼠害绿色防控技术、天然草原生态修复技术、草原鼠害的识别与防治技术、草原的生态功能与遥感监测、草类种质资源采集、试验数据分析基础、草畜结合技术要点以及生态修复观摩学习等内容。韩天虎出席培训班开班式，并作重要讲话，张少平、王国生、陈仲斌、施昌玉、杨霄、许国成、张洁、张伯虎、谭立伟参加。

2020 年 10 月 13 日，韩天虎参加了国家林业和草原局在大连举办的草原有害生物防治培训班。

2020 年 11 月 17 日，全省草品种区域实验培训班在兰州举办，韩天虎主持会议。

2020 年 12 月 22 日，韩天虎应邀参加全省自然资源调查监测业务培训班。

2021 年 1 月 29 日，信息科在五楼会议室组织举办了标准编写培训班，甘肃省市场监督管理局标准化处相关负责人授课，全体职工参加。

2021 年 3 月 10 日，信息科组织举办了“科技人员科技资源使用及创新能力提升”培训会，甘肃省情报所平台中心相关专家前来授课，全站技术人员参会。

2021 年 3 月 22 日，全国草原有害生物普查培训班在云南省大理市举办，有害生物防治科 4 名技术人员参加。

2021 年 4 月 1 日，甘肃省草品种区域试验方案审核培训班在兰州召开，韩天虎主持开班式，张榕及相关科室人员组织培训。

2021 年 4 月 16 日，有害生物防治科参加国家林业和草原局林业病虫害防治总站通过网络视频召开的“草原有害生物普查系统试点培训会”。

2021 年 4 月 23 日，草原监测科技术人员参加了在湖南郴州召开的全国草原监测评价培训班。

2021 年 5 月 8 日，甘肃省林业和草原局在兰州举办了草原有害生物普查技术培训班，有害生物防治科研究员王俊梅、常明等专家授课。

2021年5月22日，张榕主持在站五楼学术厅举办了“草种管理形势研析及培训会”，甘肃省林业和草原局草原处相关领导讲授了草种管理和草种相关法律法规。站相关科室技术人员参加。

2021年6月16日，王汝富副站长带队，牵头组织兰州大学及站植被修复技术团队赴碌曲县开展植被恢复项目实施，并对碌曲草原站技术骨干和牧民进行了技术培训。赵庆平、张榕参加了甘肃省林业和草原局在两当县举办的党务纪检干部党史学习教育培训班。

2021年7月10日，组织古浪、卓尼、靖远、肃南、肃北县草原有害生物防治专业技术人员参加了国家林业和草原局举办的2021年草地植保领域专业技术转移转化能力提升培训班。

2021年7月10日—14日，由中国草学会承办，国家林业和草原局林草防治总站、中国农业科学院植物保护研究所协办，在内蒙古锡林浩特市召开的“2021年草地植保领域专业技术转移转化能力提升培训班”。李晓鹏参加。

2021年7月12日—13日，全省草原监测评价技术培训会在兰州召开。培训会由甘肃省草原技术推广总站韩天虎主持，全省14个市、州林草（林业）草原站站长，86个县（市、区）草原站站长、技术骨干，甘肃省草原总站技术人员共120余人参加了培训。

2021年7月14日，甘肃省2020年草原技术骨干培训班（第一期）在玛曲县开班，王汝富主持，相关技术人员参加培训。

2021年7月16日，在瓜州举办全省草原有害生物防治技术培训班，王汝富主持，王炳煜、常明、王俊梅、周惠丽、姜佳昌、谭立伟授课。

2021年7月20日，韩天虎参加了“黄河中上游及祁连山地区生态共同体高质量发展国家级高级研修班暨甘肃省领军人才大讲堂”，作了《草原监测与生态服务功能评价》专题报告。

2021年7月28日，在张掖市举办了全省草原监测评价培训班，站领导及相关技术人员参加培训。

2021年8月23日，赵庆平、张榕、马爱霞、杨霄参加了在甘肃省林业和草原局机关举办的巡察业务培训。

2021年10月13日，韩天虎参加2020年国家林业和草原局林草有害生物防控中心举办的草原有害生物防治培训班。

2021年11月17日，全省草品种区域试验培训班在兰州举办，韩天虎主持会议，来自相关市（州）、县的40名技术和管理人员参会。

2021年12月22日，韩天虎应邀参加全省自然资源调查检测业务培训班。赵庆平及相关业务人员参加甘肃省森林和草原火灾风险普查试点县（区）工作推进会暨业务培训班。

2022 年 3 月 15 日，种质资源科、草种科组织技术人员在岗参加了国家林业和草原局林场种苗司举办的“林木种质资源库建设管理网络专题线上培训班”。

2022 年 5 月 20 日上午，信息科组织邀请甘肃省森林消防总队训练大队优秀教练员在五楼会议室对全站技术人员进行了野外生存安全常识培训。

2022 年 5 月 26 日上午，王汝富参加了临夏州草原生态保护技术培训班开班式并讲话。

2022 年 6 月 27 日，单位选派技术人员参加了甘肃省林业和草原局组织在天水举办的全省林草科技服务和林产品质量检验检测技术培训班。

2022 年 9 月 27 日，信息科组织在庆阳市举办了“2022 年甘肃省草原技术推广培训班”。王俊梅、姜佳昌、常明授课。

2022 年 12 月 9 日，张榕主持在线上举办了“全省草品种区域试验培训班”，甘肃省林业和草原局相关领导参加开班式并讲话，研究员张少平就区域试验田间播种、数据采集、田间日志记录以及试验周报编制等关键环节常见的问题，结合自身工作积累进行了讨论分析和经验分享。

2023 年 3 月 10 日，杨浩主持在合作市举办了“草原鼠害绿色防控技术研讨（论坛）培训会”，站办公室、有害生物防治科负责人参加。

2023 年 3 月 20 日，张榕主持在兰州举办了全省草品种区域试验和草种质创新培育培训会。甘肃省林业和草原局林场种苗处负责人出席会议并讲话。草种质资源科和草种科负责组织培训和服务。

2023 年 3 月 28 日，张志诚带队参加了国家林业和草原局西北调查规划院在西安市组织召开的森林督查及林草生态综合监测评价技术培训班。

2023 年 6 月 27 日，国家林业和草原局科学技术司在内蒙古乌拉盖举办了草原风蚀沙化治理技术成果推广转化演示活动。张万祥参加。

2023 年 7 月 5 日，组织在兰州市举办了甘肃省 2023 年中部片区草原业务素质能力提升培训班。刘兴明主持开班仪式，甘肃省林业和草原局草原管理处领导出席开班仪式并讲话。

2023 年 7 月 12 日，王汝富主持在合作市举办了甘肃省草原生态修复治理技术培训班，信息科、草原建设科负责人参加。刘兴明参加开班式，甘肃省林业和草原局草原管理处领导到会讲话。

2023 年 7 月 16 日，单位派人员参加了国家林业和草原局管理干部学院举办的第十二期公文写作及宣传能力提升培训会。

2023 年 7 月 25 日，信息科组织在站五楼会议室举办了《甘肃科技文献共享平台资源简介及使用方法》《科技报告编辑方法及编辑流程》专题讲座。甘肃省情报研究所平台中心张云霞管理员和尹欣红助理研究员讲授。

2023年7月27日，张榕带队参加了甘肃省林业和草原局组织在甘南州合作市举办的全省草种管理工作培训班。甘肃省林业和草原局林场种苗处领导主持开班式，张榕和草种质资源科科长李德明分别就草种认证与质量监管体系建设成果以及甘肃省草种创新体系构建内容作了汇报。全省林草系统共100余名草种管理人员和技术骨干参加，种质资源科会同草种科参与会议组织服务。

2023年9月12日，刘兴明主持在站五楼会议室举办了法律知识培训，甘肃合睿律师事务所律师作民法典知识讲座。

2023年10月18日，邀请甘肃省委党校教授开展了以“形象管理与公务沟通”为主题的专题讲座，全体职工参加。

2023年10月24日，站有害生物防治科参加了国家林业和草原局在线举办的“重大林草生物灾害防控暨外来入侵物种专题培训班”。

2023年11月1日—3日，刘兴明带队参加了甘肃省林业和草原局在天水市举办的2023年全省（第二期）草原生态保护修复及禁牧和草畜平衡监管工作培训班。

2023年11月10日—11日，单位派人员参加了甘肃省林木种苗站在张掖市举办的全省林草种苗执法管理暨林草种质资源普查技术指导工作培训班。

2023年11月27日—29日，单位派人员参加了甘肃省林业和草原局在天水市举办的2023年甘肃省林草系统新媒体宣传能力提升培训班。

2023年12月4日—15日，单位派李智燕参加了在省直机关工委党校举办的第二期省直机关年轻党员干部政治能力提升培训班。

2024年3月14日下午，刘兴明在总站会议室主持召开甘肃省2024年度草品种区域试验技术方案审核及培训会，邀请相关专家参加方案审核与培训，张榕和相关科室技术人员参加会议。

2024年5月21日，动态监测科技术人员在甘肃省林业和草原局参加了全国森林草原湿地荒漠化普查工作培训会。

2024年5月21日—25日，单位组织在敦煌举办了2024年全省第一期草原业务素质能力提升培训班，张志诚、王汝富参加培训会。

2024年6月12日—14日，国家林业和草原局西北调查规划院在西安举办了西北监测区森林草原湿地荒漠化普查技术培训班，动态监测科技术人员参加了培训。

2024年6月17日—20日，总站在天水市举办全省第二期草原业务素质能力提升培训班，刘兴明、王汝富及相关科室负责人参加会议。

第四节　近年来的督查调研业务

一、参与外省调研督查工作

2015 年 7 月 7 日，韩天虎、张榕参加了甘肃省生态学学会第二届“甘肃生态论坛”；15 日—18 日，王立耕陪同全国“十二五”期间草原鼠虫害防控联合检查人员到天祝和碌曲检查。

2015 年 7 月 24 日—8 月 4 日，国家发改委、农业部联合组织项目督导组赴西藏区，对拉萨市省级及林周县、阿里地区普兰县、札达县、日土县的退牧还草、档案馆、供排水、道路、会展中心、路灯等一批国家生态和基础设施项目进行了督查。张榕参加。

2015 年 8 月 3 日—6 日，全国畜牧总站牵头组织专家分别对庆阳点和合作点的草品种区域试验站进行了考核，甘肃省农牧厅草原处负责人和王汝富、张榕陪同考核。

2017 年 4 月 16 日—29 日，受西藏草原站邀请，俞联平、李德明前往拉萨对国家草品种区域试验站拉萨站的布局、基础设施建设进行了系统设计，对试验地整理、试验日常管护和数据上报等进行了培训。

2018 年 8 月 23 日—27 日，全国畜牧总站组织全国草原生态补奖政策调研（云南）。谭立伟参加。

二、草原生态工程和项目类督查督导

2014 年 3 月 4 日—10 日，甘肃省草原技术推广总站组织，同甘肃省农牧厅草原处对玛曲、古浪两县 2009—2011 年无鼠害示范县建设项目进行评估，对天祝、夏河、永昌无鼠害示范县建设项目和肃南县虫害生物防治示范县建设项目实施情况进行督查。常明、许国成参加。

2014 年，草原生态补奖政策落实情况督查。

2015 年 6 月 16 日—8 月 31 日，全国畜牧总站组织开展了“十二五”期间草原鼠虫害防控联合检查，检查内容主要包括草原鼠虫害发生面积、防控面积、防控成效，主要经验，存在的问题及对策建议等情况。冯今、吴江参加。

2015 年 7 月，全国畜牧总站对甘肃天祝县、碌曲县进行了“十二五”期间草原鼠虫害防控联合检查。冯今、吴江参加。

2015 年 8 月 3 日—6 日，王汝富、张榕参加了全国畜牧总站对庆阳点和合作点国家级草品种区域试验站考核，甘肃省农牧厅草原处负责人陪同。

2015 年 9 月 15 日，王汝富组织对《甘肃省秸秆饲料化利用规划（2011—2015）》开展评估工作。

2015 年 11 月 5 日—7 日，张榕带队参加甘肃省农牧厅组织的赴内蒙古阿鲁科尔沁旗草产业考察，甘肃省草产业技术创新战略联盟和甘肃省草产业协会会员单位以及草业科相关负责人参加。

2015 年 12 月 10 日起，为实施好农业部下达的国家级草种质资源圃建设项目，由张榕带队，会同兰州大学相关专家先后赴中国农科院草原研究所和农业部儋州热带牧草种质资源圃，调研草种质资源圃建设管理情况。

2016 年 11 月，全国畜牧总站来甘肃督导检查基层畜牧（草原）技术推广示范站创建情况，考核评估了天祝县、夏河县、合作市草原站示范创建工作。张榕、许国成参加。

2017 年 7 月 24 日—26 日，全国畜牧总站草业处一行在甘肃省农牧厅相关领导及甘肃省草原技术推广总站韩天虎的陪同下，对国家草品种区域试验兰州站的区域试验工作进行了检查和指导。

2018 年 3 月 27 日—30 日，甘肃省草原技术推广总站负责人带领督查组，对平凉市、庆阳市秸秆饲料化利用工作进行了督查考核。

2018 年 4 月 8 日，甘肃省草原技术推广总站督查组赴平凉市、庆阳市考核秸秆饲料化利用工作。

2018 年 4 月底至 5 月 2 日，甘肃省农牧厅督察组对祁连山自然保护区草原生态环境问题整改情况进行了全面督查。张榕参加督查。

三、调研工作

2016 年 12 月 29 日，全国畜牧总站杨振海站长一行 3 人来到天祝县、庆阳市调研当地草食畜牧业发展情况。甘肃省草原技术推广总站韩天虎等同志陪同调研。

2016 年，全国畜牧总站有关专家来甘南州合作市开展草原保护建设工程及生产力监测野外调查、草原生物灾害发生与防治调查调研。吴江、程天亮参加。

2017 年 3 月 30 日，农业部调研组到甘肃开展草原保护突出问题专题调研。草原工作站有关人员参加。

2017 年 5 月 23 日—25 日，全国畜牧总站副站长在甘肃省农牧厅草原处领导、甘肃省草原技术推广总站韩天虎的陪同下，一行 5 人对金昌市永昌县和武威市天祝县草牧业发展进行了调研。

2018 年 1 月 11 日，中国畜牧业协会草业分会会长一行考察定西市草产业发展，韩天虎、张榕等人参加。

2018 年 8 月 29 日—9 月 1 日，甘肃省农牧厅草原处组织相关县区开展草原补奖政策草畜平衡评价工作实地测试调研（玛曲县、碌曲县）。谭立伟组织协调并参加。

2018 年 10 月 17—19 日，农业农村部畜牧兽医局甘肃调研组在河西走廊相关市县和甘肃省农垦公司开展了苜蓿供应对奶业生产影响的调研。张榕参加调研。

2019年1月24日上午，甘肃省林业和草原局领导带领有关处室负责人到甘肃省草原技术推广总站调研指导工作。

2019年7月5日，韩天虎带领相关科室人员，赴天水市和定西市林草局就林草融合背景下草原技术推广体系如何适应形势任务进行调研。

2019年7月10日—14日，甘肃省草原技术推广总站开展草原生态退化治理及利用现状调研，甘肃省草原技术推广总站专项调研组王汝富带队赴张掖市肃南县、高台县、临泽县和武威市天祝县、兰州市永登县调研草原生态退化治理及利用情况。

2019年7月25日，甘肃省草原技术推广总站韩天虎研究员在民勤县进行牧草生产及草产品加工利用调研和技术交流活动。

2019年7月26日，甘肃省草原技术推广总站韩天虎带队，一行4人赴甘肃省治沙研究所民勤县、凉州区基地考察学习和调查研究。

2019年8月27日，国家林业和草原局党组成员带领调研组赴天祝县调研甘肃省草原生态保护与建设工作。

2019年9月18日，国家林业和草原局种苗司种苗管理处调研员一行来甘开展草种业调研，赴酒泉、张掖现场调研后，在甘肃省草原技术推广总站召开了座谈会。甘肃省林业和草原局林场种苗管理处领导，十三届全国人大代表、甘肃农业大学草业学院教授马晖玲，兰州大学草地农业科技学院教授王彦荣，甘肃农业大学草业学院院长师尚礼，甘肃省草原技术推广总站站长韩天虎及省内草种企业负责人、技术人员20多人参加座谈。相关科室负责人参加了座谈会。

2019年9月22日—27日，王汝富带队深入平凉庆阳调研陇东黄土高原区草原退化现状。

2019年10月23日—24日，国家林业和草原局林场种苗司来甘肃省调研草种质量检验与管理情况，本次调研走访了兰州大学草地农业科技学院暨农业农村部牧草与草坪草种子质量监督检验测试中心（兰州）。24日，由甘肃省草原总站组织召开了座谈会，韩天虎及相关专家、技术人员20多人参加了座谈。单位草业科、区域试验站等相关业务科室参加了调研座谈会。

2020年4月23日，结合甘肃省重大专项“草类植物种质创新与品种选育”项目的实施，甘肃省草原技术推广总站联合兰州大学，启动了草种认证试点工作。草种认证课题组来到了位于定西市通渭县华岭镇的定西华岭毕昌农民专业合作社燕麦种植基地，对其申请认证的400亩“定燕2号”燕麦种子生产田的位置、面积、周边作物及该种子田前3年作物种植情况进行了调研，并就种子认证的要求和注意事项与种子生产企业进行了充分沟通。

2020年5月4日—6日，总站调研夏河县2019年度退化草原人工种草生态修复试点项目。夏河县退化草原人工种草生态修复试点项目是机构改革后林草部门组织实施的第一个草原生态保护项目。

2020 年 6 月 1 日—4 日，甘肃省林业和草原局相关领导赴甘南州调研指导草原工作。王汝富参加。

2020 年 6 月 10 日—12 日，国家林业和草原局草原司一行 4 人赴玛曲县、夏河县调研草原生态修复试点项目，甘肃省林业和草原局相关领导及韩天虎陪同调研。

2020 年 6 月 3 日—4 日，根据《甘肃省林业和草原局关于开展草原重点工作督导调研的通知》文件精神，总站派人员参加了白银市的督导调研工作。

2020 年 6 月 24 日，总站组织相关技术人员，由韩天虎带队，在位于张掖的甘肃省祁连山水源涵养林研究院考察学习。

2020 年 7 月 18 日下午，陕西省畜牧产业协会委托陕西中旭牧联农业科技有限公司、中仪博锐（北京）科技有限公司、烟台玖安公司等企业负责人来甘调研草产业发展情况，与甘肃草产业协会商谈草产品供给合作事宜。张榕和孟祥君等参加了座谈。

2020 年 7 月 31 日，《甘肃省草原条例》修订重点问题及文本设计研究课题组一行 5 人来甘肃省草原技术推广总站开展了相关内容调研工作，孙斌等 5 人参加了座谈会。

2020 年 7 月 31 日，有害生物防治科组织专家督导组深入高台、甘州、民乐、山丹、民勤等县（区）开展了草原有害生物普查督导工作；8 月 12 日，组织对河西地区 2021 年草原虫害防治工作进行督导和技术指导，13 日，对甘南州玛曲县、碌曲县、合作市草原有害生物普查工作进行了督导；23 日，开展陇东片区省级草原鼠虫害预测预报站评估工作，同日，站草原监测评价工作督导组督导平凉市草原样地监测工作。

2020 年 8 月 9 日—11 日，由甘肃省林业和草原局国有林场和种苗管理处领导带队，总站草种科配合，赴甘南州碌曲县对申请草种生产经营许可证的相关企业进行了实地考察。

2021 年 1 月 20 日，甘肃省林业和草原局相关领导及种苗处负责人来站调研指导草种工作。

2021 年 5 月 27 日，有害生物防治科组织甘肃农业大学草业学院专家，对河西片区 9 个省级草原鼠虫害预测预报站的建设运行情况进行了评估和指导。

2021 年 8 月 16 日，韩天虎参加了甘肃省林业和草原局对武威市、金昌市草原监测评价及重点工作的督导；同时，监测科组织对《甘肃省林草综合监测评价——草原生态评价方案》在五楼会议室进行了论证。

2021 年 8 月 18 日，王汝富带队，联合甘南州草原站，对甘南碌曲县、迭部县和卓尼县草原生态修复治理项目实施情况进行了督导检查。

2021 年 8 月 18 日、21 日，甘肃省林业和草原局分别在张掖市、酒泉市督导草原监测评价及重点工作，韩天虎介绍了草原监测评价工作背景、内容和要求。

2021 年 9 月 2 日，国家林业和草原局西北林业调查规划设计院领导、专家等来甘肃省督导草原监测评价工作，韩天虎在站五楼学术厅汇报了甘肃省草原监测评价工作进展情况。8 日下午，在站学术厅召开甘肃省草原监测评价工作座谈会，甘肃省林业和草原局草原管理处负责人参加会议。督导组就草原监测中发现的问题、技术难点和方法进行了交流。

2021 年 9 月 24 日，甘肃省林业和草原局检查组赴玛曲县，对 2020 年中央财政林业科技推广示范项目《草原鼠害绿色防控技术示范推广》进行了中期检查，杨浩及有害生物防治科负责人参加。

2021 年 10 月 12 日，晁德林研究员作为《草原法》实施情况调研组成员，参加了由甘肃省林草局组织在天祝县林草局召开的座谈会。

2021 年 12 月 28 日，组织督导组对肃南县基本草原划定试点工作进行了督导，29 日，在肃南县召开了基本草原划定试点工作座谈会。

2022 年 5 月 11 日，在武威市和张掖市督导调研草原技术推广工作。

2022 年 5 月 17 日，陪同甘肃省林业和草原局领导到金昌市、武威市调研草原重点工作落实情况。

2022 年 5 月 19 日，张榕带队微生物菌肥项目团队赴秦安县刘坪镇黄湾村开展林下草地生物炭、草地微生物菌肥田间试验。

2022 年 6 月 16 日，王汝富陪同相关领导到秦安县刘坪镇黄湾村调研指导巩固拓展脱贫攻坚成果同乡村振兴有效衔接帮扶工作。

2022 年 8 月 20 日，种质资源科组织邀请甘肃省草品种审定委员会委员专家，对安定区林业和草原局管理的安定区域试验站地点变更和甘肃省林科院申请新建的车道岭草品种区域试验站一并进行了现场调研和评估，张榕参加。

2023 年 3 月 9 日，张榕及相关科室负责人赴张掖市参加了甘肃省林业和草原局国有林场和种苗管理处组织的对国家级和省级草品种区域试验站（甘州）的调研督导。

2023 年 3 月 22 日，杨浩和有害生物防治科技术人员分赴甘南、庆阳等地开展 2023 年草原有害生物普查和监测防控工作督导。

2023 年 5 月 15 日，王汝富带队对临夏县和康乐县的基本草原划定及草原保护和生态修复治理工作进行了调研。

2023 年 5 月 17 日上午，张榕及甘肃省草品种审定委员会的相关专家对省级草品种区域试验站安定站地点变更后的基础设施建设、试验任务开展等情况进行了调研。

2023 年 6 月 15 日，李德明组织甘肃农业大学和中国农科院兰州牧药所育种团队，分别深入安定、大洼山开展草种质资源圃现场规划调研，就草种质资源圃基础设施建设、功能圃布局、技术和管理人员配备及基本条件创建等方面和建设管理单位进行了充分讨论交流。

2023年7月8日，刘兴明及相关科室负责人参加了甘肃省林业和草原局组织的学习考察内蒙古基本草原划定和调整的成功经验和做法的培训。

2023年7月18日，刘兴明和张志诚分别带队对酒泉市、张掖市、嘉峪关市及所属区域的国家级自然保护区保护中心进行了工作督导检查。

2023年8月20日，张榕参与了国家林业和草原局林场种苗司相关领导为期一周的林草种苗工作调研，甘肃省林业和草原局林场种苗处领导陪同，分别对酒泉市瓜州县、肃州区、金塔县和张掖市甘州区、山丹县等地的林木良种基地、国有林场、森林公园、草种生产企业及繁育基地、草种原种繁育建设、草品种区域试验站、草种质资源圃等林草种苗相关工作进行了调研。

2023年8月29日，甘肃省草原有害生物普查质量控制组赴白银市开展普查质量检查工作。

2023年8月30日，国家林业和草原局产业发展规划院教授来甘肃调研，甘肃省林业和草原局草原处领导在站五楼学术厅主持召开退化草原生态修复工作座谈会，王汝富及相关科室参加了会议。

2023年9月19日—26日，张榕带队赴天水市、陇南市及相关林业保护局（中心、站）开展了甘肃省林业和草原局组织的林草种质资源普查督导工作，场圃种苗处领导及草种科负责人参加。

2023年10月19日，国家林业和草原局调查规划设计院草原处一行到甘肃省开展种草改良任务落地上图跟踪调研指导工作。甘肃省林业和草原局在单位五楼学术厅组织召开了种草改良落地上图座谈会，草原处负责人和站分管负责人参加会议。

2023年11月中下旬至12月上旬，刘兴明及相关负责人持续深入甘肃华丰草牧业有限公司、中盛源农业科技有限公司、甘肃现代草业发展有限公司、兰州市高新技术企业甘肃大行农业科技开发有限公司及甘南州临潭县、兰州市红古区开展了草种繁育和菌肥技术示范推广调研，有关科室负责人参加。

2024年3月5日—9日，刘兴明带队赴甘南、红古开展2023年度草原植被恢复费督导检查。在红古宝山台试验站开展了草种繁育工作调研，甘肃省林业和草原局草原处负责人、本单位张榕参加了调研。

（本章供稿：张榕、谭立伟、张永辉、许国成；校对：谭立伟、王慧慧）

第二章　重要会议

本章根据收集到的资料，重点对本单位组织、参与组织或者参加的相关业务会议进行了梳理。

第一节　建站早期的重要会议

一、草牧业务工作会议

（一）甘肃省牧区畜牧工作会议

在全国各地贯彻落实党的十一届三中全会精神如火如荼之际，1979 年 7 月 10 日，甘肃省组织召开了全省牧区畜牧工作会议，研究在牧区畜牧业现代化建设中如何把十一届三中全会精神落到实处。会议认为，中华人民共和国成立以来，在党的领导和各族人民的共同努力下，甘肃省牧区面貌发生了天翻地覆的变化。已有 80%的牧民实行了定居，40%的牲畜有了棚圈，培育改良天然草场和种草工作已普遍开展，剪毛机和奶油分离器等牧业机械正在推广使用，人畜供水问题已有所改善，草原水利已取得了不少经验。更重要的是通过这些工作，使大家认识到，广阔的天然草场不仅是甘肃省巨大的农业资源，而且蕴藏着极其巨大的潜在力量，有着广阔的发展前途。

队长王无怠带队参加会议，并在大会上作了题为《把天然草场建设好，实现甘肃畜牧业生产现代化》的报告。报告提出，“坚持贯彻以农业为基础的指导思想，集中力量把农业搞上去”,“大力加强草原建设”是在新的长征中，历史交给我们的光荣任务。天然草场在甘肃省不仅是发展畜牧业生产的物质基础和生产基地，而且还起着涵养和保护水土资源，维持生态平衡的重要作用。所以搞好甘肃省天然草场建设，不仅是提高人民生活水平，加强民族团结，发展生产，巩固国防的必要措施，而且也是改变甘肃面貌的一条重要途径。他讲到，利用甘肃草原面积大，分布广，类型多，潜力大，人民群众利用草场的丰富经验等特点，在今后工作中，应狠抓几点工作：①因地制宜分类指导。②综合治理，连续作战。③全面规划，狠抓关键。

会议强调了合理利用草原应该做到以下几点。①要认真做好固定草原使用权的工作。②要切实实施轮牧，甘肃省传统的季节轮牧制度有优点也有缺点，应深入探讨，去粗存精，进而在季节轮牧的基础上，分条件、有选择地推广在群众中行之有效的分片放牧、压茬放牧、倒山放牧、移营放牧，在围栏草场上进行小区轮牧以提高草场利用水平。③要扩大冬、春场，搞轮换轮歇。季节场中，当前受害最重的是春场，秋场、夏场次之。如冬、春场是一个整体则受害更严重。应该通过全面规划，依据可能扩大冬、春场，并采取季节轮换，及时转场，改变放牧次序等办法，以调整负担，保护草场生机。退化严重的则可以轮歇或封育。要积极建设基本草场。④要求实效，要围好、培育好、管理好，充分发挥其作用。⑤要抓牲畜数量的合理控制和畜种的合理配置，适当的载畜量对草场利用有保证作用，而适当的畜种配置又可以提高载畜量和利用率。

（二）全省农区畜牧工作会议

随着牧区畜牧业发展政策的逐步落实，广大农区土地承包政策全面推开，农区畜牧业现代化建设引起甘肃省委、省政府的高度重视。1980 年，甘肃省召开全省农区畜牧工作会议，王无怠在大会上作了题为《搞好农区草场建设，加快甘肃畜牧业现代化进程》的报告。报告讲了 3 个部分：

1. 农牧并举是符合甘肃省自然规律、经济规律的方针。

2. 充分利用草场和饲草资源，大力发展畜牧业。

3. 积极开展草场建设，加速农业现代化进程。

（三）甘肃省草原工作站站长座谈会

1. 会议概况：为了贯彻中央调整方针和中共甘肃省委员会工作会议精神，充分发挥草原队、站、场在草原保护、利用、建设和种草养畜工作方面的作用，协调工作，落实任务，由甘肃省草原工作队组织的全省草原站站长座谈会于 1981 年 3 月 25日—30 日在兰州召开。参加这次会议的有省、州草原队和牧业、半农半牧业县草原站，甘肃省岷山种畜场、甘南州甘加牧草种繁殖场的站长、场长及技术骨干共 38 人。会议期间，代表们学习了有关文件，广泛交流了各地草原建设、种草养畜的工作经验。围绕如何认真扎实地搞好工作充分交换了意见。鉴于大部分草原站刚刚恢复或初建，与会代表对草原站的工作方向与任务等问题进行了认真讨论。会议期间，还部署了牧区、半农半牧区草原建设和种草工作，落实了各地防虫灭鼠任务，研究了全省牧草种繁殖区域规划。最后，还邀请有关部门教授专家共同协商成立了甘肃省草原学会，为促进科学、技术、生产密切结合建立了组织保证。

2. 会议分析了当前种草工作成效。大家共同认识到，在党的十一届三中全会精神指引下，各级党政领导认真贯彻执行党中央的路线、方针和政策，积极贯彻落实甘肃省委“以农为主，农牧并举，农林牧综合发展，因地制宜，各有侧重”的农业发展方针和一系列发展畜牧业的政策、规定，从本地实际情况出发，积极开展种草和草原建设工作，迈开了新的步伐。在群众性的种草和草原保护利用、管理建设工作中，各级草原队、站、场在调查研究、规划建设、试验示范、技术指导等方面都起到了应有的积极作用。

3. 讨论了种草和草原建设工作存在的问题。固定草原使用权的政策，没有得到全面落实；季节轮牧制度执行不彻底；农牧部门不抓种草工作的倾向严重存在；技术力量薄弱，没有很好抓群众性技术推广工作。

4. 会议成果：会议认为，种草和草原建设是事关农业现代化战略问题的工作，任重而道远。为了在新形势下搞好这一工作，必须一靠政策，二靠科学，大兴调查研究之风，尊重客观规律，狠抓典型，讲求实效，扎扎实实地把工作搞上去。

明确了草原站工作任务。提出了《草原工作站工作任务（草案）》。草原队站是技术推广单位，应认真贯彻党和政府关于草原工作的方针政策，以指导群众合理利用、保护、建设草场，提高草场产草量和生产能力，最大限度地满足发展畜牧业生产进程中对牧饲草料的需要。明确主要任务是：

（1）积极开展草场资源和利用现状的调查，提出培育、利用、保护和发展草原生产力的建设规划意见；建立定位观察站点，进行草原产草量，季节、年度动态的预测预报工作。

（2）在固定草场使用权的基础上，指导社、队确定适当的载畜量，有计划地实施季节轮牧和划区轮牧，搞好饮水点建设，合理利用天然草场，提高草场利用效益。

（3）积极推广围栏、补播、施肥、灌水和翻耕种植优良牧草等综合技术措施，建设基本草场，改良退化、碱化、沙化草场和荒山坡植被。利用弃耕地种草，推广农田粮草轮作，套种复种青绿饲料，增加饲草来源，并总结推广建立人工草场的经验。

（4）组织指导社队群众采集和筛选本地优良牧草种子，引种推广外来优良牧草，建立牧草种子繁殖基地。

（5）协助社队，采用药物杀灭、人工捕捉及有效的生物措施，控制草原各种鼠虫病害，清除草原有毒、有害植物。

（6）采用办训练班、带徒弟等办法，为社队培养技术力量，进行草原科学普及教育，总结推广群众中行之有效的种草和草原建设经验，推动群众性的种草和草原建设工作。

全面规划，狠抓关键。草原队伍的工作任务比较复杂，涉及面比较广，技术性比较强。各队、站都必须从实际出发，统筹全局，分别轻重缓急，做到心有一个数，手有一本账，狠抓关键性问题，才能把工作搞活。我们既要抓国家投资援助的项目，也要抓群众性技术推广工作，更要把贯彻党的方针政策放在第一位。有钱还要把钱花到点子上。草原工作必须以草原合理利用为基础，但它涉及固定使用权、实施轮牧、搞轮换轮歇，抓基本草场建设，抓牲畜数量的合理控制和畜群的合理配置，对草场资源进行调查，开展草场生产能力动态研究等各个方面。如何抓法，就要走群众路线，做到心中有数，才能抓住事关全局、实效显著或功小效宏、力所能及的项目或问题。把关键问题抓住了，工作全局也就活了。

分类指导，综合治理。因地制宜，分类指导是发动群众进行技术改革的基本方法。种草要区别情况，决定相应措施。荒坡如何种、管、用，农田如何搞轮作，退化草场如何翻耕等，都必须做好具体区分，区别对待。关于种草区划问题，会上已提出一个种子区域规划，请在工作实践中进行修改和补充。同时，由于自然条件和社会经济影响的交错，很多技术措施要在生产上显示实效并保持实效，就非要采用综合措施不可。灭鼠工作应该根据它们固有的一些有关生物学特性，如趋避、迁移和采食习性，对药物产生适应性和抗药性，受到伤害后很快恢复和发展的补偿性能，鼠兔和鼢鼠之间存在的正反馈作用等，制定相应的综合治理战略战术，划片防治，连续防治，一片一片地彻底消灭。就已有的经验而言，这中间要抓好五个结合：一是季节性的歼灭战和常年性的扫残相结合；二是化学灭鼠灭虫和土法灭鼠灭虫、生物灭鼠灭虫相结合；三是消灭鼠兔和消灭鼢鼠相结合；四是灭鼠灭虫药物要多品种结合，交替使用；五是灭鼠要和种草相结合。要防虫灭鼠就必须做出综合治理的规划，建立分区分片的综合防治档案，开展新药防治试点，重视鼠虫害情预测预报，认真检查防治效果，同时搞好种草等善后工作，才能夺取这一工作的全面胜利。防蝗和灭毛毛虫工作也一样，更应做好虫情预报，保证防治效果，控制环境污染。

加强培训，提高业务技术水平。搞好培训工作是必要的，应在重点培养和全员学习相结合的前提下，建立学习制度，坚持在职学习，既要占用些上班时间，又要充分利用工余时间。玛曲站做得很好，除了学专业，青年同志还学数学、物理。结合草原学会学术活动，开展结合生产的专题研究。实行考核制度。对学有心得，工作上有专长的同志要在职称和工资方面予以肯定。

提出了当前工作任务。一是要在各级党政领导下，分别具体情况，进一步落实固定草场使用权政策，把使用和建设权责结合在一起，人工草场要做到谁种谁有。同时要大力开展种草和草原建设的宣传工作。二是要继续搞好草原普查，摸清草场资源，为建设草原提供科学依据。三是要扩大水泥桩刺丝围栏草场，农区要狠抓耕地、弃耕地和荒山坡种草，任务到县后，一定要组织落实。四是要大搞青贮饲料。五是要抓好草原防虫灭鼠工作。

（四）全省饲料工作会议

在“种草种树、发展牧业、改造山河、治穷致富”和“把甘肃建成为开拓大西北的重要基地”的号召和全民开展“种草种树、发展牧业”的热潮中，1983 年 9 月，甘肃省政府主持召开了甘肃省饲料工作会议。王无怠在会上作了题为《发展饲料工业为“种草种树，发展牧业”插翅添翼》的报告。报告讲了 3 个方面：

1. 发展饲料工业是发展甘肃省商品畜牧业的关键环节。

2. 发展饲料工业是提高甘肃省饲料粮利用效益，促进粮食生产的有效手段。

3. 发展饲料工业要依靠科学研究和技术推广工作。

(1) 要把常用饲料的化学成分和营养价值评定工作做好，并结合饲料工业的发展，进行经常反复的分析评定工作。

(2) 要搞好配方鉴定。

(3) 发展饲料工业，必须走自己的路。

(五) 甘肃省种草种树规划会议

1983 年 11 月，甘肃省畜牧厅召开甘肃省种草种树规划会议，王无怠在会上作了题为《种草种树，发展商品畜牧业》的报告。会议从生产目标、生产认识、生产结构、生产作法、资源利用、经营思想、科学技术、经营形式等方面分析了商品畜牧业和自给畜牧业的不同，指出了在甘肃省发展商品畜牧业不仅是现实任务，也是有自然资源的保证，社会经济、技术基础的支持。畜牧业本身商品属性高，并且投资少、见效快、收益大，千家万户都能搞，甘肃省的畜牧、兽医、草原科技力量也相当雄厚，只要加强领导，落实措施、齐心协力、扎扎实实地搞起来，就可以立竿见影，取得实效。要求种草规划应力求客观，考虑如下 8 点：

1. 要种草养畜。种什么草，养什么畜，种多少草和树，养多少畜，生产多少畜产品，要有个数量关系。而不能走靠天养畜的老路，以多为荣，盲目发展。

2. 要农牧结合，充分利用饲料、劳力、设施，合理利用土地，为调整产业结构自觉努力，作出安排。

3. 要通过优化选择，搞清牲畜种类、产品质量、生产时效，有重点地发展，不能走六畜兴旺，齐头并进的路。

4. 要科学饲养，选用牲畜良种，采用配合饲料和青草饲喂，饲养技术、防疫卫生、棚圈设施要逐一落实到现代科学技术要求的基础上。

5. 生产经营要重视时效，加快周转，保证质量，从多方面提高经营效益。

6. 一定要改变传统做法，做好基本工作。首先是以草定畜，看草养畜，把克服春乏或提供商品放到第一位； 其次是整顿畜群，清理老弱残病杂畜，保持畜群整齐健壮；第三是调整畜群结构，提高适龄繁殖母畜比重；第四是提高繁殖成活率，从而做到提高总增率，实现稳定增产的目的。

7. 要搞好产后服务，提高加工效益，疏通流通渠道，保证鲜活商品的市场畅通。

8. 要以专业户带头，分点、分村、分片，根据各自优势，有重点地发展，形成拳头产品，为商品化、专业化、社会化生产打下基础。

(六) 甘肃省甘南开发会议

甘南州是青藏高原上的一颗明珠，是中国历史上著名的牧业基地之一。开发甘南州，把甘南州建成第一流的林牧业基地，是把甘肃省建成第一流林牧业基地的关键步骤，也是 20 世纪末开发大西北的环节之一。1984 年，甘肃省组织召开甘南开发会议，王无怠应邀参加会议，并作了题为《从实际出发，建设一流牧业基地》的报告。报告从“以牧为主”是发展甘南经济社会的阳关道、要重视生产条件和生活条件的改善、克服春乏是发展草原畜牧业的突破口等3个方面提出了开发甘南州的建议和举措。

二、相关业务学术会议

（一）组织召开甘肃省首届草原学术会议

1964年11月，在兰州召开了甘肃省首届草原学术会议，队长王无怠在会上作了题为《对当前草原建设的建议》的报告。会议探讨了草原学科理论问题，对畜牧业生产和草原建设面临的实际问题进行了深入讨论。

会议主要成果如下：

1. 合理利用草原。固定四季牧场，严格实施季节轮牧制度；抓分片放牧的推广工作。适当延长夏场的利用时间；开展割贮冬草工作；利用荒漠草场发展骆驼；保护草原植被。

2. 改良草原。在半荒漠、荒漠和草原草场，应从保护自然植被与水土资源，改善土壤水分与养分条件的要求出发。因地制宜地推广如下措施：封滩育草；进行营造护坡林的试验；草甸草场，以改善土壤的通气和透水性，提高土壤速效养分，改善草群结构，提高草质。推广措施有：划破草皮、小搬圈、建立人工饲草料基地、清除毒草。

3. 利用弃耕地。

4. 草场建设。草场建设以冬、春草场为主，以放牧点和居民点为中心，从实际出发，进行水利交通、土地利用规划、机械设备和必要的畜产品加工设备等建设。河西地区抓水的原则应该是三水（地面水、地下水、降水）齐抓，小型分散多点，点面结合，引蓄兼备，互相补济，便利生产。

5. 防除虫害和鼠害。

6. 机构建设。为了更好地适应当前草原工作要求，牧区县应加强对草原管理委员会和草原工作站的领导，充实人员，改进装备，同时应将河西甘南2个草原试验站建立起来。牧区灾害性天气对牲畜影响很大，同时气象资料又是兴修草原水利的主要依据，建议甘肃省气象局考虑增设牧区气象站，加强气象预报工作。河西草原水利建设是草原建设的核心，应组织专业队伍配合畜牧业生产迅速开展工作。河西规划委员会应将山地平地的农林牧进行综合规划，以利指导农林牧业全面综合发展。当前开展甘肃省草原工作的关键是抓紧时机，集中力量搞好样板田的建设工作。核心样板田应设在天祝永丰滩，甘南样板田以玛曲为宜。

（二）甘肃省种草技术座谈会

为了总结交流甘肃省种草工作经验，甘肃省畜牧局于1980年10月26日—30日在成县召开了甘肃省种草技术座谈会议。到会的有各地、州等重点县及甘肃省草原工作队技术干部33人，成县有关部门和科研、生产单位也派人参加了会议。参观了成县店村公社友联大队聚合草喂猪现场和成县良种猪场，与会代表很受启发。在此基础上，代表们广泛交流了推广应用聚合草和其他青饲料经验。会议还认真分析了当前形势，讨论了今后大力开展种草工作的措施。在与会同志的倡议下，根据全国聚合草组第三次会议的精神，结合甘肃省种草工作的实际情况，将甘肃省聚合草繁殖推广领导小组改为种草协作小组。与会代表一致认为，这次会议开得好、开得及时，达到了预期目的。

会议认为，甘肃省种草养畜工作，在各级党委的重视下，有了一定的发展，并涌现出种草养畜的先进典型，为进一步开展种草工作创造了条件。会议广泛交流了甘肃省河西地区近几年大搞麦田套种，复种箭筈豌豆、毛苕子等绿肥牧草的经验。会议提出“以农为主、农牧并举、农林牧综合发展”的农业生产方针，为发展甘肃省畜牧业，走种草养畜的道路，开辟了广阔的前景。当前农村在放宽畜牧业政策情况下，广大群众养畜的积极性很高，迫切需要多种草、种好草。我们要因势利导推动种草工作的健康进展。会议认识到，甘肃省自然条件复杂，地区差异性大，种草必须因地制宜，从实际出发的原则，切忌一刀切。会议明确了种草养畜，种草肥田是改变甘肃省农业落后面貌的关键性的措施之一。必须把种草工作放在科学基础上，应抓好牧草资源的普查工作；落实种草养畜政策；各县都要建立牧草种子繁殖基地，把培育野生优良牧草和引种繁育结合起来，争取在3~5年内解决本身所需种子。

（三）甘肃省畜禽营养研究会成立大会

党的十一届三中全会以来，甘肃省畜牧业发展很快，畜牧业经营性质已由自给性生产向商品性生产蜕变。根据科学技术必须围绕生产建设，为提高经济效益服务的原则，为了全面发挥甘肃省畜禽营养饲养科技力量优势，加速商品畜牧业的发展，根据甘肃省畜牧厅意见，甘肃省畜牧兽医学会经过协商和一段时间的筹备，于1982年12月4日召开甘肃省畜禽营养饲养研究会成立大会，王无怠应邀作了题为《加快甘肃畜禽营养饲养科学的发展》的报告，并提出以下问题需要讨论形成意见：

1. 甘肃省粮食偏紧的状况只能成为进一步发展畜禽营养饲养学并加以推广应用的动力，而不应是推广配合饲料的阻力。

2. 发展配合饲料要从甘肃省实际出发，坚持两条腿走路的方针。

3. 必须凭借甘肃省畜禽营养饲养科学技术优势，开发利用饲料资源，以有效发挥甘肃省畜牧业优势。

4. 保证配合饲料的质量，提高饲养畜禽的经济效益。

指出了甘肃省畜牧业在生产上一定要抓好以下几项协作性任务：

第一，积极抓好饲草饲料资源开发和合理利用。第二，建立饲料工业生产体系，加速配合饲料的生产。第三，充分利用甘肃省土地资源，大力种草，解决甘肃省牧区牲畜冬春营养不平衡的问题。第四，大力培养畜禽营养饲养方面的人才，普及科学养畜知识。

三、参加基层相关会议

（一）天祝县畜牧业工作会议

天祝县委、县政府于1978年10月25日召开全县畜牧业工作会议，邀请甘肃省草原工作队王无怠队长参加会议并作了题为《落实以牧为主方针，高速实现畜牧业现代化》的报告。指出天祝的畜牧业关键在于能否充分发挥资源潜力，农牧结合，科学种田，科学养畜，并实现生产机械化。贯彻“以牧为主”方针，是实现畜牧业现代化的前提和保证。对现代化畜牧业进行了讲解：

1. 用大量先进技术和高质量、高效率的牧业机具装备与改造畜牧业，实现畜牧业生产过程的机械化、电气化，大幅度提高畜牧业劳动生产率。

2. 建设草原，科学养畜，做到家畜良种化，牧养管理科学化，草原高产稳定优质化，利用改良制度化，兽医防治制度化，饲养规模化，大幅度的提高牲畜和草原的生产率。

3. 合理开发利用自然资源，逐步做到畜牧业生产的布局和结构合理化，做到农牧结合，农林牧副渔全面发展。

4. 大力发展社队企业，工农牧业相结合，做到亦工亦农亦牧，大幅度提高人民收入和生活水平。

（二）酒泉地区畜牧工作会议

20世纪80年代，改革开放后，畜牧业进入一个发展热潮。酒泉地区在配合饲料工业发展中先行一步，取得实效，甘肃省畜牧厅邀请省内9地、县的业务部门负责人和代表专程参加在酒泉地区召开的全区畜牧工作会议，学习酒泉推广配合饲料的经验。王无怠受邀代表甘肃省畜牧厅作了题为《关于发展配合饲料的问题》的报告。报告讲了酒泉地区在发展配合饲料方面给全省带了头。总结了酒泉成功的原因。一是领导重视，一抓到底。二是工作主动，想在前面，干在前头。三是试验点、示范点起到了很好的带头作用。并就发展配合饲料的重要意义和进一步开展此项工作提出了看法。

提出通过酒泉的经验学习，要求各地都要把配合饲料抓起来，畜牧部门在推广配合饲料中要起主导作用。具体措施有：促进地、县饲料公司成立，请粮食部门先动起手来干；发动社队办，可采用来料加工，原粮兑换，搞一些议价饲料等办法；建浓缩饲料厂，经营添加剂；发配方、供应添加剂，让社员自己配合用；利用现有设备，多方设法搞些周转粮，就可以推广；提倡通过用蛋、肉、乳换粮的途径，搞配合饲料；先引进浓缩饲料搞一些饲喂试点，让事实说话；搞草粉或颗粒饲料。

（三）通渭县及中部地区调整农业结构讨论会

为了总结通渭种草养畜调整农业结构的经验，研究中部地区农业的根本出路，1983 年 10 月，由甘肃省畜牧厅组织在通渭县召开了通渭县及中部地区调整农业结构讨论会，王无怠主持会议并作了题为《用一方水土养一方人》的讲话。他从中部不是一个整体、中部农业大有希望、要区别对待、要摆脱小农经济思想的制约等 4 个方面指出了中部地区的发展战略。认为甩不掉小农经济思想，就建设不了社会主义大农业。要改变中部农业面貌，必须要树立大农业观点，要重视有机旱作农业耕作制的恢复和发展，要把种草养畜作为调整农业结构，发展农业生产的关键措施，要用改革思想指导工作，要走农牧、工、商一条龙的路。

四、参加的其他会议

（一）甘肃省林业工作会议

在 1982 年全省林业工作会议上，王无怠作了题为《统一认识、大抓种草、改变甘肃面貌》的报告。就种草问题讲了 3 点意见。

1. 需要迫切，任务巨大

植树种草，绿化大地，是从根本上改变甘肃长期存在的落后面貌的战略任务。相对而言，种草这条腿还短得多，十分需要我们大张旗鼓开展植树种草工作中，认真抓一下种草。

2. 种草的作用和意义

说到种草，一般人往往认为是小事一桩。但广大群众却都说“草就是宝”，因为草能养地、养畜、养人。

3. 几点建议

要统一对种草的认识，树立草畜平衡的新观点；要把种草当做农业基本建设来抓；要加强种草的科学研究和技术指导工作；要加强各级种草领导力量和技术指导力量。

（二）草地资源调查和管理学术讨论会

1983 年 11 月，马范等人参加了中国草原学会在湖北宜昌举办的草地资源调查和管理学术讨论会。

（三）全国重点牧区甘南片草场资源调查成果验收会

1985 年 11 月，向得福、马范等参加在兰州召开的全国重点牧区甘南片草场资源调查成果验收会。

（四）迭部县农业区试验收会

1987 年，马范代表甘肃省畜牧厅派出专家参加了迭部县农业区划验收会。

（本节供稿：张榕；校对：许国成）

第二节　20 世纪末、21 世纪初的相关业务会议

甘肃省草原学会第二届会议。1996 年由本站组织，举办了甘肃省草原学会第一届理事会第二次会议暨第二届理事会成立大会。甘肃省畜牧厅相关领导参加了会议。吴仁润、任继周、王无怠等人作了专题报告，会议开展了学术交流，选举产生了第二届理事会，张自和任理事长，秘书处设本站，申有忠任秘书长。

草业与西部大开发学术研讨会暨中国草原学会学术年会。2000 年 10 月，由中国草原学会举办，甘肃省草原总站协办的“草业与西部大开发学术研讨会暨中国草原学会学术年会”在兰州召开，农业部相关领导参加会议并讲话，来自全国各地的 500 多名专家学者和相关负责人参会。甘肃省农牧厅领导作了题为《西部大开发中甘肃草产业开发的展望》的报告，指出甘肃草产业开发具有区位资源、科技人才、良好发展基础等优势，并从总体思路、运作方式、区域布局和开发重点等方面提出了路径，展望了下一步草产业建设的巨大前景和效益。

甘肃省草地饲料工作会议。1997 年以来，每年 3 月—4 月由本站承办一年一度的全省草地饲料工作会议。2001 年 3 月 21 日和 2002 年 3 月 26 日，分别召开了当年度的全省草地饲料工作会议，会议由甘肃省农牧厅主办，本站承办并主持。来自全省 14 个地区和以半农半牧区为主的 20 个县共 40 多名正式代表参加了会议。会议传达了全国农业工作会议、全省农村工作会议、全省农业工作会议精神，总结交流了上年度草地饲料工作经验，研究部署了当年的各项工作任务。来自全省地县的 10 个单位分别就草产业开发、草地保护与综合治理、草原执法及草地饲料技术推广等内容作了大会交流。会议认为，“九五”期间，甘肃省草业、草地畜牧业和饲料工业取得了重大转折，进入了一个新的发展阶段。

甘肃省国家级牧草种子基地草种加工厂、红古项目区场部设计方案审查会。2002 年 3 月 15 日，会议在甘肃国际大酒店召开。会议听取了工程设计单位对草种加工厂、红古项目区场部设计的思路、方案的汇报。与会领导专家对设计方案、设计图提出了一些建设性的建议和意见。与会领导专家认为种子加工厂、红古项目区场部设计方案基本合理，符合行业发展要求，对设计中存在的有关消防、环保等问题，要求设计单位按照有关规定在施工图设计中加以修改完善。希望建设单位在牧草种子基地建设中遵循高起点设计、高质量建设、高水平管理、高效益运转的原则，抓紧生产加工项目的实施，力争 2002 年三季度建成并投入生产。

国家级牧草种子基地建设红古项目区种植结构研讨会。2002 年 3 月 15 日，甘肃省草原总站邀请有关领导及专家在甘肃国际大酒店召开会议，甘肃省草原总站介绍了红古项目区基本情况及土壤调查评估意见，与会专家认为红古基地离兰州近，交

通方便，便于管理，根据气象等资料适宜种植苜蓿，同时应搞好科技示范区，劣势为土壤瘠薄，改土非常重要，品种主要考虑国内品种，陇东紫花苜蓿、新疆大叶苜蓿以及红豆草，同时农林牧共同发展，注重防风林带建设，树种以天然林深根型的树种为主，如毛白杨速生柳等，经济型的可选小杂果。建设方向应向草业高科技示范园区和旅游观光草业方面发展，以增强综合实力和发展后劲。

甘肃省草地建设项目论证会。为了科学、严谨地组织实施好2001年度下达甘肃的9个“天然草原植被恢复和建设”项目和1个“国家级牧草种子基地建设”等草地建设项目，甘肃省农牧厅于2002年7月5日—6日组织了有关部门领导及专家组成的评审团对上述项目的建设方案进行了论证。项目实施单位分别从项目建设的必要性、现有条件、建设内容、建设思路、组织管理措施、技术支撑、运行机制等方面进行了汇报，评审团就资金筹措、管理机制等细节问题进行了质疑并根据各县实际提出了建设性的意见和建议。通过项目论证，各级领导、专家及项目实施单位就依托项目，创新机制，围绕甘肃农业经济结构调整培育新型产业，使项目实施达到生态、经济和社会效益的良好结合。

全国农区草业发展研讨会。2002年8月2日—5日，全国农区草业发展研讨会在山西太原召开，5日在临汾闭幕。会议由中国草原学会、中国畜牧业协会联合举办，参加研讨会的除来自全国各地300余名草业科学工作者、领导及有关设备材料和草业生产企业的代表外，还有全国人大常委、农业部的领导以及中国科学院、中国工程院、中国农科院的7位院士。会议就“草业在农业结构调整中的作用及战略地位”“中国农区草业发展现状、问题及发展前景”“牧草产品国内外市场现状、问题和发展前景”“草业与农民增收及农村、农业经济的可持续发展”“草业在西部大开发中的地位、作用和发展战略”“WTO与中国草业发展”“龙头企业在农区草业发展中的地位和作用”“草业与食物安全（粮食安全、绿色食品生产）”“农区草业发展布局及经营模式”“农区草业管理体系与政策”“三元种植结构概念、理论和意义”“草田轮作在农区草业发展中的地位、意义”“农区草业的技术、经济评价分析”等20个方面进行了学术交流和研讨。期间，大会组织参观了临汾地区的苜蓿产业化生产、加工及养殖基地，会议就“草在中国生态建设和农业经济结构调整中的重要地位”上取得了高度共识。参加会议的甘肃代表有甘肃草原生态研究所、甘肃省草原总站、甘肃农业大学以及草业企业家共20余名，本站张榕参会。

西部草地农业可持续发展国际研讨会。为了加强国际间的学术交流，提高中国草地科学研究水平，在遵循自然规律、保护自然资源的前提下，建立草地农业生态系统，实现资源保护与可持续发展的同时，获取所需的经济效益并解决西部严酷的生态环境问题，国家自然科学基金委员会生命科学部和国际交流中心于2002年8月23日—29日在兰州共同举办了“西部草地农业可持续发展国际研讨班”。来自国内外著名草地农业、经济等著名专家进行为期7天的交流研讨。针对中国北方牧区完全依赖天然草地养畜，草地退化严重，农耕区以单纯谷物生产为主，投入高、产出低，整体农田生态环境恶化，农、牧、林系统耦合等现状，围绕中国北方草地生态系统退化的机制等问题，来自美国、新西兰、澳大利亚等国的著名专家和中国知名草地专家任继周院士、刘更另院士、李文华院士等以主题报告、分组讨论和专业考察的形式就“中国西部草地农业生态系统可持续发展”“中国西部农、林、牧复合系统技术体系的建立”“牧草种子生产技术体系和牧草种质评价”“西部土地可持续利用”“退化草地的恢复与改良”“草产品加工与市场研究”等主题进行了研讨和交流，为促进中国在资源有效配置、品种改良、牧草栽培利用等方面形成系统的技术体系与知识贮备作出了贡献。甘肃省委相关领导参加会议并作了学术报告。甘肃省农牧厅领导出席会议开幕式并讲话，甘肃省农牧厅草原处、甘肃省草原总站相关人员参加了会议。

甘肃省草地保护建设项目座谈会。自2000年以来，天然草原恢复与建设项目分别在甘肃省永靖、会宁等22个县陆续实施，为了总结、交流项目实施中的先进经验，及时发现项目实施中的问题，甘肃省农牧厅于2002年9月5日—8日在永靖县组织项目实施单位召开了座谈会。会议就项目进展、建设模式、政策配套及技术措施、项目实施对项目区生态环境的改善、农业结构的调整、农牧民增收和草畜产业化的推动作用进行了深入总结和交流，对下一阶段的工作进行了安排部署。22个项目县主管单位负责人、甘肃省农牧厅相关处室负责人、甘肃省草原总站相关技术人员参加会议。

全国退耕还林还草现场会。2002年全国退耕还林现场经验交流会，于8月31日—9月1日在甘肃定西地区召开。来自全国中西部地区和沿海部分地区的代表参加会议。此次会议目的是落实国务院关于进一步完善退耕还林还草政策措施的若干意见，总结推广退耕还林还草工作中的成功经验，推动退耕还林还草工作向纵深发展。会议强调，全国各地要进一步提高对退耕还林还草工作的认识，要统筹考虑和解决农民吃饭、烧柴和增收问题，走生态改善、农民增收的双赢之路。要突出重点，把全面推进和重点突破结合起来，要尊重客观规律，宜乔则乔、宜灌则灌、宜草则草，要搞好后续产业的培植，促进当地经济发展，要进一步加强天然草原植被的恢复与建设，把退耕还林还草这项伟大事业不断推向新的阶段。甘肃省农牧厅、甘肃省草原总站相关人员参加了会议。

全国畜牧兽医站长会议。全国畜牧兽医站长会议于2002年9月12日—13日在北京召开。这次会议，是进入新世纪后的第一次全国畜牧兽医站长会议。会议的主要任务是进一步贯彻落实党中央、国务院有关发展畜牧业和加强畜牧兽医体系建设的精神，总结成绩，交流经验，理清思路，明确方向和任务。会议充分肯定了畜牧兽医体系在畜牧业发展中作出的重大贡献。指出这支队伍是畜牧业健康发展保驾护航的主力军，在畜禽品种改良工作中发挥了骨干作用；为中国草原建设和保护工作发挥了中坚作用；在畜牧业技术推广中发挥了主渠道作用。这支队伍是中华人民共和国成立初期成立的合作诊所的基础上建立起来的。业务范围拓展到动物防疫、品种改良、草原保护、技术推广、饲草饲料等领域，为中国畜牧业和农村经济发展作出了重大贡献。改革开放以来，中国畜牧业取得了举世瞩目的成就，由家庭副业发展成为农村经济的支柱产业。本站负责人参加了会议。

退牧还草工作电视电话会议。国务院西部开发办、农业部于 2003 年 1 月 10 日召开了退牧还草工作电视电话会议。会议指出，实施退牧还草，是党中央、国务院从中国经济社会发展全局考虑做出的重要决策。会议明确了实施退牧还草的主要政策和总体思路是进一步完善草原家庭承包责任制，把草场生产经营、保护与建设的责任落实到户，实行以草定畜，严格控制载畜量。实行草场围栏封育、禁牧、休牧、划区轮牧，适当建设人工草地和饲草料基地，大力推动舍饲圈养。利用国家库存陈化粮较多的时机，以中央投入带动地方、个人投入。推行休牧与轮牧相结合、放牧与舍饲相结合的生产方式，优化畜草产业结构，恢复草原植被，实现畜牧业的可持续发展，确保农牧民的长远生计。

会议还明确了政策要点。第一，进一步完善草原家庭承包责任制，把草场划分承包到户。第二，严格控制载畜量。第三，实行国家地方和农户相结合方式，要以国家投入带动地方和个人投入。第四，退牧还草实行目标任务资金粮食责任到省，由省级政府对工程负总责。第五，做好统筹规划，加强综合治理。

全国草原工作会议。经国务院批准，农业部于 2003 年 4 月 15 日—18 日在北京召开了全国草原工作会议。中心议题是研究部署当前和今后一个时期草原工作进一步推动草原保护与建设，促进草原的可持续利用，促进经济社会和生态环境的协调发展。会议邀请了资深草原专家出席，甘肃省草原总站站长参加了会议。

甘肃省退牧还草试点工作座谈会。2003 年 8 月 27 日，甘肃省退牧还草领导小组办公室在兰州主持召开了甘肃省 2003 年度退牧还草试点工作座谈会。会议的主要任务是贯彻落实全国退牧还草电视电话会议精神，进一步明确甘肃省退牧还草的基本思路、建设任务和政策措施，部署退牧还草工作，讨论研究 2003 年退牧还草补助陈化粮变现与使用管理办法，退牧还草工作前期准备情况及实施中遇到的主要问题等。来自退牧还草项目区主管单位负责人、草原站负责人、甘肃省草原总站负责人等 40 人参加会议。

全国草原鼠虫害防治工作研讨会。2003 年 8 月 18 日—22 日，全国畜牧兽医总站在新疆伊宁市主持召开了 2003 年鼠虫害防治研讨会。会议认为，随着草原生态环境的恶化，中国北方的草原鼠虫害呈日益加重的趋势，与 1996 年相比，全国鼠虫害发生面积增加50%以上。会议认为，全国草原虫灾发生地区草原植被结构遭到严重破坏，生态建设成果功亏一篑，局部地区人民赖以生存的环境已经丧失，有些牧民沦为生态难民。会议强调，要进一步提高认识，增强责任感使命感，努力争取增加资金投入，加大防治力度，加强预警监测体系建设，增强应急防治能力，同时强调，草原鼠害防治要加强标准化管理，依靠科技进步提高防治水平，并重视国际合作与经验交流。甘肃省农牧厅草原处、甘肃省草原总站负责人参加会议。

全省草原工作会议。2007年9月1—2日，全省草原工作会议在定西市召开。会议由甘肃省农牧厅主持，豆卫、韩天虎、赵庆平及相关科室负责人参加会议。会议明确要求，要进一步增强推进草原建设与草业发展的紧迫感，不断加快推进草原保护建设和草业增长方式的转变，推进草畜产业可持续性发展。

2010年5月19—20日，共青团中央、农业部在甘肃省定西市安定区内官营镇召开“保护母亲河——种草护草、有你有我”宣传实践活动启动仪式，启动仪式由共青团中央农村青年工作部、全国绿化委员会种草组、农业部畜牧业司、农业部草原监理中心联合举办，甘肃省具体承办。站长豆卫等人参加了仪式。

第三节　近年来相关会议

一、“十二五”期间的重要会议

第一轮草原生态补奖启动会议。2011年7月28日，甘肃省人民政府办公厅在兰州召开全省落实草原生态保护补助奖励政策工作会议，相关部门主要负责人及牧民代表共计150多人参会。甘肃省草原技术推广总站豆卫、韩天虎及相关科室参加会议。第一轮草原补奖政策中央财政下达甘肃省草原生态补奖资金主要包括禁牧补助、畜牧良种补贴、牧草良种补贴和牧民生产资料综合补贴等。

甘肃省草产业座谈会。2011年11月24日，甘肃省政府主持在宁卧庄宾馆召开了甘肃省草产业座谈会，相关部门负责人以及部分企业代表参加座谈会。会后，由甘肃省政府陆续发布了《关于加快发展草产业的实施意见》和《甘肃省草产业发展规划》。

2011年2月11日，全省农业工作会议在兰州召开，单位领导参加了上午的大会和下午的畜牧工作会议。

2011年3月2日，甘肃省农牧厅在兰州饭店召开了草原补奖政策实施工作会议，豆卫、韩天虎等参加了会议。

2011年7月13日，豆卫等赴海拉尔参加全国鼠虫害防治现场会。

2011年11月25日，单位组织在兰州召开了有关市、县草原站参加的草原鼠虫害防治工作座谈会。

2012年3月26日，韩天虎等参加了全国畜牧总站在西昌举办的全国灭蝗工作会。

2012年6月18日，王立耕参加全国畜牧总站在太原召开的草产业研讨会。

2012年6月25日，韩天虎参加了全国畜牧总站在内蒙古自治区举办的牧鸡灭蝗启动会。

2012年10月29日，韩天虎等参加了全国畜牧总站在西昌举办的全国鼠虫害会议。

2013年4月9日、2014年3月28日、2016年4月1日，总站在兰州分别组织召开了全省草原技术推广工作座谈会，各市（州）草原站站长参加，会期1天。韩天虎主持会议。

2015年3月17日，甘肃省农牧厅召开了全省草原资源普查工作视频会议，主会场设在甘肃省农牧厅机关大楼24楼视频会议室，厅领导、厅机关有关处室、甘肃省草原技术推广总站、甘肃省草原监督管理局负责人及技术人员参加；各市（州）、县（市、区）设分会场。

二、近年来的全国性会议

2014年2月25日—28日，全国畜牧总站在北京举行《草原生产力与工程效益监测操作手册》与《草业信息化实用技术》审稿会，谭立伟参加。

2014年4月15日，全国畜牧总站在北京举办草原鼠虫害防控工作部署会，会期1天。韩天虎、许国成、吴江参加。

2014年6月10日—14日，全国畜牧总站在北京召开《草业信息化实用技术》审稿会，谭立伟参加。

2014年9月23日—25日，全国畜牧总站在北京召开2014年补奖机制管理信息系统全国数据审核分析会，谭立伟参加。

2014年11月24日—27日，全国畜牧总站在北京召开《草原生态保护补助奖励机制政策效益评价研讨会》，谭立伟参加。

2015年9月21日—23日，全国畜牧总站在北京举办草原补奖全国数据审核分析会，谭立伟参加。

2015年10月12日—23日，全国畜牧总站在北京召开草原监测数据、图件分析处理集中工作会，谭立伟参加。

2015年11月30日—12月3日，全国畜牧总站在北京召开全国草原生态补奖政策效益评价会，谭立伟参加。

2016年8月3日，“2016中国牧草生产与利用技术交流研讨会”在新疆昌吉召开，甘肃省草原技术推广总站、定西各市、县草原工作站等技术推广部门共40人参加了会议。

2016 年 8 月 22 日—24 日，全国畜牧总站在青海省西宁市举办草原补奖机制管理信息系统数据审核分析会。谭立伟参加。

2016 年 8 月 23 日，第四届（2016）中国草业大会暨草产业展览交易会在青海省西宁市召开，相关部门领导及甘肃省草原技术推广总站韩天虎参会，张榕就草产业区域发展与组织建设作了主题报告并荣获十佳草业巾帼称号。草业科杨浩等参加会议。在中国畜牧业协会草业分会会员代表大会上，韩天虎当选第二届理事会理事、常务理事，单位当选理事单位。

2017 年 3 月 14 日—17 日，全国草原统计监测培训班及草原鼠虫害防控工作部署会在海口市顺利召开，甘肃省由韩天虎带队，张榕及各科室业务骨干参加了本次会议。

2017 年 5 月 22 日—25 日，全国牧草种质资源收集保护利用技术培训班在兰州举行，甘肃省草原技术推广总站韩天虎参会。

2017 年 7 月 2 日—4 日，全国畜牧总站在北京召开 2017 年草原生态补奖政策效益评价会。谭立伟参加。

2017 年 7 月 26 日，农业部全国畜牧总站草种育种创新和种子生产情况调研座谈会在兰州召开，调研组组长中国农业科学院北京畜牧兽医研究所杨青川研究员主持座谈会。韩天虎介绍甘肃草种业情况，张榕发言。

2017 年 8 月 15 日—19 日，第七届（2017）中国苜蓿发展大会在甘肃酒泉召开。韩天虎、王汝富、张榕以及办公室、信息科、草业科、区试站、植保科等 10 余人参会，并对大会全程报道。期间，韩天虎组织在酒泉召开了甘肃省草种真实性评价技术协作座谈会，邀请内蒙古草原站夏红岩研究员及相关草种制种企业参会。

2017 年 9 月 12 日—15 日，全国畜牧总站在内蒙古鄂尔多斯伊金霍洛旗召开 2017 年草原生态补奖政策管理信息系统数据审核会。谭立伟、王海参加。

2017 年 12 月 1 日—3 日，全国畜牧总站在甘肃省兰州市举办草原牧区振兴座谈研讨会，全国 13 个省、区的相关部门、草原站共 50 多人参加。韩天虎、张榕、王汝富参加。

2018 年 6 月 4 日—6 日，全国畜牧总站在北京举办 2017 年草业统计数据审核与信息化成果总结会，谭立伟参加。

2018 年 11 月 13 日，草牧业典型模式总结交流会暨 2018 年国家草品种区域试验统计培训班在河北张家口举办，韩天虎、张榕及区试站相关人员参会。

2019 年 2 月 28 日，国家林业和草原局召开《林业草原“十四五”总体规划》编制专家咨询会，韩天虎应邀参加了咨询会。

2019 年 3 月 27 日，自然资源部召开草原资源专项调查监测专家研讨会在北京召开，韩天虎应邀参加。

2019年6月13日，第八届（2019）中国苜蓿发展大会在宁夏固原召开，甘肃省林业和草原局草原处以及张榕、李德明、周栋昌参加大会。

2019年7月18日，全国林草生物灾害2019年下半年发生趋势会商会在秦皇岛市召开。王俊梅参加会议。

2019年7月7日—20日，国家林业和草原局主办的第九期林草知识培训班在国家林业和草原局管理干部学院举行，俞慧云参加。

2019年8月21日—23日，中国草地植保研讨会暨常务理事（单位）工作会在内蒙古召开。王俊梅参加。

2019年8月19日—23日，“践行习近平生态文明思想，更新草原生物灾害防控知识”为主题的全国草原生物灾害防控技术高级研修班在内蒙古举办。王俊梅参加会议。

2019年10月26日，国家林业和草原局草原资源保护国家创新联盟2019年年会在四川成都召开，甘肃省草原技术推广总站当选为副理事长单位，韩天虎当选为副理事长。

2021年4月22日，韩天虎参加全国草原有害生物2021年发生趋势会商暨防治工作部署会。

2021年4月22日—25日，国家林业和草原局林草防治总站在山西省晋城市举办了全国草原有害生物2021年发生趋势会商暨防治工作部署会。韩天虎、王炳煜参加会议。

2021年6月6日—7日，草原生物灾害防治国家创新联盟2020年度工作总结及科企对接交流会在北京召开。王俊梅参加会议。

2021年6月9日，全国草原标准化技术委员会会议在兰州召开，韩天虎和张榕参加会议。

2021年7月23日，国家林业和草原局林草防治总站在辽宁省兴城市召开2021年下半年全国草原有害生物发生趋势会商会。李晓鹏参加会议。

2021年11月1日上午，全国草种质资源技术协作组成立，张榕作为协作组成员参会，种质资源科和草种科相关人员参加了第一次线上视频会议。

2022年2月22日下午，张榕和相关科室负责人参加了国家林业和草原局林场种苗司组织召开的省级林草部门相关处（站、局）长视频交流会。

2022年4月13日，杨浩及有害生物防治科相关人员，参加了国家林业和草原局生物灾害防控中心组织召开的全国草原有害生物2022年发生趋势会商暨防治工作部署会。

2022年7月19日，有害生物防治科组织技术人员通过视频参加了国家林业和草原局生物灾害防控中心在浙江省宁波市组织召开的2022年下半年全国草原有害生物发生趋势会商会议，并交流发言。

2023 年 4 月 3 日，国家林业和草原局生物灾害防控中心组织召开 2023 年全国草原有害生物发生趋势会商暨防治工作部署会。有害生物防治科负责人参加会议并发言。

2023 年 7 月 12 日，国家林业和草原局草原管理司以线上会议形式组织召开了 2023 年全国种草改良落地上图工作培训会，由国家林草调查规划院负责进行相关技术培训。甘肃省林业和草原局草原管理处组织总站及各市（州）、县（区）30 余名技术人员参加了会议。

2023 年 8 月 10 日，有害生物防治科李晓鹏参加了国家林业和草原局生物灾害防控中心在新疆塔城地区乌苏市组织召开的全国草原有害生物 2023 年下半年发生趋势会商会。

2024 年 4 月 12 日—13 日，刘兴明、杨浩等赴四川成都参加全国主要草原有害生物 2024 年发生趋势会。

2024 年 4 月 26 日—28 日，王汝富等赴江苏南京参加中国草学会 2024 年年会。

2024 年 5 月 8 日，刘兴明在甘肃省林业和草原局分会场参加全国森林草原湿地荒漠化普查工作启动会。

三、单位政治思想建设重要会议

2013 年 11 月 11 日，单位召开了党的群众路线教育实践活动专题民主生活会，全体领导班子成员、民主党派代表、退休人员代表、群众代表及各科室负责人参加会议。

2015 年 3 月 26 日，单位召开了重点岗位干部交流制落实情况调研会，韩天虎主持会议，站领导班子成员参加会议。

2015 年 5 月 15 日，单位召开甘肃省农牧厅“三严三实”专题教育党课辅导视频会议，全体领导班子成员及全站职工参加。

2015 年 12 月 15 日，单位召开了第三轮党风廉政建设巡察动员会，甘肃省农牧厅领导及相关处室负责人等参加会议，单位领导班子及全体职工参加会议。

2016 年 1 月 5 日，单位召开了“三严三实”专题教育民主生活会，甘肃省农牧厅领导及相关处室负责人等参加会议，单位党委书记赵庆平主持会议，领导班子全体成员及部分科室负责人参加。

2016 年 1 月 14 日，单位召开了第三轮党风廉政建设巡察反馈会，甘肃省农牧厅领导及相关处室负责人等参加会议，单位领导班子成员及各科室负责人参加。

2016 年 6 月 13 日，单位召开了“两学一做”学习教育督查会，相关部门领导参加会议，单位领导班子成员及部分科室负责人参加会议。

2016 年 6 月 29 日，在甘肃省农牧厅召开了“两学一做”学习教育党课辅导会，甘肃省农牧厅相关领导主持会议并授课，领导班子成员及各科室负责人参加会议。

2016年12月2日，单位召开了党建工作及“两学一做”学习教育督查会，相关部门领导主持会议，单位领导班子成员及各支部书记参加。

2017年3月22日，单位召开了“两学一做”学习教育“回头看”情况督查会，甘肃省农牧厅相关领导参加会议，单位赵庆平、王心灵及部分科室负责人参加。

2017年4月5日，甘肃省农牧厅组织学习贯彻党的十八届六中全会精神(视频会议)，单位领导班子成员及全站职工参加。

2017年6月14日，单位召开学习贯彻省第十三次党代会精神视频会议，甘肃省农牧厅领导主持会议，领导班子成员及全站职工参加。

2017年8月28日，召开“三纠三促”专项行动动员会，赵庆平主持会议，领导班子成员及全站职工参加会议。

2017年9月15日，召开甘肃省委第七巡视组巡视甘肃省农牧厅、巡察甘肃省草原技术推广总站动员会。甘肃省农牧厅相关领导参加会议，韩天虎主持会议，领导班子成员及全站职工参加。

2018年1月2日，召开巡察情况反馈意见会，甘肃省农牧厅巡察组成员主持会议，单位领导班子成员及科室负责人参加会议。

2018年1月4日，召开甘肃省草原技术推广总站2017年度述职述廉述纪述作风大会，甘肃省农牧厅相关领导参加会议，站领导班子及全体职工参加。

2019年6月28日，单位邀请甘肃省委党校吴晓军教授在五楼会议室作题为“高举习近平生态文明思想旗帜，建设美丽甘肃”专题党课辅导，王汝富主持，站领导班子及全体职工参加。

2019年6月4日上午，在站五楼会议室视频传达学习甘肃省委“不忘初心、牢记使命”主题教育工作会议精神，站领导班子及全体职工参加。

2019年7月23日上午，甘肃省林业和草原局召开“不忘初心、牢记使命”主题教育党课辅导视频会议，站领导班子及全体职工在站五楼会议室参加。

2019年7月30日，在站五楼会议室召开“不忘初心、牢记使命”主题教育专题调研成果交流会，站领导班子全体作了调研成果汇报，全体职工参加。

2019年8月13日，召开甘肃省林业和草原局巡察甘肃省草原技术推广总站动员会，站领导班子及全体职工参加。

2019年10月11日，在站五楼会议室视频召开甘肃省林业和草原局主持的学习贯彻习近平在甘肃考察时重要讲话精神轮训班，站领导班子及全站职工参加。

2019年11月18日上午，单位邀请中共甘肃省委党校社会和生态文明教研部生态文明教研室主任张婷婷作了题为《深入学习贯彻十九届四中全会精神，建设幸福美好新甘肃》的专题讲座，赵庆平主持，全体干部职工参加了会议。

2019年12月19日，召开甘肃省林业和草原局巡察甘肃省草原技术推广总站反馈会，站领导班子及全体职工参加。

2020 年 3 月 25 日，召开深入学习习近平总书记重要讲话精神，不断提高局系统党建工作质量和水平视频会议，站领导班子及全体职工在站五楼会议室参加会议。

2020 年 4 月 10 日，召开“认真学习习近平总书记重要讲话精神，努力推进机关党的建设工作再上新台阶”党课辅导会议，站领导班子及全体职工参加。

2020 年 5 月 7 日，甘肃省林业和草原局在局机关召开草种管理工作座谈会，站班子成员参加会议。

2020 年 5 月 15 日上午，单位邀请了甘肃省委党校教授在五楼会议室作了题为“坚持和完善中国特色社会主义制度推进国家治理体系和治理能力现代化——十九届四中全会精神深入解读”的专题辅导课，赵庆平主持，全体干部职工参加了会议。

2020 年 8 月 12 日上午，单位邀请了中共甘肃省委党校教授在五楼会议室，作了题为“认真学习党章、严格遵守党章”的专题辅导课，张榕主持，全体干部职工参加了会议。

2020 年 9 月 3 日，单位邀请了中共甘肃省委党校教授在五楼会议室作了题为“不忘初心、牢记使命，把党的自我革命推向深入”的党课辅导，党委书记赵庆平主持会议，全体干部职工参加。

2020 年 10 月 30 日下午，单位组织全体干部职工在站五楼大会议室集体观看“民法典公开课”视频。

2020 年 11 月 24 日上午，单位邀请了中共甘肃省委党校教授在五楼会议室，作了题为“开启新征程，创造新伟业——五中全会精神解读”的专题辅导课，赵庆平主持，站领导班子及全体干部职工参加。

2020 年 11 月 24 日下午，甘肃省林业和草原局视频举办学习贯彻党的十九届五中全会精神读书班辅导报告会，邀请了甘肃省委党校教授作了题为“学习落实五中全会精神，推动甘肃经济社会发展” 的专题辅导课，站领导班子及全体干部职工在站五楼会议室参加了会议。

2020 年 11 月 25 日，甘肃省林业和草原局在站五楼会议室视频举办学习贯彻党的十九届五中全会精神读书班研讨交流暨宣讲报告会，站领导班子及全体干部职工参加了会议。

2020 年 12 月 16 日，在站五楼会议室召开“党的十九届五中全会精神”宣讲活动，站领导班子及全体职工参加。

2021 年 1 月 14 日，在站五楼会议室视频召开 2020 年度党组织书记抓基层党建述职评议考核大会，站领导班子及中层干部参加。

2021 年 1 月 27 日下午，在站五楼会议室召开甘肃省草原技术推广总站 2020 年度考核大会，赵庆平主持会议，站领导班子及全站职工参加。

2021年2月3日上午，甘肃省林业和草原局召开全面从严治党暨党风廉政建设工作视频会议，站领导班子及中层干部参加。

2021年2月3日下午，在站五楼会议室视频召开甘肃省林业和草原局巡察、审计反馈问题整改和作风建设工作推进会议，站领导班子及中层干部参加。

2021年2月22日下午，在站五楼会议室召开甘肃省草原技术推广总站2021年度党建暨党风廉政建设工作会议，韩天虎主持会议，站领导班子及全站职工参加。

2021年3月15日，甘肃省林业和草原局党史学习教育动员视频会，站领导班子及全站职工参加。

2021年3月25日，在站五楼会议室召开甘肃省草原技术推广总站党史学习教育动员部署大会，赵庆平主持会议，站领导班子及全站职工参加。

2021年4月12日上午，单位邀请中共甘肃省委党校社会和生态文明教研部生态文明教研室主任张婷婷在五楼会议室，作了题为“知来路，启新程——在党史学习教育中汲取力量砥砺前行”的专题辅导课，赵庆平主持，站领导班子及全体干部职工参加。

2021年4月29日，甘肃省林业和草原局在站五楼会议室视频举办意识形态工作专题讲座，邀请了甘肃省委党校教授作了题为“牢牢掌握意识形态工作领导权”的专题辅导课，站领导班子及全体干部职工参加了会议。

2021年5月19日，甘肃省林业和草原局在站五楼会议室视频举办第三期党史学习教育专题辅导讲座，邀请了甘肃省委党校教授作了题为“中国共产党百年辉煌及经验启示”的专题辅导课，站领导班子及全体干部职工参加了会议。

2021年6月10日，甘肃省林业和草原局在站五楼会议室视频举办“同讲红色故事，共建绿色家园”演讲比赛活动，站领导班子及全体干部职工参加了会议。

2021年6月22日—24日，甘肃省林业和草原局召开党的十九届五中全会精神视频学习培训班，站领导班子参加。

2021年6月25日，在都市春天生态园召开庆祝中国共产党成立100周年暨“两优一先”表彰大会，站领导班子、全体干部职工、退休老干部、老党员共计90人参加了会议。

2021年6月28日下午，甘肃省林业和草原局召开庆祝中国共产党成立100周年暨“两优一先”表彰大会（视频会议），站领导班子及全站职工参加。

2021年7月1日上午8时，甘肃省林业和草原局组织机关全体党员干部集中收看庆祝中国共产党成立100周年大会直播实况。站领导班子及全站职工集体观看大会直播。

2021年7月28日，甘肃省林业和草原局在站五楼会议室通过视频举办学习贯彻习近平总书记“七一”重要讲话精神专题辅导讲座，邀请了甘肃省委党校马克思主义学院副院长李龙江作了题为“百年大党奋进新征程的政治宣言——深入学习贯彻习近平总书记‘七一’重要讲话精神”专题辅导课，站领导班子及全体干部职工参加了会议。

2021 年 8 月 5 日，甘肃省林业和相关领导带领党史学习教育第四巡回指导组，到甘肃省草原技术推广总站指导党史学习教育工作，并为草原站干部职工宣讲解读习近平总书记在庆祝中国共产党成立 100 周年大会上的重要讲话精神，赵庆平主持，站领导班子及全体中层干部参加。

2023 年 7 月 6 日，刘兴明主持召开半年工作推进会，各科室汇报了上半年工作进展情况及下半年工作打算，各分管领导进行了点评。会议对下半年工作进行了安排部署。

2023 年 10 月 7 日下午，刘兴明主持在单位会议室召开甘肃省林业和草原局党组第二巡查组巡查总站的动员会。

2024 年 1 月 17—26 日，刘兴明在单位会议室分别主持召开 2023 年度领导班组和领导干部政治素质与工作业绩考核大会、2023 年工作总结和年度考核大会、支部书记抓党建工作述职大会、项目总结会；王汝富主持了 2023 年度工作总结和考核大会科级干部、中层及高级职称人员述职大会。

2024 年 2 月 29 日上午，张志诚在单位会议室主持召开党建和党风廉政建设工作会议，安排部署总站 2024 年党建和党风廉政建设工作；主持召开 2024 年工作会议，传达学习全国、全省林业和草原工作会议精神，表彰 2023 年先进科室和先进工作者、先进工会干部和工会积极分子。

2024 年 3 月 8 日，单位工会妇委会组织全体女职工开展“揉肩担重任，提笔绽芳华”三八妇女节手绘活动，杨浩到场致词。

2024 年 3 月 15 日上午，张志诚在单位会议室主持召开甘肃省林业和草原局党组巡查甘肃省草原技术推广总站党委情况反馈会，传达反馈意见，提出整改要求。

2024 年 4 月 8 日上午，刘兴明在单位学术报告厅开展监测科党风廉政建设约谈会。

2024 年 4 月 15 日上午，刘兴明在单位会议室主持召开中共甘肃省草原技术推广总站委员会，开展党纪学习教育启动会，传达学习相关精神，安排部署单位党纪学习教育工作。

2024 年 5 月 19—22 日，张榕参加了甘肃省林业和草原草局纪检组在迭部举办的“纪检干部队伍党纪学习教育及纪检业务培训班”。

2024 年 5 月 24 日和 6 月 14 日，刘兴明对岗位交流和新提拔的科级、副科级干部进行了集体廉政谈话和任前谈话。

2024 年 5 月 29 日上午，刘兴明在单位会议室主持召开“守正创新，强化纪律建设”专题党课，宣讲学习党的纪律建设相关精神。

四、近年省内行业会议

2016年9月2日，韩天虎在五楼会议室主持召开甘肃省草产业技术创新战略联盟、甘肃省草产业协会成立大会预备会议，甘肃省农牧厅草原处及联盟、协会发起单位负责人参加会议。王汝富、张榕及相关科室负责人参加了会议。

2016年9月28日，甘肃省草产业技术创新战略联盟（筹）和甘肃省草产业协会成立大会在兰州举办，甘肃省民政厅、甘肃省农牧厅、甘肃省科技厅以及市、县草原站等500人参会，大会邀请了南志标院士、中国畜牧业协会草业分会会长卢欣石教授以及省内资深草业前辈胡自治、曹致中、汪玺、陈宝书等。大会由联盟理事长单位甘肃省草原技术推广总站组织，韩天虎会后接受了媒体采访。

2016年10月26日，甘肃省草产业协会第一届理事会第一次代表大会暨融资座谈会在兰州召开，甘肃省草原技术推广总站韩天虎参会。

2017年2月15日，甘肃省草产业技术创新战略联盟和甘肃省草产业协会2017年第一次工作会议在兰州召开，韩天虎主持会议。3月16日，甘肃省草产业协会第一届二次理事会在兰州召开。3月17日，甘肃省草产业协会2016年会在兰州召开，韩天虎参加。

2017年2月22日，联盟单位甘肃省农科院在兰州举办了“新西兰草地与放牧人工草地建植及放牧管理技术”学术报告会，甘肃省草原技术推广总站张榕带领相关技术人员参会。3月16日，联盟单位甘肃农业大学草业学院在定西市安定区举办甘肃省旱作区粮改饲草田轮作关键技术培训会，杨浩参加。

2017年9月13日，由甘肃省生态学学会主办，中国科学院沙坡头沙漠研究试验站、甘肃省寒区旱区逆境生理与生态重点实验室承办的第四届“甘肃生态论坛”在宁夏沙坡头召开，王汝富带队参会。

2017年10月20日，甘肃省农牧厅在天祝县举办“甘肃大美草原守护行动”启动会，韩天虎参会。

2018年2月20日上午，甘肃省草产业技术创新战略联盟、甘肃省草产业协会2018年会预备会在甘肃省草原技术推广总站学术报告厅召开。共计20余人参加了本次会议。总站办公室、信息科、草业科、区域试验站等相关人员参会。

2018年4月13日，甘肃省草产业技术创新战略联盟和甘肃省草产业协会2017年年会在甘肃民航云美旅国际酒店召开，韩天虎主持大会，张榕等人参会。甘肃省草地农业科技试验示范项目启动会在兰州大学草地农业科技学院召开，韩天虎、张榕及相关技术人员参会。

2018年8月20日—23日，第五届（2018）中国草业大会在定西天庆国际大酒店揭幕。韩天虎、张榕、王汝富以及相关科室技术人员10余人参会。大会主题为“推进产业创新，助推脱贫攻坚”，会议规模1000余人。

2018 年 9 月 15 日，会宁县任继周院士专家工作站成立会议在兰州大学召开。张榕及草业科杨浩参会。

2018 年 10 月 23 日，甘肃省草业标术标准化委员会在兰州召开 2018 年会暨第 49 届世界标准日宣传培训会，甘肃省草业标准化技术委员会主任委员南志标院士讲话，副主任委员兼秘书长韩天虎向大会作工作报告，张榕委员及总站相关技术人员参加会议。

2018 年 12 月 27 日，甘肃省委、省政府在兰州宁卧庄大礼堂召开人才工作会议，表彰了省领军人才任期考核优秀人员，调整和续聘下一任期领军人才。韩天虎被评为优秀等次，并由第二层次晋升为第一层次；俞联平续聘为第二层次领军人才；许国成入选第二层次领军人才。

2019 年 2 月 20 日，甘肃省草产业技术创新战略联盟、甘肃省草产业协会 2018 年会预备会在总站五楼会议室召开，韩天虎主持会议，王汝富、张榕，联盟专业委员会牵头专家以及联盟、协会其他相关人员共 20 余人参加了会议。

2019 年 3 月 25 日，甘肃省草产业技术创新联盟 2019 年工作会议在甘肃省农业科学院第三会议室召开，韩天虎、张榕及相关科室负责人参加了会议。

2019 年 7 月 9 日，甘肃省第二届草品种审定委员会第一次会议在兰州召开。参加会议的有甘肃省林业和草原局种苗处、科信处、法规处、草原处等相关处室负责人，兰州大学、甘肃农业大学、中国农业科学院兰州畜牧与兽药研究所等单位的委员，会议特邀甘肃农业大学资深草业专家汪玺教授到会指导并全程参加相关文件讨论。总站主持会议，韩天虎、张榕及相关科室负责人等参加会议。

2019 年 8 月 23 日，在兰州市举办了甘肃省生态学学会第二届换届大会暨第六届“甘肃生态论坛”干旱区防沙治沙与生态修复、探讨甘肃生态保护现状及未来发展方向，会期 1 天，200 人参加。韩天虎作题为《科技创新引领草原生态高质量发展》的报告。王汝福、张榕、区域试验站李德明、耿小丽、刘乾、张少平参加了本次会议。

2019 年 8 月 19 日下午，“推进中国西部草都建设座谈会”在甘肃省定西市成功召开。韩天虎参会。

2019 年 10 月 18 日—19 日，甘肃省现代草食畜产业技术体系 2019 年工作进展交流会在临夏举行，甘肃省草原技术推广总站相关人员就甘肃省草产业发展情况、精准扶贫和 2019 年岗位目标的完成情况作了交流汇报。

2019 年 10 月 25 日，甘肃省林业和草原局组织召开全省草原工作会议。相关领导出席会议。各市（州）林业和草原（林业）局、兰州新区农林水务局，玛曲等 44 个重点草原县（市、区）林业和草原，山丹马场，祁连山等 19 个国家级自然保护区管理局，局机关业务处室、局直有关单位同志参加了会议。甘肃省草原技术推广总站领导班子成员及部分科室人员参加会议。

2019 年 11 月 15 日，受甘肃省农业农村厅委托，由甘肃省草产业技术创新战略联盟组织的《猫尾草产业发展规划》编制咨询会在总站召开，甘肃省农业农村厅相关领导主持会议，甘肃农业大学草业学院有关专家及总站韩天虎、张榕参加会议。

2019 年 11 月 18 日，甘肃省草业标准化技术委员会技术审查会在兰州召开，韩天虎、王汝富、张榕参加。

2019 年 12 月 27 日，甘肃省农业农村厅组织专家组在兰州召开“甘肃省草原基况调查及服务功能评价研究”项目省级验收会。韩天虎汇报项目执行情况，王汝富、张榕参加会议。

2020 年 1 月 5 日，甘肃省科技重大专项“草类种质创新与品种选育”启动会在兰州大学草地农业科技学院召开。总站负责“良种扩繁与新品种推广示范”的实施，参与“特色优质牧草种质创新与品种选育”实施，韩天虎和有关技术人员参加启动会。

2020 年 1 月 14 日，甘肃省基础地理信息中心组织召开“甘肃省祁连山区域自然资源综合调查试点项目实施方案和分类指标”专家咨询会，韩天虎应邀参加。

2020 年 1 月 17 日，甘肃省草业标准化技术委员会在兰州召开 2019 年度工作会议暨技术培训会，会议由韩天虎主持。

2020 年 4 月 8 日，本站召开 2020 年党建及党风廉政建设会议和 2020 年脱贫攻坚工作推进会，全站职工参加会议。

2020 年 4 月 14 日，本站对站科技人员编写的 9 个科技项目进行了项目立项评价以及林草科技和信息化工作会议，韩天虎主持会议。

2020 年 5 月 7 日，甘肃省林业和草原局召开草种管理工作座谈会，总站班子成员参加会议。

2020 年 6 月 9 日，全国草原标准化技术委员会会议在兰州召开，韩天虎和张榕参加会议。

2020 年 7 月 2 日，甘肃省林业和草原局草种管理工作座谈会在本站五楼学术厅召开，韩天虎、张榕及相关科室负责人参加。

2020 年 7 月 24 日，韩天虎主持召开了甘肃省草品种审定委员会年度工作会议，张榕参加，草种质资源科、草种科负责会议组织服务工作。

2020 年 8 月 1 日—2 日，第七届“甘肃省生态论坛”在玛曲县举办，张榕等人参加了论坛。

2020 年 10 月 26 日，韩天虎应邀出席第八届（2020）全国草产业高质量发展大会并开展相关调研工作。

2020 年 11 月 19 日，本站在兰州组织召开全省、市（州）草原站长工作座谈会。

2020 年 12 月 21 日，甘肃省自然资源厅组织对甘肃省祁连山区域自然资源综合调查试点项目进行验收，韩天虎参加了验收会并汇报了甘肃省草原资源调查和监测工作情况。

2021 年 1 月 14 日，甘肃省科技重大专项“草类植物种质创新与品种选育”项目年度总结会在兰州大学草学院召开，张榕及项目组有关人员参加了会议。

2021 年 3 日—5 日，甘肃省 2020 年度草品种审定会在本站召开，审定通过了 14 个草品种，审定了甘肃省草类品种推广目录、参加 2021 年度省级区试的草品种，讨论了工作分工。

2021 年 3 月 12 日，王汝富带队，以甘肃草原保护建设、草产业发展以及草原相关法律法规等内容为宣传展板，参加了甘肃省林业和草原局举办的 2021 年植树节宣传咨询活动。

2021 年 3 月 31 日，全省草原技术推广座谈会在兰州召开，韩天虎总结了“十三五”期间草原技术推广工作，安排部署了 2021 年工作任务。

2021 年 5 月 8 日，甘肃省林业和草原局在兰州召开“全省草原有害生物普查启动暨重点工作推进会”，韩天虎对全省草原有害生物普查工作进行了全面解读和安排部署。

2021 年 7 月 12 日，甘肃省草原监测评价工作启动会在兰州召开，韩天虎对全省草原监测评价方案进行了解读。

2021 年 7 月 23 日，有害生物防治科负责人参加了 2021 年下半年全国草原有害生物发生趋势会商会。

2021 年 7 月 27 日，韩天虎在站五楼学术厅主持召开了《甘肃省草原监测评价技术细则》专家评审会。

2021 年 9 月 6 日，韩天虎在兰州主持召开《甘肃省林草综合监测评价——草原生态评价》启动会，对全省草原生态评价从目标任务、工作范围、工作流程及方法、预期成果、进度安排、组织领导及分工、保障措施等 7 个方面进行了安排部署。

2021 年 9 月 13 日，全省第三轮草原生态保护补助奖励政策禁牧和草畜平衡监管工作调研座谈会在兰州召开，来自重点草原区的部分市、县林草行政主管部门负责人参会。韩天虎、王汝富、张榕参加了会议。

2022 年 1 月 21 日，单位领导班子成员和相关科室负责人参加甘肃省林业和草原局召开的推动草种业发展工作座谈会。

2022 年 1 月 26 日，韩天虎在兰州主持召开全省草原生态评价和图斑区划中期评估会。

2022 年 2 月 18 日，杨浩组织相关专家召开《甘肃省草原有害生物普查方案》论证会。

2022 年 4 月 7 日，韩天虎在兰州主持召开了全省草原有害生物普查工作会议，对 2022 年普查工作做了安排部署。全省 14 个市、州草原站负责人、甘肃省林业和草原局草原管理处、站相关科室负责人参会。

2022 年 5 月 9 日，韩天虎、杨浩参加了由张掖市草原工作站承担的“张掖市草原虫害绿色防控示范区项目”实施方案论证会。相关科室负责人参会。

2022 年 8 月 9 日，张榕参加了甘肃省林业和草原局召开的 2023 年中央财政草原生态修复治理（草种繁育）项目储备入库评审会。

2022 年 9 月 6 日，杨浩和有害生物防治科技术人员参加了甘肃省林业和草原局组织召开的全省森林草原湿地生态系统外来入侵物种普查工作推进线上会议。

2022 年 9 月 19 日，草原监测科负责人组织技术指导组参加了甘肃省草原禁牧区无人机巡检工作在白银市靖远县的启动现场会议。

2023 年 2 月 17 日，甘肃省林业和草原局在兰州组织召开 2023 年全省草原有害生物发生趋势会商会。杨浩和有害生物防治科技术人员参加了会议。

2023 年 3 月 20 日下午，甘肃省林业和草原局组织召开 2022 年草原变化图斑核查处置国家级外业复核工作对接会，张志诚汇报工作进展情况，相关技术人员参加会议。

2023 年 3 月 30 日，甘肃省草业标准化技术委员会在兰州组织召开地方标准审定会议。王汝富、杨浩及张榕（线上）参加会议。

2023 年 3 月 30 日下午，杨浩参加了甘肃省林业和草原局组织召开的林草外来入侵物种普查工作推进会议并汇报甘肃省的工作推进情况。

2023 年 4 月 7 日，国家林业和草原局西北调查规划院在西安组织召开西北监测区 2023 年草原健康和退化评估技术交流研讨会。草原监测科负责人参加会议。

2023 年 5 月 25 日，刘兴明参加了甘肃省林业和草原局在兰州组织召开的全省林草外来入侵物种普查工作推进会。

2023 年 5 月 26 日，刘兴明和张榕，参加了甘肃省林业和草原局组织召开的省级草种质资源圃和区域试验站评估会议，确定了兰州大洼山、甘州、安定 3 个草种质资源圃纳入省级草种质资源圃管理，安定和车道岭 2 个草品种试验站纳入省级草品种区域试验站管理。

2023 年 7 月 14 日上午，国家林业和草原局规划院草原监测处相关负责人召开了草原监测工作座谈会，刘兴明汇报甘肃省草原监测情况，杨浩及动态监测科、草业科全体技术人员参加。

2023 年 8 月 3 日，张志诚及草原监测科技术骨干参加了甘肃省林业和草原局主持召开的草原调查监测及草原健康和退化评估工作推进视频会议，会议由草原管理处副处长谭峰主持，全省 14 个市（州）林业和草原局、84 个县（市、区）及 21 个局直有关单位、山丹马场草原工作分管领导、草原调查监测负责同志参加会议。

2023 年 10 月 18 日下午，由平凉市林业和草原局申报、平凉市农科院承担的省级草品种区域试验站和草种质资源圃确定论证会召开，甘肃省林业和草原局主持会议，刘兴明和分管负责人参加会议，相关科室参与会议组织服务。

2023年11月14日上午，张榕主持召开了草种质量追溯管理（认证）工作站座谈会，中国农业大学教授等专家以及相关科室人员参会。

2023年11月14日下午，甘肃省林业和草原局草原处领导主持召开了甘肃省草原技术推广总站2023年中央财政林业草原改革发展资金第二批草原生态修复治理项目实施方案评审会，刘兴明、杨浩及相关科室负责人参加会议。

2023年12月14日下午，由甘肃省林业和草原局草原处领导主持召开全省草原图斑区划成果验收会，对“甘肃省草原禁牧和草畜平衡监测监管项目”进行了评审论证并通过验收，刘兴明及监测科负责人参加会议。

2023年12月29日，甘肃省林业和草原局科信处组织对甘肃省林业和草原科技创新2个项目进行了评审验收。

2024年1月8日上午，由甘肃省林业和草原局草原处组织相关单位召开全省草原健康和退化技术交流会，甘肃省林业和草原局草原处、甘肃省草原技术推广总站及国家林业和草原局调查规划院等4家项目承担单位进行了会议交流，统一了评估使用数据，张志诚及国家林业和草原局调查规划院相关处室负责人等参加会议。

2024年1月10日，甘肃省林业和草原局相关领导主持召开2023年度草品种审定会议，会议讨论了修改了《甘肃省草品种审定委员会章程》《甘肃省草品种审定办法》。刘兴明、张榕及相关科室负责人参加会议。

2024年3月4日下午，甘肃省林业和草原局草原处领导主持召开全省草原健康和评估工作推进会，刘兴明及监测科相关人员参加会议。

2024年3月18日下午，由甘肃省林业和草原局草原处组织召开全省草原健康与退化评估工作总结会，刘兴明、王汝富参加会议。

2024年4月3日上午，甘肃省林业和草原局主持对“甘肃省草原健康与退化评估项目”进行了验收，刘兴明、王汝富参加会议。

2024年4月16—20日，张榕带队对临夏、甘南及迭部生态建设管护中心等单位的林草种质资源调查工作进行了实地督查和技术指导。

2024年5月16日，动态监测科组织技术人员参加甘肃省林业和草原局西北院组织的草原变化图斑判读和核查处置成果会商会议。

2024年6月5日，刘兴明赴白银参加全省2024年“三北”工程攻坚战现场推进会议。

2024年6月7日上午，甘肃省林业和草原局草原处领导主持召开甘肃省2024年提前批省级财政林业草原资金项目实施方案评审会，对“甘肃省2024年禁牧和草畜平衡监测项目实施方案”等4个项目实施方案进行了评审，刘兴明、杨浩及相关科室负责人参加会议。

2024年6月21日下午，刘兴明、王汝富、张榕参加了草种质资源科、草种科在碧桂园农场开展的首席科学家项目成果转化等和草业科支部“庆七一”党建活动。

2024年6月23日，刘兴明、张榕参加了甘肃省林业和草原局林场种苗处主持的“甘肃省林草标本存储项目实施方案”评审会议。

五、其他会议及活动

2019年3月12日，甘肃林草系统在兰州五泉公园门口举办了纪念植树节40周年宣传活动，在兰州的省、市林草系统20多个单位参加举行。

2019年4月23日，总站组织11名青年党员干部参加了林业和草原系统纪念五四运动100周年义务植树活动。

2019年5月7日下午，甘肃省草原技术推广总站领导班子成员和相关科室负责人走访了甘肃省生态环境监测监督管理局。

2019年6月24日，草业科支部联合兰州市畜牧兽医研究所第二支部、甘肃省草产业协会共同在草品种区域试验站兰州试验地，开展了纪念中国共产党建党98周年纪念活动为主题的组织生活会。

2019年6月28日，甘肃省2019年草原普法宣传月现场活动在武威市天祝藏族自治县举行，韩天虎参加。

2019年7月4日，甘肃省林业和相关领导和韩天虎赴秦安县黄湾村开展精准扶贫工作，杨浩和李晓鹏同志被派至秦安县黄湾村开展驻村帮扶工作并任工作队队长和队员，秦安县委组织部任命杨浩同志为黄湾村党组织第一书记。

2019年7月25日，甘肃省草原技术推广总站韩天虎研究员在民勤县进行牧草生产及草产品加工利用调研和技术交流活动。

2019年9月22日，张榕、王中华 、杨霄、向金城、罗亮共同慰问走访退休老干部续存宜，颁发 “庆祝中华人民共和国成立70周年”纪念章。

2019年9月26日，甘肃省林业和草原局在秦安县黄湾村开展助学帮扶捐赠资助活动，捐赠仪式由韩天虎主持，甘肃省林业和草原局相关处室参加。

2019年12月6日，单位编写的《甘肃草原植物图谱》一书正式出版。

2021年5月13—14日，韩天虎、赵庆平参加了在庆阳举办的全省林草系统弘扬南梁精神推进党史学习教育和大规模国土绿化现场会。

2023年12月11日上午，刘兴明在单位主持召开全体干部职工大会，传达学习了甘肃省委、甘肃省林业和草原局党组网络舆情相关通知要求，安排部署全站舆情应对处置工作。

2024年4月9日，刘兴明带领全体成员赴秦安县刘坪镇黄湾村开展绿化美化暨农资捐赠发放仪式，驻甘肃省林业和草原局纪检监察组相关领导及草原处全体人员参加了活动。

2024 年 6 月 17 日，全站干部职工在兰州大学参加全省林草先进典型事迹巡回宣讲活动。

（本章供稿：王俊梅、谭成虎、张榕、马爱霞、喻文虎、许国成、张永辉、张林、谭立伟；校对：苏晓星）

第五篇　大事记篇

大　事　记

1954 年

10 月 1 日，由甘肃省农林厅办公室主任王无怠筹备成立甘肃省草原工作队（无批文），隶属甘肃省农林厅。

1955 年

1 月 1 日，甘肃省畜牧厅成立，甘肃省草原工作队随之隶属甘肃省畜牧厅。

1956 年

3 月 1 日，甘肃省畜牧厅发文正式成立甘肃省畜牧厅草原工作队，王无怠任副队长，主持工作。甘肃畜牧厅草原工作队在甘肃省天祝县红疙瘩牧业生产队主持实施“草原示范样板田建设”工作。

1957 年

农业部举办的全国第一个草原讲习班在北京举行，由李继侗教授、任继周教授和其他专家主讲，王无怠等草原工作者参加。

1958 年

3 月—6 月，单位主持在兰州举办了 60 多人的草原系统在职干部培训班，分草原专业基础课程培训和实习（天祝永丰滩）两部分，这些人员是中华人民共和国成立以来，组成甘肃第一代草原工作者的基本“种子”队伍。

当年，甘肃省草原工作队组织在夏河县开展了牧区第一次飞机灭蝗工作。

作为牵动单位之一启动了天水、武都、平凉、庆阳、临夏州等重点地区草原调查工作。

王无怠牵头，在天祝红疙瘩牧业队组织开展了分区轮牧试点、小搬圈培育草原等推广工作；在天祝松山滩草原组织开展了灌水、施肥、补播试验示范；开展了绵羊、牦牛生产性能测定。

组织在甘南碌曲尕海样板田开展了用火烧和药物防治毛毛虫试验。

组织在武威新华公社成功引种苏丹草、饲料萝卜。

1959 年

夏季，在甘南武美草原上举办了 75 人基层民族干部和贫苦牧民青年参加的现场教学训练班。

在甘南、河西重点牧业县多次举办了机械剪毛、奶油分离、割草等机械训练班，培训 311 人次。

12 月，在兰州召开了草原工作座谈会，全省部分技术干部参加。

单位在天祝红疙瘩牧业生产队主持实施的“草原示范样板田建设”，获得了国务院颁发的奖状。

在甘南州开展了重点草原地区调查工作。

通过草原调查规划，建立了 15 个国有农牧场。

在肃南、肃北、阿克塞推行了区段放牧、分片轮牧、草场包干使用、倒场轮牧、小搬圈等草原利用措施。

1961 年

5 月，甘肃省畜牧厅草原工作队与甘肃省兽医防治队合并为甘肃省农牧厅畜牧兽医工作队。后与甘肃省土地规划队、甘肃省林业调查队合并为甘肃省农牧厅野外工作大队。

1963 年

8 月 14 日，甘肃省畜牧厅成立。甘肃省农牧厅野外工作大队解体。

举办了 2 次草原讲习班。

在河西 4 个牧业县封滩育草 31 万亩，清除毒草 39 万亩，人工种草 0.9 万亩，建立饲料地 1 万多亩。

1964 年

甘肃省畜牧厅草原工作队恢复建制。王无怠任队长。

在甘南和河西开展草原资源调查工作，绘制了甘肃省第一幅草原类型分布图。

1965 年

2 月 18 日，甘肃省农牧厅批复启用“甘肃省畜牧厅草原工作队”木质圆形印章。

完善了甘南尕海草原样板田，筹备了肃南大河区草原样板田。在半农半牧区环县、靖远县进行草原资源调查。在甘肃省草原工作队队部（兰州）设立草种原种圃一处。

1969 年

11 月，甘肃省畜牧厅草原工作队与甘肃省畜牧厅畜牧兽医总站的兽医防治队、家畜改良队合并成立甘肃省畜牧兽医工作队，但草原业务依然独立开展。

1977 年

3 月 5 日，甘肃省畜牧兽医工作队分设为甘肃省畜牧兽医总站、甘肃省畜牧兽医研究所、甘肃省草原工作队 3 个县级事业单位。甘肃省草原工作队第二次恢复建制，陈得铭主持甘肃省草原工作队工作，下设办公室、业务组，人员编制 65 人。

4 月 1 日，启用“甘肃省草原工作队革命委员会”印章。

1978 年

9 月，王无怠任甘肃省草原工作队队长，陈得铭任中共甘肃省草原工作队委员会副书记。

1979 年

3 月 3 日，甘肃省革命委员会批准甘肃省草原工作队队址由天祝打柴沟迁往兰州。

7 月 30 日，成立中共甘肃省草原工作队委员会。王治民任中共甘肃省草原工作队党委书记，杨毅任党委副书记，唐万顺任党委委员、副队长。

8 月 1 日，根据国家相关文件的要求和省科委 1978—1985 年科学技术发展规划部署，全省第一次草地资源调查开始实施。

12 月 1 日，兰州市革命委员会将兰州市刘家坪生产队 22.86 亩土地划拨为甘肃省农牧局畜牧总站、土地普查队、草原工作队 3 个单位新队址建设用地。

当年，王素香在通渭县申家山驻点。

1980 年

11 月 1 日，单位成立了王无怠任组长、许延志任副组长的 7 人队技术职称评定委员会，对 44 名农业技术人员的职称进行了考评申报。

上半年，举办了牧草栽培和草场资源调查讲习班。

甘肃全省草地资源调查工作全面铺开。

1981 年

3 月 1 日，甘肃省草原学会成立，挂靠甘肃省草原工作队，许延志任第一届理事会常务理事。

6 月 1 日，甘肃省首次荒山飞播牧草试验，由本单位主持在环县、华池、永靖 3 县实施。

甘肃省科委下达，王素香主持的“农区种草养畜”项目立项实施。

1982 年

4 月 1 日，兰州市刘家坪新队址实验化验（办公）大楼竣工，本单位占用第三层、第四层西面 5 间、第五层西面 12 间，共计 1100 平方米。

6 月 1 日，甘肃省人民政府、兰州市人民政府将七里河区晏家坪以南馒头山范围国有荒山地 495 亩划拨甘肃省草原工作队，作为绿化种草试验基地，馒头山牧草试验站成立。

11 月 5 日，甘肃省人民政府授予王素香甘肃省劳动模范称号。

12 月 1 日，兰州市人民政府为甘肃省草原工作队颁发了馒头山 500 亩三荒地造林使用证，并明确植树种草归单位所有。

《甘肃日报》发表了关于申家山的经验报道《大种其草，大得其利》和长篇人物通讯《红豆草》。

1983 年

6 月，甘肃省在通渭召开了中部地区农田种草会议，组织参观了本单位在申家山建立的种草示范点。

7 月，甘肃省妇女联合会授予王素香甘肃省“三八”红旗手荣誉称号。

8 月 30 日，《中共甘肃省委工作会议简报》综合（8）总第 64 期，刊发了王素香《种草养畜在治穷致富中的作用》摘要。

9 月 1 日，中华全国妇女联合会授予王素香全国“三八”红旗手荣誉称号。

9 月 2 日，王素香作为甘肃代表参加中国妇女第五次全国代表大会，并被推选为中华全国妇女联合会第五届执行委员。

12 月 20 日，在全国农业科技推广工作经验交流会上，王素香作了题为《五年种草技术推广工作汇报》的典型发言。

人民日报就申家山示范点事迹发表了《申家山是怎样战胜干旱的?》《走申家山的路》等文章和社论。

甘肃省“两西”建设指挥部下达的“甘肃省中部五县百万亩种草技术承包”项目，由王素香主持在通渭等 5 个县实施。

甘肃省科委下达的“六五”期间重点科技发展项目“甘肃饲料资源调查、饲料成分与营养价值评定”项目在全省启动实施。

1984 年

1 月，中华人民共和国国家经济委员会、中华人民共和国国家科学技术委员会、中华人民共和国农牧渔业部、中华人民共和国林业部授予王素香“先进工作者”称号。

6 月 1 日，甘肃省草原工作队更名为甘肃省饲草饲料技术推广总站。

9 月 11 日，甘肃省畜牧厅委托本站组织在华池县召开了全省飞播牧草现场观摩会，会期 5 天。

10月，王素香作为全国劳动模范，参加了国庆35周年天安门观光及国宴。《半月谈》杂志评选王素香为全国十大新闻人物之一。

甘肃省科委下达的“半荒漠草场改良和合理利用试验研究”项目启动实施；站属土壤牧草化验室建成；馒头山建成家属宿舍平房两栋10套604平方米。

1985年

4月25日，王素香获得全国优秀科技工作者称号和全国五一劳动奖章。

7月15日，文德调任本站党委副书记，兼任副站长，主持工作。

王素香主持完成的“农区种草养畜”项目获农牧渔业部科技进步三等奖。

1986年

4月，王素香荣获1985年甘肃省政府直属机关先进工作者光荣称号。

8月，王素香当选全国人民代表大会代表。

全省天然草地资源和全省饲料资源调查外业结束；完成“全国多年生当家草种区划”中甘肃省承担的任务；河北、新疆、辽宁、四川、黑龙江等省专家，分9次74人来兰州馒头山试验站参观考察交流；落实知识分子政策，处理遗留问题；全面清理了档案材料；参与起草和修订《中华人民共和国草原法甘肃省实施细则》。

1987年

5月1日，与武都县饲草饲料站、武都县外纳乡上外纳社3方签订合同，在外纳乡的上外纳社利用500亩荒山荒坡建立“外纳种草养畜综合试验场”。

7月1日，甘肃省牧草种子公司、甘肃省种草养畜技术服务公司并入总站，合并后两公司继续保留，一套人马，三块牌子。

8月6日，鱼耀清任中共甘肃省饲草饲料技术推广总站委员会书记，兼任站长，主持单位工作。

甘肃省首次实施招鹰灭鼠。甘肃省科委下达的“种草、养畜、加工综合技术服务”项目启动实施。王素香主持的“甘肃中部五县百万亩种草技术承包”项目获农牧渔业部科技进步三等奖。

1988年

1月1日，站属兰州青云电器厂成立。

4月7日，总站主持育成的“岷山红三叶”通过国家牧草品种审定登记；《甘肃省草场资源调查报告》等5项成果在北方五省区草地资源调查成果验收会上通过鉴定验收；“甘肃省饲料资源调查、饲料成分及营养价值评定”课题获甘肃省科技进步三等奖。

1989年

1月，“半荒漠草场改良和合理利用试验研究”项目获甘肃省科技进步三等奖。

2月15日，甘肃省草原监理站成立，与甘肃省饲草饲料技术推广总站一套机构，两块牌子，隶属甘肃省畜牧厅。

兰州青云电器厂转为大集体企业。

1990 年

1 月 1 日，王英被农业部、人事部授予“全国农业劳动模范”称号。

2 月，石隐孝、向得福、王英、金生元、赵怀德、马范、成若琳、鲁征、李福被农业部评为全国草地资源调查先进工作者。

2 月，谭成虎被甘肃省人民政府授予全省农业科技工作先进个人。

5 月 25 日，总站主持育成的“岷山猫尾草”、参加育成的“甘肃红豆草”通过国家牧草品种审定登记。

6 月，撤销甘肃省种草养畜服务公司。

11 月 1 日，总站主持在金昌市召开了首届全省草原监理站（所）长会议。

主持完成的“种草、养畜、加工综合技术服务”项目被甘肃省政府授予“优秀承包项目”；甘肃省农委下达的“康乐县上湾乡、镇原县三岔镇畜牧科技整乡承包”项目、甘肃省扶贫办下达的“五县七乡畜牧业扶贫科技承包”项目启动实施。

1991 年

5 月 20 日，总站主持育成的“陇中苜蓿”、参加育成的“陇东苜蓿”“河西苜蓿”通过国家牧草品种审定登记。

12 月 1 日，甘肃省饲草饲料技术推广总站工会委员会成立，徐志清任主席，吴衎庆任副主席。

12 月，甘肃省委、省政府，兰州市委、市政府授予徐生林“兰州南北两山绿化先进个人”称号。

甘肃省畜牧厅下达的“豆科牧草根瘤菌液的研制”项目实施；“种草、养畜、加工综合技术服务”项目获甘肃省畜牧厅科技进步三等奖。

1992 年

12 月 17 日，成立甘肃省饲草饲料技术推广总站纪律检查委员会，哈得虎任书记。

甘肃省科委下达的甘肃省自然科学基金资助项目“稳定与提高红豆草根瘤固氮能力的研究”项目实施。

1993 年

11 月，“康乐县上湾乡、镇原县三岔镇畜牧科技整乡承包”项目通过甘肃省科委鉴定验收；12 月，“豆科牧草根瘤菌液的研制”项目通过甘肃省科委鉴定。

12 月 24 日，全国绿化委员会授予徐生林“全国绿化奖章”。

1994 年

7 月，馒头山试验站被甘肃省委、省政府，兰州市委、市政府授予“兰州南北两山绿化十年有突出贡献单位”，徐生林同志被授予“兰州南北两山绿化十年有突出贡献个人”。

向得福享受国务院政府特殊津贴。

甘肃省畜牧局下达的“草原火控制与防火管理系统研究”项目实施。

1995 年

6月14日，哈得虎任总站站长，兼甘肃省草原监理站站长、甘肃省牧草种子公司经理；刘传海任党委书记。

7月,“康乐县上湾乡、镇原县三岔镇畜牧科技整乡承包”项目获甘肃省畜牧局科技进步三等奖。

1996 年

1月，站列“甘肃天然草地饲用植物营养价值评定”项目获甘肃省农牧厅科技进步二等奖；10月，“五县七乡畜牧业扶贫科技承包”项目获甘肃省农业技术推广三等奖。

11月1日，甘肃省饲草饲料技术推广总站正式更名为甘肃省草原总站。

1997 年

5月1日，总站成立了陇原草业科技发展有限公司。

11月，“草原火控制与防火管理系统研究”项目通过省科委鉴定验收。

甘肃省科委下达的1996年度科技成果重点推广计划“豆科牧草根瘤菌接种技术推广”项目、甘肃省畜牧局下达的“荒漠草原白刺夜蛾防治研究”项目启动实施。

1998 年

1月，甘肃省科委下达的“秸秆饲料加工调制及养畜技术推广”项目实施。

6月，农业部全国农业丰收计划“草畜规模开发综合配套技术推广”项目批复实施。

甘肃省畜牧局下达了“甘南高寒草地改良综合技术研究与推广”项目。

1999 年

7月7日，“荒漠草原白刺夜蛾防治研究”项目获甘肃省畜牧局科学技术进步一等奖；

7月，“豆科牧草根瘤菌接种技术推广”项目通过甘肃省科委鉴定验收。

“草原火控制与防火管理系统研究”项目获甘肃省科技进步三等奖。

2000 年

1月25日，阎万贵任站长兼甘肃省草原监理站站长、甘肃省牧草种子公司经理。

3月，“荒漠草原白刺夜蛾防治研究”项目获甘肃省科学技术进步二等奖；6月，农业部全国农业丰收计划“优质草产品综合开发利用技术推广”项目下达实施；7月，“豆科牧草根瘤菌接种技术推广”项目获甘肃省畜牧局科技进步二等奖。

11月28日，农业部下达了“甘肃省红三叶等草种繁育基地建设”项目投资计划，总投资2550万元，其中，中央财政预算内专项资金2000万元；12月31日，农业部批复甘肃红三叶等牧草种子繁育基地建设项目可行性研究报告，由总站负责在兰州市、玉门市、张掖市和岷县等地实施，建设岷山红三叶等草种繁育基地15000亩。

李温享受国务院政府特殊津贴。

2001年

4月，“甘肃当地主要牧草生产技术研究及示范推广”项目实施。

5月，成若琳取得农业技术推广研究员任职资格。

10月31日，“草畜规模开发综合配套技术推广”项目获全国农牧渔业丰收一等奖；“河西沙化草地恢复重建技术研究与示范推广”“牧区家庭牧场优化模式的研究与应用”项目实施。

2002年

1月10日，农业部批复“甘肃红三叶等草种繁育基地”项目建设方案，项目全面启动。

4月24日，国家计委、农业部下达“甘肃细枝岩黄芪等超旱生牧草原种基地建设”项目投资计划，总投资1270万元，中央投资1000万元；9月27日，农业部批复“甘肃细枝岩黄芪等超旱生牧草原种基地建设”项目可行性研究报告，项目启动实施。

4月，全国农牧渔业丰收计划“猪鸡复合预混合饲料应用技术推广”项目批复实施。

9月27日，农业部批复甘肃省草原监理站建设项目可行性研究报告。

9月30日，“优质草产品综合开发技术推广”项目获全国农牧渔业丰收二等奖；年内，“秸秆饲料加工调制及养畜技术推广”项目获甘肃省科技进步三等奖。

12月，吴衔庆取得农业技术推广研究员任职资格。

2003年

4月，“甘南高寒草地改良综合技术研究与推广”项目获甘肃省科技进步二等奖。

5月27日，国家发改委下发对“甘肃红三叶等草种繁育基地建设项目”的整改意见。

6月19日，农业部发文通知“甘肃省红三叶等草种繁育基地建设”项目进行整改。

6月27日，甘肃省农牧厅向农业部上报了“甘肃省红三叶等草种繁育基地建设”项目整改情况。

8月1日，甘肃省农牧厅下发《关于甘肃红三叶等草种繁育基地建设项目存在问题的整改方案》。

8月8日，免去阎万贵甘肃省草原总站站长、甘肃省草原监理站站长、甘肃省牧草种子公司经理职务。豆卫任甘肃省草原总站副站长（主持行政工作）、兼任甘肃省草原监理站副站长、甘肃省牧草种子公司副经理。

2004年

1月8日，张榕获甘肃省优秀专家称号。

2月18日，农牧厅批复“2003年草原无鼠害示范区建设”项目实施方案，甘肃省首次实施该项目。

3月12日，豆卫任甘肃省草原总站站长、甘肃省草原监理站站长、甘肃省牧草种子公司经理。

5月，“甘肃草原鼠害防控技术集成研究与示范推广”项目实施；8月23日，甘肃省农牧厅首次下达了甘肃省2003年退牧还草试点工程科技支撑项目。其中“防控有害生物对高寒草原植被恢复影响的研究”和“甘肃高寒牧区人工草地建植技术示范”2个科技支撑项目由单位主持实施。

9月15日，甘肃省草原总站更名为甘肃省草原技术推广总站，甘肃省动物营养研究所并入，甘肃省草原监理站分出。

10月，“甘肃特色草产业配套技术研究与示范推广”项目实施；是年，“猪鸡复合预混合饲料应用技术推广”项目获全国农牧渔业丰收三等奖。

11月，张榕荣获中国农学会青年科技奖。

12月，张榕取得农业技术推广研究员任职资格。

2005年

1月29日，甘肃省农牧厅聘任豆卫为甘肃省草原技术推广总站站长。

1月，王汝富、张榕、王俊梅、李贵霖入选甘肃省“555创新人才工程”第二层次人才。

1月，“甘肃省草原资源与生态监测”“牛羊专用中草药保健型饲料添加剂的开发利用”“黄土丘陵区几种耐旱植物特性及水保作用研究”项目实施。

5月23日，甘肃省草原技术推广总站和甘肃省草原监理站分开办公，财务、人员正式剥离，原单位12名职工分派到甘肃省草原监理站，原动物营养研究所20名职工并入甘肃省草原技术推广总站。

7月11日，草原生产力监测工作首次在碌曲、玛曲、阿克塞、安西等退牧还草工程县实施。

12月，李贵霖被农业部授予全国草原防火工作先进个人称号。

“牛羊专用中草药保健型饲料添加剂的开发利用”“岷山红三叶极其异黄酮生产技术研究”项目实施。

2006 年

3 月 13 日，晁德林入选甘肃省“555 创新人才工程”第二层次人才；6 月，孙斌被农业部评为全国草原监理系统先进个人；12 月，豆卫取得农业技术推广研究员任职资格。

3 月 14 日，本站主持起草的《甜菜叶青贮技术规范》等 5 个标准由甘肃省质量技术监督局发布实施。

4 月 18 日，韩天虎任中共甘肃省草原技术推广总站委员会书记。

10 月 23 日，“有机废弃物饲料资源开发应用”“牛羊安全性系列饲料产品的研制”项目获甘肃省科技进步二等奖；“甘肃省天然草地野生优良牧草种质资源分布调查及室内保存研究”项目获甘肃省科技进步三等奖。

2007 年

1 月，“甘肃省干旱半干旱典型区草地资源及生产力研究与评价”“粮饲兼用玉米综合开发利用技术推广”项目实施；4 月 3 日，总站成功中标世界银行贷款甘肃牧业发展项目——全球环境基金赠款（GEF）应用研究项目中的“退化草地综合治理研究”等 5 个研究项目；“环保型菌-酶复合纤维饲料生物降解助剂的研制”项目获甘肃省农牧渔业丰收二等奖。

4 月 11 日，总站向甘肃省农牧厅上报了拟对外整体出租馒头山牧草试验站的请示。

10 月 24 日，甘肃省农牧厅批复本站馒头山试验站上水工程改造项目实施方案。

10 月，王汝富挂职华池县副县长（任期：2007 年 10 月—2009 年 12 月）。

2008 年

4 月，“河西沙化草地恢复重建技术研究与示范推广”项目获甘肃省科技进步二等奖；5 月 23 日，农业部对甘肃省下达 2008 年国家农作物品种区域试验草品种试验任务，甘肃省首次承担草品种区域试验项目；“岷山红三叶及其异黄酮生产技术研究”项目获甘肃省农牧渔业丰收一等奖；“绿色畜禽肠道微生态调节素的应用研究”项目获甘肃省农牧渔业丰收三等奖。

5 月 16 日，向甘肃省农牧厅请示了馒头山开发和甘肃省草原技术推广总站办公场所搬迁事宜；6 月 15 日，甘肃省草原技术推广总站和甘肃中贸国际商贸投资有限公司签订了馒头山牧草试验站合作投资协议书；8 月 1 日，向甘肃省农作厅上报了利用馒头山国有资产对外投资的请示；9 月 24 日，向甘肃省农牧厅请示对馒头山国有资产进行认定；10 月 14 日，甘肃省财政厅批复了本站关于馒头山部分国有资产认定申请。

6 月 16 日，甘肃草原信息网建立，由甘肃省草原技术推广总站负责运行维护。

豆卫享受国务院政府特殊津贴。

2009 年

2 月，韩天虎、晁德林取得农业技术推广研究员任职资格；7 月 20 日，王心灵被甘肃省军队转业干部安置工作小组、中共甘肃省委组织部甘肃省人力资源和社会保障厅评为全省模范军队转业干部。

2 月，“甘肃草原鼠害防控技术集成研究与示范推广”项目获甘肃省科技进步三等奖；8 月，“黄土丘陵区几种耐旱植物特性及水保作用研究”项目获甘肃省农牧渔业丰收二等奖；10 月，“甘肃农牧交错区舍饲羊育肥关键技术研究”项目实施；12 月 2 日，世界银行贷款甘肃牧业发展——GEF 项目应用研究“退化草地综合治理研究”等 5 个项目通过评估验收；12 月 7 日，甘肃省农业科技创新项目“农作物秸秆饲料化技术集成、中试与示范”组织实施；“农作物秸秆裹包青贮及利用配套技术研究与示范”“岷山红三叶异黄酮含量动态变化及其调节动物钙磷代谢的作用及机理研究”项目实施。8 月 7 日，《白刺夜蛾预测预报技术规范》等 4 个技术标准（规程）由甘肃省质量技术监督局发布实施。

3 月 11 日，向兰州市土地储备中心申请，将本站（馒头山）名下 148.8 亩国有土地使用权予以收购；11 月 2 日，向兰州市七里河区林业和草原局发函报告，将馒头山 497 亩试验地及地上建筑物、树木植被等折价 900 万元和甘肃中贸投资公司合作成立甘肃博跃老年康体有限公司，本站占股 30%。

5 月 7 日，单位办公地址从刘家坪 149 号搬迁到火车站西路 92 号海天新都。

8 月 25 日，甘肃省草原技术推广总站业务科被甘肃省妇女联合会评为甘肃省三八红旗集体。

2010 年

2 月，豆卫、程文定入选甘肃省领军人才第一层次人选；韩天虎、俞联平入选甘肃省领军人才第二层次人选；李贵霖获全国草原防火先进个人称号。

5 月 13 日，张榕赴会宁县挂职副县长（任期：2010 年 5 月—2013 年 5 月）。

8 月 17 日，“牧区家庭牧场优化模式的研究与应用”“高寒牧区人工草地建植技术研究与示范”项目获 2010 年甘肃省农牧渔业丰收一等奖；“防控有害生物对高寒草原植被恢复影响的研究”“牛羊专用中草药保健型饲料添加剂的开发利用”“甘肃农牧交错区舍饲羊育肥关键技术研究”项目获 2010 年甘肃省农牧渔业丰收二等奖；“甘肃特色草产业配套技术研究与示范推广”“粮饲兼用玉米综合开发利用技术推广”项目获甘肃省农牧渔业丰收三等奖；年底，“甘肃高寒牧区人工草地建植技术研究与示范”“甘肃当地主要牧草生产技术研究及示范推广”项目获甘肃省科技进步二等奖，“牛羊专用中草药保健型饲料添加剂的开发利用”项目获甘肃省科技进步三等奖。

12 月，程文定取得自然科学研究员任职资格。

2011 年

1 月，李贵霖取得农业技术推广研究员任职资格。

9 月 1 日，取得了办公楼（火车站西路）产权证；9 月 27 日，甘肃省草原技术推广总站原办公楼（刘家坪）及 1、2、3、4 号家属楼拆除。

9 月 9 日，“草原资源与生态监测研究”项目获 2011 年甘肃省农牧渔业丰收一等奖；“甘肃河西退化草原综合治理及其养殖关键技术研究”“甘肃农牧交错区舍饲羊育肥关键技术研究”项目获 2011 年甘肃省农牧渔业丰收二等奖。

12 月 7 日，免去豆卫站长职务。

12 月 12 日，韩天虎主持甘肃省草原技术推广总站工作。

12 月 14 日，甘肃省农牧厅成立甘肃省草品种审定委员会，在甘肃省草原技术推广总站下设办公室。

2012 年

6 月 18 日，聘任韩天虎为甘肃省草原技术推广总站站长，张榕为副站长（试用期 1 年）；6 月 27 日，方宝华任中共甘肃省草原技术推广总站委员会书记，免去韩天虎中共甘肃省草原技术推广总站委员会书记职务；12 月 3 日，免去方宝华中共甘肃省草原技术推广总站委员会书记职务。

6 月，韩天虎荣获甘肃省优秀专家称号。

12 月，王立耕、王汝富取得农业技术推广研究员任职资格。

8 月 28 日，“甘肃省干旱半干旱典型区草地资源及生产力研究与评定”项目获 2012 年甘肃省农牧渔业丰收一等奖，“黄粉虫蛋白质饲料应用技术开发研究”项目获甘肃省农牧渔业丰收二等奖，“农作物秸秆裹包青贮及利用配套技术研究与示范”项目获甘肃省农牧渔业丰收三等奖。

2013 年

3 月 8 日，张榕获甘肃省三八红旗手称号。

6 月 20 日，甘肃省农牧厅下发了《甘肃省农牧厅关于组织开展全省草原资源普查工作的通知》，甘肃省第二次草原普查工作 7 月份正式启动。

5 月 29 日，赵庆平任中共甘肃省草原技术推广总站委员会书记。

许国成入选农业部万名农技推广骨干人才。

6 月 18 日，主持完成的“河西走廊沙尘源区生态环境治理及草地农业发展对策研究”“岷山红三叶异黄酮含量动态变化及其调节动物钙磷代谢作用机理研究”项目获 2013 年甘肃省农牧渔业丰收一等奖，后者同年获甘肃省科技进步二等奖；12 月，甘引 1 号黑麦通过甘肃省草品种审定委员会审定。

10 月 18 日，确定夏河等 6 个区域试验站为第一批省级草品种区试站。

2014年

2月，程文定续任甘肃省领军人才第一层次人才；韩天虎、俞联平续任甘肃省领军人才第二层次人才。

3月4日，主持起草的《禾本科草种子质量：中华羊茅》等5个标准由甘肃省质量技术监督局发布；3月，“天祝斜茎黄芪”通过甘肃省草品种审定委员会审定。

9月，“草原虫害发生规律研究与防控技术集成示范”项目获甘肃省科技进步二等奖。

7月，李贵霖获全国草原防火先进个人称号。

12月10日，向金城、王俊梅取得农业技术推广研究员任职资格。

韩天虎享受国务院政府特殊津贴，俞联平获甘肃省优秀专家称号。

2015年

1月13日，牵头对全省各市(州)草原技术推广单位重点业务工作任务完成情况进行了综合评价和表彰奖励。

2月，喻文虎挂职安定区副区长（任期：2015年2月—2016年9月）。

4月2日，组织召开了市州级草原站参加的全省草原技术推广工作衔接会议；10日，与各市州草原站签订了2015年重点业务目标管理责任书。

5月21日，张榕组织启动了省级草品种区域试验站考核评价工作。

7月7日，韩天虎、张榕参加了甘肃省生态学学会第二届“甘肃生态论坛”。

8月17日，“农作物秸秆饲料化技术集成示范与推广”项目获2015年甘肃省农牧渔业丰收奖一等奖。

2016年

2月19日，本站首次发布了甘肃省草品种推广目录。

6月28日，甘肃省质量技术监督局批准筹建甘肃省草业标准化技术委员会，秘书处设总站。

9月12日，甘肃省农牧厅首次下达了2016年草牧业试验试点和草产业技术创新战略联盟科技支撑项目。总站承担了“草品种培育”等5个项目。

9月26日，由单位发起，甘肃省草产业技术创新战略联盟、甘肃省草产业协会成立大会在兰州举行，甘肃省草原技术推广总站为联盟理事长单位，设秘书处。

11月21日，2016年农业科技创新与推广项目“高寒地区优良牧草种子繁育技术研究与示范推广”项目立项实施。

2017年

2月28日，王国生聘任研究员；4月6日，许国成、孙斌聘任农业技术推广研究员；8月3日，金加明聘任研究员。

5月25日，韩天虎一行前往兰州大学拜访探望了中国工程院院士南志标，并就甘肃草产业发展情况及相关政策进行交流座谈。

8月15日—18日，单位参与组织了在甘肃酒泉召开的第七届中国苜蓿发展大会，其中山丹品种区域试验站是大会现场参观考察点之一。会议期间，站相关领导与内蒙古自治区草原总站相关专家及省内有关种子生产企业共同讨论了启动草种质量追溯认证事宜。

2018年

1月8日—9日，中国畜牧业协会草业分会会长、国家草产业科技创新联盟理事长、北京林业大学教授一行，由韩天虎、张榕陪同赴定西市安定区，就第五届中国草业大会举办有关事宜和定西市草产业发展情况进行调研考察。

3月30日，中国“西部草都”陇草进藏货物专列始发，韩天虎参加了发车仪式。

7月2日，在全省脱贫攻坚帮扶工作推进会议上，张永辉被授予“先进驻村帮扶工作队队长（队员）”荣誉称号。

7月4日，甘肃省临泽国家牧草种质资源圃建设项目举行土建工程签约仪式，7月6日，项目开工仪式在临泽县鸭暖镇古寨村兰州大学草地农业试验站举行，单位党委书记赵庆平主持开工仪式。

8月20日，单位参与组织了在定西市举办的第五届中国草业大会，其中韩天虎和张榕在相关论坛上作了专题发言。

10月30日—11月2日，中国妇女第十二次全国代表大会在北京人民大会堂开幕。中国妇女第十二次全国代表大会代表张榕出席盛会。

11月12日，甘肃省农牧厅相关领导一行到单位调研指导工作。

12月18日，单位整建制划转到甘肃省林业和草原局管理。原加挂的甘肃省动物营养研究所牌子，转挂到甘肃省畜牧业产业管理局。

2019年

1月24日，甘肃省林业和草原局相关领导带领有关处室负责人到单位调研指导工作。

4月22日，甘肃省林业和草原局发文，组建了第二届甘肃省草品种审定委员会，委员会办公室设在总站。

8月23日，甘肃省生态学学会第二届换届大会暨第六届“甘肃生态论坛”在兰州召开，韩天虎作了题为“科技创新引领草原生态高质量发展”的报告。

8月，孟祥君取得农业技术推广研究员任职资格。孙斌获国家林业和草原局保护森林和野生动物资源先进个人。

9月16日—19日，国家林业和草原局种苗司来甘肃张掖、酒泉实地调研草种业，总站分管负责人陪同调研。

9月26日，甘肃省林业和草原局在秦安县黄湾村开展捐赠资助活动，总站组织捐赠活动并组织草产业企业捐助资金物资价值24.825万元。

9月26日—28日，国家林业和草原局草原监测中心相关领导带领调研组到甘肃开展了草原监测工作督导调研并召开工作座谈会。

10月12日，全体职工参加甘肃省林业和草原局庆祝中华人民共和国成立70周年《我们的绿水青山》大型文艺汇演，参演大合唱《没有共产党就没有新中国》和歌伴舞《我爱你中国》。

10月23日—24日，国家林草局林场种苗司来甘肃省调研草种质量检验与管理情况。期间，在站五楼会议室召开了座谈会，站主要领导和分管领导陪同并汇报工作。

11月1日，本站和兰州大学等单位联合申报的甘肃省科技重大专项计划“草类植物种质创新与品种选育”项目立项签约，支持总经费500万元，含6个子课题，总站主持1个，参加1个。

2020年

1月5日，由兰州大学主持，总站参加的甘肃省科技重大专项“草类种质创新与品种选育”启动会在兰州大学草地农业科技学院召开。总站负责“良种扩繁与新品种推广示范”项目的实施，参与“特色优质牧草种质创新与品种选育”项目的实施，韩天虎、张榕及有关技术人员参加启动会。

1月11日，总站作为第三完成单位参与的“甘肃黄土高原灌草优化耦合技术模式与示范”项目荣获甘肃省科技进步奖一等奖。

5月12日，站党委组织40名年轻干部，开展了以“青春由磨砺而出彩，人生因奋斗而升华”为主题的五四青年节活动。

5月19日，黄湾村帮扶队长、驻村第一书记、草业科科长杨浩被推荐为甘肃省先进工作者人选。

5月28日，甘肃省自然资源厅一行6人到站调研指导工作，甘肃省林业和草原局草原处相关负责人陪同，韩天虎介绍情况，单位领导班子成员及部分科室负责人参加座谈。

5月29日，“甘肃草原鼠害防控集成技术”入选国家林草局2020年重点推广林草科技成果100项。

6月18日，甘肃省2020年草原普法宣传月暨草原生态保护全媒体采访活动在甘南州合作市香巴拉文化广场启动，韩天虎参加活动。

7月7日，“牧区放牧家畜营养改善及品种改良技术研究”项目获甘肃省农牧渔业丰收二等奖，“红三叶根际微生物接种剂研发关键技术及推广应用”和“燕麦种质资源收集评价及生产应用研究与示范”项目获甘肃省农牧渔业丰收三等奖。

8月12日，《甘肃草原基况调查及服务功能评价研究》项目获2020年度甘肃省林业科技进步奖一等奖。

11月9日，韩天虎应兰州大学草地农业科技学院邀请，在“绿海泛舟”系列知识讲座为2020级本科生作报告。

11月19日，韩天虎主持在兰州召开全省市（州）草原站长工作座谈会，领导班子成员参会交流。

12月7日，杨浩同志荣获“甘肃省先进工作者”称号；韩天虎研究员、俞联平研究员被续聘为甘肃省领军人才。

12月22日，“退化高寒草地植被恢复重建图本植物材料筛选及应用技术研究与示范”项目通过验收。23日，“高寒草地牧草产量及其养分蓄积的动态变化研究”和“高产优质苜蓿产业化技术集成与示范推广”项目通过验收；29日，“甘肃省草品种区域试验技术体系创建及成果集成”和“甘肃省草业根瘤菌技术研发与成果转化”项目完成了甘肃省第三方科技成果评价。

2021年

1月5日，韩天虎、王汝富一行到兰州大学草地农业科技学院拜访探望了中国工程院院士南志标。

1月14日，甘肃省科技重大专项“草类植物种质创新与品种选育”项目年度总结会在兰州召开，张榕参加会议，草种质资源科科长、高级畜牧师李德明汇报总站主持的子课题“良种扩繁与新品种推广示范”项目执行情况。

1月20日，甘肃省林业和草原局相关领导一行莅临本站调研指导草种工作。

3月3日，甘肃省林业和草原局组织在站五楼会议室召开了“甘肃省2020年度草品种审定会”，副主任委员韩天虎、委员兼草品种审定委员会办公室主任张榕参加审定，草种质资源科会同草种科负责会议组织和服务工作。

3月31日，韩天虎在兰州组织全省市、州草原站及相关机构负责人就贯彻落实《关于加强草原保护修复的若干意见》进行了讨论交流。

7月20日，韩天虎参加了“黄河中上游及祁连山地区生态共同体高质量发展国家级高级研修班暨甘肃省领军人才大讲堂”，作了题为《草原监测与生态服务功能评价》专题报告。

8月13日，赵庆平在五楼会议室主持召开无烟机关创建动员会，安排部署无烟机关创建工作。

9月6日，总站派驻秦安县黄湾村驻村帮扶工作队与黄湾村“两委”共同开展关爱“三留守”人员暖心服务活动。

10月15日—17日，在庆阳市主办了全省草品种区域试验培训班暨草品种审定委员会工作会议，甘肃省林业和草原局相关领导到会讲话，并为第二批通过考核的省级草品种区域试验站授牌，韩天虎、张榕及相关科室负责人参会。

12月3日，韩天虎、张榕和科管科负责人参加了甘肃省农业农村厅在兰州大学组织的、由兰州大学草地农业科技学院承担的5个2017年草产业联盟科技支撑项目验收会议。

12月28日，甘肃省林业和草原局组织专家对自列省级林业和草原科技项目“甘肃省天然草原可食牧草营养评价”进行了验收。

12月30日上午，韩天虎带队参加了在兰州大学召开的甘肃省科技重大专项“草类植物种质创新与品种选育”2021年度总结会，种质资源科科长李德明代表课题组汇报了子课题“良种扩繁与新品种推广示范”项目执行情况。

2022年

1月10日，赵庆平在站五楼会议室主持召开2021年度工作总结及考核大会。

3月4日，召开2022年度工作大会，安排部署2022年党风廉政建设和草原技术推广工作，韩天虎作工作报告，全站职工参加。

4月19日，杨浩组织专家对甘南州草原工作站承担的“草原生物灾害监测预警中心建设项目”进行了省级验收。

4月20日，杨浩在玛曲县尼玛镇参加了甘南州2021年草原鼠害绿色防控示范区建设现场会并讲话，甘南州和玛曲县草原工作站负责人、项目参建单位代表共80余人参会。

4月25日，姜佳昌受到国家林业和草原局对2021年林草生态综合监测评价工作中贡献突出的个人表扬。

5月9日，韩天虎在站五楼学术厅主持对《甘肃省草原禁牧和草畜平衡监测监管项目实施方案》进行了评审，标志着甘肃省在草原禁牧和草畜平衡区开展的网格化监测监管工作启动。

5月12日，甘肃省首批原种繁育建设项目在张掖市甘州区举行了现场播种开工，张榕主持开工仪式，甘肃省林业和草原局相关处室负责人及科技支撑单位育种家、建设单位中国农科院兰州牧药所基地管理处负责人、草种科负责人及施工人员参加了播种及现场培训。

8月10日下午，甘肃省林业和草原局相关领导到单位调研督导草原保护和技术推广工作，站领导班子成员及科室负责人参加座谈会，韩天虎介绍情况。

8月18日，杨浩主持对《甘肃省草原有害生物管理系统》信息软件进行了评审验收。

8月22日，组织成立了站草原调查监测分片区技术指导和质量检查工作小组，即日起对酒泉市、张掖市、武威市、庆阳市及所属区域国家级自然保护区管护中心开展了草原调查监测技术指导和数据质量现场检查。

8月30日，刘兴明任甘肃省草原技术推广总站党委书记、站长，张志诚任副站长、党委委员，免去韩天虎站长、党委副书记职务，免去赵庆平党委书记、副站长职务。

12月27日，“醉马草脱毒无害化技术研究示范”“特色草类种质资源采集试验及保护”等5个项目由甘肃省林业和草原局组织专家进行了线上验收。

2023年

1月20日，甘肃省草原技术推广总站组织全省14个市（州）、86个县（市、区）、10个国家级自然保护区（管护中心）、山丹马场、兰州新区和甘肃矿区开展了草原变化图斑核查处置的资料核实工作。

2月27日，甘肃省2022年度草品种审定会在兰州召开，甘肃省草品种审定委员会副主任委员师尚礼主持审定会议，张志诚、张榕参会，种质资源科会同草种科负责审定服务工作。

3月1日，杨浩主持对甘肃省林业和草原局下达的“甘南退化草原生产力提升技术研究与示范”等4个2023年提前批中央财政林业改革发展资金草原生态修复治理科技支撑项目实施方案进行了论证。

3月3日，张榕带队妇女代表赴黄湾村开展了以“共建美丽幸福黄湾林草巾帼在行动”为主题的关爱妇女活动，并作了“陇原巾帼美，奋进新征程”为内容的宣讲。

3月8日上午，赵庆平主持开展了庆三八妇女节特别活动，全站40余名女职工参加活动。杨浩代表站党委在活动现场发表致辞。

3月12日，以“履行植树义务，共建美丽甘肃”为主题的宣传活动在兰州五泉广场举行。相关科室技术人员参加了宣传活动。

3月29日，国家林业和草原局相关部门领导一行来甘肃省草原技术推广总站调研甘肃省林草有害生物防控工作，杨浩及有害生物防治科负责人参加座谈。

3月30日，草品种区域试验信息化管理系统通过验收并试运行。

4月16日，张志诚主持召开深入学习贯彻习近平新时代中国特色社会主义思想主题教育动员部署会，甘肃省林业和草原局主题教育第四巡回指导组到会指导。

5月12日，刘兴明在站五楼会议室主持召开党风廉政建设和业务工作推进会议。全站干部职工参加。

6月2日，刘兴明一行3人赴秦安县黄湾村开展结对关爱并调研指导乡村振兴帮扶工作。

7月3日，张志诚带队，赴天水市就机构改革后草原技术推广体系建设和草原有害生物防控现状进行了调研。甘肃省林业和草原局学习贯彻习近平新时代中国特色社会主义思想第四巡回指导组组长、森林和草原火灾预防处二级调研员李劲峰等人及有害生物防治科技术人员参加调研。

8月9日，刘兴明主持分片区成立了由各班子成员分别负责的4个技术指导和质量检查小组，即日起对全省各市（州）、国家级自然保护区管护中心开展了2023年草原调查监测内业资料核查反馈、外业技术指导检查和数据质量现场督查工作。

10 月 18 日，单位实施的林草系统第一批草种繁育“草品种审定评价推广”“张掖市甘州区草种原种繁育”“张掖市甘州区乡土草种原种繁育基地”“省级草品种区域试验（高台站）”4 个项目由甘肃省林业和草原局组织，在单位五楼学术厅进行了验收。张榕及相关科室负责人参会。

11 月 6 日，刘兴明赴秦安县黄湾村残疾人黄文军家中进行了慰问，并调研指导站驻村人员推动乡村振兴帮扶工作。

11 月 9 日—11 日，内蒙古自治区林业和草原局来甘调研草产业，参观了兰州大学草种质资源库、兰州新区草产业基地和草种加工厂、安定区草产业企业，分别在兰州和安定区召开了座谈会。甘肃省林业和草原局相关负责人陪同，刘兴明和张榕参加调研。

12 月 6 日，刘兴明同志主持在五楼学术厅召开了中层干部党风廉政建设集体约谈会，各科室正副科长参加会议。

12 月 7 日上午，单位召开了工会委员换届选举大会，会议总结了本届工作，公布了经费审查委员会对工会经费使用情况的审查报告，大会选举了新一届工会委员会委员、工会经费审查委员会委员和女职工委员。张志诚主持会议，全体会员参加。

12 月 13 日，甘肃省林业和草原局调整了甘肃省草品种审定委员会组织架构和组成委员，分设生态草、饲草和观赏草 3 个专业委员会，刘兴明任秘书长，张榕等任副秘书长。

12 月 21 日，由中国工程院院士南志标主持的甘肃省首席科学家负责制“甘肃重要乡土草及牧草种质创新与品种选育”项目启动会在兰州大学草地农业科技学院召开，课题“良种扩繁与新品种推广示范”由刘兴明主持，种质资源科李德明在会上汇报了实施方案。张榕及相关科室技术人员参加了会议。

2024 年

3 月 12 日，甘肃省草品种审定委员会副主任委员、甘肃省林业和草原局相关领导主持召开 2023 年甘肃省林木品种、草品种审定委员会主任委员会会议。刘兴明、张榕及相关科室负责人参加会议。

5 月 17 日—6 月 14 日，按照相关规定，站党委完成了一批中层干部的提拔任用及轮岗交流工作。交流姜佳昌、马爱霞、李晓鹏、张洁，分别到组织人事科、计划财务科、有害生物防治科和草业科任科长；提拔张永辉、周栋昌、李霞、李智燕，分别任办公室主任以及草种质资源科、动态监测科和科技管理科科长；交流吴江、耿小丽，分别任草业科和有害生物防治科副科长；提拔高成芬、付萍、吴丹丹、周惠丽、陈洁、莫负涛，分别任组织人事科、草种科、动态监测科、有害生物防治科、计划财务科副科长和办公室副主任。

5月25日，甘肃省草产业技术创新战略联盟暨甘肃省草产业协会换届大会在兰州召开。刘兴明当选甘肃省草产业技术创新战略联盟理事长。甘肃省林业和草原局、甘肃省农业农村厅、联盟成员单位代表及协会会员代表近70人参加了会议。

6月11日—13日，刘兴明、杨浩赴内蒙古参加中国系统工程学会草业系统工程专业委员会第七届换届选举会议暨2024年学术年会，刘兴明在会议上作了题为《甘肃省草种质资源保护利用体系创建及成果转化》的报告。

6月24日，甘肃省草原技术推广总站被甘肃省绿化委员会确定为“全省绿化模范单位”。

6月28日，全体党员干部赴高台廉政教育基地开展了警示教育活动，刘兴明带队，领导班子成员参加。

6月28日，2024年全国草原普法现场活动暨打击毁草开垦和治理起载过牧三年行动启动仪式（甘肃）分会场在陇南市武都区举行。王汝富、杨浩及相关科室负责人参加了现场活动。

（本章供稿：王俊梅、张榕、谭成虎、杨青、喻文虎、许国成、马爱霞、张永辉、张林；校对：苏晓星）

附　　录

第一章　春华秋实

第一节　硕果驿站

一、草牧三字经

人之初，吃果肉。先渔猎，后畜牧。养牲畜，草为本。勤采割，加播种。实践久，阅历深。尝百草，用途分：籽实好，做油粮；纤维好，可纺织；花美艳，供观赏；性偏一，做药强。除此外，兴牧养。种类多，分布广。农谚说，草是宝。细较量，功不小。伴春风，绿大地。富生态，状生气。一寸草，遮丈风。蔽风沙，保安宁。盖地表，抗雨冲。保水土，江河清。叶茂密，光合强。 产量高，抗灾荒。既养畜，又养地。还当柴，三料备。花期长，蜜源广。做菜吃，富营养。大农业，做纽带；治国土，须利赖。总书记，定大计。抓治本，种草树；兴畜牧，穷根治；治山河，泽后世。荒山种，农田种。林粮套，草灌混。休闲地，种草好；弃耕地，先种草。大片地，飞机播；小块地，不放过。荒山沟，划到户。谁种草，谁收益。定地权，人定心；长期包，可继承。选草种，按地宜；适时种，早准备。种了草，要管护。重保苗，巧刈牧。政策好，人心齐；靠科学，争效益。种草事，非小技。明风土，通农艺。乡土种，要培育；野生种，多采集；引进种，见效利；下功夫，搞栽培。喜阳草，要专种；耐阴草，可带种。冬春性，须辨认；群落学，研究清。单一种，混合种。看情况，分别定。三荒地，地要整；农田地，要深耕；抓保墒，莫放松；浅播种，镇压紧。好种子，籽饱满。无霉烂，色泽鲜。下籽量，要计算；混合种，要求严。牧草地，苗宜稠；收籽地，稀有由。留种子，要匀称。轻覆土，不能深。草籽小，性欠纯。发芽力，不均匀。顶土力，也不行。怕板结，喜轻松。捉苗齐，是根本；护幼苗，最要紧。怕践踏，怕干旱；秋播草，忌春寒。根扎稳，能抗逆；防重牧，忌挖取。春吃菜，要适度；秋割草，茬留够。施上肥，产量高。刈牧后，最需要。施基肥，在播前；追化肥，作用显。豆科草，磷高效；禾类草，氮重要。水浇地，草高产。单种外，复套间。小麦收，草苗嫩，早放水，最关紧。返青水，不可缺；保秋墒，把冬越。拔节始，乳热止，多灌水，有益处。干山坡，靠天雨，多整治，争蓄水。杂类草，不能要；毒害草，清除掉。轮作地，适期翻，周而复，地力欢。三荒地，种不易，要巩固，立规矩。草场上，要轮牧，多培育，重管护。退化了，快更新，先耕耙，后补种。好草种，长草多，要繁殖，要提高。种子田，勤耕耘；管理上，要细密。牧草种，易落粒，籽熟期，不整齐。上开花，下炸荚；穗头黄，饱籽滑。收获期，要及时，蜡熟期，较适宜。良种场，作示范；农户家，可自选。草种多，超百料，为主者，是豆禾。豆科草，营养好。蛋白质，含量高。维生素，十多种。钙磷比，较匀称。有根瘤，固氮菌；根系强，可解磷；有机质，遗留富，肥土壤，功效著。禾本科，草最多，适宜广，抗旱涝。返青早，后枯凋，耐刈牧，口味好。须根细，造团粒；团粒稳，水肥具。地力增，扎富根，养牲畜，要多种。其他草，更不少，栽培种，要知晓。苜蓿草，草之王。紫花者，最优良。味鲜美，富营养，遇荒年，可顶粮。能抗旱，喜温凉。轮作田，多打粮。黄花者，抗旱强，高寒地，可推广。苜蓿地，割草场。牧牛羊，易臌胀。草木樨，宝贝草，两年生，功不小。白花种，品质良。黄花种，抗逆强。喂牲畜，好饲草，秸秆硬，好燃料。肥田地，抗旱涝。耐盐碱，改土好。红豆草，耐冻旱，草质优，好蜜源。生长快，寿中长。牧牛羊，不臌胀。沙打旺，薄地强；抗盐碱，固沙荒；宜飞播，易生长；产量高，改土壤。箭筈豆，是春性；耐旱涝，一年生；草丰产，宜复种；籽高产，可加工。毛苕子，是冬性；喜冷凉，宜套种；草质嫩，最高产；畜爱吃，还肥田。香豆子，生长快；宜复种，可做菜；茎秆嫩，叶量丰；喂猪禽，香味浓。胡枝子，枝儿条；抗寒旱，耐瘠薄；可放牧，可刈割；保水土，宜直播。小冠花，多走茎；草层密，阴盖浓；保水土，具特性；养牲畜，美环境。甜甘草，称国老；极耐寒，是一宝；荒漠地，生长好；根入药，叶是草。红三叶，百脉根，有柽麻，和田菁；喜温暖，产草丰；陇南区，可多种。豆科草，种得多；禾类草，也不少。青燕麦，较普遍；牧区种，有习惯；制干草，备春荒；效益大，喂羔羊。草谷子，草高粱，叫禾草，济伏荒；保牲畜，吃青长；保耕作，三夏忙。老芒麦，长牧区；喜温润，又嗜肥；返青早，再生齐；管不好，退化易。披碱草，宜高寒；对水肥，较敏感；抽穗收，可高产；刈牧用，四五年。冰草属，寿命长。扁穗者，最理想。耐寒旱，根系强。枯草期，富营养。光雀麦，身无芒；具走茎，喜润凉。养分高，叶多量；发育慢，寿也长。猫尾草，喜温湿；草高产，又优质；收籽多，发苗齐；制干草，最相宜。黑麦草，最美鲜；叶嫩绿，油光闪；喜肥土，喜温暖；适地种，在陇南。小糠草，分布广；抗热旱，适润凉；耐践踏，宜牧羊；退化地，补播良。早熟禾，种类繁；草地上，到处见；养牲畜，要借重；做草皮，五七春。芨芨草，生荒滩；长势盛，连成片；抗风雪，固土沙；冬和春，牧饲佳。有芦苇，水生多；自成群，茎叶茂；碱滩地。成芦芽；要管护，促再发。苏丹草，长一年；喜暖湿，耐盐碱；营养富，口味鲜；水肥足，万斤产。杂类草，不一一。有些种，要列举。聚合草，多汁液；产量高，喜水肥；易繁殖，能抗逆；边角地，多种植。伏地肤，叶量富；半荒漠，生意厚；羊抓膘，猪禽牧；冬季种，要雪覆。骆驼蓬，奇草种，天大旱，仍绿嫩；长崖坡，绿山阿；秋霜后，饲羊驼。野葱韭，和沙蒿，百里香，马苜草。或有味，或含盐；供收饲，保康健。猪毛菜，驴驴蒿，珍珠柴，盐爪爪；其味咸，其质硬；抗风沙，能牧用。多汁类，有芫根，性耐寒，味香醇。有甜菜，饲用种，产量高，可贮存。广种草，贵在用，用之要，养畜禽。一放牧，二割喂，吃青外，要贮备。青绿草，营养高，易消化，最上膘。要放牧，先划片，搞轮牧，制度全。夏高山，冬平川，先边远，后近前。四季场，界限明，载畜量，要算清。大片里，划小片，逐片吃，留一半。干荒坡，再生难，要管护，少践踏。放牧场，合理用，做到了，郁葱葱。割草地，割青喂，惠草畜，最经济。豆始花，禾抽穗，质量高，数量齐。豆盛花，禾穗齐，再不割，价值低。草量大，易变质，要存贮，慎调制。制干草，有习惯，艳阳天，莫怠慢。露水干，急下镰，扎成把，立田间。抢天气，使风干，垛小堆，可发汗。三几天，翻小堆，堆大垛，保护易。机械化，最方便，边割草，边烘干。干草粉，易加工，颗粒料，配制成。搞青贮，较省工，占地少，损失轻。或窖藏，或袋封，或堆垛，均可行。添加剂，放均匀，镇压实，封裹紧。味酸香，好消化，天气坏，也不怕。有些草，收迟了，叶黄落，秆枯槁。质量差，又粗硬，庄稼草，一个性。要喂畜，氨化好，塑料膜，草堆裹。无水氨，百分三，经塑管，草里串。氨化后，草质变。用氨水，最方便。秸秆草，先粉碎。和氨水，一比一。装地窖，再封闭；保温度，二十宜。两三周，就开窖。晒干好，喂牛妙。一寸草，铡三刀。精心喂，也上膘。巧加工，细配合。用得好，效益高。经济账，应该算。开心窍，思谋远。一亩草，产千斤。养牲畜，收益增。拿苜蓿，比小麦。论蛋白，五比一。论能量，又突出；维生素，更悬殊。矿物质，也相差。养牲畜，优势大。麦田里，套豆草。一茬田，收两料。草养畜，根肥地。算收益，抵上麦。人收草，营养体；种庄稼，收籽粒。逢旱冻，粮受害。草适应，不成灾。农田地，有分限。草分布，遍山川。有草处，就有畜。畜牧兴，势所趋。皮毛肉，奶蛋蜜。产值高，人所需。振兴农，靠牧促。投资小，收效速。大农业，讲结构。调整好，农林牧。现代化，讲系统。草不兴，农不振。耕作制，要改革。草轮作，才合理。绿化事，关整体。草灌乔，带头宜。五谷登，六畜旺。穷变富，就在望。草虽小，管大用。关全局，涉根本。种草责，人有分。下决心，立新功。为四化，作贡献。草种好，面貌变。

（20世纪80年代甘肃省草原工作队编写的甘肃农村培训教材，由队长王无怠主持起草，多名同事于1983年讨论修改完成）

二、走申家山的路

党中央领导提出，要把种草种树，发展畜牧业，作为改造大西北干旱地区的一项根本大计。这条路走得通吗？它果真是大西北干旱与半干旱山区治穷致富的必由之路吗？今天本报发表的关于申家山的报道，以及本报8月25日发表的冯纪新同志的文章《申家山是怎样战胜干旱的?》，比较有说服力地回答了这个问题。大西北的劳动人民，多年来与干旱、沙荒、贫穷作斗争，涌现出了一大批取得突出成就的先进集体和先进个人，他们在无数次的失败与挫折中，总结，实践，再总结，逐步摸索出一套科学的“克敌制胜”的办法。申家山生产队就是其中的一个。

申家山是甘肃通渭县一个有代表性的山村，这里地处黄土丘陵沟壑区，因长期铲草开荒，单一抓粮，植被破坏，水土流失严重，处于恶性循环之中。挫折教育了人们，从1979年起，他们下决心从种草开始改造穷山区，抓了四年就初见成效，农牧业都大得其利，生产上初步摆脱了被动，开始迈上良性循环的道路，生活上初步摆脱了贫困。他们把自己的经验归结为十二个字，“种草起步，以草养畜，促农促林”。这十二字经，科学地阐明了草、牧、农、林之间的辩证关系，概括了像申家山这样的山区治穷致富的基本经验。

改造西北干旱地区的面貌，从根本上说，就是把长期形成的生态恶性循环，逐步改变为良性循环。在这个基础上，建立一个合理的高效益的大农业。从哪里入手来实行这个改造呢？开展植树造林是治本办法。但西北不少山区，土地干旱贫瘠，林木生产周期长，收效慢，投资多，不能比较迅速地解决大面积的生态失调问题。申家山的经验证明，种草是扭转农业生态恶性循环的最好突破口。牧草有保持水土、用地养地、产草养畜等多种作用，而且投资少，周转快，收益大，容易大面积迅速推广。申家山从1978年开始种草，第二年就明显受益。1981年，仅草籽一项，每户就收入163元，有的户达到了300元，并且还解决了燃料问题，基本清除了铲草皮、挖草根作燃料的现象。牧草发展起来了，畜牧业，农林业随之兴旺起来。种草的第三年，全队大牲畜和羊都增长了近一倍。这就是“种草起步，以草养畜，促农促林”十二字经的威力。

有些人担心，提倡种草种树是不是不要抓粮食了？当然不是。粮食生产仍然是山区的一件大事。问题是如何去抓。“将欲取之，必先予之”，你向大地要粮食，就先得给大地“粮食”吃，给它草、树、水、肥料。干旱山区人穷是由于地穷，植被破坏，土地有机质很少。土地这样穷，你还要向它要粮食，它就报复你，一亩地打上几十斤，甚至连种子也拿不回来。申家山过去就是这样。土地多，人均近10亩，亩产仅几十斤。后来下决心拿出一部分荒地、荒沟和弃耕地种红豆草，做到人均五亩粮，四亩草，实行旱作农业。搞了四年，种粮食的地少了，打的粮食反而多了。这就是这类地区粮食生产的辩证法。在一些土地多劳力缺的干旱贫瘠地区，腾出一些地种牧草。把有限的人、财、物力集中使用到粮田上，实行精耕细作，有利于提高经济效益。变广种薄收为少种多收。当然，也不能一股地提倡在种粮食的耕地上种草，凡是适宜于种粮食的地，仍然要保证种粮食。

申家山的变化，也是科学技术与当地实际相结合的结果。西北地区农民文化程度较低，科学技术知识贫乏，许多地区长期沿袭着破坏生态的落后生产方式，这是致穷的根本原因。甘肃草原工作队女畜牧师王素香怀着深厚的感情来到申家山办点，把科技知识带进闭塞的山区，对申家山摆脱贫困，作出了重要的贡献。王素香的这种精神值得大大提倡，所有为开发西北埋头苦干、作出卓越贡献的科技工作者，都应当受到表彰。改造大西北，必须改造这里文化科学落后的状况，重视智力开发，目前要特别重视智力引进、科学技术引进。要采取请进来、派出去的办法，向国内经济发达地区学习先进技术和管理经验。要制定一些具体政策，吸收更多的科技工作者和具有各种专长的知识分子，投入改造大西北的行列里来，逐步建立起一支开发大西北的科技大军。

改造大西北固然是一项艰巨而长期的任务，要准备付出几代人的努力，但并非遥遥无期不可指望。申家山的实践证明，振作革命精神，采取切合实际的科学方法，脚踏实地去干，十年八年，甚至三年五年，就可以作出显著的成绩。我们要毫不迟疑地行动起来，扎扎实实地从眼前做起。

（《人民日报》1983年9月18日第1版）

三、红豆草——记女畜牧师王素香

（一）小草，申家山的乳汁

农历四月初八前后，按照农事季节来说，西北高原正是“黑霜杀庄稼”的霉气季节。申家山人，这些天日夜奔忙，天不亮就轮流在地头放哨，点火放烟，准备驱散突然袭来的冷霜，以求保护山顶上那仅有的几百亩庄稼。

这是一九八一年农历四月初八，申家山人在黑霜季节到来的前夜，意外地发现阳坡上那块地里的红豆草绽出花蕾了！

人们格外地兴奋，高声呼唤着。申家山，居然在寒气尚未消退的早春，破天荒开出了美艳的紫花！申家山，山地辽阔，高山梁上一株紫花，怎么就能让人们捕捉到这么大的喜悦呢？原来，干旱贫穷的申家山，寸草不生，三料俱缺，人们几辈子在这光秃秃的山窝里过惯了苦焦的生活。可现在，自从一个拓荒者在荒山上开沟种草，春意便突然降临在这里。回眸一看，申家山四周的山岭，的确还是一片光秃秃的，然而唯独种了红豆草的地方，透露出诱人的褐色。所有的红豆草芽都已出地两三寸，叶子像张开的伞铺满了一地，花苞红里透紫，显得春意盎然。生命在偏僻的山庄里荡起了希望。不是吗？小草，大地的乳汁！它用乳汁滋润着申家山干枯的大地。

对五十八岁的王素香来说，这件事比什么都兴奋，因为这一草、一蕾、一叶的出现，无不孕育着她半生的希望和心血。

王素香在江南水乡出生，是个倔性女子。中华人民共和国成立后，她离开了家乡上海，在甘肃攻修畜牧专业，一九五三年分配到甘肃省草原工作队安了家。命运就这样使王素香和黄土高原的穷山恶水结下了不解之缘。

人们曾经这样打过比方，说在生活的舞台上王素香是个唱“红脸”的。的确，不知怎么的，王素香身上没有多少江南姑娘所具有的那种纤柔味。她言词爽利，举止泼辣，不怕苦不怕累，不管环境多么困难，她走到哪里就在那里撒下火辣辣的种子。记得20世纪60年代那阵子，饥饿包围着甘肃大地，当时下乡搞工作是困难重重的。可就在这时候，草原队派王素香到武山县的云雾山去蹲点。她和社员们一样忍受、克服着灾荒带来的种种难题，在那里一蹲就是两年。后来，又派她到甘南草原去搞草原测定，在民情复杂的事务活动中，她凭着一颗火热滚烫的心，把工作搞得十分出色。在参加黄河中游水保考察的艰苦岁月中，她和男同志一样，赤脚穿着草鞋，顶风冒雨度过了两年的野外生活。

乍一看，王素香身上的优点有时会被她的缺点所掩盖，而她的缺点在某些情况下，则常常是激发她前进的“催化剂”。记得有一年，草原队评选先进，开始时群众提了她的名，而到三榜定案时却没了。王素香不在乎，牛劲一鼓，行李一背，哪里苦，哪里需要，就到哪里去。她根本就没有把“先进”作为自己生活的目的，她心中所想的是在有生之年为人民办一点事情，不然就枉来人间一遭。

（二）大地的呼唤

一九七九年春天，党的十一届三中全会刚开过，多年来压抑在王素香内心的“事业狂想”又萌发了。落实政策，重新走上工作岗位时，王素香已经是两鬓华发，五十有余了。她向草原队领导打了报告，提出要到中部干旱地区去，要为群众解决一点实际问题。她说：“我别的什么要求也没有，只要求准许我下去就满意了”。

通渭县申家山是黄土沟壑丘陵地带，一条大沟三面坡。远远望去，向阳的沟顶上住着可以数得清的几户人家。那土地，连草根也被后人挖光了的干瘪的土地，连一丝养育小草的水气都没有。当时低产、贫困的申家山人，一直面对着眼前一千多亩撂荒地，仰天长叹，无可奈何。

而王素香却感到喜出望外。她把这撂荒地看成是申家山的最大财富，下决心要从千亩撂荒地入手，把大自然赋予申家山的光和热揭示给大地的主人，把农业科学工作者从理论上阐述过千百遍的普通道理变为群众手中的武器。要让它变成旱区人民手里的钱，口中的粮，身上的衣，槽头的料，地里的肥。

王素香就在这块贫困多灾、一直被认为“没治”的申家山扎下了营，并且为申家山人制定了种草、养畜、草粮轮作的3步方案。她的目的是要把弃耕荒地改变成高产优质的人工草地，把三料俱缺的灾区搞成牧草种子种植基地，走种草养畜、兴牧促农、用地养地的路。

（三）开拓者踩出的脚印

申家山搞试验点的事定下来了。拓荒的路应该从哪一步开始，王素香仍有点茫然。理论终究是理论，认识也只是认识，要把理论和认识拿到实践中去检验，王素香感到人单力薄了。她有个同学叫金巨和，在西北民族学院畜牧系任副教授。王素香“三顾茅庐”，请金巨和当她的技术指导，金巨和陪着王素香冒着严寒风沙，多次前往申家山，一起勘察了那里的自然地貌，研究了申家山的土质特点，选择了适应于申家山生长的草籽。他建议：除了种植大量沙打旺、草木樨这些适应干旱的草种外，还可以试种一种从欧洲引进来的红豆草。金巨和20世纪50年代留学苏联时曾带回来一包红豆草籽。记得那包草籽在他的母校甘肃农业大学落户后，生长发育十分良好。这种草生长快，一年可以收割两茬，既可以做饲料，也可以做燃料，茎杆还可以卖钱，花香色浓，可以养蜂采蜜，真个浑身是宝。不过它是从欧洲温湿地带接来的“姑娘”，不知道能不能在申家山安下家……王素香这个急性子，没等金巨和讲完下文，便日夜兼程从通渭申家山赶往武威黄羊镇，她拿到红豆草籽，又风尘仆仆赶到申家山。

非常幸运，王素香的事业得到县水保局的支持，他们一起来到申家山，二人驾辕拉犁，一人撒籽，用原始的耕作方式，在申家山的撂荒地里种下了第一茬红豆草和耐旱耐寒的沙打旺、草木樨等。申家山种草的事业就这样开了头。

苦难深重的申家山人，对种草养畜是可以接受的，但毕竟由于传统习惯的支配，有些人怕“种了草挤了粮”，有些人也怕种了草会影响当年收益。当然也有人反对，说:“种草不能顶粮吃，白把土地糟蹋了。”还有一些有学问的人认为，种草养畜，这是早已被科学家们肯定过的事，何必还要另立课题呢？

王素香所走的种草之路，并不是单纯为了一个“草”字。她想通过探索，寻求一条低温干旱地区农业发展的道路，王素香曾经从大量的数字记载中看到，通渭县申家山，上无天上水，下无地下水，又少过境水，还有夏天的低温，秋天的陡降温，加上冰雹、霜冻，几乎没有一样灾害在这块土地上可以幸免。因为干旱低温，所以长期以来，这里的人们在粮食生产上花去三倍于别处的时间和劳力，但获得的只是五成庄稼。五成庄稼怎能养得了人？就连温饱也保不住，哪里还谈得上扩大再生产呢？有人也曾试图用创造高水肥条件的办法促农业，但结果高水肥往往造成庄稼疯长青秕，造成土壤结构的更大破坏。多灾多难的申家山，它唤醒了王素香立志变革的赤子之心！

为了支持王素香的实践，甘肃省草原队总工程师王无怠写了一篇颇有见解的文章，从光、热、土、水四个因子的相互关系中，进一步阐述了由通渭看甘肃省低温农业发展方向的问题。从某种意义上讲，它为王素香的这场艰辛攀登，架起了一座理论通向实践的桥。

关于种草是否挤粮的问题，王素香、王无怠、金巨和等人几上申家山，多方研究了先进地区的经验，并算过一笔账；假若按中部地区十八个县二千一百多万亩耕地计，拿出百分之二十或三十的山地种草，也只不过有四百万至七百万亩草；而十八个县的荒山荒坡面积就有八千万亩，如果拿出二十分之一种草，也只不过四百多万亩。都仅仅是总面积的一小部分，何谈挤粮一说呢？就怕这荒山荒坡在闲置着，种不完哩。王素香深知，申家山人均土地六亩，拿出三亩保一人口粮，余下三亩种草养畜，才是合理的布局。

一切只有在干中才能得到结果。科学工作者的天职在于不仅能够解释世界，而且还能够改造世界，这后者则尤带实质性。王素香相信，依靠千百万劳动者的创造力，在无尽的土地资源上求得自力更生，就一定会摆脱贫困。对于那些深奥得如谜一般的道理，什么农林牧互相依存的关系，那些所谓掠夺式的耕作方式，所谓自然生态平衡，王素香暂且搁下不讲，她只在群众现有的认识基础上开始了自己的实践，把立足点完全放在为群众谋利益这个原则范围内去实干。

群众性的种草活动开始了。王素香是用最少的投资获得最大的经济效益的典范。她头一年花了三百元，种了六百亩草，以后三年，累计用三万元发展了五千亩草。她对群众实行的办法是“有偿借贷，得利还本”“赔产过渡”。记得头一年，动员群众把八十亩薄地改种牧草时，群众怕没有收入，她便提出如到时候没有收入，则愿每亩地以四十千克包谷赔产。可是不等秋后，她就又用准备赔产的钱，给社员买了春耕种草用的化肥、农药、机用油。

养鸡也是一样，社员手中没有钱，她就先用试验费买成鸡，要求得利后还本，盈利部分全归社员。结果二十八户社员借贷买的杂种鸡，翻年全成了“生蛋鸡”。到社员拿鸡蛋折价还本时，王素香又把还本的鸡蛋再贷给社员。如此循环“滚雪球”，养鸡的人便一天比一天多。当计划在六十六亩荒地上种草木樨时，群众怕收成不好白搭工，王素香就叫社员在草木樨地里全套种了胡麻，结果一季两茬，收成不错。第二年，不用动员，全部按这办法做了。一九八一年，光八十亩红豆草籽的收入净得四千二百多元。到第三个年头上，贫穷得连买一身寿衣的钱都存不下的申家山人，开始柜里有粮，手中有钱了。到一九八二年，申家山出售草籽和畜产品的收入约在一万三千三百多元，人均收入八十六元，最好的户人均一百六十多元，粮食生产也比先一年增长一倍以上。社员李发荣说：“一九五六年合作化时，我曾经分过一百多元钱，二十多年后的今天，我第二次见到了钱。”

由于有了草，申家山人就有了本钱，王素香又和畜牧站联系，先给申家山引进了一批甘肃细毛羊，后又用国家贷款办了一个养牛场，还帮助社员养鸡、养蜂、养兔。申家山由草起步，由草得利，五谷丰登，六畜兴旺起来。

（四）奉献出一颗赤子之心

申家山人从来没有见过像王素香这样的“老黄牛”。在尘土飞扬的路上，人们常常看见一个穿着一身旧蓝布衣服，一双补丁落补丁的劳保皮鞋，两眼布满血丝，花白的头发上盖满了尘土的老太婆，时时出现在申家山的山坡上。那一年，搞红豆草籽时，她从几百里外的农大购来四百千克草籽，从黄羊镇运到打柴沟，再运到定西，再运到申家山，这是一条多么艰难而漫长的路啊！王素香只身一人，一趟又一趟，有车时搭车，无车时背运，一直把这些草籽运到了申家山，每当她翻上大山梁时，只要一声呼喊，霎时间，大人、小孩便跑着、跳着、叫着，拥到她面前：“王老师来了！草籽！草籽！”

一九八一年引进细毛羊时，她独身一人，风尘仆仆，跑到天祝滩去抓羊。时值寒冬腊月，北风刺骨，车上护羊的社员不小心挤死了一只羊，她发现后立即爬上敞篷大卡车，顶着寒风精心照看，把全部的羊只安全送到申家山。这一路，从天不亮摸到天黑，她身上没有穿大衣，头上没有戴围巾，赶到申家山时人都快冻僵了。养鸡的那阵子，王素香从兰州雁滩把最好的来杭鸡拉到申家山，用自己的包谷面一直喂到分给社员。王素香经常去城里搞测试，不管刮风下雨，道路泥泞，或是冰天雪地，地冻天寒，她手里都提着一条鞭杆，跌跌撞撞地行走在申家山崎岖的山道上。申家山人难忘这些情景，都说：“王老师真像一头牛，她吃的是草，奉献给我们的却是奶。”

（五）满山飘香的红豆草

几度春风送暖，从一九七九年到现在，红豆草已经满山遍野。每当春风吹过的时候，紫色花的海洋使整个申家山沐浴在一片清香之中。

如今，王素香在申家山开拓的“以草起家”，发展低温干旱农业，治穷致富的路子已被群众承认。很快，以申家山为点，在通渭县掀起了“种草热”。红豆草的发展，也由原来的一个生产队迅速发展到许多乡。一个合乎甘肃中部低温干旱地区农业生产发展规律的结构正在这里形式。这，就是王素香心中的世界。

第二节　家书万金

一、王无怠为《申家山与红豆草》写的前言

申家山是一个小山庄，红豆草是一种小草，但二者联结在一起，却发出了虽然微弱、但引人注目的光和热。就是这份微热，成了熔化笼罩困难山区的“没治”论

的最活跃的热量；就是这点弱光，给人们以改变落后地区面貌的有力启迪。

在党的十一届三中全会的正确路线指引下，在农业战线的又一个春天来临之际，红豆草伴同其他十多种牧草籽种在申家山的穷山瘠土上扎下了根，并且发芽开花，结下治穷致富的果实。这是一些同志们经过风雨和泥泞的征程，长期探索和努力追求的果实。它虽然很小，但耕耘者得到了久盼的收获，自然是值得庆幸的!

更值得庆幸的是：在申家山和红豆草沐浴着春风化雨，欣欣向荣之际，党中央提出了“种草种树，发展畜牧，改造山河，治穷致富”的伟大号召，给甘肃人民指明了农业战略转移的大方向。一年来，全省人民齐心奋起，为了迎接这一新的历史大转折，从各个方面开始了认真的工作，取得了突破性的进展。

在传统小农经济思想支配下，种草事业迄今未被人们重视，更谈不上以之作为休养生息。调整农业生产结构的重要手段，以至成为开拓生产领域，建设现代化农业的关键任务了。申家山的实践具体说明：从种草入手，通过草田轮作和沟坡治理，达到肥田锁沟、增产增收、保持水土的效果。通过筛选，大种适于当地生物气候和土壤又具有优良性能的草种，以发展畜牧或多种经营，是增加人民收入、发展农村经济的可行之策。它还说明：草介入农业不仅必要可能，而且还是治理国土的必要手段和突破口。只要我们认真把种草养畜工作做好，我们就可以调动千家万户的积极性，发挥其潜力，进而收到开拓生物气候资源和水土资源潜力，集中运用生物科学部门和非生物科学部门多种科学的学科技术成就，建成劳动密集、技术密集、知识密集的现代化密集型农业，有效地完成历史赋予我们的任务。

申家山的道路，是科学技术扎根在群众中的道路。培养乡土农业技术员，以奠定巩固的群众性技术基础的基石，是改变落后山区面貌的根本措施，以夺取经济效益为目的，从投入到产出，一包到底，是农业技术推广的必由之路。还由于这里在生产性技术投入中采取了彻底改革，实行有偿投入，不但加强了群众的责任感和积极性，又扩大了农业技术改造资金的积累道路，给农业现代化建设增强了后劲。所有这些都是平凡事物，但却是我们应该珍视的开拓和进取精神的具体象征。另外，它还告诉我们“用一方水养一方人”不只是一个一般的经验性结论，而且也是农业现代化建设的必具观点之一。只有具此信心，才能使人正确认识客观事物，充分发挥主观能动性。

申家山曾经被认为是“没治论”的典型，它的得治，靠的是在党的富民政策指引下，把科学技术转化为生产力的努力。这在农业战线，有着广阔的天地，虽然申家山在近五年时间内的变化，超过以前漫长的岁月，但这个变化只是一个彻底变化的开头。从申家山到全省全国更大的变化，更丰富的硕果。正在我们的面前。但它不是路边的野草，而是巉山悬崖上的硕果。这需要我们迈开自己的脚步，不畏险阻，不怕崎岖，努力攀登，才能得到。正由于此，王素香和金巨和、车文信、王振同志，以及甘肃省草原工作队的同志们所作的努力，才是有比事实更丰富的现实意义的。作为一项科学技术成果，这份材料还存在着明显的不足，但作为筚路蓝缕的开拓足迹，是会鼓舞战斗在种草养畜第一线的有志之士的。在勤劳勇敢的农民中，在茁壮成长的知识青年中，在际会风云的农业技术工作者中，都有大量立志要为四化作贡献，要为改变甘肃面貌出力的人。我们希望有更多的人作出不懈努力，使我们的事业更加兴旺发达，我们的人民更加舒畅幸福!

（1984 年 10 月）

二、王无怠为《甘肃省草田轮作种草养畜技术规范（草田轮作）》写的前言

古今中外实践证明，农牧业紧密结合是发展农业生产、维持生态平衡的正确道路。农业为牧业提供饲料和饲草，牧业为农业提供肥料和动力。两者相互依存，相互促进，相得益彰，共同提高。

甘肃省农业生产，长期以来是单一生产。也就是说，只抓种植业（特别是粮食），挤掉畜牧业。这样的农业是一条腿走路的不完全的农业。粮食越上不去，越要毁草开荒种地，结果是农牧两伤。为了长远打算，牧区当然要以牧为主，农区也要逐步过渡到农牧结合，同时发展林业，以保证农牧业的稳定持续增产。这样，甘肃省农业才能走上正轨。

甘肃省农业经过 30 多年的曲折历程，中央领导同志提出了反弹琵琶的战略设想，甘肃省委在总结以往经验教训的基础上，现在终于制定了从根本上发展农业的正确战略方针。这就是在逐步建成林牧业基地过程中，不断促进农业生产的全面发展，二者相辅相成，互相促进。

种草不仅是个技术问题，而且具有重要的战略意义：可以改善生态环境，变恶性循环为良性循环；可以促进畜牧业的发展，为调整农村产业结构创造条件；可以发展商品生产，达到治贫致富的目的。

种草范围，除了利用三荒地外，在农田种草有着广阔前途和重要意义：可以培肥地力，使粮油稳定增产；可以扩大种草范围，加快种草步伐；可以提供大量畜产品，弥补牧区产量之不足。

农田种草的办法是实行草田轮作（包括粮草轮作、粮豆轮作等）。只有草田轮作搞好了，才能以农养牧，以牧促农，农牧两利，地力常新；在不加其他措施的情况下，保证种植业连年稳定增产，商品畜牧业得到发展，增产增收，顺利实现两个转化，进而建立完整的农业生产体系。

甘肃省广大农民群众在长期的生产实践中，积累了丰富的草田轮作经验；中华人民共和国成立以来，农牧业科技单位又不断作出了新的贡献。但在当前生产实践中，并没有普遍应用，还存在一些问题：有的对种植牧草绿肥的重要性认识不足，停滞不前；有的不掌握种植技术，不好入手；有的虽然种了，但没有和轮作结合起

来，发挥作用不够，没有成为一种制度，使之标准化、规范化，并坚持下去。如此等等。

为了解决以上问题，甘肃省从1985年起在全省设置了若干试点，开展了草田轮作试验示范工作，计划在三年内完成课题任务。

今年在进行试验示范的同时，省、地各试点又调查、收集、分析、总结了以往有关的历史资料，提出了不同地区的草田轮作栽培技术规范初稿，经王宝善、吕福海、刘璐三同志审阅，汇编成册，印发各地试行。在试行过程中，将经过不断补充修订，使之趋于完善，最后定稿，由甘肃省标准局正式发布，供广大农牧民在生产实践中实施应用。

（1985年12月）

三、王无怠为《全省草田轮作种草养畜试验示范研究》写的前言

（一）

这里集辑的甘肃省各地农村商品畜禽生产综合技术方案24份，是《全省草田轮作种草养畜试验示范研究》课题的参试单位从当地生产实际出发，深入研究了农村商品畜牧业生产的发展规律，全面总结了农村商品畜牧业生产的发展经验而取得的成果。这些方案分别依据各自实际，从宏观到微观，系统提出了：确定指导方针和重点产业，搞好生产布局，选择生产方式和设计规模，建立健全经营体系、畜禽良种繁育体系、青绿饲料和配合饲料生产加工体系，以至搞好畜禽饲养管理、卫生防疫、产品加工流通、技术服务、加强领导等各个方面的任务和对策，首次为各级领导和技术人员提供了在甘肃省农村现有条件下，发展商品畜牧业生产的系统工程模式。

中华人民共和国成立以来，甘肃省畜牧业备受重视而进展迟缓，多少有志之士为发展畜牧辛劳而功效不显，原因种种，方向和方法实属要端。党的十一届三中全会以来，全民向往农业现代化，然而，如何落实加快从自给自足生产向商品生产转化，传统农业向现代农业转化的要求，则是一个有待解决的问题。全国不乏先进地区和先进经验，但依样葫芦，无济于事。通过本课题参试同志的辛勤努力和甘苦回味，产生的这套综合技术方案，给我们提出了在甘肃省具体条件下，怎样发挥优势，发展农村商品畜牧业的途径和方案。虽具实用、适用的好处，却又是一个毛坯。如果抛砖引得玉来，启有识之士的宏图长策，则所得就更大了！

这些方案是以立足农牧结合，选择重点产业，适度规模经营，系列输入技术为命题依据产生的。这个概念是源于生产实际和历史经验的。我们走过一段很曲折的路，瞻前未必无坎坷。然而我们坚信，在甘肃省具体条件下，农业现代化的路是农牧结合的路，能搞活农业全局的农村重点产业是商品畜牧业，农业规模经营要由畜牧业规模经营开其端，而商品畜牧业的发展则要以系列输入技术为起点。具体怎么办，这些综合技术方案可供参考。由于这些方案产生于甘肃省各地商品畜牧业起步

阶段，故不免疏漏，错误定不会少产生，希望专家不吝教正。更希望能随着我们事业的发展而得到充实和提高。

（二）

在《全国草田轮作种草养畜试验示范研究》课题实施期间，各参试单位紧密结合生产实际，开展了一系列小试验，一共提出了试验成果报告 130 多篇。这些试验成果不仅为甘肃省推行农牧结合，发展农村商品生产提供了丰富的科学依据，而且充分反映了我们在农业生产中提倡粮草轮作，进行丰产栽培，实施科学养畜等各个方面迫切要做的大量工作和所能取得的巨大社会经济效益。我们相信，这些试验成果在生产实践中进行全面推广应用之后，必将会对促进甘肃省农牧业生产发挥积极作用。我们希望，每一个农业科技人员都能在这些方面作出更多的努力。

限于人力、经费、篇幅，我们难以将全部报告予以编印，仅分类从中挑选了 52 篇编成此册。在材料的审定过程中，中国农科院兰州牧研所的成广仁、赵振民同志，甘肃省土肥所的吕福海同志帮助做了大量工作，在此表示衷心的感谢。

由于时间仓促，编辑人员水平有限，可能会有许多错误或疏漏之处，敬请批评指正。

（三）

这里编辑的是 1985—1987 年《全省草田轮作种草养畜试验示范研究》课题 的部分科研论文和典型经验材料一共 47 篇。其中科研论文 22 篇，是省内有关专家和领导围绕本课题对甘肃省加强农牧结合，发展商品生产，促进农业两个转化的一些看法和建议；典型试验材料 25 篇，是基层参试单位和试验示范点推行粮草轮作，进行种草养畜，实施规模经营的一些经验总结。前者从理论上论述了甘肃省发展现代农牧业生产的一些基本途径和方法，后者从生产实践上对发展农村经济，帮助农民脱贫致富做了有益的探讨，二者相辅相成，互为补充。因此，我们将这两部分编辑在一起，以期能使读者得到更多的有益启发。

四、王无怠为《西北草业通讯》写的发刊辞

十年改革开放，十年开拓发展。在振兴中华的历史进程中，草业已经被提到了议事日程上，并在理论、法制、政策、科研、教育、技术、培训、商品生产、基础建设、现代系统工程试点等方面，取得了划时代的进展。这里面渗透着千万个为中国草业的发展备历险阻而意气方遒的专业工作者的心血，也积聚着更多的投向这一新兴产业的生产者的努力和希望。唯其新兴，故经验与信息最为可贵；唯其险阻，故协作与导向十分必需。何况现代草业生产是以科技进步为动力的生产，现代社会是一个信息社会，交流生产经验与传递科技、经营信息自属当务之急。这对于地处边远，活动分散的西北草业战线的成员，要求当然分外紧迫。《西北草业通讯》就是为了加强西北五省区草业界的横向联系，促进生产建设，开展协作攻关，提高经营水平的活动而问世的。

《西北草业通讯》将严格遵照党的十一届四中全会指出的方向，明确树立“一个中心两个基本点”的指导思想，为发展西北草业服务。使来自牧区草原、农区草地、城市草坪、河湖海滩涂草地的生产经验、经营信息、科技成果和先进典范都能得到及时交流，来自领导部门的政策与部署和来自生产第一线的甘苦与要求都能得到贯彻沟通，从而为方兴未艾的草业欣欣向荣，为占有国土面积40%的草业资源的合理开发利用，为草业工作者在农业现代化建设中大展雄风，而作出应有的贡献。

附：

西北草业的形势与任务

通过多年来各级领导、广大群众和科技工作者的共同努力，牧区靠天养畜、农区为种田养畜的传统观念已经动摇，而贮草补饲与种草养畜的观念已被广泛接受。牧区经历了从听天由命、自然循环到靠补草喂料、抢救春乏，再到种草贮草、卖羊买草、建设棚圈围栏等配套设施以争取安全越冬三个阶段，打破了千百年的游牧经营习惯。建立新秩序的任务十分艰巨：一是补饲草的需要量大，而生产条件差，甚至没有；二是牧场僻远分散，交通不便。因之既为科技支援提出了迫切要求，又为开拓农区牧区的区域性农牧结合，发展草业提供了条件。故发挥资源潜力和科技优势，提高抗灾保畜能力，实现克服春乏是一个的现实任务。农区种草养畜涉及产业结构调整，土地利用和耕作制度改革等问题，牵扯面大；又是养畜、养地、养人主要途径，要求迫切。前进中动力大阻力也大。但在中国人口、资源、环境、粮食的长期发展重压下，阻力是片段的，动力是递增的，已有成效是有充分说服力和无限生命力的。另外，当前全国配合饲料工业的大发展，对草籽需求量大，国外的干草和草籽市场也看好。加上传统的草籽市场有待开拓，新发展的草坪生产发展潜力巨大。尤其是在宏观上，控制水土流失与风沙灾害，改善大西北农业生态环境；落实承包责任制，搞好配套设施，建设新牧区；农牧结合，优化生产经营机制，推动四化建设，振兴边疆经济，加强民族团结，尽快脱贫致富等任务的落实都有赖于草业的发展。尽管这些任务都很艰巨，但西北的资源条件、工作基础、人才储备、经验积累也有优势，所以西北草业是际遇良好，有待开拓，多难兴业，前景广阔。

（《西北草业通讯》第1期1989年8月）

五、王无怠为《甘肃中部种草养畜农牧结合研究》作序

科技兴农是时代的需要，生物科学是世界近期进展最大的科技领域。为了满足世界进步和人口繁衍产生的对必需生活用品，特别是食品资源的需要，许多国家从不同角度全力以赴地运用科学技术，兴农致富，取得了诸如绿色革命、白色革命的成效。面向未来，在人口增长、环境恶化、资源危机的重压下，科学界从生态学，遗传工程等方面都取得了重大突破和成就，中国的杂交水稻和胰岛素合成，就引起了世界的重视和应用。20世纪80年代中国农业的成就也是举世瞩目的，但社会需求提出的要求更高。而且随着时间的推移和社会的发展，前进中的中国农业，将只会面对人们对它提出更大的数量需要，更高的质量要求，更多的品种奉献。农业工作者的任务就是奉献，就是在前景不远的状况下，一次接着一次，认真拼搏。

农业既有明显的系统性，又有显明的区域性，而且层次分明，内涵丰富。所以其发展和开拓也是既复杂多样，又综合平衡的。

“农牧结合”号召的提出，是现代中国对传统农业生产长期停滞的反思成果，而“种草养畜”则是20世纪80年代根据中国农业生产现实和发展趋势提出的要求。在有限的土地上要养活很多的人口，当然首先要从土地承载力出发考虑问题。即一亩地生产的粮食是比一亩地上生产的肉奶蛋要养活的人多。但土地再厚也有尽时，用地还要养地。同时食品既要数量，也要质量。人类社会的进步对肉蛋奶需求日增，历来不仅是口腹之欲，实质是营养卫生的科学要求。算大账，粮食当然总是第一位的。但作为生产经营者的农民算经营效益账时，虽然他们离不开“以粮为纲”的传统，但还是农林牧副渔综合考虑，按因地制宜、发挥优势的原则去做。近年农村商品生产实践，就普遍给人们以农牧结合，种草养畜划得来的启示。虽然他们不管生态系统和生产体系是否完善，而直观的大量农副产品的合理利用，部分余粮的高效转化，耕役动力和地力养护的生产要求，肉、蛋油的生活需要，以至生产资金的积累和经营效益的提高，都要求农牧结合经营，以争取在单位面积上取得更多的食物，更好的效益。而农村商品畜牧业的发展，不仅从现实需求出发，要求种草养畜，而且从土地资源的开发和保护，从科学种田和科学饲养，从农业的合理高效经营出发，更需如此。这个问题在甘肃省连续七年取得粮食丰收之后，被农村和城市，兄弟省、区农民之间越来越大的收入差距说明了。遗憾的是，在工业上全面强调调整结构以争取效益的同时，农业上调整结构以发挥优势，保证效益的问题却似乎是被遗忘了。然而社会毕竟是多角折射，《甘肃中部种草养畜农牧结合研究》就是通过前后10年，在走“申家山的路”进程中，迎困难而上，让事实说话的又一结晶。

甘肃的农业问题是复杂的，需要弄清楚、说透彻的事情还有很多，本项研究的可贵之处，就在于对农牧结合，种草养畜这方面做了一些工作，说明了几个问题。

“土、肥，水、种”是农业“八字宪法”的紧要部分，粮草轮作中种粮种草对土壤质地和肥力，特别是对旱田土壤水分的影响是很大的。尽管公认种草可以养地护地，但高产量的草要由大量水分的蒸腾作用形成，故旱地种草，对后作的土壤水分储备的影响，历来颇有争议。本研究资料说明：小麦和豆草都是高产作物，耗水量都大，但在拦蓄降水和调节土壤水的供求关系，土壤水分的周年变化和垂直变化中都各有各的规律。土壤、作物、降水都在不同的条件下，不同的层次中，按各自的特性，相互起着不同的作用。使长期争论的问题得到了比较明晰的解释。

红豆草是近年在中国西北大面积推广并介入轮作，已形成新的生产力的一个富有活力的草种，瞻前顾后，需要做的工作还很多。本研究从考查中国红豆草种质资源出发，对在甘肃推广的红豆草从气象条件、栽培技术、产量、饲喂特点，种子利用、营养价值、生态适应性、光能利用、生物固氮、牧草的病害和虫害等多方面系统地进行了研究，得出了相应的结论，对红豆草的推广提供了很好的科学依据。特别是很多试验是和当地紫花苜蓿对比进行的，这就使有关问题在比较深广的层次上得到展示，加强了结论的现实性和可行性。另外，还筛选出了 6 个适合当地生产的优良苜蓿的品系。这里应该指出的是：中国动物营养学家杨诗兴先生已 80 岁高龄，还特就红豆草的营养价值作了全面系统的评述，并指出了进一步研究的方向，他的这种孜孜不怠，为国家富强致力，关切甘肃农业发展的心情跃然纸上。同时本书还刊有甘肃农业耆宿王宝善先生、高继善先生关于农牧结合，种草养羊的评述。他们都以耄耋之年，肆志持继研究甘肃农业，以求为甘肃农业再上一个台阶作奉献。他们和甘肃人民同呼吸、共忧乐，衷心关切甘肃人民奔向小康的进程。文字中凝铸着他们的心愿，也凝铸甘肃农业经验。

7 个种草养畜农牧结合试点材料表明，1988 年比 1983 年在粮食面积减少 15%的条件下，粮食总产还是增加了 37%，总收入增加 141%，人均有粮食 324 千克，比 1983 年人均 269 千克增加了 55 千克，人均纯收入 346 元，比 1983 年增加了 104%，其中草畜收入为 118 元，比 1983 年增加 277%。静宁县高界镇中湾社，在 1988 年和 1984 年降水基本一致的条件下，粮食总产翻了一番，人均粮食首次突破了千斤大关（526.5 千克），和五年前全村贫困无计，人们衣衫破旧、精神不振的情况相反，现在是人人新装着身，喜气洋洋了。1988 年，村民自行集资，办起了全地区第一所自办小学，使儿童入学率达 97%。在时间上，转变很快，在实践上，也来之不易。其关键在于领导的求实精神，科技工作者的认真工作和群众的生产积极性的良好结合。

一个研究项目从理论上说明了问题，从实践中取得相应的验证，本身的目标就算达到了。但它在社会上和生产中的作用，则如一石投水，涟漪乍起，在春风荡漾下，其蔓衍也将无涯际，虽然微弱，但却实在。时代在前进，求实的精神、认真的工作态度、群众的生产积极性也将发扬光大。我们相信，沿着这条道路走下去，即便是条小道，但因它是通向科学生产、合理经营目标的小道，所以必将对建成具有中国特色的社会主义现代化农业作出应有的贡献。

（1989 年 12 月）

六、王无怠为《陇原乡音》所写的特约稿

草原丰美，畜牧兴旺

——甘肃畜牧业简介

甘肃绾毂西北，雄踞关河，位处中国农牧分界线上，畜牧业发展历史悠久。伏

羲画卦驯畜，启中国文明先端；嬴秦牧马立基，奠神州统一大业。汉武树开拓四郡之功，盛唐有“富甲天下”之誉。畜牧为天下饶，遂成五凉十国割据地；粮木资关内需，故是中朝北族争霸区。草原丰美，胭脂山增妇女颜色，历来是兄弟民族交会场所；百物阜稔，丝绸路开东西交通，近代为国家安疆筹边冲要。抗战以还，倡建设咸以兴牧促农当前提，谈开发均认种草养畜为要务。流风所及，翕然成习，故是中国主要牧业省之一。但畜牧业之发展，则以近40年成就最为显著。

40年来，甘肃畜牧业在发展生产和技术改造上进步很大。牲畜总头数增长4.2倍。畜群质量也有明显提高。1990年，全省饲养大牲畜633万头，其中牛375万头，马、驴、骡254万匹，骆驼4万峰。养羊1413万只，猪1080万口。而且良种化程度已分别达到：黄牛42%、改良绵羊51%、猪25%。另在饲养的3550万只家禽中，鸡的良种化达50%，兔220万只、蜂26万箱则均属良种。

甘肃省天然草场广阔，有1370万公顷，占全省总土地面积的30%，总贮草量500亿千克。农区种草80万公顷，可产青干草48亿千克，主要是紫花苜蓿。近年推广的红豆草、草木樨、沙打旺亦占一定比例。而麦田套复种箭筈豌豆、毛苕子等以牧草喂畜，留根茬肥田的短期闲填轮作，仅河西灌区年达7万公顷，东部山地梯田也在种植。全省年产玉米不下130万吨，可供养畜的糠麸饼粕糟以及秸秆等农副产品可达760万吨。

甘肃不仅具有发展畜牧业的坚实物质基础，而且具有雄厚的科学技术力量保证。省内畜牧、兽医、草原技术人才济济，聚集着不少国内外知名专家，教学、科研推广力量充实，体系完整。现有4所畜牧院校，年可输送本专科毕业生500人，并在培养博士、硕士研究生方面作出了贡献。现有科研单位11所，其中国家级的3所，不少科研成果已应用于生产实际。省、地（州、市）、县、乡有畜牧兽医、家畜改良和草原站1656个，动物检疫站730个，是第一线技术推广主力军，甘肃畜牧业的发展和他们的努力息息相关。全省兽医工作居全国前列，已先后消灭了牛瘟、牛肺疫、马鼻疽、马传贫等畜疫，全面有效地控制了牲畜疫病。有各类畜禽良种场54个，曾培育出山丹马、甘肃黑白花奶牛、甘肃黑猪、甘肃白猪等地方良种，并在引进良种繁育推广中起到重要作用。现有饲料加工厂点1274个，其中大中型饲料厂209个，年班产能力78万吨。有国家兽医生物药厂1所，一般兽药厂12所，生产品种为兽药的1/3。还有牧工商公司64个，在强化流通上亦多所建树。这样组成的良种繁育、饲料生产、疫病防检、产品流通4大科技服务体系，业已形成网络，在推动畜牧业生产，保障牲畜健康，科技推广，流通开拓方面发挥了积极作用。

时代在前进，甘肃畜牧业也在进步。实行改革开放以来，甘肃畜牧业走上了从传统“农本畜牧业”和半自给的粗放“草原畜牧业”，向现代化商品畜牧业转变的过程。10多年来，进展迅速，成就辉煌。

甘肃具有发展畜牧业的历史渊源和地理优势，畜牧业又是大农业中最富于商品属性的部门，故在社会进步导致人们对肉乳蛋皮毛绒需求刚性上升，而农牧民生产生活资料转入市场供应的新阶段，甘肃畜牧业规模经营的蓬勃兴起，充分显示了其固有的生产潜力和优势。

由于小生产不利于运用先进技术，以提高经营效益，提高商品率，故商品畜牧业生产需要一定的规模。在家庭联产承包的生产责任制基础上，在市场需求吸引下，以从事商品畜牧业生产的专业户就应运而生。甘肃是全国畜牧专业户发展比较早的省、区之一，1980 年，已有由家庭主要成员经营一定规模的畜牧商品生产，其收入为家庭主要财源的养鸡专业户 1160 户，养鸡 10.68 万只。1982 年，畜牧专业户发展到 10 万多户，饲养各类畜禽 227.6 万头（只）以上。在相继涌现家庭牧场和农村大批兼业养殖户的形势下，1984 年后，又发展了一大批畜牧专业村。其基本方针是：农牧结合，种草养畜；专业生产，规模经营；能人带头，强化培训；配套技术，系列服务；搞活流通，保证效益。也就是通过农牧结合，规模经营的生产模式，依靠有经营能力的农牧民，调整产业结构和作物布局，按照标准化要求，从当地实际出发，把先进适用的技术和固有优良技术结合起来，配套成龙，形成技术规范，以保证从传统生产向现代化生产的技术改造的完成，并参与流通，搞活流通，形成新的生产力。从而走出了一条草增、畜增、肥增、粮增、收入增的五增致富，和保土、养地、育人、开源、壮流的良性生态循环相结合的兴陇之路。

在农村商品畜牧业蓬勃发展的形势下，为了协调小生产和广大市场的矛盾，适应提高质量，保证效益的要求，根据生产发展与市场需求条件，又有计划有重点地在全省建立了一批以县为单位的畜牧业商品基地。已初步在 39 个市、县建成瘦肉型猪、奶肉牛、细毛羊、禽蛋、绒山羊、骆驼、蜂产品等基地，以畜禽生产场为骨干，专业户为基础，开展了生产、加工、流通配套、示范、推广、综合服务配套的体系建设，基本形成辐射连片、批量生产的格局，开始介入国内外市场，如关山、庆阳、临夏 3 个肉牛基地年供肉牛 10 万头，其中部分已出口到中国香港、独联体等地区和国家。奶牛基地的张掖、庆阳合水、临夏已养奶牛 6600 头，年产奶粉 548 吨，黄油 48 吨。这些基地现饲养细毛羊及改良羊 160 万只，奶牛 8 千头，肉牛 74 万头，瘦肉猪 140 万口，家禽 200 多万只，年产绵羊毛 4600 吨，山羊绒 85 吨，猪肉 10 万吨，鲜奶 2 万吨，禽蛋 8 千吨，构成了全省畜牧业商品生产的骨架和依托，已开始发挥了效益，起了带动作用。

商品畜牧业的发展以及生产水平的提高，对产前、产中、产后服务的要求也愈益迫切。现代畜牧业的高科技组分和高质量、高效益要求，客观上决定了社会化分工的必要性和重要性。因而建设先进的、完善的社会化服务体系，是发展商品畜牧业生产的必要条件。甘肃省首先总结推广了静宁、金塔等县畜牧中心综合办站，兴办实体，生产、加工、销售一体化的经验，大力加强基层建设，为技术推广部门的改革开路；又从转变职能，重视成果应用效益，开展有偿服务入手，调动科研、教学部门的积极性；同时重视骨干企业建设，推行以场带户，扩散联营，以提高服务的起点，强化带动能力，形成新的突破，全面推动商品畜牧业的健康发展。例如：在全省已建成一批种鸡场、孵化场、育雏场、配合饲料厂。在扶持群众养鸡的同时，还投资建成了全国五大鸡场之一的甘肃种鸡场，这是良种鸡繁育和生产服务相结合的现代化大型鸡场，饲养曾祖代、祖代、父母代种鸡 7.5 万只，进行保种选育和制种生产。年生产祖代、父母代配套种鸡 39 万只，商品雏 340 万只，肉仔鸡 100 万只，鲜蛋 75 万千克。还具有孵化 700 万枚种蛋，加工肉鸡 300 万~400 万只的能力。如上所述，开展肉鸡仔、蛋鸡的扩散联营，推动养鸡由家庭副业向集约化、工厂化转变，形成国家、集体、个人一齐上，使全省养鸡业出现了蓬勃发展的新局面。

生产带动流通，流通促进生产。甘肃出口畜产品有传统的毛绒、皮革、蜜、鬃、肠衣，近年肉类比重日益上升。内销渠道通畅，农贸市场兴旺，其中著名的皮毛专业市场张家川、广河三甲集、平京市，牧畜专业市场礼县盐关镇、宁县早胜镇等，面向全国，交易鼎盛，年成交总额 6 亿多元。

在丰富的畜产资源和产品生产基础上，加工增值是甘肃的又一生财之道。全省已建成县以上毛纺厂 31 个。皮革、皮毛加工厂 46 个，肉类罐头加工厂 7 个，乳品加工厂 5 个。年产呢绒约 943 万米，毛毯 130 万条，地毯 30 万平方米，绒线 5883 吨等生产能力。还有 3 家草坪公司，其建植水平处于全国先进水平。

改革开放给甘肃畜牧业赋予了新的活力，1990 年是甘肃省畜牧业连续第九个丰收年，全年出栏肉猪 470 万口，肉牛 36 万头，肉羊 270 万只。肉类总产量是：猪肉 30 万吨，牛肉 3.5 万吨，羊肉 3.8 万吨，禽肉 1.3 万吨，兔肉 2000 吨。产鲜奶 8.1 万吨，禽蛋 8.5 万吨，羊毛 1.67 万吨，山羊绒和驼绒 270 吨，蜂蜜 2670 吨。畜牧业产值 31 亿元，占农业总产值的 28%，是甘肃农村的主要支柱产业。但开发潜力还大，产业结构优化要求还高，存在着依靠科技开拓发展的广阔天地，也存在着对外经济交流与合作的光明前景。目前已与澳大利亚、美国、日本、加拿大等国合作；联合国开发计划署、澳大利亚援建项目在实施中；和泰国正大公司合建的年产配合饲料 18 万吨。随着亚欧新大陆桥的畅通，黄河上游多民族经济开发区的建立，兰州海关的设立和兰州与香港的通航，将进一步推动甘肃省同世界各国和地区经济技术交流与合作，再现“丝绸之路”异彩，重振甘肃“畜牧为天下饶”的雄风。

（1992 年 1 月）

七、西北草业协会为中国草业协会成立写的贺信

煌煌华夏，东亚之光，文明肇始，源远流长。

伏羲画卦，理性昌杨，启民草昧，驯养牛羊。

育草种草，经营有方，教化乃立，生产始张。
神农继武，百草是尝，农业初建，民生有仗。
有田有莱，粮畜两旺，自强不息，遂成大邦。
商鞅变法，耕战一体，开辟阡陌，垦草最急。
草衰畜退，经营单一，以农养战，他务难及。
经济偏枯，农事凋敝，茫茫草原，足以立基。
民族兄弟，牧养相济，资源浩瀚，牧业不坠。
汉武雄略，引来苜蓿，草田轮作，于焉得立。
循此以进，种草可依，禾草豆草，兼生并蓄。
农本畜牧，千年延续，万里牧区，草高风低。
时至今日，科学昌明，欣逢盛世，产业日隆。
远瞻近察，农牧为本，农牧兴旺，经济恢宏。
百花竞妍，草业勃兴，养地养畜，兴牧促农。
生态有赖，环境仰功，哲人振臂，景星云从。
万民兴草，遍及国中，一业之立，端在根基。
发展生产，科技先行，群策群力，千流汇通。
草协成立，百废将兴，砥柱中流，领袖群伦。
深化改革，继往开新，坚持开放，广布绿荫。
艰苦创业，拓土开疆，勇攀高峰，臻民富强。
带动全局，农牧高翔，万民有庆，敬祝无疆。

（西北草业协会敬贺，1992年3月，王无怠执笔）

八、任继周先生为《甘肃草地资源》作序

展读《甘肃草地资源》稿件，我作为一名草原战线上的老兵，心里百感交集，难以名状。

甘肃是草地资源大省，也是草原科学技术大省。甘肃省有一套完整的，高质量的草原科学教育、研究与推广体系。本书的编著者“甘肃省草原总站（前身是甘肃省草原工作队）就是这个体系中的强大成员，他是把甘肃的广大草地资源和草原科学技术联系起来的重要纽带。从中华人民共和国成立到现在，这支队伍在甘肃草原上历尽艰辛，苦苦奔忙了近半个世纪。他们不少人为甘肃省的草原事业贡献了终生，例如前草原工作队队长，已故的王无怠总畜牧师，就是他们的杰出代表，面对这部专著，回顾当年，当时从事这项工作的人或已退休，或已作古，他们的声音笑貌，至今历历在目，他们的功绩是不可磨灭的。如今我为这本书写序言，仿佛我在面对这些老朋友。对他们的成果感到欣慰、亲切。

这本书是特定的阶段性的总结，但是也包含了在此以前的调查研究成果。根据国家农委、国家科委的安排，1979—1988年进行的草原调查的重大项目，全国铺开，历时10年，耗资巨大，这是规模空前，摸清祖国草原家底的重大基础建设性的调查研究，通过这个调查研究，取得累累硕果。我陆续拜读了各个省区的和全国汇总的草地资源专著。《甘肃草地资源》是我在这一方面读到的最近的一本。他是甘肃省草原总站集合甘肃省各个地、州、县的草原工作者，经过10年努力的成果，是在项目结束以后，又过了10年才得以出版的。其中的曲折艰难可以想象。因此，我们对如此辛苦换来的果实，觉得弥足珍贵，而也难免有几分苦涩。

甘肃省的草地资源有许多令人瞩目的特点，首先，草地面积大，有可利用草地面积1600万公顷，约占甘肃省土地总面积的35%，是耕地面积的3倍，其次，是类型复杂，甘肃省的草原从东南到西北，地跨1500千米，南北覆盖6个纬度，东西覆盖9个经度。从低到高，海拔相差要达3000米以上，草原的水平分异与垂直分异，与国内各个省区相比，都是极具类型特色的。关于这样地方性的草原专著，当然丰富多彩，引人入胜。尽管这本专著所用材料和使用方法都发生在10年以前，难免有一些历史局限，但作为甘肃省草业科学的一次巨大行动的成果，成绩是巨大的。

这是一本总结性的著作，许多相关资料，如资源调查、资源数据、植物名录等，这次合为一本出版。因此他是一部大部头巨著。他的工作基础，我知道，是深厚的，是实实在在干出来的，是众多工作基础上提炼的精华。这就是厚积而薄发。

厚积薄发当然是良好的学风。但是这本书，与作者的底蕴相比，似嫌有些过分简要了。譬如草原退化过程与规律，以甘肃省草原总站这样历史的悠久，积累的富厚，是可以作出较为深入的探讨，并为中国这个普遍存在的问题作出贡献的。但在这里没有给以足够的阐述，没有把甘肃省草原总站的成就充分展示出来，这当然是一种遗憾。但是任何事情，总是在达到完善以前走向了结的。正因为这是一个普遍的遗憾，也就没有什么遗憾了。

这是一本值得阅读，值得收藏的好书。他全面地反映了一个历史阶段的甘肃草地资源和与他有关的科学技术。在这以前是没有的。谨此，我为这本书的出版表示祝贺。作为草业科学界的一员，更要向这本书的作者们表示衷心的感谢。感谢他们长期坚持，艰苦开拓，为中国草业科学作出的这份珍贵贡献。

（1998年8月）

九、任继周为《王无怠论农牧业生产与科技》作序

1995年夏，我因工作在外地，接到了王无怠同志逝世的消息，震惊之余即发唁电给甘肃省畜牧厅，电文中称："王无怠同志的逝世是甘肃畜牧业界和草业界的一大损失，我对此深感哀悼。"多年来，我在回顾中国草业科学走过的艰难历程时，每联系到甘肃实际，总是想到这位为甘肃农牧业贡献了毕生精力的老同志。2007年，我在为《甘肃草业可持续发展战略研究》一书作序时特别写道："甘肃草业今天的成就

来之不易。以甘肃省农牧厅总工程师王无怠为代表的几代人筚路蓝缕，辛劳奉献功不可没。谨借此机会向他们寄以虔敬缅怀之情。”继后，我们在编著《中国草业史》时，在“历史人物”一章中也收入了他的事迹。

王无怠同志是甘肃省天水市人，青少年时代受其季父王新令先生教诲，即有志于学，与同学好友霍松林、丁恩培、刘尚儒等相砥砺，敦品力学，树立了强国富民的思想，也打下了良好的学习基础。1949 年中华人民共和国成立前夕，他毕业于西北农学院（今西北农林科技大学）畜牧系。此后锐志家乡建设，长期在甘肃农牧系统工作，兢兢业业，辛劳一生，为甘肃的农牧业生产作出了重要的贡献。正像有的同志回忆他时所说的，他“像一头不知疲倦的老黄牛，默默地耕耘，在畜种改良与推广、草原建设、牧区资源开发利用、农区种草养畜以及推广系列化标准化实用技术、提高大农业现代化生产水平等方面，进行了长期卓有成效的探讨，取得了卓著成绩”。

多年来，我在闲暇时常思考一个问题：草业工作者应当具有哪些基本素质？想得很多，归纳为简单的三条：一是从业精神要端正，要勤于学习；二是踏实勤奋的工作；三是要具备一定的人文社会科学知识。这些，从无怠同志身上，都能有所印证。在他生前身后。其言其行之所以能见重于朋辈，绝不是偶然的。

我与无怠同志相识于 20 世纪 50 年代中期，其时正是我在为中国的农业大学创设草原专业而奋力拼搏的时期，主要精力放在有关草业科学的课程建设、试验场的建立以及团队组建上。无怠同志在 20 世纪 50 年代初由天水畜牧站调入甘肃省农业厅畜牧局工作，1955 年起任新设的草原工作队队长，由于工作需要，多有业务联系，我们由此相识。1957 年，农业部在北京举办全国第一个草原讲习班，由北京大学李继侗教授和我以及苏联专家主讲，参加者都是中华人民共和国第一代草原工作者。无怠同志参加了这次历时数月的学习，学习热情很高，心无旁骛，收获颇丰。此后，我们之间的业务来往就更加频繁了。多年的工作交往中，我深感他作为科技工作者和担负一定领导职责的业务干部，有几个方面是值得当今新一代的草业工作者借鉴的。

一是勤于学习，视野开阔。他有全心全意的工作精神和孜孜不倦的学习精神。20 世纪五六十年代，学农牧业、干农牧业这一行， 似乎很不吃香。工作环境落后艰苦，生活待遇低。政府机关的事业单位，事事强调“突出政治”，忽视业务技术，单位也时分时合。这些都造成了技术部门的许多干部满足于跑龙套以及藐视技术、不学习新知识、新技术的风气，一切按上级文件、指示办。无怠同志秉持学以致用的优良传统，执着于本职工作，在困难重重的条件下，开展草原、草场调查，建立推广新技术的示范点。甘肃省草原工作队的业务工作，在那时相对于其他省区是走在前面的。对于草业科学的理论和新理念，无怠同志总是抱着积极学习、迎头赶上的态度。在容易产生虚浮的机关大院，这一点说起来简单，做起来很不容易。

二是重视实践，调查研究。甘肃省草原工作队在20世纪五六十年代常年做野外调查工作，一年中多半年在牧区农村。无怠同志身体力行，树立榜样，影响了全体同志。他踏遍了甘肃的山山水水，据熟悉他的同志讲，全省乡一级单位他只有几个未到，以至于成为晚年的一件憾事。他所掌握的一些数据，往往是从乡、县，甚至村、户直接获取的。20世纪80年代，他在调查研究的基础上明确提出了“农区应以调整产业结构为起点，打破单一的粮食种植结构，建立新的粮食、经济、饲草料作物三元种植结构，引草入田，形成夏粮、秋粮、牧草三头齐抓的种植格局”的观点。在当时，这是颇有见地的。

三是重视从人文社会科学知识中汲取思想养料。中国草业和草业科学的发展，离不开人文社会科学的支撑。中国幅员广大，东西南北中，自然地理、物候情况很不一样，民族聚居分布的情况也很不同，各个区域、各个民族生产发展的历史更是各有特点。继承什么，改良什么，搞什么样的创新，走什么样的具有中国特色的道路，没有人文社会科学的知识是不行的。我还认为，一个草业科技工作者，在具备专业的知识技能的前提下，不仅应有工作上的雄心壮志，还应有一种情怀，比如说热爱大自然，热爱人类，热爱生活，关心民族命运和民间疾苦。这也需要人文科学的修养。无怠同志在这一点上也是足为后人学习的。如他熟悉甘肃的历史、社会以及民族情况，每谈到这些方面的情况时如数家珍，在考虑生产和推广科技问题时，就能想得更全面、更深入。

由于以上原因，我与无怠同志在甘肃草业发展的一些问题上，所见常有契合之处。例如“以粮为纲”的问题，这个口号长期困扰着农业现代化的进展，在“农牧交错，半蕃半汉”的甘肃，后果尤其严重，不仅影响经济和民生，而且影响民族关系。草业工作者早就感受到草原牧区与农耕地区的截然分割是有问题的，把草原当作独立存在的自然资源，导致灾难频发，而农耕区“以粮为纲”思想指导下的“耕地农业”也面临着越来越困难的处境。1978年，我开始讲授草地农业系统课程，创建农业部和甘肃省合办的甘肃草原生态研究所，就是想解除中国农业发展“以粮为纲”的思想禁锢，推动借鉴发达国家的先进经验，给草地和草食家畜以应有的地位。无怠同志以自己长期在第一线指导农牧业生产的切身感受，赞同支持我的想法和工作。他在1979年写道:“甘肃省农业上的惨重教训之一就是严重背离了本省的客观实际，片面抓粮食，造成农牧对立，两败俱伤。”提出“甘肃黄土高原的农业生产总方针应该是农牧并举”。他还写道:“‘农牧并举’的生产结构，使甘肃到中唐以后，成为全国粮食基地之一。”甘肃农牧业的落后，是后来、主要是近代以来多种原因造成的。

又如，对“秸秆畜牧业”的提法，无怠同志一开始就不同意。秸秆是农作物收获籽实或其他产品（如油料、纤维等）以后的枯槁体，对多数家畜来说，秸秆的营养价值都是负值，吃下去不但不能补给营养，反而消耗原来储藏在体内的养分。

"秸秆畜牧业"错误地把秸秆作为商品畜牧业的主要营养源，已经不妥，更为严重的是有人把秸秆的含义推而广之，与牧草等同，危害甚大。无怠同志在此说法一出时指出，虽然中国传统农业有利用秸秆饲养牲畜的历史，但其利用率始终也只占20%～50%，没有取代青饲料和青干草。原因在于秸秆的消化率低，净值能不高，蛋白质往往是负值，同时缺乏维生素和矿物质，质量低下。如果此提法"成立"，则农村种草，城乡生产配合饲料就成多余事了，在有些地方很可能为反对种草；或则导致饲用粮食的高消耗，因为要牲畜正常发育生长，必须保持营养平衡，传统的耕役畜低水平饲养中，经常用粮食平衡。养畜多用秸秆，就必须以多耗精料来平衡营养需求。在得不到优质饲草和饲料的支持下，要保持商品畜牧业应有的生产效率和产品质量，就是缘木求鱼了。

仅举以上两例，我想已可说明问题了。

甘肃为草业工作者提供了宽广的大有可为的天地。因为"甘肃草地资源拥有丰富的界面群，不仅昭示了它可能通过系统耦合而爆发的巨大生产潜力，还蕴藏了科学技术的无限生机"（《〈甘肃草业可持续发展战略研究〉序》）。我希望在甘肃草业今后的持续发展中，老一代草业工作者无私奉献的从业精神能够为后来者发扬光大。

我还要说的是，王无怠同志作为草原生态研究所的兼职研究员和《草业科学》的编委，开展研究、撰写论文，审看稿件、参加硕士生和博士生毕业论文答辩是实实在在做了工作的，和我们保持着长期的友好合作关系。他看到同辈同行和年轻同志写的有创见的论文，总是赞赏不已，竭力向人推荐。

时光荏苒，岁月流逝，于今王无怠同志逝世已近20年了，其哲嗣整理他生前的文稿，编为《王无怠论农牧业生产与科技》一书出版，凡六十余万言，全书内容丰富，涵盖从指导生产到推广科技，以及研讨政策、建言献策等八个方面，书中的真知灼见和美好愿景，浸透了无怠同志为甘肃草业倾注的心血，反映了他对家乡人民的深厚感情。是书的出版，既是为甘肃农牧业和草业的发展保留了一份宝贵文献，也是对无怠同志最好的缅怀和纪念。所以，这是一件很值得我们高兴和祝贺的事。

在为这本文集写序言时，我看见的是一串发光的、通向遥远的足迹。

（2013年10月）

十、胡自治为《王无怠论农牧业生产与科技》作序

原甘肃省畜牧厅总畜牧师、高级畜牧师王无怠是甘肃省草原工作的奠基人之一，在草地资源调查、草原建设、牧场规划设计、农牧结合、牧草栽培、种草养畜等方面作出了许多开创性的贡献，业内人士都尊称他为"王总"。

王总在西北农学院畜牧系上学时，曾受业于草业科学一代宗师王栋教授，学习了牧草学和草原管理学。他大学毕业后即从事草原牧草和畜牧业的技术推广工作，是草原和畜牧全能专家，是甘肃省最早的草原行政管理和技术推广工作和有关机构

的创建人，在畜牧厅和草原工作队（甘肃省草原技术推广总站前身）主持甘肃草政40余年。

王总对工作极端热忱，勤于思考，勇于创新。早在1955—1959年，他就带领草原工作队对河西、甘南和陇东（涉及4地2州的44个县和1个国有牧场的60多片草原）的草原资源进行摸底调查，基本摸清了甘肃省草原的本底情况，提交了《甘肃省草原概况》《甘肃省各地州、各类型草原生产力估算表》《甘肃省1∶100万草原分布图》等调查报告，这些成果具有重要的科学和生产意义，当时在全国属于首次或领先水平。1964年，王总又带领草原工作队对甘南等地的草原进行了调查，提交了《甘南藏族自治州草场类型及其经济评价》《靖远县草原调查报告》《环县草原调查报告》等相应的技术报告。通过这些草原调查工作，为甘肃省培养了一批高水平的草原技术干部，壮大了草原工作队伍，使甘肃省草原工作队在规模、工作和成果方面都位居全国前列，受到了农业部的高度评价。王总在工作中关心生产实践，积极开展草原畜牧业生产调查研究、国有牧场规划、“草原示范样板田建设” 等草原畜牧业建设工作。1957年，在甘肃省天祝藏族自治县红疙瘩牧业生产队主持的“草原示范样板田建设”工作，秉持遵循自然规律，引入先进生产技术，合理利用草原资源，生产生活并重，繁荣牧区经济，保障社会稳定的建设方针，与蹲点工作人员一起，发动、教育和带领藏族牧民奋战数年，使全队基本实现了“分片定居，分区轮牧，调整畜群，改良畜种，贮草修棚，保畜接羔，安全过冬，防疫药浴，建设小水电”等的生产生活建设，这是一项极为成功的全面的草原建设工作，具有很强的创新性，当时处于全国领先地位，因而在1959年获得了周恩来总理签署的国务院奖状。

他长期深入少数民族牧区，与牧民同吃同住同劳动，熟悉牧区、牧业和牧民，曾成功总结出牧民因地制宜培育高寒草原的“小搬圈”和“围滩种草”的措施和方法；提出了“畜、井、圈、草四配套”体系和“集中冬场，以户或联户为主，分散安排（大集中，小分散）”的草原牧业生产规划和牧民定居制度。“小搬圈”的高寒草原培育方法曾作为展板内容由中国甘肃省代表团带到1985年在日本大阪举行的“第15届国际草地会议”上展出。

改革开放之初，王总积极倡导农牧结合，实现农业现代化，提出畜牧业是农民致富的道路。他积极写作，宣传农牧结合的思想，在多家报刊发表了《农牧并举，实现甘肃农业现代化》《种草养畜发展农区畜牧业》《农牧并举是实现甘肃农业现代化的唯一出路》《运用大科技振兴大农业》等重要学术论文，引起有关领导和决策部门的重视，新华社曾通过《人民日报》头版显著位置报道过他的这些重要学术观点。

20世纪80年代是甘肃省草原工作的重要年代。1980年，王总领衔开展了甘肃省全面的草地资源普查工作；1985年，王总在11个地州39个县、市、区主持开展了“甘肃省草田轮作种草养畜试验示范研究”项目，主编出版《甘肃省草田轮作种草养畜试验示范研究牧草种植区域规划》；将甘肃红豆草种植技术积极推广到全国各地。同时期，甘肃农业大学建立了全国第一个草原科学博士点和第一个草原科学国家重点学科。这一大好时期，我和王总业务工作接触日益增多，其中，有两件事令我不能忘记。一件是王总曾给我说，准备让我们草原系承担一个县的草原资源调查工作，但最后没有落实，这是一件很遗憾的事。另一件是每年我们的硕士和博士研究生学位论文答辩都要请王总参加，王总都是拨冗积极参加，并曾对我说："参加研究生论文答辩是我最高兴的事，一是可以从论文答辩中学习到最新的草原学知识，二是可以与任先生（甘肃农业大学任继周教授）、张先生（兰州大学张鹏云教授）、吴先生（中国农业科学院兰州畜牧与兽药研究所吴仁润研究员）和你见面畅谈。"见微知著，由此可见王总谦虚好学的精神和对老友的深厚情谊。

王总国学底蕴深厚，文史知识渊博，重视文化修养。我曾和王总一起到南方出过两次差，在旅途中他的一些谈话，使我受益匪浅。例如，他对我们看到的一些名胜古迹，都能讲出其历史渊源和意义。他告诉我："做学问，中文有多深，学问才能做多深。"这句话言简意赅，我们应该从王总的这句话中得到重要的教益。

我和王总最早相识于 1960 年，有两件早期的事情我记忆犹新，深切感受到王总对我的关心和鼓励。一是当年冬天，畜牧厅由他负责召开全省有关小球藻生产座谈会，由于我在甘肃农业大学畜牧系进行小球藻试验，时任系副主任任继周先生派我参加会议，当时，我虽然还是年轻的研究生，但王总知道我在搞有一定规模的小球藻生产试验，仍让我在会议上做了较长时间的发言。二是 1963 年，畜牧厅草原工作队举办西北五省草原干部培训班，任继周先生和我一起参加了开学仪式后，告诉王总由我留下讲授草原学，我虽然研究生毕业不久，但王总仍然欢迎由我讲课，每天安排 4 小时，共计两周，讲课结束后，王总鼓励我说："这次你的课讲得很好，有许多新内容。"此后，我和王总在业务上的接触日渐增多，我曾多次求教于他，每次他都热情地给予帮助。他关心我的学习、成长和工作，我发表的一些论文，他看到后都给予鼓励和鞭策。

王总离开我们已经快 20 年了，但他的音容笑貌依然留在我的心中。为纪念王总对中国草原工作建立的不朽功绩，他的长子兰州大学王劲教授编成的《王无怠论农牧业生产与科技》一书即将付梓出版，文集有近百篇文章，基本体现了王总一生的学术成果。但我想，由王总执笔写成的许多有关草原的技术报告，例如极具科学历史价值的一些草原调查报告也应是他的重要学术成就，可能由于篇幅很大或其他的原因，没有收入。王劲同志邀我为文集作序，我想文集作者王总是我的师长，应由他的同辈或领导介绍才好，但又觉得恭敬不如从命，遂写了以上的话，是以为序。

（2013 年 10 月 25 日）

（本章供稿：张榕、王俊梅；校对：李晓鹏等）

第二章　追梦草原人

第一节　草之魂

一、缅怀王无怠先生

我们敬重的草业界前辈——甘肃省畜牧厅原总畜牧师、中国草业协会常务理事、西北草业协会理事长、甘肃省草原生态研究所兼职研究员王无怠先生由于急病于1995年6月23日永远离开了我们，他的逝世使我们失去了一位可敬的良师，使中国草原界失去了一位奋斗不止的开拓者。

七十三个春秋，王总像一头不知疲倦的老黄牛，默默地耕耘。在畜种改良与推广、草原建设、牧区资源开发利用、农区种草养畜以及推广系列化标准化实用技术，提高大农业现代化生产水平等方面，进行长期卓有成效的探讨，取得了卓著成绩。

王总是理论联系实际的楷模。在农村牧区，在贫困山区，在中部干旱地区和革命老区，在调查研究的基础上，明确提出了“农区应以调整产业结构为起点，打破单一的粮食种植结构，建立新的粮食、经济、饲草料作物三元种植结构，引草入田，形成夏粮、秋粮、牧草三头齐抓的种植格局”的观点。先后发表了《农牧并举，实现甘肃农业现代化》《种草养畜发展农区畜牧业》《农牧并举是实现甘肃农业现代化的唯一出路》《运用大科技振兴大农业》等重要学术论文。在中国农牧业现代化建设全面启动的20世纪80年代初，新华社曾通过人民日报在显著位置专题报道过这些重要学术观点。

王总是西北草业协会的创造人，学术带头人。1987年，西北五省草业协会在青海成立，大家推选他为理事长。从此，他又把主要精力投入草业协会工作，为西北五省区草业界培养了一批人才。由于他在西北草业协会求真务实地工作，1992年中国草业协会在京正式成立并推选他为常务理事。

王总是诲人不倦的良师，更是做人的楷模。他作风清廉、光明磊落，谦虚谨慎、平易近人，治学严谨，他团结同志，联系群众，推举同辈，鼓励后生。他有求于人的甚少，给予人的甚多。不管是领导、同事还是学生，无不感到他是一位可亲可敬的友人。

王无怠先生把毕生精力和全部心血都献给了党和人民的事业，献给了他人，我们将以王总为楷模，学习和发扬他的精神，为甘肃和全国草业发展努力拼搏，以此来寄托我们对王总的无限怀念。

（孟宪政、张自和——原刊于《草业科学》）

二、送别王素香

接到电话，1943 届的王素香去世了。

虽已过米寿，但她的离去还是令我伤心。10 月 1 日校庆，我应邀作为退休教师致辞，走下台时，因目力不济，许祖云老师把我引到来宾席，告知王景山和王素香两位前辈老友想看看我。两位老人立起来热情问候，我摘下墨镜让他们看。两位都生于 1924 年，远道来参加校庆，还记挂我这个晚辈的健康，真让我惭愧。握着王素香那种草的大手，觉得她还像二十多年前那样硬朗，谁知不过五十天，她就永远离开了我们了。

一个上海姑娘，研究草，然后就到西北去种草了，一辈子。王素香的 88 年，用一句话写，就这么简单。

那样的人，青年时代都有过梦；因为有梦，眼里就没有了穷山恶水，也就不在乎漫长的黑暗。

20 世纪 80 年代，我第一次见到王素香时，她已被选为“十大新闻人物”（那时刚兴这一套），荣誉一大堆，经常有报道。记得当年给她寄信，地址是“甘肃省草原工作队”，那是我见到的最有诗意的单位名称，她的故事也真被诗人写成诗。当时附中还不搞应试那一套，农业科学家王素香在草原推广种植红豆草的事，我上课也讲给学生听，我认为，要让附中的学生知道她。学生时代要做梦，然后和生命、汗水拌在一起，播在大地上。

我对王素香的种草极感兴趣，因为她独立思考，冷静客观，不同于政府颠三倒四地瞎指挥。她认为西北一些地区的贫困原因是种植思路不对，贫瘠荒漠的土地根本种不好庄稼，不如种草，尽快让农民解决最基本的生存问题。善待土地，种草养畜，一举多得。“红豆草”的特点是耐寒耐旱，特别适合土地贫瘠的地区。王素香长年住在农家，指导农民种草养畜，改善环境。

想到王素香，我总是把她和天高地迥的草原联在一起，在春夏绿色的草原上，在秋冬枯黄的草原上，1960 年，西北风把美丽的她吹得两鬓苍苍。

学校校庆，王素香总是尽量来参加，和老同学会面。每次见面，她都会拉着你的手问长问短，朴实得像个北方大娘，谁能想到面前的这个人曾是上海姑娘！

她性格开朗，可我总记得她吃过的种种苦，但她总是想着穷人，除了一生为农民服务，晚年还拿出微薄的工资，去帮辍学儿童，为绿化荒山捐款……

王素香，就是那种撒在荒漠上也能萌芽的一粒种子。

不写了，心里疼。

浪迹天涯的人，如果你路过西北的荒原，不要忘了看一眼那里长出的草……

（王栋生，南京师范大学附属中学）

第二节　草之春

一、悼草业一兵——向得福友

11月6日晚6时许，接到电话，得知向得福君去世的噩耗，像在耳边的一颗惊雷，我的脑子轰地一下成了一片空白，这怎么能，9月份我去兰州还登门看望过他。他虽有些病，但精神还好，而今突然去了。我攥着电话筒，几乎说不出话来。不知该说什么，眼泪夺眶而出。我呆呆地坐在沙发上，窗外凛冽的寒风敲打着玻璃，嗒嗒地响，往事一幕幕在眼前划过……

向得福君，临洮人，1951年小学毕业考入兰州农业学校初中班（当时农校有初中班和中级班）。我是1954年初中毕业考入农校的，和升入中级班的向得福成了同学。他虽然比我大两三岁，却显得十分成熟、稳健。高大的身躯，伟岸的气质，让我们这些稚气未脱的小淘气们感到敬畏。他品学兼优，一直担任班干部，又是学校里很有名气的篮球健将。他在篮球场上叱咤风云的雄姿更让我们这些毛头小子崇拜得五体投地，不亚于今天许多人崇拜迈克尔·乔丹。他为人谦和、宽厚，时间一长，我们对他的敬畏很自然的变成由衷的崇敬和喜爱。同学们一般不叫他的名字，而是亲昵地称他“向大个”。毕业后，甘肃省畜牧厅看中他的成绩和篮坛盛名，把他留在了甘肃省草原工作队，我则来到了甘肃最西端的风库安西。刚参加工作两年，我们又有缘在一起参加甘肃省畜牧厅举办的两期草原培训班。在天祝抓喜秀龙滩草原的帐篷里和甘肃美武新寺的庙堂里度过了一段难忘的日子。20世纪80年代初，他由天祝重新回到甘肃省草原工作队，并逐步走上领导岗位，我也从安西县办牧场调进安西县草原工作站，我们又一次走到了草地工作的战线上。上下级的关系并没有在我们之间划上鸿沟，我们的友谊得到了升华。当再次见面时，我们像久别的亲兄弟，紧紧拥抱在一起。以后的日子里，由于工作的关系，我们的来往更加密切，他兄长般的关怀，使我这个草业工作的新兵受益匪浅。尤其是在我担纲农业部下达的“安西万亩戈壁草场治理试验”项目和筹建“安西戈壁荒漠草地自然保护区”（1992年经国务院批准升格为国家级自然保护区时更名为“安西极旱荒漠自然保护区”）的过程中，从论证、立项、申报到争取项目建设经费、具体实施、项目验收等，都得到了他的悉心指导和全力支持。他还慨然允诺担任保护区顾问委员会顾问，这虽然是一个只尽义务没有报酬的挂名差事，但他却干得认真。1993年初，我请他和我一起去北京就保护区升格后的相关事宜向农业部和国家环境环保局请示汇报。他安排了单位上的工作就和我动身了。当时在北京，我们住地下室，吃小饭铺，挤公共车，他丝毫不在意，始终乐呵呵地陪着我在农业部和国家环保局间奔走。回到兰州，他没有打电话让总站派车接他，我们在一家牛肉面馆一人吃了一碗牛肉面后，他就和我分开搭公共汽车回总站了。他始终就是这么俭朴和随和，地位变了，但心态始终如一，保持着草业一兵的本色。

向君虽没有作出过惊天地、泣鬼神的宏伟业绩，但他把一生都默默奉献给了甘肃的草地事业，数十年如一日，甘肃的每一片草原上几乎都留下了他的足迹。草业界的同仁们不会忘记他。

向君也是幸运的，他事业上的成就使他先后荣获了甘肃省科技进步一等奖和三等奖、地厅级科技进步一等奖和二等奖，还获得了享受政府特殊津贴的殊荣，甘肃草地的史册上有他光辉的一页。

作为同窗好友，我虽不能亲至灵前祭奠，但我会在他入殡之日面向东方遥祝：向君一路走好!

（宁瑞栋，甘肃安西极旱荒漠国家级自然保护区管理处）

二、祖国没有忘记我——记“庆祝中华人民共和国成立70周年”纪念章获得者续存宜老师的幸福时刻

根据中央组织部要求在中华人民共和国成立70周年之际，开展走访老干部、老党员活动的意见，甘肃省草原技术推广总站党委按照甘肃省林业和草原局的安排，由班子成员和人事部门走访慰问了本站唯一一位获得“庆祝中华人民共和国成立70周年”纪念章的老干部续存宜同志。她生于1930年，1949年9月参加革命工作，1989年退休，在工作岗位上整整40余年。和她共事的同志对她的印象是朴实、低调、善良、平和，当然，也具有那个年代过来的同志一般共有的敬业、勤勉、谦虚的品格。

——生活在当代太幸福了

一年一度的年底慰问老干部，去她家里总是感到她的热情和不舍，和她聊天时间也过得特别快，喜欢她是因为一个九旬老人，身上感觉不到丝毫的暮气，虽然腿不太好，但对生活现状总是满意、对子女十分理解、对单位从无抱怨。似乎从她的气场里能获取很多幸福感。这不，当我们说明来意，告诉她党中央、国务院、中央军委联合为中华人民共和国成立前参加革命工作的老干部颁发证书和纪念章时，她炯炯的目光、兴高采烈的情绪，童心未泯的纯真快乐点燃了整个房间，连声说我太高兴了，我太幸福了，太感谢了，国家还记得我。激动之余，她一改往日的谦和，像竹筒倒豆子一样给我们分享了她不平凡的经历以及在平凡岗位上曾经充满火热奋斗激情的自豪。

——她在炮火中成长

在住了几十年的那间小屋里，她用洋溢着的快乐、敏捷的思维以及标准的普通话，把我们带到了炮火连天的战争年代，也追忆了她一生忙碌充实的足迹。她出生不久，抗日战争爆发。为了躲避战祸，从老家山西逃到甘肃。14岁父亲（军医）因劳累过度去世。她在家排行老大，下面有 3 个弟弟，帮母亲操持家务以及帮工挣钱的担子自然落在肩上。1946 年底考到西北农学院高职技术学院，但没有完成学业，随丈夫李炳文来到了甘肃。先后在永昌县和永登县岔口驿，从事幼儿和小学教育。她说今天给了她纪念章，她可以自豪地说："当年我工作也是积极努力的。当时有文化的女同志很少，我除过完成八小时以内的教学任务外，每天还要工作五六个小时。中午教妇女识字班文化课，晚上教群众唱歌。那时从延安传过来的歌曲，我会识谱，教大家唱，刚开始人少，本来是给群众教的，后面学习的人越来越多，机关单位的人也跑去学，大教室内外都挤得满满的，感觉既辛苦又充实，特别的开心。当时都唱健康的、积极向上的歌，我从不耽误大家学歌。有一次，因连续超负荷太累，前一天晚上教歌太晚，第二天晕得不行，就让上高中的大弟弟顶替自己去教歌。"她说 1953 年离开永昌县之前自己一直是县人大代表，后来到永登县，先在岔口驿教小学，农村也挺好，农村的孩子比较好管，因为当老师不仅是教知识，更要教品德，教做人，城里的孩子比较难管理一点。后来调到县幼儿园当园长，又当选了永登县人大代表，还当了县政府委员。她认为组织对自己一直很好。1982 年，随丈夫工作单位变迁，调到咱们单位资料室工作，一直到退休。

——多才多艺的新女性

草原总站有个传统，单位文体活动搞得非常活跃。每次有大的庆祝活动以及国庆元旦等重要节日，单位都要举办联欢会。每次，续存宜作为老同志中年龄最大的代表，为大家独唱，五十多岁的时候，她有模有样地唱一段京剧或者老歌，我们都习以为常，在热闹掌声中没有多想过什么。2014 年，她已经 80 岁高龄了，女同志过三八妇女节联欢，有的打牌，有的跳舞，她一直在唱歌，居然为大家唱了一首青藏高原，一口气就唱上去了，确实令我们这些晚辈惊叹。本来，《重振河山待后生》是她的保留曲目，她把京韵大鼓味唱得十分地道，没想到那么高亢的流行歌曲居然也唱得那么溜。现在才知道，她的功夫不是一朝一夕的，是饱含了岁月沉淀的美好、幸福、激情和成就感。现在想来，她绘画剪纸也有几下子，我们单位几十个员工结婚的喜字全是她剪的，大的小的红彤彤的，在单位的资料室剪一堆喜字，为喜事平添了许多热闹喜庆的氛围。原来不知道她的经历，现在感受到一个独立自强自尊自爱的活脱脱新时代女性就在我们身边。

——祖国没有忘记

她说自己 1982 年到单位，1989 年退休，工龄虽然不长，但对这个单位很有感情。当初在资料室工作，由于年龄大了，以前没接触过草原业务，管理资料还是有压力的。有一次，因为一个同志记错了资料名，她为这份资料找了整整一天半。从那以后，落下来一个病根，就是一着急就大汗淋漓。我们离开时，她再一次表达了对祖国、对单位、对组织的感恩之情。她说，"今天，组织给我这么一个证书和牌子，又是我们单位唯一获得‘庆祝中华人民共和国成立70周年’纪念章的人，这是我的光荣，我感谢党，感谢国家还记得我们。在最近的电视上看到很多很多的老人，他们都作出很大贡献，我无法和他们相比，但党和政府还记着我，给我纪念章，单位专门慰问我，我太开心了，咱们的国家太好了，我一定要好好过好自己的晚年”。

看着老太太幸福满溢的样子，我们从心里赞叹并一同祝福伟大的祖国繁荣昌盛。

（张榕、王中华、杨霄、向金城、罗亮）

第三章　陇草心语

第一节　同志战友情——怀念栏

一、草原人的楷模——读《王无怠论农牧业生产与科技》有感

人生若白驹过隙，转眼间我也已经接近快要退休的年龄了，1982 年参加工作时的场景历历在目、犹如昨天，在近 40 年的工作经历中得到了历届单位领导、同志们的关心帮助，为了改变我的中专学历身份一直都在努力学习，有遇到挫折时的沮丧，也有取得成果时的喜悦。

2019 年返岗时，我反复阅读了王无怠先生的哲嗣王劲先生整理出版的《王无怠论农牧业生产与科技》一书，收获频多。我本来也计划写一篇纪念老领导老前辈王无怠先生的文章以示怀念，也不负单位老一辈的精心培养和希望，但因这本书涉及面广，对甘肃农业、草原畜牧业、畜牧经济、草地农业、种草养畜、动物营养、土地利用、自然生态、人文科学、国计民生、政策策略等方面都有独到的见解和美好愿景，不是我粗陋之辈所能办到的，力不从心就此辍笔，但这本书给我的影响太深刻了。王无怠先生“为天地立心，为生民立命”的传统思想和家国情怀使我久久不能释怀。这本文稿积王无怠先生 46 年的辛劳工作，包括了 20 世纪 50 年代到 90 年代甘肃草业、农牧业的发展状况，是我单位比较全面、比较完整、比较系统地对甘肃大农业的艰难探索实践和理论总结，读起来倍感亲切。作为草原技术工作者应该具有怎样的基本素质，或者说草原工作对技术工作者的要求是什么？我虽愚钝但也略有感悟：

一是端正的从业精神，扎实的专业理论知识是立足之本。学农牧业、学草原、干农牧业这一行工作环境落后艰苦、生活待遇和工资待遇较低，选择这个行业必须要有勇气，要耐得住寂寞，坐得住冷板凳，在学校学的东西不一定全有用，必须在工作中结合自己的业务工作需要潜心学习，不断更新知识，勤于学习，开阔视野，要有全心全意的工作精神和孜孜不倦的学习精神，对于草业科学的新理论和新理念，要抱着积极学习、敢为人先的态度。这一点说起来容易做起来是比较难的。

二是深入地调查研究，在实践中锤炼自己是成功之母。草原技术推广单位，既不同于科研院所，又区别于大专院校，作为草原技术推广单位的每个成员，都要把自己的工作融入历史发展的洪流中，并持之以恒才能取得成功，要与时俱进、尽力而为、勤于思考。要有工作的整体观、前瞻性、进取性，国情、省情、民情要了然于胸。让青春之光闪耀在梦想奋斗的道路上。

三是搞好工作，要了解历史，需要深厚的人文情怀。我的感受是不仅需要扎实的专业理论知识，还需要深厚的人文情怀，“相由心生，境随心转”，因此，在学好国学的同时，学习了解甘肃的历史文化、政治经济、风土人情是非常必要的。比如说热爱大自然，热爱人类，热爱生活，关心民族命运和民间疾苦，只要努力就会看见五彩缤纷的、通向遥远的芳草地，这样你的业务工作才会锦上添花、如虎生翼。

（晁德林，2020 年 9 月）

二、执着一生播种希望——王素香精神永远激励着我们

20 世纪 80 年代，正是改革开放初期，市场经济刚刚起步，各行各业百废待兴。当我们即将走出校园，和自己的学生时代挥手之际，我们也迎来了人生道路上最大的选择——工作。

记得母校邀请获得甘肃省劳模、全国三八红旗手和全国优秀科技工作者称号的王素香，为上一届毕业生作动员报告。她介绍了自己在甘肃省最贫困的山区——通渭县申家山村蹲点、指导农民种植红豆草、发展养殖业，调整农业结构的事迹。经过几年的艰苦奋斗，申家山 700 多亩荒地里，引种推广优质牧草——红豆草获得成功，缓解了当地燃料、饲料、肥料俱缺的矛盾。在她的带动下，为甘肃省干旱山区，走出了一条种草、养畜、肥田、丰粮、增收、绿色的治穷致富希望之路，推开了甘肃种草养畜调整农业结构的新局面。

听了王素香带动贫困山区农民种草养畜，发展改革的成功经验，使我初步认识到了甘肃省贫困山区种草养畜的机遇与前景，树立了毕业后要用自己的专业，为甘肃广大农村发展种草养畜做出贡献的美好理想。1985 年毕业后，我被分配到甘肃省畜牧厅新成立的甘肃省饲草饲料研究所，积极投入到甘肃省饲草饲料资源的研究与开发之中。

20 世纪 90 年代，针对甘肃省蛋白质饲料严重缺乏，单位进行了“废血的利用”和“蝇蛆养殖”等蛋白质饲料的应用研究与开发，在陇西县建设了新饲料研制厂，为缓解蛋白质饲料紧缺作出了一定的贡献。

21 世纪初，随着中国饲料工业迅速发展，结合甘肃省饲草饲料资源和畜禽养殖实际情况，我们团队研究开发、生产出了奶牛复合营养舔块、犊牛人工乳，同时积极开展畜禽预混料、浓缩料、配合饲料研究与产品开发，单位成立了甘肃福达动物营养技术发展有限公司，生产牛羊、猪、鸡预混料、浓缩料、配合饲料，为养殖户、养殖场提供动物营养、饲养管理、疾病预防等技术服务。

进入 21 世纪，随着西部大开发进一步深入，草原生态建设与保护显得十分重要。随着机构改革本人加入甘肃省草原技术推广总站，积极参与到了退牧还草、转变畜牧业发展方式和高寒牧区饲草饲料基地建设技术研究与推广工作中，为解决牧区饲草料短缺、草原生态保护进行探索。

党的十八大将生态文明建设纳入中国特色社会主义“五位一体”总布局；并提出把生态文明建设，融入经济建设、政治建设、文化建设、社会建设各方面和全过程，为我们今后的工作指明了方向。“绿水青山就是金山银山”，坚定不移地走绿色生态发展之路，把甘肃建设得更加美丽富饶是新时代的重要目标。

回顾30多年的工作经历，有沮丧、有彷徨、有惊喜、有欣慰，无论如何，都默默无闻地坚守在自己的工作岗位，以王素香精神为动力，为实现最初的理想努力工作，始终是自己秉承的初心。虽然没有取得惊天动地的成绩，但也无愧于自己的内心。尽管现实有很多不尽如人意的问题，但理想仍旧未减丰满。和大多数同事一样，虽然没有王素香那样的重大贡献，但王素香的精神，深深地感染着我们，成为草原人不灭的灯塔。新的时代，我们将在现实中努力跋涉，为理想耕耘，不负韶华，在自己的岗位上为生态文明建设默默奉献。

今后，为了我们美好的生活，为了我们的蓝天白云和绿水青山，我们将继续不懈努力。

（高占琪，2017年3月）

三、向王素香老师学习

为了回顾多年来我站的发展历程，总结业绩，记载甘肃省草原事业的重大事件，展望未来，为单位发展提供历史借鉴，谱写草业新篇章，开创更辉煌的发展业绩，站领导班子研究决定编写《甘肃省草原技术推广总站史》，我被抽入材料收集组。因站史工作的需要，我查阅了本站历年来的一些资料，了解到我站老一辈草业工作者，不畏艰苦，长年奋战在农牧区一线，从事草业科研、技术推广、草原资源调查、草原保护、草原培育等方面的工作，作出了许多开创性的贡献，取得了突出的成绩。特别是他们吃苦耐劳、无私奉献的工作精神深深撼动着我，尤其是老前辈王素香老师的事迹，对我触动和教育很深，令我十分钦佩。

王素香老师，这位20世纪50年代毕业于西北畜牧兽医学院畜牧系本科的上海女大学生，她怀着发展西北畜牧事业的理想，立志在甘肃从事种草养畜研究，积极要求到甘肃省最贫困的山区去蹲点，她毅然来到地处甘肃省中部干旱贫瘠的通渭县陇阳乡申家山村。她不怕苦不怕累，一头扎根在农村，与农民群众打成一片，指导农民种植优质牧草——红豆草。经过五年的艰苦奋斗，她在荒地里试种优质牧草红豆草获得成功，为此她得到了各种表彰和奖励，成为甘肃省第一个靠种草养畜翻身的典型，为干旱山区开辟了种草起步、以草养畜、促农促林、治穷致富的希望之路。

王素香老师一个心系陇原发展的女中豪杰，一名为甘肃畜牧业发展呕心沥血、乐于奉献的科技专家，对事业极端热忱，干一行爱一行，兢兢业业，开拓创新，甘于奉献，她在工作中以身作则，廉洁奉公，任劳任怨。工作作风严谨，为人朴实，对人诚恳热情，在平凡的工作岗位上作出了不平凡的贡献。她这种踏实肯干、勤奋敬业的精神为我们后辈作出了榜样。她那一心只为畜牧业的先进事迹深深地震撼着我，让我陷入了深深的思考。

作为一名普通草业工作者，我要学习和发扬老前辈吃苦耐劳、苦干实干，终身敬业的精神，他们的人格魅力激励着我们不断前进，而他们所产生的精神力量，也必将转化成我们实实在在的行动。在以后的工作中，我将在老前辈先进事迹启迪和鼓舞下，立足本职，爱岗敬业，积极投身草原事业，努力作出应有的贡献。

（张林，2017 年 9 月）

四、扎根草原的老兵——深切怀念我的父亲向得福

我的父亲向得福，原甘肃省饲草饲料技术推广总站站长，草原战线上的一位老兵。

他出生于 1935 年，1957 年以优异成绩毕业于兰州农校动物饲养专业，同年分配到甘肃省草原工作队工作 5 年。1962—1979 年在天祝县草原站工作 17 年，曾任副站长、站长。1979 年甘肃省草原工作队恢复后归队，历任业务科科长、副站长、站长，是草原战线上不折不扣的一名老兵！

在父亲耳濡目染和教育熏陶下，高中毕业后我也成为草原战线上的一名新成员，算是子承父业了。后来通过脱产在大学学习的机会，成为草原战线上的光荣一员，转眼间也有了 40 年的草原工作经历，亦成为了一名草原老兵！抚今追昔、感慨万千。每每想起我的父亲，都是双眼望穿泪成行，一腔热血翻作浪。

我的父亲 1995 年光荣退休，2003 年因病不幸辞世，现离开我们已经整 17 年了。忆往昔弹指一挥间，回忆父亲的许多往事，恍若昨日。我父亲生前说过：他小时候家境贫寒，生活艰辛，很小就帮大人干农活，稍大一些，去学堂读书，刻苦学习之余，一有时间就去田里干活。为了改变生活、改变命运，16 岁时便独自一人来到兰州求学，那时，交通不便，为了省点路费、力求快捷，6 年间，他凭着执着的信念、坚韧的毅力，翻山越岭，跨沟蹚河，沿着崎岖蜿蜒的小道披星戴月、一步一个脚印地往返于兰州与临洮之间，艰难完成了他 6 年的求学生涯。每当回忆起父亲的过往岁月，不由得使我肃然起敬，双目噙泪，在难过中催人奋进。

自我记事起，他的工作似乎一直很忙，常年出差、下乡、蹲点，少有回家，回家来也是半夜进门，天一擦亮又走了，我们一年到头也见不了他几面。偶有在家时，也是不等天亮，就已坐在桌前，借着煤油灯的亮光在孜孜不倦地学习了。现在想起来，他一生的忙碌勤奋是上辈人的典型缩影。

我父亲在 40 年的工作生涯中，主要从事草地保护、改良和畜牧业现代化技术推广工作和单位的行政科研管理工作。在天祝县工作期间，常年在寒冷而又艰苦的红疙瘩大队、代乾大队、永丰牧场、柏林牧场等地下乡蹲点，搜集整理了很多高寒天然草原改良和畜牧业生产的第一手资料，并进行实践验证，取得了骄人的成绩。在任继周先生主持的“天祝高山草原中间试验”中完成了许多基础性工作，该项目于

1978 年受到甘肃省科学大会的奖励。

1979 年归队后，他主持完成的“半荒漠草场改良和合理利用”项目于 1990 年 1 月获甘肃省科技进步三等奖。参加完成的“岷山红三叶品种选育”项目于 1989 年 6 月获甘肃省畜牧厅科技进步二等奖；参与的“陇中苜蓿选育”项目于 1991 年 5 月由全国牧草品种审定委员会评审通过。1983 年 7 月，中华人民共和国国家民族事务委员会、中华人民共和国劳动人事部、中国科学技术协会特授予“在少数民族地区长期从事科技工作荣誉证书”。1985 年 1 月，武威地区行政公署颁发荣誉证书，表彰在武威地区天然草场资源调查成果研制中，作出优异成绩。1989 年 6 月，在飞播牧草工作中成绩显著，被甘肃省畜牧厅评为先进个人。1990 年 2 月，获“全国草地资源调查先进工作者”荣誉证书。享受国务院政府特殊津贴。

我父亲从一名普通的业务工作者，成为单位的业务骨干，从科室负责人走上领导岗位，无不浸透着他的汗水和泪水。由于父亲是单位领导干部，我又是单位职工，做事做人严格要求修身律己、中规中矩，生怕节外生枝，在单位带来负面影响。同时，父亲具有中国传统的、严格的教子家风，在严厉中也能体会到他的耐心、韧性和温情的父爱。他常常教育我们做人要低调，做事要严谨，不怕做错事，就怕不改过。父亲常说的“会教育的教育自己的，不会教育的教育别人的”。记得小时候，我和邻家的小孩起矛盾打架了，我的脸被抓破，衣服也被撕烂，回家被父亲看到后，一边给我伤口撒消炎粉包扎换衣服，一边严厉地责骂我，要我检点自己，多从自身找问题，还让我给对方道歉。当时我很不理解，在外面受了委屈，还要在家挨骂。现在想来和睦相处、谦和为贵，这是我们中华民族的优良美德。父亲的耐心、韧性和温情也使我记忆犹新。上小学时，心浮气躁，很难平静下来认真学习，父亲就让我练写毛笔字，我提笔蘸墨，一笔一划一字一顿地写起来，写着写着就觉得枯燥无味，字也是越写越难看。这时候，父亲攥住我握笔的手，一边写一边说，“横平竖直，撇捺两边，顿笔回锋，藏头不见”，一遍又一遍，不厌其烦，直到把字写得有模有样为止。父亲临近晚年时，似乎少了严厉多了温情，我每次离家出门时那个依依难舍眼神，让我眼幕湿润、难以忘怀。

父亲和我都作为不同时期的草原老兵，是草原博大的胸怀接纳了我们，也是美丽的草原养育了我们全家，我们对草原有着特别的眷恋和挚爱。父亲和我把自己最美好的青春和生命献给了甘肃的草原事业，回想起来无愧无憾！

（向金城，2020 年 10 月 19 日）

五、勤奋敬业，为人师表——记草原普查工作中的指导老师陈本建

有一种感动，叫困难面前共渡难关。陈本建老师是甘肃农业大学草业学院教授，初见陈老师是在 2013 年 7 月，在全省第二次草原普查启动会上，他被总站聘为野外工作的技术指导专家，我有幸与他分在野外工作第一小组，共同完成酒泉、嘉峪关、兰州、定西、庆阳五个地区32个县的野外普查技术指导工作。

为摸清甘肃省草原资源家底，更好保护生态环境，提高牧民生产生活水平，在甘肃省农牧厅领导下，总站组织了第二次全省草原普查，这是继30年后又一次全省范围内的草原普查工作。这次普查时间紧、范围广、任务重，要求争取在两年内完成野外调查工作。启动会后，我和陈老师一行4人奔赴酒泉地区，开展工作。时值7月，阿克塞、敦煌、肃北荒漠草原上，骄阳似火，地面温度高达45摄氏度以上。57岁的他，冒着酷暑，不顾炎热和辛苦，依然带领普查组成员，选择样地样方，测定样方数据，以科学严谨的态度努力工作。由于野外工作路途远，条件差，晚上只能在帐篷中度过。饿了吃方便面，渴了喝矿泉水，就是在这样条件下，陈老师毫无怨言，总保持着积极乐观的态度，耐心细致地为大家讲解草原分类，样方设置，牧草识别等专业知识，普查组人员都被陈老师这种忘我工作的精神而感动。经过3个月辛苦紧张的工作，圆满完成酒泉地区8个县的野外普查技术指导工作。

2014年是普查工作关键性一年，对我们普查小组也是最困难的一年。按照总站部署，完成庆阳、兰州、定西等地区的技术指导工作。从4月初，我们就积极准备，开展工作。就在工作紧张开展中，陈老师的母亲、我和车师傅的父亲都相继病重，大家都克服困难，没有请假，坚持工作，按时完成了各县技术指导工作。而就在这一年，我们的三位亲人都离我们而去，每想起这件事，心情难以平静，为有这样一位好老师而感到自豪，为大家克服困难，团结协作的精神而骄傲。这就是草原人的精神，默默无闻、勇于奉献。

这次普查工作，可以说是全省范围内的大练兵，不仅摸清了草原家底，还大大提高了基层队伍工作能力，培养了一批技术骨干，对今后甘肃省草原生态保护，草原畜牧业发展，农牧民生产生活提高，都具有深远的意义。

如今的陈老师已到退休年龄，还时刻不忘草原普查工作，为各县查阅资料，审定标本，亲赴现场指导纠正工作中存在的问题，为甘肃省草原事业贡献自己一份力量。衷心祝愿老师身体健康，祝愿草原事业蒸蒸日上。

（金加明，2020年9月）

六、诗词二首

（一）

怀念王素香

王冠素枝菊花香，素文追溯犹难忘。
香飘千里丹心在，敢叫陇原换新装。
生前有约记生平，有心无力黯自伤。
喜闻站史皆有述，精神如炬照前方。

（晁德林，2020年10月9日）

（二）

念李福

生死两茫茫，相交自难忘。
辨花识野草，陇东到走廊。
观果察根茎，区别细端详。
采土查阴阳，制作土样方。
标本精挑选，名录注书上。

花儿凋零去，秋风独自凉。
黄花铺满地，春来复吐芳。
又见已无语，徒令存者伤。
六六蜡燃尽，潸然泪成行。
临别立遗嘱，骨灰撒山冈。
祭兄三杯酒，往事入残阳。

（晁德林，2019 年 10 月 18 日）

第二节　我和我的草原总站——足迹栏

一、愿草原长青，牛羊肥壮——我的中国梦

我是一名已退休 10 多年的农业科技工作者，回想自己走过的道路是同我们国家的命运息息相关，有奋进、有挫折、有消沉、有迷茫也有成就。30 多年的在职工作，10 多年的退休生活，一直没有离开过为三农服务，为广大农牧民送科技。在 20 世纪 60 年代后期，我被分配到人民公社畜牧站工作。我为群众的畜禽打防疫针、送医送药，他们亲切的叫我“李大学”，那时我想的就是把畜禽防疫工作搞好，畜禽少生病、不生病、多出栏，到过年过节时大家都有一些肉（蛋）吃。多么现实又简朴的想法呀！后来调入县畜牧兽医站，20 世纪 80 年代调入甘肃省草原总站。在甘肃省草原工作站工作期间我参与了草原保护工作和半农半牧业县畜牧业科技扶贫工作，那时想的就是利用科技手段让我们的草原得到很好的保护利用和可持续发展，让牛羊肥壮，让农牧民能脱贫致富。通过我们大家的共同努力，取得了一定成果。党和人民给了我很高的待遇：科技进步奖、振华科技扶贫奖、享受国务院特殊津贴等。这些荣誉也着实让我内心不安，更激励着我在退休以后仍不忘为社会、为草业、为甘肃省新农村建设多做点事情，尽点微薄之力。在甘肃省科协和甘肃省老科技工作者协会组织和指导下，经常下农村进行义务科普宣传，科技服务，到养殖户现场搞技术咨询，农牧民兄弟亲切的叫我“李老师”。同时我还为新农村建设文库、农民科学

教育丛书撰写了 11 万字的《牧草栽培及秸秆利用技术》一书。

在为实现中华民族伟大复兴的宏伟愿望面前，没有什么个人利益不可以舍弃，没有什么艰难困苦不可以克服，没有什么委屈怨言不可以释怀！为了实现中华民族的共同理想，去拼搏、去创业、去开拓、去牺牲，个人的理想信念能与祖国同呼吸共命运，这是多么光荣多么幸福，多么了不起，多么崇高的事啊！

同样，甘肃省草原技术推广总站从成立到成长壮大也不是一帆风顺的。中华人民共和国成立不久，百业待兴，在国家的关怀和老一代草业工作者的奔走下，甘肃省草原工作队（甘肃省草原技术推广总站前身）于 1954 年诞生了，当时队址在段家滩，仅有二三十人和几十间平房作为办公和职工住宿之用。工作重点放在牧业县的天然草地鼠虫害防治和引种优质牧草上，同时还开展了优质牧草的培育、草场围栏种草等。1984 年草原队迁到兰州办公，改名为甘肃省饲草饲料技术推广总站，后又改名为甘肃省草原总站，现在的名称为甘肃省草原技术推广总站，核定事业编制 101 人。有甘肃省领军人才 3 人以及正高、副高级 32 等，人才济济。草原建设蒸蒸日上，草原技术推广日益强大，初步健全了草原资源、生态监测和草种质资源创新技术体系，草原保护科技水平不断提高，草地退化得到初步遏制。秸秆饲料化利用率达到 60%以上，草产业持续发展，全省人工种草面积长期保持 2000 万亩以上，这些都为甘肃省的草食畜发展奠定了基础，群众能稳定吃上肥美的牛羊肉，我和关心草牧业的人们一样，心里又美又骄傲。

我的梦就是让草原常青、牛羊肥壮，农牧民过上好日子！就是这样一个梦想给了我前进的动力，从每个人的小梦开始，给热爱祖国的我们更大的憧憬与希望，实现我的梦——中国梦！

（李温）

二、在甘肃省草原技术推广总站的 15 年

值此修编站史之际，回顾自己在草原总站的岁月，感慨颇深，弹指之间 15 年，与草原总站的同志们共同工作了 5400 多天。

2005 年 1 月 29 日，正逢机构改革，我从甘肃省畜牧厅物资供应站调入甘肃省草原总站工作，正好在两个单位都工作了 15 年。仔细想想，我从美丽的夏河草原来到兰州已经 30 年。在草原总站之初，分管办公室、动物营养研究室及 4 个基地的管理工作。2010 年分管过两年多的财务工作。2013 年 5 月，甘肃省农牧厅党组任命党委书记至今。

在草原总站的 15 年，是我人生的一个转折点。物资供应站是计划经济的产物，2005 年以前，从进物资站工作始，我就一直心里不踏实，单位的性质一直在变，先是从全额事业单位变为差额事业单位，然后又变为自收自支事业单位。直到 2004 年，事业单位的又一轮机构改革开始，我所在的单位（当时有 4 个单位）被撤销，我有幸被分流到了甘肃省草原总站。记得刚到单位的第一印象，站领导和职工都很热情，但面对很多的生面孔，以及到一个在草业领域很有影响的业务单位，我这个非专业人员心中很是忐忑，甚至有些恐慌。但在这样一个温暖友爱的大家庭，我很快就融入到这个集体当中了。时任领导班子是一个创新团结的班子，职工们淳朴实在，单位的向心力强，是一个很有凝聚力的战斗集体。在这15年的工作中，我倍感亲切和温暖。

自进草原站工作以来，我暗下决心，一定要好好工作，一定要珍惜这个集体，一定要尽我所能维护好班子的工作和这个大家庭。这个单位的职工及领导都值得我尊重和学习。时任党委书记韩天虎同志和站长豆卫同志工作能力强、有思路、有创新，带领总站开创了全新的发展局面，我也从他们身上学到了很多管理经验和工作本领，使我终身受用。至今，他们的一系列做法和能力，给了我工作上的思路和启迪。

自任站党委书记后，我一直秉承一个理念，在我的任上团结班子成员，共同带领大家建设团结有正能量、有工作闯劲的班子和单位。

在草原站工作的这15年，本人工作上勤勤恳恳，尽自己所能维护班子，干好每一件事，做一个干事公平，有正能量的带头人。在工作作风上严格要求自己，从自己做起，做一个说到做到，严以律己的好干部。在15年工作的过程中，继承和发扬了前任领导的好作风、好做法，在我个人的工作经历中，使我能成为一名草原工作者而自豪，在下一步的工作中继续延续好的做法、好的传承，也不愧为一名党员的政治品格。在任书记的8年中通过自己和全体职工的努力，单位党委被甘肃省委、省农牧厅多次评为先进集体、先进党组织，本人也多次被评为优秀党员、优秀党务工作者。

2019年，草原总站机构改革整建制划转甘肃省林业和草原局管理，我将一如既往地和班子成员一道在甘肃省林业和草原局党组的正确领导下共同带领全体职工为全省生态保护工作作出新的贡献。

（赵庆平，2020年9月）

三、记忆深处

1984年7月20日，和同学们恋恋不舍地离开了苦读三年留下身影的武威市黄羊镇——甘肃省畜牧学校，来到了省城兰州。去单位报到的当天，我们乘坐的汽车从火车站出发，一路向北，越过黄河向郊区驶去，途经了一段坎坷不平、弯曲狭窄的土路后，进入了一个只有三栋楼房的院落，这就是甘肃省饲草饲料技术推广总站和甘肃省兽医总站、甘肃省土地规划勘测设计院一起办公的所在地刘家坪45-1号。冥冥中似有感觉：人生要走的路仿佛就是这条不同于油路的道路。

回忆30多年前工作的时光，至今记忆犹新，历历在目。这段岁月里有着迷茫和误会，有着执着和理解，有着痛苦和失败，更有快乐和成功。虽然风华正茂的时间全给了草原站，但我不后悔所经历的酸甜苦辣，更不后悔这么多年在草原战线上奋斗。工作伊始到如今，我深切领悟和感受了同事们的关心、支持和帮助，促使我不断地矫正着人生的理想和目标，不断地丰富着社会实践的经验和知识，不断地克服和修正着冲动的失误，让我知道了什么是爱和恨，什么是奉献和收获。曾经年轻的我随着风吹日晒、雨露霜雪的磨砺和岁月的旋转逝去，在逐步成长和成熟起来。

由于单位从天祝打柴沟镇搬来时间不长，条件有限，报到后单位领导安排我们住宿的地方只能是办公楼办公室，但总有了自己的安身之地，内心感觉非常满足，心里暗暗下定决心要好好努力，认真工作，赢得成绩来报答父母的养育之恩和老师的教诲之情。有天晚上心静下来的时候，忽然发现我所住宿的办公室里，桌子上放着一张张记载着草原植被类型、土壤结构等内容的调查表，表格的复杂程度吸引了我，激起了我探秘草原的信心，充满了对草原工作的期待和盼望。不久，根据站上安排，周邦贵、李建廷、张永梁和我被分配到了饲料科，我们担负的第一件工作就是参加全省饲料资源调查课题。

8 月 14 日，在车文信副站长的带领下，我们陇东组前往庆阳、平凉两地开展资源调查工作。调研的目的是要深入到县、乡、村的机关、部门和企业，乃至农户家里，了解利用现状，发现存在问题，对各类资源进行统计分析，同时撰写调研报告，为政府决策提供科学依据。调研期间，我们近距离接触了一些地区、县、乡、村各有关部门的领导、专家和群众，开展了相关方面的交流和学习，有重点地掌握了当地饲料资源现状及存在的问题，对合理开发利用当地饲料资源有了自己的想法和见解，受益匪浅。既掌握了与群众沟通交流的工作方法，提升了独立工作的能力，又深刻感受了自然条件严酷、农业农村生产基础薄弱、农民生活艰难困苦的现实状况，感触很大。

1984 年 9 月份，根据项目组工作安排，静宁县、庄浪县饲草料资源调查工作由我具体负责。由于是初次独立工作，感觉开展工作无从下手，压力很大，内心有点怯阵，既怕干不好受领导责备，又怕不能及时完成任务而延误全省整体调研工作。从平凉到静宁，要翻越著名的六盘山，“六盘山上高峰，红旗漫卷西风”的著名诗句，将革命进行到底的壮志豪情，激励着我面对困难要有无畏的坚强决心和奋斗精神。为了尽快掌握工作方法，在调研过程中，虚心求教于县、乡、村各位领导、专家学者和农民群众，做群众的小学生，掌握了丰富的第一手资料和最真实的现状，根据调研结果，撰写了工作伊始的第一份调研报告，保质保量地完成了调研工作任务。

随着工作的逐步深入和拓展，我们越来越感觉到学校所学的知识远远不能满足实际工作的需要，如果不及时“充电”，不及时更新和丰富知识，工作就会很被动。同事们追求知识的热情十分高涨，纷纷通过自学、报名参加各类培训班，孜孜不倦、废寝忘食地广泛涉猎各类知识，不断充实着自己的大脑。到后来，许多人从单一的专业技能，扩展到了政治、文学、法律、经济、草业等专业，专业工作能力显著提升，工作得心应手，纷纷在不同的岗位上获得了丰硕成果。作为畜牧专业的中专生，自己也陆续学习了汉语言文学、经济管理、草业科学等专业，丰富了自然科学和社会科学知识，有效地提高了理论水平和政策水平，生产实践中获益不少。

30年来（除了2008—2009年挂职华池县人民政府副县长外），一直在草原战线上勤奋尽责，坚信“天道酬勤”，一分耕耘，就会多一分收获。主持和参加项目20多项，涉及动物营养研究、牧草饲料技术推广、牧草种子基地建设等多方面、多领域，不仅拓展了视野，积累了经验，强化了素质，而且进一步提升了工作水平和工作能力。

当然，工作中如果对项目研究不全面，考虑不认真，缺少基本的经验和知识，就会有失误和失败，教训沉痛深刻。例如：我们曾经承担执行的像甘肃红三叶牧草种子基地建设等一些项目，由于对基地可行性研究不深，设计目标脱离实际，实施方案编制讨论不足，执行效果相差甚远，没有获得理想的结果；曾经执行的饲料酶添加剂饲喂试验，由于试验设计配方对粗纤维含量缺少考虑，使试验未能按计划完成预期目标；开展的一些调查研究工作提纲设计简单，调查过程走马观花，因此不可能获得有价值的调研报告。

30年转瞬即逝，主持和参加的项目有12项成果获得了省级和地级科技进步奖、部级和省级农业丰收奖。主编和参编了《饲料用苜蓿产品》等11项甘肃省地方标准。通过社会实践和调查研究，执笔或参与撰写有《牧草与草种生产加工技术》《青贮饲料无公害生产技术》《祁连山生态系统保护与治理》《秸秆饲料化利用技术》等4部专著，在省级以上学术刊物发表论文30多篇。2005年1月被甘肃省委组织部、甘肃省人事厅评为555创新人才工程第二层次人选。这些成绩的取得与自己的努力奋斗和勤奋敬业息息相关，但主要得益于领导的关心帮助，得益于同事们的鼎力支持。但是这些成绩与同事比起来微不足道，还远远不够，仍需百倍努力。

我深信，在以后的岁月里，我们会更加紧密地团结起来，致力于草原技术推广工作，致力于草原事业的可持续发展，付出的心血一定会使甘肃草原事业如日中天，欣欣向荣。

（王汝富，2017年8月）

四、致敬草原总站

悠悠红豆草

对于我这个生在农村的“60”后，恢复高考后能进入一个老牌的全国重点中专，也算尽了“洪荒之力”。虽然报考志愿时不知道畜牧为何物，但笃定地知道自己是农转非人员了，而且为能吃上商品粮，成为干部，再也不用像妈妈一样，面朝黄土背朝天挣命般苦累而深感幸运。从1982年9月懵懵懂懂踏进甘肃省畜牧学校的那一天起，入学教育是参观一堆一堆充满着腐尸和福尔马林混合气味的动物骨架，心里被懊悔和气恼填满，总觉得一个女孩子怎么就选了这个专业，却怎么也想不到这一生和小草会有不解之缘。

回首岁月，点点滴滴，生命的偶遇性和必然性总是相互交织，于不经意和懵懂中演绎着人生的必然。从毕业分配的那一刻起，忙碌交织着从容，劳碌收获着充实，紧张承接着快乐，低谷和蓬勃的更迭，让步和升华的交替，我和我脚下的黄土地见证草业人在陇原大地绘制了一幅生动的草牧业大画卷。今天，仰首观赏小草成就，其中承载了我大部分的人生梦想，不禁有了参与感与仪式感，伴随着充实与快乐填满心怀。那么，可以安慰自己，作为见证者抑或敲锣打鼓助力者，我和我的老师们、战友们依存着我的单位这样一个集体，生动诠释了一棵小草真真切切的快乐和完美轮回。

一串串、一件件不足为齿的小事件像一截截小粉笔、一滴滴小彩墨一样融合，于岁月中一点点凑成了一副画作，但撞击心扉而得以刻录在本就内存不大的生命之盘、并为之影响或者能滋润那生命之节点的总有那么一些微不足道却盈盈不能释怀的点滴……

冥冥结草缘

1984年的某一天，学校为了教育毕业班师兄妹们正确对待毕业分配，响应党的号召，到最艰苦的地方去，举办了一场宣讲会。邀请了当时因红豆草而闻名全国的王素香同志作报告。当时我是牧校（现甘肃畜牧工程职业技术学院）二年级学生，按规定不能进会场。大概当时王素香名气太大，而她的出名又和我的家乡通渭县相关，出于好奇，冒充三年级毕业班学生进了会场。印象是王素香南方口音，她讲了什么大多数没记住，记忆深刻的有两点，一是校教导主任李老师介绍她时，记得她的头衔很多。现在通过整理《甘肃省草原技术推广总站史》，我知道她当时已经是全国人大代表、全国三八红旗手、全国劳模等，但那天因为主持人李老师的口音特点牢牢地记住了“王素香全国十大新闻人物”。二是报告结束时，王素香号召同学们“到艰苦的地方去，到甘南去，到通渭去。”本来整个报告也听得我有些热血沸腾，我们这代人是在红色教育中泡大的，关于理想、奉献的思想基础还是比较牢靠，很容易被报告的氛围点燃。但最后因为王素香把通渭列成了和甘南一样的艰苦地区，心里有点不以为然，似乎伤害了我有点单纯幼稚的故乡感情。我心里的通渭是最好的地方，即便穷点，也不至于艰苦，更不至于艰苦到要和甘南相提并论。于是，心里便对王素香有点不喜欢，认为她小题大做，对我的家乡不公平。同时，也知道了，王素香是草原队的人，干了一件轰动全国和中央的大事，那就是王素香和红豆草。现在看来，她当时在通渭申家山种了300多亩红豆草，何以引起全国轰动，一是因为在她身上彰显了一个中国共产党员、知识分子和农业推广者最崇高的情怀、作风和执念，即便在今天，她的代表性也毫无争议；二是因为她做的关于黄土高原旱山区的示范推广方向是根本性的，是可持续的，是方向，是科学。今天所谓的草牧业、现代农业抑或生态农业，其实她就是最早的实践者，她在30多年前已经诠释了这个区域农业本来应有的样子。她用活生生的实例告诉人们，科学的种植结构和草田轮作，配套养殖业才是该区域的出路。所以，她用案例证明了关于山区农业“十六字”方针的战略科学性。据此，她作为草原队伍的知名人士当之无愧，盖莫有二。

当我1985年被分配到草原工作队（当时已更名为甘肃省饲草饲料技术推广总站）时，虽然王素香已调离，但她的影响无处不在，她在通渭建立的红豆草示范点的事业仍在继续，她的团队中有金巨和、车文信、曹明堂、白善林、晁德林、车来友等，继续驻通渭申家山。后来张志芳老师接力了推广工作，根瘤菌技术研究也始于那个时代。我刚到单位在资料室工作，并没有机会参与这些技术工作，但也许因为和故乡有关，从心里十分向往，当时不是因为事业心，就因为那里是我的家乡，我常常非常想家。甚至由于自己畜牧专业出身，对猪鸡牛羊更感兴趣，对草完全没有概念，也压根儿没有想到，自己会依恋于小草之业，甚至一旦心牵，便是一生。

从20世纪90年代开始，单位接到了甘肃省扶贫办科技扶贫的任务，我单位有5县7个乡的科技扶贫任务。经过多方申请，从1992年开始我也加入了和政县吊滩乡（现在的松鸣镇）的扶贫工作，除过带队负责人安排的根瘤菌试验工作以外，日常就是走村串户跟踪贷款户的养殖经营活动。1998年，由我们申请的全国丰收计划项目下达，于是得益于扶贫时奠定的基础，便继续在和政县吊滩乡政府安营扎寨，主要任务是推广红豆草，一起蹲点共事的战友有许国成、孟祥君、晁德林、周多虎、金赐福等。当时打交道多且成为良师益友的前辈有胡自治老师、汪玺老师、曹致中老师和陈宝书老师，还有临夏州、临夏县、康乐县、和政县的畜牧局和饲草站的一众战友等，个顶个的业务骨干，大多成为益友。期间是我进入业务得以成长的黄金岁月，经历的一些趣事、逸事至今常常忍俊不禁、回味萦绕……

认识“黄豆草”

20世纪我们经历的科技扶贫，也是一次针对如何转变传统农业粗放经营的尝试。就经费而言，确实只是满足了驻村人员的差旅费，一个乡（一个工作队）一年1万元。牛羊是当地群众重要的生产生活资料，但高寒阴湿、雨量丰富热量不足、典型的长草不长庄稼的区域，形成的却是传统种粮为主的产业结构，加之人多地少，草畜矛盾凸显。因此，我们点的负责人张志芳老师得益于和王素香在通渭申家山种草的经验和成果，利用少量经费采购一些红豆草种，从熟悉的村干部开始，一步一步推广红豆草。我是后来加入扶贫的，刚到乡上的时候，有时候听不懂他们的方言。张老师从1991年开始在和政种红豆草，我是1992年11月7日第一次去乡上驻村，在快到乡政府的公路边上，张老师指给我看对面山坡上非常醒目的一块块绿色，在满目荒凉的冬天里，第一场雪已经覆盖了田间地头，而种了红豆草的地里，一抹绿色格外惹眼，尤其从雪覆的空隙里冒出来的翠绿给人以刺眼的璀璨。她说，那就是红豆草。我第一次对红豆草有了那么点新奇和崇拜，对雪地里仍绽放绿色的红豆草有点不可思议。在学校里，我学的是畜牧专业，对养殖、对饲料配方、对遗传繁殖很是下过功夫，但对草除苜蓿以外，只是记住了一个草种名字——看麦娘，还是出于好奇。

驻点下乡期间，常常有以村干部为主体的群众到我们宿舍（乡政府的办公室）喝茶，主要是聊天，交流扶贫贷款用途、款项回收以及家长里短的，有的也拿一点自家当年产的蚕豆（当地的经济和轮作作物）给我们，大家围着火炉烤蚕豆吃，我主要负责倒茶添水，并留心他们的谈话内容。就听好几个人说，张工，你那个“黄豆草”实在好，我家的牲口吃的一截杆杆都不剩，“密西”吃不干净，硬杆杆都剩在槽里呢。我一直琢磨黄豆草是个什么，密西又是什么？原来密西就是苜蓿，黄豆草就是红豆草。

爱上红豆草

经几番推广，“黄豆草”在当地群众中受到追捧。主要原因一是当地十分缺草，苜蓿因热量不足产量低（亩干草产量400千克左右），一般一年只收一茬。而红豆草耐寒耐旱，播种当年收2茬，第二年就能进入产草高峰，亩干草产量达到800~1200千克，且牲畜喜食。当地群众还探索出苜蓿和红豆草混播模式，产草量更高，高峰维持年限更持久。1996年扶贫结束后，根据推广经验和红豆草特点，个人想把红豆草在高寒阴湿地区再扩大推广，于1996年向农业部申报了“草畜规模开发综合配套技术推广”丰收计划项目，1997年6月项目得以批复，1998—1999年，继续在和政、临夏和康乐3个县开展红豆草和配套养殖及管理技术推广。记得1999年4月9日是个难忘的日子，和政县首批退耕还林项目动工，在乡政府领导的支持下，乘着退耕还林的东风在科托、车把等2个村沿山陡坡连片约500亩开垦地上，我们动员村民之前几天内首先完成了红豆草和苜蓿混播，之后动员学生干部上山拉开战场，那天山坡上红旗招展锣鼓喧天，大张旗鼓开展植树造林，县领导莅临现场督察，并上了当天县上的晚间新闻。这个活动的策划原本是希望县上肯定乡政府的工作，从而进一步扩大红豆草推广力度。谁知上级单位的负责人嫌我们没有挖水平台植树，不符合植树技术规范，并没有肯定乡上热火朝天造林的阵势。领导走后，乡长坐不住了，要求挖了重新种；党委书记反复问我这样种树活不活？有没有把握？我拍着胸脯说没问题。党委书记见我态度诚恳坚决，及时叫停了乡长让重新种的决定，并一把扯下自己头上的帽子，斩钉截铁地说，大不了这乌纱帽我不要了，也不能劳民伤财再种一遍！说完头也不回走了，留下乡长忐忑不安地念叨。看到乡长愁眉不展的样子，我开始不安了。心想始作俑者是自己，如果为此事造成县领导对乡领导的成见，或者造成书记和乡长不和，那就违背我的初衷了，这些人到这个位置多不易啊！于是我拉上乡长，告诉他我们共同上县政府找分管县长，因为我们种草，分管县长一直在支持，所需草种子还是他批示畜牧局解决的。到了县政府，分管县长应酬去了，我俩一直等在办公室门口，快上班时他回来了，我说明情况，并准备了之前我们搞成功的林草间作图片，解释种了草，上面的树因为草固持了水土，不需要挖水平台能活的。他感觉我说的话有道理，但因为是县委书记的要求，就说书记定的，他也没办法。我就坚持去找书记说，只要他同意，我保证说服书记，被我缠得没办法了，分管县长只好说，那就你别找书记去了，我给他汇报。当时，我怀着十分感激的心情和乡长一起出门，乡长破例请我吃了一大碗加工炒面（平时我们会找理由请他们吃饭）。回到乡政府，一帮乡干部和村干部围在一起等消息，我们到了自然欢呼一番，从此，我们的工作便得到了乡政府更加有力的支持。

重点是那年从过完春节开始一直到 7 月 20 多号，才下第一场大雨。我们种草的时候墒情就不好，且那个区域的土壤特点是旱也不经旱，涝也不经涝。自从种子入土，我就盼和政下雨，那个心情啊，唉！蹲在和政也不下，蹲在兰州也不下，在兰州只要看见一片云彩，就给吊滩乡政府打电话问下雨了没有，到后来，他们一听是我打的电话（那时候没手机），赶紧说没下雨。尽管史上少遇的大旱年份，可我们种的红豆草与苜蓿混播草地十分长精神，当年第三茬都到了花期，在草地内种的果树成活率达到了 57%，而相邻地块没有种草只挖水平台种的树成活率只有 19%。记得当年 9 月 24 日项目验收时，站在 50 米开外的马路上就能看到郁郁葱葱的红豆草盛开，像在山坡上铺了一层粉红色毯子，十分美观鲜艳，陈宝书老师异常激动，不顾路险山陡，非要进到地里去看，连声说没想到你们把红豆草种到这么陡的山上来了，前辈们高兴，给项目评价很高，使得项目获得了农业部丰收一等奖。红豆草不畏干旱瘠薄的特点使我喜爱无比，从此便致力于推而广之，并对小草产业逐渐迷之愈深。而且，从此我知道林草本一家，只是人为论轻重！现在想来，事物总是曲折前进。

岁月点滴事

1992—1996 年，我在和政县吊滩乡政府（现松鸣镇）蹲点搞科技扶贫，是当时农委下达的一个科技扶贫项目。由我们单位担保把财政的 10 万元资金通过贷款发放到农户手中，扶持种草养畜。项目组按照农户意愿把钱分成 600~2000 元不等，在全乡 9 个村涉及上千个农户。到了每年底收回 1/3 再贷给另一户，发放由村上负责，收回由我们负责，村干部配合。每年底大多数按期交到我们跟前，我们再交回单位。最后一年年底要清账的时候，个别农户躲避不愿交钱，我们走村串户挨家收。农历腊月二十一的一天，记得雪很厚，我约上当时临夏州农科所在该乡蹲点的一个科技干部陪我骑着自行车去中心村和吊滩村要账，到了不能骑车的地方就走路，村主任带着我们一直收账。天黑了就住农户家。到了第二天晚上的时候，还有1户几次找不见人，据说那天家里有人了。估计他们晚饭后在家，天很黑，夜很静，我们老远看到他家的灯光心里有点小激动，心想有指望了。谁知到跟前狗一叫他家灯熄灭了，再也叫不开门了。心里那个气馁，想哭的感觉。后来我就大声说："走吧，看来没希望了。"说完我们悄悄留下来等，过了好一会儿，他家终于有人探出来看究竟，我们也就成功进了他家门，终于要到了这个村的最后一笔钱。但也搞清了他家为何不愿还钱，确实是因为家里有了重病人，住院花了许多钱。村干部答应了以后从年度的补助款里给他们解决一些，就算圆满解决了问题。为了感谢村干部，我自己花了9元钱，买了两瓶当地小卖部的酒（牌子忘了），又给了7元钱，让村干部杀一只他家的鸡，叫上了另外两个村里比较熟悉的人，痛快喝酒吃肉，除了说场面上感谢的话外，大家都说了许多掏心窝子的话。吃完晚上10点多了，我和同伴骑车往乡政府走，积雪路上不知摔倒了几次，但很开心，也不害怕，也不疼。回到宿舍，炉子冷冰冰的，同伴帮我把火架好，乡政府的伙伴们纷纷询问要账情况，我们谈天说地喝茶又半夜。大伙散了，准备睡觉时，才发现我穿的半截腰棉皮鞋的上口部位，因为走路多，皮鞋口把小腿磨破了一道血印子，袜子粘在上面脱不下来，才感觉到了疼呢。不过，这件事常常令我回味感慨：其实，农民最讲信用，我本来就应该是他们中的一份子，和他们在一起，我很舒适，也很快乐。这也是多年来我一直努力工作的动力之一吧。

1998年的秋季。有一次，我、许国成、孟祥君、晁德林4人大概在和政吊滩乡政府蹲点10多天了，伙食比较单调，大多数在乡政府食堂凑合吃，平时和乡政府的职工打乒乓球赢一盘五毛钱，凑够几元一帮人一人一碗酿皮子，或者碰到乡政府一帮人凑份子杀一只羊，每人10元左右便能分到一份羊肉，那个香啊！至今爱吃羊肉就是那时候培养的习惯。那天下午，我们几人去入户调查，经过一片苜蓿地，二茬苜蓿刚好有十几厘米的样子，鲜嫩无比，我就特别馋，从小爱吃野菜的习惯让我没忍住号召同伴开始掐菜，谁知刚一会儿，对面山上一位老农边喊边跑朝着我们奔来，看他连滚带爬气势汹汹的架势心里开始后悔贸然掐人家的苜蓿，大概闯祸了。伙伴们很紧张，问我咋办，我故作镇定口说别怕，心里急速想对策。同时看见乡长书记在百步开外的马路上驻足，知道有了调解者，心里便镇定下来，继续埋头干活。直到那农人跑近，并认出我们，虽然还很生气，但第一句话是："怎么是你们，拔我家苜蓿干啥啊？"看他很纳闷的样子，我便装作轻松的样子回答，"我们采样做化验"。农人长吁一口气，痛快地说："那你们尽管拔吧。我还以为谁在偷我家苜蓿。"然后，好像为刚才他的态度而抱歉地笑了一下转身就走了。看见他手里明晃晃的镰刀，我们也长出一口气，赶紧离开了苜蓿地走向仍在观瞻的乡长书记。他俩戏谑我们，说估计今天我们的腿子要被砍断，他们准备救人呢，怎么没砍。我们不好意思说了过程，他们笑说我们命大，否则会吃大亏，竟敢偷草！这件事后，我更加明白，在当地随便掰玉米都没问题，但绝不能偷草，可见当地草缺口之大。可是，当天晚上我们把拔的苜蓿做成了凉拌菜，和乡政府的几个伙伴一起美餐了。自此，化验苜蓿便成为大家开玩笑戏说我们的笑料啦！这件事常常令我自责又回味，也常思考当地应该调整种植结构，引草入田，走种草养畜比单一种粮效益要好。后面渐渐留心到，大多数地区种植结构都不合理，于是，任继周先生草地农业的理论便更加易于理解且毕生致力于之。

此后，工作中也经历很多困难、趣事乃至难缠事，但我都能坦然面对，和这些经历不无关系。

快乐进行时

顽强、低微、快乐——我和我所在团队的人生写照，野火烧不尽，春风吹又生，完美地诠释了承载我人生的这个集体的兴衰、交替、岁月，从甘肃省草原工作队、甘肃省饲草饲料技术推广总站、甘肃省草原总站（甘肃省草原监理站），到甘肃省草原技术推广总站，当下，我和我的单位又面临一次更深刻、更广阔的改革，时至今日，大局已定，林草融合已经成为下一个阶段新的课题。终于，我辈赶上了祖国实现历史跨越性飞腾的美好时代，“草业人”也迎来了书写山水林田湖草沙生命共同体的千载机遇，虽然，精力已不再充盈、心智也不再轻跃、理想也难以蓬勃，但山花烂漫时，我亦丛中笑。

谨以此文致敬培养哺育了我的单位以及生命中的良师益友。

（张榕，2019 年 2 月 18 日）

五、我与草原站的不解情缘

时光飞逝，不经意间在草原站工作已经 23 年了。23 年来，自己孜孜不倦、踏实工作。回首往事，感慨万千，一生与草原站与草原技术推广工作结下了不解之缘。

时间倒回到 1980 年，我的家从天祝县大红沟公社搬迁到打柴沟公社石板沟阳凸队，那时的我还在上小学 3 年级。一段时间，在离我家 1.3 千米的地方，有一帮人在筑土墙，围 300 亩的试验地，后来才知道那是甘肃省草原队在围试验地，再后来经常看到一些人在草原上忙忙碌碌，现在知道那时他们在做样方，开展草原调查。那时就知道草原站有个李福、牛师傅，在收左拧梗（龙胆），我也挖过，赚了一点零花钱。这是我最早听说到的草原队。

时间到了 1994 年 6 月，我从甘肃农业大学畜牧系毕业，7 月份被分配到甘肃省饲草饲料技术推广总站工作。联系单位之前就知道甘肃省饲草饲料技术推广总站就是原来在打柴沟的草原队，当时我就想我与草原站还真有缘分呀！

我知道，分配到草原站工作不容易，我暗下决心，一定不辜负组织的期望和重托，要认真干好工作。刚来一年，在馒头山试验站实习，到试验站后，徐生林站长热爱绿化事业，他的爱岗敬业和吃苦耐劳的精神深深地感染了我。试验站一年半的实习，是我人生中重要的一段时间，这一年半，使我养成了按时上下班、认真遵守单位各项规章制度的良好习惯，我受益匪浅。在工作中不懂就学，不会就问，平时没事就看书学习，到阅览室翻以前站上的有关资料，并认真阅读，从中吸取营养，很快就适应了工作。后来先后在饲料科、草业科、植保科、办公室工作。通过单位的培养，我加入了中国共产党，自己在工作上也取得了一定的成绩，2004 年 9 月，被任命为草业科副科长，2005 年 6 月，被任命为植保科副科长，2013 年 5 月，被任命为植保科科长。2008 年 1 月，被聘任为高级畜牧师，2016 年 12 月，获得农业技术推广研究员任职资格。

回想自己参加工作的 23 年，我深深感到自己的一生与草原站有缘，与草原技术推广工作有缘。草原站是我工作的岗位，草原站是我成长的摇篮。我的工作、生活、学习已牢牢融入到草原工作之中，割舍不开更离不开草原站。我热爱草原技术推广这份工作，离不开草原站这块热土，我愿将自己的一生奉献给草原技术推广工作，为生态文明建设贡献自己的绵薄之力，无怨无悔！

（许国成，2020 年 9 月）

六、愿甘肃省草原技术推广总站的未来更加美好

1984 年 1 月，我从部队复员被分配到草原总站，也就是当时的甘肃省草原工作队，同年 4 月调出，虽然只有短短的 4 个月时间，但草原总站给我留下了特别美好的印象，老一辈草原人勤奋、踏实，无私奉献的精神为我今后的工作学习树立了良好的榜样。

让我一生都不能忘记的是对我影响最大的两个人，当时我被分配到图书资料室工作，张志芳老师安排我对图书资料进行登记，我很认真地做着我该做的工作，文德书记偶然看到我做的资料卡，问我："这是你写的吗？"我回答说"是"，接下来的一句话让我永生难忘记，"字太难看了，回去好好练"就是这几个字，对不到 20 岁的我来说，是一种批评，也是一种鞭策，我默默地下定决心，等下一次你再见到我写的字，我不求你表扬，但绝对不会再让你批评。就这样，我开始了钢笔字的练习，写字成为我每天必须要做的事。现在，虽说我的钢笔字不能算好，但是再也没人说过我写的字难看了。后来站上决定成立标本室，由赵怀德老师负责，我被抽调到标本室，而跟着赵怀德老师筹建标本室，他每天带着我们购置仪器、试剂、药品等。那时候，单位的条件和现在无法相比，只有我们看好东西后，单位才会派车去拉回来，赵老师 50 多岁的人没有说过一句埋怨的话，没有叫过一声苦，和我们几个年轻人一起跑，看东西，比价格，一直到我离开为止。对于文书记，赵老师，我永远心存感激。文书记让我提高对自己的要求，赵老师让我学会了吃苦耐劳，这两项品德使我获益终身。

当我第二次也就是2005年再一次回到单位，展现在我眼中的又是另一种情景，虽然院子还是那个院子，办公楼还是那栋办公楼，但大多数的同志已经变成了新面孔，很多当时的老师都已经退休。新的领导班子带领全站职工经过艰苦努力，工作环境和生活环境有很大的改变。2007年，我们第一次享受到了装修一新的工作环境，用电脑进行工作已经较为普遍。2009年，单位整体搬迁到现在的工作地点，工作和生活条件进一步改善，到现在每人一台电脑，副高级以上和中层以上干部还配备了手提电脑，极大地方便了大家的工作。现在进入每一个办公室，都会让人感到干净整洁，心情舒畅。每每想到上级单位把一些重要的活动都安排在单位，每次听到有人夸赞我们单位人员整齐，精神面貌好，我都会感到无比自豪。我只想说一句："甘肃省草原技术推广总站，我爱你！"唯愿草原总站事业蒸蒸日上，有更加美好的未来。

（席文娣，2017年2月23日）

七、在草原总站这几年

光阴如梭，时光荏苒！时间总是这么经不起算，细数这已经是我来到总站的第六个年头了，但记忆却还停留在第一天报到的那个场景——激动、兴奋、好奇、胆怯……

回想在大学填报志愿的时候，对我的职业生涯规划和目标并不明确，只是觉得自己生长在农村，对农业工作有种亲切感，加上大家说"甘肃农业大学是草业的黄埔军校""甘肃农业大学草业科学专业全国最牛""学了这个专业可以去看真正的草原"，就这样，顺利报考甘肃农业大学草业科学专业并被录取。其实，那时候脑海里对"草业科学"完全没有概念，随着大学4年对专业课本知识的学习，虽有了一定的了解，但仍局限于理论，对具体的草原保护管理及草业生产工作依然不熟悉。

幸运的是，那年招考我通过笔试、面试、体检、政审一系列程序后最终加入到了甘肃省草原技术推广总站这支队伍中来，满足了我对"专业对口"的向往，更多的是满足了我看草原的夙愿。先后在草业科和区域试验站（种质资源科）从事相关技术工作，这给我提供了很好的再学习、再提升的机会、平台，通过参加科研推广项目、技术培训交流会以及田间实践，不仅让我的理论知识水平、工作实践能力得到很大提升，还接触了许多草业方面的专家和领军人物，使自己找到了人生的航向。

快乐地工作是一件很幸福的事。有人说：女孩子就应该选择室内的工作，整天在野外风吹日晒，还不着家多不好。但我想说的是，我喜欢我的专业，也喜欢我的工作，我能够拥抱大自然最美的绿色，能看到自己播撒的一粒粒种子长成一株株生动健旺的小草，能长成一片片绿色的草地，内心常被喜悦和幸福塞满。这些草地就像自己孕育的孩子一样，需要百般呵护和交流，我常常想对她们说，我们是生命共同体，我们彼此喜爱又相助。同时，我更喜欢一起工作的同事们，在这里工作的每一天我都很充实、很开心。几年里，除了工作上我有了很大的收获外，生活上我同样收获了人间最美的爱情和最珍贵的友谊。从此，我的人生将更加充实丰满又快乐无比。

感谢6年来，领导和同事对我的关心、支持和帮助。最后，祝愿我们这支草原上的领头羊在美丽草原的阳光雨露下发展壮大，前景似锦。

（武慧娟，2020年9月29日）

八、工作中难忘的成长经历

20多年前，我中专毕业到单位报到，生在农村，长在农村的我对即将面对的工作没有什么概念。报到第一天办了手续后便被安排在一间办公室沙发上过了一夜，第二天就被一辆车送到一个城市边上的山上，说是刚来的学生都要安排到馒头山试验站锻炼。经过了漫长的郊区道路，快到山上时还有好多破旧的民房，我心虽然没有凉，但也没有什么惊喜。来到山上，看着满山遍野的树木，大多是果树，还有好多绿化树木。这些环境对我一个农村的孩子并不陌生，但也和我们家乡还是有所不同。我在这里一待近8年，期间经历的一些人和事让我终生难忘。

山上每年冬季都要对3000多株梨树进行冬剪，我是学园艺的，这个事我肯定得参与。据说这个工作很苦，其实我对这个工作有多苦是没有概念的，因为从小到大，除了上学就是力所能及地帮家里干点农活，对苦并没有多深的体会。这项工作由我们山上的老站长徐生林主持，刚开始他带着我还有几个民工一起修剪。我毕竟刚从学校毕业，实际操作起来还是有困难，每到树前，老站长会让我们总体去看树，对它的主枝、次枝、层次进行观察取舍。刚开始我站在长得复杂点的树底下就有点发闷，不敢说话，这时最怕老站长问你话，你回答不出来，说你是学这个专业的，怎么不懂。但他没有问，看看我的样子，就继续讲他的，在具体操作细节中，每剪一个枝条都要给你讲说，这个枝条为啥去掉，这个又为啥留下，随着时间推移，我再结合所学的理论，逐渐领会了剪树的技术。西北的天气冬季非常冷，接近退休年龄的老站长爬上高高的木梯子，拿着手锯有力专心地锯着粗壮的树枝，天气好时，他的身影映着晨起的太阳闪着金辉，有时还有胡子上形成的寒霜闪着白色珍珠般的光芒。就这样我跟着老站长学习了一个多月，看我基本上手了，就安排了一个民工让我独自去开展工作。天气越来越冷，寒风越来越凛冽，尤其站在树上，风吹过来像刀子。有时累了，希望今天的老站长休息一天多好，可是事与愿违，他就像闹钟一样，每天按时带着一帮人准时出发，我作为年轻人也只好随着。就这样一天又一天，全山的树一个不剩，历时两个多月剪完了。当时想着这么多树，估计过年都剪不完，于是愁肠百结，剪树也没有力量了。回头想想，这让我明白了一个道理，也是我们家里老人常说的一句话，干活不怕慢就怕停，老站长就是这样的，他对一个活，只问耕耘不问收获，心理轻装上阵，但有耕耘肯定就会有收获，不必畏惧不前，给自己徒劳地增加思想恐惧。这也成了我以后工作中战胜困难的一个法宝。直到今天，我心中都会常常默念老站长对我的悉心培养和启迪。

山上的工作涉及的方面较广，随着人事更替，我有幸接手了财务管理工作，财务管理工作要求账目清楚，条目分明，能为领导及时提供必要的数据，这就要求平时的记账工作思路清晰。记得当时馒头山由年轻的喻文虎站长接替了徐站长管理。有一次一笔收入要入账，喻站长要求我把这笔账记入不相应的条目下，以他的经验考虑，可能认为随便记下没啥影响。但以我当时不太丰富的经验感觉这样不太合适，会为以后的算账带来麻烦，我就表达了自己的看法。当时喻站长语气变得大了起来，好像是我不服从命令，但我觉得我的考虑是有道理的，就再次表达了我的看法，声音也有点大，他可能没意识到我会如此坚决，就若有所思没再强行要求。过了几天，喻站长找我谈话，说你的做法是对的，眼中流露出了赞许，使我感到很欣慰，也愿意更加积极地去考虑工作。这为我在以后工作中敢于坚持原则提供了很好的动力，也为能遇到这样的好领导而心存感激。

山上 8 年的工作让我有了广泛接触，很好地培养了我吃苦耐劳，敢挑重担，善挑重担的能力。下山后我从事了退牧还草工程的监理工作，让我单独面对一项工作，大半年奔波于荒漠戈壁草原上，还要对工程质量按照设计标准进行检查。这既要有不怕吃苦的精神，还要有敢于坚持原则的勇气，山上的工作很好地锻炼了我的这些能力，使我在此工作上一干就是 12 年，较好地完成了任务。

通过我的经历，让我常想，工作不只是我们谋生的手段，也不只是自我价值的体现，更为重要的一点，还是我们成长的道场。只要我们全身心投入工作，长期坚持不懈努力，就会发现，工作给予我们的回报远远超出任何物质的衡量。借由工作的道场，我们可以不断积累福德资粮，在承担责任的同时，经历各种不确定性波动的考验，从而给自己一个契机来提升完善自己生命的层次质量。

吃苦耐劳和坚持原则的良好品质，不但在工作中有用，即使在家庭生活中也不可或缺。未来将在习近平生态文明思想指引下，草原保护各项工作日益重要，面对当前草原退化严重的现状，还地球一个生机盎然的草原，是我们义不容辞、当仁不让的时代重任。

（王海，2020 年 10 月 16 日）

九、伴我成长的草原站

清楚地记得 7 年前刚来草原站时的情景，那时还很羞涩也很胆怯，在一个环境陌生、人也陌生的地方，我有点不知所措。正在办公走廊里东张西望的我，第一个遇见的人便是向金城科长。他笑盈盈地走到我面前问清我的来由，得知我是才来报到的新同事，二话不说便领着我去了报到的科室，单位的第一印象便在向科长的热情中建立了起来。紧接着，政工科的席科长便带着我们新来的同事到每一个办公室去介绍，一圈下来，说实话一个也没记住，但是整体的感觉大家都很热情，一种大家庭的温暖将我紧紧地包围。后来我便从信息科的过渡直接转到了现在所在的科室——饲料科，可以说这才是我真正工作的开始。在科长和科室同事的帮助下，我很快融入了自己的这份工作，跟单位的同事也关系越来越熟，也有了自己的小伙伴，大家时常约着聚聚。

另外，随着出差、培训等次数的增多，也认识了很多同行的专家朋友，社交的圈子也一点点地扩大。慢慢的，我发现自己也在一点点变化，从最初的不善言辞到谈笑有风生，从书本知识的禁锢到实际经验的拓宽，从不自信到建立自信，从小科员到副科长。这 7 年间，发生了很多故事，有工作上的、有生活上的，有开心、有苦涩，伴着生活的插曲和坎坷，自己也一点点地在成熟、在成长。人们都说社会是一个大染缸，要在这个大染缸里去磨炼自己让自己成长起来，那么，这里——甘肃省草原技术推广总站便是我初到社会的第一站。记得有位哲人曾经说过：生命是没有意义的，除非有工作；所有的工作都是辛苦的，除非有知识；所有的知识是空虚的，除非有热望；所有的热望是盲目的，除非有爱。有爱的工作才是生命的具体化，那么让我们怀着爱工作吧!

（曹蕾，2017 年 9 月）

十、5 年风雨草原路

今天是 2021 年 8 月 7 日，立秋。

时光匆匆，一晃 5 年过去了！2017 年，总站启动了旨在全面提升甘肃省草原基层技术骨干综合业务素质的全省基层业务骨干培训班项目。本人作为项目执行人，全程参与了 5 年时间，15 期培训班的具体实施过程。中途虽有机构改革的稍许影响，但是培训工作却一直都没有中断，正是由于培训没有间断，对于促进林草机构改革以后，林草部门之间的深度融合起到了意想不到的作用。

作为这个项目的亲身经历者，我觉得现在有必要对过去 5 年的培训工作做一个简单的梳理与总结，让大家了解培训班背后许多鲜为人知的故事。

时间回到 2015 年，国家生态文明建设战略的实施，对于草原部门的工作提出了更高的要求，为配合好国家生态文明战略在草原部门的具体落实，总站领导要求当时的信息科参照全国畜牧站长高层研修班的培训规划和课程设置，策划组织一期全省草原站长高层研修班。信息科很快就拿出了实施方案，但随之而来的现实问题出现了，全省各地的草原站长由于工作责任繁重，时间有限，很难在同一时间组织起来。2015 年的计划提出以后，由于难以统一组织的问题，计划暂时搁置。

时间到了 2016 年，总站再次将全省草原站长高层研修班列入信息科年度工作计划中。随着 2016 年新一轮草原补奖政策的实施，各地对于加强业务培训的呼声日益高涨。2016 年下半年，总站领导调整工作思路，由全省草原站长高层研修班变为全省草原基层技术骨干培训班，但培训班的规格和课程设置要求不变，提出力争用 3

年的时间将全省草原基层技术骨干轮训一遍。随后信息科开始周密细致地准备工作。

2017年，正式开始落实年度培训计划，由总站和甘肃农业大学草业学院合作完成培训工作。离开母校多年的校友，又一次以学生的身份，走进了课堂，坐到了熟悉的教室里，有机会重温学生时代的美好时光。作为已经从事草原工作几十年的老草原人，他们身上积累了丰富的实践经验，但是由于平日里工作繁忙，大家很难有时间和机会静下心来将自己多年来积累的经验进行一次彻底的总结和升华。这次在校全脱产封闭式的一周培训可以说是为大家提供了一次难得的机会。在从培训班组织的讨论会上，大家积极热情的发言中可以看出，大家对这次培训非常期待也非常满意和珍惜！作为培训班的组织者，我也特别有幸地重新体验了3周的大学生活。

2018年是草原体系历史上具有里程碑意义的一年，由于机构改革，原隶属于农牧部门的草原部门被整体转隶到林草部门。一场全新的大变革就这样突如其来地发生了。还没等很多人适应过来，2018年的培训工作按部就班地开始了，根据2017年培训班上学员们的建议，2018年培训班离开了农大，在武威市天祝县和凉州区分别举办，目的是更好地做到理论教学与实地实习相结合，更好地发挥教学相长的作用。2018年的第一期，培训大家来到了甘肃农业大学天祝高山草原试验站，这里是全国草原界备受尊敬与向往的地方，因为它是由中国草原界的第一位院士，任继周院士亲自创办的全国第一个高山草原定位观测站。在天祝培训期间，虽然学习、生活条件较为艰苦，但是大家的学习热情非常高涨，坐在高山草原试验站的草坪上听老师们激情飞扬的讲课，我觉得这就是最接地气的课堂。学员中有很多都是农大草业学院毕业的，毕业很多年后再次来到高山草原试验站大家都倍感欣喜，在学生时代在这里留下了很多美好的回忆，现在已是物是人非，但不变的是大家热爱草原工作的那颗初心！

2019年的培训任务比往年都要更重一些，除了2个技术骨干培训班外还增加了2个草原生态保护技术培训班。由于机构改革的原因，林草机构重新组建以后，很多原来从事草原工作的同仁们留在了农牧部门，还有一部分原来没有从事过草原工作的林业部门和其他部门的同志们加入了我们草原部门，成为草原部门的“新兵”。面对新形势、新情况。我们积极调整了2019年度的课程设置，更加突出了林草融合，增加了部分林业方面的内容。培训有2期地点在甘南，也有机会让大家体验到了甘南草原的壮美和辽阔。由于2018年已经积累了成熟的办班经验，在甘南的培训班都采取早晨讲课，中午到达实习点开始野外实习的模式进行，虽然采取这样的方式让老师们和学员们都比较辛苦，但是大家都凭着坚韧的毅力，冒着酷暑在课堂与实习点间往返奔波，并顺利完成了所有培训科目。甘南地处青藏高原边缘，这里气候多变，昼夜温差较大，但是这些都没有影响到大家的学习热情，反而为枯燥的理论学习增加了一些意外的欣喜！

2020年，突如其来的疫情，打破了原本平静的生活和正常的社会秩序。2020年的培训工作除了以往的正常内容外，还增加了防控疫情这项新任务。为了保障好参会学员的身体健康，为了正常有序地开展培训工作，培训协办单位和承办单位，甘南州草原站和玛曲县草原站、迭部县草原站的同志们做了大量繁琐而细致的前期准备工作和后勤保障工作。玛曲县是甘肃省海拔最高的县区，境内的草原也是甘肃省最美的草原，但海拔较高，对学员的身体素质也提出了更高的要求，同时也为培训班的后勤保障工作提出了更高的要求。在玛曲县委县政府的大力支持下，玛曲县为培训班提供了完备、周到、热情的后勤保障服务工作。培训工作的一个重要意义在于大家之间的相互交流学习，大家都被玛曲县治理草原沙化的成果所震撼，的确是眼见为实！也为兄弟市、州在治理草原方面提供了可借鉴的思路！这一年培训的另一个特点就是各种意想不到的事情突发。迭部培训班遭遇了陇南地区近年来少有的连续降雨天气影响，致使全陇南市各县区由于抗洪和道路中断，部分人缺席培训班。受陇南强降水天气的影响，迭部培训班在学员往返途中也偶遇山体滑坡，虽有惊无险，但事后也还是让很多学员留有深刻印象。虽然遇到了很多难以预料的突发情况，但是学员们依然保持了积极的学习热情，认真努力地学习。保证了培训班如期顺利完成。

2021年是落实“十四五”规划的开局之年，也是落实林草高质量发展的重要一年。年初开始，从中央到国家林业和草原局就接连召开重要会议、发布重要文件，所以今年草原工作的特点就是时间紧、任务重。今年的培训工作的任务也格外繁重，具体来说就是培训密集，各种工作交叉叠加。培训不同于往年的地方在于，今年的培训不再是往年的综合培训，而是划分为4个专题培训，培训内容和培训对象更加精准，培训的指向性和目的性更加明确和突出，就是为了服务甘肃省草原重点工作。张掖培训班的特点在于组织保障难度大，由于学员人数多，野外实习时间紧，任务重，对我们培训班的后勤保障工作也提出了新的更高的要求。确保安全永远是培训工作的第一要务！在张掖市草原站和肃南县草原站的大力支持下，本次培训班得以顺利完成。肃南县总面积广大，草原广袤、草原类型丰富多样，也让各地的学员们认识到大家工作的巨大差异。由于疫情的突然反扑，原定于2021年8月举办的另外2期培训班暂缓召开。

至2021年8月7日，从2017年开始的全省基层草原技术骨干培训班，已经连续5年时间，举办培训班15期，培训全省草原技术人员近1400多人次。超额完成了总站当初制订的3年时间将全省基层草原技术骨干轮训一遍的预期目标。也为加快林草融合，促进甘肃省林草事业高质量发展提供了一定的人力资源支撑和技术培训保障！

5年时间耗费近300万元的资金，整体耗时近75天（净培训时间）如果算上前期准备时间，时间会更多。在多方大力配合和协调下，在所有学员的共同努力下，我们大家平安、顺利地完成了一个又一个培训班，这也许是我最值得安慰的地方。

5年风雨草原路！我可能是最孤独的那个人，独自承受着别人看不到的压力。但同时我可能也是最幸运的一个人，迎来送往了一位位老师、一批批学员，和大家结下了深厚的友谊，也得到了各位老师和同学们的悉心教诲和鼓励！谢谢大家！

春华秋实！风雨草原！

（谭立伟，2021年8月7日）

十一、让青春闪闪发光

有人说："人生可以平凡，但不可以平庸；人生不一定伟大，但一定要崇高"。作为一名参加草原工作不久的年轻人，在这样平凡却又意义不凡的岗位上更要恪尽职守，无私奉献，不断提升自己的专业素养与职业道德，力求拓宽自己的人生宽度，让人格散发魅力，让青春散发发彩。

没有激情与奋斗的青春是一段令人唾弃、行尸走肉的日子。我们要不顾一切地抓住他，为自己的理想、梦想和思想而奋斗。我们要能够坚持自己的理想，追逐自己的梦想，并且探索自己的思想。是啊！青春是用来奋斗的，将来，青春是用来回忆的。让我们从这个美丽的今天开始，许自己一个未来，就在草原站这个崭新的地方，开始一个新的历程，树立理想，勇于担当，充满自信，努力拼搏，以脚踏实地的行动，向这段青春致敬！

随着时间的流逝，我们都会和青春告别。让我们抓住青春，怀抱青春，和新时代的草原事业一起走向成熟！让青春闪闪发光！

（王惠，2020年9月29日）

十二、时代随咏诗词4首

致遇见

亲爱的您，
多么熟悉的您，
栉风沐雨几十载，
哺育一代一代草原人！
爱着，
用温暖的双手接纳我的您！
念着，
用信任的目光注视我的您！
愿着，
永远扶持我一路奋进的您！
您在，我们在，
身后就有风景，

迎面会有阳光，
全是温暖！

（付萍，2020 年 10 月 9 日）

五绝·风雨同舟七十年

甘肃草原站，
奋斗七十年。
不信地不绿，
万水润千山。

五绝·草业劳模赞

青山喜清晨，
鲜花摘英雄。
草儿霸天下，
华夏走鸿运。

将进酒·草业工作者装点山河颂

君不见，甘南草原大无边，西面接着祁连山。
九曲黄河鱼游天，牛羊镶嵌绿草滩，尕海湖里天鹅玩。
疏勒河畔驼铃连，盐池湾牧斑头雁，龙首山下黄羊窜。
育草基地歌声甜，治虫灭鼠身强健，修渠种草建围栏。
君不见，当金山口雪无限，瓜州大风世界冠。
沙尘风暴谁不怕，黑白灾害祸中华，楼兰国中唯砂家。
黄土高坡行路难，沃土千里民生艰，环境破坏不如前。
荒漠草地路如箭，沙海植被星点点，苁蓉锁阳酣旱寒。
君会见，整治国土草木兴，天道酬勤四季青。
保护生物食物链，节能减排持久战，世界大同很简单。
嘉陵江清树高大，洮河水绿白云下，师法自然值得夸。
绿化飞播向前看，生态文明江山安，美丽甘肃梦可圆。

（方毅才，2013 年 12 月）

第三节　我和我的草原——赞美栏

一、向前的力量是挡不住的——从草原的路说起工作杂感

回首走过的路，常常会想起前辈和同事们的知遇提携之恩，但限于稻粱之琐务，就疏于去感恩，好在大家都能谅解。没文采的我写东西还是费劲的，但《甘肃省草

原技术推广总站史》需要，想几十年来，有亲身感受到的一点趣闻、见闻以及不堪回首的启示辛酸。

草原的路是自然之路。牛羊知道那条路可以回家，他们永远不会乱走路。记得到单位工作后逐渐接触草原方面的工作，对草原技术推广事业就有了年轻的梦想，就再没有分心别的路。1990年，当时的领导带我去参加了在肃南的全国草原商品畜牧业发展座谈会，这次盛会启发很大。大约是1996年秋天，来自基层熟悉牧民生活悉心草原建设与保护的站主要领导，有着对牧区生产生活改善的远见卓识，鼓励我谋划起草了几个草原保护改良方面的课题项目建议书，浸润舒展了我荒芜的理想，开启了一条新路。那时候刚刚从草原监理科调整到牧区草原科，老一辈的无私教诲和同事们的热情指导，很自然地唤醒了我，便越加注重琢磨草原业务方面的工作之路，参加了《甘南高寒草地综合改良技术研究与推广》等课题，这个课题的2位主持人可以说给我后来的成长有了指引之路。20世纪末，战战兢兢地练习主持课题项目，开始了《家庭牧场优化模式的研究与应用》技术“研究”之路，这路开始走了，就还不停地走了下去。蒙古族谚语中有这样的对话，孩子问妈妈：“为什么我们总是搬来搬去、辛辛苦苦?”妈妈回答说：“我们要是固定在一个地方，大地母亲就会疼痛。我们不停地搬迁就像血液在流动，大地母亲就会感到舒服。”牧民有天使般爱护草原的天性，他们走过的路就像动物血管一样，走过草原，就送过来营养。在工作实践中想到：这些课题如果做好，可增加牧民实惠，是牧人可走愿走的一条“致富”之路，营养之路。

此前一段时间，我有幸承担了一些为职工同事服务的工作，从收液化气瓶，到跟有路子的人去昼夜排队灌装装卸发放液化气瓶，再到田地埂头一车一车装大白菜运回单位分了，到炭山岭、石嘴山、靖远矿装煤，卸煤分炭，单位的那个窑洞里还要储备汽油，和师傅们一起从高高的大卡车卸满满当当汽油桶……走在路上，干劲真足，不知道哪来的力气。随车走那么多路，一路上要陪大车师傅说话，怕路远打瞌睡，那时的解放车抑或东风卡车，跑来跑去都不快，感觉路很长，乘兴而去，兴尽就返，冬夜大雪，四处皎然，忽然感觉，这是什么路?和师傅们相顾哑然，冬季就这么充实。这路跑了几年，也没叫苦，等到市场放开好了，一切都有了，我的这路就再没去走了。谋划去干事其实是很有机遇感的，关键是要有路。

之后，开始走阿万仓和盐池湾的路，大家不陌生，对于草原工作者那里即是向往之地。那里有温柔和狂野，那里有曲美和古老，那里有美感和生机。这是两个离得遥远的地方，想去近距离欣赏它们静静相伴可能要想很久，而短时间内能在它们的怀抱来回驰骋更是不易。

阿万仓的姿色来自神奇的山、河、草、丘陵，再加上牛羊的点缀，形成了独特的风景。极目远眺，辽阔的草原茫茫无际，贡赛尔喀木道湿地静静淌着的曲流，无语绕转奔向黄河，我们一路跑到山头，坐在山头细语喃喃，似乎恍然明白，召唤我前来的，竟是这些曲流小溪和不远处的家庭牧场。技术研究工作的路竟然很美。我们走向家庭牧场，见到了蹲点的草原技术工作者，他们手拿工具斗秤、卷尺、GPS、样本采集锹等，神气十足，甘肃省草原技术推广总站的包片专家也同甘共苦，按部就班，走着他们的路。可是这里的天气说变就变，有时看见用手遮雨、没有马骑、疾步回帐篷的或者圪蹴在背风处避雨的草原技术工作者。这里的路都是羊肠小道。一会到了草原技术工作者治虫灭鼠和补播改良、围栏建设监理人员居住的帐篷，里面一应俱全，办公居住都在草原上这所简易的“卧室”空间，来者佩服他们。离开阿万仓，真的还会生出无法抵抗的忧伤。这里的路很有特色，坐在车上，在满是牛羊蹄印的牧道上，在暮色带来的寒意中，不时有彪形大汉策马而过，牧民们仍然执着地走着传承之路，传承着祖先留下的文化，草原的路悠远漫长。老北京吉普车还不止一次在小小的河里晃悠，最后不得不逼开车的师傅下车到冰凌的河水去拧上前轮用力才晃悠上去……回住地跨过黄河，水还在路上，黄河的浪花，牧草的芬芳，今日的忧伤，随时间和流水远走高飞了。

如意的路很长。有人将甘肃版图比为“如意”，突然发现，从天祝一直到永昌、山丹、肃南、瓜州，这些地方的草原从地图版图上看，是“如意草原”，中间的“长柄”竟是祁连山草原，整条“如意”郁郁葱葱，枝叶繁茂，这长柄是草原团队个人成就和仕途前程的向往与寄托，是草原工作者技术专家施展才华的天堂，是牧民培植丰收的沃土。“长柄”上的路很长很长，看不到尽头，但“尽头”可到另一头的盐池湾。

盐池湾的路有一种狂野。盐池湾的雄奇源自这里扑面而来的壮美山峰与旷野，野得出奇，奇山、异野、圣境、神泉。有人听说保护区里的牧场有野驴，便驱车前往寻找颂扬草原的素材，那种诱惑无可抵挡，“没路”的路上，有人有了“摆脱地心引力”的力量，在越野车上，副驾驶年轻女科长和我们后排的一起都被颠了起来，前排的同事竟然身不由己地用脚踢着车顶篷，舞蹈动作频现，据说还有人在这样的路上治愈了多年痛苦不愈腰椎顽疾。一会工夫，头顶云滚雨落，更野的冰雹砸在车顶上，从阳光普照到阴云密布、冰雹狂抛只是转眼工夫，那冰雹好像是老天爷顺便抓起雪山库里的冰块一撒，顺手呵成，使你有不期而遇的收获，和天一起咆哮。野驴悠然自得，逍遥漫步，任何来者，都不过是个“路人”，因为这些来者不知道这里有多少草，但同样在这里匆匆赶路的草原工作者和这些野驴却知道有多少草。

记得是有一年的 3 月初，一场大雪之后的草原山舞银蛇，从盐池湾到鱼儿红展示出别样的风姿，足足 1 米多深的雪把草和羊羔盖得严严实实，而沉稳壮实的党河南山雪峰林立，耸立云端，博大苍茫，没有任何的焦躁不安。许多家庭牧场牲畜无法采食牧草，无法运送饲草饲料，家畜缺草缺料。听说为抵御大雪，这里的蒙古族牧民除平时储备饲草应急外，会先赶马群把草踏出来，再牧牛牧羊，但现在马儿少了，马蹄要在1米多深的雪地踏出草来更是难事。无情的雪仍旧厚厚实实地盖压着每一颗干枯的牧草，本来经受春乏现在又瘦弱无助的羊羔还是有不少夭亡，因为没有了一切路。救灾的我们却要站在装载机铲斗中方能进入重灾区，天上还不时飞过强悍雄壮的直升机，空中支援投下一个个装满草料的"草包"，一捆捆优质救命草腾空而下，牧民摇旗致意，感激落泪，有时候感觉眼泪是为希望而留下的，相信向前的力量是挡不住的，难忘走过的草原雪灾救灾之路。

人爱草，草守信，每年各种草芽都应时而生，草香满路。

草原永远像是城里人想象的那样，是浪漫和美的象征。寄情将来，但愿草原小草繁茂，五畜完美。但愿各位同事彼此安好，我们草原人的心永远向着草原的方向，就像马儿吃草时头永远朝向家的方向。一路奔跑，不是为了感动谁。笔墨的点滴也算是留下了一点不成熟的回忆。

遗憾吗？路走过就没有遗憾，所有经历都是财富。愿未来的日子，依旧满腔热情，不悔来路。

（李贵霖，2020年9月）

二、草原随笔

我的草原情怀，大概是和血缘有关。

老家武威，依傍着绵延不绝的祁连山，大部分是平原地形，但也有山地和草原。西汉时，这里水草丰茂，人们畅意驰骋，牧马放羊。汗血宝马的名号响彻汉室天下。这样想来，我身体里多少也是流淌着牧民血液的。

游牧民族和桀骜不驯的野性联系在一起，他们渴望在草原上驰骋，在天空中翱翔，在一望无垠中放声歌唱。厌恶拘束，向往自由。而这一切，他们都能在广袤的草原中肆意宣泄，也能在草原中找到寄托。所以，我对草原有种特殊的亲近感。

我至今都记得第一次进入草原时的情形。那一次是去天然草原进行勘察，目的地夏河桑科草原。车行进至草原时，脑海中想起来一首诗"湖水浩淼，静谷溪流。毡房如云，彩虹镶天。百灵翠鸣，孔雀开屏。牛羊肥壮，牧人安详。"随着车队向着草原腹地深入，眼前的美景如诗如画，让人美不胜收。牧民的毡房零星散落在草原上，悠闲的绵羊和牦牛在小山坡觅食，漫不经心地扫了我们几眼。车队穿行在高矮不平的山甸间，没有看到如翠的湖泊，却一直有条清澈的小河在车旁，时而湍急，时而舒缓。突然，车行至路口，转弯后，眼前的景色瞬间一变。本来在山谷中的草原，像是脱了缰的马，在天地间无拘束地撒起了欢。看不到天的边际，也无从知道这绵延铺开数万里的翠绿，哪里是出口。不知何时起，小河也宽阔了许多，水花涟涟，阳光照在奔腾的河面上，浪花撞碎浪花，波光粼粼，即便坐在车上好像也能感觉到扑面的水汽。河边的青草被冲刷得分外翠绿，隐约间，还能看到远处几朵洁白在河边闲踱。一河，一草原，湛蓝的苍穹，我心中默念着：这才是草原应有的样子啊。

经过一段时间的工作之后，我逐渐意识到，草原不只有美景，她生气起来也让人胆战心惊。一年夏天去草原监理时，天色渐晚，准备回营过夜。蓦然，一场突如其来的大雨转瞬而至。远方的山峰撕开叠着的云幕，惊天的雷声轰鸣，紫色的闪电呼啸在山巅炸开。天地间瞬时被倾盆涌出的雨浪所淹没。这一切来得太突然，我们几个大男人毫无防备，却也隐约感到大自然释放野性的快感，到后来甚至在雨中大声呼嚎。所幸这场雨并没有持续多久，几十分钟，来得急忙，去的时候极快，只剩下我们几个人在透过云层的阳光中相互大笑。

正是这样的工作环境，让我对自己所从事的事业有极深的感情。细细想来，对于这份工作的热爱，工作环境占一部分，另一部分则是成就感。每每和同事们在苜蓿地，或者是燕麦地旁边为农牧民作科技指导，和他们交流今年的收成怎么样，听他们讲地里面农作物的具体情况，看着他们满心喜悦地说在之前的指导下，地里面的收成又好了许多，再看着田间地头茁壮生长的牧草，我们的心中也满是成就感。有的牧民住的地方较为偏僻，考虑到让每家每户都能及时接受科学技术的指导，再者也是要及时掌握家家户户的情况，驱车进山或是跋涉去草原腹地深处是常有的事。往往在归途中暮色袭来，能用来果腹的也只是饼子和矿泉水，但是大家从不计较，而是各自整理着新的资料，或是互相交流。长时间的工作，我们已经习惯于此，并甘愿付出。

屈指算来，我进入这个单位已经 10 年了。10 年里，我看到周围同事的辛勤工作，感受到关心我们的前辈对我们的谆谆教导。看着单位不断进来的新人，我既高兴，又期待。高兴有了新的力量加入，期待的是，他们会不会和我一样，对草原有着特殊的情感，对这份工作有无法言说的喜爱呢?

最后想到了蒙古国的一首草原歌曲《乌兰巴托的夜》，就用它来结尾：

闯过狂野的风，你慢些走，
我用沉默告诉你，我醉了酒，
飘向天边的云，你慢些走，
我用奔跑告诉你，我不回头。

（杨浩，2020 年 9 月 29 日）

三、心中向往的草原

2005 年，我本科毕业来到单位工作。大学读的是草业科学，虽与草结缘，但一直是在课本和网络图片上认知草原，听班里内蒙古的同学描述过草原的辽阔，一直向往，却无缘得见。

工作后一直在草原建设科做一些日常工作，没有机会出差，所以也没有机会见识草原。想象中的草原应该像大海一样，不对，应该比海还要寂静，像一幅没有框子的画，广阔得望不到边际。2008年，我到永昌县从事退牧还草工程相关技术服务，心里很激动，终于可以近距离地接触草原了，结果呢，是希望越大，失望越大。永昌县地处新疆、内蒙古与青藏高原交接地带，年降水量≤200毫米。气候干燥，少雨，草场类型最多的是荒漠类草场，远看就是荒漠，近看呢，生长的植物主要是一些耐旱的植物，如盐爪爪、红砂之类。心里失望得很，这哪是我心中所想的草原嘛，于是，看草原的念头就此放下了。

2013年7月，全省第二次草原普查工作开始了，我作为第一外业组的成员也参与了其中，跟随甘农大的陈本建老师为地县讲解、指导野外工作技术规程。我们组刚开始跑的是酒泉市，从阿克塞县、瓜州县、敦煌市一路过来，面对的多数是荒漠草原，偶尔有些高山草甸，也没有规模。后来到了肃北县，因为之前听同行的酒泉市草原站的同事说过，肃北有少数盐生草甸类草场，是河西走廊一带最好的草场。这地方的草原真是让人好生期待，我心中暗暗地期盼着，窃喜着。

但是接下来的几天，我的愿景又被打破了，草调跑了几天，还是一如既往地面对着荒漠草原或者是草原化荒漠。有天出去跑点，很疲倦。我靠着车窗小睡一会儿，不知过了多久，忽然一人将我摇醒，我极不情愿地半睁着眼，双手习惯性地向车窗上去遮太阳光。“都到了，还不赶快下来?”同事不耐烦地催促着。一切就是从这时开始变得美妙，车外的风光令我眼前一亮。这是在哪儿？怎么会如此美丽？我站在车门前愣住，诧异得说不出话。远远望去，辽阔的草坡一望无际，在目光尽头与湛蓝的天空相连。一眼望去，第一种感觉便是绿，数不清的绿，生机勃勃的绿。紧接着还有赤橙黄青蓝紫，它们互相交错，融合成一幅中国画，充斥着我的视野。各式各样的花草好多我都叫不出名字，却又美丽万分。个头儿也小得叫人怜惜。这儿的花颜色多一点儿、密一点儿，那儿的花颜色少一点儿、散一点儿，让草原的颜色变得层叠变化。洁白的蒲公英，紫色的龙胆草，湛蓝的马莲花，还有红色的狼毒花。微风徐徐吹过，柔软的绿草在风中起伏，带动了整个草原，如一股汹涌的绿波涌动着，一股一股地涌向远处的天边，蓝宝石般的天空更衬托出云朵的雪白，白得浓郁。顾不上做样方，我迫不及待地冲下山坡，感觉空气中都充满了甜味儿。一切快乐似乎顿时全部散入了空气，而我，更是飞奔于草原上，不断地吸收吸收再吸收，再由心灵去消化。一种无以名状的喜悦涌上心头，奔跑中，风猛烈地刮起我还未拉上拉链的外套，让我顿时觉得自己是一只翱翔于蓝天的鹰。一直以来向往的草原，现在就在我面前，我躺在草地上，扑入草原的怀抱，在绿海中徜徉，呼吸着花草淡淡的清香，如梦似幻般，整个人都陶醉了。

那天的工作干的啥我后来一直没留下什么印象，但是自己像个孩童般在草原上自由奔跑的情形却一直留在心中，仿佛寻回了心中久违的纯真与自我，即便多少年过去，都会忆起那天那景，那心中向往的草原。

（李晓鹏，2017 年 8 月）

四、秋天的草原和那里的人

在山峦脱翠、草木挣衣的秋季，带着“双联”工作任务，我和小鹏来到了海拔 3000 米的西部草原——天祝县抓喜秀龙乡（现为抓喜秀龙镇）南泥沟村。南泥沟村位于乌鞘岭南麓，马牙雪山脚下，到了草原，眼前是一望无际的绿色海洋，遍布着山地草甸、灌丛草甸、高寒草甸和之间种植的燕麦、小黑麦。近处，一群群的牛羊安闲地吃着青草，几辆摩托车在大草原飞奔而过；远远望去，蓝天、雪山、草原在阳光的衬托下蓝白绿层次非常分明。夕阳逐渐消失，黑夜来临，夜雾笼罩着大地，满天的星星映在小溪里，如千万点萤火闪闪烁烁。一切都变得安静极了，我们结束一天的行程很快进入了梦乡。

9 月 4 日，我们和天祝县草原站、南泥沟村负责人及部分村民代表，在村委会商讨帮扶行动——高山细毛羊分配方案。贾书记讲目前申报认购高山细毛羊牧户共 17 户，但现有细毛羊总数为 150 只，如平均分配每户分不到 10 只，不能形成规模养殖，达不到帮扶的目的，因此，牧户认购细毛羊的前提是卖掉自家已养土种藏羊，不许混合养。主任建议首先严格监督、审核这些有意向养殖细毛羊的牧户，必须确认其已经卖掉自家现养土种藏羊，不符条件的留待明年再考虑；其次光靠认购十几只细毛羊不能形成规模，搭进人力物力，不能达到脱贫致富的目的。县草原站主任建议以一定比例配置细毛羊，即每认购 10 只细毛羊，自家应另外购买 20 只细毛羊。经过几天与相关牧户商讨，4 户放弃认购，9 户签订了甘肃高山细毛羊帮扶协议。

9 月 7 日，我们对洪水、交通、食品安全、草原森林防火 4 大隐患进行了大排查。根据牧民和村干部反映，有一座桥（马营沟桥），现在部分坍塌，影响周边八九十人生活，建议“双联”小组维修。在村民带领下我们来到马营沟桥，经现场考察，维修桥需资金 1500 元。经协商，由天祝县草原站解决部分资金，雇一台挖掘机进行维修，其余资金由牧户承担。晚上牧户来访，反映目前有好多人家有贷款不良记录，原因是一年期贷款，因收入季节迟两个月，加之不知道延期不还的后果，思想不重视，导致贷款难办（后经站领导和县上协调得到了圆满解决）。郭家兄弟 3 人打算办养殖小区，希望给一部分羊，自己再养一部分，自建青贮窖进行暖棚养殖（目前已建成 2 个暖棚养殖小区）。经我们了解，目前已有 2 户购进 4 吨玉米秸秆进行青贮，我建议挖地下式窖池，深 4~5 米，用石块砌成，并从池的大小、怎么建都进行了讲解。在谈到农牧互补模式时，有人谈到去年朵主任亲戚引进我们的羔羊秋后在永登育肥，结果因水土不服，造成了一定损失。

天近星辰大，城远世界清；神思上青云，眼帘入海深。早晨的太阳从地平线上渐渐升起来，金黄的阳光笼罩着大地，一切都苏醒了，又一个新的一天开始了，我们步行去帮扶户家中探访。在刘家，他儿子说他母亲去年动手术的费用，县卫生局已经报销，新购了一台中型空心砖机，和原来的一台旧设备，雇工 3 人，生产两个多月，每块砖价格上涨 0.2 元，还购了一台八成新轿车，情况很好。一路上，我们一边查周边的草场、新建人工草地及天然草原监测点。一边与牧民闲聊了解周边情况。

傍晚夕阳西落，火红的阳光照射在白云上，云彩变成了火红色好似燃烧一般。草原上秋季雨水正旺，也是蘑菇狂长的季节。草原上蘑菇种类很多，黄蘑、白蘑，还有一些连贾书记也叫不出的蘑菇。秋雨过后是采蘑菇的好时辰，牧民讲草原上蘑菇生长是有规律的，成圈生长，叫“蘑菇圈”。我们遵循这个规律，发现了一枚蘑菇，在这枚蘑菇附近寻找到了蘑菇圈，采撷了可食用几天的蘑菇，兴高采烈地回到了驻地。

9 月的草原，多了几分黄色，是那种醉人的金黄。云彩是那样地低垂，大片大片的蘑菇云，伸一伸手就可触及。风，是那样地猛烈，呼啸着掠过头顶，吹翻你的衣服。10 天的时间，由于准备不足，身穿夏季的衣服显然有些单薄，感觉有些冷。不同的是，这里的草原只有草，没有沙漠，也没有树，偶尔见到一棵树，最常见的是杨树，长得不太高也不太大。但那大片大片的草原里，有弯弯曲曲的河流，还有那里的人们，辛勤劳作、朴实无华。

（曹明崇，2017 年 10 月）

五、草原流年

那草，低处的风景

先有树还是先有草？或许大家直观认为大树是比小草更为高级、更为进化的生命，是大树先于草出现。科学研究表明，1.46 亿年前，木本植物先于草本植物出现，这之后很长的时间是森林统治的世界。6600 万年前才出现了草本植物，大爆炸等让地球环境发生变化，诸如二氧化碳急剧减少。在此漫长的过程中，小草的进化超过了树木，草更为适应这样的变化。随后，干旱侵袭地球，野火烧不尽，小草又一次抵御了外界环境的考验，草原面积迅速扩张，某种意义上来说，小草改变了海洋和大气。人类随之进化，原始的小麦实际就是一种草，这样就有人放弃狩猎，有了农民、村落、城市、国家……新的时代来临。由此，小草是多么伟大，在整个地球的生命历程中扮演着何其重要的角色。

世间，没有哪一种事物如草般，低到尘埃，低到泥土的低处，但却有着如此顽强的生命，根拔而心不死。对那些知名抑或叫不上名的野草充满敬畏。就是这看似弱势的生长，遍布各处，用悲悯的情怀关照这个世界。

草不知名随意生。冬去春来，“黄毯”悄然换绿坪，自由蓬勃地装点这个世界，也诠释自己存在的意义，而有人总喜欢踩着草丛，默然视之，那些向上的眼光中有的是浮躁与对自然的漠视。

这悠悠草原——自然、宁静、素朴、缄默的草原，是低处的风景，是一个神秘鲜活的世界，每一株草有尊严地存在着，他们竞争、尊重、平等、友好，回归和谐。它又是那么有容乃大，无限广袤、柔韧，承接苍虹与惊雷，骤雨与疾雪，清风与雾霜，明昼与黑夜。

对整个世界来说，小草很伟大。

那人寄情于草原

有多少草原儿女热爱这片土地，热爱这脚下的草原，寄情于草原，挥洒着热血与青春，从事与草原息息相关的职业。任继周、胡自治等这些草业大家，仅看到这些鲜活的名字就令我们肃然起敬，他们是草地农业的播种者，“涵养动中静，虚怀有若无”，任先生用自己谦虚勤勉的人格魅力感染着从事草原事业的无数儿女。王无怠、王素香等这些草地工作的实践者，是我们草原站后辈的榜样，他们终其一生，为生命描绘绿意无限的色彩。“信其师，则信其道；信其道，则循其步”，多少草原事业的践行者将以他们为榜样，为坐标，继续前行。

冷遇见暖，有了雨；春遇见冬，有了岁月；人遇见人，有了生命。世间一切，都是遇见。当我们在学校遇见草业科学这个专业，在工作中遇见草原站，就与草原结下情缘，当一个人的内在与某种自然环境相互影响时，他的血液里是有着与其相融合的东西的，而我们每一个从事草原事业的人的血脉里也是有着这种传承与敬畏。前路漫漫，我们带着这份敬畏与责任，去遇见更多的美好。

改编诗人艾青的诗句结束本篇对草原的情愫，“为什么我的眼里常含泪水，因为我对这草原爱得深沉”。

（李智燕，2017 年 3 月 9 日）

六、辛劳使草原更美丽

很多人在休闲及节假日的时候都想去看一下美丽草原。

蓝天、白云、绿草地这 3 种元素融合一体，便是甘肃美丽草原的真实写照。

天是纯净的蓝，不掺杂任何杂质。从天际的浅蓝延伸到头顶上方宝石般深邃的深蓝色，都是那么迷人。苍穹之下，便会感觉到人的渺小，那样微不足道。天地间仿佛只留下这片辽阔的草原，连人也渐渐融入其中了。

云是善于变脸的，时时刻刻都在变换着模样，层出不穷。但这里的云更见顽皮。瞧，一会儿，它们变成一只只小绵羊，层层羊毛清晰可见。又一会儿，它们散开来变成一个个小蘑菇，时而又变成轻盈的羽毛，舞动的丝绸。草原上的云，在蓝天的映衬下，总是带着几分梦幻的色彩。

天苍苍，野茫茫，风吹草低见牛羊。不正是对这里的真切描绘吗？此时，当人们站在绵绵阴山环抱的草原上，那绿油油的草地上，点缀着一个个镶蓝边的白色蒙古包，煞是好看，令人陶醉。风里带着些泥土的气息，混着青草、花儿的芳香，轻轻地扑向游人的脸颊。当游人陶醉在美丽草原风景的时候，别忘了有一支草原技术推广队伍常年辛勤工作在草原上，通过全省草原技术人员的精心管护，使草原更加美丽祥和。

几十年来，在国家政策、财力的大力支持下，草原总站和全省基层草原技术队伍几代人共同努力，默默地在广阔草原上实施调查、监测、预测预报、生物灾害防控、飞播、补播等生态修复措施，是甘肃草原美丽健康、牧人生活兴旺的重要保障。

哦，这就是美丽的甘肃草原，这就是甘肃省草原技术推广总站广大职工辛勤劳动的结晶。我作为甘肃省草原技术推广总站的一名职工，我热爱这片美丽的土地，热爱这片美丽的草原，更热爱伴我工作生活几十年的同事和单位。

（陈仲斌，2017 年 3 月 9 日）

七、“精准扶贫”入户札记

那年春节刚过，根据单位精准扶贫工作安排，我们匆忙踏上了去天祝县抓喜秀龙镇南泥沟村下乡之路。坐在火车上，恍惚间就到了目的地。北方的天气，雨水已过，应是草木萌动，大地回春之时，而车外漫天飘落的雪花却在轻声诉说着地处河西走廊东端的天祝县依旧残存的寒冷。

列车缓缓靠近站台，窗外依稀可见人们忙碌的身影。即便是天寒地冻，但人们身上散发出的那种原生态的淳朴与善良，让人感觉些许温暖。

天祝县抓喜秀龙镇南泥沟村离县城大约 30 千米，位于马牙雪山脚下，地势相对平缓，草原面积广阔，全村有近 120 户牧民，由于自然条件恶劣，学生大多去县城上学，一些牧户已不在此地居住。

抵达终点的行人大都习惯于向远处眺望，大抵他们有和我相同的感受吧。那银装素裹的雪山，广袤无垠的草原，天高云淡，漫山散落的牛羊，悠闲地摇着尾巴，牧人的身影缩小成了一个小黑点。山间的一切与天地构成了此刻最美的意境。行人那浮躁的心，这一刻顿时也宁静下来，初春的寒意也已化为一阵暖流，沁人心脾。道路上走着的人们，仿佛在品尝那纯净的空气，泥土的芬芳。一切都是那样的静谧祥和。

山里人儿时的梦想都寄托在大山之外的世界，都想在大山外去闯荡一番自己的事业，拼一方自己的天地。但当真正离开大山以后，才发现自己对于大山的情感无法割舍。

上午吃过饭，乡上包村干部陪着我们前去南泥沟村一组，第一次去对接农户家，脑海里想着，这是咋样一个家？基础咋样？积极性高不高？心里直犯嘀咕，内心很不踏实。

陈家坐落在山沟里，离驻地大约有 2 千米左右，不一会就到了。大门朝西南方向，一见陌生人来到门口，拴养的狗“汪汪”乱叫，主人应声从屋内走出。听说我们是来自甘肃省草原技术推广总站“精准扶贫”的干部，他高兴地说，最近以来，每天从电视里看到省上领导号召全省干部行动起来，开展“精准扶贫”工作，感到非常激动，党还是关心群众，没有忘记我们这些穷苦人。

在这里，即使物质生活略显匮乏，但精神生活却很富足。草原上的牧民们用最热情的方式迎接着远道而来的客人，那清澈的眼眸中倒映出远行人的面庞，洁白的牙齿在黝黑的肤色映衬下格外显眼。

座谈中了解到，陈家6口人，修建于2003年的住房面积有90平方米。承包有天然草原面积120亩。养牛150多头。年毛收入总计3万元。根据陈家收入状况，除去正常生产成本和一些生活支出，家里基本就没有余钱用于发展生产了。针对放牧粗放、个体生产性能低下、管理粗放、繁殖成活率低、经济效益差等问题，我们建议首先要减少牦牛养殖，适当增加肉羊养殖；引进优良牦牛改良现有品种，提高个体生产性能；改变牧草种植技术，提高牧草产量；掌握牧草加工调制技术，提高饲料利用率；积极防治草原鼠虫害，保护草原；修建牛舍和羊舍，搞舍饲圈养。

时间在悄无声息地溜走，世代生长于马牙雪山脚下的人对于我们的建议双手赞成，带着别样的情怀感谢着我们真心的谋划。出门走在草原上远远望去，被千年冰雪覆盖蜿蜒横卧的马牙雪山，虽然没有草长莺飞、风吹草低见牛羊的一片绿地，也没有迷人眼敛的格桑花，只有漫山遍野的寒气凝结成霜，在春的气息下散发着质朴与沧桑。我深信，“精准扶贫”工作犹如一轮红日，一定会驱走春日的寒气，为这里的牧民带来温暖的阳光。

（李新媛，2020年9月）

八、草原忆时咏—诗词2首

卜算子·玛曲

黄河第一湾，
苍茫云海间。
撸起袖子同心干，
治理三江源。
独步大草原，
日暮苍山远。
回首往事俱如烟，
白发搔更短。

七律·阿万仓

卓玛导游阿万仓，
满脸含笑着盛装。
百河缠绕天尽头，

亦真亦幻似天堂。
格萨尔王建岭国，
草原英雄美名扬。
我爱卓玛在心上，
千年徒有梦一场。

（晁德林，2020 年 7 月 19 日）

九、季节走过陇上草原

天祝四月

四月的天祝草原，
一切还笼罩在金黄的寂静之中。
我只身踏入旷原，
风在耳边低鸣，
马牙雪山反射出耀眼之光，
似在身边又遥不可及。
金强河已从沉睡中渐醒，
消融继而潺潺，
俯身，掀开枯黄的衰草，
一个个绿芽悄然探头，
向着太阳肆意生长，
与绵延不绝的雪山，
书写一场蓄势待发的生命物语。

玛曲七月

七月走近秘境玛曲，
我心里便起伏着这片草原，
这唯一以“黄河”命名之地。
蜿蜒绵延的是黄河首曲的绰绰身姿，
飞扬苍穹的是玛尼堆上的五色经幡，
阿万仓湿地静卧于母亲河的臂弯，
映衬出蓝天倒影，
勾勒着河流回环，
描绘了花海画卷。
牦牛和羊儿散落嬉戏于此，
和牧人们共唱高原牧歌。

拉日玛峰和沃特峰隔河对峙凝望，
守护这片辽阔，壮丽。
然后，
我忘却了自己，
百转千回。

碌曲十月

如果你也渴望草原，
请在十月之冬遇见一次。
没有四月的生命待发，
没有七月的野花一片。
停步十月的尕海湖，
枯草寒风注解高原无际的苍凉静默，
盘旋的孤独的飞鸟轻吟高原之冬的蕴藏与蛰伏。
邂逅十月的郎木寺，
古老的建筑把人拉进历史的维度，
对话这片时空曾经的兴衰与沧桑。
巍峨远山，
诉不尽格萨尔英雄的史诗。
奔流洮河，
写不完今人对雪域的敬畏守护。
冬春夏秋，
周而复始。

四季草原人

我的心像一个牧羊人，
熟稔草原的光和风。
沉淀鲜明一生的草原生命轮回，
春萌、夏长、秋黄、冬藏，
当一切走远，
眼前是季节走过的草原，
向着太阳升起的方向，
为你捧起白色的哈达。

（李智燕，2022 年 7 月）

第四节　奔腾的岁月——青春栏

一、记一次甘肃省草原技术推广总站职工党员的红色教育活动

2015年7月1日，是一个平常而又特别的日子，这一天是中国共产党建党94周年纪念日，也是甘肃省草原技术推广总站组织职工党员进行红色教育的日子。清晨在旭日阳光中，单位的40多位职工党员乘坐一辆大巴向中国著名的红色教育基地——会宁出发了，在途中进行了红歌比赛和红歌联唱，活跃了气氛并对教育活动进行了预热。

到了会宁会师楼基地，职工党员在党旗下重温了入党誓词。“长征胜利纪念馆”解说员声情并茂的讲解再现了中国共产党波澜壮阔的长征史诗。看到眼前一幕幕红色的景象，一下子感觉到战争年代那些过往离我们是如此之近，那长征路上的一切，一遍一遍地在我们脑海中闪现，那英勇的红军战士不畏艰险，爬雪山，过草地，吃树皮，前有堵截，后有追兵，但还是不放弃不抛弃，坚持着走了下来，最终保存了革命的实力与果实。在他们前进的道路上，留下的是为中华民族崛起而奋战的一颗炽热的心以及满腔的热血。今天，我们缅怀英烈，他们是伟大的，是永远值得我们敬仰的！大家纷纷表示要在日后的生活和工作过程中学习和传承长征精神，并将长征精神发扬光大。

此次会宁之行使单位的职工党员加深了对党的认识，增强了党性观念，激励了为创先争优作出贡献的信心和决心。最重要的是让大家将长征精神应用到以后的工作和学习中去，推动单位跨越式发展，为甘肃省的草业事业发展作出新的、更大的贡献。

（李昀，2017年3月6日）

二、记团支部“我爱家园”活动

“青春是一座山，峻伟巍峨；青春是一首诗，大气磅礴；青春是一条河，波澜壮阔；青春是一首诗，灵动闪烁。我们是幸运的，能跟这么多青春的伙伴相遇在青春的舞台”，相遇在甘肃省草原技术推广总站，在这里度过我们的青春年华。

还记得那是在万物即将复苏的春日，我们迎来了2010年团支部的一次活动，再回首时恍如昨日。那时活动是以增强广大团员青年的凝聚力和团结精神为目的展开的“我爱家园，净化环境”活动。在活动中个个精神抖擞，有打扫楼道的、有清洁院子道路的、有清理花园的、有清除垃圾的、有擦洗楼道扶手的，大家积极踊跃地参加，并没有因为脏而望而止步，通过这次活动充分发扬了“团结、友爱、互助、奉献”的志愿精神，展现了单位团员的精神风貌，也通过这次活动拉近了我们职工之间的距离，增进了我们之间的友谊。

如今已然到了2017年，时隔7年，岁月在老去，青春在流逝，但我们不忘团

结、不忘友爱、互助的团员风貌，将奉献精神继续发扬光大，继续给下一代的新团员传承下去！

（陈兴荣，2017 年 9 月）

三、重走长征路——哈达铺参观纪实

2021 年 5 月 27—28 日，为庆祝建党一百年，重温党的光辉历程，传承红色基因，单位组织干部职工 57 人，前往“腊子口战役纪念馆”和“哈达铺红军长征纪念馆”，开展爱国主义教育活动。

27 日下午，全站职工来到腊子口战役纪念碑广场，天险腊子口，松涛声声，青山依旧在，只剩一座废弃的碉堡紧靠山崖，伫立在湍急的河流边，仿佛向世人诉说着昔日激烈残酷的战争场面。抚摸着山崖，追古思今，更觉得当今的生活来之不易，我们要倍加珍惜。随后，大家一同走进腊子口战役纪念馆，参观陈列展示的文物，一幅幅珍贵的图片，一件件宝贵的文物，生动地再现了老一辈革命家领导为革命浴血奋战的艰苦历程，通过实地追忆那场生死攸关、千钧一发的战斗，大家才懂得，为何“腊子口”铭刻在中国革命史中。

28 日上午，全站职工沿着红军长征一条街前往哈达铺红军长征纪念馆。在哈达铺红军长征纪念馆，全体职工整齐列队，一起向革命先烈鞠躬致敬，深情表达对革命先烈的无比崇敬之情。面对党旗，全体党员重温入党誓词，再次让每一位党员从灵魂深处接受洗礼，教育大家不管身在何处都要时刻铭记共产党人的初心和使命，永葆共产党人的政治本色和共产党人的先进性、纯洁性。在参观学习中，大家仔细听取讲解，认真驻足观看，通过一幅幅珍贵的历史图片、文献资料等，详细了解了老一辈革命先烈在哈达铺留下的可歌可泣的动人故事，接受了党性和革命传统再教育。

通过参观腊子口战役纪念馆、哈达铺红军长征纪念馆等活动，让全体职工在学思践悟中坚定理想信念，筑牢精神根基，大家纷纷表示，此次活动为大家上了一堂深刻的党史学习教育实践课，在以后的工作中要不忘初心励志前行，将红色革命精神转化成不断进取、干事创业的强大动力，不断增强党性修养和工作责任感，提升服务大局的能力和水平，用实际行动践行初心使命，为做好新时代林草工作作出应有的贡献，以优异成绩迎接建党一百周年。

（王中华，2021 年 5 月）

第四章　友人抒怀

第一节　师友关怀

中国草原事业的领跑者

——祝贺甘肃省草原技术推广总站成立七十周年

兰州大学草地农业科技学院

中国草业作为一个古老而又全新的事业令世人关注，而甘肃在中国草业教育、科技、管理等领域，一直居于领跑者的地位，这其中，“年已古稀”的甘肃省草原技术推广总站，发挥了不可替代的重要作用。

20世纪50年代初，全国草原工作拉开序幕，1954年，作为甘肃省草原技术推广总站前身的甘肃省草原工作队成立，以王无怠先生为首任队长，受命主持并承担了甘肃草原调查任务，率先在国内完成了省级重点地区大面积的草原资源调查，为摸清草原家底、国有农牧场和广大牧区的生产规划和建设提供了第一手科学资料。

20世纪70至80年代，以王素香为代表的草原总站技术人员，在干旱贫困的甘肃中部，为了改变饲料、燃料、肥料“三料俱缺”和农民生活困难的局面，大力推广种植红豆草，改革农业种植结构，发展种草养畜，取得成效。甘肃红豆草与王素香（曾当选全国人大代表），成为全国农牧业热议的话题和学习的典范。

20世纪90年代，单位的领导和技术人员，又担负起了遏制草原退化、修复草原生态、加强草原监理、保护建设草原和大力推广人工种草等方面的重任，成为国内相关领域的示范者、先行者或有关条例、政策的起草者、制定者。

世纪之交以来，单位又在退耕还草、草原生态保护补奖政策落实、人工草地建设、草牧业及草业产业化发展诸方面，继续前行，并作为甘肃草业领域产学研结合的桥梁与纽带，不断发挥作用。特别是在他们的推动与引领下，甘肃在人工种草、尤其是苜蓿种植、草产品加工及商品化等方面，依然居于全国先进或领先水平。

甘肃草业甚至中国草业的崛起与发展，甘肃省草原技术推广总站和与之携手共同奋斗70年的草业工作者，作出了不可磨灭的贡献！

甘肃省草原技术推广总站风雨兼程，“古稀”对一个人而言，已进衰老期，而对于生生不息的草原和崭露头角的草业，只不过是刚刚开始的一个瞬间。对以草业发展为己任的一代代甘肃省草原技术推广总站和甘肃草业界同仁人来说，广袤无垠的草原正如他们的胸怀，充满活力的草业正是他们拼搏的战场，由草原大国向草业强国迈进，正是他们的使命与追求。

“长风破浪会有时，直挂云帆济沧海”，人们有理由相信，有着“离离原上草”一样顽强与乐于奉献的甘肃省草原技术推广总站和草业界人士，必将在进一步提升和发挥草原生态功能、推进国家生态文明建设、加速现代化草牧业和粮草兼顾型现代农业发展、由草原大国向草业强国迈进的广阔舞台上，将会演奏出更加壮美动人的乐章！

（2024 年 1 月 13 日）

致贺草原总站

甘肃农业大学草业学院　陈宝书

总站建站七十年，草业面貌换新颜；

引种推广红豆草，荒山披绿齐称好；

特色产业大主角，脱贫致富惠全民；

伟大胜利史迹扬，喜逢改革绘新篇。

（2024 年 2 月 18 日）

一道拥抱灿烂的明天

兰州大学草地农业科技学院　侯扶江

岁月如梭，甘肃省草原技术推广总站经历了 70 载艰辛，始终向着“科技兴陇，草业强省”的目标奋进，他们扎根陇原大地这个草原类型的“博物馆”，团结、组织国内外草业科学家，立足农牧区，面向农牧民，解决甘肃省草业生产面临的紧迫问题，潜心草业技术开发与推广，专注成果转化和服务，竭力完成全省第二次草原普查，把一个经济欠发达的省份建成了草业大省。甘肃省草原技术推广总站架起了政策通向农牧区的桥梁，构筑了科技走进农牧区的大道，编织了各行各业亲近农牧民的纽带，这是世界水平的草业科技转化平台，它为陇原大地增色添彩。

耕耘、收获，汗水、掌声，这是甘肃省草原技术推广总站前进 70 年的足迹。甘肃草业成长的每一步，无不浸透着这个单位的努力，甘肃草业的每一个成就，都有甘肃省草原技术推广总站的鼎力支持，甘肃农业大学草业科学重点学科，兰州大学的草业科学在第三轮全国一级学科评估中名列第一，草地农业生态系统国家重点实验室成立，甘肃成长为草业科技强省，还有运向全国的甘肃草种，走向四海的甘肃草业人。正是有了甘肃省草原技术推广总站的默默奉献，甘肃草业又快又好发展。

草业路漫漫，曙光初现，跨越 70 载，正值壮年。我们的草业与甘肃省草原技术推广总站一道拥抱灿烂的明天。

（2024 年 1 月 30 日）

再谱草业新篇章

甘肃农业大学草业学院　师尚礼

甘肃是华夏文明的重要发祥地，遍布于陇原大地的“皇家牧场“和“马苑”在历朝政治与文明史中扮演着重要角色。农乃政首，牧为基础，甘肃为古代军事及交通运输源源不断地提供着战马和耕畜，为国家和民族发展作出了重要的历史贡献。

甘肃省是中国重要的牧区之一，中华人民共和国成立以来，应国家和甘肃草原事业发展的形势要求，甘肃省草原总站应时而设，专司草地资源管理和规划事宜。时至今日，已走过了70年的风雨历程。在其发展过程中，总站协同甘肃农业大学等兄弟单位，在甘肃省草地资源普查、草畜承包、牧区抗灾减灾能力建设、牧草新品种选育及草业技术推广方面发挥着重要作用。近年来，总站联合省内高校、科研单位及饲草行业同仁，建立了甘肃省草品种审定登记体系、草产品质量控制体系和草种子生产技术体系，发起成立了草产业协会和草业创新战略联盟，加快了现代草产业的转型升级，使甘肃省成为中国最大的草产业基地，总站为此作出了重大贡献！

古稀对于人而言，象征着已经走向蕃年，但对于陇原大地的草业事业而言，仅仅是万里长征迈出的第一步，任重而道远！值此甘肃省草原总站70华诞之际，我谨祝愿总站与时俱进，不断发展壮大，在草地农业发展、生态文明建设和民族团结的时代潮流中，继续谱写辉煌篇章！

（2024年2月16日）

热烈祝贺总站成立70周年

甘肃农业大学草业学院　刘荣堂

欣闻甘肃省草原技术推广总站成立70年，作为草原保护的长期合作者，我特此致以衷心祝贺。

70年来，甘肃省草原技术推广总站始终秉承服务“三农”宗旨，在积极推动草业科技发展，交流科学管理经验，传播先进理念和草原建设信息，推广新品种、新农药和新技术，开展科学试验与示范、实现科技成果转化，指导草原有害生物防治和草原建设，普及理论知识，提高广大基层干部和牧民群众的科学文化素质等方面做过大量工作，为甘肃省乃至全国的畜牧业经济发展作出了卓越贡献。

近年来，在有害生物防治过程中人们发现：有害生物越灭越多、分布范围越来越大、危害时限越来越长等一系列令人纠结的问题。这是为什么呢？

据目前研究资料分析，气候变暖以及厄尔尼诺，与生物灾害的发生具有明显的相关性，其中尤以气候变暖最为明显。

气候变暖，使有害生物体内生理过程加快，适生期延长，加快了有害生物发育速率，增强了生殖力，增加了存活率，尤其是越冬基数，直接导致其始见期、迁飞期、种群高峰期提前，世代数增加，发生程度加重，暴发周期缩短。

气候变暖，会造成有害生物发生区域北移和向高海拔区蔓延，扩大了有害生物适生区域。由于气候异常，气象灾害增加，导致生态系统健康水平下降，天敌种群数量下降，有利于有害生物发生成灾。

气候变暖，还会导致寄主发生变化，有害生物也随之调整寄生关系。

上述因素的综合作用，还会导致有害生物种群的基因组成发生变化，并有可能产生不可逆的进化适应。

在喜庆之余，我衷心期望与总站的同行们面对当前诸多机遇与挑战，并从容面对出现的新情况、新问题，走出草原保护困境，提高草原保护水平，为甘肃省乃至全国的畜牧业经济发展作出更大贡献。

（2024 年 8 月 2 日）

重视科学试验，为草业发展铺就高速路

——调研“甘肃省草品种区域试验站”有感

甘肃农业大学草业学院　汪玺

最近几年，我有幸被邀请到甘肃省各草品种区域试验站指导工作，其实，与其说是指导工作不如说是参观学习。因此，我对甘肃省草原技术推广总站最深刻的印象是重视科学试验。

科学试验的目的是正确地评价试验因素与试验单位某性状表现的因果关系，并进一步揭示其变化规律。它是一种实践活动，是我们认识未知世界的常用方法，是获得真知的一种手段。

草业先驱者任继周院士在 2013 年发表的《草业琐谈》一书中有一篇“杞人忧天，草人忧地”（草人指从事草业的工作者）的文章写道：“二忧草业科学不做试验往上浮。现在学术界从上到下‘短平快’之风横扫全国。要多出文章，快出成果，不耐烦较长期的田间试验和扎实的实验室工作，硬是要在计算机上打天下，无异于搞无源之水，无本之木。这种短期行为危害如此深远，……”表达了任继周院士对“草业科学不做试验往上浮”的担心和对科学试验的重视。甘肃省草原技术推广总站的工作却叫任继周院士放心。

甘肃省草原技术推广总站历来重视科学试验。早在 20 世纪五六十年代就对甘肃省草地资源进行了全面普查，历经数年总结了《甘肃省草地资源》《甘肃省饲草饲料营养价值评定》《甘肃省种草区划》等珍贵资料。这些经野外调查、田间试验、实验室测定的科学成果为甘肃省草业大省的地位奠定了基础。

草品种区域试验站是开展草品种种质资源开发利用、评价展示、新技术研发、成果转化和技术培训的重要基地，也是甘肃省科、教、推、企有机联合的重要平台。进入 21 世纪，总站更加重视科学试验。2008 年，农业部全国畜牧总站决定在全国范围内建立“草品种区域试验站”。甘肃省草原技术推广总站积极参与，第一次就申报河西绿洲农业区高台、黄土高原庆阳、甘肃中部干旱山区兰州和青藏高原牧区甘南合作 4 个国家级牧草区域试验站。按统一要求进行了平整土地、建围栏、修排灌设施等基础建设。同时派出大批技术人员参加草品种区域试验技术培训。10 年来，配

合全国牧草区域试验站完成了158个草品种的区域试验任务，成功完成了80多个苜蓿品种展示试验，2017年，又承担25个苜蓿品种品比试验。同时，提高了一大批技术人员的技术水平，为今后草品种区域试验、牧草引种、育种和野生牧草驯化试验工作储备了专门人才。

2014年以来，甘肃省草原技术推广总站根据草业发展的实际需要，考虑到甘肃省气候、地形地貌多样性，每年筹备经费在山丹、永昌、天祝、和政、夏河、安定、会宁、通渭和天水选地，按统一要求增设了9个省级草品种区域试验站，连同国家级的4个，共13个试验站。为各试验站统一配备了自动记录小型气象站及其他相关仪器设备。全省统一培训了一大批草品种区域试验的技术员。同时多次开展形式多样的现场观摩、交流和培训活动。初步构建了甘肃省的草品种区域试验网络平台，为甘肃省牧草良种推广、草品种登记和推进种子准入制度奠定了基础。

制定《甘肃省草品种区域试验站管理办法》和《甘肃省草品种区域试验站建设及考核方案》，得到了全国畜牧总站肯定。认为甘肃在草品种区域试验工作方面管理机制创新，并转发全国草品种区域试验承担单位参照执行。

省级草品种区域试验站经过近3年的运行，正在进行150个省级草品种区域试验材料的试验，正在选育的牧草品种有2个燕麦品系、3个红豆草品系、5个苜蓿品系。驯化育种牧草品种有山丹野生老芒麦、鹅观草、羊茅、早熟禾、紫羊茅、歪头菜、野豌豆等7个野生草种。

同时，将草品种区域试验平台打造成了一个开放的试验平台。在完成省级草品种区域试验任务的基础上，开展育种家、企业等委托的试验任务，并及时将试验结果向社会公布。2017年，公布了《甘肃省草品种推介目录》。按不同生态区域主推甘农3号苜蓿、陇燕2号燕麦等多个优良牧草品种。

当我看到甘肃省草原技术推广总站在草业科学试验方面下的决心、花费的功夫和取得的成果，我相信甘肃草业会引领全国走上高速发展的快车道，为落实国家生态环境建设和农牧民脱贫致富的宏伟规划作出更大贡献。想到这里，脑子里不由得闪出了四句顺口溜：陇上伟业数草业，草业发展靠科研。总站草人不畏难，誓叫草业上高速。

（2024年3月13日）

论文写在草原上

甘肃农业大学草业学院　张德罡

上大学的时候就听老师专门介绍过全省草原业务工作的最高领导部门——甘肃省草原工作队（现在为甘肃省草原技术推广总站），当时自己年少无知，并不十分清楚这个部门的地位和贡献。到毕业的时候，由于撰写毕业论文需要查阅文献资料，才从阅读文献的过程中逐渐了解到总站的工作性质以及在本领域的重要性。再后来，本人也开始从事草原生态的教学和科研工作，更是离不开草原总站在长期研究和技术推广工作中积累的大量文献和成果，同时也体会到这些重要且严谨的基础资料浸透了一代代总站同仁的汗水，得来的确不易。这些成果如同茫茫大海上的航标灯，引领着莘莘学子在草业事业的道路上砥砺前行，默默助力于我们的人才培养和科学研究工作。

随着中国经济腾飞和发展模式的转变，草原作为国家的生态安全屏障，具有举足轻重的作用，这种理念已成为举国上下的共识。在这一时代背景下，总站通过设立草原生态固定监测网络、规范草原生态监测技术、建立完善的草原生态监测规程、草原保护工程项目效果评价、第二次草原资源普查等措施，为实施草原生态保护战略打下了坚实的基础。

作为草原事业的一名成员，我参与了不少其他省草原总站的工作，工作中结识了很多草原总站的专家和同仁，有幸向他们请教问题、同他们深入牧区开展草原野外工作，无论在高寒缺氧的高寒草甸，还是在烈日炎炎的荒漠草原，他们都几十年如一日无怨无悔地奋战在草业事业第一线，把论文写在草原上，把成果留在牧民家，为全省乃至全国的草原事业作出了历史性的卓越贡献。

值此甘肃省草原总站成立70周年之际，向历代总站同仁表示由衷的敬意，并祝愿总站再创辉煌。

（2024年3月）

大美草原的神圣守护者

兰州大学草地农业科技学院　张卫国

草原上，至少在天然草原上，原本并不存在什么“有害生物”之说。草原上的所有植物，所有动物，抑或是草原上的所有生物，都是草原生态系统中的“合法公民”，由于它们也在为草原生态系统的和谐与稳定承担着独特的责任和义务，因而，它们在系统中享有平等的地位和权力，没有“高低贵贱”之分，也没有“有害”“有益”之别。

在一个健康的草原生态系统中，几乎没有一个成员（物种）是多余的，当然也就没有一个成员可以被划归为“违法违规分子”。这倒不是说，草原上的生物全都低级到了丧失了“私欲”的程度，其实恰恰相反，在这些野生野长的生物体内，没有一个细胞不充斥着自私自利的基因。它们之所以貌似循规蹈矩、安分守己，绝非“性本善”之故，更非“教化”之功，而是慑于系统的严规厉律而不敢、不能彰显而已。有道是“天网恢恢，疏而不漏”，只要系统结构健全，所纳万物几乎都在网络系统的掌控之下，于是便成就了草原生态系统看似杂乱，实则浑然一体、井然有序的美态。

然而，自从草原生态系统介入了人类生产活动之后，特别是近一个世纪以来，在草原人口数量急剧增加的同时，人们向草原索取利益的欲望在不恰当的引导和刺激下空前高涨。于是乎，草原的和谐之态和健美之躯受到了来自于人类逐利行为的无情摧残，具有免疫、自愈和自律功能的“天网”不再“疏而不漏”，那些善于乱中取胜、时刻寻找“发迹”机会的物种就像潘多拉魔盒中的邪灵，它们不失时机地从破损“天网”的漏洞中获得了充分展示其“恶性”的天地。它们肆意扩充自己的种群规模，不受约束地扩大自己的领地空间，使原本伤痕累累的草原更加破败不堪。不仅人类的经济发展受阻，生存环境恶化，同时也把整个生态系统推向了濒临崩溃的边缘。这些“邪灵”般的生物就是我们现今所说的有害生物，它们当中的典型代表就是我们所熟知的鼠类、虫类、微生物类以及草类中的部分成员。

有趣的是，有害生物之“害”并非针对人类以外的其他事物而言，其真正的危害对象恰恰是有害生物的始作俑者——人类自身。“解铃还须系铃人”，当人们意识到有害生物确已成为威胁人类生存安全的重大隐患之时，防控有害生物的命题便自然而然地成为人类不可回避的选择。于是，理论和技术层面的草原保护科学、实际操作和应用层面的草原工作机构便在此背景下应运而生。

甘肃省是中国草原的重要分布区之一，与全国其他草原区类似，草原有害生物肆虐成灾，引起人们广泛关注的起始时间大概在 20 世纪的五六十年代。甘肃省草原技术推广总站正是在这样的背景下成立的，其中一个重要的使命便是防止和治理日益严重的有害生物对草原的危害，为甘肃草原经济的可持续发展保驾护航。从 1954 年成立至今，已经过去了整整 70 年，这期间，人员更迭了 3 代，名称变换了 4 次，地址动迁了 4 回，唯一没变的则是草原工作者守护草原、建设草原的神圣使命和坚定信念。70 年来，甘肃省草原技术推广总站为甘肃草原的安全和草原经济的发展付出了艰苦卓绝的努力，作出了不可磨灭的贡献。当前，随着中国牧区改革的不断深入，草原工作正面临着越来越多前所未有的挑战。作为一个也曾在基层草原站长期工作过的“老草原”、老“草保”，我由衷地希望甘肃省草原技术推广总站在继承和发扬老一辈草原工作者优良传统的基础上，不断创新求真，为甘肃草原的健美康泰、为甘肃草原经济的持续发展再创佳绩。

（2024 年 3 月）

引领草业生产，助力产业腾飞

甘肃农业大学草业学院　赵桂琴

值此甘肃省草原技术推广总站成立 70 周年之际，谨致以热烈的祝贺与真诚的祝福！

70 年来，甘肃省草原技术推广总站在草原调查、监测、建设、保护，饲草料生产、加工、示范、推广等方面为甘肃省草业发展作出了重要贡献！在饲草品种选育和示范推广方面，甘肃省草原技术推广总站先后引进、培育和栽培优良牧草 200 多种，选育出陇东苜蓿、陇中苜蓿、甘肃红豆草、岷山红三叶、岷山猫尾草、天祝斜茎黄芪的优良地方品种，这些品种在服务地方草产业经济、退耕还草和退牧还草等生态建设中发挥了巨大作用，至今仍然是各地种草的首选品种。

在新一届带头人的引领下，甘肃省草原技术推广总站与省内外相关单位合作，致力于各类饲草新品种的选育和示范推广，成立了甘肃省草品种审定委员会，建立了甘肃省草品种区域试验网络。甘肃省草种质资源库已动工兴建，甘肃省草产业技术创新战略联盟和甘肃省草产业协会也已成立。我们相信，在甘肃省草原技术推广总站的大力支持和引领下，甘肃草业一定会在可持续发展的道路上走得更快、更稳、更远！

衷心祝愿甘肃省草原技术推广总站明天更美好，再创新辉煌！

（2024 年 4 月）

第二节　体系战友祝语

陇原大地草原事业的悉心耕耘者

甘肃省机械科学研究院　韩少平

70 年，对甘肃省草原技术推广总站来说，是破茧成蝶的过程，也是蓄积能量、持续发力的过程。在这个机遇更迭加速，挑战变幻莫测的时代，甘肃省草原推广总站不仅仅是陇原大地上草原事业的坚定守护者和悉心耕耘者，更是甘肃省机械科学研究院的全方位战略合作伙伴。值此甘肃省草原技术推广总站成立 70 周年之际，作为兄弟单位的我院，欣然而又恳切。欣然是有感于 70 年来，总站丰硕成果和卓越贡献，恳切则源于对我们未来合作的满心希冀。一是希望总站能一如既往地保持在行业内的领先地位，抓住举国上下大力发展草牧业之契机，为甘肃乃至全国农业供给侧结构性改革、发展三元结构农业、保障生态安全献计出力、再立新功；二是希望总站在草产业领域、秸秆及其他农业废弃物饲料化利用等领域，能够更加广泛深入地与我院进行合作，充分发挥各自的专业优势，实现农机与农艺深度融合，共同在全国大力发展草牧业的浪潮中，乘势而为，砥砺前行。70 年，是一个节点，更是一个开端。我们共同期望美好的未来。

祝愿甘肃省草原技术推广总站生机勃勃、欣欣向荣！

（2024 年 6 月）

草业科技进步的桥梁和纽带

甘肃省农业科学院　贺春贵

甘肃省是中国草原大省和草业科学的重地，引领着全国草业的发展。甘肃省草原技术推广总站自成立初，就具备了近水楼台先得月的优势条件，将科学家与农牧民有机衔接起来，不断将先进的草业理论、理念和技术运用于甘肃的草业实践，并对国内同类地区起到示范引领的作用。一代又一代草原总站的同仁们，以保护和绿色发展天然草原、合理开发人工草地、支撑甘肃草牧业的发展为己任，支持了甘肃草原生态的良性发展、草食畜牧业的稳健推进和农牧民群众的脱贫增收。值此甘肃省草原技术推广总站成立70周年之际，我向你们表示衷心的祝贺！愿你们继续发扬不畏艰辛、勇于探索的科学精神，发挥“桥梁”“纽带”作用，持续将先进的理念和技术推广给广大的农牧民，使陇原的“天更蓝、草更绿、水更清”，为建设幸福美好的甘肃贡献智慧和力量。

（2024年3月22日）

创建生态文明，共建美好家园

甘南州草原站　王树茂

我从小生长在玛曲草原，那时的草很高，藏进草丛很难被发现，青青的绿草覆盖着大地，清新的空气中飘着阵阵花香，广袤的草原和清澈的河水哺育着大地上的生物，鸟儿在草原上歌唱……这里的草原是最美的，生物多样性、品种的饱和度都显现出甘南草原的丰腴和美丽。三四十年过去了，草原发生了很大的变化，牛羊多了许多，现在草丛低矮得跑只鼠兔都清晰可见。我们的草原在出现明显的退化。

青藏高原孕育的甘南草原空气清新、河流纵横、碧草连天，具备原生态的自然美，是一片绝世而独立的净土。然而，人类生存的压力导致的掠夺式经营正在逐渐破坏着千百年来这片草原的宁静与平衡，我们的草原已不堪重负，需要休养生息，需要得到及时的疗伤。

我们处在一个大变革的时代，生态文明要支撑中国转型发展，要保障人民过上更美好的生活。应该从源头上扭转生态环境恶化趋势，给自然留下更多修复空间，给农业留下更多良田，给子孙后代留下天蓝、地绿、水净的美好家园。

士不可不弘毅，任重而道远。责任和使命在召唤我们前行。多年来，甘南州在甘肃省草原技术推广总站的关怀和帮助下，两度完成了草原资源普查，落实了草原承包到户经营责任制，开展了退化草原治理、退牧还草、生态奖补等卓有成效的草原保护与建设工作。在省、州、县3级草原单位的努力奋斗下，在甘南和谐宗教的佑护下，草原生态向好的方向逐步演替，草原稳步发挥着强大的民生和生态作用。

当我们蓦然回首，甘肃省草原技术推广总站已经走过风雨70年。70年的奋斗是个起点，但具备了成熟的羽翼；70年的奋斗是个里程，让陇原小草由一隅之地变成绿茵遍野；70年的奋斗是个积累，汇聚每一个人的努力，由弱小变得强大，万涓成水，汇流成河。在甘肃省草原技术推广总站成立70年周年之际，祝愿我们草原事业蓬勃向上，也祝愿草原人继往开来，携手共进，在生态文明新时代，用自己无悔的青春建设天蓝、地绿、水净的美丽新甘肃。

（2024年2月）

（校对：李晓鹏、耿小丽、周惠丽、王瑾、王彦）

主要参考文献

［1］洪绂曾.中国草业史［M］.北京：中国农业出版社，2011.

［2］甘肃“三停”调查研究领导小组编写组，甘肃省“两西”建设指挥部.甘肃中部地区三年停止植被破坏资料汇编［M］.兰州：甘肃人民出版社，1984.

［3］甘肃省地方史志编纂委员会，甘肃省畜牧志编辑委员会.甘肃省志：畜牧志［M］.兰州：甘肃人民出版社，1991.

［4］甘肃省畜牧厅.甘肃省种草区划［M］.北京：中国农业科学技术出版社，1991.

［5］王素香，金巨和，余优森.甘肃中部种草养畜农牧结合研究［M］.北京：气象出版社，1991.

［6］甘肃省草原总站.甘肃草地资源［M］.兰州：甘肃科学技术出版社，1999.

［7］王无怠.王无怠论农牧业生产与科技［M］.兰州：甘肃人民出版社，2015.